Lindner · PHYSIK für Ingenieure

Viewegs
Fachbücher
der
Technik

Helmut Lindner
unter Mitarbeit von Günther Koksch
und Günter Simon

PHYSIK

für Ingenieure

12. Auflage
Mit 711 Bildern, 72 Tabellen, 225 Beispielen
und einer Farbtafel

Friedr. Vieweg & Sohn Braunschweig/Wiesbaden

1991

© VEB Fachbuchverlag Leipzig 1991

Softcover reprint of the hardcover 12nd edition 1991

Lizenzausgabe

mit Genehmigung des VEB Fachbuchverlag Leipzig für Friedr. Vieweg & Sohn
Verlagsgesellschaft mbH, Braunschweig

Satz: INTERDRUCK Graphischer Großbetrieb Leipzig – III/18/97

Fotomechanischer Nachdruck: Grafische Werke Zwickau

ISBN-13: 978-3-528-64047-7   e-ISBN-13: 978-3-322-86079-8
DOI: 10.1007/978-3-322-86079-8

VORWORT

Die rasche Entwicklung von Naturwissenschaften und Technik in den letzten zwei Jahrzehnten und die zunehmende Bedeutung physikalischer Erscheinungen und Gesetze in modernen Technologien haben eine Neubearbeitung des bewährten Lehrbuches erforderlich gemacht. Diese wurde auch durch Hinweise und Anregungen zahlreicher Fachkollegen sowie durch die Erhöhung des Niveaus der physikalischen Ausbildung an den entsprechenden Lehranstalten notwendig.

Bei der Bearbeitung wurde versucht, den Rahmen der »Physik für Ingenieure« zu belassen. Stoffgliederung sowie stilistische und methodische Darstellung wurden im wesentlichen beibehalten. Dadurch soll das von Lehrkräften und Studenten gern benutzte Buch auch weiterhin ein bewährtes Studienhilfsmittel bleiben.

Bis zur Optik gibt es nur geringfügige Änderungen in Form von Umstellungen einzelner Abschnitte und unbedingt nötigen Überarbeitungen. So wurde u. a. der Abschnitt Arbeit und Energie entsprechend seiner Bedeutung ausführlicher gestaltet. Größere Veränderungen gibt es in der zweiten Hälfte des Buches, wofür einige Beispiele genannt werden sollen. So wurden die »Physiologischen Wirkungen des Lichtes« stark geändert und ergänzt. Einige neue Größen und Begriffe (z. B. Extinktion) kamen hinzu.

Im Hinblick auf vielfältige Anwendungen wurde der Abschnitt »Farbenlehre« eingefügt.

Auch in der Elektrizitätslehre wurden zahlreiche Veränderungen vorgenommen. Dabei ist zu beachten, daß gegenüber den bisherigen Auflagen statt mit der Urspannung mit der Quellenspannung gearbeitet wird. Dies macht sich in zahlreichen Gleichungen und Gesetzen durch eine Vorzeichenänderung bemerkbar. Der elektrischen Meßtechnik wurde mehr Aufmerksamkeit geschenkt. Ihrer Bedeutung entsprechend sind die »Maxwellschen Gleichungen« eingefügt worden. Der Abschnitt »Halbleiter« wurde verändert und stark erweitert.

Im Abschnitt »Atomhülle« wurde neben vielen anderen Überarbeitungen das »Energiebändermodell« neu dargestellt und »Fluoreszenz und Phosphoreszenz« aufgenommen.

Neu ist auch ein Abschnitt über »Kernmodelle« und »Teilchenbeschleuniger« sowie die »Grundlagen der Dosimetrie«. Eine Aktualisierung erhielt der Abschnitt »Elementarteilchen«, wobei auch die »Quarks« berücksichtigt wurden.

Neben einer umfangreichen Änderung des Bildmaterials wurden auch einige neue Aufgaben eingearbeitet. Bei der Stoffdarstellung wurde versucht, die mathematischen Kenntnisse der Studenten zu nutzen. Auf zahlreiche Anwendungen physikalischer Gesetze in allen Bereichen der Technik, der Medizin und anderer Fachgebiete wird an entsprechenden Stellen verwiesen.

Die SI-fremden Einheiten werden nur noch in einigen Spezialgebieten verwendet, wo diese Einheiten noch zulässig sind.

Bei der Verwendung von Formelzeichen wurde DIN 1304 zugrunde gelegt. Physikalische Konstanten und Materialwerte wurden auf den neuesten Stand gebracht.

Die Bearbeiter hoffen, daß auch mit der vorliegenden Auflage das Lehrbuch weiterhin gern genutzt wird. Zur Ergänzung des Buches wird empfohlen, für zusätzliche Aufgaben LINDNER, Physikalische Aufgaben sowie zum Nachschlagen MENDE/SPRETKE, Physik in Formeln und Beispielen zu verwenden.

Für Hinweise zur weiteren Verbesserung sind wir dankbar.

Bearbeiter u. Verlag

INHALTSVERZEICHNIS

Einleitung

1 Physikalische Größen und Gleichungen ... 19
  1.1 Physikalische Größen ... 19
  1.2 Vektorielle und skalare Größen ... 19
  1.3 Physikalische Gleichungen ... 20
    1.3.1 Größengleichungen ... 20
    1.3.2 Zugeschnittene Größengleichungen ... 21
    1.3.3 Einheitengleichungen ... 21
    1.3.4 Dimensionen ... 21
  1.4 Internationales Einheitensystem ... 22
    1.4.1 Längeneinheit Meter ... 23
    1.4.2 Masseeinheit Kilogramm ... 26
    1.4.3 Zeiteinheit Sekunde ... 27
    1.4.4 Dichte ... 27

Mechanik des Massenpunktes und des starren Körpers

2 Lehre von den Bewegungen (Kinematik) ... 30
  2.1 Grundbegriffe der Bewegungslehre ... 30
    2.1.1 Geschwindigkeit ... 31
    2.1.2 Beschleunigung ... 32
  2.2 Bewegung auf gerader Bahn ... 34
    2.2.1 Gleichförmige Bewegung ... 34
    2.2.2 Gleichmäßig beschleunigte Bewegung ... 35
    2.2.3 Freier Fall ... 37
    2.2.4 Senkrechter Wurf ... 39
  2.3 Geschwindigkeit und Beschleunigung als vektorielle Größen ... 40
    2.3.1 Relativität der Bewegungen und das Unabhängigkeitsprinzip ... 40
    2.3.2 Grundeigenschaften vektorieller Größen ... 42
    2.3.3 Waagerechter und schräger Wurf ... 44
  2.4 Bewegung auf der Kreisbahn ... 47
    2.4.1 Gleichförmige Bewegung auf der Kreisbahn ... 47
    2.4.2 Gleichmäßig beschleunigte Bewegung auf der Kreisbahn ... 50
    2.4.3 Radialbeschleunigung der Kreisbewegung ... 53

3 Kräfte am bewegten Massenpunkt ... 54
  3.1 Grundgesetz der Dynamik ... 54
  3.2 Trägheitskräfte ... 58
  3.3 Bewegungshemmende Kräfte ... 60
    3.3.1 Haftreibung ... 61
    3.3.2 Gleitreibung und Fahrwiderstand ... 62

4 Ebene Systeme von Kräften ... 63
  4.1 Kraft als vektorielle Größe ... 63
  4.2 Gleichgewicht zweier Kräfte ... 64
  4.3 Kräfte mit gemeinsamem Angriffspunkt ... 65
    4.3.1 Zusammensetzung von Kräften ... 65
    4.3.2 Zerlegung von Kräften ... 67
  4.4 Kräfte am starren Körper ... 68

4.4.1 Kräfte mit verschiedenen Angriffspunkten 68
4.4.2 Drehmoment 69
4.4.3 Zusammensetzung von Drehmomenten 71
4.4.4 Massenmittelpunkt (Schwerpunkt) 74
4.4.5 Kräftepaar 76
4.4.6 Gleichgewichtsbedingungen für einen starren Körper 77

5 Arbeit und Energie 78
5.1 Mechanische Arbeit 78
5.2 Verschiebungsarbeit 80
  5.2.1 Reibungsarbeit 80
  5.2.2 Hubarbeit 80
  5.2.3 Spannarbeit 81
5.3 Beschleunigungsarbeit 82
5.4 Potentielle und kinetische Energie 83
5.5 Gesetz von der Erhaltung der Energie 84
5.6 Leistung und Wirkungsgrad 86
  5.6.1 Leistung 86
  5.6.2 Wirkungsgrad 88

6 Impuls und Stoß 89
6.1 Kraft und Impulsänderung 89
6.2 Gesetz von der Erhaltung des Impulses 90
6.3 Gerader Stoß 92
  6.3.1 Unelastischer Stoß 92
  6.3.2 Energieverhältnisse beim unelastischen Stoß 93
6.4 Elastischer Stoß 93
6.5 Reflexionsgesetz 95

7 Dynamik rotierender Körper 96
7.1 Energie des rotierenden Körpers 96
7.2 Berechnung von Trägheitsmomenten 98
7.3 Satz von STEINER 100
7.4 Anwendung des dynamischen Grundgesetzes auf rotierende Körper 101
7.5 Leistung beim rotierenden Körper 102
7.6 Drehimpuls 103
  7.6.1 Gesetz von der Erhaltung des Drehimpulses 103
  7.6.2 Drehimpuls als vektorielle Größe 105
  7.6.3 Kreisel 106
7.7 Trägheitskräfte im rotierenden Bezugssystem 108
  7.7.1 Zentrifugalkraft 108
  7.7.2 Zentrifugalkraft und Gewichtskraft 110
  7.7.3 CORIOLIS-Kraft 111

8 Gravitation 112
8.1 Gravitationsgesetz 112
8.2 KEPLERsche Gesetze 114

Mechanik der Flüssigkeiten und Gase

9 Ruhende Flüssigkeiten und Gase 117
9.1 Kennzeichen des flüssigen Zustandes 117
9.2 Oberflächenspannung 118
9.3 Druck und Druckausbreitung 121
  9.3.1 Druck 121
  9.3.2 Druck in Flüssigkeiten (hydrostatischer Druck) 123
  9.3.3 Druck und Volumen der Gase 125
  9.3.4 Schweredruck in Gasen 128
9.4 ARCHIMEDisches Prinzip 131

10 Strömende inkompressible Flüssigkeiten 134
  10.1 Reibungsfreie Strömungen 134
    10.1.1 Grundbegriffe des Strömungsfeldes 134
    10.1.2 Gesetz von BERNOULLI 136
    10.1.3 Ausfluß aus Gefäßen 139
    10.1.4 Weitere Anwendungen der BERNOULLIschen Gleichung 140
  10.2 Strömungen mit Reibung 143
    10.2.1 Innere Reibung 143
    10.2.2 Anwendungen des Reibungsgesetzes 145
    10.2.3 Grenzschicht und Wirbelbildung 147
    10.2.4 Strömungswiderstand von Körpern 149
    10.2.5 Ähnlichkeitsgesetz der Strömungen 151

Schwingungen und Wellen

11 Kinematik schwingender Körper 154
  11.1 Ort-Zeit-Funktion der harmonischen Schwingung 154
  11.2 Geschwindigkeit und Beschleunigung der harmonischen Schwingung 157
  11.3 Überlagerung harmonischer Schwingungen 159
    11.3.1 Zusammensetzung von parallel zueinander verlaufenden Schwingungen 159
    11.3.2 Schwebungen 161
    11.3.3 Senkrecht zueinander verlaufende Schwingungen 163
  11.4 Kippschwingungen 164

12 Dynamik schwingender Körper 165
  12.1 Kraftgesetz der harmonischen Schwingung 165
  12.2 Lineare Federschwingung 166
  12.3 Dreh- (Torsions-) Schwingungen 168
  12.4 Schwerependel 169
    12.4.1 Physisches Pendel 169
    12.4.2 Mathematisches Pendel 170
    12.4.3 Reversionspendel 171
  12.5 Bestimmung von Trägheitsmomenten aus Schwingungen 172
  12.6 Dämpfung 173
  12.7 Erzwungene Schwingungen und Resonanz 175

13 Grundbegriffe der Wellenbewegung 177
  13.1 Wesen der Wellenbewegung 177
  13.2 Beschreibung der Wellenbewegung 178
  13.3 Arten der Wellen 179

14 Ausbreitung und Überlagerung von Wellen 182
  14.1 HUYGENSsches Prinzip 182
  14.2 Reflexion von Wellen 183
  14.3 Brechung von Wellen 185
  14.4 Interferenz von Wellen 186
  14.5 Stehende Wellen 188
  14.6 Beugung von Wellen 190
  14.7 DOPPLER-Effekt 191

15 Ausbreitung des Schalls 193
  15.1 Schallgeschwindigkeit in festen Stoffen 193
  15.2 Schallgeschwindigkeit in Flüssigkeiten 195
  15.3 Schallgeschwindigkeit in Gasen 195

16 Schallfeld und seine Größen 197
  16.1 Schallschnelle 197
  16.2 Energiedichte 198
  16.3 Schallwechseldruck 199
  16.4 Schallstrahlungsdruck 200

16.5 Schallstärke ... 200
16.6 Empfindlichkeit des Gehörs ... 202
16.7 Schall- und Lautstärkepegel ... 203
16.8 Ultraschall ... 205

Wärmelehre

17 Verhalten der Körper bei Temperaturänderung ... 208
17.1 Temperaturmessung ... 208
17.2 Ausdehnung fester und flüssiger Körper ... 209
   17.2.1 Längenausdehnung ... 209
   17.2.2 Volumenausdehnung ... 211
17.3 Ausdehnung der Gase ... 213
   17.3.1 Gesetz von GAY-LUSSAC bei konstantem Druck ... 213
   17.3.2 Gesetz von GAY-LUSSAC bei konstantem Volumen ... 214
   17.3.3 Experimentelle Bestimmung des Volumenausdehnungskoeffizienten ... 215
   17.3.4 KELVIN-Skala der Temperatur ... 216
17.4 Zustandsgleichung der Gase ... 218
   17.4.1 Stoffmenge ... 219
   17.4.2 Universelle Gaskonstante ... 220
   17.4.3 Spezielle Gaskonstante ... 221

18 Wärme als Energieform ... 223
18.1 Wärmemenge (Wärmeenergie) ... 223
18.2 Spezifische Wärmekapazität ... 224
   18.2.1 Spezifische Wärmekapazität fester und flüssiger Stoffe ... 224
   18.2.2 Wärmekapazität ... 226
   18.2.3 Bestimmung der spezifischen Wärmekapazität fester und flüssiger Stoffe ... 226
   18.2.4 Spezifische Wärmekapazität der Gase ... 227

19 Änderungen des Aggregatzustandes ... 228
19.1 Schmelzen und Erstarren ... 228
   19.1.1 Besonderheiten beim Schmelzen und Erstarren ... 229
19.2 Verdampfen und Kondensieren ... 231
   19.2.1 Besonderheiten beim Verdampfen und Kondensieren ... 232
19.3 Dämpfe ... 233
   19.3.1 Dampf- und Gaszustand ... 233
   19.3.2 Dampfdruck und Temperatur ... 235
   19.3.3 Luftfeuchtigkeit ... 237

20 Zustandsänderungen der Gase ... 241
20.1 Erster Hauptsatz der Wärmelehre ... 241
20.2 Isochore Zustandsänderung ... 242
20.3 Isobare Zustandsänderung ... 243
20.4 Isotherme Zustandsänderung ... 244
20.5 Adiabatische Zustandsänderung ... 247
20.6 Polytrope Zustandsänderung ... 250
20.7 Bestimmung des Verhältnisses der spezifischen Wärmekapazitäten ... 250

21 Kreisprozesse ... 252
21.1 Wirkungsweise einer Wärmekraftmaschine ... 252
21.2 Kältemaschine und Wärmepumpe ... 255
21.3 Reversible und irreversible Vorgänge ... 257
21.4 CARNOTscher Kreisprozeß ... 258
21.5 Zweiter Hauptsatz der Wärmelehre ... 261
   21.5.1 Entropie beim CARNOTschen Kreisprozeß ... 261
   21.5.2 Berechnung der Entropie ... 262
   21.5.3 Entropiezunahme beim Mischvorgang ... 263

22 Reale Gase ... 265
22.1 Isothermen eines realen Gases ... 265

22.2 Kritischer Zustand 266
22.3 Verflüssigung der Gase 266

23 Kinetische Theorie der Wärme 268
23.1 AVOGADROsche Konstante 268
23.2 Molekulargeschwindigkeit 271
    23.2.1 Mittlere energetische Geschwindigkeit 272
    23.2.2 Molekularenergie und Temperatur 273
    23.2.3 MAXWELLsche Geschwindigkeitsverteilung 275
23.3 Theorie der spezifischen Wärmekapazität 277
23.4 Stoßzahl und mittlere freie Weglänge 280

24 Ausbreitung der Wärme 281
24.1 Wärmeleitung 282
24.2 Wärmeübergang 284
24.3 Wärmedurchgang 285

Optik

25 Wesen und Ausbreitung des Lichtes 287
25.1 Wesen des Lichtes 287
25.2 Ausbreitung des Lichtes 288

26 Reflexion des Lichtes 289
26.1 Ebener Spiegel 289
26.2 Gekrümmter Spiegel 291
    26.2.1 Sphärischer Hohlspiegel 291
    26.2.2 Abbildung im sphärischen Hohlspiegel 292
26.3 Sphärischer Wölb- (Konvex-) Spiegel 294

27 Brechung (Refraktion) des Lichtes 295
27.1 Brechungsgesetz 295
27.2 Planparallele Platte 296
27.3 Prisma 297
27.4 Totalreflexion 298

28 Zerlegung (Dispersion) des Lichtes 300
28.1 Dispersion 300
28.2 Spektren 300

29 Sphärische Linsen 302
29.1 Dünne Linsen 303
    29.1.1 Brennweite und Vorzeichenregeln 303
    29.1.2 Abbildungsgesetze 304
29.2 Dicke Linsen 306
29.3 Linsensysteme 307
29.4 Linsenfehler 308
    29.4.1 Chromatischer Fehler 308
    29.4.2 Sphärischer Fehler 309
    29.4.3 Astigmatismus und weitere Fehler 309

30 Optische Instrumente 310
30.1 Auge 310
    30.1.1 Sehweite und Sehwinkel 310
    30.1.2 Sehschärfe 311
30.2 Lupe 312
30.3 Fernrohre 313
    30.3.1 Astronomisches Fernrohr 313
    30.3.2 GALILEIsches Fernrohr 313
30.4 Mikroskop 314

31 Interferenz des Lichtes 315
   31.1 Voraussetzungen für Interferenzerscheinungen 315
   31.2 Interferenzen gleicher Neigung 317
   31.3 Farben dünner Blättchen 318
   31.4 Interferenzen gleicher Dicke 320

32 Beugung des Lichtes 322
   32.1 Beugung am einfachen Spalt 322
   32.2 Beugungsgitter 324
   32.3 Auflösungsvermögen optischer Instrumente 325
   32.4 Holografie 327

33 Polarisation des Lichtes 329
   33.1 Polarisation durch Reflexion und Brechung 329
   33.2 Polarisation durch Doppelbrechung und andere Polarisationseffekte 330

34 Strahlungsgesetze 332
   34.1 Größen des Strahlungsfeldes 332
      34.1.1 Strahlungsfluß und Strahlungsflußdichte 332
      34.1.2 Strahlstärke 333
      34.1.3 Strahldichte 334
      34.1.4 Bestrahlungsstärke und Bestrahlung 334
      34.1.5 Strahlungsenergiedichte und Strahlungsdruck 335
   34.2 Temperaturstrahlung 336
      34.2.1 Transmission, Reflexion und Absorption der Temperaturstrahlung 337
      34.2.2 KIRCHHOFFsches Strahlungsgesetz 339
      34.2.3 STEFAN-BOLTZMANNsches Gesetz 340
      34.2.4 Spektrale Verteilung der Temperaturstrahlung 341
      34.2.5 Temperaturmessung durch Strahlung 343

35 Physiologische Wirkungen des Lichtes 344
   35.1 Spektrale Hellempfindlichkeit 345
   35.2 Lichttechnische Größen 345
      35.2.1 Lichtstärke 345
      35.2.2 Lichtstrom, Lichtmenge, spezifische Ausstrahlung und Lichtausbeute ... 346
      35.2.3 Leuchtdichte 348
      35.2.4 Beleuchtungsstärke und Belichtung 349
   35.3 Extinktion 350
   35.4 Fotometrische Meßgeräte 351

36 Farbenlehre 353
   36.1 Spektral- und Komplementärfarben 353
   36.2 Additive und subtraktive Farbmischungen, Körperfarben 354
   36.3 Farbmetrik 355

Elektrizitätslehre

37 Wichtige elektrische Größen 358
   37.1 Vorbemerkungen 358
   37.2 Elektrische Stromstärke und elektrische Ladung 359
   37.3 Elektrische Spannung 360
   37.4 Elektrischer Widerstand und elektrischer Leitwert 361
   37.5 Elektrischer Widerstand und Temperatur 363

38 Gleichstromkreis 364
   38.1 OHMsches Gesetz 364
   38.2 Verzweigter Stromkreis 365
   38.3 Unverzweigter Stromkreis 366
   38.4 Innerer Widerstand von Spannungsquellen, Klemmenspannung 368
   38.5 Meßbereichserweiterungen von Strom- und Spannungsmessern 370
   38.6 Spannungsteiler 371

38.7 Messung elektrischer Widerstände 371
38.8 Elektrische Energie und elektrische Leistung 373

39 Elektrisches Feld 373
39.1 Grunderscheinungen elektrischer Ladungen 373
   39.1.1 Elektrische Feldlinien 375
   39.1.2 Influenz 376
39.2 Elektrische Feldgrößen 377
   39.2.1 Elektrische Feldstärke 377
   39.2.2 Elektrische Flächenladungsdichte (Ladungsbedeckung) 379
   39.2.3 Elektrische Flußdichte und elektrischer Fluß 380
39.3 Kraftwirkungen im elektrischen Feld 381
   39.3.1 Kraft zwischen zwei Punktladungen 381
   39.3.2 Kraft zwischen zwei geladenen Platten 382
   39.3.3 Potential und Spannung 383
39.4 Kapazität 385
39.5 Schaltung von Kondensatoren 386
39.6 Energie und Energiedichte des elektrischen Feldes 388
39.7 Lade- und Entladevorgänge in einem Stromkreis mit Kondensator 390
39.8 Elektrisches Feld und Stoff 391
   39.8.1 Permittivitätszahl (Dielektrizitätszahl) 391
   39.8.2 Vorgänge im Dielektrikum 392
   39.8.3 Piezoelektrischer Effekt 394
   39.8.4 Bildung elektrischer Doppelschichten 395

40 Magnetisches Feld 395
40.1 Grunderscheinungen des Magnetismus 395
40.2 Elektrischer Strom und Magnetfeld 396
40.3 Magnetische Feldgrößen 398
   40.3.1 Magnetische Feldstärke (magnetische Erregung) 398
   40.3.2 Durchflutungssatz 399
   40.3.3 BIOT-SAVARTsches Gesetz 401
   40.3.4 Magnetische Flußdichte (magnetische Induktion) 402
   40.3.5 Magnetischer Fluß 404
40.4 Magnetisches Feld und Stoff 405
   40.4.1 Permeabilitätszahl 405
   40.4.2 Ferromagnetismus, Magnetisierungskurve und Hysteresis 407
   40.4.3 Para- und diamagnetische Stoffe 408
40.5 Induktionsvorgänge 410
   40.5.1 Induktionsgesetz 410
   40.5.2 Induktionsvorgänge in bewegten Leiterteilen 412
   40.5.3 Gleichstromgenerator (Dynamomaschine) 414
   40.5.4 Selbstinduktion 415
   40.5.5 Regel von LENZ 417
40.6 Kraftwirkungen und Energie im Magnetfeld 417
   40.6.1 Kraft auf eine bewegte Ladung im Magnetfeld (LORENTZ-Kraft) 417
   40.6.2 Kraft auf einen geraden stromführenden Leiter 418
   40.6.3 Drehmoment auf einen magnetischen Dipol 420
   40.6.4 Anwendungen 420
   40.6.5 Kraft zwischen stromführenden Leitern 423
   40.6.6 Energie und Energiedichte des magnetischen Feldes 424
   40.6.7 Zugkraft eines Magnets 425
40.7 Gegenüberstellung der Größen des elektrischen und des magnetischen Feldes 426

41 Wechselstromkreis 427
41.1 Eigenschaften des Einphasenwechselstromes 428
   41.1.1 Entstehung einer sinusförmigen Wechselspannung 428
   41.1.2 Wechselstromgenerator 429

41.1.3 Gleichricht- und Effektivwerte von Wechselspannungen und Wechselströmen . 430
41.2 Widerstände im Wechselstromkreis ... 431
   41.2.1 Wirkwiderstand (Ohmscher Widerstand, Resistanz) ... 431
   41.2.2 Induktiver Blindwiderstand (Induktive Reaktanz) ... 432
   41.2.3 Kapazitiver Blindwiderstand (Kapazitive Reaktanz) ... 433
   41.2.4 Addition phasenverschobener Spannungen und Stromstärken ... 434
   41.2.5 Reihenschaltung von Wechselstromwiderständen ... 435
   41.2.6 Parallelschaltung von Wechselstromwiderständen .. 437
   41.2.7 Resonanz im Wechselstromkreis ... 439
41.3 Leistung im Wechselstromkreis ... 441
   41.3.1 Wirkleistung ... 441
   41.3.2 Blindleistung ... 441
   41.3.3 Scheinleistung und Leistungsfaktor ... 442
41.4 Bedeutung und Kompensation der Blindleistung ... 444
41.5 Transformator ... 445
41.6 Dreiphasenwechselstrom ... 446
   41.6.1 Entstehung des Dreiphasenwechselstromes ... 446
   41.6.2 Dreieckschaltung ... 447
   41.6.3 Sternschaltung ... 448
   41.6.4 Leistung im Drehstromkreis ... 449

42 Elektromagnetische Schwingungen und Wellen ... 449
42.1 Schwingkreis ... 449
42.2 Erzeugung elektrischer Schwingungen ... 452
42.3 Dipol als Schwingkreis ... 452
42.4 Freie elektromagnetische Wellen ... 453
42.5 MAXWELLsche Gleichungen ... 455

43 Leitung des elektrischen Stromes in festen Körpern ... 457
43.1 Geschwindigkeit freier Elektronen ... 457
43.2 Driftgeschwindigkeit und Beweglichkeit von Ladungsträgern ... 458
43.3 Metallische Leiter ... 459
43.4 Supraleitung ... 460
43.5 HALL-Effekt ... 461
43.6 Elektronengas ... 462
43.7 Thermoelektrische Erscheinungen ... 464
43.8 Halbleiter ... 466
   43.8.1 Eigenleitung ... 466
   43.8.2 Störleitung (Störstellenleitung) ... 469
   43.8.3 pn-Übergang, Dioden ... 470
   43.8.4 Bipolartransistor (Flächentransistor) ... 473
   43.8.5 Thyristor ... 476
   43.8.6 Unipolar- oder Feldeffekt-Transistor ... 477

44 Elektrische Leitung in Elektrolyten ... 479
44.1 Ionenleitung und Ionenbeweglichkeit ... 479
44.2 FARADAYsche Gesetze ... 480
44.3 Galvanische Elemente ... 482

45 Elektrische Leitung in Gasen ... 485
45.1 Unselbständige und selbständige Entladung ... 485
45.2 Glimmentladung ... 487

46 Elektrische Leitung im Vakuum ... 488
46.1 Elektronenbefreiung aus Metallen ... 488
46.2 Ablenkung von Elektronen im elektrischen Feld ... 489
46.3 Ablenkung von Elektronen im magnetischen Feld ... 490
46.4 Elektronenröhren ... 491
   46.4.1 Diode ... 491

46.4.2 Mehrelektrodenröhren 492
46.4.3 Oszillografenröhre 493

Quanten und Relativität

47 Quanteneigenschaften des Lichtes 494
47.1 Entstehung der Quantenvorstellung 494
47.2 Äußerer Fotoeffekt (Lichtelektrischer Effekt) 495
47.3 Innerer Fotoeffekt 496

48 Grundlagen der speziellen Relativitätstheorie 498
48.1 MICHELSON-Versuch 498
48.2 LORENTZ-Transformation 498
48.3 Masse-Energie-Beziehung 501
48.4 Relativistische Massenzunahme 502

49 Dualismus Welle–Teilchen 504
49.1 Masse und Impuls von Lichtquanten 504
49.2 Welleneigenschaften von Teilchen 504

50 Heisenbergsche Unbestimmtheitsrelation (Unschärfebeziehung) 506

Atomphysik

51 Atomhülle 508
51.1 Bestandteile des Atoms 508
51.2 Ordnungszahl und Massenzahl 510
51.3 Wasserstoffatom 510
51.3.1 BOHRsche Postulate 510
51.3.2 Spektrallinien des Wasserstoffs 512
51.3.3 Quantenzahlen 515
51.3.4 Wellenmechanisches Atommodell 516
51.4 Aufbau der Atomhüllen der Elemente 518
51.5 Röntgenstrahlung 521
51.5.1 Röntgenbremsstrahlung 522
51.5.2 Charakteristische Röntgenstrahlung 523
51.6 Energiebändermodell 525
51.6.1 Darstellung der metallischen Leitung 526
51.6.2 Bändermodell der Halbleiter 527
51.7 Fluoreszenz und Phosphoreszenz 529
51.8 Laser 530

52 Atomkern 532
52.1 Natürliche Radioaktivität 532
52.2 Gesetze des radioaktiven Zerfalls 533
52.2.1 Allgemeine Merkmale 533
52.2.2 Wichtigste Arten der Radioaktivität 533
52.2.3 Statistischer Charakter des Kernzerfalls 535
52.2.4 Zerfallsgesetz 536
52.2.5 Aktivität und spezifische Aktivität 537
52.3 Natürliche Zerfallsreihen 538
52.4 Massen der Atomkerne 540
52.4.1 Isotope Kernarten 540
52.4.2 Massendefekt 540
52.5 Kernmodelle 541
52.5.1 Kernkräfte 541
52.5.2 Tröpfchenmodell 542
52.5.3 Schalenmodell 542
52.5.4 Energietopfmodell 542
52.6 Künstliche Kernumwandlungen 543

52.6.1 Kernreaktionen 543
52.6.2 Teilchenbeschleuniger 544
52.6.3 Künstliche Radionuklide 545

53 Wechselwirkungen zwischen Kernstrahlung und Stoff 546
53.1 Schwächung von α-Strahlung 546
53.2 Schwächung von β-Strahlung 547
53.3 Schwächung von γ-Strahlung 548
53.4 Nachweis der Kernstrahlung 550

54 Grundlagen der Dosimetrie 554
54.1 Energieflußdichte (Strahlungsflußdichte) 554
54.2 Kerma, Kermaleistung, Energiedosis und Energiedosisleistung 554
54.3 Ionendosis (Exposition) und Ionendosisleistung (Expositionsleistung) ... 555
54.4 Äquivalentdosis (Bewertete Dosis) 555
54.5 Strahlenschutzmaßnahmen 556
54.6 Zusammenhang zwischen Ionendosisleistung sowie Äquivalentdosisleistung und Aktivität bei punktförmiger Strahlenquelle 557

55 Gewinnung von Kernenergie 558
55.1 Vorgang der Kernspaltung 558
55.2 Kernspaltungsenergie 558
55.3 Wechselwirkung von Neutronen mit Kernen 559
55.4 Kettenreaktionen 560
55.5 Kernreaktor und Kernkraftwerk 561
55.6 Anwendung von Radionukliden 563
55.7 Thermonukleare Reaktion 564

56 Elementarteilchen 565
56.1 Kosmische Strahlung 565
56.2 Wichtige Elementarteilchen 566
56.3 Quarks 568

Sachwortverzeichnis 570
Bildquellenverzeichnis 576

EINLEITUNG

Die Naturwissenschaft von heute ist die Technik von morgen, und die Technik von heute ist hervorgewachsen aus naturwissenschaftlichen Erkenntnissen vergangener Jahrhunderte und Jahrzehnte. Deshalb sollte der werdende Ingenieur, ehe er an eigentliche technische Aufgaben herangeht, sich vor allem ein sicheres Fundament physikalischer Kenntnisse schaffen.

»Physik«, vom griechischen »physis« (Natur) stammend, bedeutete ursprünglich allgemein die Wissenschaft von der Natur. Heute verstehen wir darunter nur die Lehre von den Gesetzen der unbelebten Natur, soweit diese nicht auf chemischer Veränderung der beteiligten Körper beruhen. Es ist aber zu bedenken, daß diese letzten Endes wieder auf physikalische Vorgänge im atomaren Bereich zurückzuführen sind.

Um diese Gesetze aufzufinden, bedarf es zunächst sorgfältiger und aufmerksamer **Beobachtung** aller erreichbaren Vorgänge. Die Erscheinungen der freien Natur aber sind zumeist nur flüchtig, wiederholen sich nie unter denselben Bedingungen und sind nicht reproduzierbar. Daher hat der künstlich geschaffene Naturvorgang, das **Experiment**, überragende Bedeutung gewonnen. Zum genauen Vergleich der beobachteten Zustände und Vorgänge dient die exakte **Messung**. Unter Zusammenfassung einzelner Messungen und Meßreihen sucht der Physiker Regelmäßigkeiten aufzufinden, die ihn schließlich auf das **Naturgesetz** führen.

Fast alle Naturgesetze stehen zueinander in Beziehung. Das eine folgt aus dem anderen, so wie alle Erscheinungen der Natur einen untrennbaren Zusammenhang bilden. Sofern eine Gruppe von Gesetzmäßigkeiten noch nicht sicher in dieses allgemeine Gebäude eingegliedert werden kann, sucht man eine vorläufige Erklärung, eine **Hypothese**, aufzustellen. Hypothesen müssen aber sofort verworfen werden, wenn sie in Widerspruch zu den Tatsachen geraten!

Die Physik gliedert sich in ihrer Arbeitsweise in **theoretische Physik** (mathematische Entwicklung und Zusammenfassung von Naturgesetzen) und **Experimentalphysik** (Herleitung von Gesetzen aus der unmittelbaren Erfahrung und experimentelle Bestätigung neuer Zusammenhänge, die von der theoretischen Physik gefunden wurden). In den letzten Jahrzehnten haben sich jedoch die Grenzen zwischen theoretischer Physik und Experimentalphysik stark verwischt. Die in der Physik gewonnenen Erkenntnisse und allgemeingültigen Gesetze werden in Zusammenarbeit mit den speziellen technischen Fachrichtungen zur Lösung technischer und kultureller Probleme angewendet.

Der besonders seit dem Anfang dieses Jahrhunderts anhaltende wissenschaftliche und technische Fortschritt führte auch zu einer gewaltigen Ausdehnung und Vertiefung der physikalischen Erkenntnis. Grundlegende Experimente und Entdeckungen machten völlig neue Betrachtungsweisen und Theorien erforderlich, von denen besonders die spezielle und allgemeine Relativitätstheorie, die Quantenphysik, die Theorie der Atomkerne und Elementarteilchen genannt seien. Die hier geltenden Beziehungen und Gesetzmäßigkeiten tragen neuartigen Charakter und scheinen auf den ersten Blick mit den schon früher bekannten Gesetzen der **klassischen Physik** im Widerspruch zu stehen. Es zeigt sich aber, daß die Gesetze der klassischen Physik als Sonder- und Grenzfälle in denen der relativistischen und Quantenphysik enthalten sind und in weiten Bereichen der Technik ihre volle Gültigkeit behalten.

Es ist jedoch stets zu beachten, daß z. B. im Bereich sehr großer Geschwindigkeiten, die der des Lichtes nahekommen, bei der Umwandlung und Strahlung der Atome und Kerne und den Bewegungen der Elementarteilchen eben diese Grenzen der klassischen Physik überschritten werden und die neuen Betrachtungsweisen anzuwenden sind.

1 Physikalische Größen und Gleichungen

1.1 Physikalische Größen

Die Physik stellt ein weitgehend in sich geschlossenes System von Naturgesetzen dar. Die Formulierung dieser Gesetze selbst wie auch ihre gegenseitige Verknüpfung geschieht mit Hilfe mathematischer Gleichungen. In diesen Gleichungen erscheinen die physikalischen Begriffe in der Form **physikalischer Größen**. Das sind *meßbare* Merkmale von Objekten (Gegenständen, Vorgängen oder Zuständen).

Die in den einzelnen Teilgebieten der Physik verwendeten Größen sind recht zahlreich, hängen aber wegen ihrer gegenseitigen, in den Naturgesetzen gegebenen Beziehungen eng miteinander zusammen. Daher ist es möglich, sie auf nur wenige einfache **Basisgrößen** zurückzuführen und mit ihrer Hilfe alle übrigen als **abgeleitete** Größen darzustellen. So ist die Geschwindigkeit eine abgeleitete Größe, die als Quotient der beiden Basisgrößen Länge und Zeit definiert wird. Ebenso ist auch die Kraft eine abgeleitete Größe, die sich aus den Basisgrößen Masse, Länge und Zeit aufbauen läßt. Die physikalischen Größen haben deshalb nicht die Bedeutung einfacher Zahlenwerte, sondern sie definieren zugleich den durch sie dargestellten Begriff mittels einer bestimmten Meßvorschrift. So liegt dem Begriff der Länge eine zweckmäßig ausgewählte Einheit zugrunde, und die Größe l gibt zugleich an, wie oft die benutzte Einheit darin enthalten ist.

> **Jeder Wert einer physikalischen Größe ist das Produkt aus einem Zahlenwert und einer Einheit.**

Dies kommt in entsprechenden Gleichungen zum Ausdruck, wie $l = 50$ m oder $\varrho = 2$ g/cm^3, in denen die darin enthaltenen Einheiten ausdrücklich mitgeschrieben werden müssen.

Soll nur der *Zahlenwert* einer Größe bezeichnet werden, so wird ihr Formelzeichen in geschweiften Klammern gesetzt. Die Gleichung

$$\{l\} = 50$$

bedeutet, daß die Längeneinheit 50mal in der Länge l enthalten ist. Steht das Formelzeichen jedoch in eckigen Klammern, so ist allein ihre *Einheit* gemeint. Die Gleichung

$$[l] = \mathrm{m}$$

ist daher zu lesen: die Einheit der Länge l ist das Meter. Der Inhalt des obigen Merksatzes läßt sich somit für eine beliebige physikalische Größe G durch die Gleichung ausdrücken

Wert der Größe = Zahlenwert · Einheit

$$\boxed{G = \{G\}\,[G]} \tag{1.1}$$

1.2 Vektorielle und skalare Größen

In vielen Fällen reichen Zahlenwert und Einheit noch nicht aus, um eine physikalische Größe vollständig zu charakterisieren. Sie zeichnet sich dann dadurch aus, daß noch die Angabe einer Richtung erforderlich ist. Es handelt sich um **vektorielle Größen**. Hierzu gehören die Geschwindigkeit v, die Beschleunigung a, alle Arten von Kräften F usw. Die mathematische Behandlung folgt den besonderen Regeln der Vektorrechnung, deren Kenntnis im Rahmen dieses Buches jedoch nicht vorausgesetzt wird.

Vektorielle Größen werden durch *fettgedruckte*, schräggestellte (= kursive) Buchstaben hervorgehoben, wie v, a, F usw. Fehlt diese besondere Kennzeichnung, so bedeuten gewöhnliche Kursivbuchstaben, wie v, a, F usw., immer nur **Beträge** dieser vektoriellen Größen.

2*

Als **skalare Größen** werden dagegen alle jene Größen bezeichnet, denen kein Richtungssinn zugeordnet werden kann, wie z. B. die Zeit t, die Masse m oder die Temperatur T eines Körpers. Zu ihrer Kennzeichnung genügen die üblichen Kursivbuchstaben.

1.3 Physikalische Gleichungen

1.3.1 Größengleichungen

Die zur Formulierung der Naturgesetze aufgestellten Gleichungen sind keine gewöhnlichen mathematischen Formeln. Da sie aus physikalischen Größen gebildet sind, werden sie zwangsläufig zu **Größengleichungen**, in denen grundsätzlich jede Größe als *Produkt aus Zahlenwert und Einheit* erscheint. Die in der Größengleichung vorkommenden Größen werden durch *kursiv* gedruckte Symbole gekennzeichnet, die *Größensymbole* (Formelzeichen). Wie das Umgehen mit einer Größengleichung praktisch zu geschehen hat, sei an folgendem Beispiel gezeigt.

Beispiel: Wie groß ist die Masse m von 300 m Kupferdraht, dessen Querschnitt 0,785 mm² beträgt? – Zunächst ist die Gleichung (1.2) für die Dichte $\varrho = m/V$ nach der gesuchten Größe m umzustellen: $m = \varrho V$.
Das Zylindervolumen V des Drahtes ergibt sich als Produkt von Länge und Querschnitt: $V = lA$. Durch Ersetzen von V folgt die *allgemeine Lösung*

$$m = \varrho V = \varrho lA.$$

Den Wert der Dichte für Kupfer liefert die Tabelle in 1.4.4 mit $\varrho = 8{,}93$ g/cm³. Durch Einsetzen aller gegebenen Größen in die eben gewonnene Größengleichung folgt schließlich

$$m = \frac{8{,}93 \text{ g} \cdot 30000 \text{ cm} \cdot 0{,}00785 \text{ cm}^2}{\text{cm}^3} = 2103 \text{ g} = 2{,}10 \text{ kg}$$

als *spezielle Lösung*.

Hieraus ist zu ersehen, daß die Einheiten wie Faktoren zu behandeln sind und auch gegenseitig gekürzt werden können. In diesem Beispiel wurden die Einheiten gegebener Größen, die Längeneinheiten enthalten, vor dem Einsetzen in die Gleichung in Potenzen der einheitlichen Einheit Zentimeter umgerechnet.
Die Größengleichungen schreiben jedoch nicht vor, welche Einheiten zu verwenden sind. Ihr Vorteil besteht darin, daß sie unabhängig von der Wahl der Einheiten stets zum richtigen Ergebnis führen. So können alle Größen auch mit den in der Aufgabe gegebenen Einheiten eingesetzt werden:

$$m = \frac{8{,}93 \text{ g} \cdot 300 \text{ m} \cdot 0{,}785 \text{ mm}^2}{\text{cm}^3}.$$

Die zum Ausrechnen erforderliche Einheitlichkeit muß dann durch Hinzufügen von Umrechnungsfaktoren nachträglich herbeigeführt werden. In diesem Beispiel wird zweckmäßigerweise 1 m durch 10^2 cm bzw. 1 mm² durch 10^{-2} cm² ersetzt:

$$m = \frac{8{,}93 \text{ g} \cdot 300 \cdot 10^2 \text{ cm} \cdot 0{,}785 \cdot 10^{-2} \text{ cm}^2}{\text{cm}^3} = 2103 \text{ g} = 2{,}10 \text{ kg}.$$

Schließlich können auch Einheiten verwendet werden, die in der Aufgabe überhaupt nicht genannt wurden, wie etwa:

$$m = \varrho V = \frac{8{,}93 \text{ kg} \cdot 3 \cdot 10^3 \text{ dm} \cdot 7{,}85 \cdot 10^{-5} \text{ dm}^2}{\text{dm}^3} = 2{,}10 \text{ kg}.$$

Selbstredend wird stets derjenige Weg gewählt, der in einfachster Weise zum gewünschten Ziel führt. Diese bemerkenswerte Eigenschaft von Größengleichungen ist ein Vorteil gegenüber anderen Gleichungen, s. 1.3.2 und 1.3.3, und Grund für die fast ausschließliche Verwendung von Größengleichungen.

1.3.2 Zugeschnittene Größengleichungen

Mitunter sind noch Gleichungen in Gebrauch, die neben Zahlenwerten auch »Größen«-Symbole enthalten, die nur für bestimmte Einheiten gelten sollen. Im Unterschied zu den Größengleichungen stellen diese Symbole dann keine Größen, sondern nur Zahlenwerte dar. Solche Zahlenwertgleichungen werden in diesem Buch nicht verwendet, auch wegen der möglichen Verwechslungsgefahr in der Bedeutung der Symbole.

Werden Größen wiederholt mit derselben Einheit benutzt, können *zugeschnittene Größengleichungen* verwendet werden. In einer solchen bedeuten die Symbole Größen wie bei der Größengleichung. Jede Größe wird durch die in ihr enthaltene Einheit dividiert. Diese Quotienten stellen nach Gleichung (1.1) reine Zahlenwerte dar.

Beispiel: Für die Schallgeschwindigkeit in der Luft gilt die Näherungsformel

$$c / \frac{m}{s} = 331{,}6 + 0{,}6 t/°C.$$

Nach Einsetzen beispielsweise der Temperatur $t = 20\,°C$ kürzt sich die Einheit °C weg, und es verbleibt

$$c / \frac{m}{s} = (331{,}6 + 12) = 343{,}6.$$

Wird mit der auf der linken Gleichungsseite stehenden Einheit multipliziert, so entsteht das Ergebnis $c = 343{,}6\ \mathrm{m/s}$.

1.3.3 Einheitengleichungen

Oftmals kommt es darauf an, lediglich über die in einer Gleichung vorkommenden Einheiten Klarheit zu gewinnen. Dann werden alle Größen in eckige Klammern gesetzt, womit nach Gleichung (1.1) zum Ausdruck kommt, daß nur die Einheiten gemeint sind. Für die *Einheitensymbole* werden *geradstehende* lateinische Buchstaben verwendet.

Beispiel: Aus der Definition für die Dichte $\varrho = \dfrac{m}{V}$ folgt die *Einheitengleichung*

$$[\varrho] = \frac{[m]}{[V]} = \frac{\mathrm{kg}}{\mathrm{m}^3}.$$

1.3.4 Dimensionen

Um schematisch darzustellen, in welcher Weise eine physikalische Größe mit den in ihr enthaltenen Basisgrößen zusammenhängt, wird oftmals der Begriff der **Dimension** benutzt, der von dem der Einheit zu unterscheiden ist. Die Dimension kennzeichnet nur die Qualität einer physikalischen Größe. Die *Dimensionssymbole* werden durch *große steile Grotesk-buchstaben* gekennzeichnet. Die in der Mechanik verwendeten Basisgrößen haben die Dimensionen Länge L, Zeit T und Masse M. Zum Beispiel entsteht das Volumen V stets als Produkt dreier Längen und hat daher die Dimension L^3. Die Dichte ϱ ist demzufolge von der Dimension $\mathrm{M} \cdot \mathrm{L}^{-3}$ usw. Dagegen hat die Dichte eine Vielzahl von Einheiten wie u. a. $\mathrm{kg/m}^3$ oder $\mathrm{g/cm}^3$. Da die Dimensionen nicht an spezielle Einheiten gebunden sind, erleichtern sie in vielen Fällen den Überblick über komplizierte Zusammenhänge.

Physikalische Größen, bei deren Bildung sich die Einheiten herauskürzen, werden als **dimensionslos** bezeichnet. Sie entstehen z. B., wenn sie als Verhältnis zweier Größen definiert werden, denen die gleiche Einheit zukommt. Beispielsweise wird der ebene Winkel, s. 2.4.1, durch das Verhältnis $\dfrac{\text{Bogenlänge}}{\text{Radius}}$ bestimmt. Der sich ergebende Winkel ist daher dimensionslos und hat die Einheit 1.

1.4 Internationales Einheitensystem

Grundlage der zu benutzenden Einheiten ist das in nahezu allen Ländern verwendete Internationale Einheitensystem (Système International d'Unités = SI), das im Jahre 1960 von der 11. Generalkonferenz für Maß und Gewicht angenommen wurde. Es enthält 7 **Basiseinheiten** für die 7 Basisgrößen der Physik:

Basisgröße		Basiseinheit	
Symbol	Bezeichnung	Symbol	Bezeichnung
l	Länge	m	Meter
t	Zeit	s	Sekunde
m	Masse	kg	Kilogramm
I	elektrische Stromstärke	A	Ampere
T	Temperatur	K	Kelvin
n	Stoffmenge	mol	Mol
I_v	Lichtstärke	cd	Candela

Die den Basisgrößen zugeordneten Basiseinheiten werden durch Maßverkörperungen (Prototype) oder durch Meß- bzw. Zählvorschriften definiert und später im Text an sachlich zutreffender Stelle behandelt.

Zu den Basiseinheiten des SI kommen noch die **ergänzenden Einheiten** hinzu:

der Radiant (rad $\equiv$ 1) für den ebenen Winkel,
der Steradiant (sr $\equiv$ 1) für den räumlichen Winkel.

Bei dem in 1.3.4 erwähnten ebenen Winkel sollte für die Einheit 1 besser Radiant geschrieben werden, um die Art der physikalischen Größe erkennen zu können. Häufig wird Radiant gleich 1 gesetzt oder herausgekürzt. Doch dann gehen wichtige Informationen verloren. Analoges gilt für den räumlichen Winkel, s. 34.1.2 und 35.2.2.

Abgeleitete SI-Einheiten sind alle Einheiten, die aus den Basiseinheiten direkt, d. h. ohne Verwendung von Zahlenfaktoren ungleich 1, gebildet werden können. So ist die abgeleitete SI-Einheit der Geschwindigkeit Meter/Sekunde = m/s. Oftmals erhalten solche abgeleitete Einheiten selbständige Bezeichnungen mit Namen großer Physiker wie $\mathrm{kg\,m/s^2} = 1\ \mathrm{N}$ (Newton) oder $\mathrm{kg\,m^2/s^3} = 1\ \mathrm{W}$ (Watt).

Alle übrigen Einheiten dagegen, die sich nur durch Umrechnungsfaktoren ungleich 1 mit diesen SI-Einheiten in Verbindung bringen lassen, sind gegenüber dem SI systemfremd. Solche **SI-fremden Einheiten** sind Kilometer je Stunde (1 km/h = 1/3,6 m/s) für die Geschwindigkeit und Tonne (1 t = 1000 kg) für die Masse. SI-fremd sind auch veraltete, ungesetzliche Einheiten wie die Kalorie (cal), die technische Atmosphäre (at) usw. Da diese Einheiten aber gelegentlich noch anzutreffen sind, ist es für den Studierenden und Praktiker unumgänglich notwendig, ihre Umrechnung in SI-Einheiten zu   kennen. An den entsprechenden Stellen dieses Lehrbuches werden die Umrechnungsfaktoren mitgeteilt, ohne auf deren Herkunft einzugehen. Dabei kann keine Vollständigkeit erzielt werden, gegebenenfalls muß auf die zahlreich vorhandenen Umrechnungstabellen in der Literatur verwiesen werden.

Da es oft vorkommt, daß die SI-Einheiten für das praktische Rechnen zu groß oder zu klein sind, dürfen in den meisten Fällen dezimale Vielfache oder Bruchteile gebildet werden, die durch **Vorsätze** gekennzeichnet werden:

Vorsatz-bezeich-nung	Vorsatz-symbol	Wert		Beispiel	
Exa	E	10^{18}	Einheiten	Eg	Exagramm
Peta	P	10^{15}	Einheiten	PJ	Petajoule
Tera	T	10^{12}	Einheiten	TΩ	Teraohm
Giga	G	10^{9}	Einheiten	GeV	Gigaelektronenvolt
Mega	M	10^{6}	Einheiten	MW	Megawatt
Kilo	k	10^{3}	Einheiten	km	Kilometer
Hekto[1])	h	10^{2}	Einheiten	hl	Hektoliter
Deka[1])	da	10^{1}	Einheiten	dag	Dekagramm
Dezi[1])	d	10^{-1}	Einheiten	dm	Dezimeter
Zenti[1])	c	10^{-2}	Einheiten	cm	Zentimeter
Milli	m	10^{-3}	Einheiten	ms	Millisekunde
Mikro	μ	10^{-6}	Einheiten	μA	Mikroampere
Nano	n	10^{-9}	Einheiten	nm	Nanometer
Piko	p	10^{-12}	Einheiten	pF	Pikofarad
Femto	f	10^{-15}	Einheiten	fm	Femtometer
Atto	a	10^{-18}	Einheiten	am	Attometer

[1]) Diese Vorsätze sollen nur bei solchen Einheiten angewendet werden, bei denen sie bisher bereits üblich waren: s. die obigen Beispiele sowie hPa (Hektopascal).

Durch das Anwenden von Vorsätzen auf SI-Einheiten entstehen gesetzlich zulässige, aber SI-fremde Einheiten. Die mehrfache Anwendung von Vorsätzen auf eine Einheit ist unerlaubt. Da das Kilogramm als Basiseinheit bereits einen Vorsatz hat, dürfen bei Masseeinheiten Vorsätze nur auf die SI-fremden Einheiten Gramm und Tonne angewendet werden.

Schließlich soll nochmals die spezielle Lösung des Beispiels aus 1.3.1 ermittelt werden; diesmal unter Verwendung von SI-Einheiten:

$$m = \varrho l A = 8{,}93 \cdot 10^{3}\ \text{kg/m}^{3} \cdot 300\ \text{m} \cdot 0{,}785 \cdot (10^{-3}\ \text{m})^{2} = 2{,}10\ \text{kg}.$$

Allgemein gilt:

> **Werden in einer Größengleichung die gegebenen Größen in SI-Einheiten eingesetzt, so ergibt sich die zu berechnende Größe stets in ihrer zugehörigen SI-Einheit.**

Wird so verfahren, kann bei Kenntnis der SI-Einheit der zu berechnenden Größe und unter Verzicht auf die Kontrolle der Einheitenrichtigkeit der Gleichung ein erheblicher Zeitgewinn erzielt werden.

1.4.1 Längeneinheit Meter

Das Meter wurde im April 1795 von der französischen Nationalversammlung eingeführt und sollte ursprünglich den zehnmillionsten Teil eines Erdmeridianquadranten (Bild 1.1) darstellen. Bis in die jüngste Zeit wurde als Meter der Abstand zwischen 2 Markierungen auf einem Barren aus Platinlegierung (Bild 1.2) genommen. Dieser Meter-Prototyp wurde in Sevres bei Paris im Bureau des Poids et Mésures aufbewahrt.

Weil damit gerechnet werden muß, daß derartige Legierungen im Laufe längerer Zeit Veränderungen im Feingefüge erleiden, wurde ab 1960 das Meter als das 1 650763,73fache der Wellenlänge des vom Atom Krypton 86 unter genau festgelegten Bedingungen ausgestrahlten Lichtes festgelegt.

Bild 1:1. Erdmeridianquadrant   Bild 1.2. Ende A des Meter-Prototyps Nr. 18

Eine höhere Meßgenauigkeit bei der Darstellung des Meters als bei Verwendung der Kryptonstrahlung und *mehrere* Darstellungsmethoden erlaubt die von der 17. Generalkonferenz für Maß und Gewicht am 20. Oktober 1983 in Paris angenommene neue Definition:

> **Das Meter (m) ist Basiseinheit der Länge.**
> **1 m ist die Länge der Strecke, die Licht im Vakuum während der Zeitspanne von 1/299 792 458 Sekunden durchläuft.**

Gebräuchliche SI-fremde Einheiten: pm, nm, μm, mm, cm, dm, km.
Ungesetzliche Einheit: $1''$ (Zoll) $= 25{,}4 \cdot 10^{-3}$ m.

Durch die Definition des Meters wird die Lichtgeschwindigkeit im Vakuum festgelegt zu $c = 299\,792\,458$ m/s. Es handelt sich hierbei um die Ausnutzung einer gesicherten Erfahrungstatsache, denn heutzutage mit Laserstrahlen durchgeführte Lichtgeschwindigkeitsmessungen ergeben Abweichungen vom angeführten Wert erst in der übernächsten Dezimalstelle.

Eine Darstellungsmöglichkeit des Meters ist mittels der Strecke l (als Vielfaches des Meters) gegeben, die von einer ebenen elektromagnetischen Welle (z. B. der Strahlung eines frequenzstabilisierten Helium-Neon-Lasers) in der Zeitspanne t zurückgelegt wird. Gemessen wird die Zeitspanne t. Mit dem obigen Wert der Vakuumlichtgeschwindigkeit c ergibt sich l unter Verwendung des Weg-Zeit-Gesetzes der gleichförmigen Bewegung (2.5) zu $l = ct$.

Wichtige Längenmeßgeräte in der Technik sind die mit größter Präzision hergestellten **Parallelendmaße**. Ihre Endflächen sind so genau gearbeitet, daß sie bei Berührung fest aneinander haften und bei 1 bis 20 mm beispielsweise eine Genauigkeit von $\pm 0{,}08$ μm verbürgen (Bild 1.3).

Zum genaueren Ablesen von geteilten Maßstäben dient noch oft der **Nonius**. Dieser ist ein Hilfsmaßstab, auf welchem 9 Striche des Hauptmaßes in 10 Teile zerfallen (Bild 1.4). Derjenige Teilstrich des Nonius, der mit einem Strich des Hauptmaßes zusammenfällt, gibt die Zehntel an.

Bild 1.3. Parallelendmaße

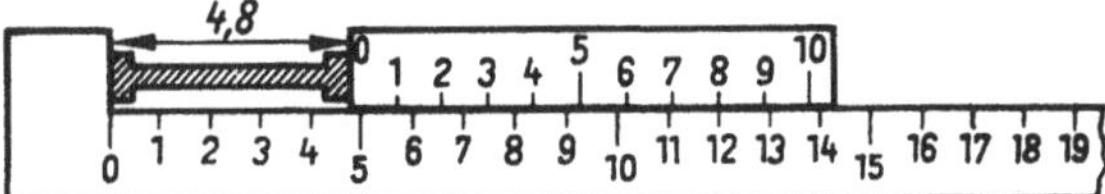

Bild 1.4. Schema eines Nonius, Ablesung: 4,8 Längeneinheiten

Bild 1.5. Bügelmeßschraube

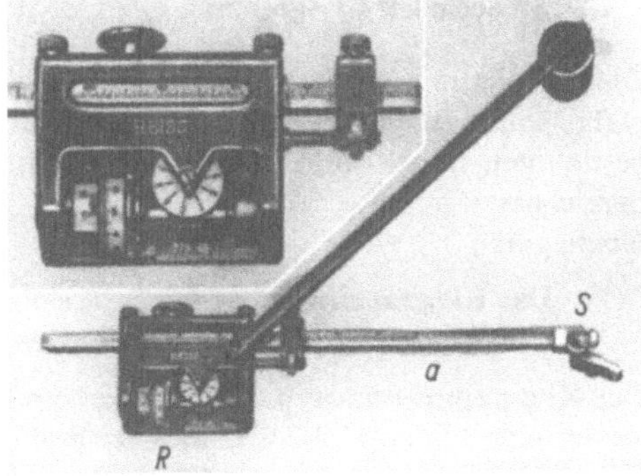

Bild 1.6. Polarplanimeter. Links oben: Umdrehungszähler und Ablesung der Fahrarmeinstellung

Für Feinmessungen dient in vielen Fällen die **Meßschraube** (Bild 1.5). Bei einer vollen Umdrehung der Teilungstrommel bewegt sich die Spindel um 0,5 mm vorwärts.
Die Trommel selbst hat 50 Teilstriche, so daß 0,01 mm bequem gemessen werden können. Gute Meßschrauben weisen einen Fehler von höchstens $\pm 0,002$ mm auf.
Genaue Längenmessungen werden mit optischen (z. B. Interferenzkomparator von Zeiss) und elektrischen Geräten (z. B. Kapazitätsänderung eines Schwingkreises) ausgeführt. Für genaueste Messungen werden seit 1960 Laserstrahlen verwendet.
Die abgeleitete SI-Einheit der Fläche ist das **Quadratmeter** (m^2). Neben der rein rechnerischen Ermittlung von Flächeninhalten kommt man häufig in die Lage, den Inhalt gezeichnet vorliegender unregelmäßiger Flächen zu bestimmen. Hierzu eignet sich besonders das **Polarplanimeter** (Bild 1.6). Mit dem Fahrstift S umfährt man den Rand der Fläche. Die

Rolle R führt dabei z Umdrehungen aus. Die Fläche ist dann $A = kz$, wobei k eine Konstante ist, die von der Fahrarmeinstellung und dem Rollenumfang abhängt.
Die abgeleitete SI-Einheit des Volumens ist das **Kubikmeter** (m^3).
Gebräuchliche SI-fremde Einheit:

$$1\ l\ (\text{Liter}) = 1\ dm^3 = 10^{-3}\ m^3.$$

Das Volumen unregelmäßiger kleiner Körper mißt man mit dem **Überlaufgefäß** (Bild 1.7).
Dieses wird zunächst bis zum Abfluß des letzten Tropfens mit Wasser gefüllt. Nach Einlegen des Körpers läuft dann gerade so viel Wasser ab, wie sein Volumen beträgt.

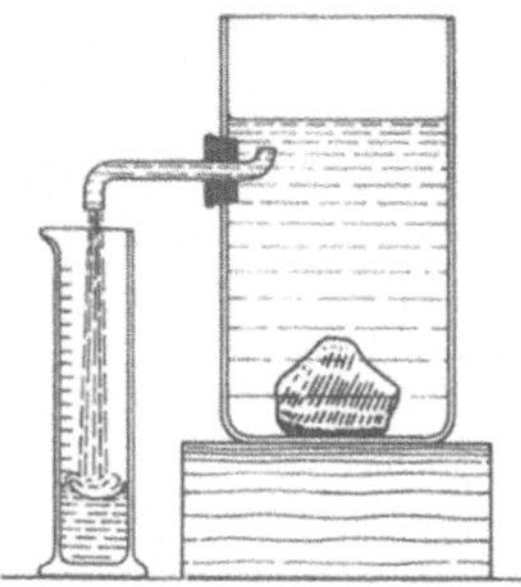

Bild 1.7. Überlaufgefäß

1.4.2 Masseeinheit Kilogramm

Gleichzeitig mit der Längeneinheit Meter wurde auch die Einheit der Masse festgelegt.
Dabei wurde ursprünglich als Masseeinheit die Masse genommen, die in 1 cm^3 Wasser bei
bestimmten Druck- und Temperaturverhältnissen enthalten ist. Sie wurde mit g (Gramm)
bezeichnet.
Heute gilt:

> **Das Kilogramm (kg) ist die Basiseinheit der Masse.**
> **1 kg ist die Masse des internationalen Kilogramm-Prototyps.**

Der Kilogramm-Prototyp (Bild 1.8) ist ein Zylinder aus Platin-Iridium von 39 mm Durchmesser und 39 mm Höhe, der in einer Stahlkammer in Sèvres aufbewahrt wird.
Oft wird Masse als Synonym für »Menge« gebraucht und dann fälschlich als Gewicht
bezeichnet. Wir werden jedoch in 3.1 sehen, daß das Gewicht eine Kraft ist und hierfür
andere Einheiten zu verwenden sind. Daher sind auch die zum Wägen benutzten Körper

Bild 1.8. Der Kilogramm-Prototyp mit
seiner Haltevorrichtung

keine »Gewichte«, denn jede solche Waage ist ein Gerät zum Massenvergleich und dient somit zur Massenbestimmung mit Hilfe von »Wägestücken«.

Sobald es im täglichen Leben (z. B. beim Einkaufen von Lebensmitteln) und in der Technik (z. B. bei der Gewinnung und Verarbeitung von Kohle und anderen Rohstoffen) auf eine bestimmte Menge ankommt, rechnet man daher durchaus richtig mit deren Masse in Kilogramm und sagt einfach »1 kg Brot« usw.

1.4.3 Zeiteinheit Sekunde

Für beide deutschen Staaten gilt die Mitteleuropäische Zeit (MEZ), d. h. die Ortszeit für 15° östliche Länge. Das Zeitsignal wird täglich ab 12.55 Uhr von einigen Rundfunksendern ausgestrahlt.

Ursprünglich wurde die Zeitdauer, in der sich die Erde einmal um sich selbst dreht, als Grundlage der Zeiteinheitendefinition verwendet: Eine Sekunde war der 86400ste Teil eines mittleren Sonnentages.

Für Präzisionsmessungen dient heute die **Quarzuhr**, deren wichtigster Teil ein vibrierender Quarzstab ist, der einen elektrischen Schwingkreis steuert.

Wird die Erdrotation mit solchen genauen Quarzuhren untersucht, so wird eine Verlangsamung der Rotationsgeschwindigkeit festgestellt. Doch auch bei Quarzoszillatoren läßt sich eine geringfügige Änderung ihrer Frequenzen mit der Zeit nachweisen und erklären. Nur die Frequenz der Strahlung von Atomen bleibt im Zeitablauf unverändert erhalten. Die 13. Generalkonferenz für Maß und Gewicht hat deshalb 1967 festgelegt:

> **Die Sekunde (s) ist die Basiseinheit der Zeit.**
> **1 s ist die Dauer von 9 192 631 770 Perioden der Strahlung des Atoms Caesium 133 beim Übergang zwischen den beiden Hyperfeinstrukturniveaus des Grundzustandes.**

Gebräuchliche SI-fremde Einheiten:

$$1 \text{ min (Minute)} = 60 \text{ s}$$
$$1 \text{ h} \quad \text{(Stunde)} = 3{,}6 \cdot 10^3 \text{ s}$$
$$1 \text{ d} \quad \text{(Tag)} \quad = 86{,}4 \cdot 10^3 \text{ s.}$$

1.4.4 Dichte

Beim Vergleich verschiedener Stoffe gleichen Volumens zeigen sich mitunter auffällige Massenunterschiede, wie etwa Blei gegenüber Kork. Andererseits kann ein entsprechend großes Korkstück durchaus die gleiche Masse haben wie ein kleineres Stück Blei. Brauchbare Vergleichswerte ergeben sich erst dann, wenn die Massen gleicher Volumina gegenübergestellt werden. Das ergibt die Definition der **Dichte** ϱ **eines homogenen Körpers als Quotient aus Masse** m **und Volumen** V **des Körpers:**

$$\boxed{\varrho = \frac{m}{V}} \qquad \textbf{(Massen-) Dichte} \qquad\qquad (1.2)$$

$[\varrho] = \text{kg/m}^3$ (Kilogramm je Kubikmeter)

Gebräuchliche SI-fremde Einheiten: $1 \text{ g/cm}^3 = 1 \text{ kg/dm}^3 = 1 \text{ t/m}^3 = 10^3 \text{ kg/m}^3$.

Ein Körper hat die Dichte 1 kg/m^3, wenn er bei einem Volumen von 1 m^3 die Masse 1 kg hat.

Dichte einiger fester Stoffe bei 20 °C in g/cm³

Lithium	0,534	Steinkohle	1,5	Aluminiumleg.	2,79
Kalium	0,862	Wolfram	19,1	AlCuMg	
Natrium	0,971	Gold	19,29	(»Duralumin«)	
Magnesium	1,74	Platin	21,5	Fichtenholz	0,5
Aluminium	2,72	Osmium	22,5	Eichenholz	0,82
Eisen	7,2 … 7,8	Messing	8,6	Granit	2,8
Kupfer	8,93	Germanium	5,35	Beton	2,2
Blei	11,34	Magnesiumleg. MgAl	1,8	Ziegelstein	2,6
Zink	7,12	(»Elektron«)		Fensterglas	2,5

Die Tabellenwerte sind nicht immer maßgebend, da es sehr auf die innere Struktur und die Herstellungsweise der betreffenden Stoffe ankommt.

Bild 1.9. Pyknometer

Dichte einiger Flüssigkeiten in g/cm³

Quecksilber bei 0 °C	13,5951	Diethylether bei 18 °C	0,72
Quecksilber bei 20 °C	13,5457	(Äther)	
Wasser bei 0 °C	0,999841	Seewasser	1,02
Wasser bei 20 °C	0,998205	Petroleum	0,85
Ethanol bei 18 °C	0,79	Schwefelsäure, konzentr.	1,84
(Äthylalkohol)		Benzin	0,70
Benzen bei 18 °C	0,88		
(Benzol)			

Dichte einiger Gase bei 0 °C und 1 013,25 hPa in kg/m³

Wasserstoff	0,090	Ammoniak	0,771
Sauerstoff	1,429	Kohlendioxid	1,977
Luft	1,293	Kohlenoxid	1,250
Stickstoff	1,251	Chlor	3,22
Helium	0,179		

Die Dichte von **Flüssigkeiten** wird mit einem **Pyknometer** bestimmt (Bild 1.9). Dies ist ein Glasfläschchen genau bekannten Inhalts V, dessen Masse m_P im leeren Zustand sorgfältig ermittelt wird. Dann wird es mit der Flüssigkeit gefüllt, bis diese aus der im Stopfen befindlichen Durchbohrung austritt; der Rest wird abgewischt. Eine erneute Wägung des jetzt gefüllten Pyknometers ergibt die Gesamtmasse $m + m_P$. Aus der Differenz beider Wägungen ergibt sich die Flüssigkeitsmasse m und mit (1.2) die Dichte der Flüssigkeit.

Eine genauere Methode wird in 9.3.5 behandelt.

Um handliche und vergleichbare Zahlenwerte zu bekommen, wird die Dichte bei **Gasen** meist in **Kilogramm je Kubikmeter** bei 0 °C und 1 013,25 hPa (sogenannte Normalbedingungen) angegeben.

Ein Vergleich zeigt dann, daß Wasserstoff von allen Gasen die kleinste Dichte hat. Auch merke man sich die Dichte von Luft.

MECHANIK DES MASSENPUNKTES UND DES STARREN KÖRPERS

2 Lehre von den Bewegungen (Kinematik)

2.1 Grundbegriffe der Bewegungslehre

Von den in der Natur beobachtbaren Erscheinungen fallen diejenigen am meisten auf, bei denen sich irgendwelche Körper gegenüber ihrer Umgebung bewegen. Um die außerordentlich vielfältigen Bewegungsmöglichkeiten besser ordnen zu können, läßt man bei der Untersuchung dieser Vorgänge die Frage nach der Ursache, d. h. den beteiligten Kräften und den entstehenden Wirkungen auf andere Körper, zunächst außer Betracht. Die Bewegungslehre behandelt demnach nur den zeitlichen Ablauf der Ortsänderung eines Körpers, ohne nach deren Ursache oder Wirkung zu fragen.

Oftmals ist es zweckmäßig, einen Körper nur als **Massenpunkt** zu betrachten. Es wird von der Ausdehnung des Körpers abgesehen, nicht aber von seiner Masse, die in einem Punkt, d. h. in einem Gebilde ohne Ausdehnung, konzentriert gedacht wird.

Alle Bewegungen lassen sich in zwei Arten unterteilen. Bewegen sich *alle* Punkte des Körpers mit gleich großer Geschwindigkeit auf parallelen Linien, so handelt es sich um eine **fortschreitende Bewegung** (Translation), während bei der **Drehbewegung** (Rotation) die auf der Drehachse befindlichen Punkte in Ruhe bleiben und die übrigen Kreisbahnen unterschiedlicher Geschwindigkeit beschreiben. Beide Bewegungsarten können auch gleichzeitig stattfinden, wie z. B. bei einem auf der Straße rollenden Rad oder einer Luftschraube. Ändert sich die Bewegungsrichtung periodisch, so handelt es sich um Schwingungen.

Zur Darstellung eines Bewegungsvorganges kann zunächst die **Bahn** des Körpers verfolgt und in ein Koordinatensystem eingezeichnet werden. Im einfachsten Fall, etwa bei einer angestoßenen Billardkugel, ist die Bahn eine Gerade (Bild 2.1). Sie kann auch kreisförmig sein, oder, wie bei einem geworfenen Stein, die Form einer Parabel haben (Bild 2.2).

Die genaue **Bahnkurve** zu kennen ist zwar sehr wichtig; doch läßt sich dieser Darstellungsweise nicht entnehmen, mit welcher **Geschwindigkeit** sich der Körper bewegt. Aus der Bahnkurve ist lediglich zu erkennen, daß sich die Bewegungsrichtung u. U. fortgesetzt ändert. Um die Geschwindigkeit vollständig zu kennzeichnen, muß daher sowohl deren *Zahlenwert* nebst zugehöriger Einheit als auch deren *Richtung* angegeben werden.

Die vektoriellen Eigenschaften der Geschwindigkeit seien jedoch vorläufig noch beiseite gelassen. Sie werden in 2.3 eingehender behandelt.

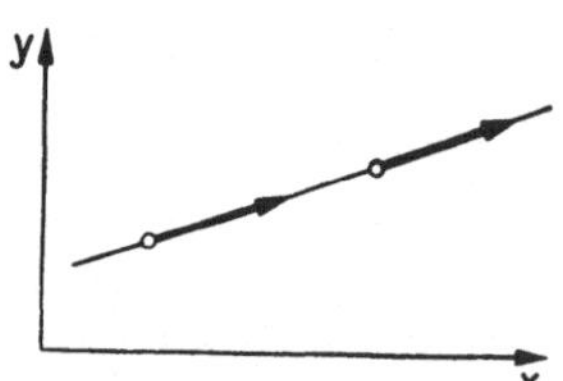

Bild 2.1. Bahnkurve eines geradlinig bewegten Körpers mit Geschwindigkeitsvektoren

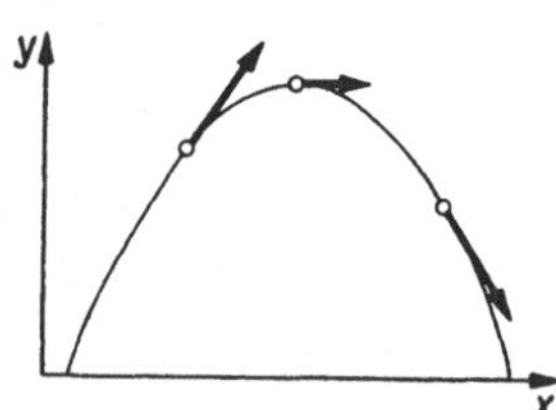

Bild 2.2. Bahnkurve eines krummlinig bewegten Körpers (Wurfparabel) mit einigen Geschwindigkeitsvektoren

2.1.1 Geschwindigkeit

Die Geschwindigkeit eines Körpers wird festgestellt, indem eine bestimmte Strecke Δs vorgegeben und dann gemessen wird, in welcher Zeitspanne Δt er die Strecke Δs zurücklegt. Hiernach berechnet sich die **Geschwindigkeit** v als **Quotient aus dem zurückgelegten Weg Δs und der dazu benötigten Zeitdauer Δt.**

$$\boxed{v = \frac{\Delta s}{\Delta t}} \qquad \textbf{Geschwindigkeit (mittlere)} \qquad\qquad (2.1)$$

$[v] = \mathrm{m/s}$ (Meter je Sekunde)

Gebräuchliche SI-fremde Einheit: 1 km/h (Kilometer je Stunde) = 1/3,6 m/s.

Da sich die Bahnkurve zur Darstellung des zeitlichen Bewegungsablaufes nicht eignet, wird bevorzugt ein anderes Diagramm verwendet. Man trägt die zurückgelegte Strecke s als Ordinate und die verflossene *Zeit t* als Abszisse auf und erhält so das **Weg-Zeit-Diagramm**. Auf Bild 2.3 ist es eine ansteigende Gerade. Sie bringt zum Ausdruck, daß in gleichen Zeitspannen Δt stets gleich große Wegstrecken Δs zurückgelegt werden. Es liegt eine **gleichförmige Bewegung** vor. 1 m/s ist die Geschwindigkeit eines gleichförmig bewegten Körpers, der in 1 s den Weg 1 m zurücklegt.

Verläuft die Bahn außerdem noch geradlinig (was in diesem Schaubild nicht zum Ausdruck kommt!), so handelt es sich um eine **gleichförmig geradlinige Bewegung**. Vollkommen gleichförmige Bewegungen kommen in der Natur jedoch nur selten vor. Meistens wird die Geschwindigkeit von einem Bahnpunkt zum nächsten infolge kleinster Unebenheiten oder wechselnder Bewegungswiderstände mehr oder weniger schwanken, so daß sich das Diagramm 2.4 einer **ungleichförmigen Bewegung** ergibt.

An diesem Diagramm ist sofort erkennbar, daß der Differenzenquotient $\dfrac{\Delta s}{\Delta t}$ die verschiedensten Werte annimmt. Aber auch innerhalb der gewählten Zeitspanne Δt ändert sich die Geschwindigkeit, so daß die Gleichung (2.1) nur die *mittlere* Geschwindigkeit in der Zeitspanne Δt angibt (Bild 2.5).

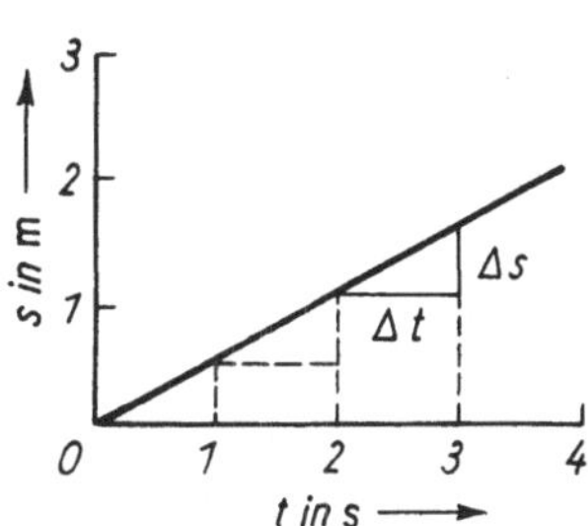

Bild 2.3. Gleichförmige Bewegung mit

$$v = \frac{0,5\ \mathrm{m}}{1\ \mathrm{s}} = 0,5\ \frac{\mathrm{m}}{\mathrm{s}}$$

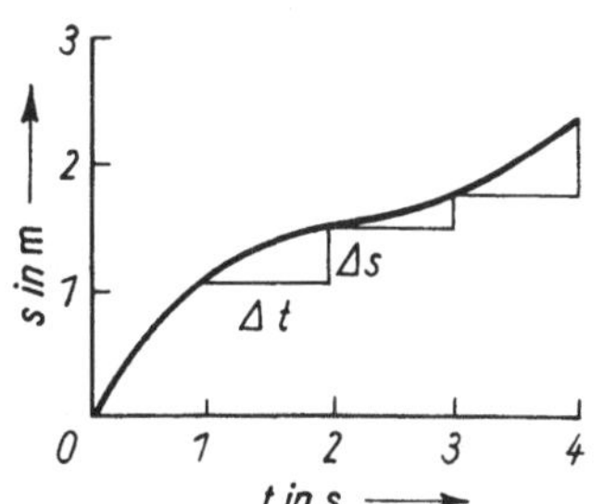

Bild 2.4. Ungleichförmige Bewegung

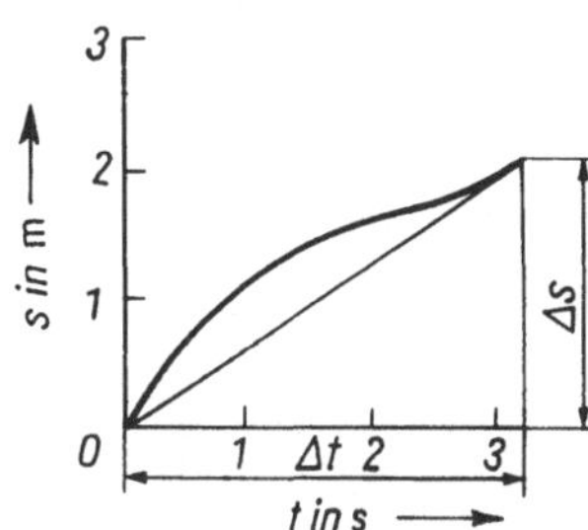

Bild 2.5. Mittlere Geschwindigkeit

$$v_\mathrm{m} = \frac{2\ \mathrm{m}}{3,2\ \mathrm{s}} = 0,625\ \frac{\mathrm{m}}{\mathrm{s}}$$

Die Differenzenquotienten $\dfrac{\Delta s}{\Delta t}$ bringen somit nicht den wirklichen zeitlichen Verlauf der Geschwindigkeit zum Ausdruck. Um die Geschwindigkeit in einem bestimmten Augenblick oder Moment darzustellen, d. h. in einem Zeit*punkt*, muß die Zeitspanne äußerst klein werden. Der durch den Quotienten $\dfrac{\Delta s}{\Delta t}$ beschriebene Anstieg der Kurven*sekante* wird zum *Tangenten*anstieg. Dies entspricht dem Übergang vom Differenzenquotienten zum *Differentialquotienten*:

$$\boxed{\;v = \lim_{\Delta t \to 0} \frac{\Delta s}{\Delta t} = \frac{\mathrm{d}s}{\mathrm{d}t}\;}\qquad \textbf{(Augenblicks-) Geschwindigkeit} \qquad\qquad (2.2)$$

Die Geschwindigkeit ist der Differentialquotient des Weges nach der Zeit.

Die Verwendung des Differentialquotienten anstatt des Differenzenquotienten bringt hier und auch später an entsprechenden Stellen vor allem mathematische Vorteile. Es ist erst mit Hilfe der Differential- und Integralrechnung möglich, alle Feinheiten der Naturvorgänge mathematisch exakt zu erfassen und darzustellen.

Gemessen werden allerdings stets Differenzenquotienten, und der durch das Symbol lim (von Limes, Grenzwert) geforderte mathematische Grenzübergang $\Delta t \to 0$ kann nicht dadurch vollzogen werden, indem in einer über alle Grenzen wachsenden Zahl von Meßschritten der Differentialquotient immer besser hergestellt wird. Die Differenzenquotienten ergeben stets unterschiedliche Werte, auch noch für kleine Δt. Für hinreichend kleines, noch immer endliches Δt ergeben sich jedoch praktisch konstante Werte, die wegen der stets vorhandenen Meßfehler nicht mehr voneinander unterscheidbar sind. Diese können als Wert des Differentialquotienten aufgefaßt werden.

2.1.2 Beschleunigung

Der veränderliche Charakter der Geschwindigkeit ist aus den Bildern 2.3 bis 2.5 nur am unterschiedlichen Anstieg der Kurventangente zu erkennen. Der Betrag der Geschwindigkeit selbst läßt sich aus dem s,t-Diagramm nicht ohne weiteres ablesen. Einen besseren Überblick gewährt daher ein Diagramm, das die Geschwindigkeit als Funktion der Zeit abbildet. Bild 2.6 zeigt die einfachste Form eines solchen **Geschwindigkeit-Zeit-Diagramms**: Die Geschwindigkeit v hat einen stets gleichbleibenden Betrag. Es liegt eine gleichförmige Bewegung vor.

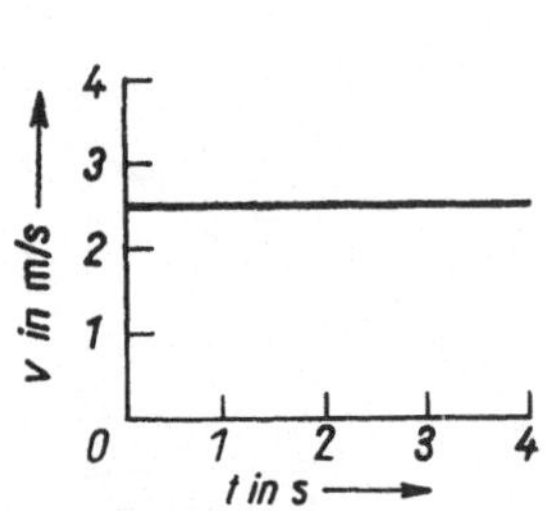

Bild 2.6. Gleichförmige Bewegung mit

$$v = 2{,}5\,\frac{\mathrm{m}}{\mathrm{s}}\ \text{und}\ a = 0$$

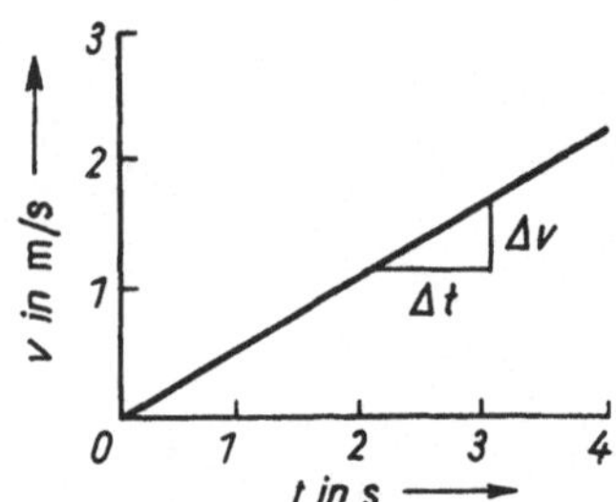

Bild 2.7. Gleichmäßig beschleunigte Bewegung mit

$$a = \frac{0{,}5\,\mathrm{m/s}}{1\,\mathrm{s}} = 0{,}5\,\mathrm{m/s^2}$$

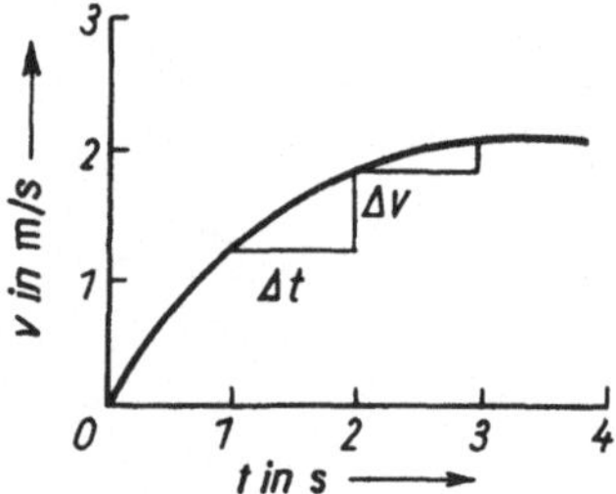

Bild 2.8. Abnehmende Beschleunigung

Dagegen läßt Bild 2.7 erkennen, daß die Geschwindigkeit im Laufe der Zeit gleichmäßig anwächst. Hier liegt eine **gleichmäßig beschleunigte Bewegung** vor. Mehr oder weniger angenähert ist dies bei allen Anfahrvorgängen der Fall. Beim Anfahren eines Zuges oder beim Start einer Rakete wird die Endgeschwindigkeit erst nach einer bestimmten Zeit erreicht. Beim Bremsen hingegen nimmt die Geschwindigkeit immer mehr ab. Derartige Geschwindigkeitsänderungen werden durch den Begriff der **Beschleunigung** a gekennzeichnet.

Die Beschleunigung erfaßt nicht die Geschwindigkeit v selbst, sondern nur ihre Änderung, d. h. ihren Zuwachs oder ihre Abnahme Δv in der zugehörigen Zeitspanne Δt. Die **Beschleunigung** ist daher der **Quotient aus der Geschwindigkeitsänderung Δv und der dazugehörigen Zeitspanne Δt.**

$$\boxed{a = \frac{\Delta v}{\Delta t}} \qquad \textbf{Beschleunigung (mittlere)} \qquad (2.3)$$

$$[a] = \frac{m/s}{s} = m/s^2 \qquad \text{(Meter je Quadratsekunde)}$$

$1\ m/s^2$ ist die Beschleunigung eines Körpers, dessen Geschwindigkeit sich während der Zeitspanne $1\ s$ um $1\ m/s$ gleichmäßig ändert.

Wenn die Geschwindigkeit *abnimmt*, hat die Größe a die Bedeutung einer **Verzögerung**. Ihr Zahlenwert hat dann *negatives* Vorzeichen:

Beschleunigung: $a > 0$
Verzögerung: $\quad a < 0$.

Ungefähre Beschleunigungs- und Verzögerungswerte in m/s^2

Anfahren von Güterzügen	0,08	Bremsen von Güterzügen	$-0,15$
desgl. von Personenzügen	0,12	desgl. von Personenzügen	$-0,30$
desgl. der Berliner S-Bahn	0,55	Kraftfahrzeuge	$-(1...8)$

Die beim Anfahren und Bremsen von Fahrzeugen auftretenden Beschleunigungen bzw. Verzögerungen sind jedoch nur annähernd konstant. Dies folgt daraus, daß der Übergang in die angestrebte Endgeschwindigkeit allmählich erfolgt und die Beschleunigung dabei immer geringer wird. Die Geschwindigkeitskurve im v,t-Diagramm ist so gekrümmt, daß der Geschwindigkeitszuwachs Δv in gleichen Zeitintervallen immer mehr abnimmt (Bild 2.8). Um die in einem *bestimmten Augenblick* wirkende Beschleunigung zu ermitteln, ist daher die Zeitspanne Δt gegen Null gehend zu denken und die Beschleunigung durch den *Differentialquotienten*

$$\boxed{a = \lim_{\Delta t \to 0} \frac{\Delta v}{\Delta t} = \frac{dv}{dt}} \qquad \textbf{(Augenblicks-) Beschleunigung} \qquad (2.4)$$

auszudrücken.

Die Beschleunigung ist der Differentialquotient der Geschwindigkeit nach der Zeit.

2.2 Bewegung auf gerader Bahn

2.2.1 Gleichförmige Bewegung

Bei dieser einfachsten aller Bewegungsformen ergibt sich die zurückgelegte Wegstrecke Δs unmittelbar aus der Definition (2.1), da hier Geschwindigkeit und mittlere Geschwindigkeit übereinstimmen: $\Delta s = v\,\Delta t$.

Die zurückgelegte Strecke geht in anschaulicher Weise aus dem v,t-Diagramm hervor. Dieses zeigt nämlich, daß das Produkt $v\,\Delta t$ gleich dem Inhalt des auf Bild 2.9 schraffierten Flächenstreifens ist. Für eine beliebige, von $t = 0$ an gezählte Zeit t entsteht dann die gesamte Wegstrecke s durch Summierung aller in diesem Zeitintervall liegenden Flächenstreifen. Die Summe ist der Inhalt des ganzen Rechteckes.

$$\boxed{s = vt}\qquad \textbf{Weg-Zeit-Gesetz der gleichförmigen Bewegung}\qquad\qquad (2.5)$$

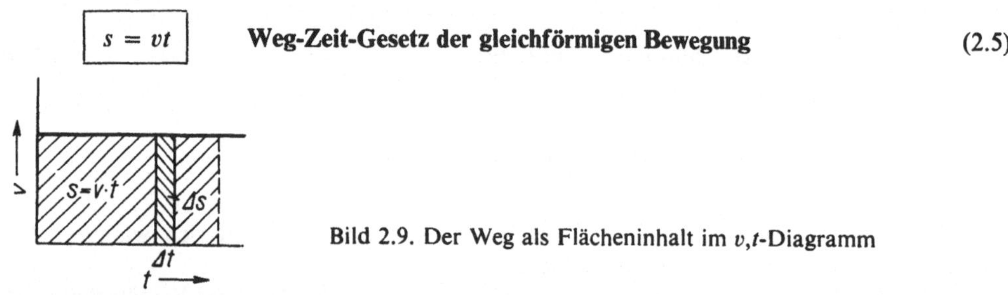

Bild 2.9. Der Weg als Flächeninhalt im v,t-Diagramm

Mit Hilfe der genaueren Definition (2.2) der Geschwindigkeit ergibt sich der zurückgelegte Weg durch Integration der Gleichung

$$\int ds = \int v\,dt.$$

Dies ist leicht durchführbar, weil ja v eine konstante Größe ist. Es folgt zunächst das unbestimmte Integral

$$s = vt + C.$$

Der Wert der Integrationskonstanten C ergibt sich durch Festlegen einer *Anfangsbedingung*. Oft ist es üblich, den Anfang s_0 der Meßstrecke mit $s_0 = 0$ zu bezeichnen und auch die Zeitzählung (z. B. bei Verwendung einer Stoppuhr) mit $t_0 = 0$ zu beginnen. Wird beides in die letzte Gleichung eingesetzt, so ergibt sich $C = 0$. Hieraus folgt dann in Übereinstimmung mit (2.5) $s = vt$.

Beispiele: 1. Welche Strecke legt ein Kraftwagen mit der Geschwindigkeit 80 km/h in 15 s zurück? – (2.1) liefert eine Strecke von

$$s = vt = \frac{80\ \text{m} \cdot 15\ \text{s}}{3,6\ \text{s}} = 333\ \text{m}.$$

2. Welche mittlere Geschwindigkeit hat ein Zug, der 30 min lang mit einer Geschwindigkeit von 40 km/h und 90 min mit 60 km/h fährt? – Die gesamte Wegstrecke s ergibt sich aus $s = s_1 + s_2$, wobei sich die beiden Teilstrecken jeweils mit Gleichung (2.5) berechnen lassen: $s_1 = v_1 t_1$ und $s_2 = v_2 t_2$. Analog folgt die Gesamtzeitspanne aus den Einzelzeiten: $t = t_1 + t_2$. Gleichung (2.1) ergibt nach Einsetzen beider Gesamtwerte die mittlere Geschwindigkeit:

$$v_\text{m} = \frac{s}{t} = \frac{v_1 t_1 + v_2 t_2}{t_1 + t_2} = \frac{40\,\dfrac{\text{km}}{\text{h}} \cdot \dfrac{1}{2}\,\text{h} + 60\,\dfrac{\text{km}}{\text{h}} \cdot \dfrac{3}{2}\,\text{h}}{\dfrac{1}{2}\,\text{h} + \dfrac{3}{2}\,\text{h}}$$

$$= \frac{20\ \text{km} + 90\ \text{km}}{2\ \text{h}} = 55\ \text{km/h}.$$

2.2.2 Gleichmäßig beschleunigte Bewegung

Das charakteristische Merkmal dieser Bewegung ist die ständige gleichmäßige Änderung der Geschwindigkeit. Dabei ist es nicht notwendig, daß sie bei Beginn der Zeitmessung, wie etwa auf Bild 2.7 angegeben ist, gleich Null sei. Es ist durchaus möglich, daß die Geschwindigkeit zur Zeit $t = 0$ schon einen gewissen Anfangsbetrag v_0 hat, wonach sich das auf Bild 2.10 angegebene Diagramm ergibt.

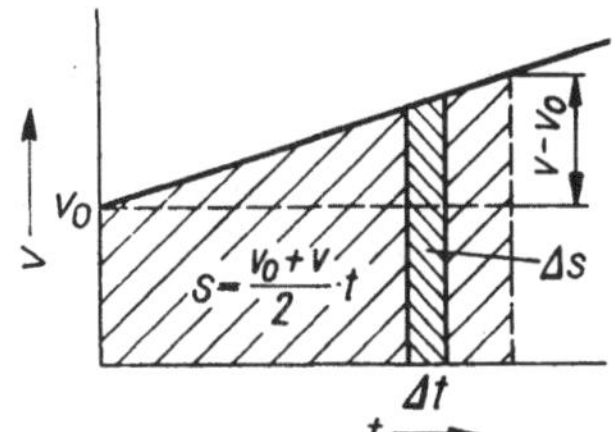

Bild 2.10. Zur Berechnung des Weges bei beschleunigter Bewegung

Die Beschleunigung stimmt hier mit der mittleren Beschleunigung (2.3) überein und ist gleich dem Quotienten aus der Geschwindigkeitsänderung $v - v_0$ und der verstrichenen Zeit t:

$$a = \frac{v - v_0}{t}. \tag{2.6}$$

Mit anderen Worten heißt das: Die Geschwindigkeit zum Zeitpunkt t ist gleich der Summe aus der Anfangsgeschwindigkeit v_0 und dem Geschwindigkeitszuwachs $v - v_0 = at$.

$$\boxed{v = v_0 + at}$$ Geschwindigkeits-Zeit-Gesetz der beschleunigten Bewegung (2.7)

Der dabei zurückgelegte Weg läßt sich nach dem gleichen Verfahren wie bei der gleichförmigen Bewegung ermitteln. Auch hier ergibt die Summierung aller einzelnen Flächenelemente $v \, \Delta t$ den Gesamtweg s als entsprechenden Flächeninhalt im v,t-Diagramm. Die Fläche hat jetzt die Gestalt eines Trapezes und kann in ein Rechteck $s_1 = v_0 t$ und ein darüberstehendes Dreieck zerlegt werden. Der Inhalt des Dreiecks aber ist gleich dem halben Produkt aus der Zeit t und dem Geschwindigkeitszuwachs $v - v_0$, d. h. $s_2 = \dfrac{(v - v_0)\, t}{2}$, und wegen $v - v_0 = at$ ist dann $s_2 = \dfrac{at^2}{2}$. So ergibt sich

$$\boxed{s = v_0 t + \frac{at^2}{2}}$$ Weg-Zeit-Gesetz der beschleunigten Bewegung (2.8)

Auf rein rechnerische Weise wird das Ergebnis durch Integration von Gleichung (2.4) gewonnen:

$$\int dv = \int a \, dt,$$

wobei die Beschleunigung a eine konstante Größe ist. Somit ist

$$v = at + C.$$

Die Integrationskonstante C folgt aus der Anfangsbedingung, daß der bewegte Körper zur Zeit $t = 0$ die Anfangsgeschwindigkeit v_0 haben möge. Dann folgt aus der letzten Gleichung $C = v_0$ und damit wie oben, Gleichung (2.7)

$$v = at + v_0.$$

3*

Um nun den während der Zeit t zurückgelegten Weg zu errechnen, ist nach Gleichung (2.2) die Geschwindigkeit v durch den Differentialquotienten $\dfrac{\mathrm{d}s}{\mathrm{d}t}$ zu ersetzen, und man erhält aus

$$\frac{\mathrm{d}s}{\mathrm{d}t} = at + v_0 \qquad \text{das unbestimmte Integral}$$

$$\int \mathrm{d}s = \int (at + v_0)\,\mathrm{d}t,$$

dessen Lösung die Gleichung

$$s = \frac{at^2}{2} + v_0 t + C'$$

ist. Wenn wiederum angenommen wird, daß zur Zeit $t = 0$ die zurückgelegte Strecke $s_0 = 0$ ist, hat auch die Integrationskonstante C' den Wert Null, und es folgt wie vorhin

$$s = \frac{at^2}{2} + v_0 t.$$

Auf noch kürzere Art gewinnt man den zurückgelegten Weg, wenn die unter der Geschwindigkeitskurve liegende Fläche mit der bekannten Trapezformel ausgedrückt wird:

$$\boxed{s = \frac{v_0 + v}{2}\, t} \qquad \textbf{Weg-Zeit-Gesetz bei beschleunigter Bewegung} \qquad (2.9)$$

Dieses Ergebnis läßt sich nach (2.5) in der Form $s = v_{\mathrm{m}} t$ so deuten, als habe der Körper sich gleichförmig mit der mittleren Geschwindigkeit $v_{\mathrm{m}} = (v_0 + v)/2$ bewegt. Gleichung (2.9) wird mit Vorteil verwendet, wenn die Beschleunigung a nicht gegeben ist. Wenn dagegen die Zeitdauer t des Vorgangs nicht bekannt ist, läßt sich t durch den aus (2.6) entstehenden Ausdruck $t = \dfrac{v - v_0}{a}$ ersetzen, und es folgt dann durch Umformung von $s = \dfrac{v^2 - v_0^2}{2a}$ die Endgeschwindigkeit:

$$\boxed{v = \sqrt{v_0^2 + 2as}} \qquad \textbf{Endgeschwindigkeit bei beschleunigter Bewegung} \qquad (2.10)$$

Aus diesen allgemeingültigen Gleichungen lassen sich leicht weitere Sonderfälle herleiten.

a) Start aus der Ruhelage

Startet ein Körper aus der Ruhelage, so ist in den Gleichungen (2.7) bis (2.10) $v_0 = 0$ zu setzen. Dann entstehen die einfachen Beziehungen

$$v = at; \qquad v = \sqrt{2as}\,; \qquad s = \frac{vt}{2}; \qquad s = \frac{at^2}{2}.$$

b) Verzögerte Bewegung

Wenn die Geschwindigkeit eines Körpers im Laufe der Zeit abnimmt, wird die Geschwindigkeitsänderung $v - v_0$ negativ. Der negative Wert der Beschleunigung a bringt dann, wie schon erwähnt, eine verzögerte Bewegung zum Ausdruck. Das v,t-Diagramm zeigt eine entsprechend fallende Gerade (Bild 2.11). Alle Gleichungen aber bleiben unverändert!
Bei dem häufig vorkommenden Fall, daß ein Körper von gegebener Anfangsgeschwindigkeit v_0 bis zum Stillstand abgebremst wird, ist die Endgeschwindigkeit $v = 0$ zu setzen. Aus Gleichung (2.7) folgt damit die Anfangsgeschwindigkeit bei gegebener Bremszeit t:

$$v_0 = -at.$$

Da hier die Größe a im Sinne einer Verzögerung negatives Vorzeichen hat, verschwindet das in der Gleichung enthaltene negative Vorzeichen beim Ausrechnen wieder.

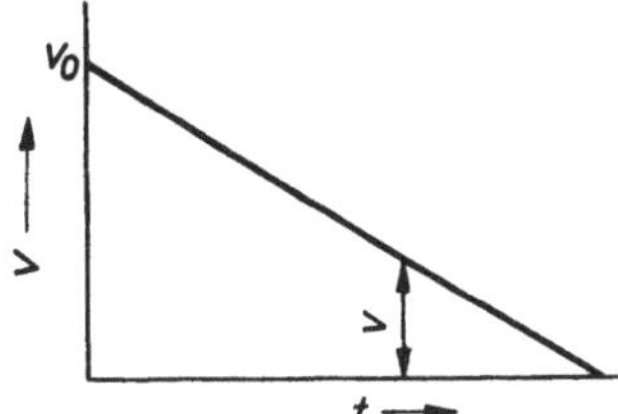

B ild 2.11. Verzögerte Bewegung

In entsprechender Weise ergibt sich aus Gleichung (2.10) der Bremsweg

$$s = - \frac{v_0^2}{2a}$$

oder bei gegebenem Bremsweg die Anfangsgeschwindigkeit

$$v_0 = \sqrt{-2as}\,.$$

Beispiele: 1. Ein Fahrzeug verringert seine Geschwindigkeit auf 27 km/h. Wie groß ist seine Anfangsgeschwindigkeit, wenn die Bremsstrecke 80 m und die Verzögerung $-2{,}5$ m/s^2 beträgt? – Aus (2.10) ergibt sich die Anfangsgeschwindigkeit

$$v_0 = \sqrt{v^2 - 2as} = \sqrt{\frac{27^2\,\mathrm{m}^2}{3{,}6^2\,\mathrm{s}^2} + \frac{2 \cdot 2{,}5\,\mathrm{m} \cdot 80\,\mathrm{m}}{\mathrm{s}^2}} = 21{,}5\ \mathrm{m/s}.$$

2. Ein Wagen durchfährt mit gleichmäßiger Beschleunigung innerhalb von 20 s die Strecke 300 m und verdoppelt dabei seine Geschwindigkeit. Wie groß sind Anfangs- und Endgeschwindigkeit?

In (2.10) $v^2 = v_0^2 + 2as$ ist nach (2.6) die Beschleunigung $a = \dfrac{v - v_0}{t}$ einzusetzen, womit

$$v^2 = v_0^2 + \frac{2(v - v_0)\,s}{t}$$

wird. Mit $v = 2v_0$ ergibt das

$$v_0 = \frac{2s}{3t} = \frac{2 \cdot 300\,\mathrm{m}}{3 \cdot 20\,\mathrm{s}} = 10\ \mathrm{m/s}; \qquad v = 20\ \mathrm{m/s}.$$

Zum gleichen Ergebnis führt die einfache Überlegung, daß die gegebene Strecke s mit der mittleren Geschwindigkeit

$$v_\mathrm{m} = \frac{v_0 + 2v_0}{2} = \frac{3v_0}{2}$$

durchfahren wird. Dann folgt aus (2.5)

$$s = v_\mathrm{m}t = \frac{3v_0 t}{2} \qquad \text{ebenfalls} \quad v_0 = \frac{2s}{3t} = 10\ \mathrm{m/s}.$$

2.2.3 Freier Fall

Fällt ein Körper aus geringem Abstand von der Erdoberfläche aus der Ruhelage herunter, so liegt eine spezielle gleichmäßig beschleunigte Bewegung vor: der **freie Fall** (Bild 2.12). Die Beschleunigung ist dabei von der Masse des fallenden Körpers unabhängig (Entdeckung des italienischen Physikers GALILEI). Wenn leichte Körper langsamer fallen als schwere, so liegt das nur am Luftwiderstand. Experimentell kann das angenähert wie folgt bestätigt werden. Läßt man zwei Körper von gleich großer Masse zu gleicher Zeit fallen, so bleibt

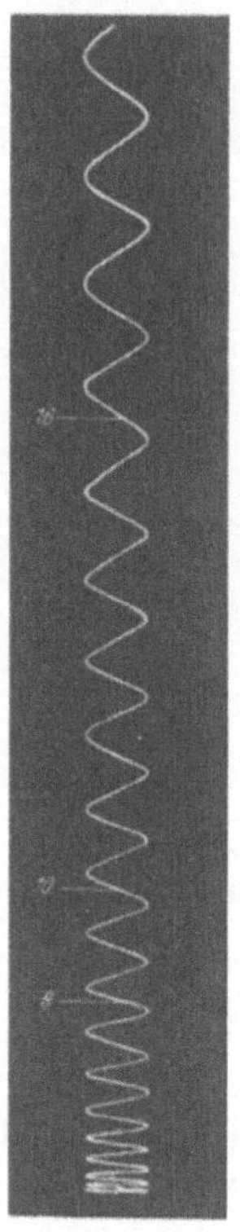

Bild 2.12. Aufzeichnung der Schreibspitze einer schwingenden Stimmgabel auf einer berußten, frei fallenden Glasplatte

ihre Geschwindigkeit unverändert, wenn sie miteinander verbunden werden. Der Körper mit der nunmehr doppelten Masse fällt dann genauso schnell wie beide einzeln.

Die konstante Beschleunigung wird als **Fallbeschleunigung** g bezeichnet und beträgt rund:

$$g_m = 9{,}81 \ \text{m/s}^2 \qquad \textbf{Fallbeschleunigung (mittlere)}$$

Für einfache technische Berechnungen genügt es meistens, mit diesem mittleren Wert zu arbeiten.

Da die Erde keine homogene Kugel ist, hat die Fallbeschleunigung an jedem Ort der Erdoberfläche einen etwas abweichenden Wert.

Örtliche Fallbeschleunigung auf der Erdoberfläche in m/s^2

Potsdam	9,812 60	Pol	9,832 21
Äquator	9,780 49	Wert bei 45° nach letzter Berechnung	9,806 29

Als Normwert wurde ein etwa für 45° geografischer Breite und Meereshöhe gültiger Wert vereinbart:

$$g_n = 9{,}80 \ 665 \ \text{m/s}^2 \qquad \textbf{Normfallbeschleunigung}$$

Grundlage aller feineren Schwereuntersuchungen ist das **Internationale Schwerestandardnetz**, dessen Meßpunkte über die ganze Erde verteilt sind. Einer von ihnen ist das Geodätische Institut in Potsdam. Zur exakten Absolutbestimmung von g dienen heute Fall- und Wurfversuche, die mit einer Genauigkeit von Nanometern bzw. Nanosekunden durchgeführt werden können.

Für den freien Fall gelten die bereits hergeleiteten Gesetze (2.6) bis (2.10) der gleichmäßig beschleunigten Bewegung mit $a = g$ (Anfangsgeschwindigkeit $v_0 = 0$):

$$h = \frac{g}{2}\,t^2 \qquad \text{Fallhöhe} \tag{2.11}$$

$$t = \sqrt{\frac{2h}{g}} \qquad \text{Fallzeit} \qquad\qquad \text{beim freien Fall} \tag{2.12}$$

$$v = \sqrt{2gh} \qquad \text{Fallgeschwindigkeit} \tag{2.13}$$

Beispiele: 1. In der 1. Sekunde fällt ein Körper um $h = \dfrac{9{,}81 \text{ m} \cdot 1\,\text{s}^2}{\text{s}^2 \cdot 2} = 4{,}9$ m. Am Ende dieser Strecke beträgt seine Geschwindigkeit

$$v = gt = \frac{9{,}81 \text{ m} \cdot 1\,\text{s}}{\text{s}^2} = 9{,}81 \text{ m/s}.$$

2. Mit welcher Endgeschwindigkeit schlägt ein Gegenstand auf, der in einen 300 m tiefen Schacht hineinfällt? – Nach (2.13) ergibt sich

$$v = \sqrt{2gh} = \sqrt{2 \cdot 9{,}81 \text{ m/s}^2 \cdot 300 \text{ m}} = 76{,}6 \text{ m/s}.$$

Infolge des Luftwiderstandes kann der volle Betrag jedoch nicht erreicht werden.

Bild 2.13. GALILEO GALILEI (1564 bis 1642)

2.2.4 Senkrechter Wurf

Wird ein Körper senkrecht *nach unten* geworfen, so ist die dem Körper erteilte Anfangsgeschwindigkeit v_0 zusätzlich zur Fallbewegung zu berücksichtigen. Wiederum können die Gleichungen (2.6) bis (2.10) für die gleichmäßig beschleunigte Bewegung angewendet werden. Es ist lediglich zu beachten, daß wie beim freien Fall die zurückgelegte Strecke vom Startpunkt aus, d. h. von oben nach unten, gezählt und damit auch die Beschleunigung g mit ihrem positiven Wert eingesetzt wird. Beim Wurf *nach oben* ist dagegen der Startpunkt unten, so daß die Größe g als Verzögerung mit ihrem negativen Zahlenwert anzusetzen ist.

$$v = v_0 \pm gt \qquad \textbf{Wurfgeschwindigkeit} \tag{2.14}$$

$$h = v_0 t \pm \frac{g}{2}\, t^2 \qquad \textbf{Wurfhöhe} \qquad \textbf{beim senkrechten Wurf} \tag{2.15}$$

$$v = \sqrt{v_0^2 \pm 2gh} \qquad \textbf{Endgeschwindigkeit} \tag{2.16}$$

(Das Minuszeichen gilt jeweils beim Wurf *nach oben*.)

Beim senkrechten Wurf *nach oben* wird die Endgeschwindigkeit v mit zunehmender Steighöhe immer kleiner. Schließlich wird eine bestimmte Höhe h_{max} erreicht, wo der Körper umkehrt und wieder nach unten zu fallen beginnt. In diesem Augenblick ist die Endgeschwindigkeit $v = 0$. Die letzte Gleichung lautet dann: $0 = \sqrt{v_0^2 - 2gh_{max}}$. Quadriert man und löst nach v_0 auf, so ergibt sich diejenige Anfangsgeschwindigkeit, die notwendig ist, damit der Körper gerade die Wurfhöhe h_{max} erreicht:

$$v_0 = \sqrt{2gh_{max}}\,.$$

Um die maximale Wurfhöhe zu erreichen, muß ein Körper mit derselben Geschwindigkeit abgeworfen werden, mit welcher er beim freien Fall aus dieser Höhe unten ankommt.

Zur Berechnung dieser maximalen Wurfhöhe muß die letzte Formel nach h_{max} aufgelöst werden:

$$h_{max} = \frac{v_0^2}{2g} \qquad \textbf{Maximale Wurfhöhe beim senkrechten Wurf nach oben} \tag{2.17}$$

Beispiel: Mit welcher Geschwindigkeit erreicht ein mit der Anfangsgeschwindigkeit $v_0 = 18$ m/s nach oben geschleuderter Ball die 15 m hohe Decke einer Sporthalle? – Nach (2.16) ist

$$v = \sqrt{v_0^2 - 2gh} = \sqrt{(18^2 - 2 \cdot 9{,}81 \cdot 15)\ \text{m}^2/\text{s}^2} = 5{,}45\ \text{m/s}.$$

2.3 Geschwindigkeit und Beschleunigung als vektorielle Größen

2.3.1 Relativität der Bewegungen und das Unabhängigkeitsprinzip

Um Geschwindigkeiten festzustellen und zu messen, ist es unerläßlich, von einem vorher festgelegten *Standpunkt* auszugehen. Meist wird stillschweigend angenommen, daß der Beobachter sich selbst nicht bewegt. Mitsamt seinen Meßinstrumenten stellt er ein **ruhendes Bezugssystem** dar. Er sitzt gleichsam in einem allseitig geschlossenen Kasten, von dem er nicht weiß, ob er ruht oder sich gleichförmig geradeaus bewegt (Bild 2.14).
Ohne eine Verbindung mit der Außenwelt wäre es ihm unmöglich, seine Eigengeschwindigkeit überhaupt festzustellen. Es gilt daher das **Relativitätsprinzip** der gleichförmig geradlinigen Bewegung:

> **Die gleichförmig geradlinige Bewegung eines Körpers ist für diesen selbst wirkungslos und ohne ein zu Hilfe genommenes, als ruhend angenommenes Bezugssystem nicht feststellbar.**

Es können daher immer nur **Relativgeschwindigkeiten** in bezug auf willkürlich als ruhend oder bewegt angenommene Bezugssysteme, niemals aber Absolutgeschwindigkeiten bestimmt werden. Gleichförmig und geradlinig bewegte Bezugssysteme, wie z. B. den soeben betrachteten geschlossenen Kasten, werden als **Inertialsysteme** bezeichnet.

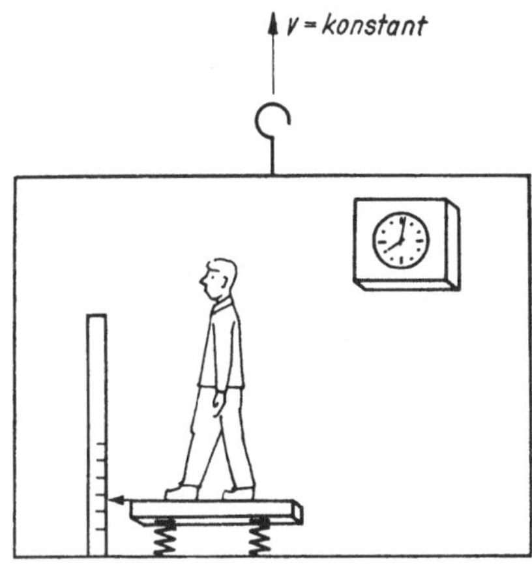

Bild 2.14. Aufwärts bewegte Aufzugskabine: Uhr und Waage zeigen die gleichen Werte wie bei ruhender Kabine an.

Der Sachverhalt wird sofort anders, wenn der Kasten gegen ein Hindernis stößt. Dann ist seine Bewegung nicht mehr gleichförmig, und es treten neue Erscheinungen auf. Hier wird allgemein von *beschleunigten* Bezugssystemen gesprochen. So sind bewegte Fahrzeuge wegen ihrer schwankenden Geschwindigkeit genaugenommen immer beschleunigte Bezugssysteme, unbedingt sind sie es beim Anfahren oder Bremsen. In der technischen Praxis vorkommende Relativitätsbewegungen bestehen oft darin, daß sich zwei Körper mit den von der Erde aus gemessenen Geschwindigkeiten v_1 und v_2 auf parallelen Bahnen bewegen. Wird der erste Körper als Bezugssystem genommen und mißt man von hier aus die Geschwindigkeit des zweiten, so ergibt sich als **Relativgeschwindigkeit** die Differenz

$$v_{rel} = v_2 - v_1.$$

Wie aber ist der Bewegungsablauf, wenn ein Körper mehrere Bewegungen zu gleicher Zeit ausführt? Man kann z. B. in einem fahrenden Zug ruhig auf und ab gehen, die Eigenbewegung des Zuges hat keinen Einfluß darauf. Ein außerhalb des Zuges ruhender Beob-

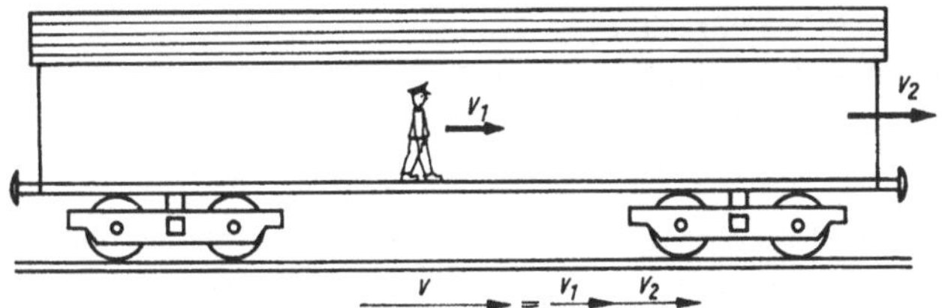

Bild 2.15. Ungestörte Überlagerung zweier Geschwindigkeiten

achter sieht jedoch beide Vorgänge zugleich. Ihm erscheint die Geschwindigkeit des Fahrgastes als Summe der Zuggeschwindigkeit und der Gehgeschwindigkeit innerhalb des fahrenden Wagens (Bild 2.15). Er sieht sie als Differenz, wenn die Bewegungen entgegengerichtet sind. Das ist das **Prinzip der ungestörten Superposition** (Überlagerung) oder auch das

Unabhängigkeitsprinzip: Zwei gleichzeitig stattfindende Bewegungen eines Körpers sind unabhängig voneinander. Sie setzen sich so zusammen, als ob sie zeitlich nacheinander stattfinden würden.

Dieser Satz gilt aber auch für Bewegungen, die nicht längs derselben Geraden erfolgen. Auf einem gleichförmig geradeaus fahrenden Schiff geht beispielsweise ein Mann quer über das Deck auf die andere Seite. Da für ihn die Schiffsbewegung nicht spürbar ist, geht seine Querbewegung ungestört vor sich. Ein außerhalb des Schiffes ruhender Beobachter

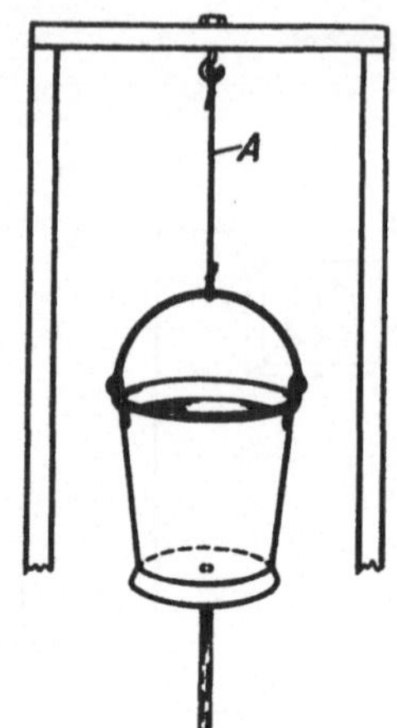

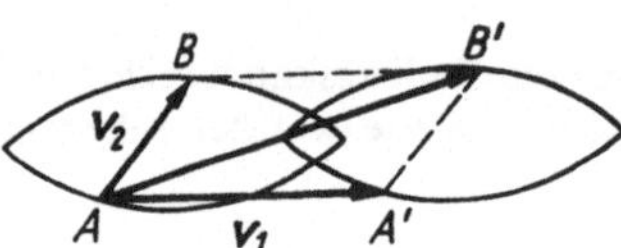

Bild 2.16. Parallelogramm der Bewegungen

Bild 2.17. Wird der Faden bei A durchgebrannt, so fällt der Eimer herunter, und das Wasser hört auf zu fließen

stellt dagegen fest, daß die wahre Bewegung längs einer *schrägen Linie* erfolgt (Bild 2.16); sie ergibt sich geometrisch als die Diagonale des aus den beiden Teilbewegungen gebildeten Parallelogramms:

Die Gesamtgeschwindigkeit ist gleich der Diagonalen des aus den beiden Teilgeschwindigkeiten gebildeten Parallelogramms.

Die Ausführungen dieses Abschnittes müssen für Geschwindigkeiten in der Nähe der Lichtgeschwindigkeit c neu durchdacht und teils abgeändert werden (s. Kapitel 48, Relativitätstheorie). Die hier angeführten Gesetzmäßigkeiten ergeben sich daraus für den Grenzfall kleiner Geschwindigkeiten $v \ll c$, wie sie in der technischen Alltagspraxis auftreten.

Beispiele: 1. Fällt ein mit Wasser gefüllter Eimer frei herunter und hat sein Boden ein Loch, so fließt während des Fallens nichts aus. Eimer und Wasser haben stets die gleiche Geschwindigkeit und sind relativ zueinander in Ruhe (Bild 2.17).
2. Ein Kraftwagen überholt mit der Geschwindigkeit $v_2 = 72$ km/h einen zweiten, dessen Geschwindigkeit $v_1 = 54$ km/h beträgt. Welche Länge hat die Überholstrecke, wenn sich das erste Fahrzeug gegenüber dem zweiten um 120 m verschiebt? – Der Überholer legt die Strecke 120 m mit der Relativgeschwindigkeit $v_{rel} = v_2 - v_1 = 5$ m/s zurück und benötigt dazu die Zeit $t = \dfrac{s_{rel}}{v_{rel}} = \dfrac{120 \text{ m}}{5 \text{ m/s}} = 24$ s; in dieser Zeit wird die Strecke $s = v_2 t = 20 \text{ m/s} \cdot 24 \text{ s} = 480$ m durchfahren.

2.3.2 Grundeigenschaften vektorieller Größen

Die soeben gewonnene Erkenntnis zwingt dazu, die Geschwindigkeit als *gerichtete* Größe, d. h. als vektorielle Größe (kurz **Vektor** genannt) zu behandeln.
Ein Vektor hat zwei Eigenschaften der Größe gleichzeitig zu kennzeichnen, nämlich sowohl den *Betrag* (Zahlenwert mal Einheit) als auch die *Richtung* (einschließlich *Richtungssinn*) der betreffenden Größe. Geometrisch veranschaulicht wird ein Vektor durch einen Pfeil[1]), dessen Richtung im Falle des Geschwindigkeitsvektors v mit der Bewegungsrichtung des

---

[1]) Genauer wird ein Vektor durch die Menge *aller* zueinander paralleler Pfeile gleicher Länge und Richtung veranschaulicht (Begriff des *freien* Vektors). Der Pfeil (Bild 2.18) ist nur *ein* herausgegriffener Repräsentant.

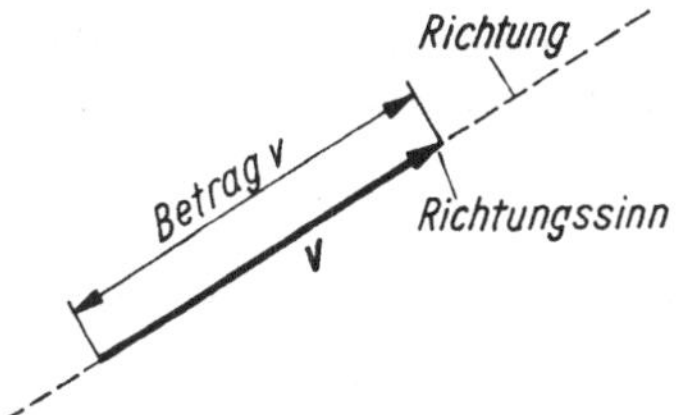

Bild 2.18. Geometrische Veranschaulichung einer vektoriellen Größe v

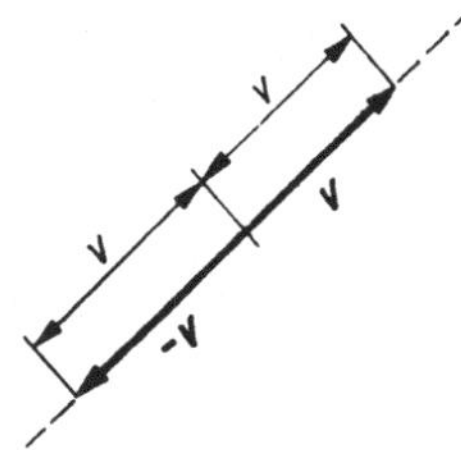

Bild 2.19. Der zu v entgegengesetzte Vektor $-v$

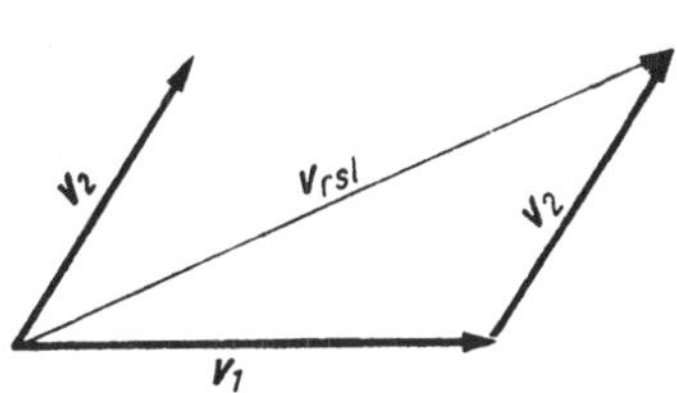

Bild 2.20. Addition von Vektoren

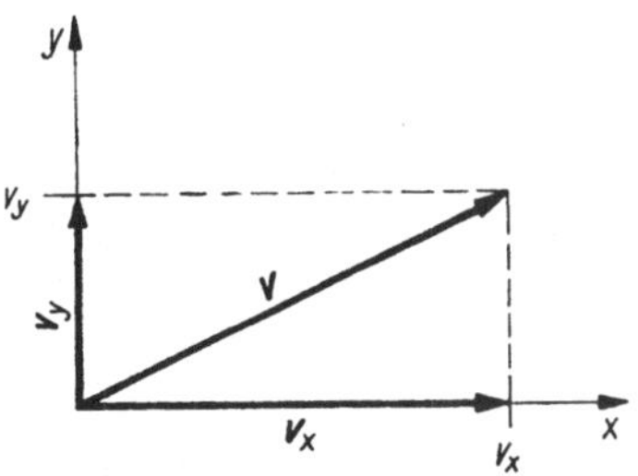

Bild 2.21. Zum Projektionssatz

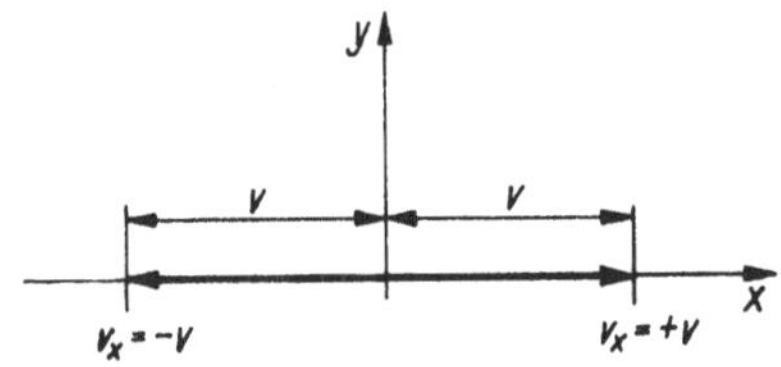

Bild 2.22. Zwei Sonderfälle des Projektionssatzes

Körpers übereinstimmt, wobei die Pfeilspitze den Richtungssinn, d. h. den Durchlaufsinn der Bewegungsrichtung symbolisiert, und dessen Länge nach einem zweckmäßig gewählten Maßstab den Betrag v der Geschwindigkeit angibt (Bild 2.18). Dabei kann der Betrag (die Länge) niemals negativ sein.

Unterscheidet sich ein Vektor von einem gegebenen Vektor v nur im Richtungssinn, so wird er mit $-v$ bezeichnet. v und $-v$ sind *zueinander entgegengesetzte* Vektoren (Bild 2.19).

Aus dem Unabhängigkeitsprinzip folgt nun auch sofort, wie Vektoren zu addieren sind. Hierbei werden die beiden zu addierenden Vektoren als *Komponenten* und deren Summenvektor als *Resultierende* bezeichnet.

Parallelogrammsatz: Die Resultierende zweier Vektoren ist gleich dem Vektor in Richtung der Diagonalen des aus den beiden Komponenten gebildeten Parallelogramms.

Beim Betrachten von Bild 2.16 ist erkennbar, daß es an sich gar nicht nötig ist, das vollständige Parallelogramm zu zeichnen. Um die Resultierende zu erhalten, genügt es durchaus, nach Zeichnen von v_1 die Geschwindigkeit v_2 unter Parallelverschiebung an den Endpunkt von v_1 anzusetzen. Der nunmehr erhaltene Endpunkt von v_2 ist auch der Endpunkt der Resultierenden v_{rsl}. Anstatt des Parallelogramms genügt also ein Dreieck (Bild 2.20). Diese Arbeitsregel gilt nicht nur für Geschwindigkeiten, sondern auch für alle anderen in der Physik vorkommenden vektoriellen Größen. Der Parallelogrammsatz nimmt dann die Form an:

Vektoren werden addiert, indem man sie parallel zu sich selbst verschoben aneinandersetzt. Die Resultierende ist der Vektor, der vom Anfang des ersten bis zum Ende des letzten Vektors zeigt.

Um dieses Verfahren gegenüber der einfachen Addition von Zahlenwerten zu unterscheiden, spricht man auch häufig von **geometrischer Addition** und bringt das durch die Gleichung

$$v_{rsl} = v_1 + v_2$$

zum Ausdruck. Dagegen bedeutet die in gewöhnlichen, mageren Buchstaben geschriebene Gleichung

$$v = v_1 + v_2$$

nur die einfache algebraische Addition von Beträgen. Sie ist hier nur in dem Sonderfall richtig, wenn die beiden Geschwindigkeiten v_1 und v_2 parallel zueinander gerichtet sind. Die umgekehrte Aufgabe besteht darin, einen gegebenen Vektor in zwei Komponenten zu zerlegen. Das ist aber nur dann eindeutig möglich, wenn deren beide Richtungen vorher bekannt sind. Dann werden durch den Endpunkt des gegebenen Vektors die beiden Parallelen zu den gegebenen Richtungen gezogen. Die beiden anliegenden Seiten des Parallelogramms sind die gesuchten Komponenten. Hierbei kommt es häufig vor, daß die beiden Komponenten einen rechten Winkel bilden sollen. Dann liegt die Verwendung eines rechtwinkligen Koordinatensystems nahe. Am Bild 2.21 ist der für alle Vektoren gültige **Projektionssatz** erkennbar:

Die Komponenten eines Vektors nach zwei rechtwinklig zueinander stehenden Richtungen sind gleich dessen Projektionen auf diese Richtungen.

Die Komponenten v_x und v_y haben an den Pfeilspitzen auf den Achsen des Koordinatensystems die *Koordinaten*

$$v_x = v \cos \alpha \quad \text{und} \quad v_y = v \sin \alpha.$$

Diese können wegen des Winkels α auch negativ sein. So wird für die Sonderfälle $\alpha = 0$: $v_x = +v$ bzw. $\alpha = \pi$: $v_x = -v$. Der Betrag ist in beiden Fällen v (Bild 2.22). Hiervon wurde stillschweigend wiederholt bei der geradlinigen Bewegung Gebrauch gemacht, ohne den Begriff und die Bezeichnung der Koordinate zu verwenden. So u. a. auch beim senkrechten Wurf nach oben in 2.2.4 für die Beschleunigungskoordinate $a_x = -g$ vom Betrage g, denn die x-Achse wurde nach oben positiv eingeführt und die Fallbeschleunigung ist nach unten gerichtet.

Bei eindimensionalen Vorgängen kann somit die Koordinatenschreibweise einer Größe (wie $a_x = -g$) durch die Verwendung des Betrages der Größe umgangen werden, vor den noch ein Vorzeichen gesetzt wird (in 2.2.4 wurde $a = -g$ verwendet). Solche *vorzeichenbehaftete Beträge* werden künftig wiederholt verwendet.

Beispiel: Eine Motorfähre überquert mit der Eigengeschwindigkeit 3 m/s in rechtwinkliger Richtung einen Fluß. Das Wasser strömt mit 3,8 m/s. Unter welchem Winkel wird die Fähre abgetrieben, und welche resultierende Geschwindigkeit besitzt sie? – Die Geschwindigkeitskomponenten v_1 und v_2 stehen rechtwinklig aufeinander. Es ist daher

$$\tan \alpha = \frac{v_2}{v_1} = 1{,}2667 \quad \text{und} \quad \alpha = 51{,}7°.$$

Ferner ist

$$v = \sqrt{v_1^2 + v_2^2} = \sqrt{(3^2 + 3{,}8^2)\,\text{m}^2/\text{s}^2} = 4{,}84 \text{ m/s}.$$

2.3.3 Waagerechter und schräger Wurf

Ein in *horizontaler Richtung* abgeworfener Körper führt ebenfalls zwei Bewegungen zu gleicher Zeit aus. Die eine ist ihm durch die Anfangsgeschwindigkeit v_0 aufgeprägt, mit der er freigegeben wird. Die andere wird ihm durch die Fallbewegung erteilt, der er wie

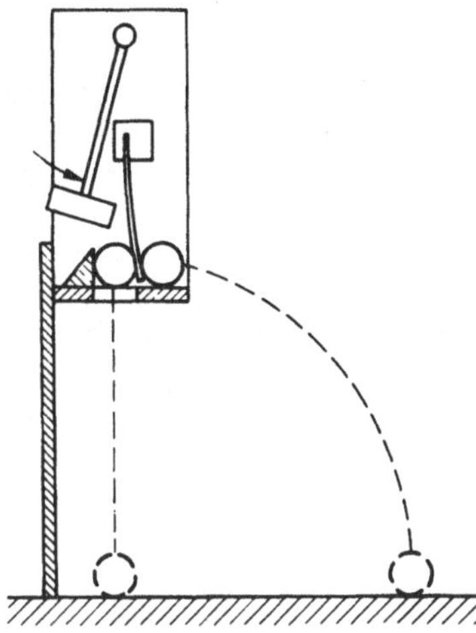

Bild 2.23. Die rechte Kugel wird beim Anschlag des Hammers waagerecht abgeworfen, die linke fällt (hier durch die Blattfeder noch festgeklemmt) durch ein Loch nach unten. Beide Kugeln erreichen den Boden gleichzeitig.

jeder andere, nicht unterstützte Körper unterworfen ist. Dadurch kommt eine zusammengesetzte Bewegung zustande. Die resultierende Bewegung ergibt sich aus dem Unabhängigkeitsprinzip so, als ob beide Bewegungen einzeln stattfänden. Dies läßt sich mit Hilfe der auf Bild 2.23 angegebenen Vorrichtung leicht zeigen. Während die eine Kugel frei herabfällt, wird die andere im gleichen Augenblick waagerecht fortgeschleudert. Das für Zeitunterschiede sehr empfindliche Ohr hört beide Kugeln zugleich am Boden aufschlagen. Um die Form der Bahnkurve zu untersuchen, ist im Bild 2.24 ein Koordinatensystem eingezeichnet worden. Dann liegen die beiden Gleichungen vor:

$$y = \frac{gt^2}{2} \quad \text{und} \quad x = v_0 t.$$

Daraus folgt y als Funktion von x, wenn $t = \dfrac{x}{v_0}$ in die 1. Gleichung eingesetzt wird:

$$\boxed{y = \frac{gx^2}{2v_0^2}} \qquad \textbf{Bahngleichung des waagerechten Wurfes} \qquad (2.18)$$

Da g und v_0 konstante Größen sind, stellt diese Gleichung eine *Parabel* dar, die **Wurfparabel** heißt.

Werden für einige Bahnpunkte die Geschwindigkeitsvektoren eingetragen, wie dies auf Bild 2.24 geschehen ist, so zeigen sie die in jedem Augenblick vorhandene Geschwindigkeit nach Betrag und Richtung an. Die Krümmung der Wurfparabel kommt dadurch zustande, daß zwar die Horizontalkomponente v_0 stets konstant bleibt, die Vertikalkomponenten v_1, v_2, ... jedoch immer größer werden. Somit muß sich die Richtung des resultierenden Vektors fortgesetzt ändern. Wären beide Komponenten konstant, so bliebe auch die Rich-

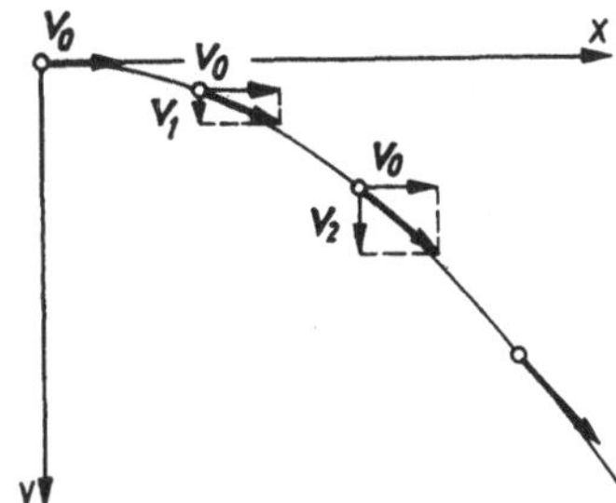

Bild 2.24. Wurfparabel mit Geschwindigkeitsvektoren

tung des resultierenden Vektors immer die gleiche. Ein Geschwindigkeitsvektor kann demnach seine Richtung nur dann ändern, wenn auf den sich bewegenden Körper eine seitlich gerichtete Kraft einwirkt. In diesem Fall ist es die Schwerkraft. Während wir bisher unter der Beschleunigung nur die zeitliche Änderung des Geschwindigkeits*betrages* verstanden haben, stellen wir nunmehr fest, daß auch zur *Richtungs*änderung eine Beschleunigung erforderlich ist.

Beim *schrägen Wurf* nach oben beschreibt der Körper ebenfalls eine *Wurfparabel*. An schief in die Höhe geschickten Wasserstrahlen ist diese Kurve sehr schön zu sehen. Wird vom Luftwiderstand abgesehen, ist die Parabel symmetrisch gestaltet (Bild 2.25). Ihre Bahngleichung läßt sich in ähnlicher Weise wie beim waagerechten Wurf aufstellen.

Bild 2.25. Fliegende Funken beschreiben Wurfparabeln.

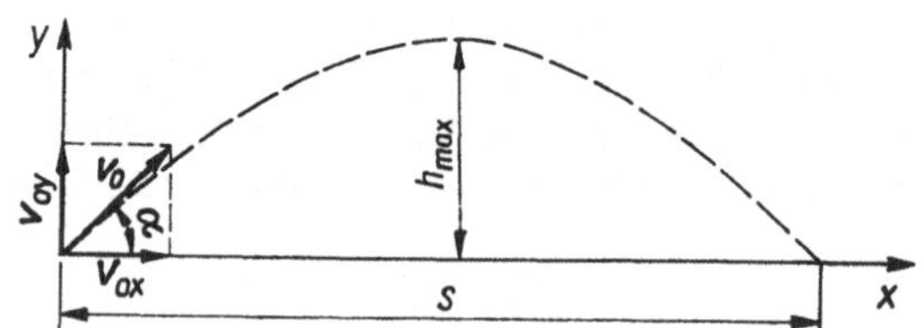

Bild 2.26. Wurf schräg aufwärts, v_0 Anfangsgeschwindigkeit in Wurfrichtung

Zur Berechnung der Einzelheiten muß der gegen die x-Achse geneigte Vektor v_0 der Anfangsgeschwindigkeit nach dem Projektionssatz in eine horizontale und eine vertikale Komponente v_{0x} und v_{0y} zerlegt werden (Bild 2.26). Die Koordinate der ersteren ist $v_0 \cos \alpha$, die der letzteren $v_0 \sin \alpha$.

Da beide unabhängig voneinander betrachtet werden können, ist die Wurfhöhe entsprechend Gleichung (2.17):

$$h_{\max} = \frac{v_0^2 \sin^2 \alpha}{2g} \qquad \textbf{Maximale Wurfhöhe beim schrägen Wurf} \qquad (2.19)$$

Die Zeitdauer des ganzen Wurfs setzt sich aus den Zeiten des Anstieges und des Wiederherabfallens zusammen.

Sie ist also gleich der doppelten Fallzeit aus der Höhe $h_{\max}$. Setzt man den soeben berechneten Wert in Gleichung (2.12) ein und multipliziert mit 2, so folgt

$$t = \frac{2v_0 \sin \alpha}{g} \qquad \textbf{Wurfdauer beim schrägen Wurf} \qquad (2.20)$$

In dieser Zeit legt der Körper mit der gleichförmigen Geschwindigkeit $v_0 \cos \alpha$ die horizontal gerichtete Strecke $v_0 t \cos \alpha$ zurück. Wird für t die Wurfdauer eingesetzt, so ergibt sich

$$s = \frac{2v_0^2 \sin \alpha \cos \alpha}{g}$$ **Wurfweite beim schrägen Wurf** (2.21)

Diese ist am größten, wenn der Körper unter einem Winkel von 45° abgeworfen wird; denn $2 \sin \alpha \cos \alpha = \sin 2\alpha$, und der größte Wert, den ein Sinus annehmen kann, ist 1. Die größte Weite wird daher bei einem Winkel von $2\alpha = 90°$ oder $\alpha = 45°$ erreicht. Da nun $\sin 45° = \cos 45° = \frac{\sqrt{2}}{2}$, ist die größte Wurfweite $s_{max} = \frac{v_0^2}{g}$. Jede kleinere Wurfweite kann also entweder durch einen flacheren oder steileren Wurf erzielt werden.

2.4 Bewegung auf der Kreisbahn

2.4.1 Gleichförmige Bewegung auf der Kreisbahn

Alle Punkte eines um eine festliegende Achse rotierenden Körpers mit Ausnahme derjenigen, die auf der Drehachse selbst liegen, bewegen sich auf Kreisbahnen. Dabei ändert sich die Richtung des Geschwindigkeitsvektors von einem Bahnpunkt zum anderen. Sehen wir von dieser Richtungsänderung vorläufig ab, so kann es auch hier wieder gleichförmige (z. B. die Riemenscheibe eines Elektromotors) und beschleunigte bzw. verzögerte (z. B. beim Anlaufen und Auslaufen rotierender Maschinenteile) Drehvorgänge geben.
Bei der Drehbewegung eines Massenpunktes P um das festliegende Drehzentrum wird ein bestimmter ebener Winkel überstrichen (Bild 2.27), der hier **Drehwinkel $\Delta\varphi$** genannt wird.
Unter einem **ebenen Winkel** φ wird der **Quotient aus der Länge s eines Kreisbogens und dem zugehörigen Kreisradius r** verstanden (Bild 2.28):

$$\varphi = \frac{s}{r}$$ **Ebener Winkel** (2.22)

$$[\varphi] = \frac{m}{m} = 1 \equiv 1 \text{ rad (Radiant)} \quad \text{(Vgl. auch Abschnitt 1.4.)}$$

1 rad ist der ebene Winkel zwischen zwei Kreisradien, die aus dem Umfang einen Kreisbogen von der Länge r ausschneiden (Bild 2.29).

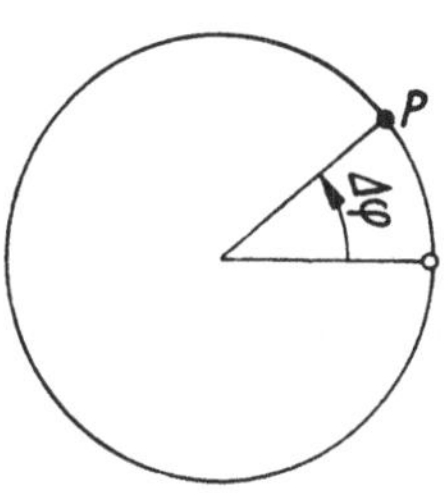

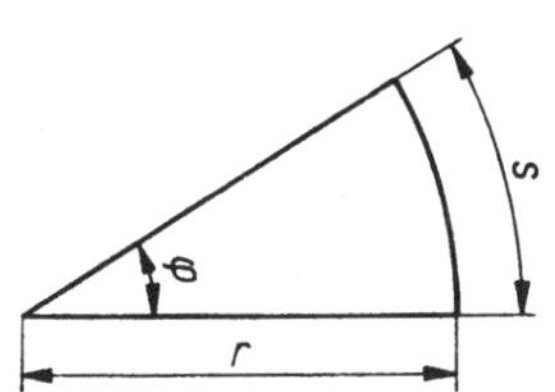

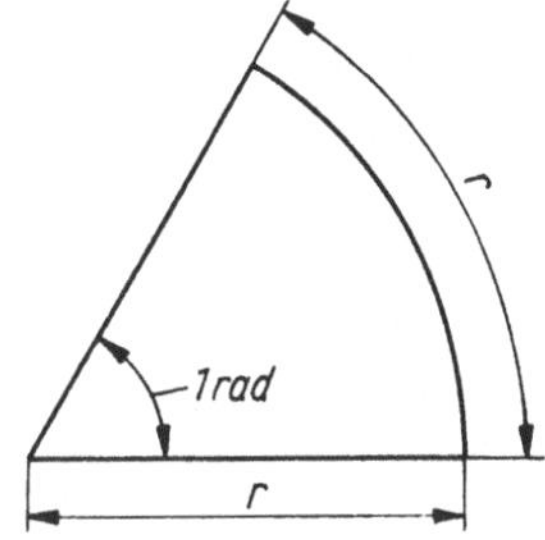

Bild 2.27. In der Zeitspanne Δt überstreicht der Massenpunkt P den Drehwinkel $\Delta\varphi$

Bild 2.28. Zur Definition des ebenen Winkels

Bild 2.29. Die Einheit Radiant des ebenen Winkels

Gebräuchliche SI-fremde Einheiten: $1°$ (Grad) $= 17{,}45 \cdot 10^{-3}$ rad

 $1'$ (Minute) $= 290{,}9 \cdot 10^{-6}$ rad

 $1''$ (Sekunde) $= 4{,}848 \cdot 10^{-6}$ rad.

Beim Vollkreis ist $s = 2\pi r$ (Kreisumfang) und demzufolge nach (2.22) der Vollwinkel $\varphi = \dfrac{2\pi r}{r} = 2\pi = 2\pi$ rad, der auch mit $360°$ bezeichnet wird: 2π rad $= 360°$.

Daraus folgen die Umrechnungsbeziehungen für die Einheit Radiant in Grad:

$$1 \text{ rad} = \frac{180°}{\pi} = 57{,}30°$$

und die Einheit Grad in Radiant:

$$1° = \frac{\pi}{180} \text{ rad} = 0{,}01745 \text{ rad}.$$

Entsprechend der geradlinigen Bewegung wird dann als **Winkelgeschwindigkeit** ω definiert **der Quotient aus dem Drehwinkel** $\Delta\varphi$ **und der Zeitspanne** Δt, in dem dieser überstrichen wird:

$$\boxed{\omega = \frac{\Delta\varphi}{\Delta t}} \qquad \textbf{Winkelgeschwindigkeit \ (mittlere)} \tag{2.23}$$

$$[\omega] = \frac{\text{rad}}{\text{s}} \quad \text{(Radiant je Sekunde)}$$

1 rad/s ist die Winkelgeschwindigkeit eines gleichförmig rotierenden Körpers, der sich während der Zeitdauer 1 s um den Winkel 1 rad um seine Achse dreht.

Der Bewegungsvorgang kann, wie dies auch bei der geradlinigen Bewegung durchgeführt wurde, mit Hilfe entsprechender Diagramme dargestellt werden. Erfolgt die Bewegung des umlaufenden Punktes gleichförmig, dann werden in gleichen Zeitabschnitten auch jeweils gleich große Drehwinkel durchlaufen, und die Winkelgeschwindigkeit ω ist konstant. Das ω,t-Diagramm ist daher eine Parallele zur Zeitachse. Der in der Zeitspanne Δt überstrichene Winkel ist ein Flächenstreifen vom Inhalt $\Delta\varphi = \omega\,\Delta t$. Der gesamte Drehwinkel φ, der vom Zeitpunkt $t = 0$ an zurückgelegt wird, ist die Summe aller auf den Zeitraum t entfallenden Flächenelemente, d. h. gleich dem Rechteck unter der Kurve. Damit ist analog zu Gleichung (2.5) und Bild 2.9:

$$\boxed{\varphi = \omega t} \qquad \textbf{Drehwinkel-Zeit-Gesetz bei gleichförmiger Kreisbewegung} \tag{2.24}$$

Wird beachtet, daß die Drehbewegung durchaus nicht vollkommen gleichförmig abzulaufen braucht, sondern die Winkelgeschwindigkeit je nach den technischen Gegebenheiten zu- oder abnehmen kann, so ist sie für einen bestimmten Augenblick mit Hilfe des Differentialquotienten auszudrücken:

$$\boxed{\omega = \lim_{\Delta t \to 0} \frac{\Delta\varphi}{\Delta t} = \frac{d\varphi}{dt}} \qquad \textbf{(Augenblicks-) Winkelgeschwindigkeit} \tag{2.25}$$

Die Winkelgeschwindigkeit ist der Differentialquotient des Drehwinkels nach der Zeit.

Durch Integration dieser Gleichung ergibt sich

$$\int d\varphi = \int \omega\, dt$$

und hieraus wie vorhin

$$\varphi = \omega t,$$

wenn die Integrationskonstante so bestimmt wird, daß für $t = 0$ auch der anfangs vorhandene Drehwinkel $\varphi_0 = 0$ ist.

Die Winkelgeschwindigkeit $\omega = \dfrac{\Delta\varphi}{\Delta t}$ hängt nun aufs engste zusammen mit der **Bahngeschwindigkeit** $v = \dfrac{s}{t}$. Nach (2.22) ist nämlich $s = r\varphi$. Dies in die Gleichung eingesetzt, ergibt

$$v = \frac{r\,\Delta\varphi}{\Delta t}$$

und nach beiderseitiger Division durch den Radius r

$$\frac{v}{r} = \frac{\Delta\varphi}{\Delta t}.$$

Das Verhältnis $\dfrac{v}{r}$ muß daher die Winkelgeschwindigkeit ω sein. Das Produkt der Winkelgeschwindigkeit ω mit dem Bahnradius r ist demnach die Geschwindigkeit v des auf der Kreisbahn umlaufenden Massenpunktes:

$$\boxed{v = r\omega} \qquad \textbf{Bahngeschwindigkeit} \hfill (2.26)$$

Um die Schnelligkeit des Ablaufes von Drehbewegungen zu erfassen, wird in der technischen Praxis oft von *Drehzahlmessern* die Drehzahl abgelesen, oder die Dauer einer Umdrehung wird gestoppt.

Die **Drehzahl** n ist der **Quotient aus der stattfindenden Anzahl** z **der Umdrehungen und der dazu benötigten Zeitdauer** t:

$$\boxed{n = \frac{z}{t}} \qquad \textbf{Drehzahl bei gleichförmiger Kreisbewegung} \hfill (2.27)$$

$[n] = 1/\text{s}$ (je Sekunde) $= 1\,\text{Hz}$ (Hertz)

1 Hz ist die Drehzahl eines gleichförmig rotierenden Körpers, der in der Zeitdauer 1 s eine Umdrehung um seine Achse ausführt.

Gebräuchliche SI-fremde Einheit: $1/\text{min}$ (je Minute) $= 1/60 \; 1/\text{s}$.

Die Dreh*zahl* ist keine *Zahl*, also keine dimensionslose Größe, sondern der spezielle Fall der Größe Frequenz f, die hier auch *Umdrehungsfrequenz* genannt wird: $n = f$.

Die Zeitdauer für eine Umdrehung ist

$$\boxed{T = \frac{1}{n}} \qquad \textbf{Umdrehungsdauer (Periodendauer)} \hfill (2.28)$$

$[T] = \text{s}$ (Sekunde)

Da während der Umdrehungsdauer T der Winkel 2π überstrichen wird, ergibt (2.23) eine wichtige Beziehung zwischen der Winkelgeschwindigkeit ω und der Drehzahl n:

$$\boxed{\omega = 2\pi n} \qquad \textbf{Winkelgeschwindigkeit-Drehzahl-Beziehung} \hfill (2.29)$$

Der Drehzahl $1/\text{s} = 1\,\text{Hz}$ entspricht somit die Winkelgeschwindigkeit $2\pi\,\text{rad/s}$. Dabei darf bei der Winkelgeschwindigkeit nicht die Einheit Hertz verwendet werden.

Wird in der letzten Beziehung die Drehzahl mit Hilfe von (2.28) ersetzt, so ergibt sich der häufig benötigte Zusammenhang:

$$\boxed{\omega = \frac{2\pi}{T}} \qquad \textbf{Winkelgeschwindigkeit-Umdrehungsdauer-Beziehung} \hfill (2.30)$$

Beiderseitige Multiplikation der Gleichung (2.29) mit dem Radius r liefert mit (2.26):

$$v = 2\pi r n.$$

Diese Beziehung ist u. a. von Bedeutung beim Antrieb von Maschinen, deren Drehzahl nach Wunsch geändert werden soll. Die Bahngeschwindigkeit v ist dabei durch den Treibriemen vorgegeben. Das Produkt rn muß dann konstant bleiben. Ein vergleichsweise kleiner Radius des angetriebenen Rades liefert deshalb eine entsprechend große Drehzahl und umgekehrt.

Beispiele: 1. Die Schnittgeschwindigkeit beim Drehen eines Werkstückes ist 50 m/min. Der Durchmesser beträgt 80 mm. Die Drehzahl n ist zu berechnen. – Durch Auflösung von (2.29) nach n entsteht nach Erweiterung mit r und (2.26):

$$n = \frac{v}{\pi d} = \frac{50\ \text{m}}{0{,}08\ \text{m} \cdot 3{,}14 \cdot \text{min}} = 199\ 1/\text{min}.$$

2. Bei einem Kollergang laufen zwei schwere Walzen im Kreise um eine senkrechte Achse und zerdrücken durch ihr Gewicht das Mahlgut. Bei dieser erzwungenen Bewegung ist die Umfangsgeschwindigkeit v des der Antriebswelle zugekehrten Teils der Walzen größer und die des abgekehrten Teils kleiner als die Laufgeschwindigkeit v' am Boden (Bild 2.30). Daher wird das Mahlgut zugleich zerrieben.

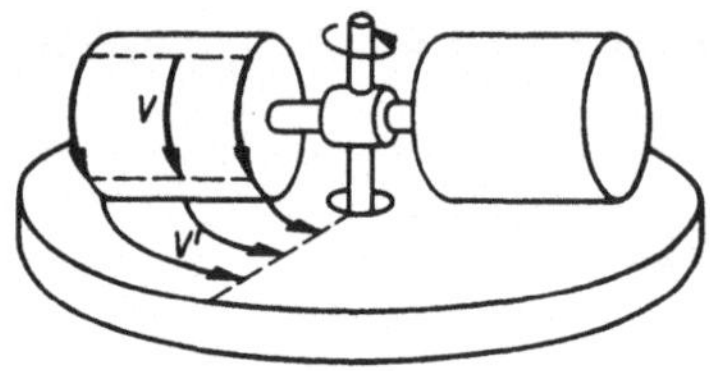

Bild 2.30. Bahngeschwindigkeit am Walzenumfang und am Boden eines Kollerganges

2.4.2 Gleichmäßig beschleunigte Bewegung auf der Kreisbahn

Wird das Schwungrad eines anlaufenden Motors beobachtet, so ist zu sehen, wie sich seine Drehzahl immer mehr steigert. Es führt eine **beschleunigte Drehbewegung** aus (Bild 2.31). Wenn er dagegen nach dem Abschalten seinen Lauf wieder verlangsamt, liegt eine **verzögerte Drehbewegung** vor. Man erfaßt diesen Vorgang mittels der **Winkelbeschleunigung** α als **Quotienten aus der Zu- oder Abnahme** $\Delta\omega$ **der Winkelgeschwindigkeit und der verstrichenen Zeitdauer** Δt.

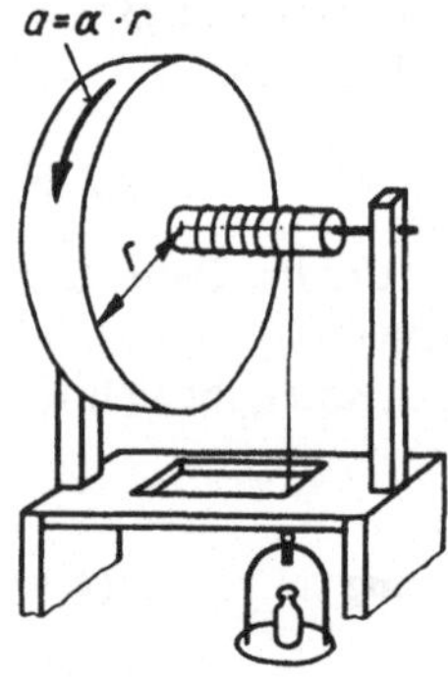

Bild 2.31. Gleichmäßig beschleunigte Drehbewegung, hervorgerufen durch einen fallenden Körper

$$\boxed{\alpha = \frac{\Delta\omega}{\Delta t}} \qquad \textbf{Winkelbeschleunigung (mittlere)} \qquad (2.31)$$

$$[\alpha] = \frac{rad/s}{s} = \frac{rad}{s^2} \qquad \text{(Radiant je Quadratsekunde)}$$

1 rad/s² ist die Winkelbeschleunigung eines Körpers, dessen Winkelgeschwindigkeit sich während 1 s gleichmäßig um 1 rad/s ändert.

Die gleichen Überlegungen, die bei geradliniger Bewegung dazu führten, anstelle des Differenzenquotienten den Differentialquotienten zu bevorzugen, sind auch hier anzuwenden. So wird definiert:

$$\boxed{\alpha = \lim_{\Delta t \to 0} \frac{\Delta\omega}{\Delta t} = \frac{d\omega}{dt}} \qquad \textbf{(Augenblicks-) Winkelbeschleunigung} \qquad (2.32)$$

Die Winkelbeschleunigung ist gleich dem Differentialquotienten der Winkelgeschwindigkeit nach der Zeit.

Die weiteren Gesetze der beschleunigten Drehbewegung folgen in gleicher Weise, wie dies für die geradlinige Bewegung in 2.2.2 durchgeführt wurde, d. h. durch Integration der letzten Gleichung. Sie führt zu Ergebnissen, die mit denen der geradlinigen Bewegung in formaler Hinsicht völlig übereinstimmen.

Ein anderer Weg, um diese Gesetze zu erhalten, besteht darin, von der einfachen Beziehung $v = r\omega$ auszugehen und sie in den Ausdruck für die Beschleunigung $a = \dfrac{\Delta v}{\Delta t}$ einzusetzen:

$$a = \frac{r\,\Delta\omega}{\Delta t}.$$

Werden beide Seiten durch den Bahnradius r dividiert, so folgt

$$\frac{a}{r} = \frac{\Delta\omega}{\Delta t}.$$

Die rechte Seite dieser Gleichung stellt wiederum die Winkelbeschleunigung α dar. Ihr Produkt mit dem Bahnradius r ist demnach die Beschleunigung des umlaufenden Punktes:

$$\boxed{a = r\alpha} \qquad \textbf{Bahnbeschleunigung} \qquad (2.33)$$

Es stellt sich also heraus, daß die Größen der geradlinigen und der Kreisbewegung durch leicht einprägsame Beziehungen zusammenhängen:

$$\boxed{\varphi = \frac{s}{r}; \qquad \omega = \frac{v}{r}; \qquad \alpha = \frac{a}{r}}$$

Alle Größen der Kreisbewegung entstehen aus den entsprechenden der geradlinigen Bewegung, indem letztere durch den Bahnradius dividiert werden.

Um zu den Gesetzen der Drehbewegung zu gelangen, ist daher nichts weiter zu tun, als die für den betreffenden Fall analoge, für die geradlinige Bewegung gültige Gleichung beiderseits durch den Bahnradius r zu dividieren.

Die einander entsprechenden Bewegungsgesetze sind in der folgenden Übersicht zusammengestellt.

4*

Vergleich zwischen geradliniger und Drehbewegung

| Geradlinige Bewegung | | Drehbewegung | |
Größe	Gleichung	Größe	Gleichung
Geschwindigkeit	$v = \dfrac{\mathrm{d}s}{\mathrm{d}t}$	Winkelgeschwindigkeit	$\omega = \dfrac{\mathrm{d}\varphi}{\mathrm{d}t}$
Beschleunigung	$a = \dfrac{\mathrm{d}v}{\mathrm{d}t}$	Winkelbeschleunigung	$\alpha = \dfrac{\mathrm{d}\omega}{\mathrm{d}t}$
Weg (gleichförmig)	$s = vt$	Drehwinkel (gleichförmig)	$\varphi = \omega t$
Weg (beschleunigt)	$s = \dfrac{at^2}{2} + v_0 t$	Drehwinkel (beschleunigt)	$\varphi = \dfrac{\alpha t^2}{2} + \omega_0 t$
Geschwindigkeit	$v = at + v_0$	Winkelgeschwindigkeit	$\omega = \alpha t + \omega_0$
Endgeschwindigkeit	$v = \sqrt{2as + v_0^2}$	Endwinkelgeschwindigkeit	$\omega = \sqrt{2\alpha\varphi + \omega_0^2}$

Beispiele: 1. Welche Winkelbeschleunigung hat ein Rad, das vom Stillstand aus innerhalb von 3 min die gleichmäßig zunehmende Drehzahl $n = 2500$ 1/min erreicht? – Die Winkelbeschleunigung (2.31) wird mit (2.29):

$$\alpha = \frac{\omega}{t} = \frac{2\pi n}{t} = \frac{2\pi \cdot 2500}{60\,\mathrm{s} \cdot 180\,\mathrm{s}} = 1{,}45 \;\mathrm{rad/s^2}.$$

2. Ein Schwungrad der anfänglichen Drehzahl 500 1/min läuft in 15 s bis zum Stillstand aus. Wieviel Umdrehungen finden noch statt? – Analog zu (2.9) ist

$$\varphi = \frac{\omega_0 + \omega}{2}\, t \quad \text{bzw. mit } \omega = 0 \text{ und (2.29):}$$

$$\varphi = \frac{\omega_0 t}{2} = \frac{2\pi n t}{2} = \pi n t;$$

da eine Umdrehung dem Winkel 2π entspricht, finden noch

$$z = \frac{\varphi}{2\pi} = \frac{\pi n t}{2\pi} = \frac{n t}{2} \quad \text{bzw.}$$

$$z = \frac{500 \cdot 15\,\mathrm{s}}{60\,\mathrm{s} \cdot 2} = 62{,}5$$

Umdrehungen statt. Dies entspricht dem Produkt aus der mittleren Drehzahl während des Auslaufvorganges und der Zeit bis zum Stillstand: $z = n_\mathrm{m} t$ mit $n_\mathrm{m} = n/2$ (Bild 2.32). Gleichung (2.27) ist hier nicht anwendbar, da keine gleichförmige Drehbewegung vorliegt.

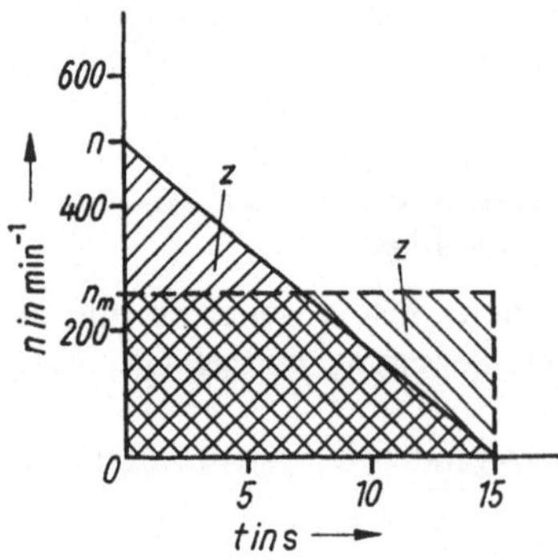

Bild 2.32. Zur mittleren Drehzahl

2.4.3 Radialbeschleunigung der Kreisbewegung

Die bisherige Beschreibung der Drehbewegung beschränkte sich bei der Bahngeschwindigkeit nur auf das Verhalten ihres Betrages. Die Bahngeschwindigkeit ist jedoch wie jede
Geschwindigkeit eine vektorielle Größe.
Zwar bleibt der *Betrag* der Bahngeschwindigkeit bei völlig gleichförmiger Drehung jederzeit konstant. Aber auch in diesem einfachsten Falle einer Drehbewegung ändert die Bahngeschwindigkeit fortgesetzt ihre *Richtung.* Dieses Verhalten ist im Bild 2.33 genauer zu
sehen. Der in der kurzen Zeitspanne Δt zurückgelegte Kreisbogen $\overparen{AB}$ hat die Länge $v\,\Delta t$.
Er kann bei kleinem Winkel δ durch die Bogensehne $\overline{AB}$ ersetzt werden. Durch Parallel-
verschieben der beiden Vektoren v_1 und v_2 entsteht das darunter gezeichnete Dreieck.
Wegen der Gleichheit der Beträge von v_1 und v_2 sind die beiden schraffierten Dreiecke
einander ähnlich, und hinsichtlich der Beträge besteht die Proportion

$$\frac{v\,\Delta t}{r} = \frac{\Delta v}{v} \quad \text{oder umgeformt} \quad \frac{\Delta v}{\Delta t} = \frac{v^2}{r}.$$

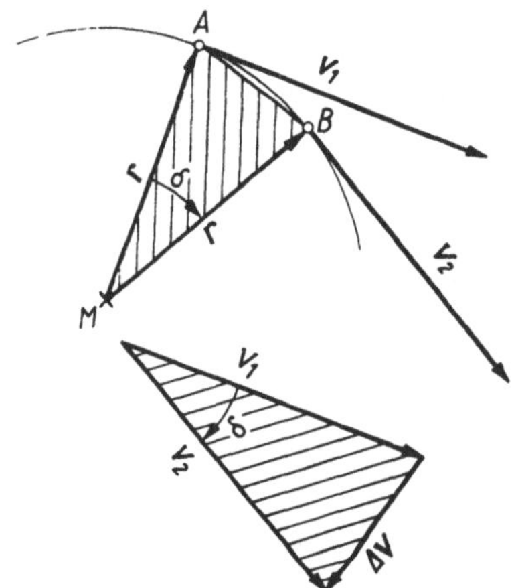

Bild 2.33. Geschwindigkeitsänderungsvektor Δv bei konstantem Betrag der Bahngeschwindigkeit

$\dfrac{\Delta v}{\Delta t}$ ist nach (2.3) der Betrag eines Beschleunigungsvektors. Dieser Vektor, dessen Ursache
die Richtungsänderung des Bahngeschwindigkeitsvektors ist, steht quer zur Richtung
der Bahngeschwindigkeit und zeigt ständig nach dem Drehzentrum M hin. In der Skizze
ist das nicht genau der Fall, weil hier der Deutlichkeit halber der Winkel δ viel zu groß
gezeichnet wurde.
Der Beschleunigungsvektor wird als **Radial-** oder **Zentralbeschleunigung** a_{rad} bezeichnet.
Als Ergebnis erhält man damit

$$\boxed{a_{rad} = \frac{v^2}{r}} \qquad \textbf{Betrag der Radialbeschleunigung} \qquad (2.34)$$

oder wegen (2.26) $v = r\omega$:

$$\boxed{a_{rad} = r\omega^2} \qquad\qquad\qquad\qquad\qquad\qquad\qquad (2.35)$$

Bei einer *ungleichförmigen* Drehbewegung ändert sich auch noch der Bahngeschwindigkeitsbetrag.
Der Geschwindigkeitsänderungsvektor ist nicht mehr radial gerichtet und kann deshalb in eine
radiale und eine tangentiale Komponente zerlegt werden. Der Quotient aus diesen Komponenten

und der Zeitdauer Δt ergibt zwei Beschleunigungskomponenten: Die radiale Komponente der Beschleunigung ist die obige Radialbeschleunigung, neu hinzu kommt die Tangentialkomponente der Beschleunigung, deren Betrag die Bahnbeschleunigung (2.33) ist. Die resultierende Beschleunigung ist in das Kreisinnere gerichtet.

Stets gilt somit:

> **Ein Körper bewegt sich nur dann auf einer Kreisbahn, wenn er eine nach dem Mittelpunkt hin gerichtete Beschleunigung erfährt.**

Ist der Betrag dieser Beschleunigung konstant, so kommt eine gleichförmige Kreisbewegung zustande.

Eine beliebige krummlinige Bewegung kann in jedem Bahnpunkt näherungsweise durch die Bewegung auf einer Kreisbahn (Krümmungskreis) ersetzt werden. Deshalb gilt:

> **Jede krummlinige Bewegung ist eine beschleunigte Bewegung. Die Beschleunigung ist in das Innere des Krümmungskreises gerichtet.**

Dieser Sachverhalt ist vom schrägen Wurf (Bild 2.24) her bereits bekannt.

Beispiele: 1. Die Trommel einer Zentrifuge hat die Drehzahl 3000 1/min. Wie groß ist die Radialbeschleunigung am Umfang der Trommel von 15 cm Radius? Vergleiche mit der Fallbeschleunigung! – Nach (2.35) und (2.29) ist

$$a_{\text{rad}} = r\omega^2 = r \cdot 4\pi^2 n^2 = \frac{0{,}15 \text{ m} \cdot 4\pi^2 \cdot 3000^2}{3600 \text{ s}^2} = 14800 \text{ m/s}^2 = 14{,}8 \text{ km/s}^2;$$

das ist rund das 1480fache der Fallbeschleunigung! Ultrazentrifugen erreichen Drehzahlen bis $n = 40000$ 1/min.

2. Welchen Einfluß hat die Erdumdrehung am Äquator ($r = 6378$ km) auf die Fallbeschleunigung? – Aus der Dauer $T = 24$ h einer Erdumdrehung folgt aus (2.30) die Winkelgeschwindigkeit

$$\omega = \frac{2\pi}{T}$$ und damit nach (2.35) die Beschleunigung

$$a_{\text{rad}} = r\omega^2 = \frac{r \cdot 4\pi^2}{T^2} = \frac{6{,}378 \cdot 10^6 \text{ m} \cdot 4\pi^2}{(24 \cdot 3600)^2 \text{ s}^2} = 0{,}034 \text{ m/s}^2,$$

d. i. $3{,}4^0/_{00}$ des Wertes von g.

3 Kräfte am bewegten Massenpunkt

Soll ein Körper in Bewegung gesetzt werden, bedarf es einer körperlichen Anstrengung, einer **Kraft**. Außer der Muskelkraft gibt es aber auch zahlreiche weitere Kräfte, welche dieselbe Wirkung hervorbringen: die magnetische und elektrische Anziehungskraft, elastische Kräfte und Reibungskräfte usw. Kräfte können aber nicht nur den Bewegungszustand der Körper verändern, sondern auch deren äußere Form und innere Struktur. Die Lehre von den Kräften wird allgemein als *Dynamik* bezeichnet.

Aber auch dort, wo keine äußeren Veränderungen bemerkbar werden, sind oftmals Kräfte wirksam. Sie stehen dann untereinander im Gleichgewicht und heben sich gegenseitig auf. Dieser spezielle Teil der Dynamik wird als *Statik* bezeichnet. Alle Vorgänge dagegen, bei denen Kräfte sichtbare Bewegungen hervorrufen, werden zur *Kinetik* gerechnet.

3.1 Grundgesetz der Dynamik

Eine wichtige und alltäglich zu beobachtende Eigenschaft aller Körper ist die **Trägheit** (oder das Beharrungsvermögen). Einerseits bleibt ein Körper so lange an seinem Ort ruhig liegen, bis er durch einen äußeren Anstoß in Bewegung gebracht wird. Andererseits bleibt ein bewegter Körper so lange in geradlinig gleichförmiger Bewegung, bis irgendwelche Kräfte diesen Zustand ändern. Fehlen solche Kräfte, so gilt das

Trägheitsgesetz (1. NEWTONsches Bewegungsgesetz):
Ein Körper bleibt so lange im Zustand der Ruhe oder gleichförmig geradlinigen Bewegung, wie keine Kräfte auf ihn einwirken.

Aus dem Trägheitsgesetz folgt unmittelbar, daß jede auf einen Körper einwirkende Kraft seinen Bewegungszustand ändert. Befand er sich ursprünglich im Ruhezustand, so gerät er in beschleunigte Bewegung.

Diese Beschleunigung hält nur so lange an, wie die Kraft einwirkt. Befindet sich der Körper bereits in Bewegung und wirkt die Kraft der Bewegung entgegen, so wird diese verzögert.

Kraft ist die Ursache der Beschleunigung (oder Verzögerung) eines Körpers.

Bevor der Zusammenhang zwischen Kraft und Beschleunigung weiter untersucht wird, soll zunächst die Basisgröße **Masse** eingeführt werden.

Zwischen einem Körper unbekannter Masse m, z. B. einem Wägestück, und dem Kilogramm-Prototyp der Masse $m_0 = 1$ kg wird eine zusammengedrückte Feder angebracht (Bild 3.2a), die durch einen Faden am Entspannen gehindert wird. Nach Durchbrennen des Fadens erhalten beide Körper wegen ihrer unterschiedlichen Trägheit verschiedene

Bild 3.1. ISAAK NEWTON (1643 bis 1727)

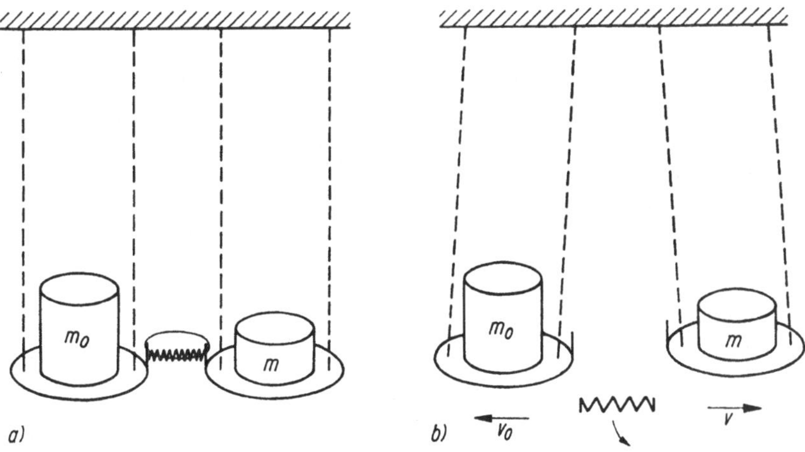

Bild 3.2. Versuch zur Massenbestimmung: a) mit zusammengedrückter Feder, b) unmittelbar nach dem Entspannen der Feder

Anfangsgeschwindigkeiten v und v_0 (Bild 3.2b), die gemessen werden. Die unbekannte Masse wird auf diese Geschwindigkeitsmessungen zurückgeführt:

$$\boxed{m = m_0 \cdot \frac{v_0}{v}} \qquad \textbf{Definition der Basisgröße Masse eines Körpers} \qquad (3.1)$$

Die Masse kann für zwei verschiedene Körper selbstverständlich unterschiedliche Werte haben. Ob zwei verschiedene Körper gleiche Masse besitzen, erkennt man im Versuch daran, daß sie gleiche Geschwindigkeiten erhalten.

Werden zwei gleich große, gleich beschaffene Wägestücke anstelle des einen verwendet, so wird im Versuch die halbe Geschwindigkeit gemessen: Beide Wägestücke zusammen sind träger als eines. Wegen der Massendefinition (3.1) wird $m_0 \cdot \dfrac{v_0}{v/2} = 2m$.

Somit haben beide Wägestücke einerseits zusammen die doppelte Masse wie ein einziges. Andererseits enthalten die genannten zwei Wägestücke auch die doppelte Menge ihres Stoffes. Somit gilt allgemein:

Die Masse eines Körpers kennzeichnet seine Trägheit und ist der Menge seines Stoffes proportional.

Um nun die Beziehung zwischen Kraft und Beschleunigung zu klären, soll nach Bild 3.3 folgender Versuch durchgeführt werden: An einem leichtbeweglichen Wagen ist ein Kraftmesser mit zunächst ungeeichter Skale befestigt. Das an dem Faden hängende Wägestück m_2 übt die am Kraftmesser in Skalenteilen ablesbare Zugkraft F aus. Wird der zuvor festgehaltene Wagen freigelassen, so setzt er sich mit einer bestimmten Beschleunigung in Bewegung. Sie läßt sich leicht aus der in einer bestimmten Zeit t durchlaufenen Wegstrecke s nach der Beziehung (2.8) $a = \dfrac{2s}{t^2}$ errechnen.

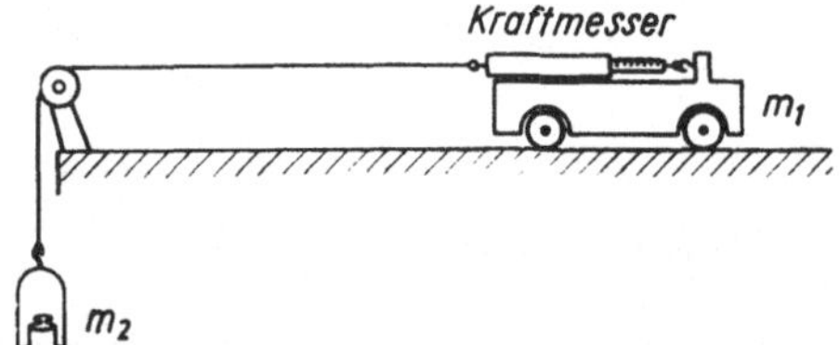

Bild 3.3. Zur Herleitung des dynamischen Grundgesetzes

Durch Anhängen von weiteren Wägestücken können nun die Zugkraft F und die Beschleunigung a beliebig geändert werden. Es ergibt sich, daß die doppelte Zugkraft $2F$ auch die doppelte Beschleunigung $2a$ hervorruft, der dreifache Wert der Kraft auch den dreifachen Wert der Beschleunigung zur Folge hat usw. Die erforderliche Kraft F ist also der erzielten Beschleunigung a direkt proportional.

Wird in einer weiteren Versuchsreihe der Wagen mit zusätzlichen Wägestücken belastet und damit die Masse des zu bewegenden Körpers vergrößert, so kann die gleiche Beschleunigung a nur mit entsprechend größerer Zugkraft F aufrechterhalten werden. Die benötigte Zugkraft F ist daher sowohl der wirkenden Beschleunigung a als auch der Masse m des zu bewegenden Körpers proportional. Zusammengefaßt gilt somit das Gesetz

$$F = kma,$$

mit k als Proportionalitätsfaktor. Dieser Faktor wird 1 gesetzt und damit die Krafteinheit festgelegt, d. h. die Skale des Kraftmessers des Versuches geeicht:

$$\boxed{F = ma} \qquad \begin{array}{l}\textbf{Grundgesetz der Dynamik} \\ \text{(2. N\textsc{ewton}sches Bewegungsgesetz)}\end{array} \qquad (3.2)$$

Die einen Körper beschleunigende Kraft ist gleich dem Produkt aus der Masse und der Beschleunigung des Körpers.

$[F] = \mathrm{kg\,m/s^2} = \mathrm{N}\ (\text{Newton})$[1])

1 N ist die Kraft, die einem Körper der Masse 1 kg die Beschleunigung von 1 m/s² erteilt.

Ungesetzliche Einheit: 1 kp (Kilopond) = 9,80665 N ≈ 10 N

Einerseits ist wegen der willkürlichen Wahl des Faktors k zu $k = 1$ die Gleichung (3.2) ihrem Wesen nach eine *Definitionsgleichung*. Mit ihrer Hilfe wird aus zwei bereits definierten Größen, der Basisgröße Masse und der abgeleiteten Größe Beschleunigung, die neue Größe Kraft abgeleitet.

Die Bezeichnung »Grund*gesetz* der Dynamik« ist insofern nicht korrekt, als Naturgesetze lediglich Verknüpfungen bereits definierter Größen darstellen.

Andererseits werden die folgenden Abschnitte zeigen, daß im Grundgesetz entgegen der obigen vorläufigen Schreibweise (3.2) anstelle der Einzelkraft F die durch Bilden der Vektorsumme aller Kräfte zu ermittelnde resultierende Kraft F_{rsl} zu verwenden ist. Damit sind in (3.2) weitere wesentliche physikalische Aussagen enthalten, die experimentell nachzuprüfen sind und die Bezeichnung »Gesetz« rechtfertigen.

Zur Messung von Kräften können die verschiedensten physikalischen Vorgänge herangezogen werden. Am einfachsten und bei sorgfältiger Ausführung auch äußerst genau sind elastische Federn. Wird eine Schraubenfeder z. B. gedehnt, so ist die eintretende Verlängerung genau proportional zur wirkenden Kraft, vgl. auch 5.2.3. Damit eignen sie sich vorzüglich als Kraftmesser oder **Dynamometer** (Bild 3.4). Die im täglichen Leben am meisten auffallende Kraft ist die **Schwerkraft**. Sie erteilt allen Körpern die aus 2.2.3 bekannte vertikal gerichtete Fallbeschleunigung g. Werden die Körper am freien Fall gehindert, rufen sie in der Aufhängung oder Unterstützungsfläche die Kraft hervor:

$$\boxed{F_{\mathrm{G}} = mg}\qquad \textbf{Gewichtskraft}\qquad\qquad\qquad (3.3)$$

Bild 3.4. Technischer Zugkraftmesser

---

[1]) gesprochen: ˈnjuːtən (engl.)

Wird in diese Gleichung die Masse $m_2 = 1$ kg eingesetzt, so ergibt sich die Kraft $F_G = 1$ kg $\cdot$ 9,81 m/s = 9,81 kg m/s^2 = 9,81 N.

Ein Körper der Masse 1 kg ruft an der Erdoberfläche die Gewichtskraft 9,81 N hervor.

Nun ist aber die Fallbeschleunigung g keineswegs konstant, sondern hängt ganz von dem Ort ab, an dem sich der Körper befindet. Ein und derselbe Körper ist am Nordpol etwa 0,2 % schwerer und am Äquator 0,3 % leichter als bei uns.

Ob zwei verschiedene Körper gleiche Masse haben, ist nach Gleichung (3.3) auch daran zu erkennen, daß sie gleiches Gewicht besitzen.

Die Masse eines Körpers kennzeichnet seine Schwere.

Da das Wort *Gewicht* deshalb häufig inkorrekt auch im Sinne von *Masse* gebraucht wird, sollte es in diesem Zusammenhang ausdrücklich vermieden und durch den eindeutigen Ausdruck **Gewichtskraft** ersetzt werden.

Dem Anfänger bereitet die Unterscheidung zwischen Masse und Kraft häufig Schwierigkeiten. Man merke sich daher, daß eine gegebene Masse an allen Punkten der Welt eine konstante, unveränderliche Größe darstellt, während die Kraft als Folge der gegenseitigen Anziehung erst dann auftritt, wenn sich eine zweite Masse, z. B. diejenige der Erde, in ihrer Nähe befindet. Die Größe dieser Kraft hängt dann von der Größe der beiden Massen und ihrem Abstand ab (s. Gravitation in 8.1). Auf dem Mond hat ein Körper mit der Masse 1 kg die Gewichtskraft von nur etwa $1/6 \cdot$ 9,81 N. Deshalb werden mit einer gewöhnlichen Waage nur Massen verglichen, weil die Gewichtskraft auf beide Waagschalen in gleicher Weise einwirkt und sich daher örtliche Unterschiede der Fallbeschleunigung nicht bemerkbar machen können.

Beispiele: 1. Welche Zugkraft ist erforderlich, wenn ein Triebwagen von 80 t Masse mit einer Beschleunigung von 50 cm/s^2 anfahren soll? – Nach (3.2) ist die Zugkraft

$$F = ma = \frac{80000 \text{ kg} \cdot 0,5 \text{ m}}{\text{s}^2} = 40000 \text{ kg m/s}^2 = 40 \text{ kN}.$$

2. Welche Beschleunigung erfährt der auf Bild 3.3 angegebene Wagen, wenn er samt Kraftmesser die Masse $m_1 = 0,5$ kg hat und durch einen fallenden Körper der Masse $m_2 = 0,15$ kg angetrieben wird? – Hier ist zu beachten, daß nicht nur die Masse m_1 des Wagens zu beschleunigen ist, sondern auch die Masse m_2 des antreibenden Fallgewichtes. Die gesamte bewegte Masse ist also $m = m_1 + m_2$, während die antreibende Kraft F lediglich von der Gewichtskraft der Masse m_2 herrührt, so daß $F_G = m_2 g$ in das Grundgesetz (3.2) einzusetzen ist:

$$a = \frac{F_G}{m} = \frac{m_2 g}{m_1 + m_2} = \frac{0,15 \text{ kg} \cdot 9,81 \text{ m}}{0,65 \text{ kg s}^2} = 2,26 \text{ m/s}^2.$$

3.2 Trägheitskräfte

Bereits bei der Betrachtung relativer Bewegungen (2.3.1) hatten wir festgestellt, daß in allen *gleichförmig* zueinander bewegten Bezugssystemen dieselben Naturgesetze gelten. Auch das Trägheitsgesetz gilt ganz unabhängig davon, mit welcher Geschwindigkeit sich der Beobachtungsort bewegt. Es gilt im »ruhenden« Laboratorium ebenso wie im gleichförmig dahinfahrenden Zug.

Wenn aber der Beobachtungsort in *beschleunigter* oder *verzögerter* Bewegung ist, ändern sich die Verhältnisse. Es können da Körper in beschleunigte Bewegung geraten, ohne daß eine entsprechende Kraft auszuüben ist. Sitzt man z. B. in einem Eisenbahnwagen und beobachtet eine am Boden liegende Kugel, so rollt diese beim plötzlichen Anfahren rückwärts. Auch die Fahrgäste verspüren eine der Richtung der Beschleunigung entgegengesetzte Kraft, und schlecht gestaute Koffer können sogar aus dem Gepäcknetz fallen. Erst

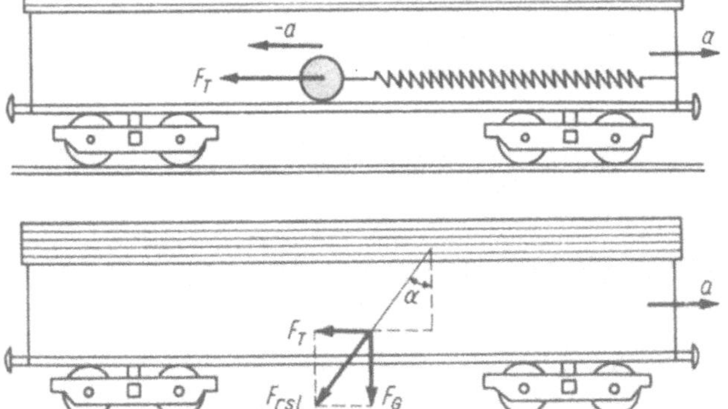

Bild 3.5. Trägheitskraft eines Körpers im beschleunigten Bezugssystem

Bild 3.6. Lot im beschleunigten Wagen

an solchen und ähnlichen dem Trägheitsgesetz scheinbar zuwiderlaufenden Erscheinungen bemerkt der Beobachter, daß er sich in einem **beschleunigten Bezugssystem** befindet.
Der Widerspruch gegen das Trägheitsgesetz läßt sich aber lösen, wenn man sich auf das NEWTONSche Grundgesetz (3.2) beruft und eine Kraft als bewegende Ursache annimmt. Diese Kraft läßt sich allerdings *nur innerhalb des beschleunigten Bezugssystems* messen, indem z. B. die erwähnte Kugel an einer Spannfeder (Bild 3.5) befestigt wird. Sie ergibt sich als Produkt aus der Masse und einer Beschleunigung, die entgegengesetzt gleich derjenigen ist, mit der sich das beschleunigte Bezugssystem gegen einen außerhalb befindlichen Beobachter bewegt. Sie wird **Trägheitskraft** F_T genannt:

$$\boxed{F_T = -ma}\qquad \textbf{Trägheitskraft im geradlinig beschleunigten System}\qquad (3.4)$$

Trägheitskräfte wirken im beschleunigten Bezugssystem entgegen dessen Beschleunigungsrichtung. Sie haben ihre Ursache darin, daß sich das System mit dem Beobachter beschleunigt bewegt und der betrachtete Körper allein seiner Trägheit unterliegt.

Für einen außerhalb des beschleunigten Bezugssystems (z. B. des anfahrenden Zuges) stehenden Beobachter (z. B. einen Mann am Bahndamm) existiert diese Kraft nicht. Wäre nämlich die haltende Feder nicht vorhanden und die Kugel reibungsfrei beweglich, so würde sie infolge ihrer Trägheit hinter dem beschleunigten Wagen zurückbleiben. Vom ruhenden Bezugssystem aus gesehen verharrt die Kugel auch weiterhin im Ruhezustand bzw. in gleichförmiger Bewegung, die sie zu Beginn des Vorganges besaß. Nach Anbringung der Spannfeder dehnt sich diese um ein bestimmtes Stück aus, und zwar so weit, bis die Kugel im beschleunigten System zur Ruhe kommt und an der Beschleunigung des Wagens mit teilnimmt. Es hat sich ein *Gleichgewichtszustand* eingestellt. Die Kugel strebt vermöge ihrer Trägheitskraft F_T nach hinten, wird aber durch die von der Feder von außen her **eingeprägte Kraft** F daran gehindert. Diesen begrifflichen Zusammenhang nennt man das **d'Alembertsche Prinzip**[1]):

Im beschleunigten Bezugssystem befindet sich die Summe der auf einen Körper wirkenden eingeprägten Kräfte jederzeit im Gleichgewicht mit der Summe aller Trägheitskräfte.

Aus diesem Grunde werden Trägheitskräfte oftmals auch als **d'Alembert-Kräfte** bezeichnet.
Mit Hilfe dieser Betrachtungsweise gelingt es somit, beschleunigt bewegte Körper in formaler Hinsicht wie ruhende, im statischen Gleichgewicht (s. 4.4.6) befindliche zu behandeln. Die

---

[1]) JEAN LE ROND D'ALEMBERT, 1717 bis 1783

Gleichung

$$\boxed{\sum_{i=1}^{n} F_i + \sum_{j=1}^{m} F_{\mathrm{T}j} = 0}$$ d'Alembertsches Prinzip (3.5)

sagt dann aus, daß die Summe aller Kräfte (einschließlich der Trägheitskräfte) auch bei der beschleunigten Bewegung eines Körpers gleich Null ist.

Beispiele: 1. In einem Aufzug (analog Bild 2.14) befindet sich eine Federwaage, an der eine Kugel der Masse m hängt. Welche Kraft zeigt die gespannte Feder an, wenn a) der Aufzug mit der Beschleunigung a aufwärts fährt, b) mit der Beschleunigung $-a$ abwärts fährt und c) frei nach unten fällt? –
a) Außer der Trägheitskraft $-ma$ wirkt die gleichfalls nach unten gerichtete Schwerkraft $-mg$ sowie die nach oben gerichtete Spannkraft der Feder. Nach (3.5) muß die Summe aller Kräfte gleich Null sein, d. h. $F + (-mg) + (-ma) = 0$. Hieraus folgt $F = m(g + a)$.
b) Mit der Trägheitskraft $F_{\mathrm{T}} = -m(-a) = +ma$ lautet (3.5) $F - mg + ma = 0$, woraus folgt $F = m(g - a)$.
c) Beim freien Fall ist $a = g$, womit $F = 0$ wird. Die Kugel verliert ihre Gewichtskraft.
2. Wie kann mittels eines aufgehängten Lotes die Beschleunigung eines bewegten Fahrzeuges gemessen werden (Bild 3.6)? – Die am Lot wirkende Trägheitskraft $F_{\mathrm{T}} = -ma$ ergibt mit $F_{\mathrm{G}} = mg$ die Resultierende $F_{\mathrm{rsl}} = m\sqrt{a^2 + g^2}$. Ihr entspricht die resultierende Beschleunigung a_{rsl}, die eine Schrägstellung des Lotes bewirkt. Für den Winkel der Lotabweichung gilt $\tan\alpha = \dfrac{ma}{mg}$ und $a = g\tan\alpha$.
3. Welche Zugkraft zeigt der Kraftmesser an, wenn sich der auf Bild 3.3 dargestellte Wagen in Bewegung befindet? – Der eingeprägten (äußeren) Kraft $m_2 g$ stehen 2 Trägheitskräfte $-m_1 a$ und $-m_2 a$ gegenüber, so daß nach (3.5) $m_2 g - m_1 a - m_2 a = 0$ wird. Hieraus folgt zunächst die im Beispiel 2 in 3.1 bereits berechnete Beschleunigung $a = \dfrac{m_2 g}{m_1 + m_2} = 2,26\ \mathrm{m/s^2}$. Auf den Kraftmesser wirkt nach rechts die Trägheitskraft $-m_1 a = -1,13\ \mathrm{N}$ bzw. nach links die gleich große Kraft $m_2(g - a) = 1,13\ \mathrm{N}$.

3.3 Bewegungshemmende Kräfte

Die Massenträgheit bestimmt zwar einen wesentlichen Teil der zur Beschleunigung eines Körpers erforderlichen Kraft. In den meisten Fällen treten jedoch noch weitere Kräfte hinzu, die den Bewegungsablauf hemmen. Sie werden unter dem Begriff der **Reibung** zusammengefaßt. Wegen des zusätzlichen Kraftbedarfs ist sie häufig unerwünscht. Andererseits wären manche Arten der Kraftübertragung (Treibriemen, Fortbewegung beim Gehen und Fahren) ohne Reibung undenkbar.
Die zur Bewegung eines Körpers erforderliche Kraft besteht demnach im allgemeinen aus zwei voneinander unabhängigen Anteilen. Die Überwindung der Massenträgheit erfordert eine Kraft, die nach dem Grundgesetz (3.2) von der angestrebten Beschleunigung abhängt. Dagegen ist die zur Überwindung der Reibung notwendige Kraft in erster Näherung von der Geschwindigkeit unabhängig. Die Gesamtkraft ist also stets als *Summe aus beiden Kräften* anzusetzen. Es kann aber vorkommen, daß die zur Überwindung der Trägheit erforderliche Kraft größenmäßig hinter der Reibungskraft so zurücktritt, daß die erstere kaum bemerkt wird, wie es z. B. beim Herausziehen eines Nagels oder beim Eindrehen einer Schraube der Fall ist. In früheren Zeiten gelang es daher nicht, Massenträgheit und Reibungseinflüsse auseinanderzuhalten, so daß das Trägheitsgesetz verhältnismäßig spät entdeckt wurde.
Die Hauptursache der Reibung ist die unebene Oberfläche der Körper. Bei mikroskopischer Betrachtung erweisen sich selbst mit großer Sorgfalt bearbeitete Oberflächen noch als rauh

und zerklüftet. Die Reibung äußert sich als eine der Bewegung und damit der Geschwindigkeit entgegen gerichtete Kraft.

Die Reibungskraft ist der Geschwindigkeit entgegen gerichtet.

3.3.1 Haftreibung

Bei dem Versuch, einen auf einer Unterlage ruhenden Körper in Bewegung zu setzen, macht sich zunächst die **Haftreibung** geltend. Handelt es sich z. B. um einen auf dem Tisch ruhenden Holzklotz, so kann mittels eines seitwärts über eine Rolle laufenden Fadens eine bestimmte Zugkraft ausgeübt werden (Bild 3.7). Trotz schrittweisen Zulegens von Wägestücken

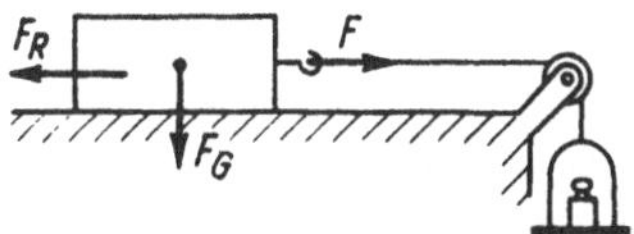

Bild 3.7. Bestimmung der Reibungskraft F_R

bleibt der Klotz zunächst liegen. Dies beweist, daß die Reibungskraft F_R der jeweiligen Zugkraft F entgegengesetzt gerichtet und ebenso groß wie diese ist. Nun wird so lange weiter belastet, bis der Klotz zu rutschen beginnt. In diesem Augenblick ist die Zugkraft F ebenso groß wie der Maximalwert der Haftreibung F_R geworden. Bei weiterer Vergrößerung der Zugkraft F wird dann $F > F_R$, und der Klotz bewegt sich beschleunigt vorwärts. Wird beispielsweise festgestellt, daß der Klotz mit einer Gewichtskraft $F_G = 5$ N bei einer Zugkraft von $F = 3$ N ins Gleiten gerät, so ist in diesem Augenblick auch $F_R = 3$ N, und es kann $F_R : F_G = 3$ N $: 5$ N oder $F_R = 0{,}6\,F_G$ geschrieben werden. Der bei diesem Versuch ermittelte Zahlenfaktor 0,6 ist die **Haftreibungszahl** μ_0. Wird bei einem Versuch der Klotz auf die schmale Seite gestellt, so erhält man ungefähr das gleiche Ergebnis:

Die Reibungskraft ist bei gleicher Gewichtskraft von der Größe der berührenden Oberflächen unabhängig. Sie hängt in diesem Fall nur von der Beschaffenheit der einander berührenden Oberflächen ab.

Ferner wird die Reibungskraft F_R nur von der senkrecht zur berührten Unterlage wirkenden Kraftkomponente hervorgerufen, die als *Normalkraft F_N* bezeichnet wird.
Somit lautet das **Coulombsche Reibungsgesetz**:

$$\boxed{F_R = \mu_0 F_N} \qquad \textbf{(Haft-) Reibungskraft} \qquad\qquad (3.6)$$

Auf einfache Weise bestimmt man μ_0 dadurch, daß der Neigungswinkel α einer geneigten Ebene (Bild 3.8) so lange vergrößert wird, bis der daraufgestellte Probekörper abzugleiten

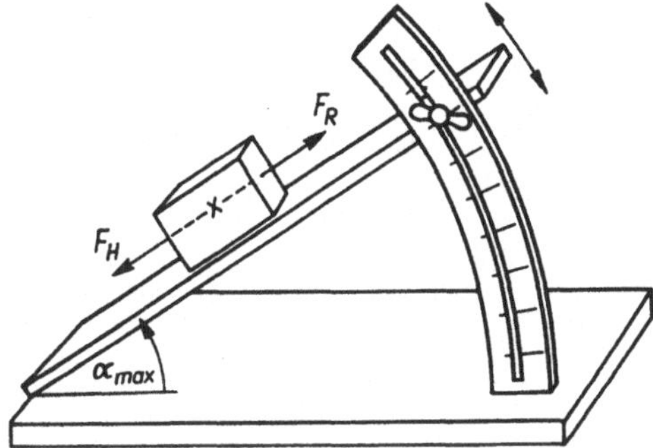

Bild 3.8. Bestimmung der Haftreibungszahl

beginnt. Dies geschieht bei demjenigen Grenzwinkel, der **Reibungswinkel** α_{max} genannt wird, für den Reibungs- und Hangabtriebskraft gleich groß werden. Die Normalkraft ist nach (4.2)

$$F_N = F_G \cos \alpha,$$

die Hangabtriebskraft nach (4.1)

$$F_H = F_G \sin \alpha.$$

Demnach ist bei Beginn des Gleitens:

Reibungskraft = Hangabtriebskraft,

$$\mu_0 F_G \cos \alpha_{max} = F_G \sin \alpha_{max}.$$

$$\boxed{\mu_0 = \tan \alpha_{max}} \qquad \textbf{Haftreibungszahl} \qquad\qquad (3.7)$$

$$[\mu_0] = 1$$

Die Haftreibungszahl ist gleich dem Tangenswert des Reibungswinkels.

3.3.2 Gleitreibung und Fahrwiderstand

Die Reibungskraft ist erheblich **kleiner**, wenn sich der Körper im Gleiten befindet. Um die **Gleitreibungszahl** μ zu messen, wird der gleiche Versuch wie vorhin angestellt. Durch leichtes Beklopfen der Unterlage beseitigt man jedoch das Anhaften und vergrößert die Zugkraft so lange, bis der Körper in gleichförmige Bewegung gerät. Während dieser besteht Gleichgewicht zwischen Zug- und Reibungskraft.
Noch viel kleiner wird die Reibungskraft, wenn ein Körper auf seiner Unterlage rollt. Dann wird von **Rollreibung** gesprochen.
Bei einem einfachen Wagenrad sind beide Reibungsvorgänge zu sehen: an der Achse Gleitreibung (Gleitlager!)[1]) und am Boden Rollreibung. Beide Vorgänge werden mit Hilfe der **Fahrwiderstandszahl** μ_F zusammen beschrieben.
Für die Gleitreibungskraft und den Fahrwiderstand gilt wiederum das COULOMBsche Gesetz, in (3.6) ist lediglich μ_0 durch μ bzw. μ_F zu ersetzen.

Ungefähre Haft- und Gleitreibungszahlen

Material	Haft-reibung	Gleitreibung		
		trocken	geschmiert	mit Wasser
Stahl/Stahl	0,15	0,1	0,009	
Stahl/Rotguß	0,18	0,16	0,01	
Metall/Holz	0,6 … 0,5	0,5 … 0,2	0,08 … 0,02	0,25
Holz/Holz	0,65	0,4 … 0,2	0,16 … 0,04	0,25
Lederriemen/Grauguß	0,56	0,28	0,12	0,38
Eisen/Eis				0,014
gebremstes Auto				
auf Pflaster		0,5		0,2
desgl. auf Asphalt		0,3		0,15

---

[1]) Wegen des immer vorhandenen Schmiermittels meistens Flüssigkeitsreibung.

Ungefähre Fahrwiderstandszahlen

Straßenbahn	0,006 (Rillenschienen)	gummibereifte Fahrzeuge	
Eisenbahn	0,002	auf Pflaster	0,04
Fuhrwerk auf gutem Erdweg	0,05	desgl. auf Asphalt	0,02
desgl. auf Asphalt	0,015	Loren in Bergwerken	0,01

Beispiele: 1. Welche Kraft ist aufzuwenden, um einen Kraftwagen ($m = 1200$ kg) auf horizontaler Asphaltstraße in gleichförmiger Geschwindigkeit zu halten? –

$$F = \mu_F mg = 0,02 \cdot 1200 \text{ kg} \cdot 9,81 \text{ m/s}^2 = 235,4 \text{ N} = 0,24 \text{ kN}.$$

2. Bei welchem Anstieg einer Bahnstrecke beginnen die Räder einer Lokomotive ($m_2 = 60$ t), die einen Zug (Gesamtmasse $m_1 = 800$ t) zieht, zu rutschen? – Der Tabelle werden die Werte für die Haftreibungszahl μ_0 der Triebräder und die Fahrwiderstandszahl μ_F des Zuges entnommen. Es gilt die Gleichung:

Haftreibungskraft der Lokomotive = (Hangabtriebskraft + Fahrwiderstand) des ganzen Zuges,

wobei die Reibungskraft der Lokomotive mit der Gewichtskraft F_{G2} nach Gleichung (3.6) $\mu_0 F_{G2}$ $\cos \alpha$ und $F_{G2} \cos \alpha$ die entsprechende Normalkraft ist. Die Hangabtriebskraft des ganzen Zuges ist $F_H = F_{G1} \sin \alpha$ und der Fahrwiderstand $\mu_F F_{G1} \cos \alpha$. Somit wird

$$\mu_0 m_2 g \cos \alpha = m_1 g \sin \alpha + \mu_F m_1 g \cos \alpha.$$

Beiderseitiges Dividieren durch $\cos \alpha$ und g ergibt

$$\mu_0 m_2 = m_1 \tan \alpha + \mu_F m_1$$

und damit

$$\tan \alpha = \frac{\mu_0 m_2 - \mu_F m_1}{m_1} = \frac{0,15 \cdot 60 \text{ t} - 0,002 \cdot 800 \text{ t}}{800 \text{ t}} = 0,0093 \quad \text{oder } 1 : 108.$$

4 Ebene Systeme von Kräften

Bisher haben wir gesehen, daß die an einem Körper angreifenden Kräfte irgendwelche Bewegungen hervorrufen. Würde man nun das 1. NEWTONsche Gesetz, demzufolge ein Körper beim Fehlen äußerer Kräfte in der Ruhe verharrt, umkehren, so sollte der Ruhezustand durch das völlige Fehlen von Kräften ausgezeichnet sein. Das ist aber keineswegs immer der Fall. Mehrere Kräfte können nämlich gleichzeitig so zusammenwirken, daß sie sich gegenseitig aufheben und der betrachtete Körper in der Ruhe oder der gleichförmig geradlinigen Bewegung verbleibt. Sie befinden sich dann im **Gleichgewicht**. Dies näher zu untersuchen ist Aufgabe der **Statik**. Im folgenden werden wir uns dabei auf jene in der Praxis überwiegenden Fälle beschränken, in denen die wirkenden Kräfte *in einer Ebene* liegen.

4.1 Kraft als vektorielle Größe

In den bisherigen Ausführungen wurden Kräfte vorrangig durch ihren Betrag gekennzeichnet. Mehrfach klang an, daß sie in eine bestimmte Richtung wirken. Demnach ist die Kraft eine vektorielle Größe (vgl. 2.3.2). Weitere wichtige Kennzeichen einer Kraft sind Angriffspunkt und Wirkungslinie[1]). Der **Angriffspunkt** ist der Punkt des Körpers, in wel-

---

[1]) Diese zwei Begriffe sind notwendig, weil die **Kraft** im Gegensatz zur Geschwindigkeit *nicht* durch einen freien Vektor (vgl. 4.4.1) beschrieben werden kann.

chem die Kraft am Körper angreift. Die **Wirkungslinie** ist die Gerade, auf der der Kraftvektor liegt (Bild 4.1).

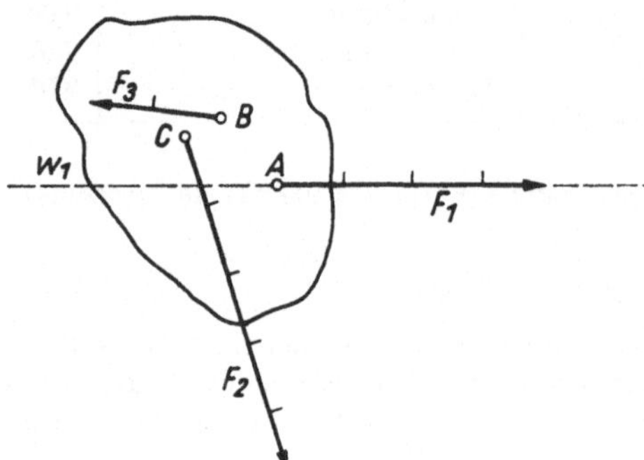

Bild 4.1. 3 Kräfte an einem Körper (nicht im Gleichgewicht); A, B, C Angriffspunkte, w_1 Wirkungslinie von F_1; ablesbar: $F_1 = 8$ N, $F_2 = 10$ N, $F_3 = 4$ N; Maßstab: 1 Teilstrich = 2 N

4.2 Gleichgewicht zweier Kräfte

Wirken an einem starren Körper 2 Kräfte F_1 und F_2 von gleicher Größe, aber entgegengesetzter Richtung in derselben Wirkungslinie, so halten sie sich im Gleichgewicht:

Im Gleichgewicht ist Kraft gleich Gegenkraft.

Wenn also ein Körper im Ruhezustand ist, können gleichwohl Kräfte vorhanden sein. Diese befinden sich aber im Gleichgewicht. Dieser Sachverhalt ist nur ein besonderer Fall des allgemeinen, von NEWTON aufgestellten Wechsel- oder Gegenwirkungsprinzips:

Gegenwirkungsprinzip:

Übt ein Körper auf einen anderen eine Kraft aus, so wirkt dieser mit einer gleich großen Kraft von entgegengesetzter Richtung auf den ersten Körper zurück.

Es besagt also, daß Kräfte niemals auf einen Körper allein, sondern stets nur paarweise zwischen zwei Körpern zugleich, und zwar in entgegengesetzter Richtung wirksam sind. Welche von diesen beiden man als Kraft oder Gegenkraft bezeichnet, ist an sich belanglos, beide sind physikalisch gleichberechtigt.

Besonders deutlich erkennbar ist dieses Prinzip, wenn zwei Personen auf je einem leicht beweglichen Wagen stehen und gemeinsam ein Seil festhalten (Bild 4.2). Es ist gleichgültig, ob der eine daran zieht und der andere das Seil scheinbar nur festhält oder umgekehrt: Immer rollen sie aufeinander zu. Der Kraftaufwand ist für beide stets gleich groß.

Hängt beiderseits eines gespannten Fadens nach Bild 4.3 je ein Körper von der Masse 1 kg, deren Gewichtskraft rund 10 N beträgt, so beträgt die Spannkraft nicht etwa 20 N, sondern nur 10 N. Der eine Körper liefert hier nur die Gegenkraft zur Aufrechterhaltung des Gleichgewichts.

Oft aber muß das Vorhandensein der Gegenkraft erst durch eine besondere Überlegung erschlossen werden. So übt ein auf der Tischplatte ruhender Körper eine nach unten gerichtete Kraft aus, die durch seine Gewichtskraft bewirkt wird. Da er nicht in Bewegung gerät, muß noch eine zweite Kraft von gleicher Größe, aber entgegengesetzter Richtung wirksam sein, die ihr das Gleichgewicht hält. Derartige von einer festen Unterlage ausgehenden Gegenkräfte werden **Zwangskräfte** genannt. Da sie bei jeder unnachgiebigen Führung (z. B. Eisenbahnschienen, Gleit- und Fahrbahnen, Radlagern) auftreten, werden sie auch als **Führungskräfte** bezeichnet.

Die von dem betreffenden Körper selbst gegen die Führung ausgeübte Kraft dagegen stellt eine **eingeprägte Kraft** dar. Diese erst bestimmt den Betrag der jeweiligen Führungskraft, und die Führungskraft verschwindet sofort, wenn die entsprechende eingeprägte Kraft wegfällt.

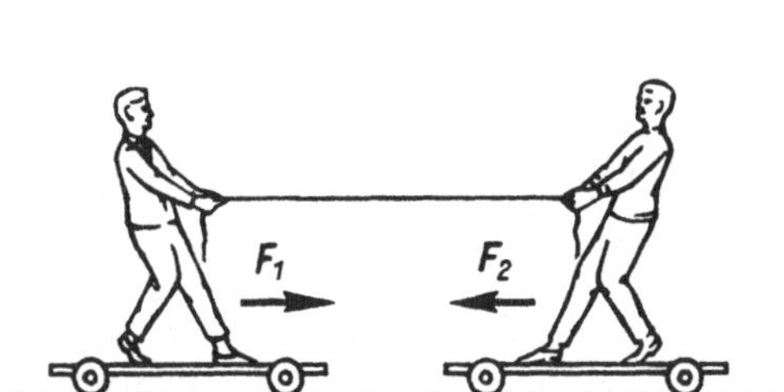

Bild 4.2. Zum Gegenwirkungsprinzip:
$F_2 = -F_1$

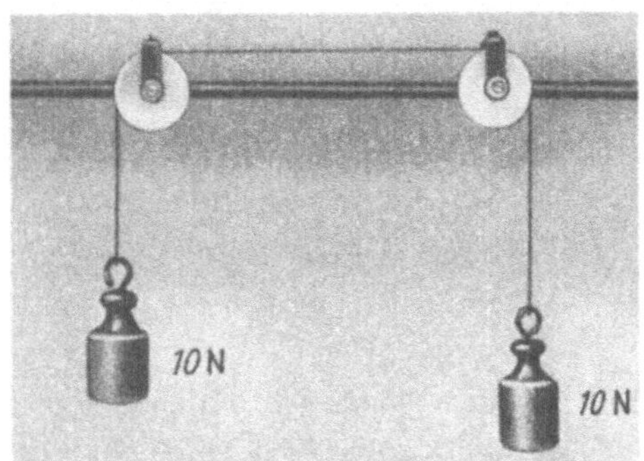

Bild 4.3. Kraft und Gegenkraft. Die Spannkraft des Fadens beträgt nur 10 N!

4.3 Kräfte mit gemeinsamem Angriffspunkt

4.3.1 Zusammensetzung von Kräften

Neben dem Sonderfall des Gleichgewichtes zweier Kräfte verbleibt die Frage, in welcher Weise mehrere in einem Punkte angreifende, beliebig gerichtete Kräfte zusammenwirken. Die Teilkräfte werden als **Komponenten** und die Gesamtkraft als **Resultierende** bezeichnet. Die Resultierende muß gerade so groß und so gerichtet sein, daß sie die Komponenten vollständig ersetzt, weshalb sie auch oft **Ersatzkraft** genannt wird. Statt mehrerer Einzelkräfte kommt dann nur noch eine Kraft vor, wodurch sich die Lösung vieler Aufgaben vereinfacht. Das allgemeine Prinzip, nach dem diese Zusammenfassung zu geschehen hat, ist wieder der für alle Arten von Vektoren gültige *Parallelogrammsatz* aus 2.3.2, der hier **Satz vom Parallelogramm der Kräfte** genannt wird.

Im Modellversuch nach Bild 4.4 rufen in einem und demselben Punkt die jeweils seitlich angehängten 2 Wägestücke schräg nach oben die Zugkräfte F_1 und F_2 hervor mit $F_1 = F_2$. Ihre Resultierende ist auf dem angeklebten Kartenblatt eingetragen und wird durch die Gegenkraft der angehängten 3 Wägestücke gerade kompensiert.

Vektormäßig wird hierfür kurz

$$F_{rsl} = F_1 + F_2$$

geschrieben: Es liegt eine geometrische Addition vor.

Wenn der Winkel α zwischen den beiden Komponenten gegeben ist (im Bild 4.4 beträgt er 82,8°), läßt sich zur Berechnung des Betrages der Resultierenden der Cosinussatz der Trigonometrie anwenden (Bild 4.5):

$$F_{rsl} = \sqrt{F_1^2 + F_2^2 + 2F_1F_2 \cos \alpha}.$$

Bilden die beiden Komponenten einen rechten Winkel miteinander, so ist $\cos \alpha = 0$, und es ergibt sich der Betrag der Resultierenden nach dem Lehrsatz des PYTHAGORAS:

$$F_{rsl} = \sqrt{F_1^2 + F_2^2}.$$

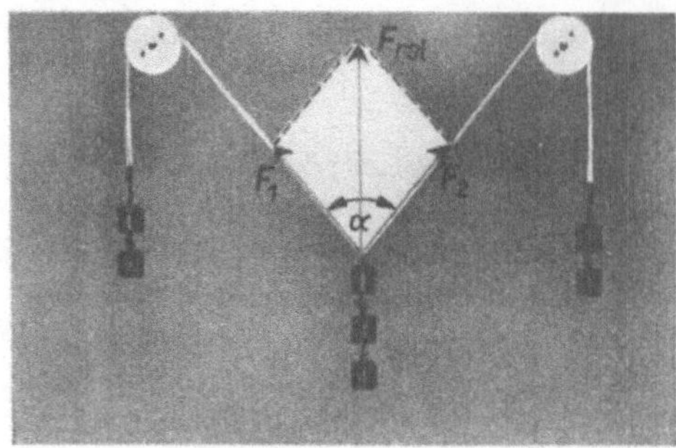

Bild 4.4. Parallelogramm der Kräfte

Nur in einem Sonderfall dürfen die Beträge der Vektoren algebraisch addiert werden, nämlich dann, wenn sie auf derselben Wirkungslinie liegen. Dann bilden die Komponenten den Winkel $\alpha = 0$ bzw. 180° miteinander, und es folgt unmittelbar:

> **Wirken mehrere Kräfte in derselben Wirkungslinie, so ist der Betrag der Resultierenden gleich der Summe bzw. Differenz der Beträge der Einzelkräfte.**

Sind mehr als 2 Komponenten mit gleichem Angriffspunkt zusammenzufassen, so werden erst 2 von ihnen zu einer Resultierenden F' und diese mit der 3. Kraft zu einer neuen Resultierenden F'' vereinigt. So fortfahrend, ergibt sich schließlich die Resultierende F_{rsl} (Bild 4.6).

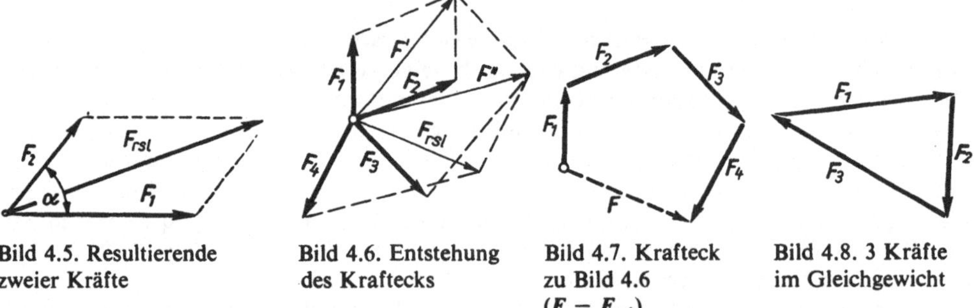

Bild 4.5. Resultierende zweier Kräfte

Bild 4.6. Entstehung des Kraftecks

Bild 4.7. Krafteck zu Bild 4.6 ($F = F_{rsl}$)

Bild 4.8. 3 Kräfte im Gleichgewicht

Es zeigt sich sofort, daß die Konstruktion aller einzelnen Parallelogramme entfallen kann. Es genügt einfach, die Komponenten nach dem bereits in 2.3.2 ausgesprochenen Satz schrittweise aneinanderzusetzen. Es ergibt sich auf diese Weise ein gebrochener Linienzug, den man **Krafteck** (Kräftepolygon) nennt (Bild 4.7). Die Resultierende weist dann vom Ausgangspunkt nach dem erreichten Endpunkt.

> **Um die Resultierende aus mehreren Teilkräften zu finden, setzt man diese unter Parallelverschiebung schrittweise aneinander. Die Resultierende ist dann der Schlußpfeil des gebildeten Kraftecks.**

Ergibt sich der Fall, daß der Endpunkt des Kräftepolygons mit dem Ausgangspunkt zusammenfällt, so ist die Resultierende gleich Null, d. h., alle Kräfte halten sich im **Gleichgewicht** (Bild 4.8).

> **Wenn sich bei einheitlichem Umlaufsinn der Kräfte das Krafteck schließt, besteht Gleichgewicht.**

4.3.2 Zerlegung von Kräften

In vielen Fällen liegt die umgekehrte Aufgabe vor, eine gegebene Kraft in einzelne Teilkräfte zu zerlegen. Da deren Vereinigung wieder die ursprüngliche Kraft ergeben muß, gilt auch hier das Prinzip der Vektoraddition:

> **Um eine Kraft in ihre Komponenten zu zerlegen, zieht man zu den vorher ermittelten Wirkungslinien die Parallelen und erhält aus dem gebildeten Parallelogramm die beiden Komponenten.**

Bilden diese Wirkungslinien insbesondere einen rechten Winkel, so folgt daraus wiederum der für alle Arten von Vektoren gültige **Projektionssatz** aus 2.3.2.

Als häufig vorkommendes Beispiel sei hier die **geneigte Ebene** angeführt, auf der sich nach Bild 4.9 eine schwere Walze befinden möge. Die im Mittelpunkt der Walze angreifende Gewichtskraft F_G zieht lotrecht nach unten. Es ist zu sehen, daß F_G nicht durch den Auflagepunkt läuft und sich unter Anwendung des Projektionssatzes in zwei Komponenten zerlegen läßt: die parallel zur Bahn gerichtete **Hangabtriebskraft** F_H und die rechtwinklig zur Bahn gerichtete **Normalkraft** F_N. Das Parallelogramm ist in diesem Fall ein Rechteck. Das Kräftedreieck aus F_G, F_H und F_N ist ähnlich dem Bahndreieck mit der Basis b, der Höhe h und der Länge l (gleiche Winkel). Damit folgt für die Beträge $F_H : F_G = h : l$ bzw. $F_N : F_G = b : l$ und damit:

$$F_H = \frac{F_G h}{l} = F_G \sin \alpha \qquad \text{**Betrag der Hangabtriebskraft**} \qquad (4.1)$$

$$F_N = \frac{F_G b}{l} = F_G \cos \alpha \qquad \text{**Betrag der Normalkraft**} \qquad (4.2)$$

Das Verhältnis $h : b = \tan \alpha$ wird **Anstieg** der geneigten Ebene genannt. Ohne weiteres ist erkennbar: Je geringer der Anstieg ist, desto kleiner wird die Hangabtriebskraft, während die drückende Normalkraft mit zunehmendem Anstieg abnimmt.

Bei Eisenbahnlinien wird unter der **Steigung** das Verhältnis $h : l$ verstanden, also der Sinus des Steigungswinkels.

Beispiele: 1. Welche Zugkraft benötigt ein Güterzug ($F_G = 8{,}0$ MN) bei einer Steigung von $1 : 120$? – Wird vom Fahrwiderstand abgesehen, so muß die Zugkraft nur die Hangabtriebskraft überwinden. Ihr Betrag ist nach (4.1)

$$F_H = \frac{F_G h}{l} = \frac{8\,000 \text{ kN} \cdot 1}{120} = 66{,}7 \text{ kN}.$$

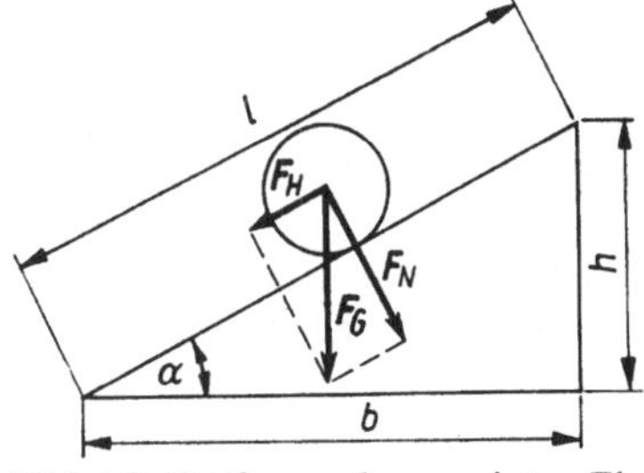

Bild 4.9. Kräfte an der geneigten Ebene

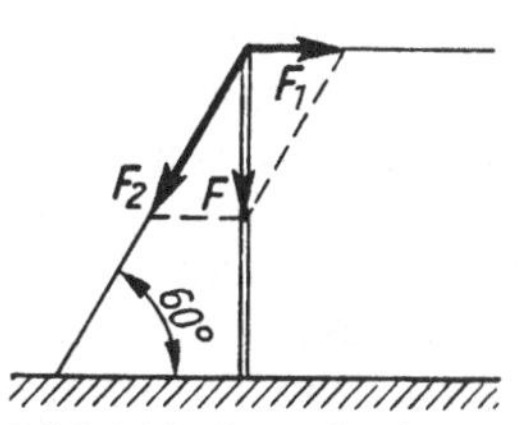

Bild 4.10. Spannkräfte

2. Der auf Bild 4.10 angegebene Mast wird durch 2 Spannseile gehalten, von denen das waagerechte die Zugkraft $F_1 = 2,5$ kN ausübt. Mit welcher Kraft F_2 muß das schräge Seil gespannt sein, und wie groß ist die im Mast vertikal gerichtete Druckkraft F? – Gegeben sind F_1 und die Wirkungslinien von F_2 und F. Man zieht durch den Endpunkt von F_1 die Parallele zu F_2 und durch den Endpunkt von F die Parallele zu F_1. Damit stellen F_1 und F_2 die Komponenten von F in R ichtung der Spann-

seile dar. Das von den Kräften gebildete Dreieck liefert die Beträge $F_2 = \dfrac{F_1}{\cos 60°} = 5,0$ kN und $F = F_1 \tan 60° = 4,3$ kN.

4.4 Kräfte am starren Körper

4.4.1 Kräfte mit verschiedenen Angriffspunkten

Ein Körper, der unter dem Einfluß von außen wirkender Kräfte seine Gestalt nicht ändert, heißt **starrer Körper**. Dies ist daran zu erkennen, daß die gegenseitigen Abstände aller seiner Punkte unveränderlich sind. Abgesehen von geringfügigen, durch die elastischen Eigenschaften des Materials bedingten Formänderungen, können alle festen Bau- und Maschinenteile der Technik als starre Körper betrachtet werden.

Die hier wirkenden Kräfte greifen nicht immer im gleichen Punkt an und können auch die unterschiedlichsten Richtungen haben. Der Einfachheit halber seien hier nur Kräfte behandelt, deren Wirkungslinien in einer Ebene liegen.

Ein solches ebenes Kräftesystem war bereits auf Bild 4.1 angedeutet, und es entsteht die Frage, wie die Resultierende in diesem Fall zu konstruieren ist.

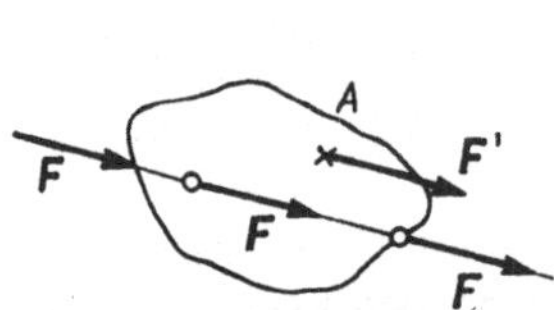

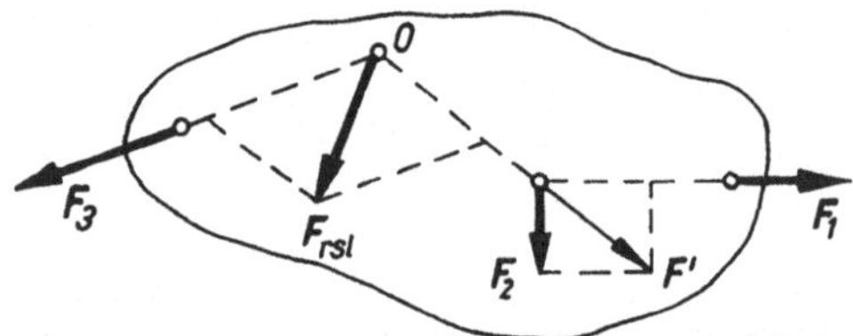

Bild 4.11. Verschiebung einer Kraft F längs ihrer eigenen Wirkungslinie

Bild 4.12. Addition von Kräften durch Verschiebung

Hinsichtlich der eintretenden Wirkung ist es nun gleichgültig, ob eine Kraft (bei gleicher Richtung und Größe) den Körper schiebt oder zieht. Es ist ferner ohne Einfluß, ob die Kraft direkt oder unter Vermittlung einer Stange oder eines Seiles (Bild 4.11) angreift. Daher gilt der Satz:

> **Am starren Körper kann eine Kraft längs ihrer Wirkungslinie nach Belieben verschoben werden.**

Dagegen bringt die im Bild 4.11 im Punkt A angreifende Kraft F' (Betrag und Richtung wie F) eine andere Wirkung als F zustande, weshalb F und F' als verschieden angesehen werden müssen: Die Kraft ist ein (wirkungs-) **liniengebundener** Vektor.

Soll beispielsweise die Resultierende der auf Bild 4.12 angegebenen drei Kräfte F_1, F_2 und F_3 ermittelt werden, so wird zuerst F_1 bis zur Wirkungslinie von F_2 verschoben; es ergibt sich dabei die Resultierende F'. Sowohl F' als auch F_3 werden bis zum Schnittpunkt O ihrer Wirkungslinien verschoben, und so wird die Resultierende F_{rsl} gefunden. Die Reihenfolge dieser Verschiebungen kann nach Belieben vertauscht werden.

Diese Methode des Verschiebens versagt jedoch, wenn die beiden Komponenten parallel zueinander verlaufen. Der Schnittpunkt ihrer Wirkungslinien liegt im Unendlichen. Dieser

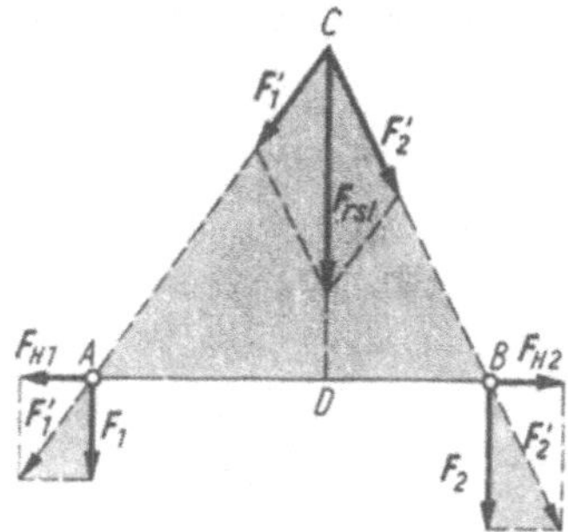

Bild 4.13. Zusammensetzung zweier paralleler Kräfte F_1 und F_2

Fall liegt beispielsweise bei einem Balken vor, auf welchem 2 Lasten nebeneinanderstehen. Hier kann folgende Überlegung helfen:

Nach Bild 4.13 werden den gegebenen Kräften F_1 und F_2 beiderseits 2 gleiche, entgegen gerichtete Hilfskräfte F_{H1} und F_{H2} zugefügt. Da sich ihre Wirkung gegenseitig aufhebt, wird am ursprünglichen Sachverhalt nichts geändert. Aber jetzt kann F_{H1} mit F_1 zur Resultierenden F_1' sowie F_{H2} mit F_2 zur Resultierenden F_2' vereinigt werden. Dann werden F_1' und F_2' bis zum Schnittpunkt ihrer Wirkungslinien verschoben, wo sich das Parallelogramm zeichnen läßt und die Gesamtkraft F_{rsl} entsteht. Diese kann in ihrer eigenen Richtung beliebig verschoben werden. Ihr Betrag ergibt sich als Summe der Beträge von F_1 und F_2, d. h., $F_{rsl} = F_1 + F_2$.
Der beiderseitige Abstand von F_{rsl} gegenüber F_1 und F_2 kann auch durch Rechnung gefunden werden:
Bei der Betrachtung der besonders hervorgehobenen Dreiecke ist erkennbar, daß diese ähnlich sind. Für die Beträge der Kräfte gelten daher die Proportionen:

$$\frac{F_{H1}}{F_1} = \frac{\overline{AD}}{\overline{CD}} \quad \text{und} \quad \frac{F_{H2}}{F_2} = \frac{\overline{BD}}{\overline{CD}},$$

was umgeformt ergibt

$$\overline{CD} = \frac{F_1\overline{AD}}{F_{H1}} \quad \text{und} \quad \overline{CD} = \frac{F_2\overline{BD}}{F_{H2}}.$$

Setzt man die rechten Seiten einander gleich und bedenkt, daß $F_{H1} = F_{H2}$ ist, so folgt

$$F_1 : F_2 = \overline{BD} : \overline{AD}.$$

Die Wirkungslinie der Resultierenden zweier paralleler Kräfte ist zu diesen ebenfalls parallel und teilt deren Abstand im umgekehrten Verhältnis der Beträge.

Die letzte Gleichung läßt sich auch schreiben:

$$F_1 \cdot \overline{AD} = F_2 \cdot \overline{BD}.$$

Damit haben wir das *Hebelgesetz* gefunden, von dem in 4.4.3 ausführlicher die Rede sein wird. Das Hebelgesetz läßt sich somit aus dem Parallelogramm der Kräfte herleiten.

4.4.2 Drehmoment

Ist ein starrer Körper nur in einem Punkt befestigt, so ist jede außerhalb dieses Punktes angreifende Kraft bestrebt, den Körper um diesen Punkt zu drehen (Bild 4.14). Die Wirkung der Kraft F hängt aber davon ab, welchen Abstand l ihre Wirkungslinie vom Drehpunkt hat. Das Produkt aus dem Betrag der Kraft F und diesem Abstand l wird als **Drehmoment** bezeichnet:

$$\boxed{M = Fl}\qquad \text{**Betrag des Drehmomentes**} \tag{4.3}$$

Der Betrag des Drehmomentes ist gleich dem Produkt aus der angreifenden Kraft und dem Abstand des Drehpunktes von der Kraftrichtung.

Hierbei ist zu beachten, daß dieser Abstand durch das vom *Drehpunkt* auf die Wirkungslinie gefällte Lot gegeben ist. Dieses wird auch als *Hebelarm* der Kraft bezeichnet.

$$[M] = \text{N m (Newtonmeter)}$$

1 N m ist das Drehmoment, das eine Kraft von 1 N an einem 1 m langen Hebelarm erzeugt.

Auf Bild 4.14 bildet die Verbindungslinie r zwischen Drehpunkt O und Angriffspunkt A mit der Kraft F keinen rechten Winkel, sondern den beliebigen Winkel α. Ohne weiteres ist ablesbar, daß $l = r \sin \alpha$ ist und deshalb der Betrag des Drehmomentes unter Verwendung von r auch

$$\boxed{M = Fr \sin \alpha}\qquad \text{**Betrag des Drehmomentes**} \tag{4.4}$$

geschrieben werden kann. Hiermit bestätigt sich übrigens der in 4.4.1 aufgestellte Satz; denn eine Verschiebung der Kraft F längs ihrer eigenen Wirkungslinie ändert nichts am Betrag des Momentes $M = Fl$. Verläuft die Wirkungslinie durch den Drehpunkt selbst, so wird mit $l = 0$ auch $M = 0$, d. h., es kann überhaupt keine Drehung stattfinden. Ein Drehmoment hat stets einen bestimmten **Drehsinn**, es gibt **rechts- und linksdrehende Momente**. Um in zusammenhängenden Rechnungen beide Arten zu unterscheiden, erhalten **rechts**drehende Momente (Uhrzeigersinn!) **negatives** und **links**drehende **Momente** (Uhr-Gegenzeigersinn!) **positive** Vorzeichen. Somit werden wiederum »vorzeichenbehaftete Beträge« verwendet.

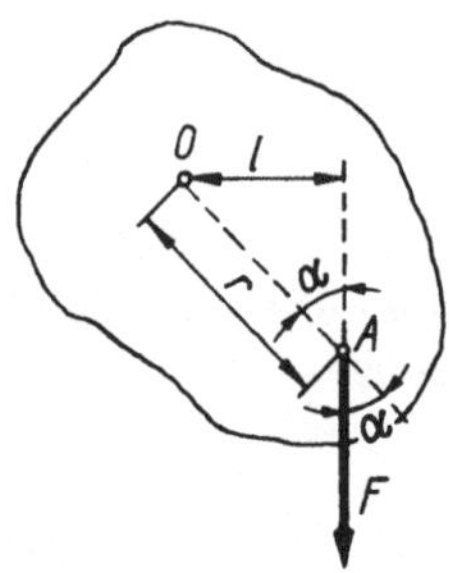
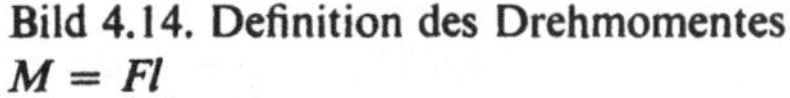

Bild 4.14. Definition des Drehmomentes
$M = Fl$

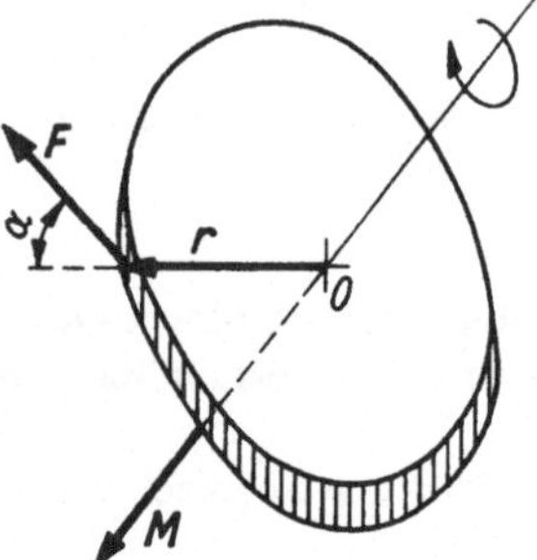

Bild 4.15. Das Drehmoment als vektorielle Größe

In den vorstehenden Gleichungen ging es allerdings nur um den *Betrag* des Drehmomentes. Das Drehmoment ist jedoch das Produkt zweier vektorieller Größen. Der eine Faktor ist die Kraft F. Der zweite Faktor ist der sogenannte **Radiusvektor** r, der in Richtung des Radius vom Drehpunkt O zum Angriffspunkt der Kraft zeigt und den Betrag r hat (Bild 4.15). Auch das Drehmoment selbst hat vektoriellen Charakter. Der Drehmomentenvektor M steht definitionsgemäß senkrecht auf der von r und F aufgespannten Ebene und fällt damit *hier* in die Richtung der Drehachse. Er stellt einen **axialen** Vektor dar.

Für den Richtungssinn aller axialen Vektoren gilt die **Rechtsschraubenregel** (Bild 4.16):

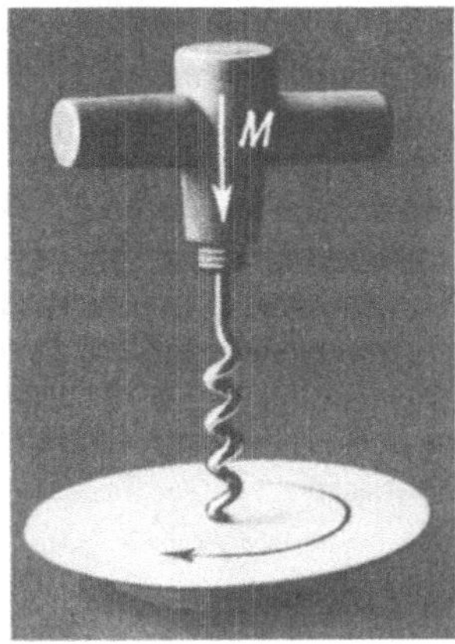

Bild 4.16. Rechtsschraubenregel für axiale Vektoren

Ein axialer Vektor (z. B. der Drehmomentenvektor) **weist vom Beschauer weg, wenn die Drehung im Uhrzeigersinn erfolgt.**

In dieser Weise ist das sogenannte **Vektorprodukt**

$$M = r \times F$$

zu verstehen: Betrag nach (4.4), Richtung senkrecht zu r und F, Richtungssinn nach der Schraubenregel.

Die mit dem Vektorprodukt verknüpfte Rechtsschraubenregel liefert somit den gleichen Drehsinn wie die oben verwendeten vorzeichenbehafteten Beträge.

Da es bei den hier besprochenen Beispielen meist nur auf die Beträge ankommt, werden wir jedoch von der vektoriellen Schreibweise nur ausnahmsweise Gebrauch machen und uns auf die Fassung (4.3) $M = Fl$ stützen.

4.4.3 Zusammensetzung von Drehmomenten

Wirken an einem Körper verschiedene Kräfte in entgegengesetztem Drehsinn, so taucht die wichtige Frage auf, unter welcher Bedingung Gleichgewicht bestehen kann. Um sie zu beantworten, werde die auf Bild 4.17 dargestellte Vorrichtung benutzt. Am Umfang einer

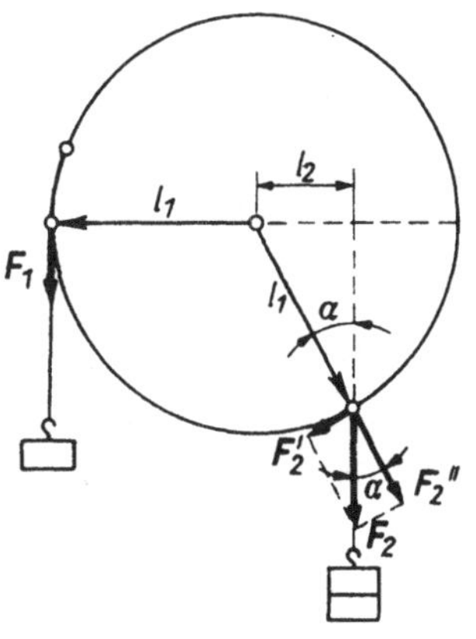

Bild 4.17. Drehmoment $F_1 l_1 = F_2 l_2$

um ihren Mittelpunkt drehbaren dicken Kreisscheibe sind zwei Fäden befestigt, an denen zwei verschieden große, durch angehängte Körper hervorgerufene Kräfte F_1 und F_2 wirken. Gleichgewicht stellt sich erst ein, wenn sich die Scheibe um einen bestimmten Winkel gedreht hat. Da der den linken Körper tragende Faden am Scheibenumfang befestigt ist und sich hier aufwickeln kann, bildet die Wirkungslinie von F_1 mit dem Arm l_1 dauernd einen rechten Winkel. Der Betrag des linksdrehenden Momentes ist daher $M_1 = F_1 l_1$. Der Arm l_2 der Kraft F_2 liegt dagegen nicht fest. Die Kraft F_2 kann nun nach dem Parallelogrammsatz in zwei Komponenten F_2' und F_2'' zerlegt werden. Das Moment der Kraft F_2'', deren Wirkungslinie durch den Drehpunkt läuft, ist offenbar gleich Null. Dafür greift die Kraft F_2' rechtwinklig am Arm l_1 an. Wegen der Ähnlichkeit der Dreiecke gilt die Proportion $F_2' : F_2 = l_2 : l_1$, woraus $F_2' l_1 = F_2 l_2$ folgt.

Das von der Kraft F_2 hervorgerufene rechtsdrehende Moment $M_2 = F_2 l_2$ hält demnach dem linksdrehenden Moment $M_1 = F_1 l_1$ das Gleichgewicht. Es gilt also

$$F_1 l_1 = F_2 l_2 \, .$$

Dies ist das bereits von ARCHIMEDES (287 bis 212 v. u. Z.) entdeckte **Hebelgesetz**, das in 4.4.1 schon auf andere Weise hergeleitet wurde. Es läßt sich leicht auf mehr als 2 Kräfte ausdehnen und in folgender Weise aussprechen:

Ein starrer, um einen festen Punkt drehbarer Körper ist im Gleichgewicht, wenn die Summe der linksdrehenden Momente gleich der Summe der rechtsdrehenden Momente ist.

Wird das in einer Gleichung ausgedrückt, so werden zweckmäßig alle linksdrehenden Momente auf die eine Gleichungsseite und die rechtsdrehenden auf die andere geschrieben, so z. B.

$$M_1 + M_2 = M_3 + M_4 \, .$$

Dafür kann auch mittels »vorzeichenbehafteter Beträge« geschrieben werden

$$M_1 + M_2 + (-M_3) + (-M_4) = 0$$

oder kürzer:

$$\boxed{\sum_{i=1}^{n} M_i = 0}$$ **Gleichgewichtsbedingung eines um einen festen Punkt drehbaren starren Körpers**   (4.5)

Ermittlung der Lage der Resultierenden von parallelen Teilkräften. Dies kann viel einfacher als mit der im Bild 4.17 angewandten Methode mit Hilfe von gedachten Drehmomenten geschehen:

Wir denken uns die Kräfte an einem Hebel angebracht (Bild 4.18). Das Gleichgewicht kann dadurch erreicht werden, daß eine zur gesuchten Resultierenden F_{rsl} entgegengesetzte Zusatzkraft $F = -F_{rsl}$ angebracht wird, deren Betrag gleich der Summe der Beträge aller Teilkräfte $F = F_1 + F_2 + F_3 + \ldots$ ist. Dann wird ein beliebiger Bezugspunkt O als gedachter Drehpunkt gewählt. Hat die Zusatzkraft F den richtigen Abstand l vom Drehpunkt, so liefert sie das Moment

$$M = M_1 + M_2 + M_3 + \ldots$$

In Worten ausgedrückt heißt das:

Das Moment der Resultierenden ist gleich der Summe der Momente aller Einzelkräfte.

Der gesuchte Abstand l der Resultierenden ergibt sich nunmehr aus der Gleichung

$$l = \frac{F_1 l_1 + F_2 l_2 + F_3 l_3}{F_1 + F_2 + F_3} \, .$$

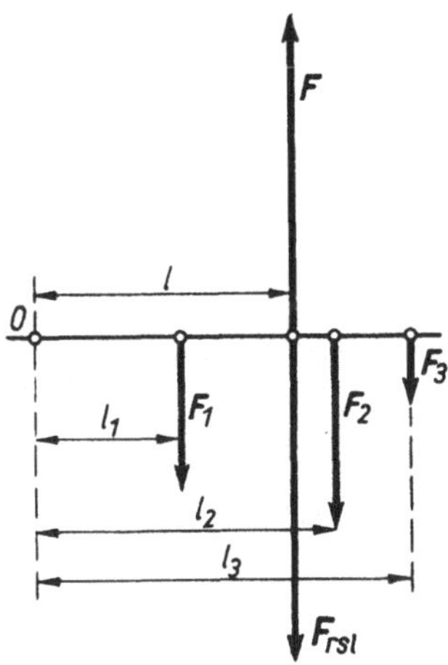

Bild 4.18. Ermittlung der Lage der Resultierenden F_{rsl} mit Hilfe von Drehmomenten

Zwecks weiterer Vereinfachung kann der Bezugspunkt O in den Angriffspunkt einer der gegebenen Teilkräfte gelegt werden.

Eine der vielen Anwendungsmöglichkeiten dieses Satzes ist die Ermittlung von **Auflagerkräften**. Das Gesamtgewicht von Trägern, Maschinenwellen oder anderen Bauteilen, die ihrerseits eine oder mehrere Teillasten tragen können, verteilt sich in bestimmter Weise auf die beiden Lager. Dies ist auch so auffaßbar, daß in den beiden Lagern je eine nach oben gerichtete Zwangskraft (s. 4.2) wirkt und daß diese beiden Zwangskräfte der Gesamtgewichtskraft das Gleichgewicht halten. Denkt man sich das linke Lager als Drehpunkt und den Träger im rechten Lager angehoben, so ist das hierzu erforderliche Drehmoment gleich dem Produkt aus der rechten Auflagerkraft mit dem Abstand der beiden Lager. Die linke Auflagerkraft ergibt sich, wenn das rechte Lager als Drehpunkt gewählt und der Träger an der Stelle des linken Lagers angehoben gedacht wird.

Beispiele: 1. (Bild 4.19) Eine 5 m lange Fahnenstange ($F_G = 120$ N) ist mit 100 N belastet und wird durch das Seil $\overline{BC}$ gehalten. Welche Zugkraft wirkt im Halteseil? – Wird die Stange bei A drehbar gedacht, so ergibt die im Schwerpunkt angreifende Eigengewichtskraft ein rechtsdrehendes Moment M_1, desgleichen die im Endpunkt angreifende Last das Moment M_2. Die zugehörigen Hebellängen sind die vom Drehpunkt A auf die Wirkungslinien gefällten Lote, die sich nach dem pythagoreischen Lehrsatz zu 2 m bzw. 4 m berechnen. Der Betrag des Abstandes $\overline{AC}$ folgt aus der Proportion $\overline{AC} : 2{,}5$ m $= 3$ m $: 5$ m mit $\overline{AC} = 1{,}5$ m. Damit liefert das Halteseil das linksdrehende Moment $M = F \cdot 1{,}5$ m.

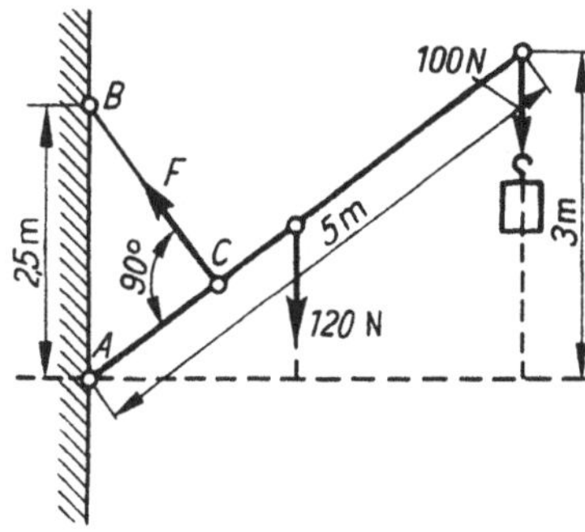

Bild 4.19. Beispiel für Drehmomente

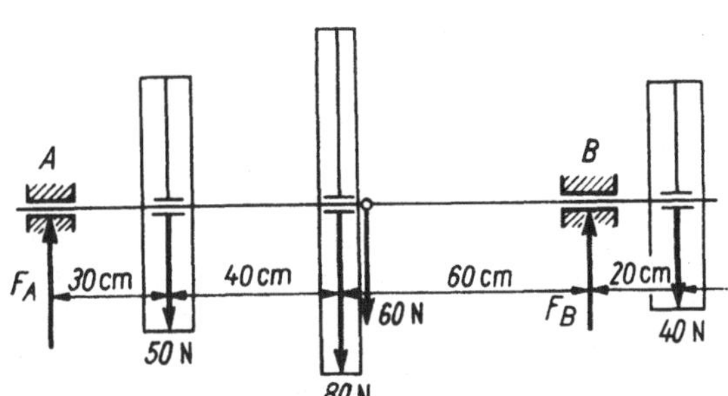

Bild 4.20. Auflagerkräfte einer mehrfach belasteten Welle

Aus der Gleichung

$$M = M_1 + M_2 \quad \text{bzw.} \quad F \cdot 1{,}5 \text{ m} = 120 \text{ N} \cdot 2 \text{ m} + 100 \text{ N} \cdot 4 \text{ m}$$

folgt der Betrag $F = 427$ N.

2. Die auf Bild 4.20 angegebene Welle vom Eigengewicht 60 N trägt 3 Riemenscheiben von 50 N, 80 N und 40 N. Wie groß sind die Beträge der Auflagerkräfte F_A und F_B? –

$$F_B \cdot 130 \text{ cm} = 50 \text{ N} \cdot 30 \text{ cm} + 80 \text{ N} \cdot 70 \text{ cm} + 40 \text{ N} \cdot 150 \text{ cm} + 60 \text{ N} \cdot 75 \text{ cm},$$

wonach $F_B = 135$ N ist. Die Eigengewichtskraft der Welle greift in der Wellenmitte an. In bezug auf das rechte Lager gilt die Gleichung

$$F_A \cdot 130 \text{ cm} = 80 \text{ N} \cdot 60 \text{ cm} + 50 \text{ N} \cdot 100 \text{ cm} - 40 \text{ N} \cdot 20 \text{ cm} + 60 \text{ N} \cdot 55 \text{ cm},$$

wonach $F_A = 95$ N ist (das Drehmoment der rechten Riemenscheibe ist rechtsdrehend).

4.4.4 Der Massenmittelpunkt (Schwerpunkt)

Der zuletzt betrachtete Fall des Zusammenwirkens mehrerer paralleler Teilkräfte trifft auch für jeden beliebigen Körper zu, der sich im Schwerefeld der Erde befindet.

Als einfachstes Beispiel sei ein aus zwei durch einen masselosen Stab miteinander verbundenen Massenpunkten m_1 und m_2 bestehendes System gewählt (Bild 4.21). Unter dem

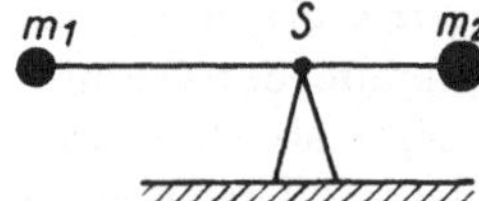

Bild 4.21. Massenmittelpunkt S

Einfluß der Schwerkraft wirken die beiden Massenpunkte mit ihren Gewichtskräften F_{G1} und F_{G2}. Wird der Stab in einem Punkt S so unterstützt, daß die von den beiden Kräften hervorgerufenen Drehmomente gleich groß sind, so muß er nach dem Hebelgesetz im Gleichgewicht sein. Der Unterstützungspunkt am Ort S ist dann der *Massenmittelpunkt* des Systems; denn es können die beiden Massenpunkte m_1 und m_2 gedanklich weggelassen und durch einen einzigen, im Punkt S ruhenden Massenpunkt der Größe $m = m_1 + m_2$ ersetzt werden. Mit Rücksicht darauf, daß das Verhalten eines Körpers oft unter dem Einfluß der Schwerkraft interessiert, heißt der Massenmittelpunkt auch **Schwerpunkt**. Jeder beliebige starre Körper läßt sich nun aus *vielen* kleinen, gleich großen *Massenpunkten* zusammengesetzt denken. Dann gibt es auch immer einen Punkt, in bezug auf welchen die Summe aller von den einzelnen Massenpunkten hervorgerufenen Drehmomente gleich Null ist.

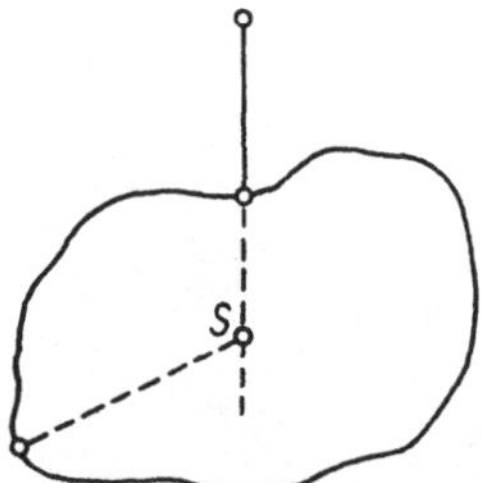

Bild 4.22. Ermittlung des Schwerpunktes einer Fläche durch zweimaliges Aufhängen; S als Schnittpunkt der Schwerlinien

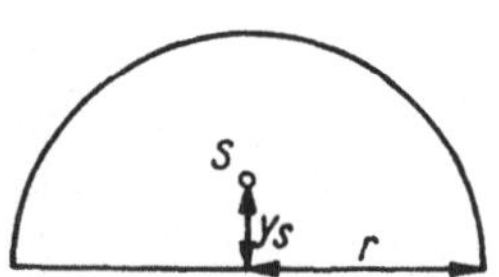

Bild 4.23. Halbkreis $y_S = \dfrac{4r}{3\pi}$

> **Der Massenmittelpunkt (Schwerpunkt) eines Körpers ist derjenige Punkt, in bezug auf welchen die Summe aller von den Schwerkräften seiner Massenelemente hervorgerufenen Drehmomente gleich Null ist.**

Der Schwerpunkt unregelmäßiger Flächen läßt sich experimentell auf folgende Art finden: Die aus Holz oder Karton geschnittene Fläche wird an zwei verschiedenen Punkten ihres Randes an einem Faden aufgehängt (Bild 4.22). Die lotrechte Verlängerung des Fadens heißt **Schwerlinie**. Der Schnittpunkt zweier beliebiger Schwerlinien ist der Schwerpunkt.

Bei symmetrischen Flächen bzw. Körpern sind *Symmetrieachsen* zugleich *Schwerlinien*, und der Schwerpunkt liegt im Schnittpunkt der Symmetrieachsen (z. B. beim Rechteck im Schnittpunkt der Diagonalen, bei der Kugel im Mittelpunkt usw.).

Die Schwerpunkte einiger regelmäßiger Flächen sind aus den Bildern 4.23 bis 4.25 ersichtlich.

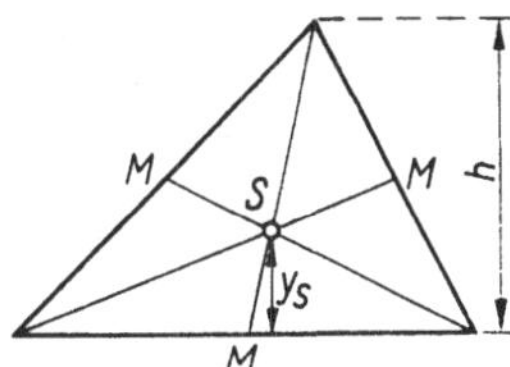

Bild 4.24. Dreieck $y_S = \dfrac{h}{3}$

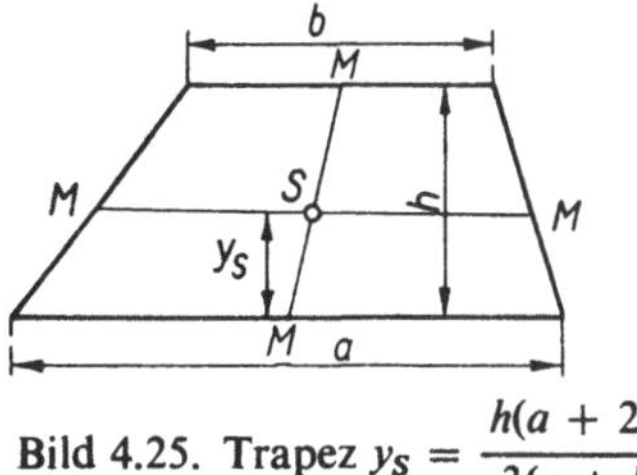

Bild 4.25. Trapez $y_S = \dfrac{h(a + 2b)}{3(a + b)}$

Die Berechnung des Schwerpunktes flächenhafter Gegenstände läßt sich oft durch Zerlegung in einzelne Teilflächen vornehmen. Da die einwirkenden Teilkräfte den Flächeninhalten proportional sind, ist nach Bild 4.26 in bezug auf die y-Achse die Summe der von den Schwerpunkten der Teilflächen hervorgerufenen Momente $x_1 A_1 + x_2 A_2 + \dots$ gleich dem Moment des Schwerpunktes der Gesamtfläche $x_S A$. Das Entsprechende gilt auch für die Summe der Momente bezüglich der x-Achse. Dann ergeben sich

$$x_S = \frac{\sum\limits_{1}^{n} x_i A_i}{A} \; ; \qquad y_S = \frac{\sum\limits_{1}^{n} y_i A_i}{A} \qquad \text{\textbf{Schwerpunktkoordinaten einer zusammengesetzten Fläche}} \qquad (4.6)$$

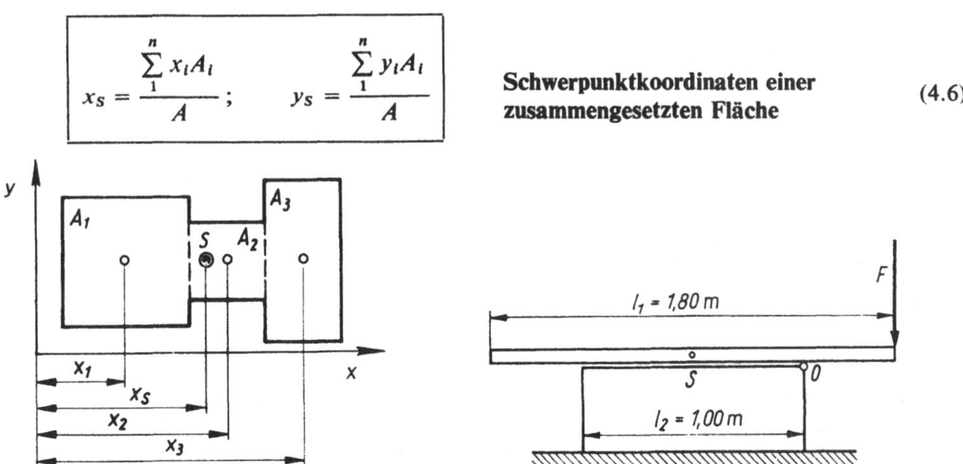

Bild 4.26. Flächenschwerpunkt

Bild 4.27. Erforderliche Druckkraft bei einer Stange

Beispiel: Welche Kraft ist erforderlich, um durch Druck nach unten eine 60 N schwere Stange um die Kante O (Bild 4.27) zu kippen? – Die Gewichtskraft der Stange greift in ihrem Schwerpunkt S an, deshalb lautet das Hebelgesetz:

$$F\frac{(l_1 - l_2)}{2} = F_G \frac{l_2}{2} \quad \text{und daraus} \quad F = \frac{F_G l_2}{l_1 - l_2} = \frac{60\,\text{N} \cdot 100\,\text{cm}}{80\,\text{cm}} = 75\,\text{N}.$$

4.4.5 Kräftepaar

Zwei gleich große, jedoch entgegengesetzte (antiparallele) Kräfte mit verschiedenen Angriffspunkten heißen ein **Kräftepaar**. Denkbar wäre zunächst, diese beiden, auf Bild 4.13 mit F_1 und F_2 bezeichneten Kräfte entsprechend dem auf Bild 4.28 benutzten Schema durch Hinzunahme von 2 Hilfskräften F_{H1} und F_{H2} zusammenzufassen. Dies gelingt jedoch nicht, da der Schnittpunkt der sich ergebenden Resultierenden F_1' und F_2' im Unendlichen liegt. Vielmehr bilden F_1' und F_2' ein neues Kräftepaar, das dem ursprünglichen gleichwertig sein muß, da sich F_{H1} und F_{H2} gegenseitig aufheben. Das Kräftepaar ist somit nicht durch die Wirkung einer Einzelkraft ersetzbar.

Es ist ohne weiteres erkennbar, daß ein solches Kräftepaar den Körper zu *drehen* bestrebt ist (Bild 4.29). Aus Bild 4.28 ist zu ersehen, daß das entsprechende Moment $M = F_1 l$ sein muß, wenn der Angriffspunkt von F_2 als Drehpunkt gewählt wird bzw. $M = F_2 l$ in bezug auf den Angriffspunkt von F_1. Wird der Drehpunkt in die Mitte von l gelegt, so wird das Moment $M = F_1 \dfrac{l}{2} + F_2 \dfrac{l}{2}$ oder wegen $F_1 = F_2 = F$ wiederum $M = Fl$.

$$\boxed{M = Fl}\qquad\text{**Betrag des Drehmoments eines Kräftepaares**}\qquad(4.7)$$

Der Betrag des Drehmoments eines Kräftepaares ist gleich dem Produkt aus einer der beiden Kräfte und deren gegenseitigem Abstand.

Das Moment eines Kräftepaares hängt somit nicht von der Wahl des Drehpunktes ab.
Bei Berücksichtigung der Massenverteilung eines freibeweglichen starren Körpers zeigt sich, daß die Drehachse durch den Schwerpunkt verläuft und senkrecht auf der von F_1 und F_2 aufgespannten Ebene steht. Der Vektor des Drehmoments des Kräftepaares fällt in die Richtung der Drehachse, sein Vorzeichen ergibt sich wieder durch die Rechtsschraubenregel in 4.4.2.

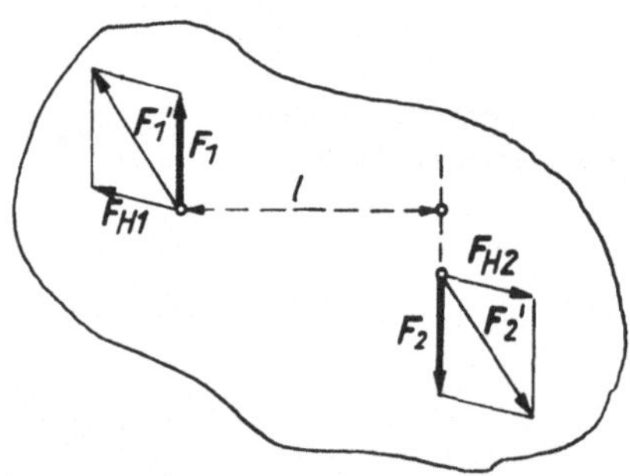

Bild 4.28. Kräftepaar der Kräfte F_1 und F_2 mit $F_1 = -F_2$

Es fällt auf, daß (4.7) mit dem Moment einer einzelnen Kraft (4.3) formelmäßig übereinstimmt. Die Unterschiede liegen zum einen in der Bedeutung der Größen F und l.
Um einen weiteren Unterschied zu erkennen, betrachten wir die Wirkung einer Einzelkraft F_1 auf einen freibeweglichen Körper. Greift diese im Schwerpunkt S an, ist bezüglich S kein Drehmoment vorhanden und der Körper kann nur eine fortschreitende Bewegung erhalten. Im Bild 4.30 wird nun eine Kraft F_1 betrachtet, die außerhalb S angreift. Dann können zwei entgegengesetzt gleiche Kräfte F_2 und F_3 im Schwerpunkt angebracht werden, ohne daß sich an der Gesamtwirkung etwas ändert. Das Ergebnis ist dann ein aus F_1 und F_2 gebildetes Kräftepaar mit dem Moment $M = Fl$ und eine im Schwerpunkt angreifende Einzelkraft F_3, d. h., der Körper bewegt sich fortschreitend wegen der Einzelkraft, und er dreht sich um eine Achse durch den Schwerpunkt wegen des Kräftepaares.

Wäre nun anfangs noch eine weitere zweite Kraft gegeben gewesen, so könnte auch diese bezüglich des Schwerpunktes in ein Kräftepaar und eine Einzelkraft zerlegt werden. Beide Kräftepaare und Einzelkräfte ließen sich dann nach den Gesetzen der Vektoraddition zu einem resultierenden Kräftepaar und einer resultierenden Einzelkraft zusammensetzen. Dies in Gedanken fortgesetzt, führt zu dem Satz:

Ein beliebiges, an einem starren Körper angreifendes System von Kräften läßt sich stets auf ein einziges Kräftepaar und eine Einzelkraft reduzieren.

4.4.6 Gleichgewichtsbedingungen für einen starren Körper

Somit kann ein unter dem Einfluß beliebiger Kräfte stehender Körper sowohl eine fortschreitende als auch eine Drehbewegung ausführen. Der Körper bleibt nur dann in Ruhe, wenn weder die eine noch die andere Bewegung möglich ist. Damit keine fortschreitende

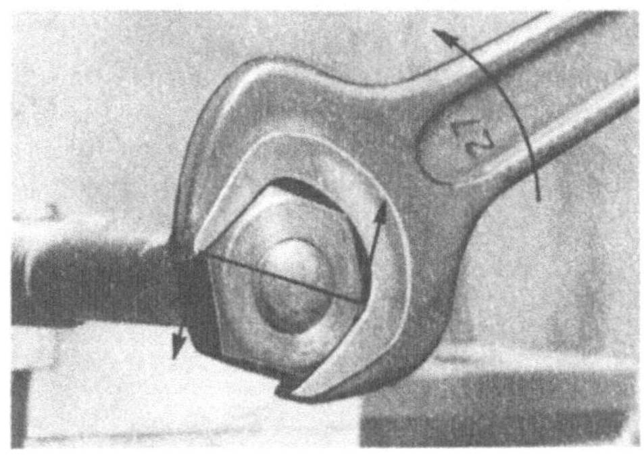

Bild 4.29. Kräftepaar am Schraubenschlüssel

Bewegung eintreten kann, genügt es, daß die Resultierende aller angreifenden Kräfte gleich Null ist, d. h., daß sich das Krafteck schließt. Damit muß die Bedingung erfüllt sein

$$\sum_{i=1}^{n} F_i = 0.$$

Aber auch wenn dies der Fall ist, kann noch ein resultierendes Moment verbleiben, das dem Körper eine Drehung erteilen wird. Dies zeigt z. B. Bild 4.31. Hier ergeben die 3 zum Krafteck vereinigten Kräfte F_1, F_2, F_3 zwar die Resultierende Null. Werden jedoch F_1 und F_2 durch Verschieben zur Resultierenden F_{12} zusammengefaßt, so ist erkennbar, daß diese

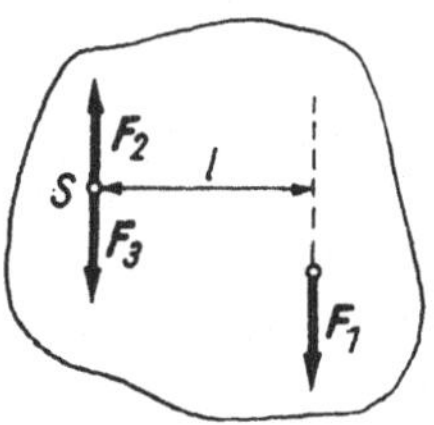

Bild 4.30. Ersatz der Einzelkraft F_1 durch Kräftepaar F_1, F_2 und Einzelkraft F_3

zusammen mit F_3 ein linksdrehendes Kräftepaar mit dem Moment $M = F_3 l = F_{12} l$ ergibt. Erst wenn noch ein gleich großes, im entgegengesetzten Sinne wirkendes Moment vorhanden ist, besteht Gleichgewicht.

Das ergibt die zweite Bedingung:

$$\sum_{i=1}^{m} M_i = 0.$$

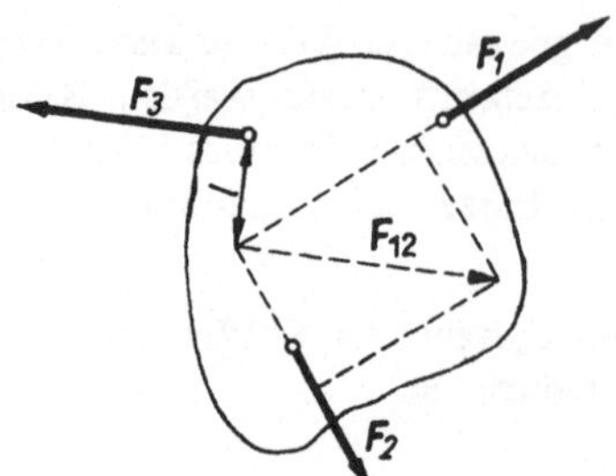

Bild 4.31. Mehrere Kräfte an einem Körper, deren Resultierende gleich Null ist

Zusammengefaßt gelten die beiden

Gleichgewichtsbedingungen:

1. Die Resultierende aller angreifenden Kräfte muß gleich Null sein.
2. Die Summe aller Drehmomente muß gleich Null sein.

$$\sum_{i=1}^{n} F_i = 0 \quad \text{und} \quad \sum_{i=1}^{m} M_i = 0 \qquad \text{**Gleichgewichtsbedingungen für den starren Körper**} \qquad (4.8)$$

Ein frei beweglicher Körper befindet sich also nur dann im Gleichgewicht, wenn beide Bedingungen zugleich erfüllt werden.

5 Arbeit und Energie

5.1 Mechanische Arbeit

Die Wirkung einer Kraft wird erst dann sichtbar, wenn sie irgendeine Bewegung eines Körpers oder eine Formänderung wie z. B. die Dehnung einer Feder hervorruft. Die Größe der mit Hilfe einer Kraft erzielten Wirkung läßt sich durch den Begriff der **Arbeit** W erfassen. Er ist aus zahlreichen Vorgängen des täglichen Lebens und der Technik hinreichend bekannt. Es kommt darauf an, ein Maß zu finden, mit dem, unabhängig vom jeweiligen Charakter des Vorganges, die Arbeit gemessen werden kann. Bei näherer Betrachtung ergibt sich, daß in allen Fällen mit Hilfe einer Kraft von einem Körper ein Weg zurückgelegt wird. Für die *Berechnung der Arbeit* gilt zunächst grundsätzlich:

Arbeit = Kraft in Richtung des Weges · Weg.

Nun soll die Bewegung eines Fahrzeuges auf *horizontaler* Bahn betrachtet werden (Bild 5.1). Die wirkende Kraft ist hier die Zugkraft F. Diese kann mittels eines Kraftmessers, der zwischen Wagen und Zugmaschine eingespannt ist, gemessen werden. Die auch vorhandene Gewichtskraft des Wagens wird voll von der Straße getragen und trägt nichts zur Bewegung bei. Zur Berechnung der Arbeit ist deshalb die Kraft F, bei der es sich um den in Richtung des Weges zu überwindenden Fahrwiderstand handelt, mit dem zurückgelegten Weg s zu multiplizieren:

$$W = Fs \qquad \text{**Arbeit (konstante Kraft und Weg gleichgerichtet)**} \qquad (5.1)$$

$[W] = [F]\,[s] = \text{N m (Newtonmeter)} = \text{J (Joule)}[1]$

---

[1]) gesprochen: ʒuːl (franz.)

1 J ist die Arbeit, die verrichtet wird, wenn die Kraft 1 N einen Körper um 1 m in Richtung der Kraft verschiebt.

Gebräuchliche SI-fremde Einheiten: 1 kWh (Kilowattstunde) = $3{,}6 \cdot 10^6$ J

$$1 \text{ eV (Elektronvolt)} = 1{,}602 \cdot 10^{-19} \text{ J}$$

Die Kilowattstunde liefert für größere Arbeitsbeträge handlichere Zahlenwerte als das Joule. Sie leitet sich, wie auch die noch größeren Einheiten Mega- und Gigawattstunde, von der Einheit W s (Wattsekunde) = 1 J ab, s. 5.6.1.

Das Elektronvolt wird besonders in der Atomphysik verwendet.

Häufig kommt es jedoch vor, daß die Richtungen der wirkenden Kraft und des bewegten Körpers nicht übereinstimmen.

Bild 5.1. Zur Arbeit einer Zugkraft

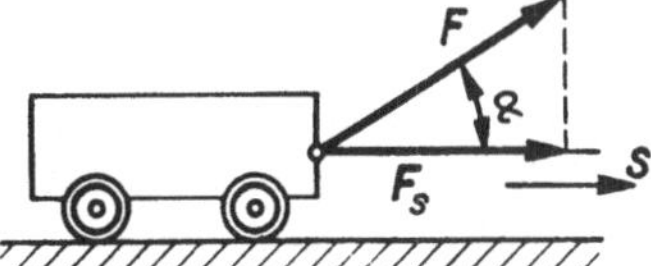

Bild 5.2. Projektion einer Kraft auf die Bewegungsrichtung

Das ist auf Bild 5.2 angedeutet, wo die Zugkraft F mit der Bewegungsrichtung den Winkel α einschließt. In diesem Fall ist nur die Komponente F_s wirksam, und es ist mit der Koordinate $F \cos \alpha$ zu rechnen:

$$\boxed{W = Fs \cos \alpha}$$ **Arbeit (konstante Kraft mit Zwischenwinkel α zum Weg)** (5.2)

Hieraus geht hervor, daß nicht nur bei der Kraft F, sondern auch beim Weg s die Richtung zu berücksichtigen ist. Beide sind vektorielle Größen, nicht aber die Arbeit, die skalaren Charakter hat. Diesen Sachverhalt bringt deutlich die in der Vektorrechnung übliche Schreibweise

$$W = F \cdot s$$

zum Ausdruck, die von der Struktur her analog zu (5.1) gebildet wurde.

Hierbei handelt es sich um das **skalare Produkt** zweier vektorieller Größen. Es bedeutet also nicht etwa das Produkt zweier Beträge, sondern gilt nur in Verbindung mit der Gleichung (5.2)!

Der Sonderfall (5.1) ist in den beiden letzten Gleichungen für $\alpha = 0$, d. h. $\cos \alpha = 1$, enthalten.

Darüber hinaus muß aber noch daran gedacht werden, daß die Kraft längs ihres Weges durchaus nicht immer konstant zu sein braucht, sondern ihren Wert von einem Bahnpunkt zum nächsten verändern kann. Dann ist der Ausdruck $W = Fs \cos \alpha$ nur für ein kleines Wegelement Δs brauchbar. Der entsprechende Anteil ΔW der Arbeit ist hierbei

$$\Delta W = F \cos \alpha \cdot \Delta s.$$

Im Grenzfall geht man von hier aus zum Differential ds über und erhält die gesamte verrichtete Arbeit durch Integration der Gleichung

$$\boxed{W = \int_A^B F \cos \alpha \, ds}$$ **Arbeit (allgemeinster Fall)** (5.3)

Dabei sind A und B Anfangs- und Endpunkt des betrachteten Weges, die Kraft F und der Zwischenwinkel α sind i. allg. wegabhängig.

Die Arbeit kann wegen des Faktors cos α in den Gln. (5.2) und (5.3) positiv, Null oder negativ sein.

Auf der Bahn senkrecht stehende Kräfte, z. B. eine Zwangskraft oder die Radialkraft bei der Kreisbewegung, verrichten nach (5.2) wegen $\alpha = 90°$ und cos $\alpha = 0$ keine Arbeit.

Im Bild 5.2 ist der Winkel α spitz, die Kraft hat eine *in* die Bewegungsrichtung fallende Komponente, die von der Kraft verrichtete Arbeit ist positiv. Wird vom Fahrwiderstand des Wagens abgesehen, so erfolgt eine Beschleunigung des Wagens.

Wäre im Bild 5.2 der Winkel α stumpf, so ergäbe Gl. (5.2) wegen cos $\alpha < 0$ einen negativen Wert der Arbeit. Die jetzt *gegen* die Bewegungsrichtung fallende Kraftkomponente würde eine Verzögerung des rollenden Wagens bewirken.

5.2 Verschiebungsarbeit

Bei einem Handwagen, der an einer Deichsel einen Berg hinaufgezogen und von dessen Fahrwiderstand wiederum abgesehen wird, treten beide Fälle zugleich auf: Die gegen die Bewegungsrichtung fallende Komponente $F = F_H$ der Gewichtskraft, die Hangabtriebskraft, verrichtet negative Arbeit $W = -Fs < 0$; die in die Bewegungsrichtung fallende Komponente F' der längs der Deichsel wirkenden Zugkraft verrichtet positive Arbeit $W' = F's > 0$. Soll nun der Handwagen gleichförmig bewegt werden, also unbeschleunigt, so muß wegen des Trägheitsgesetzes die resultierende Kraft F_{rsl} längs der Bewegungsrichtung verschwinden, und die verschiebende Kraft F' muß der Kraft F entgegengesetzt gleich sein:

$$F_{rsl} = F' + F = 0 \quad \text{bzw.} \quad F' = -F \quad \text{und} \quad F' = F.$$

Die Arbeiten beider Kräfte unterscheiden sich nur im Vorzeichen: $W' = -W$. Die verschwindende resultierende Kraft verrichtet keine Arbeit.

Ob eine Arbeit *von* einer Kraft oder *gegen* eine Kraft verrichtet wird, ist allein eine Frage des Standpunktes und äußert sich lediglich im Vorzeichen der Arbeit.

Die *von* einer Kraft $F' = -F$ *gegen* eine Kraft F ohne Beschleunigung des Körpers verrichtete Arbeit heißt **Verschiebungsarbeit** W'.

5.2.1 Reibungsarbeit

Beim Fortbewegen eines Fahrzeuges mit konstanter Geschwindigkeit ist stets dessen Fahrwiderstand durch die Wirkung eines Antriebsmotors zu überwinden. So ist im Einführungsbeispiel (Bild 5.1) die verschiebende Kraft F' entgegengesetzt gleich dem Fahrwiderstand F_R. Die von F' zu verrichtende Arbeit (5.1) beim Zurücklegen des Weges s ist die **Verschiebungsarbeit gegen die Reibungskraft**:

$$\boxed{W' = F_R s} \qquad \textbf{Reibungsarbeit} \tag{5.4}$$

5.2.2 Hubarbeit

Leicht berechnet sich die aufzubringende Arbeit, um einen Körper senkrecht um den Höhenunterschied h anzuheben. Die dazu notwendige, verschiebende Kraft F' ist entgegengesetzt gleich der Gewichtskraft F_G, die für nicht zu große Höhenunterschiede h als konstant angesehen werden kann. Die von F' zu verrichtende Arbeit (5.1) beim Zurücklegen des Höhenunterschiedes h ist die **Verschiebungsarbeit gegen die Gewichtskraft**:

$$\boxed{W' = mgh} \qquad \textbf{Hubarbeit} \tag{5.5}$$

Wenn aber die Bahn nach Bild 5.3 von beliebiger Gestalt ist, sollte ein anderes Ergebnis erwartet werden, denn der Zwischenwinkel α von Verschiebungskraft und Wegelement ändert sich von einem Bahnpunkt zum anderen. Ein herausgegriffenes Wegelement Δs läßt sich wegen

$$\Delta s \cos \alpha = \Delta h$$

durch den zugehörigen Höhenunterschied ausdrücken. Die für den gesamten Höhenunterschied $h = h_2 - h_1$ benötigte Verschiebungsarbeit ergibt sich als Summe der Anteile

$$\Delta W' = mg \cos \alpha \, \Delta s = mg \, \Delta h.$$

Es ist ohne weiteres zu erkennen, daß die Summe aller Δh den gesamten Höhenunterschied h ergibt und somit die vollständige Hubarbeit wiederum durch (5.5) gegeben ist.

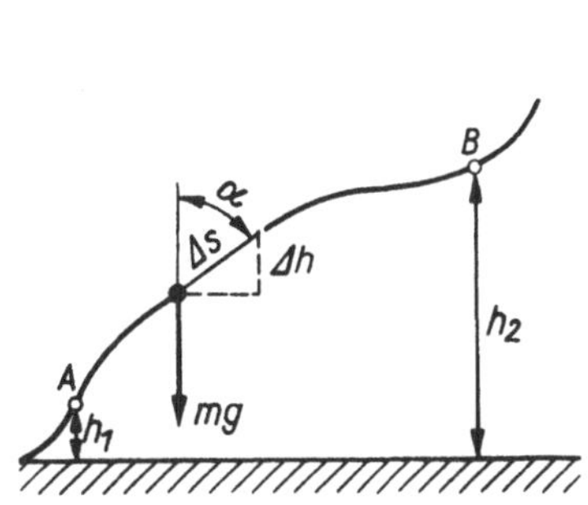

Bild 5.3. Arbeit im Schwerefeld

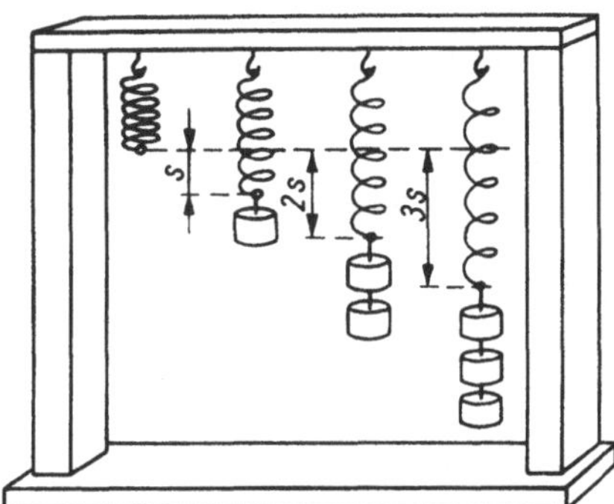

Bild 5.4. Spannarbeit einer Schraubenfeder

Es kommt also in diesem Fall nicht auf den tatsächlich zurückgelegten Weg, sondern nur auf den bewältigten Höhenunterschied an:

Die entgegen der Schwerkraft verrichtete Arbeit wird, unabhängig vom Weg, auf dem der Körper bewegt wird, allein vom Höhenunterschied bestimmt.

Auch die unmittelbare Auswertung der Gleichung (5.3) führt zum gleichen Ergebnis. Zunächst soll die *von* der Gewichtskraft verrichtete Arbeit berechnet werden. Der Zwischenwinkel von Kraft $F = mg$ und Wegelement ds ist $180° - \alpha$ und damit

$$W = \int_A^B mg \cos(180° - \alpha)\, ds = \int_A^B mg(-\cos \alpha)\, ds = -\int_{h_1}^{h_2} mg \, dh$$

und wegen des hier vorliegenden Sonderfalls konstanter Kraft:

$$W = -mg \int_{h_1}^{h_2} dh = -mg(h_2 - h_1) = -mgh.$$

Wegen $W' = -W$ folgt wiederum (5.5) für die Arbeit *gegen* die Gewichtskraft.

5.2.3 Spannarbeit

Beim Spannen einer Feder ist die verschiebende Kraft F' durch die Spannkraft F gegeben, die der Federkraft entgegengesetzt gleich ist. Beim Berechnen der erforderlichen Verschiebungsarbeit ist diesmal zu beachten, daß die Spannkraft F zum zurückgelegten Weg s dauernd gleichgerichtet ist, aber nach Bild 5.4 nicht konstant bleibt. Sie nimmt vielmehr vom Anfangswert Null bis zum Endwert F_{max} gleichmäßig zu. In (5.1) ist nicht der Endwert der Spannkraft, sondern der Mittelwert $F_{max}/2$ (Bild 5.5) einzusetzen

$$W' = \frac{F_{max}s_{max}}{2} \ .$$

Dieses Ergebnis folgt auch aus dem allgemeinen Arbeitsansatz (5.3), wenn wegen des gleichen Richtungssinnes der Sonderfall $\cos \alpha = 1$ beachtet wird:

$$W' = \int_0^{s_{max}} F \, \mathrm{d}s \ .$$

Die Spannkraft muß hierbei als Funktion des Weges ausgedrückt werden und ist mit $F = ks$ einzusetzen, weil sie der Dehnung s proportional ist (Bilder 5.4 und 5.5). Der Proportionalitätsfaktor k heißt **Federkonstante**.

$$\boxed{k = \frac{F}{s}} \qquad \textbf{Federkonstante} \qquad\qquad (5.6)$$

$[k]$ = N/m (Newton je Meter)

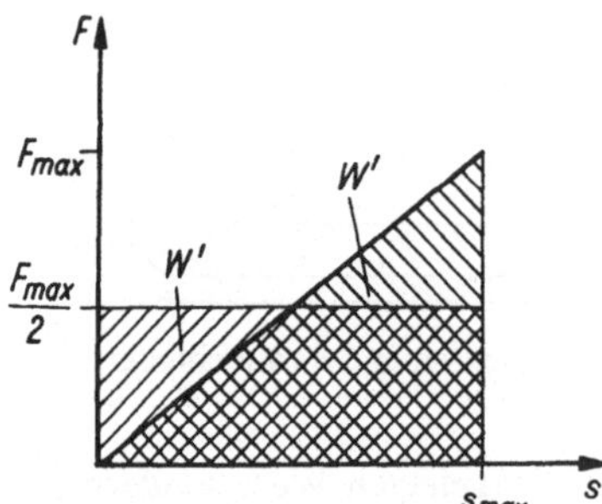

Bild 5.5. Zur Spannarbeit

Je härter die Feder ist, um so größer ist die erforderliche Spannkraft bei gleicher Dehnung. Die Federkonstante kennzeichnet somit die *Härte* der Feder.
Die von F' zu verrichtende Arbeit (5.3) beim Spannen von $s = 0$ auf $s = s_{max}$ ist die **Verschiebungsarbeit gegen die Federkraft**:

$$W' = \int_0^{s_{max}} F \, \mathrm{d}s = \int_0^{s_{max}} ks \, \mathrm{d}s$$

$$\boxed{W' = \frac{ks_{max}^2}{2}} \qquad \textbf{Spannarbeit} \qquad\qquad (5.7)$$

Nun ist ks_{max} die maximale Spannkraft F_{max} am Ende des Dehnungsvorganges, so daß die Übereinstimmung mit dem obigen $W' = \dfrac{F_{max}s_{max}}{2}$ offensichtlich ist.

5.3 Beschleunigungsarbeit

Ist beim Beispiel des gezogenen Handwagens in 5.2 $F_{rsl} > 0$, so wird der Wagen unter der Wirkung dieser Kraft bergaufwärts längs eines Weges *beschleunigt*. Es tritt also außer der bereits betrachteten Verschiebungsarbeit in diesem Falle eine weitere Arbeit auf, die von der resultierenden Kraft verrichtet wird und die wegen ihrer offensichtlichen Wirkung **Beschleunigungsarbeit** heißt.

Nur Beschleunigungsarbeit tritt auf, wenn ein Körper der Masse m reibungsfrei auf horizontaler Bahn beschleunigt wird. Bei Annahme einer konstanten Beschleunigung und damit wegen des Grundgesetzes (3.2) auch einer konstanten Kraft $F = ma$ in Bewegungsrichtung kann diese Arbeit mit (5.1) leicht berechnet werden. Wenn die Bewegung aus der Ruhelage beginnt, ist die zurückgelegte Strecke nach (2.9) $s = vt/2$ (v Endgeschwindigkeit), womit die

Arbeit $W = \dfrac{mavt}{2}$ wird. Wenn noch für die Beschleunigung $a = \dfrac{v}{t}$ eingesetzt wird, so folgt $W = \dfrac{mv^2 t}{2t}$ oder

$$\boxed{W = \frac{mv^2}{2}} \qquad \textbf{Beschleunigungsarbeit} \qquad (5.8)$$

Beispiele: 1. Ein Kraftwagen hat die Masse 900 kg und soll nach dem Anfahren die Geschwindigkeit 20 m/s erreichen.
Welche Arbeit ist ohne Berücksichtigung der Reibung aufzuwenden? – Nach (5.8) ist

$$W = \frac{mv^2}{2} = \frac{900\ \text{kg} \cdot 400\ \text{m}^2}{2\ \text{s}^2} = 180\,000\ \text{kg m}^2/\text{s}^2 = 0{,}18\ \text{MJ}.$$

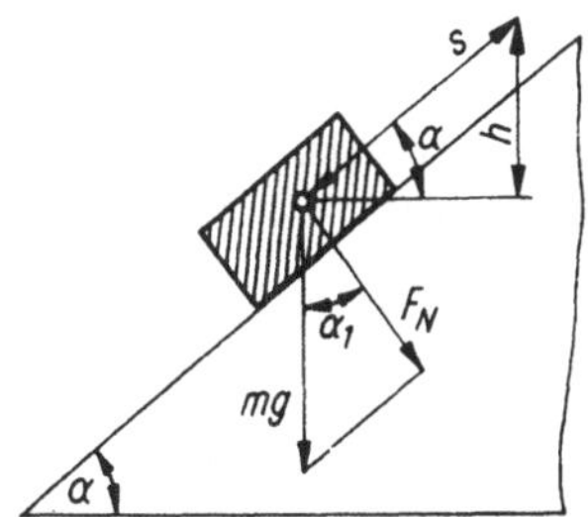

Bild 5.6. Zur Arbeit entlang einer Schrotleiter

2. Welche Arbeit ist aufzuwenden, um eine Last von 200 kg auf einer um 40° ansteigenden Schrotleiter 5 m weit aufwärts zu verschieben (Gleitreibungszahl $\mu = 0{,}3$)? – Die Arbeit setzt sich zusammen aus der Hubarbeit und der Reibungsarbeit (Bild 5.6). Die erste ist $W_1' = mgh$ mit $h = s \sin \alpha$. Die zweite ist $W_2' = \mu F_{\mathrm N} s$ mit $F_{\mathrm N} = mg \cos \alpha$. Damit ist die Gesamtarbeit

$$W = mgs(\sin \alpha + \mu \cos \alpha) = 200\ \text{kg} \cdot 9{,}81\ \text{m/s}^2 \cdot 5\ \text{m}(0{,}643 + 0{,}3 \cdot 0{,}766)$$

$$= 8562\ \text{kg m}^2/\text{s}^2 = 8{,}6\ \text{kJ}.$$

5.4 Potentielle und kinetische Energie

Die Verrichtung einer bestimmten Arbeit zieht an den davon betroffenen Körpern immer Veränderungen nach sich. In vielen Fällen ist die Wirkung der bei einem bestimmten Vorgang verrichteten Arbeit auch sofort erkennbar: Lage, Form oder Geschwindigkeit der beteiligten Körper haben sich gegenüber ihrem Anfangszustand verändert. Dabei geschieht es auch häufig, daß sie von selbst wieder in den Anfangszustand zurückkehren und ihrerseits Arbeit verrichten, die bei entsprechenden Vorkehrungen auch ausgenutzt werden kann. Es ist also festzustellen, daß sich die einmal verrichtete Arbeit vorübergehend oder auch längere Zeit gleichsam aufbewahren läßt. Diese in einem Körper oder einem System von Körpern gespeicherte Arbeit heißt **Energie** E.

Energie ist die Fähigkeit eines Körpers, Arbeit zu verrichten.

Ein besonders einfaches Beispiel bietet sich beim Emporwinden einer Last. Sie kann sich in jedem Augenblick wieder senken und eine entsprechende Arbeit an die Antriebskurbel abgeben. Solchermaßen gespeicherte Arbeit heißt **potentielle Energie** (Lageenergie). Jeder Körper besitzt derartige Energie, sofern für ihn die Möglichkeit besteht, vermöge der Erdanziehung tiefer zu gelangen. So ist in den zahlreichen Steinen eines Hauses die gesamte beim Ziegeltragen aufgewandte Hubarbeit (5.5) in Form potentieller Energie enthalten. Hochgelegene Wassermassen in Gebirgsseen enthalten große Vorräte an potentieller Energie, die sich besonders bequem nutzbar machen lassen.

$$\boxed{E_{\text{pot}} = F_{\text{G}} \cdot h = mgh}$$ **Potentielle Energie eines gehobenen Körpers** (5.9)

Ebenso enthalten auch zusammengedrückte oder gedehnte elastische Federn potentielle Energie. Sie ist gleich der Spannarbeit (5.7), die zu ihrer Verformung aufzuwenden ist. Man denke dabei an eine aufgezogene Uhr, deren gespannte Feder einen bestimmten Vorrat an potentieller Energie enthält.

Aber auch bewegte Körper haben die Fähigkeit, Arbeit zu verrichten. Sie enthalten **kinetische Energie** (Bewegungsenergie). Zweifellos hängt diese von der Masse und der Geschwindigkeit des bewegten Körpers ab.

Um sie zu berechnen, ist zu bedenken, daß auch die Bewegungsenergie aus Arbeit entsteht; denn um einen Körper in Bewegung zu setzen, muß man ihn aus der Ruhelage beschleunigen, bis er die Geschwindigkeit v erreicht hat. Beim Abbremsen spielt sich derselbe Vorgang in umgekehrter Reihenfolge ab. Für die frei werdende Arbeit muß sich zwangsläufig derselbe Ausdruck ergeben, der sich in (5.8) für die Beschleunigungsarbeit ergab:

$$\boxed{E_{\text{kin}} = \frac{mv^2}{2}}$$ **Kinetische Energie eines bewegten Körpers** (5.10)

Für die Reibungsarbeit gilt ein anderes Verhalten. Der Körper hat, nachdem er gegen die Reibungskraft verschoben wurde, *nicht* die Fähigkeit erlangt, Arbeit zu verrichten. Doch tritt anstelle der verrichteten mechanischen Arbeit Wärme*energie*, d. h. Energie in nichtmechanischer Form.

Beispiel: Ein Rammbär von 50 kg fällt aus einer Höhe von 1,80 m. Zu berechnen sind die potentielle Energie am Anfang und die kinetische Energie am Ende des Vorgangs. –

$$E_{\text{pot}} = mgh = \frac{50\ \text{kg} \cdot 9{,}81\ \text{m} \cdot 1{,}8\ \text{m}}{\text{s}^2} = 882{,}9\ \text{kg m}^2/\text{s}^2 = 0{,}25\ \text{Wh}.$$

Wird nach (2.13) $v^2 = 2gh$ gesetzt, so folgt

$$E_{\text{kin}} = \frac{mv^2}{2} = \frac{m \cdot 2gh}{2} = mgh.$$

Das bedeutet: Die beim freien Fall frei werdende kinetische Energie ist gleich der potentiellen Energie vor dem Herabfallen!

5.5 Gesetz von der Erhaltung der Energie

Das Ergebnis des letzten Beispiels kann nur im ersten Augenblick überraschen; denn es ist nach aller Erfahrung nicht zu erwarten, daß ein Rammbär mehr Arbeit verrichtet, als vorher in ihn hineingesteckt wurde. Wenn das möglich wäre, könnte ja der Körper mit der gewonnenen Energie wieder auf die alte Höhe gehoben werden, zusätzlich noch eine Maschine antreiben, und dies noch beliebig lange! Daß dies im Prinzip unmöglich ist, beweisen die zahlreichen mißlungenen Versuche, ein **Perpetuum mobile** zu bauen, d. h. eine Vorrichtung, welche sich von selbst ohne äußere Energiezufuhr fortdauernd bewegt und sogar noch Arbeit nach außen abgibt. Vielmehr wird das gesamte Naturgeschehen beherrscht vom

Gesetz von der Erhaltung der Energie
(in voller Allgemeingültigkeit aufgestellt von ROBERT MAYER 1842):

Energie kann weder verschwinden noch von selbst entstehen, sie kann nur ihre Form ändern.

Als weiterer Fall wird ein schwingendes Pendel betrachtet (Bild 5.7). Im höchsten Punkt seiner Bewegung hat der Körper nur potentielle und, wenn er durch seine tiefste Lage schwingt, nur kinetische Energie. In den Zwischenlagen sind beide Energiearten gleichzeitig

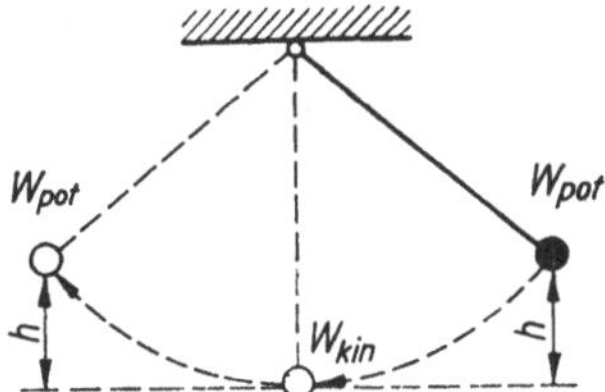

Bild 5.7. Energieumwandlung bei einem schwingenden Pendel

vorhanden. Doch muß ihre Summe, die mechanische Gesamtenergie $E_{\text{mech, ges}}$ immer konstant bleiben. Es findet hier selbsttätig eine fortwährend periodische Energieumwandlung statt. In jedem Augenblick ist die Gleichung erfüllt:

$$\boxed{E_{\text{pot}} + E_{\text{kin}} = E_{\text{mech,ges}} = \text{konst}}$$

Energieerhaltungssatz der reibungsfreien Mechanik   (5.11)

Diese Gleichung gilt jedoch nur in grober Näherung bei Vernachlässigung der Reibung. In Wirklichkeit werden die Ausschläge des Pendels im Laufe der Zeit immer kleiner, bis es zum Schluß stehenbleibt. Es gibt seine Energie an die umgebende Luft und die Aufhängevorrichtung ab. Die mechanische Energie verwandelt sich nach und nach in Wärmeenergie, und diese müßte in die Gleichung mit einbezogen werden.
Wird daher auch die Umgebung des Pendels mit hinzu gerechnet, so bezeichnet man die Gesamtheit aller an dem Vorgang beteiligten Körper als ein **abgeschlossenes System** und kann dann sagen:

Die Gesamtsumme der Energie eines abgeschlossenen Systems bleibt stets konstant.

Beispiele: 1. Ein Kraftwagen hat die Geschwindigkeit 10 m/s und bremst plötzlich scharf ab. Wie lang wird die Schleifspur der Räder? ($\mu = 0{,}3$) – Die kinetische Energie des Wagens setzt sich während des Bremsens in Reibungsarbeit um: $\dfrac{m}{2} v^2 = F_{\text{R}} s$, wobei die Reibungskraft $F_{\text{R}} = \mu m g$ und s die Bremsstrecke ist.

Es ist demnach $\dfrac{mv^2}{2} = \mu m g s$ und

$$s = \frac{v^2}{2g\mu} = \frac{100 \text{ m}^2 \text{ s}^2}{2 \cdot 9{,}81 \text{ m s}^2 \cdot 0{,}3} = 17 \text{ m}.$$

2. Ein Holzklotz gleitet auf einer schiefen Ebene vom Gefälle 3 : 1 aus 0,8 m Höhe abwärts. Welche Endgeschwindigkeit erreicht er bei einer Gleitreibungszahl von 0,4? – Die anfänglich vorhandene potentielle Energie mgh wird zum Teil von der Reibung aufgezehrt: $W' = \mu F_{\text{N}} l$, wobei nach (4.2)

$F_N = mg\,\dfrac{b}{l}$ ist. Die noch verbleibende Energie setzt sich in kinetische um: $mgh - \dfrac{\mu mgbl}{l} = \dfrac{m}{2}v^2$
oder kürzer: $mg(h - \mu b) = \dfrac{m}{2}v^2$;

$$v = \sqrt{2g(h - \mu b)} = \sqrt{2 \cdot 9{,}81\ \text{m/s}^2\,(0{,}8 - 0{,}4 \cdot 0{,}27)\ \text{m}} = 3{,}68\ \text{m/s}.$$

3. Ein Perpetuum mobile soll nach Ansicht seines Erfinders folgendermaßen arbeiten (Bild 5.8): 6 Massestücke sind an einer drehbaren Kreisscheibe derart angebracht, daß sie beim Übergang auf die rechte Hälfte um Gelenke umklappen und dadurch an einem längeren Hebelarm als auf der

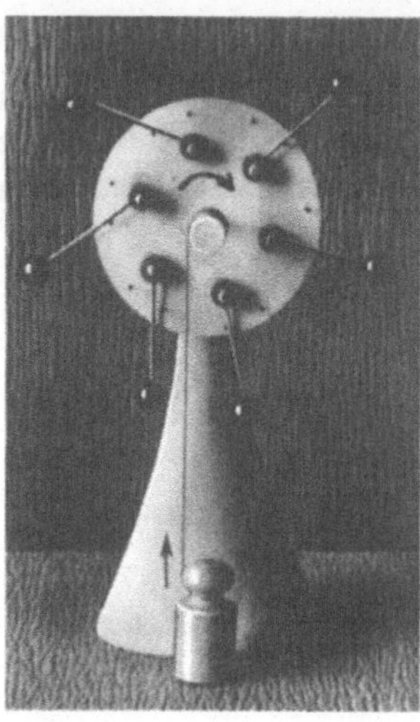

Bild 5.8. Vorschlag eines Perpetuum mobile

linken Seite wirken. Beim Übergang auf die linke Seite knicken die Hebel von selbst ein, so daß hier alle Hebelarme kürzer werden. Also müßte sich das Rad von selbst immer schneller rechtsum drehen. Wo liegt der Fehler des Erfinders?

5.6 Leistung und Wirkungsgrad

5.6.1 Leistung

Aus vielerlei Gründen kommt es in der Technik darauf an, eine vorgegebene Arbeit in möglichst kurzer Zeitdauer zu verrichten. Anders gesagt: Je größer die von einer Maschine in einer bestimmten Zeitspanne bewältigte Arbeit ist, desto größer ist auch ihr technischer und ökonomischer Nutzen. Die Schnelligkeit der verrichteten Arbeit wird durch die **Leistung** P gekennzeichnet:

$$\text{Leistung} = \frac{\textbf{Arbeit}}{\textbf{Zeitdauer der Arbeit}}$$

$$\boxed{P = \frac{W}{\Delta t}} \qquad \textbf{Leistung (mittlere)} \qquad\qquad (5.12)$$

$$[P] = \frac{[W]}{[t]} = \frac{\text{J}}{\text{s}} = \text{W (Watt)}$$

1 W ist die Leistung eines Vorganges, bei dem in 1 s die Arbeit 1 J verrichtet wird.

Durch Umstellen der Einheitengleichung ergeben sich die wichtigsten Beziehungen

$$1 \text{ J} = 1 \text{ N m (s. 5.1!)} = 1 \text{ W s (Wattsekunde)}.$$

Ungesetzliche Einheit: 1 PS (Pferdestärke) = 735,5 W.

Eine andere Berechnungsweise der Leistung ergibt sich, wenn die Arbeit in die beiden Faktoren Kraft und Weg zerlegt wird. Es folgt dann $P = Fs/t$ und wegen $s/t = v$ der Ausdruck

$$\boxed{P = Fv} \qquad \textbf{(Augenblicks-) Leistung} \qquad\qquad (5.13)$$

Entsprechend der angegebenen Herleitung gilt diese Gleichung für die Bewegung eines Körpers in Kraftrichtung und zunächst nur für zeitlich konstante Kraft und Geschwindigkeit.

Sie gibt jedoch auch die zum Zeitpunkt t vorhandene Augenblicksleistung an, wenn für v die Augenblicksgeschwindigkeit eingesetzt wird. Das würde eine zur obigen Herleitung analoge mit Hilfe der folgenden Gleichung (5.14) zeigen.

Nur im ersten Fall der gleichförmigen Bewegung stimmen (Durchschnitts-) Leistung und Augenblicksleistung überein und brauchen deshalb nicht voneinander unterschieden zu werden.

Aus (5.13) ist erkennbar, daß die aufzuwendende Leistung bei konstant bleibender Kraft F mit zunehmender Geschwindigkeit immer größer wird. Es ist ja auch bekannt, daß z. B. die begrenzte Leistung eines Mopeds nicht ausreicht, um etwa die Geschwindigkeit von 100 km/h zu erzielen.

Die Leistung ist daher eine Größe, die im allgemeinen mit dem zeitlichen Ablauf des Vorganges veränderlich ist. Sowohl die Kraft F als auch die Geschwindigkeit v können von einem Augenblick zum anderen schwanken. Eine bestimmte Augenblicksleistung ist demnach nur für einen äußerst kleinen Zeitraum dt definiert, und zwar durch den Differentialquotienten

$$\boxed{P = \frac{\mathrm{d}W}{\mathrm{d}t}} \qquad \textbf{(Augenblicks-) Leistung} \qquad\qquad (5.14)$$

Mit der Gleichung (5.12) ergibt sich daher immer nur die **mittlere Leistung** innerhalb einer endlichen Zeitspanne Δt.

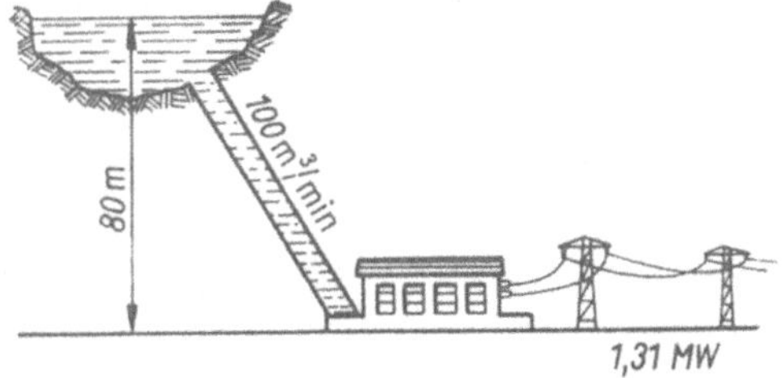

Bild 5.9. Zur Leistung einer talwärts fließenden Wassermenge (bei vollständiger, d. h. verlustloser Ausnutzung!)

Beispiele: 1. Aus einem Staubecken in 80 m Höhe fließen je Minute 100 m³ Wasser durch eine Turbine (Bild 5.9). – Die theoretische Leistung beträgt, wenn die kinetische Energie des abfließenden Wassers vernachlässigt wird,

$$P = \frac{W}{t} = \frac{mgh}{t} = \frac{10^5 \text{ kg} \cdot 9,81 \text{ m} \cdot 80 \text{ m}}{\text{s}^2 \cdot 60 \text{ s}} = 1,308 \cdot 10^6 \text{ kg m}^2/\text{s}^3 = 1,31 \text{ MW}.$$

2. Welche Leistung muß der Motor eines Kraftwagens von 1 000 kg Masse aufbringen, wenn er den Wagen innerhalb von 50 s aus der Ruhelage auf 90 km/h Endgeschwindigkeit beschleunigen soll und der Fahrwiderstand nicht berücksichtigt wird? – Da Masse m und Beschleunigung a kon-

stant sind, bleibt auch die Kraft F während des ganzen Beschleunigungsvorganges gleich groß. Dagegen nimmt die Geschwindigkeit v fortwährend zu, weshalb in diesem Fall Gleichung (5.12) anzuwenden ist. Sie besagt, daß die Leistung proportional zur Geschwindigkeit anwächst. Am Ende des Vorganges ist sie

$$P = Fv = mav = \frac{mv^2}{t} = \frac{1\,000\ \text{kg} \cdot (90/3,6)^2\ \text{m}^2/\text{s}^2}{50\ \text{s}} = 12\,500\ \text{W} = 12,5\ \text{kW};$$

zur Berechnung der *durchschnittlichen* (mittleren) Leistung P_m muß die mittlere Geschwindigkeit $v_\text{m} = v/2$ zugrunde gelegt werden, und es folgt

$$P_\text{m} = Fv_\text{m} = F \cdot v/2 = ma \cdot v/2 = 6,25\ \text{kW}.$$

Das gleiche Ergebnis erhält man auch ausgehend von (5.12):

$$P_\text{m} = \frac{W}{\Delta t} = \frac{\Delta E_\text{kin}}{\Delta t} = \frac{\frac{mv^2}{2}}{t} = m\frac{v}{t}\frac{v}{2} = ma\frac{v}{2}.$$

5.6.2 Wirkungsgrad

Die Wirkungsweise aller mechanisch arbeitenden Maschinen (Hebezeuge, Getriebe, Wasserturbinen usw.) beruht darauf, daß diesen Vorrichtungen je Zeit ein bestimmter Energiebetrag zugeführt wird, den sie in geeigneter Form wieder abgeben sollen. Da nach dem Gesetz von der Erhaltung der Energie keine Energie verschwinden kann, sollte erwartet werden, daß die im gleichen Zeitraum abgegebene Energie gleich der zugeführten ist. Die Erfahrung lehrt aber, daß die abgegebene Leistung P_a stets kleiner als die zugeführte Leistung P_z ist; denn auch bei bester technischer Konstruktion wird ein Teil der zugeführten Energie in nicht erwünschter Weise umgesetzt, wie z. B. durch die Reibung in Lagern und zwischen den Zahnrädern, die Entstehung von Luft- und Wasserwirbeln, den Energieaufwand für die Steuer- und Regelorgane usw. Meistens verwandelt sich hierbei ein Teil der zugeführten Energie in Wärmeenergie. Es gilt also immer die Ungleichung

$$P_\text{a} < P_\text{z}.$$

Das Verhältnis der beiden Leistungen ist der

$$\text{mechanische Wirkungsgrad} = \frac{\text{abgegebene Leistung}}{\text{zugeführte Leistung}}$$

$$\boxed{\eta = \frac{P_\text{a}}{P_\text{z}}} \qquad \textbf{Mechanischer Wirkungsgrad} \qquad\qquad (5.15)$$

$$[\eta] = 1$$

Der Wirkungsgrad wird vielfach in Prozenten angegeben und beträgt bei Flaschenzügen grober Bauart etwa $0,75 = 75\,\%$ je Rolle, bei sorgfältigster mechanischer Ausführung nahezu $1 = 100\,\%$. Bei Antriebsmaschinen (Dampf- und Verbrennungskraftmaschinen usw.) wird unter dem Wirkungsgrad $\eta = P_\text{e}/P_\text{i}$ verstanden.
Hierbei bedeutet P_e die **effektive Leistung**, die z. B. mittels des PRONYschen Zaumes (Bild 7.9) an der Antriebswelle gemessen wird (Bremsleistung), und P_i die **indizierte Leistung**, die sich aus dem Kolbenquerschnitt, dem Hub, dem Druckverlauf und der Drehzahl theoretisch berechnen läßt.

Beispiel: Eine Druckpumpe fördert mit einem Wirkungsgrad von 75% je Minute 120 m³ Wasser auf eine Höhe von 8,0 m. Welche Leistung nimmt der Antriebsmotor auf, wenn er seinerseits mit einem Wirkungsgrad von 95% arbeitet? –
Die von der Pumpe abgegebene Leistung beträgt $P_a = \dfrac{mgh}{t}$. Die Pumpe erfordert die Antriebsleistung $P_{z1} = \dfrac{P_a}{\eta_1}$ und der Motor $P_{z2} = \dfrac{P_{z1}}{\eta_2}$;

$$P_{z2} = \frac{mgh}{t\eta_1\eta_2} = \frac{120000 \text{ kg} \cdot 9{,}81 \text{ m} \cdot 8 \text{ m}}{\text{s}^2 \cdot 60 \text{ s} \cdot 0{,}75 \cdot 0{,}95} = 220 \text{ kW}.$$

Am Beispiel ist erkennbar, daß sich der Gesamtwirkungsgrad η_{ges} als Produkt ergibt: $\eta_{ges} = \eta_1\eta_2$.

6 Impuls und Stoß

6.1 Kraft und Impulsänderung

Nach dem Grundgesetz der Dynamik wirkt jede an einem Körper angreifende Kraft beschleunigend. Wenn aber diese Kraft einwirkt, so geschieht das während einer bestimmten Zeitdauer Δt. Je länger diese anhält, desto mehr wird die Geschwindigkeit anwachsen, weil ja die Beschleunigung länger aufrechterhalten bleibt. Der erreichte Geschwindigkeitszuwachs muß daher vom Wert des Produktes $F\,\Delta t$ abhängen, das **Kraftstoß** heißt.
Ist die Kraft F während der Zeitdauer Δt von konstantem Betrag, so ist der Kraftstoß gleich dem Flächeninhalt des auf Bild 6.1 gezeichneten Rechtecks.
Es ist natürlich ebenso möglich, daß die Kraft während ihres Einwirkens nicht konstant bleibt. Bei stoß- und ruckartigen Vorgängen, wie z. B. bei manchen sportlichen Übungen, wächst die Kraft vom Wert Null auf einen Höchstwert an, um dann wieder abzuklingen (Bild 6.2). Der Flächeninhalt des F,t-Diagramms entspricht dann dem Zeitintegral $\int_{t_1}^{t_2} F\,dt$.
Der Kraftstoß $F\,\Delta t$ ergibt sich aber auch durch einfache Umformung des Grundgesetzes (3.2)

$$F = m\frac{\Delta v}{\Delta t}$$

$$F\,\Delta t = m\,\Delta v.$$

Das auf der rechten Seite stehende Produkt ist gleich der Differenz $mv_2 - mv_1$, wenn v_1 und v_2 die Geschwindigkeiten bei Beginn und Ende des Vorganges sind.

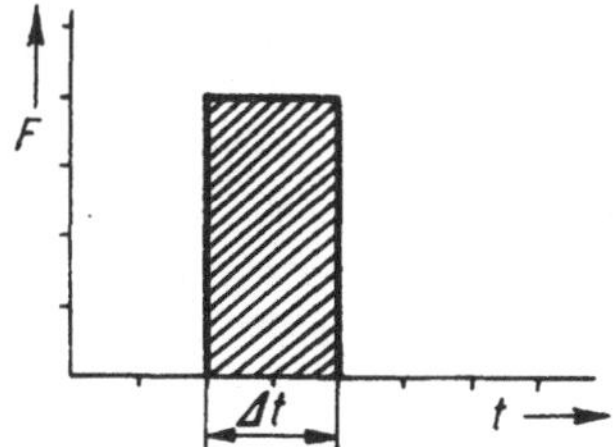

Bild 6.1. Kraftstoß $F\,\Delta t$ bei zeitlich konstanter Kraft

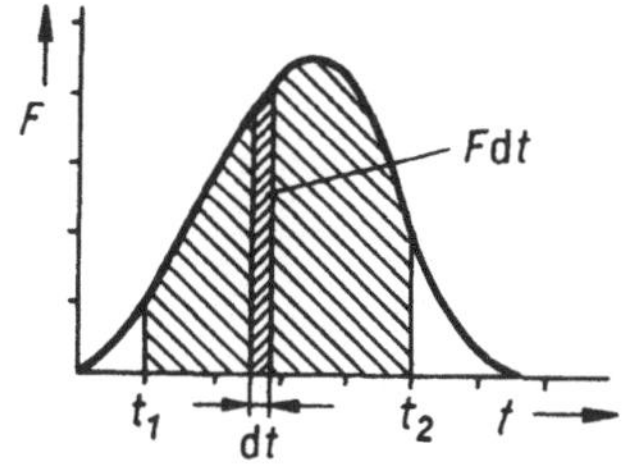

Bild 6.2. Kraftstoß $\int_{t_1}^{t_2} F\,dt$ bei zeitlich veränderlicher Kraft

Wie sich anschließend herausstellen wird, kommt aber dem Produkt mv eine besondere physikalische Bedeutung zu. Es wird **Impuls** p genannt.

$$\boxed{p = mv} \qquad \textbf{Impuls} \tag{6.1}$$

$[p] =$ kg m/s (Kilogramm mal Meter je Sekunde)

Die Impulsänderung kommt daher durch die Schreibweise $\Delta p = \Delta(mv)$ zum Ausdruck, und für den Kraftstoß folgt

$$\boxed{F\,\Delta t = \Delta p} \qquad \textbf{Kraftstoß (mittlerer)} \tag{6.2}$$

Der Kraftstoß ist gleich der durch ihn hervorgerufenen Änderung des Impulses.

$[F\,\Delta t] =$ N s (Newtonsekunde)

Wegen $1\,\mathrm{N\,s} = 1\,\mathrm{kg\,m/s^2} \cdot 1\,\mathrm{s} = \mathrm{kg\,m/s}$ ist die Dimensionsrichtigkeit von (6.2) offensichtlich.

Durch Umstellen der Gleichung (6.2) und Übergang zum Differentialquotienten erhält man

$$\boxed{F = \frac{\mathrm{d}p}{\mathrm{d}t}} \qquad \textbf{Kraftdefinition} \tag{6.3}$$

und damit eine allgemeinere Definition der Kraft als in (3.2):

Die Kraft F ist gleich der zeitlichen Änderung des Impulses p.

Dies ist die ursprüngliche NEWTONsche Fassung des 2. Bewegungsgesetzes. Der Sonderfall (3.2) geht hieraus unmittelbar hervor, wenn beachtet wird, daß die Masse m während des Vorganges im allgemeinen konstant bleibt. Dann braucht man nur die Geschwindigkeitsänderung zu beachten und erhält

$$F = m\,\frac{\mathrm{d}v}{\mathrm{d}t} = ma\,.$$

Beispiel: Welche Masse und Geschwindigkeit hat ein Körper, der die kinetische Energie 80 J und den Impuls 32 kg m/s hat? – Wenn $v = p/m$ in $E_{\mathrm{kin}} = mv^2/2$ eingesetzt wird, folgt $E_{\mathrm{kin}} = \dfrac{mp^2}{2m^2}$ und hieraus $m = \dfrac{p^2}{2E_{\mathrm{kin}}} = \dfrac{32^2\,\mathrm{kg^2\,m^2\,s^2}}{2 \cdot 80\,\mathrm{kg\,m^2\,s^2}} = 6{,}4\,\mathrm{kg}$ sowie $v = \dfrac{p}{m} = 5\,\mathrm{m/s}$.

6.2 Gesetz von der Erhaltung des Impulses

Es sollen zwei leicht bewegliche Kugeln mit den Massen m_1 und m_2 betrachtet werden, zwischen denen eine gespannte Feder eingeklemmt ist (Bild 6.3). Wenn diese sich plötzlich entspannt, werden die Kugeln auseinandergetrieben. Dabei ist die treibende Kraft für beide Kugeln nach dem Gegenwirkungsprinzip in 4.2 dieselbe und auch die Zeitdauer Δt bis zur

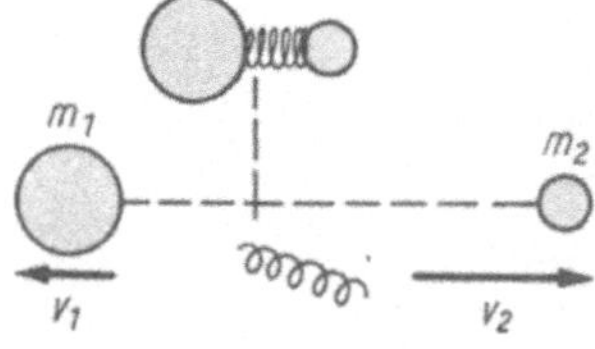

Bild 6.3. Impulserteilung durch eine sich entspannende Feder

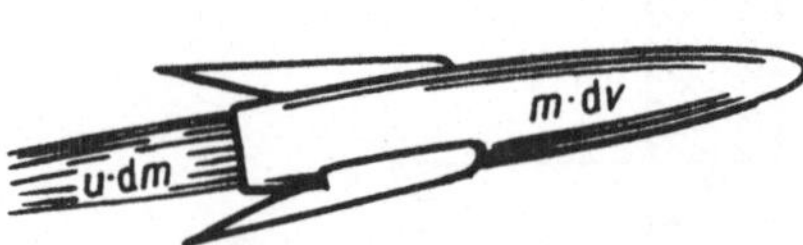

Bild 6.4. Zur Herleitung der Raketengleichung

schließlich folgenden Trennung. Jede Kugel erfährt also denselben Kraftstoß, womit auch die Impulse gleich groß sein müssen. Wegen ihrer entgegengesetzten Richtung ergibt sich

$$m_1 v_1 = -m_2 v_2 \quad \text{oder} \quad m_1 v_1 + m_2 v_2 = 0.$$

Vorher war das System Kugel *1*–Feder–Kugel *2* in Ruhe, hatte also insgesamt den Impuls Null. Während und nach dem Vorgang ist die Impulssumme immer noch Null. Dies ergibt verallgemeinert das

Gesetz von der Erhaltung des Impulses:

Die Gesamtsumme der Impulse aller Teile eines abgeschlossenen Systems bleibt konstant.

Es ist ein wichtiges Gegenstück zum Energiesatz und von ebenso weitreichender Bedeutung für das gesamte physikalische Geschehen.

Es drückt zunächst die Unmöglichkeit aus, den Gesamtimpuls eines bewegten oder ruhenden Systems von Körpern von innen heraus irgendwie zu ändern. Nur durch die Verbindung mit seiner Umgebung durch Hinzunehmen äußerer Kräfte, wie Reibung usw., kann es gebremst oder beschleunigt werden.

Besteht das System aus gegeneinander beweglichen Teilen, so bringt jede Impulsänderung des einen eine entgegengesetzte Impulsänderung des anderen Teils hervor.

Auf dem Impulssatz beruhen auch der *Raketenantrieb* und die Bewegung der künstlichen Satelliten. Die durch Oxydation des Treibstoffes entstehenden Verbrennungsgase müssen die Anströmdüsen mit möglichst großer Geschwindigkeit u verlassen. Dadurch verringert sich die Masse m der Rakete stetig. Wird die während eines sehr kleinen Zeitraumes entweichende Masse mit dm bezeichnet, so hat deren Impuls den Betrag $u\, dm$. Als Folge hiervon ändert die Rakete ihre Geschwindigkeit um den Betrag dv. Nach dem Impulserhaltungssatz ist dann (Bild 6.4)

$$u\, dm = -m\, dv.$$

Beiderseitiges Integrieren ergibt

$$\int \frac{dm}{m} = -\int \frac{dv}{u} \quad \text{und} \quad \ln m = -\frac{v}{u} + C.$$

Die Integrationskonstante C folgt aus der Annahme, daß beim Start ($v = 0$) die Rakete die Masse $m = m_0$ hat. So ist $C = \ln m_0$ und

$$\ln \frac{m}{m_0} = -\frac{v}{u}.$$

Dies bedeutet nichts anderes als

$$\boxed{\frac{m}{m_0} = e^{-\frac{v}{u}}} \qquad \textbf{Ziolkowskische Raketengleichung} \tag{6.4}$$

Sie gilt allerdings nur bei Abwesenheit von äußeren Kräften. Erfolgt jedoch der Start an der Erdoberfläche, so ist die Wirkung der Schwerkraft in die Rechnung einzubeziehen, wodurch die Zusammenhänge komplizierter werden.

Beispiel: Die Geschwindigkeit der ausströmenden Verbrennungsgase möge $u = 2,0$ km/h betragen, und es soll die für künstliche Erdtrabanten erforderliche 1. kosmische Geschwindigkeit $v = 7,9$ km/h erreicht werden. – Dann ergibt sich das Massenverhältnis ohne Berücksichtigung der Schwerkraft

$$\frac{m_0}{m} = e^{-3,9} = \frac{1}{e^{3,9}} = \frac{1}{49};$$

die Startmasse m_0 muß also mindestens das 49fache der Leermasse m betragen.

6.3 Gerader Stoß

6.3.1 Unelastischer Stoß

Der Impulssatz bietet eine rechnerische Grundlage zur Behandlung von Stoßvorgängen aller Art. Dabei ist grundsätzlich zu beachten, daß sowohl Kraftstoß als auch Impuls vektorielle Größen und nach den Gesetzen der Vektoraddition zu behandeln sind. Fällt jedoch die Stoßrichtung mit der Verbindungsgeraden der Schwerpunkte beider Körper zusammen, so handelt es sich um den Sonderfall des **geraden Stoßes**. Hier kann dann einfach mit den Koordinaten gerechnet werden. Der an sich notwendige Index (z. B. x, wenn die positive x-Richtung in die Stoßrichtung gelegt wird) an den Symbolen wird weggelassen, um eine übersichtliche Bezeichnung zu behalten, d. h., es werden »vorzeichenbehaftete Beträge« verwendet. Beim **unelastischen Stoß** prallen 2 Körper zusammen und bewegen sich nach dem Stoß mit gemeinsamer Geschwindigkeit weiter (Bild 6.5). Zwei feuchte Tonkugeln bleiben nach dem Stoß aneinander haften. Eine Pistolenkugel, die in einen Holzklotz fährt, bewegt sich mit diesem zusammen weiter geradeaus.

Im folgenden seien v die Geschwindigkeiten vor dem Stoß und u die Geschwindigkeiten nach dem Stoß.

Dann ist nach dem Impulssatz

vor dem Stoß: nach dem Stoß:

$$m_1 v_1 + m_2 v_2 = (m_1 + m_2)\, u$$

und

$$\boxed{u = \frac{m_1 v_1 + m_2 v_2}{m_1 + m_2}}$$
  Gemeinsame Endgeschwindigkeit nach dem unelastischen Stoß (6.5)

Beispiele: 1. Ein Straßenbahnwagen fährt mit der Geschwindigkeit $v_1 = 5$ m/s gegen einen zweiten, aber ruhenden Wagen von gleich großer Masse. Mit welcher Geschwindigkeit fahren beide nach dem Einklinken der Kupplung weiter? – v_2 ist hier gleich 0; $m_1 = m_2$;

$$u = \frac{m_1 v_1}{2 m_1} = \frac{5\ \text{m}}{2\ \text{s}} = 2{,}5\ \text{m/s}.$$

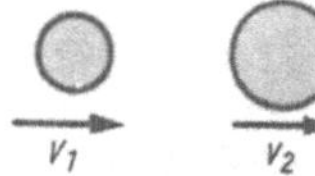

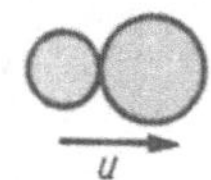

Bild 6.5. Nach dem unelastischen Stoß eilen beide Körper mit gemeinsamer Geschwindigkeit weiter.

2. Auf einen mit der Geschwindigkeit $v_1 = 3$ m/s rollenden Wagen von $m_1 = 1\,500$ kg fällt von oben eine Last von $m_2 = 500$ kg. Um wieviel ändert sich die Geschwindigkeit? – Die in die Bewegungsrichtung fallende Impulskomponente der Last m_2 ist gleich Null, so daß $m_2 v_2 = 0$ ist.

$$u = \frac{m_1 v_1}{m_1 + m_2} = \frac{1\,500\ \text{kg} \cdot 3\ \text{m}}{2000\ \text{kg s}} = 2{,}25\ \text{m/s}.$$

Die Geschwindigkeit nimmt um 0,75 m/s ab.

6.3.2 Energieverhältnisse beim unelastischen Stoß

Es sollen jetzt die vor und nach dem Stoß vorhandenen Energien verglichen werden. Der Einfachheit halber sei der gestoßene Körper m_2 als ruhend angenommen, so daß $v_2 = 0$ ist. Es sind die kinetischen Energien

vor dem Stoß: nach dem Stoß:

$$E_0 = \frac{m_1 v_1}{2} \quad \text{bzw.} \quad E = \frac{(m_1 + m_2)\, u^2}{2} = \frac{(m_1 + m_2)\,(m_1^2 v_1^2)}{2(m_1 + m_2)^2} = \frac{m_1^2 v_1^2}{2(m_1 + m_2)}$$

$$\boxed{E = E_0 \frac{m_1}{m_1 + m_2}} \qquad \text{Energie nach unelastischem Stoß auf ruhenden Körper der Masse } m_2 \qquad (6.6)$$

Da die Energie E nach dem Stoß kleiner als die Energie E_0 vor dem Stoß ist, geht demnach mechanische Energie verloren, was auch begreiflich ist: Plastische Verformung und Reibung zwischen den Körpern wandeln mechanische Energie in Wärme um. Diese Vorgänge sind überhaupt die Voraussetzung dafür, daß ein Stoß unelastisch erfolgen kann.

Beim *Schmieden* ist die Hauptabsicht die Verformung des Werkstückes. Möglichst viel Energie soll in Verformungsarbeit umgesetzt werden.

Beispiel: Ein Hammer von $m_1 = 15$ kg Masse schlägt mit der Geschwindigkeit $v_1 = 5$ m/s auf das Schmiedestück von $m_2 = 5$ kg Masse, das auf einem Amboß von $m_3 = 1,5$ t Masse ruht. Der Untergrund ist nachgiebig, so daß der Amboß der gemeinsamen Stoßgeschwindigkeit zu folgen vermag, wodurch ein unelastischer Stoß zustande kommt. – Es ist die Energie vor dem Stoß $E_0 = \dfrac{m_1 v_1^2}{2}$ und die Energie nach dem Stoß zufolge (6.6) $E = E_0 \dfrac{m_1}{m_1 + m_2 + m_3}$; die Differenz $\Delta E = E_0 - E$ $= E_0 \left(1 - \dfrac{m_1}{m_1 + m_2 + m_3}\right) = W$ wird zur Verformung des Werkstückes umgesetzt, und die Verformungsarbeit W berechnet sich hier zu $W = 185,6$ J; als »Wirkungsgrad« des Vorganges wird das Verhältnis

$$\eta = \frac{\Delta E}{E_0} = \frac{m_2 + m_3}{m_1 + m_2 + m_3}$$

bezeichnet. Es beträgt in diesem Fall $\eta = \dfrac{1\,505\ \text{kg}}{1\,520\ \text{kg}} = 0,99$. Hieran ist erkennbar, wann der Wirkungsgrad recht günstig wird: Die Masse des Ambosses muß entsprechend groß sein!

6.4 Elastischer Stoß

Beim elastischen Stoß fahren beide Körper nach dem Zusammenprall ohne Verlust an mechanischer Energie wieder auseinander (Bild 6.6). Wenn der Vorgang auch außerordentlich rasch verläuft (Bild 6.7), kann er doch stets in 3 Teilabschnitte zerlegt werden:

1. Zusammenstoß beider Körper mit den Massen m_1 und m_2 und den Geschwindigkeiten v_1 und v_2;

2. Veränderung der beiden Geschwindigkeiten v_1 und v_2 bis zu einem Augenblick, da beide Körper die gleiche Geschwindigkeit u haben. Diese ergibt sich wie beim unelastischen Stoß nach Gleichung (6.6).

3. Die federnd zusammengepreßten Körper drücken sich voneinander ab und nehmen dabei die neuen Geschwindigkeiten u_1 und u_2 an.

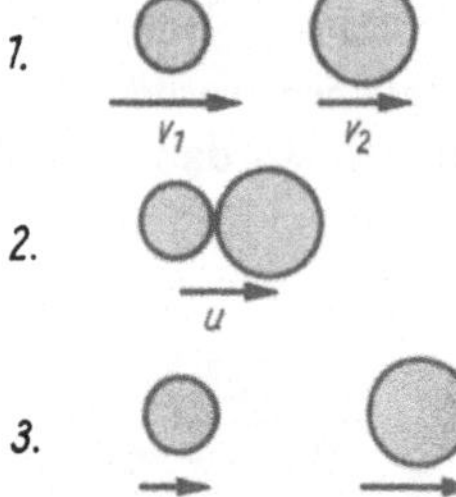

Bild 6.6. Geschwindigkeiten beim elastischen Stoß

Wie in Bild 6.6 angedeutet, wird der Körper mit der Masse m_1 beim Zusammenstoß zweimal nacheinander abgebremst. Beide Male verliert er wegen der Symmetrie des Vorganges den gleichen Geschwindigkeitsbetrag, so daß die gemeinsame Geschwindigkeit u das arithmetische Mittel aus dem Anfangswert v_1 und Endwert u_1 sein muß. Aus $u = \dfrac{v_1 + u_1}{2}$ ergibt sich daher $u_1 = 2u - v_1$. Für den 2. Körper gilt eine analoge Überlegung.

$$\boxed{\begin{aligned} u_1 &= 2u - v_1 \\ u_2 &= 2u - v_2 \end{aligned}} \qquad \textbf{Geschwindigkeiten nach dem elastischen Stoß mit } u \textbf{ nach (6.5)} \qquad (6.7)$$

Für den vereinfachenden Fall, daß der angestoßene *Körper* m_2 vor dem Stoß ruht, also $v_2 = 0$ ist, folgt unter Benutzung von (6.5)

$$\boxed{\begin{aligned} u_1 &= v_1 \, \frac{m_1 - m_2}{m_1 + m_2} \\[2mm] u_2 &= v_1 \, \frac{2m_1}{m_1 + m_2} \end{aligned}} \qquad \textbf{Geschwindigkeiten nach dem elastischen Stoß gegen einen ruhenden Körper der Masse } m_2 \qquad (6.8)$$

Wird hieraus die Summe der nach dem Stoß vorhandenen kinetischen Energie berechnet, so ergibt sich

$$\frac{m_1 u_1^2}{2} + \frac{m_2 u_2^2}{2} = \frac{m_1 v_1^2 (m_1 - m_2)^2}{2(m_1 + m_2)^2} + \frac{m_2 v_1^2 \cdot 4 m_1^2}{2(m_1 + m_2)^2}.$$

Bild 6.7. Zeitlupenaufnahme des elastischen Stoßes gegen einen Gummiball. Während der Berührungszeit von $1/5000\,\text{s}$ legen beide Körper gemeinsam 1 cm zurück.

Es ist leicht nachrechenbar, daß hierbei $m_1 v_1^2/2$ herauskommt. Das ist die Anfangsenergie des stoßenden Körpers. Im Gegensatz zum elastischen Stoß treten also keinerlei Verluste an mechanischer Energie auf:

Beim elastischen Stoß bleiben Impuls und Energie erhalten.

Die Gleichungen (6.7) und (6.8) lassen sich umgekehrt auch unmittelbar aus dem Energie- und Impulserhaltungsgesetz herleiten.

Beispiele: Elastische Stoßvorgänge lassen sich sehr schön beim Rangieren von Güterwagen beobachten.

1. Ein Wagen stößt gegen einen ruhenden Wagen von gleicher Masse. $m_1 = m_2$; $v_2 = 0$. – Nach (6.8) ist

$$u_1 = v_1 \, \frac{0}{2m_1} = 0.$$

Der stoßende Wagen bleibt stehen.

$$u_2 = v_1 \, \frac{2m_1}{2m_1} = v_1.$$

Der gestoßene Wagen fährt mit der Geschwindigkeit v_1 davon. Die Wagen haben ihre Geschwindigkeiten ausgetauscht.

2. Zwei Wagen gleich großer Masse stoßen mit entgegengesetzt gerichteten Geschwindigkeiten vom gleichen Betrag zusammen: $v_1 = -v_2$; $m_1 = m_2$. – Nach (6.5) ist die gemeinsame Geschwindigkeit während der Berührung $u = 0$ und damit nach (6.7) $u_1 = -v_1$ und $u_2 = -v_1$. Die Wagen fahren mit denselben Geschwindigkeiten entgegengesetzt auseinander.

3. Ein Wagen fährt gegen einen Prellbock. $m_2 \to \infty$; $v_2 = 0$. – Nach (6.7) ist $u_1 = 2u - v_1$ und

nach (6.5) $u_1 = \dfrac{2m_1 v_1}{m_1 + m_2} - v_1 \to 0 - v_1 = -v_1.$

4. Gegen einen anfänglich ruhenden Wagen der Masse m_2 stößt ein anderer Wagen der Masse m_1. Wie groß sind die beiden Massen, wenn beide Wagen mit gleicher Geschwindigkeit auseinanderfahren sollen? – Wegen $u_1 = -u_2$ ergibt die Gleichsetzung der beiden Gleichungen (6.8): $m_1 - m_2 = -2m_1$ und $m_2 = 3m_1$. Der anstoßende Wagen muß die 3fache Masse haben!

Hier ist aus Gründen der einfachen Darstellung nur der **gerade Stoß** behandelt worden, bei dem die Stoßrichtung in die Verbindungsgerade der Schwerpunkte fällt. Das ist beim **schiefen Stoß** anders. Man denke z. B. an das seitliche Treffen zweier Billardkugeln, wobei dann die Kugeln in einem Winkel auseinanderweichen. Um derartige Vorgänge zu erfassen, muß daran gedacht werden, daß **Impulse Vektoren** sind, d. h. gerichtete Größen. Die Zusammensetzung erfolgt dann gemäß dem Additionsprinzip für Vektoren nach dem Parallelogrammsatz in 2.3.2.

6.5 Reflexionsgesetz

Um den vektoriellen Charakter des Impulses an einem einfachen Beispiel zu zeigen, sei hier der Fall behandelt, bei dem eine elastische Kugel schief gegen eine feste Wand prallt (Bild 6.8). Ihr Impuls p kann in eine normale Komponente p_1 und eine tangentiale p_2 zerlegt werden. Nach dem Ergebnis von Beispiel 3 kehrt sich durch den Rückprall die Komponente p_1 um, da die Kugel in tangentialer Richtung keine stoßende Berührung mit der Oberfläche erfährt. Nach dem Stoß entsteht also der Impuls p' durch Zusammensetzung der Komponenten

$-p_1$ und p_2. Aus den geometrischen Verhältnissen ergibt sich dann das

Reflexionsgesetz des elastischen Stoßes:

Beim elastischen Stoß einer Kugel gegen eine feste Wand ist der Einfallswinkel gleich dem Reflexionswinkel. Der Betrag des Impulses bleibt unverändert. Die Vektoren p, p_1 und p_2 liegen in einer Ebene.

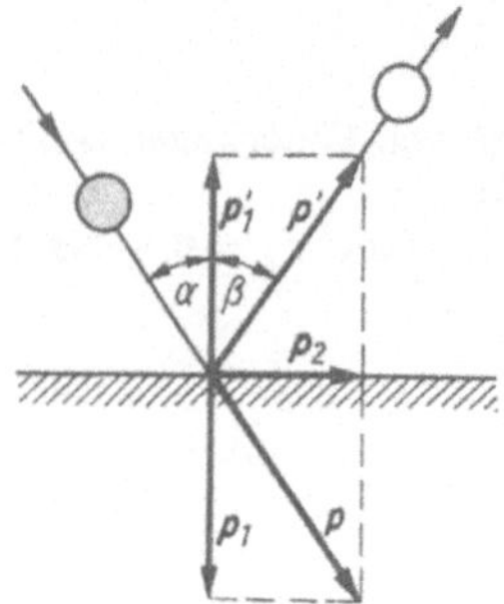

Bild 6.8. Reflexionsgesetz des elastischen Stoßes: $\alpha = \beta$

7 Dynamik rotierender Körper

7.1 Energie des rotierenden Körpers

Offensichtlich haben nicht nur geradlinig bewegte Körper kinetische Energie, sondern auch rotierende, wie umlaufende Maschinenteile, Schwungräder usw. Letztere sind ja gerade deswegen angebracht, um als Energiespeicher einen gleichmäßigen Lauf der Motoren zu erzielen (Bild 7.1), und beim sogenannten Gyroantrieb ersetzt ein rotierender Zylinder sogar den her-

Bild 7.1. Schwungrad einer alten Dampfmaschine (Rotationsenergie)

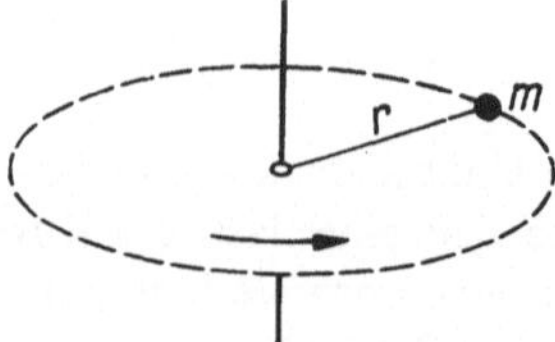

Bild 7.2. Umlaufender Massenpunkt

kömmlichen Automotor. Um das Problem zu vereinfachen, sei zunächst ein einziger Massenpunkt m betrachtet, der nach Bild 7.2 mit der Winkelgeschwindigkeit ω im Abstand r um eine festliegende Achse kreisen möge. Dann ist seine Bahngeschwindigkeit $v = r\omega$. Die kinetische Energie ist ferner nach (5.10)

$$E_{kin} = \frac{1}{2}\,mv^2 = \frac{1}{2}\,m(r\omega)^2\,.$$

Von der Behandlung der Kinematik her ist vom Vergleich der geradlinigen mit der Drehbewegung bekannt (Tabelle in 2.4.2), daß ω die zu v analoge Größe ist. Deshalb liegt es nahe, zur Vereinfachung die Faktoren m und r^2 für sich zusammenzufassen und als neue Größe einzuführen:

$$E_{kin} = \frac{1}{2}\,(mr^2)\,\omega^2\,.$$

Sie wird als **Massenträgheitsmoment** oder **Trägheitsmoment** J bezeichnet.

$$\boxed{J = mr^2} \qquad \textbf{Massenträgheitsmoment eines umlaufenden Massenpunktes} \qquad (7.1)$$

$[J] = \mathrm{kg\,m^2}$ (Kilogramm mal Quadratmeter)

Für die kinetische Energie eines umlaufenden Massenpunktes ergibt sich somit:

$$E_{kin} = \frac{1}{2}\,J\omega^2\,.$$

Ein ausgedehnter Körper kann gedanklich in n Massenpunkte zerlegt werden. Jeder einzelne Massenpunkt der Masse Δm_i umkreist die Drehachse in einem bestimmten Abstand r_i (Bild 7.3). Es ist also zu beachten, daß jeder Massenpunkt zwar die gleiche Winkelgeschwindigkeit ω besitzt, jedoch im allgemeinen einen anderen Abstand r_i von der Drehachse hat. Die **Rotationsenergie** des Körpers ist dann durch die Summe der kinetischen Energien seiner Massenpunkte gegeben:

$$E_{rot} = \sum_{i=1}^{n} E_{kin,i} = \frac{1}{2}\left(\sum_{i=1}^{n} \Delta m_i r_i^2\right)\omega^2\,.$$

Wird nun ähnlich wie oben für den eingeklammerten Ausdruck die Bezeichnung Massenträgheitsmoment J verwendet, so ergibt sich

$$\boxed{E_{rot} = \frac{J}{2}\,\omega^2} \qquad \textbf{Rotationsenergie eines Körpers} \qquad (7.2)$$

Der Vergleich dieser Rotationsenergie mit der kinetischen Energie $\dfrac{m}{2}\,v^2$ eines geradlinig bewegten Körpers zeigt in formaler Hinsicht eine vollkommene Übereinstimmung. Wie bei der geradlinigen Bewegung kommt es ja darauf an, einen Körper der Masse m entgegen seiner Trägheit in Bewegung zu versetzen. Der bei einer beabsichtigten Drehung fühlbare Widerstand rührt von derselben Massenträgheit her. Nur ist zu merken, daß in solchen Fällen nicht die Masse m, sondern das Massenträgheitsmoment J maßgebend ist, welches sowohl die Masse des Körpers als auch ihre räumliche Verteilung über das ganze Körpervolumen berücksichtigt.

7.2 Berechnung von Trägheitsmomenten

Das gesamte Massenträgheitsmoment eines Körpers ist auf Grund der vorangegangenen
Überlegungen durch eine Summe gegeben:

$$J = \sum_{i=1}^{n} r_i^2 \, \Delta m_i$$ **Massenträgheitsmoment eines Körpers**   (7.3)

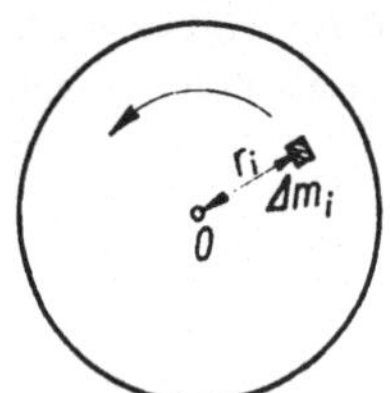

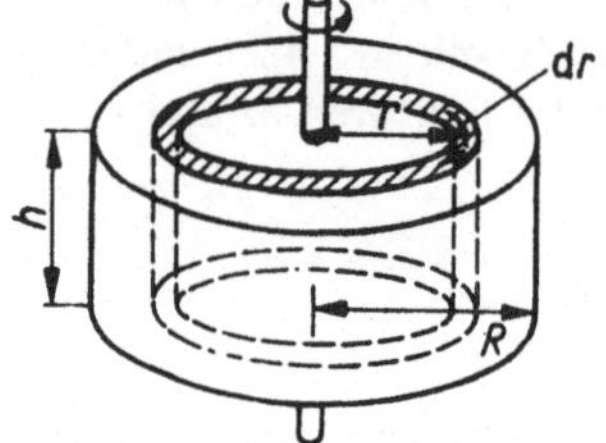

Bild 7.3. Massenpunkt Δm_i eines rotierenden   Bild 7.4. Zur Berechnung des Trägheitsmomentes
Körpers mit seinem Abstand r_i von der Dreh-   eines Kreiszylinders
achse O

Mit elementaren Mitteln kann diese Summe meist nur näherungsweise bestimmt werden.
Weit vorteilhafter ist es dagegen, vom einzelnen Massenpunkt mit endlicher Masse Δm_i zum
Differential dm überzugehen und die Summation auf dem Wege der Integralrechnung vor-
zunehmen:

$$J = \int_{(V)} r^2 \, dm$$ **Massenträgheitsmoment eines Körpers**   (7.4)

Die Integration muß das ganze Körpervolumen V ausschöpfen, um die Beiträge aller Massenpunkte zu berücksichtigen.

Berechnung des Massenträgheitsmomentes eines homogenen Kreiszylinders in bezug auf seine Achse.
Der Zylinder wird zweckmäßig in konzentrische dünnwandige Hohlzylinder von der Masse dm zerlegt (Bild 7.4). In dem allgemeinen Ansatz (7.4) muß dm als Funktion von r ausgedrückt werden.
Der elementare Hohlzylinder hat die Masse $dm = \varrho \, dV = 2r\pi h\varrho \cdot dr$ (ϱ Dichte, V Volumen, h Höhe
des Zylinders, dr Wanddicke). Nunmehr wird das bestimmte Integral zwischen den Grenzen $r = 0$
und $r = R$ berechnet:

$$J = 2\pi\varrho h \int_0^R r^3 \, dr = \frac{\pi\varrho h R^4}{2}.$$

Mit der Gesamtmasse des Zylinders $m = \varrho R^2 \pi h$ folgt

$$J = \frac{mR^2}{2}.$$

Da die elementaren Massenanteile als Produkt mit dem Quadrat ihres jeweiligen Abstandes
von der Achse in die Berechnung eingehen, ist das Massenträgheitsmoment eine Größe,
die sehr stark von der räumlichen Verteilung der Gesamtmasse rings um die Drehachse
abhängt. Das Massenträgheitsmoment richtet sich daher nicht nur nach der geometrischen
Form des vorliegenden Körpers, sondern vor allem nach der Lage der Drehachse.
In der folgenden Übersicht sind die Ergebnisse für einige häufig vorkommende, einfach ge-
formte Körper aufgeführt.

Einige Massenträgheitsmomente

Körper	Lage der Drehachse	Massen-trägheits-moment J
dünner Kreisring (Radius r)	Ringmitte, senkrecht zur Ringebene	mr^2
dünner Stab (Länge l)	Stabmitte, senkrecht zum Stab	$\dfrac{m}{12} l^2$
desgl.	Stabende, senkrecht zum Stab	$\dfrac{m}{3} l^2$
Kreisscheibe (Radius r)	senkrecht durch die Mitte der Scheibe	$\dfrac{m}{2} r^2$
desgl.	längs des Durchmessers	$\dfrac{m}{4} r^2$
Vollzylinder	Längsachse des Zylinders	$\dfrac{m}{2} r^2$
Rechteck (Diagonale d)	senkrecht durch die Flächenmitte	$\dfrac{m}{12} d^2$
desgl. (Seiten a, b)	längs der Seite b	$\dfrac{m}{3} a^2$
Vollkugel (Radius r)	durch den Mittelpunkt	$\dfrac{2m}{5} r^2$
dünnwandige Hohlkugel (Radius r)	desgl.	$\dfrac{2m}{3} r^2$

Bei komplizierten Körpern, die sich aus einzelnen geometrisch einfach gestalteten Teilen zusammensetzen, bildet man die Summe aus den einzelnen Trägheitsmomenten:

Das gesamte Massenträgheitsmoment eines Körpers ist gleich der Summe der Massenträgheitsmomente seiner einzelnen Teile in bezug auf dieselbe Achse.

Um z. B. das Massenträgheitsmoment eines Schwungrades zu berechnen, werden daher zunächst die Massenträgheitsmomente der Nabe (Hohlzylinder), der Speichen (Stäbe) und des Kranzes (Hohlzylinder) ermittelt und diese dann addiert.

Hierbei kommt das Massenträgheitsmoment eines Hohlzylinders vor. Faßt man diesen als einen Vollzylinder auf, aus dem das Innere herausgeschnitten ist, so erhält man (Bild 7.5):

$$J = J_1 - J_2 = m_1 \frac{r_1^2}{2} - m_2 \frac{r_2^2}{2} = (\varrho \pi r_1^2 h) \frac{r_1^2}{2} - (\varrho \pi r_2^2 h) \frac{r_2^2}{2} ;$$

$$J = \frac{\varrho \pi h}{2} (r_1^4 - r_2^4) = \varrho \pi h (r_1^2 - r_2^2) \frac{r_1^2 + r_2^2}{2} .$$

Der vor dem Bruch stehende Ausdruck ist aber die Gesamtmasse m. Damit wird

$$\boxed{J = m \frac{r_1^2 + r_2^2}{2}} \qquad \textbf{Massenträgheitsmoment eines Hohlzylinders} \qquad (7.5)$$

7*

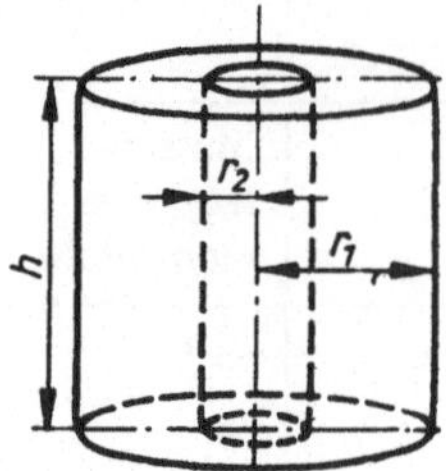

Bild 7.5. Hohlzylinder

Beispiele: 1. Für einen Vollzylinder von 20 cm Radius und 50 kg Masse berechnet sich das Massenträgheitsmoment zu

$$J = \frac{mr^2}{2} = \frac{50 \text{ kg} \cdot 0{,}2^2 \text{ m}^2}{2} = 1{,}0 \text{ kg m}^2 .$$

2. Welche Rotationsenergie hat ein Schwungrad, dessen Massenträgheitsmoment 5,0 kg m^2 beträgt, bei einer Drehzahl von 5000 ^{1}/min? – Mit (2.29) $\omega = 2\pi n$ wird

$$E_{\text{rot}} = J\omega^2/2 = J/2 \cdot (2\pi n)^2 = 2\pi^2 J n^2 = 2\pi^2 \cdot 5{,}0 \text{ kg m}^2 \left(\frac{5000}{60 \text{ s}}\right)^2 = 685\,400 \text{ kg m}^2/\text{s}^2$$
$$= 0{,}69 \text{ MJ} .$$

7.3 Satz von Steiner

Sehr oft kommt es vor, daß auch ein Körper um eine Achse rotiert, die nicht durch seinen Schwerpunkt verläuft. Auch außerhalb des Körpers selbst kann die Drehachse liegen. Wegen der exzentrischen Lage der Drehachse ist dann das Massenträgheitsmoment größer und muß besonders berechnet werden.

Gegeben sei ein Körper der Masse m, z. B. eine Kugel, die an einem masselosen Stab der Länge s befestigt ist, der sich um seinen Endpunkt O (Bild 7.6) drehen möge. Der Schwerpunkt

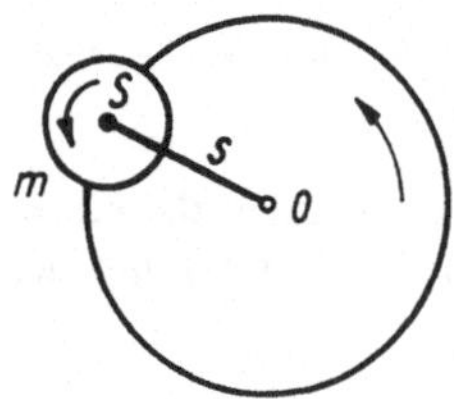

Bild 7.6. Zum Satz von Steiner

der Kugel hat die Bahngeschwindigkeit $v = s\omega$, und die kinetische Energie ihrer im Schwerpunkt S vereinigt gedachten Masse ist gleich $\dfrac{ms^2\omega^2}{2}$. Während eines Umlaufs dreht sie sich aber außerdem einmal um ihre eigene Achse; d. h., sie hat für sich allein noch einmal dieselbe Winkelgeschwindigkeit und damit eine zusätzliche Rotationsenergie von $\dfrac{J_S\omega^2}{2}$, wobei J_S das Trägheitsmoment der Kugel bezüglich derjenigen Achse ist, die durch ihren Schwerpunkt parallel zur Drehachse des Stabes läuft. Die Gesamtenergie ist somit

$$E_{\text{rot}} = \frac{\omega^2}{2} \left(J_S + ms^2\right) .$$

Der Klammerausdruck ist das gesuchte Massenträgheitsmoment:

$$\boxed{J = J_S + ms^2} \qquad \textbf{Steinerscher Satz} \tag{7.6}$$

Man nennt diesen Sachverhalt den

Satz von Steiner:

Das Massenträgheitsmoment eines Körpers in bezug auf eine beliebige Achse ist gleich der Summe aus dem Trägheitsmoment seiner im Schwerpunkt vereinigten Masse bezüglich dieser Achse und seinem Trägheitsmoment bezüglich einer durch seinen Schwerpunkt gehenden, zur ersteren parallelen Achse.

Beispiele: 1. Welches Massenträgheitsmoment hat eine 8 kg schwere und 4 m lange Stange, die um eine Querachse O rotiert, die 80 cm vom Endpunkt entfernt ist (Bild 7.7)? – Die Entfernung des Drehpunktes vom Schwerpunkt ist $s = 1{,}2$ m, so daß (7.6) liefert:

$$J = \frac{ml^2}{12} + ms^2 = 8\,\text{kg}\left(\frac{4^2}{12} + 1{,}2^2\right)\text{m}^2 = 22\,\text{kg m}^2.$$

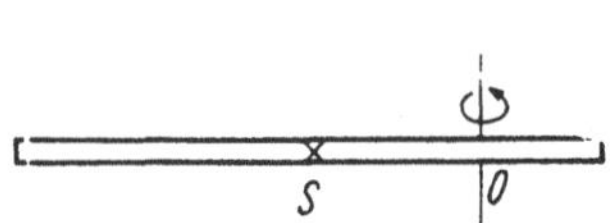

Bild 7.7. Um Querachse O rotierender Stab

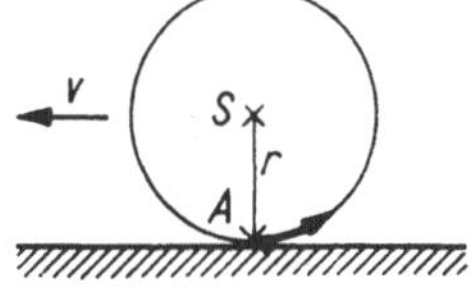

Bild 7.8. Auf Unterlage rollende Kugel

2. Wie groß ist das Massenträgheitsmoment einer rollenden Kugel in bezug auf eine Achse durch den Berührungspunkt A mit der Unterlage (Bild 7.8)? – Da sich die Kugel dabei ständig um einen Punkt ihrer Oberfläche dreht, gilt nach dem Satz von STEINER mit $s = r$:

$$J = \frac{2mr^2}{5} + mr^2 = \frac{7mr^2}{5}.$$

7.4 Anwendung des dynamischen Grundgesetzes auf rotierende Körper

Um einen Massenpunkt in Translationsbewegung zu versetzen, bedarf es einer Kraft F, die ihm die Beschleunigung a erteilt. Das ist der Inhalt des Grundgesetzes $F = ma$ der Dynamik (3.2).

Soll dieser Massenpunkt aber auf einer Kreisbahn beschleunigt werden, so ist ein Drehmoment $M = Fr$ aufzuwenden. Werden beide Seiten des Grundgesetzes (3.2) mit dem Radius des Drehkreises multipliziert, so steht jetzt linksseitig das beschleunigende Drehmoment Fr und rechtsseitig der Ausdruck mar. Ersetzt man nach (2.33) die Beschleunigung durch das Produkt αr aus Winkelbeschleunigung und Radius, so folgt

$$Fr = mar = mr^2\alpha.$$

Auf der rechten Seite ist jetzt der Ausdruck mr^2 zu sehen, der nach (7.1) das Massenträgheitsmoment J des Massenpunktes darstellt.

Diese Betrachtung läßt sich nun auch ohne weiteres auf alle rotierenden Körper ausdehnen, da diese aus einzelnen Massenpunkten zusammengesetzt gedacht werden können:

Drehmoment = Massenträgheitsmoment · Winkelbeschleunigung

$$\boxed{M = J\alpha} \qquad \textbf{Grundgesetz der Dynamik des rotierenden Körpers} \tag{7.7}$$

Damit findet sich: Alle für rotierende Körper gültigen Gesetze und Beziehungen haben die gleiche Form wie diejenigen, die für die geradlinige Bewegung gelten. Sie sind einander analog und unterscheiden sich nur dadurch voneinander, daß an Stelle der Größen F bzw. m die entsprechenden Größen M bzw. J einzusetzen sind.

Schon von der Kinematik her ist bekannt, daß ferner a durch α usw. zu ersetzen ist.

Gegenüberstellung der wichtigsten Größen der Dynamik (siehe auch Tabelle in 2.4.2)

Geradlinig bewegter Körper		Rotierender Körper	
Größe	Bezeichnung	Größe	Bezeichnung
Kraft	F	Drehmoment	$M = Fr$
Masse	m	Massenträgheitsmoment	J
Grundgesetz der	$F = ma$	Grundgesetz der	$M = J\alpha$
Translation	$F = \dfrac{\Delta(mv)}{\Delta t}$	Rotation	$M = \dfrac{\Delta(J\omega)}{\Delta t}$
Arbeit	$W = Fs$	Arbeit	$W_{rot} = M\varphi$
Leistung	$P = Fv$	Leistung	$P_{rot} = M\omega$
Kinetische Energie	$E_{kin} = \dfrac{m}{2}\,v^2$	Kinetische Energie	$E_{rot} = \dfrac{J}{2}\,\omega^2$
Impuls	$p = mv$	Drehimpuls	$L = J\omega$

Beispiele: 1. Eine massive Schwungscheibe ($r = 25$ cm; $m = 18$ kg) soll aus dem Stillstand innerhalb von 15 s auf eine Drehzahl von 500 ^{1}/min gebracht werden. Mit welcher Kraft muß sie am äußeren Umfang gedreht werden? – Wie man der Tabelle in 7.2 entnimmt, berechnet sich das Massenträgheitsmoment für die Kreisscheibe zu $J = mr^2/2$.

Nach (7.7) ist die Kraft am Umfang $F = J\alpha/r$. Mit der Winkelbeschleunigung (2.31) $\alpha = \dfrac{\omega}{t}$ und $\omega = 2\pi n$ folgt für die gesuchte Kraft

$$F = \frac{J\omega}{rt} = \frac{\pi m r n}{t} = \frac{\pi \cdot 18\ \text{kg} \cdot 0{,}25\ \text{m} \cdot 500}{15\ \text{s} \cdot 60\ \text{s}} = 7{,}85\ \text{N}.$$

2. Das Massenträgheitsmoment eines Turbinenrades beträgt 637 kg m². Das treibende Wasser ruft ein Drehmoment von 147 N m hervor. Wie lange dauert es, bis eine Drehzahl von 320 ^{1}/min erreicht wird? – Nach (2.31) ist die Anlaufzeit $t = \omega/\alpha$. Hier steht im Zähler die am Schluß erreichte Winkelgeschwindigkeit $\omega = 2\pi n$ und im Nenner die Winkelbeschleunigung (7.7) $\alpha = \dfrac{M}{J}$. Nach Einsetzen ergibt sich die gesuchte Zeitdauer zu

$$t = \frac{2\pi n J}{M} = \frac{2\pi \cdot 320 \cdot 637\ \text{kg m}^2}{60\ \text{s} \cdot 147\ \text{N m}} = 145\ \text{s}.$$

7.5 Leistung beim rotierenden Körper

Wie soeben gezeigt wurde, sind die Gesetze der Drehbewegung denen für die geradlinige Bewegung genau analog. Das heißt, unter Beibehaltung des mathematischen Aufbaus der Gleichungen sind lediglich die einzelnen Größen auszutauschen. Soll die Leistung einer rotierenden Maschine berechnet werden, ist daher anstelle der Geschwindigkeit v die Winkelgeschwindigkeit ω und anstelle der Kraft F das Drehmoment M zu setzen. Dann entsteht aus (5.13) der Ausdruck:

$$\boxed{P_{rot} = M\omega}\qquad \textbf{(Augenblicks-) Leistung bei Rotation} \qquad (7.8)$$

Die entsprechende Einheitengleichung

$$[P_{rot}] = [M]\,[\omega] = N\,m \cdot \frac{1}{s} = W\,s \cdot \frac{1}{s} = W = [P]$$

zeigt sofort die Richtigkeit dieser Überlegungen.

Sinngemäß sind hier die Bemerkungen zur Gleichung (5.13) zu wiederholen: Insbesondere beschreibt die Gleichung (7.8) nur im Sonderfall eines konstanten Drehmomentes und gleichförmiger Drehbewegung die (Durchschnitts-) Leistung.

Da in der technischen Praxis sehr häufig Drehmomente und Drehzahlen von Kraft- und Arbeitsmaschinen angegeben werden, kommt dieser Gleichung besondere Bedeutung zu. Gleichzeitig weist Gleichung (7.8) einen Weg, um die Leistung von Kraftmaschinen zu messen. Dabei bedient man sich oft des Bremszaumes (PRONYscher Zaum, Bild 7.9). Auf der Welle der Maschine wird eine Graugußscheibe festgekeilt. Gegen diese drücken sich zwei Bremsbacken mit einem daran befestigten Hebel. Läßt man die Maschine laufen, so wird die Reibungskraft zwischen Scheibe und Bremsbacken bestrebt sein, den Zaum mitzunehmen. Damit das nicht geschieht, wird das Hebelende solange mit Wägestücken belastet, bis der Zaum zwischen den Anschlägen A in der Schwebe bleibt. Durch Anziehen der Schrauben S und wechselnde Belastung kann die gewünschte Drehzahl der Maschine hergestellt werden.

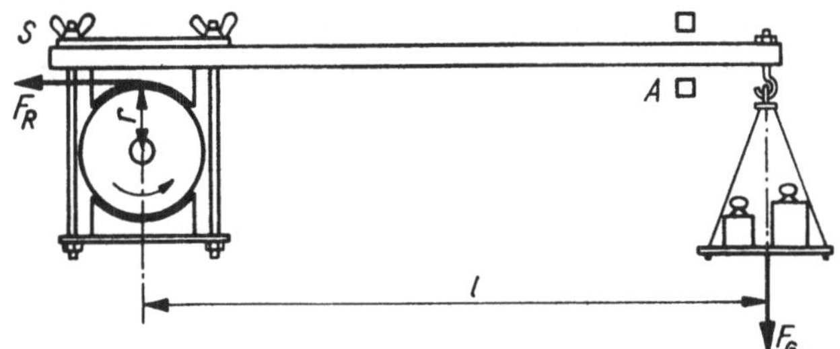

Bild 7.9. PRONYscher Zaum

Bei konstant gehaltener Drehzahl wird das von der Maschine erzeugte Drehmoment M durch dasjenige der Reibungskraft $F_R r$ ausgeglichen. Dieses ist wiederum gleich dem Moment des belasteten Hebels $F_G l$, so daß $M = F_G l$ ist. Die Leistung ist dann

$$P_{rot} = M\omega = F_G l \cdot 2\pi n$$

und kann aus der Hebellänge l, der Last F_G und der Drehzahl n leicht berechnet werden.

7.6 Drehimpuls

7.6.1 Gesetz von der Erhaltung des Drehimpulses

Das mit Gleichung (7.7) gewonnene dynamische Grundgesetz für den rotierenden Körper läßt sich mit (2.31) $\alpha = \Delta\omega/\Delta t$ auch in die Form bringen:

$$M = \frac{J\,\Delta\omega}{\Delta t}.$$

Wie sich sogleich erweisen wird, ist es hierbei sinnvoll, das Differenzzeichen Δ vor das Produkt $J\omega$ zu setzen, was allerdings nur bei konstantem J erlaubt ist. Dieses Produkt ist nämlich dem *Impuls mv analog* und wird **Drehimpuls** genannt:

$$\boxed{L = J\omega} \qquad \textbf{Drehimpuls} \qquad\qquad (7.9)$$

$$[L] = \frac{kg\,m^2}{s} \qquad \text{(Kilogramm mal Quadratmeter je Sekunde)}$$

Die obige Gleichung für das Drehmoment lautet nun $M = \dfrac{\Delta L}{\Delta t}$ bzw. nach Übergang zum Differentialquotienten:

$$\boxed{M = \frac{dL}{dt}} \qquad \textbf{Drehmomentendefinition} \qquad (7.10)$$

Diese Gleichung ist vollkommen analog zur NEWTONschen Definition (6.3) der Kraft und lautet in Worten:

Das Drehmoment M ist gleich der zeitlichen Änderung des Drehimpulses L.

Für den recht einfachen Fall des im Abstand r von der Drehachse umlaufenden Massenpunktes folgt mit dem Massenträgheitsmoment nach Gleichung (7.1) $J = mr^2$:

$$\boxed{L = mr^2\omega} \qquad \begin{array}{l}\textbf{Betrag des Drehimpulses eines}\\ \textbf{umlaufenden Massenpunktes}\end{array} \qquad (7.11)$$

Die Analogie zwischen dem Impuls mv eines geradlinig bewegten Körpers und dem Drehimpuls $J\omega$ besteht aber nicht nur in formaler Hinsicht. Sie erstreckt sich vor allem auf das physikalische Verhalten. Das so bedeutungsvolle Gesetz von der Erhaltung des Impulses nach 6.2 kann in voller allgemeiner Gültigkeit auf den Drehimpuls übertragen werden. Es lautet dann:

Satz von der Erhaltung des Drehimpulses:

Beim Fehlen äußerer Drehmomente bleibt die Summe der Drehimpulse eines abgeschlossenen Systems konstant.

Dieser Erhaltungssatz läßt sich schon mit Hilfe eines einzigen rotierenden Körpers bestätigen. Nach Bild 7.10 ist ein Ball an einem Faden befestigt, der durch ein Rohr geführt ist. An diesem schwingt man den Ball im Kreis herum und erteilt ihm damit einen bestimmten Drehimpuls. Wird jetzt an der Schnur gezogen und damit der Radius r des Drehkreises verkürzt,

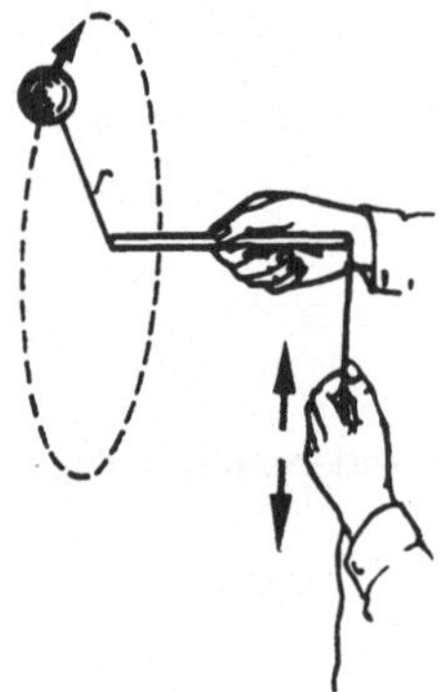

Bild 7.10. Erhaltung des Drehimpulses

so bemerkt man, daß die Winkelgeschwindigkeit ω des Balls beträchtlich zunimmt. Sie verlangsamt sich wieder, wenn man dem Zug der Schnur nachgibt und den Radius r dadurch vergrößert. Wegen der Erhaltung des Drehimpulses $mr^2\omega$ muß nämlich das Produkt $r^2\omega$ immer den gleichen Wert behalten. In dem Maße, wie sich der Faktor r^2 verkleinert, muß der andere Faktor ω größer werden und umgekehrt.

Noch eindrucksvollere Versuche lassen sich anstellen, wenn ein System aus zwei rotierenden Teilen zusammengestellt wird, wie etwa in den folgenden Beispielen.

Versuche: 1. Man stelle sich auf eine Drehscheibe (Bild 7.11) und halte an einem Handgriff ein Rad in die Höhe, so daß dessen Achse senkrecht steht. Wird jetzt mit der anderen Hand in die Speichen gegriffen und dem Rad ein kräftiger Drehschwung erteilt, so beginnt die Drehscheibe sofort im entgegengesetzten Sinn zu rotieren. Beide Körper, Rad und Person einschließlich der Drehscheibe, bilden ein abgeschlossenes System, dessen Gesamt-Drehimpuls nach wie vor gleich Null ist.

Bild 7.11. Gegenläufige Drehung von Rad und Drehscheibe

Bild 7.12. Veränderung des Massenträgheitsmomentes

2. Man läßt sich, auf der ruhenden Drehscheibe stehend, ein bereits rotierendes Rad von einer anderen Person übergeben. Die Scheibe bleibt in Ruhe. Wird das Rad jetzt um 180° gedreht, so beginnt die Drehscheibe zu rotieren. Die Rotation hört aber sofort wieder auf, wenn man das Rad in seine alte Lage zurückdreht.

3. Man stelle sich auf die Drehscheibe, lasse sie von außen her in Umdrehung versetzen und halte mit angewinkelten Armen je eine Hantel (Bild 7.12). Werden jetzt beide Arme zur Seite ausgestreckt, so wird das Massenträgheitsmoment beträchtlich vergrößert und die Rotation entsprechend verlangsamt. Die umgekehrte Wirkung tritt ein, wenn die Hantel gegen die Brust gezogen wird. Wegen der Erhaltung des Drehimpulssatzes muß jede Veränderung des Massenträgheitsmomentes eine gegenläufige Veränderung der Winkelgeschwindigkeit nach sich ziehen.

Beispiel: Welche Winkelgeschwindigkeit erreicht eine Kreisscheibe von 10 kg Masse und 1 m Radius, an deren Umfang 1 min lang eine Kraft von 10 N treibend wirkt? – Nach (7.10) ergibt sich

$$\omega = \frac{Mt}{J} = \frac{Frt}{J} = \frac{Frt \cdot 2}{mr^2} = \frac{10 \text{ kg/m}^2 \cdot 1 \text{ m} \cdot 60 \text{ s} \cdot 2}{10 \text{ kg} \cdot 1 \text{ m}^2} = 120 \text{ }^1/\text{s}.$$

7.6.2 Drehimpuls als vektorielle Größe

In 4.4.2 war gezeigt worden, daß das Drehmoment M als vektorielle Größe aufgefaßt werden kann.

Auch der Drehimpuls eines rotierenden Körpers ist durch einen Vektor darstellbar. Bisher haben wir lediglich mit seinem festen Betrag $L = J\omega$ gerechnet, der in bezug auf die festgehaltene Drehachse vorhanden ist und in deren Richtung auch der Drehimpulsvektor L fällt. Sein Richtungssinn wird wiederum mit der Rechtsschraubenregel aus 4.4.2 festgelegt. Bei einer mit der Winkelgeschwindigkeit ω im angegebenen Drehsinn rotierenden Kreisscheibe (Bild 7.13) weist somit der Vektor L des Drehimpulses vom Beschauer weg. Der Drehimpuls ist demnach ebenfalls ein axialer Vektor.

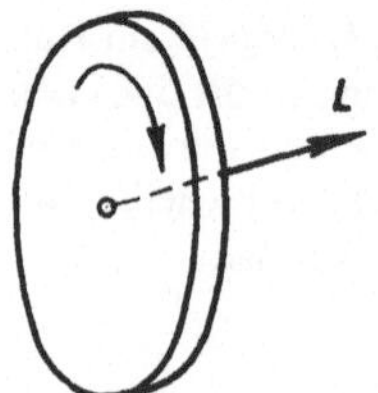

Bild 7.13. Vektor des Drehimpulses

Wirkt auf die rotierende Scheibe ein zusätzliches Drehmoment M ein, so ändert sich dadurch auch deren Drehimpuls nach Gleichung (7.10). In vektorieller Form lautet sie:

$$M = \frac{\Delta L}{\Delta t}$$ **Drehmomentenvektor (mittlerer)** (7.12)

Aus ihr ist zu entnehmen, daß der Vektor der Änderung des Drehimpulses ΔL in die gleiche Richtung weist wie der Vektor M des einwirkenden Momentes.
Sie bedeutet, wie schon in 7.6.1 gesagt wurde, daß das während der Zeit Δt auf den Körper einwirkende Drehmoment eine bestimmte Änderung ΔL des Drehimpulses hervorruft.

7.6.3 Kreisel

Der gegenseitige Zusammenhang zwischen Drehmoment und Drehimpuls ist anschaulich am **Kreisel** erkennbar.
Hierunter wird ein rotierender starrer Körper verstanden, dessen Drehachse in jedem Augenblick durch den Schwerpunkt verläuft, wobei diese ihre Richtung dauernd ändern kann; meistens werden Rotationskörper wie Scheiben, Kegel, Kugeln verwendet. Die geometrische (Symmetrie-) Achse heißt seine **Figurenachse**. Eine vollständige Theorie des Kreisels ist mathematisch sehr schwierig. Hier sollen nur einige Grundbegriffe und Bewegungen erläutert werden.
Ein nach Bild 7.14 in seinem Schwerpunkt unterstützter Kreisel ist ruhend im indifferenten Gleichgewicht. Er ist **kräftefrei**. Bei ungestörter Rotation um seine Figurenachse bleibt diese raumfest stehen. Dasselbe ist der Fall, wenn er mit Hilfe des Gegengewichtes nach Bild 7.15 horizontal gelagert wird. Während dieser so gelagerte Kreisel rotiert, werde ein

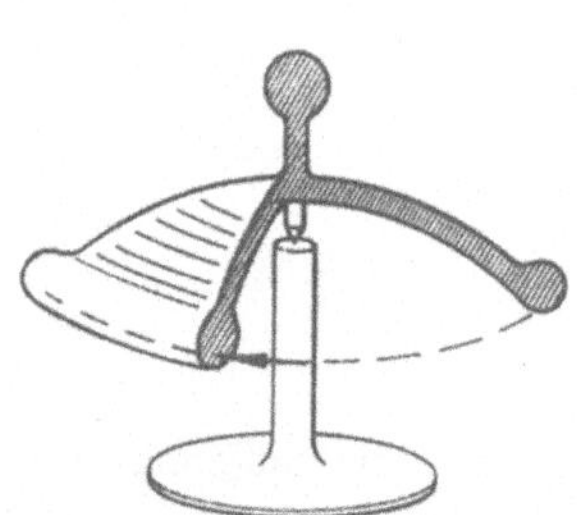

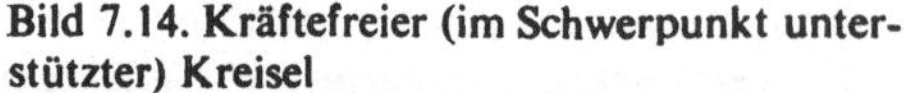

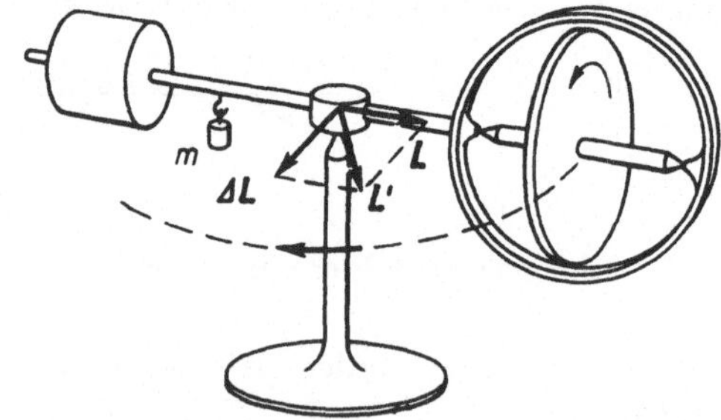

Bild 7.14. Kräftefreier (im Schwerpunkt unter-   Bild 7.15. Präzession eines Kreisels
stützter) Kreisel

kleines Wägestück mit der Masse m an den Hebel gehängt. Der Kreisel kippt dadurch nicht etwa nach oben, wie es bei fehlender Rotation der Fall wäre, sondern seine Achse dreht sich horizontal mit konstanter Winkelgeschwindigkeit im Kreise. Diese Bewegung heißt **Prä-zession**.

Die an einem Hebelarm wirkende Gewichtskraft *mg* bringt nämlich ein Drehmoment hervor, dessen Vektor M im Bild nach links vorn weist. Es ruft nach Gleichung (7.12) den zusätzlichen Drehimpuls ΔL hervor, dessen Vektor nach dem vorhin Gesagten in dieselbe Richtung wie der des Drehmomentes M weist. Dieser Vektor ΔL und der Drehimpulsvektor L der rotierenden Kreiselmasse setzen sich nach dem Parallelogrammsatz zu dem neuen Vektor L' zusammen. Die Kreiselachse wandert in diese neue Lage, wodurch sich zugleich L mitdreht usw.

Der Vektor des Drehimpulses L hat die Tendenz, sich dem Vektor eines auf den Kreisel einwirkenden Moments parallel zu richten.

Wird das Wägestück weggelassen, bleibt die Kreiselimpulsachse unverändert stehen. Dreht man jetzt die Kreiselachse im Sinne der vorhin eingetretenen Präzession, so tritt die umgekehrte Wirkung ein (erzwungene Präzession). Es entsteht ein Drehmoment, das den Kreisel nach unten drückt. Diese Erscheinung tritt bei dem schon in 2.4.1 erwähnten Kollergang auf. Der Umlauf der Walzen stellt eine erzwungene Präzession dar, wodurch die auf das Mahlgut wirkende Kraft verstärkt wird.

Sehr deutlich ist die Präzessionsbewegung bei einem Kreisel, dessen Achse auf dem Boden steht (Bild 7.16). Seine Gewichtskraft ruft ein Drehmoment M hervor, das den ruhenden Kreisel umkippen würde. Es liefert den Zusatzdrehimpuls ΔL, der sich mit dem ursprünglichen Vektor L zum resultierenden Vektor L' zusammensetzt. Die Figurenachse läuft auf einem Kegelmantel um.
Beim *Kreiselkompaß* von ANSCHÜTZ wirkt das Moment der rotierenden Erde derart auf den Drehimpulsvektor des Kreisels ein, daß sich dieser genau in die Nord-Süd-Richtung einstellt und diese auch beibehält.

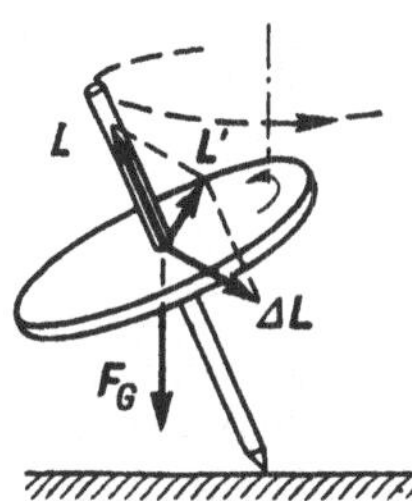

Bild 7.16. Präzession, verursacht durch das Eigengewicht des Kreisels

Die **Winkelgeschwindigkeit** ω_P **der Präzession** läßt sich von der Gleichung (7.12) $M = \dfrac{\Delta L}{\Delta t}$

ausgehend berechnen. Dreht sich die Kreiselachse als Folge der Präzession um den Winkel $\Delta\varphi$, so ändert der Vektor des Drehimpulses unter Beibehaltung des Betrages seine Richtung Bild 7.17). Diese Änderung ist gleich dem Vektor ΔL, den man zu L hinzufügen muß, um

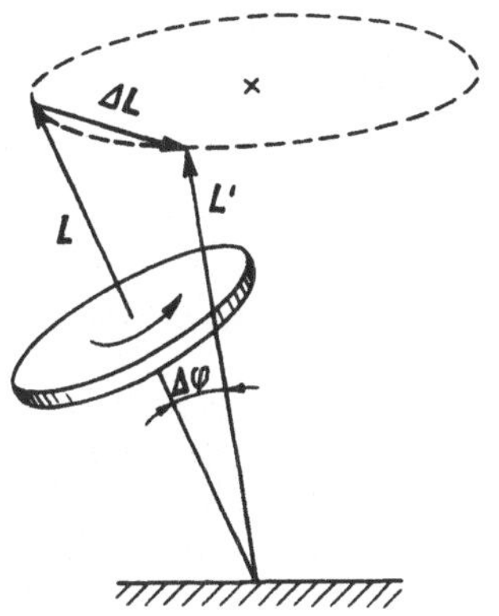

Bild 7.17. Zur Berechnung der Präzessionsfrequenz

L' zu erhalten. ΔL kann nun bei kleinem Drehwinkel $\Delta\varphi$ gleich dem zu $\Delta\varphi$ gehörigen Bogen gesetzt werden, dessen Länge nach (2.21) $\Delta L = L \cdot \Delta\varphi$ ist. Für den Vektor des Drehmomentes folgt mithin $M = \dfrac{L \cdot \Delta\varphi}{\Delta t}$. Der Quotient $\dfrac{\Delta\varphi}{\Delta t}$ ist aber nach (2.22) die Winkelgeschwindigkeit ω_P, mit der die Kreiselachse präzediert.

$$\boxed{\omega_P = \frac{M}{J\omega}} \qquad \textbf{Betrag der Winkelgeschwindigkeit der Präzession} \qquad (7.13)$$

Der Kreisel präzediert daher um so schneller, je langsamer der Kreisel selbst rotiert und je größer das einwirkende Drehmoment M ist. Eine große Kreiselmasse dagegen verlangsamt die Präzession.

7.7 Trägheitskräfte im rotierenden Bezugssystem

7.7.1 Zentrifugalkraft

In 2.4.3 wurde gezeigt, daß jeder im Kreis bewegte Körper nach dem Mittelpunkt hin beschleunigt werden muß, wenn er auf der Kreisbahn bleiben soll. Es muß also eine nach dem Drehzentrum hin gerichtete Kraft aufgewandt werden, um ihn auf der Kreisbahn zu halten. Fragen wir nun nach der Größe dieser Kraft, so haben wir nach dem Grundgesetz (3.2) die Radialbeschleunigung (2.34) $a_{rad} = v^2/r$ bzw. (2.35) $a_{rad} = \omega^2 r$ lediglich noch mit der Masse m des zunächst noch punktförmig gedachten Körpers zu multiplizieren. Das ergibt die nach dem Rotationszentrum gerichtete **Radialkraft** F_{rad} mit dem Betrag

$$F_{rad} = \frac{mv^2}{r} = m\omega^2 r.$$

Wird ein Schleuderball im Kreis herumgeschwungen, so ist dieser mit beträchtlichem Aufwand an Radialkraft nach innen zu ziehen. Dabei entsteht das Gefühl, als ob der Ball nach außen zöge. Diese an der Hand angreifende Kraft ist die Gegenkraft zur Radialkraft.

Der Ball selbst bewegt sich im konstanten Abstand r von der Hand (Bild 7.18) auf einer Kreisbahn. Für den sich mitdrehenden Beobachter erscheint der Ball jedoch in Ruhe. Für diesen speziellen Bewegungszustand »Ruhe« fordert das Trägheitsgesetz aus 3.1, daß die resultierende Kraft Null ist. Deshalb muß zur vorhandenen Radialkraft eine ebenfalls am Ball angreifende weitere Kraft wirken, die zu ihr entgegengesetzt gleich ist. Dies ist die **Zentrifugalkraft** F_Z mit

$$\boxed{F_Z = \frac{mv^2}{r} = m\omega^2 r} \qquad \textbf{Betrag der Zentrifugalkraft} \qquad (7.14)$$

Wird der Ball plötzlich losgelassen und vom mitdrehenden Beobachter weiter mit dem Blick verfolgt, so ist zu sehen, wie sich der Ball vom Ausgangspunkt in radialer Richtung entfernt: Es wirkt nur noch die Zentrifugalkraft.

Dem Wesen nach gehört die Zentrifugalkraft zu den in 3.2 behandelten *Trägheitskräften*. Der *außenstehende* (d. h. sich nicht mitdrehende) Beobachter sieht nämlich, daß der Ball nicht in radialer Richtung, sondern tangential davonfliegt, d. h. unter Beibehaltung derjenigen Richtung, die er im Augenblick des Loslassens hatte. Die radial gerichtete Zentrifugalkraft ist nur für den an der Rotation beteiligten Werfer (Beobachter) vorhanden. Er beurteilt die Bewegung nicht von einem ruhenden, sondern vom rotierenden Bezugssystem aus.

Die Zentrifugalkraft ist eine Trägheitskraft, die nur in rotierenden Bezugssystemen auftritt.

Wie die Gleichung (7.14) lehrt, steigt die Zentrifugalkraft mit dem Quadrat der Winkelgeschwindigkeit. Bei der 10fachen Drehzahl wird die Zentrifugalkraft 100mal so groß. Dabei kann die Gewichtskraft weit übertroffen werden.

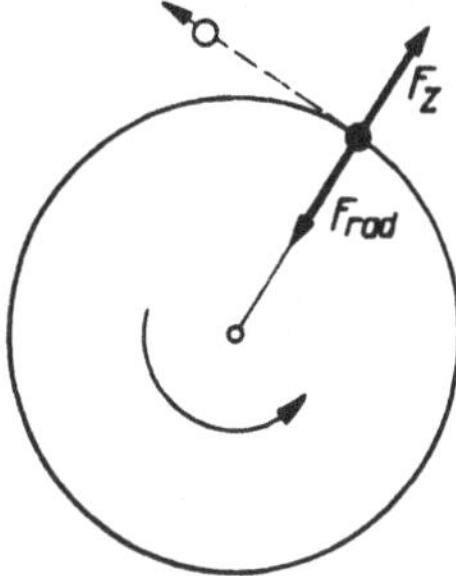

Bild 7.18. Radial- und Zentrifugalkraft: $F_{rad} = -F_Z$. Bei Fortfall der Radialkraft fliegt der Körper tangential davon

Die Technik macht von der Zentrifugalkraft vielfachen Gebrauch. Beim *Zentrifugalregler* der Dampfmaschine streben zwei rotierende Kugeln nach außen und heben sich gleichzeitig nach oben. Dabei drosselt eine Hebelübertragung die Dampfzufuhr zur Maschine, wodurch die Drehzahl herabgesetzt wird und die Kugeln sich wieder senken usw. *Zentrifugen* dienen zur Entwässerung von Textilien, Kohle und anderen Industriegütern sowie zur Trennung von Flüssigkeiten unterschiedlicher Dichte (Bild 7.19). Der als *Zyklon* bekannte *Staubabscheider* zur Reinigung von Luft, Gasen und Dämpfen zwingt das angesaugte Gas durch ein System von Kanälen zu Kreisbewegungen, wodurch alle Staubteilchen nach außen geschleudert werden (Bild 7.20). An der Wand anprallend, fallen sie dann zu Boden und sammeln sich dort.

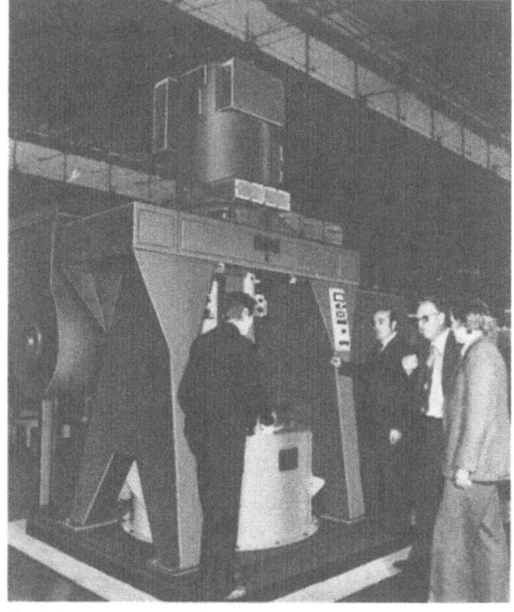

Bild 7.19. Großraumzentrifuge

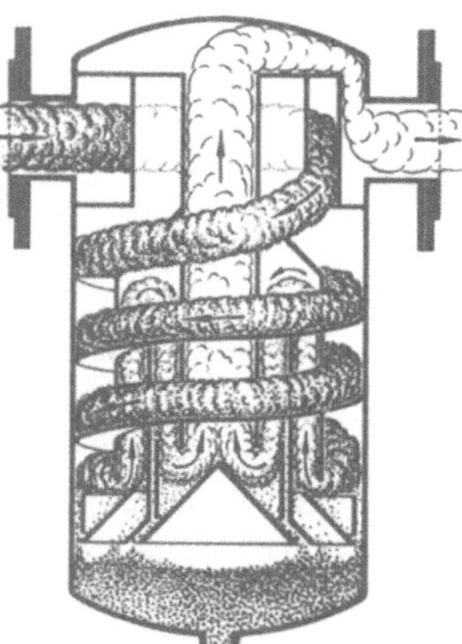

Bild 7.20. Schema eines Staubabscheiders

Es ist übrigens nicht nötig, daß der Drehpunkt sichtbar vorhanden ist. Auch beim Durchlaufen irgendeiner Kurve, d. h. bei jeder Richtungsänderung, tritt die Fliehkraft auf. Zu ihrer Berechnung muß der Krümmungsradius der Bahn bekannt sein.

Beispiele: 1. Welche Zentrifugalkraft entwickelt eine Kugel von 2 kg Masse, die mit einer Drehzahl von $n = 300$ ^{1}/min an einer 2 m langen Kette waagerecht im Kreis herumgeschwungen wird? – Mit der Winkelgeschwindigkeit (2.29) $\omega = 2\pi n$ ergibt sich die Zentrifugalkraft (7.14) zu

$$F_Z = mr\omega^2 = mr(2\pi n)^2$$

$$= \frac{2\,\text{kg} \cdot 2\,\text{m}\,(2\pi \cdot 300)^2}{60^2\,\text{s}^2}$$

$$= 3948\,\text{N} = 3,9\,\text{kN}.$$

2. Bei welcher Drehzahl zerreißt die Kette im Beispiel 1, wenn sie eine Belastung von 8,5 kN aushält? – Wenn die Kette reißt, überschreitet die auftretende Zentrifugalkraft die Zugfestigkeit. Im Grenzfall ist $F_Z = F$ mit F_Z nach (7.14).

Damit wird $\omega = \sqrt{\dfrac{F}{mr}}$ und wegen (2.29)

$$n = \frac{\omega}{2\pi} = \frac{1}{2\pi}\sqrt{\frac{F}{mr}} \quad \text{bzw.}$$

$$n = \frac{1}{2\pi}\sqrt{\frac{8500\,\text{kg\,m}}{\text{s}^2 \cdot 2\,\text{kg} \cdot 2\,\text{m}}} = 7,34\ ^1/\text{s} = 440\ ^1/\text{min}.$$

7.7.2 Zentrifugalkraft und Gewichtskraft

Im Bereich der Erdanziehung wirkt oft die Zentrifugalkraft rotierender Körper mit ihrer Gewichtskraft zusammen.

Zwar ist die Entstehungsursache der beiden Kräfte grundverschieden, in ihrer Wirkung aber sind sie insofern gleich, als beide den von ihnen erfaßten Körper beschleunigen. Die Resultierende beider Kräfte ergibt sich nach den Gesetzen der Vektoraddition. Soll sich

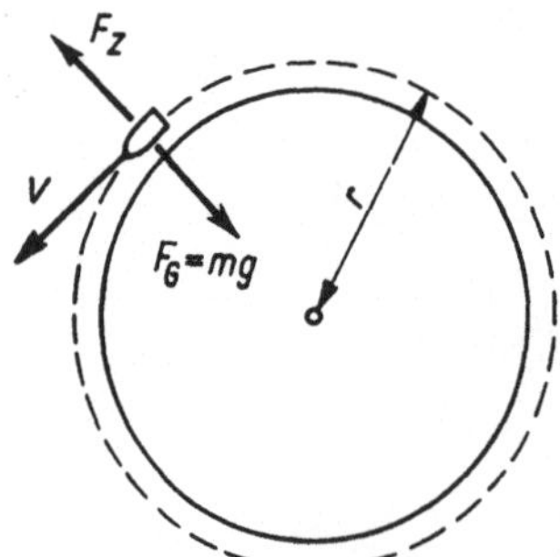

Bild 7.21. Künstlicher Satellit auf Kreisbahn

ein Körper auf einer Kreisbahn *frei um die Erde* bewegen, so muß seine Geschwindigkeit so groß sein, daß die entstehende Zentrifugalkraft betragsmäßig gleich der Gewichtskraft wird (Bild 7.21). Aus F_Z und F_G folgt mit (7.14) und (3.3) die Gleichung $\dfrac{mv^2}{r} = mg$ und $v = \sqrt{rg}$; in Erdnähe darf für r der mittlere Erdradius 6380 km und für g aus 2.2.3 die mittlere Fallbeschleunigung gesetzt werden, und es ergibt sich

$$v = \sqrt{\frac{6{,}38 \cdot 10^6 \text{ m} \cdot 9{,}81 \text{ m}}{s^2}} = 7{,}9 \text{ km/s}.$$

Dies ist die sogenannte **1. kosmische Geschwindigkeit**, die alle künstlichen Erdsatelliten mindestens haben müssen, wenn sie nicht auf die Erde zurückfallen sollen.

Beispiel: Welche Schräglage muß das Bahnprofil haben, damit ein Wagen mit 60 km/h eine Kurve von 200 m Krümmungsradius in voller Standfestigkeit durchfahren kann? – Zentrifugalkraft F_Z und Gewichtskraft F_G bilden zusammen die Resultierende F_{rsl}, die im Schwerpunkt des Wagens angreift (Bild 7.22). Bei voller Standfestigkeit muß F senkrecht auf dem Bahnprofil stehen, so daß die Proportion $h : b = F_Z : F_G$ gilt. Hieraus berechnet sich

$$\tan \alpha = \frac{h}{b} = \frac{vm^2}{rmg} = \frac{v^2}{rg}$$

oder

$$\tan \alpha = \frac{60^2 \text{ m}^2 \text{ s}^2}{3{,}6^2 \cdot \text{s}^2 \cdot 200 \text{ m} \cdot 9{,}81 \text{ m}} = 0{,}142; \quad \alpha = 8°.$$

Bemerkenswert ist, daß die Masse des Wagens im Ergebnis keine Rolle spielt. Wenn bei zu geringer Neigung des Profils und zu hoher Schwerpunktlage die Resultierende außerhalb der Standfläche fällt, kippt der Wagen um.

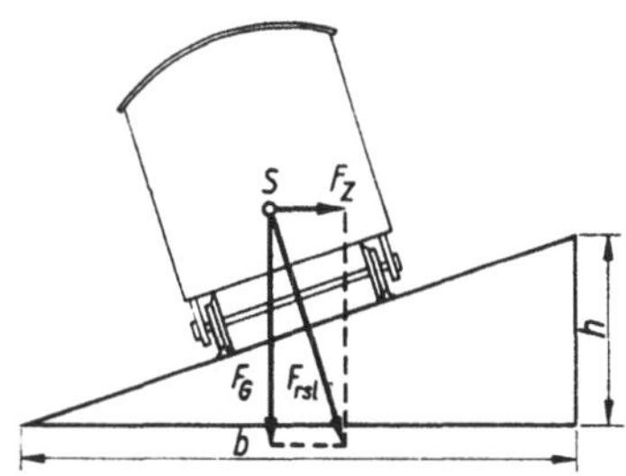

Bild 7.22. Zusammenwirken von Zentrifugal- und Gewichtskraft in einer Kurve

7.7.3 Coriolis-Kraft

Bei der Drehbewegung tritt noch eine zweite Trägheitskraft auf, die nach ihrem Entdecker **Coriolis-Kraft** genannt wird. Angenommen, eine Kreisscheibe rotiere mit der Winkelgeschwindigkeit ω. Von ihrem Zentrum aus werde mit radialer Anfangsrichtung und der Geschwindigkeit v eine Kugel abgeschleudert (Bild 7.23). Diese wird nach dem Trägheitsgesetz ihre Richtung beibehalten. Für einen außerhalb der Scheibe stehenden Beobachter bewegt sie sich nach dem Trägheitsgesetz in radialer Richtung nach außen.

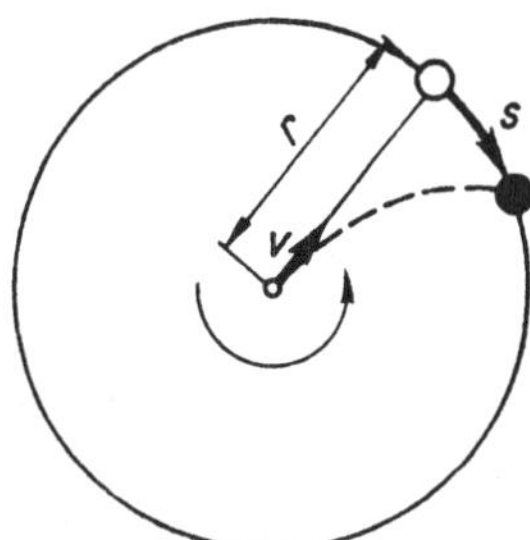

Bild 7.23. Entstehung der Coriolis-Kraft

Die Scheibe dreht sich unter der Kugel vorbei; diese hinterläßt auf der Scheibe eine spiralige Spur. Ein auf der Scheibe stehender und mit ihr linksherum kreisender, nach außen blickender Beobachter wird daher feststellen, daß die Kugel von der radialen Richtung nach rechts abweicht. Es ist wiederum eine *Trägheitskraft* wirksam, die die Kugel im rotierenden System ablenkt.

Auf einem rotierenden Drehstuhl sitzend, wird diese Kraft an einer radial nach außen gestreckten Hantel direkt fühlbar.

Die hier wirkende Beschleunigung läßt sich so berechnen:

Der radial bewegte Körper legt in der Zeit t vermöge seiner Trägheit die Strecke $r = vt$ zurück. Der anfänglich dabei angesteuerte Punkt des Kreisumfanges hat sich inzwischen um die Strecke $s = r\omega t = v\omega t^2$ weiterbewegt. Wird dieser Abweichung eine wirkende Beschleunigung zugrunde gelegt, so ist $s = (a_c/2)\, t^2$. Durch Gleichsetzen ergibt sich

$$\frac{a_c t^2}{2} = v\omega t^2$$

und damit die CORIOLIS-Beschleunigung $a_c = 2v\omega$ bzw. die entsprechende Kraft:

$$\boxed{F_c = 2mv\omega} \qquad \textbf{Betrag der Coriolis-Kraft} \qquad\qquad (7.15)$$

Diese Kraft tritt also immer dann auf, wenn ein Körper sich auf einer kreisenden Unterlage nach außen oder innen bewegt, und zwar nur im rotierenden Bezugssystem.

Beispiele: 1. Man will quer über ein Schiff auf die andere Seite gehen, während das Schiff eine Kurve durchfährt. Dies ist nur mit großer Mühe möglich, es ist ein Fuß über den anderen zu setzen, um die beabsichtigte Richtung einzuhalten.

2. Eine Lokomotive von 80 t Masse fährt mit der Geschwindigkeit 72 km/h in nordsüdlicher Richtung. Nach welcher Richtung wirkt die durch die Erdumdrehung entstehende CORIOLIS-Kraft und wie groß ist diese? – Da sich die Erde von West nach Ost dreht, wird die Lokomotive westwärts gegen die Schienen gedrückt.

Mit der Dauer $T = 24$ h einer Erdumdrehung wird nach (2.30) die Winkelgeschwindigkeit $\omega = \dfrac{2\pi}{T}$ und damit

$$F_c = 2mv\omega = \frac{4\pi m v}{T} = \frac{4\pi \cdot 80 \cdot 10^3 \,\text{kg} \cdot 72 \,\text{m}}{24 \cdot 60 \cdot 60 \,\text{s} \cdot 3{,}6 \,\text{s}} = 233{,}6 \,\text{N} = 0{,}23 \,\text{kN}.$$

Im Vergleich zu den sonst wirkenden Kräften spielt die von der Erdrotation hervorgerufene CORIOLIS-Kraft in der Technik keine Rolle. Dagegen ist sie von großer Bedeutung für das Klima der Erde (Westabweichung der Passatwinde).

8 Gravitation

8.1 Gravitationsgesetz

Als eine erste Eigenschaft der Masse hatten wir in 3.1 die Trägheit erkannt, die sich u. a. als Widerstand gegen jede von außen einwirkende Kraft zeigt. Hierzu tritt aber noch eine zweite physikalische Eigenschaft, die mit der Trägheit an sich nichts zu tun hat: Wo irgend zwei Körper mit ihren Massen einander gegenüberstehen, ziehen sie sich von selbst gegenseitig an. NEWTON stieß 1687 auf diese Kraft, als er die Planetenbewegung mathematisch untersuchte, und entdeckte dabei das Gravitationsgesetz:

$$\boxed{F = \gamma\,\frac{m_1 m_2}{r^2}}$$ **Gravitationskraft** (Betrag)   (8.1)

Es gilt streng für zwei Massenpunkte m_1 und m_2 im gegenseitigen Abstand r, wobei γ die **Gravitationskonstante** bedeutet:

$$\gamma = 6{,}67 \cdot 10^{-11}\,\mathrm{m^3/kg\,s^2}.$$

Das Gesetz ist auch für homogene Kugeln gültig. Dabei ist r der Abstand ihrer Schwerpunkte. Im übrigen kann es in dieser Form nur dann angewandt werden, wenn der Abstand r gegenüber den Abmessungen der Körper sehr groß ist. Die Gravitation (*Massenanziehung*) hat mit der elektrischen und magnetischen Anziehung nichts zu tun! Sie ist auch von der chemischen Beschaffenheit der Stoffe unabhängig. Im täglichen Leben und in der Technik macht sich die Massenanziehung zwischen einzelnen Körpern wegen ihrer geringen Größe nicht geltend.

Derartige geringe Kräfte werden mit der **Drehwaage** gemessen, die seit ihrer Erfindung bis heute zu größter Vollkommenheit entwickelt wurde. Im Prinzip besteht sie aus einem feinen Metallfaden, der am unteren Ende einen Waagebalken mit 2 Massestücken trägt. Bei Annäherung eines Körpers der Masse m wird das Massestück angezogen und verdrillt den Aufhängefaden (Bild 8.1). Die Verdrehung wird mittels eines Spiegels optisch bestimmt.

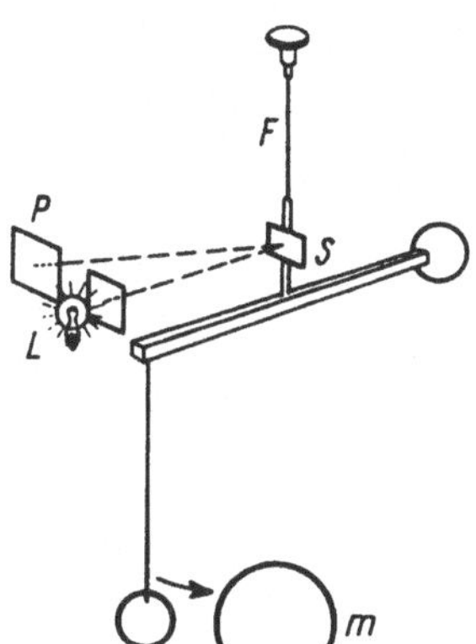

Bild 8.1. Schema einer Drehwaage: F Aufhängefaden, S Spiegel, L Lichtquelle, P Fotoplatte, m ablenkende Masse

Grob spürbar wird die Massenanziehung erst dann, wenn die Masse wenigstens eines der beiden Körper sehr groß ist. Das ist bei unserem Erdkörper der Fall. Alle in der Umgebung der Erde befindlichen Körper erfahren eine zum Erdmittelpunkt hin gerichtete Kraft, die **Schwerkraft**. Die Masse eines Körpers kennzeichnet somit auch seine Schwere. Die auf der Erdoberfläche unmittelbar zu beobachtende **Gewichtskraft** $F_G = mg$ besteht hauptsächlich aus der Schwerkraft. Zusätzlich ist noch der unterschiedliche Erdradius (Abplattung), die Massenverteilung der Erde und der Einfluß der Zentrifugalkraft durch die Erdrotation zu berücksichtigen. Besonders das Wirken der Zentrifugalkraft erklärt die Ortsabhängigkeit der Gewichtskraft (s. 3.1). Oft kann der Unterschied zwischen Schwerkraft und Gewichtskraft vernachlässigt werden. Wird die Masse der Erde mit $m_2 = m_E$ bezeichnet, so gilt dann für einen beliebigen Körper der Masse m_1 im Abstand $r_1 \geqq r_E$ (mit r_E als Erdradius) vom Erdmittelpunkt

$$m_1 g_1 = \frac{\gamma m_1 m_E}{r_1^2}.$$

Hieraus folgt die Fallbeschleunigung g_1 in der Entfernung r_1 vom Erdmittelpunkt

$$g_1 = \frac{\gamma m_E}{r_1^2},$$

und es ist zu sehen, daß diese keine Konstante ist, sondern mit dem Quadrat des Abstandes vom Erdmittelpunkt abnimmt. Da ihr Wert an der Erdoberfläche sich genau messen läßt, ist der für eine beliebige andere Entfernung $r_2 \geqq r_E$ gültige Wert g_2 leicht berechenbar:

$$\boxed{g_2 = g_1 \frac{r_1^2}{r_2^2}} \qquad \text{Fallbeschleunigung im Abstand } r_2 \text{ vom Erdmittelpunkt} \qquad (8.2)$$

Trägheit und Schwere sind zwei Eigenschaften der Masse, die nicht notwendig miteinander identisch sein müssen. NEWTON konnte wohl feststellen, daß träge und schwere Masse einander stets proportional sind. Doch konnte erst von ALBERT EINSTEIN im Rahmen seiner allgemeinen Relativitätstheorie (1916) bewiesen werden, daß die Erscheinungen der Trägheit und Schwere gemeinsamen Ursprungs sind.

Beispiele: 1. Mit welcher Kraft ziehen sich 2 einander berührende Eisenkugeln von je 10 kg Masse und 6,8 cm Radius gegenseitig an? – Der Abstand r ihrer Schwerpunkte ist 13,6 cm.
Nach (8.1) ergibt sich

$$F = \frac{\gamma m_1 m_2}{r^2} = \frac{6{,}67 \cdot 10^{-11}\,\mathrm{m^3} \cdot 10^2\,\mathrm{kg^2}}{\mathrm{kg\,s^2} \cdot 0{,}136^2\,\mathrm{m^2}} = 361\,\mathrm{pN}.$$

2. Um die Masse m_2 der Erde zu berechnen, kann davon ausgegangen werden, daß nach 3.1 ein Körper mit der Masse $m_1 = 1$ kg an der Erdoberfläche, d. h. im Abstand $r = 6380$ km vom Erdmittelpunkt, die Anziehungskraft von rund 9,81 N erfährt. Dann ist nach (8.1)

$$m_2 = \frac{Fr^2}{\gamma m_1} = \frac{9{,}81\,\mathrm{kg\,m} \cdot 6{,}38^2 \cdot 10^{12}\,\mathrm{m^2\,kg\,s^2}}{\mathrm{s^2} \cdot 6{,}67 \cdot 10^{-11}\,\mathrm{m^3} \cdot 1\,\mathrm{kg}}$$

$$= 5{,}99 \cdot 10^{24}\,\mathrm{kg} \quad \text{oder} \quad \text{rund } 6 \cdot 10^{21}\,\mathrm{t}.$$

3. Wie groß ist die Schwerebeschleunigung der Erde in 600 km Höhe, wenn der Erdradius $r_1 = 6380$ km beträgt und an der Erdoberfläche $g_1 = 9{,}81$ m/s^2 ist? –
Nach (8.2) ergibt sich mit $r_2 = (6380 + 600)$ km:

$$g_2 = \frac{g_1 r_1^2}{r_2^2} = \frac{9{,}81\,\mathrm{m} \cdot 6380^2\,\mathrm{km^2}}{\mathrm{s^2} \cdot 6980^2\,\mathrm{km^2}} = 8{,}20\,\mathrm{m/s^2}.$$

8.2 Keplersche Gesetze

Das großartigste Beispiel für die allgemeine Massenanziehung bieten die Gestirne. Bei ihrer Bewegung unterliegen die Planeten von seiten der Sonne einer fortwährenden Gravitationskraft, die kreisähnliche Bahnen erzwingt.
Dasselbe trifft auch für den Mond bei seinem Umlauf um die Erde zu, dessen Massenanziehung ihrerseits auf die Erde zurückwirkt. Beide Himmelskörper bewegen sich so um ihren *gemeinsamen Schwerpunkt*, welcher etwa $^3/_4$ Erdradius vom Erdmittelpunkt entfernt liegt (d. h. noch im Erdinnern). Eine sichtbare Folge dieser Bewegung sind Ebbe und Flut.
An Hand sorgfältig gesammelter astronomischer Daten fand KEPLER bereits 1609 die 3 Gesetze, welche die Bewegung der Planeten beschreiben:

1. Die Planeten bewegen sich auf *Ellipsen,* in deren einem Brennpunkt die Sonne steht.

2. Der von der Sonne nach dem Standort des Planten gezogene Fahrstrahl überstreicht in *gleichen Zeiten gleiche Flächen.*
3. Die Quadrate der Umlaufzeiten zweier Planeten verhalten sich wie die dritten Potenzen der großen Achsen der Bahnellipsen.

Der Beweis des 1. Gesetzes sei hier übergangen, da er relativ weitschweifig ist. Zudem ist die Abweichung gegenüber der Kreisbahn bei allen Planeten nur sehr gering, wie aus den folgenden Zahlen hervorgeht.

Übersicht über die Planeten

Planet	Sonnenentfernung (große Halbachse der Bahnellipse in Millionen km)	Umlaufzeit in Jahren	Numerische Exzentrizität	Masse gegen die Erde
Merkur	57,91	0,2408	0,206	0,053
Venus	108,21	0,6152	0,007	0,815
Erde	149,60	1,0000	0,017	1,000
Mars	227,94	1,8809	0,093	0,107
Jupiter	778,3	11,8622	0,048	318,00
Saturn	1 428	29,4577	0,056	95,22
Uranus	2872	84,0153	0,047	14,55
Neptun	4524	164,7883	0,009	17,23
Pluto	5 910	248,4	0,253	0,9
Sonne	–	–	–	$3,33 \cdot 10^5$
Mond	mittl. Erdentfernung 384 400 km	27,32 Tage	0,0549	0,0123

$$\text{Numerische Exzentrizität} = \frac{\text{halber Abstand der Brennpunkte}}{\text{große Halbachse der Bahn}}$$

Beweis zum 2. Keplerschen Gesetz:
Dieses auch als **Flächensatz** bezeichnete Gesetz ist eine unmittelbare Folgerung aus dem Satz von der *Erhaltung des Drehimpulses* aus 7.6.1. Der nach der Gleichung (7.11) gültige Ausdruck für den Drehimpuls eines Massenpunktes $L = mr^2\omega$ kann wegen (2.26) $r\omega = v$ in die Form

$$L = mrv$$

gebracht werden.
Das Produkt rv hat also stets den gleichen Wert. Wenn sich der Planet beim Durchlaufen der elliptischen Bahn der Sonne nähert, muß deshalb seine Bahngeschwindigkeit zunehmen. Sie nimmt wieder ab, wenn er sich von der Sonne entfernt. Das Produkt rv läßt sich aber als doppelter Flächeninhalt eines Dreiecks auffassen, dessen Basis gleich dem in der Zeiteinheit zurückgelegten Weg und dessen Höhe gleich dem Sonnenabstand r ist (Bild 8.2).

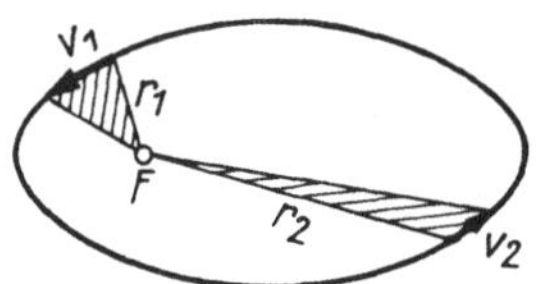

Bild 8.2. Zum Flächensatz: F Brennpunkt der KEPLER-Ellipse (Standpunkt der Sonne)

Beweis zum 3. Keplerschen Gesetz:
Gravitations- und Zentrifugalkraftbetrag müssen (bei Annahme einer Kreisbahn) in jedem Augenblick einander gleich sein. Bedeutet m_1 die Masse der Sonne und m_2 die des Planeten, so folgt mit

8*

den Gleichungen (8.1) und (7.14) die Gleichung $\gamma \dfrac{m_1 m_2}{r^2} = m_2 r \omega^2$. Nach (2.30) läßt sich ω durch die Umdrehungsdauer T, die Zeit eines Umlaufes, ausdrücken: $\omega = \dfrac{2\pi}{T}$. Dies eingesetzt, ergibt $\dfrac{m_1 \gamma}{r^2} = \dfrac{4\pi^2 r}{T^2}$ oder umgeformt $\dfrac{T^2}{r^3} = \dfrac{4\pi^2}{m_1 \gamma}$.

Die rechte Seite liefert einen Wert, der für alle Planeten gleich ist. Dann besagt die linke Seite, daß das Verhältnis $T^2 : r^3$ bei allen Planeten übereinstimmt.

Die in 7.7.2 berechnete 1. kosmische Geschwindigkeit reicht gerade aus, um einen künstlichen Satelliten in der Nähe der Erdoberfläche auf einer Kreisbahn zu halten. Ist die Geschwindigkeit aber größer, so erfolgt die Bewegung nach den KEPLERschen Gesetzen auf einer elliptischen Bahn.

Von besonderem Interesse ist aber noch die Mindestgeschwindigkeit, die ein Körper der Masse m haben muß, um den *Anziehungsbereich der Erde* völlig *zu verlassen*. In diesem Fall muß seine kinetische Anfangsenergie mindestens ebenso groß sein wie diejenige Arbeit, die zur Entfernung des Körpers von der Erdoberfläche ($r = r_1$) bis zum Abstand $r = r_2 \to \infty$ erforderlich ist. Diese Verschiebungsarbeit, die von der verschiebenden Kraft F' gegen die Gravitationskraft zu verrichten ist, kann mit der allgemeinen Definition der Arbeit (5.3) berechnet werden. Dabei liegt der Sonderfall $\cos \alpha = 1$ vor; denn da F' und $\mathrm{d}r$ gleichgerichtet sind, beträgt der Zwischenwinkel $\alpha = 0°$. Bedeutet g_1 die Fallbeschleunigung an der Erdoberfläche und $g(r)$ im beliebigen Abstand r von ihr, so ist nach Gleichung (8.2):

$$g(r) = \frac{g_1 r_1^2}{r^2}.$$

Die Energiebilanz lautet somit

$$\frac{m}{2} v^2 = \int\limits_{r_1}^{r_2} m g(r)\, \mathrm{d}r = m g_1 r_1^2 \int\limits_{r_1}^{r_2} \frac{\mathrm{d}r}{r^2}.$$

Die Integration ergibt

$$\frac{m}{2} v^2 = m g_1 r_1$$

bzw. die **Fluchtgeschwindigkeit**

$$v = \sqrt{2 g_1 r_1} = 11{,}2 \ \mathrm{km/s}.$$

Sie wird auch häufig als **2. kosmische Geschwindigkeit** oder **parabolische** Geschwindigkeit bezeichnet, da sich der Körper dann nicht mehr auf einer elliptischen, sondern auf einer parabolischen Bahn mit dem Erdmittelpunkt als Brennpunkt von der Erde entfernt.

MECHANIK DER FLÜSSIGKEITEN UND GASE

9 Ruhende Flüssigkeiten und Gase

9.1 Kennzeichen des flüssigen Zustandes

Flüssigkeiten und Gase zeigen gegenüber den festen Körpern im physikalischen Verhalten weitgehende Besonderheiten, so daß eine ganze Anzahl weiterer Begriffe und Größen notwendig ist, um die hier waltenden besonderen Gesetzmäßigkeiten zu erfassen.

Das augenfälligste Merkmal der Flüssigkeiten ist die leichte Veränderlichkeit ihrer äußeren Gestalt. Dennoch bestehen zwischen den Molekülen noch erhebliche Anziehungskräfte, die allgemein als **Kohäsionskräfte** bezeichnet werden. Ihr Vorhandensein beweist der

Bild 9.1. Winkelheber

Heber (Bild 9.1). Einmal in Gang gebracht, funktioniert er auch im luftleeren Raum. Der eine Schenkel taucht in das Gefäß. Solange die andere Öffnung tiefer liegt als der Flüssigkeitsspiegel, fließt Flüssigkeit aus. Sie bildet einen zusammenhängenden, nicht abreißenden Faden, dessen eines Ende schwerer ist und die restliche Flüssigkeit hinter sich herzieht. Die Kohäsionskräfte der Flüssigkeiten werden nur dadurch leicht übersehen, daß ihre einzelnen Teilchen beim Einwirken äußerer Kräfte sich leicht gegeneinander verschieben und je nach der Temperatur unaufhörlich völlig regellose Bewegungen ausführen. In einem Tropfen verdünnter Milch werden bei etwa 800facher Vergrößerung zahlreiche winzige schwimmende Fettkügelchen gesehen. Sie zeigen eine fortgesetzte, unruhig hin und her

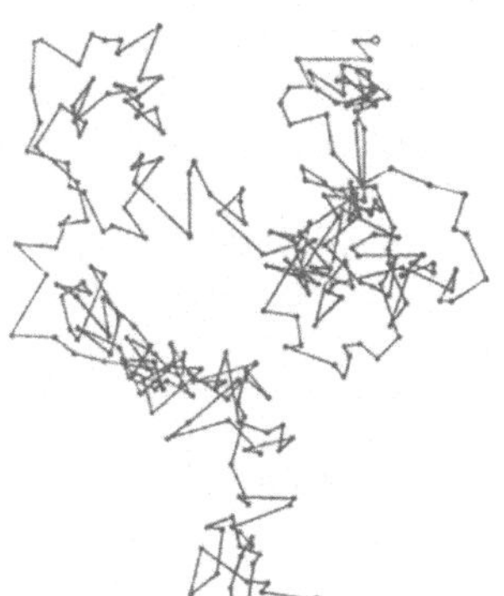

Bild 9.2. BROWNsche Bewegung eines im Wasser schwebenden Teilchens

verlaufende Zitterbewegung, verursacht von Dichteschwankungen, die infolge der Molekularbewegung in der Flüssigkeit entstehen. Nach ihrem Entdecker heißt diese Erscheinung »**Brownsche Bewegung**« (Bild 9.2).

9.2 Oberflächenspannung

Die an der Oberfläche einer Flüssigkeit angreifenden inneren Kräfte rufen in ihrer Gesamtheit eine Wirkung hervor, die als **Oberflächenspannung** bezeichnet wird. So kann z. B. eine Aluminiummünze (einer solchen haftet stets eine Spur Fett an!) vorsichtig auf eine Wasserfläche gelegt werden. Sie geht nicht unter (Bild 9.3). Es sieht so aus, als bilde die Wasserfläche eine gespannte Haut. Das Zustandekommen der Oberflächenspannung erklärt sich damit, daß jedes in der Flüssigkeit befindliche Molekül den von den ringsum liegenden Molekülen ausgeübten Kohäsionskräften unterliegt (Bild 9.4). Bei dem vollständig im Innern der Flüssigkeit liegenden Molekül a) ist die Resultierende aller Anziehungskräfte gleich Null. Liegt aber das Molekül c) in der Oberfläche, so verbleiben allein die in das Innere gerichteten Kräfte, die eine nach innen gerichtete Resultierende ($R = F_{rsl}$) ergeben. Um ein Molekül von der Lage a) aus in die Lage c) zu bringen, kann dies nur unter Kraftaufwand geschehen.

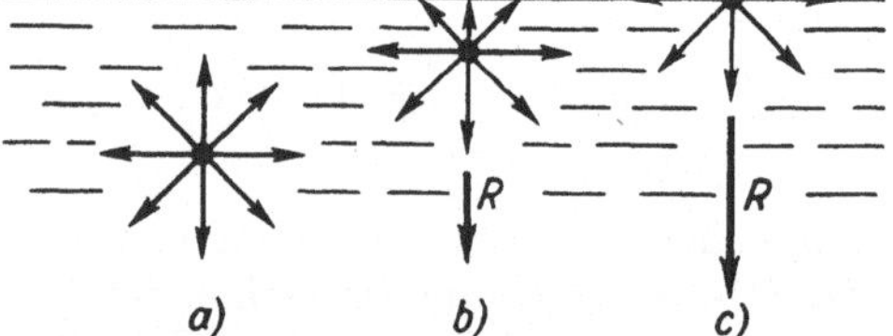

Bild 9.3. »Schwimmende« Münze   Bild 9.4. Moleküle im Innern einer Flüssigkeit

Wenn also die Oberfläche einer Flüssigkeit vergrößert werden soll, läuft das darauf hinaus, daß eine große Zahl von Molekülen zusätzlich in die Oberfläche zu heben ist. Das ergibt den Widerstand, den die Flüssigkeit dem Eindringen der Münze entgegensetzt; denn diese biegt die Oberfläche nach unten durch und vergrößert sie.

Die Größe der Oberflächenspannung läßt sich mit einem aus Draht gebogenen Rähmchen demonstrieren (Bild 9.5), dessen eine Seite l mittels zweier angebogener Ösen leicht verschiebbar ist. Man schiebt diese Seite l zuerst nach oben und bringt ein wenig Seifenlösung in den Zwischenraum, wodurch l an c haften bleibt. Wird l durch angehängte Drahthäkchen belastet, so spannt sich bei einer bestimmten Belastung zwischen l und c ein Häutchen aus. Die Länge b des Häutchens kann dann innerhalb weiter Grenzen verschoben werden, ohne daß die Belastung geändert werden muß. Das für feste Körper gültige Gesetz der *elastischen* Dehnung trifft hier *nicht* zu. Die Kraft ist vielmehr vom Grad der Ausdehnung des Häutchens unabhängig, die Haut verhält sich ganz anders wie z. B. eine gespannte Gummimembran. Dies kommt daher, daß bei jeder Verlängerung um das Stück Δb die gleiche Anzahl von Molekülen in die Oberfläche eintritt. Es wird deshalb definiert:
Die **Oberflächenspannung** ist **der Quotient** aus **der zur Dehnung der Oberfläche notwendigen Kraft** und **der Länge der Randlinie**.

$$\boxed{\sigma = \frac{F}{l}} \; {}^{1})\qquad \textbf{Oberflächenspannung} \qquad\qquad\qquad (9.1)$$

$[\sigma]$ = N/m (Newton je Meter)

Die zur Bildung bzw. Vergrößerung der Oberfläche erforderliche Arbeit ist $\Delta W = F \Delta b$, da die Kraft längs des Weges Δb konstant ist. Da nach (9.1) $F = \sigma l$ ist, gilt somit $\Delta W = \sigma l \, \Delta b = \sigma \, \Delta A$. Diese Arbeit ist als **Oberflächenenergie** (eine besondere Art potentieller Energie) in jeder Oberfläche enthalten. Hieraus ergibt sich als zweite Deutung der Größe σ:

Die **spezifische Oberflächenenergie** ist der **Quotient** aus **der Arbeit zur Vergrößerung einer Flüssigkeitsoberfläche** und dem Flächenzuwachs, d. h.

$$\sigma = \frac{\Delta W}{\Delta A}.$$

Die Einheitengleichung

$$[\sigma] = \frac{[\Delta W]}{[\Delta A]} = \frac{\text{J}}{\text{m}^2} = \frac{\text{N m}}{\text{m}^2} = \frac{\text{N}}{\text{m}}$$

bestätigt die zu erwartende Dimensionsübereinstimmung mit (9.1).

Bild 9.5. Belastete Seifenlamelle

Bild 9.6. Zeitlupenaufnahme eines abfallenden Wassertropfens

Die Oberflächenspannung kann auch bei der Bildung von Tropfen (Bild 9.6) beobachtet werden. Am Ausflußrohr bildet die Flüssigkeit eine Art Säckchen, in das so lange Flüssigkeit hineinläuft, bis es abreißt. Der abfallende Tropfen selbst zieht sich sofort *kugelförmig* zusammen, weil hierbei die Oberfläche ihren kleinstmöglichen Wert erreicht.

So sind auch Seifenblasen genau kugelförmig. Der Druck in einer Seifenblase ergibt sich folgendermaßen: Denkt man sie sich aus 2 Halbkugeln zusammengesetzt (Bild 9.7), so wirkt senkrecht zur

---

^{1}) Die bei dem beschriebenen Versuch gemessene Kraft F berechnet sich aber zu $F = \sigma \cdot 2l$, weil hierbei 2 Oberflächen (Vorder- und Rückseite der Seifenlamelle) gebildet werden.

Randlinie die Kraft $F = 2\sigma l = 2\sigma \cdot 2\pi r$. Andererseits ergibt sich diese Kraft als Produkt aus dem Überdruck $p_\mathrm{Ü}$ und dem Querschnitt πr^2, so daß $p_\mathrm{Ü}\pi r^2 = 4\sigma\pi r$ und

$$p_\mathrm{Ü} = \frac{4\sigma}{r}$$

ist. Der in einer kleinen Seifenblase herrschende Überdruck ist also größer als in einer großen Blase!

Oberflächenspannung in N/m

Wasser 20 °C gegen feuchte Luft	0,0741
Benzen (Benzol) 20 °C gegen Luft	0,0288
Ethanol (Äthylalkohol) 20 °C gegen Alkoholdampf	0,0220
Quecksilber gegen Luft	0,500
Quecksilber gegen Wasser	0,375
Seifenlösung gegen Luft	etwa 0,030

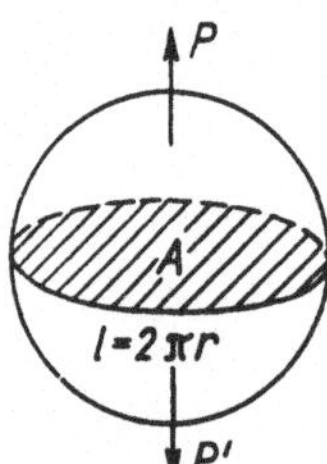

Bild 9.7. Zum Druck einer Seifenblase

Zur Messung der Oberflächenspannung dient neben anderen Verfahren die **Steighöhenmethode**. Sie beruht auf der bekannten Tatsache, daß benetzende Flüssigkeiten in engen Röhrchen **(Kapillaren)** stets höher steigen, als der Spiegel im umgebenden Hauptgefäß steht (Bild 9.8). Dabei wird die Flüssigkeitssäule von der Höhe h und dem Gewicht $mg = \varrho V g$ $= \varrho\pi r^2 h g$ von der längs ihres oberen Randes wirkenden Kraft $\sigma \cdot 2\pi r$ getragen (Bild 9.9). Nach Gleichsezten beider Ausdrücke folgt unmittelbar

$$\boxed{h = \frac{2\sigma}{\varrho g r}} \qquad \textbf{Kapillare Steighöhe} \qquad\qquad (9.2)$$

Hieraus läßt sich die Oberflächenspannung σ leicht berechnen, wenn h gemessen wird.

Die Flüssigkeitsoberfläche in der Kapillare ist mehr oder weniger gekrümmt und wird **Meniskus** genannt. Bei benetzender Flüssigkeit ist er konkav (vertieft). Bei nicht benetzenden Flüssigkeiten (z. B. Quecksilber in Glas) tritt die umgekehrte Wirkung, die **Kapillardepression**, ein. Der Meniskus ist konvex (nach oben gewölbt) (Bild 9.10).

Bild 9.8. Kapillaren verschiedener Weite

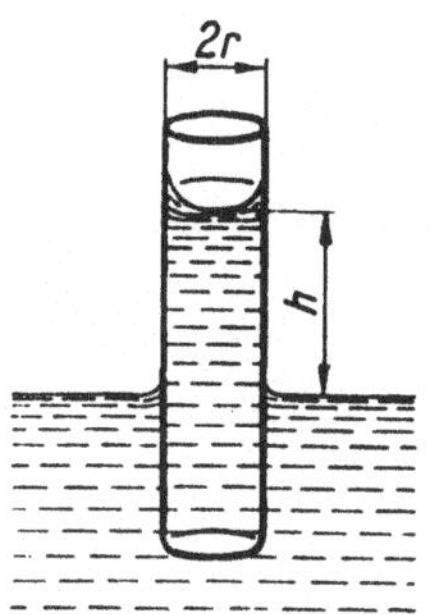
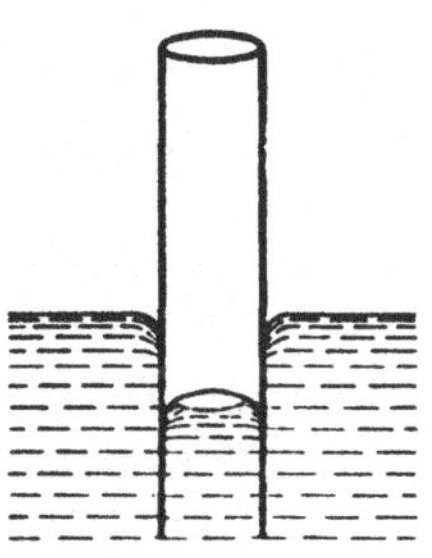

Bild 9.9. Kapillare Steighöhe bei benetzender
Flüssigkeit

Bild 9.10. Kapillardepression bei nicht benetzender Flüssigkeit

Beispiele: 1. Ein gut benetzter Drahtring von 40 cm Durchmesser ist an dünnen Fäden aufgehängt und wird flach aus dem Wasser gehoben. Welche Kraft tritt im Moment des Abreißens auf? – Die dehnende Randlinie ist hier ein Kreis vom Umfang πd. Aus (9.1) ergibt sich $F = \sigma l$. Da die gebildete ringförmige Lamelle Vorder- und Rückseite besitzt (dies ist übrigens auch bei Bild 9.5 der Fall), entstehen 2 Oberflächen. Deshalb ist die gesamte Kraft

$$F = 2\sigma l = 2\sigma\pi d = 2 \cdot 0{,}0741 \text{ N/m} \cdot \pi \cdot 0{,}04 \text{ m} = 0{,}0187 \text{ N} = 18{,}7 \text{ mN}.$$

2. Wie hoch steigt Wasser in einer vollkommen benetzbaren Kapillare von 0,1 mm Durchmesser? – Die Steighöhe ergibt sich aus (9.2) zu

$$h = \frac{2\sigma}{\varrho g r} = \frac{2 \cdot 7{,}41 \cdot 10^{-2} \text{ kg m m}^3 \text{ s}^2}{\text{s}^2 \cdot 10^3 \text{ kg} \cdot 9{,}81 \text{ m} \cdot 5 \cdot 10^{-5} \text{ m}} = 0{,}30 \text{ m}.$$

9.3 Druck und Druckausbreitung

9.3.1 Druck

Eine wichtige, das Verhalten von Flüssigkeiten und Gasen kennzeichnende Größe ist der in ihrem Innern herrschende **Druck** p.

Der Druck ist der Quotient aus der Kraft und der zur Kraftrichtung senkrecht liegenden Fläche.

$$\boxed{p = \frac{F}{A}} \qquad \textbf{Druck} \tag{9.3}$$

$$[p] = \frac{\text{N}}{\text{m}^2} = \text{Pa (Pascal)}$$

1 Pa ist der Druck, der durch eine Kraft von 1 N erzeugt wird, die gleichmäßig auf eine Fläche von 1 m² wirkt.

Noch gebräuchliche SI-fremde Einheit:

1 bar (Bar) $= 10^5$ Pa.

Ungesetzliche Einheiten:

1 Torr	$= 133{,}3224$ Pa ≈ 133 Pa
1 at (technische Atmosphäre)	$= 98{,}0665 \cdot 10^3$ Pa $\approx 98{,}1$ kPa
1 atm (physikalische Atmosphäre)	$= 101{,}325 \cdot 10^3$ Pa ≈ 101 kPa
1 mWS (Meter Wassersäule)	$= 9{,}80665 \cdot 10^3$ Pa $\approx 9{,}81$ kPa.

Wegen

$$1 \text{ at} \approx 100 \text{ kPa (s. oben!)} = 0,1 \text{ MPa} = 1 \text{ bar}$$

wird das Bar oft anstelle der veralteten Einheit technische Atmosphäre gesetzt, der Unterschied beträgt nur etwa 2 %.

Anstelle des Bars sollten die Einheiten Kilopascal bzw. Megapascal verwendet werden, denn in der Meteorologie wurde die vom Bar durch einen Vorsatz gewonnene Einheit

$$1 \text{ mbar (Millibar)} = 10^{-3} \text{ bar} = 10^{-3} \cdot 10^{5} \text{ Pa} = 10^{2} \text{ Pa}$$
$$= 1 \text{ hPa (Hektopascal)}$$

bereits abgelöst.

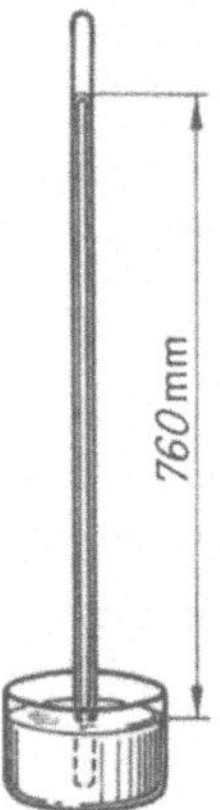

Bild 9.11. Torricellis Versuch

Von historischem Interesse ist der Versuch Torricellis (Bild 9.11), der ehemals Anlaß für die Verwendung der Druckeinheit 1 Torr = 1 mm Quecksilbersäule war.

Ein einseitig geschlossenes Rohr wird mit Quecksilber gefüllt, geeignet zugehalten und die nach unten gekehrte Öffnung unter dem Spiegel eines ebenfalls mit Quecksilber gefüllten Napfes wieder freigegeben. Die Flüssigkeit in dem Rohr fällt dabei um ein Stück und hinterläßt im oberen Ende einen *luftleeren Raum* (**Vakuum**)[1]. Die Höhe der Quecksilbersäule zwischen dem Spiegel im Gefäß und der oberen Begrenzung des Meniskus im Rohr liefert die Größe des herrschenden Luftdruckes. Dieser tatsächliche, von der jeweiligen Wetterlage abhängige, uns *umgebende* (= *ambi*ente) atmosphärische Luftdruck erhält das Größensymbol p_{amb}.

In Meereshöhe und bei einer Jahresmitteltemperatur von 15 °C beträgt dieser im Jahresdurchschnitt 1013,25 hPa.

Dieser Druck wird als **Normaldruck** p_n bezeichnet. Es gilt also:

$$p_n = 1013,25 \text{ hPa} = 101,325 \text{ kPa} \ (= 760 \text{ Torr} = 1 \text{ atm}).$$

Zur Messung des Luftdruckes dienen **Barometer**. Bild 9.11 stellt zugleich das Schema eines Quecksilberbarometers dar. **Aneroidbarometer** enthalten dagegen eine oder mehrere luftleere Blechdosen, die sich unter der Wirkung des Luftdruckes mehr oder weniger durchbiegen und diese Bewegung auf einen Zeiger übertragen (Bild 9.12). Zur Messung starker technischer Drücke dienen **Manometer**. Als druckempfindlichen Bauteil enthalten sie eine elastische Membran oder eine **Bourdonsche Röhre**. Dies ist eine zu einem Kreis gebogene Röhre von

---

[1] Das Vakuum ist deshalb nicht vollkommen, weil sich der leere Raum sofort mit Quecksilberdampf füllt.

länglichem Querschnitt, die an einem Ende geschlossen ist (Bild 9.13). Wird diese an eine Druckleitung angeschlossen, so biegt sie sich ein wenig auf und bewegt einen Zeiger. Die äußere gekrümmte Seite des Rohres bietet dem Druck eine größere Fläche dar und erfährt demnach eine stärkere Kraft als die innere.

Bild 9.12. Selbstregistrierendes Aneroidbarometer (Barograph)

Bild 9.13. Prinzip des Röhrenfeder-Manometers (BOURDONSche Röhre)

9.3.2 Druck in Flüssigkeiten (hydrostatischer Druck)

Der im Innern einer Flüssigkeit bestehende Druck hat im allgemeinen zwei Ursachen. Die stets vorhandene eigene Gewichtskraft der Flüssigkeit ruft den sogenannten **Schweredruck** hervor. Dieser gleichsam natürlich vorhandene Druck läßt sich durch eine zusätzlich von außen her wirkende Kraft noch um einen weiteren Druck erhöhen. Nach Bild 9.14 geschieht das mittels eines Kolbens, der an einer Stelle der Gefäßwand eingesetzt ist. Dadurch entsteht der **Kolbendruck**. Die an beliebigen verschiedenen Stellen angebrachten Manometer zeigen dann eine Druckerhöhung an, die überall von gleich großem Betrag ist, und sei das Gefäß von noch so komplizierter Gestalt. Daraus ergibt sich:

Der Druck in einer Flüssigkeit breitet sich in gleicher Stärke allseitig aus.

Die Frage nach einer etwaigen Richtung des Druckes ist daher von vornherein falsch gestellt. **Der Druck p ist eine richtungslose Größe, ein Skalar und kein Vektor!** Der Druck hat keine Richtung. Erst sein Produkt pA mit einer Fläche ergibt eine Kraft F, deren Richtung durch die Lage dieser Fläche bestimmt ist, und zwar hat der Kraftvektor stets die Richtung der Flächennormalen (Bild 9.15).

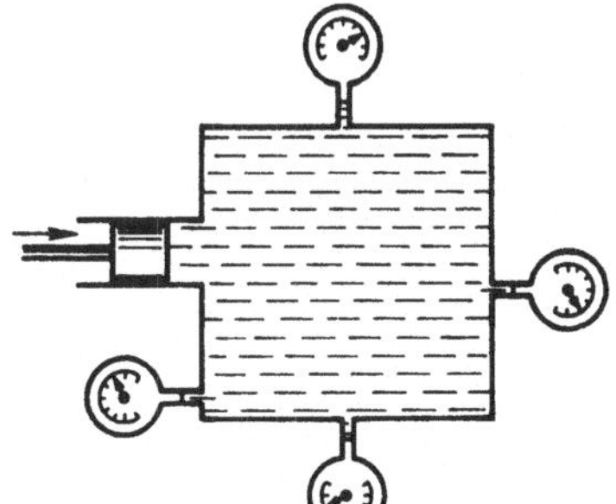

Bild 9.14. Allseitige Ausbreitung des Druckes

Bild 9.15. Nicht der Druck ist gerichtet, sondern die wirkende Kraft. Ihre Richtung ist diejenige der Flächennormalen.

In vektorieller Schreibweise wird daher die Fläche A als ein senkrecht zu ihr gerichteter
Vektor dargestellt. Die Kraft F ist dann das Produkt

$$F = pA.$$

Die Gleichung bringt zum Ausdruck, daß die Richtungen des Flächen- und des Kraftvektors zusammenfallen. Allein ihre Beträge unterscheiden sich um den Faktor p.

Die allseitige Ausbreitung des Druckes wird dazu ausgenutzt, um Kraftwirkungen durch
mit Flüssigkeiten gefüllte Rohrleitungen zu übertragen (Wasserleitung, Öldruckbremse,
hydraulische Presse). Die geringfügige Zusammendrückbarkeit **(Kompressibilität)** der
Flüssigkeiten spielt hierbei praktisch keine Rolle.
Immerhin ist sie bei Wasser rund 100mal größer als von Stahl. Dabei zeigt es sich, daß
innerhalb gewisser Grenzen die *relative Volumenabnahme* $\Delta V/V < 0$ dem ausgeübten
Druck proportional ist, d. h. $-\Delta V/V = \varkappa p$. Der Proportionalitätsfaktor $\varkappa$ heißt **Kompressibilität**.

$$\boxed{\varkappa = -\frac{1}{p}\frac{\Delta V}{V}} \qquad \textbf{Kompressibilität} \qquad\qquad (9.4)$$

$[\varkappa] = 1/\mathrm{Pa}$ (je Pascal)

Kompressibilität verschiedener Flüssigkeiten in ^{1}/MPa

Wasser (0,1 ... 2,5 MPa) 10 °C	0,00051	Propantriol	0,00022
Wasser (40 ... 50 MPa) 10 °C	0,00044	(Glyzerin)	
Quecksilber	0,00004	Ethanol	0,00116
		(Äthylalkohol)	

Die Größe des in einer bestimmten Tiefe der Flüssigkeit auftretenden **Schweredruckes**
ergibt sich, wenn eine Säule von der Höhe h und dem Querschnitt A aus der Flüssigkeit
herausgeschnitten gedacht wird. Ihre Gewichtskraft ist

$$F_\mathrm{G} = mg = Ah\varrho g.$$

Der Druck am Grunde der Säule ist daher gemäß der Definition (9.3)

$$p = \frac{Ah\varrho g}{A} \quad \text{bzw.}$$

$$\boxed{p = h\varrho g} \qquad \textbf{Schweredruck einer Flüssigkeit} \qquad\qquad (9.5)$$

Hieraus ist zu ersehen, daß der Schweredruck der in einem Gefäß stehenden Flüssigkeit
allein von deren Füllhöhe abhängt. Die Form des Gefäßes spielt dabei keine Rolle.

Der Schweredruck hängt nur von der Füllhöhe und der Dichte, nicht aber von der Form des Gefäßes ab.

Die Unabhängigkeit des Schweredruckes von der Gefäßform läßt sich mit dem auf Bild 9.16 dargestellten Versuch zeigen. Werden bei A verschieden gestaltete Gefäße gleich großer Bodenöffnung aufgesetzt, so erweist sich bei gleichem Widerstand die auf den Boden wirkende Kraft stets von gleicher Größe. Bei zu großer Druckhöhe h öffnet sich der durch die Gewichtskraft $G = F_G$ des Wägestückes angedrückte Verschlußdeckel. Es erschien früher merkwürdig, daß bei gleich großer Bodenfläche selbst ein ganz dünnes Röhrchen dieselbe Kraft am Boden erzeugt wie ein breites Gefäß mit einer viel größeren Wassermenge.
Der Versuch wird deshalb auch oft als *hydrostatisches Paradoxon* bezeichnet. Er wirkt aber nur dann paradox, wenn Druck und Kraft miteinander verwechselt werden.

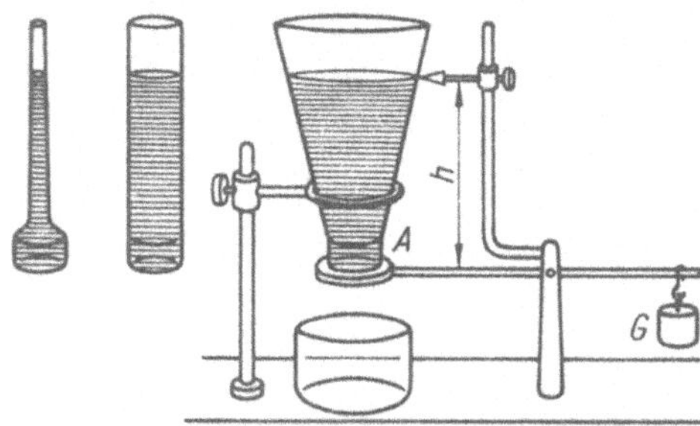

Bild 9.16. Hydrostatisches Paradoxon

Beispiele: 1. Welchen Schweredruck übt eine 760 mm hohe Quecksilbersäule (Bild 9.11) aus, wenn die Dichte des Quecksilbers bei 0 °C $\varrho_n = 13{,}5951$ g/cm³ und die Fallbeschleunigung $g_n = 9{,}80665$ m/s² zugrunde gelegt werden? –

$$p = h\varrho_n g_n = 0{,}76 \text{ m} \cdot 13595{,}1 \text{ kg/m}^3 \cdot 9{,}80665 \text{ m/s}^2 = 101325 \text{ Pa} = 1013{,}25 \text{ hPa}.$$

2. Um wieviel ändert sich die Dichte von Seewasser ($\varrho = 1{,}02$ g/cm³) in 5000 m Tiefe? – Wird die durch den Druck veränderte Dichte mit

$$\varrho' = \frac{m}{V'}$$

bezeichnet, so ist das verringerte Volumen $V' = V - \Delta V$ bzw. nach (9.4) $V' = V - V\varkappa p = V(1 - \varkappa p)$. Die Masse m kann mit der ursprünglichen Dichte ϱ ausgedrückt werden, d. h. $m = \varrho V$. Nach Einsetzen folgt

$$\varrho' = \frac{\varrho V}{V(1 - \varkappa p)} = \frac{\varrho}{1 - \varkappa p}.$$

Da die Kompressibilität bis 49 MPa den Tabellenwert $\varkappa = 0{,}00044$ $1/$MPa hat, ergibt sich

$$\varrho' = \frac{1{,}02 \text{ g/cm}^3}{1 - 0{,}00044 \cdot 49} = 1{,}04 \text{ g/cm}^3 \quad \text{(d. h. 2\% Zunahme).}$$

9.3.3 Druck und Volumen der Gase

Es war schon angedeutet worden, daß die Moleküle eines Gases bei ihrem Anprall gegen die Gefäßwandung die Erscheinung des Gasdruckes hervorrufen. Aus dieser einfachen Vorstellung folgt auch sofort der Zusammenhang zwischen Druck und Volumen; denn

wird das Volumen eines Gases verringert, so muß die Anzahl der gegen die Fläche stoßenden Moleküle entsprechend zunehmen und der Druck anwachsen.
Dies wird auch durch die Erfahrung bestätigt.
Ein Gefäß vom Volumen V sei durch einen leicht beweglichen, aber dicht schließenden Kolben verschlossen (Bild 9.17). Ein unten angebrachtes Manometer zeige zunächst den Druck p_0 an. Sodann wird der Zylinderinhalt auf die Hälfte zusammengedrückt. Der

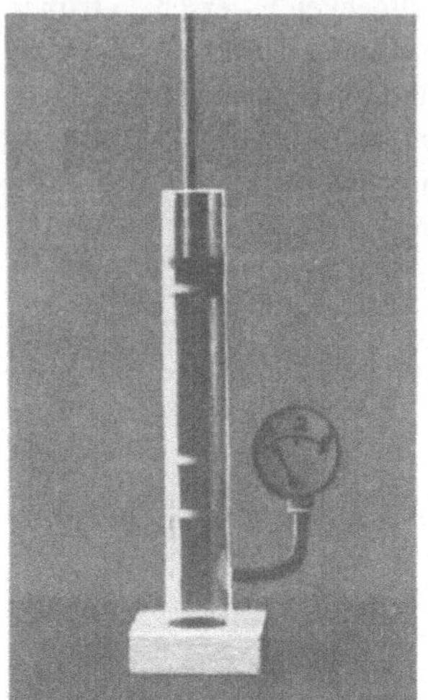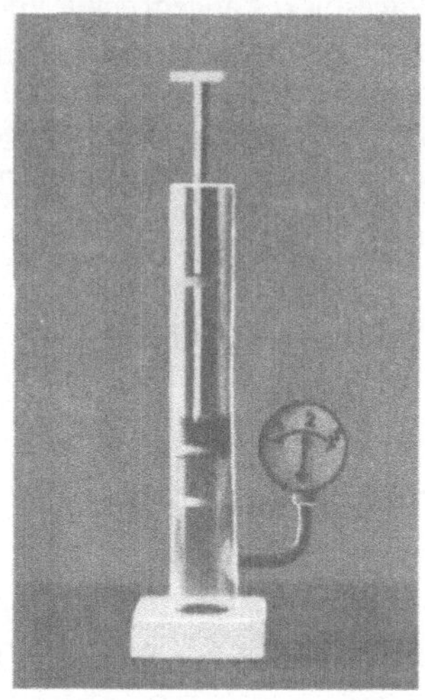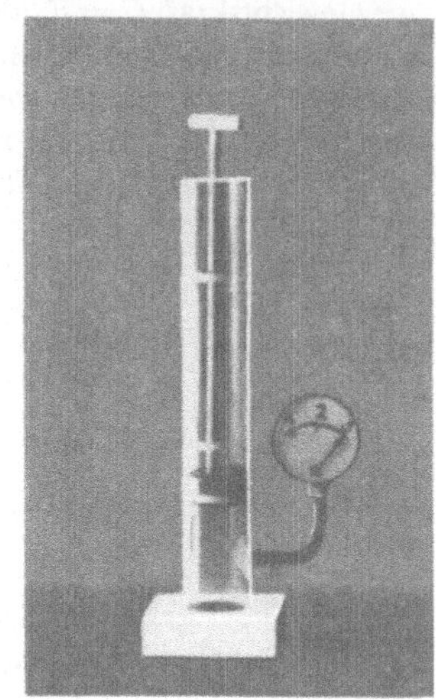

Bild 9.17. Das Gesetz von BOYLE. Es verhalten sich die Rauminhalte wie $1 : 1/2 : 1/3$

Druck steigt dadurch auf den doppelten Wert $2p_0$ an. Bei Verringerung des Volumens auf $V_0/3$ wächst der Druck auf das Dreifache, d. h. $3p_0$, usw. Daraus ist erkennbar, daß das Produkt aus Druck p und Volumen V immer den gleichen Anfangswert $p_0 V_0$ behält.

$pV = p_0 V_0$ oder

$$\boxed{pV = \text{konst}}$$ **Boylesches Gesetz**   (9.6)

Dieses für die Mechanik der Gase wichtige Gesetz wurde von dem englischen Physiker BOYLE[1]) entdeckt:

Gesetz von Boyle:

Das Produkt aus Druck und Volumen eines eingeschlossenen Gases ergibt bei gleichbleibender Temperatur stets den gleichen Wert.

Die Temperatur des Gases darf sich während des Versuches deshalb nicht ändern, weil jede Temperaturerhöhung eine zusätzliche Drucksteigerung bewirkt.
Deshalb gilt das eben festgestellte Verhalten von Druck und Volumen nur bei konstanter Temperatur! Werden also derartige Versuche angestellt, so muß immer erst gewartet werden, bis sich die zusammengepreßte Luft wieder auf die ursprüngliche Temperatur abgekühlt hat.[2]) Da sich das Volumen eines Gases als Quotient aus seiner Masse m und seiner

---

[1]) 1627 bis 1671
[2]) Wenn dies nicht beachtet wird, ist der Zusammenhang von p und V anderer Art und stellt ein besonderes Gesetz der Wärmelehre dar.

Dichte ϱ ausdrücken läßt, kann das Gesetz auch

$$\frac{pm}{\varrho} = \frac{p_0 m}{\varrho_0}$$

geschrieben werden, oder wegen der unverändert bleibenden Masse m:

$$\frac{p}{p_0} = \frac{\varrho}{\varrho_0}. \tag{9.7}$$

Die Dichte eines eingeschlossenen Gases ist bei konstanter Temperatur seinem Druck proportional.

Bei zusammengepreßten Gasen ist in vielen Fällen nur der zusätzlich erzeugte **Überdruck** von Interesse, wobei von dem bereits vorhandenen natürlichen Druck der Atmosphäre abgesehen wird. Der Gesamtdruck, unter dem ein Gas steht, d. h. unter Einrechnung des herrschenden äußeren Luftdrucks, heißt **absoluter Druck**.
Es gilt also:

absoluter Druck = jeweiliger Umgebungsluftdruck[1]) + Überdruck

p_{abs} $\quad\quad\quad = p_{\text{amb}}$ $\quad\quad\quad\quad\quad\quad\quad\quad + p_{\ddot{u}}$

Der Überdruck $p_{\ddot{u}}$ wird als spezielle »Druckdifferenz« zwischen einem Absolutdruck (meist nur mit p bezeichnet) und dem Umgebungsluftdruck gemessen. Negativer Überdruck wird auch als *Unterdruck* bezeichnet. Nur die Differenz zweier Absolutdrücke erhält das Symbol Δp und wird **Druckdifferenz** genannt (Bild 9.18).

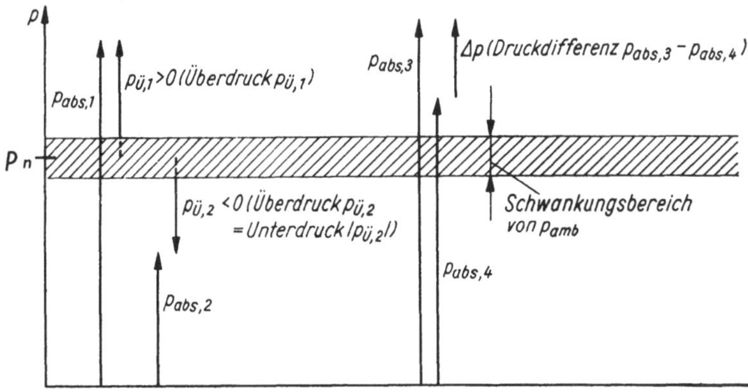

Bild 9.18. Zur Druckbezeichnung

Beim Versuch zur Herleitung des BOYLEschen Gesetzes wurde von $p_0 = p_{\text{amb}}$ (s. *linkes* Bild 9.17), d. h. $p_{\ddot{u}} = 0$, ausgegangen. Bei der Anwendung des Gesetzes von BOYLE sind stets die *absoluten* Drücke einzusetzen!
Zur Messung schwacher Gasdrücke werden anstelle der in 9.3.1 schon erwähnten Metallmanometer, die Überdrücke anzeigen, **Flüssigkeitsmanometer** benutzt.
Das *offene* Manometer ist ein beiderseits offenes, mit Flüssigkeit gefülltes U-Rohr, das zur Messung geringer Überdrücke (z. B. Stadtgasleitung) dient. Bei Druckeinwirkung auf den einen Schenkel des U-Rohres werden die zunächst gleich hohen Flüssigkeitsspiegel gegeneinander verschoben. Wird das sich einstellende Kräftegleichgewicht auf die konstante

---

[1]) p_{amb} siehe in 9.3.1

Querschnittsfläche bezogen, so muß der Gasdruck p_{Gas} durch den Schweredruck der Flüssigkeitssäule und den Luftdruck p_{amb} kompensiert werden. Die Höhendifferenz der Flüssigkeitsspiegel, die sogenannte Druckhöhe, kennzeichnet nach Gleichung (9.5) den vorhandenen Überdruck $p_{Ü} = p_{Gas} - p_{amb}$.

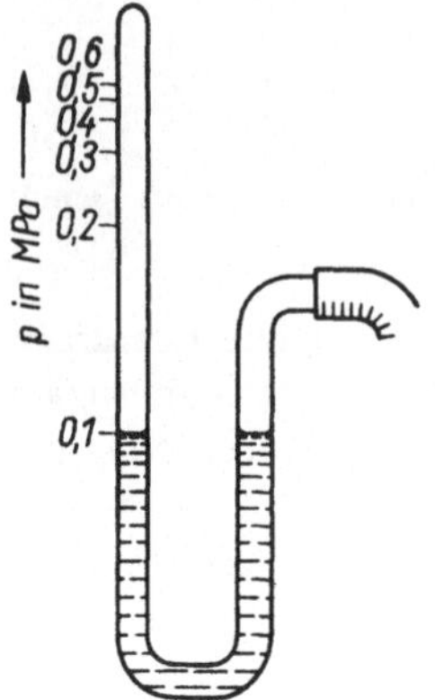

Bild 9.19. Druckskale eines geschlossenen Manometers

Beim geschlossenen Manometer (Bild 9.19) enthält der geschlossene Schenkel Luft, die bei Druckeinwirkung auf den Spiegel im offenen Rohr nach dem BOYLESchen Gesetz zusammengepreßt wird. Denn jetzt folgt aus dem Kräftegleichgewicht, daß der Gasdruck kompensiert wird durch den Druck der eingeschlossenen Luft und den dagegen vernachlässigbaren Schweredruck der Flüssigkeitssäule, so daß das Luftvolumen den *Gasdruck* kennzeichnet. Die Flüssigkeit dient nur als Sperrmedium zwischen Gas und Luft, die Höhendifferenz ihrer Spiegel ist meßtechnisch belanglos. Die Skalenwerte drängen sich bei höheren Drücken immer enger zusammen, wodurch sie sich nur ungenau ablesen lassen. Außerdem ist der starke Temperatureinfluß von Nachteil.

Beispiele: 1. Eine Sauerstoffflasche von 40 Litern Inhalt steht unter einem Überdruck von 2,5 MPa. Wieviel Sauerstoff entweicht bei einem Barometerstand von 1 000 hPa? – Der absolute Druck in der Flasche beträgt $p_1 = 2{,}6$ MPa; nach dem Entweichen beträgt sein Druck nur noch 0,1 MPa, und sein Volumen ist nach (9.6) $V_2 = p_1 V_1 / p_2 = 1040\ l$.
Da das Volumen $V_1 = 40\ l$ in der Flasche zurückbleibt, entweichen 1 000 l.
2. Zwei Behälter, die 100 l Luft vom Druck 0,3 MPa bzw. 50 l Luft vom Druck 1,2 MPa enthalten, werden miteinander verbunden. Welcher gemeinsame Druck stellt sich ein? – Da die Produkte pV konstant bleiben, muß auch die Summe der Produkte bei gleicher Temperatur konstant sein, so daß $p_1 V_1 + p_2 V_2 = (V_1 + V_2)p$ gilt. Hieraus folgt

$$p = \frac{p_1 V_1 + p_2 V_2}{V_1 + V_2} = 0{,}6\ \text{MPa}.$$

9.3.4 Schweredruck in Gasen

Der in der freien Atmosphäre feststellbare **Luftdruck** hat die gleiche Ursache wie der Schweredruck in Flüssigkeiten. Seine Größe hängt von der Höhe der Luftsäule ab, die auf einer gedachten Grundfläche lastet. Während aber die Dichte einer Flüssigkeitssäule wegen ihrer geringen Kompressibilität in erster Näherung als konstant angesehen werden kann, nimmt die Dichte der Luft infolge deren Zusammendrückbarkeit mit zunehmender Bodennähe stetig zu. Die Gleichung (9.5)

$$p = \varrho g h$$

kann daher nur für eine äußerst dünne, aus der Luftsäule herausgeschnittene Schicht $\mathrm{d}h$ angewandt werden, innerhalb deren die Dichte ϱ noch als konstant angenommen werden kann (Bild 9.20). Sie liefert zum Gesamtdruck den Beitrag

$$\mathrm{d}p = -\varrho g\,\mathrm{d}h.$$

Da der Druck p mit zunehmender Höhe abnimmt, ist die rechte Seite mit negativem Vorzeichen versehen.

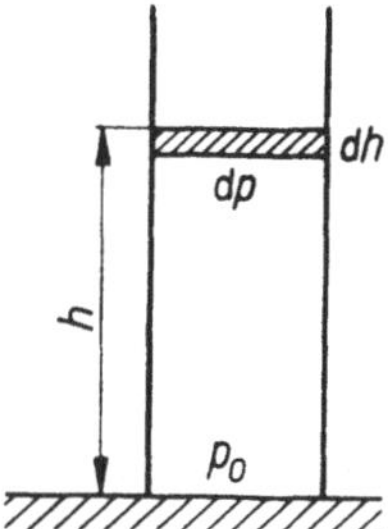

Bild 9.20. Zur barometrischen Höhenformel

Nach dem Gesetz von BOYLE ist nun die Dichte eine Funktion des Druckes. Mit Gleichung (9.7) ist also

$$\varrho = \frac{\varrho_0 p}{p_0}.$$

Hier sollen p_0 und ϱ_0 die in der Höhe $h = 0$, d. h. die am Erdboden geltenden Anfangswerte bedeuten. Der Beitrag zum Gesamtdruck ist somit

$$\mathrm{d}p = -\frac{\varrho_0 p}{p_0}\,g\,\mathrm{d}h.$$

Die Integration dieser Differentialgleichung ergibt dann

$$\int_{p_0}^{p} \frac{\mathrm{d}p}{p} = -\frac{\varrho_0}{p_0}\,g \int_0^h \mathrm{d}h,$$

$$\ln \frac{p}{p_0} = -\frac{\varrho_0}{p_0}\,gh.$$

Durch Umformung entsteht daraus

$$\boxed{\; p = p_0 e^{-\frac{\varrho_0 g h}{p_0}} \;}$$ **Barometrische Höhenformel** (9.8)

Die Druckverteilung in einem Gas ist daher grundsätzlich anders als in Flüssigkeiten. Während der Schweredruck in der Flüssigkeit bei konstanter Dichte linear mit der Tiefe zunimmt (Bild 9.21), wächst der **Luftdruck** mit zunehmender Bodennähe **exponentiell** an. Für die obere Grenze der Atmosphäre läßt sich daher kein bestimmter Wert angeben. Sie geht unter kontinuierlicher Verdünnung allmählich in den praktisch leeren Weltraum über.
Nach Messungen mit künstlichen Erdsatelliten liegt die Dichte der Atmosphäre z. B. in 600 km Höhe in der Größenordnung von 10^{-15} g/cm³. Sie ist hier jedoch starken Schwankungen unterworfen.

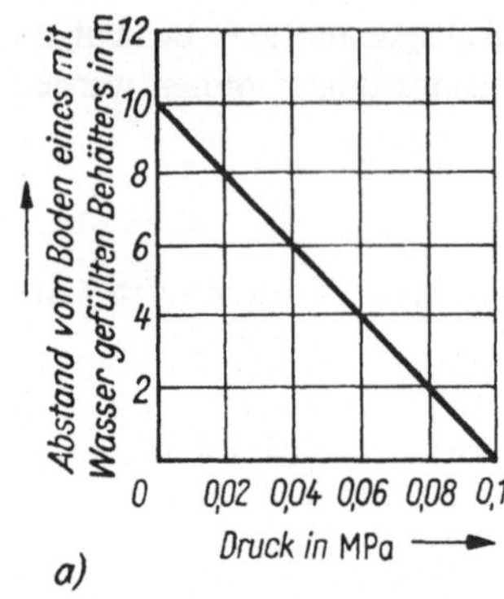
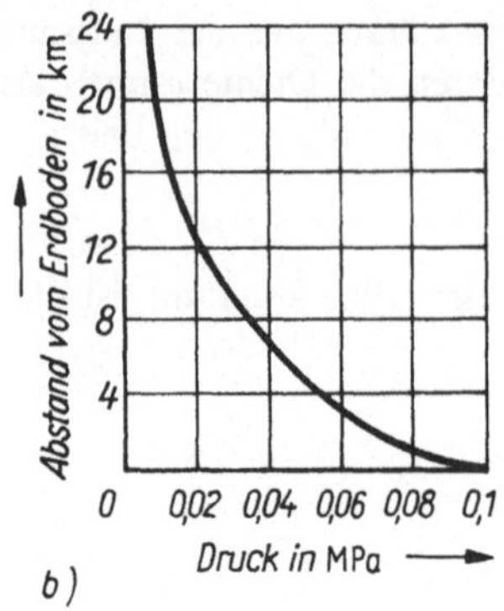

Bild 9.21. Druckverteilung
a) in Wasser, b) in der Luft

Das der barometrischen Höhenformel zugrunde liegende BOYLEsche Gesetz berücksichtigt allerdings nicht die Temperatur der Luft, die mit zunehmender Höhe stark variiert. Unter Berücksichtigung des Temperaturverlaufs ergeben sich dann die in der folgenden Tabelle aufgeführten Werte.

Höhenlage und Luftdruck (Jahresmittel)

Höhe in m	Druck in hPa	Höhe in m	Druck in hPa
0	1 013,3	3 000	702,0
100	1 001,3	5 000	541,7
200	989,6	10 000	266,4
500	954,8	20 000	57,1
800	921,0	30 000	12,2
1 000	899,1	50 000	0,97
2 000	795,6	80 000	0,034

Zur raschen und überschläglichen Berechnung der Luftdruckabnahme bei geringen Höhenunterschieden gilt die **Faustregel**:

Mit je 8 m Erhebung nimmt der Luftdruck um je 1 hPa ab (nur für kleine Höhenunterschiede und in der Nähe der Erdoberfläche gültig!).

Sie beruht auf der groben und bei größeren Höhenunterschieden natürlich unbrauchbaren Annahme, daß der Luftdruck durch eine Luftsäule von konstanter Dichte $\varrho = 1,29\ \text{kg/m}^3$ zustande käme. Aus der Druckabnahme von 1 hPa und der für homogene Dichte geltenden Gleichung (9.5) ergibt sich dann

$$\Delta h = \frac{p}{\varrho g_m} = \frac{100\ \text{N} \cdot \text{m}^3\ \text{s}^2}{\text{m}^2 \cdot 1,29\ \text{kg} \cdot 9,81\ \text{m}} = 7,90\ \text{m} \approx 8\ \text{m}.$$

Beispiel: Unter Anwendung der barometrischen Höhenformel ist der theoretische Luftdruck in 10000 m Höhe der sogenannten *Normalatmosphäre* zu berechnen. Diese ist definiert für den Normaldruck $p_n = 1\,013,25$ hPa als Luftdruck p_0 auf der Erdoberfläche und einer Luftdichte $\varrho_0 = \varrho = 1,225\ \text{kg/m}^3$ bei 15 °C. – Der Exponent in (9.8) ist

$$-\frac{\varrho g_n h}{p_n} = \frac{1,225\ \text{kg} \cdot 9,807\ \text{m} \cdot 10000\ \text{m}\ \text{s}^2\ \text{m}^2}{\text{m}^3\ \text{s}^2 \cdot 101\,325\ \text{kg}\ \text{m}} = -1,186.$$

Hiermit ergibt sich

$$p = 1013,25 \text{ hPa} \cdot e^{-1,186} = 309 \text{ hPa}$$

gegenüber einem gemessenen Wert von 266 hPa (lt. Tabelle in 9.3.4).

9.4 Archimedisches Prinzip

Aus der Tatsache, daß der Schweredruck in Flüssigkeiten und Gasen mit der Tiefe zunimmt, folgt auch die bekannte Erscheinung des **Auftriebes**. Alle in Flüssigkeit getauchten oder in Luft befindlichen Körper erscheinen leichter als außerhalb der Flüssigkeit bzw. im Vakuum.

Als eine nach oben gerichtete Kraft bewirkt der Auftrieb stets eine Gewichtsverminderung:

Auftriebskraft = Gewichtsverlust.

Die Größe der Auftriebskraft ergibt sich aus folgendem Gedankengang: Innerhalb einer Flüssigkeit von der Dichte ϱ_{Fl} befinde sich in der Tiefe x ein zylindrischer Körper der Höhe h mit dem Querschnitt A (Bild 9.22). Dann wirkt auf seine Oberseite die nach unten gerich-

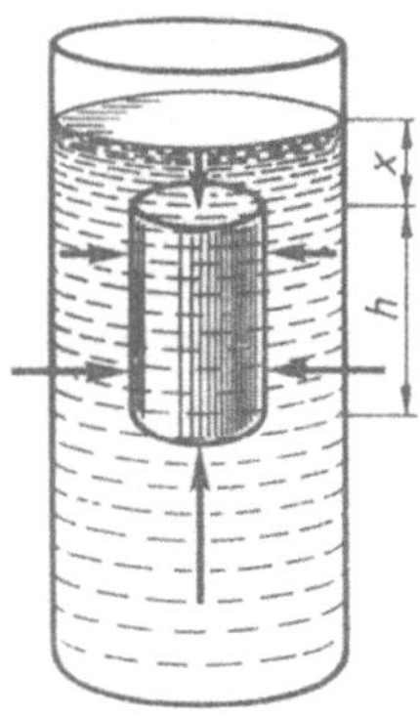

Bild 9.22. Entstehung des Auftriebs

tete Kraft $F_1 = xA\varrho_{Fl}g$ und auf seine Unterseite die nach oben gerichtete Kraft $F_2 = (x + h)A\varrho_{Fl}g$. Die in jeweils gleicher Höhe gegen die Seiten wirkenden Kräfte haben die Resultierende Null. Insgesamt verbleibt also eine nach oben wirkende Kraft der Größe $F_2 - F_1 = A\varrho_{Fl}g(x + h - x) = Ah\varrho_{Fl}g$, die **Auftriebskraft** F_A heißt. Da Ah das Volumen des Körpers darstellt, ergibt sich

$$\boxed{F_A = V\varrho_{Fl}g} \qquad \textbf{Betrag der Auftriebskraft} \qquad (9.9)$$

Da das Körpervolumen V mit dem Volumen der verdrängten Flüssigkeit übereinstimmt, stellt wegen

$$V\varrho_{Fl}g = V_{Fl}\varrho_{Fl}g = m_{Fl}g = F_{GFl}$$

die rechte Seite von (9.9) die Gewichtskraft des verdrängten Flüssigkeitsvolumens dar.

Ein analoges Ergebnis ergibt sich, wenn der Körper in Luft »getaucht« wird. Um den Auftrieb zu errechnen, den ein Körper in der Luft erfährt, ist lediglich die Dichte ϱ_{Fl} der Flüssigkeit durch die der Luft ϱ_L zu ersetzen.

Dieses Gesetz heißt nach seinem Entdecker ARCHIMEDES das

Archimedische Prinzip:

Die Auftriebskraft ist gleich der Gewichtskraft des vom Körper verdrängten Flüssigkeits- bzw. Gasvolumens.

9*

Die Auftriebskraft hängt demnach nur vom Volumen (der Wasserverdrängung) des eingetauchten Körpers ab, nicht aber von seiner Gewichtskraft. Ein Bleiklotz hat bei gleichem eingetauchten Volumen dieselbe Auftriebskraft F_A wie ein Stück Holz!

Je nach dem Eigengewicht F_G des Körpers können nun 3 Fälle eintreten:

1. $F_G > F_A$: Der Körper sinkt mit verminderter Gewichtskraft unter.
2. $F_G = F_A$: Der Körper schwimmt (bei teilweisem Eintauchen) oder schwebt (bei vollem Eintauchen) in der Flüssigkeit.
3. $F_G < F_A$: Der Körper steigt nach oben.

Im besonders wichtigen Fall des **Schwimmens** befinden sich somit Auftriebskraft und Gewichtskraft des Körpers im Gleichgewicht. Hat also ein im Wasser mit der Dichte $\varrho = 1 \cdot 10^3$ kg/m³ schwimmender Holzklotz an der Luft die Masse 650 kg, so geht daraus unmittelbar hervor, daß sein eintauchendes Volumen 0,65 m³ betragen muß.

Schwimmgleichgewicht:

Beim Schwimmen ist die Gewichtskraft der durch den eintauchenden Körperteil verdrängten Flüssigkeit gleich der Eigengewichtskraft des Körpers.

Meistens ist der schwimmende Körper nicht vollständig untergetaucht. Der herausragende Teil kann dann durch zusätzliche Belastung vollends unter den Flüssigkeitsspiegel gedrückt werden. Die Gewichtskraft des herausragenden Körperteils stellt also die Tragkraft eines schwimmenden Gegenstandes dar, mit der bei vollständigem Eintauchen äußerstenfalls gerechnet werden kann.

Die Erscheinung des Auftriebes liefert bequeme Methoden zur Bestimmung der **Dichte**. Bei Verwendung der **hydrostatischen Waage** (Bild 9.23) wird zunächst durch gewöhnliche Wägung die Masse m des Körpers bestimmt. Dann hängt man ihn mit einem Faden in Flüssigkeit und erhält die wegen des Auftriebes kleinere scheinbare Masse m'. Hinsichtlich der Gewichtskräfte gilt die Gleichung

$$m'g = mg - \varrho_{Fl} V g,$$

womit sich das Volumen des Körpers zu

$$V = \frac{m - m'}{\varrho_{Fl}}$$

ergibt. Die Dichte des Körpers ist nun $\varrho_K = \dfrac{m}{V}$, und unter Verwendung der letzten Glei-

Bild 9.23. Hydrostatische Waage

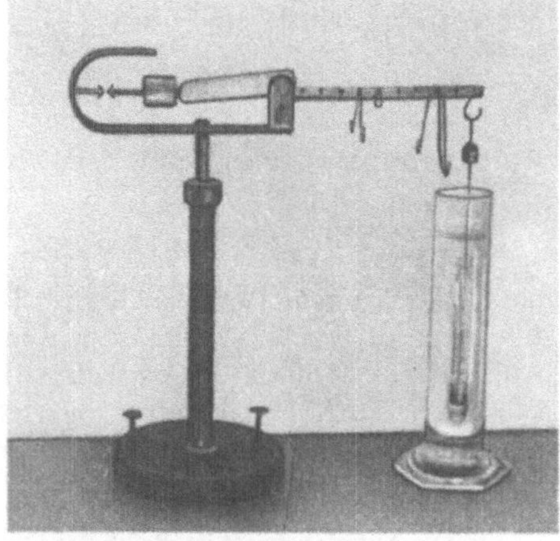

Bild 9.24. Mohr-Westphalsche Waage

chung errechnet sie sich zu

$$\varrho_K = \frac{m}{m - m'} \, \varrho_{Fl}.$$

Da die Gewichtsverminderung von der Dichte der Tauchflüssigkeit abhängt, besteht ein weiterer Weg, die Dichte von Flüssigkeiten sehr genau zu bestimmen. An der **Mohr-Westphalschen Waage** (Bild 9.24) hängt ein kleiner gläserner Tauchkörper an einem Platinfaden. Taucht der Körper in Wasser, so kann das Gleichgewicht durch einen an Kerbe 10 gehängten Drahthaken wiederhergestellt werden, wenn die Dichte der Flüssigkeit gerade 1,000 g/cm³ ist. Zwei weitere Haken von $^1/_{10}$ bzw. $^1/_{100}$ der Masse des großen Reiters dienen zum Ausgleich, wenn der Zahlenwert der Dichte von 1,000 abweicht. Die Reiter-

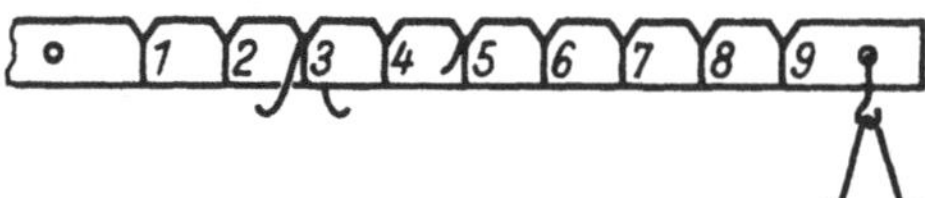

Bild 9.25. Ablesung an der MOHR-WESTPHALschen Waage: 1,035 g/cm³

stellung von Bild 9.25 zeigt z. B. einen Zahlenwert von 1,035 an. Vor Gebrauch muß die Waage erst mit reinem Wasser ins Gleichgewicht gebracht werden. Da dieses bei Zimmertemperatur nicht die Dichte 1,000 g/cm³ hat, macht sich eine entsprechende Umrechnung mit einer *Dichtetabelle* erforderlich.

Bei sehr **genauen Wägungen** muß aber auch der Auftrieb in der Luft mit in Rechnung gezogen werden. Die scheinbare Masse m', die unter gewöhnlichen Umständen in der Luft festgestellt wird, ist auf die wahre Masse m umzurechnen. Mit der Dichte ϱ_K des zu wägenden Körpers und derjenigen der Luft ϱ_L nimmt die obige Gleichung für die scheinbare Gewichtskraft die Form an

$$m'g = \varrho_K Vg - \varrho_L Vg.$$

Hieraus folgt für das Volumen

$$V = \frac{m'}{\varrho_K - \varrho_L}$$

und für die wahre Masse $m = \varrho_K V$

$$m = \frac{\varrho_K m'}{\varrho_K - \varrho_L}.$$

Beispiele: 1. Ein Registrierballon faßt 5 m³ Wasserstoff von der Dichte 0,09 kg/m³. Wieviel dürfen Hülle und Ballast bei der Luftdichte 1,29 kg/m³ höchstens wiegen? – Die Auftriebskraft beträgt nach Gleichung (9.9) $F_A = V\varrho_L g$. Die Gasfüllung hat die Gewichtskraft $F_G = V\varrho_G g$. Es verbleibt die Tragkraft

$$F = F_A - F_G = (\varrho_L - \varrho_G)\,Vg \quad \text{bzw.}$$

$$F = \frac{(1{,}29 - 0{,}090)\,\text{kg} \cdot 5\,\text{m}^3 \cdot 9{,}81\,\text{m}}{\text{m}^3\,\text{s}^2} = 59\,\text{N}.$$

2. Wie groß ist die Masse eines Messingstückes ($\varrho_M = 8{,}9$ g/cm³), das bei normaler Luftdichte ($\varrho_L = 0{,}001\,29$ g/cm³) die scheinbare Masse von genau 1 kg hat? – Aus der für die wahre Masse abgeleiteten Gleichung $m = \dfrac{m'\varrho_M}{\varrho_M - \varrho_L}$ folgt

$$m = \frac{1\,\text{kg} \cdot 8{,}9\,\text{kg dm}^3}{\text{dm}^3(8{,}9 - 0{,}001\,29)\,\text{kg}} = 1{,}000\,145\,\text{kg}.$$

10 Strömende inkompressible Flüssigkeiten

Bewegungen von Flüssigkeiten und Gasen heißen **Strömungen.** Zwischen beiden besteht der Unterschied, daß Flüssigkeiten praktisch inkompressibel sind, während das Volumen der Gase stark vom Druck abhängt, wie von 9.3.2 her bekannt ist. Bei Gasströmungen bis zur Schallgeschwindigkeit (340 m/s) spielen jedoch Volumenänderungen nur eine geringfügige Rolle. Bis zu dieser Grenze werden also beide als volumenbeständig behandelt, so daß für Flüssigkeiten und Gase meist die gleichen Gesetze gelten. Wird ferner von der inneren Reibung (s. 10.2.1) abgesehen, so wird von einer **idealen Flüssigkeit** im Gegensatz zu einer **realen** (wirklichen) Flüssigkeit gesprochen.

10.1 Reibungsfreie Strömungen

10.1.1 Grundbegriffe des Strömungsfeldes

Strömungen können nur zustande kommen, wenn die einzelnen Teilchen einer Flüssigkeit irgendwelchen Kräften unterliegen. Solche können sowohl von außen her einwirken, wie z. B. die Schwerkraft, oder ihren Ursprung auch im Innern der Flüssigkeit selbst haben, wie etwa Stellen unterschiedlichen Druckes. Im Gegensatz zu den bisherigen Betrachtungen befinden sich diese Kräfte aber nicht im Gleichgewicht, sondern veranlassen die einzelnen Flüssigkeitsteilchen zu bestimmten Bewegungen. Diese müssen den bereits dargestellten Gesetzen der Dynamik gehorchen.
Überblickt man jedoch das Verhalten der Flüssigkeit im ganzen, so treten im Zusammenwirken aller Einzelbewegungen charakteristische Erscheinungen auf. Der Raum, in dem sie beobachtet werden, heißt das **Strömungsfeld.** In diesem Strömungsfeld hat jedes Flüssigkeitsteilchen eine nach Betrag und Richtung ausgezeichnete Geschwindigkeit. Jedem Teilchen kann daher ein Geschwindigkeitsvektor zugeordnet werden, der sich zudem von einem Augenblick zum nächsten verändern kann. Die Gesamtheit all dieser Vektoren bildet das **Geschwindigkeitsfeld,** dessen Aussehen u. U. fortgesetzt wechselt.

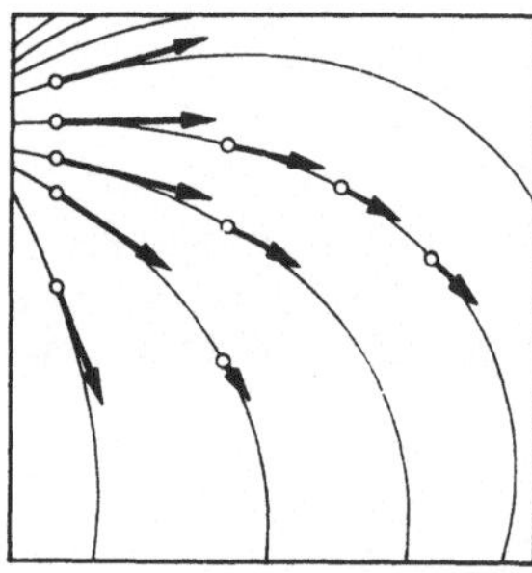

Bild 10.1. Strömungsfeld mit einigen Stromlinien und Geschwindigkeitsvektoren

Einfacher läßt sich der Bewegungsablauf mit Hilfe von **Stromlinien** darstellen. Die Tangente in einem beliebigen Punkt einer Stromlinie gibt die Richtung der dort vorhandenen Geschwindigkeit an (Bild 10.1).

> **Die Tangenten einer Stromlinie geben die Richtungen der längs der Stromlinie vorhandenen Geschwindigkeiten an. Die Gesamtheit aller Stromlinien ist ein Bild der Strömung in einem bestimmten Augenblick.**

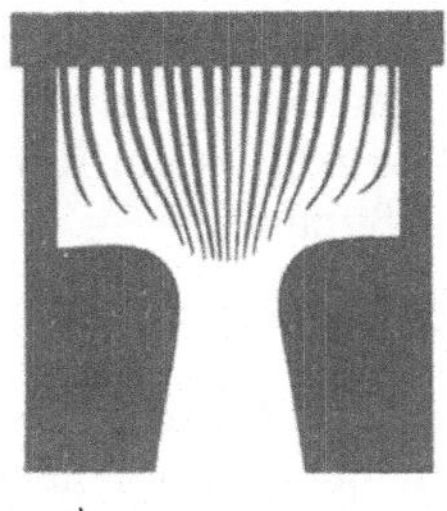

a)   b)

Bild 10.2. Strömung bei Eintritt in eine ver-
engte Stelle a) Beginn, b) weiterer Verlauf

Der zeitliche Ablauf der Strömung wird nun besonders einfach, wenn jedes Flüssigkeitsteilchen immer genau an die Stelle weiterrückt, an der sich das nächste auf derselben Stromlinie zuvor befand. Dann stimmen die Bahnen der Teilchen mit den Stromlinien überein.
Hält dieser Zustand längere Zeit an, so heißt die Strömung **stationär**. Im allgemeinen
ist dies bei langsamen Strömungen der Fall, in denen die Stromlinien dauernd ihre anfäng-
liche Form beibehalten.
Stromlinien lassen sich durch Aufstreuen von Aluminiumpulver auf die Oberfläche oder
Einbringen von Holzmehl oder gefärbten Flüssigkeitsfäden ins Innere der Flüssigkeit
leicht sichtbar machen.
Die Bilder 10.2a, b sind dadurch hergestellt, daß in eine schmale Kammer von oben her
langsam reines und aus einer Reihe von Düsen gefärbtes Wasser einfließt.
Strömungen im Innern von Flüssigkeiten aber sind Vorgänge im Raum. Sie lassen sich
übersichtlich zusammenfassen, wenn eine geschlossene Kurve, z. B. ein Kreis, senkrecht
zu den Stromlinien gelegt wird. Sie umfaßt dann eine **Stromröhre** (Bild 10.3), deren Mantel-

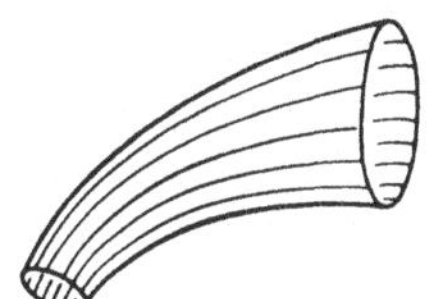

Bild 10.3. Stromröhre

fläche von Stromlinien gebildet wird. Ist der Querschnitt einer Stromröhre sehr klein, so
wird sie von einem **Stromfaden** durchflossen. Schließlich heißt das in einer bestimmten
Zeit durch den Querschnitt der Stromröhre fließende Volumen **Volumenstrom** $\dot{V}$.

**Der Volumenstrom ist der Quotient aus dem durch einen bestimmten Querschnitt
tretenden Flüssigkeitsvolumen und der dazu benötigten Zeitdauer.**

$$\boxed{\dot{V} = \frac{\Delta V}{\Delta t}} \qquad \textbf{Volumenstrom (mittlerer)} \qquad\qquad (10.1)$$

$$[\dot{V}] = \frac{[\Delta V]}{[\Delta t]} = \frac{\mathrm{m}^3}{\mathrm{s}} \qquad (\text{Kubikmeter je Sekunde})$$

Häufig verwendete SI-fremde Einheiten:

$$1 \ \mathrm{l/s} \ (\text{Liter je Sekunde}) = 10^{-3} \ \mathrm{m}^3/\mathrm{s},$$

$$1 \ \mathrm{m}^3/\mathrm{h} \ (\text{Kubikmeter je Stunde}) = 2{,}78 \cdot 10^{-4} \ \mathrm{m}^3/\mathrm{s}.$$

Bei einer genaueren Definition ist der Differenzenquotient wieder durch den Differentialquotienten zu ersetzen.
Die wichtigste Eigenschaft einer Stromröhre ist, daß keine Stromlinien in ihre Mantelfläche ein- oder austreten können. Sie kann also in Gedanken aus der Flüssigkeit heraus-

genommen und rechnerisch wie ein wirkliches Rohr behandelt werden. Da nun die Flüssigkeit nicht kompressibel ist, können innerhalb des Rohres nirgendwo Stauungen oder Verdünnungen auftreten. Es muß in einer bestimmten Zeit ebensoviel Flüssigkeit in ein Rohr eintreten, wie am anderen Ende herauskommt. Mit anderen Worten heißt das:

Der Volumenstrom ist an allen Stellen einer Stromröhre konstant. (10.2)

Es werde nun eine Stromröhre betrachtet, die nach Bild 10.4 zylindrische Form hat. Jedes Flüssigkeitsteilchen möge die Geschwindigkeit v haben. Ist die Front der vorrückenden Flüssigkeit zunächst in Stellung *1*, dann wird sie nach Ablauf der Zeit Δt bei *2* angelangt sein und dabei die Strecke $\Delta s = v\,\Delta t$ zurückgelegt haben. Dann hat in dieser Zeit ein Flüssigkeitszylinder vom Querschnitt A und der Länge $\Delta s = v\,\Delta t$ die Stelle *1* passiert. Wegen $\Delta V = Av\,\Delta t$ ist dann der Volumenstrom

$$\dot V = \frac{\Delta V}{\Delta t} = \frac{Av\,\Delta t}{\Delta t}$$

$$\boxed{\dot V = Av} \qquad \text{**Volumenstrom, fließend durch einen Querschnitt**} \qquad (10.3)$$

Jetzt wird ein Schritt weiter gegangen und an eine Stromröhre gedacht, die nach Bild 10.5 aus zwei Teilen mit den Querschnitten A_1 und A_2 besteht. Nach dem vorhin ausgesprochenen Satz 10.2 ist der Volumenstrom in beiden Rohrabschnitten gleich groß. Auf Grund der letzten Gleichung (10.3) ergibt sich damit sofort

$$\boxed{A_1 v_1 = A_2 v_2} \qquad \text{**Kontinuitätsgleichung**} \qquad (10.4)$$

In engen Rohren und schmalen Stellen eines Flußbettes herrschen demnach größere Strömungsgeschwindigkeiten als an weiten Stellen. Eine derartige Zunahme der Strömungsgeschwindigkeit ist am Stromlinienbild gut zu erkennen. Auf Bild 10.2b ist erkennbar, wie die Stromlinien im Gebiet zunehmender Geschwindigkeit enger zusammenrücken und in der langsamer werdenden Strömung wieder auseinandertreten.

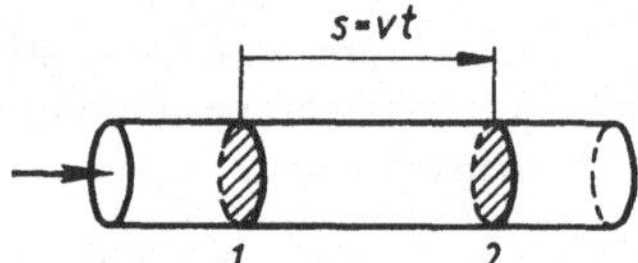

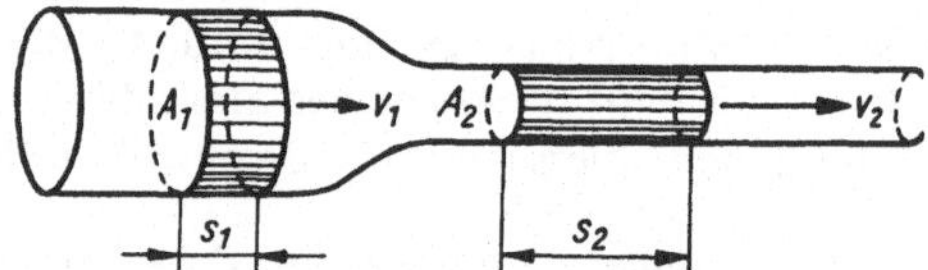

Bild 10.4. Strömung bei konstantem Querschnitt

Bild 10.5. Strömung bei veränderlichem Querschnitt

10.1.2 Gesetz von Bernoulli

Nach der Kontinuitätsgleichung (10.4) ändert die reibungsfrei durch eine Stromröhre gleitende Flüssigkeit bei jeder Veränderung des Querschnittes ihre Geschwindigkeit. Demnach muß auch ihre kinetische Energie zunehmen, wenn sich der Querschnitt verengt, und umgekehrt.

Wenn jedoch der Flüssigkeit von außen keine Energie zugeführt wird, muß die Frage auftauchen, woher dieser Energiezuwachs rühren mag. Aus einem etwa vorhandenen Gefälle herrührende potentielle Energie können wir von vornherein ausschließen, da wir uns hier nur auf horizontal verlaufende Stromröhren beschränken wollen.

Zweifellos kommt aber die Bewegung der Flüssigkeit nur zustande, wenn eine bestimmte Druckdifferenz vorhanden ist, die auf sie einwirkt. Hat dieser Druck im weiteren Teil der

Stromröhre zunächst den Wert p_1, so wirkt auf den Querschnitt eines betrachteten Volumenteils die Kraft $p_1 A_1$, die entsprechend der ·Geschwindigkeit v_1 das Volumenteil um die Strecke s_1 verschiebt (Bild 10.6). Dies entspricht der Arbeit $W_1 = p_1 A_1 s_1$. Im engeren Teil der Stromröhre legt dasselbe Volumen in der gleichen Zeit die Strecke s_2 zurück, was die Arbeit $W_2 = p_2 A_2 s_2$ ergibt. Da das Volumen V aber konstant bleibt, ist $V = A_1 s_1 = A_2 s_2$, so daß der Zuwachs an kinetischer Energie nur aus der Differenz der beiden Arbeiten $W_1 = p_1 V$ und $W_2 = p_2 V$ stammen kann.

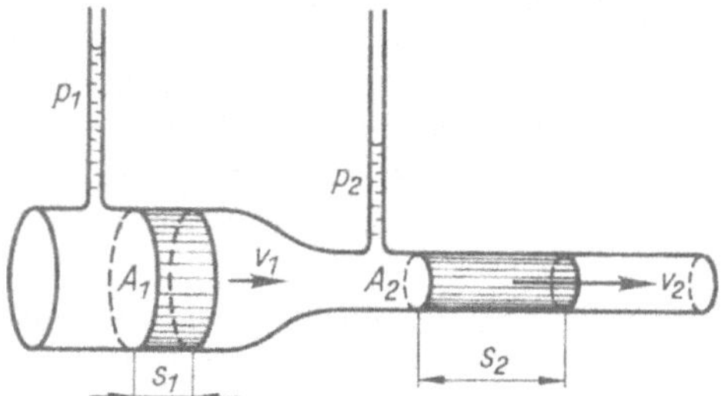

Bild 10.6. Arbeit des statischen Druckes

Es gilt also die Energiebilanz

$$V(p_1 - p_2) = \frac{m}{2} v_2^2 - \frac{m}{2} v_1^2.$$

Wird die Gleichung beiderseits durch V dividiert, so wird

$$p_1 - p_2 = \frac{\varrho}{2} v_2^2 - \frac{\varrho}{2} v_1^2 \quad \text{oder, anders geschrieben,}$$

$$p_1 + \frac{\varrho}{2} v_1^2 = p_2 + \frac{\varrho}{2} v_2^2. \tag{10.5}$$

Liegt die betrachtete Stromröhre nicht waagerecht, sondern geneigt, so ändert sich nicht nur die kinetische, sondern auch die potentielle Energie. Die Energiebilanz ist um das Glied $\Delta E_{\text{pot}} = mgh_1 - mgh_2$ zu ergänzen. Gleichung (10.5) nimmt dann die Form an:

$$p_1 + \frac{\varrho}{2} v_1^2 + \varrho g h_1 = p_2 + \frac{\varrho}{2} v_2^2 + \varrho g h_2.$$

Der Druck p wird als **statischer Druck** bezeichnet. Die Glieder $\varrho g h$ und $\frac{\varrho}{2} v^2$ haben ebenfalls die Dimension eines Druckes. Sie heißen **potentieller Druck** (oft auch hier Schweredruck genannt) und **dynamischer Druck** (= Staudruck).
Daß das zweite Glied die Einheit eines Druckes hat, ist erkennbar durch Einsetzen der Einheiten. Mit $[\varrho] = \dfrac{\text{kg}}{\text{m}^3}$ und $[v^2] = \dfrac{\text{m}^2}{\text{s}^2}$ wird die Einheit des Produktes

$$[\varrho v^2] = \frac{\text{kg}\,\text{m}^2}{\text{m}^3 \text{s}^2} = \frac{\text{kg}\,\text{m}}{\text{s}^2} \frac{1}{\text{m}^2} = \frac{\text{N}}{\text{m}^2} = \text{Pa} = [p].$$

Der statische Druck kann mit jedem Manometer gemessen werden, dessen Öffnung *parallel* zur Strömungsrichtung in die Strömung einmündet. Da gegen den jeweils vorhandenen Luftdruck gemessen wird, zeigt das Manometer den *statischen Überdruck* $p_{\text{Üstat}}$ an. Der Staudruck jedoch bestimmt weitgehend die Kraft, mit der die Strömung auf entgegenstehende Hindernisse wirkt. Allerdings kommt es dabei noch sehr auf die Form des Körpers an und damit, in welcher Weise die Flüssigkeit das Hindernis umströmt. Noch kürzer gefaßt lautet Gleichung (10.5)

$$\boxed{p + \frac{\varrho}{2}\,v^2 = \text{konst}}$$ **Gesetz von Bernoulli für horizontale Strömung**   (10.6)

oder in Worten:

Die Summe aus statischem und dynamischem Druck hat innerhalb einer Stromröhre stets den gleichen Wert.

Der wichtigste Inhalt des BERNOULLIschen Gesetzes besteht somit in der Klärung der in einer Strömung herrschenden Druckverhältnisse. Es zeigt vor allem auf, daß der *statische*, d. h. der mit einem Manometer meßbare **Druck** an allen Stellen einer Strömung *geringer* ist als dort, wo die Flüssigkeit ruht.

Solche ruhende Stellen treten auf, wenn ein festes Hindernis in die Strömung gestellt wird. Bild 10.7 zeigt z. B. den Querschnitt eines langsam umströmten Kreiszylinders. Die Stromlinien laufen ohne Unterbrechung um den Körper herum. An den beiden Stellen jedoch, wo sie senkrecht gegen die Oberfläche treffen, haben sie ein Ende. An der vorderen, der ankommenden Strömung zugewandten Seite liegt der **Staupunkt**. Hier und auch an seinem Gegenpunkt kann keine Strömung vorhanden sein. Wird Gleichung (10.5) auf den Staupunkt angewendet, so ist dort die Strömungsgeschwindigkeit $v_2 = 0$. Der statische Druck p_2 muß dann gleich der Summe aus dem statischen und dynamischen Druck $p_1 + \frac{\varrho}{2}\,v_1^2$ in der Strömung sein.

Diese Summe nennt man den **Gesamtdruck** p_0. Er ist der maximale Wert des in der Strömung möglichen statischen Druckes:

$$\boxed{p_0 = p + \frac{\varrho v^2}{2}}$$ **Gesamtdruck für horizontale Strömung**   (10.7)

Im Staupunkt einer Strömung hat der statische Druck seinen Maximalwert.

Bei einer schräg zur Strömung orientierten Platte (Bild 10.8) liegen der Staupunkt und sein Gegenpunkt unsymmetrisch. Die dort befindlichen Druckmaxima üben dann ein Drehmoment aus, das die Platte nicht etwa parallel, sondern rechtwinklig zur Strömung

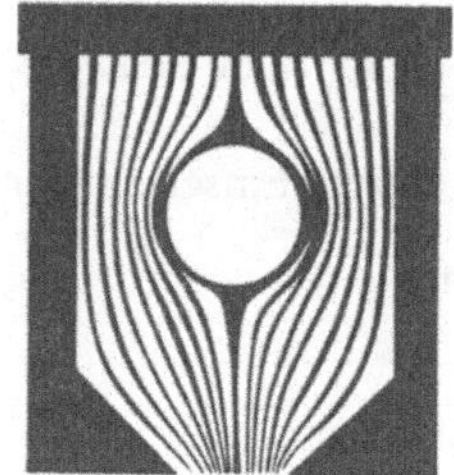

Bild 10.7. Langsame Strömung um einen Kreiszylinder

Bild 10.8. Strömung um eine schräge Platte

zu drehen sucht. Wird beispielsweise ein Blatt Papier in schräger **Anfangslage** losgelassen, so fällt es unter Schaukelbewegungen langsam zu Boden. Es pendelt um die waagerechte, d. h. rechtwinklig zur Strömung gerichtete stabile Lage hin und her.

10.1.3 Ausfluß aus Gefäßen

Strömt Flüssigkeit aus der Öffnung eines Behälters, so spricht man vom **Ausfluß**. Der Vorgang kann nur stattfinden, wenn der Druck *an der Öffnung niedriger* als im Innenraum ist. Im Innern des Gefäßes, wo die Flüssigkeit bzw. das Gas praktisch ruht, besteht der Gesamtdruck p_0. Gelangt der Strahl ins Freie, so unterliegt er dem dort bestehenden statischen Druck. Im freien Luftraum ist es der atmosphärische Luftdruck $p = p_{\mathrm{amb}}$. Hinzu kommt aber noch der dynamische Druck der Strömung. Daher ist Gleichung (10.7) unmittelbar anwendbar und liefert die Ausflußgleichung:

$$\boxed{v = \sqrt{\dfrac{2p_{\ddot{\mathrm{U}}}}{\varrho}}} \qquad \textbf{Ausströmgeschwindigkeit} \qquad\qquad (10.8)$$

Hierbei wurde der Überdruck $p_0 - p_{\mathrm{amb}}$ der Kürze halber mit $p_{\ddot{\mathrm{U}}}$ bezeichnet.
Das gleiche Gesetz gilt auch für oben offene Behälter, die unten einen Abfluß haben (Bild 10.9). Als Überdruck wirkt hier der Schweredruck der Flüssigkeit, der sich nach Gleichung (9.5) zu $\varrho g h$ ergibt. Nach Einsetzen dieses Ausdruckes in Gleichung (10.8) folgt das **Torricellische Ausflußgesetz**:

$$\boxed{v = \sqrt{2gh}} \qquad \textbf{Ausflußgeschwindigkeit} \qquad\qquad (10.9)$$

Bei experimenteller Prüfung der Gleichungen (10.8) und (10.9) ergeben sich jedoch für v weit kleinere Werte, und zwar vor allem aus zwei Gründen: Die innere Reibung (Zähigkeit) verursacht Verluste, die bei Wasser im Mittel 3 % ausmachen. Noch mehr ins Gewicht fällt die Einschnürung des Strahls, besonders wenn die Öffnung nicht abgerundet, sondern scharfkantig in dünner Wand sitzt. Je nach Form und Lage der Öffnung ergeben sich dann bestimmte Ausflußzahlen μ, so daß $v = \mu\sqrt{2gh}$ ist. (Bei scharfkantiger Öffnung in dünner Wand ist $\mu = 0{,}60$ bis $0{,}64$.)

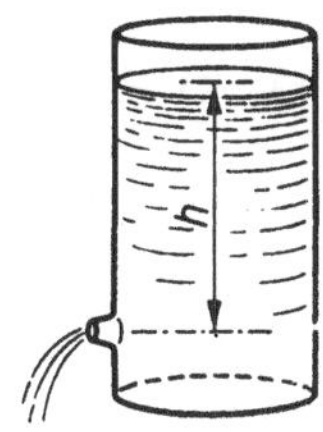

Bild 10.9. Ausfluß und Druckhöhe

Eine Anwendung der Ausflußgleichung (10.8) ist das **Bunsensche Effusiometer** (Bild 10.10), mit dem die Dichte von Gasen schnell miteinander verglichen werden kann. Hierzu dient ein Glaszylinder G, der oben eine durch einen Hahn verschließbare feine Öffnung O_2 hat. Er steht in einem Gefäß mit Quecksilber oder Paraffinöl. Das eingeschlossene Gas steht somit unter dem Schweredruck der Flüssigkeit am Grunde des Zylinders. Wird der Hahn H geöffnet, so füllt sich der Zylinder von unten her mit Flüssigkeit und verdrängt das oben ausströmende Gas.
Zunächst wird der Apparat mit Luft gefüllt und der Zeitabstand festgestellt, mit dem zwei am Schwimmer angebrachte Marken M_1 und M_2 einen am Zylinder G angebrachten Strich passieren. Die Dichte der Luft wird mit $\varrho_1 = \varrho_{\mathrm{n}} = 1{,}293$ kg/m³ (d. h. im Normalzustand) als gegeben angesehen. In einem zweiten Versuch wird der Meßzylinder mit dem zu untersuchenden Gas gefüllt. Werden aus der Gleichung (10.8) die Quadrate der Ausström-

geschwindigkeiten gebildet, so folgt

$$\frac{v_1^2}{v_2^2} = \frac{\varrho_2}{\varrho_1}.$$

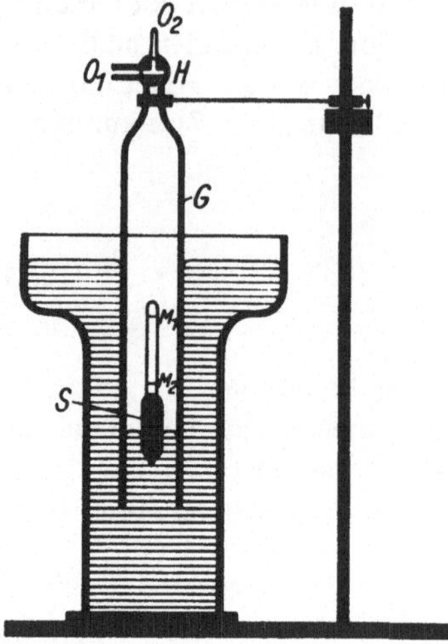

Bild 10.10. Apparat zur Bestimmung der Gasdichte

Diese stehen im umgekehrten Verhältnis wie die Quadrate der Ausströmzeiten. Es ist daher

$$\frac{\varrho_1}{\varrho_2} = \frac{t_1^2}{t_2^2} \quad \text{bzw.} \quad \varrho_1 = \varrho_2 \frac{t_2^2}{t_1^2}.$$

10.1.4 Weitere Anwendungen der Bernoullischen Gleichung

In einer freien Luftströmung ist der statische Druck stets kleiner als derjenige in der umgebenden ruhenden Luft. Das führt zu manchmal paradox anmutenden Erscheinungen. Wird in ein Rohr mit abgeflachter Ausmündung geblasen, so hebt sich ein davor gehaltenes Blatt flatternd gegen die Öffnung (Bild 10.11). Die Tragflügel der Flugzeuge sind an der Oberseite gewölbt (Bild 10.12). Dadurch ist die Strömungsgeschwindigkeit dort größer als an der Unterseite. Die Differenz der statischen Drücke bewirkt einen zusätzlichen *dynamischen Auftrieb.*
Beim **Zerstäuber** erzeugt der Luftstrom über einer Düse statischen Unterdruck, der die Flüssigkeit im Saugröhrchen anhebt. Am Düsenrand wird sie dann in kleine Tröpfchen zerrissen.
Zum **Heben von Wasser** kann ein zur Verfügung stehender Wasserstrom benutzt werden, der durch ein taillenförmig eingeengtes Rohr fließt (Bild 10.13). Hier ist der statische Druck kleiner als der Luftdruck. Eine Abzweigung wirkt als Saugrohr.
Zur einfachen Herstellung luftverdünnter Räume dient die **Wasserstrahlpumpe** (Bild 10.14). Ein schneller Wasserstrahl S fließt in die trichterartige Düse D. Die am freien Teil des Strahls anhaftende Luftschicht nimmt infolge der inneren Reibung (Bild 10.20) auch die benachbarten Luftschichten mit, wodurch eine Zone statischen Unterdrucks entsteht. Bei Wasserdampf als Treibmittel werden etwa 2 hPa erreicht, bei Verwendung von Quecksilberdampf kommt man bis auf 1 Pa.
Auf dem BERNOULLISchen Gesetz beruhen auch einige im Bau sehr einfache Strömungsmeßgeräte.

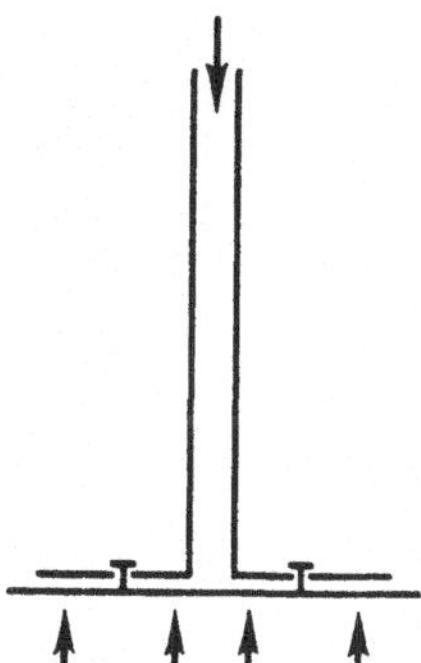

Bild 10.11. Der Luftstrom saugt das Blatt an

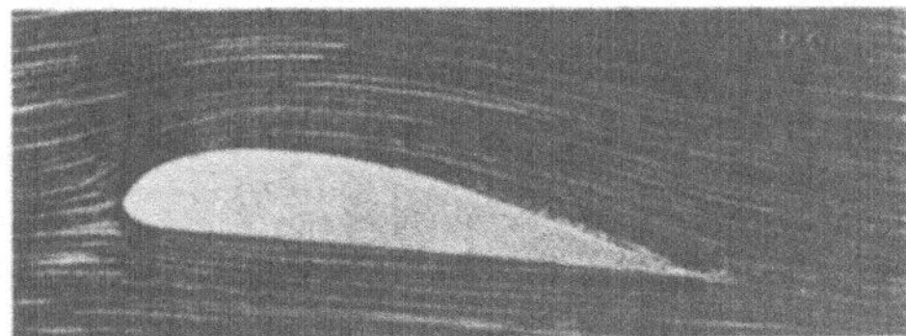

Bild 10.12. Tragflügelprofil

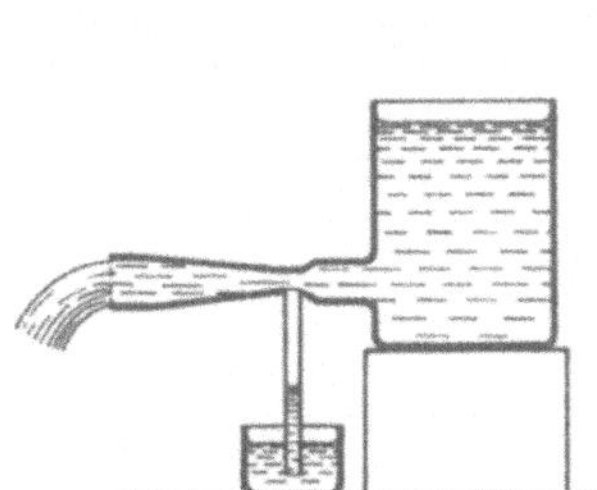

Bild 10.13. Heben von Wasser

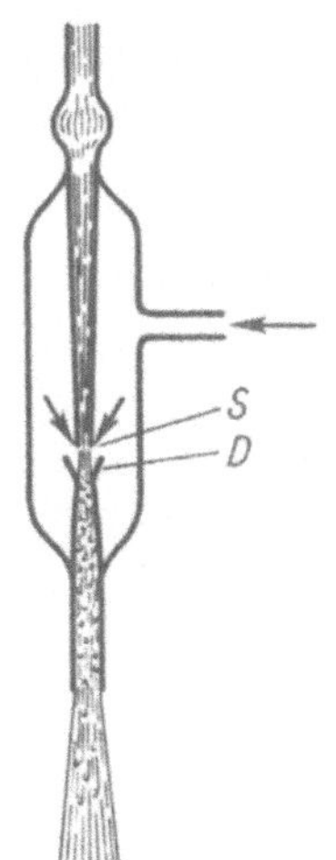

Bild 10.14. Wasserstrahlpumpe

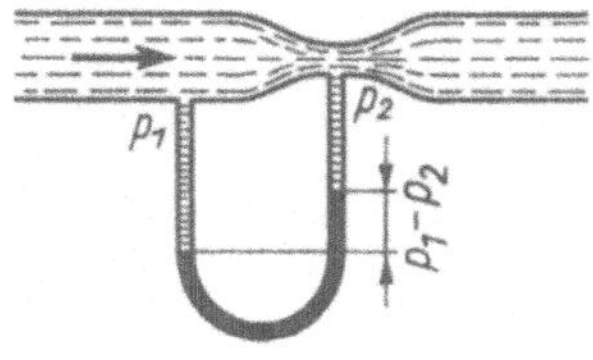

Bild 10.15. VENTURI-Rohr für Gasströmung

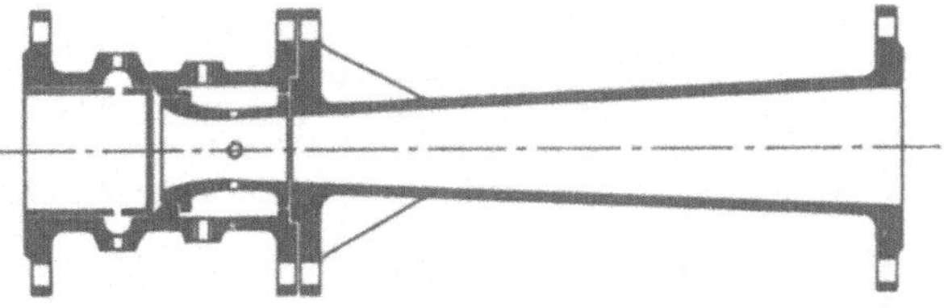

Bild 10.16. Technische Ausführung eines VENTURI-Rohres

Das **Venturi-Rohr** ist ein eingeschnürtes Rohr, dessen seitliche Ansätze ein Manometer verbindet (Bild 10.15). Das Manometer zeigt den Unterschied der statischen Drücke p_1 und p_2 an. Das VENTURI-Rohr dient auch zur Messung großer Volumenströme in Wasserwerken, wobei der Druckunterschied die Geschwindigkeit anzeigt (Bild 10.16).

Das **Pitot-Rohr** ist ein in die Strömung hineinragendes Rohr (Bild 10.17) dessen Mündung *quer* zur Strömung gerichtet ist. Die Strömung staut sich vor dessen Öffnung O, so daß dort die Geschwindigkeit gleich Null ist. Nach dem BERNOULLIschen Gesetz ist hier der Druck gleich dem der vor der Rohrmündung ruhenden Flüssigkeit. Das PITOT-Rohr mißt demnach den Gesamtdruck $p_0 = p + \dfrac{\varrho v^2}{2}$ nach Gleichung (10.7) gegen den jeweils am Meßort vorhandenen Luftdruck, also den *Gesamt-Überdruck* $p_0 - p_{amb} = p_{\ddot{U},0}$.

Das **Prandtlsche Staurohr** wird besonders zur Messung von Luftströmungen verwendet (Bild 10.18). An der Staudüse D besteht, wie beim PITOT-Rohr, der Gesamtdruck p_0, während die an der Oberfläche des Meßkörpers ausmündenden Düsen S den in der Strömung

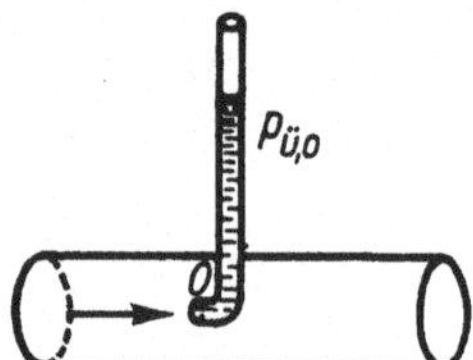

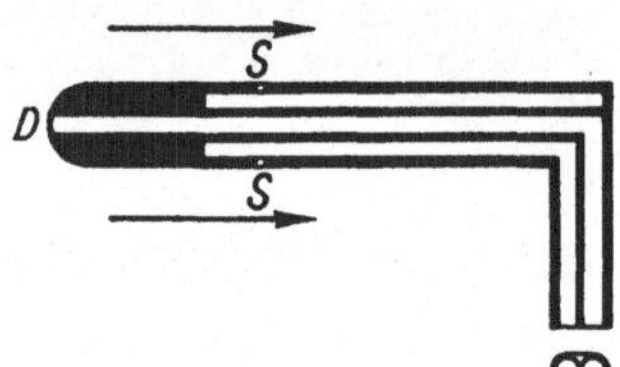

Bild 10.17. PITOT-Rohr   Bild 10.18. PRANDTLsches Staurohr

herrschenden statischen Druck p anzeigen. Sowohl die Düsen S als auch D werden mit den beiden Schenkeln eines Manometers verbunden, das die Druckdifferenz $p = p_{\ddot{U},0}$ $- p_{\ddot{U}\,stat} = p_0 - p$ anzeigt. Diese aber ist nach Gleichung (10.7) $p_0 - p = \dfrac{\varrho v^2}{2}$. Das PRANDTLsche Staurohr mißt deshalb unmittelbar den *Staudruck* p_{dyn}, unabhängig vom jeweils vorhandenen Luftdruck.

Beispiele: 1. Der Querschnitt eines VENTURI-Rohres verengt sich auf 1/4, die Quecksilberspiegel in den beiden Schenkeln des Manometers haben einen Höhenunterschied von 36 mm. Welche Druckdifferenz zeigt das Manometer an, und mit welcher Eintrittsgeschwindigkeit strömt das Wasser? – Die Druckdifferenz ergibt sich aus (9.5) zu $\Delta p = \varrho_Q g h$. Mit der Quecksilberdichte $\varrho_Q = 13{,}6$ g/cm^3 wird

$$\Delta p = \frac{13{,}6 \cdot 10^3\,\text{kg} \cdot 9{,}81\,\text{m} \cdot 0{,}036\,\text{m}}{\text{m}^3 \qquad \text{s}^2} = 4{,}8\,\text{kPa}.$$

Nach der Kontinuitätsgleichung (10.4) strömt das Wasser an der engen Stelle mit der Geschwindigkeit $v_2 = \dfrac{A_1}{A_2}\,v_1 = 4v_1$, wenn v_1 die Eintrittsgeschwindigkeit bezeichnet.

Damit ist wegen (10.5)

$$\Delta p = p_1 - p_2 = \frac{\varrho_w}{2}\,(v_2^2 - v_1^2) = \frac{\varrho_w}{2} \cdot 15 v_1^2 \quad \text{bzw.}$$

$$v_1 = \sqrt{\frac{2}{15}\,\frac{\Delta p}{\varrho_w}} = \sqrt{\frac{2 \cdot 4{,}8 \cdot 10^3\,\text{N}\,\text{m}^3}{15 \cdot \text{m}^2 \cdot 1 \cdot 10^3\,\text{kg}}} = 0{,}80\,\text{m/s}.$$

2. Das an ein PRANDTLsches Staurohr angeschlossene Wassermanometer zeigt eine Druckdifferenz $\Delta p = 88{,}3$ Pa an. Welche Geschwindigkeit hat der anströmende Wind? – Wegen $\Delta p = \dfrac{\varrho}{2}\,v^2$ ist

$$v = \sqrt{\frac{2\,\Delta p}{\varrho}}.$$

Mit der Luftdichte $\varrho = 1{,}29\ \text{kg/m}^3$ folgt

$$v = \sqrt{\frac{2 \cdot 88{,}3\ \text{kg m}^3}{\text{m s}^2 \cdot 1{,}29\ \text{kg}}} = 11{,}7\ \text{m/s}.$$

10.2 Strömungen mit Reibung

10.2.1 Innere Reibung

Nicht nur zwischen festen Körpern, sondern auch bei der Bewegung von Flüssigkeiten und Gasen treten Reibungskräfte auf. Sie werden durch die den einzelnen Teilchen aufgezwungene gegenseitige Bewegung verursacht und unter dem Begriff der **inneren Reibung** zusammengefaßt. Beim Wasser ist sie nicht so auffällig wie bei dickflüssigen Ölen, Sirup oder Pech, deren Viskosität (Zähflüssigkeit) bedeutend größer ist.

Um den Begriff der inneren Reibung zu klären, wird eine dünne ebene Platte, z. B. eine Messerklinge, in eine *zähe* Flüssigkeit, etwa Leim oder Sirup, getaucht. Wird die Platte parallel zu sich selbst herausgezogen, so ist ein deutlicher Widerstand zu verspüren (Bild 10.19). Er wird durch die **Reibungskraft** F_R verursacht, die der Bewegungsrichtung

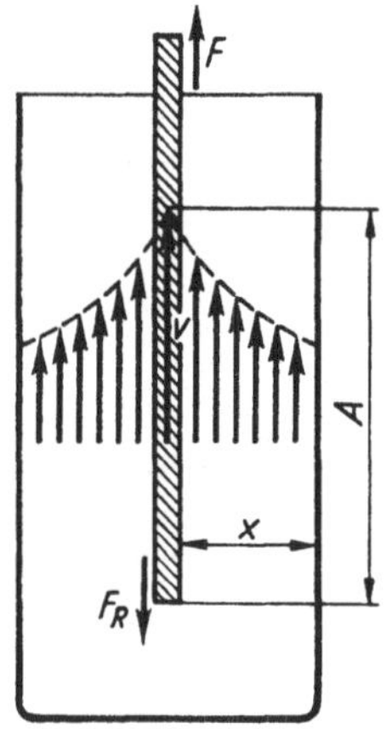

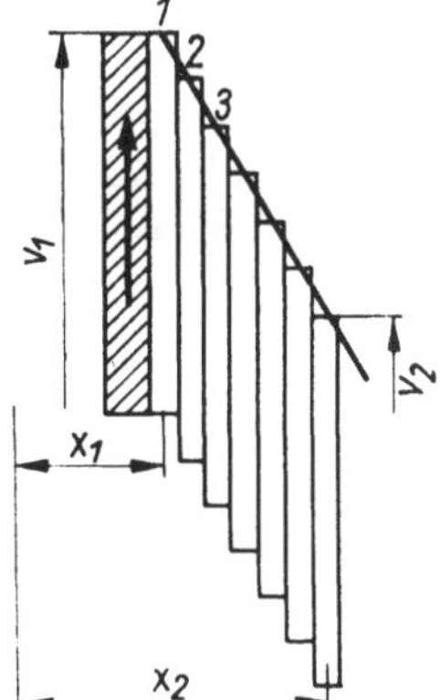

Bild 10.19. Bewegung einer Platte in zäher Flüssigkeit

Bild 10.20. Zur Entstehung der inneren Reibung

entgegengesetzt ist. Andererseits ist erkennbar, daß zwischen der Platte und der unmittelbar angrenzenden Flüssigkeit keine Reibung auftreten kann; denn unmittelbar an der Platte bildet sich eine relativ zur Platte ruhende, fest anliegende Flüssigkeitshaut. Beiderseits dieser Haut wird die Flüssigkeit von der Platte nur noch zum Teil mitgenommen, in größerer Entfernung von der Platte verbleibt die Flüssigkeit in Ruhe.

Die Schicht, in der eine Mitnahme der Flüssigkeit erfolgt, heißt **Grenzschicht**.

Nun ist vorstellbar, daß diese Grenzschicht wiederum aus einzelnen parallel zur Bewegungsrichtung verlaufenden Schichten besteht. Diese können aufeinandergleiten, wie etwa die glatten Blätter eines Kartenspiels. Auf Bild 10.20 hat also die an der bewegten Platte haftende Schicht *1* die gleiche Geschwindigkeit v_1 wie die Platte selbst. Wegen der zwischen den Schichten vorhandenen Reibung wird die nächste Schicht *2* von der Schicht *1* teilweise (aber nicht vollständig!) mitgenommen und bleibt daher hinter Schicht *1* zurück. Ihre Geschwindigkeit ist um einen kleinen Betrag geringer als die von Schicht *1*. Durch dieses Zurückbleiben übt sie auf die Bewegung der Platte einen hemmenden Einfluß aus. Schicht *3* bleibt wiederum hinter Schicht *2* zurück usw. So nimmt die Geschwindigkeit von Schicht zu Schicht ab, so daß die letzte Schicht nur noch die Geschwindigkeit $v_2 < v_1$ hat.

Die Erfahrung zeigt nun, daß die Reibungskraft um so größer wird, je schneller die Platte relativ zur Flüssigkeit bewegt wird. Soll ein Messer rasch aus einem Honigglas herausgezogen werden, kann es beispielsweise geschehen, daß das ganze Glas mitgenommen wird. Die Relativgeschwindigkeit gegenüber einer willkürlich herausgegriffenen Schicht nimmt aber mit wachsendem Abstand x von der Platte immer mehr zu. Um trotzdem ein eindeutiges Maß dafür zu haben, wird daher eine Größe benötigt, die von diesem Abstand unabhängig ist. Diese ist das (mittlere)

Geschwindigkeitsgefälle $\dfrac{\Delta v}{\Delta x}$.

Auf Bild 10.20 ist angenommen, daß die Geschwindigkeit mit zunehmender Entfernung von der bewegten Platte linear abfällt. In diesem einfachen Fall verteilt sich die gesamte Geschwindigkeitsabnahme $v_1 - v_2$ auf die gesamte Schichthöhe $x_1 - x_2$. Das Geschwindigkeitsgefälle ist daher durch den Ausdruck

$$\frac{v_1 - v_2}{x_1 - x_2}$$

gegeben. Dieser Differenzenquotient ist im ganzen Bereich der Grenzschicht konstant. Es kann daher gesagt werden, daß die von der inneren Reibung verursachte Gegenkraft diesem Geschwindigkeitsgefälle proportional ist. Außerdem muß die Reibungskraft noch der Fläche A proportional sein, mit der die bewegte Platte die Flüssigkeit berührt. Der Proportionalitätsfaktor schließlich, der die charakteristische stoffliche Eigenart der Flüssigkeit berücksichtigt, ist die **(dynamische) Zähigkeit oder Viskosität** η. Somit entsteht

$$F_R = \eta A \frac{\Delta v}{\Delta x}.$$

Das Geschwindigkeitsgefälle braucht nicht notwendig linear zu verlaufen. Die Oberfläche der von der Platte mitgenommenen Flüssigkeit kann z. B. wie auf Bild 10.19 auch gekrümmt sein. Dann wird das Geschwindigkeitsgefälle besser durch den Differentialquotienten beschrieben. Allgemeingültiger lautet das **Newtonsche Reibungsgesetz**:

$$\boxed{F_R = \eta A \frac{\mathrm{d}v}{\mathrm{d}x}}\qquad \text{**Betrag der Reibungskraft**}\atop\text{**zwischen Flüssigkeitsschichten**} \tag{10.10}$$

Zähigkeit einiger Stoffe

Stoff	Temperatur in °C	Dynamische Viskosität in mPa s
Luft	0	0,0171
Luft	20	0,0181
Wasser	0	1,8
Wasser	20	1,0
Wasser	98	0,3
Ethanol (Alkohol)	20	1,2
Diethylether (Äther)	20	0,26
Propantriol (Glyzerin)	20	860
Schmieröl, dick	20	350 ... 3000
Pech	20	ca. $30 \cdot 10^9$
Wasserstoff	0	0,00857

Dabei bedeutet dv den Geschwindigkeitsunterschied benachbarter Flüssigkeitsschichten, x die Koordinate senkrecht zu den Schichten und damit dv/dx das Geschwindigkeitsgefälle in x-Richtung. Die Einheit der dynamischen Viskosität folgt aus der Gleichung

$$[\eta] = \frac{[F]\,[dx]}{[A]\,[dv]} = \frac{N\,m\,s}{m^2\,m} = \frac{N\,s}{m^2} = Pa\ s\ \text{(Pascalsekunde)}.$$

Ungesetzliche Einheit: 1 cP (Zentipoise) $= 10^{-3}$ Pa s.

Zur direkten Messung der dynamischen Zähigkeit dient u. a. das **Höppler-Viskosimeter** (Bild 10.21). Sein Hauptteil ist eine genau kalibrierte, etwas schräg stehende Glasröhre, die mit der zu messenden Flüssigkeit gefüllt wird. Durch ihre eigene Gewichtskraft sinkt eine Kugel nach unten. Gemessen wird die Sinkgeschwindigkeit zwischen zwei angebrachten Marken, die nach (10.13) ein unmittelbares Maß für die Viskosität ist. Durch Verwendung von Kugeln verschiedenen Durchmessers ist der Meßbereich außerordentlich groß ($10^{-5} \dots 10^3$ Pa s), so daß die Viskosität von Gasen und auch von sehr zähen Flüssigkeiten und Pasten bestimmt werden kann.

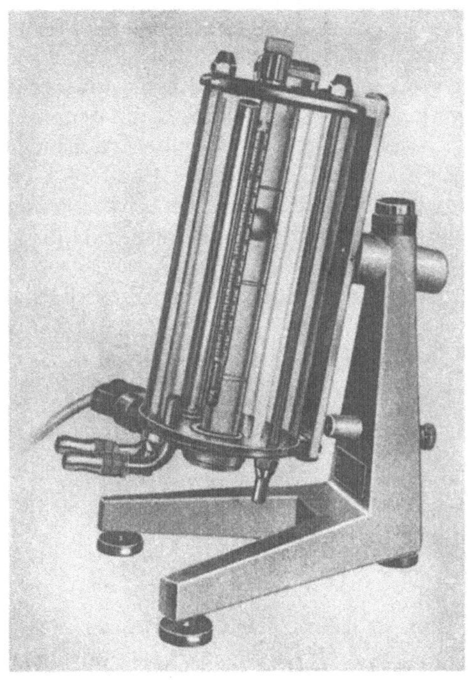

Bild 10.21. HÖPPLER-Viskosimeter

10.2.2 Anwendungen des Reibungsgesetzes

Die gedankliche Zerlegung der Flüssigkeit in einzelne, parallel aufeinander gleitende Schichten spiegelt sich auch im äußeren Aussehen vieler Strömungen wider. So ist auf den Bildern 10.7 und 10.8 das Aneinandervorbeigleiten der Schichten deutlich zu sehen. Derartige Strömungen bilden sich in allen langsam fließenden Flüssigkeiten und Gasen aus. Sie heißen daher **Schichten-** oder **laminare Strömungen**. In solchen Fällen läßt sich das NEWTONsche Reibungsgesetz anwenden.

Von großer praktischer Bedeutung ist z. B. die Berechnung der durch ein Rohr fließenden Flüssigkeitsmenge. Sie muß zweifellos durch die innere Reibung stark beeinflußt werden; denn diese bedeutet einen mehr oder weniger großen Energieverlust, der proportional mit der Rohrlänge anwachsen muß. Das läßt sich sehr anschaulich mit einer längeren, horizontal liegenden Röhre zeigen, die nach Bild 10.22 mit einem Wasserbehälter verbunden ist. In gleich großen Abständen zweigen Steigröhren ab, die als Druckmesser dienen.

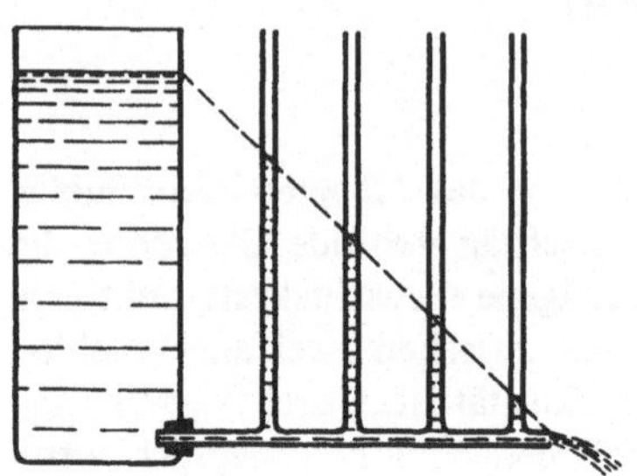

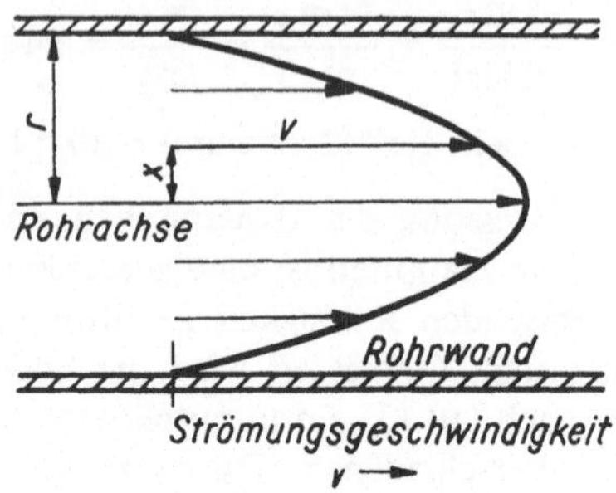

Bild 10.22. Verlust an potentieller Energie durch innere Reibung

Bild 10.23. Geschwindigkeitsverteilung der laminaren Strömung durch ein Rohr; Längsschnitt durch die Rohrachse

Nach der Kontinuitätsgleichung (10.4) muß bei konstantem Rohrquerschnitt die Strömungsgeschwindigkeit in allen Rohrabschnitten gleich groß sein. Dann ist auch die kinetische Energie überall konstant. Ein längs des Rohres eintretender Energieverlust kann dann nur auf Kosten der potentiellen Energie gehen. Diese ist aber durch den jeweils herrschenden Druck gegeben. Die angesetzten Manometer zeigen in der Tat, daß der statische Druck bis zur Rohrmündung linear abfällt. Die BERNOULLIsche Gleichung, nach der bei konstanter Geschwindigkeit auch der statische Druck konstant bleiben muß, trifft hier nicht zu. Sie gilt nur für reibungsfreie Strömungen!

Der im Rohr auftretende Volumenstrom $\dot{V}$ läßt sich nur unter Einbeziehung der Viskosität und der Rohrlänge berechnen. Für den Fall, daß es sich um enge und inwendig glatte Rohre mit laminarer Strömung handelt (Bild 10.23), gilt das **Gesetz von Hagen-Poiseuille:**

$$\dot{V} = \frac{\pi r^4 \, \Delta p}{8 \eta l}$$ **Volumenstrom bei laminarer Strömung im Rohr**   (10.11)

Hierbei bedeutet Δp die Druckdifferenz $p_1 - p_2$ zwischen den beiden Rohrenden, r den Rohrradius und l die Rohrlänge.

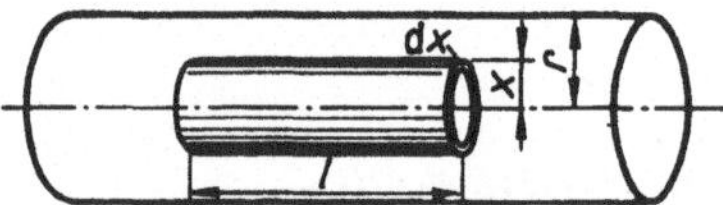

Bild 10.24. Zur Herleitung des HAGEN-POISEUILLEschen Gesetzes

Herleitung: Es wird aus der Strömung ein kleiner Zylinder vom Radius x und der Länge l herausgeschnitten (Bild 10.24). Auf seinen Querschnitt wirkt die Kraft $\pi x^2 (p_1 - p_2)$. Sie steht im Gleichgewicht mit der längs der Mantelfläche wirkenden Reibungskraft (10.10) $F_\mathrm{R} = \eta \dfrac{\mathrm{d}v}{\mathrm{d}x} \cdot 2\pi x l$. Nach Gleichsetzen beider Kräfte wird

$$\mathrm{d}v = \frac{(p_1 - p_2)\, x}{2 \eta l} \, \mathrm{d}x.$$

Zwischen den Grenzen x und r integriert, ergibt sich die Geschwindigkeit v als Funktion des Abstandes x von der Achse:

$$v = \frac{(p_1 - p_2)\,(r^2 - x^2)}{4 \eta l}.$$

Durch eine kleine Ringfläche dA vom Radius x und der Breite dx fließt der Volumenstrom

$$d\dot{V} = v\,dA = \frac{(p_1 - p_2)(r^2 - x^2)}{4\eta l} \cdot 2\pi x\,dx,$$

was, zwischen den Grenzen 0 und r integriert, Gleichung (10.11) ergibt.

Auch sehr kleine Kugeln werden beim Absinken in einer Flüssigkeit oder in Luft von einer Schichtenströmung umflossen (Nebeltröpfchen!). Für den **Widerstand** F_W, d. i. die Kraft, die auf die bewegte Kugel einwirkt, gilt das **Stokessche Gesetz**:

$$\boxed{F_W = 6\pi\eta v r} \qquad \textbf{Widerstandskraft auf laminar umströmte Kugel} \qquad (10.12)$$

Hier bedeutet v die Geschwindigkeit der bewegten Kugel und r den Kugelradius. Die Herleitung erfordert schwierige mathematische Rechnungen. Das Gesetz ist u. a. von Bedeutung für die Absetzgeschwindigkeit von in Flüssigkeiten aufgeschlämmten Stoffen, die dann mehr oder weniger schnell **sedimentieren** (zu Boden sinken).
Es läßt sich daraus auch die Fallgeschwindigkeit v berechnen, wenn die Dichte ϱ_1 der Teilchen und die der Flüssigkeit ϱ_2 bekannt sind. Die Gewichtskraft eines kugelförmig angenommenen Teilchens ist dann $Vg(\varrho_1 - \varrho_2)$ und gleich der Widerstandskraft (10.12). Deshalb ist

$$\frac{g(\varrho_1 - \varrho_2) \cdot 4\pi r^3}{3} = 6\pi\eta v r.$$

Damit wird

$$\boxed{v = \frac{2(\varrho_1 - \varrho_2)\,g r^2}{9\eta}} \qquad \textbf{Sinkgeschwindigkeit einer kleinen Kugel} \qquad (10.13)$$

Beispiele: 1. Eine Staumauer hat 1,5 m unter dem Spiegel eine röhrenförmige Öffnung von 2 mm Radius und 2 m Länge. Wieviel Wasser von 20 °C geht hierdurch an einem Tag verloren? – Mit dem Schweredruck (9.5) $p = \varrho g h$ für die Druckdifferenz Δp in (10.11) folgt $\dot{V} = \dfrac{\pi r^4 \varrho g h}{8\eta l}$ bzw. $V = \dfrac{\pi r^4 \varrho g h}{8\eta l} \cdot t$ wegen (10.1). Mit der Viskosität $\eta = 1$ mPa s (s. Tabelle) ergibt sich das verlorengehende Wasservolumen zu

$$V = \frac{(2 \cdot 10^{-3})^4\,\text{m}^4 \cdot 10^3\,\text{kg/m}^3 \cdot 9,81\,\text{m/s}^2 \cdot 1,5\,\text{m} \cdot 86\,400\,\text{s}}{8 \cdot 10^{-3}\,\text{Pa} \cdot 2\,\text{m}} = 4\,\text{m}^3.$$

2. Berechne die Sinkgeschwindigkeit von Sandkörnchen ($r = 1\,\mu\text{m}$) in Wasser von 20 °C. – Es ist $\varrho_2 = 1$ g/cm^3, $\varrho_1 = 2,65$ g/cm^3 und wiederum $\eta = 1$ mPa s. Aus (10.13) folgt nach Einsetzen dieser Werte

$$v = \frac{2\,(2650 - 1000)\,\text{kg} \cdot 9,81\,\text{m} \cdot 10^{-12}\,\text{m}^2\,\text{m}^2}{\text{m}^3\,\text{s}^2 \cdot 9 \cdot 0,001\,\text{N s}}$$

$$= 3,6 \cdot 10^{-6}\,\text{m/s} = 3,6\,\mu\text{m/s}.$$

Hieraus ist zu erkennen, wie langsam sich derartig feine Teilchen zu Boden setzen. In den Zentrifugen wirkt statt der Gewichtskraft die viel größere Zentrifugalkraft. Auf diese Weise können selbst feinste Aufschwemmungen von der Flüssigkeit getrennt werden.

10.2.3 Grenzschicht und Wirbelbildung

Bei den letzten Betrachtungen stand die innere Reibung der Flüssigkeit im Vordergrund. Die zur Bewegung der Flüssigkeit selbst erforderlichen Kräfte wurden dagegen vernachlässigt. Bei langsamen Strömungen ist dies auch statthaft, da die zur Überwindung der Trägheit erforderliche Energie gegenüber der Reibungsarbeit nicht ins Gewicht fällt. Bei raschen Strömungen tritt jedoch eine neue Erscheinung auf. Es bilden sich spiralige **Wirbel**, die als zusätzliche Flüssigkeitsbewegungen eine Vergrößerung des Strömungswiderstandes bewirken. Wirbel sind starke Energieverbraucher, da die in ihnen enthaltene Flüssigkeit sehr rasch in kreisende Bewegung versetzt werden muß.

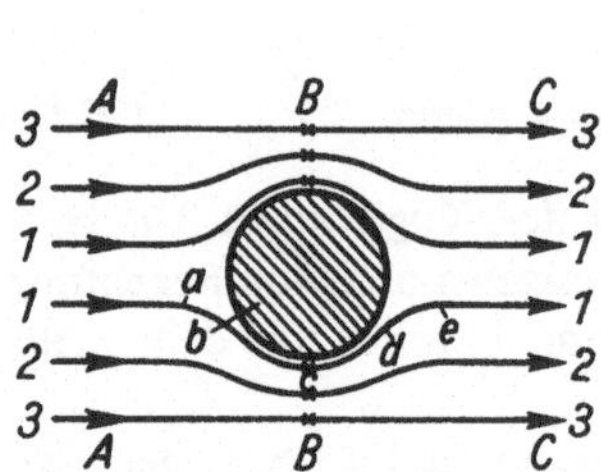

Bild 10.25. Strömung um einen Kreiszylinder

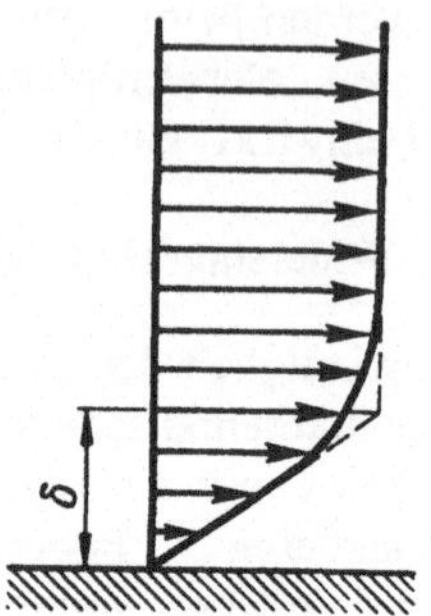

Bild 10.26. Geschwindigkeitsgefälle in einer Grenzschicht

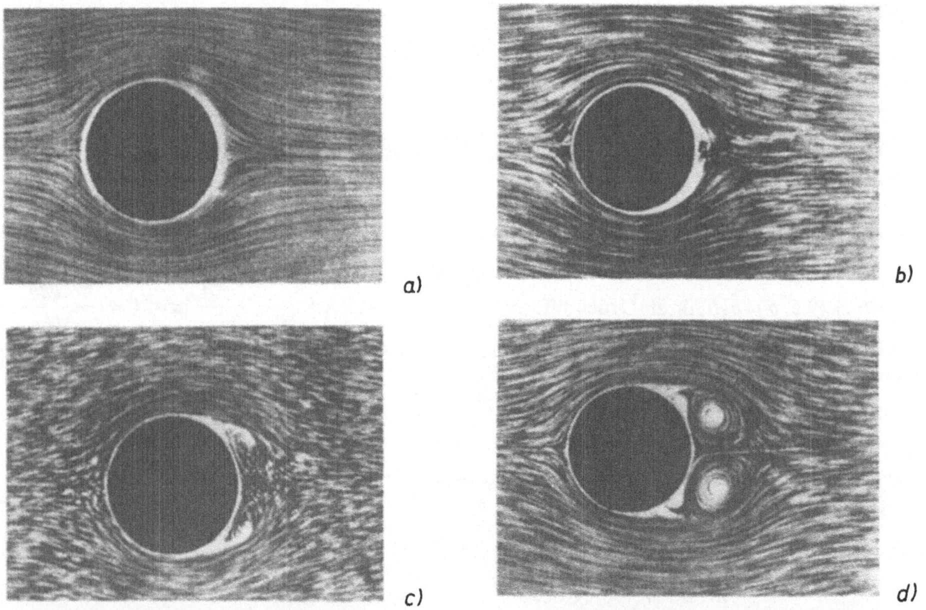

a)

b)

c)

d)

e)

f)

Bild 10.27. Entstehung von Wirbeln hinter einem umströmten Kreiszylinder

In besonderem Maße treten solche Wirbel an umströmten festen Körpern auf. Dabei ist es gleichgültig, ob ein ruhender Körper von der Flüssigkeit umströmt wird oder ob sich der Körper durch die ruhende Flüssigkeit bewegt. Experimentell einfacher läßt sich der erste Fall untersuchen. Als Beispiel diene zunächst nach Bild 10.25 ein in der Strömung ruhender Kreiszylinder.

An seiner Oberfläche haftet eine Haut unbewegter Flüssigkeit. Von hier aus beginnt die schon in 10.2.1 erwähnte **Grenzschicht**, in der die Strömungsgeschwindigkeit vom Wert 0 bis zu ihrem Endwert in der freien Strömung zunimmt. Auf Bild 10.26 ist die Dicke der Grenzschicht mit δ angegeben. Im Gegensatz zu Bild 10.19 nimmt hier die Geschwindigkeit der Strömung gegen die feste Oberfläche hin ab. Ein dieser Grenzschicht angehörendes Flüssigkeitsteilchen steht sowohl unter der beschleunigenden Wirkung der freien Strömung als auch unter dem bremsenden Einfluß der Wand. Es möge sich dabei längs der Stromlinie *1* bewegen (Bild 10.25).

Wird die Stromlinie *1* verfolgt, so nimmt von a) bis c) die Geschwindigkeit v zu und der statische Druck ab. Das Teilchen wird in das Druckgefälle hineingezogen. Von c) an nimmt v ab und der statische Druck wieder zu. Das Teilchen muß nun gegen erhöhten Druck anlaufen und würde ohne weiteres bis e) kommen, wenn seine bis c) erreichte kinetische Energie voll erhalten bliebe. Infolge der Bremsung in der Grenzschicht wird ihm aber Energie entzogen. Es vermag nicht bis e) zu gelangen. Es kommt vorzeitig zur Ruhe, und etwa bei d) sammelt sich eine Schicht ruhender Flüssigkeit an. Die darübergleitenden schnelleren Schichten bewirken daher ein Einrollen der steckenbleibenden Grenzschicht nach der Wand zu, es entsteht eine Drehbewegung im Linkssinn, d. h. ein kleiner Wirbel. Dieser wandert mit der Strömung, neue Wirbel bilden sich und wachsen. Sie lösen sich schließlich los und schwimmen mit der Strömung davon. Die vorher anliegende Strömung reißt ab, indem die Stromlinien um die verwirbelte Zone herum ausbiegen (Bild 10.27). Auf diese Weise zieht jeder bewegte Körper ein verwirbeltes Feld, eine **Wirbelstraße**, hinter sich her.

10.2.4 Strömungswiderstand von Körpern

Die soeben geschilderte Wirbelbildung zusammen mit der inneren Reibung bedeutet, daß ein Körper nur unter Energieaufwand in einer Flüssigkeit bewegt werden kann. Das äußert sich in einer der Bewegung entgegenwirkenden Kraft, dem **Strömungswiderstand**. Einen ersten Anhaltspunkt für die Größe dieser Kraft liefert der folgende, ursprünglich von NEWTON stammende Gedankengang (Bild 10.28): Hat der Körper die Geschwindigkeit v,

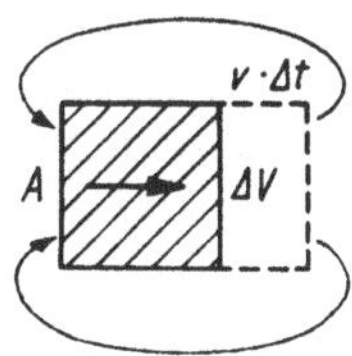

Bild 10.28. Verdrängung von Flüssigkeit bei der Bewegung eines Körpers

den Querschnitt A und die Flüssigkeit die Dichte ϱ, so verdrängt er innerhalb der Zeitspanne Δt eine Flüssigkeitsmenge der Masse

$$\Delta m = \varrho\,\Delta V = \varrho A v\,\Delta t.$$

Dadurch erhält der Körper die Impulsänderung

$$\Delta(mv) = \varrho A v^2\,\Delta t.$$

Nach Gleichung (6.3) ist aber die zeitliche Änderung des Impulses gleich der wirkenden Kraft:

$$F = \frac{\Delta(mv)}{\Delta t} = A\varrho v^2.$$

Die Überlegung trifft allerdings nicht ganz den wahren Sachverhalt; denn die an der Vorderseite des Körpers verdrängte Flüssigkeit gelangt auf mehr oder weniger großen Umwegen zur Rückseite des Körpers und gibt ihm einen Teil des Impulses wieder zurück. Es kann dann aber immer noch angenommen werden – und dies wird durch die experimentelle Erfahrung auch bestätigt –, daß der Strömungswiderstand dem Produkt $A\varrho v^2$ proportional ist. Wird an die Stelle des Produktes ϱv^2 der Staudruck $\frac{\varrho}{2} v^2$ gesetzt, so gilt:

Der Strömungswiderstand ist dem Querschnitt des Körpers und dem Staudruck der Flüssigkeit proportional.

Der Proportionalitätsfaktor ist eine dimensionslose Größe, eine Zahl, deren Wert von der Form des Körpers und dem Charakter der Strömung abhängt.
Er wird **Widerstandsbeiwert** c_W genannt. Damit ist

$$\boxed{F_W = c_W A \frac{\varrho}{2} v^2} \qquad \textbf{Strömungswiderstand bei turbulenter Strömung} \qquad (10.14)$$

Dabei bedeutet A die **Stirnfläche** des umströmten Körpers (d. i. der größte der Strömung entgegenstehende Querschnitt).
Wegen des komplizierten Verlaufes der **Turbulenz** (Verwirbelung) läßt sich die Zahl c_W nicht berechnen, sondern muß durch Versuche ermittelt werden. Der Körper wird im Strömungs- bzw. Windkanal aufgehängt und der Strömungswiderstand mit einer Waage bestimmt (Bild 10.29).

Widerstandsbeiwerte einiger Körper

Dünne ebene Platte, senkrecht zur Stromrichtung	1,1
Offene Halbkugel, Höhlung gegen die Strömung	1,3 ... 1,6
Desgl., Rundung gegen die Strömung	0,35
Kugel	0,2 ... 0,4
Stromlinienkörper	0,055
PKW	0,35 ... 0,6
LKW	0,8 ... 1,5

Um den Widerstand zu vermindern, ist der Körper jeweils so zu gestalten, daß sich möglichst keine Wirbel bilden. Die Strömung darf sich an keiner Stelle von der Oberfläche ablösen. Die Stromlinien verlaufen dann wie in einer laminaren Strömung. Man nennt einen solchen Körper **stromlinienförmig**. Er ist vorn nicht etwa spitz, sondern sanft gerundet und läuft hinten mit schlanker Spitze aus.
Mit zunehmender Bodennähe flacht sich die untere Seite ab (Bild 10.30). Die richtige Form wird durch Modellversuche ermittelt. Bei Lokomotiven, Kraftwagen und Flugzeugen ist die reine Stromlinienform aus technischen Gründen kaum zu verwirklichen (herausragende Teile, wie Räder, Stoßstangen usw.!). Die wesentlichste Erkenntnis ist hier, daß die Hauptursache des Widerstandes nicht vorn, sondern am hinteren Ende des Fahrzeuges zu suchen ist (Bild 10.31). Hier muß dafür gesorgt werden, daß der Querschnitt allmählich auf Null abnimmt, um zu verhindern, daß der freien Strömung entgegengerichtete und energieverzehrende Wirbel entstehen können. Die Reibung an der dadurch vergrößerten Oberfläche spielt demgegenüber nur eine sehr untergeordnete Rolle.

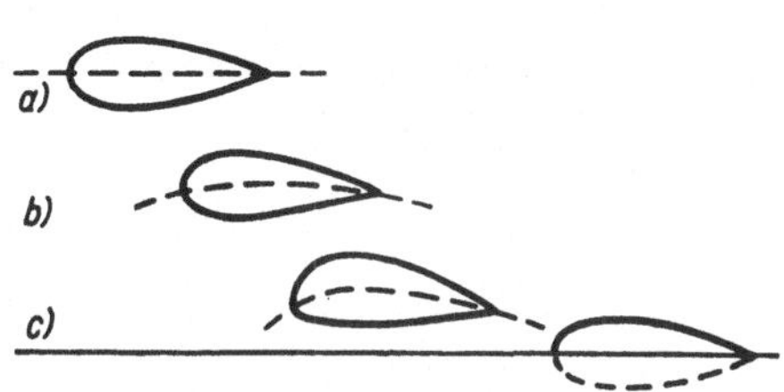

Bild 10.29. Messung des Strömungswiderstandes eines stromlinienförmigen Versuchskörpers

Bild 10.30. Stromlinienform in zunehmender Bodennähe

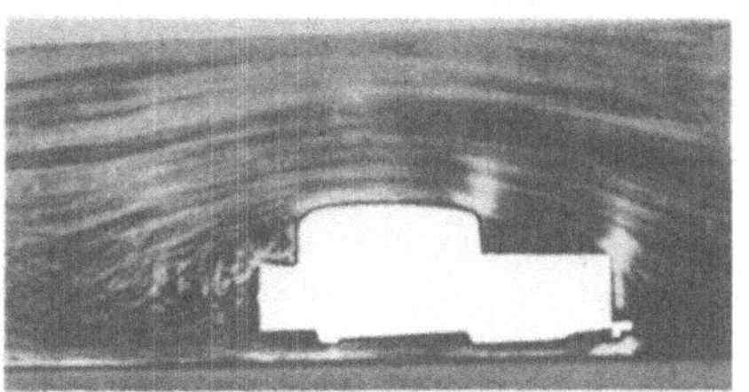

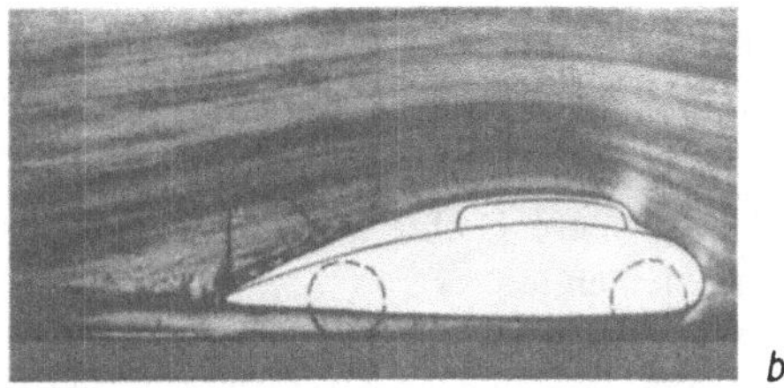

Bild 10.31. a) alte Kraftwagenform, b) stromlinienförmiges Versuchsmodell im Strömungskanal

Die Formverbesserung der Fahrzeuge ist besonders deswegen wichtig, weil die erforderliche **Antriebsleistung mit der 3. Potenz der Geschwindigkeit ansteigt.** Da nach (5.13) die Leistung $P = Fv$ ist, ergibt sich auf Grund von (10.14)

$$\boxed{P = \frac{c_W A \varrho v^3}{2}} \qquad \text{**Leistung bei Bewegung gegen die Strömung**} \qquad (10.15)$$

Beispiele: 1. Berechne die Druckkraft gegen 1 m² der Stirnfläche eines Schornsteins bei einer für das Binnenland angenommenen maximalen Windgeschwindigkeit von 45 m/s und der im Modellversuch ermittelten Widerstandszahl $c_W = 0,67$. –

$$F_W = \frac{c_W A \varrho v^2}{2} = \frac{0,67 \cdot 1\ \text{m}^2 \cdot 1,293\ \text{kg} \cdot 45^2\ \text{m}^2}{\text{m}^3\ \text{s}^2 \cdot 2} = 877,1\ \text{N} = 0,87\ \text{kN}.$$

2. Welche Antriebsleistung erfordert die Überwindung des Luftwiderstandes eines Kraftwagens ($c_W = 0,5$) bei einer Geschwindigkeit von 108 km/h und einer Stirnfläche von 2,5 m²? –

$$P = \frac{c_W A \varrho v^3}{2} = \frac{0,5 \cdot 2,5\ \text{m}^2 \cdot 1,293\ \text{kg} \cdot 30^3\ \text{m}^3}{\text{m}^3\ \text{s}^3}$$

$$= 21\,819\ \text{kg}\ \text{m}^2/\text{s}^3 = 22\ \text{kW}.$$

10.2.5 Ähnlichkeitsgesetz der Strömungen

Obwohl die in der obigen Tabelle angegebenen Widerstandsbeiwerte c_W für die meisten Fälle der technischen Praxis ausreichend sind, zeigen genauere Untersuchungen, daß der Widerstandsbeiwert eines Körpers von bestimmter Form keine Konstante ist. Sein jeweiliger Zahlenwert kann nur für ein nach Aussehen und relativer Ausdehnung genau definiertes

Strömungs- bzw. Wirbelfeld Gültigkeit haben. Die exakte Berechnung des Widerstandsbeiwertes unter Berücksichtigung aller Feinheiten ist somit nicht möglich.

Nur in einigen wenigen Fällen wirbelfreier Strömungen läßt er sich genau angeben, und zwar z. B. für eine laminar umströmte Kugel. Für deren Widerstandskraft wurde das STOKESsche Gesetz (10.12) genannt. Wird diese Kraft gleich dem Strömungswiderstand nach Gleichung (10.14) gesetzt, so folgt

$$6\pi\eta vr = c_\text{W}\frac{\varrho}{2}v^2\pi r^2$$

und daraus

$$c_\text{W} = \frac{12\eta}{\varrho rv}.$$

Hier läßt sich folgendes herauslesen: Der Widerstandsbeiwert c_W bleibt unverändert, wenn der Kugelradius im gleichen Maße verkleinert wird, wie man die Strömungsgeschwindigkeit v erhöht. Oder auch: Der Wert für c_W bleibt unverändert, wenn das Medium mit geringer Zähigkeit η durch ein anderes Medium mit größerer Zähigkeit ersetzt wird, das eine entsprechend größere Dichte ϱ hat. Dann muß auch das Produkt rv bzw. der Quotient $\frac{\eta}{\varrho}$ konstant bleiben.

Es hat sich nun erwiesen, daß dieses Gesetz nicht nur bei einer laminar umströmten Kugel, sondern auch bei allen anderen umströmten Körpern gilt. Stets ist der Widerstandsbeiwert irgendeine, wenn auch i. allg. nicht weiter bekannte Funktion des Ausdruckes $\frac{lv\varrho}{\eta}$. Hierbei bedeutet l eine für die jeweilige Körperform charakteristische Länge, wie z. B. bei der Kugel den Radius r. Dieser Ausdruck ist, wie sich durch Einsetzen der Einheiten leicht bestätigt, dimensionslos.

$$\boxed{Re = \frac{lv\varrho}{\eta}}\qquad \textbf{Reynoldssche Zahl}\qquad\qquad\qquad (10.16)$$

Mit Hilfe der obigen Rechnung läßt sich für die Kugel die Funktion $c_\text{W} = f(Re)$ konkret angeben: $c_\text{W} = \dfrac{12}{Re}$.

Liegen demnach bei zwei verschiedenen Strömungsvorgängen an geometrisch ähnlichen Körpern gleich große REYNOLDSsche Zahlen vor, dann sind auch die Widerstandsbeiwerte gleich groß. Da einem bestimmten c_W-Wert ein ganz bestimmtes Strömungsbild entspricht, müssen dann auch die Stromlinien selbst geometrisch ähnlich verlaufen:

Ähnlichkeitssatz der Strömungen:

Bei gleicher Reynoldsscher Zahl liefern geometrisch ähnliche Körper auch geometrisch ähnliche Strömungen. Ihre Widerstandszahlen haben den gleichen Wert.

Damit ist es ohne weiteres möglich, bei strömungstechnischen Untersuchungen stark verkleinerte Modelle zu verwenden, wenn nur die Windgeschwindigkeit entsprechend erhöht wird. Auch die Möglichkeit der Dichtevergrößerung wird genutzt (Überdruck-Luftkanäle). Vorgänge, die in Wirklichkeit in Luft verlaufen, können auch in Wasser studiert werden, wenn beachtet wird, daß Wasser einerseits eine größere Viskosität η und andererseits eine größere Dichte ϱ hat. Beides zusammen wirkt sich so aus, daß $\frac{\varrho}{\eta}$ bei Wasser rund 14mal kleiner ist als Luft. Folglich ist für entsprechend größere Geschwindigkeit zu sorgen.

Der Quotient aus der Viskosität und der Dichte eines Stoffes heißt *kinematische Zähigkeit v.*

$$\boxed{v = \frac{\eta}{\varrho}} \qquad \textbf{Kinematische Zähigkeit} \qquad (10.17)$$

$$[v] = \frac{[\eta]}{[\varrho]} = \frac{\text{Pa s}}{\dfrac{\text{kg}}{\text{m}^3}} = \frac{\dfrac{\text{N}}{\text{m}^2}\,\text{s}}{\dfrac{\text{kg}}{\text{m}^3}} = \frac{\text{N m s}}{\text{kg}} = \frac{\text{kg m m s}}{\text{s}^2\,\text{kg}} = \frac{\text{m}^2}{\text{s}} \qquad \text{(Quadratmeter je Sekunde)}$$

Ungesetzliche Einheit: 1 cSt (Zentistokes) $= 10^{-6}\,\dfrac{\text{m}^2}{\text{s}}$.

Zur Messung der kinematischen Zähigkeit dient heute noch oft das **Viskosimeter von Engler**. Es stellt ein Gefäß dar, aus welchem durch ein Röhrchen 200 cm^3 der zu messenden Flüssigkeit ausfließen. Als Vergleich dient Wasser von 20 °C, das bei vorschriftsmäßigem Bau des Apparates 50 bis 52 s zum Abfluß benötigt. Die Zähigkeit in ENGLER-Graden ist das Verhältnis der Abflußzeiten des Öles zu der des Wassers. Die unechte und ungesetzliche Einheit *Grad Engler* (°E) ist daher nicht exakt definiert. Zur Umrechnung dienen besondere Tabellen. Von etwa 5 °E an aufwärts sind jedoch die Angaben in ENGLER-Graden denen in Zentistokes praktisch proportional, und es gilt:

$$1\,°\text{E} \approx 7{,}6\,\text{cSt} = 7{,}6 \cdot 10^{-6}\,\frac{\text{m}^2}{\text{s}}.$$

Kinematische Zähigkeiten in m²/s

Wasser 0 °C	$1{,}79 \cdot 10^{-6}$	Luft 0 °C und 1 013,25 hPa	$1{,}32 \cdot 10^{-5}$
Wasser 20 °C	$1{,}01 \cdot 10^{-6}$	Luft 20 °C und 1 013,25 hPa	$1{,}50 \cdot 10^{-5}$

Das für die Bewegung kleiner Kugeln gültige STOKESsche Gesetz (10.12) gilt für $Re = \dfrac{lv\varrho}{\eta}$ < 0,4. Bis dahin ist die Strömung laminar und fast auschließlich durch die Zähigkeit bedingt. Bei Überschreiten der *kritischen* REYNOLDSschen Zahl $Re_{\text{krit}} = 0{,}4$ wird die Strömung instabil und kann in die turbulente Strömung umschlagen.

Beispiele: 1. Zur Bestimmung des Widerstandes eines Kraftwagens von 4 m Länge bei 36 km/h wird ein auf 10:1 verkleinertes Modell im Windkanal untersucht. Welchen Wert hat die REYNOLDSsche Zahl, und wie groß ist die erforderliche Windgeschwindigkeit? –

$$Re = \frac{lv}{v} = \frac{4\,\text{m} \cdot 10\,\text{m/s}}{1{,}5 \cdot 10^{-5}\,\text{m}^2/\text{s}} = 2\,670\,000.$$

Entsprechend dem Verkleinerungsmaßstab von 10:1 muß die Anblasgeschwindigkeit $v = 360$ km/h $= 100$ m/s sein.

2. Eine Kugel von 14 cm Durchmesser befindet sich in einem Luftstrom (20 °C) von der Geschwindigkeit 20 m/s. Wie groß muß die Kugel sein, wenn sich in einem Wasserstrom (20 °C) bei der Geschwindigkeit 10 m/s das gleiche Strömungsbild ergeben soll? – Werden die in Luft gültigen Größen mit l, v, v und die in Wasser gültigen mit l', v', v' bezeichnet, so ist wegen der Gleichheit (10.16) der REYNOLDSschen Zahlen

$$\frac{lv}{v} = \frac{l'v'}{v'}$$

und hiernach der erforderliche Durchmesser im Wasser

$$l' = \frac{lvv'}{vv'} = \frac{0{,}14\,\text{m} \cdot 20\,\text{m/s} \cdot 1{,}01 \cdot 10^{-6}\,\text{m}^2/\text{s}}{1{,}5 \cdot 10^{-5}\,\text{m}^2/\text{s} \cdot 10\,\text{m/s}} = 0{,}0189\,\text{m} = 1{,}9\,\text{cm}.$$

SCHWINGUNGEN UND WELLEN

Bei vielen natürlichen und technischen Vorgängen werden schwingende Bewegungen beobachtet, ein periodisches Hinundherpendeln um eine bestimmte Ruhelage. Das Uhrpendel, an Seilen hängende Lasten, das vibrierende Auspuffrohr sind nur einige Beispiele. Derartige Schwingungen können, von zahllosen nützlichen und interessanten Anwendungen abgesehen, auch von gefährlicher Wirkung werden und zur Zerstörung von Bauwerken und Maschinenteilen führen.

Form und Verlauf von Schwingungen sind außerordentlich vielfältig. Es zeigt sich aber, daß ein bestimmter, einfacher Typ sich nicht nur mathematisch bequem handhaben läßt, sondern auch vielen wirklichen Schwingungsvorgängen ziemlich genau entspricht. Es ist dies die **harmonische Schwingung** (sinusförmige Schwingung). Schwingungen von anderem Verlauf heißen **anharmonisch**. Jede Schwingung läßt sich mathematisch durch eine Summe von Sinusschwingungen darstellen.

11 Kinematik schwingender Körper

11.1 Ort-Zeit-Funktion der harmonischen Schwingung

Eine harmonische Schwingung kann als eine von der Seite her gesehene gleichförmige Kreisbewegung aufgefaßt werden, wie etwa der an die Wand geworfene Schatten einer auf einem Vertikalkreis umlaufenden Kugel (Bild 11.1). Die Kugel scheint dort auf- und abzuschwingen.

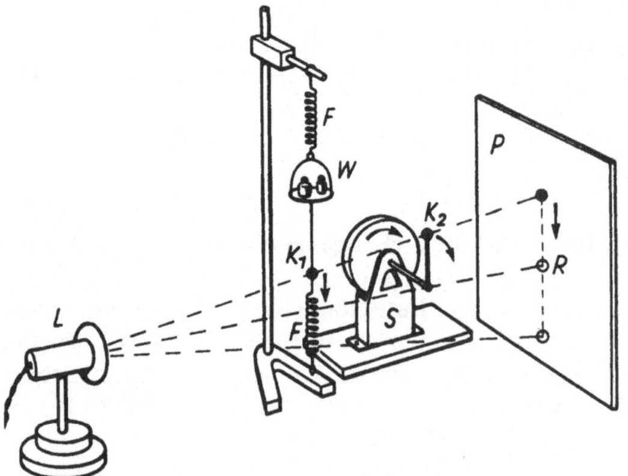

Bild 11.1. Vergleich der harmonischen Schwingung mit der gleichförmigen Bewegung auf der Kreisbahn: F Feder, W Schale mit Wägestücken zur Abstimmung der Frequenz, K_1 vertikal schwingende Kugel, K_2 rotierende Kugel, S Synchronmotor, L Lampe, R projizierte Ruhelage der Kugel K_1, P Projektionswand

Wird jetzt eine zweite, an einer Schraubenfeder elastisch auf- und abschwingende Kugel in den Strahlengang gebracht, so vollführen beide Schatten die gleiche Bewegung, vorausgesetzt, daß Schwingweite und Frequenz richtig abgestimmt sind. Es gelingt dann leicht, beide Schatten für einige Zeit vollkommen zur Deckung zu bringen.

Diese schwingende Bewegung wird durch folgende Angaben charakterisiert:

Frequenz f: Anzahl z der Schwingungen in einer bestimmten Zeitdauer. Jede Schwingung besteht aus einem Hin- und Hergang.
Periodendauer (Schwingungsdauer) T: Zeitdauer für einen Hin- und Hergang
Elongation (Auslenkung) y: Entfernung des schwingenden Körpers von der Ruhelage zum Zeitpunkt t
Amplitude (Schwingweite) y_{max}: größte Entfernung aus der Ruhelage
Kreisfrequenz ω: Winkelgeschwindigkeit des zugeordneten umlaufenden Massenpunktes
Phasenwinkel φ: Winkel, den der zugeordnete umlaufende Massenpunkt bis zum Zeitpunkt t durchlaufen hat.

Vier der aufgeführten Symbole sind von der Behandlung der Kreisbewegung aus 2.4 bereits bekannt, wenn auch die Bezeichnung der zugehörigen Größen teilweise anders ist. In der folgenden Tabelle werden zueinander analoge Größen gegenübergestellt und die gemeinsam gültigen Gleichungen nochmals angegeben.

Analoge Größen für die Kreisbewegung und die Sinusschwingung

Kreisbewegung	Gleichung	Sinusschwingung
Radius r		Amplitude y_{max}
Drehwinkel φ	$\varphi = \varphi_0 + \omega t$ (2.24)	Phasenwinkel φ
Anzahl der Umdrehungen z		Anzahl der Schwingungen z
(Umdrehungs-) Frequenz f (= Drehzahl)	$f = z/t$ (2.27)	(Perioden-)Frequenz f
Winkelgeschwindigkeit ω	$\omega = 2\pi f = \dfrac{2\pi}{T}$ (2.30)	Kreisfrequenz ω
Umdrehungsdauer T	$T = 1/f$ (2.28)	Periodendauer T

Um den zeitlichen Verlauf einer Schwingung darzustellen, wird der Kreis gezeichnet, der von der Spitze eines mit konstanter Winkelgeschwindigkeit rotierenden Zeigers durchlaufen wird (Bild 11.2). Die Projektion der Zeigerspitze auf den senkrechten Durchmesser liefert

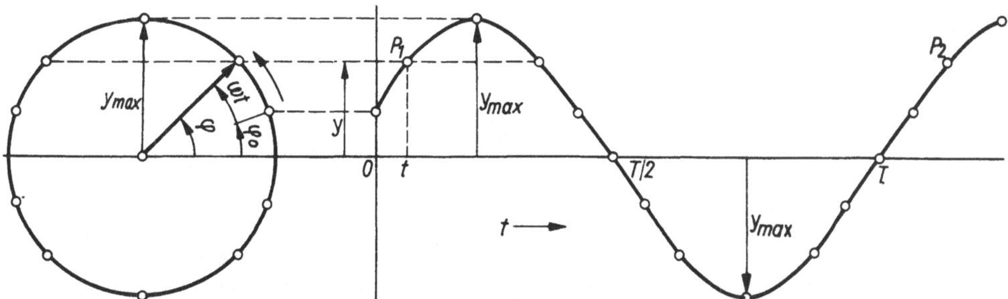

Bild 11.2. Ort-Zeit-Funktion der harmonischen Schwingung

das Bild einer symmetrisch zum waagerechten Durchmesser verlaufenden harmonischen Schwingung. Die Länge des Zeigers ist zugleich die Amplitude y_{max} der Schwingung. Um nun die Abhängigkeit der jeweiligen Auslenkung y von der Zeit t, d. h. die Funktion $y = y(t)$, aufzuzeigen, wird die Zeitachse in die Richtung des waagerechten Durchmessers gelegt, und es werden die den einzelnen Zeitpunkten entsprechenden Auslenkungen y als Ordinaten aufgetragen. Die Verbindungslinie aller erhaltenen Punkte ergibt eine **Sinuskurve**.

Aus Bild 11.2 ist sofort abzulesen:

$$y = y_{max} \sin \varphi.$$

Das Argument φ der Sinusfunktion heißt **Phasenwinkel**. Im allgemeinen besteht er aus zwei Teilen. Der eine Teil ist derjenige Winkel φ_0, der die Anfangslage des schwingenden Massenpunktes zur Zeit $t = 0$ angibt. Er heißt **Phasenkonstante** (gelegentlich auch Nullphasenwinkel). Der zweite Teil ist derjenige Winkel, den der Massenpunkt im Zeitraum von 0 bis t überstreicht. Da seine Winkelgeschwindigkeit ω als konstant vorausgesetzt wird, hat er nach (2.24) den Wert $\varphi' = \omega t$. Damit ist der Phasenwinkel

$$\varphi = \omega t + \varphi_0 \quad \text{und}$$

$$\boxed{y = y_{max} \sin (\omega t + \varphi_0)} \qquad \text{**Ort-Zeit-Funktion**} \atop \text{**der harmonischen Schwingung**} \qquad (11.1)$$

Aus Gründen rechnerischer Einfachheit legt man gern den Beginn der Zeitzählung mit jenem Augenblick zusammen, in dem der schwingende Körper durch seine Ruhelage geht. Da dann für $t = 0$ die Elongation $y = 0$ ist, muß in diesem Fall auch die Phasenkonstante φ_0 den Wert 0 haben. (Bei der Kreisbewegung in 2.4 wurde stets $\varphi_0 = 0$ gesetzt.)
Es ergibt sich der vereinfachte Ausdruck

$$\boxed{y = y_{max} \sin \omega t} \qquad \text{**Ort-Zeit-Funktion der harmonischen**} \atop \text{**Schwingung (für $\varphi_0 = 0$)**} \qquad (11.2)$$

Da sich die Werte der Sinusfunktion in Abständen von jeweils 2π periodisch wiederholen, ergeben sich im weiteren Verlauf der Schwingung immer wieder Punkte, die sich in gleicher Schwingungsphase oder kurz in **gleicher Phase** befinden.
Auf Bild 11.2 sind es z. B. die mit P_1 und P_2 bezeichneten Punkte. Ihre Phasenwinkel unterscheiden sich um ganzzahlige Vielfache von 2π.

Beispiele: 1. Welche Kreisfrequenz hat eine Schwingung, deren Periodendauer 3,5 s beträgt? – Nach Gleichung (2.30) ist

$$\omega = \frac{2\pi}{T} = \frac{2\pi}{3,5\,\text{s}} = 1,8\ ^1/\text{s} = 1,8\ \frac{\text{rad}}{\text{s}}.$$

2. Welche Auslenkung zeigt ein schwingender Massenpunkt 3,0 ms nach Beginn der Schwingung aus der Ruhelage, wenn die Amplitude 30 mm und die Frequenz 25 Hz beträgt? – Mit (2.30) wird aus (11.2):

$$\begin{aligned} y = y_{max} \sin 2\pi f t &= 30\ \text{mm} \cdot \sin 0,471 \\ &= 30\ \text{mm} \cdot 0,454 \end{aligned} \right\} \text{(Taste »RAD« des Taschenrechners!)}$$

$$= 1,36\ \text{cm}.$$

Werden andere Rechenhilfsmittel verwendet, ist zunächst der Winkel in Grad umzurechnen, s. 2.4.1:
$\varphi = 0,471 = 0,471 \cdot 1\ \text{rad} = 0,471 \cdot 57,3° = 27°$. Danach kann $\sin 27° = 0,454$ abgelesen werden.
3. Ein Körper schwingt mit der Frequenz 8 Hz und hat die Amplitude 4 cm. Wieviel Sekunden nach dem Durchgang durch die Ruhelage beträgt die Elongation 3 cm? – Da die Zeitzählung von der Ruhelage aus beginnt, ist $\varphi_0 = 0$. Aus Gleichung (11.2) folgt zunächst

$$\sin \omega t = \frac{y}{y_{max}} = \frac{3\ \text{cm}}{4\ \text{cm}} = 0,75.$$

Dem entspricht ein Winkel von $\varphi = \omega t = 0,848\ \text{rad}$ (Taste »RAD«!). Werden andere Rechenhilfsmittel verwendet, wird der Winkel zunächst in Grad erhalten und muß in Radiant umgerechnet werden:

$$\varphi = 48,6° = 48,6 \cdot 1° = 48,6 \cdot 0,001\,75\ \text{rad} = 0,848\ \text{rad}.$$

Aus $\varphi = 2\pi f t$ folgt schließlich

$$t = \frac{\varphi}{2\pi f} = 0,017\,\text{s} = 17\,\text{ms}.$$

4. Wieviel Schwingungen hat ein Körper nach Zurücklegen des Phasenwinkels $\varphi = 26,8$ rad vollendet? – Da eine volle Schwingung dem Winkel 2π entspricht, gilt für z Schwingungen

$$z = \frac{\varphi}{2\pi} = \frac{26,8}{2\pi} = 4,27.$$

11.2 Geschwindigkeit und Beschleunigung der harmonischen Schwingung

Jedesmal wenn der nach Bild 11.2 auf der Kreisbahn umlaufende Massenpunkt den waagerechten Durchmesser schneidet, läuft die Sinuskurve durch die Zeitachse. Dort liegen jene Zeitpunkte, in denen der zugeordnete schwingende Massenpunkt durch seine Ruhelage eilt. Da hier der Vektor der Bahngeschwindigkeit v mit seiner Projektion auf den senkrechten Durchmesser zusammenfällt und die Bahngeschwindigkeit nach (2.26) gleich dem Produkt aus dem Bahnradius und der Winkelgeschwindigkeit ist, gilt

$$\boxed{v_{\text{max}} = y_{\text{max}}\omega} \qquad \textbf{Geschwindigkeitsbetrag beim} \atop \textbf{Durchgang durch die Ruhelage} \tag{11.3}$$

Für beliebige Zeitpunkte folgt die Geschwindigkeit durch Differenzieren der Funktion (11.1) nach der Zeit t:

$$v = \frac{\mathrm{d}y}{\mathrm{d}t} = \frac{\mathrm{d}[y_{\text{max}} \sin(\omega t + \varphi_0)]}{\mathrm{d}t},$$

also

$$v = y_{\text{max}}\omega \cos(\omega t + \varphi_0) \quad \text{oder auch}$$

$$v = y_{\text{max}}\omega \sin\left(\omega t + \varphi_0 + \frac{\pi}{2}\right). \tag{11.4}$$

Der Phasenwinkel der Geschwindigkeit ist demnach um $\dfrac{\pi}{2}$ größer als derjenige der entsprechenden Elongation. Man sagt dafür:

Die Geschwindigkeit eilt der Elongation um eine viertel Schwingung voraus.

Dies kommt auf Bild 11.3 dadurch zum Ausdruck, daß die Kurve der Geschwindigkeit gegenüber derjenigen der Elongation um $\dfrac{\pi}{2}$ nach links verschoben ist.

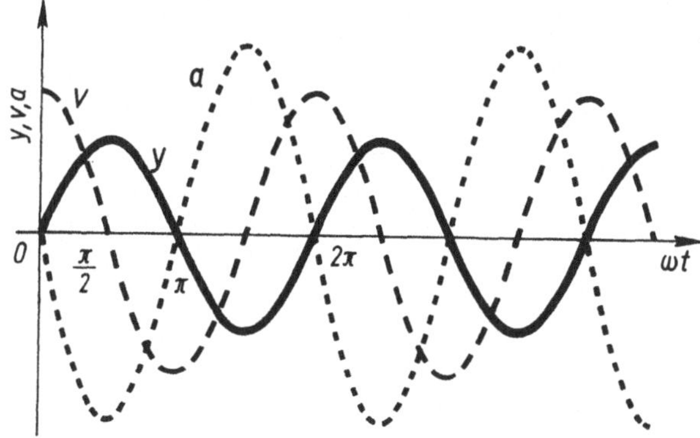

Bild 11.3. Elongation y, Geschwindigkeit v und Beschleunigung a der harmonischen Schwingung

Die zuvor gefundene Gleichung (11.3) entsteht aus (11.4) im Falle $\varphi_0 = 0$ für alle Phasenwinkel $\varphi = \omega t$, bei denen cos ωt die Extremwerte $+1$ bzw. -1, also den Betrag 1, annimmt, d. h., wenn $t = 0, \pi, 2\pi$ usw. ist. An den Umkehrpunkten $\omega t = \pi/2, 3\pi/2$ usw. nimmt dagegen die Funktion cos ωt den Wert Null an. Hier ist auch die Geschwindigkeit des schwingenden Punktes Null. Da sie im weiteren Fortgang wieder zunimmt, folgt daraus, daß die harmonische Schwingung eine abwechselnd beschleunigte und verzögerte Bewegung sein muß.

Der Wert dieser Beschleunigung ergibt sich wiederum durch einen Vergleich mit der Drehbewegung; denn es ist aus 2.4.3 bekannt, daß diese nur zustande kommt, wenn eine nach dem Drehzentrum hin gerichtete Radialbeschleunigung wirksam ist. Die Projektion dieses Vektors a_{rad} fällt dann mit der Beschleunigung des schwingenden Punktes zusammen, wenn sich dieser in den Umkehrpunkten befindet. Für den Kreisradius r ist jetzt lediglich y_{max} zu setzen, und so ergibt sich gemäß Gleichung (2.35)

$$\boxed{a_{\text{max}} = y_{\text{max}}\omega^2} \qquad \textbf{Beschleunigungsbetrag in den Umkehrpunkten} \qquad (11.5)$$

Für beliebige Zeitpunkte ergibt sich die Beschleunigung durch Bildung der zweiten Ableitung der Funktion (11.1) bzw. der ersten Ableitung der Funktion (11.4):

$$a = \frac{\mathrm{d}v}{\mathrm{d}t} = \frac{\mathrm{d}[y_{\text{max}}\omega \cos(\omega t + \varphi_0)]}{\mathrm{d}t}$$

und findet hieraus

$$a = -y_{\text{max}}\omega^2 \sin(\omega t + \varphi_0) \quad \text{oder auch} \qquad\qquad (11.6)$$

$$a = y_{\text{max}}\omega^2 \sin(\omega t + \varphi_0 + \pi).$$

Der Phasenwinkel der Beschleunigung ist demnach um π größer als derjenige der entsprechenden Elongation:

Die Beschleunigung eilt der Elongation um eine halbe Schwingung voraus.

Auf Bild 11.3 ist erkennbar, daß die Kurve der Beschleunigung gegenüber derjenigen der Elongation um den Winkel π nach rechts verschoben ist.

Schließlich ist auch zu sehen, daß die Gleichung (11.5) nur einen Sonderfall der allgemeineren Gleichung (11.6) darstellt; denn die Funktion $\sin(\omega t + \varphi_0 + \pi)$ erreicht in den Umkehrpunkten jeweils ihren Maximalwert 1 bzw. Minimalwert -1, also den Betrag 1.

Beispiele: 1. Mit welcher Geschwindigkeit eilt ein mit der Frequenz 12 Hz schwingender Massenpunkt durch die Ruhelage, wenn seine Amplitude 50 mm beträgt? – Nach (11.3) folgt

$$v_{\text{max}} = y_{\text{max}}\omega = 5 \cdot 10^{-2}\,\text{m} \cdot 2\pi \cdot 12\,\text{s}^{-1} = 3{,}8\,\frac{\text{m}}{\text{s}}.$$

2. Wie groß ist im vorigen Beispiel die nach der Ruhelage hin gerichtete Beschleunigung in dem Augenblick, in dem die Elongation 20 mm beträgt? – Mit der Phasenkonstanten $\varphi_0 = 0$ ist zufolge (11.2)

$$y_{\text{max}} = \frac{y}{\sin \omega t}.$$

Wird dies in (11.5) eingesetzt, so ergibt sich

$$a = -y\omega^2 = -y(2\pi f)^2 = -2 \cdot 10^{-3}\,\text{m} \cdot (2\pi \cdot 12 \cdot \text{s}^{-1})^2 = -11{,}4\,\frac{\text{m}}{\text{s}^2}.$$

Das negative Vorzeichen bedeutet, daß die Beschleunigung der Elongation entgegen gerichtet ist.

11.3 Überlagerung harmonischer Schwingungen

11.3.1 Zusammensetzung von parallel zueinander verlaufenden Schwingungen

Wird ein Körper veranlaßt, gleichzeitig zwei verschiedenen Schwingungen zu folgen, so führt er zusammengesetzte Schwingungen aus. Zu diesem Zweck werden zwei schwere, verstellbare Pendel durch eine leichte Querlatte verbunden und an ihrer Mitte eine Schreibfeder befestigt (Bild 11.4). Die Bewegung der Feder wird auf einen Papierstreifen aufgezeichnet, welcher langsam darunter vorbeigleitet.

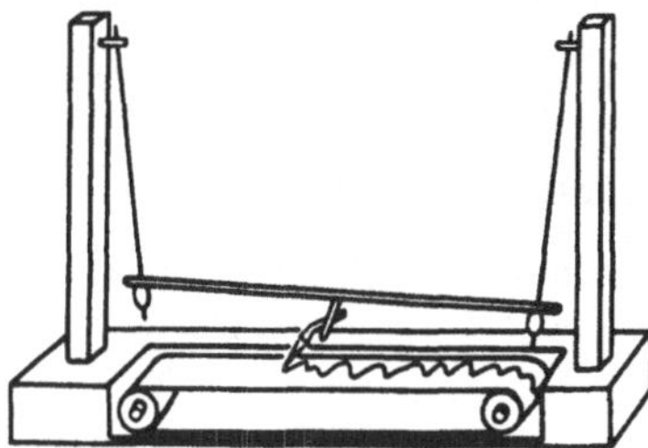

Bild 11.4. Aufzeichnung einer zusammengesetzten Schwingung

Sind beide Pendel gleich lang, dann zeichnet die Feder als Resultierende immer wieder eine Sinuslinie von unveränderter Frequenz auf. Wird aber das eine Pendel auf die Hälfte verkürzt, so führt die Feder keine sinusförmige Bewegung mehr aus, sondern zeichnet eine sich rhythmisch wiederholende, eigenartige Wellenlinie. Die Schwingung ist nicht mehr harmonisch.

Schnell verlaufende Schwingungen werden zweckmäßig mittels Lichtzeigers und Drehspiegels (Bild 11.5) untersucht. Um z. B. die Schwingungen eines Klingelklöppels sichtbar zu machen, läßt man ihn vor einem Spalt schwingen, beleuchtet diesen mit einem Projektor und richtet das Bild über einen rotierenden Spiegel auf eine weiße Wand. Der Spiegel zieht den Spalt zu einem Lichtband auseinander und die Bewegung des Klöppels erscheint als dunkle Kurve. Eine dazwischengeschaltete Linse sorgt für die nötige Vergrößerung und scharfe Abbildung. Auch hier zeigt sich keine Sinuslinie, sondern eine gezackte Kurve, die durch Überlagerung einzelner Teilschwingungen entstanden gedacht werden kann. Die Schwingungen fast aller Körper haben derart zusammengesetzten Charakter. Die rein harmonische Schwingung ist ein idealer Grenzfall.

Derartige Schwingungsbilder lassen sich leicht zeichnen (Bild 11.6). Die beiden Sinuskurven I und II werden längs der gleichen Zeitachse aufgetragen, die jeweiligen Elongationen unter Beachtung des Vorzeichens addiert und die erhaltenen Punkte miteinander verbunden.

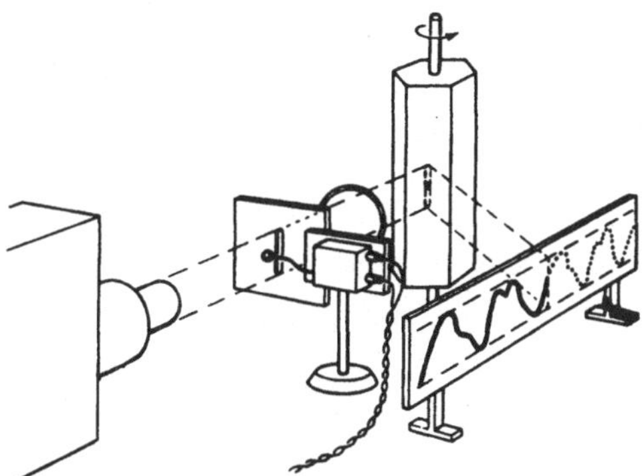

Bild 11.5. Sichtbarmachung von Schwingvorgängen mit dem Drehspiegel

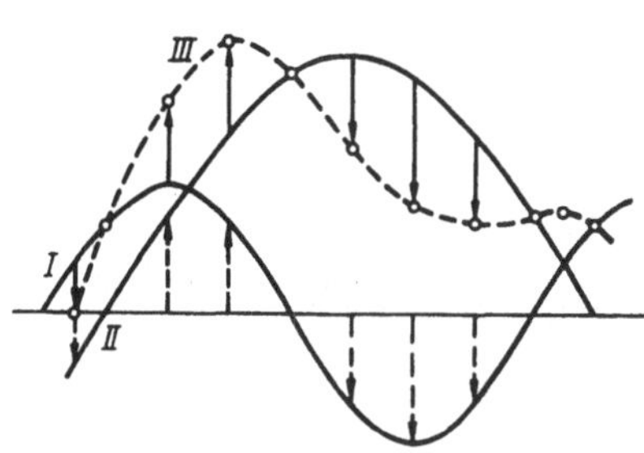

Bild 11.6. Grafische Addition zweier Schwingungen

Besonders einfach liegt der Fall, wenn beide Schwingungen von *gleich großer Frequenz* sind. Dann handelt es sich um zwei mit gleicher Winkelgeschwindigkeit rotierende Zeiger (Bild 11.7), die einen festen Winkel miteinander einschließen. Die mit ihnen fest verbundene Resultierende erzeugt ihrerseits eine Sinuskurve:

> **Die Addition zweier Sinusschwingungen gleicher Frequenz ergibt wiederum eine Sinusschwingung derselben Frequenz.**

Ebenso ist unmittelbar zu erkennen:

> **Die Phasenverschiebung φ der resultierenden Schwingung ist gleich dem Winkel, den die Diagonale im Zeigerdiagramm mit der einen Komponenten bildet.**

Den Betrag der Resultierenden liefert der Cosinussatz (vgl. in 4.3.1) oder auch eine einfache maßstäbliche Skizze. Sind die *Frequenzen* jedoch *verschieden*, so ist die resultierende Schwingung nicht mehr harmonisch. Periodische Schwingungsformen ergeben sich nur bei rationalem Frequenzverhältnis.

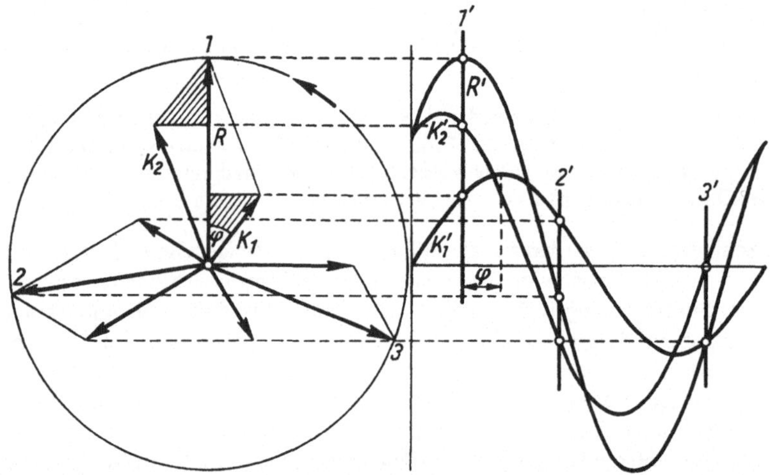

Bild 11.7. Addition von Zeigern. Die Zeiger K_1 und K_2 erzeugen beim Rotieren die entsprechenden Sinuskurven K_1' und K_2'. Der resultierende Zeiger ergibt die Sinuslinie R'. Jedem Schnitt *1′ … 3′* durch das Liniendiagramm entspricht eine bestimmte Stellung *1 … 3* des im ganzen rotierenden Zeigerdiagramms.

Wie durch Überlagerung einzelner Sinusschwingungen die verschiedensten Schwingungskurven erzeugt werden können (Bilder 11.8, 11.9), so lassen sich auch umgekehrt Schwingungen von beliebiger Kurvenform mit einer bestimmten mathematischen Methode in

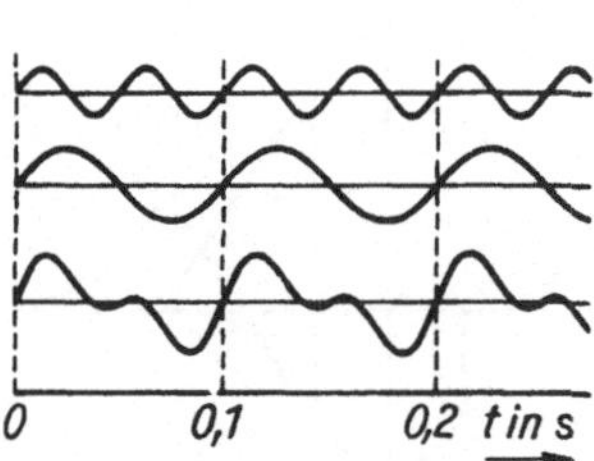

Bild 11.8. Addition zweier Schwingungen im Frequenzverhältnis 2 : 1

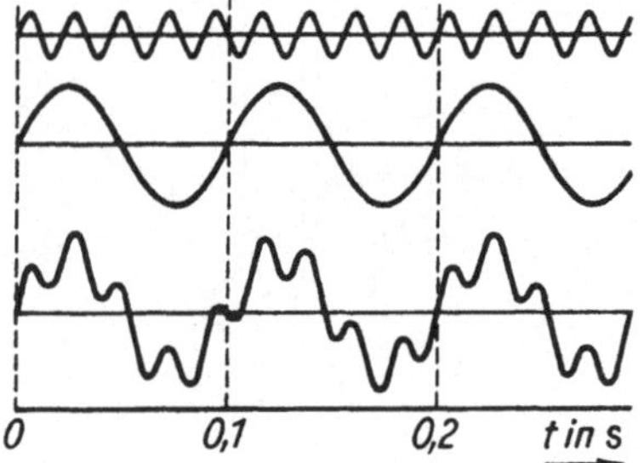

Bild 11.9. Überlagerung bei großem Frequenzunterschied

einzelne sinusförmige Teilschwingungen auflösen (FOURIER-Analyse). Auf diese Weise liefert jeder schwingende Körper bzw. jedes schwingende System ein charakteristisches **Frequenzspektrum**.

11.3.2 Schwebungen

Wenn die Frequenzen der beiden sich überlagernden Schwingungen sich nur wenig voneinander unterscheiden, entsteht ein typisches Schwingungsbild, das **Schwebung** heißt. Ein Bild solcher Schwebungen läßt sich nach dem in 11.3.1 angegebenen Verfahren durch Zeichnung gewinnen (Bild 11.10). Hierbei muß aber große Sorgfalt aufgewandt werden,

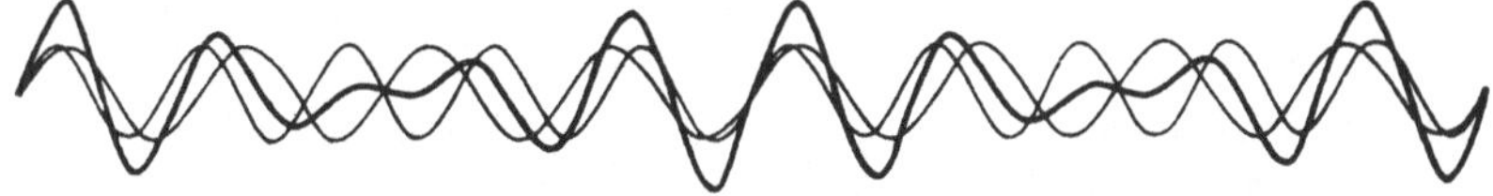

Bild 11.10. Entstehung von Schwebungen aus 2 Schwingungen benachbarter Frequenz

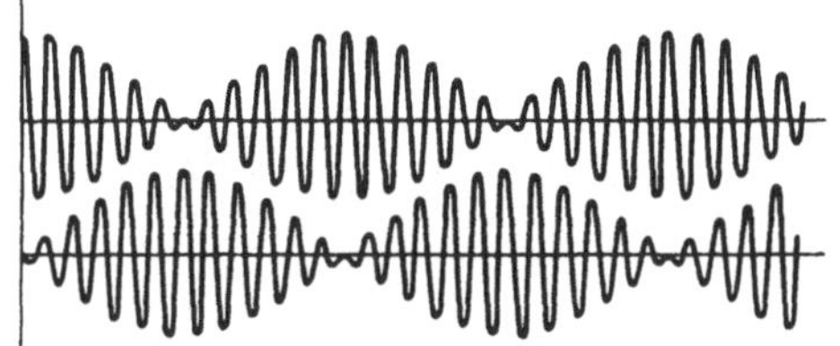

Bild 11.11. Schwebungen zweier gekoppelter Pendel

wenn die resultierende Kurve sauber ausfallen soll. Das Charakteristische der resultierenden Schwingungskurve ist, daß ihre Amplituden in regelmäßigen Abständen von Null auf einen Höchstwert anschwellen und dann wieder auf Null abnehmen. Besser ist dies auf Bild 11.11 erkennbar.

> **Schwebungen sind Schwingungen mit periodisch an- und abschwellender Amplitude.**

Man versteht ferner unter der

> **Schwebungsfrequenz den Quotienten aus der in einer bestimmten Zeitdauer auftretenden Anzahl der Schwingungsmaxima oder -minima und der Zeitdauer.**

Wie läßt sich nun die Schwebungsfrequenz f_s aus den beiden Frequenzen f_1 und f_2 ihrer Komponenten bestimmen? Ein Schwebungsmaximum entsteht offenbar immer dann, wenn die Maxima der beiden Komponenten zur Deckung kommen (s. Bild 11.10), d. h. dann, wenn die eine Schwingung die andere »überholt«. Finden z. B. in einer Sekunde 15 ($\hat{=} f_1 = 15\,\text{Hz}$) und 14 ($\hat{=} f_2 = 14\,\text{Hz}$) ganze Schwingungen statt und beginnen die beiden Schwingungen in gleicher Phasenlage, so befinden sie sich am Ende der ersten Sekunde abermals in gleicher Phase. Es erfolgt in diesem Zeitraum gerade eine Schwebung. Es ist also

$$\boxed{f_s = f_1 - f_2} \qquad \text{**Schwebungsfrequenz**} \qquad (11.7)$$

Herleitung:

Werden die Amplituden der beiden Schwingungen als gleich groß vorausgesetzt, so ist

$$y = y_1 + y_2 = y_{\max}(\sin \omega_1 t + \sin \omega_2 t).$$

Nach einem Additionstheorem kann dafür geschrieben werden

$$y = 2y_{max} \left(\cos \frac{\omega_1 - \omega_2}{2} t \right) \left(\sin \frac{\omega_1 + \omega_2}{2} t \right).$$

Da nun $\dfrac{\omega_1 + \omega_2}{2} = \omega_m$ (arithmetisches Mittel) und $\omega_1 - \omega_2 = \Delta\omega$ ist, wird hieraus

$$y = 2y_{max} \cos \frac{\Delta\omega}{2} t \cdot \sin \omega_m t.$$

Der erste Faktor stellt die Amplitude dar, der dem Betrage nach zwischen den Extremwerten 0 und $2y_{max}$ mit der Frequenz $\dfrac{\Delta f}{2}$ periodisch schwankt. Die Änderung von 0 über $2y_{max}$ hinweg bis 0 entspricht einer Schwebung mit der Frequenz $\Delta f = f_1 - f_2$. Die Frequenz der Schwingung selbst steht im zweiten Faktor und ist das arithmetische Mittel aus den beiden Grundfrequenzen f_1 und f_2.

Schwebungen lassen sich experimentell sehr schön mit zwei gleich langen Fadenpendeln vorführen, die durch einen etwa in halber Höhe befestigten Querfaden mehr oder weniger eng miteinander verbunden sind (Bild 11.12). Sie werden zunächst in gleicher Phase zum

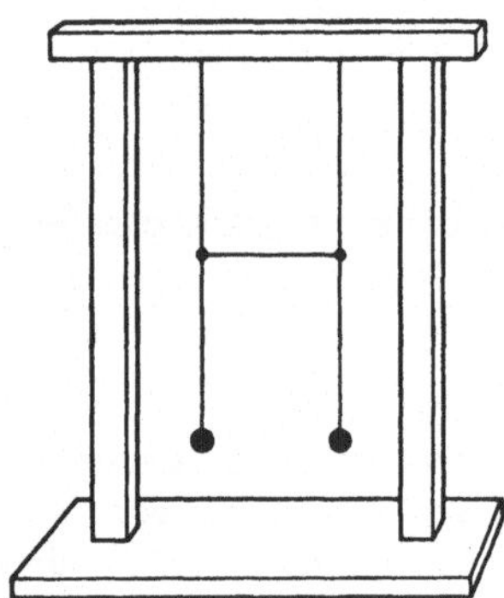

Bild 11.12. Gekoppelte Pendel

Schwingen angestoßen, wobei die Frequenz f_2 gemessen wird. Bei einem 2. Versuch werden sie im Gegentakt, d. h. mit einem Phasenunterschied von 180°, zum Schwingen gebracht. Es ist zu sehen, wie der verbindende Querfaden die Pendellängen in anderer Weise beeinflußt als vorher und die größere Frequenz f_1 entsteht. Diese beiden Fälle heißen die **Fundamentalschwingungen** des gekoppelten Systems. Nun kommt der Hauptversuch: Das eine Pendel wird in Ruhe gelassen und nur das andere angestoßen. Es dauert nur wenige Augenblicke, und das anfangs ruhende Pendel beginnt immer stärker zu schwingen, während das angestoßene allmählich zur Ruhe kommt. Dann hört das zweite Pendel mit Schwingen auf, und das erste gerät wieder in Bewegung. So setzt sich das Wechselspiel weiter fort, ein Hinundherfluten der Bewegungsenergie von einem Pendel zum anderen.
Mit einer Stoppuhr sind leicht die beiden Frequenzen f_1 und f_2 zu bestimmen, und damit kann bestätigt werden, daß $f_s = f_1 - f_2$ ist.
Die meisten technischen Schwingungsvorgänge elektrischer, akustischer und mechanischer Art werden heute mit elektrischen **Oszillographen** sichtbar gemacht, wobei alle hier besprochenen Schwingungstypen auftreten können. Die Deutung derartiger Oszillogramme wird sehr erleichtert, wenn man sich im Zeichnen von Schwingungsbildern gut geübt hat.

Beispiel: Zwei gekoppelte, gleich lange Pendel führen in 5 min im Gleichtakt 350 bzw. im Gegentakt 315 Schwingungen aus. Wieviel Sekunden nach dem Anstoßen des ersten Pendels kommt das ins Mitschwingen geratende zweite Pendel erstmalig wieder zur Ruhe? –

Die Frequenzen sind $f_1 = \dfrac{350}{300\,\text{s}} = 1{,}167\ ^1/\text{s}$ und $f_2 = \dfrac{315}{300\,\text{s}} = 1{,}050\ ^1/\text{s}$. Nach (11.7) ist die Schwebungsfrequenz $f_s = f_1 - f_2 = (1{,}167 - 1{,}050)\ ^1/\text{s} = 0{,}117\ ^1/\text{s}$. Die Dauer einer Schwebung beträgt demnach $^1/f_s = 8{,}55$ s.

11.3.3 Senkrecht zueinander verlaufende Schwingungen

Es läßt sich so einrichten, daß ein Körper zwei zueinander senkrechte Schwingungen gleichzeitig ausführt. Eine geeignete Vorrichtung ist eine schwere, durchlochte Scheibe, die zwischen drei gleichgespannten Federn aufgehängt ist (Bild 11.13). Sie kann sowohl in vertikaler als auch in horizontaler Richtung mit gleicher Frequenz schwingen. Ein Projektor wirft einen Lichtfleck durch das Loch an die Wand: Erhält die Scheibe einen beliebigen Anstoß, so beschreibt der Lichtfleck Kreise oder Ellipsen. Sie heißen **zirkular** bzw. **elliptisch polarisierte** (gerichtete) Schwingungen. Je nach dem Phasenunterschied können bei gleicher Amplitude $x_{\text{max}} = y_{\text{max}} = r$ und Frequenz der Komponenten folgende Formen auftreten (Bild 11.14):

1. Beide Schwingungen gehen gleichzeitig durch die Nullage. Es entsteht ein diagonal verlaufender Strich, d. h. eine **linear polarisierte** Schwingung. Wegen $y = r \sin \omega t$ und $x = r \sin \omega t$ ist in jedem Augenblick $y = x$, womit sich das Bild einer um 45° geneigten Geraden ergibt. Ebenso kommt bei einem Phasenunterschied von 180° eine Gerade zustande.
2. Der Phasenunterschied beträgt $T/4 = 90°$. Die vertikale Schwingung setzt erst ein, wenn die horizontale schon den 1. Umkehrpunkt erreicht hat. Es entsteht eine Kreisbahn, d. h. eine **zirkular polarisierte** Schwingung. Wegen $y = r \sin \omega t$ und $x = r \sin (\omega t + 90°) = \cos \omega t$ besteht die Beziehung $x^2 + y^2 = r^2$, die für einen Kreis gültig ist.
3. Bei allen anderen Phasenunterschieden, z. B. $T/8$, entstehen Ellipsen verschiedener Formen, wie sich auch mathematisch zeigen läßt.

Sobald die Frequenzen beider Komponenten aber verschieden sind, schließen sich die Ellipsen nicht, und es entstehen eigenartig verschlungene Kurven. Nach ihrem Entdecker heißen sie **Lissajoussche Figuren** (Bild 11.15). Ihre Umhüllende ist im Fall gleicher Amplituden ein Quadrat, sonst aber ein Rechteck. Solche Figuren lassen sich leicht herstellen, wenn ein sandstreuender Trichter an ein Pendel gehängt wird, das zu gleicher Zeit nach zwei zueinander senkrechten Richtungen schwingen kann (Bild 11.16).

Wie derartige Figuren gezeichnet werden können, sei am Beispiel $f_1 : f_2 = 3 : 4 (= 12 : 16)$ bei gleicher Amplitude erläutert (Bild 11.17). In ein Quadrat wird ein Kreis einbeschrieben und sein Umfang in 12 (O) bzw. 16 (◎) Teile geteilt. Durch die Teilpunkte werden Parallelen zu den Quadratseiten gezogen. Es entsteht ein Netz von Rechtecken. Sobald nun an der Ecke eines beliebigen Recht-

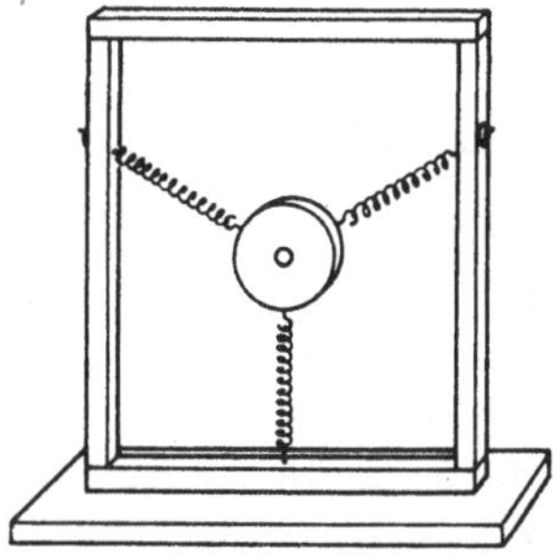

Bild 11.13. Herstellung elliptischer Schwingungen

11*

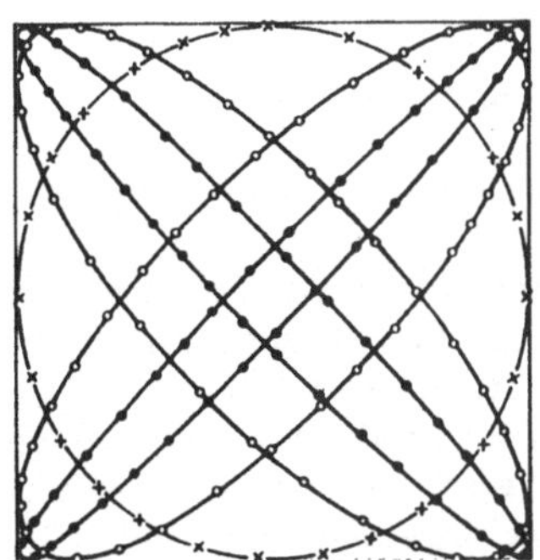

Bild 11.14. Lissajoussche Figuren bei einem Frequenzverhältnis 1 : 1

eckes beginnend, in Richtung der Diagonalen ein fortlaufender Kurvenzug in das Netz gelegt wird, entsteht eine LISSAJOUSSche Kurve. Der im Bild gemachte Anfang entspricht einer Phasenverschiebung von $2/16T_2$. Bei anfänglicher Phasengleichheit muß man im Mittelpunkt des Quadrates beginnen.

Bild 11.15. LISSAJOUSSche Figuren bei einem Frequenzverhältnis 3 : 4 und verschiedenen Phasenlagen

Die LISSAJOUSSchen Figuren stellen nur dann einen geschlossenen Linienzug dar, wenn die beiden Grundfrequenzen in einem rationalen Verhältnis zueinander stehen. Bei der geringsten Verstimmung aber ändert der Linienzug seine Gestalt ständig. Sehr schön lassen sich all diese Erscheinungen durch Überlagerung elektrischer Schwingungen studieren, die auf dem Leuchtschirm einer Elektronenstrahlröhre (BRAUNsche Röhre) sichtbar gemacht werden.

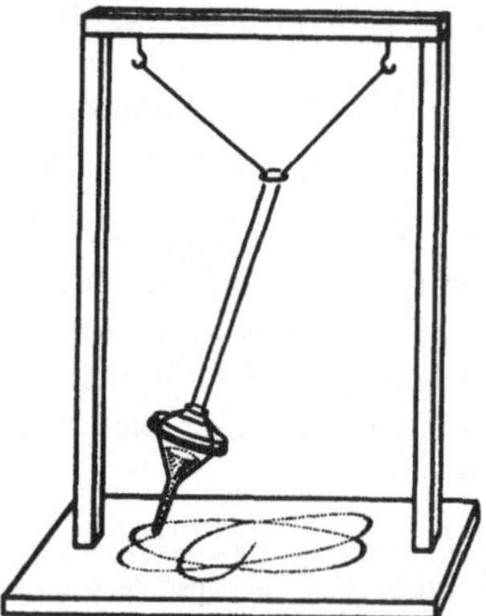

Bild 11.16. Sandstreuender Trichter zeichnet LISSAJOUSSche Figuren

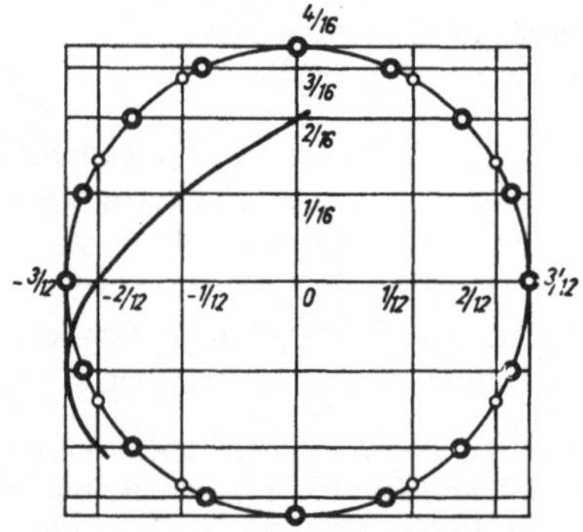

Bild 11.17. Konstruktion einer LISSAJOUSschen Figur

11.4 Kippschwingungen

Außer der harmonischen Schwingung ist der Typ der **Kippschwingung** von weitreichender Bedeutung. In einem dreieckigen, pendelnd aufgehängten Trog fließt ein Wasserstrahl (Bild 11.18). Sobald sich der Trog bis zu einer gewissen Höhe gefüllt hat, wird das Gleichgewicht labil, das Gefäß kippt um und entleert seinen Inhalt. Es richtet sich wieder auf, und das Spiel beginnt von neuem. Man erkennt, daß es sich hier um einen Energiespeicher handelt, der sich periodisch lädt und entlädt. Die Ladung erfolgt allmählich von außen her, die Entladung geschieht nach außen und plötzlich. Wird die Bewegung grafisch dargestellt, so entsteht eine *Sägezahnkurve* (Bild 11.19). Offenbar hängt die Frequenz von der in einer bestimmten Zeitdauer zufließenden Menge sowie vom Fassungsvermögen (Kapazität) des Gefäßes ab.

Kippschwingungen spielen heute eine große Rolle in den verschiedenen elektronischen Einrichtungen. Hierbei sind es meist Kondensatoren, die mit Hilfe eines elektrischen Stromes relativ langsam aufgeladen und nach Erreichen einer bestimmten Spannung plötzlich entladen werden. Auf diese Weise wird z. B. der im Fernsehempfänger hin und her eilende, das Bild aufzeichnende Elektronenstrahl gesteuert.

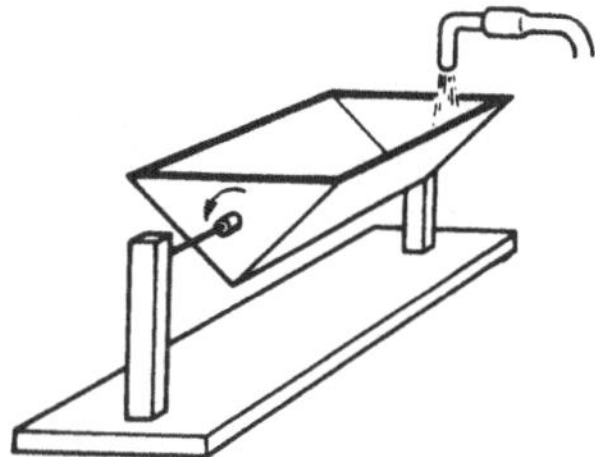

Bild 11.18. Entstehung von Kippschwingungen

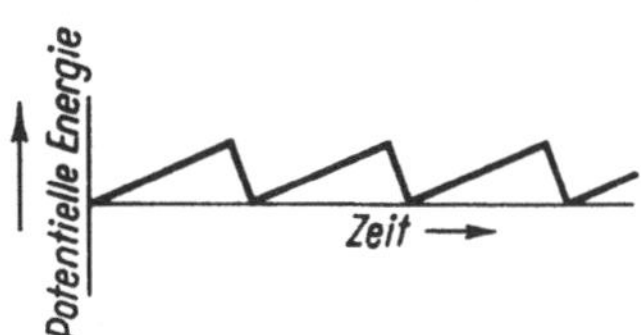

Bild 11.19. Energie-Zeit-Kurve einer Kippschwingung

Beispiele: 1. Beim Anstreichen einer Saite mit dem Geigenbogen nimmt dieser die Saite ein wenig mit, bis ihre Spannung (Energiegehalt) so groß wird, daß sie vom Bogen losreißt und zurückspringt. Der Vorgang wiederholt sich einige hundertmal in der Sekunde. Auch hier hängt die Frequenz von der »Kapazität« (dem Energiegehalt der gespannten Saite) ab.
2. In ähnlicher Weise entstehen alle knarrenden und quietschenden Geräusche beim Anziehen von Bremsen, in schlecht geölten Türangeln usw.

12 Dynamik schwingender Körper

12.1 Kraftgesetz der harmonischen Schwingung

Ein Massenpunkt bewegt sich nur so lange auf einer Kreisbahn, wie die nach dem Mittelpunkt gerichtete Radialkraft wirkt. Ebenso muß der harmonisch schwingende Körper einer Kraft unterworfen sein, da er sich abwechselnd beschleunigt und verzögert bewegt. Diese Kraft folgt unmittelbar aus dem dynamischen Grundgesetz (3.2) $F = ma$, wenn die Masse m mit der Beschleunigung a multipliziert wird, der sie während des Schwingens unterworfen ist. Hierfür ergab sich der mit Gleichung (11.6) gegebene Ausdruck, so daß die wirkende Kraft

$$F = m\omega^2 y_{max} \sin(\omega t + \varphi_0)$$

ist. Das Produkt $y_{max} \sin(\omega t + \varphi_0)$ aber ist nach (11.1) die Elongation y, d. h. die sich von einem Augenblick zum nächsten ändernde Entfernung des schwingenden Körpers von seiner Ruhelage. Die Kraft ist demnach:

$$\boxed{F = -m\omega^2 y} \qquad \text{**Rücktreibende Kraft bei harmonischer Schwingung**} \qquad (12.1)$$

Das Minuszeichen spiegelt die Tatsache wider, daß die Kraft F der jeweiligen Elongation entgegen gerichtet ist. Sie ist in jedem Fall bestrebt, den schwingenden Körper in seine Ausgangslage zurückzutreiben.

Während der harmonischen Schwingung wirkt eine nach der Ruhelage hin gerichtete Kraft. Sie ist der jeweiligen Entfernung von der Ruhelage proportional.

Es ist übrigens auch zu erkennen, daß die mit Gleichung (12.1) gefundene rücktreibende Kraft aus der Radialkraft (s. S. 108) $F_{rad} = m\omega^2 r$ der Kreisbewegung hervorgeht, wenn deren Vektor auf den Durchmesser projiziert wird. Aus Bild 12.1 ergibt sich dann die Proportion

$$m\omega^2 r : r = F : y$$

und hieraus wiederum der Betrag von F aus (12.1).

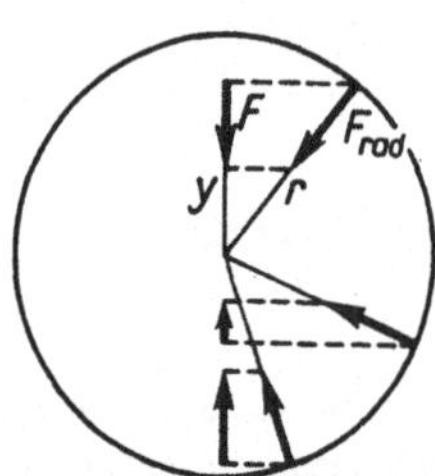

Bild 12.1. Projektion des Vektors der Radialkraft auf den Kreisdurchmesser

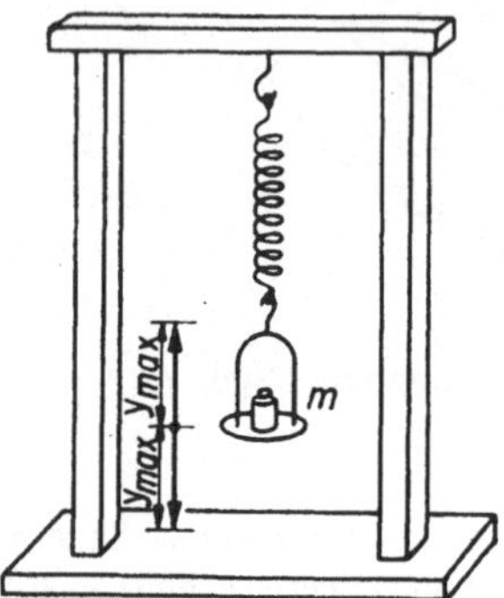

Bild 12.2. Schwingende Schraubenfeder

12.2 Lineare Federschwingung

Der letzte Merksatz gibt zugleich die Bedingung an, die eine Vorrichtung erfüllen muß, wenn sie harmonische Schwingungen ausführen soll: Die rücktreibende Kraft muß der jeweiligen *Elongation* der schwingenden Masse *proportional* sein. Dies ist z. B. bei einer Schraubenfeder der Fall, die an einem festen Gestell hängt und mit einem Körper der Masse m belastet ist (Bild 12.2). Die Eigenmasse der Feder sei demgegenüber vernachlässigt. Von der Spannarbeit einer Feder ist aus 5.2.3 für die Spannkraft $F = ks$ bekannt. Die Federkonstante k in (5.6) wird bei Schwingungen als **Richtgröße** D bezeichnet.

Wenn nun die Feder zu vertikal gerichteten Schwingungen veranlaßt wird, so ist die dehnende Kraft $F = Dy$ in jedem Augenblick entgegengesetzt gleich der rücktreibenden Kraft (12.1) $F = -m\omega^2 y$. Für die Beträge gilt daher:

$$m\omega^2 y = Dy,$$

womit sich die Beziehung

$$\boxed{D = m\omega^2} \qquad \text{**Richtgröße der harmonischen Schwingung**} \qquad (12.2)$$

ergibt. Hieraus folgt wegen $\omega = 2\pi f$ unmittelbar die Frequenz

$$f = \frac{1}{2\pi} \sqrt{\frac{D}{m}}$$

bzw. mit $T = \dfrac{1}{f}$

$$\boxed{T = 2\pi \sqrt{\frac{m}{D}}} \qquad \text{**Periodendauer der Federschwingung**} \qquad (12.3)$$

Wie sich mit einigen einfachen Versuchen leicht bestätigen läßt, ist dreierlei zu erkennen:

1. Die Periodendauer ist von der Amplitude y_{max} unabhängig.
2. Die Feder schwingt um so langsamer, je größer die Masse m des angehängten Körpers ist.
3. Die Feder schwingt um so schneller, je größer ihre Federhärte, d. h. je größer die Richtgröße D ist.

Die Periodendauer (12.3) einer Federschwingung läßt sich auch nach folgendem Rechengang gewinnen: Auf einen Massenpunkt m wirkt eine Kraft, die in jedem Augenblick proportional zur Entfernung y von der Ruhelage ist. Mit dem Proportionalitätsfaktor $D = \dfrac{F}{y}$ ist diese rücktreibende Kraft $-Dy$ der Bewegung stets entgegen gerichtet. Da sie den Körper beschleunigt, gilt wegen des Grundgesetzes (3.1) die Schwingungsgleichung:

$$\boxed{m\,\frac{d^2y}{dt^2} = -Dy} \qquad \textbf{Differentialgleichung der (ungedämpften)} \atop \textbf{harmonischen Schwingung} \qquad (12.4)$$

Es ist nun leicht einzusehen, daß diese Gleichung durch den Ansatz

$$y = y_{max} \sin \omega t$$

befriedigt wird, wenn

$$\omega = \sqrt{\frac{D}{m}}$$

gesetzt wird; denn die zweite Ableitung ergibt in der Tat

$$\frac{d^2y}{dt^2} = -\frac{D}{m}\, y_{max} \sin \omega t.$$

Aus $\omega = \dfrac{2\pi}{T}$ folgt wiederum (12.3) $T = 2\pi \sqrt{\dfrac{m}{D}}$.

Beispiele: 1. Welche Richtgröße hat die Federung eines Kraftwagens, wenn sich die Karosserie bei einer Zuladung von 380 kg um 80 mm senkt? – Mit $F = mg$ wird

$$D = \frac{F}{y} = \frac{380\ \text{kg} \cdot 9{,}81\ \text{m}}{\text{s}^2 \cdot 0{,}08\ \text{m}} = 46\,600\ \text{N/m} = 46{,}6\ \text{kN/m}.$$

2. Ein Gegenstand von 50 g Masse hängt an einer Schraubenfeder. Im Ruhezustand ruft er eine Dehnung von 4 cm hervor. Wie groß sind Periodendauer und Frequenz? – Mit $D = \dfrac{mg}{y}$ wird

$$T = 2\pi \sqrt{\frac{y}{g}} = 2\pi \sqrt{\frac{0{,}04\ \text{m s}^2}{9{,}81\ \text{m}}} = 0{,}4\ \text{s};$$

$$f = 1/T = 1/0{,}4\ \text{s} = 2{,}5\ \text{Hz}.$$

3. Ein Stahlträger wird bei Belastung mit einer Masse von 50 kg um 20 mm durchgebogen und gerät durch Erschütterung in Schwingungen. Wie groß ist die Frequenz? –

$$f = \frac{1}{2\pi} \sqrt{\frac{D}{m}} = \frac{1}{2\pi} \sqrt{\frac{50\ \text{kg} \cdot 9{,}81\ \text{m}}{\text{s}^2 \cdot 0{,}02\ \text{m} \cdot 50\ \text{kg}}} = 3{,}5\ \text{Hz}.$$

12.3 Dreh- (Torsions-) Schwingungen

Wenn nach Bild 12.3 die Achse einer schweren Scheibe an einer Schneckenfeder befestigt und die Scheibe ein Stück aus ihrer Ruhelage herausgedreht wird, führt sie **Drehschwingungen** wie die Unruh einer Taschenuhr oder das Drehpendel einer Jahresuhr aus. An die Stelle der Schneckenfeder kann auch ein straff gespannter Stahldraht treten. Derartige Vorrichtungen heißen **Torsionspendel**.

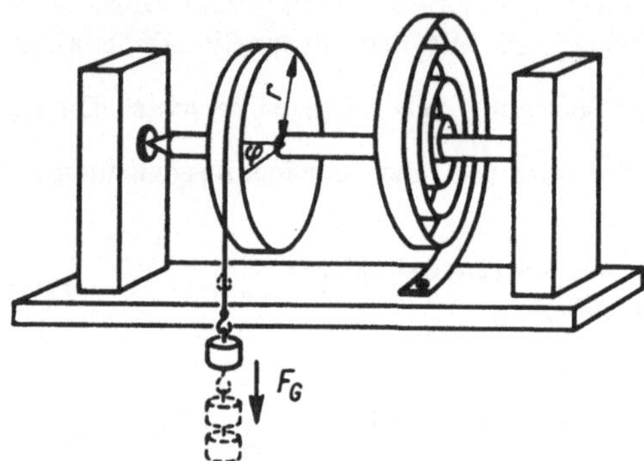

Bild 12.3. Drehschwinger

Um im Bild 12.3 die Achse um den Winkel φ zu verdrehen, ist ein Drehmoment M aufzubringen. Analog zur Spannkraft $F = Ds$ einer elastischen Feder in 5.2.3 ist hier M proportional zu φ. Der zu D analoge Proportionalitätsfaktor ist

$$\boxed{D^* = \frac{M}{\varphi}}$$ **Winkelrichtgröße** (12.5)

$$[D^*] = \frac{N\,m}{rad}$$ (Newtonmeter je Radiant)

Der bekannte Drehmomentschlüssel (Bild 12.4) ist ein Anwendungsfall für die Gleichung $M = D^*\varphi$. Mit seiner Hilfe können vorgeschriebene Maximalwerte von Drehmomenten (z. B. in der Bedienungsanleitung eines PKW) eingehalten werden, so beim Anziehen der Radmuttern bei der Montage von Radfelgen, um ein Durchdrehen der Felgenlöcher zu vermeiden.

Bild 12.4. Drehmomentschlüssel

Um die Periodendauer zu berechnen, kann von Gleichung (12.3) ausgegangen werden. Es sind die aus 7.4 bekannten Analogiebeziehungen zu verwenden: Anstelle der Masse m des schwingenden Körpers ist das Massenträgheitsmoment J bezüglich der Drehachse zu setzen und anstelle der Richtgröße D die Winkelrichtgröße D^*. So folgt:

$$\boxed{T = 2\pi \sqrt{\frac{J}{D^*}}} \qquad \textbf{Periodendauer des Drehschwingers} \qquad (12.6)$$

Beispiel: Die Kreisscheibe der in Bild 12.4 gezeigten Vorrichtung hat einen Durchmesser von 80 mm und eine Masse von 750 g. Ein am Umfang hängendes Wägestück von 50 g Masse ruft eine Verdrehung der Feder um 25° hervor. Wie groß ist die Periodendauer der Scheibe? – Werden das Massenträgheitsmoment $J = mr^2/2$ (s. Tabelle in 7.2) und die Winkelrichtgröße $D^* = M/\varphi = Fr/\varphi$

mit $F = F_\mathrm{G} = m'g$ und $\varphi = 25° = 25 \cdot 1° = 25 \cdot \dfrac{\pi}{180}$ rad in (12.6) eingesetzt, so ergibt sich die Periodendauer zu

$$T = 2\pi \sqrt{\frac{mr\varphi}{2mg}} = 2\pi \sqrt{\frac{0,75 \text{ kg} \cdot 0,04 \text{ m} \cdot 25\pi \text{ s}^2}{180 \cdot 2 \cdot 0,05 \text{ kg} \cdot 9,81 \text{ m}}} = 0,73 \text{ s}.$$

12.4 Schwerependel

12.4.1 Physisches Pendel

Unter dem Einfluß der Schwerkraft schwingende Körper heißen **physische** (körperliche) Pendel, wie z. B. ein aufgehängter Stab, ein hängendes Brett oder das Perpendikel einer Uhr. Zur Berechnung der Periodendauer wird der pendelnde Körper als Drehschwinger wie im vorigen Abschnitt betrachtet. Es ist lediglich zu beachten, daß jetzt die Winkelricht-

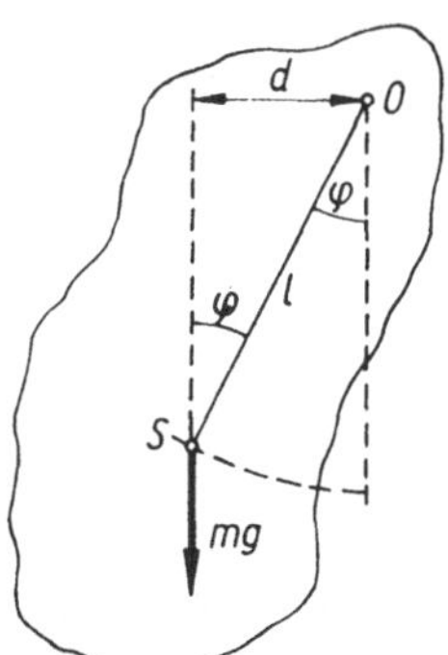

Bild 12.5. Physisches Pendel

größe von der Gewichtskraft mg bestimmt wird. Wenn der *Abstand des Schwerpunktes von Aufhängepunkt O* mit l bezeichnet wird, so wirkt das Moment $M = mgd = mgl \sin \varphi$ (Bild 12.5). Für kleine Ausschläge kann ferner $\sin \varphi \approx \varphi$ gesetzt werden (z. B. $\sin 3° = 0,05234$ und $3° = 0,05236$ rad), so daß die Winkelrichtgröße $D^* = mgl \sin \varphi/\varphi \approx mgl$ wird. Bedeutet schließlich J das Massenträgheitsmoment des schwingenden Körpers in bezug auf eine durch den *Aufhängepunkt* laufende Achse, so ist nach Gleichung (12.6)

$$\boxed{T = 2\pi \sqrt{\frac{J}{mgl}}} \qquad \textbf{Periodendauer des physischen Pendels} \qquad (12.7)$$

12.4.2 Mathematisches Pendel

Ein gedachtes Pendel, bei dem ein Massenpunkt an einem masselosen Faden unter der Wirkung des Schwerefeldes der Erde Schwingungen ausführt, heißt **mathematisches Pendel**. Es wird annähernd verwirklicht durch einen leichten Faden der Länge l, an dem eine kleine Pendelkugel mit der Masse m hängt (*Fadenpendel*). Einmal angestoßen, schwingt es lange Zeit hin und her.

Hierbei handelt es sich um einen besonders einfachen Sonderfall des physischen Pendels, und es kann von der zuletzt abgeleiteten Gleichung (12.7) ausgegangen werden. Indem man für J das Massenträgheitsmoment des Massenpunktes (7.1) mr^2 einsetzt, wobei im vorliegenden Fall der Radius r des Kreises, auf dem der Massenpunkt hin- und herschwingt, gleich der Pendellänge l ist, folgt

$$\boxed{T = 2\pi \sqrt{\frac{\cdot l}{g}}} \qquad \textbf{Periodendauer des mathematischen Pendels} \qquad (12.8)$$

Die Periodendauer des mathematischen Pendels ist somit nur von seiner Länge l und dem örtlichen Wert der Fallbeschleunigung g abhängig. Auch hier ist zu beachten, daß die Gleichung nur für sehr kleine Ausschläge benutzt werden darf. Bei größeren Amplituden ist die Winkelrichtgröße eine komplizierte Funktion des Winkels φ, so daß Schwerependel eigentlich anharmonische Schwinger sind.

Zwischen der Periodendauer eines beliebigen physischen Pendels und dem mathematischen Pendel läßt sich nun eine recht anschauliche Beziehung herstellen. In demselben Punkt, um den der Körper schwingt, wird ein Fadenpendel befestigt und seine Länge solange verändert, bis beide Pendel die gleiche Periodendauer aufweisen. Wenn dann beide Pendel genau abgeglichen sind und in der Ruhelage nach unten hängen, hat das Fadenpendel die **reduzierte Pendellänge** l' und gibt auf dem physischen Pendel die Lage des **Schwingungsmittelpunktes** an.

Der Schwingungsmittelpunkt ist somit der im Abstand l' senkrecht unter der Aufhängung liegende Punkt eines schwingenden Körpers. Durch Vergleich der Periodendauer der beiden gleichschwingenden Pendel ergibt sich

$$T = 2\pi \sqrt{\frac{J}{mgl}} = 2\pi \sqrt{\frac{l'}{g}}.$$

Hieraus berechnet sich die reduzierte Pendellänge

$$l' = \frac{J}{ml}.$$

Der Schwingungsmittelpunkt wird auch als **Stoßmittelpunkt** St bezeichnet. Wird nämlich gegen einen Stab, der an einem kurzen Faden aufgehängt ist, ein Stoß (Bild 12.6) ausgeführt, so kann dreierlei eintreten: Ober -und unterhalb von St getroffen, tritt am Auf-

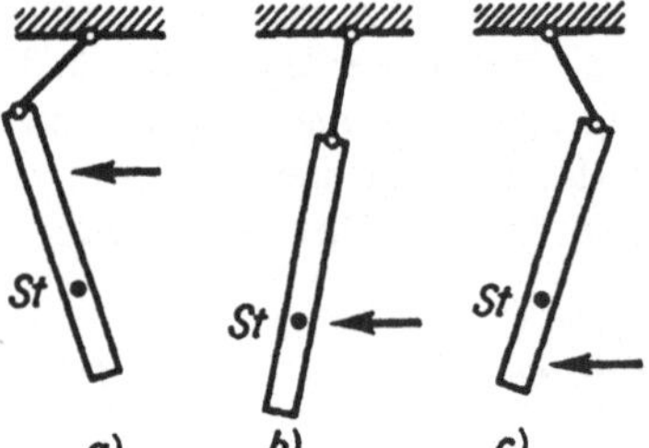

Bild 12.6. Schlag gegen einen aufgehängten Stab

hängepunkt ein kräftiger Rückstoß auf, der den Faden zerreißen kann; im Stoßmittelpunkt getroffen aber schwingt der Stab als Pendel um seine Aufhängung. Der schädliche Rückstoß bleibt aus.

Beispiele: 1. Ein dünner Stab der Länge l_S schwingt um seinen Endpunkt. Welche Periodendauer und reduzierte Pendellänge hat er? – Es ist $l = \dfrac{1}{2} l_S$ und sein Trägheitsmoment $J = \dfrac{m}{3} l_S^2$ (s. Tabelle in 7.2), so daß nach (12.7) folgt:

$$T = 2\pi \sqrt{\frac{m l_S^2 \cdot 2}{3\, mgl}} = 2\pi \sqrt{\frac{2 l_S}{3g}}$$

d. h. $l' = \dfrac{2}{3} l_S$.

Er hat also dieselbe Periodendauer wie ein Fadenpendel von 2/3 seiner Länge.
2. Wie lang ist ein Fadenpendel, das für eine Halbschwingung genau 1 Sekunde benötigt? – Durch Umstellen von (12.7) ergibt sich

$$l = \frac{gT^2}{4\pi^2} = \frac{4\,\text{s}^2 \cdot 9{,}81\ \text{m}}{4\pi^2 \cdot \text{s}^2} = 0{,}994\ \text{m}.$$

Die Länge des **Sekundenpendels** beträgt rund 1 m.

12.4.3 Reversionspendel

Da die Periodendauer des Fadenpendels nur von seiner Länge abhängt, kann die Masse des Pendelkörpers beliebig klein gedacht werden, und man kann Aufhänge- und Endpunkt miteinander vertauschen. Hieraus folgt für das physische Pendel:

Die Periodendauer eines physischen Pendels bleibt unverändert, wenn Aufhänge- und Schwingungsmittelpunkt vertauscht werden.

Bild 12.7. Reversionspendel

Die reduzierte Pendellänge bleibt dabei natürlich erhalten. Das **Reversionspendel** (Bild 12.7) ist ein Stabpendel mit 2 verschiebbaren linsenförmigen Zusatzmassestücken und 2 Aufhängevorrichtungen. Es kann sowohl um das Schneidenpaar bei *a* als auch bei *b* schwingen. Die Zusatzmassestücke werden dabei solange verstellt, bis die Periodendauern genau übereinstimmen. Der Abstand *l* der beiden Schneiden läßt sich genauestens messen und ist gleich der Länge eines gleichschwingenden mathematischen Pendels, für das Gleichung (12.8) gilt.

12.5 Bestimmung von Trägheitsmomenten aus Schwingungen

Bei komplizierten Körpern (z. B. Läufern von Elektromotoren, Propellern usw.) ist eine mathematische Bestimmung des Massenträgheitsmoments mitunter zu umständlich. Es ist dann viel einfacher, den Körper in geeigneter Weise als physisches Pendel schwingen zu lassen.

Durch Abzählen der Schwingungen in einer bestimmten Zeit läßt sich die Periodendauer T leicht ermitteln und nach Gleichung (12.7) das Massenträgheitsmoment ausrechnen.

Bild 12.8 zeigt dies für den Fall einer Riemenscheibe, die pendelnd auf zwei Schneiden gehängt wird. Gleichung (12.7) liefert das Massenträgheitsmoment in bezug auf die Drehachse

$$J = \frac{T^2 mgl}{4\pi^2}.$$

Dabei bedeutet l den Abstand zwischen Drehachse und Schwerpunkt und m die leicht zu bestimmende Gesamtmasse der Scheibe. Soll nun das Massenträgheitsmoment dieser Scheibe bezüglich ihres Schwerpunkts ermittelt werden, so ist nach dem Satz von STEINER (7.6) hiervon der Betrag ml^2 abzuziehen: $J_S = J - ml^2$.

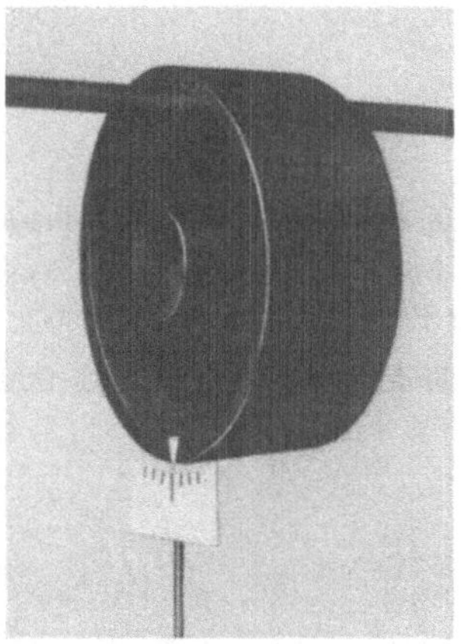

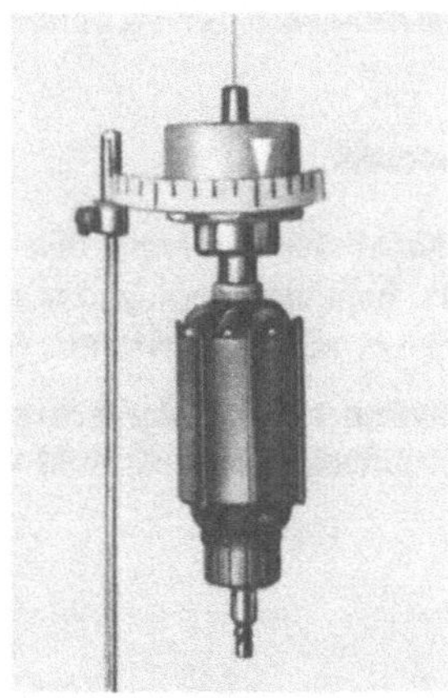

Bild 12.8. Ermittlung des Trägheitsmomentes einer Riemenscheibe

Bild 12.9. Ermittlung des Trägheitsmomentes eines Motorankers

Eine andere Möglichkeit besteht darin, den Körper an einem langen Stahldraht aufzuhängen (Bild 12.9). Nach einer kleinen Verdrehung führt er dann **Torsionsschwingungen** mit der Periodendauer T aus, für welche Gleichung (12.6) gilt, aus der sich das Massenträgheitsmoment J bezüglich der Drehachse berechnen ließe. Da aber die Bestimmung der Winkelrichtgröße D^* des Drahtes zuviel Umstände macht, wird der Gegenstand in einem zweiten Versuch mit einem Hilfskörper belastet. Auf Bild 12.9 ist es ein Hohlzylinder, dessen Massenträgheitsmoment sich genau nach Gleichung (7.4) ausrechnen läßt. Auf diese Weise ergibt sich die neue Periodendauer T'. Aus den erhaltenen 2 Gleichungen für J und D^* läßt sich die unbekannte Winkelrichtgröße eliminieren und das gesuchte Massenträgheitsmoment berechnen:

Es ist also $T = 2\pi \sqrt{\dfrac{J}{D^*}}$ ohne Zusatzkörper

bzw. $T' = 2\pi \sqrt{\dfrac{J + J'}{D^*}}$ mit Zusatzkörper.

Beispiel: Die Riemenscheibe auf Bild 12.8 hat die Masse 800 g und den Radius $r = 60$ mm. Sie führt in 60 s 105 Schwingungen aus. Welches Massenträgheitsmoment in bezug auf die durch den Schwerpunkt gehende Achse hat die Scheibe? – Der Gang der Rechnung erfolgt in der im Text erläuterten Weise.

Zunächst ist $T = \dfrac{60\ \text{s}}{105}$ und in bezug auf die Drehachse

$$J = \frac{T^2 mgl}{4\pi^2} = \frac{60^2\ \text{s}^2 \cdot 0,8\ \text{kg} \cdot 9,81\ \text{m} \cdot 0,06\ \text{m}}{105^2\ \text{s}^2 \cdot 4\pi^2} = 0,00390\ \text{kg m}^2;$$

ferner ist mit $ml^2 = 0,8\ \text{kg} \cdot 0,06^2\ \text{m}^2 = 0,00288\ \text{kg m}^2$. Damit wird in bezug auf die durch den Schwerpunkt laufende Achse

$$J_S = J - ml^2 = (0,00390 - 0,00288)\ \text{kg m}^2 = 0,00102\ \text{kg m}^2 = 10,2\ \text{kg cm}^2.$$

12.6 Dämpfung

Die Amplituden eines einmal angestoßenen Pendels werden im Laufe der Zeit stetig *kleiner*, bis das Pendel stehenbleibt. Die Ursachen sind die Reibung an der Aufhängung, der Luftwiderstand und die an das Gestell abgegebene Energie, das stets ein wenig mitbewegt wird. So halten die Schwingungen einer Blattfeder, die fest in einen Schraubstock gespannt ist, viele Sekunden lang an. In einer Fassung aus Gummi kommt sie schon nach wenigen Schwingbewegungen zur Ruhe, eine Folge der starken **Dämpfung**.

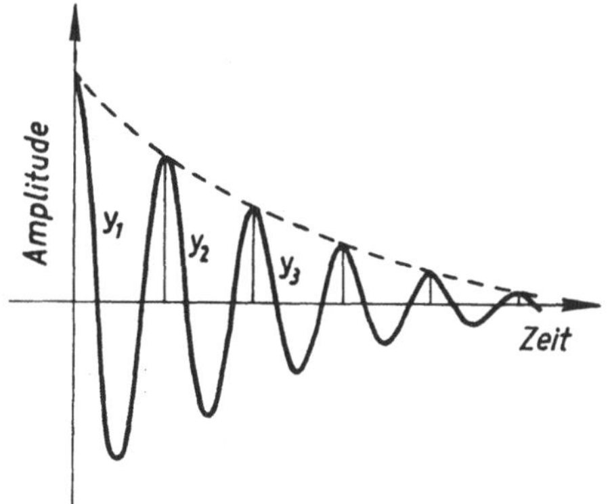

Bild 12.10. Stark gedämpfte Schwingung

Die Dämpfung läßt sich bei keiner Schwingung ganz vermeiden, so daß Schwingungen im Prinzip stets so verlaufen, wie Bild 12.10 zeigt. In den meisten Fällen sinusförmiger Schwingungen liegt ein einfaches Gesetz vor:

Die Amplituden zweier aufeinanderfolgender Schwingungen stehen im gleichen Verhältnis (Dämpfungsverhältnis k) zueinander.

Ist z. B. $k = 1,5$, so verhalten sich die Amplituden der Reihe nach wie

$$1 : \frac{1}{1,5} : \frac{1}{1,5^2} \ldots = 1 : 0,667 : 0,444 \ldots$$

Allgemein kann dafür geschrieben werden:

$$y_1 : y_2 : y_3 \ldots = y_1 : \frac{y_1}{k} : \frac{y_1}{k^2} : \ldots \quad \text{oder kürzer:}$$

$$\boxed{y_z = \frac{y_1}{k^{z-1}}}$$ **Amplitude der z-ten gedämpften Schwingung** (12.9)

Dieser recht übersichtliche Fall konstanten Dämpfungsverhältnisses k trifft nun immer dann zu, wenn die Reibungskraft der Geschwindigkeit des schwingenden Körpers proportional ist, d. h. wenn $F_R = -\varrho \dfrac{dy}{dt}$ und ϱ eine Konstante ist. Damit erweitert sich die Differentialgleichung der ungedämpften Schwingung (12.4) zu

$$\boxed{m\frac{d^2y}{dt^2} = -Dy - \varrho\frac{dy}{dt}}$$ **Differentialgleichung der gedämpften harmonischen Schwingung** (12.10)

Eine Lösung von (12.10) für die Ort-Zeit-Funktion ist

$$y = y_{max}\, e^{-\frac{\varrho}{2m}t} \cdot \cos\sqrt{\frac{D}{m} - \frac{\varrho^2}{4m^2}} \cdot t.$$

Herleitung: Wird der komplexe Ansatz $y = y_{max}\, e^{j\tilde{\omega}t}$ mit zunächst noch unbekanntem $\tilde{\omega}$ gemacht, so kann mit

$$\frac{dy}{dt} = j\tilde{\omega} y_{max}\, e^{j\tilde{\omega}t} = j\tilde{\omega}y \quad \text{und} \quad \frac{d^2y}{dt^2} = -\tilde{\omega}^2 y$$

für (12.10) geschrieben werden:

$$-m\tilde{\omega}^2 y + \varrho j\tilde{\omega}y + Dy = 0.$$

Nach Dividieren durch $-my$ ergibt sich

$$\tilde{\omega}^2 - \frac{\varrho}{m}j\tilde{\omega} - \frac{D}{m} = 0.$$

Die Lösung dieser quadratischen Gleichung ist

$$\tilde{\omega} = \frac{j}{2}\frac{\varrho}{m} \pm \sqrt{\frac{D}{m} - \frac{\varrho^2}{4m^2}} \quad \text{für} \quad \frac{D}{m} > \frac{\varrho^2}{4m^2}.$$

Es ist daher

$$y = y_{max}\, e^{j\left(\frac{1}{2}\frac{\varrho}{m} \pm \sqrt{\frac{D}{m} - \frac{\varrho^2}{4m^2}}\right)t}$$

oder nach Zerlegen des Exponenten

$$y = y_{max}\, e^{-\frac{\varrho t}{2m}} \cdot e^{\pm j\sqrt{\frac{D}{m} - \frac{\varrho^2}{4m^2}}\,t}$$

Der erste Faktor stellt die exponentiell mit der Zeit t abnehmende Amplitude dar. Der Realteil des zweiten Faktors ist zufolge der EULERschen Gleichung $e^{\pm j\omega t} = \cos\omega t \pm j\sin\omega t$ die Funktion

$$\cos\sqrt{\frac{D}{m} - \frac{\varrho^2}{4m^2}}\,t.$$

Das vorhin betrachtete **Dämpfungsverhältnis** k ergibt sich durch Einsetzen zweier im Abstand einer Periode T aufeinanderfolgender Zeitpunkte ($t_1 = T$ bzw. $t_2 = 2T$) in die Ort-Zeit-Funktion. Beim Dividieren dieser Ausdrücke findet sich in der Tat die eingangs gemachte Annahme bestätigt, daß dieses Verhältnis konstant ist:

$$\frac{y_1}{y_2} = e^{\frac{\varrho}{2m}T} = k.$$

Hierbei werden

$$\delta = \frac{\varrho}{2m}$$ **Abklingkonstante**   (12.11)

$[\delta] = 1/s$ (je Sekunde)

und

$$\Lambda = \ln k = \delta T$$ **Logarithmisches Dekrement**   (12.12)

genannt. Aus dem Wurzelausdruck der Ort-Zeit-Funktion ist ferner zu entnehmen, daß die Kreisfrequenz ω_d der gedämpften Schwingung kleiner als die der ungedämpften Schwingung mit $\omega_0^2 = \dfrac{D}{m}$ nach (12.2) ist:

$$\omega_d = \sqrt{\omega_0^2 - \delta^2}$$ **Kreisfrequenz der gedämpften Schwingung**   (12.13)

Beispiel: Die Amplituden der ersten bzw. 35. Schwingung eines Pendels betragen 25 cm bzw. 12,5 cm. Welchen Wert haben das Dämpfungsverhältnis k und das logarithmische Dekrement Λ? – Nach Gleichung (12.9) ist $k^{z-1} = \dfrac{y_1}{y_{35}}$, d. h. $k = \sqrt[34]{2} = 1{,}0206$, und nach (12.12) ist $\Lambda = \ln 1{,}0206 = 0{,}0204$.

12.7 Erzwungene Schwingungen und Resonanz

Die bisher besprochenen schwingenden Systeme waren solche, die nach einmaligem Anstoß mit ihrer *Eigenfrequenz* weiterschwingen. Einem solchen Pendel lassen sich aber auch ganz andere Frequenzen aufzwingen, wenn es mit einem anderen Schwinger verbunden (gekoppelt) wird. Es entsteht das zusammengesetzte System: **Erreger** (Oszillator) – **Kopplung** – **Mitschwinger** (Resonator).

Beispiele: 1. Bei einer Geige ist die angestrichene Saite der Oszillator, der Steg die Kopplung und der mitschwingende Boden der Resonator.
2. Ein nicht genau ausgewuchteter Motor stellt einen Schwinger dar, der bei starrer Kopplung mit seinem Fundament dieses zum Mitschwingen bringt.

Die Schwingungen des Resonators werden um so kräftiger, je besser seine Eigenfrequenz mit der Frequenz des Erregers übereinstimmt und je kleiner die Dämpfung des Resonators ist.
Bei genauer Übereinstimmung der Frequenzen wird der Mitschwinger zu sehr hohen Amplituden aufgeschaukelt. Dieser Fall wird als **Resonanz** bezeichnet.

Die Verhältnisse können mit einem Resonanzapparat nach Bild 12.11 in allen Einzelheiten studiert werden. Ein langsam schwingendes Pendel (z. B. $f = 0{,}5$ Hz) mit dem Zeiger A wird über eine Schneckenfeder F von dem Exzenter E angeregt, der von einem regelbaren, langsam laufenden Motor getrieben wird. Eine Versuchsreihe wird in der Weise durchgeführt, daß man den Motor mit einer bestimmten Drehzahl laufen läßt, die Amplitude des ein wenig mitbewegten Zeigers A mißt und ihren Wert a in die grafische Darstellung (Bild 12.12) einträgt. Dann wird die Drehzahl verändert und der Amplitudenwert b eingetragen. So fortfahrend, stößt man auf die Drehzahl, die mit der Eigenfrequenz des Zeigers A übereinstimmt, dessen Amplitude hier einen sehr großen Wert erreicht. Es entsteht eine bei c steil zugespitzte Resonanzkurve. Nun lassen sich die Schwingungen mit einem auf der Scheibe S schleifenden Wattebausch in verschiedenem Maße dämpfen. Eine zweite Versuchsreihe ergibt dann eine erheblich flachere Kurve. Wäre die Dämpfung gleich Null, so müßte die Amplitude des Resonators durch die fortwährende Energiezufuhr allmählich unerträglich hohe Werte annehmen. Darin besteht die große Gefahr bei schwingenden Fundamenten.

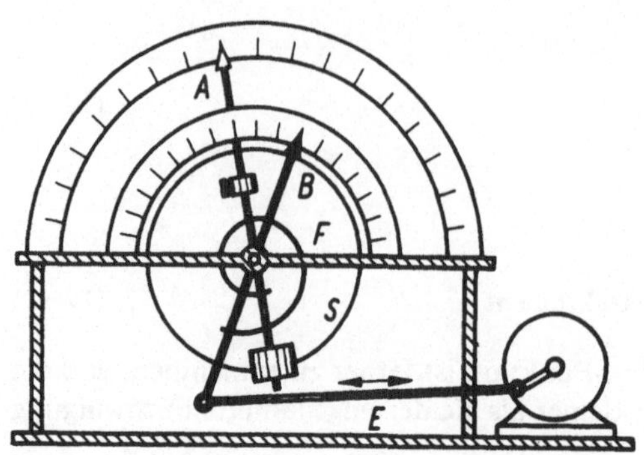

Bild 12.11. Anregung eines schwingenden Pendels durch Exzenter über eine Federkopplung

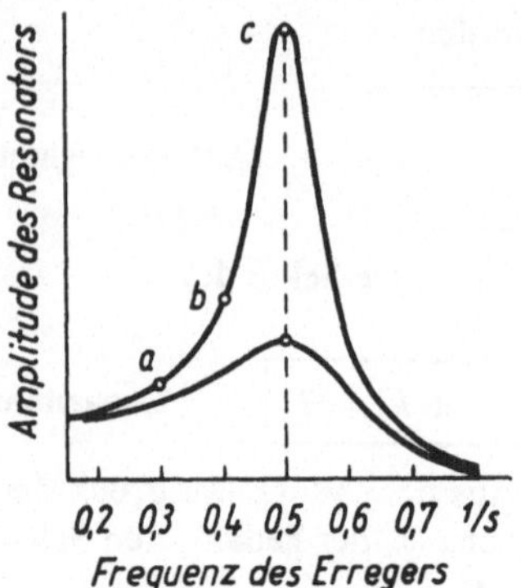

Bild 12.12. Resonanzkurve mit geringer und starker Dämpfung

Der Zeiger B dient zur Beobachtung der Phasenlage. Bei sehr kleinen Frequenzen bewegen sich A und B stets gleichsinnig und im gleichen Takt. Sie sind immer in *gleicher Phase*. Das Verhältnis ändert sich aber im Falle der *Resonanz*, wo der Erreger dem Resonator um 90° *vorauseilt* (Bild 12.13). Der erregende Zeiger geht schon wieder durch die Ruhelage, während das erregte Pendel eben erst seine Richtung umkehrt. Die Phasenverschiebung erreicht bei steigender Frequenz des Erregers schließlich 180°. Im Resonanzfall ist die Federspannung gerade dann am stärksten, wenn der Resonator zu einer neuen Schwingung ansetzt, wodurch das Pendel maximal beschleunigt wird.

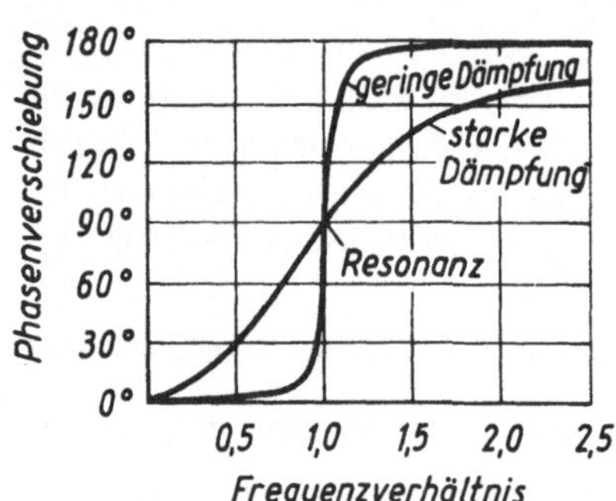

Bild 12.13. Phasenverschiebung zwischen Oszillator und Resonator bei verschiedenem Frequenzverhältnis

Zur mathematischen Behandlung erzwungener Schwingungen kann wieder von der Differentialgleichung der gedämpften Schwingung (12.10) ausgegangen werden, die nunmehr durch Hinzufügen der periodisch wirkenden Kraft des Erregers $F = F_{max} \cos \omega t$ zu ergänzen ist.

$$m \frac{d^2 y}{dt^2} = -Dy - \varrho \frac{dy}{dt} + F_{max} \cos \omega t$$

Differentialgleichung der erzwungenen Schwingung (12.14)

Der *Erreger* hat also die Kreisfrequenz ω, die von der Kreisfrequenz $\omega_0 = \sqrt{\dfrac{D}{m}}$ der ungedämpften **Eigenschwingung** des ohne Erregung frei schwingenden Resonators im allgemeinen verschieden ist. Eine Lösung der Gleichung (12.13) ist die sich nach einer gewissen Einschwingzeit ergebende Dauerschwingung

$$y = \frac{F_{max}}{\sqrt{m^2(\omega_0^2 - \omega^2)^2 + \varrho^2 \omega^2}} \cos(\omega t - \varphi) = y_0 \cos(\omega t - \varphi).$$

Sie kann durch zweimaliges Differenzieren und Einsetzen in (12.13) bestätigt werden.

Da die Amplitude y_0 im Resonanzfall ihren Maximalwert hat, kann die dazugehörige Kreisfrequenz ω in bekannter Weise dadurch gefunden werden, daß die 1. Ableitung $\dfrac{dy_0}{d\omega}$ gleich Null gesetzt wird. Es ergibt sich:

$$\omega_R = \sqrt{\omega_0^2 - \frac{\varrho^2}{m^2}}$$ **Resonanzkreisfrequenz** (12.15)

Im Fall sehr schwacher Dämpfung und großer Masse des Resonators stimmt sie mit der Kreisfrequenz ω_0 des Erregers überein.

Für die Phasenverschiebung φ zwischen Erreger und Resonator gilt ferner

$$\tan \varphi = \frac{\varrho\omega}{m(\omega_0^2 - \omega^2)} .$$

Im Resonanzfall wird $\omega = \omega_0$, und für den Winkel der Phasenverschiebung folgt $\varphi = \pi/2 = 90°$, in Übereinstimmung mit Bild 12.13.

13 Grundbegriffe der Wellenbewegung

13.1 Wesen der Wellenbewegung

Als Schwingungen hatten wir solche Vorgänge erkannt, bei denen ein Massenpunkt oder ein einzelner starrer Körper periodische Bewegungen um ihre Ruhelage ausführen. Mit dieser Ruhelage ist der schwingende Körper selbst an einer *bestimmten* Stelle des Raumes *festgelegt*.

Ist der schwingende Körper, z. B. ein Pendel, mit einem anderen in geeigneter Weise verbunden (gekoppelt), so wird dieser Körper vom ersten zu Schwingungen angeregt. Die zwischen beiden vorhandene Kopplung bewirkt eine Übertragung des Bewegungszustandes. Bilden nun viele solcher schwingungsfähiger Gebilde ein zusammenhängendes System, so breitet sich die an einer Stelle eingeleitete Schwingung im ganzen System aus. Das äußere Erscheinungsbild eines solchen Vorganges wird als **Welle** bezeichnet.

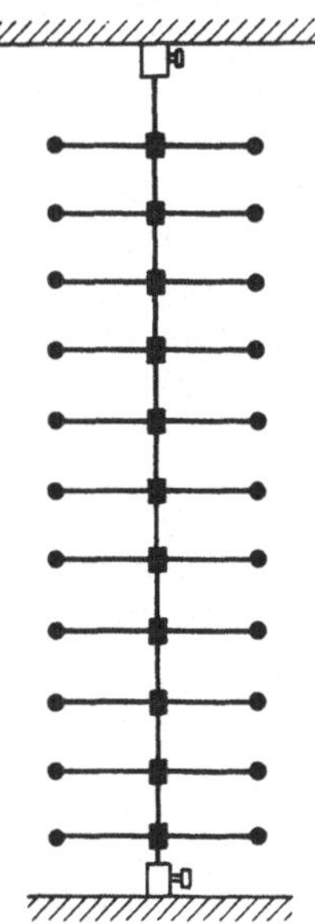

Bild 13.1. Wellenmaschine

Da aber alle elastisch deformierbaren Körper aus einzelnen miteinander in Verbindung stehenden Teilchen bestehen, können derartige Wellen im Innern und an der Oberfläche aller festen und flüssigen Medien und auch in den Gasen entstehen. Dabei werden die einzelnen Teilchen *zeitlich nacheinander* von der sich ausbreitenden Bewegung erfaßt. Im Gegensatz zu den Schwingungen handelt es sich also um *zeitliche und räumliche* Veränderungen innerhalb eines Körpers.

Da die Ausbreitung der Welle eine gewisse Zeit beansprucht, beginnt ein betrachtetes Teilchen immer ein wenig später zu schwingen als dasjenige, das ihm die Bewegung mitteilt. Es hat also diesem gegenüber eine kleine *Phasendifferenz*, um welche es der Schwingung des vorangehenden *nacheilt*. Gleichzeitig bezieht es die zur Ingangsetzung seiner Bewegung notwendige Energie vom unmittelbar benachbarten, das bereits in Bewegung ist. Damit findet in der Welle ein kontinuierlicher *Energietransport* statt. Vom Erregungszentrum ausgehend, wandert diese Energie in der Ausbreitungsrichtung mit der für das betreffende Medium charakteristischen Geschwindigkeit vorwärts.

Zur Veranschaulichung dieser Vorgänge dient die *Wellenmaschine*. Bild 13.1 zeigt eine solche Vorrichtung mit einem senkrecht ausgespannten Stahldraht. Daran befestigte Querstäbe tragen an ihren Endpunkten kleine Kugeln. Wenn nur *ein* solcher Stab vorhanden ist, führt er bei einmaligem Anstoß Drehschwingungen um die vertikale Achse aus. Sind alle Stäbe angebracht, so sieht man, wie nach Anstoß des untersten Stabes alle übrigen nacheinander in Bewegung geraten Die Schwingungsenergie wird von unten nach oben fortgeleitet. Jeder Stab schwingt schließlich mit einer bestimmten Phasendifferenz gegenüber dem jeweils darunterliegenden. In diesem leicht übersehbaren Fall führen die durch *elastische Kräfte* aneinander gebundenen Teilchen allesamt *harmonische Schwingungen* aus. Dann wird von **harmonischen Wellen** gesprochen. Abgesehen von dieser periodischen Bewegung um ihre Ruhelagen, nehmen sie aber am Ausbreitungsvorgang selbst *nicht* teil. Nicht die einzelnen Teilchen, sondern der zeitlich periodische Bewegungszustand pflanzt sich fort. Das ist auch an einem schwimmenden Korken zu beobachten. Wird er von der Wellenbewegung erfaßt, so tanzt er auf und ab, ohne sich von der Stelle zu bewegen.

13.2 Beschreibung der Wellenbewegung

Die Schwingung eines einzelnen Massenpunktes oder Körpers kann in einem Diagramm dargestellt werden, dessen Abszisse die verstrichene Zeit t und dessen Ordinate die im Laufe der Zeit veränderliche Auslenkung y angibt. Das Ergebnis ist eine Kurve, die in vielen Fällen sinusförmig ist.

Wellen sind jedoch Vorgänge, die sich im *Raum* ausbreiten. Zu ihrer Darstellung in der Zeichenebene ist daher das y,t-Diagramm nicht geeignet. Im einfachsten Fall wird vielmehr ein y,x-Schaubild benutzt (Bild 13.2), wobei y wieder die Auslenkung der einzelnen Teilchen darstellt und x die Ortskoordinate der Richtung, in der die Ausbreitung der Welle verfolgt wird. Wenn hierbei angenommen wird, daß die Teilchen sinusförmig schwingen und ihre Amplitude konstant ist, bietet eine harmonische Welle in einem bestimmten Augenblick t, gleichsam als fotografische Momentaufnahme, das gleiche Bild wie die Darstellung einer harmonischen Schwingung. Jetzt aber bedeutet die Abszisse *nicht* die Zeit t,

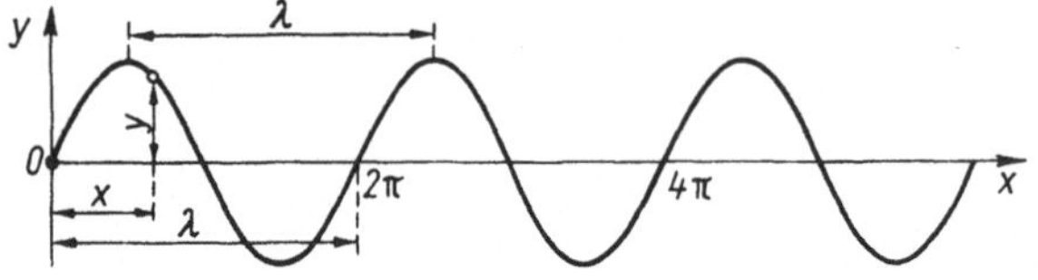

Bild 13.2. Augenblicksbild einer fortschreitenden harmonischen Welle

sondern die Ortskoordinate x, längs deren die Welle fortschreitet. Die Sinuskurve auf Bild 13.2 wandert als *starres Gebilde* mit der Geschwindigkeit c vorwärts.

Sehr deutlich ist das an einem Glaszylinder zu sehen, auf den schraubenförmig eine Schnur gewickelt ist (Bild 13.3). Bei Drehung um die Längsachse sieht man eine Welle in der Längsrichtung des Zylinders fortwandern.

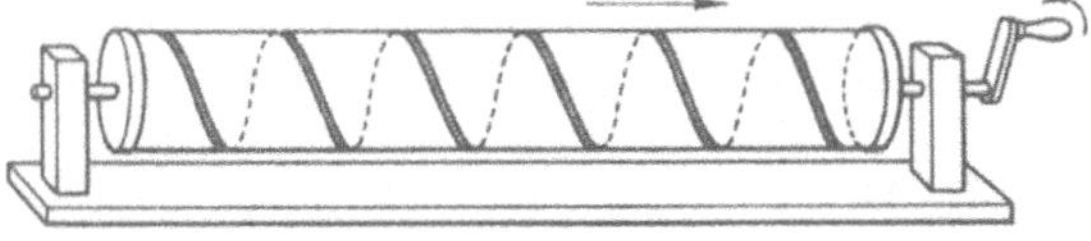

Bild 13.3. Veranschaulichung einer harmonischen Welle

Die zur Beschreibung einer sinusförmigen Welle erforderlichen Begriffe sind aus 11.1 vom schwingenden Teilchen her bekannt: **Frequenz** f, **Elongation** y, **Amplitude** y_{max}, **Kreisfrequenz** ω. Hinzu kommen die Begriffe:

Phasenwinkel $\varphi = \omega t$: Winkel, um den sich der Schwingungszustand eines Teilchens von dem eines anderen unterscheidet.

Ausbreitungsgeschwindigkeit c: Geschwindigkeit, mit der sich die Welle ausbreitet; zugleich Geschwindigkeit des Energietransportes.

Wellenlänge λ: Entfernung zweier Teilchen, die sich aufeinanderfolgend im gleichen Schwingungszustand befinden.

Zwischen Frequenz, Wellenlänge und Ausbreitungsgeschwindigkeit besteht zunächst die grundlegende Beziehung: **Ausbreitungsgeschwindigkeit = Frequenz · Wellenlänge.**

$$\boxed{c = f\lambda} \qquad \textbf{Ausbreitungsgeschwindigkeit einer Welle} \tag{13.1}$$

Dieses Gesetz gilt für *alle Arten* von Wellen, für die des Lichtes wie überhaupt für alle elektromagnetischen Wellen, die Schallwellen und die Wellen in flüssigen und festen Körpern.

Begründung: In der Zeit t haben am Entstehungsort z Schwingungen stattgefunden. Diese z Schwingungen legten in der gleichen Zeit t die Strecke $s = ct$ zurück. Es verteilen sich also z Schwingungen auf die Strecke s. Die von einer einzelnen Schwingung beanspruchte Teilstrecke $\dfrac{s}{z}$ ist die Wellenlänge λ. Es ist demnach $\lambda = \dfrac{ct}{z}$. Da aber $\dfrac{z}{t} = f$ ist, ergibt sich $\lambda = \dfrac{c}{f}$.

Beispiele: 1. Welche Wellenlänge strahlt ein Rundfunksender aus, dessen Frequenz 650 kHz beträgt ($c = 300$ Mm/s)? – Nach (13.1) ist

$$\lambda = \frac{c}{t} = \frac{300 \cdot 10^6 \, \text{m s}}{650 \cdot 10^3 \, \text{s}} = 461{,}5 \, \text{m}.$$

2. Welcher Frequenz entsprechen 1,7 cm lange Wellen an einer Wasseroberfläche, die sich mit einer Geschwindigkeit von 23 cm/s ausbreiten? –

$$f = \frac{c}{\lambda} = \frac{23 \, \text{cm}}{\text{s} \cdot 1{,}7 \, \text{cm}} = 13{,}5 \, \text{Hz}.$$

13.3 Arten der Wellen

Wenn die einzelnen Teilchen *quer* zur Ausbreitungsrichtung schwingen, wird von **Transversalwellen (Querwellen)** gesprochen. Wird ein dünner, horizontal ausgespannter Gummischlauch mit der Hand gefaßt und das freie Ende periodisch auf und ab bewegt, so kann man eine schlängelnde Bewegung bis zum anderen Ende laufen sehen:

Eine *Seilwelle* schwingt *transversal* (Bild 13.4).

12*

Zu den Transversalwellen gehören auch die Wellen des Lichtes und der übrigen elektromagnetischen Strahlungen. Hier sind es allerdings keine Teilchen, sondern elektromagnetische Felder, die quer zur Ausbreitungsrichtung schwingen. In den **Longitudinalwellen (Längswellen)** schwingen die Teilchen *längs* der Fortpflanzungsrichtung (Bild 13.5). Beim Rangieren von Güterzügen kommt es häufig vor, daß ein einzelner Waggon gegen eine

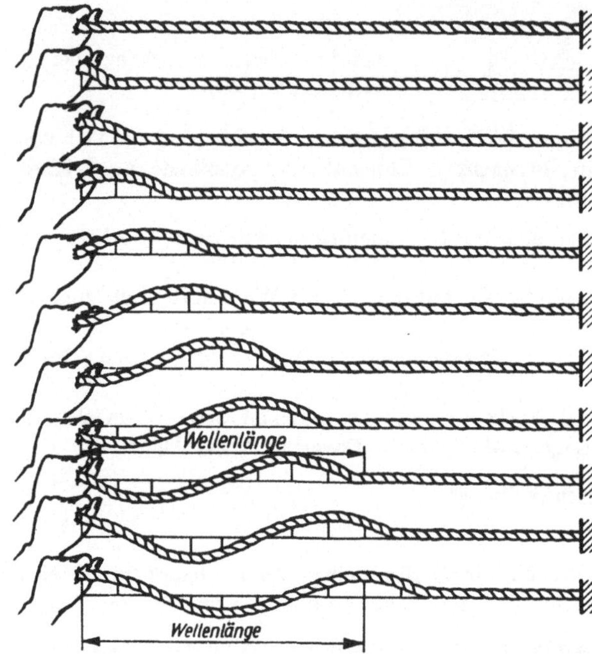

Bild 13.4. Entstehung einer Seilwelle

lange Wagenreihe stößt. Der Stoß pflanzt sich durch den ganzen Zug fort, indem jeder Wagen zwischen seinen Puffern hin und her pendelt: ein grobes Bild einer Longitudinalwelle. *Schallwellen* in Gasen, festen Körpern und in Flüssigkeiten sind *Longitudinalwellen*. Erdbeben durchqueren das Erdinnere teils als Längs- und teils als **Querwellen**. Dabei vermögen die transversalen den Erdkern anscheinend nicht zu durchdringen.

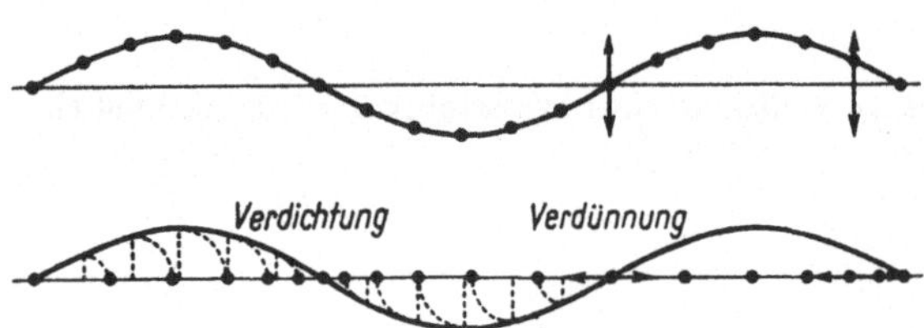

Bild 13.5. Transversalwelle und Konstruktion einer Longitudinalwelle

Die Oberflächenwellen des Wassers haben verhältnismäßig spitze Wellenberge und sanft gerundete Täler. Sie stellen *keine reinen* Transversalwellen dar, da die einzelnen Wasserteilchen vertikale Kreise durchlaufen.

Ein zur Vorführung von Wellen dienendes Gerät zeigt Bild 13.6. Eine mit Wasser gefüllte flache Wanne W wird von unten her durchleuchtet und mit dem Spiegel Sp an die Wand projiziert. Der mit der Netzfrequenz erregte Tupfer T berührt die Wasseroberfläche. Die hier erzeugten Wellen wandern als dunkle Schatten über den Bildschirm und können mit einer im Lampengehäuse angebrachten Stroboskopscheibe zum scheinbaren Stillstand gebracht werden.

Wegen der nach allen Seiten hin gleich großen Ausbreitungsgeschwindigkeit bieten die Oberflächenwellen des Wassers bei punktförmiger Erregung das Bild konzentrischer Kreise. Längs eines solchen Kreises, z. B. auf einem der ringförmigen Wellenberge, befinden sich

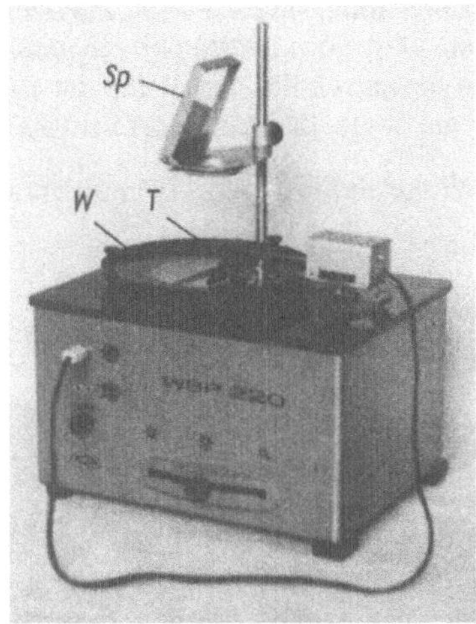

Bild 13.6. Wasserwellengerät

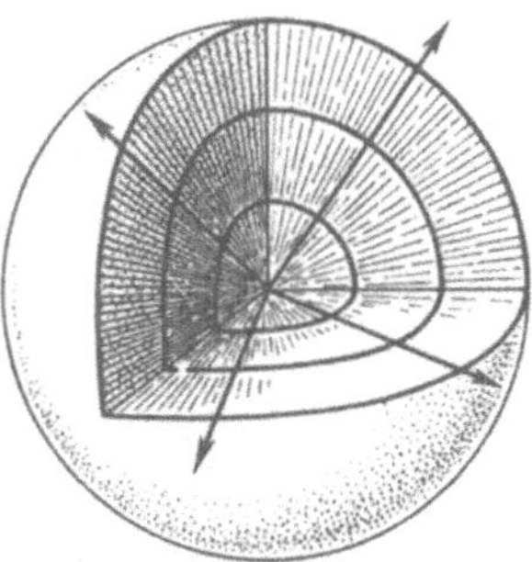

Bild 13.7. Wellenfronten und Strahlen einer Kugelwelle

alle schwingenden Teilchen in gleicher Phase. Dieser geometrische Ort aller *Punkte gleicher Schwingphase* wird **Wellenfront** genannt. Werden vom Wellenzentrum ausgehende Geraden gezogen, so stellen diese die **Wellenstrahlen** dar (Bild 13.7). Da die Radien den Umfang eines Kreises rechtwinklig durchschneiden, ergibt sich:

Die Wellenstrahlen stehen stets senkrecht auf den Wellenfronten.

Wenn die Erzeugung im *Innern* des Mediums erfolgt und die Ausbreitungsgeschwindigkeit nach allen Richtungen hin gleich groß ist (isotropes Medium), entstehen **Kugelwellen** (Bild 13.7). Alle Orte gleicher Phase, d. h. die *Wellenfronten*, stellen konzentrische *Kugelschalen* dar. Die Wellenstrahlen sind in diesem Fall Kugelradien und geben wie bei den Kreiswellen die Ausbreitungsrichtung der Wellen an.

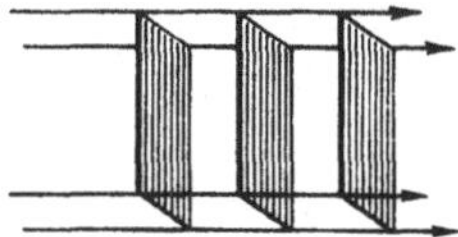

Bild 13.8. Ebene Wellenfronten – parallele Strahlen

Wird nur die *unmittelbare* Umgebung eines Strahls angesehen, so ist die Krümmung der Wellenfronten nicht wahrnehmbar. Sie können als *eben* betrachtet werden und heißen **ebene Wellen**. *Schmale* Strahlenbündel, die aus weiter Ferne kommen, können aus dem gleichen Grund ohne Fehler als *ebene* Wellen angesehen werden. Die Strahlen eines solchen Bündels verlaufen nahezu *parallel* (Bild 13.8).

Parallele Strahlenbündel werden von ebenen Wellenfronten begleitet.

Das bekannteste Beispiel sind die Strahlen des Sonnenlichtes, die aus sehr großer Entfernung kommen. Da wir nur einen äußerst schmalen Ausschnitt aus dem gesamten Strahlenbündel empfangen, verlaufen die Strahlen praktisch parallel.

Für den Fall, daß es sich um eine sinusförmige *ebene Welle* handelt, hängt die Auslenkung y von der Koordinate x ab.

Sie hängt aber außerdem noch von der Zeit ab und ist somit eine Funktion zweier Veränderlicher. Für die einfache Sinusschwingung gilt die Gleichung (11.2) $y = y_{max} \sin \omega t$. Wir haben aber festgestellt, daß ein betrachtetes Teilchen dem vorangehenden mit einer bestimmten **Phasendifferenz** nacheilt. Gegenüber dem Ausgangspunkt der Welle ist die entsprechende Nacheilzeit t' diejenige, die verstreicht, bis die Welle den Ort x erreicht hat.

Damit ist $t' = \dfrac{x}{c}$. Von dem Argument ωt ist daher der Winkel $\omega t' = \dfrac{\omega x}{c}$ zu subtrahieren, und es folgt:

$$y = y_{max} \sin \omega \left(t - \frac{x}{c} \right)$$

Elongation y einer ebenen Welle am Ort x zur Zeit t (13.2)

Mit $\omega = 2\pi f$ und $c = f\lambda$ kann dafür auch geschrieben werden:

$$y = y_{max} \sin 2\pi \left(ft - \frac{x}{\lambda} \right)$$

(13.3)

Dabei gilt das negative Vorzeichen im Argument für den hier angenommenen Fall, daß die Welle in der *positiven* Richtung der x-Achse vorwärtseilt. Bewegt sich die Welle der x-Achse entgegen, ist ein positives Vorzeichen in beiden Gleichungen an die Stelle des negativen zu setzen.

14 Ausbreitung und Überlagerung von Wellen

14.1 Huygenssches Prinzip

Die bis jetzt aufgezählten Grundbegriffe reichen jedoch nicht aus, die zahlreichen bei der Ausbreitung von Wellen auftretenden Besonderheiten zu erklären. Sie sind beim Schall wie auch beim Licht und vielen anderen Arten von Wellen zu beobachten. Besonders auffallend sind die Vorgänge der *Reflexion* (Zurückwerfung) und der *Brechung*.

Es entsteht daher die Frage, ob die Wellenvorstellung in der Lage ist, die hier geltenden Gesetze ausreichend zu erklären.

Bild 14.1. Entstehung einer Elementarwelle aus einem von der Welle getroffenen Punkt

Eine Antwort hierauf gibt ein Versuch mit dem Wellengerät (Bild 13.6). In das Feld der von einer schwingenden Spitze auf einer Wasseroberfläche erzeugten Kreiswellen wird eine Querwand gestellt, in der sich eine kleine Öffnung befindet.

Dann ist zu sehen, wie aus dieser Öffnung ein neues selbständiges System von Wellen herauskommt (Bild 14.1). Diese Stelle bildet den Ausgangspunkt einer neuen *Tochter-welle*. Wird die Wand mit mehreren Öffnungen versehen, so wirkt jede einzelne von ihnen in gleicher Weise, wobei dann schließlich die Wellenfronten aller dieser Tochterwellen zu einer neuen gemeinsamen Wellenfront verschmelzen (Bild 14.2). Die Wellenlänge ändert sich dabei nicht.

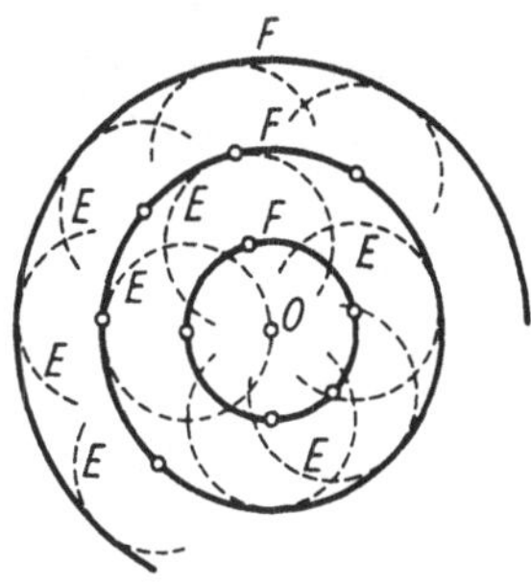

Bild 14.2. Das Huygenssche Prinzip: E Elementarwellen, O Wellen-zentrum, F Wellenfronten

Den Versuch kann man an jeder beliebigen Stelle des Wellenfeldes ausführen und damit nachweisen, daß jeder beliebige, von einer Welle erreichte Punkt des Mediums daher als ein *neues, selbständiges Stör-* und damit *Wellenzentrum* angesehen werden kann. Die von ihm ausgehende Welle heißt **Elementarwelle**. Werden die von vielen benachbarten Punkten einer Wellenfront ausgehenden Elementarwellen betrachtet, so haben sie nach einer be-stimmten Zeit eine neue, gemeinsame Wellenfront erreicht. Es ist also vorstellbar, daß um-gekehrt jede Wellenfront als Umhüllende zahlreicher, gleichzeitig entstandener Elementar-wellen zustande kommt.

Dieser von dem großen holländischen Physiker Christiaan Huygens (1629 bis 1695) ausgesprochene Gedanke heißt das **Huygenssche Prinzip:**

> **Jeder von einer Welle getroffene Punkt ist Ausgangspunkt einer neuen Elementarwelle. Die Umhüllende (gemeinsame Tangente) aller aus einer Wellenfront gleichzeitig ent-stehenden Elementarwellen ist wieder eine Wellenfront der vom ursprünglichen Erre-gungszentrum ausgehenden Wellen.**

Das Huygenssche Prinzip erweist sich vor allem bei der Deutung komplizierterer Wellen-erscheinungen als außerordentlich wertvoll.

14.2 Reflexion von Wellen

Eine von zwei parallelen Strahlen *1* und *2* eingefaßte ebene Wellenfront *AB* fällt schräg auf eine Fläche, die von ihr *nicht* durchdrungen werden kann (Bild 14.3). Strahl *1* erreicht sie in Punkt *A* zuerst und sendet eine Elementarwelle von wachsendem Radius aus. Wenn

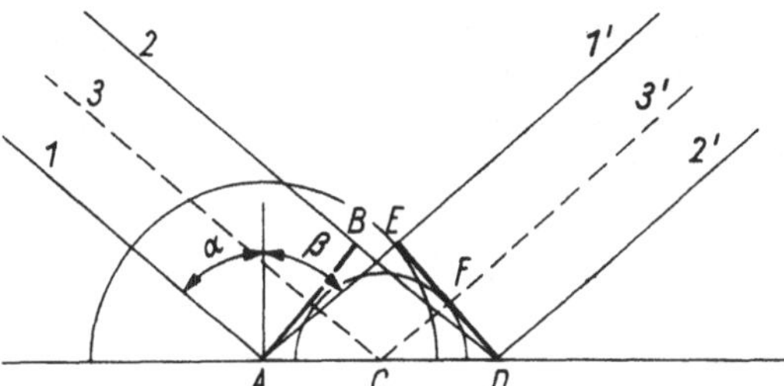

Bild 14.3. Reflexion paralleler Strahlen nach dem Huygensschen Prinzip

Strahl *2* die Fläche in *D* erreicht hat, muß infolge der gleichen Ausbreitungsgeschwindigkeit der Radius der Elementarwelle $\overline{AE}$ gleich $\overline{BD}$ sein. Der in der Mitte zwischen *1* und *2* laufende Strahl *3* erreicht die Fläche im Punkt *C*. Die hier entstehende Elementarwelle erreicht bis zum Eintreffen des Strahls *2* nur den halben Radius $\overline{CF} = \dfrac{\overline{AE}}{2}$. Die neue Wellenfront ist nach dem HUYGENSschen Prinzip, s. 14.1, die Tangente $\overline{DE}$.

Nun ist zu sehen, daß die beiden Dreiecke *AED* und *ABD* rechtwinklig sind, da die Wellenfronten auf den zu ihnen gehörenden Strahlen senkrecht stehen. Außerdem haben sie die gemeinsame Basis $\overline{AD}$ und die Seiten $\overline{AE}$ bzw. $\overline{BD}$ von gleicher Länge. Folglich sind diese

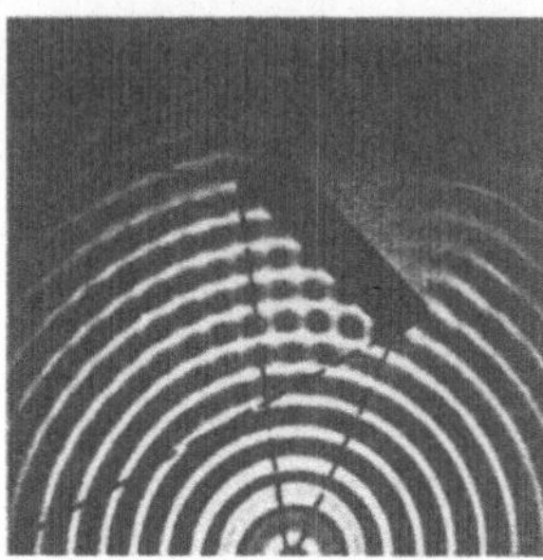

Bild 14.4. Reflexion von Wasserwellen

Dreiecke kongruent, so daß die Wellenfronten $\overline{AB}$ und $\overline{DE}$ mit der reflektierenden Fläche den gleichen Winkel bilden.

Die Schenkel dieser Winkel stehen aber paarweise senkrecht auf den Schenkeln von α und β, die zu beiden Seiten des in *A* errichteten Einfallslotes liegen. Damit ist $\alpha = \beta$, womit der Hauptinhalt des **Reflexionsgesetzes**, vgl. in 6.5, gewonnen ist:

Der Einfallswinkel ist gleich dem Reflexionswinkel.

Eine Welle wird aber nicht nur dann reflektiert, wenn sie gegen ein festes Hindernis trifft. Sie wird auch zurückgeworfen, wenn das Medium, in dem sie sich bewegt, an den freien Raum grenzt. Grundsätzlich werden Wellen an *allen Grenzflächen* reflektiert, an denen sich die Dichte sprunghaft ändert. Dabei ist zwischen zwei Fällen zu unterscheiden.

Ist die Dichte des angrenzenden Mediums *geringer*, dann läuft die Welle nach der Reflexion so zurück, wie sie auch *ungestört* weiterlaufen würde (Bild 14.5). Ihre Phasenlage bleibt *unverändert*.

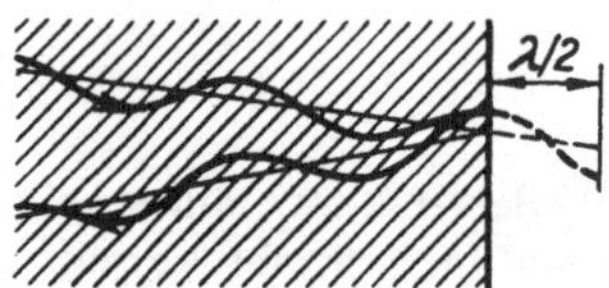

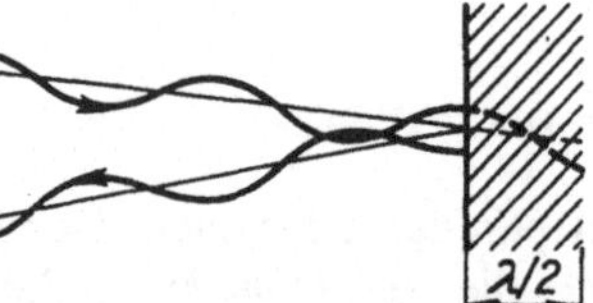

Bild 14.5. Reflexion ohne Phasensprung   Bild 14.6. Reflexion mit Phasensprung

Wenn die Dichte des anderen Mediums aber *größer* ist, so erleiden die in der Welle schwingenden Teilchen an der Grenzfläche einen Impuls nach der entgegengesetzten Richtung, und es tritt ein **Phasensprung** von einer halben Wellenlänge auf. Das ist so zu verstehen: Die Wellen laufen in diesem Fall so zurück, wie sie bei ungestörter Ausbreitung erst nach Zurücklegen einer halben Wellenlänge weiterlaufen würden (Bild 14.6).

Bei Reflexion am dichteren Medium erfolgt ein Phasensprung von einer halben Wellenlänge.

Bei Reflexion am dünneren Medium erfolgt kein Phasensprung.

14.3 Brechung von Wellen

Ein paralleles Strahlenbündel (Bild 14.7) falle schräg auf die **Grenzfläche** g zweier Medien M_1 und M_2, in denen die Ausbreitungsgeschwindigkeiten c_1 und c_2 der Wellen unterschiedliche Werte haben sollen. Die Geschwindigkeit im Medium M_2 sei z. B. geringer als im Medium M_1. Wenn Strahl 1 der Wellenfront $\overline{AB}$ die Trennfläche in A erreicht, hat der andere noch die Strecke $\overline{BD} = a$ zurückzulegen. Dazu wird die Zeit $\dfrac{a}{c_1}$ benötigt. Währenddessen breitet sich von A eine Elementarwelle aus. Ihr Radius wächst in der Zeit $\dfrac{a}{c_1}$ auf die Größe $\overline{AE} = d = \dfrac{c_2 a}{c_1}$ an. Der in der Mitte zwischen 1 und 2 laufende Strahl 3 erreicht die Grenzfläche im Punkt C. Die hier entstehende Elementarwelle erreicht bis zum Eintreffen des Strahls 2 nur den halben Radius $d/2$. Die neue Wellenfront im Medium M_2 ist nach dem HUYGENSschen Prinzip, s. in 14.1, die Tangente an diese Halbkreise.

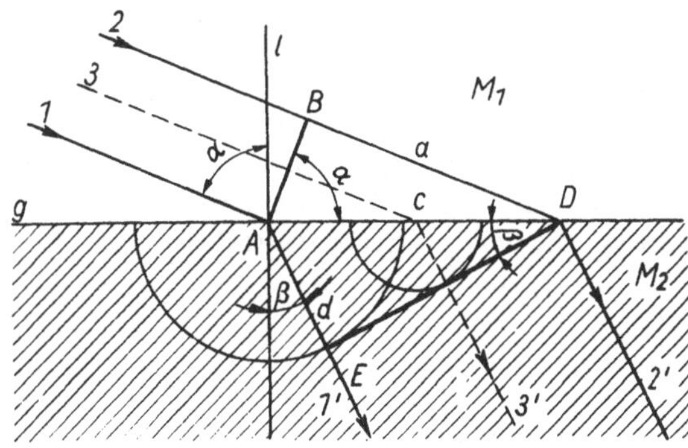

Bild 14.7. Brechung paralleler Strahlen nach dem HUYGENSschen Prinzip

Wegen $c_2 < c_1$ muß der Radius d der Elementarwelle aber kleiner sein als a. Das hat zur Folge, daß die im Medium M_2 entstandene Wellenfront $\overline{DE}$ nicht parallel zur ursprünglichen Wellenfront AB ist, sondern einen bestimmten Winkel mit ihr bildet. Dadurch verlaufen auch die Wellenstrahlen $1'$ und $2'$ im Medium M_2 nicht als geradlinige Fortsetzung der Strahlen 1 und 2, sondern erfahren in der Grenzfläche einen Knick. Sie werden nach dem in A errichteten Einfallslot hin gebrochen. Für die auf Bild 14.7 angegebenen Winkel α und β ergeben sich jetzt die Beziehungen $\sin\alpha = \dfrac{a}{AD}$ und $\sin\beta = \dfrac{d}{AD}$. Es ist also einerseits $\dfrac{a}{d} = \dfrac{c_1}{c_2}$ und andererseits $\dfrac{a}{d} = \dfrac{\sin\alpha}{\sin\beta}$. Daraus folgt

$$\boxed{\dfrac{\sin\alpha}{\sin\beta} = \dfrac{c_1}{c_2}} \qquad \textbf{Brechungsgesetz} \tag{14.1}$$

Die Sinuswerte von Einfalls- und Brechungswinkel verhalten sich wie die Ausbreitungsgeschwindigkeiten in den aneinandergrenzenden Medien.
Einfallsstrahl, Lot und Ausfallsstrahl liegen in einer Ebene.

Im Wellengerät wird ein Gebiet geringerer Geschwindigkeit durch Einlegen eines flachen Körpers hergestellt. Über der seichteren Stelle laufen die Wellen langsamer, wodurch sich auch der Brechungsvorgang an Hand von Wasserwellen darstellen läßt (Bild 14.8).

Bild 14.8. Brechung von Wasserwellen über einer seichten Stelle

14.4 Interferenz von Wellen

Wie bei Versuchen mit Wasser- und Schallwellen unmittelbar zu sehen ist, stellt das HUY-GENSsche Prinzip eine vollkommen der Wirklichkeit entsprechende Beschreibung derartiger Wellenvorgänge dar. Wenn zwar dieses Prinzip auch auf Lichtwellen anwendbar ist, so ist dies noch kein Beweis dafür, daß es sich hier ebenfalls um Wellen handeln muß. Der Beweis für die Wellennatur des Lichtes ergibt sich vielmehr erst aus Erscheinungen, die mit der **Überlagerung** von Wellen zusammenhängen. Sie heißen **Interferenzerscheinungen.**

Der Grundvorgang, der wiederum bei allen Arten von Wellen vorkommen kann, ist der folgende:

Breiten sich von einem Erregungszentrum zwei Wellen zugleich aus, so wird ein Teilchen des Mediums von zwei Bewegungen gleichzeitig erfaßt. Die resultierende Auslenkung ist gleich der Summe der beiden einzelnen. Dieser Vorgang der *Überlagerung von Wellen* wird **Interferenz** genannt.

Zeichnerisch können zwei sich überlagernde Wellen in der gleichen Weise zu einer resultierenden Welle zusammengefaßt werden, wie dies bei der Überlagerung von Schwingungen beschrieben wurde.

Von den vielen möglichen Fällen sei zunächst derjenige herausgegriffen, in dem zwei ebene Wellen von gleicher Amplitude und Wellenlänge in der gleichen Strahlrichtung laufen. Sie unterscheiden sich dann lediglich um den Phasenwinkel φ, um den die eine Welle der anderen ständig voraus- oder nacheilt. Die beiden Wellen sind damit um eine konstant bleibende **Phasendifferenz** gegeneinander **verschoben.**

In der Wellengleichung (13.3)

$$y = y_{\max} \sin\left(2\pi ft - \frac{2\pi x_1}{\lambda}\right)$$

ist der Phasenwinkel für den Ort x_1 durch den Ausdruck

$$\varphi_1 = 2\pi\,\frac{x_1}{\lambda}$$

gegeben.

Zur weiteren Vereinfachung betrachten wir nun lediglich die beiden Fälle, in denen diese Verschiebung gerade eine ganze bzw. eine halbe Wellenlänge beträgt. Bild 14.9 gibt dies in einer Zeichnung wieder, und es ist sofort zu erkennen, daß die Amplitude der resultierenden Welle im ersten Fall den doppelten Betrag einer Einzelwelle hat und im zweiten Fall gleich Null wird.

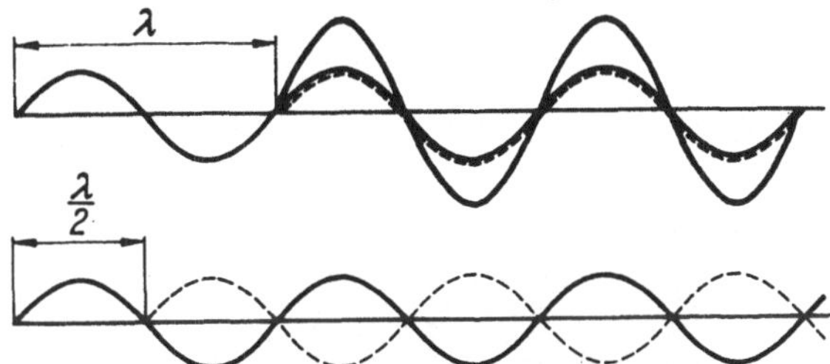

Bild 14.9. Oben: Verstärkung,
unten: Auslöschung durch Interferenz

Bei der Interferenz zweier Wellenzüge gleicher Amplitude und Wellenlänge ergibt sich

$$\frac{\textbf{Verstärkung}}{\textbf{Auslöschung}} \textbf{ bei gegenseitiger Verschiebung um } \frac{\textbf{0, } \lambda\textbf{, } 2\lambda\textbf{, } 3\lambda\textbf{, } \dots}{\lambda/2\textbf{, } 3\lambda/2\textbf{, } 5\lambda/2\textbf{, } \dots}.$$

Im ersten Fall, für den die Verschiebung z. B. gerade eine ganze Wellenlänge λ beträgt, ist der Phasenwinkel der zweiten Welle am gleichen Ort x_1

$$\varphi_2 = 2\pi \frac{x_1 + \lambda}{\lambda} = 2\pi \frac{x_1}{\lambda} + 2\pi.$$

Dann ist die resultierende Auslenkung zur Zeit t und am Ort x_1 nach Gleichung (13.3)

$$y = y_1 + y_2 = y_{max} \left[\sin\left(2\pi f t - \frac{2\pi x_1}{\lambda}\right) + \sin\left(2\pi f t - \frac{2\pi x_1}{\lambda} - 2\pi\right) \right].$$

Der zweite Summand in der eckigen Klammer läßt sich durch das Additionstheorem für $\sin(\alpha - \beta)$ umformen in

$$\sin\left(2\pi f t - \frac{2\pi x_1}{\lambda}\right) \cos 2\pi - \cos\left(2\pi f t - \frac{2\pi x_1}{\lambda}\right) \sin 2\pi.$$

Da $\cos 2\pi = 1$ und $\sin 2\pi = 0$ ist, ergibt sich die resultierende Auslenkung

$$y = 2y_{max}\left[\sin\left(2\pi f t - \frac{2\pi x_1}{\lambda}\right) \right] \quad \text{oder kürzer}$$
$$y = 2y_1,$$

womit der erste Teil des vorhin aufgestellten Satzes auch mathematisch bewiesen ist. Einer der ersten, die das Gesetz der Interferenz auf die Wellentheorie des Lichtes anwandten, war der Franzose FRESNEL (1788 bis 1827). Ihm gelang es, das HUYGENSsche Prinzip entscheidend zu begründen. Sein Gedankengang war etwa folgender:

Gegeben sei nach Bild 14.10 ein punktförmiges Wellenzentrum A, eine von ihm erzeugte Wellenfront I und ein in der Richtung AE vor ihr liegender Punkt J. Da von allen Punkten der Wellenfront gleichzeitig Elementarwellen ausgehen, müßte der Punkt J von allen aus den verschiedensten Richtungen kommenden Elementarwellen erreicht werden, und es wäre nicht zu verstehen, weshalb dann der Strahl AE trotzdem geradlinig über J läuft und auch seinen weiteren Weg von hier aus geradlinig fortsetzt bzw. weshalb Punkt J einer definierten Wellenfront angehört. Werden nach FRESNEL aber die Abstände der Punkte B bis H gerade so groß gewählt, daß die Wegdifferenz $(\overline{BJ} - \overline{CJ}), (\overline{CJ} - \overline{DJ}), \dots$ eine Wellenlänge λ betragen, so läßt sich zu jedem der Strahlen BJ, CJ, ... ein darauffolgender Strahl $B'J$, $C'J$, ... finden, der ihm gegenüber einen Phasenunterschied von $\lambda/2$ hat und ihn zur Auslöschung bringt. Damit hebt sich die Wirkung aller nach J gelangenden Strahlen auf. Davon ausgenommen ist allein eine kleine Zone um Punkt E, womit die Strahlrichtung AEJ und die dazugehörige Wellenfront eindeutig festgelegt sind.

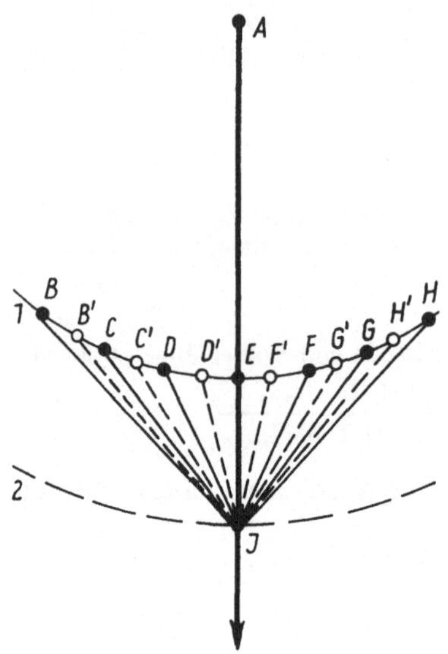

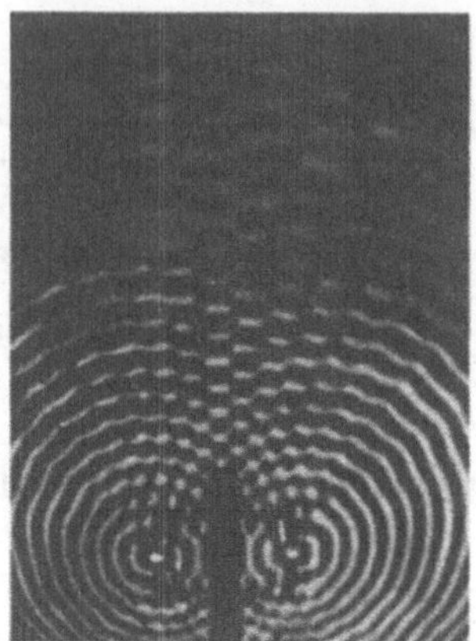

Bild 14.10. FRESNELsche Deutung   Bild 14.11. Interferenz zweier Kreiswellen
des HUYGENSschen Prinzips

Das HUYGENSsche Prinzip kann daher durch den wichtigen Zusatz ergänzt werden:

Huygens-Fresnelsches Prinzip:

Die Ausbreitung einer Welle vollzieht sich unter gegenseitiger Interferenz der von den Wellenfronten ausgehenden Elementarwellen.

Um die Interferenz zweier nebeneinander erzeugter Kreiswellen zu zeigen, wird wieder das Wellengerät benutzt. Zwei punktförmige Erreger rufen 2 Kreiswellenzüge hervor (Bild 14.11). Beide Systeme interferieren miteinander, indem sich deutliche, schmale Streifen ausbilden, in denen das Wasser in Ruhe bleibt. Zwischen diesen Streifen, wo sich die Wellen gegenseitig auslöschen, liegen jeweils Gebiete mit verstärkter Amplitude. Die solchermaßen entstehenden **Interferenzstreifen** sind **Hyperbeln**; denn es sind die geometrischen Örter aller Punkte, deren Abstände von den beiden Zentren die gleiche Differenz $\dfrac{\lambda}{2}$, $\dfrac{3\lambda}{2}$ usw. haben.

14.5 Stehende Wellen

Interferenz kann aber auch *längs eines Strahles* eintreten, wenn dieser nach der Reflexion auf *derselben* Bahn wieder zurückläuft. Dabei ist zu unterscheiden, ob die **Dichte des Mediums** hinter der reflektierenden Grenzfläche **größer** oder **kleiner** als im Wellenfeld[1]) ist.

1. Reflexion am dünneren Medium

Bild 14.12 zeigt eine solche Welle in 4 verschiedenen Zeitpunkten. Nach der Reflexion läuft sie so zurück, wie sie jenseits der Grenzfläche weiterlaufen würde, d. h. *ohne* Phasenunterschied. Dies ist nach 14.2 der Fall, wenn das angrenzende Medium *dünner* ist.
Hin- und zurücklaufende Welle ergeben die dick ausgezogene Resultierende. Sie hat in jedem der 4 Augenblicke eine andere Phasenlage. Werden aber alle Resultierenden noch

---

[1]) Wellenfeld heißt der Raum, in dem sich eine Welle ausbreitet.

einmal zusammen (letzte Zeile) gezeichnet, so ist ein *räumlich feststehendes* System von **Knoten** (Stellen der Ruhe) und **Bäuchen** (größte Auslenkung) zu sehen, das **stehende Welle** heißt. Dies erscheint auf den ersten Blick deswegen überraschend, weil zwei rasch hin- und herlaufende Wellenzüge ein feststehendes Schwingungsbild ergeben. An der reflektierenden Grenzfläche liegt ein Schwingungsbauch. Der Abstand zweier Knoten beträgt eine halbe Wellenlänge.

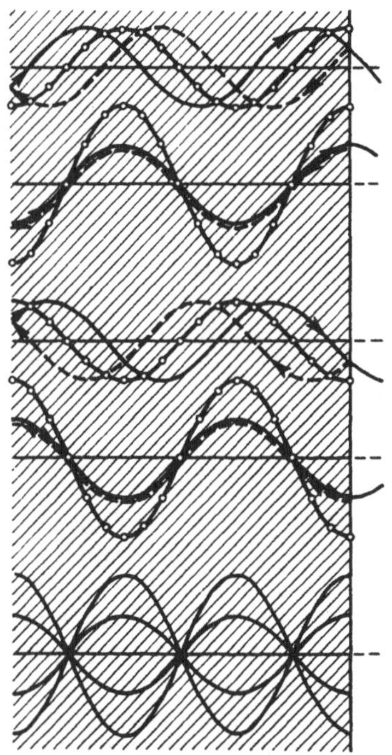

Bild 14.12. Entstehung einer stehenden Welle durch Reflexion am dünneren Medium. (Die reflektierte Welle kommt so zurück, wie die hinlaufende Welle im angrenzenden Medium weiterlaufen würde.)

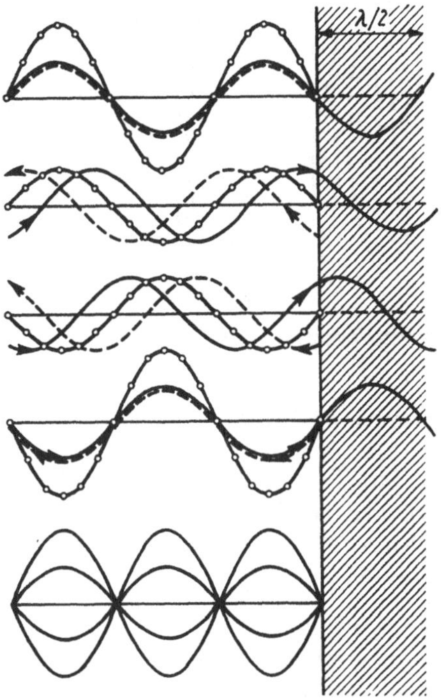

Bild 14.13. Entstehung einer stehenden Welle durch Reflexion am dichteren Medium. (Die reflektierte Welle läuft so zurück, wie die hinlaufende Welle nach Überspringen von $\lambda/2$ weiterlaufen würde.)

2. Reflexion am dichteren Medium

Wenn das angrenzende Medium *dichter* ist, erfolgt nach 14.2 bei der Reflexion ein Phasensprung von $\lambda/2$. In diesem Sinn läuft die reflektierte Welle zurück und bildet mit der hinlaufenden ebenfalls eine stehende Welle. An der Grenzfläche liegt dieses Mal ein Wellenknoten (Bild 14.13).

Stehende Wellen lassen sich sehr schön mit einem senkrecht ausgespannten Faden erzeugen, dessen unteres Ende von einem Schwinghebel rasch hin und her bewegt wird (Bild 14.14). Der Antrieb geschieht durch einen regelbaren kleinen Motor. Bei passender Frequenz bildet der weiße Faden vor der dunklen Wandtafel 2, 3 oder noch mehr weit ausladende Wellenbäuche.
Die Erzeugung stehender Wellen gelingt nur bei passender Frequenz. Die frei schwingende Länge des Seils kann nämlich nur **ganzzahlige Vielfache von halben Wellenlängen** aufnehmen, da am Anfang und Ende des Fadens ein Knoten liegen muß. Die Wellenlänge ist wiederum bestimmt von der Ausbreitungsgeschwindigkeit der Welle im Faden und der aufgeprägten Frequenz.

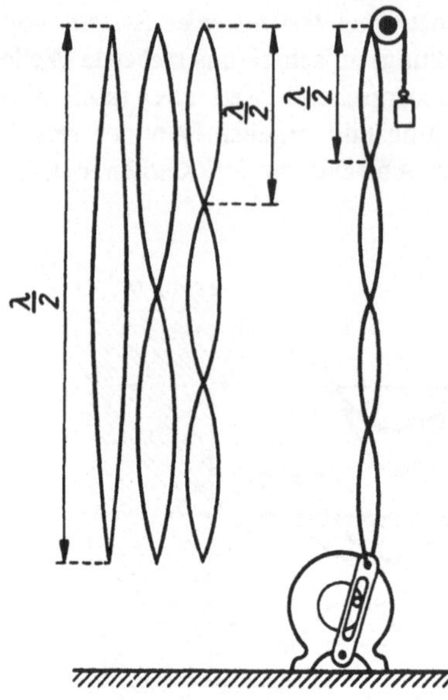

Bild 14.14. Stehende Seilwellen

14.6 Beugung von Wellen

Tritt ein Strahl mit ebener Wellenfront durch eine schmale Öffnung, so wird im allgemeinen erwartet, daß er als entsprechend schmales paralleles Strahlenbündel weiterlaufe. Das folgt auch aus dem FRESNELschen Gedankengang, wonach alle nach dem HUYGENSschen Prinzip, s. in 14.4, an sich möglichen Strahlrichtungen durch Interferenz verhindert werden und jeweils nur der Strahl übrigbleibt, der rechtwinklig zur primären Wellenfront gerichtet ist. An den Rändern der Öffnung aber kann diese Interferenz nur zum Teil eintreten. Es gibt dort eine schmale Zone, aus der Strahlen unter allen möglichen Richtungen austreten; denn hier können sich die nach dem HUYGENSschen Prinzip entstehenden Elementarwellen ungestört ausbreiten und eine scharfe Begrenzung des Bündels unmöglich machen. Je enger der Spalt im Vergleich zur Wellenlänge ist, desto mehr greifen die Randwellen über die Hauptrichtung hinaus. Ein Teil des Strahls wird seitlich **abgebeugt** (Bild 14.15). Mit zunehmendem Beugungswinkel nimmt aber die *Intensität* (Energieflußdichte, s. S. 333) des auf diese Weise abgelenkten Strahlenanteils ab.

Die **Beugung** ist daher ein Effekt, der zwangsläufig mit allen Arten von Wellen verbunden ist. Nicht nur bei Wasserwellen, sondern auch beim Schall ist er deutlich nachweisbar. Beim Licht fällt er wegen dessen sehr kleiner Wellenlänge im allgemeinen weniger auf und wird nur bei besonderen Vorkehrungen beobachtbar, wie in 32.1 gezeigt wird.

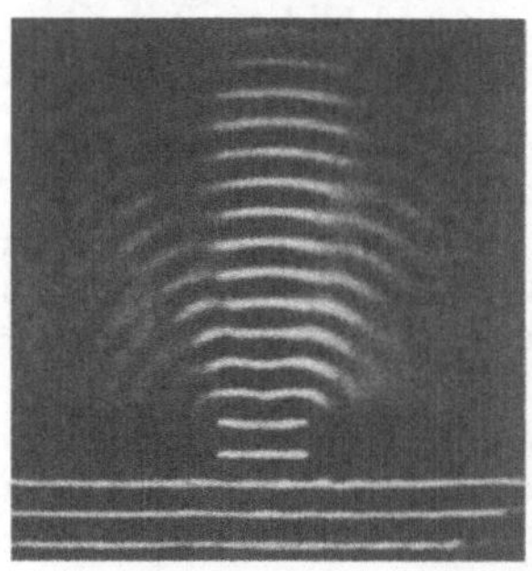

Bild 14.15. Beugung von Wasserwellen an einem einfachen Spalt

14.7 Doppler-Effekt

Beim Herannahen einer pfeifenden Lokomotive oder eines Rennwagens ist zu hören, daß die *Tonhöhe*, d. h. die Frequenz der das Ohr erreichenden Schallwellen, im Moment des Vorüberfahrens umschlägt. Diese Erscheinung beruht auf der Relativbewegung der Schallquelle gegen den Beobachter (DOPPLER, 1842).

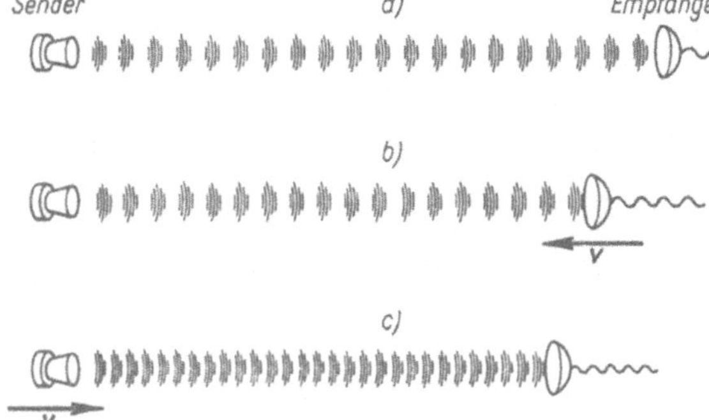

Bild 14.16. Der DOPPLER-Effekt:

a) Sender und Empfänger in Ruhe,
b) bewegter Empfänger,
c) bewegter Sender

1. Ruhende Schallquelle und bewegter Beobachter (Bild 14.16b). Die Frequenz der Schallquelle sei f_0. Bewegt sich der Beobachter mit der Geschwindigkeit v dem Schall entgegen, so empfängt sein Ohr in der Zeitspanne Δt zusätzlich $f' \Delta t = \dfrac{v\, \Delta t}{\lambda}$ Wellen. Damit ist die wahrgenommene Frequenz wegen $\lambda = \dfrac{c}{f_0}$

$$f = f_0 + f' = f_0 + \frac{f_0 v}{c}.$$

Der Beobachter empfängt bei Annäherung an die Schallquelle einen Ton höherer Frequenz.

$$\boxed{f = f_0 \left(1 \pm \frac{v}{c} \right)}$$ **Frequenz bei ruhender Quelle und bewegtem Beobachter** (14.2)

Das daruntergesetzte Minuszeichen gilt für den Fall, daß sich der Beobachter von der Schallquelle entfernt.

2. Ruhender Beobachter und bewegte Schallquelle (Bild 14.16c). Man könnte zunächst meinen, das Ergebnis müßte dasselbe sein, da es sich um die relative Bewegung zweier gleichförmig bewegter Bezugssysteme handelt. Hinsichtlich der physikalischen Wirkung ist es in solchen Fällen nach dem Relativitätsprinzip (s. S. 40) prinzipiell gleichgültig, welches der beiden Systeme, nämlich Schallquelle und Beobachter, als ruhend und welches als bewegt betrachtet wird. In diesem Fall kann jedoch nicht so einfach gefolgert werden, da als übertragendes Medium noch der Luftraum vorhanden ist, der in beiden Fällen ruht. Vielmehr ist folgende Überlegung anzustellen: Bewegt sich die Quelle mit der Geschwindigkeit v *gegen* den Beobachter, so wird der Abstand der gebildeten Wellenfronten verkürzt, da jede Wellenfront, die sich von der Schallquelle ablöst, unabhängig von der Eigengeschwindigkeit v der Schallquelle selbständig mit der Geschwindigkeit c im Medium davonläuft. Von der Schallquelle aus gemessen, legen die Schallwellen in der Zeitspanne Δt nicht die der Schallgeschwindigkeit c entsprechende Strecke $c\, \Delta t$ zurück, sondern die kürzere

$(c - v)\,\Delta t$, die dem Wert von $c - v$ entspricht. Die Wellenlänge wird auf $\lambda = \dfrac{c - v}{f_0}$ verkürzt. Wegen $f = \dfrac{c}{\lambda}$ hört der Beobachter dann die Frequenz $f = \dfrac{c f_0}{c - v}$; also ist nach Kürzen mit c

$$\boxed{f = \frac{f_0}{1 \mp v/c}}$$
Frequenz bei bewegter Quelle und ruhendem Beobachter (14.3)

Das Pluszeichen gilt für den Fall, daß sich die Schallquelle vom Beobachter weg bewegt. Um den Unterschied beider Fälle deutlich zu erkennen, sei erstens angenommen, der Beobachter entferne sich mit der Schallgeschwindigkeit c von der Quelle. Dann wird nach (14.2) $f = f_0 \left(1 - \dfrac{c}{c}\right) = 0$. Er läuft mit dem Schall und wird überhaupt keinen Ton wahrnehmen. Fährt er ihm mit Schallgeschwindigkeit entgegen, so entsteht für ihn wegen $f = f_0 \left(1 + \dfrac{c}{c}\right) = 2 f_0$ die doppelte Frequenz.

Wenn zweitens der Fall gesetzt wird, daß sich die Quelle vom Beobachter mit Schallgeschwindigkeit entferne, wird wegen (14.3) $f = \dfrac{f_0}{1 + c/c} = \dfrac{f_0}{2}$. Kommt schließlich die Quelle mit gleicher Geschwindigkeit dem Beobachter entgegen, so ergibt sich $f \to \dfrac{f_0}{1 - c/c} = \infty$, d. h. ein Ton von sehr hoher Frequenz, der außerhalb der Hörgrenze liegt, s. 16.6. Wird nun die durch den DOPPLER-Effekt hervorgerufene *Frequenzänderung* $\Delta f = f - f_0$ berechnet, so ergibt sich für den ersten Fall aus der Gleichung (14.2) unmittelbar

$$\Delta f = \pm f_0 \, \frac{v}{c}.$$

Für den zweiten Fall folgt aus Gleichung (14.3)

$$\Delta f = f_0 \left(\frac{1}{1 \mp v/c} - 1\right).$$

Wenn aber die Geschwindigkeit v der Schallquelle viel kleiner als die Schallgeschwindigkeit c ist, so kann für den in der Klammer stehenden Bruch näherungsweise $1 \pm v/c$ geschrieben werden, und es ergibt sich wieder derselbe Ausdruck wie im ersten Fall. Daher kommt es, daß – allerdings mit der vorausgesetzten Einschränkung $v \ll c$ – allgemein für die Frequenzänderung

$$\boxed{\Delta f = \pm f_0 \, \frac{v}{c}}$$
Frequenzänderung durch den Doppler-Effekt (14.4)

angegeben wird.

Die Voraussetzung $v \ll c$ trifft insbesondere bei *elektromagnetischen* Wellen, z. B. beim Licht, zu, da die Lichtgeschwindigkeit c gegenüber allen technisch erreichbaren und auch bei den meisten in der Astronomie vorkommenden Geschwindigkeiten außerordentlich groß ist. Obwohl hier (wegen der Folgerungen aus der Relativitätstheorie) für die empfangene Frequenz eine andere Formel gilt, ergibt sich für die Frequenzänderung Δf in guter Näherung wiederum die Gleichung (14.4).

Beispiel: In welchem Frequenzverhältnis schlägt der Ton von 200 Hz eines mit 180 km/h vorüberfahrenden Rennwagens um? – Nach (14.3) ist beim Herannahen $f_1 = \dfrac{200\ ^1/\mathrm{s}}{1 - 50/340} = 234{,}0$ Hz und beim Davonfahren $f_2 = \dfrac{200\ ^1/\mathrm{s}}{1 + 50/340} = 174{,}6$ Hz. Das Frequenzverhältnis ist etwa $4 : 3$.

15 Ausbreitung des Schalls

Wenn die Frequenz der sich in einem stofflichen Medium ausbreitenden Wellen im Hörbereich des menschlichen Ohres liegt, wird gewöhnlich von **Schallwellen** gesprochen. Insbesondere heißt der Frequenzbereich zwischen 16 Hz bis 20000 Hz **Hörschall**.
Die **obere Hörgrenze** sinkt mit dem Lebensalter. BEETHOVEN wurde auf seine beginnende Taubheit dadurch aufmerksam, daß er eines Tages das hohe Zwitschern der Fledermäuse nicht mehr hörte.
Frequenzen *jenseits* der oberen Hörgrenze werden als **Ultraschall** bezeichnet (vgl. 16.8). *Unterhalb* der hörbaren Frequenzen wird von **Infraschall** (Gebäudeschwingungen, Verkehrserschütterungen usw.) gesprochen.
In festen Körpern, Flüssigkeiten und Gasen breitet sich der Schall in Form von Longitudinal- (Längs-) Wellen aus. Mit geringen Ausnahmen beim Ultraschall ist die Schallgeschwindigkeit von der Frequenz unabhängig und richtet sich allein nach den physikalischen Eigenschaften des jeweiligen Mediums.

Wenn die Schallgeschwindigkeit von der Frequenz abhängen würde, kämen z. B. die Tonfolgen einer aus größerer Entfernung angehörten Musik völlig durcheinander beim Hörer an.

15.1 Schallgeschwindigkeit in festen Stoffen

Um die Ausbreitungsgeschwindigkeit von Longitudinalwellen in einem festen Körper zu finden, legen wir einen Stab aus elastischem Material zugrunde. Gegen das eine Ende des Stabes von der Länge l und dem Querschnitt A werde ein Schlag geführt (Bild 15.1). Die

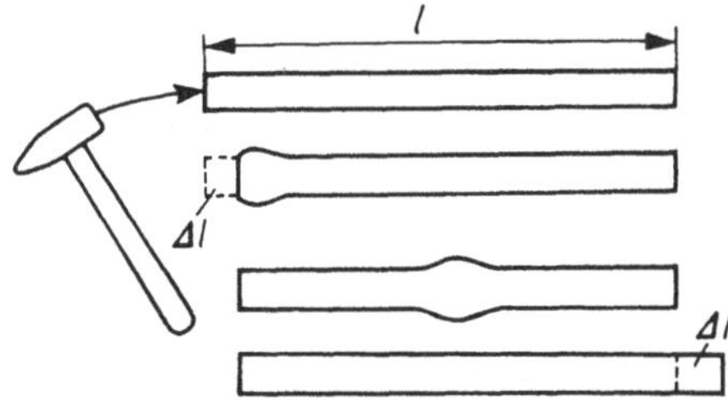

Bild 15.1. Verdichtungsstoß in einem Stab

eintretende Verformung Δl ist proportional der Kraft F, der Stablänge l und umgekehrt proportional dem Querschnitt A. Dort, wo der Schlag erfolgt, ergibt sich demnach zunächst eine *Stauchung* um das Stück

$$\Delta l = \frac{Fl}{EA}.$$

Dabei ist E eine Materialkonstante, die **Elastizitätsmodul** genannt wird. Für dessen Einheit gilt:

$$[E] = \frac{[l]}{[\Delta l]} \cdot \frac{[F]}{[A]} = 1 \cdot \frac{\text{N}}{\text{m}^2} = \text{Pa (Pascal)}.$$

Der Elastizitätsmodul kennzeichnet das elastische Verhalten des jeweiligen Stoffes. Seine Zahlenwerte, die aus Tabellen entnommen werden können, sind um so kleiner, je elastischer der Stoff ist.

Diese Stauchung wandert nun als Stoßwelle durch den Stab und benötigt bis zu ihrer Ankunft am anderen Ende des Stabes die Zeit Δt. Ihre Geschwindigkeit beträgt

$$c = \frac{l}{\Delta t}.$$

Wenn sie am anderen Ende angekommen ist, streckt sich die Stauchung dort wieder aus, der Stab hat sich als Ganzes in der Zeit Δt um das Stück Δl verschoben. Die Geschwindigkeit dieser Verschiebung ist

$$v = \frac{\Delta l}{\Delta t}.$$

Da der Stab vorher ruhte, ist die Geschwindigkeits*zunahme* $\Delta v = v$ und die dem Stab mitgeteilte *Beschleunigung*

$$a = \frac{\Delta v}{\Delta t} = \frac{v}{\Delta t} = \frac{\Delta l}{(\Delta t)^2}.$$

Die hierzu erforderliche Kraft ist

$$F = ma = \frac{\varrho l A \, \Delta l}{(\Delta t)^2}, \quad \text{weil } m = \varrho l A.$$

Durch Gleichsetzen der beiden Ausdrücke für F entsteht

$$\frac{\varrho l A \, \Delta t}{(\Delta t)^2} = \frac{\Delta l E A}{l}.$$

Unter Beachtung von $c = \dfrac{l}{\Delta t}$ folgt daraus $c^2 = \dfrac{E}{\varrho}$ und damit

$$\boxed{c = \sqrt{\frac{E}{\varrho}}} \qquad \textbf{Schallgeschwindigkeit in Stäben} \qquad\qquad (15.1)$$

Schallgeschwindigkeit in m/s

Stahl	5 000	Glas	5 500
Granit	3 950	Blei	1 300
Mauerwerk	3 480	Wasser	1 498 (bei 25 °C)
Holz	2 500 … 4 500	Kohlendioxid	258 (bei 0 °C)
Kork	500	Wasserstoff	1 261 (bei 0 °C)
Gummi	54	Luft	331,6 (bei 0 °C)

Beispiel: In welcher Zeit durcheilt ein Geräusch eine Kupferleitung von 5,0 km Länge, wenn der Elastizitätsmodul 120 GPa beträgt? – Aus $c = \dfrac{l}{t}$ ergibt sich mit (15.1)

$$t = \frac{l}{c} = l\sqrt{\frac{\varrho}{E}} \, ;$$

mit dem Tabellenwert 8,9 g/cm^3 für die Dichte aus 1.4.4 folgt die Zeit

$$t = 5,0 \cdot 10^3 \, \text{m} \cdot \sqrt{\frac{8,9 \cdot 10^3 \, \text{kg m}^2}{\text{m}^3 \cdot 120 \cdot 10^9 \, \text{N}}} = 1,36 \, \text{s}.$$

15.2 Schallgeschwindigkeit in Flüssigkeiten

Da die Ausbreitung des Schalls in Flüssigkeiten ebenfalls in Form von Longitudinalwellen vor sich geht, kann grundsätzlich von dem zuletzt entwickelten Gesetz (15.1) ausgegangen werden. Es ist nur zu überlegen, welche Größe an die Stelle des Elastizitätsmoduls E zu treten hat, dessen reziproker Wert $\frac{1}{E}$ **Dehnzahl** α genannt wird. Die Dehnzahl ist eine Material*konstante* mit der Einheit $[\alpha] = \text{Pa}^{-1}$ (je Pascal).

Da Flüssigkeiten auf starken Druck elastisch reagieren, d. h. ihr Volumen ein wenig verringern, bietet sich hierfür die Kompressibilität (9.4)

$$\varkappa = -\frac{\Delta V}{V}\frac{1}{p}$$

an, die ganz analog zur Dehnzahl $\alpha = \frac{\Delta l}{l} \cdot \frac{A}{F}$ gebildet ist und auch die gleiche Einheit hat.

Unter Verwendung von $\varkappa$ anstelle von $\frac{1}{E} = \alpha$ ergibt sich aus Gleichung (15.1):

$$\boxed{c = \sqrt{\frac{1}{\varkappa \varrho}}} \qquad \textbf{Schallgeschwindigkeit in Flüssigkeiten} \qquad\qquad (15.2)$$

Für Wasser gilt nach 9.3.2 bei 20 °C für die Kompressibilität der Tabellenwert $\varkappa = 0,00051 \, 1/\text{MPa} = 51 \cdot 10^{-11} \, 1/\text{Pa}$, d. h., unter dem Druck von 1/10 MPa verringert Wasser sein Volumen nur um den Bruchteil 0,000051. Mit diesen Werten liefert die Gleichung (15.2) für die Geschwindigkeit des Schalls im Wasser

$$c = \sqrt{\frac{1}{\varkappa \varrho}} = \sqrt{\frac{1}{51 \cdot 10^{-11} \, \text{m}^2/\text{N} \cdot 1000 \, \text{kg/m}^3}} = 1400 \, \text{m/s}.$$

15.3 Schallgeschwindigkeit in Gasen

Auch bei den Schallwellen in den Gasen gehen rasch verlaufende Verdichtungen und Verdünnungen vor sich. Es liegt daher nahe, die das elastische Verhalten beschreibende Dehnungszahl α durch eine Größe zu ersetzen, der das BOYLEsche Gesetz (9.6) $pV = $ konst zugrunde liegt. Dieses gilt jedoch nur für isotherme Vorgänge, und bereits NEWTON hatte in Unkenntnis der genaueren Zusammenhänge eine Formel entwickelt, die zu falschen Werten für die Schallgeschwindigkeit in der Luft führen mußte. Es ist vielmehr daran zu denken, daß die Druckschwankungen in den Schallwellen so rasch vor sich gehen, daß die in den Wellen gebildete Kompressionswärme, wenn sie auch von winzigem Betrag ist, nirgendwo abfließen kann. Es handelt sich also um rein adiabatische Vorgänge, die der *Poissonschen Gleichung* $pV^\varkappa = $ konst gehorchen. Diese Vorgänge werden im Abschnitt 20.5 behandelt. Der (Adiabaten-) Exponent $\varkappa$ ist eine Zahl; er hat für Luft den Wert $\varkappa = 1,4$.

13*

Durch Differenzieren der POISSONschen Gleichung wird hieraus

$$\frac{\mathrm{d}p}{p} + \varkappa \frac{\mathrm{d}V}{V} = 0 \quad \text{bzw. mit}$$

$$-\frac{\mathrm{d}V}{V} \frac{1}{\mathrm{d}p} = \frac{1}{\varkappa p}$$

wiederum eine Größe, die in ihrem Aufbau und ihrer Einheit mit der im vorigen Abschnitt 15.2 verwendeten Kompressibilität einer Flüssigkeit vollkommen übereinstimmt. Sie darf also in Gleichung (15.2) für das dortige $\varkappa$ (andere Bedeutung beachten!) gesetzt werden:

$$\boxed{c = \sqrt{\frac{\varkappa p}{\varrho}}} \qquad \textbf{Schallgeschwindigkeit in Gasen} \hspace{4cm} (15.3)$$

Diese Gleichung läßt sich durch Einführung der (thermodynamischen) Temperatur T noch weiter verallgemeinern.
Denn nach der Zustandsgleichung (17.25) des idealen Gases ist

$$\frac{p}{\varrho} = \frac{pV}{m} = RT.$$

Hierbei ist R eine für die jeweilige spezielle Gasart bekannte Konstante.
Dies ergibt dann den praktisch bequemer verwertbaren Ausdruck

$$\boxed{c = \sqrt{\varkappa RT}} \qquad \textbf{Schallgeschwindigkeit in idealen Gasen} \hspace{3cm} (15.4)$$

Er besagt, daß im **idealen** Gas die Schallgeschwindigkeit *nur* von der Temperatur abhängt.
Für die Schallgeschwindigkeit in Luft liefert die Auswertung der Gleichung (15.3) für Normalbedingungen ($t_0 = 0\,^{\circ}\text{C}$, $p_\mathrm{n} = 101{,}325\,\text{kPa}$) und die dann vorliegende Dichte $\varrho_\mathrm{n} = 1{,}293\,\text{kg/m}^3$:

$$c_0 = \sqrt{\frac{\varkappa p_\mathrm{n}}{\varrho}} = \sqrt{\frac{1{,}4 \cdot 101\,325\ \text{kg m m}^3}{\text{s}^2\ \text{m}^2 \cdot 1{,}293\ \text{kg}}} = 331{,}2\,\text{m/s}.$$

Gemessen wurde der Wert $c_0 = 331{,}6\,\text{m/s}$ bei $0\,^{\circ}\text{C}$.
Aus der mit der letzten Gleichung (15.4) gewonnenen Erkenntnis, daß die Schallgeschwindigkeit in einem Gas nur von der Temperatur T abhängt, resultiert schließlich die häufig gebrauchte Näherungsformel in Form einer zugeschnittenen Größengleichung:

$$\boxed{c\bigg/\frac{\text{m}}{\text{s}} = 331{,}6 + 0{,}6t/^{\circ}\text{C}} \qquad \begin{array}{l}\textbf{Schallgeschwindigkeit in der}\\\textbf{Luft bei der Temperatur } t\end{array} \hspace{2cm} (15.5)$$

Begründung: Wird die für eine beliebige Temperatur T geltende Gleichung (15.4) dividiert durch die Schallgeschwindigkeit $c_0 = \sqrt{\varkappa RT_\mathrm{n}}$ bei $0\,^{\circ}\text{C}$, d.h. bei $T_\mathrm{n} = 273{,}15\,\text{K}$, so ergibt sich zunächst

$$c = c_0 \sqrt{\frac{T}{T_\mathrm{n}}} = c_0 \sqrt{1 + \frac{t/^{\circ}\text{C}}{T_\mathrm{n}/\text{K}}}.$$

Dabei wurde vom Zusammenhang (17.13) zwischen T und der Celsius-Temperatur t Gebrauch gemacht:

$$T/\text{K} = 273{,}15 + t/^{\circ}\text{C} \quad \text{bzw.} \quad T = T_\mathrm{n} + (t/^{\circ}\text{C})\,\text{K}.$$

Wenn nun $b \ll a$ ist, gilt näherungsweise $\sqrt{a^2 + 2ab} \approx \sqrt{(a + b)^2} = a + b$. Im vorliegenden Fall ist für den letzten Wurzelausdruck $a = 1$ und $2b = \dfrac{t/°C}{T_n/K}$, d. h. $b = \dfrac{1}{2} \cdot \dfrac{t/°C}{273,15} = 0,00183\ t/°C$. Mit $c_0 = 331,6$ m/s ergibt sich schließlich

$$c\bigg/\frac{m}{s} \approx 331,6(1 + 0,00183\,t/°C) = 331,6 + 0,6t/°C.$$

16 Schallfeld und seine Größen

Wellen sind vor allem wichtige Energieträger und wirken mit bestimmten Kräften auf alle Hindernisse, die sich ihnen in den Weg stellen.
Beide Arten dieser physikalischen Wirkungen können durch bestimmte meßbare Größen erfaßt werden. Die genauere Beschreibung der sich in einer Welle abspielenden Vorgänge erfordert also noch ein Eingehen auf die dynamischen und energetischen Verhältnisse in dem von den Wellen durchfluteten Medium. Es heißt in diesem Zusammenhang auch **Wellenfeld** und im besonderen Fall der Schallwellen der Luft das **Schallfeld**.

16.1 Schallschnelle

Jedes einzelne Luftteilchen, das von einer Schallwelle erfaßt wird, führt in Richtung des Schallstrahls, also longitudinal, Schwingungen um seine Ruhelage aus. An feinen, stark beleuchteten Schwebeteilchen kann diese Bewegung im Mikroskop sichtbar gemacht werden (Bild 16.1).

Schallschnelle v (oder Geschwindigkeitsamplitude):
Geschwindigkeit eines einzelnen schwingenden Teilchens beim Durchgang durch die Ruhelage.

Sie ergibt sich wie für alle mit der Amplitude y_{max} harmonisch schwingenden Massenpunkte nach Gleichung (11.3):

$$\boxed{v = \omega y_{max} = 2\pi f y_{max}} \qquad \textbf{Schallschnelle} \qquad (16.1)$$

$[v]$ = m/s (Meter je Sekunde)

Sie drückt *demnach die Maximalgeschwindigkeit* eines schwingenden Teilchens aus, hat also mit der Ausbreitungsgeschwindigkeit des Schalls *nichts* zu tun.

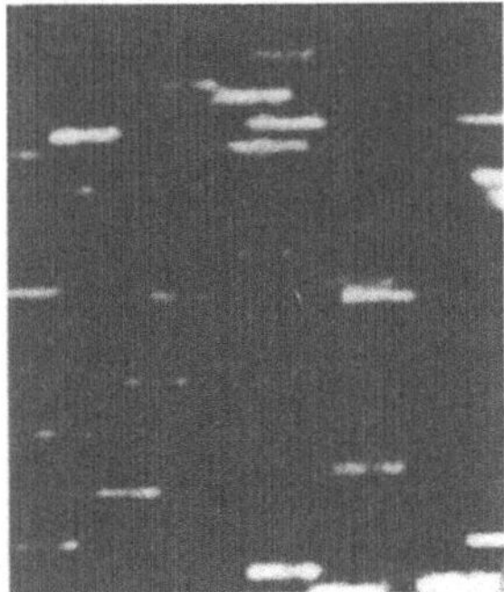

Bild 16.1. Bewegung beleuchteter Rauchteilchen im Schallfeld

Zur Messung dient die **Rayleighsche Scheibe**. Ein leichtes, schräg zur Schallstrahlung orientiertes Scheibchen hängt an einem feinen Faden. Die Gesamtheit der schwingenden Teilchen wirkt wie eine Strömung, die unsymmetrisch gegen die schräge Fläche drückt und ein Drehmoment hervorruft, das die Fläche senkrecht gegen den Strom richtet (vgl. das Strömungsbild 10.8). Der Drehwinkel ist dem Quadrat der Schallschnelle proportional.

16.2 Energiedichte

Hierunter wird der Quotient aus der vorhandenen Energie und dem von ihr eingenommenen Volumen verstanden. Sie ist also gegeben durch

$$\boxed{w = \frac{E}{V}} \qquad \textbf{Energiedichte} \qquad\qquad (16.2)$$

$[w] = \text{J/m}^3$ (Joule je Kubikmeter)

Dabei verhält sich jedes einzelne im Wellenfeld schwingende Teilchen wie eine federnd aufgehängte Masse und hat im allgemeinen je einen Teilbetrag an kinetischer und potentieller Energie. Beim Durchgang durch die *Ruhelage* aber ist *nur kinetische* Energie vorhanden, und die potentielle Energie ist in diesem Augenblick Null. In den Umkehrpunkten seiner Bewegung hat es dagegen nur potentielle Energie. Je nachdem, welcher dieser beiden Grenzfälle jeweils vorliegt, läßt sich seine Gesamtenergie demnach in zweierlei Weise ausdrücken. Das gilt nicht nur für das einzelne Teilchen, sondern auch für die gesamte schwingende Luftmasse.

Wird die Gesamtenergie in kinetischer Form dargestellt, so ist in (5.9) für E_{kin} die Geschwindigkeit zu verwenden, die beim Passieren der Ruhelage vorhanden ist, d. h. also die Schallschnelle v. Damit ist $E = E_{kin} = \dfrac{mv^2}{2}$. Gemäß der Definition ist demnach die Energiedichte $w = \dfrac{mv^2}{2V}$ oder mit $\varrho = \dfrac{m}{V}$

$$\boxed{w = \frac{\varrho v^2}{2}} \qquad \textbf{Schallenergiedichte} \qquad\qquad (16.3)$$

Die potentielle Energie dagegen entspricht der Arbeit, um das Luftvolumen V um den Wert ΔV zusammenzudrücken. Da hier nur sehr kleine Druckschwankungen Δp vorliegen, kann ausnahmsweise angenommen werden, daß die Volumenänderung linear verläuft. Bei Druckzunahme $\Delta p > 0$ liegt eine Volumenabnahme $\Delta V < 0$ vor und umgekehrt.

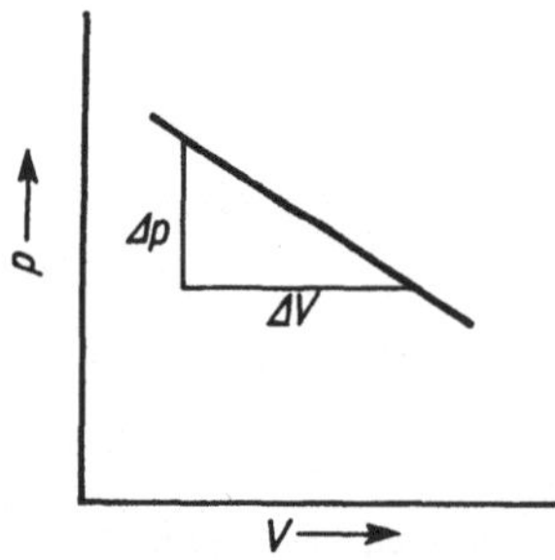

Bild 16.2. Näherungsweise Darstellung der Volumenänderung eines Gases

Dann ist die erforderliche Arbeit nach Bild 16.2 $W = \Delta E_{\text{pot}} = - \dfrac{\Delta V \, \Delta p}{2}$. Nach Division durch das Gesamtvolumen V entsteht als zweite Form für die Energiedichte im Schallfeld

$$w = - \frac{\Delta V \, \Delta p}{2V} > 0. \tag{16.4}$$

16.3 Schallwechseldruck

Das von den Wellen erfaßte Medium wird im Takte der Frequenz verdichtet und entspannt. Damit entstehen in allen Punkten des Wellenfeldes periodische *Druckschwankungen* Δp, die sich wegen ihrer großen Frequenz einem Manometer natürlich nicht mitteilen können. Häufig wird dieser Wechseldruck als *Schalldruck* schlechthin oder als *Druckamplitude* bezeichnet.

Schallwechseldruck Δp (Druckamplitude):

Größte Druckschwankung innerhalb der Schallwelle

Um den Schallwechseldruck zu berechnen, wird wiederum von der Gleichung (15.3) für die Schallgeschwindigkeit ausgegangen. Dabei wird $\dfrac{1}{\varkappa p} = - \dfrac{\mathrm{d}V}{V} \dfrac{1}{\mathrm{d}p}$ nach S. 196 ersetzt, um eine Aussage über die relative Volumenänderung zu erhalten. Das liefert

$$c = \sqrt{- \frac{V \, \Delta p}{\Delta V \varrho}} \quad \text{und damit das Verhältnis}$$

$$\frac{\Delta V}{V} = - \frac{\Delta p}{\varrho c^2}.$$

Da nun die beiden mit den Gleichungen (16.3) und (16.4) gewonnenen Ausdrücke für die Energiedichte w gleichwertig sind, folgt aus

$$\frac{\varrho v^2}{2} = - \frac{\Delta V \, \Delta p}{2V}$$

ein zweiter Ausdruck für das Verhältnis

$$\frac{\Delta V}{V} = - \frac{\varrho v^2}{\Delta p}.$$

Gleichsetzen mit dem vorhin erhaltenen Wert für die relative Volumenänderung ergibt

$$\frac{\Delta p}{\varrho c^2} = \frac{\varrho v^2}{\Delta p},$$

und Umstellung nach Δp liefert schließlich

$$\boxed{\Delta p = \varrho c v} \qquad \textbf{Schallwechseldruck} \tag{16.5}$$

Noch gebräuchliche SI-fremde Einheit: 1 μbar (Mikrobar) = 1/10 Pa.

Aus der mit der RAYLEIGHschen Scheibe gemessenen Schallschnelle läßt sich nach (16.5) der Schalldruck berechnen. Dies gelingt bis herunter zu etwa 0,05 Pa. Danach können dann elektrische Instrumente (Mikrofone) geeicht werden, die für praktische Messungen besser geeignet sind.

16.4 Schallstrahlungsdruck

Der zeitliche Mittelwert des Schallwechseldruckes muß naturgemäß gleich Null sein, da positive und negative Druckschwankungen von gleicher Größe rasch aufeinanderfolgen. Dagegen wirkt die von *jeder* Strahlung – also nicht nur von der Schallstrahlung – mitgeführte Energie mit einer bestimmten Kraft auf *alle* Körper, die sich der Strahlung entgegenstellen. Dadurch entsteht

$$\boxed{p = \frac{\varrho v^2}{2}} \qquad \textbf{Schallstrahlungsdruck} \qquad\qquad (16.6)$$

(bei völliger Absorption der Schallenergie)[1])

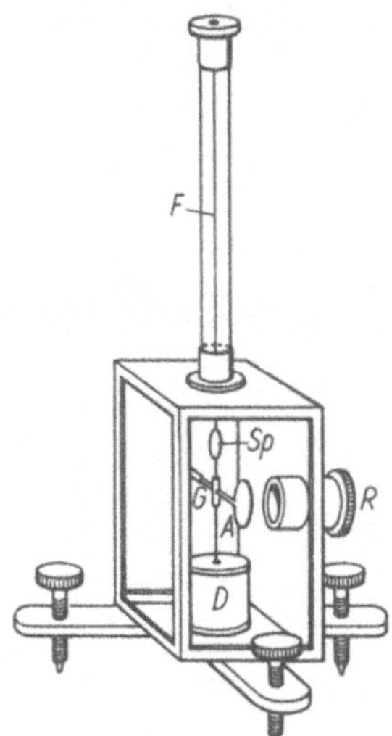

Bild 16.3. Schallradiometer (RAYLEIGHsche Scheibe)

Wie zu erkennen ist, berechnet er sich nach der gleichen Beziehung wie die Energiedichte (16.3). Wegen

$$[w] = \frac{J}{m^3} = \frac{N\,m}{m^3} = \frac{N}{m^2} = Pa = [p]$$

stimmen auch die Einheiten von Energiedichte und Schallstrahlungsdruck überein. Eine von Schallwellen getroffene Fläche wird also nicht nur in Schwingungen versetzt, sondern – stark übertrieben ausgedrückt – vom Strahlungsdruck einseitig durchgebogen.
Hierauf beruht das **Schallradiometer** (Bild 16.3). Ein leichtes Scheibchen (A) sitzt an einem Hebel (G), der horizontal an einem feinen Faden (F) aufgehängt ist. Die Scheibe (A) weicht dem Strahlungsdruck aus und verdrillt den Faden. (Die *schräg* stehende RAYLEIGHsche Scheibe mißt nicht den Strahlungsdruck, sondern die Schallschnelle!)

16.5 Schallstärke

Bis jetzt haben wir nur die in einem bestimmten Volumen des Wellenfeldes enthaltene Energie, d. h. die Energiedichte, betrachtet, ohne dabei zu beachten, daß diese Energie von der Welle in Richtung ihrer Ausbreitung mitgeführt wird. Denken wir uns daher eine

---

[1]) Bei vollständiger Reflexion der Strahlung an der auffangenden Fläche ergibt sich der doppelte Wert, da dann die Energiedichte den doppelten Wert hat (ankommende + reflektierte Strahlung).

senkrecht zur Strahlrichtung orientierte Fläche, so wird die Energie E mit der Ausbreitungsgeschwindigkeit c durch diese Fläche hindurchgehen.

Hierbei wird der Quotient aus der jeweils ankommenden Energie dE und der dazugehörigen Zeitdauer dt als *Strahlungsfluß* (oder Strahlungsleistung) bezeichnet:

$$\Phi = \frac{dE}{dt} \qquad \text{\textbf{Strahlungsfluß}} \tag{16.7}$$

$[\Phi] = \text{W (Watt)}$

Die innerhalb der Zeit dt ankommende Energie ist nun – wenn man der Einfachheit halber an eine ebene Welle denkt – vor ihrer Ankunft in einem Prisma enthalten (Bild 16.4), dessen Länge $c\,dt$ und dessen Querschnitt A ist.

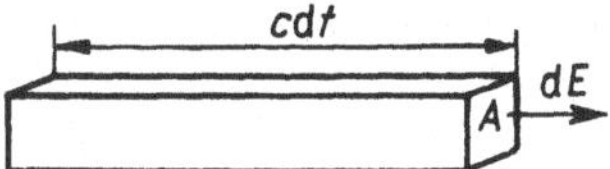

Bild 16.4. Zur Definition des Strahlungsflusses

Mit der Energiedichte w enthält das Prisma daher die Energie

$$dE = wAc\,dt,$$

womit sich für den Strahlungsfluß auch

$$\Phi = wAc$$

ergibt. Wird nun noch der Strahlungsfluß auf die durchsetzte Fläche A bezogen, so kürzt sich der Faktor A aus der letzten Gleichung heraus, und es folgt:

$$D = \frac{\Phi}{A} = wc \qquad \text{\textbf{Strahlungsflußdichte}} \tag{16.8}$$

$[D] = \text{W/m}^2$ (Watt je Quadratmeter)

Diese Zusammenhänge gelten für *alle Arten von Strahlungen*. Um sie auf die Verhältnisse im Schallfeld anzuwenden, ist in der letzten Gleichung nur die Energiedichte (16.3) $w = \dfrac{\varrho}{2} v^2$ einzusetzen:

$$J = \frac{\varrho}{2} v^2 c \qquad \text{\textbf{Schallstärke (Schallintensität)}} \tag{16.9}$$

$[J] = \text{W/m}^2$ (Watt je Quadratmeter)

Gebräuchliche SI-fremde Einheit: $1\ \mu\text{W/cm}^2 = \dfrac{1}{100}\ \text{W/m}^2$.

Die Schallstärke kann auch mit Hilfe des Schallwechseldruckes nach (16.5) ausgedrückt werden. Es entsteht

$$J = \frac{(\Delta p)^2}{2\varrho c} = \frac{(\Delta p)\,v}{2} \qquad \text{\textbf{Schallstärke}} \tag{16.10}$$

Beispiele: 1. Normale Unterhaltungssprache erzeugt im freien Raum in 1 m Entfernung einen Schallwechseldruck Δp von etwa 6 mPa. Welche Schallstärke besteht an dieser Stelle bei 0 °C? –

Mit 6 mPa = 0,006 Pa und c = 331,6 m/s wird nach (16.10)

$$J = \frac{(\Delta p)^2}{2\varrho c} = \frac{0,006^2 \text{ kg}^2 \text{ m}^2 \text{ m}^3 \text{ s}}{\text{s}^4 \text{ m}^4 \cdot 2 \cdot 1,293 \text{ kg} \cdot 331,6 \text{ m}}$$

$$= 4,2 \cdot 10^{-8} \text{ W/m}^2 = 0,042 \text{ } \mu\text{W/m}^2 .$$

2. Eine Alarmsirene erzeugt in 50 m Entfernung eine Schallstärke von 10^{-2} W/m². Zu berechnen sind der Schallwechseldruck, die Schallschnelle und der Schallstrahlungsdruck (Schallgeschwindigkeit c = 340 m/s, Luftdichte ϱ = 1,3 kg/m³). – Nach (16.10) ist der Schallwechseldruck

$$\Delta p = \sqrt{2\varrho c J} = \sqrt{\frac{2 \cdot 1,3 \text{ kg} \cdot 340 \text{ m} \cdot 10^{-2} \text{ W}}{\text{m}^3 \text{ s m}^2}} = 2,97 \text{ N/m}^2 = 3,0 \text{ Pa};$$

nach (16.5) ist die Schallschnelle

$$v = \frac{\Delta p}{\varrho c} = \frac{2,97 \text{ N m}^3 \text{ s}}{\text{m}^2 \cdot 1,3 \text{ kg} \cdot 340 \text{ m}} = 6,7 \cdot 10^{-3} \text{ m/s} = 6,7 \text{ mm/s};$$

nach (16.6) ist der Schallstrahlungsdruck

$$p = \frac{\varrho v^2}{2} = \frac{1,3 \text{ kg} \cdot 6,7^2 \cdot 10^{-6} \text{ m}^2}{\text{m}^3 \cdot 2 \text{ s}^2} = 2,92 \cdot 10^{-5} \text{ N/m}^2 = 29 \text{ } \mu\text{Pa};$$

oder auch nach (16.9)

$$p = \frac{\varrho v^2}{2} = \frac{J}{c} = \frac{10^{-2} \text{ W s}}{\text{m}^2 \cdot 340 \text{ m}} = 2,92 \cdot 10^{-5} \text{ N/m}^2 = 29 \text{ } \mu\text{Pa}.$$

16.6 Empfindlichkeit des Gehörs

Alle Erscheinungen des Hörschalls wirken in zweierlei Hinsicht. Auf der einen Seite stehen die physikalischen Vorgänge: die Schallerzeuger und das Schallfeld mit seinen charakteristischen Größen. Auf der anderen Seite ist das menschliche *Gehör*, das mit bestimmten **Empfindungen** auf entsprechende physikalische **Reize** reagiert. Dies ist strenggenommen keine physikalische Angelegenheit mehr, sondern eine physiologische. Die *unterste* Grenze der Schallstärke J_0, an der ein eben noch wahrnehmbarer Ton verschwindet, heißt die untere **Hörschwelle**. Sie ist stark von der *Frequenz* abhängig, da das Ohr für die einzelnen Frequenzen verschieden empfindlich ist. Im Gebiet der größten Empfindlichkeit (etwa 1 000 Hz) liegt sie ungefähr bei J_0 = 1 pW/m² bzw. bei einem Schallwechseldruckeffektivwert $\Delta p_{0 \text{ eff}}$ = 20 μPa. Effektivwerte sind nach Abschnitt 41.1.3 um den Faktor $\sqrt{2}$ kleiner als der

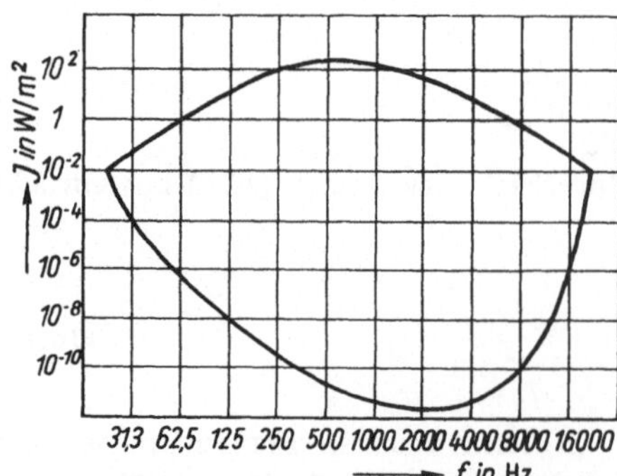

Bild 16.5. Hörfläche

zugehörige Amplitudenwert: $\Delta p_{eff} = \dfrac{\Delta p}{\sqrt{2}}$. Die untere Kurve von Bild 16.5 stellt die Schwellenwerte für die einzelnen Frequenzen dar.

Extrem große Schallstärken werden als *Schmerz* empfunden. Auch diese **Schmerzgrenze** ist frequenzabhängig und wird durch die obere Kurve veranschaulicht. Beide Kurven schließen die sogenannte **Hörfläche** ein. Für 1 000 Hz liegt die Schmerzgrenze bei 200 W/m². Damit ergibt sich der erstaunliche Intensitätsbereich, den das Ohr zu bewältigen vermag. Wird die Schallstärke an der Schmerzgrenze bezogen auf dieselbe an der Hörschwelle, so ergibt sich der Faktor $\dfrac{2 \cdot 10^2}{10^{-12}}$, d. h. der 200billionenfache Wert!

16.7 Schall- und Lautstärkepegel

Bei der Untersuchung der wichtigen Frage, in welcher Weise das menschliche Gehör auf die Stärke des auftreffenden Schalls reagiert, stellte sich heraus, daß die durch den Gehörsinn wahrgenommene Empfindung der Stärke des einwirkenden Schalls bei weitem nicht proportional ist.
Es gilt vielmehr ein ganz anderes Gesetz, das in ähnlicher Weise auch der Licht- und Druckempfindung zugrunde liegt. Es ist das

Weber-Fechnersche Gesetz:
Die absolute Änderung der Empfindung ist proportional der relativen Änderung des Reizes.

Um das Gesetz zu verdeutlichen, wird ein Wägestück von 100 g Masse auf die ausgestreckte Hand gelegt. Dann müssen noch 5 g dazugelegt werden, wenn die Gewichtszunahme eben noch verspürt werden soll. Bei 200 g Belastung sind 10 g nötig, um das Gefühl einer Mehrbelastung hervorzurufen, bei 1 000 g erzeugen erst 50 g einen fühlbaren Unterschied.
Wird der eben noch wahrnehmbare Unterschied der Empfindung als **Unterschiedsschwelle** ΔE, die jeweils vorhandene Belastung mit R und die entsprechende Mehrbelastung mit ΔR bezeichnet, so lautet des WEBER-FECHNERsche Gesetz

$$\Delta E = k \, \frac{\Delta R}{R}.$$

Dabei ist k ein Proportionalitätsfaktor. In dem eben genannten Beispiel ist das Verhältnis $\dfrac{\Delta R}{R} = \dfrac{5\,\text{g}}{100\,\text{g}}$.
Wird dieser Zusammenhang auf den Schall übertragen, so entspricht dem Schallwechseldruckeffektivwert Δp_{eff} ein bestimmter *Schalldruckpegel* L_p:

$$\mathrm{d}L_p = k \, \frac{\mathrm{d}(\Delta p_{eff})}{\Delta p_{eff}}.$$

Das unbestimmte Integral hiervon lautet

$$L_p = k \ln \Delta p_{eff} + C.$$

Die Integrationskonstante folgt aus dem Grenzfall, daß an der unteren Hörschwelle $p_{0\,eff}$ die Schallempfindung gerade verschwindet, d. h. $L_p = 0$ wird. Das ergibt dann

$$L_p = k \ln \frac{\Delta p_{eff}}{\Delta p_{0\,eff}}.$$

Der Proportionalitätsfaktor wurde mit $k = \dfrac{1}{0,1}$ festgesetzt. Dann nimmt der Schalldruckpegel L_0 jeweils um 1 zu, wenn der Schalldruck um die Unterschiedsschwelle (etwa 10 %) steigt. Unter Abrundung und Verwendung dekadischer Logarithmen entsteht auf diese Weise

$$\boxed{L_\mathrm{p} = 20\,\lg\frac{\Delta p_\mathrm{eff}}{\Delta p_{0\,\mathrm{eff}}} = 10\,\lg\frac{J}{J_0}} \qquad \begin{array}{l}\textbf{(Absoluter)}\\ \textbf{Schalldruckpegel}\end{array} \qquad (16.11)$$

$[L_\mathrm{p}] = 1 \equiv \mathrm{dB}$ (Dezibel)[1])
Dabei ist nach S. 202 $\Delta p_{0\,\mathrm{eff}} = 20\ \mu\mathrm{Pa}$ und $J_0 = 1\ \mathrm{pW/m^2}$.

Die zweite Beziehung folgt unmittelbar aus der ersten, da nach Gleichung (16.10) die Schallstärke dem Quadrat des Schalldruckes proportional ist.

Bild 16.6. Lautstärkevorschrift im Straßenverkehr

Für den Vergleich der Schalldruckpegel zweier Schallquellen miteinander ergibt sich aus (16.11):

$$\boxed{L_\mathrm{p\,rel} = 20\,\lg\frac{\Delta p_{2\,\mathrm{eff}}}{\Delta p_{1\,\mathrm{eff}}} = 10\,\lg\frac{J_2}{J_1}} \qquad \begin{array}{l}\textbf{Relativer}\\ \textbf{Schalldruckpegel}\end{array} \qquad (16.12)$$

Um die Zahlenwerte logarithmierter Verhältnisgrößen als solche zu erkennen, erhalten diese allgemein die Einheit Dezibel.
Logarithmierte Verhältnisgrößen gleichartiger Größen mit fester Basis im Nenner werden stets als Pegel bezeichnet.

Beim vom menschlichen Ohr registrierten **Lautstärkepegel** L_N wird der Frequenzabhängigkeit der Schallempfindung Rechnung getragen. Definitionsgemäß ergeben sich nur bei 1000 Hz für Schalldruckpegel (16.11) und Lautstärkepegel L_N gleiche Zahlenwerte. Bei anderen Frequenzen erfolgt ein subjektiver Hörvergleich: Der zu bewertende Schall wird mit einem 1000-Hz-Ton (*Normalschall*) verglichen, der so eingestellt wird, daß er nach Gehör ebenso laut wie der Schall erscheint. Vom eingestellten Normalschall wird der Schalldruckpegel gemessen und als Lautstärkepegel in $[L_\mathrm{N}]$ $= 1 \equiv$ phon (Phon) angegeben. Solche Messungen sind sehr zeitaufwendig.

Für Lärmmessungen des Lautstärkepegels L_A dienen heute objektiv anzeigende Meßgeräte, die aus der Kombination Mikrofon – Verstärker – Gleichrichter – Anzeigegerät bestehen. Sie berücksichtigen vor allem den Umstand, daß bei gleich hohem absolutem Schallpegel tiefe Töne weniger laut empfunden werden als hohe Töne. Mit einem eingebauten Ohrfilter

---

[1]) GRAHAM BELL, 1847 bis 1922, konstruierte das erste Telefon.

wird daher im Bereich tiefer Frequenzen eine stärkere und bei hohen Frequenzen eine schwächere Dämpfung des Schallpegels vorgenommen. Maßgebend hierfür ist die international festgelegte **Frequenzbewertungskurve A.** Die hiermit gewonnenen Angaben des Lautstärkepegels werden mit der Bezeichnung **dB(A)** versehen. Die subjektive Gehörsempfindung steigt fast proportional mit den dB(A)-Werten an.

Es gibt aber Unterschiede zwischen den Lautstärkepegeln L_A und L_N. Bis zu 60 phon bzw. dB(A) stimmen die Werte praktisch noch überein. Um und über 60 dB(A) bestehen jedoch Abweichungen, die bis zu 17 dB ausmachen können. Bei Verkehrslärm (Bild 16.6) ergeben sich Abweichungen um etwa 5 dB(A).

Lautstärkepegel einiger Geräusche in dB(A)

Geräusch	dB(A)	Geräusch	dB(A)
Flüstersprache, leises Uhrticken	10	Schreibmaschine, normaler	
Blätterrauschen	20	Verkehrslärm (PKW)	70
untere Grenze üblicher		Fahrgeräsch in der Straßenbahn	
Wohngeräusche	30	oder Eisenbahn, Straße mit	
mittellaute Wohngeräusche,		starkem Verkehr	80
leise Umgangssprache,		Kreissäge in 1 m Abstand	90
tropfender Wasserhahn	40	Mechanische Weberei	100
normale Unterhaltung, Rundfunk		Kesselschmiede, Drucklufthammer	
bei Zimmerlautstärke	50	in 20 m Abstand	120
laute Unterhaltung, laute Rund-		Motorenprüfstand, Flugzeug-	
funkmusik, lärmschwacher		triebwerk	130
Staubsauger	60	Schmerzgrenze	150

Beispiel: Das Geräusch einer Armbanduhr hat in einem bestimmten Abstand den absoluten Schalldruckpegel 1 dB. Welchen Schalldruckpegel ergeben zwei Uhren? – Zwei Uhren ergeben die doppelte Schallstärke einer einzelnen Uhr. Aus der Gleichung (16.11)

$$L_1 = 10 \lg \frac{J_1}{J_0} \quad \text{und} \quad L_2 = 10 \lg \frac{2J_1}{J_0} \quad \text{folgt}$$

$$L_2 = 10 \lg \frac{J_1}{J_0} + 10 \lg \cdot 2 \, \text{dB} \approx L_1 + 3 \, \text{dB} = 4 \, \text{dB}.$$

16.8 Ultraschall

Frequenzen, die oberhalb der Hörgrenze von etwa 20 kHz liegen, werden als Ultraschall bezeichnet. Ultraschall kann mit kleinen Pfeifen und Sirenen erzeugt werden. Es werden jedoch magnetische und elektrische Verfahren bevorzugt. Die beiden bekanntesten sind die folgenden:

1. Das magnetostriktive Verfahren. Es wird die Eigenschaft ferromagnetischer Stoffe benutzt, bei Magnetisierung ihre Länge ein wenig zu ändern. Ein Nickelstab, den man in eine von Wechselstrom entsprechender Frequenz durchflossene Spule steckt, wird dabei in seiner longitudinalen Eigenfrequenz angeregt (Frequenzbereich 10^4 bis 10^5 Hz).

2. Das piezoelektrische Verfahren. Aus einem Quarzkristall wird nach Bild 16.7 eine Scheibe herausgeschnitten und mit zwei Elektroden versehen. Beim Anlegen einer elektrischen Spannung an die beiden flachen Seiten zieht sich die Platte in Richtung xx zusammen und dehnt sich in Richtung yy aus. Bei Wechselspannungen, deren Frequenz mit den Eigenschwingungen des Quarzes übereinstimmt, entstehen kräftige mechanische Schwingungen (Bild 16.8,

Frequenzbereich 10^5 bis 10^7 Hz). Wesentlich billiger ist das keramisch hergestellte Bariumtitanat $BaTiO_3$. Es erlangt die piezoelektrischen Eigenschaften erst dann, wenn es durch eine angelegte hohe Gleichspannung polarisiert wird. Weitere künstlich gezüchtete Kristalle haben nur geringe mechanische Festigkeit.

Infolge ihrer sehr kleinen Wellenlänge lassen sich Ultraschallwellen durch die von ihnen hervorgerufenen Dichteschwankungen in durchsichtigen Medien mittels optischer Beugungserscheinungen leicht sichtbar machen (Bild 16.9). Dabei werden sie als scharf begrenztes Bündel rechtwinklig zur schwingenden Oberfläche abgestrahlt. Die Schallstärke läßt sich sehr hoch, bis zu 10 W/cm², treiben. Dabei treten Schallwechseldrücke von 0,5 MPa auf. Zur technischen Anwendung führen insbesondere folgende Eigenschaften:

1. Unhörbarkeit und leichte Richtbarkeit wegen der kleinen Wellenlänge. Anwendung: Echolotung im Wasser, Aufsuchen von Heringsschwärmen, geheimes Verständigungsmittel unter Wasser;

2. Reflexion von Ultraschallimpulsen an Rissen und Hohlräumen im Innern von massiven Körpern (Bild 16.10). Anwendung: Aufsuchen von Materialfehlern in größeren Werkstücken, wenn eine Durchleuchtung mit Röntgenstrahlen nicht anwendbar ist;

3. große akustische Leistung, da nach (16.1) und (16.3) die Schallenergie mit dem Quadrat der Frequenz zunimmt. Wirkung: Erwärmung des beschallten Mediums;

4. Schüttelwirkung in Flüssigkeiten. Beseitigung von Luftblasen in zähen Flüssigkeiten, Entgasung von Schmelzen, Verhinderung der Unterkühlung beim Gefrieren, Wasserenthärtung, Herstellung kolloider Lösungen;

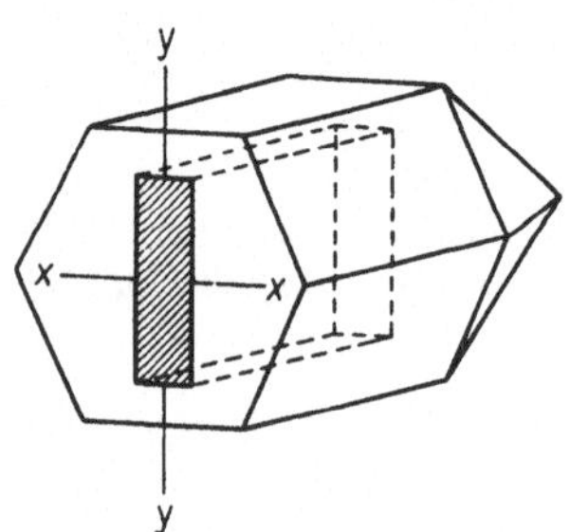

Bild 16.7. Orientierung einer piezoelektrischen Platte in einem Quarzkristall

Bild 16.8. Schallgeber für 800 kHz und Abstrahlung in vertikaler Richtung – Schalleistung 400 W

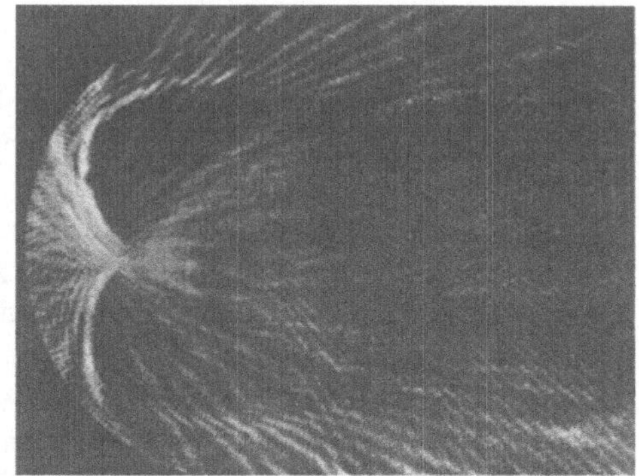

Bild 16.9. Sammlung von Ultraschallwellen in einem Hohlspiegel

5. Kavitation, d. h. die Bildung von Hohlräumen in den Wellenbäuchen des schwingenden Mediums. Wirkung: starke Druckstöße, Zerreißung. Anwendung: Beeinflussung chemischer Reaktionen, Zerreißen von zu großen Molekülen.

Die mechanische Wirkung der äußerst intensiven Druckschwankungen im Innern von Flüssigkeiten bewirkt in der **Ultraschallwaschmaschine** das Herauslösen von Schmutzteilchen aus dem Gewebe. Das **Ultraschall-Lötgerät** beruht darauf, daß eine Zinnschmelze durchschallt wird. Dadurch wird die Oxidhaut an der Oberfläche eingetauchter Aluminiumteile zerstört, so daß eine haltbare Verzinnung erreicht wird. Starke Bündelung der Ultraschallenergie auf engstem Raum ermöglicht das Bohren von feinen Löchern (auch von viereckiger Form) in härtesten Materialien, wie in Uhrensteinen usw.

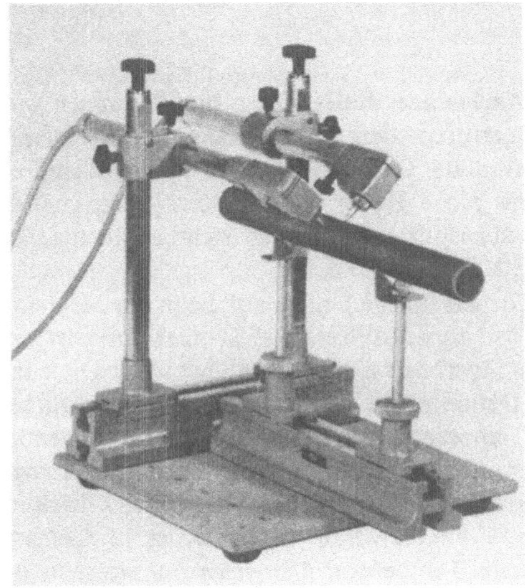

Bild 16.10. Materialprüfung mittels Durchschallung. Der linke Prüfkopf ist der Schallgeber, der rechte Prüfkopf ist der Schallempfänger

WÄRMELEHRE

17 Verhalten der Körper bei Temperaturänderung

17.1 Temperaturmessung

Beim Berühren eines Körpers empfinden wir **Wärme** oder **Kälte**. Diese Empfindungen werden durch einen Zustand der Körper hervorgerufen, den man **Temperatur** nennt. Die durch den Nervenapparat unserer Haut vermittelte Gefühlsskala ist jedoch zu eng begrenzt und zu ungenau. Es wurden daher eine ganze Reihe von Meßgeräten geschaffen, um Temperaturveränderungen möglichst fein abgestuft und deutlich sichtbar zu machen. Sie werden **Thermometer** genannt.

Die Temperatur als besonderer Zustand eines Körpers läßt sich nicht auf die in der Mechanik benutzten drei Basisgrößen Masse, Länge und Zeit zurückführen. Die Temperatur T ist vielmehr eine weitere, die vierte Basisgröße, die im Abschnitt 23.2.2 eingeführt wird. Die zugehörige Basiseinheit ist das **Kelvin** (K), dessen Definition in 19.3.2 erfolgt. In der täglichen Praxis wird als weitere gesetzliche Einheit der Temperatur der **Grad Celsius** (°C) verwendet, eine SI-fremde Einheit. Die in dieser Einheit gemessene Temperatur wird als **Celsius-Temperatur** t bezeichnet. In Kelvin angegebene Temperatur*differenzen* ΔT stimmen nach Gleichung (17.14) mit den entsprechenden Angaben Δt in °C überein. Laut Beschluß der 13. Generalkonferenz für Maß und Gewicht werden deshalb Temperatur*differenzen* nur noch in der Einheit Kelvin geschrieben:

$$[\Delta t] = [\Delta T] = K.$$

Zur Herstellung einer möglichst vielseitig verwendbaren, genau definierten und leicht zu beschaffenden Temperaturskala bieten sich die verschiedensten Möglichkeiten. Auf der bei Erwärmung stattfindenden Ausdehnung beruhen die für einfache Temperaturmessungen ausreichenden **Flüssigkeitsthermometer**. Sie sind in ganze oder zehntel Grad geteilt und mit Quecksilber oder gefärbtem Alkohol gefüllt. Nach internationalen Vereinbarungen ist eine Reihe von **Fest- (Fix-) Punkten** vorgeschrieben, nach denen sich alle Temperaturmessungen zu richten haben. Wichtige Fixpunkte sind:

> **0 °C ist die Temperatur des schmelzenden Eises bei 1013,25 hPa (Eispunkt). 100 °C ist die Temperatur des siedenden Wassers bei 1013,25 hPa (Wasserdampfpunkt).**

Diese beiden Punkte sind wegen der großen Genauigkeit und Leichtigkeit, mit der sie sich reproduzieren lassen, gewählt worden. Zum Eichen ist das Thermometer mit der *ganzen Länge* seines Quecksilberfadens in zerstoßenes, schmelzendes Eis zu tauchen bzw. in den Dampfraum eines Siedekolbens zu hängen.

Noch wichtiger als Fixpunkt ist der **Tripelpunkt**, s. 19.3.2. Da sich der Tripelpunkt von reinem Wasser mit großer Genauigkeit über längere Zeit halten läßt als der um 0,01 K darunter liegende Eispunkt, wurde er 1954 anstelle des Eispunktes als Fixpunkt für die KELVIN-Skala gewählt, indem man ihm die Temperatur $T = 273,16$ K zuschrieb.

Zum praktischen Gebrauch werden Quecksilberthermometer bis 650 °C, solche aus Quarzglas bis 800 °C hergestellt. Da Quecksilber bei 357 °C siedet, besteht bei höheren Temperaturen Explosionsgefahr. Für tiefe Temperaturen bis zu jener der flüssigen Luft ist eine Füllung aus Pentan verwendbar.

Thermoelemente beruhen darauf, daß an der Berührungsstelle zweier verschiedener Metalle eine elektrische Spannung auftritt, sobald dort die Temperatur anders ist als im übrigen Stromkreis. Solche Elemente können außerordentlich klein und leicht gehalten werden.

Elektrische Widerstandsthermometer beruhen auf der Änderung des elektrischen Widerstandes von Metallen und Halbleitern bei Temperaturänderung. Wegen ihrer exakten Arbeitsweise werden Temperaturfühler aus Platindraht bevorzugt (Bild 17.1), deren Widerstand z. B. bei 0 °C 100 Ω und bei 100 °C 138,50 Ω beträgt. Das die Temperatur anzeigende Meßinstrument kann weit von der Meßstelle entfernt sein.

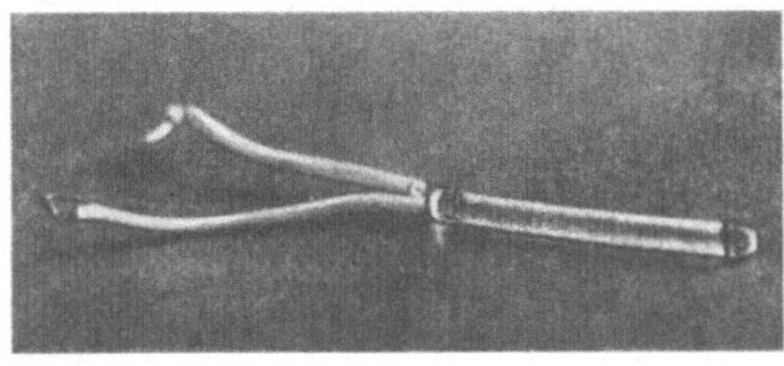

Bild 17.1. Fühler eines elektrischen Widerstandsthermometers (in Glas eingeschmolzene Platinwendel)

17.2 Ausdehnung fester und flüssiger Körper

17.2.1 Längenausdehnung

Obwohl sich erwärmte Körper nach allen Richtungen hin ausdehnen, interessiert häufig nur ihre Längenänderung. Diese ist der ursprünglichen Länge l_0 und der Temperaturänderung $\Delta t = t - t_0$ annähernd proportional. Der Proportionalitätsfaktor ist für das vorliegende Material charakteristisch. Er wird (thermischer) **Längenausdehnungskoeffizient** α genannt. Es ist also

$$\boxed{\Delta l = \alpha l_0 \, \Delta t} \qquad \textbf{Längenänderung} \qquad (17.1)$$

Daraus ergibt sich

$$\boxed{\alpha = \frac{\Delta l}{l_0 \, \Delta t}} \qquad \textbf{Längenausdehnungskoeffizient} \qquad (17.2)$$

$[\alpha] = 1/\text{K}$ (je Kelvin)

Wenn l_0 die ursprüngliche Länge eines Stabes bei der Anfangstemperatur t_0 ist, verlängert er sich bei Erwärmung auf die Temperatur $t > t_0$ um das Stück Δl (Bild 17.2). Danach ergibt sich

$$\boxed{l = l_0 + \Delta l = l_0(1 + \alpha \, \Delta t)} \qquad \textbf{Gesamtlänge} \qquad (17.3)$$

Bei Abkühlung ist $t < t_0$, so daß eine *negative* Längenänderung (Verkürzung) herauskommt.

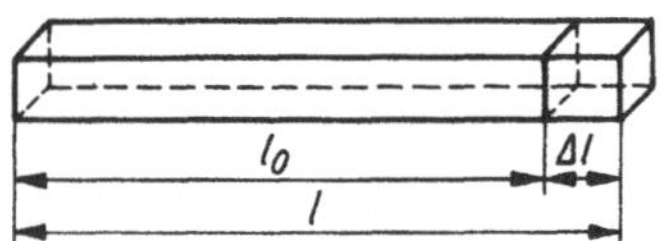

Bild 17.2. Längenausdehnung eines Stabes

Längenausdehnungskoeffizient einiger fester Stoffe in $^1/\mathrm{K}$

Aluminium	0,000024	Platin	0,000009
Blei	0,000031	Wolfram	0,000004 … 9
Eisen, rein	0,000012	Glas	0,000006 … 9
Grauguß	0,000009	Quarzglas	0,00000054
Stahl V2A	0,000016	Invar (64% Fe, 36% Ni)	0,000002
Konstantan	0,000015	Suprainvar (63% Fe, 32% Ni,	
Kupfer	0,000017	5% Co, 0,3% Mn)	0,0000001 … 5
Messing	0,000018	Kalkstein	0,000004
Zink	0,000026	Jenaer Pyrexglas	0,0000033

Bei *größeren* Temperaturunterschieden erweist es sich jedoch, daß die einfache lineare Beziehung (17.1) nicht mehr genau ist. Um zu einer besseren Annäherung an das wirkliche Verhalten der Körper zu gelangen, kann man die Annahme machen, daß der Ausdehnungskoeffizient α selbst wieder eine lineare Funktion der Temperatur ist:

$$\alpha = \alpha_0 + \beta\,\Delta t.$$

Damit wird aus Gleichung (17.3)

$$l = l_0[1 + \alpha_0\,\Delta t + \beta(\Delta t)^2]. \tag{17.4}$$

So wurden z. B. bei Platin die Werte $\alpha_0 = 8{,}5 \cdot 10^{-6}\ ^1/\mathrm{K}$ und $\beta = 3{,}5 \cdot 10^{-9}\ ^1/\mathrm{K}^2$ ermittelt. Hieraus ist zu ersehen, daß der Koeffizient β erst bei höheren Temperaturen ins Gewicht fällt. Um nun die Genauigkeit noch weiter zu treiben, könnte man auch noch β als lineare Funktion der Temperatur ($\beta = \beta_0 + \bar{\gamma}\,\Delta t$) ansetzen und bekäme dann die Gleichung

$$l = l_0[1 + \alpha_0\,\Delta t + \beta_0(\Delta t)^2 + \bar{\gamma}(\Delta t)^3].$$

Dieses Verfahren der schrittweisen Annäherung mittels einer Potenzreihe

$$f(x) = c_0 + c_1 x + c_2 x^2 + c_3 x^3 + \ldots$$

ist nicht nur für den vorliegenden Fall der Wärmeausdehnung, sondern auch bei vielen anderen Gelegenheiten nützlich, wenn es sich um die Erfassung komplizierterer funktioneller Abhängigkeiten physikalischer Größen handelt. Die einfache lineare Beziehung (17.3) kann also nur dann angewandt werden, wenn alle Glieder mit höheren Potenzen vernachlässigt werden dürfen. Wird lediglich das quadratische Glied – wie in Gleichung (17.4) – hinzugenommen, so hat die entsprechende Näherungskurve die Form einer Parabel zweiten Grades, die sich der gegebenen Funktion im allgemeinen schon recht gut anschmiegt.

Bemerkenswert niedrig ist der Ausdehnungskoeffizient von geschmolzenem Quarz. Von allen natürlichen Werkstoffen dehnt er sich am wenigsten aus. Daher sind Laborgeräte aus Quarz-

Bild 17.3. Dehnungsglieder einer Rohrleitung

glas besonders temperaturunempfindlich. Ein glühendes Quarzrohr kann man in kaltes Wasser tauchen, ohne daß es zerspringt. Für manche feinmechanischen Teile, Meßdrähte usw. empfiehlt sich die Verwendung von Invar oder Suprainvar (s. Tabelle).
Bei sehr langen Gegenständen macht sich die Wärmeausdehnung oft störend bemerkbar: Frei gespannte Drähte können bei großer Kälte reißen, Eisenbahnschienen werden oft durch Stoßfugen getrennt, Brücken und Fachwerke auf Rollenlager gesetzt. Bei Rohrleitungen

Bild 17.4. Gerät zur Messung der Wärmeausdehnung. Die Meßprobe befindet sich in dem trommelförmigen elektrischen Heizofen.

wird die Längenänderung durch elastische Dehnungsglieder abgefangen (Bild 17.3). Das auf Bild 17.4 wiedergegebene Gerät zur genauen Messung der Wärmeausdehnung enthält ein Quarzrohr, in das die stabförmige Probe eingesetzt wird.
Die Differenz der Längenänderung bei fortschreitender Erwärmung wird auf einem Trommelschreiber registriert.

Beispiel: Um wieviel verlängert sich eine 25 m lange Eisenbahnschiene bei Erwärmung um 30 K? – Mit dem Tabellenwert $\alpha = 0{,}000012\,1/\mathrm{K}$ und nach (17.1) ist $\Delta l = l\alpha\,\Delta t = 25\ \mathrm{m} \cdot 0{,}000012\,1/\mathrm{K} \times 30\ \mathrm{K} = 0{,}009\ \mathrm{m} = 9\ \mathrm{mm}$. (Deshalb besaßen Eisenbahnschienen früher oft Schienenstöße.)

17.2.2 Volumenausdehnung

In analoger Anwendung der Gleichung (17.3) auf die Volumenzunahme eines erwärmten Körpers findet sich zunächst:

$$\boxed{V = V_0(1 + \gamma\,\Delta t)} \qquad\qquad \textbf{Gesamtvolumen} \qquad\qquad (17.5)$$

Herleitung: Wir gehen zunächst von einem Würfel mit der Kantenlänge l_0 aus. Sein Volumen V_0 bei der Temperatur t_0 beträgt daher l_0^3. Nach Erwärmung um den Unterschied Δt beträgt die Kanten-

14*

länge $l_0(1 + \alpha \Delta t)$ und damit das neue Volumen $V = V_0(1 + \alpha \Delta t)^3$. Das ergibt ausgerechnet: $V_0(1 + 3\alpha \Delta t + 3\alpha^2 \Delta t^2 + \alpha^3 \Delta t^3)$. Nun hat α ohnehin schon einen sehr kleinen Zahlenwert, so daß die Glieder mit α^2 und erst recht mit α^3 im Verhältnis zu $3\alpha \Delta t$ vernachlässigt werden können.

Um den Volumenausdehnungskoeffizienten γ zu erhalten, ist daher nur der entsprechende α-Wert mit dem Faktor 3 zu multiplizieren. Da man sich jeden Körper aus einzelnen kleinen Würfeln zusammengesetzt denken kann, gilt der Volumenausdehnungskoeffizient für Körper *von beliebiger Gestalt*, d. h. *auch für hohle Körper*.

$$\boxed{\gamma = 3\alpha} \qquad \textbf{Volumenausdehnungskoeffizient} \qquad\qquad (17.6)$$

Nach einem ganz entsprechenden Gedankengang entsteht schließlich

$$\boxed{\beta = 2\alpha} \qquad \textbf{Flächenausdehnungskoeffizient} \qquad\qquad (17.7)$$

Als unmittelbare Folge der räumlichen Ausdehnung muß sich bei jedem Temperaturwechsel die **Dichte** des betreffenden Stoffes ändern. Aus diesem Grund kann die Dichte eines Stoffes nur bei gleichzeitigem Vermerk der Temperatur genau angegeben werden. Wird nun die Dichte bei der Anfangstemperatur t_0 mit $\varrho_0 = \dfrac{m}{V_0}$ bezeichnet und hat sie bei der beliebigen Temperatur t den Wert $\varrho = \dfrac{m}{V}$, so kann in den zweiten Ausdruck das Volumen V nach Gleichung (17.5) eingesetzt werden:

$$\varrho = \frac{m}{V_0(1 + \gamma \Delta t)}.$$

Ersetzen des Quotienten $\dfrac{m}{V_0} = \varrho_0$ ergibt

$$\boxed{\varrho = \frac{\varrho_0}{1 + \gamma \Delta t}} \qquad \begin{array}{l}\textbf{Dichte fester Körper in}\\ \textbf{Abhängigkeit von der Temperatur}\end{array} \qquad (17.8)$$

Bei Flüssigkeiten, insbesondere beim *Wasser*, treten jedoch gegenüber diesem einfachen Gesetz (17.8) derart starke Abweichungen auf, daß es sich empfiehlt, eine entsprechende *Dichtetabelle* zu verwenden. Beim Wasser liegt der besondere Fall vor, daß es bei 4 °C seine größte Dichte hat **(Dichteanomalie)** (Bild 17.5).

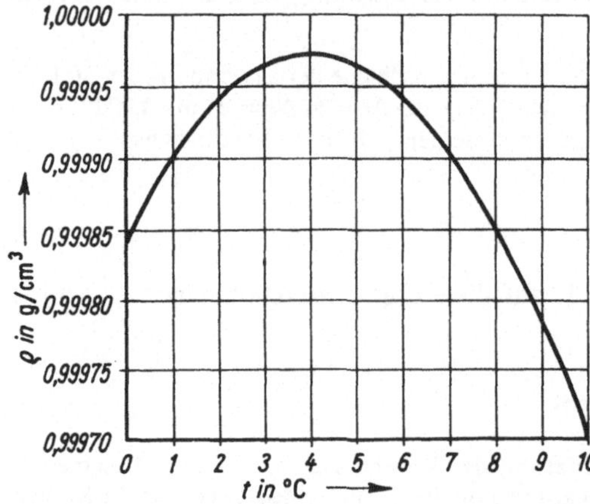

Bild 17.5. Dichte des Wassers von 0 ... 10 °C

Dichtetabelle des Wassers

Temperatur in °C	Dichte in g/cm³	Temperatur in °C	Dichte in g/cm³	Temperatur in °C	Dichte in g/cm³
0	0,999840	7	0,999902	14	0,999245
1	0,999899	8	0,999849	15	0,999101
2	0,999940	9	0,999781	16	0,998944
3	0,999964	10	0,999700	17	0,998776
4	0,999972	11	0,999605	18	0,998597
5	0,999964	12	0,999498	19	0,998407
6	0,999940	13	0,999378	20	0,998206

Volumenausdehnungskoeffizient einiger Flüssigkeiten bei 18 °C in $^1/K$

Diethylether (Äther)	0,00162	Schwefelsäure	0,00055
Ethanol (Äthylalkohol)	0,00110	Quecksilber in Jenaer	
Benzen (Benzol)	0,00106	Thermometerglas Nr. 16	0,000157 (scheinbar)
Petroleum	0,00096	Nr. 2954	0,000163 (scheinbar)
Quecksilber	0,000181		
Wasser	0,00018		

Bei der Ausdehnung von *Flüssigkeiten in Gefäßen* rechnet man mit dem **scheinbaren Volumenausdehnungskoeffizienten** γ_{sch}. Während sich die Flüssigkeit bei Erwärmung um Δt um $V_0 \gamma_{\text{Flüss}} \Delta t$ ausdehnt, nimmt auch das Fassungsvermögen des Gefäßes um $V_0 \, 3\alpha_{\text{Gefäß}}\Delta t$ zu.
Damit beträgt

$$\boxed{\gamma_{\text{sch}} = \gamma_{\text{Flüss}} - 3\alpha_{\text{Gefäß}}}$$ **Scheinbarer Volumenausdehnungskoeffizient** (17.9)

Beispiele: 1. Ein Aluminiumgefäß von 1,5 Liter Inhalt wird von 15 °C auf 100 °C erwärmt. Wie groß ist die Volumenzunahme? – Mit $\gamma = 3\alpha = 0{,}000072 \, ^1/K$ (s. Tabellenwert für α!) ist $\Delta V = V_0 \gamma \, \Delta t$ $= 1{,}5 \, l \cdot 0{,}000072 \, ^1/K \cdot 85 \, K = 0{,}009811 = 9{,}2 \, cm^3$.
2. Der scheinbare Ausdehnungskoeffizient von Quecksilber ($\gamma = 0{,}000181 \, ^1/K$) in einem Glasgefäß beträgt mit (17.9) und $\alpha = 0{,}000006 \, ^1/K$ (s. Tabelle!) $\gamma_{\text{sch}} = \gamma - 3\alpha = (0{,}000181 - 0{,}000018) \, ^1/K$ $= 0{,}000163 \, ^1/K$.

17.3 Ausdehnung der Gase

Noch viel empfindlicher als feste Körper oder Flüssigkeiten reagieren Gase auf Temperaturschwankungen. Je nach den äußeren Bedingungen können sich Druck oder Volumen oder auch beides gleichzeitig ändern.

17.3.1 Gesetz von Gay-Lussac bei konstantem Druck

Der Übersichtlichkeit halber sei zuerst der Fall betrachtet, bei dem das erwärmte Gas allein sein Volumen ändern kann, während sein Druck konstant gehalten wird.
Zur Veranschaulichung dient ein einfaches »Luftthermometer«, das aus einer Hohlkugel und einer genau horizontal liegenden engen Glasröhre besteht, die durch einen kleinen Flüssigkeitstropfen verschlossen ist (Bild 17.6). Die geringste Temperaturänderung der Hohlkugel bewirkt eine weithin sichtbare Verschiebung des Tropfens und zeigt die bereits in

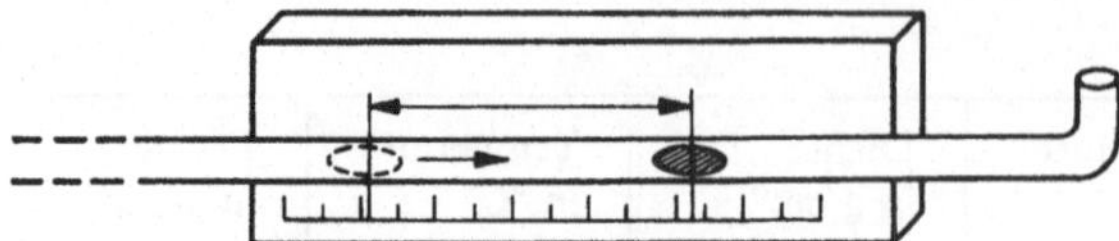

Bild 17.6. Erwärmung eines Gases bei
konstantem Druck p_0

Gleichung (17.5) enthaltene Volumenänderung ΔV an. Überraschenderweise ergeben sich
für alle Gase nahezu die gleichen Werte:

Volumenausdehnungskoeffizient einiger Gase in $^1/K$

Luft	0,003 674	Helium	0,003 660
Wasserstoff	0,003 663	Kohlendioxid	0,003 726

Diese praktisch gleiche Ausdehnung ΔV aller Gase wurde zuerst von dem französischen
Gelehrten GAY-LUSSAC[1]) festgestellt:

$$V = V_0(1 + \gamma\,\Delta t)$$

**Gesetz von Gay-Lussac für
konstanten Druck**   (17.10)

(V_0 Volumen bei 0 °C, Δt bezogen auf 0 °C)

Auf diese gute Übereinstimmung der γ-Werte stützt sich nun der Begriff des **idealen Gases**.
Im Gegensatz zu jedem realen (wirklichen) Gas, das bei ausreichend tiefer Temperatur in
den flüssigen Zustand übergeht und dabei den Wert des Volumenausdehnungskoeffizienten γ
sprunghaft ändert, hat der Ausdehnungskoeffizient γ den festen Wert

$$\gamma = 0,003\,661\ ^1/K = \frac{1}{273,15}\ ^1/K$$

**Ausdehnungskoeffizient
des idealen Gases (bezogen**   (17.11)
auf das Volumen bei 0 °C)

**Das ideale Gas befolgt in allen Temperaturbereichen streng sowohl das Gay-Lussacsche
als auch das Boylesche Gesetz.**

Dieses Verhalten des idealen Gases steht allerdings im krassen Widerspruch zur physikalischen Wirklichkeit: seine kleinsten Teilchen werden als Massenpunkte angenommen, d. h.,
die wahre Größe der Moleküle wird vernachlässigt. Auch wird über die in Wirklichkeit stets
vorhandenen Kohäsionskräfte zwischen den Teilchen hinweggesehen. Andererseits verhalten
sich Wasserstoff und Helium bei gewöhnlichen Temperaturen, d. h. weit vom Verflüssigungspunkt entfernt, praktisch wie das ideale Gas. Auch bei den übrigen Gasen der technischen Praxis kann oftmals ohne größeren Fehler mit dem GAY-LUSSACschen Gesetz gerechnet werden.

17.3.2 Gesetz von Gay-Lussac bei konstantem Volumen

Die im vorigen Abschnitt betrachtete Glaskugel (Bild 17.6) wird jetzt mit einem Quecksilbermanometer verbunden (Bild 17.7).
Nach Erwärmung um die Temperaturänderung Δt würde die Luft nach Gleichung (17.10)
bei unverändertem Druck p_0 das Volumen $V = V_0(1 + \gamma\,\Delta t)$ einnehmen. Stattdessen wird
sie aber durch Anheben des rechten Manometerschenkels wieder auf das ursprüngliche

---

[1]) 1778 bis 1850

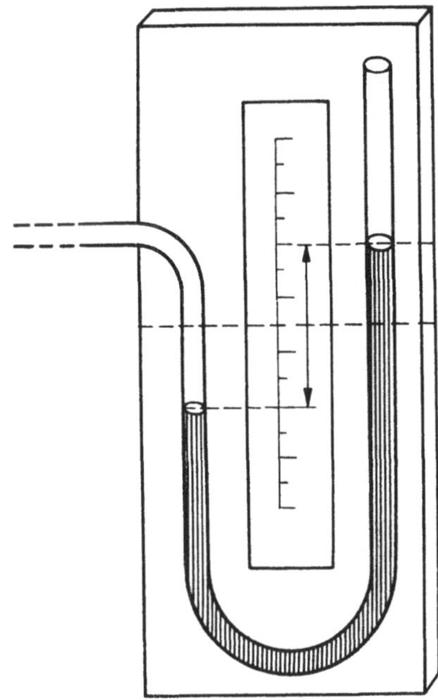

Bild 17.7. Erwärmung eines Gases bei konstantem Volumen V_0

Volumen V_0 zusammengedrückt. Wegen der jetzt konstant bleibenden Temperatur geht das nach dem Gesetz von BOYLE (9.6) vor sich, und der Druck steigt auf p:

$$pV_0 = p_0 V.$$

Nach Einsetzen des Wertes für V entsteht daraus $pV_0 = p_0 V_0(1 + \gamma\,\Delta t)$ bzw. nach beiderseitiger Division mit V_0

$$\boxed{p = p_0(1 + \gamma\,\Delta t)} \qquad \textbf{Gesetz von Gay-Lussac} \atop \textbf{bei konstantem Volumen} \qquad (17.12)$$

(p_0 Druck bei 0 °C, Δt bezogen auf 0 °C)

Es besagt, daß der Druck eines eingeschlossenen Gases bei zunehmender Temperatur linear anwächst.

17.3.3 Experimentelle Bestimmung des Volumenausdehnungskoeffizienten

Der Volumenausdehnungskoeffizient für Luft läßt sich durch folgenden einfachen Versuch bestimmen (Bild 17.8).
Die in einem Glaskolben eingeschlossene Luft wird in einem wassergefüllten Kochtopf von t_1 auf t_2 erwärmt. Zu den am angeschlossenen Quecksilbermanometer abgelesenen Drücken ist noch der äußere Luftdruck (Barometerstand) zu addieren. Es gilt dann mit den absoluten Drücken p_1 und p_2 nach Gleichung (17.12)

$$p_1 = p_0(1 + \gamma t_1) \quad \text{bzw.} \quad p_2 = p_0(1 + \gamma t_2).$$

Division der ersten Gleichung durch die zweite liefert

$$\frac{p_1}{p_2} = \frac{1 + \gamma t_1}{1 + \gamma t_2} \quad \text{und hieraus} \quad \gamma = \frac{p_2 - p_1}{p_1 t_2 - p_2 t_1}.$$

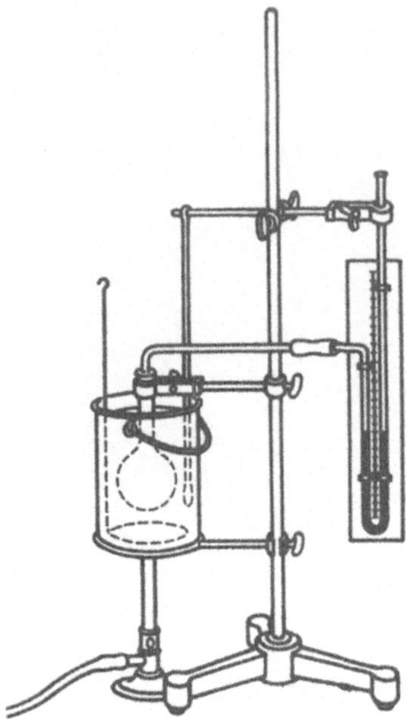

Bild 17.8. Bestimmung des Volumenausdehnungskoeffizienten der Luft

17.3.4 Kelvin-Skala der Temperatur

Was für die Erwärmung des Gases ausgesprochen ist, gilt entsprechend auch bei der Abkühlung: Sein Volumen muß wegen des GAY-LUSSACschen Gesetzes (17.10) und des Wertes für γ nach Gleichung (17.11) je Kelvin um den gleichen Betrag $1/273{,}15\,V_0$ abnehmen.

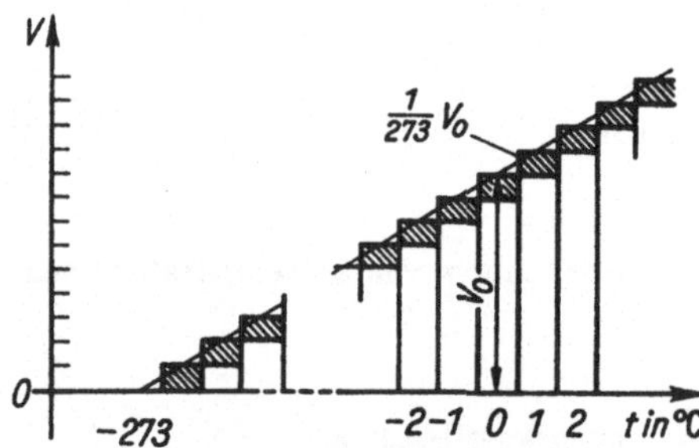

Bild 17.9. Schrittweise Abkühlung eines
Gasvolumens

Man kann das grafisch darstellen (Bild 17.9) und erhält dabei eine gerade Linie. Bei weiterer Fortsetzung erreicht diese Gerade schließlich das Volumen Null. Dies müßte bei der Temperatur $t = -273{,}15\,°\mathrm{C}$ eintreten, denn nach (17.10) ist dann

$$V = V_0 \left(1 - \frac{273{,}15}{273{,}15}\right) = 0.$$

Hieraus wird geschlossen, daß eine *noch tiefere* Temperatur *nicht* existieren kann, da das Volumen V dann negativ werden müßte. Das aber ist physikalisch undenkbar. Man nennt diese Temperatur den **absoluten Nullpunkt**.

Hier entsteht allerdings eine gedankliche Schwierigkeit; denn einerseits kann ein Gas niemals verschwinden, andererseits werden alle wirklichen (realen) Gase flüssig, wobei das GAY-LUSSACsche Gesetz ungültig wird. Diese Erklärung des absoluten Nullpunktes stützt sich demnach zunächst nur auf das ideale Gas. Der tiefere Sinn dieses Punktes liegt aber darin, daß hier die Moleküle keine kinetische Energie mehr enthalten. Das untere Ende der Temperaturskala ist durch völligen Stillstand der Molekularbewegung ausgezeichnet.

Es erweist sich vielfach als vorteilhaft, Temperaturen vom absoluten Nullpunkt an zu zählen. Man spricht dann von der **Kelvin-Skala** der Temperatur T.

Diese ist somit gegenüber der bereits aus 17.1 bekannten CELSIUS-Skala nur um 273,15 K verschoben (Bild 17.10):

$$\boxed{T/\text{K} = t/°\text{C} + 273,15} \qquad \textbf{Zusammenhang zwischen Kelvin- und Celsius-Skala} \qquad (17.13)$$

Temperaturdifferenzen haben in beiden Skalen den gleichen Zahlenwert und werden nach 17.1 in Kelvin angegeben.

Dem entspricht auch die **Definition der Celsius-Temperatur** t:

Der Grad Celsius ist als Temperaturdifferenz gleich dem Kelvin. Die Celsius-Temperatur $t_0 = 0\ °\text{C}$ entspricht der Temperatur $T_\text{n} = 273,15\ \text{K}$.

Es gilt also:

$$T \neq t, \quad \text{aber} \quad \Delta T = \Delta t \quad \text{mit} \quad [\Delta T] = [\Delta t] = \text{K}. \qquad (17.14)$$

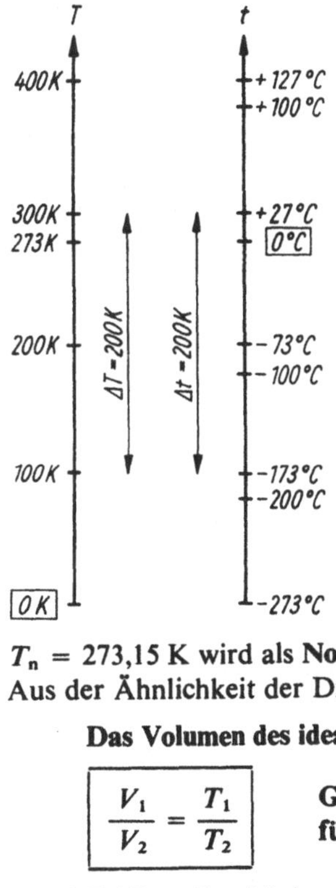

Bild 17.10. KELVIN- und CELSIUS-Skala der Temperatur

$T_\text{n} = 273,15\ \text{K}$ wird als **Normaltemperatur** bezeichnet.

Aus der Ähnlichkeit der Dreiecke (Bild 17.11) läßt sich ohne weiteres das Gesetz ablesen:

Das Volumen des idealen Gases ist bei konstantem Druck der Temperatur proportional.

$$\boxed{\dfrac{V_1}{V_2} = \dfrac{T_1}{T_2}} \qquad \textbf{Gesetz von Gay-Lussac für konstanten Druck} \qquad (17.15)$$

Aus (17.12) ergibt sich in entsprechender Weise:

Der Druck des idealen Gases ist bei konstantem Volumen der Temperatur proportional.

$$\boxed{\dfrac{p_1}{p_2} = \dfrac{T_1}{T_2}} \qquad \textbf{Gesetz von Gay-Lussac für konstantes Volumen} \qquad (17.16)$$

(p absoluter Druck)

Beispiel: Eine Stahlflasche enthält bei 25 °C Sauerstoff von 15 MPa Überdruck. Wie ändert sich der Druck, wenn die Flasche auf −10 °C abgekühlt wird? – In Gleichung (17.16) ist der absolute Druck, d. h. einschließlich des äußeren Luftdruckes, einzusetzen. Nimmt man diesen mit 0,1 MPa an, so folgt aus (17.6)

$$p_2 = \frac{p_1 T_2}{T_1}$$

$$p_2 = \frac{15,1 \cdot 263}{298}\ \text{MPa} = 13,3\ \text{MPa}.$$

Dem entsprechen 13,2 MPa Überdruck.

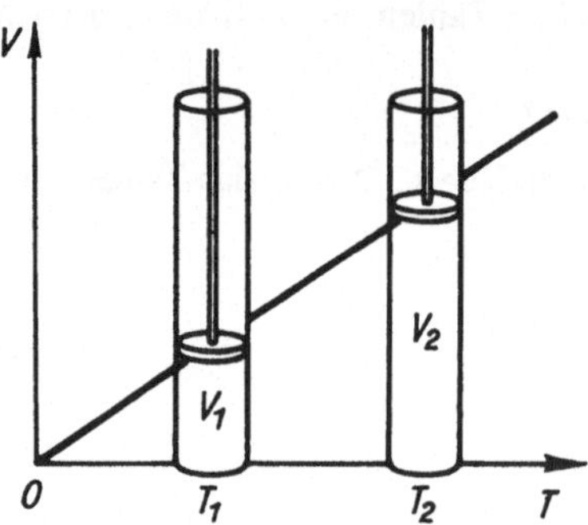

Bild 17.11. Abhängigkeit des Volumens eines idealen Gases von der Temperatur bei p = konst

17.4 Zustandsgleichung der Gase

Um den physikalischen Zustand einer bestimmten Menge eines idealen Gases zu beschreiben, haben wir die drei **Zustandsgrößen** Druck p, Volumen V und Temperatur T benutzt. Im folgenden wird sich zeigen, daß die Zustandsgrößen in einer einzigen Gleichung miteinander verknüpft sind.

Hierzu denken wir an einen Vorgang, bei dem sich sowohl die Temperatur als auch das Volumen eines Gases gleichzeitig ändern. Wir nehmen die Änderung in 2 Schritten vor, in-

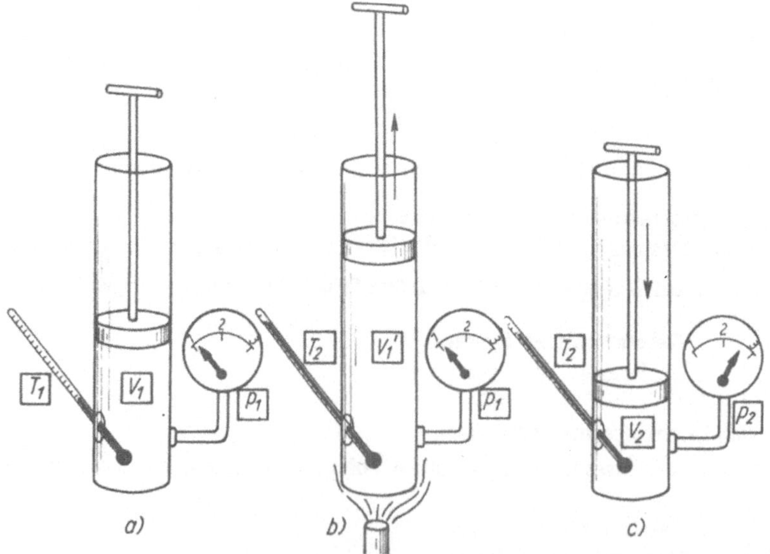

Bild 17.12. Zur Herleitung der Zustandsgleichung: a) Anfangszustand, b) Erwärmung bei konstantem Druck, c) Verdichtung bei konstanter Temperatur

dem wir ein abgeschlossenes Gasvolumen V_1 von der Temperatur T_1 bei konstant gehaltenem Druck p_1 erwärmen (Bild 17.12). Das Volumen vergrößert sich und wird nach (17.15) $V_1' = \dfrac{V_1 T_2}{T_1}$. Dann drücken wir das Gas auf das Volumen V_2 zusammen. Dabei sorgen wir dafür, daß die Temperatur T_2 erhalten bleibt. Nach dem BOYLEschen Gesetz (9.6) wird $V_2 = \dfrac{V_1' p_1}{p_2}$.

Nach Einsetzen des Wertes für V_1' wird $V_2 = \dfrac{V_1 p_1 T_2}{p_2 T_1}$ oder

$$\boxed{\frac{p_1 V_1}{T_1} = \frac{p_2 V_2}{T_2}} \qquad \textbf{Erste Form der Zustandsgleichung} \qquad (17.17)$$
$$\textbf{des idealen Gases}$$

Das heißt: Das durch die Temperatur T dividierte Produkt aus dem absoluten Druck p und dem Volumen V hat für alle nur möglichen Zustände einer abgeschlossenen Gasmenge den gleichen Wert, so daß

$$\frac{pV}{T} = \text{konst} \qquad (17.18)$$

ist.

17.4.1 Stoffmenge

Die Zustandsgleichung des idealen Gases (17.17) wie auch viele andere Gesetze der Wärmelehre werden besonders übersichtlich, wenn die **Teilchenanzahl** N des betrachteten Stoffes berücksichtigt wird. Ausgehend von der Vorstellung, daß diese Teilchenanzahl zumindest theoretisch abzählbar ist, wird als 5. Basisgröße die **Stoffmenge** n eingeführt.

> **Die Stoffmenge ist eine Eigenschaft des Stoffes und zu seiner Teilchenanzahl proportional.**
> **Das Mol (mol) ist die Basiseinheit der Stoffmenge.**
> **1 mol ist die Stoffmenge eines Systems, das aus so vielen gleichartigen elementaren Teilchen besteht, wie Atome in 0,012 kg des Kohlenstoffisotops C 12 enthalten sind.**

In der Definition des Mols, die auf einer Zählvorschrift beruht, muß die Teilchenanzahl enthalten sein, so wie es beim »Dutzend«, bei der »Mandel« u. a. der Fall ist, die auch eine bestimmte Anzahl verkörpern. Nur wird in der Definition die Teilchenanzahl lediglich durch die Formulierung »aus so viel ... Teilchen ..., wie ...« umschrieben. Das hat den Vorteil, daß neuere und eventuell bessere experimentelle Werte für die Teilchenanzahl, den Zahlenwert der sogenannten AVOGADRO-Konstanten, keine Abänderung der Formulierung in der Definition erfordern. Der jetzt auch nicht benötigte Proportionalitätsfaktor für $n \sim N$ wird später in 23.1 angegeben.

Es wird sich weiterhin als zweckmäßig erweisen, stoffmengenbezogene Größen zu verwenden, die kurz als **molare Größen** bezeichnet werden. Sie sind definiert als Quotient aus einer Größe und der Stoffmenge. Molare Größen erhalten als Symbol einen großen lateinischen Buchstaben. Ist derselbe mit anderer Bedeutung bereits vergeben, wird der Index »m« an das Symbol der Zählergröße angehängt.

So ist

$$\boxed{M = \frac{m}{n}} \qquad \textbf{Molare Masse} \qquad (17.19)$$

$[M] = \text{kg/mol}$ (Kilogramm je Mol)

Gebräuchliche SI-fremde Einheiten:

kg/kmol (Kilogramm je Kilomol) = g/mol (Gramm je Mol) = 10^{-3} kg/mol.

Auf Grund der Definition des Mols entsprechen bei C 12 einander die Stoffmenge $n = 1$ kmol

und die Masse 12 kg, somit ist $M = \dfrac{m}{n} = 12$ kg/kmol bei C 12.

Da der Faktor 12 die **relative Molekülmasse** M_r von C 12 ist, gilt hier

$$M = M_r \text{ kg/kmol,} \qquad\qquad (17.20)$$

wie in 23.1 für alle Stoffe als richtig bewiesen wird.

Beispiel: Welche molare Masse hat CO_2? – M_r ergibt sich als Summe der relativen Atommassen (Periodensystem der Elemente!) zu $M_r = 12{,}01115 + 2 \cdot 15{,}9994 = 44{,}099915$ und mit (17.20) folgt $M = 44{,}01$ kg/kmol, wie auch in der Zahlentafel für Gase in 17.4.3 angegeben ist.

Eine weitere molare Größe ist

$$\boxed{V_m = \dfrac{V}{n}} \qquad \textbf{Molares Volumen} \qquad\qquad (17.21)$$

$[V_m] = \text{m}^3/\text{mol}$ (Kubikmeter je Mol)

Gebräuchliche SI-fremde Einheit:

m^3/kmol (Kubikmeter je Kilomol) = $10^{-3}\ \text{m}^3/\text{mol}$.

Erfahrungsgemäß gilt:

Alle Gase haben unter Normalbedingungen $T_n = 273{,}15$ K, $p_n = 101{,}325$ kPa **nahezu das gleiche molare Volumen** $V_m = 22{,}4\ \text{m}^3/\text{kmol}$.

In 23.2.2 wird begründet, daß für das *ideale* Gas gilt:

$$\boxed{V_{mn} = 22{,}4138\ \text{m}^3/\text{kmol}} \qquad \begin{array}{l}\textbf{Molares Normvolumen}\\ \textbf{des idealen Gases}\end{array} \qquad (17.22)$$

17.4.2 Universelle Gaskonstante

Mit Hilfe der neuen Begriffe soll die für ein ideales Gas gültige Gleichung (17.18) $\dfrac{pV}{T} =$ konst in eine handlichere Form gebracht werden. Die Gleichung gilt für eine *abgeschlossene* Gasmenge. Es liegt deshalb nahe, die Stoffmenge n des betrachteten Gases in die Rechnung mit einzubeziehen. Da die rechte Seite konstant ist, kann sie als Produkt der gleichfalls *konstanten Stoffmenge n* und einer weiteren (molaren) Konstanten R_m aufgefaßt werden. Diese heißt **universelle Gaskonstante**.

Somit geht (17.18) über in $\dfrac{pV}{T} = nR_m$ bzw.

$$\boxed{pV = nR_mT} \qquad \begin{array}{l}\textbf{Zweite Form der Zustandsgleichung des idealen Gases}\\ \text{(mit universeller Gaskonstante)}\end{array} \qquad (17.23)$$

Die nach der universellen Gaskonstanten umgestellte Gleichung

$$R_m = \dfrac{pV}{Tn} = \dfrac{pV_m}{T}$$

gilt für beliebige Zustände, insbesondere für den Normalzustand mit den Werten für p_n, T_n sowie V_{mn} aus (17.22):

$$R_m = \frac{p_n V_{mn}}{T_n} = \frac{101{,}325 \cdot 10^3 \, \text{N} \cdot 22{,}4138 \, \text{m}^3}{273{,}15 \, \text{K} \cdot \text{m}^2 \cdot \text{kmol}} = 8\,314{,}4 \, \frac{\text{J}}{\text{kmol K}}$$

$$\boxed{R_m = 8{,}3144 \, \frac{\text{J}}{\text{mol K}}} \qquad \textbf{Universelle Gaskonstante} \qquad (17.24)$$

Die Bezeichnung »universelle« soll daraufhinweisen, daß der Zahlenwert der Konstanten (17.24) für *alle* Gase gleich ist.

17.4.3 Spezielle Gaskonstante

Die abgeschlossene Gasmenge, die der Gleichung (17.18) genügt, kann auch durch ihre Masse m beschrieben werden. Ein zum vorigen Abschnitt analoges Vorgehen überführt die Gleichung in $\dfrac{pV}{T} = mR$, mit der **speziellen Gaskonstanten** R bzw.

$$\boxed{pV = mRT} \qquad \begin{array}{l}\textbf{Zweite Form der Zustandsgleichung des idealen Gases} \\ \text{(mit spezieller Gaskonstante)}\end{array} \qquad (17.25)$$

Ein Vorteil der Gleichung (17.25) gegenüber der von (17.23) ist das Vorkommen der in der Technik häufig verwendeten Masse m. Ihr Nachteil ist, daß der Zahlenwert von R von der *speziellen* Art des Gases abhängt, wie der Vergleich beider Gleichungen zeigt:

$$mR = nR_m \quad \text{bzw.} \quad R = \frac{n}{m} R_m.$$

Mit der molaren Masse M nach (17.19) folgt

$$\boxed{R = \frac{R_m}{M}} \qquad \textbf{Spezielle Gaskonstante} \qquad (17.26)$$

$$[R] = \frac{R_m}{M} = \frac{\text{J}}{\text{mol K}} \, \frac{\text{mol}}{\text{kg}} = \frac{\text{J}}{\text{kg K}} \qquad \text{(Joule je Kilogramm und Kelvin)}$$

Für Ethanoldampf (Alkohol) erhalten wir beispielsweise aus der chemischen Formel C_2H_5OH $M_r = 46{,}05$ und daraus mit (17.20) $M = 46{,}05$ kg/kmol. Das ergibt mit (17.26) die spezielle Gaskonstante $R = \dfrac{8\,314{,}4 \, \text{J}}{46{,}05 \, \text{kg K}} = 180{,}6$ J/(kg K). Da sich alle bisherigen Gasgesetze auf das ideale Gas beziehen, weichen die so berechneten Zahlenwerte von den wirklichen Werten meist ein wenig ab. Diese genaueren Zahlenwerte der speziellen Gaskonstanten realer Gase können entsprechenden Tabellen entnommen werden.

In der Technik hat man es vielfach mit *Gasgemischen* zu tun. Das »Generatorgas« ist beispielsweise eine Mischung aus Kohlenoxid, Wasserstoff und Stickstoff. Ebenso setzt sich auch die Luft aus mehreren Bestandteilen zusammen. In solch einem Fall empfiehlt es sich, erst eine **mittlere Gaskonstante** zu errechnen und dann die Zustandsgleichung anzuwenden. Da sich die spezielle Gaskonstante auf die Masse bezieht, sind hierzu die einzelnen in der Gesamtmasse m enthaltenen Anteile m_1, m_2, ... einzusetzen:

$$\boxed{R = \frac{m_1 R_1 + m_2 R_2 + m_3 R_3 + \dots}{m}} \qquad \begin{array}{l}\textbf{Mittlere spezielle} \\ \textbf{Gaskonstante}\end{array} \qquad (17.27)$$

Beispiele: 1. Berechne die mittlere Gaskonstante der Luft (rund 79 Volumenprozent Stickstoff und 21 % Sauerstoff). – Die Massenanteile für 1 m³ sind gemäß $m = \varrho V$: $(0{,}79 \cdot 1{,}251)$ kg $= 0{,}988$ kg Stickstoff und $(0{,}21 \cdot 1{,}429)$ kg $= 0{,}300$ kg Sauerstoff, zusammen $m = 1{,}288$ kg. Dann wird nach (17.27)

$$R = \frac{m_1 R_1 + m_2 R_2}{m_1 + m_2} = \frac{(0{,}988 \cdot 297 + 0{,}3 \cdot 260)\,\text{J}}{1{,}288\,\text{kg K}} = 288\;\text{J/(kg K)}.$$

(Um einen genaueren Wert zu erhalten, muß man auch die übrigen Bestandteile der Luft berücksichtigen.)

Oder: $\overline{M}_r = 0{,}79 \cdot 28{,}013 + 0{,}21 \cdot 31{,}999 = 28{,}85$,

also mit (17.20) $\overline{M} = 28{,}85$ kg/kmol und aus (17.26)

$$R = \frac{R_\text{m}}{\overline{M}} = 288{,}2\;\text{J/(kg K)}.$$

2. Eine Stahlflasche von 10 l enthält 45 g Wasserstoff. Bei welcher Temperatur erreicht der Überdruck 5,0 MPa? – Nach (17.25) ist

$$T = \frac{pV}{mR} = \frac{51 \cdot 10^5\,\text{N} \cdot 0{,}01\,\text{m}^3\,\text{kg K}}{\text{m}^2 \cdot 0{,}045\,\text{kg} \cdot 4124\,\text{Nm}} = 274{,}8\;\text{K} \mathrel{\widehat{=}} t = 1{,}6\;°\text{C}.$$

3. Es wurde festgestellt, daß eine Substanz bei 445 °C als Gas unter einem Druck von 98,1 kPa steht und dabei eine Dichte von 1,28 kg/m³ hat. Welche relative Molekülmasse liegt vor? – Aus (17.25) folgt zunächst

$$R = \frac{pV}{mT} = \frac{p}{\varrho T} \quad \text{und mit (17.26)}$$

$$M = \frac{R_\text{m}}{R} = \frac{R_\text{m}\varrho T}{p} = \frac{8{,}3\,\text{J} \cdot \text{m}^2 \cdot 1{,}28\,\text{kg} \cdot 718\,\text{K}}{\text{mol} \cdot \text{K} \cdot 0{,}981 \cdot 10^5\,\text{N} \cdot \text{m}^3} = 78\;\text{kg/kmol}.$$

Nach (17.20) ist somit $M_r = 78$ (Benzen C_6H_6).

Zahlentafel für Gase

Gas	Molare Masse in kg/ kmol	Spezielle Gaskonstante in J/(kg K)	Dichte bei 0 °C und 1013,25 hPa in kg/m³	Spezifische Wärmekapazität bei 0 °C in J/(kg K) c_p	c_V	$\varkappa = c_p/c_V$ bei 18 °C	Krit. Druck in MPa	Krit. Temp. in °C	Siedepunkt bei 1013,25 hPa in °C
Wasserstoff	2,016	4124,4	0,0899	14235	10111	1,41	1,297	−239,9	−252,8
Sauerstoff	31,999	259,8	1,429	913	653	1,40	5,08	−118,4	−183,8
Stickstoff	28,013	296,8	1,251	1038	741	1,40	3,39	−147,0	−195,8
Kohlenoxid	28,011	296,8	1,250	1042	741	1,40	3,50	−140,2	−191,5
Kohlendioxid	44,010	188,9	1,977	707	519	1,30	7,39	+ 31,0	− 78,5
Luft	28,96	287,1	1,293	1005	718	1,40	3,82	−140,7	−194,4
Wasserdampf	18,015	461,5	0,768	1855	1394	1,30	22,13	+374,2	+100,0
Helium	4,003	2077,1	0,179	5234	3157	1,63	0,229	−267,9	−268,9

18 WÄRME ALS ENERGIEFORM

18.1 Wärmemenge (Wärmeenergie)

Der über den Rahmen der Mechanik hinausreichende Begriff »Wärme« hat im täglichen Leben eine doppelte Bedeutung.

Die bereits bekannte Zustandsgröße Temperatur gibt Antwort auf die Frage, wie *hoch* der Grad der Wärme oder Kälte ist:

Die Temperatur kennzeichnet die Qualität oder Intensität der Wärme.

Um die Temperatur eines Körpers zu erhöhen, ist ihm stets Energie zuzuführen, so z. B. mechanische Energie durch Reiben eines festen Körpers oder Umrühren einer Flüssigkeit. Die zugeführte Energie ist dann als **Wärmeenergie** oder **Wärmemenge** Q im Körper aufgespeichert. Beim Abkühlen gibt er diese Energie wieder ab, indem er die ursprünglich kältere Umgebung aufwärmt, wie dies beispielsweise jeder Ofen tut.

Die Wärmemenge gibt Antwort auf die Frage, wie *groß* die vorhandene Wärme ist:

Die Wärmemenge kennzeichnet die Quantität der Wärme.

Wir werden im Abschnitt 23 sehen, daß die Temperatur mit der Bewegung der Moleküle zusammenhängt und daß die Wärmemenge nichts anderes ist als die Gesamtheit der kinetischen Energien aller Teilchen. Der historische Weg zu dieser Erkenntnis war sehr mühevoll.

Da die Wärmeenergie somit nur eine spezielle Energie*art* darstellt, kann auch für die Wärmemenge die aus der Mechanik bekannte und für *alle* Energiearten (z. B. auch Elektroenergie, Kernenergie usw.) gültige SI-Einheit verwendet werden:

$$[Q] = \text{J (Joule)}.$$

Ehemals glaubte man an die Existenz eines besonderen »Fluidums«, eines *Wärmestoffs*, der sich zwischen den Körpern hin und her bewege. Deshalb und wegen der speziellen Eigenarten der Wärmeerscheinungen wurde die Wärmemenge durch eine eigene Einheit, die *Kalorie*, besonders charakterisiert.

Ungesetzliche Einheit: 1 cal (Kalorie) = 4,1868 J.

Nach der früheren Definition entsprach die Wärmemenge 1 cal derjenigen Energie, die 1 g Wasser von 14,5 °C auf 15,5 °C erwärmt, d. h. einem Wert von 4,1855 J. Die Abweichung ist also nur geringfügig und beträgt weniger als 1 ‰.

Die Umrechung der Kilokalorie in Kilopondmeter, einer veralteten und jetzt ungesetzlichen Energieeinheit der Mechanik, besitzt heute auch nur noch historisches Interesse:

$$1 \text{ kpm} = 9,806\,65 \text{ N m} = 9,806\,65 \text{ J},$$

$$1 \text{ kcal} = 4,1868 \cdot 10^3 \cdot 1 \text{ J} = 4,1868 \cdot 10^3 \cdot \frac{1 \text{ kp m}}{9,806\,65}$$

$$= 426,9 \text{ kp m}.$$

Diese Beziehung, früher meist als »mechanisches Wärmeäquivalent« bezeichnet, wurde in mühevollen Versuchen vor allem von JOULE (Bild 18.1) ermittelt und zum ersten Mal von MAYER (Bild 18.2) durch Überlegungen aufgedeckt.

Bild 18.1. JAMES PRESCOT JOULE (1818 bis 1889)   Bild 18.2. ROBERT MAYER (1814 bis 1878)

Im Grunde genommen handelt es sich beim Wärmeäquivalent nur um das gegenseitige Verhältnis vorher festgelegter Einheiten. Die Frage des Zusammenhanges zwischen Wärme und mechanischer Arbeit war im vorigen Jahrhundert deshalb so schwierig, weil sie zwei große, eigenständige Gebiete der Physik betraf, für die völlig unterschiedliche Meßverfahren und Einheiten in Gebrauch waren.

Oftmals verwandelt sich mechanische Arbeit ohne unser Zutun in Wärmeenergie. Wenn dabei mechanische Energie zu verschwinden scheint (z. B. beim Ablaufen einer mechanischen Uhr), entsteht eine entsprechende Wärmemenge. Wegen ihrer Geringfügigkeit wird das oft übersehen.

Beispiel: Welche Wärmemenge entsteht in jeder der 4 Bremsen eines 5-t-Kraftwagens, der aus einer Geschwindigkeit von 36 km/h zum Stillstand abbremst? – Seine kinetische Energie beträgt $E_{kin} = \dfrac{mv^2}{2}$. Diese setzt sich vollständig in Wärme um. In jeder Bremse entsteht die Wärme-

menge $Q = \dfrac{1}{4} E_{kin} = \dfrac{mv^2}{8} = \dfrac{5 \cdot 10^3 \text{ kg} \cdot (10 \text{ m})^2}{8 \text{ s}^2} = 62{,}5 \text{ kJ}$.

18.2 Spezifische Wärmekapazität

18.2.1 Spezifische Wärmekapazität fester und flüssiger Stoffe

In vielen Fällen bewirkt die einem Körper zugeführte Wärmeenergie nichts weiter als eine Erhöhung seiner Temperatur. Soll hierbei eine bestimmte Endtemperatur t_2 erreicht werden, so hängt die erforderliche Wärmemenge nicht nur von der Anfangstemperatur t_1, d. h. also von der Differenz $t_2 - t_1$ ab, sondern auch von der Masse m und der Art des zu erwärmenden Stoffes. Von den gleichen Faktoren hängt auch die Wärmemenge ab, die einem Körper *entzogen* werden muß, wenn er sich *abkühlen* soll.

Die Überlegung führt daher zu

$$\boxed{Q = cm(t_2 - t_1)} \qquad \text{**Zu- oder abgeführte Wärmemenge bei Temperaturänderung**} \qquad (18.1)$$

Der Proportionalitätsfaktor ist

$$c = \frac{Q}{m(t_2 - t_1)}$$

Spezifische Wärmekapazität (18.2)

$$[c] = \frac{J}{kg\,K} \quad \text{(Joule je Kilogramm und Kelvin)}$$

Wie der Begriff der spezifischen Wärmekapazität veranschaulicht werden kann, ist auf Bild 18.3 gezeigt. Drei Stücke aus verschiedenen Metallen, aber *gleich großer Masse* sind zunächst durch Einhängen in siedendes Wasser auf *gleiche Temperatur* gebracht worden. Hiernach auf einen Paraffinblock gestellt, bringen sie ganz verschieden große Paraffinmengen zum Schmelzen.

Bild 18.3. Gleiche Massen aus Aluminium, Eisen und Blei von gleicher Temperatur bringen verschiedene Paraffinmengen zum Schmelzen: verschiedene spezifische Wärmekapazitäten.

Da die spezifische Wärmekapazität temperaturabhängig ist, gelten Tabellenwerte genau nur für die angegebene Bezugstemperatur.

Mittlere spezifische Wärmekapazität fester und flüssiger Stoffe (zwischen 0 °C und 100 °C) in J/(kg K)

Aluminium	896	Blei	130	Ziegelmauerwerk	920
Eisen (Stahl)	460	Platin	134	dichte Gesteine	850
Grauguß	540	Quecksilber	138	Leichtbenzin	2100
Kupfer	383	Holz	2400	Ethanol (Äthylalkohol)	2430
Zink	385	Glas	800	Wasser bei 20 °C	4182
Silber	234	Quarzglas	766		

Das Wasser hat demnach von allen festen und flüssigen Stoffen die größte spezifische Wärmekapazität. Damit erklären sich manche Klimaunterschiede. In der Nähe großer Wassermassen, auf Inseln und in Küstennähe, wirkt das im Sommer sich nur langsam erwärmende Wasser kühlend; im Winter dagegen wirkt es wie ein großer Wärmespeicher: *Seeklima* mit geringen jahreszeitlichen Temperaturgegensätzen.

Eine weitere Eigentümlichkeit der Wärmeenergie ist es, von einem Körper höherer Temperatur leicht auf einen anderen von tieferer Temperatur überzugehen, bis schließlich eine einheitliche Temperatur erreicht ist. Der Ausgleich geht besonders schnell vor sich, wenn die Körper leicht miteinander vermengt werden können, wie z. B. zwei Flüssigkeiten, in Wasser geworfene Metallspäne o. ä.

Die erreichte **Mischtemperatur** sei mit t_m bezeichnet. Dabei gibt der warme Körper die Wärmemenge $Q = c_1 m_1(t_1 - t_m)$ ab, wodurch er sich auf die Mischtemperatur abkühlt. Der kalte Körper nimmt nach dem Gesetz von der Erhaltung der Energie, s. 5.4, *dieselbe* Wärmemenge $Q = c_2 m_2(t_m - t_2)$ auf, wobei er die Temperatur t_m annimmt.

Dies wird allgemeiner, d. h. auch für mehrere Wärmemengen, ausgedrückt in der

Richmannschen Regel: abgegebene Wärmeenergie = aufgenommene Wärmeenergie.

Für zwei Körper lautet sie

$$c_1 m_1(t_1 - t_m) = c_2 m_2(t_m - t_2).$$ (18.3)

Bei der gegenseitigen Mischung zweier Wassermengen ist selbstverständlich $c_1 = c_2$.

Beispiele: 1. Ein Wannenbad mit 80 kg Wasser von 75 °C soll auf 45 °C abgekühlt werden. Wieviel kaltes Wasser von 16 °C muß zugegossen werden? – Aus (18.3) folgt

$$m_2 = \frac{c_1 m_1(t_1 - t_m)}{c_2(t_m - t_2)} = \frac{80 \text{ kg} \cdot (75 - 45) \text{ K}}{(45 - 16) \text{ K}} = 83 \text{ kg}.$$

2. Welche Temperatur hat ein glühender Stahlbolzen von 0,25 kg Masse, der zum Abschrecken in 2 kg kaltes Wasser von 15 °C geworfen wird? Das Wasser habe sich dabei auf 30 °C erwärmt. – Alle Größen, die sich auf den Stahlbolzen beziehen, erhalten den Index 1, die des Wassers den Index 2, die Mischungstemperatur sei t_m. Dann ergibt sich durch Umstellen von (18.3) die gesuchte Temperatur zu

$$t_1 = \frac{c_2 m_2(t_m - t_2)}{c_1 m_1} + t_m$$

bzw. mit den Tabellenwerten $c_1 = 460 \text{ J/(kg K)}$ und $c_2 = 4182 \text{ J/(kg K)}$

$$t_1 = \frac{4182 \cdot 2(30 - 15) \text{ K}}{460 \cdot 0{,}25} + 30 \text{ °C} = 1121 \text{ °C}.$$

18.2.2 Wärmekapazität

Nach Gleichung (18.1) ist eine Wärmemenge Q notwendig, um die Temperatur eines Körpers um Δt zu erhöhen. Der Quotient dieser beiden Größen heißt

$$\boxed{C = \frac{Q}{\Delta t}} \qquad \textbf{Wärmekapazität}$$ (18.4)

$[C] = \text{J/K}$ (Joule je Kelvin)

Der Vergleich der Gleichungen (18.1) und (18.4) zeigt, daß $C = mc$ bzw. $c = \dfrac{C}{m}$ gilt, woraus sich die Bezeichnung von c erklärt. Die erste Form läßt sich leicht auf einen Körper verallgemeinern, der aus n unterschiedlichen Materialien zusammengesetzt ist: $C = \sum\limits_{i=1}^{n} m_i c_i$.
In der Praxis läßt sich die Wärmekapazität damit nur überschläglich ermitteln, sie wird besser experimentell bestimmt.

18.2.3 Bestimmung der spezifischen Wärmekapazität fester und flüssiger Stoffe

Um die spezifische Wärmekapazität c eines *festen* Körpers zu bestimmen (Bild 18.4), bringt man den vorher gewogenen und dann auf die Temperatur t_1 erwärmten Gegenstand der Masse m_1 in ein **Kalorimeter**, das eine bestimmte Masse m_2 Wasser enthält, dessen Temperatur t_2 vorher gemessen wurde. Im Kalorimeter stellt sich dabei die Mischtemperatur t_m ein. Um Wärmeverluste nach Möglichkeit zu vermeiden, macht man das Kalorimeter doppelwandig.
Da das Kalorimeter beim Einbringen des zu prüfenden Körpers mit erwärmt wird (ebenso die eintauchenden Teile von Thermometer und Rührstab), muß man zuvor seine Wärmekapazität C in einem Vorversuch ermitteln.

Zur Berechnung der spezifischen Wärmekapazität c wird wieder die RICHMANNsche Regel aus 18.2.1 verwendet:

abgegebene Wärmeenergie = aufgenommene Wärmeenergie

$$cm_1(t_1 - t_m) = c_w m_2(t_m - t_2) + C(t_m - t_2),$$

so daß $c = \dfrac{(c_w m_2 + C)(t_m - t_2)}{m_1(t_1 - t_m)}$ ist (c_w spezifische Wärmekapazität des Wassers).

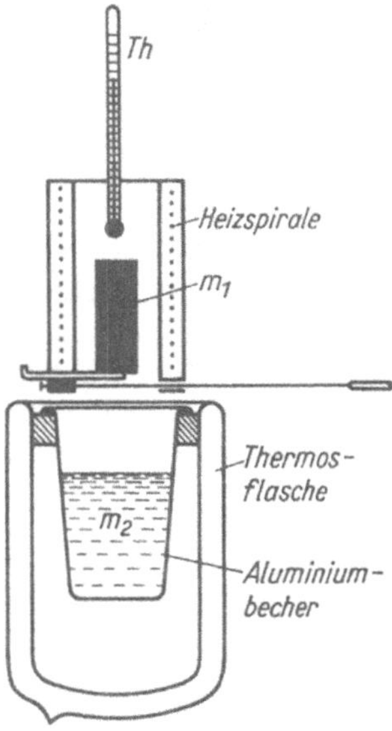

Bild 18.4. Bestimmung der spezifischen Wärmekapazität

18.2.4 Spezifische Wärmekapazität der Gase

Um die spezifische Wärmekapazität eines Gases, etwa der Luft, zu bestimmen, könnte zunächst daran gedacht werden, ein erwärmtes, mit Luft von der Temperatur t_2 gefülltes, geschlossenes Gefäß in ein größeres Kalorimeter mit Wasser von der Temperatur t_1 zu stellen und die Mischtemperatur zu messen. Da aber die Wärmekapazität der Gase außerordentlich gering ist und gegenüber der des Gefäßes vernachlässigt werden kann, ist dieser Weg nicht gangbar. Es bleibt nur der Ausweg, eine erhitzte größere Gasmenge durch eine *Rohrschlange* strömen zu lassen, die in einem Kalorimetergefäß steht (*Strömungsmethode*, Bild 18.5). Beim

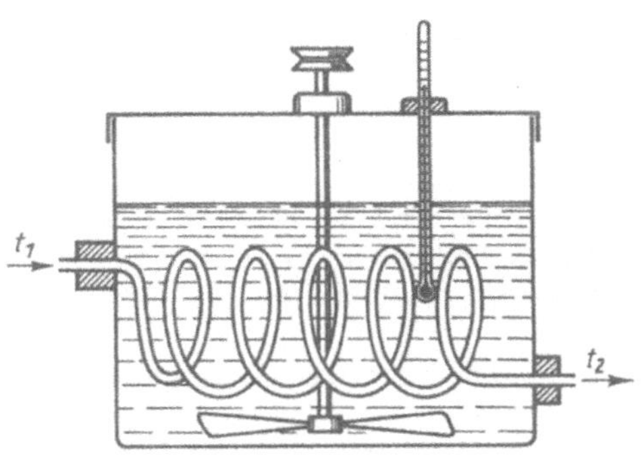

Bild 18.5. Bestimmung der spezifischen Wärmekapazität bei konstantem Druck

15*

Eintritt in das Kalorimeter wird die Temperatur t_1 durch ein *Thermoelement* gemessen, ebenso am Ausgang t_2. Die mit der Gasuhr festgestellte Masse m des Gases hat dann die Wärmemenge $cm(t_1 - t_2)$ an das Kalorimeter mit der Wärmekapazität C abgegeben, das sich dabei um Δt erwärmt haben möge. Dann ist die gesuchte spezifische Wärmekapazität

des Gases $c_p = \dfrac{C\,\Delta t}{m(t_1 - t_2)}$.

Grundsätzlich besteht aber zwischen dem zuerst erwähnten (in dieser Form praktisch *nicht* durchführbaren) Verfahren und der Strömungsmethode ein Unterschied: Im ersten Fall bleibt während der Messung das **Volumen konstant** (was eine **Druckänderung** im Gefäß zur Folge hat), im zweiten Fall kann sich das Gas ungehindert *ausdehnen* und *zusammenziehen*, wobei der **Druck unverändert** bleibt. Beide Methoden liefern unterschiedliche Werte, die

> **spezifische Wärmekapazität** c_V **bei konstantem Volumen und**
> **spezifische Wärmekapazität** c_p **bei konstantem Druck**

heißen.

Einige Zahlenwerte sind in der Zahlentafel für Gase in 17.4.3 mit aufgeführt. Dabei ist immer $c_p > c_V$. Das ist leicht einzusehen; denn wenn sich ein Gas während der Erwärmung ausdehnt, verrichtet es unter Überwindung des äußeren Gegendrucks eine *Arbeit*. Hierfür muß also zusätzliche Energie in Form von Wärme zugeführt werden. Wir werden hierauf in 23.3 noch einmal zurückkommen und dann feststellen, daß die Differenz $c_p - c_V$ gleich der speziellen Gaskonstanten ist.

19 Änderungen des Aggregatzustandes

Bei den bisherigen Betrachtungen war davon ausgegangen worden, daß die einem Körper zugeführte Wärmemenge zwangsläufig zu einer Temperaturerhöhung führen müsse. Das braucht aber durchaus nicht immer zuzutreffen; denn es gibt Fälle, in denen die zugeführte Wärme ganz andere Wirkungen hervorruft. Am auffälligsten zeigt sich dies, wenn ein Körper seinen **Aggregatzustand** ändert.

Man unterscheidet aus der Erfahrung heraus **3 Aggregatzustände: fest, flüssig** und **gasförmig**. Die chemischen Elemente und viele einfache Verbindungen können je nach ihrer Temperatur in allen 3 Zustandsformen existieren. Kompliziertere Verbindungen wie etwa Holz und andere organische Stoffe zersetzen sich bei höheren Temperaturen chemisch. Wir schließen daher solche Stoffe aus den folgenden Betrachtungen aus.

19.1 Schmelzen und Erstarren

Die Ursache der Änderung des Aggregatzustandes ist wieder in der Wärmebewegung der Moleküle zu suchen. Im Kristallaufbau der festen Körper sind die kleinsten Teilchen in streng *geometrischer Ordnung* aneinander gebunden. Sie bilden ein *räumliches Gitter*. Bei Wärmezufuhr wird die Molekularbewegung so heftig, daß das Gitter zerfällt: Der Körper wird *flüssig*.

Um dieses feste Gefüge zum Zerfall zu bringen, ist ein erheblicher Arbeitsaufwand erforderlich. (Man denke dabei an das Spalten von Holz.) Alle während des Schmelzens zugeführte Wärme wird hierzu verbraucht, und solange dieser Vorgang anhält, bleibt die Temperatur konstant. Hierauf beruht die Stabilität des **Schmelzpunktes**. Erst wenn die Umwandlung be-

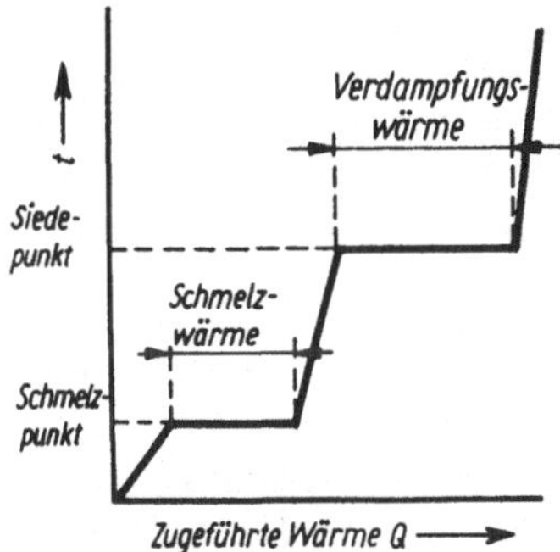

Bild 19.1. Wärmezufuhr und Temperaturerhöhung eines reinen Stoffes

endet ist und die Wärmezufuhr weiter andauert, kann die Temperatur der Flüssigkeit weiter ansteigen (Bild 19.1).

Die zum Schmelzen verbrauchte Energie ist in der Flüssigkeit gleichsam aufbewahrt und wird auch häufig **latente Wärme** genannt. Denn es erweist sich, daß diese Wärme beim Erstarren der Flüssigkeit restlos wieder zum Vorschein kommt. Entzieht man ihr Wärme, so kühlt sie sich zunächst nur bis zum **Erstarrungspunkt**, der mit dem Schmelzpunkt zusammenfällt, ab. Dann bleibt die Temperatur der Flüssigkeit unter stetiger weiterer Wärmeabgabe konstant, bis die Erstarrung beendet ist. Dem Gesetz von der Erhaltung der Energie zufolge sind die zum Schmelzen verbrauchten und beim Erstarren wieder frei werdenden **Umwandlungswärmeenergien** Q_{sm} gleich groß: Erstarrungswärme = Schmelzwärme.

Bezogen auf die Masse m des umgewandelten Stoffes heißen sie

$$\boxed{q_s = \frac{Q_{sm}}{m}}$$
Spezifische Schmelz- oder Erstarrungswärme (19.1)

$[q_s]$ = J/kg   (Joule je Kilogramm)

Schmelzpunkt und spezifische Schmelzwärme einiger Stoffe bei Normaldruck 1 013,25 hPa

Schmelzpunkt in °C	Spezifische Schmelzwärme in kJ/kg	Schmelzpunkt in °C	Spezifische Schmelzwärme in kJ/kg
Wasser 0	334	Grauguß 1 539	96
Aluminium 660	397	Quecksilber −38,87	11,8

19.1.1 Besonderheiten beim Schmelzen und Erstarren

Schmelzen und Erstarren finden bei derselben Temperatur statt. *Reine* Stoffe haben *scharf bestimmte* Schmelztemperaturen, die unabhängig von schwankender Energiezufuhr oder -abgabe während des Umwandlungsprozesses konstant bleiben. Daher eignen sie sich besonders gut zur Reproduktion der *thermometrischen Festpunkte*.

Sobald eine Flüssigkeit nicht chemisch rein ist, sondern gelöste Stoffe enthält, ändert sich ihr Erstarrungspunkt. Für Wasser als Lösungsmittel gilt die zugeschnittene Größengleichung:

$$\boxed{\Delta t/\text{K} = 1{,}86 \cdot c_l \bigg/ \frac{\text{mol}}{\text{l}}}$$
Gefrierpunktserniedrigung wäßriger Lösungen (19.2)

Dabei ist c_i die Stoffmengenkonzentration eines Stoffes i, d. h. der Quotient aus der Stoffmenge des Stoffes i und dem Volumen des Lösungsmittels Wasser.

Die Gefrierpunktserniedrigung Δt ist also proportional der *Anzahl* der gelösten *Teilchen* und *nicht* der Masse. Bei Stoffen, die dabei in Ionen zerfallen (Säuren, Basen, Salze), kann Δt wesentlich größer werden. Dies trifft z. B. für Meerwasser zu, das bei etwa $-2,5\ ^\circ\mathrm{C}$ gefriert. Eine gesättigte Kochsalzlösung erstarrt erst bei $-21\ ^\circ\mathrm{C}$.

Mitunter kann das Erstarren bei der erwarteten Temperatur überhaupt ausbleiben, wenn man die Flüssigkeit vor Erschütterungen schützt und staubfrei aufbewahrt. Man nennt dies **Erstarrungsverzug**. Wasser läßt sich bis $-10\ ^\circ\mathrm{C}$ abkühlen.

Gemenge, wie keramische Massen und Gläser, haben keinen genauen Schmelzpunkt, sondern werden langsam weich. Ihre Zähigkeit nimmt mit steigender Temperatur ab. Hierauf beruhen die zur Temperaturmessung in den Öfen der keramischen Industrie benutzten **Seger-Kegel**, die beim Erreichen einer bestimmten Temperatur umkippen. Sie sind zwischen 600 und 2000 °C verwendbar (Bild 19.2).

Die *Gläser* sind strenggenommen keine festen Körper, da ihnen die Kristallstruktur fehlt. Sie stellen *unterkühlte Schmelzen* dar.

Von vielfacher technischer Bedeutung ist schließlich noch der beim Wechsel des Aggregatzustandes auftretenden **Dichtesprung**. Während das Wasser beim Gefrieren sein Volumen um 10 % vergrößert (Bild 19.3) ziehen sich die meisten anderen Stoffe wie Paraffin (Bild 19.4) oder Gußeisen, beim Erstarren zusammen. Daher muß beim Gießen die Form um das *Schwindmaß* größer sein. Es beträgt, auf die Länge bezogen, bei Grauguß 1/96, Messing 1/65 und Blei 1/92.

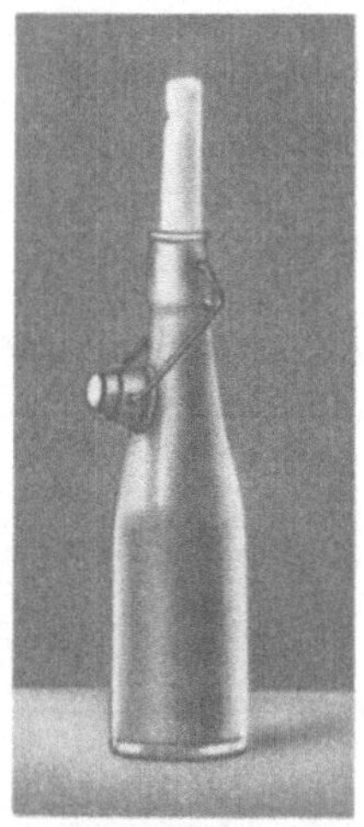

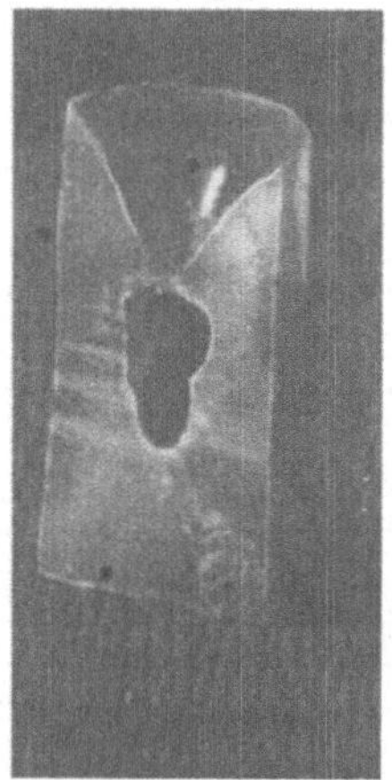

Bild 19.2. Verschiedene SEGER-Kegel   Bild 19.3. Beim Gefrieren schiebt das Wasser einen Eispfropfen aus der Flasche   Bild 19.4. Querschnitt durch im Gefäß erstarrtes Paraffin

Die Dichte eines Körpers kann aber auch dadurch verändert werden, daß man ihn einem größeren oder kleineren Druck aussetzt. Daher hängt auch der Schmelzpunkt vom Druck ab. Wenn z. B. Wasser sein Volumen beim Gefrieren vergrößert, so kann das Gefrieren verhindert werden, wenn die Ausdehnung unterbunden wird. Sein Schmelzpunkt sinkt bei Druckerhöhung. Daher schmilzt Eis, wenn es starkem Druck ausgesetzt wird.

In umgekehrter Weise verhalten sich Körper, die ihr Volumen beim Erstarren verringern. Hier bewirkt Erhöhung des äußeren Druckes eine Erhöhung des Schmelzpunktes.

19.2 Verdampfen und Kondensieren

Ganz entsprechende Erscheinungen treten auf, wenn ein Körper vom flüssigen in den gasförmigen Aggregatzustand übergeht. Sie werden allerdings insofern etwas komplizierter, als hinsichtlich der Umwandlungstemperatur und der Umwandlungswärme der von außen einwirkende Druck eine viel größere Rolle spielt.
Der Übergang selbst kann in zweierlei Form vor sich gehen, als **Verdunsten** oder **Sieden**. Im ersten Fall geht er realtiv langsam und unabhängig vom Druck bei jeder beliebigen Temperatur vonstatten. Der zweite Fall tritt ein, wenn sich im Innern der Flüssigkeit Dampfblasen bilden, die besonders an den heißen Stellen der Gefäßwand unter Aufwallen an die Oberfläche steigen. Man stellt aber fest, daß der **Siedepunkt** stark vom *Druck* abhängt, unter dem die Flüssigkeit steht. Als *normaler* **Siedepunkt** wird jener bei Normaldruck bezeichnet.

Siedepunkt und spezifische Verdampfungswärme bei Normaldruck 1 013,25 hPa

	Siedepunkt in °C	Spezifische Verdampfungswärme in kJ/kg
Wasser	100	2 256
Quecksilber	357	285
Ethanol (Äthylalkohol)	78,4	842
Propantriol (Glyzerin)	290	
Aluminium	2 500	
Eisen, rein	2 880	
Ammoniak	− 33,4	1 368
Schwefeldioxid	− 10	390
Frigen 12 (CF_2Cl_2)	− 30	167

Wird also einer Flüssigkeit fortlaufend Wärme zugeführt, so steigt die Temperatur nur bis zum Siedepunkt. Wenn dieser erreicht ist, bleibt ihre Temperatur konstant, und alle während des Siedens zugeführte Wärme wird zur Verwandlung der Flüssigkeit in Dampf verbraucht. Die Überwindung der Kohäsionskräfte ist mit beträchtlichem Energieaufwand verbunden.
Die beim Verdampfen aufgewandte Wärmeenergie ist in *latenter* Form im Dampf gespeichert und wird in dem Augenblick wieder frei, da dieser Dampf wieder **kondensiert**, d. h. sich zur Flüssigkeit *verdichtet*.
Dem Gesetz von der Erhaltung der Energie zufolge sind die zum Verdampfen verbrauchten und beim Kondensieren wieder frei werdenden **Umwandlungsenergien** Q_{vd} wiederum gleich groß: Verdampfungswärme = Kondensationswärme. Bezogen auf die Masse m des umgewandelten Stoffes heißen sie

$$\boxed{r = \frac{Q_{vd}}{m}} \qquad \textbf{Spezifische Verdampfungs- oder Kondensationswärme} \qquad (19.3)$$

$[r] = $ J/kg   (Joule je Kilogramm)

Wie aus obiger Tabelle ersichtlich, ist die spezifische Verdampfungswärme des Wassers mit 2256 kJ/kg besonders groß. Die spezifische Verdampfungswärme r nimmt mit *steigender* Temperatur ab (siehe die Werte für r in der Dampftabelle in 19.3.2).
Beim **Verdunsten** geht eine Flüssigkeit *unterhalb* des Siedepunktes langsam in Dampfform über. Hierzu wird die *gleiche* Wärme wie beim Verdampfen benötigt. In diesem Falle wird

sie aber der Umgebung bzw. der Flüssigkeit selbst entzogen, die sich dabei *abkühlt*. Man spricht dann von **Verdunstungskälte**, einer Erscheinung, die uns im täglichen Leben oft begegnet.

Beispiele: 1. In den Heizkörpern der Dampfheizung kondensiert der hindurchströmende Dampf teilweise und gibt dabei 2256 kJ/kg Kondensationswärme ab. Somit können große Wärmemengen durch Rohrleitungen transportiert werden.

2. Verlorengehender Dampf bedeutet großen Wärmeverlust, daher der geringe Wirkungsgrad gewöhnlicher Dampflokomotiven. Verwendung der Kondensationswärme des Abdampfes in Kraftwerken zur Fernheizung.

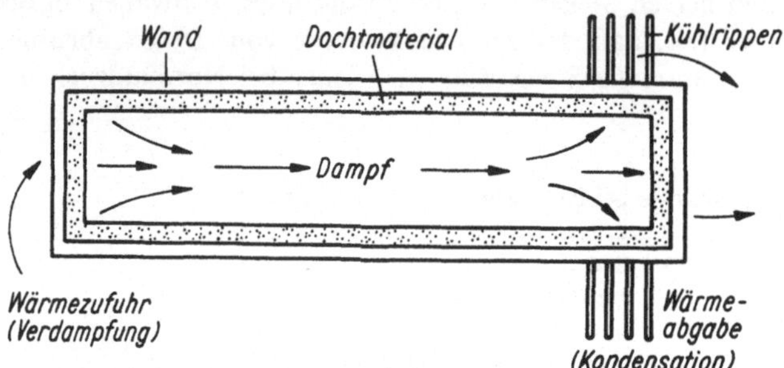

Bild 19.5. Prinzip des Wärmerohrs

3. Das **Wärmerohr** (heat pipe) (Bild 19.5) ist ein neues Konstruktionselement zum schnellen Transport großer Wärmemengen. Es enthält ein wärmeübertragendes Medium (z. B. Natrium), das am heißen Ende verdampft, unter extrem geringem Temperaturgefälle nach dem kühleren Ende strömt und dort kondensiert. Nach Abgabe der Kondensationswärme wird es vom porösen Wandmaterial (z. B. feines Metallgewebe) aufgesaugt und durch Kapillarwirkung wieder zum heißen Ende zurückbefördert. Anwendungen: Kühlung großer Halbleiter-Bauelemente, Raumfahrttechnik usw.

19.2.1 Besonderheiten beim Verdampfen und Kondensieren

Obwohl die Siedetemperatur als Übergang zwischen flüssigem und festem Zustand physikalisch genau definiert ist, tritt häufig **Siedeverzug** ein. Luftfreies Wasser kann beispielsweise weit über den normalen Siedepunkt erhitzt werden. Dann setzt die Dampfbildung *verspätet* und stoßweise ein und kann zu gefährlichen Explosionen führen. Beseitigung des Siedeverzuges: Einleiten von Luftbläschen oder Einlegen von scharfkantigen »Siedesteinchen«.
Nicht nur Flüssigkeiten, sondern auch feste Körper können unmittelbar in den Dampfzustand übergehen. Dieser Vorgang heißt **Sublimation** und der entsprechende Druck anstelle von Dampfdruck häufig **Sublimationsdruck**. Dieser Vorgang wird beispielsweise bei dem technisch wichtigen Verfahren der **Gefriertrocknung** zur Herstellung hitzeempfindlicher chemischer und medizinischer Präparate genutzt. Hier wird das Wasser bei Temperaturen zwischen $-60\,°C$ und $0\,°C$ aus der Eisphase absublimiert.
Auf dem umgekehrten Weg gehen auch Gase unter Überspringen des flüssigen Zustandes sofort in den festen Zustand über. Auf diese Weise bilden sich die Schneekristalle. Auch Iod- und Schwefeldampf sublimieren unter Bildung winziger Kristalle.
Der Siedepunkt einer *Lösung* liegt stets *höher* als derjenige des reinen Lösungsmittels. Es gilt die zugeschnittene Größengleichung:

$$\Delta t / K = 0{,}515 \cdot c_t \left/ \frac{\text{mol}}{\text{l}} \right.$$

Siedepunktserhöhung wäßriger Lösungen   (19.4)

Die Bedeutung von c_t ist die gleiche wie in der Gleichung (19.2). Es gelten hier sinngemäß die Bemerkungen wie bei der Gefrierpunktserniedrigung.

19.3 Dämpfe

19.3.1 Dampf- und Gaszustand

Wir haben bis jetzt die Ausdrücke »*Dampf*« und »*Gas*« nebeneinander gebraucht, müssen aber im folgenden lernen, daß ein grundsätzlicher *Unterschied* zwischen beiden Zuständen besteht. In einer mit Luft gefüllten Flasche mit angefügtem Quecksilbermanometer liegt ein verschlossenes Gläschen mit Wasser, Alkohol oder einer anderen Flüssigkeit. Durch Schütteln wird es zertrümmert (Bild 19.6). Augenblicklich steigt das Quecksilber und zeigt einen *höheren* Innendruck an. Nachdem ein bestimmter Teil der Flüssigkeit verdampft ist,

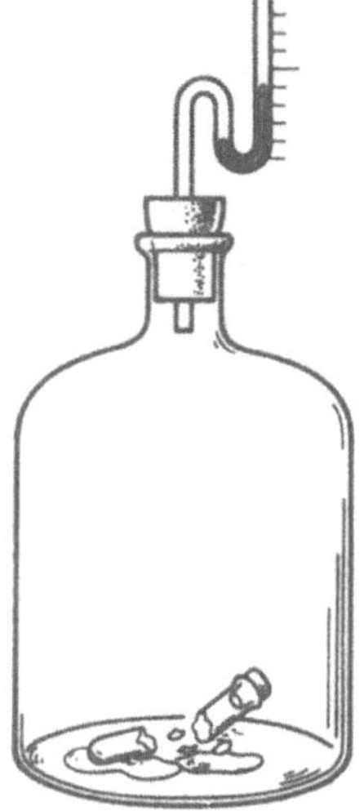

Bild 19.6. Zur Veranschaulichung
des Dampfdruckes

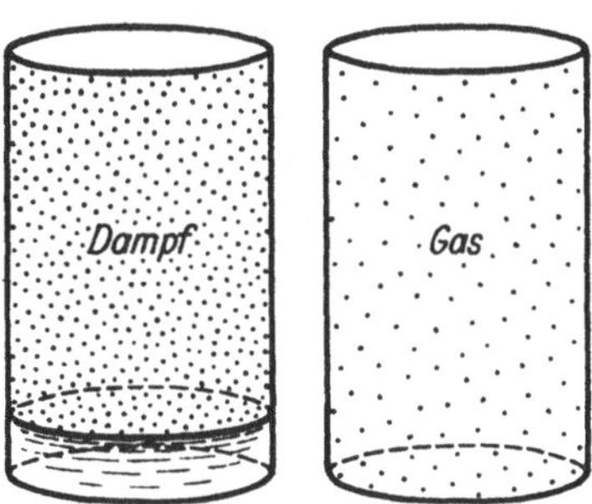

Bild 19.7. Dampf und Gas

bleibt der Druck konstant. Es hat sich zwischen der Flüssigkeit und ihrem Dampf ein **Gleichgewichtszustand** eingestellt. Dieses Gleichgewicht ist dadurch gekennzeichnet, daß hierbei flüssige und gasförmige Phase[1]) eines Stoffes beliebig lange *nebeneinander existieren*, wobei Druck und Temperatur ganz bestimmte, zueinander gehörige Werte aufweisen. In diesem Fall des Gleichgewichtes spricht man von **Dampf** oder noch deutlicher von **gesättigtem Dampf.**

> **Im Gleichgewicht ist der Raum über einer Flüssigkeit mit Dampf gesättigt. Er übt einen Druck aus, der Dampf- oder Sättigungsdruck heißt. Der Dampfdruck hängt nur von der Temperatur und der chemischen Beschaffenheit der Flüssigkeit ab, nicht aber vom Volumen.**

Der Gaszustand kann dagegen nur dann vorliegen, wenn die dazugehörige flüssige Phase als Gleichgewichtspartner fehlt (Bild 19.7). In Anlehnung an den in der Technik üblichen Sprachgebrauch wird der Gaszustand manchmal als **überhitzter** oder **ungesättigter Dampf** bezeichnet.

---

[1]) Die einzelnen Aggregatzustände eines bestimmten einheitlichen Stoffes bezeichnet man als »Phasen«, wobei auch mehrere unterschiedliche Kristallformen des festen Zustandes als einzelne Phasen gezählt werden.

Wird z. B. der beschriebene Versuch mit einer sehr geringen Flüssigkeitsmenge ausgeführt, so verdunstet diese vollständig, und der erzielte Druck ist geringer. Er liegt unterhalb des Sättigungsdruckes. Demzufolge haben wir jetzt physikalisch keinen Dampf, sondern ein Gas vor uns.

Um den Dampfdruck unabhängig von der Anwesenheit anderer Gase zu messen, kann eine TORRICELLISche Röhre (Bild 9.11) verwendet werden, in die von unten her eine kleine Probe der Flüssigkeit eingefüllt wird (Bild 19.8).

Das über der Quecksilbersäule befindliche Vakuum[1]) füllt sich sofort mit dem betreffenden Dampf, der mit der kleinen Restmenge an Flüssigkeit im Gleichgewicht steht. Die Differenz zwischen dem ursprünglichen und neuen Stand der Quecksilbersäule entspricht dem Dampfdruck.

Im Gegensatz hierzu setzt sich der beim Versuch (Bild 19.6) erhaltene Druck aus dem anfangs vorhandenen atmosphärischen Luftdruck und dem von der Flüssigkeit hervorgerufenen Dampfdruck zusammen. Diese beiden **Partial-** (Teil-) **Drücke** ergeben den *Gesamtdruck*. Grundsätzlich gilt dabei das

> **Daltonsche Gesetz: Jedes Gas erfüllt den ihm dargebotenen Raum so, als ob es allein vorhanden wäre. Der Gesamtdruck eines Gasgemisches ergibt sich als Summe der einzelnen Partialdrücke.**

Das Gesetz gilt jedoch exakt nur für das ideale Gas, so daß bei dem beschriebenen Versuch gröbere Abweichungen auftreten können.

Bei all diesen Vorgängen hat das Volumen keinen Einfluß auf den Dampfdruck.

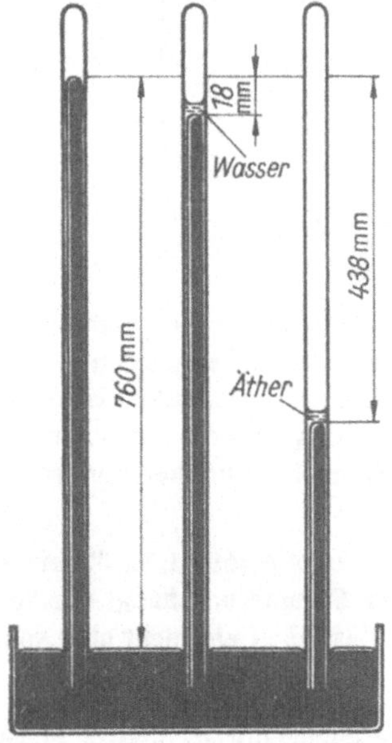

Bild 19.8. Messung des Dampfdruckes mit einer TORRICELLISchen Röhre

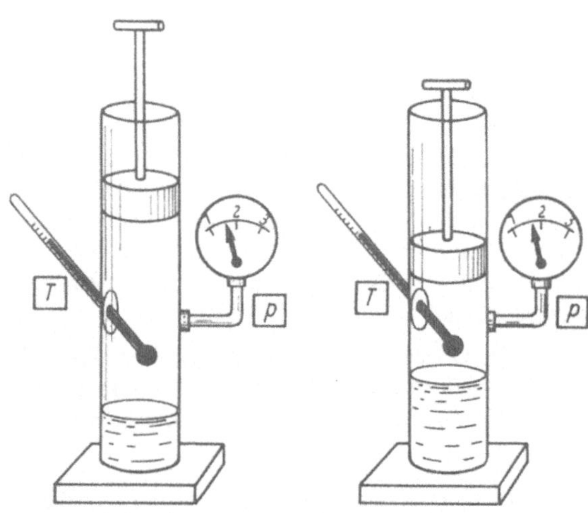

Bild 19.9. Der Druck eines Dampfes ist bei konstanter Temperatur von seinem Volumen unabhängig.

---

[1]) Da auch das Quecksilber bei Zimmertemperatur einen gewissen Dampfdruck hat, ist das Vakuum nicht vollkommen. Doch kann der sehr kleine Dampfdruck des Quecksilbers hierbei vernachlässigt werden.

Versuch: In einem Glaszylinder mit eingeschliffenem Kolben befindet sich heißes Wasser von konstant gehaltener Temperatur. Um den Dampfdruck auszugleichen, sei der Kolben mit einem Massenstück belastet. Man kann nun den Stempel ohne Änderung der wirkenden Kraft auf- und abwärts schieben, ein Zeichen dafür, daß der Dampfdruck trotz Volumenänderung konstant bleibt. Bei Vergrößerung des Volumens bildet sich unter lebhaftem Sieden des Wassers neuer Dampf, bei Verkleinerung schlägt sich eine entsprechende Dampfmenge als Wasser nieder (Bild 19.9).

Deshalb ist auch die Zustandsgleichung der Gase, in denen ja das Volumen eine ausschlaggebende Rolle spielt, für Dämpfe ungültig. Der Dampfdruck hängt vielmehr allein von der Temperatur ab.

Die Zustandsgleichung der Gase gilt für Dämpfe nicht.

Sättigungsdruck einiger Flüssigkeiten bei 20 °C in hPa

Benzen (Benzol)	100	Schwefelkohlenstoff	397	RAMSAY-Fett	$10^{-4} \dots 10^{-5}$
Trichlormethan	213	Wasser	23,378	Apiezonöl	10^{-7}
(Chloroform)		Quecksilber	$1{,}627 \cdot 10^{-3}$	Öle für	
Ethanol	59	desgl. bei 100 °C	0,362	Vakuum-	
(Äthylalkohol)				pumpen	$0{,}5 \dots 0{,}05$
Diethylether	584				

19.3.2 Dampfdruck und Temperatur

Werden Flüssigkeiten in verschlossenen Gefäßen erwärmt, so ist festzustellen:

Der Dampfdruck einer Flüssigkeit steigt mit zunehmender Temperatur.

Die jeweils zusammengehörigen Werte von Druck und Temperatur sind in den **Dampftabellen** verzeichnet.

Einen schnelleren Überblick gibt die **Dampfdruckkurve** des Wassers. Wie aus Bild 19.10 hervorgeht, erreicht die Kurve I bei 100 °C den Normalluftdruck:

Am Siedepunkt ist der Dampfdruck gleich dem auf der Flüssigkeit lastenden Druck.

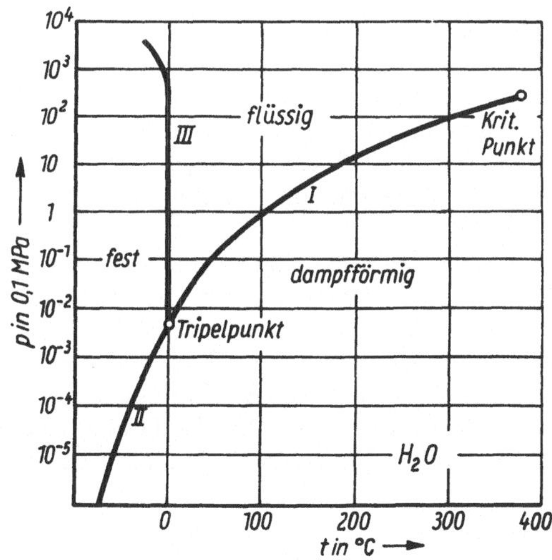

Bild 19.10. Phasendiagramm des Wassers u. a. mit Dampfdruckkurve

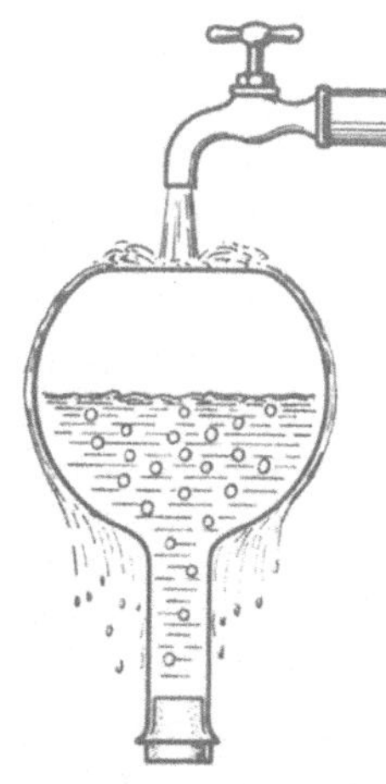

Bild 19.11. Sieden bei niedriger Temperatur

Aus der Kurve ist auch zu ersehen, daß Wasser sogar bei Zimmer- und niedrigerer Temperatur sieden kann, wenn nur der äußere Druck klein genug ist.

Versuch: In einem Glaskolben wird Wasser zum Sieden gebracht. Dann wird der Kolben mit einem Stopfen fest verschlossen und beiseite gestellt (Bild 19.11). Wird nach einer Weile kaltes Wasser über den umgekehrten Kolben gegossen, so fängt der Inhalt wieder heftig zu wallen an. Ursache: Kondensieren eines Teiles des über dem Wasser stehenden Dampfes, womit ein niedrigerer Druck entsteht, bei dem das Wasser wieder sieden kann.

Oberhalb von 100 °C wird der Dampfdruck des Wassers größer als der Normalluftdruck. Der Dampf vermag auf einen Kolben beträchtliche Kraft auszuüben. Das läßt sich auch umgekehrt ausdrücken: *Wächst* der auf der Wasseroberfläche liegende *Druck*, so *steigt* der *Siedepunkt*. Er läßt sich mühelos weit über 100 °C treiben, wenn man den Kessel zuschraubt: **Papinscher Topf**. In moderner Form findet er als **Autoklav** zum Kochen von

Bild 19.12. Kleiner Autoklav für 15 MPa Überdruck

Zellulose usw. Verwendung (Bild 19.12) oder als Schnellkochtopf in der Küche. Aus der grafischen Darstellung des Dampfdruckes ist noch zu ersehen, daß auch das Eis (Kurve II) einen Dampfdruck hat. Grundsätzlich haben *alle* festen Stoffe einen *Dampfdruck*; bei den festen Metallen ist er unmeßbar gering, während z. B. Naphthalin (Mottenkugeln!) recht kräftig verdunstet.

In das Diagramm (Bild 19.10) ist noch eine weitere Linie III eingetragen. Sie stellt die Abhängigkeit des Schmelzpunktes vom Druck dar und verläuft nahezu senkrecht, weil sich der Schmelzpunkt mit dem Druck nur sehr wenig ändert.

Diese 3 Kurven schneiden einander im sogenannten **Tripelpunkt**. Nur in diesem Punkt können die feste, flüssige und gasförmige Phase des Wassers miteinander im Gleichgewicht stehen, d. h. auf die Dauer gemeinsam existieren. Er liegt bei 0,01 °C und 6,11 hPa. Allein bei dieser Temperatur haben Eis und Wasser den gleichen Dampfdruck. Hiernach ist auch die Temperatureinheit definiert.

> **Das Kelvin (K) ist die Basiseinheit der Temperatur.**
> **1 K ist der 273,16te Teil der Temperatur des Tripelpunktes des Wassers.**

Die Größe Temperatur selbst wird erst in 23.2.2 erklärt.

Beispiele: 1. Bei welcher Temperatur siedet das Wasser in 5000 m Höhe? – Nach 9.3.4 beträgt dort der Druck 540 hPa = 0,054 MPa, wozu nach der Dampftabelle (s. unten) ein Siedepunkt von 83 °C (interpolieren!) gehört.
2. Schnee und Eis schrumpfen in der Sonne zusammen, ohne vorher zu schmelzen (Dampfdruck des Eises unterhalb des Tripelpunktes!).

Dampftabelle für Wasser

Temperatur	Druck	Dichte	Spezifische Verdampfungs-wärme
in °C	in MPa	in kg/m³	in kJ/kg
0	0,0006107	0,0049	2500,6
5	0,0008719	0,0068	2489,0
10	0,001227	0,0094	2477,2
15	0,001704	0,0128	2465,4
20	0,002337	0,0173	2453,7
25	0,003166	0,0230	2441,9
30	0,004242	0,0304	2430,0
35	0,005622	0,0396	2418,1
40	0,007375	0,0511	2406,2
45	0,009582	0,0654	2394,2
50	0,012335	0,0830	2382,2
55	0,01574	0,1044	2370,1
60	0,01992	0,1302	2357,9
65	0,02501	0,1611	2345,6
70	0,03116	0,1982	2333,3
75	0,03855	0,2420	2320,8
80	0,04736	0,2924	2308,2
85	0,05780	0,3536	2295,6
90	0,07011	0,4235	2282,8
95	0,08453	0,5045	2269,9
100	0,10133	0,5977	2256,7
110	0,1433	0,8264	2230,0
120	0,1985	1,121	2202,5
130	0,2701	1,496	2174,1
140	0,3614	1,966	2144,8
150	0,4760	2,547	2114,4
160	0,6180	3,258	2082,7
170	0,7920	4,122	2049,5
180	1,0027	5,157	2014,9
190	1,255	6,394	1978,6
200	1,555	7,862	1940,5
250	3,978	19,976	1715,1
300	8,592	46,21	1404,4
350	16,537	113,51	893,1
374,15	22,129	322,6	0

19.3.3 Luftfeuchtigkeit

Der in der atmosphärischen Luft enthaltene Wasserdampf wird als **Luftfeuchtigkeit** bezeichnet. Ihre genaue Kenntnis und laufende Überwachung ist für viele Betriebe und Einrichtungen, wie Lebensmittelindustrie, Spinnereien, Fernsprechzentralen, Datenverarbeitungsanlagen, bedeutsam. Die Dichte des Wasserdampfes, d. h. der Quotient aus der vorhandenen Wassermasse m_D und dem Luftvolumen V ist die **absolute Feuchte** f.

$$\boxed{f = \frac{m_D}{V}}$$ **Absolute Feuchte** (19.5)

$[f] = \text{kg/m}^3$ (Kilogramm je Kubikmeter)

Gebräuchliche SI-fremde Einheit: 1 g/m^3 (Gramm je Kubikmeter) $= 10^{-3} \text{ kg/m}^3$.

Die Dampfmasse m_D der Luft läßt sich direkt ermitteln, indem eine bestimmte Luftmenge durch einen Gaszähler und ein mit P_2O_5 oder Chlorcalcium gefülltes Trockenrohr gesaugt wird. Dieses wird vor- und nachher gewogen, woraus sich der Wassergehalt direkt ergibt.

Die Luft ist mit Feuchtigkeit **gesättigt**, wenn sie die bei der betrachteten Temperatur *höchstmögliche Dampfmasse* $m_{D\,max}$ enthält. Die dann vorhandene maximale absolute Feuchte f_{max} wird (nicht korrekt) *Sättigungsmenge* genannt.

$$\boxed{f_{max} = \frac{m_{D\,max}}{V}}$$ **Sättigungsmenge** (19.6)

Diese ist mit der Dampfdichte bei der betreffenden Temperatur identisch.

Partialdruck und Sättigungsmenge des Wasserdampfes in Luft

Temperatur in °C	Partialdruck in hPa	Sättigungsmenge in g/m³
−10	2,60	2,14
− 5	4,01	3,24
0	6,11	4,84
2	7,1	5,6
4	8,1	6,4
6	9,3	7,3
8	10,7	8,3
10	12,3	9,4
12	14,0	10,7
14	16,0	12,1
16	18,1	13,6
18	20,7	15,4
20	23,4	17,3
22	26,4	19,4
24	29,9	21,8
26	33,6	24,4
28	37,7	27,2
30	42,4	30,3
32	47,6	33,8
34	53,2	37,5

Beispiel: Nach der Dampftabelle in 19.3.2 ist bei 20 °C die Dichte des Wasserdampfes $\varrho = 0{,}0173 \text{ kg/m}^3$ entsprechend einem Sättigungsdruck von $0{,}00234 \text{ MPa}$. Die zugehörige Dampfmenge ist in der atmosphärischen Luft so verteilt, als ob der Dampf dort allein vorhanden wäre (DALTONsches Gesetz, s. 19.3.1). 1 m^3 Luft enthält dann 17,3 g Wasser. Wird dabei ein Luftdruck von z. B. 900 hPa gemessen, so setzt sich dieser Druck zusammen aus dem Partialdruck 0,0234 MPa des Dampfes und demjenigen der trockenen Luft $(900 - 23{,}4) \text{ hPa} = 877 \text{ hPa}$.

Im allgemeinen ist jedoch die Luft nur teilweise mit Feuchtigkeit gesättigt, und die absolute Feuchte f liegt mehr oder weniger unterhalb des Sättigungswertes f_{max}. Dann interessiert in der Praxis nur der *relative* Sättigungszustand:

$$\text{relative Feuchte } \varphi = \frac{\text{absolute Feuchte}}{\text{Sättigungsmenge bei der betr. Temperatur}},$$

die in Prozenten angegeben wird:

$$\boxed{\varphi = \frac{f}{f_{max}}} \qquad \textbf{Relative Feuchte} \qquad\qquad (19.7)$$

Stoffe, die gegen Luftfeuchtigkeit besonders empfindlich sind, heißen **hygroskopisch**: Kochsalz wird in feuchter Luft naß (zurückzuführen auf seinen Gehalt an hygroskopischem Magnesiumchlorid), Darmsaiten verlängern sich, blaues Kobaltchlorid wird rot. Eine Luftfeuchte von 50 bis 60% wird als **normal** für das menschliche Wohlbefinden bezeichnet.
Beim Abkühlen feuchter Luft *steigt* die relative Feuchte, weil die Sättigungsmenge bei niedriger Temperatur geringer ist. Wird dann der Sättigungsdruck überschritten, so kondensiert der überschüssige Wasserdampf, es bilden sich Nebel (in großer Höhe Wolken). Dies geschieht beim sogenannten **Taupunkt**.

Unter dem Taupunkt wird diejenige Temperatur verstanden, bei welcher sich nach Abkühlung (infolge Überschreitens der Sättigungsmenge) Wasser aus der Luft abzuscheiden beginnt.

Zur Messung der Luftfeuchte dienen:

Haarhygrometer. Einige zwischen den Enden eingespannte, entfettete Frauenhaare (auch Kunstfasern) verändern ihre Länge unter dem Einfluß der Luftfeuchtigkeit und bewegen einen Zeiger, der die relative Feuchte angibt.

Taupunktmesser. Ein Gefäß mit dünner Vorderwand aus Silberblech enthält Diethylether und ein Thermometer. Einblasen von Luft bewirkt Verdunstung und intensive Abkühlung des Ethers. Wenn der Spiegel beschlägt, ist der Taupunkt erreicht. Als Temperatur wird der Mittelpunkt zwischen Auftreten und Wiederverschwinden des Beschlages genommen. Ist dies z. B. bei 6 °C der Fall, so ist die absolute Feuchte laut nebenstehender Tabelle 7,3 g/m^3.

Psychrometer. Es besteht aus zwei gleichen Thermometern, von denen das eine durch ein in Wasser tauchendes Läppchen feucht gehalten wird. Infolge der Verdunstungskälte sinkt die Temperatur t' des feuchteren Thermometers gegenüber der Temperatur t des trockenen. Je trockener die Luft ist, desto intensiver ist die Abkühlung, um so größer die Temperaturdifferenz. Zur Errechnung des Partialdruckes p des Wasserdampfes dient die Gleichung

$$p = p' - k p_{amb}(t - t'),$$

wobei p' den Sättigungsdruck bei der Temperatur t' und p_{amb} den Luftdruck bedeutet. Die Konstante k hat den Wert 0,00066 1/K. Bei genaueren Messungen ist die Verdunstung durch einen gleichmäßigen Luftstrom von etwa 2 m/s zu regeln. Im **Aspirationspsychrometer** ist hierfür ein kleiner Ventilator eingebaut (Bild 19.13). Es genügt auch schon, beide Thermometer mittels eines gemeinsamen Handgriffes langsam so lange hin- und herzuschwenken, bis die Temperatur nicht weiter sinkt.

Der auf Bild 19.14 gezeigte Fühler eines *elektrischen Feuchtemessers* enthält im Innern ein Platinwiderstandsthermometer. Darüber ist ein mit Lithiumchlorid getränkter Schlauch aus Glasgewebe gezogen, auf den zwei als Elektroden dienende Drähte parallel nebeneinander aufgewickelt sind. An ihnen liegt eine konstante Wechselspannung. Bei steigender Luftfeuchtigkeit verringert sich der elektrische Widerstand des stark *hygroskopischen Lithiumchlorids*. Die Stromstärke zwischen den Elektroden steigt und ruft eine Erwärmung des elektrischen Widerstandsthermometers hervor. Das Anzeigeinstrument ist so geeicht, daß es direkt die absolute Feuchte oder den Taupunkt angibt.

Wenn die Luft frei von **Kondensationskeimen** (Staubteilchen u. dgl.) ist, kann die Kondensation des Wasserdampfes auch ausbleiben. Die bekannten **Kondensstreifen** (Bild 19.15) hinter in großer Höhe fliegenden Flugzeugen sind ein Zeichen dafür, daß die Luft dort mitunter mit Wasserdampf **übersättigt** ist.

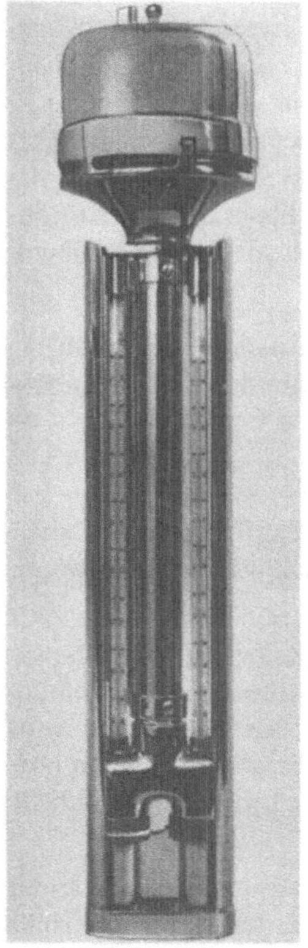

Bild 19.13. Aspirations-
Psychrometer

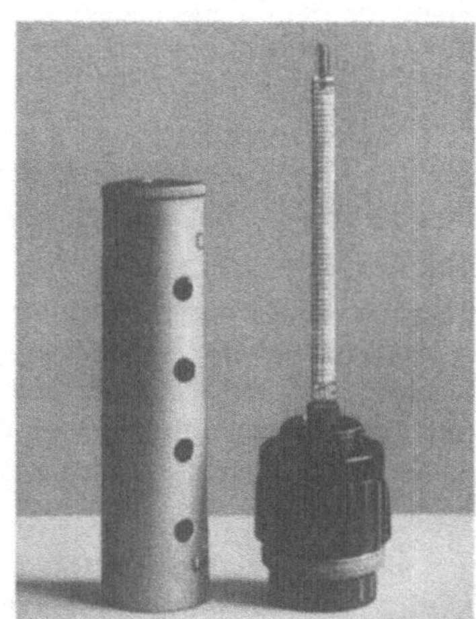

Bild 19.14. Fühler eines
elektrischen Feuchtigkeitsmessers

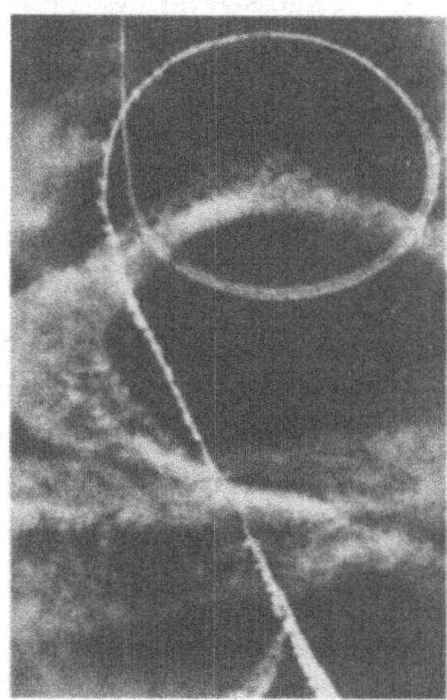

Bild 19.15. Kondensstreifen
hinter Flugzeug

Beispiele: 1. Wie groß ist die absolute Feuchte bei 18 °C und 65 % Sättigung? – Laut Tabelle (S. 238) ist $f_{max} = 15{,}4$ g/m^3, mit $\varphi = 0{,}65$ liefert (19.7) demnach $f = f_{max}\varphi = 10$ g/m^3.

2. Wo liegt der Taupunkt für diesen Fall? – In der Tabelle findet man ihn bei 11 °C (in der Mitte zwischen 9,4 und 10,7 g/m^3).

3. Ein Küchenraum der Abmessungen 2,50 m × 2,96 m × 2,70 m kühlt sich von 18 °C mit $\varphi = 0{,}65$ ab auf 8 °C. Welche Wassermenge schlägt sich nieder? – Zunächst erfolgt Abkühlung auf den Taupunkt. Die zugehörige Sättigungsmenge beträgt laut Tabelle $f_{max1} = 10{,}05$ g/m^3, bei 8 °C nur noch $f_{max2} = 8{,}3$ g/m^3. Nach (19.6) werden $m_D = (f_{max1} - f_{max2}) \cdot V = 1{,}75$ g/m^3 $\cdot$ 20 m^3 = 35 g niedergeschlagen.

20 Zustandsänderungen der Gase

Es wurde bereits in 17.4 festgestellt, daß der Zustand eines Gases stets durch 3 Größen eindeutig festgelegt ist: Druck p, Volumen V, Temperatur T. Dieser einmal gegebene Zustand läßt sich auf die verschiedenste Art ändern. So kann z. B. das Gas zusammengepreßt werden, wodurch sein Volumen kleiner wird und die Temperatur ansteigt. Ebenso verschieben sich die Werte p, V und T, wenn das Gas erwärmt wird. In welcher Weise hierbei insbesondere Druck und Volumen zusammenhängen, läßt sich mittels eines Diagramms veranschaulichen, dessen Abszisse das Volumen V und dessen Ordinate den Druck p einer bestimmten Gasmenge darstellt (sog. p,V-Diagramm, Bild 20.1).

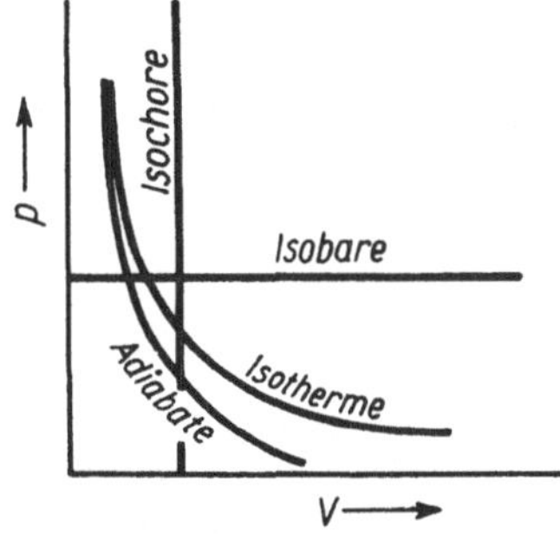

Bild 20.1. Die vier Zustandsänderungen

Unterschieden werden die Sonderfälle

isochore Zustandsänderung:	während des Vorganges bleibt das **Volumen konstant;**
isobare Zustandsänderung:	während des Vorganges bleibt der **Druck konstant;**
isotherme Zustandsänderung:	während des Vorganges bleibt die **Temperatur konstant;**
adiabatische Zustandsänderung:	Vorgang **ohne Wärmeaustausch mit der Umgebung.**

20.1 Erster Hauptsatz der Wärmelehre

Selbstverständlich gilt auch in diesen Fällen wie für alle Vorgänge in der Wärmelehre das *Gesetz von der Erhaltung der Energie* aus 5.5. Betrachten wir das ideale Gas, dessen Zustand verschiedenen Änderungen unterworfen wird, so tritt die Energie in 3 Formen auf:

1. die dem Gas **zugeführte** ($Q > 0$) oder die vom Gas **abgegebene** ($Q < 0$) **Wärmemenge,**
2. die vom Gas **abgegebene** ($W > 0$) oder ihm **zugeführte** ($W < 0$) **mechanische Arbeit,**
3. die im Gas enthaltene **innere Energie** U, die sich z. B. durch Wärmezufuhr verändern kann.

Mit diesen 3 Größen lautet der Energieerhaltungssatz

$$\boxed{Q = \Delta U + W}$$
I. Hauptsatz der Wärmelehre in integraler Form   (20.1)

Wird einem Gas die Wärmemenge Q zugeführt, so kann es dadurch seine innere Energie U erhöhen und außerdem mechanische Arbeit W verrichten.

Ist der Wärmebetrag sehr klein, kann in (20.1) zu den Differentialen übergegangen werden:

$$\boxed{dQ = dU + dW}$$
I. Hauptsatz der Wärmelehre in differentieller Form   (20.2)

Die vom Gas abgegebene Arbeit kann z. B. darin bestehen, daß es sich bei konstant bleibendem Druck p ausdehnt, also sein Volumen V um ΔV vergrößert. Man denke dabei an irgendeine Wärmekraftmaschine, bei der auf diese Weise ein Kolben hin- und herbewegt wird. Die Arbeit W wird dann durch das Produkt aus der vom Gas auf den Kolben wirkenden Kraft F und dem vom Kolben zurückgelegten Weg s gegeben. Hat der Kolben den Querschnitt A und das im Zylinder eingeschlossene Gas den Druck p, so ist die Kraft

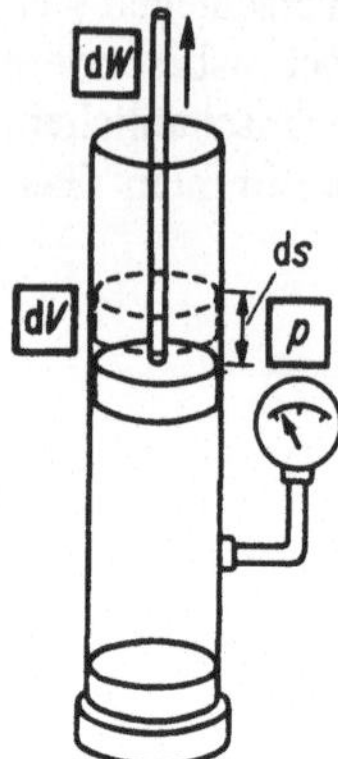

Bild 20.2. Arbeit bei kleiner Volumenänderung

gleich dem Produkt pA und die Arbeit $W = pAs$. Nun ist As das während der Bewegung vom Kolben verdrängte Volumen ΔV, so daß gilt $W = p\,\Delta V$. Es ist jedoch zu bedenken, daß die auf den Kolben wirkende Kraft F und damit auch der Druck p beim Zurücklegen des Weges s nicht konstant bleibt.

Es ist daher zunächst von einer *äußerst kleinen* Volumenänderung dV auszugehen. Dann ist (Bild 20.2)

$$\mathrm{d}W = p\,\mathrm{d}V \quad \text{bzw.} \quad W = \int_{V_1}^{V_2} p\,\mathrm{d}V \qquad \textbf{Volumenarbeit} \qquad (20.3)$$

20.2 Isochore Zustandsänderung

Um den Begriff der inneren Energie zu klären, denken wir zunächst an einen *isochoren Vorgang*: Dem in einem festen Behälter eingeschlossenen Gas werde die Wärmemenge dQ zugeführt. Dann kann das Gas keine Arbeit verrichten, da die Volumenänderung $dV = 0$ ist und demzufolge auch das Glied $p\,\mathrm{d}V$ verschwindet.

Somit verbleibt

$$\mathrm{d}Q = \mathrm{d}U.$$

Die zugeführte Wärmemenge dQ kann hier also *allein* dazu führen, die Temperatur des Gases zu erhöhen. Dies geht nach der Gleichung (18.1) vor sich, so daß

$$\mathrm{d}U = mc_V\,\mathrm{d}T \quad \text{bzw.} \quad \Delta U = mc_V\,\Delta T \qquad \textbf{Änderung der inneren Energie} \qquad (20.4)$$

wird. Hierin kommt zum Ausdruck, daß die innere Energie nur von der Temperatur abhängt, da m und c_V konstante Größen sind. Außerdem läßt es sich experimentell beweisen, daß die innere Energie U vom Volumen unabhängig ist.

Um dies zu bestätigen, hat GAY-LUSSAC folgenden berühmt gewordenen Versuch gemacht: Ein luftgefülltes und ein luftleeres Gefäß stehen nebeneinander in einem Kalorimeter

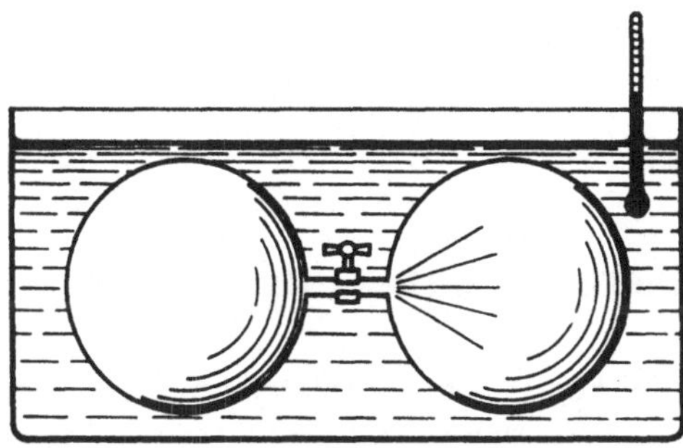

Bild 20.3. Versuch von Gay-Lussac

(Bild 20.3). Wird der beide Gefäße verbindende Hahn geöffnet, so strömt die Luft in das Vakuum über. Hierbei wird ganz offenkundig keine Arbeit nach außen abgegeben. Vor allem zeigt sich, daß im Kalorimeter keine Temperaturänderung eintritt und das Gas auch keine Wärme aufnimmt oder abgibt. In Gleichung (20.2) nehmen also die Größen $\mathrm{d}Q$ und $\mathrm{d}W$ den Wert 0 an. Daher muß auch die Änderung der inneren Energie $\mathrm{d}U$ gleich Null sein, was wiederum besagt, daß die innere Energie U konstant geblieben ist.

Die innere Energie des idealen Gases ist vom Volumen unabhängig und wird allein von der Temperatur bestimmt.

Zur praktischen Durchführung des Versuches dienen zweckmäßigerweise je eine gut wärmeisolierte gefüllte und leere Druckgasflasche. Werden nach dem Überströmen die Temperaturen gemessen, so ist die der anfangs vollen Flasche um einige Grade gesunken und die der anfangs leeren Flasche um den gleichen Betrag gestiegen. Die gesamte Wärmekapazität und damit Q bleibt also konstant.

Schließlich läßt sich der I. Hauptsatz (20.2) mit den gefundenen Ausdrücken für die Volumenarbeit (20.3) und der Änderung der inneren Energie (20.4) in einer häufig verwendeten Form angeben:

$$\boxed{\mathrm{d}Q = mc_V\,\mathrm{d}T + p\,\mathrm{d}V} \qquad \text{I. Hauptsatz}\atop\text{bei Volumenänderung} \qquad (20.5)$$

20.3 Isobare Zustandsänderung

Auch bei einer *isobaren* Zustandsänderung wird einem Gas Wärme zugeführt, wobei sich seine Temperatur erhöht. Jedoch muß im Gegensatz zur isochoren Änderung dafür gesorgt werden, daß sein *Druck* dabei *konstant* bleibt. Das ist wenigstens theoretisch möglich, wenn es in einen Zylinder eingeschlossen wird, in dem sich ein Kolben reibungslos auf und ab bewegen kann. Denkt man sich dabei den Kolben noch masselos, so wird er auch der geringsten Druckänderung nachgeben, damit der Druck im Innern des Zylinders unverändert gleich dem Außendruck (äußerer Druck, Luftdruck) bleibt.

Für diesen Fall läßt sich aber die zugeführte Wärme sofort angeben. Mit der spezifischen Wärmekapazität c_p bei konstantem Druck wird in der zuletzt dargestellten Form (20.5) des I. Hauptsatzes das erste Glied $\mathrm{d}Q = mc_p\,\mathrm{d}T$, und es folgt

$$mc_p\,\mathrm{d}T = mc_V\,\mathrm{d}T + p\,\mathrm{d}V \quad \text{oder auch}$$

$$m(c_p - c_V)\,\mathrm{d}T = p\,\mathrm{d}V.$$

Da alle neben den Differentialen $\mathrm{d}T$ und $\mathrm{d}V$ stehenden Faktoren konstante Größen sind, ergibt sich nach beiderseitiger Integration

$$m(c_p - c_V)\,T = pV.$$

16*

Ein Vergleich mit der Zustandsgleichung (17.25) eines idealen Gases läßt die wichtige Beziehung erkennen:

$$\boxed{c_p - c_V = R}\qquad \textbf{Mayersche Gleichung}\qquad\qquad (20.6)$$

Sie besagt:

Die Differenz der spezifischen Wärmekapazitäten eines idealen Gases ist gleich der speziellen Gaskonstanten.

c_p muß deswegen größer sein als c_V, weil das bei konstantem Druck erwärmte Gas eine Arbeit hervorbringt (Bild 20.4). Die Differenz $c_p - c_V$ stellt damit eine Arbeit je Masse und Temperaturänderung eines idealen Gases bei konstantem Druck dar. Daher hat auch die Gaskonstante R die Einheit einer Arbeit je Kilogramm und Kelvin. Werden für ein bestimmtes Gas die Werte der spezifischen Wärmekapazitäten in (20.6) eingesetzt, so ergibt sich beispielsweise für Wasserstoff $R = (14235 - 10111)\,\text{J/(kg K)} = 4124\,\text{J/(kg K)}$ in Übereinstimmung mit der Zahlentafel für Gase in 17.4.3.

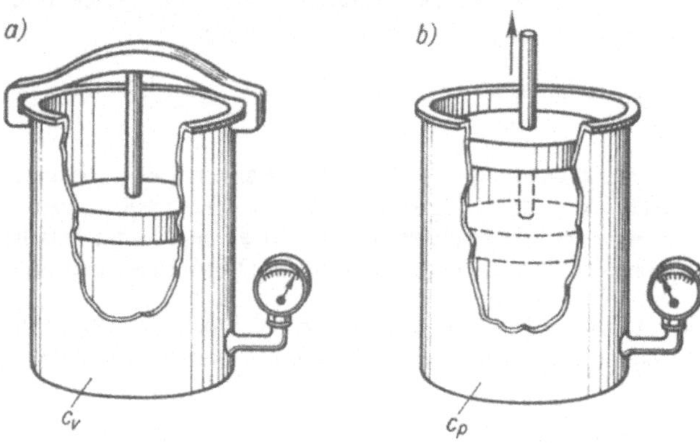

Bild 20.4. Spezifische Wärmekapazität eines Gases bei a) konstantem Volumen, b) konstantem Druck

20.4 Isotherme Zustandsänderung

Wir denken uns jetzt das Gas in einem Zylinder eingeschlossen, dessen Volumen sich mit Hilfe eines dicht schließenden, reibungslos beweglichen Kolbens nach Belieben vergrößern oder verkleinern läßt. Damit wird sich der Druck im Zylinder gegenläufig ändern. Es sei aber verlangt, daß der Vorgang **isotherm** verlaufen, d. h., daß sich das Gas dabei weder erwärmen noch abkühlen soll. Das läßt sich zwar praktisch nie ganz verhindern, doch können wir uns vorstellen, daß der umhüllende Zylinder so gut wärmeleitend ist, daß die gebildete Wärme sofort abfließt. Auch das den Zylinder umgebende Wärmereservoir darf seine Temperatur dabei nicht ändern, es muß also unendlich groß gedacht werden. Schließlich darf der Vorgang nur sehr langsam verlaufen, damit genügend Zeit für den Wärmeaustausch zur Verfügung steht. Kurzum: Während eines streng isotherm verlaufenden Prozesses muß in jedem Augenblick ein *Gleichgewichtszustand* zwischen dem Gas und seiner Umgebung bestehen. Derartige Zustandsänderungen bezeichnet man daher als **quasistatisch**.

Da nun die Temperaturänderung dT gleich Null sein soll, entfällt jetzt das in der Gleichung (20.5) des I. Hauptsatzes stehende Glied $dU = mc_V\,dT$. Die innere Energie U muß also während des Vorganges konstant bleiben:

Die innere Energie eines Gases ändert sich bei isothermer Volumenänderung nicht.

Es verbleibt allein die Gleichung

$$dQ = p\,dV.$$

Sie besagt, daß die beim Zusammendrücken des Gases aufgewandte Arbeit $p\,dV$ in Form von Wärme *nach außen hin* abgegeben werden muß bzw. die zur Ausdehnung erforderliche Arbeit in Form von Wärme *von außen her* zuzuführen ist. Das Gas selbst darf jedenfalls seine Temperatur nicht ändern.

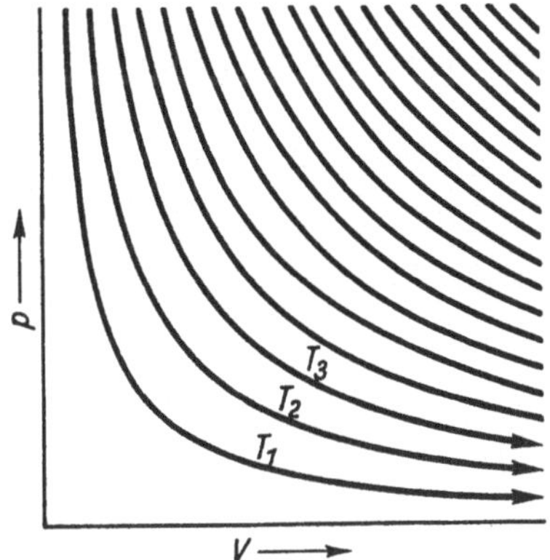

Bild 20.5. Isothermen des idealen Gases mit $T_1 < T_2 < T_3 \ldots$

Bei konstanter Temperatur gilt jedoch das Gesetz von BOYLE (9.6), demzufolge das Produkt aus Druck und Volumen eines eingeschlossenen Gases bei konstanter Temperatur stets den gleichen Wert haben muß.

Werden die jeweils zusammengehörenden Werte von Druck und Volumen in dem p,V-Diagramm eingetragen, so liegen sie alle auf einer Kurve (Bild 20.5). Sie stellt geometrisch eine **Hyperbel** dar.

Diese eine Hyperbel entspricht einer bestimmten, festliegenden Temperatur T_1. Sie heißt kurz eine **Isotherme**. Die ganze Fläche des Diagramms kann man mit einer Schar von Isothermen überdecken, die nach rechts oben immer höheren Temperaturen entsprechen.

$$\boxed{pV = \text{konst}} \qquad \text{\textbf{Gleichung der Isotherme}} \atop \text{\textbf{eines idealen Gases}} \qquad (20.7)$$

Das Diagramm läßt sich auch *räumlich* darstellen, indem jede Isotherme in eine mit der Temperatur proportional ansteigende Höhe verlegt zu denken ist (Bild 20.6). Jeder horizontale Schnitt entspricht konstanter Temperatur und erzeugt eine Hyperbel als Schnittkurve.

Ein senkrechter Schnitt parallel zur p-Achse (Bild 20.7) liefert eine Gerade und veranschaulicht eine **isochore** Zustandsänderung: Bei festgehaltenem Volumen ändert sich der Druck proportional zur Temperatur (GAY-LUSSACsches Gesetz (17.16) für *konstantes Volumen*).

Bild 20.6. Isothermen bei ansteigender Temperatur

Bild 20.7. Isochore Zustandsänderung

Bild 20.8. Isobare Zustandsänderung

Ein senkrechter Schnitt parallel zur V-Achse (Bild 20.8) entspricht einer **isobaren** Zustandsänderung: Bei konstant gehaltenem Druck ändert sich bei Wärmezufuhr das Volumen, die Temperatur steigt entsprechend dem Verlauf der Schnittlinie linear an (GAY-LUSSACsches Gesetz (17.15) für *konstanten Druck*).

Nun soll die Volumenarbeit (20.3) bei einer isothermen Zustandsänderung berechnet werden.

Da p von V abhängt, muß p durch V ausgedrückt werden. Dieser Zusammenhang ist nach der Zustandsgleichung (17.25) gegeben. Ihr zufolge ist

$$p = \frac{mRT}{V}.$$

Bezeichnet V_1 das Anfangs- und V_2 das Endvolumen, so ist die gesamte aufzuwendende Arbeit gleich

$$W = \int_{V_1}^{V_2} \frac{mRT}{V}\, dV.$$

Dies gibt integriert

$$\boxed{W = mRT \ln \frac{V_2}{V_1}} \qquad \text{**Isotherme Volumenarbeit**} \qquad (20.8)$$

Ist das Anfangsvolumen V_1 größer als das Endvolumen V_2, so wird W *negativ* und stellt die bei der *Kompression aufzuwendende Arbeit* dar. Für den Fall dagegen, daß $V_2 > V_1$ ist, handelt es sich um die *Entspannung* eines komprimierten Gases. W wird dann *positiv* und gibt die vom Gas *gelieferte Arbeit* an.

Im Diagramm (Bild 20.9) stellt $p\, dV$ ein schmales Rechteck von der Breite dV und der Höhe p dar. Die gesamte Arbeit ist dann gekennzeichnet durch den Flächeninhalt unter der Isotherme zwischen den Werten V_1 und V_2. Sie kann also auch mit Millimeterpapier oder Planimeter gemessen werden (bei Berücksichtigung der Maßstabsfaktoren).

Die isotherme Volumenarbeit läßt sich auch bei bekanntem Anfangsdruck p_1 und Enddruck p_2 berechnen: Nach dem Gesetz von BOYLE (9.6) sind bei konstanter Temperatur der Druck p und das Volumen V einander umgekehrt proportional, und aus (20.8) wird

$$\boxed{W = mRT \ln \frac{p_1}{p_2}} \qquad \text{**Isotherme Volumenarbeit**} \qquad (20.9)$$

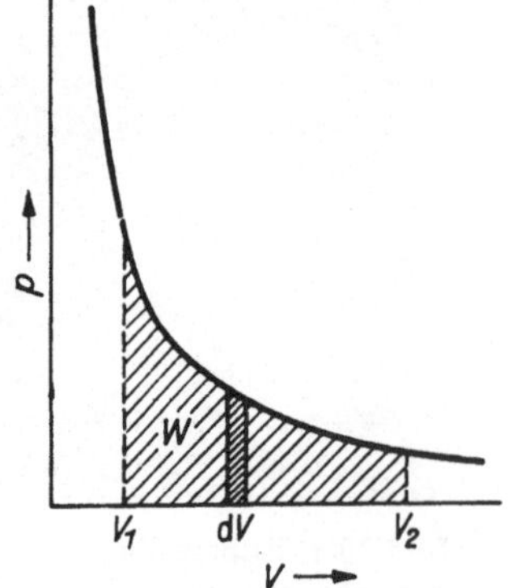

Bild 20.9. Isotherme Volumenarbeit

Schließlich ist für den hier betrachteten Fall eines isothermen Vorganges das Produkt mRT konstant und gleich pV, wobei für dieses Produkt entweder der Anfangszustand p_1V_1 oder auch der Endzustand p_2V_2 eingesetzt werden darf, so daß gegebenenfalls (20.8) und (20.9) je zwei weitere Gleichungen folgen.

In der technischen Praxis spielen sich isotherme Vorgänge näherungsweise in allen Luftkompressoren und Gasverdichtern ab. Die nach den Gleichungen (20.8) und (20.9) hierbei entstehende Wärme wird durch intensive Luft- oder Wasserkühlung abgeführt, so daß die Arbeitstemperatur einer solchen Maschine im zeitlichen Mittel konstant bleibt (Bild 20.10). Somit stellt ein komprimiertes Gas selbst keinen Energiespeicher dar. Die beim Komprimieren aufgewandte Arbeit wird in Form von Wärme nach außen abgegeben, und die bei der isothermen Entspannung (z. B. von Druckluftwerkzeugen) gelieferte Arbeit stammt dabei nur insofern aus dem Gas, als es sich dabei selbst und seine Umgebung stark abkühlt.

Bild 20.10. Zweistufiger Luftverdichter. *1* erste Stufe, *2* zweite Stufe, Z Zwischenkühler, M Antriebsmotor

Beispiel: Welche Arbeit ist aufzuwenden, um einen Luftreifen von 5 l Fassungsvermögen bei Normalluftdruck auf 0,3 MPa Überdruck isotherm aufzupumpen, und welche Wärmemenge gibt die komprimierte Luft dabei nach außen ab? –

Es ist der Anfangsdruck $p_1 = 101,3$ kPa, der Enddruck $p_2 = 401,3$ kPa, $V_2 = 0,005\ \mathrm{m}^3$. V_1 ist nicht gegeben. Aus (20.9) folgt mit $mRT = p_2V_2$

$$W = p_2 V_2 \ln \frac{p_1}{p_2} = \frac{4{,}013 \cdot 10^5\ \mathrm{N} \cdot 5 \cdot 10^{-3}\ \mathrm{m}^3}{\mathrm{m}^2} \ln \frac{101{,}3}{401{,}3} = -2760\ \mathrm{N\,m} = -2{,}8\ \mathrm{kJ}.$$

Das negative Vorzeichen gibt an, daß Arbeit vom Betrag 2,8 kJ aufzuwenden ist; diese 2,8 kJ gibt die Luft als Wärme an die Umgebung ab.

20.5 Adiabatische Zustandsänderung

Wird dafür gesorgt, daß während der Volumenänderung des Gases *kein* Wärmeaustausch mit der Umgebung stattfinden kann, so nennt man dies einen **adiabatischen Vorgang.** Wir können uns den Zylinder mit einer vollkommen *wärmedichten* Umhüllung versehen vorstellen (Bild 20.11). Doch die beste Dämmschicht wird stets ein wenig Wärme durchlassen. Wenn allerdings die Verdichtung *sehr rasch* verläuft, verbleibt keine Zeit zum Wärmeaustausch, und die gesamte bei der Verdichtung entstehende Wärme bleibt im Gas enthalten.

Es können sich sehr hohe Temperaturen entwickeln, die zur Entzündung brennbarer Stoffe führen (Dieselmotor). Auch bei den sehr raschen Druckschwankungen in den Schallwellen handelt es sich um rein adiabatische Vorgänge.

Um die hierfür gültigen Gesetzmäßigkeiten zu finden, gehen wir wieder von der zuletzt benutzten Form (20.5) des I. Hauptsatzes $dQ = mc_V\,dT + p\,dV$ aus und beachten, daß bei einem adiabatischen Vorgang Wärme weder zu- noch abgeführt wird. Infolgedessen ist $dQ = 0$, und der I. Hauptsatz geht in die Gleichung über:

$$p\,\mathrm{d}V = -mc_V\,\mathrm{d}T.$$

Bei adiabatischer Zustandsänderung eines idealen Gases wird die Volumenarbeit auf Kosten der inneren Energie verrichtet.

Führen wir noch den Druck $p = \dfrac{mRT}{V}$ aus der Zustandsgleichung (17.25) ein, so folgt

$$-mc_V\,\mathrm{d}T = mRT\frac{\mathrm{d}V}{V}.$$

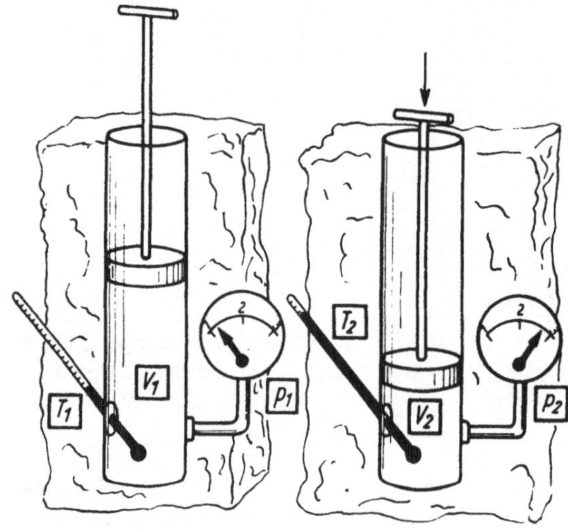

Bild 20.11. Bei adiabatischer Verdichtung steigen Druck und Temperatur.

Diese Gleichung kann beiderseits integriert werden, wobei nach (20.6) $R = c_p - c_V$ gesetzt wird:

$$-c_V \int_{T_1}^{T_2} \frac{\mathrm{d}T}{T} = (c_p - c_V) \int_{V_1}^{V_2} \frac{\mathrm{d}V}{V}.$$

Das ergibt dann

$$c_V \ln \frac{T_1}{T_2} = (c_p - c_V) \ln \frac{V_2}{V_1} \quad \text{oder} \quad \left(\frac{T_1}{T_2}\right)^{c_V} = \left(\frac{V_2}{V_1}\right)^{c_p - c_V}.$$

Es ist ferner allgemein üblich, das Verhältnis der beiden spezifischen Wärmekapazitäten als **Adiabatenexponenten** $\varkappa$ (sprich: kappa) abzukürzen:

$$\boxed{\varkappa = \frac{c_p}{c_V}} \qquad \textbf{Adiabatenexponent} \hspace{4cm} (20.10)$$

Mit diesem Adiabatenexponenten folgt

$$\boxed{\frac{T_1}{T_2} = \left(\frac{V_2}{V_1}\right)^{\varkappa - 1}} \qquad \begin{array}{l}\textbf{Temperatur-Volumen-Beziehung}\\ \textbf{bei adiabatischer Zustandsänderung}\end{array} \hspace{1cm} (20.11)$$

Nun ist nach der Zustandsgleichung (17.17)

$$\frac{p_1 V_1}{T_1} = \frac{p_2 V_2}{T_2} \quad \text{oder} \quad \frac{V_2}{V_1} = \frac{p_1}{p_2}\frac{T_2}{T_1}.$$

Dies, in (20.11) eingesetzt, ergibt

$$\frac{T_1}{T_2} = \left(\frac{p_1}{p_2}\right)^{\varkappa-1}\left(\frac{T_2}{T_1}\right)^{\varkappa-1} \quad \text{oder}$$

$$\boxed{\frac{T_1}{T_2} = \left(\frac{p_1}{p_2}\right)^{\frac{\varkappa-1}{\varkappa}}}$$ **Temperatur-Druck-Beziehung bei adiabatischer Zustandsänderung**   (20.12)

Durch Gleichsetzen der rechten Seiten von (20.11) und (20.12) folgt

$$\boxed{\frac{p_1}{p_2} = \left(\frac{V_2}{V_1}\right)^{\varkappa}}$$ **Druck-Volumen-Beziehung bei adiabatischer Zustandsänderung**   (20.13)

bzw. das **Poissonsche Gesetz:**

$$\boxed{p V^{\varkappa} = \text{konst}}$$ **Gleichung der Adiabaten eines idealen Gases**   (20.14)

Die Gleichungen (20.11) bis (20.14) werden die **Poissonschen Gleichungen** genannt. Wird eine solche Adiabate in das p,V-Diagramm eingezeichnet, so ist zu sehen, daß sie *steiler* als eine *Isotherme* verläuft (Bilder 20.12, 20.13). Dies ist deshalb leicht einzusehen, weil z. B. bei Kompression die gebildete Wärme im Gas enthalten bleibt und damit der Druck schneller ansteigen muß als bei isothermer Verdichtung.

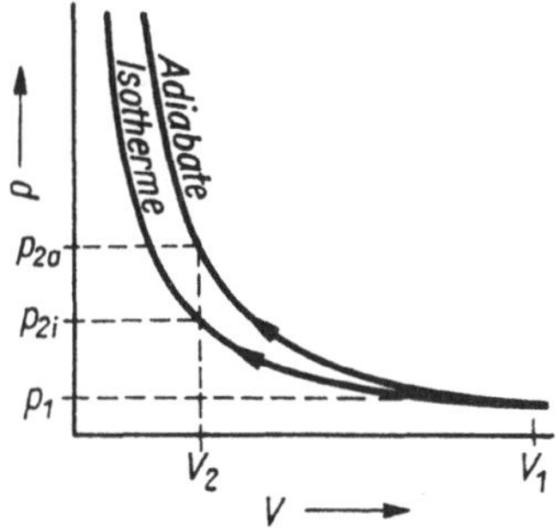

Bild 20.12. p,V-Diagramm für adiabate und isotherme Kompression: $p_{2i} < p_{2a}$

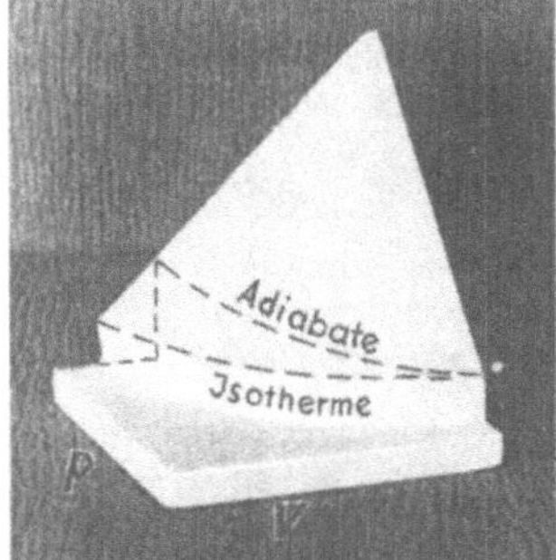

Bild 20.13. Isotherme und Adiabate in räumlicher Darstellung

Beispiele: 1. Das in früheren Zeiten benutzte pneumatische Feuerzeug bestand aus einem Metallzylinder, in den ein dichtschließender Kolben rasch hineingestoßen wurde. Dadurch kam ein Stückchen Feuerschwamm zum Glimmen. Die Anfangstemperatur sei 20 °C, das Volumen werde auf 1/20 verringert. Welche Temperatur entsteht? – Nach (20.11) ist

$$T_2 = T_1\left(\frac{V_1}{V_2}\right)^{\varkappa-1} \quad \text{bzw.} \quad T_2 = 293 \text{ K}\left(\frac{1}{1/20}\right)^{1,4-1}$$

$$= 293 \text{ K} \cdot 20^{0,4} = 971 \text{ K}; \quad t_2 = 698 \text{ °C}.$$

2. Im Dieselmotor wird die hohe Zündtemperatur im Zylinder durch adiabatische Kompression der angesaugten Luft erreicht. Welche Temperatur entsteht bei einer Anfangstemperatur von 25 °C und

einem Anfangsdruck von 1 bar, wenn ein Enddruck von 38 bar erreicht wird? – Nach (20.12) ist

$$T_2 = T_1 \left(\frac{p_2}{p_1}\right)^{\frac{\varkappa - 1}{\varkappa}} = 298\ \text{K} \cdot 38^{0,286} = 843,3\ \text{K};$$

$$t_2 = 570,4\ °\text{C}.$$

Die Volumenarbeit bei der adiabatischen Zustandsänderung kann bei Kenntnis der Anfangs- und Endtemperatur leicht angegeben werden: Die bereits angegebene, aus dem ersten Hauptsatz folgende Gleichung

$$\mathrm{d}W = -mc_V\,\mathrm{d}T$$

liefert, zwischen den Grenzen T_1 und T_2 integriert,

$$\boxed{W = mc_V(T_1 - T_2)}\qquad \textbf{Volumenarbeit bei}\\ \textbf{adiabatischer Zustandsänderung} \qquad (20.15)$$

Da beispielsweise bei der Kompression $T_2 > T_1$ ist, ergibt sich für die Arbeit W ein negativer Wert, wie es auch der in 20.1 getroffenen Vorzeichenvereinbarung entspricht.

20.6 Polytrope Zustandsänderung

Isotherme und adiabatische Zustandsänderung sind ideale Grenzfälle, die sich in reiner Form technisch nicht verwirklichen lassen. Weder ist es möglich, die Arbeitstemperatur eines Gases genau konstant zu halten, noch kann man den Zu- oder Abfluß von Wärme vollständig verhindern. Nun gehen die Gleichungen der isothermen Zustandsänderung aus denen der adiabatischen hervor, wenn für $\varkappa = 1$ gesetzt wird. Der Realfall ist zwischen diesen beiden idealen Grenzfällen zu vermuten. Wird allgemein $\varkappa$ durch den **Polytropen-exponenten** n ersetzt und dafür ein Wert angenommen, der (für Luft) zwischen 1 und 1,4 liegt – etwa 1,2 oder 1,3 –, so geben die Gleichungen (20.11) bis (20.15) die wirklichen Verhältnisse einigermaßen richtig wieder. Eine Zustandsänderung, die weder isotherm noch adiabatisch verläuft, heißt **polytrop**. Die entsprechend geänderte Gleichung (20.14) lautet dann

$$\boxed{pV^n = \text{konst}}\qquad \textbf{Gleichung der Polytrope}\\ \textbf{eines idealen Gases} \qquad (20.16)$$

$$(1 < n < \varkappa)$$

Beispiel: 1 kg Luft von 10 bar und 20 °C entspannt sich auf 1 bar. Welche Endtemperatur wird erreicht, und welche Arbeit wird vom Gas abgegeben bei a) adiabatischer und b) polytroper Ausdehnung ($n = 1,2$)? –

a) Nach (20.12) ist $T_2 = T_1 \left(\dfrac{p_2}{p_1}\right)^{\frac{\varkappa - 1}{\varkappa}} = 293\ \text{K} \left(\dfrac{1}{10}\right)^{0,286} = 152\ \text{K};\ t_2 = -121\ °\text{C}.$

Nach (20.15) ist $W = mc_V(T_1 - T_2) = 718\ \text{J}\,(293 - 152) = 101,2\ \text{kJ}.$

b) Hier ergibt sich mit $\dfrac{n-1}{n} = \dfrac{1,2-1}{1,2} = 0,167$ die Temperatur $T_2 = 200\ \text{K};\ t_2 = -73\ °\text{C}$

bzw. die Arbeit $W = 66,8\ \text{kJ}.$

20.7 Bestimmung des Verhältnisses der spezifischen Wärmekapazitäten

Es war bereits in 18.2.4 die Rede davon, welche Schwierigkeiten einer direkten Bestimmung der spezifischen Wärmekapazität eines Gases bei konstantem Volumen entgegenstehen.

Es gibt aber Möglichkeiten, das Verhältnis $\dfrac{c_p}{c_V} = \varkappa$ zu messen und daraus c_V zu berechnen.

Nach dem historischen Versuch von Clément und Desormes wird ein großer Behälter mittels einer einfachen Pumpe unter geringen Überdruck gesetzt (Bild 20.14a). Dann wird er für einen kurzen Augenblick geöffnet, so daß der Manometerstand h_1 auf 0 (Bild 20.14b) sinkt. Da dieser Vorgang adiabatisch vor sich geht, kühlt sich die Luft dabei ab. Nachdem der Hahn wieder geschlossen ist, steigt der Innendruck durch allmähliche Wärmeaufnahme

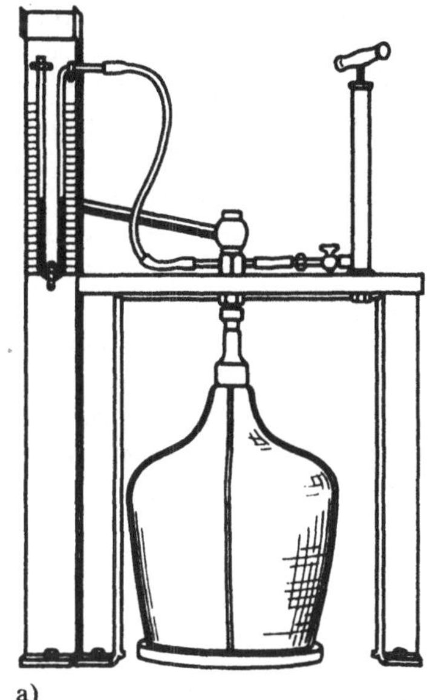
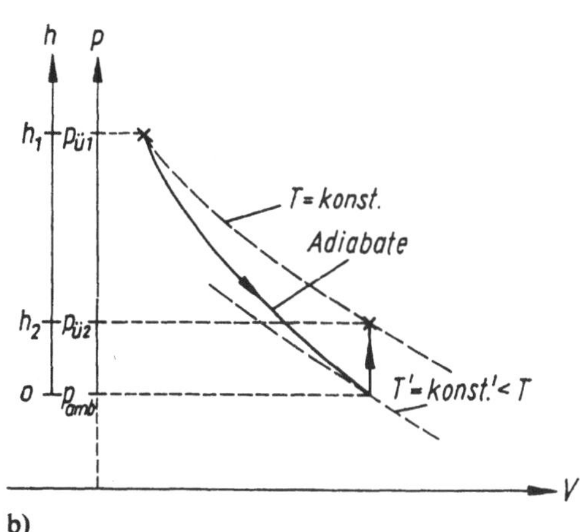

Bild 20.14. Versuch zur Bestimmung von $\varkappa$: a) Anordnung, b) p,V-Diagramm

von außen her wieder an. Der Stand des Manometers erreicht aber dabei nicht die alte Höhe h_1, sondern nur noch die bedeutend niedrigere Höhe h_2. Dem adiabatischen Vorgang entspricht also die

adiabatische Druckänderung $dp \sim h_1$.

Bis zum Wiedererlangen der Anfangstemperatur hat sich der Manometerstand insgesamt aber nur um die Differenz $h_1 - h_2$ verringert. Dem entspricht eine

isotherme Druckänderung $dp \sim h_1 - h_2$.

Das Verhältnis zwischen der adiabatischen und isothermen Druckänderung eines Gases bei konstanter Anfangstemperatur läßt sich aber auch aus bereits bekannten Beziehungen herleiten. Denn durch Differenzieren der Adiabatengleichung (20.14) folgt

$$\left(\frac{dp}{p}\right)_a = -\varkappa \frac{dV}{V}$$ bzw. durch Differenzieren der Gleichung (20.7) für die Isotherme

$$\left(\frac{dp}{p}\right)_i = -\frac{dV}{V},$$

d. h., die relative adiabatische Druckänderung ist gleich dem $\varkappa$-fachen der relativen isothermen Druckänderung, so daß $h_1 = \varkappa(h_1 - h_2)$ ist. Das Verhältnis

$$\varkappa = \frac{h_1}{h_1 - h_2}$$

kann somit aus den Manometerständen berechnet werden.

21 Kreisprozesse

Die bisher besprochenen Zustandsänderungen der Gase sind von grundlegender Bedeutung für die Wirkungsweise aller Wärmekraftmaschinen. In einem sich periodisch wiederholenden Arbeitszyklus wird dabei der Maschine Wärme (z. B. unter Verwendung von Dampf, gasförmigen oder flüssigen Brennstoffen) zugeführt und in mechanische Arbeit umgewandelt. Der Druck p, das Volumen V und die Temperatur T müssen also nach jedem Arbeitszyklus wieder ihre ursprünglichen Werte annehmen. Wenn das nicht der Fall wäre, würde mindestens eine dieser Zustandsgrößen im Laufe der Zeit immer im gleichen Sinne anwachsen oder abnehmen, was aber einen technisch durchführbaren Dauerbetrieb unmöglich machen würde. Daher heißt der sich dabei vollziehende Vorgang **Kreisprozeß**.

Würde z. B. bei einem Viertakt-Benzinmotor von $n = 3000$ ^{1}/min die Temperatur am Ende eines Zyklus nur um 1 K höher gegenüber vorher sein, so wäre sie bereits nach 1 min um 1 500 K gestiegen.

Demnach arbeiten alle Wärmekraftmaschinen, gleichgültig, ob es sich um eine Kolbendampfmaschine, eine Dampfturbine, einen Benzin-, Gas- oder Dieselmotor handelt, nach gemeinsamen physikalischen Prinzipien. Um vorerst das Wesen der sich dabei abspielenden Kreisprozesse deutlicher zu machen, sei dies an Hand des bekannten, in vielen Kraftfahrzeugen eingebauten Viertakt-Otto-Motors näher betrachtet.

21.1 Wirkungsweise einer Wärmekraftmaschine

Die einzelnen Arbeitstakte des Viertakt-Otto-Motors werden zweckmäßig in einem p,V-Diagramm dargestellt. Das entstehende Arbeitsdiagramm ist in der folgenden Darstellung jedoch schematisch vereinfacht. In Wirklichkeit gehen die einzelnen Linien stetig ineinander über.

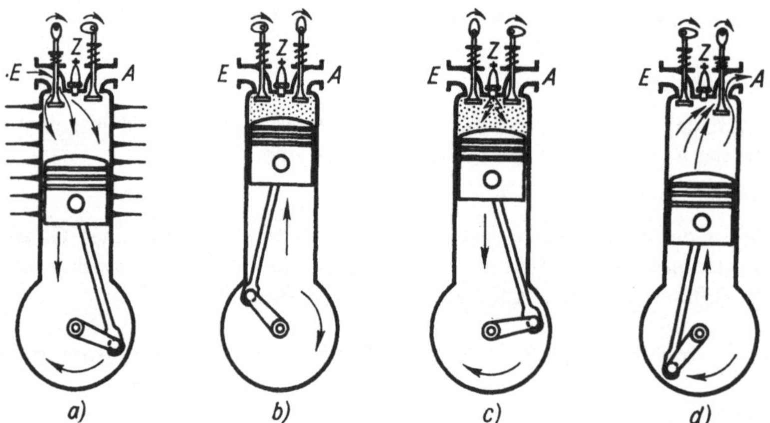

Bild 21.1. Arbeitsweise des Viertakt-Otto-Motors: a) Ansaugen, b) Verdichten, c) Explosion und Entspannung (Arbeitstakt), d) Auspuff

1. Takt: Ansaugen. Bei offenem Einlaßventil saugt der nach unten gehende Kolben ein Benzin-Luft-Gemisch an (Bild 21.1). Dieses wird im *Vergaser* hergestellt, wo der an einer Düse vorbeistreichende Luftstrom das Benzin zerstäubt. Im Arbeitsdiagramm entsteht die parallel zur V-Achse verlaufende Linie *1* (Bild 21.2). Es ist dies eine Isobare.

2. Takt: Verdichten. Bei geschlossenen Ventilen bewegt sich der Kolben nach oben und drückt den Zylinderinhalt im Verhältnis von etwa 8:1 zusammen. Wegen der Schnelligkeit dieses Vorganges ist die im Diagramm ersichtliche Arbeitslinie *2* eine Adiabate.

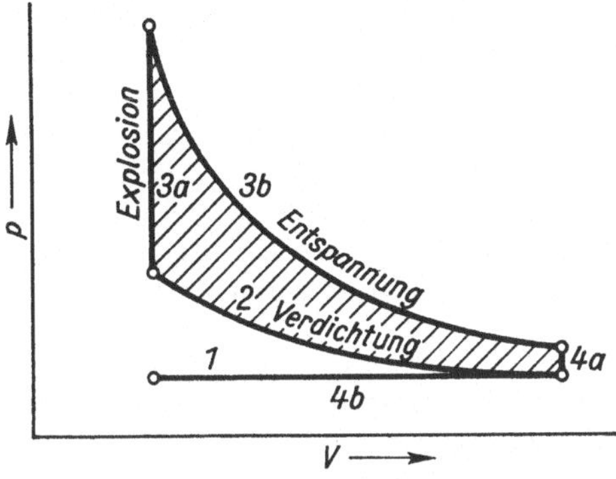

Bild 21.2. Arbeitsdiagramm des Viertakt-OTTO-Motors (idealisiert)

3. Takt: Explosion und Entspannung. Kurz vor der höchsten Kolbenstellung wird das Brennstoffgemisch durch einen an der *Zündkerze* überspringenden elektrischen Funken gezündet. Es verpufft sehr schnell, so daß Druck und Temperatur augenblicklich ansteigen. Es entsteht die Arbeitslinie *3a* (eine Isochore). Anschließend schiebt der Druck den Kolben vorwärts, wodurch sich die Adiabate *3b* ergibt.

4. Takt: Auspuff. Das Auslaßventil öffnet sich, der Druck fällt sofort ab und ergibt die Isochore *4a*. Der wieder zurückgehende Kolben schiebt die Verbrennungsgase hinaus (Linie *4b*).

Beim nächsten Arbeitszyklus liegen wieder genau die gleichen Verhältnisse vor. Das Arbeitsdiagramm wird in immer gleicher Weise durchlaufen, der Kurvenzug gibt mithin einen Kreisprozeß wieder.

Er kann nun gedanklich in zwei Teile zerlegt werden, wie dies auf Bild 21.3 gezeigt ist. Der erste Teil a) stellt denjenigen Teil des Kreisprozesses dar, im Verlaufe dessen das

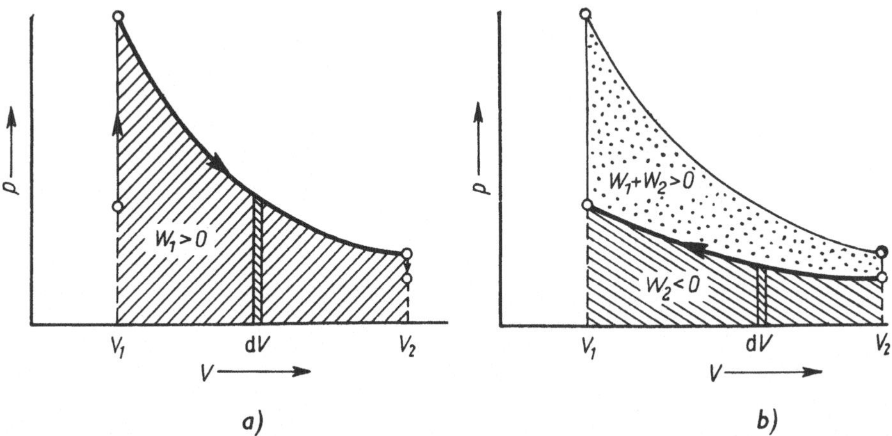

Bild 21.3. Die im Arbeitsdiagramm (Bild 21.2.) enthaltenen Arbeitsbeiträge: a) abgegebene Arbeit, b) aufzuwendende Arbeit; punktiert: gewonnene Arbeit

Volumen V zunimmt. Die unter dieser Kurve liegende Fläche kennzeichnet dann die Arbeit W_1, die das Gas abgibt, wenn es sich ausdehnt. Sie kann als Integral (20.3)

$$W_1 = \int_{V_1}^{V_2} p \, \mathrm{d}V$$

ausgedrückt werden, und dieses nimmt einen positiven Wert an. Wie zu sehen ist, schließt der zweite Teil b) des Kurvenzuges mit der Abszisse einen viel kleineren Flächenbetrag ein. Die zugehörige Arbeit W_2 kann ebenfalls als Integral

$$W_2 = \int_{V_2}^{V_1} p' \, \mathrm{d}V$$

aufgefaßt werden. Dieses hat einen negativen Wert und repräsentiert die zur Verdichtung aufzuwendende Arbeit. Die von der Maschine gelieferte Arbeit ist somit im Ganzen

$$|W_1| - |W_2| = W_1 + W_2 = W > 0.$$

Ihr entspricht im p,V-Diagramm die Differenz der beiden entsprechenden Flächenbeträge und mithin der vom gesamten Kurvenzug umschlossenen Fläche:

Der von der Arbeitskurve eines Kreisprozesses umschlossene Flächeninhalt stellt die während eines Arbeitszyklus gewonnene Arbeit dar.

Auch die bei den übrigen Wärmekraftmaschinen ablaufenden Kreisprozesse lassen sich durch entsprechende Arbeitsdiagramme veranschaulichen. Je nach ihrer Arbeitsweise haben die von den einzelnen Kurven umschlossenen Flächen unterschiedliche Form. Man kann sie jedoch stets in der beschriebenen Weise als Differenz zweier Einzelflächenbeträge betrachten.

Das Ergebnis ist aber in jedem Fall, daß die letzten Endes gewonnene Arbeit W als Differenz zweier Wärmemengenbeträge erscheint:

$$|Q_1| - |Q_2| = Q_1 + Q_2 = W > 0.$$

Die Wärmemenge Q_1 ist der Maschine zuzuführen, während die Wärmemenge Q_2 von der Maschine wieder abgegeben wird. Für die Beträge gilt $|Q_1| > |Q_2|$. Dabei ist auch immer die Temperatur T_1, bei der sich die Wärme Q_1 in Arbeit verwandelt, höher als die Temperatur T_2, mit der das entsprechende Arbeitsmedium (Verbrennungsgase, Abdampf) die Maschine wieder verläßt (Bild 21.4).

Als **Wirkungsgrad** η einer Wärmekraftmaschine wird daher das Verhältnis der in Arbeit W umgewandelten Wärmemenge $Q_1 + Q_2$ zur gesamten zugeführten Wärmemenge Q_1

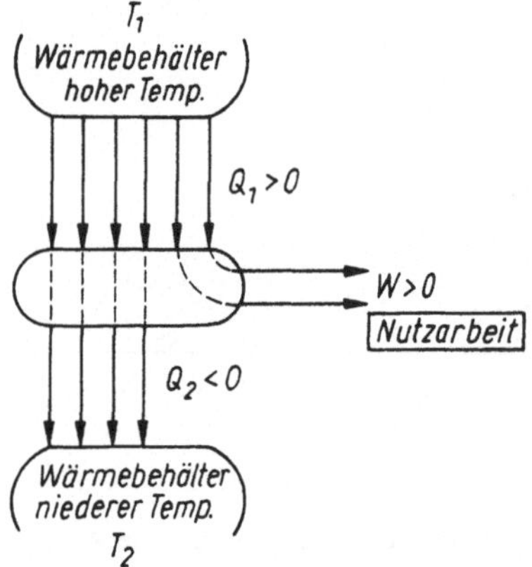

Bild 21.4. Energieflußdiagramm einer Wärmekraftmaschine

definiert. Es ist also

$$\eta = \frac{W}{Q_1} = \frac{Q_1 + Q_2}{Q_1} = 1 + \frac{Q_2}{Q_1}$$ **Thermischer Wirkungsgrad**   (21.1)

Wegen $Q_2 < 0$ und $Q_1 > 0$ ist natürlich $\eta < 1$.
Die Aufgabe der Technik besteht darin, diesen Wirkungsgrad möglichst günstig zu gestalten, also die Wärmeverluste $|Q_2|$ weitgehend zu vermindern.

21.2 Kältemaschine und Wärmepumpe

Durchläuft man jedoch das Arbeitsdiagramm im *entgegengesetzten* Sinn, so müssen sich alle Prozesse umkehren. Dies wird technisch in der **Kältemaschine** und bei der **Wärmepumpe** verwirklicht. In diesen Anlagen laufen Kreisprozesse ab, die sich nach dem Schema von Bild 21.5 vollziehen. Beim oberen Kurvenverlauf in a) wird ein zweckmäßig gewähl-

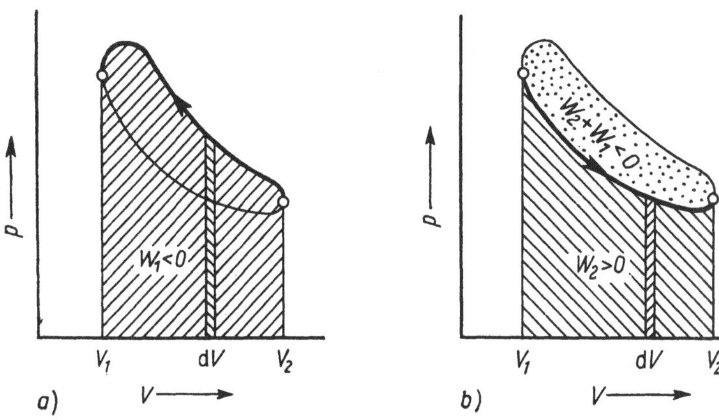

Bild 21.5. Umgekehrt ablaufender Kreisprozeß: a) aufgewandte Arbeit, b) abgegebene Arbeit; punktiert: in Wärme umgewandelte Arbeit

ter Arbeitsstoff, z. B. Ammoniakgas, unter Aufwand von mechanischer Arbeit zusammengepreßt, wobei das unter diesem Kurventeil liegende Flächenstück und damit die Arbeit W_1 bzw. das Integral

$$W_1 = \int_{V_2}^{V_1} p \, dV$$

negatives Vorzeichen erhält. Beim unteren Kurvendurchlauf b) entspannt sich der Arbeitsstoff wieder, womit die nunmehr betragsmäßig kleinere Fläche einer Arbeit W_2 mit positivem Vorzeichen entspricht. Die Differenzfläche ist damit gleich der insgesamt aufzuwendenden Arbeit

$$|W_2| - |W_1| = W_1 + W_2 = W < 0.$$

Ihr entspricht eine bestimmte Wärmemenge

$$|Q_2| - |Q_1| = Q_1 + Q_2 = W < 0,$$

die als Gegenwert dieses Arbeitsaufwandes von der Maschine geliefert wird. Dabei wird die Wärmemenge Q_1 bei der höheren Temperatur T_1 nach außen hin abgegeben und die

Wärmemenge Q_2 bei der niederen Temperatur T_2 von außen her aufgenommen, wobei für die Beträge $|Q_1| > |Q_2|$ gilt.

Das geschieht dadurch, daß die Wärmemenge Q_2 einem entsprechenden Arbeitsmedium entzogen wird, welches sich dabei abkühlt. Wenn die Anlage so eingerichtet ist, daß die hierbei entstehende Abkühlung genutzt wird, so erhält man eine Kältemaschine (Bild 21.6). Eine **Kompressionskältemaschine** arbeitet folgendermaßen (Bild 21.7): Mittels einer Pumpe wird Ammoniakdampf bei A angesaugt und im Kondensator B verdichtet (Bild 21.8). Die entstehende Kompressions- und Kondensationswärme Q_1 wird durch Wasserkühlung K bei der Temperatur T_1 abgeführt. Das zum Teil verflüssigte Ammoniak strömt in den Verdampfer C. Dies ist eine Rohrschlange R, die in einem großen Behälter mit Salzwasser steht. Beim nächsten Pumpenhub wird das Ammoniak hier entspannt, wobei sich seine

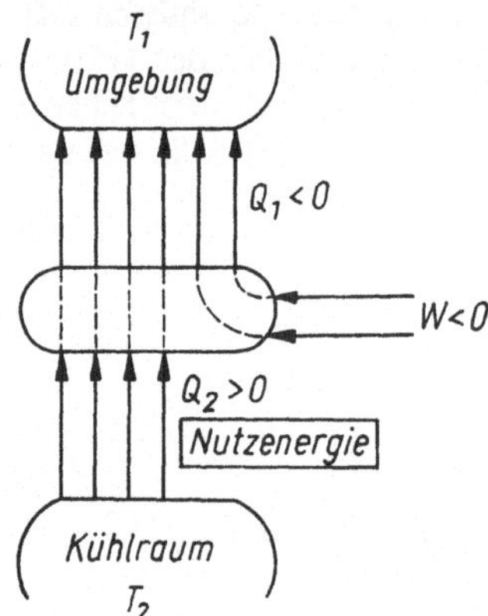

Bild 21.6. Energieflußdiagramm einer Kältemaschine

Temperatur auf T_2 senkt und der Salzlösung die Wärme Q_2 entzogen wird. Die Sole kühlt sich dabei immer weiter ab. Man kann damit in Blechgefäße gefülltes Leitungswasser G gefrieren oder die Lauge selbst in Rohrleitungen zirkulieren lassen, um Kühlräume auf tiefer Temperatur zu halten. Derselbe Grundvorgang ist aber noch in anderer technischer Form verwirklicht, und zwar so, daß es auf die Verwertung der bei der höheren Temperatur T_1 entstehenden Wärmemenge Q_1 ankommt. Dies geschieht in der **Wärmepumpe**.

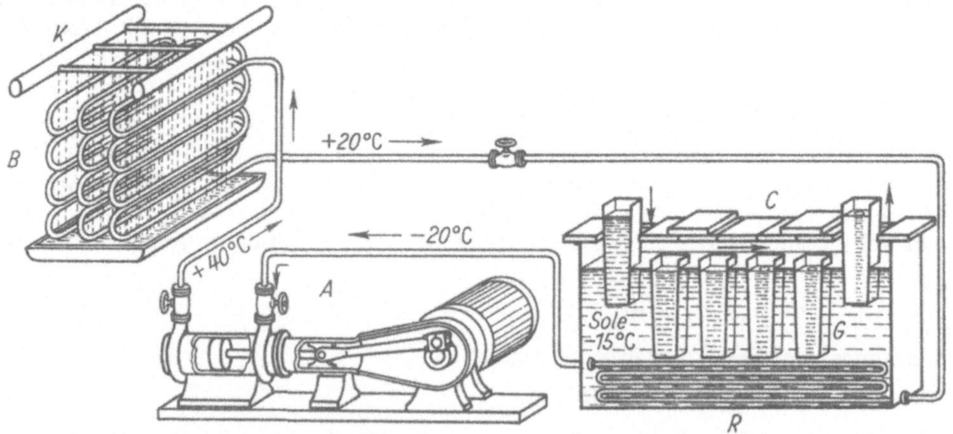

Bild 21.7. Schema der Ammoniak-Kältemaschine

Bild 21.8. Berieselungsverdichter (Kondensator)
einer großen Kältemaschine

Die Verdampfung und Entspannung geht an einem Ort vor sich, wo die entstehende Kälte
nicht weiter stört, z. B. in einem nahe gelegenen Fluß oder See, neuerdings auch in der
Außenluft, im Erdreich oder Grundwasser. Eine Pumpe komprimiert das Gas in einem
Wärmespeicher, wo es seine Wärme Q_1 an Wasser abgibt, das, in Heizkörpern zirkulierend,
zur Heizung von Räumlichkeiten dient. Die den Heizkörpern entströmende Wärme ist
also zweierlei Ursprungs: einerseits *Kondensationswärme* des Ammoniaks, die als Verdampfungswärme Q_2 dem Verdampfer entnommen wird, andererseits die von der Pumpe
durch den Aufwand mechanischer Arbeit W erzeugte *Verdichtungswärme* (Bild 21.9).

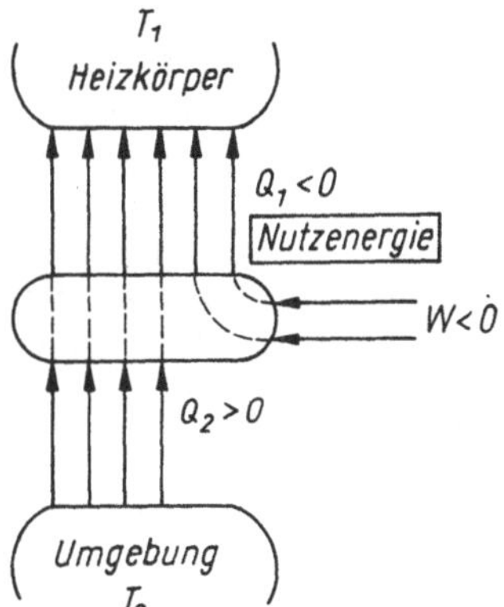

Bild 21.9. Energieflußdiagramm einer Wärmepumpe

Wärmepumpen arbeiten bei gegebenen Voraussetzungen außerordentlich wirtschaftlich.
Sie liefern an nutzbarer Wärme das Zwei- bis Dreifache des zum Betrieb der Pumpe erforderlichen elektrischen Energieaufwandes. In der Industrie wird damit anfallende Abwärme
in zunehmendem Maße in Gebrauchswärme überführt. Für den privaten Bereich liefern
Kältemaschinenfirmen ein breites Angebot an Wärmepumpen.

21.3 Reversible und irreversible Vorgänge

Das Streben nach einem möglichst großen Wirkungsgrad η hängt nun aufs engste mit der
Frage zusammen, inwieweit sich Vorgänge der Energieumwandlung, insbesondere die der
gegenseitigen Umwandlung von mechanischer Arbeit und Wärme, **umkehren** lassen oder
nicht.

Denken wir an einen völlig wärmedicht umhüllten Zylinder, in dem sich ein Kolben ohne jede Reibung auf und ab bewegen kann, so wird der Gasinhalt beim Hineingehen des Kolbens adiabatisch verdichtet. Die gesamte aufgewandte mechanische Arbeit erscheint in Form von Wärme und bleibt als zusätzliche innere Energie im Gas gespeichert. Beim Loslassen des Kolbens wird dieser wieder nach außen getrieben. Die zuvor gebildete Wärme verwandelt sich restlos wieder in mechanische Arbeit zurück. Man nennt dies einen **vollständig umkehrbaren** oder reversiblen Vorgang (Bild 21.10a):

Ein Vorgang ist reversibel, wenn nach seinem Ablauf der Anfangszustand vollständig wiederhergestellt ist und auch in seiner Umgebung keine Veränderungen eingetreten sind.

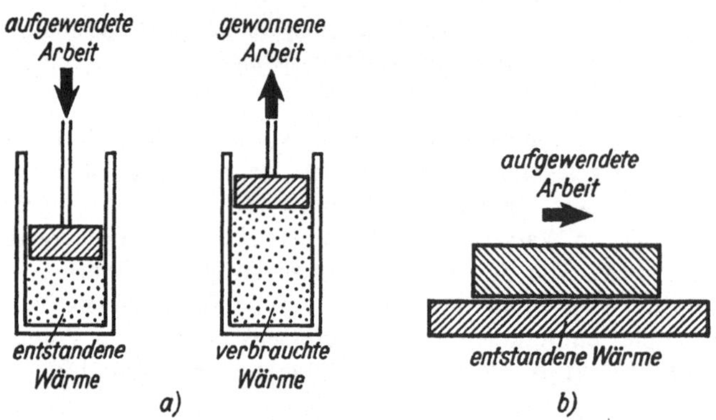

Bild 21.10. a) Reversibler Vorgang: adiabatische Verdichtung und Entspannung eines Gases, b) Irreversibler Vorgang: Reibung zweier Holzklötze

Da bei einem reversiblen Vorgang keinerlei Wärmeverluste auftreten, wird hierbei auch die **maximal mögliche** Arbeit abgegeben. Der Wirkungsgrad ist $\eta = 1$. Reibt man dagegen zwei Holzstücke gegeneinander, so wandelt sich ebenfalls mechanische Arbeit in Wärmeenergie um (Bild 21.10b). Diese Wärme wird sich aber beim Aufhören des Reibungsvorganges auf keinen Fall wieder in mechanische Arbeit zurückverwandeln. Infolge von Wärmeleitung wird sie sich sofort zwischen den beiden Körpern verteilen, und es ist keine Vorrichtung denkbar, die eine vollständige Rückverwandlung in mechanische Arbeit ermöglichen könnte. Solche Vorgänge heißen **nicht umkehrbar** oder **irreversibel**.
Wird von dieser Reibung abgesehen, so können wir viele Vorgänge in der Mechanik, z. B. das Schwingen eines Pendels oder die Reflexion einer Stahlkugel auf einer Spiegelglasplatte, als reversibel betrachten. Genaugenommen aber gibt es streng reversible Vorgänge in der Natur überhaupt nicht. Sie stellen nur *ideale Grenzfälle* dar.
So ist auch die isotherme Verdichtung eines Gases grundsätzlich irreversibel, weil die nach außen abfließende Wärme niemals von selbst wieder in den Zylinder zurückfließen wird. Wird angenommen, der Zylinder steht mit einem unendlich großen Wärmebehälter in Verbindung, dessen Temperatur sich von der des Zylinders nur um einen unendlich kleinen Betrag unterscheidet, so stünde einer Rückkehr der Wärme und ihrer Rückverwandlung in Arbeit nichts im Wege (s. quasistatischer Prozeß in 20.4). Unter dieser allerdings sehr gekünstelten und technisch niemals realisierbaren Voraussetzung könnten auch isotherme Prozesse reversibel, d. h. mit dem Wirkungsgrad $\eta = 1$, ablaufen.

21.4 Carnotscher Kreisprozeß

Wie wir soeben gesehen haben, können einsinnig verlaufende adiabatische oder isotherme Prozesse in gewissen Grenzfällen reversibel, d. h. mit maximalem Wirkungsgrad vor sich gehen. Dann muß ein Kreisprozeß, der sich aus einzelnen reversibel ablaufenden Teilprozessen zusammensetzt, ebenfalls den denkbar günstigsten Wirkungsgrad aufweisen.

Einen solchen Kreisprozeß erdachte der Franzose SADI CARNOT[1]). Bemerkenswert ist dabei, daß CARNOT seine Theorie bereits zu einer Zeit darstellte, als die Entwicklung der Dampfmaschine noch in den ersten Anfängen stand.

Unter dem CARNOTschen Kreisprozeß können wir uns einen ohne alle mechanische Energieverluste arbeitenden Heißluftmotor vorstellen, dem die Gesetze des idealen Gases zugrunde liegen (Bild 21.11). Ein Arbeitszyklus verläuft in 4 Takten, die wir im p,V-Diagramm verfolgen wollen (Bild 21.12):

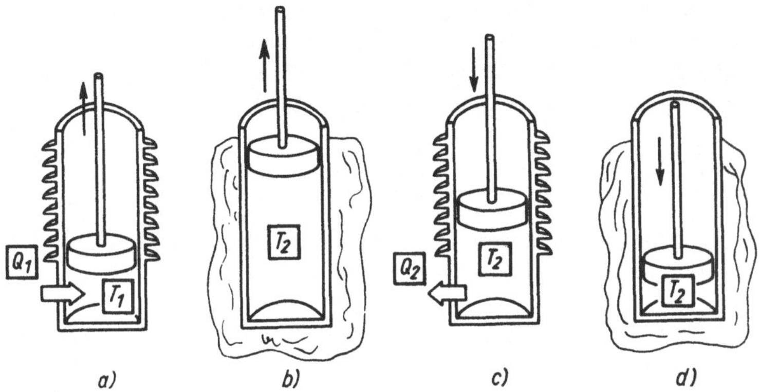

Bild 21.11. Verlauf des CARNOTschen Kreisprozesses: a) 1. Takt, b) 2. Takt, c) 3. Takt, d) 4. Takt

1. Takt: Bei der tiefsten Kolbenstellung wird der eingeschlossenen Luft eine bestimmte Wärmemenge Q_1 bei gleichbleibender Temperatur T_1 reversibel, d. h. unter Vermittlung eines unendlich großen Wärmebehälters von der Temperatur T_1 zugeführt. Die Luft dehnt sich aus und verrichtet Arbeit. Die verbrauchte Wärme ist nach (20.8)

$$Q_1 = mRT_1 \ln \frac{V_2}{V_1} > 0.$$

Dies gibt die Isotherme *1*.

2. Takt: Der Zylinder wird wärmedicht umhüllt. Das Gas dehnt sich weiter aus und kühlt sich auf T_2 ab. Es entsteht die Adiabate *2*.

3. Takt: Die im Schwungrad gespeicherte Energie treibt den Kolben zurück. Die Umhüllung des Zylinders lassen wir dabei fallen, so daß die freiwerdende Verdichtungswärme in einen ebenfalls unendlich großen Wärmebehälter von der Temperatur T_2 bei konstanter

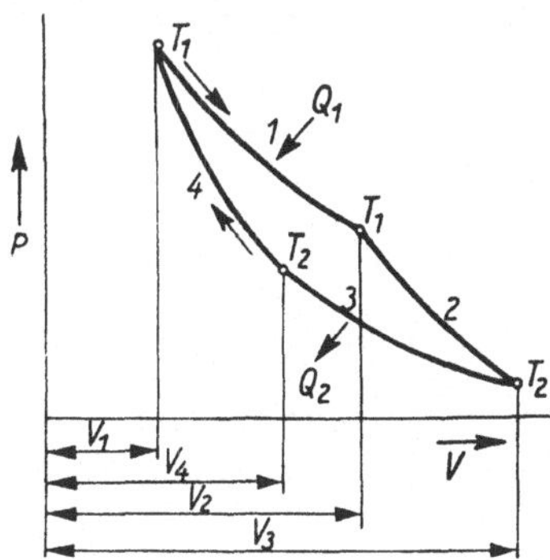

Bild 21.12. p,V-Diagramm des CARNOTschen Kreisprozesses

---

[1]) 1796 bis 1832

17*

Temperatur T_2 abfließen kann: Isotherme *3*. Die *abfließende* Wärme ist

$$Q_2 = mRT_2 \ln \frac{V_4}{V_3} = -mRT_2 \ln \frac{V_3}{V_4} < 0.$$

4. Takt: Schließlich wird nach abermaliger Umhüllung des Zylinders der Gasinhalt auf das Anfangsvolumen V_1 verdichtet, wobei die *Temperatur* wieder auf den anfänglichen Wert T_1 ansteigt: Adiabate *4*.

Nach Beendigung dieses Zyklus ist der Ausgangszustand wiederhergestellt. Das Ergebnis ist folgendes. Takt 2 liefert genausoviel Arbeit, wie Takt 4 verzehrt; denn diese hängt bei adiabatischen Vorgängen nach (20.15) lediglich von den Temperaturen T_1 und T_2 ab, die hier übereinstimmen. Ferner gilt für diese beiden Takte nach (20.11):

$$\frac{T_1}{T_2} = \left(\frac{V_3}{V_2}\right)^{\varkappa-1} = \left(\frac{V_4}{V_1}\right)^{\varkappa-1}, \quad \text{woraus sich ergibt:} \quad \frac{V_2}{V_1} = \frac{V_3}{V_4}.$$

Dividiert man den Ausdruck für Q_2 durch den für Q_1, so ergibt sich wegen der eben festgestellten Gleichheit der Volumenverhältnisse die Beziehung

$$\frac{Q_2}{Q_1} = -\frac{T_2}{T_1}. \tag{21.2}$$

Damit wird auf Grund von (21.1)

$$\boxed{\eta = \frac{T_1 - T_2}{T_1} = 1 - \frac{T_2}{T_1}} \qquad \textbf{Thermischer Wirkungsgrad} \atop \textbf{des Carnot-Prozesses} \tag{21.3}$$

Dieser ist demnach nur von den beiden Temperaturen abhängig, bei denen der Wärmeaustausch stattfindet. Von allen denkbaren Kreisprozessen, die zwischen den Temperaturen T_1 und T_2 arbeiten, hat der CARNOT-Prozeß den günstigsten Wirkungsgrad. Das geht bereits daraus hervor, daß er in allen seinen Teilen reversibel verläuft. Folglich ist auch der CARNOT-Prozeß im Ganzen umkehrbar.

Der Carnot-Prozeß ist vollständig umkehrbar (reversibel).

Läßt man ihn in entgegengesetzter Richtung ablaufen, so wird er als ideale Kältemaschine funktionieren. Nach je einem Vorwärts- und einem Rückwärtsgang ist auch in der Umgebung der Ausgangszustand vollständig wieder hergestellt.

Damit hat auch der in Gleichung (21.3) stehende Bruch $\dfrac{T_1 - T_2}{T_1}$ den größtmöglichen Wert.

Bei allen technischen Motoren vollzieht sich die Umwandlung der Wärme Q_1 in mechanische Energie unterhalb der höchsten Arbeitstemperatur T_1. Ebenso setzt die Ableitung der Wärmemenge Q_2 bereits vor dem Erreichen der tiefsten Temperatur T_2 ein, so daß der Quotient $\dfrac{Q_2}{Q_1}$ stets dem Betrage nach einen größeren Wert hat, als ihn Gleichung (21.2) angibt. Damit ist auch der nach Gleichung (21.1) definierte Wirkungsgrad in jedem Fall kleiner als der des CARNOT-Prozesses.

Aus (21.3) ist ferner zu ersehen: Ein Wirkungsgrad von 1, d. h. 100%, kann selbst bei diesem idealen Fall niemals erreicht werden, da der Zähler des Bruches stets kleiner als der Nenner ist.

Wärme kann auf dem Wege von Kreisprozessen nur zu einem Bruchteil in mechanische Arbeit umgewandelt werden.

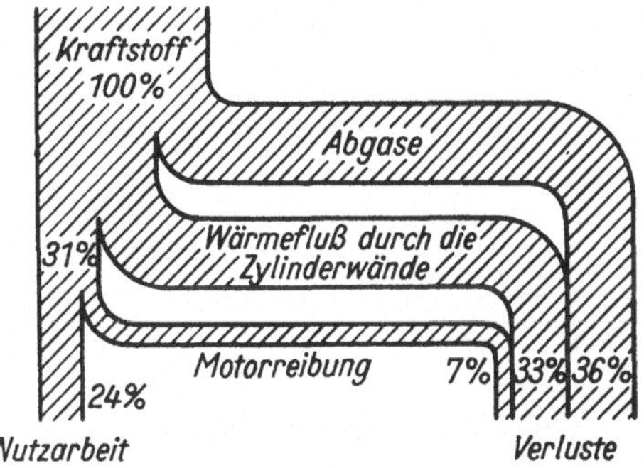

Bild 21.13. Energiebilanz eines OTTO-Motors

Offensichtlich ist Wärmeenergie eine minderwertigere Energieform im Vergleich zu mechanischer oder elektrischer Energie, die restlos in Wärmeenergie verwandelt werden können. Es kann nur versucht werden, durch Vergrößerung des Temperaturbereiches T_1 bis T_2 innerhalb technisch tragbarer Grenzen den Wirkungsgrad zu verbessern. Bild 21.13 zeigt die Energiebilanz eines modernen OTTO-Motors. Eine entscheidende Verbesserung ist kaum noch zu erwarten.

Beispiele: 1. Berechne den theoretisch höchstmöglichen Wirkungsgrad einer Dampfmaschine, die Dampf von 10 bar aufnimmt und diesen bei 20 °C in den Kondensator ausstößt! – Nach der Dampftabelle ergibt sich die obere Arbeitstemperatur T_1 mit der Dampftemperatur 179 °C zu $(179 + 273)$ K.

$$\eta = \frac{T_1 - T_2}{T_1} = \frac{(179 + 273) - 293}{452} = 0{,}35 = 35\%.$$

Noch tiefere Temperaturen im Kondensator sind kaum zu erzielen. Bei Kolbendampfmaschinen werden höchstens 10 bis 15% erreicht.

2. Welche Wärmemenge kann im idealen Fall mittels einer Wärmepumpe zur Verfügung gestellt werden, wenn zu ihrem Antrieb 100 kJ Elektroenergie aufgewandt wird ($t_1 = 50\,°\mathrm{C}$, $T_2 = 0\,°\mathrm{C}$)? –

Der Wirkungsgrad ist im Idealfall nach (21.1) $\eta = \dfrac{Q_1 + Q_2}{Q_1}$ und andererseits nach (21.3) $\eta = \dfrac{T_1 - T_2}{T_1}$. Nach Gleichsetzen folgt für die bereitzustellende Wärmeenergie $Q_1 = \dfrac{(Q_1 + Q_2)T_1}{T_1 - T_2}$ $= W\dfrac{T_1}{T_1 - T_2}$, wobei $Q_1 + Q_2 = W$ den Energieaufwand (Elektroenergie) $W = -100$ kJ darstellt.

Damit wird $Q_1 = \dfrac{-100\,\mathrm{kJ} \cdot 323\,\mathrm{K}}{50\,\mathrm{K}} = -646$ kJ, die bei der höheren Temperatur $t_1 = 50\,°\mathrm{C}$ zur Verfügung stehen. Das Verhältnis von Nutzenergie (Bild 21.9) zu Aufwandsenergie ergibt sich hier zu $\dfrac{Q_1}{W} = 6{,}46$ (Leistungszahl). In der Praxis werden Leistungszahlen von etwa 3 erreicht.

21.5 Zweiter Hauptsatz der Wärmelehre

21.5.1 Entropie beim Carnotschen Kreisprozeß

Ob nun ein Vorgang reversibel oder irreversibel verläuft, läßt sich mit Hilfe des I. Hauptsatzes, der nur eine spezielle Fassung des Gesetzes von der Erhaltung der Energie ist, nicht entscheiden. Bei beiden Arten von Vorgängen bleibt die Gesamtsumme der Energie konstant. Es fragt sich also, ob es eine physikalische Größe gibt, die als Gradmesser für die Irreversibilität irgendwelcher Naturvorgänge verwendet werden kann. Man findet sie an Hand des CARNOT-Prozesses, der von vornherein so angelegt ist, daß er reversibel verläuft.

Hierbei stoßen wir auf die Beziehung (21.2) $\dfrac{Q_1}{Q_2} = -\dfrac{T_1}{T_2}$. Durch Umformung ergibt sich hieraus $\dfrac{Q_1}{T_1} = -\dfrac{Q_2}{T_2}$ oder

$$\frac{Q_1}{T_1} + \frac{Q_2}{T_2} = 0. \tag{21.4}$$

Q_1 und Q_2 bedeuten die beiden auf reversiblem Weg bei den Temperaturen T_1 und T_2 ausgetauschten Wärmemengen, was durch die Schreibweise $Q_{rev\,1}$ und $Q_{rev\,2}$ noch besonders betont werden soll.

Dieser beim CARNOT-Prozeß (und anderen reversibel gedachten Vorgängen) auftretende Quotient $\dfrac{Q_{rev}}{T}$ wurde von CLAUSIUS (1854) als **Entropieänderung** ΔS bezeichnet. Er führte den Beweis, daß die **Entropie** S ähnlich der Energie eine charakteristische Zustandsgröße ist, von der man jeweils sagen kann, ob sie während eines Vorganges zu- oder abnimmt oder auch unverändert bleibt.

$$\text{Entropieänderung} = \frac{\text{reversibel ausgetauschte Wärmemenge}}{\text{Austauschtemperatur}}$$

$$\boxed{\Delta S = \frac{Q_{rev}}{T}} \qquad \text{Entropieänderung} \tag{21.5}$$

$[\Delta S] = \text{J/K}$ (Joule je Kelvin)

Dem oberen und dem unteren Arbeitspunkt des CARNOT-Prozesses entsprechen die beiden Entropieänderungen

$$\Delta S_1 = \frac{Q_{rev\,1}}{T_1} \quad \text{und} \quad \Delta S_2 = \frac{Q_{rev\,2}}{T_2}.$$

In diesem Fall ist also die gesamte Entropieänderung wegen (21.4) $\Delta S = \Delta S_2 + \Delta S_1 = 0$.

Die Entropie bleibt bei jedem umkehrbaren (reversiblen) Kreisprozeß unverändert.

Das ist der sogenannte **2. Hauptsatz der Wärmelehre** in der speziell für Kreisprozesse gültigen Formulierung. Wie wir bereits bemerkten, gibt es in der Natur jedoch keine vollkommen umkehrbaren Vorgänge. Es läßt sich dann der Beweis erbringen, daß bei allen *irreversiblen* Vorgängen die Entropie am Ende immer größer als am Anfang ist, d. h. also stets *zunimmt*.

21.5.2 Berechnung der Entropie

Die Entropie eines Körpers mit der Temperatur T läßt sich berechnen, ausgehend von einer bestimmten Bezugstemperatur (meist 0 °C); denn die im Körper enthaltene Wärme muß diesem irgendwie zugeführt worden sein. Wird aber der Erwärmungsvorgang genauer verfolgt, so ist erkennbar, daß gleichlaufend mit der Wärmezufuhr auch die Temperatur ansteigt. Die gesamte Wärmemenge geht also *nicht* bei einer festliegenden Temperatur in den Körper, wie es beim CARNOT-Prozeß der Fall ist. Man muß sich vielmehr vorstellen, daß die Wärme in kleinen Teilbeträgen dQ und jeder Teilbetrag bei einer anderen Temperatur T in den Körper fließt. Da jeder dieser Einzelschritte beliebig klein gedacht werden kann, dürfen sie als reversibel betrachtet werden. Ein einzelner liefert mithin das **Entropie-Element** $dS = \dfrac{dQ_{rev}}{T}$, und erst durch Summierung (Integration) all dieser Elemente folgt die gesamte Entropie bezüglich der Bezugstemperatur T_0:

$$\boxed{S = \int\limits_{T_0}^{T} \frac{\mathrm{d}Q_{rev}}{T}} \qquad \text{Entropie} \qquad\qquad (21.6)$$

Das Integral ist an sich leicht berechenbar, wenn die spezifische Wärmekapazität c über den in Frage kommenden Temperaturbereich konstant ist. Wegen $\mathrm{d}Q = cm\,\mathrm{d}T$ folgt dann für einen festen Körper oder eine Flüssigkeit

$$S = \int\limits_{T_0}^{T} \frac{cm\,\mathrm{d}T}{T} = cm\ln\frac{T}{T_0}. \qquad\qquad (21.7)$$

21.5.3 Entropiezunahme beim Mischvorgang

Der typische Fall eines irreversiblen Vorganges ist das Vermischen von kaltem mit warmem Wasser; denn es gibt kein Mittel, diese beiden Wassermengen von verschiedener Temperatur wieder voneinander zu trennen.

Es werde beispielsweise von je 1 kg Wasser von 10 °C bzw. 100 °C ausgegangen. Beide Wassermengen werden miteinander vermischt, wonach 2 kg von der Mischtemperatur 55 °C vorliegen. Wir wollen die Vermutung, daß die Entropie nach dem Zusammengießen beider Wassermengen größer als vorher ist, durch Berechnung bestätigen.

Als Bezugstemperatur werde 0 °C angenommen. Für die Entropie des kalten Wassers ergibt sich mit (21.7) und dem Tabellenwert der spezifischen Wärmekapazität c

$$S_1 = cm\ln\frac{T_1}{T_0} = \frac{4{,}187\,\text{kJ}\cdot 1\,\text{kg}}{\text{kg K}}\ln\frac{283}{273} = 0{,}1506\,\text{kJ/K}$$

und für das heiße Wasser

$$S_2 = cm\ln\frac{T_2}{T_0} = \frac{4{,}187\,\text{kJ}\cdot 1\,\text{kg}}{\text{kg K}}\ln\frac{373}{273} = 1{,}3068\,\text{kJ/K}.$$

Nach dem Mischen liegen 2 kg Wasser mit der Temperatur 55 °C vor. Die Entropie ist

$$S_3 = cm\ln\frac{T_3}{T_0} = \frac{4{,}187\,\text{kJ}\cdot 2\,\text{kg}}{\text{kg K}}\ln\frac{328}{273} = 1{,}5370\,\text{kJ/K}.$$

Die Gegenüberstellung ergibt demnach:

Entropie $S_1 + S_2$ *vor* dem Mischen $<$ Entropie S_3 *nach* dem Mischen
$(0{,}1506 + 1{,}3068)\,\text{kJ/K} = 1{,}4574\,\text{kJ/K} < 1{,}5370\,\text{kJ/K}$
Entropiezuwachs: $\Delta S = S_3 - (S_1 + S_2) = (1{,}5370 - 1{,}4574)\,\text{kJ/K} = 0{,}0796\,\text{kJ/K}.$

Die Entropie*zunahme* beim einfachen Mischvorgang kann durch ein grobes Modell veranschaulicht werden. Die Entropie des warmen Wassers ist durch eine Säule aus Steinen dargestellt (Bild 21.14a). Anders als beim vorhergehenden Mischungsversuch soll jetzt der Temperaturbereich $T_1 - T_0$ grob in 4 *gleiche* Temperaturintervalle ΔT unterteilt werden, also $4\,\Delta T$ betragen. Dann sind die Entropieelemente $\dfrac{\mathrm{d}Q_{rev}}{T}$ näherungsweise durch die Folge

$$\frac{\mathrm{d}Q_{rev}}{\Delta T},\qquad \frac{\mathrm{d}Q_{rev}}{2\,\Delta T},\qquad \frac{\mathrm{d}Q_{rev}}{3\,\Delta T},\qquad \frac{\mathrm{d}Q_{rev}}{4\,\Delta T}$$

gegeben.

Im Bild (21.14a) sind den Steinen die Quotienten $dS \left/ \dfrac{dQ_{rev}}{T} \right.$ zugeordnet, die der Reihe nach

$$1, \quad \tfrac{1}{2}, \quad \tfrac{1}{3}, \quad \tfrac{1}{4}$$

betragen. Daneben steht die Entropie einer gleich großen Wassermasse, deren Temperatur aber nur $2\,\Delta T$ betragen soll. Nach dem Mischen (Bild 21.14b) beträgt die Temperatur der gesamten Wassermasse das arithmetische Mittel, nämlich $3\,\Delta T$. Man sieht auf diese Weise, daß die Entropie der gesamten Wassermasse zugenommen hat.

Das Gesetz von der Zunahme der Entropie lautet:

Alle Naturvorgänge verlaufen so, daß die gesamte Entropie der daran beteiligten Körper nicht abnimmt; bei irreversiblen Vorgängen wächst sie, bei reversiblen bleibt sie konstant.

$$\boxed{\Delta S \geqq 0} \qquad \text{II. Hauptsatz der Wärmelehre} \tag{21.8}$$

Beide Hauptsätze beherrschen das gesamte Naturgeschehen.

Bild 21.14. a) Modelldarstellung der Entropien zweier gleicher Flüssigkeitsmengen verschiedener Temperatur, b) Entropie der Mischung

Es wäre durchaus kein Verstoß gegen den I. Hauptsatz, wenn es irgendwie gelänge, eine Menge lauen Wassers ohne Arbeitsaufwand in eine warme und kalte Hälfte zu trennen. Eine derartige Maschine würde ein **Perpetuum mobile II. Art** darstellen. Sie verstößt aber gegen den II. Hauptsatz, weil hierbei die Entropie abnehmen würde. Gegen alle Erfahrung müßte in einem solchen Fall Wärme von tieferer zu höherer Temperatur fließen. Gewiß kann einem kalten Körper Wärme entzogen werden (siehe Wärmepumpe), aber *nur* unter Aufwand mechanischer Arbeit! Deshalb wird der II. Hauptsatz auch so ausgesprochen:

Wärme kann nur unter Arbeitsaufwand von tieferer zu höherer Temperatur geleitet werden.

Es läßt sich weiterhin beweisen, daß der Betrag der hierzu benötigten Arbeit in jedem Fall größer ist, als ihn eine mit dem erzielten Temperaturunterschied betriebene Wärmekraftmaschine liefern könnte. Es gibt somit keine Möglichkeit, den II. Hauptsatz technisch zu durchbrechen.

22 Reale Gase

22.1 Isothermen eines realen Gases

Insbesondere bei tiefen Temperaturen und hohen Drücken weicht das Verhalten der **wirklichen (realen) Gase** vom BOYLESchen Gesetz (9.6) ab. Bei Steigerung des Druckes vermindert sich ihr Volumen stärker, als dem Gesetz pV = konst entspricht (Bild 22.1). Es macht sich bereits die gegenseitige Anziehung **(Kohäsion)** der Moleküle geltend. Infolge dieser Kohäsion entsteht, entsprechend der Oberflächenspannung einer Flüssigkeit, dort, wo das Gas an die Gefäßwandung grenzt, ein zusätzlicher nach innen gerichteter Druck. Dieser ist um so stärker, je mehr Moleküle sich in der Nachbarschaft *eines* Moleküls befinden,

d. h., je größer die Dichte $\varrho = \dfrac{m}{V}$ des Gases ist. Die Anzahl der Moleküle, die diese Druckerhöhung hervorrufen, ist der Gasdichte ebenfalls proportional. Damit ist der Druck p

durch Hinzufügen eines Gliedes $a\,\dfrac{m^2}{V^2}$ zu korrigieren. Ferner dürfen die Teilchen nicht, wie man es beim idealen Gas annimmt, punktförmig betrachtet werden. Das Volumen V ist vielmehr um ein Zusatzglied mb zu vermindern, das dem eigenen Raumbedarf der Moleküle Rechnung trägt. Damit kann die Zustandsgleichung (17.25) wie folgt verbessert werden:

$$\left(p + a\,\frac{m^2}{V^2}\right)(V - mb) = mRT$$

van-der-Waalssche Zustandsgleichung der realen Gase   (22.1)

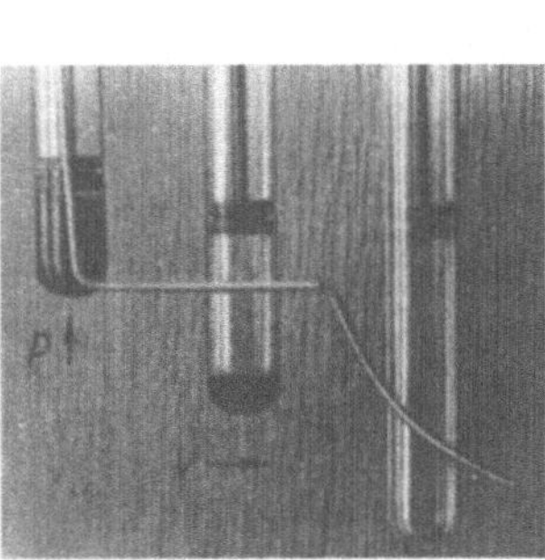

Bild 22.1. Verhalten eines Gases längs einer realen Isotherme

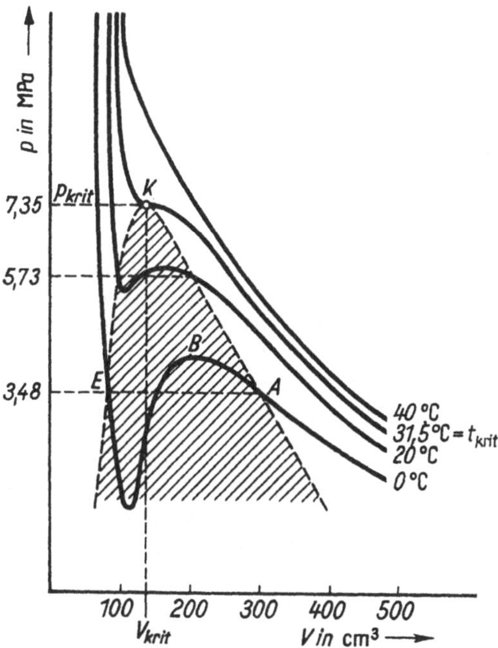

Bild 22.2. Isothermen von Kohlendioxid (ANDREWS-Diagramm)

Die Isothermen sind keine Hyperbeln mehr, sondern – wie aus der Gleichung hervorgeht –
Parabeln 3. Grades. Wird die Verdichtung längs einer Isotherme von rechts her verfolgt,
so nimmt das Volumen immer mehr ab (Bild 22.2). Von B ab müßte dem Kurvenverlauf
zufolge trotz abnehmenden Volumens der Druck wieder sinken; eine etwas merkwürdige
Forderung! Tatsächlich wird aber diese *nur* theoretisch existierende S-Kurve gar nicht
durchlaufen, sondern bei A setzt die **Verflüssigung** des Gases ein. Von diesem Augenblick
an bestehen längs der Geraden AE Flüssigkeit und gesättigter Dampf nebeneinander. Der
Druck bleibt in Übereinstimmung mit dem Inhalt des Merksatzes aus 19.3.1 so lange
konstant, wie noch Dampf anwesend ist. Bei E ist dann nur noch Flüssigkeit vorhanden,
und der Druck steigt entsprechend der geringfügigen Kompressibilität der Flüssigkeit
stark an.

22.2 Kritischer Zustand

Ebenso durchlaufen auch die übrigen, ähnlich gekrümmten Isothermen ein solch horizon-
tales Stück, das mit zunehmender Temperatur immer kürzer wird. Handelt es sich beispielsweise um Kohlendioxid, so ist die horizontale, den Verflüssigungsvorgang darstellende
Gerade bei 31,5 °C zu einem Punkt zusammengeschrumpft. Aus dem ganzen Diagramm
hebt sich das schraffierte Gebiet heraus, welches kein Gas, sondern gesättigten Dampf
darstellt. Mit steigender Temperatur werden die Isothermen der Hyperbelform immer
ähnlicher, das Gas nähert sich dem idealen Zustand.
Der Gipfelpunkt K des schraffierten Gebietes heißt der **kritische Zustand** des Gases:

> **Oberhalb der kritischen Temperatur ist die Verflüssigung eines Gases unmöglich.**

Die kritischen Daten einiger Gase sind in der Zahlentafel in 17.4.3 mit vermerkt.

Beispiele: 1. Ein zugeschmolzenes Glasröhrchen enthält bei Zimmertemperatur zur Hälfte flüssiges
SO_2. Bei Erwärmung siedet die Flüssigkeit unter Bildung von Dampfbläschen. Nach Erreichen
des kritischen Punktes verschwindet plötzlich die Grenze zwischen Flüssigkeit und Dampf, beide
Zustände sind identisch geworden. Beim Abkühlen treten Nebel und dann »Regen«tröpfchen auf.
2. Kann eine Stahlflasche mit CO_2 bzw. Sauerstoff bei 20 °C flüssiges Gas enthalten? – Da 20 °C
unter der kritischen Temperatur des Kohlendioxids liegt, tritt nach Bild 22.2 Verflüssigung bei
5,73 MPa ein. Sauerstoff kann nur unterhalb von -119 °C als Flüssigkeit existieren.

22.3 Verflüssigung der Gase

Zur Gasverflüssigung dient heute allgemein das von HAMPSON erfundene und von LINDE
1895 verbesserte Verfahren. Es beruht auf dem

> **Joule-Thomson-Effekt:**
>
> **Bei der gedrosselten Entspannung eines Gases tritt eine geringe Temperaturänderung
> ein.**

Der in 20.2 beschriebene Versuch von GAY-LUSSAC war in der Tat ursprünglich nur ungenau
angestellt worden. Der dort abgeleitete Satz trifft zwar für das ideale Gas zu, nicht aber
für die realen Gase. Wenn man z. B. Luft unter Druck ausströmen läßt (drosselt), findet je
0,1 MPa Druckabnahme eine Abkühlung um 0,271 K statt. Lediglich bei den Gasen Wasserstoff, Helium und Neon tritt der Effekt erst unterhalb einer für jedes Gas eigentümlichen
Temperatur ein (Inversionstemperatur). Die bei A (Bild 22.3) angesaugte Luft wird komprimiert und strömt durch das Drosselventil V in den Raum B, wobei sie sich abkühlt. Diese
Luft wird rückwärts geleitet und umspült im *Gegenstrom* die neu ankommende, wodurch

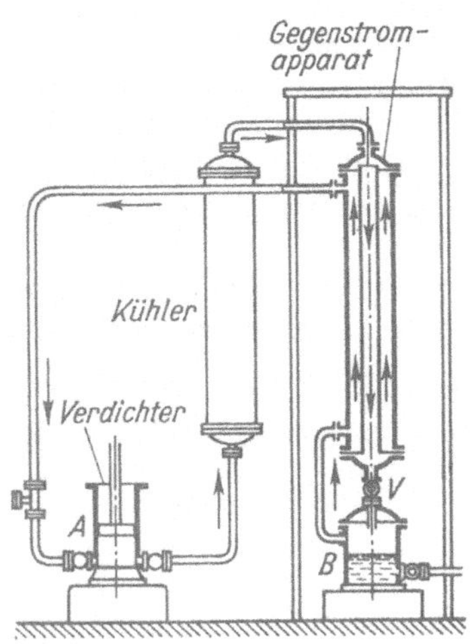

Bild 22.3. Schema der Luftverflüssigung

Bild 22.4. Rektifizierkolonne zur Trennung Stickstoff–Sauerstoff

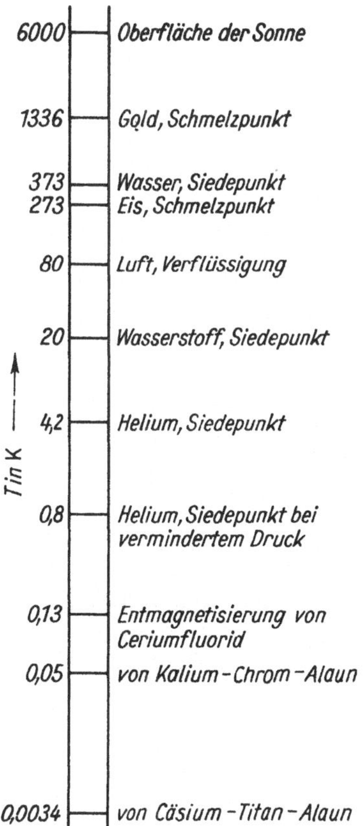

Bild 22.5. Einige Temperaturen in logarithmischem Maßstab

diese vorgekühlt wird. Die Temperatur sinkt nach mehrmaligem Kreislauf so lange, bis sich nach Unterschreiten der kritischen Temperatur in B flüssige Luft bildet.

Die flüssige Luft wird in doppelwandigen Gefäßen aufbewahrt, wo sie im Gleichgewicht mit ihrem Dampf steht und eine Temperatur von $-190\,°C$ längere Zeit beibehält.

Da flüssiger Sauerstoff bei einer um 13 K höheren Temperatur als der Stickstoff siedet, ist es mit besonderen Rektifizierkolonnen möglich, beide Gase zu trennen und so reinen Sauerstoff und Stickstoff herzustellen (Bild 22.4).

Durch Verdampfung des bei 4,2 K siedenden flüssigen Heliums im Vakuum kann dessen Temperatur bis auf 0,84 K weiter gesenkt werden. Damit ist die tiefstmögliche, nach diesem Verfahren erzielbare Temperatur erreicht.

Eine noch weitergehende Temperatursenkung gelingt durch Entmagnetisierung von paramagnetischen Salzen (bestimmte Alaune) im Kältebad. Es wurde damit eine Temperatur von 0,0034 K erzielt. Noch tiefere Temperaturen bis zu $1,2 \cdot 10^{-6}$ K konnten schließlich kurzzeitig bei der Entmagnetisierung von Atomkernen beobachtet werden.

23 Kinetische Theorie der Wärme

Die Einsicht in zahlreiche physikalische Erscheinungen wird wesentlich vertieft, wenn sie vom Standpunkt der *einzelnen* Moleküle aus und in deren wechselseitigem Zusammenwirken betrachtet werden.

23.1 Avogadrosche Konstante

Die kleinsten Teilchen eines Gases können sowohl Atome als auch Moleküle sein. Im folgenden bezeichnen wir beide Arten schlechthin als *Moleküle*. In den meisten Fällen genügt es, sie sich als *kleine elastische Kügelchen* vorzustellen, die in den Gasen durch *weite* Zwischenräume voneinander getrennt sind und sich in unaufhörlicher heftiger Bewegung befinden.

Die **Molekülmasse** m_M ist sehr klein gegenüber der Masse m eines Stoffes. Zwecks bequemeren Vergleichs zwischen den Molekülen verschiedener Stoffe wird eine Verhältnis*zahl* M_r eingeführt, die

$$\textbf{relative Molekülmasse} = \frac{\textbf{Masse eines Moleküls}}{\textbf{1/12 der Masse des Kohlenstoffisotops C 12}}$$

$$\boxed{M_r = \frac{m_M}{1/12\, m_{M\,C12}}} \qquad \textbf{Relative Molekülmasse} \qquad (23.1)$$

Der Quotient aus der Teilchenanzahl N und der Stoffmenge n, d. h. die **molare Teilchenzahl**, wird als **Avogadro-Konstante** N_A bezeichnet. Da die Stoffmenge n in 17.4.1 proportional zur Teilchenanzahl N eingeführt wurde, ergibt sich für *alle* Stoffe der gleiche Wert:

$$\boxed{N_A = \frac{N}{n} = 6,022045 \cdot 10^{23}\,\text{mol}^{-1}} \qquad \textbf{Avogadro-Konstante} \qquad (23.2)$$

1 mol eines jeden Stoffes besteht aus rund $6,02 \cdot 10^{23}$ Molekülen.

Zur experimentellen Bestimmung der AVOGADRO-Konstanten können die verschiedensten Methoden angewandt werden, die im Rahmen der Meßgenauigkeit alle zum gleichen Ergebnis führen.

Es sei hier die Methode von PERRIN (1908) beschrieben: Sie geht von der barometrischen Höhenformel (9.8) aus. Da die Drücke eines Gases nach der Zustandsgleichung (17.23) sich wie die Stoffmengen und damit wie die Molekülanzahlen N verhalten, die im Volumen V vorhanden sind, wird (9.8) in der Form

$$N = N_0 \cdot e^{-\frac{\varrho_0 g h}{p_0}}$$

geschrieben, aus der durch Logarithmieren $\dfrac{\varrho_0 g h}{p_0} = \ln (N_0/N)$ folgt. Die Zustandsgleichung (17.25) liefert $\varrho_0 = \dfrac{m}{V} = \dfrac{p_0}{RT}$ und damit $gh = RT \ln (N_0/N)$. Wird die letzte Gleichung beiderseits durch das Produkt gh dividiert und mit der AVOGADRO-Konstanten $N_A = \dfrac{N}{n}$ durchmultipliziert, so folgt

$$N_A = \frac{RTN \ln (N_0/N)}{ngh} \, .$$

Wird nun noch der aus 17.4.2 bekannte Zusammenhang $\dfrac{R}{n} = \dfrac{R_m}{m}$ beider Gaskonstanten sowie $\dfrac{m}{N} = m_M$ für die Molekülmasse berücksichtigt, ergibt sich schließlich

$$N_A = \frac{R_m T \ln (N_0/N)}{m_M gh} \, .$$

Um nun die AVOGADRO-Konstante experimentell zu bestimmen, stellte PERRIN eine kleine »künstliche Atmosphäre« aus einem Sol von winzigen Mastixkügelchen in Wasser her.[1] Die Dichteverteilung dieser »Riesenmoleküle« entspricht im Gleichgewicht genau der

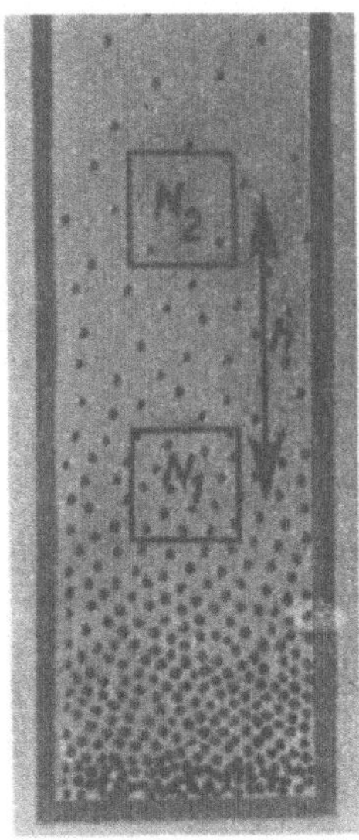

Bild 23.1. Abnahme der Teilchendichte mit der Höhe

---

[1] Da beim Eingießen von alkoholischer Mastixlösung in Wasser Teilchen von verschiedenster Größe entstehen, mußte PERRIN das Sol durch Zentrifugieren in einzelne Anteile bestimmter Teilchengröße zerlegen.

einer idealen Atmosphäre und kann durch direktes Auszählen im Mikroskop ermittelt werden (Bild 23.1).

Einer seiner zahlreichen und mühevollen Versuche lieferte z. B. ein Verhältnis der Teilchenzahlen $\dfrac{N_1}{N_2} = \dfrac{100}{12}$ innerhalb eines Höhenunterschiedes von $h = 1{,}1 \cdot 10^{-4}\,\text{m}$. Die Gewichtskraft $m_M g$ der einzelnen Kügelchen ermittelte er zu $7{,}22 \cdot 10^{-17}\,\text{N}$, so daß bei 20 °C

$$N_A = \frac{8314\,\text{J} \cdot 293\,\text{K} \cdot \ln(100/12)}{\text{kmol K} \cdot 7{,}22 \cdot 10^{-17}\,\text{N} \cdot 1{,}1 \cdot 10^{-4}\,\text{m}} = 6{,}5 \cdot 10^{26}\ 1/\text{kmol}$$

wird. Der Quotient aus der Teilchenanzahl N und dem Volumen V, d. h. die **Teilchendichte**

$$\frac{V}{N} = \frac{N/n}{V/n} = \frac{N_A}{V_m}$$

ist für die einzelnen Stoffe wegen des unterschiedlichen molaren Volumens im Nenner verschieden groß.

Nur für das *ideale Gas* unter Normalbedingungen ergibt sich wegen des dann vorhandenen molaren Normvolumens V_{mn} (17.22) der *konstante* Wert:

$$\boxed{\,N_L = \frac{N_A}{V_{mn}} = 2{,}68675 \cdot 10^{25}\,\text{m}^{-3}\,} \qquad \textbf{Loschmidt-Konstante} \tag{23.3}$$

1 m³ eines beliebigen Gases enthält bei 0 °C und 1013,25 hPa rund $2{,}7 \cdot 10^{25}$ Moleküle.

Diese Anzahl ist erstmals von dem Österreicher LOSCHMIDT (1865) errechnet worden.

Die Masse eines einzelnen Moleküls ist

$$m_M = \frac{m}{N} = \frac{m/n}{N/n}$$

und wegen der molaren Masse (17.19) im Zähler und der AVOGADRO-Konstanten (23.2) im Nenner:

$$\boxed{\,m_M = \frac{M}{N_A}\,} \qquad \textbf{Molekülmasse} \tag{23.4}$$

Beispielsweise ergibt sich für die Masse eines Wasserstoffatoms mit $M = 1{,}008\,\text{kg/mol}$ (s. Zahlentafel der Gase in 17.4.3) der Wert

$$m_M = \frac{1{,}008\,\text{kg}}{6{,}022 \cdot 10^{26}} = 1{,}67 \cdot 10^{-27}\,\text{kg}.$$

Wird weiterhin angenommen, daß die Moleküle kugelförmig sind und sich in einem festen Körper gegenseitig berühren, so erfüllt jedes einzelne einen kleinen würfelförmigen Raum. Die Kantenlänge eines solchen Würfels ist

$$d = \sqrt[3]{V} = \sqrt[3]{\frac{m_M}{\varrho}} = \sqrt[3]{\frac{m_M N_A}{\varrho N_A}}$$

und wegen (23.4)

$$\boxed{\,d = \sqrt[3]{\frac{M}{\varrho N_A}}\,} \qquad \textbf{Moleküldurchmesser} \tag{23.5}$$

Wie sich beim Einsetzen von Zahlenwerten ergibt, liegt dieser in der Größenordnung von 10^{-10} m.

In 17.4.1 wurde ausgeführt, daß bei C 12 der Stoffmenge $n = 1$ kmol die Masse $m = 12$ kg entspricht und der Nachweis angekündigt, daß bei allen Stoffen der Zahlenwert der in kg/kmol gemessenen molaren Masse die relative Molekülmasse ist:

Liegt nicht C 12 vor, so ändert sich wegen der aus der Gleichung (23.1) durch Umstellen folgenden Beziehung

$$m_M = \frac{M_r}{12} \, m_{M\,C12}$$

die Molekülmasse m_M bei einem beliebigen Stoff um den Faktor $M_r/12$. Wegen $m = Nm_M$ ändert sich auch die Masse des beliebigen Stoffes um diesen Faktor. Der Stoffmenge $n = 1$ kmol entspricht jetzt die Masse $m = \dfrac{M_r}{12} \cdot 12\,\text{kg} = M_r\,\text{kg}$. Für die molare Masse $M = \dfrac{m}{n}$ folgt somit $M = M_r \dfrac{\text{kg}}{\text{kmol}}$, d. h. die Gleichung (17.20), die bereits wiederholt mit Vorteil verwendet wurde.

Beispiele: 1. Wieviel Moleküle enthält 1 m³ Wasser? – Mit der Gesamtmasse m ist die Anzahl der Teilchen mit (23.4) $N = \dfrac{m}{m_M} = \dfrac{\varrho V N_A}{M}$, und mit $M_r = 18$ bzw. $M = 18$ kg/kmol ergibt sich

$$N = \frac{1 \cdot 10^3 \;\text{kg m}^{-3} \cdot 1\;\text{m}^3 \cdot 6{,}022 \cdot 10^{26}\;\text{kmol}^{-1}}{18\;\text{kg kmol}^{-1}} = 3{,}3 \cdot 10^{28}.$$

(Man vergleiche mit dem Zahlenwert der Loschmidt-Konstanten!)

Um sich die ungeheure Größe des soeben berechneten Wertes für N zu veranschaulichen, sollen die Moleküle eines Liters Wasser irgendwie markiert und gleichmäßig auf alle Meere der Erde verteilt werden. Schöpft man dann aus dem Meer wieder einen Liter heraus, so enthält dieser immer noch mehr als 12000 der markierten Moleküle.

2. Wie groß ist die Masse eines Kohlenstoffatoms? – Nach dem Periodensystem der Elemente ist $M_r = 12{,}01$. Nach (23.4) ergibt sich

$$m_M = \frac{12{,}01 \;\text{kg kmol}^{-1}}{6{,}022 \cdot 10^{26}\;\text{kmol}^{-1}} = 1{,}99 \cdot 10^{-26}\;\text{kg}.$$

3. Wie groß ist der Durchmesser eines Kupferatoms? – Mit dem Tabellenwert $\varrho = 8{,}93$ kg/dm³ aus 1.1.4 und $M_r = 63{,}54$ aus dem Periodensystem ergibt sich aus (23.5)

$$d = \sqrt[3]{\frac{63{,}54 \;\text{kg m}^3}{8{,}93 \cdot 10^3\;\text{kg} \cdot 6{,}022 \cdot 10^{26}}} = 2{,}28 \cdot 10^{-10}\;\text{m}.$$

23.2 Molekulargeschwindigkeit

Schon bei früherer Gelegenheit haben wir Erscheinungen kennengelernt, die auf die Eigenbewegung der Moleküle hindeuten: Brownsche Bewegung kleiner Teilchen in Flüssigkeiten und Diffusion. Vor allem aber lassen sich viele Gesetze der Wärmelehre besser verstehen und begründen, wenn davon ausgegangen wird, daß sich die Moleküle der Gase wie *vollkommen elastische*, in unaufhörlicher Bewegung befindliche Kugeln verhalten.

Infolge ihrer großen Anzahl werden sie dabei fortgesetzt und in der unregelmäßigsten Weise aneinanderprallen. Das einzelne Teilchen wird dabei seinen Impuls, seine kinetische Energie und Bewegungsrichtung dauernd ändern müssen. Insgesamt aber muß die Energiesumme *aller* Teilchen erhalten bleiben, wenn keine Energie nach außen hin abgegeben wird. Da vorläufig kein Anhaltspunkt gegeben ist, die dauernd wechselnde Geschwindigkeit der Teilchen rechnerisch zu erfassen, nehmen wir an, daß der Geschwindigkeits*betrag aller* Moleküle *gleich groß* sei und einem *durchschnittlichen* Betrag v entsprechen möge. Mit dieser Geschwindigkeit stoßen sie auch gegen die Gefäßwände und üben auf diese eine Kraft aus, infolge deren der meßbare Druck des Gases entsteht.

23.2.1 Mittlere energetische Geschwindigkeit

Wegen der äußerst unterschiedlichen Stoßrichtung der einzelnen Teilchen muß eine weitere grobe Schematisierung vorgenommen werden: Wir nehmen an, daß das einschließende Volumen würfelförmige Gestalt hat und je $\dfrac{1}{6}$ aller Teilchen in *senkrechter* Richtung auf je eine Würfelfläche prallt.

In einem bestimmten Volumen V seien N Moleküle enthalten. Im Zeitraum dt stoßen dann dN Moleküle gegen eine Würfelfläche A, die in einem Quadervolumen dV (Bild 23.2) der Länge $v\,dt$ und dem Querschnitt A enthalten sind, d. h.

$$\frac{dN}{\frac{1}{6}N} = \frac{dV}{V} \quad \text{bzw.} \quad dN = \frac{N}{6} \cdot \frac{Av\,dt}{V}.$$

Dabei ist die Geschwindigkeit vor dem Stoß $+v$ und nach der Reflexion $-v$. Das ergibt nach Gleichung (6.1) eine Impulsänderung $m_\mathrm{M}v - (-m_\mathrm{M}v) = 2m_\mathrm{M}v$ je Molekül. Alle dN Moleküle liefern die gesamte Impulsänderung

$$2m_\mathrm{M}v\,dN = \frac{Nm_\mathrm{M}}{3}\frac{Av^2}{V}\,dt.$$

Die Kraft F ist nach (6.3) die zeitliche Änderung des Impulses, also

$$F = \frac{Nm_\mathrm{M}}{3}\frac{Av^2}{V},$$

und ihr Quotient mit der Fläche A ist nach (9.3) der Gasdruck

$$p = \frac{Nm_\mathrm{M}}{3}\frac{v^2}{V}. \tag{23.6}$$

Diese Gleichung, die sich aus der Modellvorstellung des idealen Gases ergab, wird im nächsten Abschnitt weiter verfolgt. Eine ihrer Konsequenzen ist die aus 17.4 bekannte Zustandsgleichung, auf die hier bereits zurückgegriffen werden soll:

Es ist in (23.6) Nm_M die Masse m der im Gesamtvolumen V enthaltenen Moleküle, also

$$pV = m\frac{v^2}{3}.$$

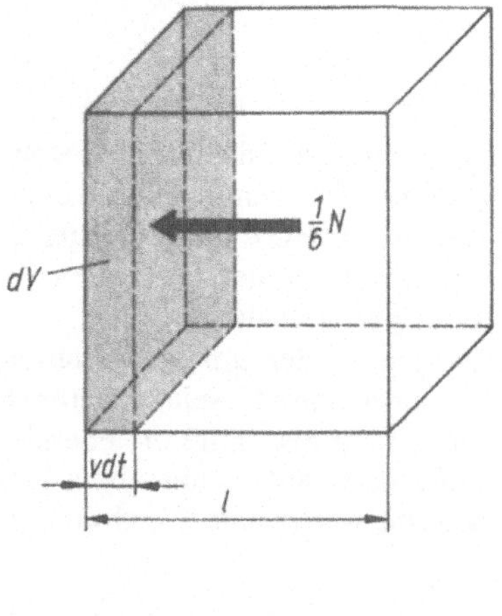

Bild 23.2. Zum Modell des idealen Gases

Schließlich wird das Produkt pV dieser Gleichung mit Hilfe der Zustandsgleichung (17.25) $pV = mRT$ ersetzt:

$$\frac{mv^2}{3} = mRT,$$

womit sich die Möglichkeit eröffnet, die mittlere Geschwindigkeit der unsichtbar kleinen Moleküle aus den mit einfachen Mitteln meßbaren Zustandsgrößen des Gases zu berechnen. Da die linke Seite dieser Gleichung bis auf einen Zahlenfaktor gleich der kinetischen Energie $\frac{m}{2} v^2$ *aller* Gasmoleküle ist, heißt die hieraus hervorgehende Geschwindigkeit

$$\boxed{v = \sqrt{3RT}} \qquad \text{**Mittlere energetische Geschwindigkeit**} \qquad (23.7)$$

Beispiel: Berechne die mittlere energetische Geschwindigkeit der Moleküle des Sauerstoffs, des Wasserstoffs und des Ioddampfes ($M_r = 253,8$) bei 20 °C! – Für Sauerstoff ist $R = 259,8$ J/(kg K) (vgl. Zahlentafel der Gase in 17.4.3), womit aus (23.7) folgt

$$v = \sqrt{3 \cdot 259,8 \text{ J/(kg K)} \cdot 293 \text{ K}} = 478 \text{ m/s}.$$

Mit $R = 4124,4$ J/(kg K) liefert die analoge Rechnung für Wasserstoff $v = 1912$ m/s. Für Iod mit $M = 253,8$ kg/kmol wird mit (17.26) $R = \dfrac{R_m}{M}$ aus (23.7)

$$v = \sqrt{3 \frac{R_m}{M} T} = \sqrt{3 \cdot \frac{8314 \text{ J} \cdot 290 \text{ K}}{\text{kmol K} \cdot 253,8 \text{ kg/kmol}}} = 170 \text{ m/s}.$$

23.2.2 Molekularenergie und Temperatur

Mit dem soeben eingeführten Geschwindigkeitsbegriff ist $\dfrac{m_M}{2} v^2$ die **mittlere kinetische Energie** *eines* **Gasmoleküls**. Die Basisgröße Temperatur wird jetzt als Größe definiert, die dieser Energie proportional ist:

$$\boxed{\frac{m_M}{2} v^2 = \frac{3}{2} kT} \qquad \text{**Mittlere kinetische Energie eines einzelnen Moleküls**} \qquad (23.8)$$

Die Gleichung sagt dann aus:

> **Als Temperaturnullpunkt (= absoluter Nullpunkt) ist der Zustand festgelegt, in dem die Moleküle des idealen Gases keine kinetische Energie haben.**

Der Proportionalitätsfaktor $\frac{3}{2}k$ enthält die Konstante k, die zu Ehren des österreichischen Physikers LUDWIG BOLTZMANN (1844 bis 1906), dem Begründer der kinetischen Theorie der Wärme, die besondere Bezeichnung BOLTZMANN-Konstante erhält. In ihr sind keinerlei individuelle Eigenschaften eines Gases mehr enthalten. Sie ist eine universelle Naturkonstante. Vielmehr ist der Zahlenwert von k durch die bereits in 19.3.2 definierte Basiseinheit Kelvin der Temperatur festgelegt. Somit hängt k von Messungen der Eigenschaften des Wassers ab, der experimentell bestimmte Wert ist

$$\boxed{k = 1,380662 \cdot 10^{-23} \text{ J/K}} \qquad \text{**Boltzmann-Konstante**} \qquad (23.9)$$

Nun soll die Modellvorstellung eines idealen Gases an Hand der Gleichung (23.6) weiter verfolgt werden:

$$pV = \frac{Nm_M}{3} v^2 = \frac{2}{3} N \cdot \frac{m_M}{2} v^2 .$$

Auf der rechten Seite ist jetzt die mittlere kinetische Energie eines Moleküls (23.8) erkennbar, so daß sich mit deren Hilfe

$$pV = \frac{2}{3} N \cdot \frac{3}{2} kT = NkT \tag{23.10}$$

ergibt. Das ist offenbar die Zustandsgleichung des idealen Gases, hergeleitet aus der Modellvorstellung unter Verwendung der Definition (23.8) der Temperatur, die damit als sinnvoll erkannt wird.

Da bei konstanter Temperatur die rechte Seite der Zustandsgleichung (23.10) nur proportional zur Teilchenanzahl N ist, muß sich bei Verwendung molarer Größen, insbesondere der AVOGADRO-Konstanten (23.2) wegen

$$pV = NkT = n \frac{N}{n} kT = n N_{\mathrm{A}} kT \tag{23.11}$$

für das Produkt $N_{\mathrm{A}} k$ für alle idealen Gase der gleiche Wert ergeben. Davon wurde in der bereits verwendeten Schreibweise

$$pV = n R_{\mathrm{m}} T$$

für die Zustandsgleichung (17.23) mit allgemeiner Gaskonstante R_{m} Gebrauch gemacht. Diese ergibt sich durch Vergleich der beiden Formen (23.11) und (17.23) der Zustandsgleichung aus den beiden Naturkonstanten N_{A} und k:

$$\boxed{R_{\mathrm{m}} = N_{\mathrm{A}} k} \qquad \textbf{Allgemeine Gaskonstante} \tag{23.12}$$

Wir berechneten in 17.4.2 den Zahlenwert von R_{m} nicht mit Hilfe von (23.12), sondern aus dem dort nur mitgeteilten molaren Normvolumen (17.24), daß deshalb hier noch ermittelt werden soll.

Für das molare Volumen liefert die Zustandsgleichung (23.11)

$$V_{\mathrm{m}} = \frac{V}{n} = \frac{N_{\mathrm{A}} kT}{p},$$

und speziell für Normalbedingungen ($p_{\mathrm{n}} = 101{,}325\ \mathrm{kPa}$, $T_{\mathrm{n}} = 273{,}15\ \mathrm{K}$) ergibt sich das molare Normvolumen zu

$$V_{\mathrm{mn}} = \frac{N_{\mathrm{A}} k T_{\mathrm{n}}}{p_{\mathrm{n}}} = \frac{6{,}022045 \cdot 10^{23} \cdot 1{,}380662 \cdot 10^{-23}\ \mathrm{J} \cdot 273{,}15\ \mathrm{K} \cdot \mathrm{m}^2}{\mathrm{mol} \cdot \mathrm{K} \cdot 101{,}325 \cdot 10^3\ \mathrm{N}}$$

$$= 22{,}4138\ \mathrm{m}^3/\mathrm{kmol}.$$

Die bereits erwähnte mittlere Energie *aller* Moleküle läßt sich auf die eines einzelnen (23.8) zurückführen:

$$\frac{m}{2} v^2 = N \cdot \frac{m_{\mathrm{M}}}{2} v^2 = N \cdot \frac{3}{2} kT = \frac{3}{2} n \frac{N}{n} kT = \frac{3}{2} n N_{\mathrm{A}} kT.$$

Mit der allgemeinen Gaskonstanten (23.12) wird

$$\boxed{\frac{m}{2} v^2 = \frac{3}{2} n R_{\mathrm{m}} T} \qquad \textbf{Mittlere kinetische Energie} \atop \textbf{aller Moleküle} \tag{23.13}$$

Potentielle Energie ist in einem idealen Gas nicht vorhanden, da keine Kräfte zwischen den Molekülen wirken. Der Ausdruck (23.13) stellt somit die gesamte **innere Energie** U eines idealen Gases dar. Letztere muß auch vom Volumen unabhängig sein. Verringert man z. B. das dem Gas dargebotene Volumen, so kann sich für ein einzelnes Teilchen nur die im freien

Flug zurückgelegte Wegstrecke ändern. Die Anzahl der je Zeiteinheit erfolgenden Zusammenstöße wird dadurch entsprechend größer. Da die Stöße aber vollkommen elastisch vor sich gehen, kann sich keine Energieänderung ergeben. Damit hat sich der in 20.2 ausgesprochene Satz nochmals bestätigt: Die innere Energie eines Gases ist vom Volumen unabhängig.

Schließlich ergibt sich noch eine einfache Möglichkeit, den Druck eines Gases aus der Teilchendichte N/V und der Temperatur T zu berechnen, wenn die Zustandsgleichung (23.10) nach p umgestellt wird:

$$\boxed{p = \frac{N}{V}\,kT}\qquad \textbf{Gasdruck} \qquad\qquad (23.14)$$

23.2.3 Maxwellsche Geschwindigkeitsverteilung

Die soeben aufgestellten Gleichungen gehen von der willkürlichen Annahme aus, daß alle Moleküle die gleiche Geschwindigkeit v haben. Dies ist aber in Wirklichkeit *nicht* der Fall, vielmehr nehmen die Moleküle infolge der fortgesetzten Zusammenstöße die verschiedensten Geschwindigkeiten w an.

Es handelt sich hierbei um **schiefe Stöße** von Körpern gleicher Massen, wobei die Stoßrichtung mit der Verbindungsgeraden der Kugelmitten *nicht* zusammenfällt (Bild 23.3). Die Impulse sind in je eine tangentiale und eine normale Komponente zu zerlegen, wobei dann die tangentialen Komponenten nach dem Stoß unverändert bleiben, während die normalen Komponen-

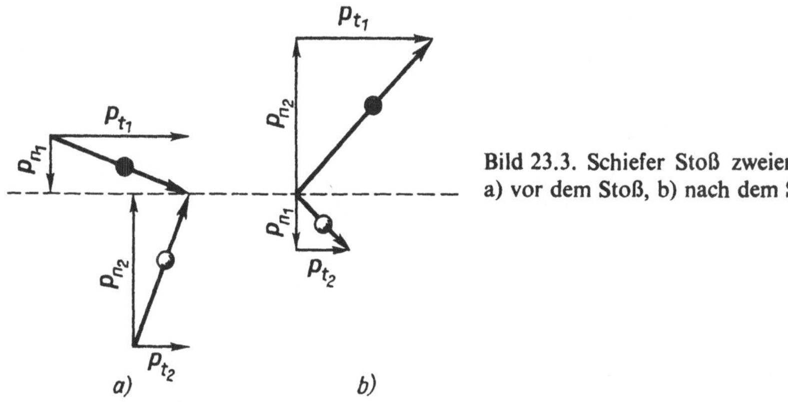

Bild 23.3. Schiefer Stoß zweier Moleküle:
a) vor dem Stoß, b) nach dem Stoß

ten nach 6.4.1 ausgetauscht werden. Setzt man die Komponenten nach dem Stoß wieder zusammen, so ist zu sehen, daß die Impulse sich nach Richtung und Größe verändert haben. Es können bei entsprechend günstiger Häufung vieler aufeinanderfolgender Stöße sowohl sehr große als auch sehr kleine Geschwindigkeiten entstehen. In der ungeheuren Anzahl von Molekülen wird also im Durchschnitt jede Geschwindigkeit mit einem bestimmten Prozentsatz vertreten sein.

Auf Grund wahrscheinlichkeitstheoretischer Überlegungen gelang es Maxwell, zu berechnen, welcher Bruchteil dN/N aller Moleküle N in einem bestimmten Geschwindigkeitsbereich dw liegt, wenn die Temperatur T gegeben ist:

$$\boxed{\frac{dN}{N} = \frac{4w^2}{\sqrt{\pi}}\left(\frac{1}{2RT}\right)^{3/2} e^{-\frac{w^2}{2RT}}\,dw}\qquad \textbf{Geschwindigkeitsverteilung}\ \text{nach \textbf{Maxwell}} \qquad (23.15)$$

18*

Die Temperatur liegt bei bekannter mittlerer energetischer Geschwindigkeit v nach (23.7) fest. Umgekehrt kann das in (23.7) vorkommende Produkt $2RT = \tfrac{1}{3}v^2$ durch v ausgedrückt werden. Für den am Ende von 23.2.1 als Beispiel behandelte Fall des Sauerstoffs ergab sich bei 20 °C eine mittlere energetische Geschwindigkeit von $v = 478$ m/s. Will man nun wissen, wieviel Moleküle eine Geschwindigkeit zwischen 300 und 400 m/s haben, ist für w der Mittelwert 350 m/s dieses Intervalls und für die »Intervallbreite« $(400 - 300)$ m/s $= 100$ m/s zu setzen:

$$\frac{dN}{N} = \frac{4{,}146 \cdot 350^2}{478^3\, e^{\frac{3 \cdot 350^2}{2 \cdot 478^2}}} \cdot 100 = 0{,}208\ 1 = 20{,}81\%$$

Auf diese Weise entstehen die Zahlen der folgenden Übersicht.

Molekulargeschwindigkeiten in m/s in Sauerstoff bei 20 °C zwischen	$\dfrac{dN}{N}$ in %
0 und 100	0,93
100 und 200	7,37
200 und 300	15,74
300 und 400	20,81
400 und 500	20,34
500 und 600	15,76
600 und 700	10,01
700 und 800	5,32
800 und 900	2,39
900 und 1 000	0,92
über 1 000	0,41
zusammen	100

Die Zeile für »über 1 000« ergibt sich als Differenz der Summe der darüber stehenden berechneten Werte zu 100%.

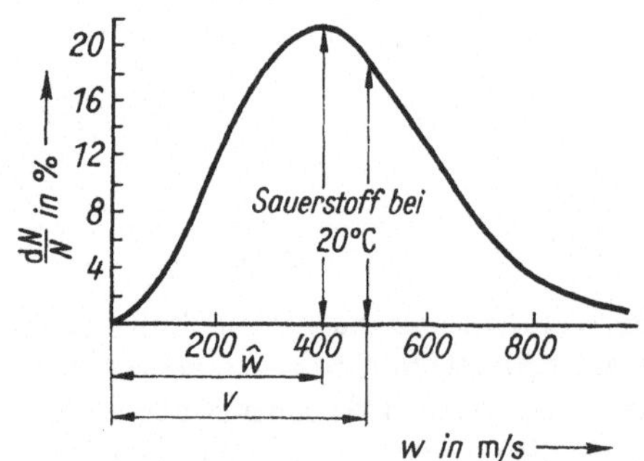

Bild 23.4. Geschwindigkeitsverteilung in Sauerstoff bei 20 °C für $dw = 100$ m/s

Grafisch dargestellt, ergibt sich eine unsymmetrische Kurve (Bild 23.4). Man sieht aus ihr, daß geringe Geschwindigkeiten ebenso wie extrem große einen relativ geringen Anteil ausmachen.

Von Interesse ist es ferner, welcher Geschwindigkeitsbetrag $\hat{w}$ mit der größten Wahrscheinlichkeit vertreten ist, d. h. am häufigsten vorkommt. Bei dem in der Tabelle genannten Beispiel liegt $\hat{w}$ zwischen 300 und 400 m/s, da diese Gruppe mit dem größten Prozentsatz vorkommt. Genauer läßt sie sich indessen ermitteln, wenn nach den Regeln der Differentialrechnung das Maximum der Funktion (23.15), das auch dem Maximum der auf Bild 23.4

gezeichneten Kurve entspricht, festgestellt wird. Dabei ist die Intervallbreite dw als Konstante zu behandeln, und es folgt durch Differenzieren nach w

$$f'(w) = 2w\, e^{-\frac{w^2}{2RT}} - w^2\,\frac{w}{RT}\, e^{-\frac{w^2}{2RT}}$$

und hieraus mit der Forderung $f'(\hat{w}) = 0$ die Maximalwertstelle $\hat{w}$:

$$\boxed{\hat{w} = \sqrt{2RT}}$$ **Wahrscheinlichste (am häufigsten vorkommende) Geschwindigkeit** (23.16)

Ein Vergleich mit der mittleren energetischen Geschwindigkeit (23.7) $v = \sqrt{3RT}$ zeigt also, daß die am häufigsten vorkommende Geschwindigkeit etwas kleiner ist:

$$\hat{w} = v\,\sqrt{\frac{2}{3}} = 0{,}8165\,v.$$

Dementsprechend folgt auch aus Gleichung (23.8)

$$\boxed{\frac{m_{\mathrm{M}}\hat{w}^2}{2} = kT}$$ **Wahrscheinlichste (am häufigsten vorkommende) Energie eines Moleküls** (23.17)

Beispiel: Berechne die wahrscheinlichsten Geschwindigkeiten der Moleküle des Wasserstoffs, Sauerstoffs und Iods an Hand des Beispiels am Ende von 32.2.1 für 20 °C. – Es ergibt sich $\hat{w}$ (Sauerstoff) $= 0{,}8165 \cdot 478$ m/s $= 390{,}3$ m/s. Für H_2 folgt analog $\hat{w} = 1\,561$ m/s, und für I_2 ist $\hat{w} = 139$ m/s.

23.3 Theorie der spezifischen Wärmekapazität

Wir kehren nun zurück zur mittleren kinetischen Energie aller Moleküle (23.13). Sie läßt sich wegen des aus 17.4.2 bekannten Zusammenhanges beider Gaskonstanten in der Form

$$\frac{m}{2}\,v^2 = \frac{3}{2}\,nR_{\mathrm{m}}T = \frac{3}{2}\,mRT\,\text{'}$$

schreiben. Die linke Seite wurde bereits in 23.2.2 als die innere Energie des idealen Gases erkannt, deren Änderung auch mit Hilfe der spezifischen Wärmekapazität c_V nach (20.4) durch den Ausdruck

$$\mathrm{d}U = mc_V\,\mathrm{d}T$$

gegeben ist. Nimmt man nun an, daß die spezifische Wärmekapazität c_V im gesamten Temperaturbereich konstant ist (was allenfalls nur für das ideale Gas zutreffen kann), so ergibt sich

$$mc_V T = \frac{3}{2}\,mRT \quad \text{oder kürzer} \quad c_V = \frac{3}{2}\,R.$$

Da wir über die besonderen Eigenschaften, z. B. die Gestalt der einzelnen Teilchen, noch keine weitere Aussage gemacht haben, als daß sie kugelförmig sind und sich wie punktförmige Körper geradlinig bewegen, muß dieser Ausdruck auch für solche Moleküle zutreffen, für die eine solche Vorstellung am ehesten zutrifft. Das sind diejenigen der *einatomigen Gase*.

Bei solchen Gasen erhalten wir ferner mit der MAYERschen Gleichung (20.6) für die spezifische Wärmekapazität bei konstantem Druck

$$c_p = c_V + R = \frac{3}{2}\,R + R = \frac{5}{2}\,R$$

sowie für den Adiabatenexponenten

$$\varkappa = \frac{c_p}{c_V} = \frac{5}{3} = 1{,}67.$$

Demnach ist

$$\boxed{c_V = \frac{3}{2}\,R}$$ **Spezifische Wärmekapazität aller 1atomigen Gase (bei konstantem Volumen)** (23.18)

$$\boxed{c_p = \frac{5}{2}\,R}$$ **(bei konstantem Druck)**

$$\varkappa = \frac{5}{3} = 1{,}67.$$

Nach Einsetzen der Zahlenwerte, z. B. für Helium mit $M_r = 4$ bzw. $M = 4\,\text{kg/mol}$, erhalten wir bei Beachtung von (17.26)

$$c_V = \frac{3}{2}\,\frac{R_\text{m}}{M} = \frac{3 \cdot 8324\,\text{J mol}}{2 \cdot \text{kmol K} \cdot 4\,\text{kg}} = 3117\,\text{J/(kg K)}$$

in guter Übereinstimmung mit der Zahlentafel für Gase in 17.4.2. Kleine Abweichungen von den Tabellenwerten liegen z. T. daran, daß wir hier von einem idealen Gas ausgegangen sind.

Bei weiteren Schlußfolgerungen muß aber die **Gestalt** der Moleküle beachtet werden. Die Moleküle der Edelgase und Metalldämpfe sind 1*atomig*. Man darf ihnen kugelförmige Gestalt zuschreiben.

Bei 2*atomigen* Molekülen tritt eine neue Erscheinung auf. Sie können sich nicht nur geradeaus bewegen (**Translation**), sondern vermögen als *hantelförmige* Gebilde noch um zwei senkrecht aufeinanderstehende Achsen zu rotieren. Zwar können sie auch um ihre Längsachse rotieren, doch ist wegen der Kleinheit des Trägheitsmomentes die entsprechende kinetische Energie zu vernachlässigen. Jede Bewegungsmöglichkeit heißt **Freiheitsgrad**. Die Translation enthält 3 Freiheitsgrade, d. h. Bewegungsmöglichkeiten nach den 3 Koordinatenachsen des Raumes. Es ist nun von CLAUSIUS und MAXWELL folgendes Prinzip der **Gleichverteilung der Energie** erkannt worden:

Äquipartitionsprinzip: Die einem Körper zugeführte Energie verteilt sich gleichmäßig auf alle Freiheitsgrade. Sie beträgt je Freiheitsgrad $\frac{1}{2}\,kT$.

Damit ist auch der Faktor $\frac{3}{2}$ bei der Definition der Temperatur in (23.8) verständlich.

Aus dem Äquipartitionsprinzip folgt, oder auch ausgehend von der Beziehung für c_V nach (23.18), daß die spezifische Wärmekapazität pro Freiheitsgrad $R/2$ beträgt.

Da ein 2atomiges Molekül (Bild 23.5) im ganzen 5 Freiheitsgrade (3 der Translation und 2 der Rotation) hat, gilt daher

$$\boxed{c_V = \frac{5}{2}\,R}$$ **Spezifische Wärmekapazität aller 2atomigen Gase (bei konstantem Volumen)** (23.19)

$$\boxed{c_p = \frac{7}{2}\,R}$$ **(bei konstantem Druck)**

$$\varkappa = \frac{7}{5} = 1{,}4.$$

Der Vergleich dieser theoretischen Werte mit den experimentell gewonnenen zeigt eine so gute Übereinstimmung, daß damit die Richtigkeit aller über den Mechanismus der Molekularbewegung gemachten Annahmen bewiesen ist.

Bei *höheren* Temperaturen nimmt die *spezifische Wärmekapazität* aller 2atomigen Gase zu. Dies erklärt sich dadurch, daß noch ein weiterer Freiheitsgrad, nämlich die *gegenseitige Schwingung* der im Molekül verbundenen Atome, auftritt. Noch komplizierter werden die Verhältnisse bei mehratomigen Molekülen.

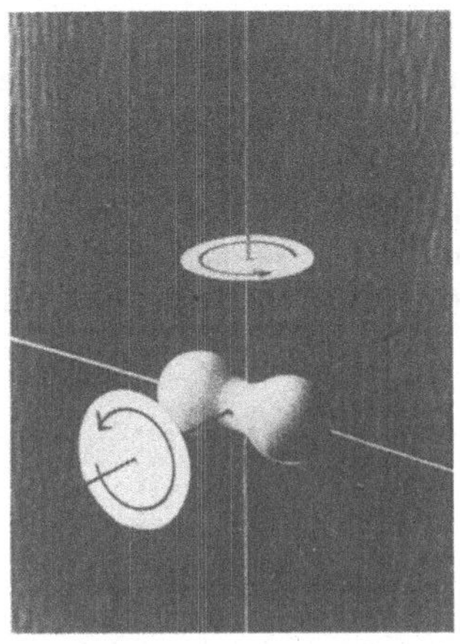

Bild 23.5. Die 2 Freiheitsgrade der Rotation eines hantelförmigen (zweiatomigen) Moleküls

Die Atome der festen Körper führen elastische Schwingungen um die festliegenden Punkte ihres Raumgitters aus. Sie sind **lineare Oszillatoren**, die im Durchschnitt *außer der kinetischen gleich viel potentielle* Energie enthalten. Daher ergibt sich

$$c_V = 2 \cdot \frac{3}{2} R$$

$$\boxed{c_V = 3R} \qquad \text{**Spezifische Wärmekapazität der festen Körper**} \qquad (23.20)$$

Die Aussage der Gleichung (23.20) wird bei Verwendung molarer Größen übersichtlicher. Zu diesem Zwecke wird die Gleichung beiderseits mit der molaren Masse (17.19) $\frac{m}{n} = M$ durchmultipliziert: $\frac{mc_V}{n} = 3MR$.

Nun ist das im Zähler stehende Produkt mc_V wegen der Beziehungen (18.2) und (18.3) die Wärmekapazität C. Die linke Gleichungsseite stellt somit die **molare Wärmekapazität** C/n dar, während die rechte die universelle Gaskonstante R_m nach (17.26) enthält. Dieser Sachverhalt ist als Regel von DULONG-PETIT bekannt:

Die molaren Wärmekapazitäten der (meisten) Festkörper haben bei nicht zu tiefen Temperaturen den gleichen Wert, nämlich $3R_m \approx 25$ J/(mol K).

Selbstverständlich werden für praktische Berechnungen nicht die theoretischen, sondern die *experimentell* ermittelten Werte genommen; denn die Theorie hat die höhere Aufgabe, Wege zu neuen Erkenntnissen zu erschließen. Die Abnahme der spezifischen Wärmekapazität mit sinkender Temperatur, insbesondere in der Nähe des absoluten Nullpunktes, vermag die kinetische Gastheorie indessen nicht zu klären. Hier schafft erst die **Quantentheorie** weitere Klarheit.

Beispiel: Berechne nach der letzten Gleichung die spezifische Wärmekapazität des Kupfers. – Wegen $M_r = 63{,}6$ ergibt sich mit (17.26)

$$c_V = 3\,\frac{R_m}{M} = \frac{3 \cdot 8314\,\text{J}}{63{,}6\,\text{kg K}} = 392{,}2\,\text{J/(kg K)}$$

(gemessener Wert $c_V = 383\,\text{J/(kg K)}$).

23.4 Stoßzahl und mittlere freie Weglänge

Bei seinem Weg durch das Gewimmel der Gasmoleküle muß ein einzelnes Teilchen zahlreiche Zusammenstöße erleiden. Der Quotient aus der Anzahl der Stöße dN und der Zeit dt, in der diese Stöße erfolgen, heißt (inkorrekterweise) **Stoßzahl** $\dot{N}$. Sie läßt sich auf einfache Weise ermitteln. Im Augenblick des Zusammenstoßes haben die Mittelpunkte zweier Moleküle, deren Radius r sei, die Entfernung $d = 2r$ (Bild 23.6). Ein Zusammenstoß erfolgt, sobald der Mittelpunkt eines Moleküls A in den schraffiert gezeichneten **Wirkungsquerschnitt** des Moleküls B eindringt.

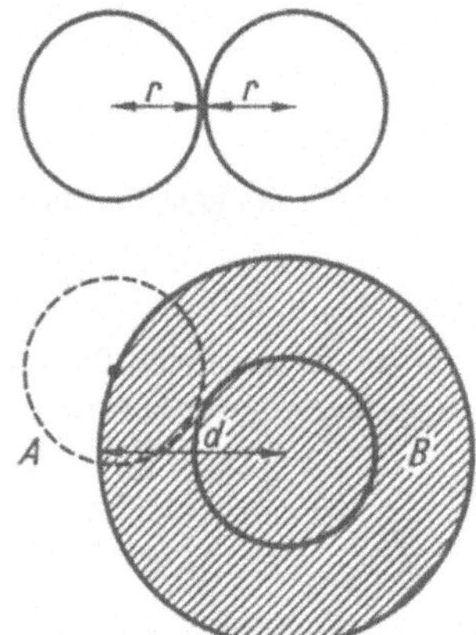
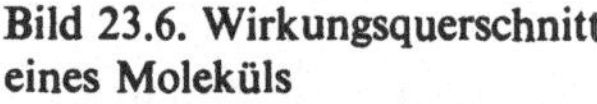
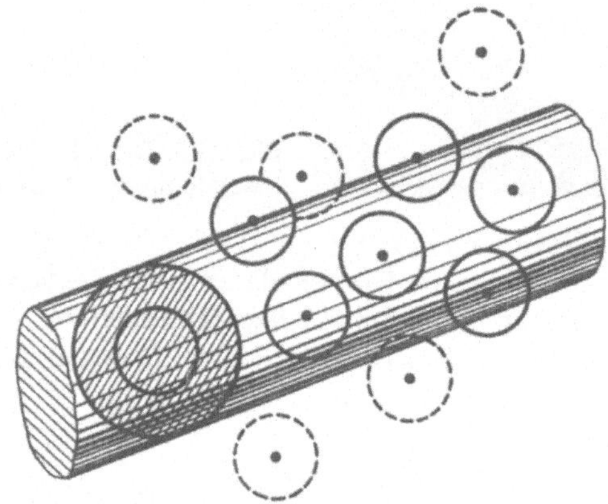

Bild 23.6. Wirkungsquerschnitt eines Moleküls

Bild 23.7. Der Wirkungsquerschnitt eines Moleküls trifft alle ausgezogenen Moleküle, verfehlt aber die punktiert angedeuteten.

Wir nehmen nun an, alle Moleküle außer B seien *punktförmig* und ständen *still*. Fliegt jetzt das Molekül B durch den Raum, so überstreicht sein Wirkungsquerschnitt in der Zeit dt einen Zylinder des Inhalts d$V = \pi r d^2 v\,$dt (Bild 23.7). Sind N Moleküle im Volumen V enthalten, dann befinden sich in diesem Zylinder wegen

$$\frac{\mathrm{d}N}{N} = \frac{\mathrm{d}V}{V} \quad \text{jetzt} \quad \mathrm{d}N = \frac{N}{V}\,\mathrm{d}V = \pi d^2 v\,\frac{N}{V}\,\mathrm{d}t \quad \text{Teilchen.}$$

Die Stoßzahl $\dot{N} = \dfrac{\mathrm{d}N}{\mathrm{d}t}$ *eines* Moleküls ist daher $\pi d^2 v\,\dfrac{N}{V}$.

Berücksichtigt man weiter, daß sich nicht nur dieses eine, sondern auch alle übrigen Moleküle gegenseitig bewegen, so ergibt eine verbesserte Rechnung

$$\boxed{\;\dot{N} = \pi\,\sqrt{2}\,d^2 v\,\frac{N}{V}\;} \qquad \textbf{Stoßzahl} \tag{23.21}$$

$[\dot{N}] = 1/\text{s}$ (je Sekunde)

Im Zeitraum dt legt das Molekül eine Strecke $v\,dt$ zurück. Dann ist die Strecke zwischen zwei Zusammenstößen im Durchschnitt gleich $\dfrac{v\,dt}{dN} = \dfrac{v}{\dot{N}}$. Diese Strecke l heißt

$$\boxed{\,l = \frac{1}{\pi\sqrt{2}\,d^2\,\dfrac{N}{V}}\,}\qquad\text{\textbf{Mittlere freie Weglänge}}\qquad (23.22)$$

$[l]$ = m (Meter)

Bei Kenntnis des Wirkungsradius d läßt sich die mittlere freie Weglänge leicht berechnen. Als Beispiele führen wir folgende Werte an:

Stoff	O_2	N_2	H_2
Wirkungsradius in 10^{-10} m	2,98	3,18	2,47

Bei Normalbedingungen wird die Teilchendichte $\dfrac{N}{V}$ durch die LOSCHMIDT-Konstante gegeben. Um nun unter anderen, davon abweichenden Bedingungen N/V nicht gesondert berechnen zu müssen, kann Gleichung (23.14) herangezogen werden, wobei sich dann

$$\boxed{\,l = \frac{kT}{\pi\sqrt{2}\,d^2 p}\,}\qquad\text{\textbf{Mittlere freie Weglänge}}\qquad (23.23)$$

ergibt.

Beispiele: 1. Für Wasserstoff ist nach (23.22) die mittlere freie Weglänge bei 0 °C und 1013,25 hPa

$$l = \frac{1}{\pi\sqrt{2}\,d^2 N_{\mathrm{L}}} = \frac{10^{20}\,\mathrm{m^3}}{\pi\sqrt{2}\cdot 2{,}47\,\mathrm{m^2}\cdot 2{,}69\cdot 10^{25}} = 1{,}38\cdot 10^{-7}\,\mathrm{m}.$$

Demnach erleidet ein Wasserstoffmolekül auf einer Strecke von 1 cm fast 100 000 Zusammenstöße, womit die Bahn zu einer völlig unregelmäßigen Zickzacklinie wird.

2. Berechne die mittlere freie Weglänge in Wasserstoff bei 20 °C und einem Druck von 101,3 µPa ($= 10^{-9}\,p_{\mathrm{n}}$ mit Normalluftdruck p_{n}; sogenanntes Hochvakuum). – Nach (23.23) ist

$$l = \frac{kT}{\pi\sqrt{2}\,d^2 p} = \frac{1{,}38\cdot 10^{-23}\,\mathrm{N\,m}\cdot 293{,}2\,\mathrm{K\,m^2}}{\mathrm{K}\cdot\pi\sqrt{2}\cdot 2{,}47^2\cdot 10^{-20}\,\mathrm{m^2}\cdot 101{,}3\cdot 10^{-6}\,\mathrm{N}} = 147\,\mathrm{m}.$$

24 Ausbreitung der Wärme

Die Wärmeenergie kann sich auf folgende Weise ausbreiten:

1. Konvektion: Da erwärmte Flüssigkeiten und Gase eine geringere Dichte als kalte haben, können sich durch den entstehenden Auftrieb **Strömungen** bilden. Wenn die Erwärmung von unten erfolgt, tritt in geschlossenen Räumen oder Rohrsystemen eine *Zirkulation* ein. Es strömt also nicht die Wärmemenge selbst, sondern das *Medium*, welches die Energie mit sich führt.

2. Wärmeleitung: Ausbreitung von Wärmeenergie innerhalb eines Körpers;

3. Wärmeübergang: Übertragung von Wärmeenergie bei der Berührung von Körpern verschiedener Temperatur;

4. Wärmestrahlung: Abstrahlung von Wärmeenergie auch durch den leeren Raum.

Da für die Wärmestrahlung Gesetze gelten, denen alle elektromagnetischen Wellen gehorchen, wird diese nicht hier, sondern erst später (Temperaturstrahlung in 34.2) behandelt.

24.1 Wärmeleitung

Es können **gute und schlechte Wärmeleiter** unterschieden werden. Am besten leiten die Metalle, schlecht leiten keramische Stoffe, am schlechtesten die Luft.

Das mehr oder weniger gute Wärmeleitvermögen eines Stoffes wird meßbar, wenn man ein beiderseits ebenes Probestück (Bild 24.1) daraus herstellt und die eine Fläche z. B. mittels einer elektrischen Heizplatte auf konstanter Temperatur ϑ_1 hält. Die gegenüberliegende Fläche grenzt an eine Kühlvorrichtung, in der durchfließendes Wasser die übergehende Wärme abführt. Nach einiger Zeit stellt sich ein Gleichgewichtszustand ein, in dem das Kühlwasser die konstant bleibende Temperatur ϑ_2 annimmt. (Damit keine Verwechslung mit der Zeit t vorkommen kann, wird in den folgenden Gleichungen die CELSIUS-Temperatur mit dem Buchstaben ϑ bezeichnet.)

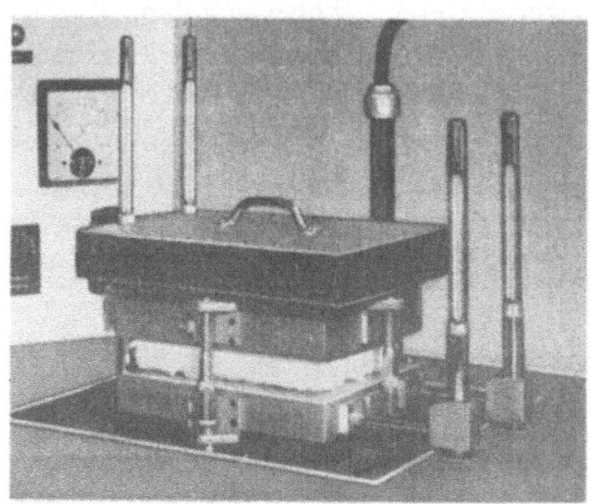

Bild 24.1. Messung der Wärmeleitfähigkeit

Aus der Menge des erwärmten Wassers ergibt sich die übergehende Wärmeenergie Q. Der Quotient Φ aus der transportierten Wärmeenergie Q und der Zeit t, während der der Transport erfolgt, heißt

$$\boxed{\Phi = \frac{Q}{t}} \quad \textbf{Wärmestrom} \atop \textbf{(mittlerer)} \tag{24.1}$$

$[\Phi] = W$ (Watt)

Versuche zeigen, daß er proportional zur (konstanten) Temperaturdifferenz $\vartheta_1 - \vartheta_2$ und zur Größe A der beiden Flächen sowie umgekehrt proportional zur Dicke l des Prüflings ist. Es ist demnach

$$\boxed{\Phi = \lambda \frac{(\vartheta_1 - \vartheta_2)\,A}{l}} \quad \begin{array}{l}\textbf{Wärmestrom durch einen}\\ \textbf{ebenflächig begrenzten Körper}\\ \text{(stationäre Wärmeleitung)}\end{array} \tag{24.2}$$

Der Proportionalitätsfaktor hängt vom vorliegenden Material ab und wird als **Wärmeleitfähigkeit** λ bezeichnet.

Ihre Einheit ergibt sich aus (24.2) zu

$$[\lambda] = \frac{[\Phi][l]}{[\Delta\vartheta][A]} = \frac{W\,m}{K\,m^2} = \frac{W}{m\,K} \quad \text{(Watt je Meter und Kelvin).}$$

$1\,\dfrac{W}{m\,K}$ **ist die Wärmeleitfähigkeit eines Körpers, wenn ein durch ihn fließender Wärmestrom von 1 W je 1 m Länge und je 1 m² Fläche ein Temperaturgefälle von 1 K hervorruft.**

Gebräuchliche SI-fremde Einheit:

$$1\,\frac{kJ}{m\,h\,K} \quad \text{(Kilojoule je Meter, Stunde und Kelvin)} = \frac{1}{3{,}6}\,\frac{W}{m\,K}$$

Wärmeleitfähigkeit in W/(m K)

Silber	418,6	Blei	35,0	Holz	0,2
Kupfer	377,8	Beton	1,3	Schlackenwolle	0,06
Aluminium	209	Glas	0,92	Luft bei 0 °C	0,023
Messing	106	Wasser	0,58	Wasserstoff bei	0,19
Stahl	41,7 … 55,6	Ziegelmauer	0,81	0 °C	

Die Wärmeleitfähigkeit ist keine Konstante, sondern hängt von der Temperatur ab. Es sind nun grundsätzlich zwei Fälle zu unterscheiden.

1. Stationäre Wärmeleitung. Hierbei müssen die Temperaturen ϑ_1 und ϑ_2 an den beiden Endflächen, deren Abstand gleich l ist, während des ganzen Vorgangs *konstant* bleiben, wie es bei dem beschriebenen Meßverfahren der Fall ist. Es herrscht also zwischen ihnen ein *konstantes Temperaturgefälle* $\dfrac{\vartheta_1 - \vartheta_2}{l}$. So ist es beispielsweise, wenn ein Dampfkessel auf gleicher Innentemperatur gehalten wird und die Temperatur der Außenluft sich ebenfalls nicht ändert (Bild 24.2). Dann ist auch Gleichung (24.2) anwendbar.

Bild 24.2. Isolation einer Rohrleitung

2. Nichtstationäre Wärmeleitung. Ein isoliert gedachter Körper sei an einem Ende auf die Temperatur ϑ_2 erhitzt. Das kühlere Ende habe anfangs die Temperatur ϑ_1. Dann wird sich der Temperaturunterschied infolge der Wärmeleitung im Laufe der Zeit ausgleichen und der ganze Körper einheitliche Temperatur annehmen. Das Temperaturgefälle ist hierbei weder örtlich noch zeitlich konstant, und die Berechnung wird komplizierter. Maßgebend für die zum Temperaturausgleich benötigte Zeit ist der Quotient a aus der Wärmeleitfähigkeit λ und dem Produkt aus der Dichte ϱ und der spezifischen Wärmekapazität c_p. Er heißt

$$\boxed{a = \frac{\lambda}{\varrho c_p}} \qquad \text{Temperaturleitfähigkeit} \qquad (24.3)$$

$$[a] = \frac{[\lambda]}{[\varrho]\,[c_p]} = \frac{W}{m\,K}\,\frac{m^3}{kg}\,\frac{kg\,K}{J} = \frac{W\,m^2}{J} = \frac{W\,m^2}{W\,s} = \frac{m^2}{s} \quad \begin{array}{l} \text{(Quadratmeter} \\ \text{je Sekunde)} \end{array}$$

Gebräuchliche SI-fremde Einheit:

$$1\,\frac{m^2}{h} \quad \text{(Quadratmeter je Stunde)} \quad = \frac{1}{3,6} \cdot 10^{-3}\,\frac{m^2}{s}$$

Aus (24.3) folgt hiernach für Kupfer

$$a = \frac{377,8}{8,93 \cdot 10^3 \cdot 383}\,\frac{m^2}{s} = 0,109 \cdot 10^{-3}\,\frac{m^2}{s} = 109 \cdot 10^{-6}\,\frac{m^2}{s}.$$

Wie sich leicht nachrechnen läßt, ergeben sich dann folgende weitere Werte:

Temperaturleitfähigkeit in 10^{-6} m²/s

Blei	24
Luft 0 °C	18
Wasserstoff	14

Wie zu erkennen ist, gleichen sich Temperaturunterschiede in Gasen trotz der sehr verschiedenen Wärmeleitfähigkeiten etwa ebenso rasch aus wie in Metallen (ungeachtet der ausgleichsfördernden Wirkung der Strömung!).

Beispiel: An der Außenfläche einer 50 cm dicken Hauswand (Ziegelmauer) von 8 m × 15 m werden 5 °C und an der Innenfläche 12 °C gemessen. Welche Wärmemenge geht während 12 Stunden durch die Wand verloren? – Nach (24.2) wird mit (24.1) und dem Tabellenwert $\lambda = 0,81$ W/(m K)

$$Q = \frac{\lambda A t (\vartheta_1 - \vartheta_2)}{l} = \frac{0,81\ W \cdot 120\,m^2 \cdot 12 \cdot 3,6 \cdot 10^3\,s\,(12-5)\,K}{m\,K \cdot 0,5\,m} = 60\,MJ.$$

Es muß betont werden, daß die in diesem Beispiel erwähnten Temperaturen an der Oberfläche der Wand bestehen und nicht mit der Zimmer- bzw. Außentemperatur zu verwechseln sind.

24.2 Wärmeübergang

Wasser, heiße Verbrennungsgase, Luft usw., die mit einer festen Wand in Berührung stehen, geben Wärme *an deren Oberfläche A* ab oder empfangen Wärme von ihr.
Die übergehende Wärmemenge Q ist ähnlich wie beim Fall der stationären Wärmeleitung proportional dem Temperaturunterschied $\vartheta_1 - \vartheta_2$ zwischen der Wandoberfläche und dem angrenzenden Medium, der Wandfläche A und der Zeitdauer t des Vorganges. So ist demnach

$$\boxed{Q = \alpha A t (\vartheta_1 - \vartheta_2)} \qquad \textbf{Übergehende Wärmeenergie} \qquad (24.4)$$

Der Proportionalitätsfaktor heißt **Wärmeübergangskoeffizient** α. Seine Einheit ergibt sich aus (24.4) zu

$$[\alpha] = \frac{[Q]}{[A]\,[t]\,[\Delta\vartheta]} = \frac{J}{m^2\,s\,K} = \frac{W\,s}{m^2\,s\,K} = \frac{W}{m^2\,K} \quad \text{(Watt je Quadratmeter und Kelvin).}$$

Gebräuchliche SI-fremde Einheit:

$$1\,\frac{kJ}{m^2\,h\,K} \quad \text{(Kilojoule je Quadratmeter, Stunde und Kelvin)} \quad = \frac{1}{3{,}6}\,\frac{W}{m^2\,K}\cdot$$

Dabei bereitet die Ermittlung des für den einzelnen Fall geltenden Wärmeübergangskoeffizienten meist große Schwierigkeiten, da er von vielen Faktoren abhängt. Gestalt, Lage und Oberflächenbeschaffenheit der Wand sowie die Art der Strömung sind von ausschlaggebendem Einfluß. Für α gibt es umfangreiche Tabellen und viele Hilfsformeln.

Wärmeübergangskoeffizienten in W/(m^2 K)

Wärmeübergang von:

ruhendem Wasser an Wände und Rohre	$350 \ldots 560$
turbulent in Röhren strömendem Wasser	$2350 \ldots 4700$
Luft an glatte Flächen bei einer Strömungsgeschwindigkeit v bis 5 m/s	$6 + 4\sqrt{v\left/\dfrac{m}{s}\right.}$

24.3 Wärmedurchgang

Der stationäre (d. h. bei konstanten Temperaturen stattfindende) Übergang von Wärme zwischen 2 Medien durch eine trennende Wand vollzieht sich in 3 Schritten (Bild 24.3).

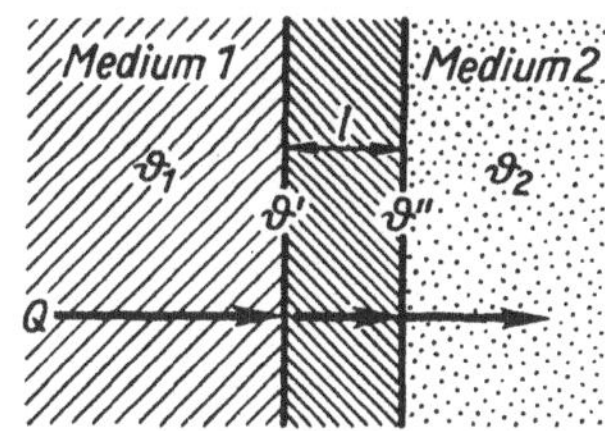

Bild 24.3. Wärmedurchgang

a) Wärmeübergang vom Medium *1* an die linke Fläche:

$$Q = \alpha_1 A t(\vartheta_1 - \vartheta')$$

b) Dieselbe Wärmemenge wird durch die Wand geleitet:

$$Q = \frac{\lambda}{l}\,A t(\vartheta' - \vartheta'')$$

c) Q geht schließlich von der rechten Fläche in das Medium *2* über:

$$Q = \alpha_2 A t(\vartheta'' - \vartheta_2)$$

Werden diese 3 Gleichungen nach $\dfrac{1}{\alpha_1}$, $\dfrac{1}{\alpha_2}$ und $\dfrac{l}{\lambda}$ aufgelöst und addiert, so entsteht

$$\boxed{Q = kAt(\vartheta_1 - \vartheta_2)} \qquad \textbf{Durchgehende Wärmeenergie} \qquad (24.5)$$

Der Proportionalitätsfaktor heißt **Wärmedurchgangskoeffizient** k, er hat natürlich die gleiche Einheit wie α.

Auf Grund der skizzierten Herleitung ergibt sich k für eine *einschichtige ebene* Wand aus

$$\frac{1}{k} = \frac{1}{\alpha_1} + \frac{1}{\alpha_2} + \frac{l}{\lambda}.$$

Wärmedurchgangskoeffizient in W/(m² K)

Ziegelsteinmauer	Dicke	12 cm	25 cm	38 cm	51 cm	64 cm
	k	2,78	2,0	1,5	1,3	1,1

Fenster		einfach		Doppelfenster	
	k	5,8		2,7	

Für *mehr*schichtige ebene Wände gilt (z ist die Anzahl der Schichten)

$$\frac{1}{k} = \frac{1}{\alpha_1} + \frac{1}{\alpha_2} + \sum_{i=1}^{i=z} \frac{l_i}{\lambda_i}.$$

OPTIK

25 Wesen und Ausbreitung des Lichtes

25.1 Wesen des Lichtes

Von der Erscheinung »Licht« ist ähnliches zu sagen wie von der Wärme. In unmittelbarer Weise ist das Licht eine Sinnesempfindung und damit eine physiologische Angelegenheit. Die Ursachen dieser Empfindung, d. h. die ihr entsprechenden physikalischen Vorgänge, werden zwar ebenfalls als »Licht« bezeichnet, gehören aber doch zu einer bestimmten Gruppe physikalischer Erscheinungen, die nicht unbedingt sichtbar zu sein brauchen. Es sind **elektromagnetische Wellen**, von denen das Auge nur den schmalen Bereich zwischen etwa 380 bis 780 nm wahrnimmt. Wenn man in der Physik die Optik als Lehre vom Licht als besonderen Abschnitt hervorhebt, so geschieht das nur im Hinblick auf deren besondere Wichtigkeit für die menschliche Kultur und Technik. Dabei werden die an den sichtbaren Bereich angrenzenden Gebiete des *kurzwelligen* **ultravioletten Lichtes** und des *langwelligen* **ultraroten Lichtes** (mitunter auch **Infrarot** genannt) mit in die physikalische Optik einbezogen. Der *physikalische* Begriff »Licht« ist also *weiter* gefaßt als der *physiologische*. Die Übersicht S. 288 soll nur einer groben Orientierung dienen. Die Wellenlängen geben die ungefähren Größenordnungen an. In einigen Fällen überlappen sich die angegebenen Bereiche.

> **Licht ist als elektromagnetische Welle eine Energieart.**
> **Für Lichtwellen gelten die allgemeinen Gesetze der Wellenlehre.**

Die als Licht im Sinne der Optik zu verstehende elektromagnetische Strahlung entsteht durch *sprunghafte Energieabgabe* der Valenzelektronen innerhalb der Atome. Zuvor mußte diesen Elektronen *Energie zugeführt* werden. Dies kann durch verschiedene Vorgänge geschehen.

> **Licht ist eine spezielle Energieform. Es entsteht aus Energie und läßt sich in andere Energieformen umwandeln.**

Temperaturstrahler sind Körper aller Aggregatzustände, bei denen die *Energiezufuhr* als *Wärmeenergie* bei hohen Temperaturen erfolgt. Alle festen glühenden Körper und alle glühenden Flüssigkeiten sowie Flammengase senden daher Licht aus (Glühlampe, Schmelzen von Metallen und Gläsern, Kerzen- und Gasflammen). Auch die Sonne und die Fixsterne sind Temperaturstrahler.

Unter **Lumineszenz** versteht man die Lichtaussendung bei *niedriger* Temperatur. Je nach der Art der Entstehung unterscheidet man (s. auch 51.7)

Elektrolumineszenz:	Glimmlicht elektrisch angeregter Gase und fester Körper, direkte Umwandlung elektrischer Energie in Licht	Glimmlampe, Leuchtröhre und Leuchtkondensator, Lichtemitterdioden (Leuchtdioden)
Chemilumineszenz:	durch chemische Vorgänge entstehendes Leuchten	Leuchtkäfer, faulendes Holz, kalt leuchtender Phosphor

Fluoreszenz:	Leuchten beim Auftreffen anderer Strahlung, Absorption von Strahlungsenergie und sofortige Strahlungsabgabe	Röntgenschirm, Leuchtstoffröhren (in Verbindung mit Elektrolumineszenz)
Phosphoreszenz:	Nachleuchten bestrahlter Stoffe, Absorption von Strahlungsenergie mit Strahlungsenergieabgabe nach Speicherung	Leuchtfarben, Leuchtzifferblatt

Das Spektrum der elektromagnetischen Wellen (ungefähre Bereiche)

Wellenlänge	Art der Strahlung		Anwendung
10 km ... 1 km	Technische Hochfrequenz	lange Wellen	Rundfunk und Telegrafie
1 km ... 100 m		Mittelwellen	
100 m ... 10 m		Kurzwellen	
10 m ... 1 m		Ultrakurzwellen	
1 m ... 10 cm		Mikrowellen	Fernsehen Vielfachtelefonie Radartechnik
10 cm ... 1 cm			
1 cm ... 1 mm		Wärmestrahlen	Medizin Infrarotfotografie
1 mm ... 100 μm			
100 μm ... 10 μm 10 μm ... 780 nm	Ultrarot		
780 nm ... 380 nm	sichtbare Strahlung	Licht	Beleuchtungstechnik Laser
380 nm ... 10 nm	Ultraviolett		Höhensonne
10 nm ... 10^{-12} m	Röntgenstrahlen		Medizin Materialprüfung Dichtemessung Füllstandsmessung
10^{-12} m ... 10^{-14} m	Gammastrahlen		

25.2 Ausbreitung des Lichtes

Bei allen mit Licht angestellten Experimenten hat man es stets mit mehr oder weniger breiten *Lichtbündeln* zu tun. Oft kann die Breite eines solchen Bündels vernachlässigt und mit *Strahlen* gerechnet werden. Diese sind aber keine physikalischen Gebilde mehr, sondern mathematische, senkrecht zu den Wellenfronten (S. 181) verlaufende Geraden, deren Verlauf sich mit Zirkel und Lineal konstruieren läßt.

Soweit dieses Verfahren durchführbar ist, spricht man von **Strahlen-** oder **geometrischer Optik.**

Eine weitere Vereinfachung wird hinsichtlich der Lichtquellen getroffen, die man häufig als *punktförmig* annimmt. In Wahrheit gibt es jedoch nur leuchtende *Körper*, die aus zahllosen lichtaussendenden Atomen bestehen. Die Oberfläche ausgedehnter leuchtender Körper behandelt man dann so, als ob sie aus einzelnen leuchtenden Punkten bestünde:

> **Jeder Punkt eines leuchtenden Körpers sendet ein divergentes (auseinanderlaufendes) Strahlenbündel aus.**

Die Geschwindigkeit, mit der sich das Licht im Vakuum ausbreitet, ist eine für die gesamte Physik fundamentale Größe. Von den vielen zu ihrer Messung benutzten Methoden sei hier nur die historisch wichtige von FIZEAU (1849) geschildert.

Das Licht breitet sich bei diesem Versuch in Luft aus.

Durch ein Zahnrad Z mit 720 Lücken wurde über den halbdurchlässigen Spiegel S_1 ein Lichtstrahl nach dem $8^1/_3$ km entfernten Spiegel S_2 gesandt und dort reflektiert (Bild 25.1). Bei

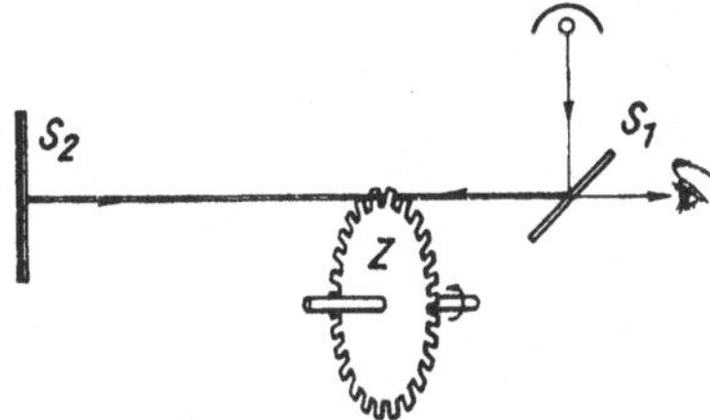

Bild 25.1. Zahnradversuch nach FIZEAU

stillstehendem Rad sah FIZEAU das Licht durch dieselbe Lücke zurückkommen. Als das Rad aber mit einer Drehfrequenz $f = 12{,}5$ $^1/$s rotierte, trat völlige Verdunklung ein. Der zurückkehrende Strahl fand seinen Weg durch den folgenden Zahn versperrt, d. h., nach einem Drehwinkel $\Delta\varphi = \dfrac{2\pi}{1440}$ rad bzw. nach der Zeit $\Delta t = \dfrac{\Delta\varphi}{\omega}$ hat das Licht den Weg $\Delta s = 2 \cdot 8^1/_3$ km zurückgelegt. Die Lichtgeschwindigkeit ist also

$$c = \frac{\Delta s}{\Delta t} = \frac{\Delta s\omega}{\Delta\varphi} = \frac{2\pi f \Delta s}{\Delta\varphi},$$

$$c = \frac{2\pi \cdot 12{,}5\ ^1/\mathrm{s} \cdot 2 \cdot 8{,}33\ \mathrm{km}}{\dfrac{2\pi}{1440}\ \mathrm{rad}} = 300\,000\ \mathrm{km/s}.$$

Mit anderen Methoden durchgeführte Präzisionsmessungen liefern für das Vakuum[1]) z. Z.

$$\boxed{c_0 = (2{,}997\,924\,58 \pm 0{,}000\,000\,01) \cdot 10^8\ \mathrm{m/s}}$$

($\approx 300\,000$ km/s) **Lichtgeschwindigkeit im Vakuum**

26 Reflexion des Lichtes

26.1 Ebener Spiegel

Bereits in der allgemeinen Wellenlehre in 14.2 wurde das Reflexionsgesetz abgeleitet:

Einfallender und reflektierter Strahl bilden mit dem Einfallslot gleiche Winkel.
Einfallender Strahl, Einfallslot und reflektierter Strahl liegen in einer Ebene.

Seine bekannteste Anwendung ist der ebene Spiegel.

Vor der Spiegelscheibe S (Bild 26.1) befinde sich ein Gegenstand G (etwa ein Lineal). Von einem einzelnen Punkt P geht eine Vielzahl von Strahlen aus. Zwei beliebige Strahlen 1 und 2 seien herausgegriffen. Zur Konstruktion der reflektierten Strahlen $1'$ und $2'$ sind die Einfalls-

---

[1]) $c_0 = 2{,}997\,924\,58 \cdot 10^8$ m/s wird als Naturkonstante fehlerfrei aufgefaßt und dient zur Definition der Basiseinheit Meter.

lote zu zeichnen und die Winkel $\alpha = \alpha'$ sowie $\beta = \beta'$ anzutragen. Für das beobachtende Auge scheinen die Strahlen *1'* und *2'* von ihrem Schnittpunkt *P'* herzukommen. Das Auge nimmt also nicht den wirklichen Punkt *P*, sondern sein **Spiegelbild** *P'* wahr. Dieselbe Konstruktion läßt sich auch für jeden anderen Punkt des Gegenstandes durchführen. Im ganzen entsteht dadurch das Bild *B*, das selbst physisch nicht existiert, sondern dem Auge dort erscheint. Man nennt es daher ein **scheinbares (virtuelles) Bild**. Der linke Anfangspunkt des Lineals erscheint auf der rechten Seite, d. h. am Ende des Spiegelbildes. Die geometrischen Verhältnisse zeigen noch, daß *G* und *B* gleich groß sein müssen.

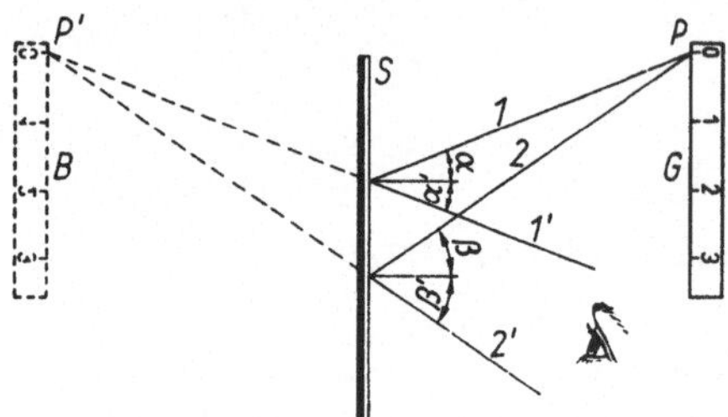

Bild 26.1. Spiegelung

Der ebene Spiegel erzeugt ein virtuelles, gleich großes und seitenverkehrtes Bild.

In der Optik sind zu unterscheiden:

reelle (wirkliche) Bilder (Ihre Bildpunkte sind Schnittpunkte *wirklicher* Strahlen. Man kann sie auf einer Mattscheibe auffangen.)

virtuelle (scheinbare) Bilder (Ihre Bildpunkte sind Schnittpunkte *verlängert gedachter* Strahlen.)

Bei vielen Meßinstrumenten (z. B. beim Spiegelgalvanometer) handelt es sich um die genaue Messung kleiner *Drehwinkel*. Das Licht eines kleinen Lämpchens (Bild 26.2) fällt durch eine Schlitzblende B und eine Linse L auf den sich drehenden Spiegel und von da aus auf eine weiter entfernte Skale. Es entsteht ein **Lichtzeiger** Z.

Einfallender und reflektierter Strahl bilden den Winkel 2α. Nach Drehung um den kleinen Betrag β ist der neue Einfallswinkel $(\alpha + \beta)$. Beide Strahlen bilden jetzt den Winkel $2(\alpha + \beta)$ miteinander, so daß der reflektierte Strahl um 2β gedreht ist:

Bei Drehung des Spiegels dreht sich der reflektierte Strahl um den doppelten Winkel.

Auf der Skale ergibt sich in der Entfernung *d* eine Verschiebung des Lichtzeigers um *s*. Es ist dann $\tan 2\beta = \dfrac{s}{d}$, woraus sich β berechnen läßt.

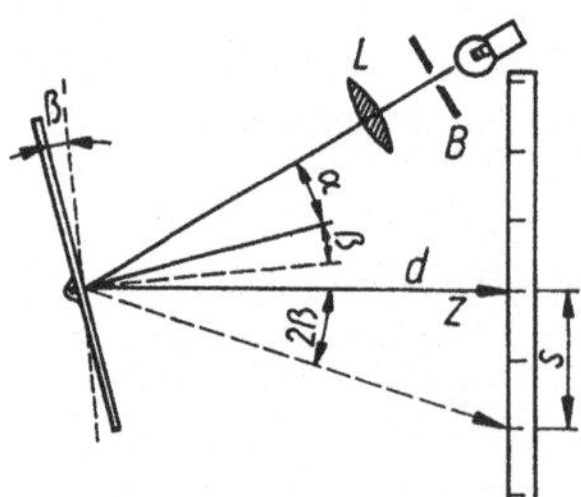

Bild 26.2. Lichtzeiger

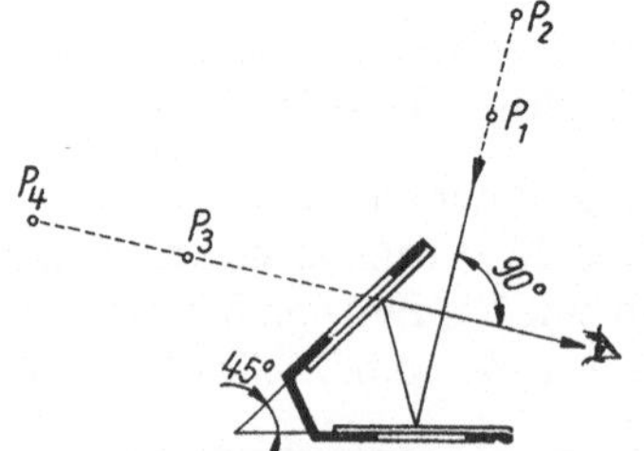

Bild 26.3. Winkelspiegel

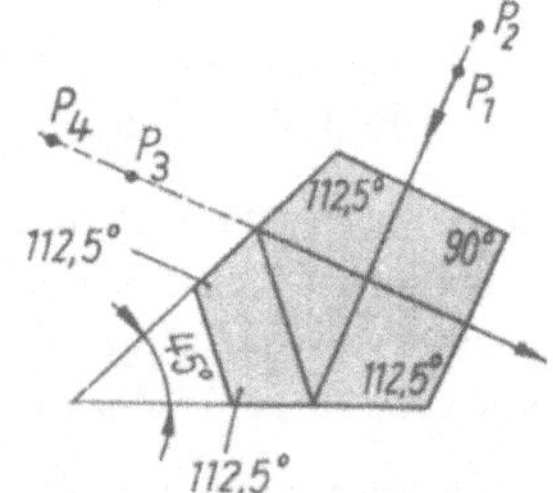

Bild 26.4. Pentagonprisma

Da das Lampenbild in Wirklichkeit einen Kreisbogen beschreibt, muß bei großen Drehwinkeln die lineare Verschiebung s auf den Kreisbogen reduziert werden.
Zum Abstecken rechter Winkel im Gelände dient der **Winkelspiegel**. Er besteht aus 2 um 45° gegeneinander geneigten Spiegeln, die man an einem Griff in der Hand hält (Bild 26.3).
Decken sich 2 im Gelände befindliche Fluchtstäbe P_3 und P_4, die über den einen Spiegel beobachtet werden, mit P_1 und P_2, bilden $\overline{P_1P_2}$ und $\overline{P_3P_4}$ einen rechten Winkel.

Beweis: Die beiden Spiegel sind gegeneinander um 45° verdreht, folglich muß der reflektierte Strahl um den doppelten Winkel, d. h. um 90°, versetzt sein.

Der Winkelspiegel wird heute durch ein geeignetes Prisma (Pentagonprisma) ersetzt. Die beiden Spiegel sind 2 versilberte Glasflächen *1* und *2* (Bild 26.4), die einen Winkel von 45° einschließen.

26.2 Gekrümmter Spiegel

Spiegel, die Teile einer Kugelfläche darstellen, heißen **sphärische (Kugel-) Spiegel**. Sie können **erhaben (konvex)** oder **hohl (konkav)** sein.
Die Entfernung der Kugelfläche von ihrem Mittelpunkt nennt man den **Krümmungsradius** r.
Jede durch den Mittelpunkt laufende Gerade ist eine **optische Achse** und trifft den Spiegel in dessen **Scheitel** S.

26.2.1 Sphärischer Hohlspiegel

Fällt paralleles Licht (z. B. Sonnenlicht) auf den Spiegel, so werden die Strahlen nach einem *gemeinsamen* Punkt, dem **Brennpunkt** F (Fokus), reflektiert (Bild 26.5). Seine Entfernung vom Spiegelscheitel ist die **Brennweite** f.

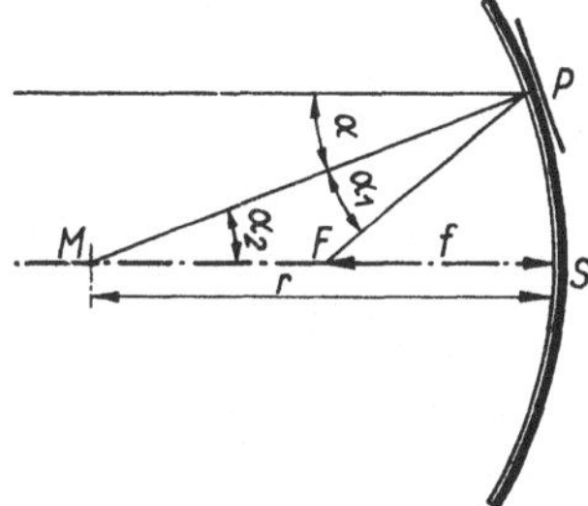

Bild 26.5. Brennweite f und Krümmungsradius r

Achsenparallele und achsnahe Strahlen werden im Brennpunkt gesammelt. Vom Brennpunkt ausgehende Strahlen werden achsenparallel reflektiert.

Ein achsenparalleler Strahl trifft den Spiegel im Punkt P und die Achse im Brennpunkt F. Wenn M der Krümmungsmittelpunkt und $\overline{SF}$ die Brennweite f des Spiegels ist, gilt (Bild 26.5): $\alpha = \alpha_1$ (Reflexionsgesetz), $\alpha = \alpha_2$ (Wechselwinkel an Parallelen), $\overline{MF} = \overline{PF}$.
Verläuft der einfallende Strahl *sehr nahe* zur optischen Achse, so ist der Winkel *PFS* sehr klein und $\overline{PF} = \overline{SF}$. Daraus folgt, daß $\overline{SF} = \overline{MF}$ und die Brennweite f gleich dem halben Krümmungsradius r ist.

$$f = \frac{r}{2}$$

Brennweite des sphärischen Hohlspiegels
(nur für achsnahe Strahlen gültig)   (26.1)

Für Strahlen, die zwar parallel, aber in einem *größeren* Abstand von der Achse einfallen, trifft diese einfache Beziehung *nicht* mehr zu (Bild 26.6).

19*

Einen mathematisch genauen Brennpunkt für alle achsenparallelen Strahlen liefert der **Parabolspiegel**, der auf einer entsprechenden geometrischen Eigenschaft der Parabel beruht. Man verwendet ihn deshalb als **Scheinwerfer**. *Alle* von seinem Brennpunkt ausgehenden Strahlen werden *achsenparallel*, d. h. nach derselben Richtung, reflektiert (Bild 26.7).

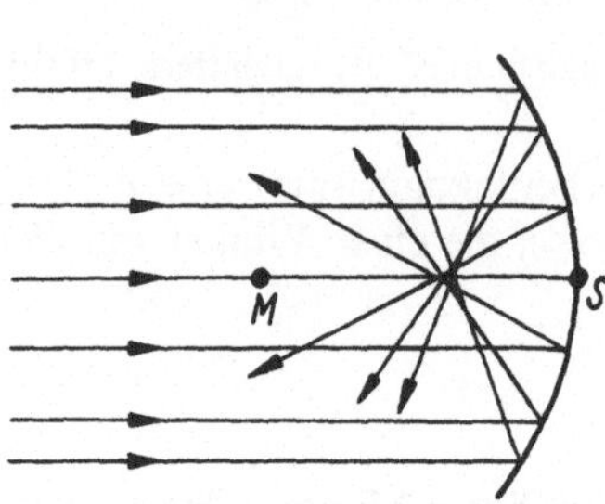

Bild 26.6. Reflexion paralleler Strahlen am sphärischen Hohlspiegel

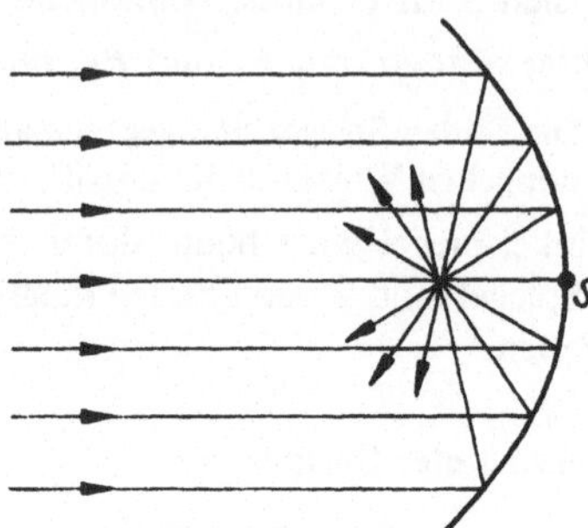

Bild 26.7. Reflexion paralleler Strahlen am Parabolspiegel

26.2.2 Abbildung im sphärischen Hohlspiegel

Ein Hohlspiegel erzeugt nur optische Bilder, wenn der Quotient aus dem Spiegeldurchmesser und dem Krümmungsradius klein ist. Auf den Scheitel treffende Strahlen müssen mit der optischen Achse einen kleinen Winkel bilden. Die Bildkonstruktion erfolgt, indem von einem *beliebigen, nicht* auf der Achse liegenden Punkt des Gegenstandes **3 ausgezeichnete Strahlen** ausgewählt werden (Bild 26.8):

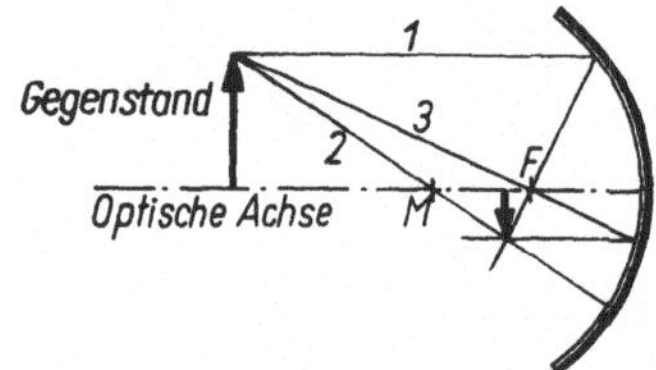

Bild 26.8. Zur Bildkonstruktion mit den 3 ausgezeichneten Strahlen

1. Der **Parallelstrahl** *1* geht nach Reflexion durch den Brennpunkt F, er **wird zum Brennstrahl**.
2. Der **Hauptstrahl** *2* (Mittelpunktstrahl) geht durch den Krümmungsmittelpunkt M und **wird in sich selbst reflektiert**, da er senkrecht auf den Spiegel trifft.
3. Der **Brennstrahl** *3* geht durch den Brennpunkt F und wird **zu einem Parallelstrahl**.

Alle 3 Strahlen schneiden sich in einem Bildpunkt. Zur eindeutigen Bestimmung genügen bereits 2 von diesen Strahlen. Wiederholt man diese Konstruktion in Gedanken für alle Punkte des Gegenstandes G, so bildet die Gesamtheit aller Bildpunkte ein reelles, umgekehrtes Bild B. Je nach der Entfernung g des Gegenstandes vom Spiegelmittelpunkt gibt es mehrere Möglichkeiten (Bild 26.9):

Entfernung g des Gegenstandes	Art des Bildes
1. $g > r$	reell, umgekehrt, verkleinert
2. $g = r$	reell, umgekehrt, gleich groß
3. $r > g > f$	reell, umgekehrt, vergrößert
4. $g < f$	virtuell, aufrecht, vergrößert

Um den letzten Fall zu zeichnen, werde der Verlauf des Haupt- und Parallelstrahles verfolgt (Bild 26.10) Nach ihrer Reflexion schneiden sie sich *nicht*, sondern laufen auseinander (**divergieren**). Der Beobachter aber verlängert die Strahlen in Gedanken jenseits des Spiegels, wo sie von ihrem Schnittpunkt herzukommen scheinen und dort ein virtuelles Bild entsteht.

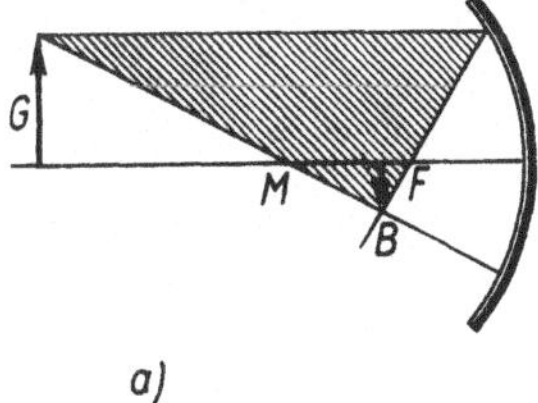 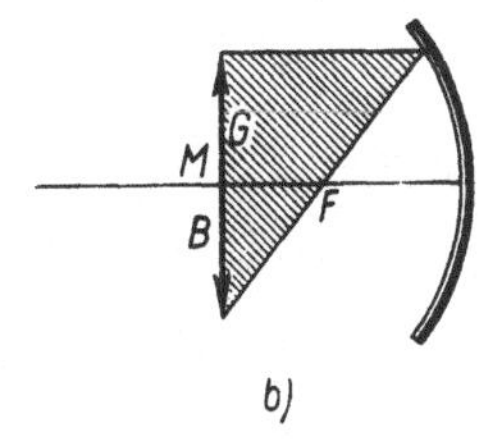 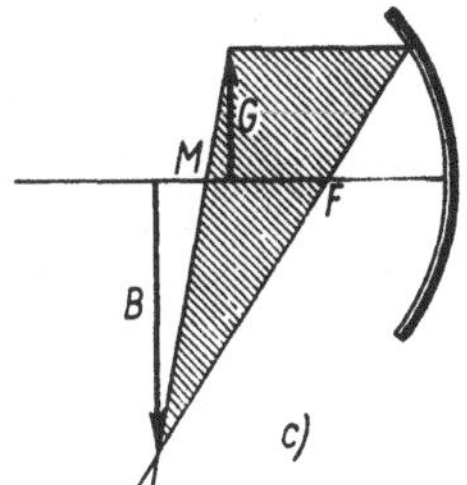

Bild 26.9. Abbildung bei verschiedener Entfernung des Gegenstandes

Zur mathematischen Darstellung werden folgende Festlegungen getroffen:

G ist die Gegenstandsgröße
B ist die Bildgröße
(positiv in Richtung der positiven y-Achse)

g ist die Gegenstandsweite
b ist die Bildweite
(positiv auf der Spiegelseite, das Licht kommt von links)

Für achsnahe Strahlen wird die Krümmung des Spiegels vernachlässigt und seine Fläche als eben angenommen. Diese Vereinfachung wird auch bei der geometrischen Bildkonstruktion verwendet. Dafür kann auch der im Scheitel reflektierte Strahl mitbenutzt werden. Es

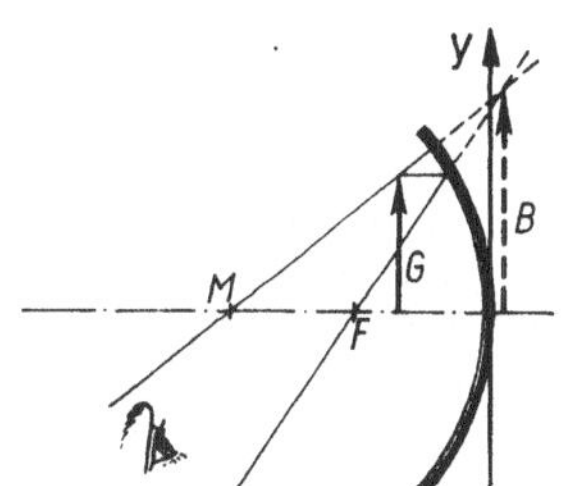

Bild 26.10. Virtuelles Bild im Hohlspiegel

entstehen die beiden im Bild 26.11 schraffierten Dreiecke. Aus der Ähnlichkeit dieser Dreiecke und unter Beachtung der Vorzeichen ergibt sich

$$\boxed{\frac{B}{G} = -\frac{b}{g}}$$
Abbildungsmaßstab (26.2)

Die Größen von Gegenstand und Bild verhalten sich wie ihre Entfernungen vom Spiegel.

Weiterhin sind auch die auf Bild 26.11 punktiert hervorgehobenen Dreiecke geometrisch *ähnlich*. Sie ergeben die Proportion

$$\frac{B}{G} = -\frac{f}{g-f}, \quad \text{und mit (26.2)} \quad \frac{b}{g} = \frac{f}{g-f} \quad \text{wird}$$

$$\frac{g}{b} = \frac{g}{f} - \frac{f}{f}.$$

Dividiert man alle Glieder durch g, so entsteht

$$\boxed{\frac{1}{f} = \frac{1}{g} + \frac{1}{b}}$$ **Abbildungsgleichung**   (26.3)

Die Gleichungen des Hohlspiegels gelten nur für achsnahe Strahlen.

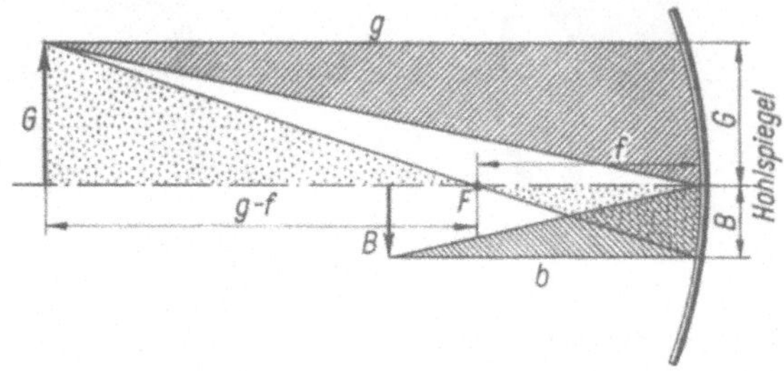

Bild 26.11. Zur Herleitung der Gleichungen des Hohlspiegels

Beispiel: Vor einem Hohlspiegel mit 80 cm Krümmungsradius steht in 1 m Entfernung eine 10 cm große Glühlampe. Art, Größe und Entfernung des Bildes? – Es ist $f = \dfrac{r}{2} = \dfrac{80\ \text{cm}}{2} = 40\ \text{cm}$. Da $g > r$, entsteht ein umgekehrtes, verkleinertes, reelles Bild. Nach (26.3) ist $\dfrac{1}{b} = \dfrac{1}{f} - \dfrac{1}{g}$, woraus $b = \dfrac{fg}{g-f} = \dfrac{40\ \text{cm} \cdot 100\ \text{cm}}{(100-40)\ \text{cm}} = 66{,}7\ \text{cm}$ folgt. Nach (26.2) ergibt sich ferner $B = -\dfrac{Gb}{g} = -\dfrac{10\ \text{cm} \cdot 66{,}7\ \text{cm}}{100\ \text{cm}} = -6{,}67\ \text{cm}$. Das positive Vorzeichen von b gibt an, daß das Bild auf der Lichtseite des Spiegels entsteht, das negative Vorzeichen von B bedeutet, daß das Bild umgekehrt ist.

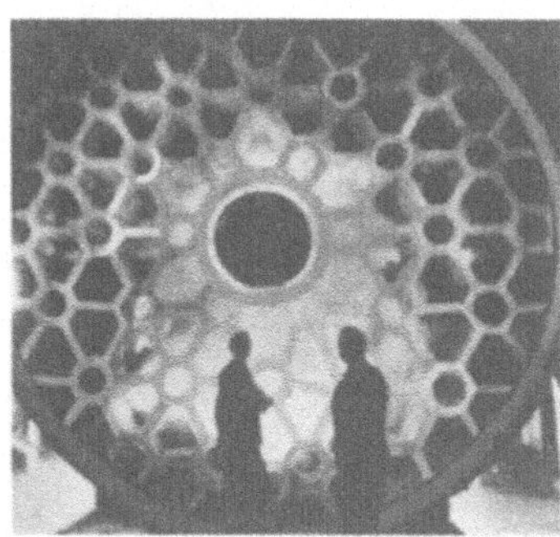

Bild 26.12. Hohlspiegel für ein Riesenteleskop (Durchmesser 5 m) vor der Fertigstellung. Die Rückseite ist zur Gewichtsverminderung wabenartig aufgeteilt.

26.3 Sphärischer Wölb- (Konvex-) Spiegel

Alles auf die *erhabene* (konvexe) Seite einer verspiegelten Kugelfläche fallende Licht wird **zerstreut** (Bild 26.13). Insbesondere gilt:

Achsenparallele Strahlen scheinen nach Reflexion von einem hinter dem Spiegel liegenden Brennpunkt (Zerstreuungspunkt) F herzukommen.

Die geometrischen Zusammenhänge sind dieselben wie beim Hohlspiegel. Dabei ist aber die Brennweite f entsprechend den vorhin genannten Vorzeichenregeln mit *negativem* Vorzeichen zu versehen:

$$f = -\frac{r}{2}$$

Brennweite des sphärischen Konvexspiegels   (26.4)

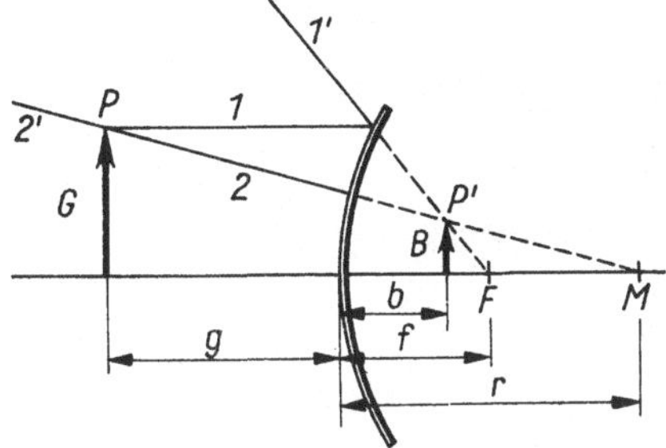

Bild 26.13. Virtuelles Bild im Wölbspiegel

Dann gilt auch die Abbildungsgleichung (26.3) wieder in unveränderter Form, wenn alle Vorzeichen richtig eingesetzt werden. Bei richtiger Anwendung wird $B > 0$ und $b < 0$. Die Bildkonstruktion ist nach Bild 26.13 leicht zu verstehen.

Der Wölbspiegel gibt in allen Fällen ein virtuelles, verkleinertes, aufrechtes Bild.

27 Brechung (Refraktion) des Lichtes

27.1 Brechungsgesetz

In Wasser oder Glas einfallende Lichtstrahlen werden z. T. an der Oberfläche reflektiert, z. T. dringen sie ins Innere ein. Bei schräger Einfallsrichtung sieht man, daß sie dabei aus ihrer geraden Richtung abgelenkt, d. h. **gebrochen** werden. Ursache ist die verschiedene Geschwindigkeit des Lichtes in Luft und Wasser bzw. Glas. Sie hat überhaupt in jedem Medium einen anderen Wert. Das Brechungsgesetz wurde bereits in der allgemeinen Wellenlehre (S. 185) hergeleitet. Der Quotient aus der Lichtgeschwindigkeit im Vakuum c_0 und der Lichtgeschwindigkeit c in einem homogenen Stoff ist für eine vorgegebene Wellenlänge (es wird die Wellenlänge des Natriumlichtes $\lambda = 589{,}3$ nm als Bezugswellenlänge gewählt) konstant und wird Brechzahl n dieses Mediums genannt (Bild 27.1):

$$\frac{\sin\alpha_v}{\sin\alpha} = n$$

Brechzahl
(gegenüber dem Vakuum)   (27.1)

Brechzahlen n (Natriumlicht 589,3 nm)

Jenaer Glas		Schwefelkohlenstoff	1,63
Bor-Kron BK 1	1,51	Diamant	2,42
Flint F 3	1,61	Wasser	1,33
Schwerflint SF 4	1,74	Ethanol (Äthylalkohol)	1,36

Beim Übergang vom Vakuum in Luft tritt ebenfalls eine geringe Brechung auf. Hierbei ist n_{Luft} = 1,0002724 für 20 °C, 1013,25 hPa und Natriumlicht. Der jeweils genaue Wert der Brechzahl eines Stoffes hängt somit vom Luftdruck, der Temperatur, vor allem aber von der Wellenlänge des Lichtes ab. Vorerst sei dies nicht berücksichtigt (s. Dispersion des Lichtes!).

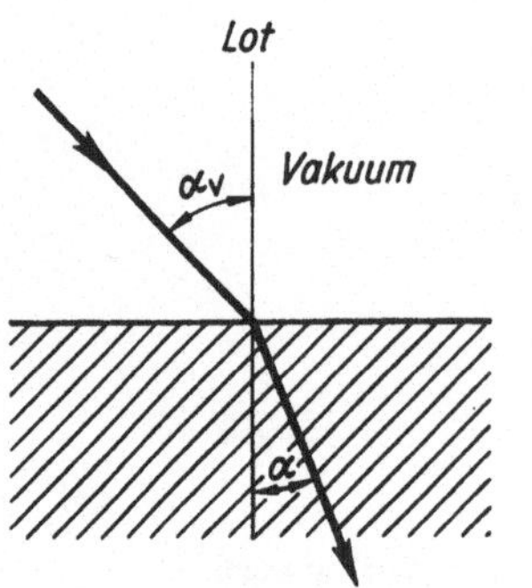

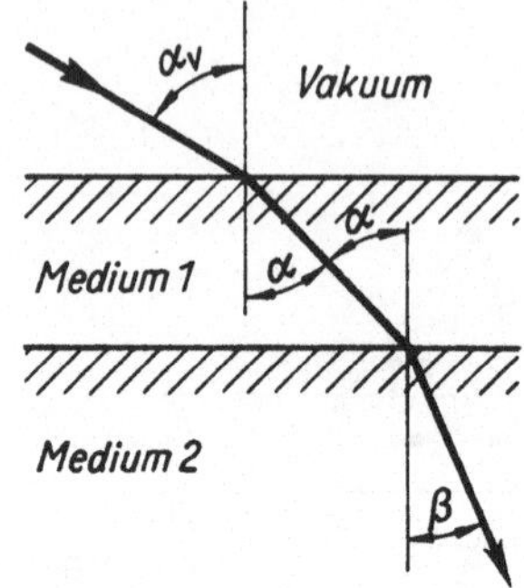

Bild 27.1. Lichtbrechung beim Übergang vom Vakuum in einen Stoff

Bild 27.2. Brechung zwischen zwei beliebigen Medien 1 und 2

Interessiert der Übergang des Lichtes zwischen zwei beliebigen Medien, gilt nach Bild 27.2 für den Übergang

$$\text{Vakuum} - \text{Medium } 1: \quad \frac{\sin \alpha_v}{\sin \alpha} = n_1 \quad \text{und Medium } 1 - \text{Medium } 2: \quad \frac{\sin \alpha}{\sin \beta} = n_{1,2}.$$

Die Multiplikation der beiden Gleichungen ergibt

$$\frac{\sin \alpha_v}{\sin \alpha} \cdot \frac{\sin \alpha}{\sin \beta} = n_{1,2} n_1, \quad \text{und mit} \quad \frac{\sin \alpha_v}{\sin \beta} = n_2 \quad \text{wird } n_2 = n_1 n_{1,2}.$$

Daraus folgt

$$\boxed{\frac{\sin \alpha}{\sin \beta} = n_{1,2} = \frac{n_2}{n_1}}$$

Snelliussches Brechungsgesetz
(für 2 beliebige Medien)   (27.2)

Häufig werden die Brechzahlen $n_{1,2}$ von Stoffen gegenüber Luft angegeben. Um die Brechzahl n_2 gegenüber dem Vakuum zu erhalten, ist daher der gegebene Wert $n_{1,2}$ mit dem Wert n_1 für Luft zu multiplizieren. Da dieser aber nur sehr wenig von 1 abweicht, ist die Korrektur geringfügig.

Da sich beim Übergang von einem Medium (Lichtgeschwindigkeit c_1) in ein anderes (Lichtgeschwindigkeit c_2) die Farbe, also die Frequenz f *nicht* ändert, muß sich wegen $c_1 = \lambda_1 f$ und $c_2 = \lambda_2 f$ die Wellenlänge ändern. Es gilt $c_1 : c_2 = \lambda_1 : \lambda_2$ und damit

$$\boxed{n_{1,2} = \frac{\lambda_1}{\lambda_2}}$$

(27.3)

27.2 Planparallele Platte

Ein Strahl, der schräg in eine planparallele Platte fällt, verläßt die Platte wieder unter dem Einfallswinkel. Es tritt daher keine Richtungsänderung, sondern lediglich eine **Parallelversetzung** auf (Bild 27.3).

Außerdem scheinen planparallele Platten stets dünner zu sein, als sie es in Wirklichkeit sind. Angenommen, an der Unterseite der Platte befinde sich ein zu betrachtender Punkt P (Bild 27.4). Ein schräg von ihm ausgehender Strahl _1_ wird beim Austritt vom Lot weggebrochen, der senkrecht austretende Strahl _2_ verläuft geradeaus. Das Auge sieht den Ursprung beider Strahlen in dem höher gelegenen Schnittpunkt P'. Die Platte erscheint dünner. Es ist nun die **wahre Dicke** $d = \dfrac{a}{\tan \beta}$ und die **scheinbare Dicke** $d' = \dfrac{a}{\tan \alpha}$. Da vom Auge nur ein schmales Lichtbündel erfaßt wird, sind die Winkel α und β sehr klein, so daß $\tan \alpha \approx \sin \alpha$ und $\tan \beta \approx \sin \beta$ ist, womit $\dfrac{d'}{d} = \dfrac{\sin \beta}{\sin \alpha}$ bzw. $d' = \dfrac{d}{n_{1,2}}$ wird.

$$\boxed{d' = \frac{d}{n_{1,2}}}$$ **Scheinbare Dicke einer planparallelen Platte** (27.4)

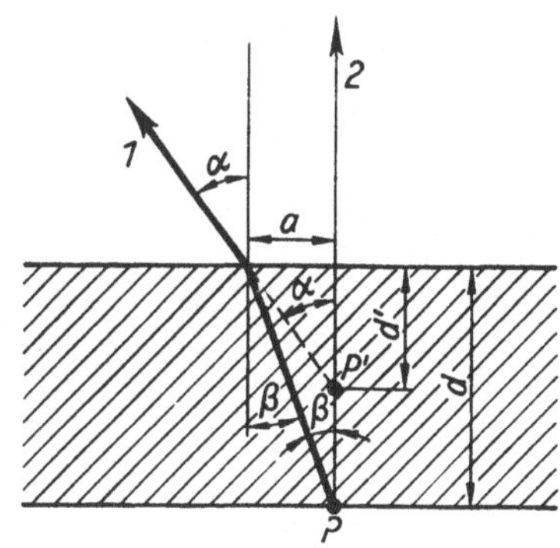

Bild 27.3. Scheinbare Parallelverschiebung einer Geraden hinter der Glasscheibe

Bild 27.4. Scheinbare Dicke einer parallelen Platte

Hiernach kann man die _Brechzahl_ einer durchsichtigen dünnen Platte bestimmen. Man stellt mit dem Mikroskop zuerst einen Punkt der Oberfläche und dann einen Punkt an der Unterseite der Platte scharf ein. Die Differenz beider Einstellungen gibt die scheinbare Dicke, während die wahre Dicke direkt gemessen werden kann.

27.3 Prisma

Aus dem in Bild 27.5 gezeigten Strahlengang ist ersichtlich:

Ein auf die Seitenfläche des Prismas fallender Strahl wird von der brechenden Kante weggebrochen. Der Winkel, unter dem sich die Seitenflächen der brechenden Kante treffen, heißt brechender Winkel ω.

Nach Bild 27.6 ist der **Gesamtablenkwinkel** φ zwischen ein- und ausfallendem Strahl

$$\varphi = \sigma + \tau \text{ (Außenwinkel und nichtanliegende Innenwinkel).}$$

Mit $\omega = \beta + \gamma$ (desgl.), $\sigma = \alpha - \beta$ und $\tau = \varepsilon - \gamma$ wird

$$\varphi = \alpha - \beta + \varepsilon - \gamma \text{ und damit}$$

$$\boxed{\varphi = \alpha + \varepsilon - \omega}$$ **Gesamtablenkwinkel** (27.5)

Es ergeben sich zwei *Spezialfälle*:
1. Der Gesamtablenkwinkel ist ein Minimum φ_{min}, wenn der Strahl das Prisma symmetrisch durchsetzt.

Dann wird $\alpha = \varepsilon$ und $\beta = \gamma$ und daraus $\beta = \dfrac{\omega}{2}$ und $\alpha = \dfrac{\varphi_{min} + \omega}{2}$.

Die Anwendung des Brechungsgesetzes liefert

$$\frac{\sin \alpha}{\sin \beta} = \frac{\sin \dfrac{\varphi_{min} + \omega}{2}}{\sin \dfrac{\omega}{2}} = n \tag{27.6}$$

und daraus die Möglichkeit, aus den leicht meßbaren Winkeln ω und φ_{min} die Brechzahl n zu bestimmen.

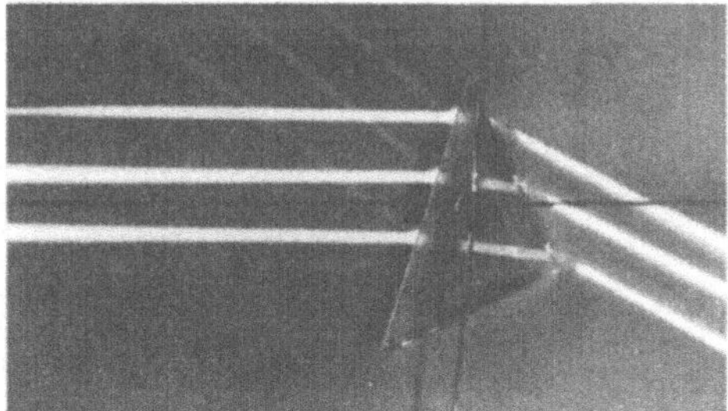

Bild 27.5. Brechung im Prisma. Die Eintrittsebene reflektiert etwas Licht.

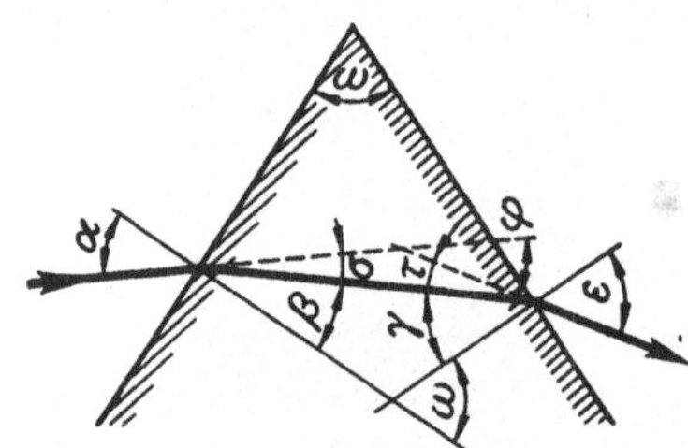

Bild 27.6. Gesamtablenkwinkel

2. Das Prisma ist ein dünner Keil. Für den Ablenkwinkel φ gilt dann bei nahezu senkrechtem Lichteinfall

$$\boxed{\varphi \approx (n-1)\,\omega}$$

Gesamtablenkung bei kleinem brechendem Winkel $\qquad\qquad$ (27.7)

Beweis: Es wird $\alpha \approx n\beta$, $\varepsilon \approx n\gamma$, $\varphi \approx n(\beta + \gamma) - \omega$ und daraus $\varphi \approx \omega(n-1)$.

27.4 Totalreflexion

Tritt ein Strahl aus einem *dichteren* Medium in ein *dünneres* über, so wird ein Teil des Lichtes nach innen zurückgeworfen. Nach Überschreiten eines bestimmten **Grenzwinkels** β_{gr} gelangt kein Licht mehr ins dünnere Medium (Bild 27.7). Der Strahl wird dann vollständig nach innen reflektiert. Man nennt dies **Totalreflexion** (Bild 27.8).

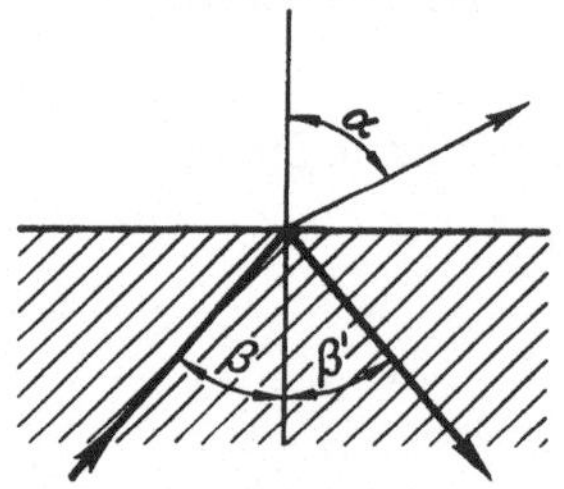

Bild 27.7. Totalreflexion

Bild 27.8. Totalreflexion in einer mit Wasser gefüllten Wanne

Beim Erreichen des Grenzwinkels hat der Austrittswinkel α seinen größtmöglichen Wert, nämlich 90°, erreicht. Der austretende Strahl müßte in diesem Fall streifend an der Grenzfläche entlanglaufen. Wegen $\sin \alpha = 1$ und $\dfrac{\sin \alpha}{\sin \beta} = n_{1,2}$ ist daher

$$\boxed{\sin \beta_{gr} = \frac{1}{n_{1,2}}}$$ **Grenzwinkelbeziehung der Totalreflexion** (27.8)

Von dieser totalen Reflexion macht man bei optischen Instrumenten gern Gebrauch, weil sie vollkommener als bei metallbelegten Spiegeln ist (Bild 27.8).

Beispiele: 1. Weshalb ist es nicht notwendig, die reflektierenden Flächen des Umlenkprismas (Bild 27.9) zu versilbern? – Wegen $\sin \beta = \dfrac{1}{1,5 \ldots 1,7}$ beträgt der Grenzwinkel der Totalreflexion bei Glas $\beta_{gr} = 36° \ldots 42°$, ist also kleiner als 45°.

2. Fährt man an heißen Sommertagen mit dem Motorrad (niedriger Blickpunkt!) auf einer langen Geraden, so sieht man in größerer Entfernung häufig »Wasserlachen«, in denen sich die Chausseebäume spiegeln. – Totalreflexion an der auf dem Asphalt liegenden erhitzten Luftschicht (Fata morgana in der Wüste). Die Erscheinung verschwindet bei höherem Blickpunkt (Grenzwinkel!).

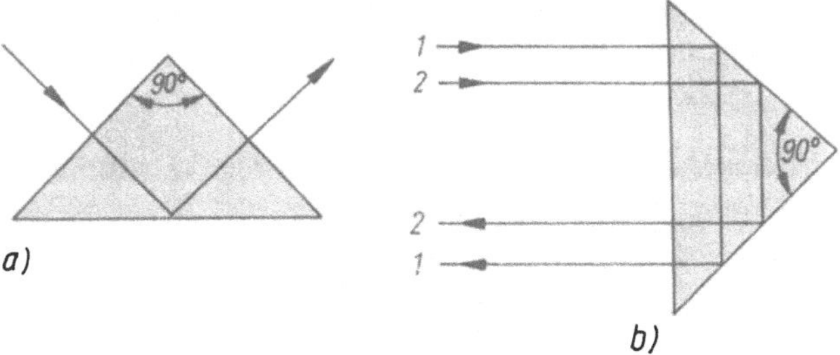

Bild 27.9. Totalreflexion im rechtwinkligen Prisma:
a) Reflexionsprisma,
b) Umkehrprisma

Eine wichtige Anwendung der Totalreflexion ist die Übertragung des Lichtes in **Lichtwellenleitern**. Die Nutzung geschieht zur Beleuchtung unzugänglicher Stellen in der Technik und Medizin.

Lichtwellenleiter werden auch in zunehmendem Maße zur Informationsübertragung mittels Lichts verwendet. Der Strahlengang ist in den Bildern 27.10 und 27.11 dargestellt.

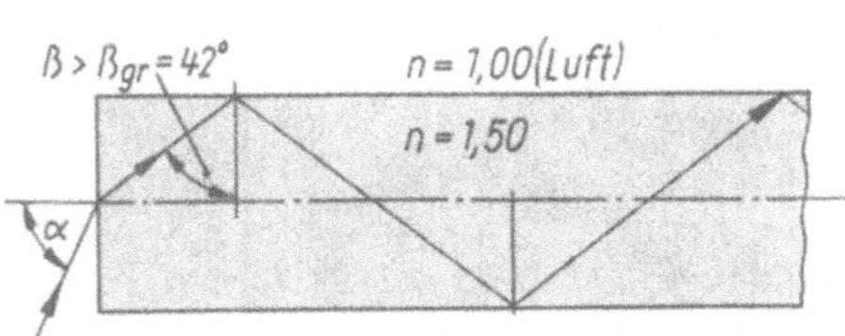

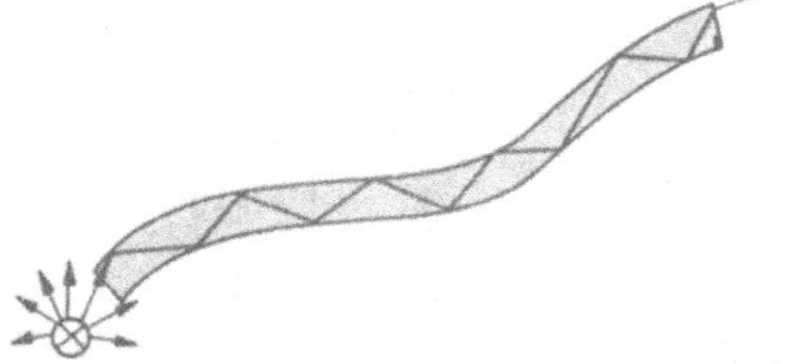

Bild 27.10. Totalreflexion im Lichtleiter   Bild 27.11. Lichtübertragung im Lichtleiter

Beispiel: Wie groß muß die Brechzahl einer Glasfaser mindestens sein, damit das unter beliebig großem Winkel α eintretende Licht an der Grenzfläche Glas – Luft total reflektiert wird und nach beliebig vielen Reflexionen wieder austritt?

Nach Bild 27.10 und dem Brechungsgesetz ist $\sin \alpha = n \sin (90° - \beta) = n \cos \beta$. Bei Totalreflexion muß $\sin \beta > \sin \beta_{gr} = 1/n$ sein. Da $\sin \beta = \sqrt{1 - \cos^2 \beta}$, folgt $\sin \beta = \sqrt{1 - \dfrac{\cos^2 \alpha}{n^2}}$
$= \dfrac{1}{n} \sqrt{n^2 - \sin^2 \alpha} \geqq \dfrac{1}{n}$ oder $n^2 - \sin^2 \alpha \geqq 1$. Für den größtmöglichen Einfallswinkel $\alpha = 90°$ ergibt sich hieraus $n^2 - 1 \geqq 1$ oder $n^2 \geqq 2$; es muß also $n \geqq \sqrt{2} = 1,4$ sein.

28 Zerlegung (Dispersion) des Lichtes

28.1 Dispersion

Die Zerlegung des weißen Tageslichtes in seine Spektralfarben heißt **Dispersion**. Fällt weißes Licht nach Bild 28.1 auf ein Prisma, erscheint auf dem Schirm B – abgesehen von der Ablenkung durch Brechung – das Licht zu einem farbigen Band auseinandergezogen, es entsteht ein **Spektrum**. Die Farbbereiche und die zugehörigen Wellenlängen sind:

Rot – Orange – Gelb – Grün – Blau – Violett

770   610   600   570   490   430   390 nm

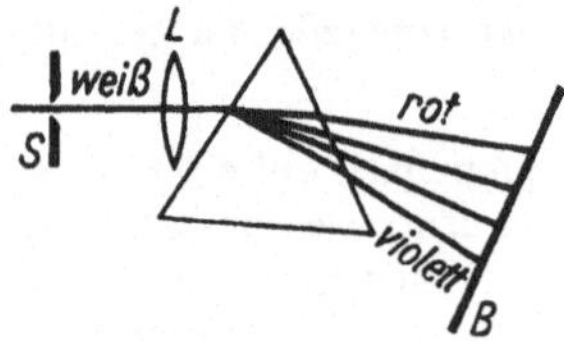

Bild 28.1. Dispersion: S Spalt, L Sammellinse, die ohne Prisma auf dem Schirm B ein Bild des Spaltes entwirft

Rot wird am wenigsten, Violett am stärksten abgelenkt (Farbentafel 1). Aus der Dispersion folgt, daß jeder Wellenlänge des Lichtes eine andere Brechzahl n entspricht.

Die Brechzahl nimmt mit zunehmender Wellenlänge ab.

Wellenlänge und Brechzahl sind jedoch einander nicht proportional! Somit gilt die Brechzahl eines Stoffes immer nur für die Wellenlänge, die dazu angegeben ist (s. 27.1). Weil die Dispersion für die einzelnen Stoffe verschieden ist, wird sie quantitativ durch Angabe der **mittleren Dispersion** gekennzeichnet. Sind n_F und n_C die Brechzahlen für die Wellenlängen 486,1 bzw. 656,3 nm, gilt

$$\boxed{\vartheta_m = n_F - n_C}\qquad\text{**Mittlere Dispersion**}\qquad\qquad(28.1)$$

Dispersion einiger Stoffe

Stoff	Brechzahl und zugehörige Wellenlänge				Mittlere Dispersion $n_F - n_C$
	n_C 656,3 nm	n_D 589,3 nm	n_F 486,1 nm	n_H 396,8 nm	
Wasser 20 °C	1,331	1,333	1,337	1,343	0,006
Kronglas	1,516	1,519	1,525	1,535	0,009
Flintglas	1,614	1,619	1,631	1,653	0,017
Schwefelkohlenstoff	1,619	1,628	1,653	1,700	0,034

Dagegen soll das **achromatische Prisma** (Bild 28.2) einen Strahl wohl ablenken, nicht aber in Farben zerlegen. Es ist eine Kombination aus einem Kron- und einem Flintglasprisma. Ihre brechenden Winkel sind so bemessen, daß 2 Farben des Spektrums (etwa Rot und Blau) gleiche Gesamtablenkung haben, also parallel austreten. Eine strenge Korrektur für alle Farben ist nicht möglich.

28.2 Spektren

Ein Spektrum aus einer lückenlosen Reihe ineinander übergehender Farben ist ein **kontinuierliches Spektrum**. Es wird von allen Temperaturstrahlern erzeugt und daher auch vom Sonnenlicht.

Genauere Untersuchungen nimmt man mit dem **Spektrometer** vor (Bild 28.3). Das zu prüfende Licht fällt durch einen feinen, in seiner Breite verstellbaren Spalt (*1*) in den **Kollimator** (*2*), der die Aufgabe hat, das einfallende Lichtbündel parallel zu richten. Mit dem Fernrohr (*3*) wird das Spektrum vergrößert beobachtet.

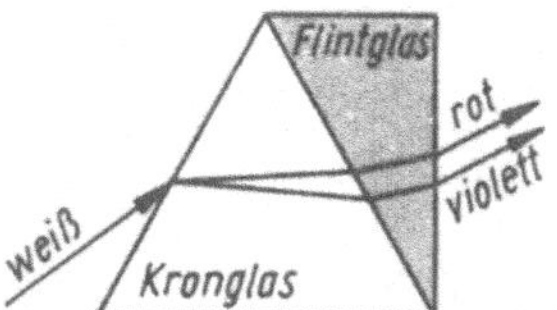

Bild 28.2. Achromatisches Prisma

Leuchtende Gase und Dämpfe senden im Gegensatz zu den Temperaturstrahlern nur einzelne bestimmte Wellenlängen aus. Zum Beispiel Kochsalz (NaCl) färbt eine nichtleuchtende Gasflamme intensiv gelb.

Das Spektrum besteht nur aus einer einzigen gelben Linie ($\lambda = 589,3$ nm) (D-Linie). Präzisionsspektrometer zeigen genau eine Doppellinie (D_1 mit $\lambda = 589,0$ nm und D_2 mit $\lambda = 589,6$ nm).

Bild 28.3. Einfaches Spektrometer

Das Natriumlicht ist also **praktisch monochromatisch (einfarbig)**. Monochromatisches Licht *anderer* Wellenlänge entsteht u. a. mit einer Quecksilberdampflampe, wenn man die gewünschte Wellenlänge mit Hilfe geeigneter Lichtfilter aussondert.

Kaliumverbindungen geben blaßviolette Flammenfärbung, ihr Spektrum enthält 5 Linien, wie überhaupt jedes chemische Element ein charakteristisches **Linienspektrum** liefert. Verdünnte Gase geben bei Stromdurchgang ebenfalls vielfarbige Linienspektren (Farbentafel 3 und 4). An Hand der in einem Spektrum auftretenden Linien läßt sich die Anwesenheit eines chemischen Elementes eindeutig feststellen: **Spektralanalyse. Linienspektren** werden von den chemischen Elementen erzeugt, d. h. von einzelnen Atomen. Chemische Verbindungen, also Licht aussendende Moleküle, ergeben **Bandenspektren**. Anstelle einzelner Linien enthalten sie breitere Bänder, die aus *zahlreichen eng* beisammen liegenden Linien bestehen.

Schickt man weißes Licht durch ein farbiges Glas, so erscheinen nach spektraler Zerlegung auf dem Schirm breite Teile des Spektrums ausgelöscht; das Glas hat einen Teil der Strahlung absorbiert. Es entsteht ein **Absorptionsspektrum**. Viele chemische Stoffe erzeugen charakteristische *Absorptionsbanden*, ein wichtiges Hilfsmittel der chemischen Analyse (Farbentafel 5). Blut erzeugt beispielsweise je einen charakteristischen Streifen im gelben und grünen Bereich des kontinuierlichen Spektrums.

Geht weißes Licht durch Metalldämpfe, so entstehen an denjenigen Stellen schwarze Linien, wo der Metalldampf eigene Spektrallinien erzeugen würde:

Glühende Gase absorbieren die Wellenlängen, die sie selbst aussenden.

Spektrallinien einiger chemischer Elemente

(Wellenlängen in nm in Luft von 15 °C und 1013,25 hPa)

Helium	447,1480	Kupfer	324,754	Natrium	330,234
	471,3147		327,3965		330,294
	492,1926		521,8202	D_1	588,9965
	501,5678			D_2	589,5932
	587,5623				
	667,8149	Calcium	315,888	Sauerstoff	394,733
	706,5197		317,934		628,29
			393,3670		686,72
Kalium	344,637		396,8475		760,82
	404,414		422,6728		
	404,720		428,301		
	766, 491		430,774	Wasserstoff	397,007
	769,898				410,1736
					434,046
					486,132
					656,2785

Fraunhofersche Linien

Farbeindruck:	Violett	Indigo	Blau	Grün	Gelb	Orange	Rot		
Fraunhofersche Linien:	K	H G	F	E	D		C	B	A
Wellenlängen in nm:	393,3	396,8 430,8	486,1	527,0	589,3		656,3	686,7	759,3
Zugehörigkeit zu den chemischen Elementen:	Ca	Ca Fe	H	Fe	Na		H	O	O

Fraunhofer hat 1814 bei der Untersuchung des Sonnenspektrums zahlreiche derartige Linien darin entdeckt. Aus der Lage und Verteilung der **Fraunhoferschen Linien** läßt sich erkennen, welche chemischen Elemente im äußeren Teil der Sonne enthalten sind. Die kräftigsten dieser Linien tragen nach Fraunhofer die Bezeichnungen A … K. So wurde auf Grund solcher Fraunhoferscher Linien das Edelgas Helium zuerst auf der Sonne entdeckt, ehe man es auf der Erde fand.

29 Sphärische Linsen

Alle praktisch verwendeten Linsen werden **sphärisch** geschliffen, ihre Oberflächen sind Teile von Kugelflächen. Diese Form ist besonders einfach und genau herzustellen. Durch Zusammenbau mehrerer solcher Linsen können alle Anforderungen hinsichtlich der Bildgüte erfüllt werden.

29.1 Dünne Linsen

Die Linsengesetze werden besonders für **dünne Linsen** einfach. Bei den Berechnungen wird die Dicke der Linse vernachlässigt. Die Linsenflächen können konvex (erhaben) oder konkav (hohl) sein. Es ergeben sich **Sammellinsen**, diese sind in der Mitte dicker als am Rand, und **Zerstreuungslinsen**, die am Rand dicker sind (Bild 29.1).

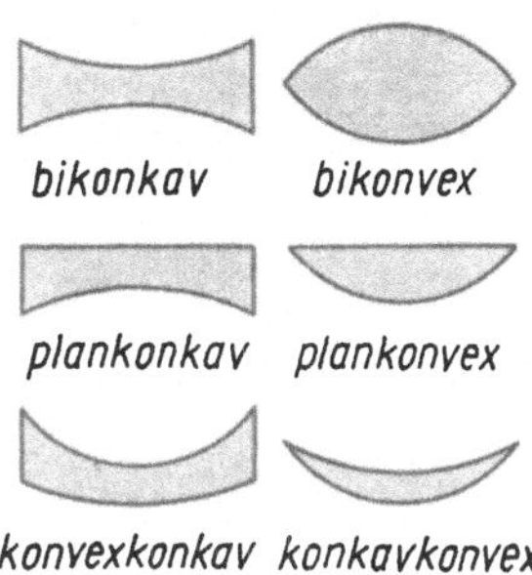

Bild 29.1. Linsenformen

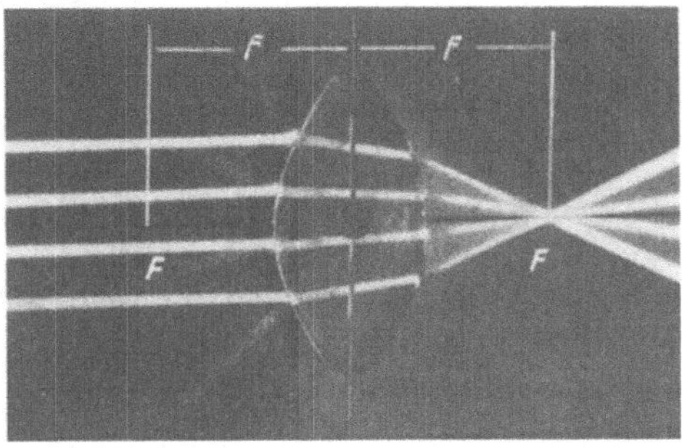

Bild 29.2. Strahlengang paralleler Strahlen durch eine Sammellinse

29.1.1 Brennweite und Vorzeichenregeln

Meist besteht das beiderseits an die Linse grenzende Medium aus Luft. Die Brechzahl des Linsenmaterials gegenüber Luft ist im folgenden stets mit n bezeichnet. Andere Fälle, in denen z. B. die Linse auf einer oder beiden Seiten an eine Flüssigkeit grenzt, seien hier nicht behandelt.

Die Verbindungslinie der beiden Krümmungsmittelpunkte der Linsenflächen nennt man **optische Achse** und ihre Schnittpunkte mit den Linsenflächen **Scheitelpunkte**, deren Abstand durch die Linsendicke gegeben ist. Fällt achsenparalleles Licht auf eine Sammellinse, so wird dieses im **Brennpunkt** F vereinigt (Bild 29.2). Das Licht wird dabei *zweimal* gebrochen. Bei Vernachlässigung der Linsendicke fallen die beiden Scheitel zusammen. Die Linse kann dann als *eine* Ebene dargestellt werden, durch die das Licht *einmal* gebrochen wird. Damit ergeben sich bei **dünnen Linsen** zwei symmetrisch liegende Brennpunkte, deren Abstand vom Linsenmittelpunkt gleich der **Brennweite** f ist.

Für die folgenden **Festlegungen** wird der Lichteinfall von *links* her angenommen (Bild 29.3 und 29.9):[1])

Krümmungsradius $r > 0$ Linsenfläche auf der Lichteinfallseite *konvex*
Gegenstandsweite $g > 0$ in Richtung der *negativen* x-Achse
Bildweite $b > 0$ in Richtung der *positiven* x-Achse
Bildgröße $B > 0$ ⎫
Gegenstandsgröße $G > 0$ ⎭ in Richtung der *positiven* y-Achse.

In der jeweils *entgegengesetzten* Richtung sind die genannten Größen *negativ*! Ist r_1 der Krümmungsradius der vom Licht *zuerst* getroffenen Fläche, ergibt sich aus

$$\frac{1}{f} = (n - 1)\left(\frac{1}{r_1} - \frac{1}{r_2}\right)$$

Reziproker Wert der Brennweite einer dünnen Linse   (29.1)

---

[1]) In der technischen Optik gelten andere Vorzeichenregeln (s. DIN 1335).

unter Beachtung der Vorzeichenregeln für die Brennweite f bei *Sammellinsen* ein *positives* Vorzeichen und ein *negatives* für *Zerstreuungslinsen*. Damit kommt zugleich zum Ausdruck, daß der Brennpunkt einer Zerstreuungslinse virtuell ist und so wirkt, als ob achsenparallel einfallendes Licht von ihm ausginge (Bild 29.4).

Beispiele: 1. Wo liegt der Brennpunkt einer bikonvexen Sammellinse mit beiderseits gleicher Krümmung, wenn $n = 1{,}5$ ist? – Aus (29.1) erhält man $\dfrac{1}{f} = 0{,}5 \left(\dfrac{2}{r}\right) = \dfrac{1}{r}$. Die Brennweite f ist positiv und hat den Betrag des Krümmungsradius. Der Brennpunkt dieser vielbenutzten Linse liegt also im Krümmungsmittelpunkt.

2. Wie groß ist die Brennweite einer Plankonvexlinse von $r = 12\,\text{cm}$ und $n = 1{,}5$? – Wegen $r_1 \to \infty$ wird

$$\frac{1}{f} = 0{,}5 \left(0 + \frac{1}{12\,\text{cm}}\right); \quad f = \frac{12\,\text{cm}}{0{,}5} = 24\,\text{cm}.$$

Die Brennweite dieser ebenfalls vielbenutzten Linse ist gleich dem doppelten Krümmungsradius (siehe voriges Beispiel).

29.1.2 Abbildungsgesetze

Zur Konstruktion von Strahlengängen werden folgende **3 ausgezeichnete Strahlen** verwendet:

- (*1*) **Parallelstrahlen werden zu Brennstrahlen.**
- (*2*) **Brennstrahlen werden zu Parallelstrahlen.**
- (*3*) **Der Hauptstrahl geht unabgelenkt durch die Linsenmitte.**

Zur eindeutigen Konstruktion eines Bildpunktes genügen bereits 2 von diesen Strahlen (Bild 29.5).

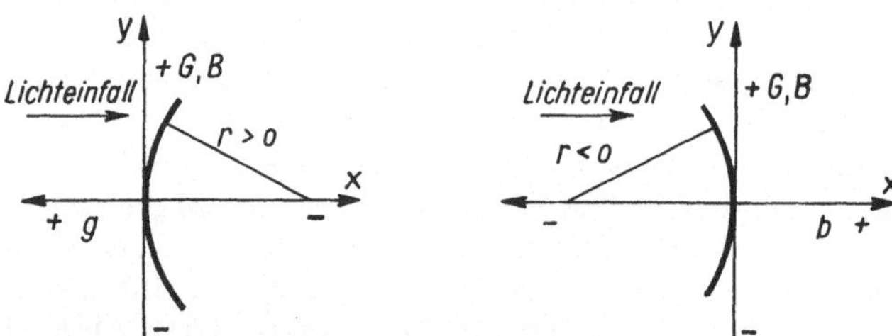

Bild 29.3. Vorzeichenregeln

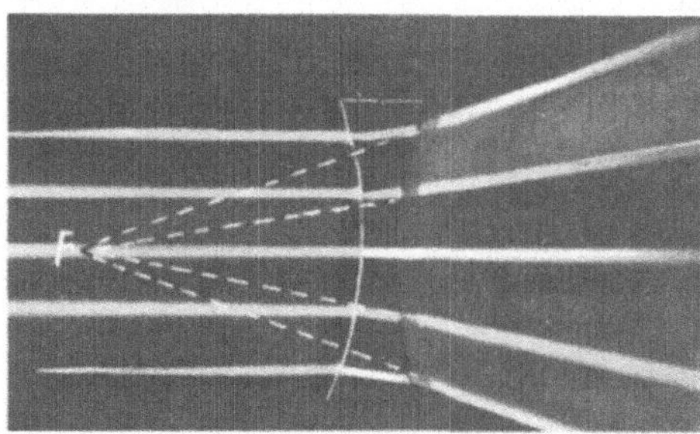

Bild 29.4. Virtueller Brennpunkt einer Zerstreuungslinse

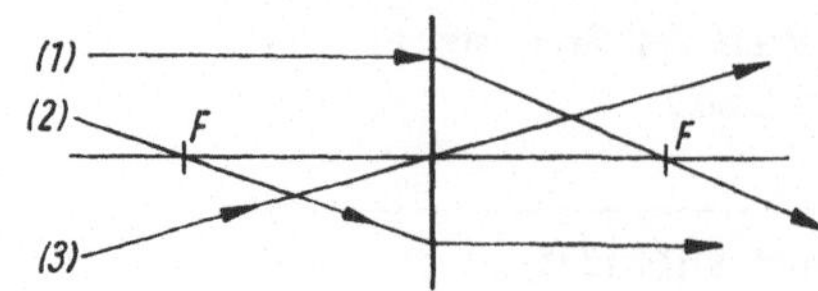

Bild 29.5. Die drei ausgezeichneten Strahlen bei der Sammellinse

Die kleine Parallelversetzung des Hauptstrahls kann bei *dünnen* Linsen vernachlässigt werden. Auf Grund dieser Leitsätze findet man zunächst:

Unendlich ferne Punkte werden in der Brennebene abgebildet.

Beweis: Das von einem unendlich fernen Punkt ausgehende Licht ist stets parallel. Aus dem schräg zur Achse laufenden Bündel werden Haupt- und Brennstrahl herausgegriffen. Ihr Schnittpunkt liegt in der durch den Brennpunkt F' gehenden Ebene, weil die beiden schraffierten Dreiecke kongruent sind (Bild 29.6).

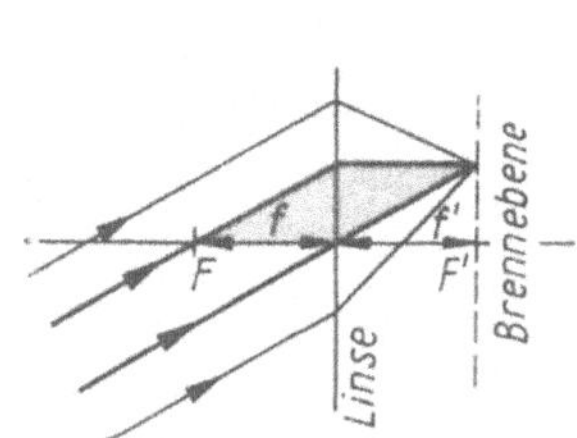

Bild 29.6. Schräg einfallendes Lichtbündel

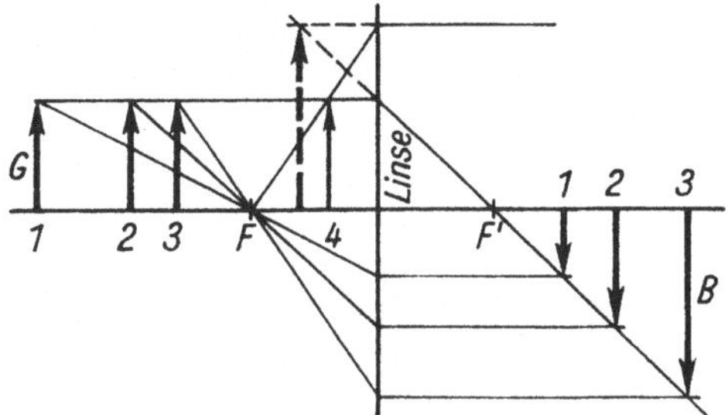

Bild 29.7. Bildkonstruktion bei verschiedener Entfernung des Gegenstandes G

Die geometrischen Bildkonstruktionen erfolgen analog denen des Hohlspiegels. Die in 26.2.2 gegebene Anleitung kann auf die Sammellinsen übertragen werden und macht Bild 29.7 verständlich. Für unterschiedliche Gegenstandsweiten ergeben sich folgende Bilder:

Fall	Lage des Gegenstandes	Lage des Bildes	Art des Bildes	Anwendung
1.	$g > 2f$	$2f > b > f$	reell, umgekehrt, verkleinert	Objektive von Fernrohr und Fotoapparat
2.	$g = 2f$	$b = 2f$	reell, umgekehrt, gleich groß	Umkehrlinse
3.	$2f > g > f$	$b > 2f$	reell, umgekehrt, vergrößert	Objektive von Mikroskop und Projektionsapparat
4.	$g = f$	$b \to -\infty$	virtuell, aufrecht, vergrößert	Scheinwerfer, Lupe
5.	$g < f$	$b < 0$	virtuell, aufrecht, vergrößert	Lupe

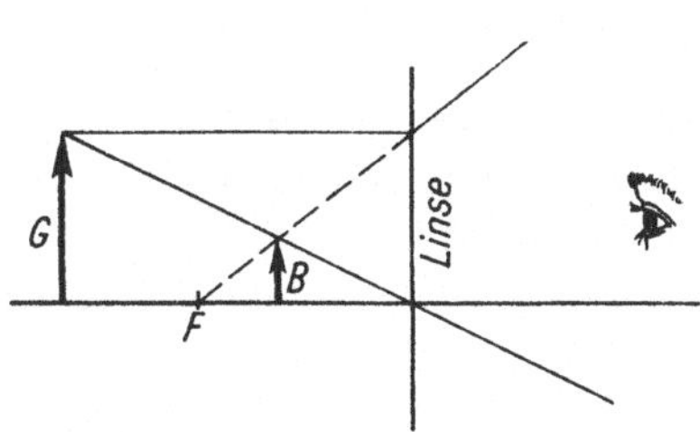

Bild 29.8. Virtuelles Bild einer Zerstreuungslinse

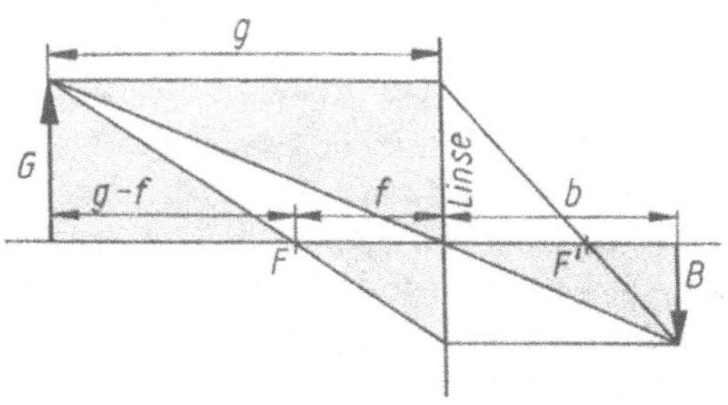

Bild 29.9. Zur Herleitung der Abbildungsgleichung

Bei der Konstruktion des von einer **Zerstreuungslinse** entworfenen Bildes ist zu beachten, daß achsenparallele Strahlen so nach außen abgelenkt werden, als ob sie vom virtuellen Brennpunkt herkämen (Bild 29.8). Man findet daher die Richtung des abgelenkten Strahles, indem man den Punkt, wo der Parallelstrahl auf die Linse trifft, mit dem virtuellen Brennpunkt verbindet. Das Auge erblickt den Bildpunkt im Schnittpunkt der Verlängerung des nach außen abgelenkten Strahls mit dem Hauptstrahl. Das Bild ist *virtuell, aufrecht* und *verkleinert.*

Für eine Sammellinse ergibt die Ähnlichkeit der Dreiecke in Bild 29.9 unter Beachtung der Vorzeichen, daß der Quotient aus Gegenstandsgröße G und Bildgröße B gleich dem negativen Quotienten aus Gegenstandsweite g und Bildweite b ist:

$$\boxed{\frac{G}{B} = -\frac{g}{b}} \qquad \textbf{Abbildungsmaßstab} \qquad\qquad (29.2)$$

Ferner gilt $\dfrac{G}{B} = -\dfrac{g-f}{f}$ und damit $\dfrac{g}{b} = \dfrac{g-f}{f}$.

Hieraus folgt durch Umformen

$$\boxed{\frac{1}{f} = \frac{1}{g} + \frac{1}{b}} \qquad \textbf{Abbildungsgleichung} \qquad\qquad (29.3)$$

$D = \dfrac{1}{f}$ heißt **Brechkraft** oder **Brechwert** der Linse. Die Einheit der Brechkraft ist $1/m = \text{dpt}$ (Dioptrie).

Beispiele: 1. Ein 1,70 m großer Mann steht 5 m vor einer Linse von 15 cm Brennweite. Wie groß ist sein auf der Mattscheibe sichtbares Bild? – Aus (29.3) folgt $b = \dfrac{gf}{g-f}$. Einsetzen in Gleichung (29.2) ergibt $B = \dfrac{Ggf}{g(g-f)} = \dfrac{Gf}{g-f} = -5,26$ cm. Das negative Vorzeichen bedeutet, daß es sich um ein umgekehrtes Bild handelt.

2. Vor einer Sammellinse der Brennweite $f = 16$ cm steht in 10 cm Entfernung ein 5 cm großer Gegenstand. Art, Größe und Entfernung des Bildes sind zu berechnen. – Gleichung (29.3) ergibt $b = \dfrac{gf}{g-f} = -26,7$ cm; das negative Vorzeichen bedeutet virtuelles Bild. Mit Gleichung (29.2) wird die Bildgröße $B = -\dfrac{Gb}{g} = -\dfrac{5 \cdot (-26,7)}{10}$ cm $= +13,4$ cm; das Bild ist vergrößert und wegen des positiven Vorzeichens aufrecht. Die Linse wirkt als Lupe.

29.2 Dicke Linsen

Bei genaueren optischen Berechnungen muß die bei den bisherigen Betrachtungen vernachlässigte Dicke d der Linsen berücksichtigt werden. Dazu werden (Bild 29.10) zwei Hilfsebenen – die **Hauptebenen** H und H' – verwendet, die mit dem wirklichen Strahlengang an sich nichts zu tun haben. Kennt man ihre Lage, dann ist die Bildkonstruktion fast ebenso einfach wie bei einer dünnen Linse, die durch eine einzige Ebene ersetzt werden konnte.

Die Berechnung, auf die hier nicht eingegangen werden kann, liefert

1. für eine **symmetrische dicke Bikonvexlinse** ($n = 1,5$ und $r \geq d$): Abstand der beiden Hauptebenen $= \, ^1/_3$ Linsendicke,

2. für eine **dicke Plankonvexlinse** ($n = 1,5$ und $r \geq d$): Abstand der einen Hauptebene vom Linsenscheitel $= \, ^1/_3$ Linsendicke (Bild 29.11). Die Konstruktion des Strahlenganges erfolgt nach Bild 29.10.

Im übrigen behalten aber die Gleichungen (29.2) und (29.3) ihre uneingeschränkte Gültigkeit. Es ist lediglich zu beachten, daß die Größen g, b und f bei dicken Linsen von den Hauptebenen aus zu rechnen sind.

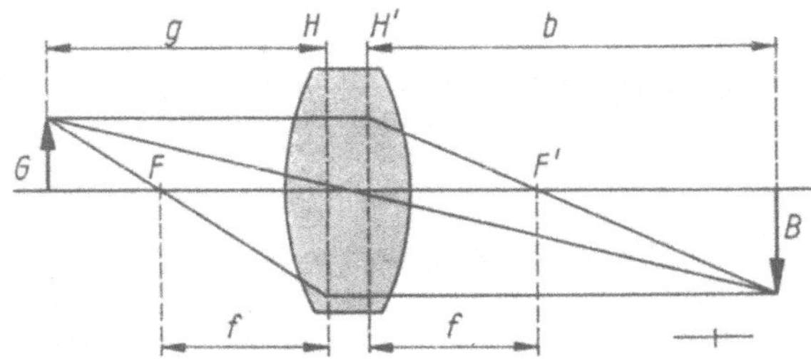

Bild 29.10. Bildkonstruktion mit Hilfe der Hauptebenen H und H'

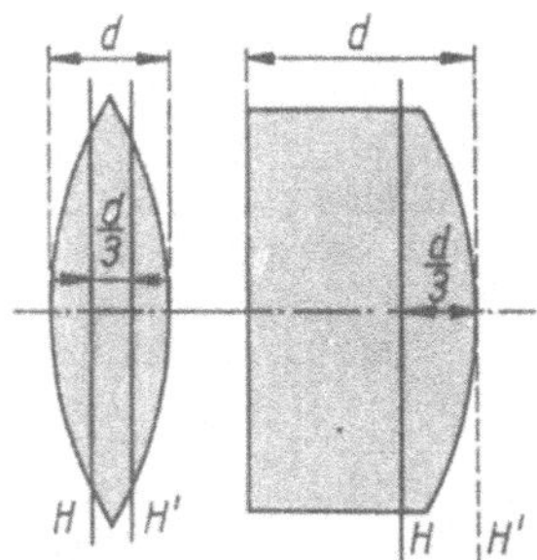

Bild 29.11. Lage der Hauptebenen bei dicken Linsen

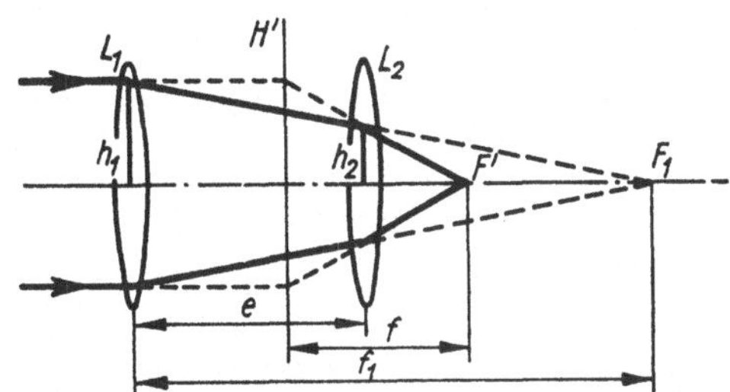

Bild 29.12. Rechter Brennpunkt F' und Brennweite f eines Linsensystems

29.3 Linsensysteme

Ein System aus zwei dünnen Linsen L_1 und L_2, die nach Bild 29.12 im Abstand e voneinander angeordnet sind, läßt sich theoretisch durch eine einzige Linse der Brennweite f ersetzen. Der linke und rechte Brennpunkt des Systems sind von den beiden Einzellinsen verschieden weit entfernt.

$$\boxed{\overline{FL_1} = \frac{f_1(f_2 - e)}{f_1 + f_2 - e}}$$

Entfernung der linken Linse L_1 vom linken Brennpunkt F des Systems   (29.4)

$$\boxed{\overline{L_2F'} = \frac{f_2(f_1 - e)}{f_1 + f_2 - e}}$$

Entfernung des rechten Brennpunktes F' von der rechten Linse L_2   (29.5)

Herleitung: Von links her falle ein achsenparalleles Bündel auf die Linse L_1, die für sich allein den Brennpunkt F_1 erzeugen würde. Faßt man die Wirkung der Linse L_2 so auf, daß sie den Punkt F_1 nach F' abbildet, so sind die zugehörige Brennweite f_2, die Gegenstandsweite $g_2 = -(f_1 - e)$ und die Bildweite $b_2 = \overline{L_2F'}$. Einsetzen in die Abbildungsgleichung (29.3) ergibt $\dfrac{1}{\overline{L_2F'}} - \dfrac{1}{f_1 - e} = \dfrac{1}{f_2}$, woraus (29.5) unmittelbar folgt. Gleichung (29.4) erhält man, wenn ein paralleles Bündel von rechts her einfällt.

Dividiert man die Gleichungen (aus Bild 29.12 abzulesen)

$$\frac{h_1}{f} = \frac{h_2}{\overline{L_2F'}} \quad \text{und} \quad \frac{h_1}{f_1} = \frac{h_2}{f_1 - e}$$

durcheinander, wird mit (29.5)

$$f = \frac{f_1 f_2}{f_1 + f_2 - e}$$ **Brennweite des Linsensystems**   (29.6)

Die Brennweite f ist die Entfernung der beiden Brennpunkte F und F' von den zugehörigen Hauptebenen H und H' des Linsensystems. Berühren sich die beiden Linsen oder liegen eng beieinander, ist mit $e = 0$

$$f = \frac{f_1 f_2}{f_1 + f_2}$$ **Brennweite eines Systems zusammenliegender Linsen**   (29.7)

oder auch

$$\frac{1}{f} = \frac{1}{f_1} + \frac{1}{f_2}.$$

Die Brechkraft einer zusammengesetzten Linse ist gleich der Summe der Brechkräfte der Einzellinsen.

Ist eine der beiden Linsen eine Zerstreuungslinse, so ist der negative Wert ihrer Brennweite einzusetzen.

Beispiele: 1. Eine Sammellinse $f_1 = 5$ cm soll mit einer Zerstreuungslinse durch unmittelbares Zusammenlegen kombiniert werden, so daß die Gesamtbrennweite $f = 12$ cm beträgt. – Nach (29.7) ist $f_2 = \dfrac{f_1 f}{f_1 - f} = -8,57$ cm (Vorsatzlinse eines Fotoapparates).

2. Berechne die Brennweite f und die Lage der Hauptebenen für ein System aus den zwei Sammellinsen $f_1 = 18$ cm und $f_2 = 21$ cm im gegenseitigen Abstand $e = 9$ cm. – Es wird nach (29.6) $f = 12,6$ cm, (29.4) $\overline{FL_1} = 7,2$ cm und (29.5) $\overline{L_2 F'} = 6,3$ cm. Die Hauptebene H' liegt 12,6 cm links von F' und H ebenso weit rechts von F. In diesem Fall sind die Hauptebenen gegenüber Bild 29.10 vertauscht. Die dazugehörige Bildkonstruktion ist auf Bild 29.13 mit angegeben.

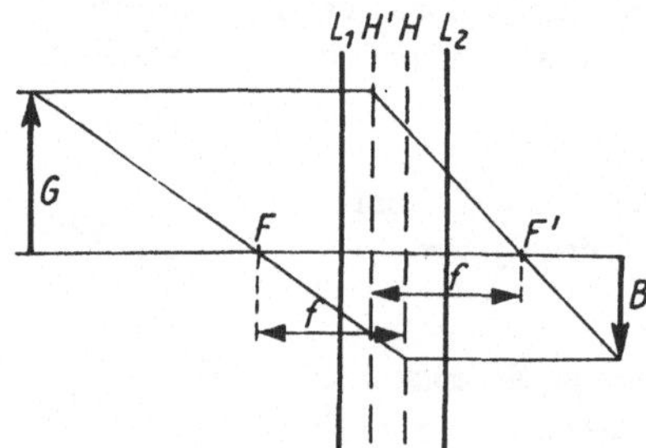

Bild 29.13. Strahlengang zum Beispiel 2

29.4 Linsenfehler

29.4.1 Chromatischer Fehler

Durch die *Dispersion* (s. 28.1) ergeben sich für verschiedene Lichtwellenlängen *unterschiedliche* Brennpunkte. Für violettes Licht liegt daher der Brennpunkt näher an der Linse als für rotes Licht. Diese Erscheinung heißt **chromatische Aberration** (Abweichung). Sie beeinträchtigt die *Bildschärfe*. Eine Korrektur dieses Fehlers ist innerhalb bestimmter Grenzen durch geeignete Linsensysteme möglich (z. B. Zusammenkitten einer Konvexlinse aus Kronglas mit einer entsprechend geschliffenen Konkavlinse aus Flintglas (s. auch achromatisches Prisma, Bild 28.2). Derartige Linsensysteme heißen **Apochromate**. Sie korrigieren bis auf ein Restspektrum meist zwei Farben und beseitigen gleichzeitig für diese auch die sphärische Aberration.

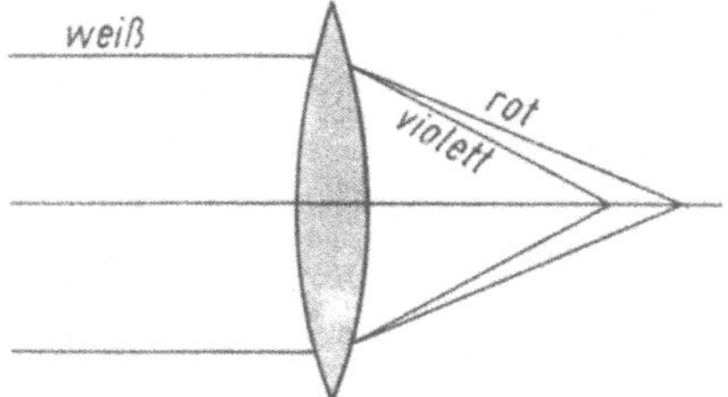

Bild 29.14. Chromatischer Fehler

29.4.2 Sphärischer Fehler

Alle Linsen werden aus technischen Gründen sphärisch geschliffen. Es müssen daher eine Reihe weiterer Abbildungsfehler in Kauf genommen werden. Von einem achsenparallel auftreffenden Lichtbündel haben die achsfernen Strahlen eine kürzere Brennweite als die achsnahen. Die Differenz der Brennweiten zwischen Zentral- und Randstrahlen nennt man **sphärische Aberration** (Kugelfehler). Bei gut korrigierten Fernrohrobjektiven beträgt sie nur noch $\approx 1/1000$ der Brennweite. Durch *Abblenden* der Randstrahlen (Verwendung einer Lochblende) kann die sphärische Aberration (allerdings auf Kosten von Lichtverlusten) recht gut beseitigt werden.

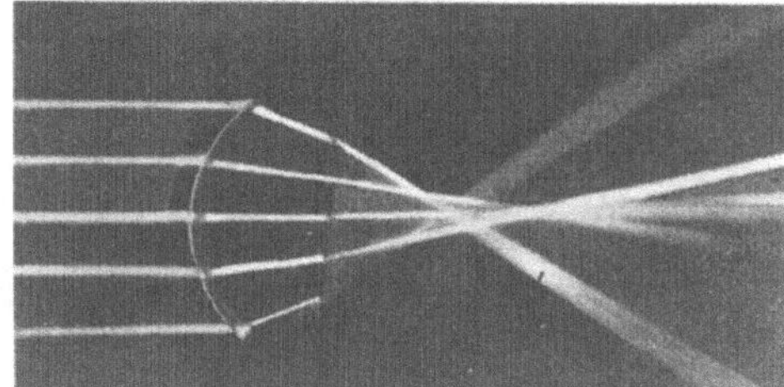

Bild 29.15. Sphärischer Fehler

Gute Korrekturen dieses Fehlers ohne Lichtverluste ergeben wieder Kombinationen von geeigneten Sammel- und Zerstreuungslinsen mit angepaßten Brechzahlen. Solche Linsensysteme, die gleichzeitig auch den chromatischen Fehler korrigieren, heißen **Aplanate**.

29.4.3 Astigmatismus und weitere Fehler

Bild 29.16 zeigt eine Linse, die im waagerechten Durchmesser stärker gekrümmt ist als im senkrechten. Ein in den waagerechten Durchmesser fallendes Lichtband ergibt eine kürzere Brennweite als das senkrechte Bündel. Im Brennpunkt F_1 bzw. F_2 des einen erscheint das andere Band jeweils als Strich. Man nennt diese Erscheinung, die auch als weitverbreiteter Fehler der Augenlinse bekannt ist, **Astigmatismus (mangelnde Punktförmigkeit)**. Dieser Astigmatismus tritt aber auch an jeder Linse mit gleichmäßiger Krümmung auf, wenn sie von einem *schief* zur Achse einfallenden Lichtbündel getroffen wird: **Astigmatismus schiefer Bündel**. Aus dem Bündel werde ein dünnes Lichtband (a) herausgegriffen. Seine Schnittfläche (Bild 29.17) mit der Linse hat eine stärkere Krümmung, als wenn die Linse in Richtung der Achse (b) oder von einem zu dem ersten rechtwinklig laufenden Band (c) durchschnitten wird. Ein außerhalb der Achse liegender, unendlich ferner Punkt liefert daher keinen Brennpunkt, sondern zwei zueinander senkrecht stehende Striche in *verschiedener Entfernung*.

Linsensysteme ohne diesen Fehler heißen **Anastigmate**. Ebenfalls auf die Kugelform der Linsenflächen ist die **Koma** zurückzuführen. Achsferne Punkte erscheinen in radialer Richtung verwischt. Aplanate und Anastigmate sind praktisch frei von der Koma.

Je nach Anordnung einer Blende vor oder hinter der Linse können auch **kissen-** oder **tonnenförmige Verzeichnungen** auftreten, die sich an der Abbildung eines *Kreuzgitters* (Bild 29.18) feststellen lassen.

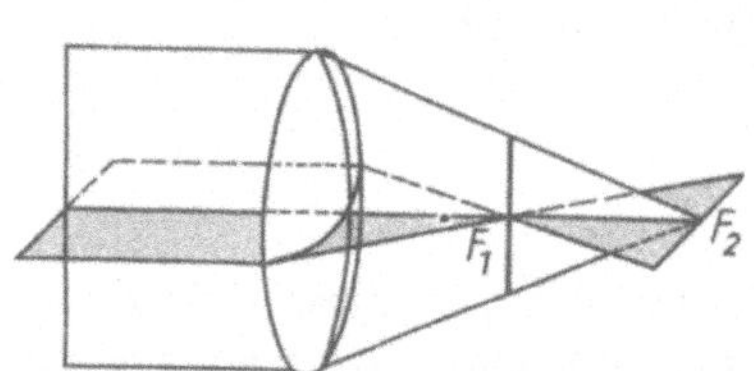

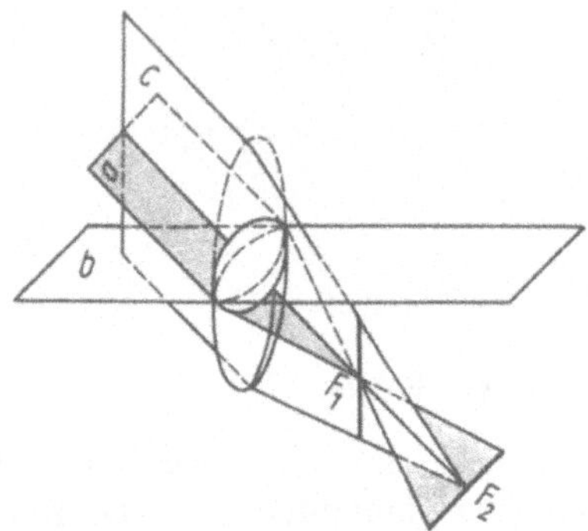

Bild 29.16. Astigmatismus einer Linse mit 2 verschiedenen Krümmungen

Bild 29.17. Astigmatismus einer Linse bei schief einfallendem Lichtbündel

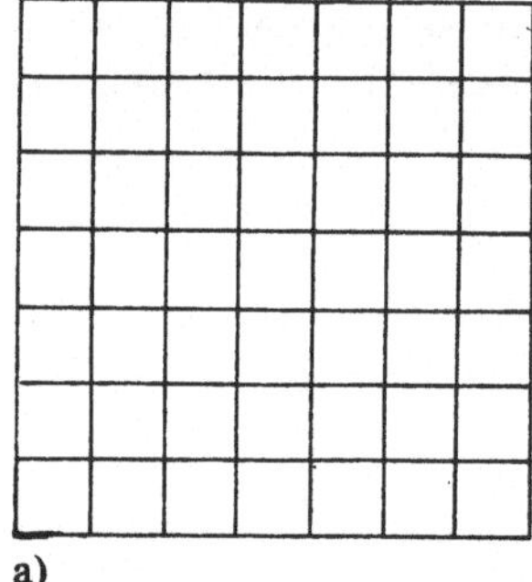

a)

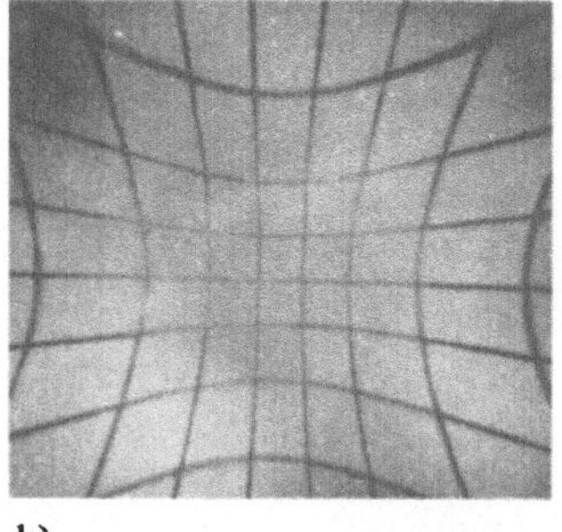

b)

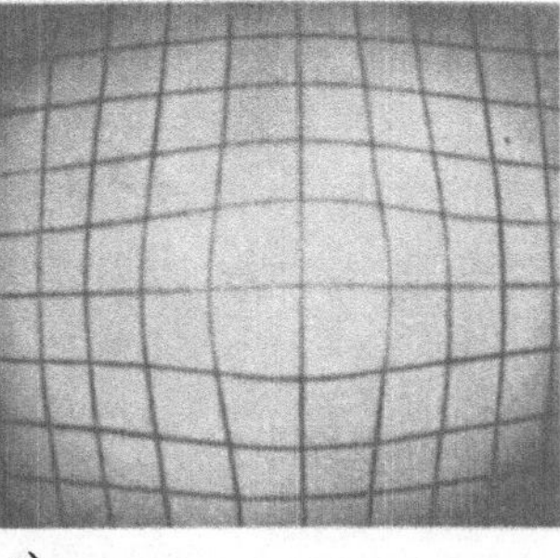

c)

Bild 29.18. a) abzubildendes geradliniges Kreuzgitter, b) kissen- und c) tonnenförmige Verzeichnung des geradlinigen Kreuzgitters

Schließlich hängt auch die **Bildfeldwölbung** mit der sphärischen Linsenform zusammen. Hierbei werden die zentralen Teile des Bildes in größerer Entfernung von der Linse schärfer abgebildet als die randwärts liegenden Bildzonen (beim Anastigmat korrigiert).

Alle Linsenfehler lassen sich durch Zusammenwirken von mehreren Linsen verschiedener Krümmung und verschiedener Glassorten sowie geeigneter Anordnung von Blenden so weit vermindern, daß sie für den geforderten Zweck nicht mehr stören.

30 Optische Instrumente

30.1 Auge

30.1.1 Sehweite und Sehwinkel

Als optisches Instrument läßt sich das Auge mit einer fotografischen Kamera vergleichen. Die Abbildung geschieht aber nicht allein durch die Augenlinse, sondern diese bildet zusammen mit den im Auge vorhandenen Flüssigkeiten ein optisches System, welches ein reelles, umgekehrtes und verkleinertes Bild der Umgebung auf der Netzhaut entwirft. Da die Bildweite wegen der festen Länge des Augapfels konstant ist, wird die Brennweite der Linse der jeweiligen Entfernung des Gegenstandes entsprechend verändert. Diesen Vorgang nennt man **Akkomodation**. Bei ruhendem Auge ist die Linse auf Unendlich eingestellt. Die sogenannte **deutliche Sehweite** ist diejenige Entfernung, auf die das Auge ohne Ermüdung akkomodieren kann (z. B. beim Lesen). Sie ist vom Lebensalter abhängig und in der Jugend kleiner als im Alter. Als Mittelwert wird für die **deutliche Sehweite** $s_0 = 25$ cm angenommen.

Die Größe eines gesehenen Gegenstandes richtet sich nach dem **Sehwinkel** ε, den die den Gegenstand G begrenzenden Strahlen zum hinteren Scheitel der Linse bilden (Bild 30.1). G erscheint um so größer, je größer dieser Sehwinkel ist.

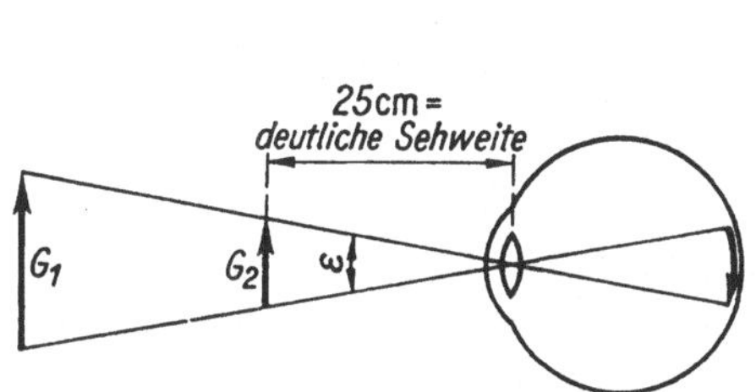

Bild 30.1. Sehwinkel. Die beiden Gegenstände G_1 und G_2 erscheinen gleich groß.

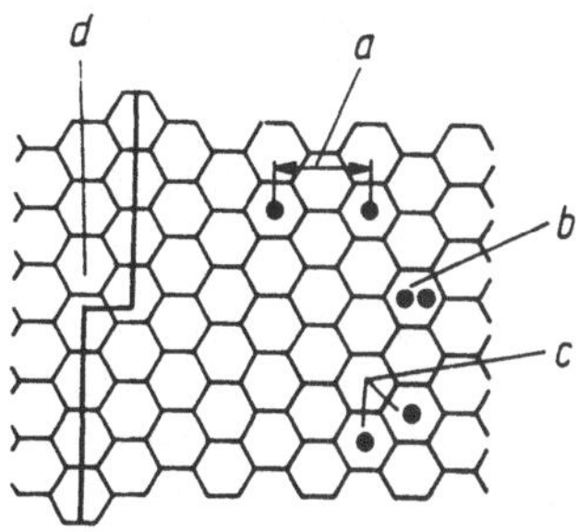

Bild 30.2. Schematische Darstellung des Auflösungsvermögens der Netzhaut

30.1.2 Sehschärfe

Der kleinste Sehwinkel, den zwei getrennte Punkte mit dem Auge noch bilden müssen, um getrennt wahrgenommen zu werden, beträgt 1 Winkelminute:

Der kleinste auflösende Sehwinkel ist $\varepsilon = 1'$.

Weiter gelten folgende Richtwerte für den kleinsten wahrnehmbaren Winkelabstand zweier Punkte:

angestrengtes Sehen   1′
aufmerksames und scharfes Sehen 2′
bequemes Sehen   4′

Diese Grenze der optischen Leistungsfähigkeit des Auges ist einerseits in der Wellennatur des Lichtes begründet, stimmt aber andererseits mit dem Abstand a je zweier nichtbenachbarter Netzhautelemente (Stäbchen und Zäpfchen) überein (Bild 30.2). Liegen zwei Punkte enger beisammen, so fallen sie entweder in ein *einziges* Element b oder in zwei benachbarte c. Sie erregen die Netzhaut so, als ob sie ein einziger Punkt wären.

Empfindlicher ist das Auge gegenüber der Versetzung zweier paralleler Striche d, wodurch das Auflösungsvermögen auf das 4- bis 6fache steigt (10″ bis 15″, wichtig für *Nonien*ablesung). Noch feiner ist die *Symmetrie*empfindlichkeit, mit der das Auge die Abweichung eines Teilstriches von der Mittelstellung zwischen zwei anderen Strichen feststellen kann (erreichbare Genauigkeit einige Winkelsekunden).

Beispiele: 1. Wie weit muß ein Mensch ($G = 1{,}70$ m) vom Auge entfernt sein, wenn er genauso groß erscheinen soll wie ein in deutlicher Sehweite befindliches Geldstück (Durchmesser 21 mm)? – Es gilt $\varepsilon = \dfrac{d}{s_0} = \dfrac{G}{g}$ und daraus $g = 20{,}24$ m (Bild 30.1).

2. Welchen Abstand δ müssen zwei Teilstriche eines Nonius mindestens haben, damit sie bei aufmerksamer Betrachtung noch getrennt gesehen werden können? – Mit $\varepsilon = 2' = 0{,}000582$ rad und $\varepsilon = \delta/s_0$ wird $\delta \approx 0{,}15$ mm.

30.2 Lupe

Die Lupe ist eine Sammellinse oder ein Linsensystem von kurzer Brennweite. Es werden vergrößerte, virtuelle Bilder von Gegenständen erzeugt, die innerhalb der Brennweite liegen. Erscheint der Gegenstand ohne Lupe in der deutlichen Sehweite s_0 unter dem Sehwinkel ε_0, so ist der Sehwinkel ε, unter dem der Betrachter das Bild des Gegenstandes mit Lupe sieht, deutlich größer (Bild 30.3). Die Vergrößerung ist für alle optischen Instrumente definiert als Quotient aus dem Sehwinkel ε mit Instrument und dem Sehwinkel ε_0 ohne Instrument:

$$\boxed{V = \frac{\varepsilon}{\varepsilon_0}} \qquad \textbf{Vergrößerung} \qquad\qquad (30.1)$$

Bei der Lupe richtet sie sich danach, wie Gegenstand, Lupe und Auge zueinander stehen, liegt also nicht absolut fest. Gewöhnlich gibt man die Normalvergrößerung an. Sie gilt, wenn der Gegenstand G in der einen Brennebene und das Auge in der anderen ist. In der Abbildungsgleichung (29.3) ergibt sich für $g = f$ die Bildweite $b \to -\infty$ Dies bedeutet für das Auge ein virtuelles Bild im Unendlichen, das Auge ist auf »unendlich« eingestellt (entspannt). Hierbei ergibt sich nach Bild 30.3 für $\tan \varepsilon_0/2 = G/(2s_0)$ und für $\tan \varepsilon/2 = G/(2f)$. Bei kleinen Winkeln ist damit $\varepsilon_0 = G/s_0$ und $\varepsilon = G/f$. Einsetzen in Gleichung (30.1) ergibt

$$\boxed{V = \frac{s_0}{f}} \qquad \begin{array}{l}\textbf{Vergrößerung einer Lupe} \\ \text{(Normalvergrößerung)}\end{array} \qquad\qquad (30.2)$$

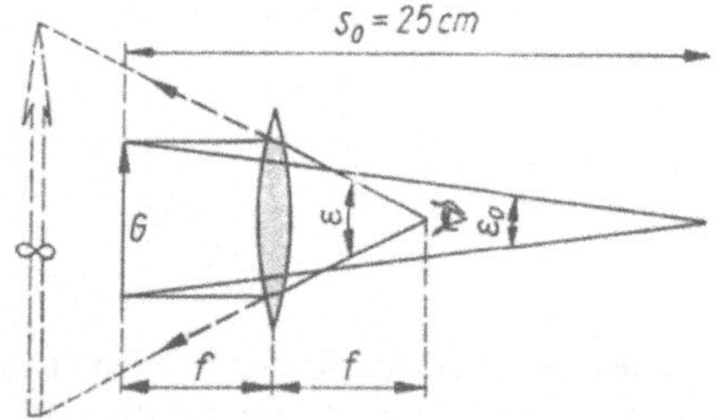

Bild 30.3. Sehwinkel mit Lupe (ε) und ohne Lupe (ε_0)

Hält man aber die Lupe so, daß der Gegenstand *innerhalb* der Brennweite und das virtuelle Bild in der deutlichen Sehweite $s_0 = 25$ cm liegen, so wird $\varepsilon = \dfrac{B}{b}$, $\varepsilon_0 = \dfrac{G}{s_0}$ und $V = \dfrac{Bs_0}{Gb}$. Nach (29.2) ist $\dfrac{B}{G} = \dfrac{b}{g}$ (positiv, weil das Bild aufrecht steht). Damit wird $V = \dfrac{s_0}{g}$. Ferner ist nach (29.3) $\dfrac{1}{g} = \dfrac{b-f}{bf}$. Damit folgt $V = \dfrac{s_0(b-f)}{bf}$ bzw. gekürzt

$$\boxed{V = \frac{s_0}{f} + 1} \qquad \begin{array}{l}\textbf{Vergrößerung einer Lupe} \\ \text{(Bild in deutlicher Sehweite)}\end{array} \qquad\qquad (30.3)$$

30.3 Fernrohre

30.3.1 Astronomisches Fernrohr

Das von KEPLER (1618) erfundene astronomische Fernrohr besteht aus 2 optischen Systemen, dem **Objektiv** und dem als Lupe wirkenden **Okular** (Schaulinse), mit welchem das Bild B betrachtet wird (Bild 30.4). Da der Gegenstand sehr weit entfernt ist, sind die von ihm ausgehenden Strahlen parallel und müssen sich nach 29.1.2 in der Brennebene des Objektivs vereinigen, wo ein *kleines*, umgekehrtes Bild entsteht. Dieses wird mit dem Okular betrachtet.

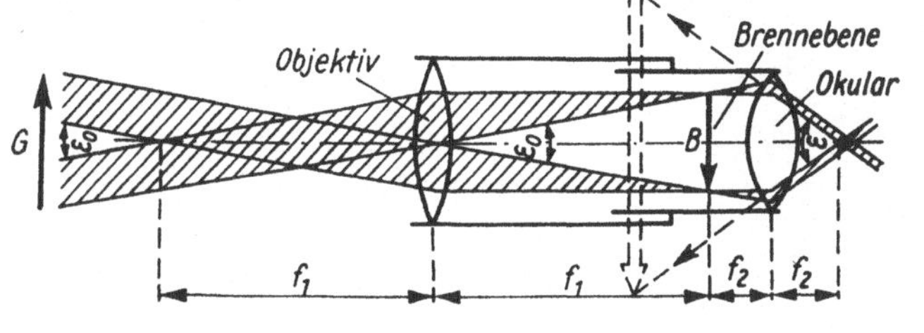

Bild 30.4. Astronomisches Fernrohr

$$V = \frac{f_1}{f_2}$$

Vergrößerung des astronomischen Fernrohrs (30.4)

(f_1 Brennweite des Objektivs, f_2 Brennweite des Okulars)

Herleitung: Der sehr weit entfernte Gegenstand G erscheint ohne Instrument unter dem Winkel ε_0, wobei nach Bild 30.4 $\tan\dfrac{\varepsilon_0}{2} = \dfrac{B/2}{f_1}$ bzw. für kleine Winkel $\varepsilon_0 = \dfrac{B}{f_1}$ ist. Im Okular gilt für das vom Objektiv in der Brennebene entworfene Bild $\tan\dfrac{\varepsilon}{2} = \dfrac{B/2}{f_2}$ bzw. $\varepsilon = \dfrac{B}{f_2}$. Nach Gleichung (30.1) wird

$$V = \frac{\varepsilon}{\varepsilon_0} = \frac{f_1}{f_2}.$$

Bei modernen Spiegelteleskopen ist das Objektiv durch einen Hohlspiegel ersetzt, welcher in seiner Brennebene das umgekehrte Bild erzeugt.

Das *terrestrische* Fernrohr hat den gleichen Aufbau wie das astronomische. Im **Prismenfernrohr** wird das umgekehrte Bild durch zwei eingebaute, totalreflektierende *Umkehrprismen* aufgerichtet und seitenrichtig dargestellt (Bild 30.5). Wegen des mehrfach geknickten Strahlenganges wird das Fernrohr handlich kurz.

30.3.2 Galileisches Fernrohr

Dieses auch **holländisches Fernrohr** genannte Instrument (vermutlich 1608 in Holland erfunden) hat als Objektiv eine Sammel- und als Okular eine Zerstreuungslinse. Das reelle Zwischenbild würde *ohne* Okular weit außerhalb des Rohres hinter letzterem liegen. Die Zerstreuungslinse bricht die vom Objektiv kommenden Strahlen so, daß sie sich *nicht* vereinigen können, sondern auseinanderlaufen und für den Beobachter ein virtuelles, aufrechtes, vergrößertes Bild liefern. Es ist als **Opernglas** mit verhältnismäßig geringer Vergrößerung weit verbreitet. Auch bei diesem Fernrohr gilt (30.4), wenn für die negative Okularbrennweite f_2 nur der Betrag genommen wird.

Konstruktion des virtuellen Bildes (Bild 30.6). Wenn das Okular nicht vorhanden wäre, würde sich das reelle Bild B wie beim astronomischen Fernrohr ergeben. Die im Strahlengang stehende Zerstreuungslinse lenkt jedoch die Parallelstrahlen 1 und 2 so nach außen ab, daß sie vom virtuellen Brennpunkt F herzukommen scheinen ($1'$ und $2'$). Zwei weitere Strahlen $3'$ und $4'$, die, ebenfalls vom Objektiv kommend, das Bild B mit erzeugen, sind für das Okular Mittelpunktstrahlen und damit ebenfalls festgelegt. Die gedachten Verlängerungen der Strahlenpaare $1'\ 3'$ und $2'\ 4'$ liefern ein aufrechtes virtuelles Bild.

Bild 30.5. Strahlengang im Prismenfernrohr

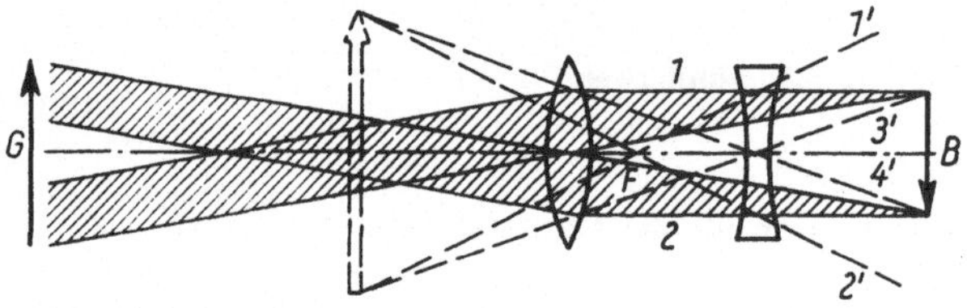

Bild 30.6. Holländisches Fernrohr

30.4 Mikroskop

Während die Objektive bei Fernrohren sehr lange Brennweiten haben müssen, werden diese bei den Mikroskopen sehr kurz (bis 1 mm abwärts) gehalten. Der zu vergrößernde Gegenstand liegt nahezu in Brennweite auf dem **Objekttisch** und gibt nach S. 305 (Fall 3) ein reelles, vergrößertes Zwischenbild im **Tubus**.

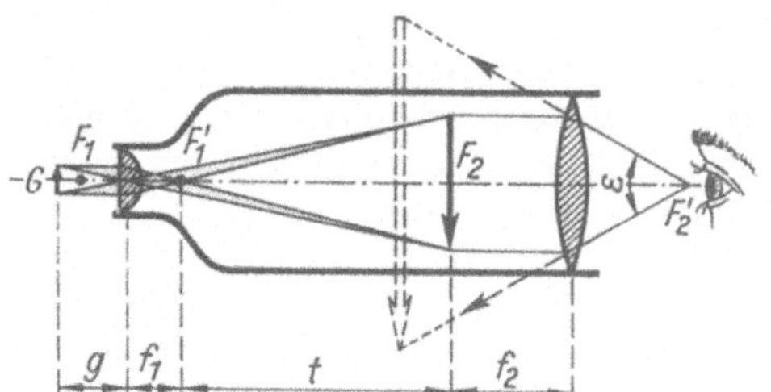

Bild 30.7. Schema des Mikroskops. Betrachtung des reellen Zwischenbildes unter dem Sehwinkel ε

Dieses wird mit dem Okular nochmals vergrößert. Unter der optischen Tubuslänge t versteht man den Abstand der beiden inneren Brennpunkte, üblicherweise 160 mm (Bild 30.7). Es gilt

$$V = \frac{s_0 t}{f_1 f_2} = V_{\text{ob}} V_{\text{ok}}$$

Vergrößerung des Mikroskops
(Normalvergrößerung)   (30.5)

Herleitung: Für das Objektiv ist der Betrag des Abbildungsmaßstabes die Vergrößerung $V_{ob} = \dfrac{B}{G}$

$= \dfrac{t + f_1}{f_1} \approx \dfrac{t}{f_1}$ (weil $t \gg f_1$ ist). Das Okular wirkt als Lupe mit der Normalvergrößerung $V_{ok} = \dfrac{s_0}{f_2}$.

Das Produkt der Vergrößerung des Objektivs und des Okulars liefert die Gesamtvergrößerung $V = V_{ob}V_{ok}$.

31 Interferenz des Lichtes

31.1 Voraussetzungen für Interferenzerscheinungen

In der geometrischen Optik werden die Welleneigenschaften des Lichtes fast völlig außer acht gelassen. Die Deutung einer Gruppe von optischen Erscheinungen ist jedoch nur mit der Wellentheorie möglich. Es handelt sich um die **Interferenz** des Lichtes, die je nach der Art des Zusammentreffens zweier Wellenzüge zu deren gegenseitiger Verstärkung oder Auslöschung führt (S. 187). Das Zustandekommen derartiger Versuche ist jedoch an gewisse Voraussetzungen geknüpft. Es müssen sich nämlich zwei Wellenzüge von gleicher Frequenz so überlagern, daß ihre Schwingungsphasen stets die gleiche Differenz gegeneinander haben. Dies ist z. B. bei dem auf Bild 14.11 dargestellten Versuch erfüllt, weil jede der beiden Wellen ein einziges, in sich zusammenhängendes System bildet. Man nennt es in diesem Fall **kohärent**.

Da das Licht eines strahlenden Körpers aber von zahllosen *Atomen* zugleich erzeugt wird, ist jedes auch noch so feine Lichtbündel aus ebenso vielen Einzelwellen zusammengesetzt, von denen jede eine andere Phasenlage hat. Somit stellt das Lichtbündel als Ganzes *keine* kohärente Welle dar, wenn auch alle darin enthaltenen Teilwellen die gleiche Frequenz haben.

Interferenzen mit gewöhnlichem Licht lassen sich aber durch einen Kunstgriff herbeiführen, wenn das gegebene Bündel, z. B. durch zweimalige Reflexion, in *zwei Teile aufgespaltet wird*, so daß nach der *Wiedervereinigung* beider eine gegenseitige Phasenverschiebung entsteht, die nun **sämtliche Teilwellen** gleicherweise betrifft. Die interferierenden Wellen sind dann *gleichen* Ursprungs und können als kohärent betrachtet werden.

> **Nur kohärente Lichtwellenzüge (Wellen, die gleichzeitig vom gleichen Punkt ausgehen) können miteinander interferieren.**[1]

Beim **Fresnelschen Spiegelversuch** (Bild 31.1) wird das von L kommende Licht von zwei Spiegeln reflektiert, die um einige Winkelminuten gegeneinander geneigt sind. Dadurch entstehen die beiden virtuellen Bilder L_1 und L_2 der Lichtquelle.

Von diesen gehen zwei kohärente Lichtbündel aus, die sich zum Teil überdecken und interferieren. Ob in einem Punkt P ein Interferenzmaximum oder ein Minimum entsteht, hängt von der Differenz der Abstände $\overline{L_1P} - \overline{L_2P}$ ab. Ein Maximum entsteht bei Überlagerung zweier Wellenberge bzw. Täler (auf dem Schirm entsteht bei P_1 ein heller Streifen), ein Minimum bei Überlagerung eines Wellenberges und eines Wellentales (bei P_2 und P_3 entstehen dunkle Streifen).

---

[1] Unter bestimmten Bedingungen lassen sich auch Interferenzen nichtkohärenter Wellen aufzeichnen. Dann muß die Meßzeit $\Delta t_m < \Delta t_c \approx 10^{-8}$ s sein. Hierbei ist die Erfassung der Strahlungsflußdichten mittels Fotomultipliers und anschließende elektronische Multiplikation der Meßwerte erforderlich. Δt_c ist die sogenannte Kohärenzzeit (s. auch Fußnote auf S. 316).

Die Wegdifferenz $\overline{L_1 P} - \overline{L_2 P}$ darf aber nicht größer als die mittlere Länge eines von einem Atom ausgehenden Wellenzuges (Teilwelle) sein. Sonst könnte im Punkt P der Wellenzug mit dem kürzeren Weg schon vorbeigelaufen sein, wenn der Wellenzug ankommt, der den weiteren Weg hatte. Die größtmögliche Differenz, die noch zu Interferenzen führt, wird **Kohärenzlänge**[1]) genannt. Bei streng monochromatischem Licht eines Lasers konnten bereits

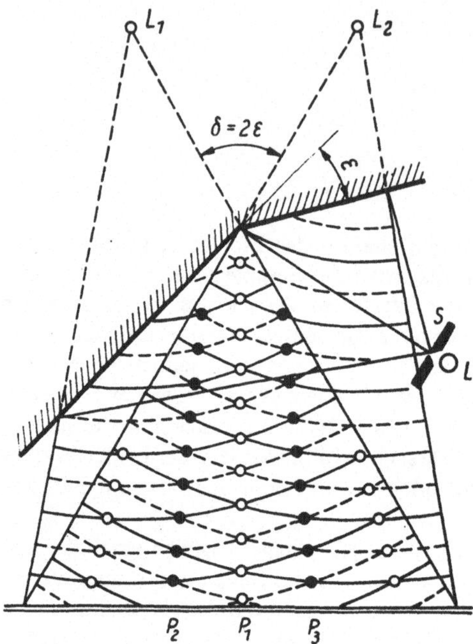

Bild 31.1. Schematische Darstellung des FRESNEL-schen Spiegelversuchs

Kohärenzlängen von einigen Kilometern nachgewiesen werden. Bei der Lichtaussendung thermisch oder elektrisch angeregter Atome beträgt die Kohärenzlänge einige Meter. Liegt weißes (polychromatisches) Licht vor, entstehen Schwebungen, welche die Kohärenzlänge bis auf 0,1 mm vermindern.

Aber auch die Ausdehnung der Lichtquelle beeinflußt die Interferenz (im Bild 31.1 die Breite b des Spaltes S). Die von einem beliebigen Punkt P kommenden Strahlen rühren also jetzt nicht mehr von einem einzigen Punkt L_1 her, sondern z. B. auch von dem anderen Eckpunkt L_1' (Bild 31.2).

Ist der Abstand $\overline{L_1 L_1'}$ so groß, daß die Wegdifferenz $\overline{L_1 P} - \overline{L_1' P} = \Delta x$ gerade eine halbe Wellenlänge $\lambda/2$ ist, so löschen sich die beiden Strahlen $L_1 P$ und $L_1' P$ aus. Für einen kleinen Abstand b gilt $\Delta x = \lambda/2 = b \sin \delta$ oder $2b \sin \delta = \lambda$.

Für die zwischen L_1 und L_1' liegenden Punkte ist der Wegunterschied nach P natürlich kleiner als $\lambda/2$. Alle auf Bild 31.1 hervorgehobenen Punkte haben dann in bezug auf die Spiegelbilder L_1 und L_2 keine eindeutig festliegenden Phasenlagen mehr, sondern die Wegdifferenzen haben alle möglichen, zwischen 0 und $\lambda/2$ liegenden Werte. Die erwarteten Maxima und Minima werden um so verwaschener, je größer die Spaltbreite $\overline{L_1 L_1'}$ bzw. der Winkel δ sind.

---

[1]) Die Theorie liefert für die Kohärenzlänge $\Delta l_c = c \Delta t_c \approx c \dfrac{1}{2\pi \Delta f}$. Δf ist die »natürliche« Linienbreite der verwendeten Spektrallinie, so daß bei den schärfsten Linien atomarer Spektren die Kohärenzzeit $\Delta t_c \approx 10^{-8}$s ist und $\Delta l_c \approx 3$ m wird.

                                                317

Δx muß daher wesentlich kleiner als $\lambda/2$ sein, und es ergibt sich

$$\boxed{2b\,\sin\delta \ll \lambda}$$

Interferenzbedingung bei
ausgedehnten Lichtquellen (Kohärenzbedingung)   (31.1)

Sie besagt:

Je größer der Durchmesser der Lichtquelle ist, desto kleiner muß der Winkel sein, den der Beobachtungsort mit den Spiegelbildern bildet.

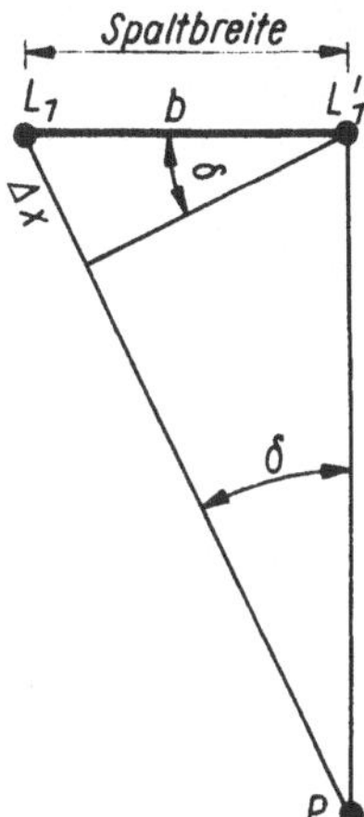

Bild 31.2. Zur Interferenzbedingung

Beispiel: Die beiden Spiegel beim FRESNELschen Versuch stoßen unter einem Winkel ε zusammen, der um $5'$ von $180°$ abweicht. Dann bildet die Spiegelkante mit den beiden Spiegelbildern den Winkel $\delta = 2\varepsilon = 10'$. Diese Werte kann man wegen der Kleinheit von δ auch für alle übrigen Punkte des Interferenzfeldes annehmen. Nach der Interferenzbedingung (31.1) ergibt sich bei Verwendung gelben Natriumlichtes ($\lambda \approx 600$ nm)

$$b \ll \frac{\lambda}{2\sin\delta} = 0,1 \text{ mm}.$$

Will man einen breiteren Spalt verwenden, so muß dafür der Winkel ε noch kleiner gemacht werden.

31.2 Interferenzen gleicher Neigung

Viel einfacher als mit dem FRESNELschen Spiegel lassen sich Interferenzen an dünnen Schichten beobachten. Besonders leicht ausführbar ist der folgende Versuch. Unmittelbar vor die Öffnung im Gehäuse einer Natrium- oder Quecksilberdampflampe hält man ein mehrere Zentimeter großes, etwa 0,05 bis 0,1 mm dünnes Glimmerblättchen, so daß das reflektierte Licht auf eine Projektionswand fallen kann. Bei Abschirmung der Lampe nach der Wand hin erscheint dort ein ausgedehntes System konzentrischer, heller und dunkler **Interferenzringe**.
Auf Bild 31.3 ist der Verlauf eines engen Strahlenbündels angegeben. Es wird sowohl an der Ober- als auch an der Unterseite des Glimmerblättchens reflektiert. Da die Schicht sehr dünn ist, liegen die virtuellen Spiegelbilder L_1 und L_2 dicht beieinander, so daß die Interferenzbedingung (31.1) bequem erfüllbar ist. Ruft der durch die Wegdifferenz entstehende Phasenunterschied der Strahlen im Punkt P des Bildschirms eine Interferenz hervor, so muß das gleiche auch an allen Orten der Fall sein, die von der Lichtquelle gleich weit entfernt

sind. Daher entstehen Kreisringe, von denen jeder durch einen bestimmten Reflexionswinkel γ definiert ist. Man nennt diese Ringe auch **Interferenzen gleicher Neigung**.
Zur Vereinfachung der Berechnung der zulässigen Ausdehnung der Lichtquelle werden folgende Annahmen gemacht: Die Brechung des Lichtes wird vernachlässigt, $l \ll a$ und $\sin \delta = \delta$ (Bild 31.3). Mit $\overline{L_1 L_2} = 2d$ und $\overline{L_1 A} = 2d \sin \gamma$ sowie $\overline{L_1 A} \approx a\delta/\cos \gamma$ ergibt sich für den Öffnungswinkel δ der beiden Strahlen

$$\delta \approx \sin \delta = \frac{2d \sin \gamma \cos \gamma}{a} = \frac{d \sin 2\gamma}{a}.$$

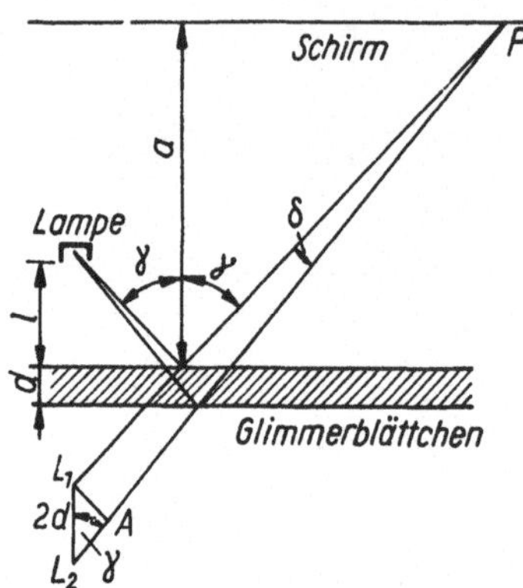

Bild 31.3. Interferenz durch Reflexion an einem dünnen Glimmerblättchen

Ist der Schirmabstand $a = 1$ m, der Winkel $\gamma = 30°$, die Blättchendicke $d = 0,01$ mm und die Wellenlänge $\lambda = 500$ nm, wird mit der Kohärenzbedingung (31.1) die zulässige Ausdehnung der Lichtquelle $b \ll 25$ mm.

31.3 Farben dünner Blättchen

Noch dünnere Schichten aus lichtdurchlässigen Stoffen, z. B. eine Ölschicht auf Wasser, Seifenblasen, eine Oxidschicht auf Metalloberflächen (Anlaßfarben des Stahls) oder dünne Lackschichten zeigen im reflektierten Licht oft farbige Ringe und Streifen.
Die Beziehung zwischen der Blättchendicke d und der durch Interferenz ausgelöschten bzw. verstärkten Wellenlänge wird erkennbar, wenn man sich den Verlauf der reflektierten Wellen vorstellt, wie er auf den Bildern 31.4 und 31.5 angegeben ist.
Bei senkrechtem Lichteinfall macht die Welle *2* einen Umweg von der doppelten Blättchendicke d, der noch mit der Brechzahl n zu multiplizieren ist. Infolge Reflexion am dichteren

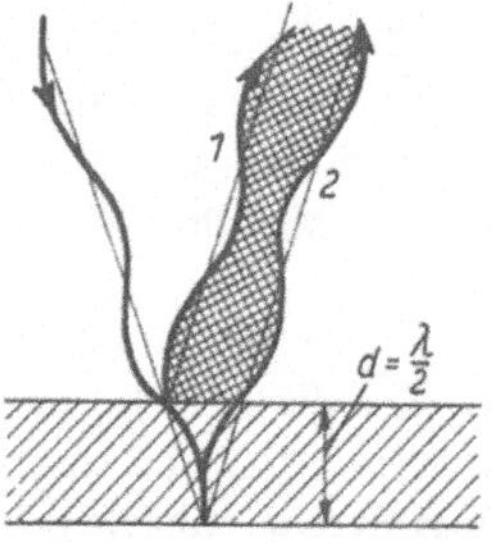

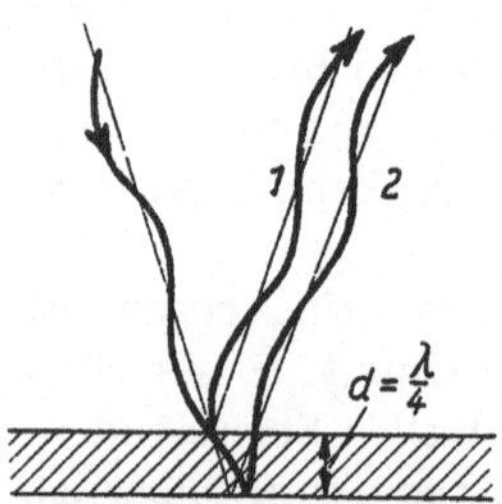

Bild 31.4. Auslöschung durch Interferenz am dünnen Blättchen

Bild 31.5. Verstärkung durch Interferenz am dünnen Blättchen

Medium erhält Welle l nach 14.2 einen Phasensprung von $\dfrac{\lambda}{2}$. Zwischen beiden Strahlen besteht somit ein **Gangunterschied** Δs, der gleich der Differenz der Umwege ist:

$$\boxed{\Delta s = 2nd - \frac{\lambda}{2}}$$
Gangunterschied bei der Reflexion am dünnen Blättchen bei senkrechtem Einfall (31.2)

Welche Wellenlängen ausgelöscht werden, ergibt sich nach $\Delta s = \dfrac{\lambda}{2}, \dfrac{3\lambda}{2}, \dfrac{5\lambda}{2}, \dots$ oder $\dfrac{\lambda}{2}(2k-1)$. Aus (31.2) erhält man (Bild 31.4)

Auslöschung für

$$\boxed{\lambda = \frac{2nd}{k}} \qquad (k = 1, 2, \dots). \tag{31.3}$$

Die verstärkten Wellenlängen bekommt man für $\Delta s = 0, \lambda, 2\lambda$ oder $k\lambda$, also (Bild 31.5)

Verstärkung für

$$\boxed{\lambda = \frac{4nd}{2k+1}} \qquad (k = 0, 1, 2, \dots). \tag{31.4}$$

Bei schrägem Lichteinfall ist noch die Verlängerung des Lichtweges und das Brechungsgesetz zu berücksichtigen.

Aus *weißem* Licht werden also die diesen Bedingungen genügenden Wellenlängen ausgelöscht bzw. verstärkt, so daß eine **Mischfarbe** entsteht. Bei größerer Blättchendicke löschen sich *sehr viele* Wellenlängen im sichtbaren Bereich aus, die Farberscheinung (als Mischung *sehr vieler Farben*) wird *blasser* und *verschwindet* bei *großer* Plattendicke $d \gg \lambda/2$ *ganz*: daher die Bezeichnung **Farben dünner Blättchen**. Bei *sehr dünnen* Blättchen ($d \ll \lambda/2$) sind ebenfalls keine Farben zu sehen, da für keine sichtbare Wellenlänge ein genügender Gangunterschied vorhanden ist. Die Auslöschung bestimmter Wellenlängen wird bei **vergüteten Linsen** (T-Optik) ausgenutzt.

An der Linsenoberfläche aller optischen Geräte entstehen erhebliche Lichtverluste dadurch, daß ein Teil des auffallenden Lichtes nach außen reflektiert wird und dem Gerät verlorengeht (bei guten Objektiven bis zu 8 Oberflächen!). Die Linse wird mit einem dünnen, meist bläulich aussehenden Überzug von kleinerer Brechzahl als Glas (z. B. aufgedampfte Fluoride) überzogen. Wie beim dünnen Blättchen gelangt das unmittelbar reflektierte Licht mit dem aus der Schicht zurückgeworfenen zur Interferenz. Die Reflexion dieser Wellenlänge wird völlig verhindert und die der benachbarten geschwächt. In diesem Fall findet aber die Reflexion an der Grenzfläche Schicht–Glas am *dichteren* Medium statt, so daß hier derselbe Phasensprung wie an der Oberfläche eintritt. Daher ergibt sich **Auslöschung**, wenn $\Delta s = \dfrac{\lambda}{2} = 2nd$ ist. Die Schichtdicke muß also $^1/_4$ derjenigen Wellenlänge betragen, deren Reflexion aufgehoben werden soll.

Versuch: Dauerhafte dünne Häute mit prächtigen Interferenzfarben erhält man, wenn man Zelluloidfilm in Amylazetat auflöst und einen Tropfen auf Wasser fallen läßt. Nach Verdunsten des Lösungsmittels kann man die feste Haut mit einem untergetauchten Drahtring herausheben und aufbewahren. Blickt man unter verschiedenem Neigungswinkel auf ein solches Zelluloidhäutchen, so verschieben sich die Farben infolge Veränderung des Gangunterschiedes.

Beispiele: 1. Was geschieht bei Interferenz an einem Glasblättchen von 125 nm Dicke ($n = 1,5$)? – Setzt man $\lambda = 2nd$ (Auslöschung), so ist $\lambda = 2 \cdot 1,5 \cdot 125$ nm $= 375$ nm (Violett). Verstärkt wird wegen $\lambda = 4nd$ die Welle $\lambda = 4 \cdot 1,5 \cdot 125$ nm $= 750$ nm (Rot).

2. Welche sichtbaren Wellenlängen löscht ein Blättchen von 600 nm ($n = 1,5$) aus? – In Gleichung (31.3) setzt man der Reihe nach $2nd = \lambda$, $2nd = 2\lambda$, $2nd = 3\lambda$ usw., wobei sich die Wellenlängen ergeben: 1800, 900, 600, 450, 360, 300 nm usw. Aus dem sichtbaren Teil des Spektrums werden also 600 und 450 nm ausgelöscht.

31.4 Interferenzen gleicher Dicke

Interferenzerscheinungen können nicht nur in planparallelen dünnen Schichten, sondern auch bei veränderlicher Schichtdicke entstehen. Dann hängt der Gangunterschied der interferierenden Strahlen nicht nur vom Einfallswinkel, sondern auch von der örtlich vorhandenen Dicke d ab. Man spricht von **Interferenzen gleicher Dicke**.

Um den Einfluß des Einfallswinkels auszuschalten, werde der auf Bild 31.6 im Querschnitt angedeutete Keil mittels eines halbdurchlässigen Spiegels senkrecht von oben beleuchtet. Die ins Auge dringenden Strahlen haben einen Gangunterschied von

$$\Delta s = 2nd - \frac{\lambda}{2}.$$

Da aber die Dicke d mit zunehmender Entfernung von der Keilkante zunimmt, erscheint bei monochromatischem Licht ein System heller und dunkler, parallel zu dieser Kante laufender Interferenzstreifen.

Anstelle eines Keiles kann auch eine Linse von sehr schwacher Krümmung verwendet werden, die man auf eine ebene Glasplatte legt. Die dadurch gebildete Luftschicht wirkt dann wie ein dünnes Blättchen, dessen Dicke nach außen hin zunimmt. Da nach 14.2 an der Ober-

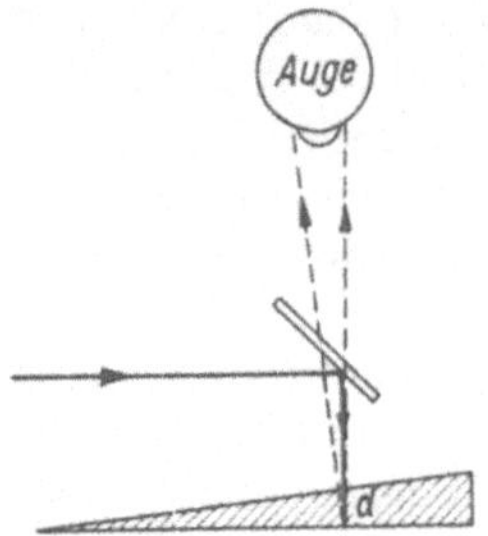

Bild 31.6
Interferenz am dünnen Keil

Bild 31.7. Newtonsche Ringe. Eine Spiegelglasplatte liegt nicht genau eben auf einer schwarzen Glasplatte.

seite kein Phasensprung auftritt, wohl aber an der Unterseite, liegen im übrigen dieselben Verhältnisse vor wie beim dünnen Blättchen. Anstelle der parallelen Streifen beim Keil entsteht hier ein System heller und dunkler Ringe, die **Newtonschen Ringe** (Bild 31.7).

Aus dem Abstand dieser Ringe konnte erstmalig (Thomas Young, 1802) die Wellenlänge des Lichtes bestimmt werden. Auf Bild 31.8 ist der Linsenquerschnitt zu einem Kreis ergänzt. Da für kleine Winkel α $\overline{AB} \approx a$ und $\overline{BC} \approx 2r$ ist, folgt aus den ähnlichen Dreiecken ABC und ABD $d : a = \overline{AB} : \overline{BC} = a : 2r$ und daraus für die Dicke der Luftschicht $d = a^2/(2r)$.

Von einem dunklen Ring bis zum nächsten muß der Gangunterschied um eine ganze Wellenlänge λ zunehmen. Da das Licht bei der Reflexion die Luftschicht zweimal durchläuft, nimmt diese dabei um den Betrag $\frac{d}{2} = \frac{\lambda}{2}$ zu. Mit dem Ringradius a_k gilt also für den

1. Prismatisches Spektrum
   mit FRAUNHOFERschen Linien,
2. Beugungsspektrum (Normalspektrum),
3. Linienspektrum des Heliums,
4. Linienspektrum des Neons,
5. Absorptionsspektrum von Neodym,
6. Farbenkreis,
7. Zwei farbtongleiche Dreiecke –
   in senkrechter Richtung eine Grauleiter

Lindner, Physik

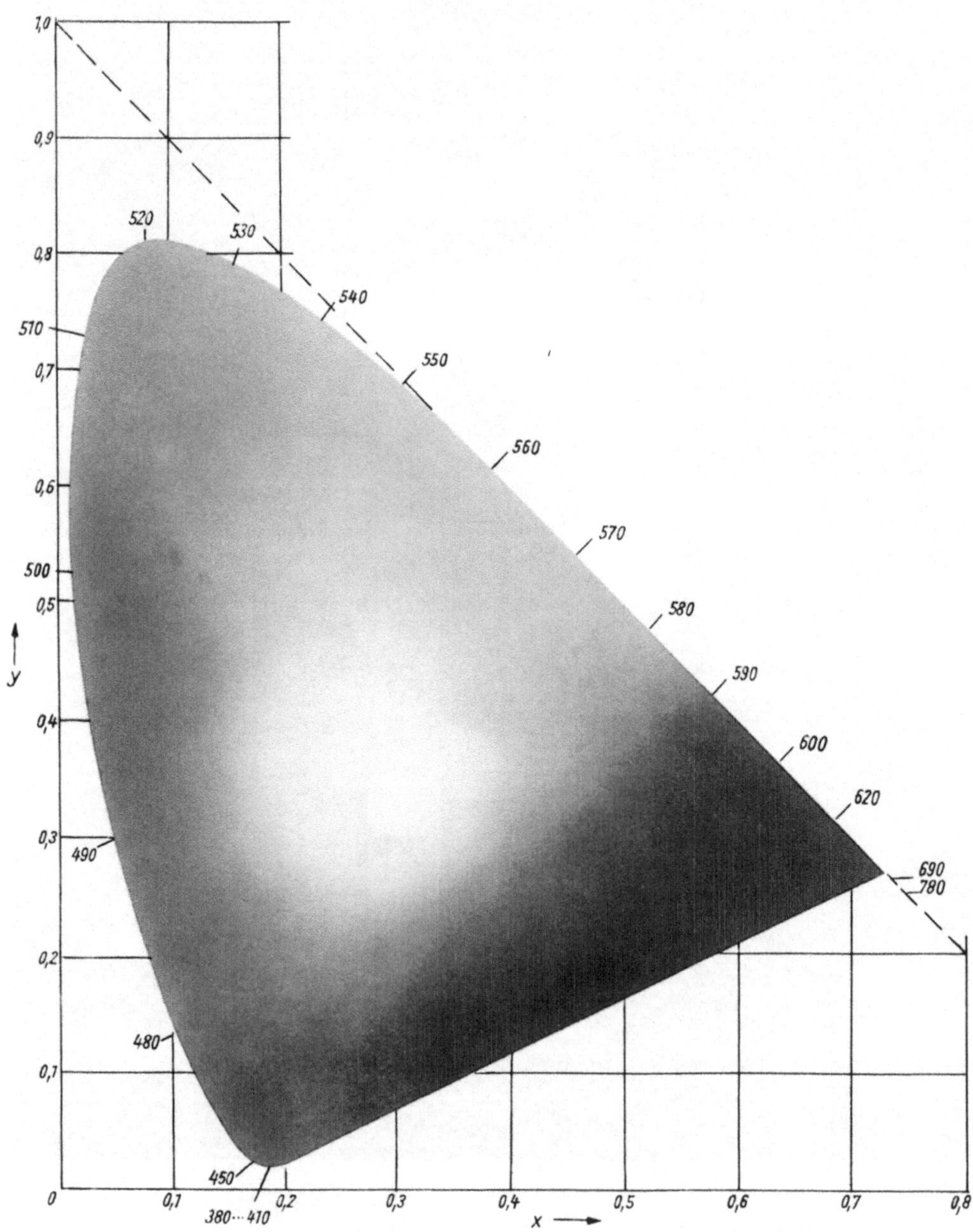

1,0
0,9
0,8
0,7
0,6
0,5
0,4
0,3
0,2
0,1
0
520
530
540
550
560
570
580
590
600
620
690
780
510
500
490
480
450
380···410
0,1
0,2
0,3
0,4
0,5
0,6
0,7
0,8
x
y

k-ten dunklen Ring

$$d_k = k\,\frac{\lambda}{2} = \frac{a_k^2}{2r} \quad \text{und somit} \quad \lambda = \frac{a_k^2}{kr} \quad (k = 1, 2, \ldots).$$

Der Mittelpunkt selbst ($k = 0$) ist ebenfalls dunkel, da hier Auslöschung durch Phasensprung eintritt.

In der Feinmeßtechnik finden Interferenzmethoden breite Anwendung. Um z. B. die Planheit einer Meßfläche zu prüfen, legt man diese mit einem als eben vorausgesetzten **Probeglas** zusammen, so daß ein Luftkeil entsteht. Jede Abweichung der Interferenzstreifen von der Geradheit bedeutet eine Unebenheit der Meßfläche.

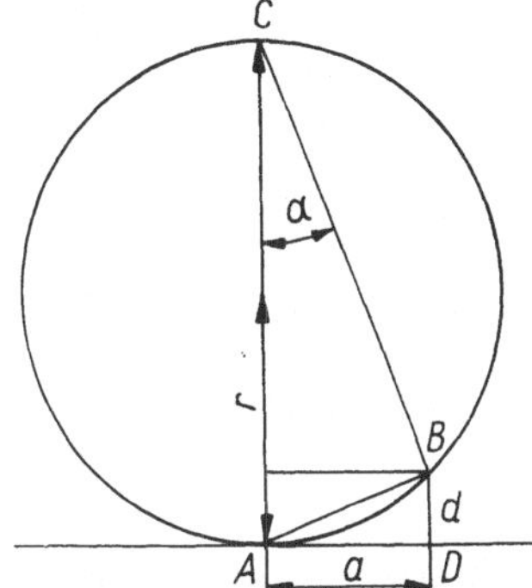

Bild 31.8. Zur Berechnung der Wellenlänge aus den NEWTONschen Ringen

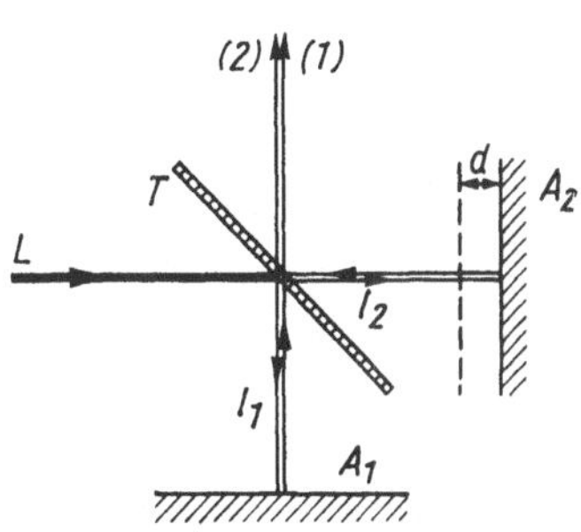

Bild 31.9. Prinzip des MICHELSON-Interferometers

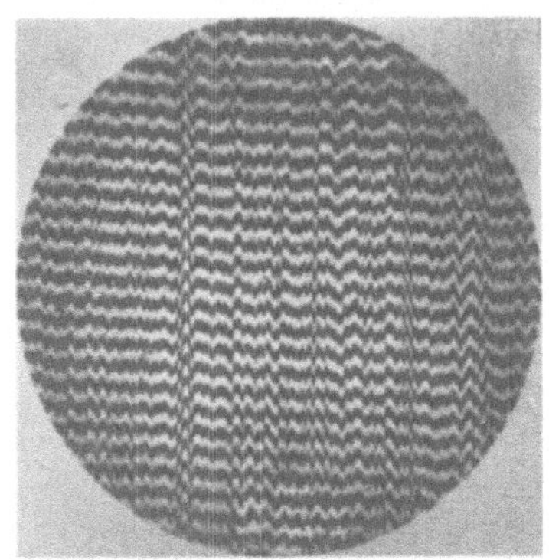

Bild 31.10. Schleifspuren im Interferenzmikroskop

Viele Längenmeßgeräte arbeiten nach dem Prinzip des MICHELSON-Interferometers (Bild 31.9). Das von L kommende Licht wird an der Teilungsplatte T teils nach der Fläche A_1 reflektiert, teils nach A_2 durchgelassen. A_1 und A_2 sind Spiegelflächen. Die von ihnen reflektierten Lichtbündel (1) und (2) gelangen zur Interferenz. Wenn die beiden Wege l_1 und l_2 nicht genau gleich sind, entsteht ein Gangunterschied von $2nd$. Ist dieser $\lambda/2$, so löschen sich die Strahlen 1 und 2 nach Wiedervereinigung aus; im Gesichtsfeld entsteht Dunkelheit.

Mit dem **Interferenzmikroskop** stellt man feinste Bearbeitungsfehler fest. Die dunklen, auf Bild 31.10 von links nach rechts verlaufenden Linien sind Interferenzstreifen, die bei vollkommener Oberfläche genau geradlinig wären. Die senkrecht dazu gerichteten zackenförmigen Auslenkungen sind Schleifspuren.

Der Auslenkung um eine Streifenbreite entspricht einer Spurtiefe von $\lambda/2$ des verwendeten Lichtes.

32 Beugung des Lichtes

Wie alle anderen Wellen (S. 190) wird auch das Licht von seiner geraden Richtung abgelenkt, wenn sein Strahlengang seitlich begrenzt wird.[1]) Bei Verwendung monochromatischen Lichtes entsteht kein scharfer Schatten, sondern ein verwischter Übergang. Ihm folgt eine Anzahl immer schwächer werdender feiner Streifen, eine Folge der **Beugung** des Lichtes.

32.1 Beugung am einfachen Spalt

Die Beugung des Lichtes ist am übersichtlichsten mit der auf Bild 32.1 gezeigten Anordnung zu verfolgen.

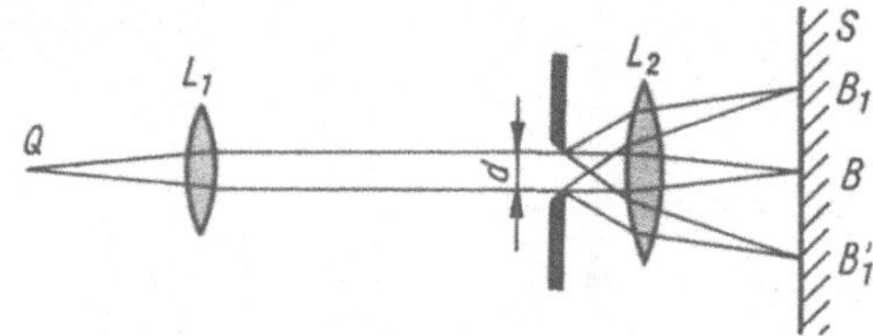

Bild 32.1. FRAUNHOFERsche Beugung am Spalt (Spaltbreite d stark übertrieben, Entfernung des Schirmes S vom Spalt stark verkürzt gezeichnet)

Die Spaltbreite d muß zur Erfüllung der Interferenzbedingung (31.1) sehr klein sein. Monochromatisches Licht der Quelle Q wird durch die Linse L_1 parallel gemacht und trifft durch den Spalt der Breite d auf die Linse L_2, die auf dem Schirm S ein Bild des Spaltes erzeugt. Infolge Beugung entstehen auf beiden Seiten des Spaltbildes B dunkle und helle Interferenzstreifen (seitlich verschobene Spaltbilder B_1, B'_1, B_2, B'_2 usw.).

Die durch paralleles Licht hervorgerufene Beugung heißt Fraunhofersche Beugung.

Das in der Schirmmitte liegende Bild B des Spaltes wird als **Maximum 0. Ordnung** bezeichnet. Ihm folgen beiderseits entsprechend den Spaltbildern B_1 und B'_1 die **Maxima 1. Ordnung**. Weitere Maxima noch höherer Ordnung sind auf Bild 32.1 der Übersichtlichkeit halber nicht dargestellt. Die zwischen den Maxima liegenden dunklen Streifen werden **Interferenz-Minima** genannt.

Die Helligkeit der Maxima nimmt mit der Ordnung stark ab (Bild 32.4).

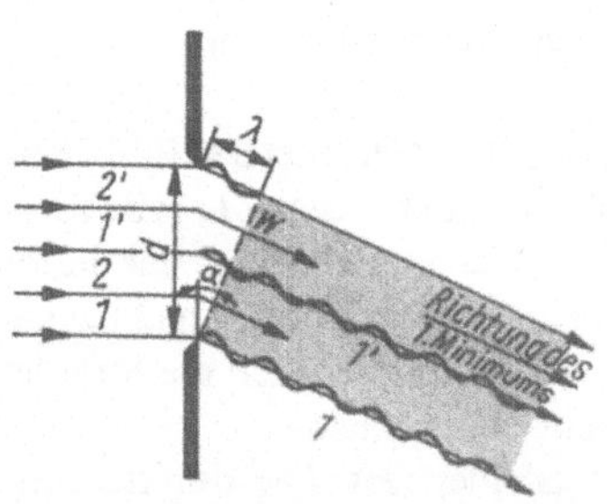

Bild 32.2. Beugung am Spalt Richtung
1. Minimum

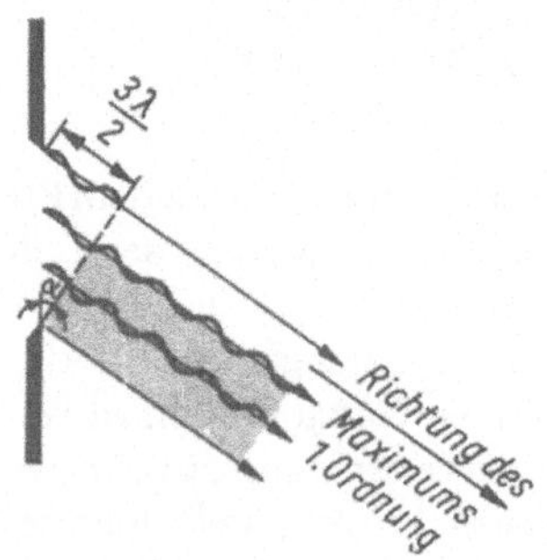

Bild 32.3. Beugung am Spalt Richtung
1. Maximum

---

[1]) Siehe auch Kapitel 14.1, Prinzip von HUYGENS

Um die Lage dieser Maxima und Minima zu finden, ist in Bild 32.2 aus dem seitlich abgebeugten Licht ein Bündel herausgegriffen. Es ist unter dem Winkel α gegen die ursprüngliche Richtung geneigt. W ist dann eine Wellenfront dieses Bündels, in dem der Randstrahl *1* gegenüber dem in der Bündelmitte laufenden Strahl *1'* einen Gangunterschied hat. Beträgt dieser gerade eine halbe Wellenlänge, so löschen sich beide Strahlen nach S. 187 aus. Ebenso löscht sich Strahl *2* mit *2'* aus. Alle Strahlen der unteren Bündelhälfte interferieren mit denen der oberen so, daß sie sich auslöschen.

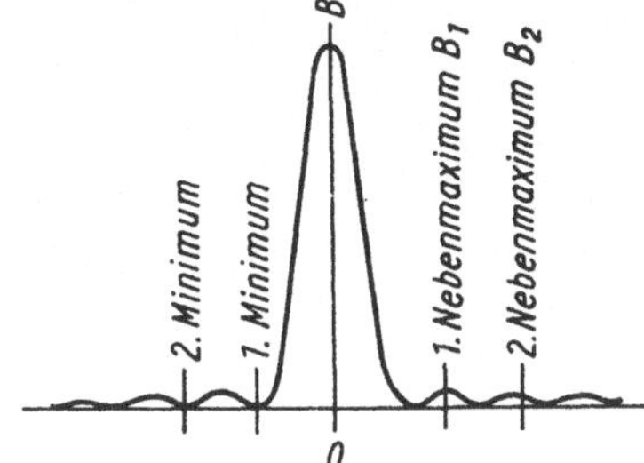

Bild 32.4. Helligkeitsverteilung im FRAUNHOFERschen Beugungsbild eines Spaltes

Für das k-te Interferenzminimum gilt somit:

$$\boxed{\sin \alpha_k = k\,\frac{\lambda}{d}} \quad (k = 1, 2, 3, \ldots) \qquad \textbf{Bedingung für Interferenzminimum} \tag{32.1}$$

Wenn bei stärkerer Neigung des Bündels ein Gangunterschied von $3\lambda/2$ erreicht wird, läßt sich die vorige Betrachtung nur auf die *unteren beiden Drittel* des Bündels anwenden (Bild 32.3). Innerhalb des oberen Drittels findet keine Auslöschung statt. Es entsteht auf dem Schirm unter diesem Winkel (wenn auch schwächer als im Maximum 0. Ordnung) wieder Helligkeit.

Damit ergibt sich die Bedingung für den Winkel β_k, unter dem das k-te Beugungsmaximum erscheint:

$$\boxed{\sin \beta_k = (k + 1/2)\,\frac{\lambda}{d}} \quad (k = 1, 2, 3, \ldots) \qquad \textbf{Bedingung für Interferenzmaximum} \tag{32.2}$$

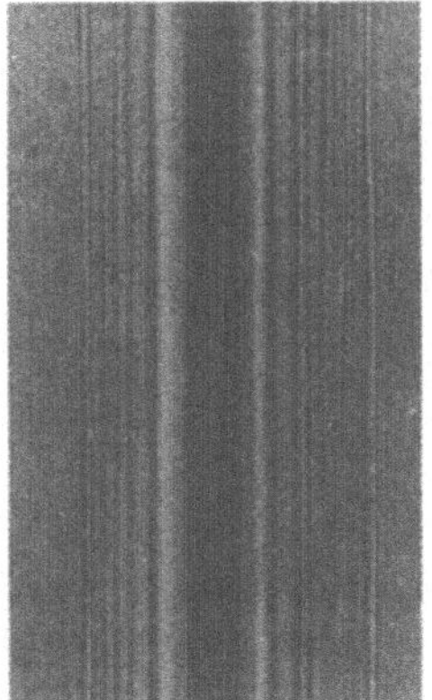

Bild 32.5. Interferenzstreifen am Schatten eines dünnen Drahtes

Entsprechende Beugungserscheinungen treten auch an einem dünnen Draht auf. In der Mitte erscheint ein Maximum, welches sich aus der Gleichphasigkeit der gebeugten Quellen am Rand ergibt.

21*

32.2 Beugungsgitter

Die Beugungsbilder werden bedeutend lichtstärker, wenn der Spalt durch ein **Beugungsgitter** ersetzt wird. Jedem Einzelstrahl des z. B. in den Spalt *1* (Bild 32.6) eintretenden Bündels entspricht ein entsprechend gleichliegender in einem anderen Spalt *2*. Wenn der Gangunterschied ein ganzzahliges Vielfaches von λ ist, tritt Verstärkung ein. Dies ist dann zugleich für sämtliche paarweise zugeordneten Teilwellen dieser Bündel der Fall:

$$\boxed{\sin \alpha_k = \frac{k\lambda}{g}} \quad (k = 0, 1, 2, \ldots) \qquad \text{\textbf{Bedingung für Interferenzmaximum}} \atop \text{\textbf{beim Beugungsgitter}} \qquad (32.3)$$

Bei bekannter **Gitterkonstante** g (Spaltabstand) kann aus (32.3) die Wellenlänge des Lichtes bestimmt werden. Daher werden in Spektralapparaten die Prismen seit geraumer Zeit durch Beugungsgitter ersetzt. Beugungsgitter sind auch insofern günstiger als Prismen, da bei ihrer Verwendung wegen $\sin \alpha_k \sim \lambda$ die Ablenkung proportional der Wellenlänge ist.

Langwelliges Licht wird stärker gebeugt als kurzwelliges.

Bei Verwendung von weißem Licht entstehen **Beugungsspektren**. Die lichtstärksten Spektren 1. Ordnung ($k = 1$) entsprechen den Maxima 1. Ordnung am Spalt. Die Spektren höherer Ordnung werden zunehmend lichtschwächer, breiter und überdecken sich schließlich gegenseitig.

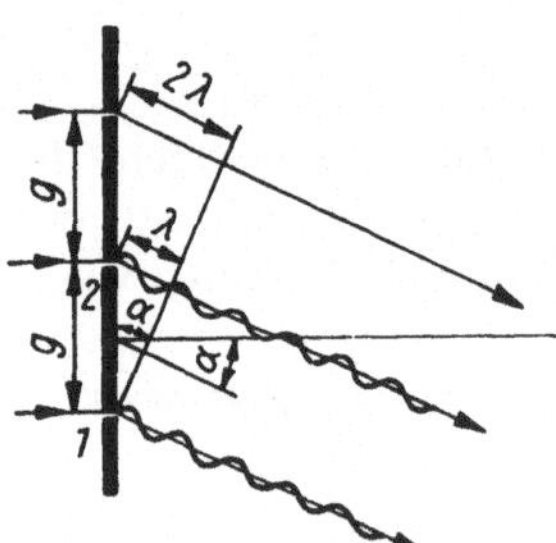

Bild 32.6. Beugung am Doppelspalt Richtung Maximum 1. Ordnung

Auch das **Auflösungsvermögen**, d. h. die Fähigkeit, sehr eng beieinanderliegende Spektrallinien zu trennen, ist beim Gitter wesentlich größer als beim Prisma. Bezeichnet man die Anzahl der Spalte des Gitters mit N, die Ordnung der Interferenz mit k und mit $\Delta\lambda$ die kleinste Wellenlängendifferenz, die gerade noch für eine Wellenlänge λ trennbar ist, ergibt sich für das Auflösungsvermögen

$$\boxed{\frac{\lambda}{\Delta\lambda} = kN} \qquad \text{\textbf{Auflösungsvermögen des Beugungsgitters}} \qquad (32.4)$$

Für $N = 100\,000$, $k = 3$ und $\lambda = 600$ nm erhält man $\Delta\lambda = 0{,}002$ nm, d. h., mit diesem Gitter ist noch ein Wellenlängenunterschied von 0,002 nm feststellbar.

Ein weiterer Vorteil des Beugungsgitters ist, daß im Beugungsspektrum der Abstand zweier Spektrallinien nur von der Differenz der Wellenlängen abhängt. Beugungsspektren heißen daher **Normalspektren** (Farbentafel, Bild 2).

Beugungsgitter gibt es als NORBERT-Gitter (die Gitterstriche werden in eine Glasplatte geritzt, die Zwischenräume sind dann die Spalte, und der Strichabstand ist die Gitterkonstante g) und ROWLAND-Gitter (dies sind Reflexionsgitter, bei denen bis zu 1 700 Striche je mm auf Metall geritzt sind).

Beispiele: 1. Wieviel Maxima kann ein Gitter mit 500 Spalten je mm im Höchstfall erzeugen? – In Gleichung (32.3) kann $\sin \alpha_k$ höchstens gleich 1 werden. Mit $g = 1/500\,\text{mm}$ wird $k = g/\lambda = 3{,}3$. Da k nur eine ganze Zahl sein kann, treten beiderseits der Schirmmitte je 3 Maxima auf.
2. Ein Gitter mit der Gitterkonstante $g = 7{,}2\,\mu\text{m}$ ist von einem Schirm $s = 3{,}20\,\text{m}$ entfernt. Auf dem Schirm entsteht seitlich im Abstand $a = 532\,\text{mm}$ eine Spektrallinie im Spektrum 2. Ordnung. Wie groß ist die Wellenlänge, und um welche Lichtquelle handelt es sich, wenn nur diese Wellenlänge beobachtet wird? – Aus (32.3) folgt $\sin \alpha_2 = 2\lambda/g$, andererseits ist $\tan \alpha_2 = a/s$ und somit $\lambda = g/2 \sin (\arctan a/s) = 590\,\text{nm}$. Es handelt sich um Natriumlicht.

32.3 Auflösungsvermögen optischer Instrumente

Ein gutes optisches System soll von jedem Punkt des Gegenstandes genau einen Bildpunkt erzeugen. Diese Forderung vermag aber auch das bestkorrigierte Linsensystem nicht zu erfüllen, weil das Licht an jeder Öffnung gebeugt wird. **Kreisförmige Öffnungen** vom Durchmesser d ergeben dann ganz analog zum einfachen Spalt ein System von **konzentrischen Beugungsringen**. Eine kompliziertere Rechnung liefert für die Lage des ersten dunklen Ringes den Winkelabstand $\sin \alpha = 1{,}22\,\dfrac{\lambda}{d}$. Je kleiner die Öffnung, desto breiter werden die Beugungsringe. Zwei benachbarte Punkte des Gegenstandes geben daher bei einer Lochkamera zwei sich teilweise überdeckende Ringsysteme.

Ist der Winkel α zu klein, verschmelzen die beiden zentralen hellen Maxima zu einem einzigen Fleck und werden als nur *ein* Punkt gedeutet. Erst wenn die Beugungsringe weiter auseinanderrücken und das 1. Minimum des einen in das Zentrum des anderen fällt, beginnen beiderseits zwei getrennte helle Flecke zu erscheinen (Bild 32.7). Das Auflösungsvermögen eines optischen Instrumentes ist um so besser, je kleiner der Winkelabstand α zweier Punkte ist, die gerade noch getrennt abgebildet werden. Er ist also im günstigsten Fall zu bestimmen aus

$$\boxed{\sin \alpha = \frac{1{,}22\lambda}{d}} \qquad \begin{array}{l}\textbf{Bedingung für}\\ \textbf{kleinsten Winkelabstand zweier}\\ \textbf{noch getrennt abbildbarer Punkte}\end{array} \qquad (32.5)$$

(λ Wellenlänge, d Durchmesser der wirksamen Öffnung)

Die Anwesenheit von Linsen ändert nichts daran; sie können die Beugung nicht verhindern. Diese entsteht dadurch, daß das Instrument *überhaupt* eine Öffnung hat. (32.5) gilt somit für das Auge und alle optischen Instrumente.

Beispiele: 1. Berechne den kleinsten auflösenden Sehwinkel des Auges bei einem Durchmesser der Pupille von 3 mm und einer mittleren Wellenlänge von 600 nm. – Nach (32.5) ist

$$\sin \alpha = \frac{1{,}22\lambda}{d} = 0{,}00024; \text{ daraus folgt } \alpha = 0{,}000\,24\,\text{rad} = 50'' \approx 1'.$$

2. Kann man mit einem Fernrohr von 5 m Spiegeldurchmesser Fixsterne vergrößern (Durchmesser kleiner als $0{,}01''$)? – Für $\lambda = 400\,\text{nm}$ gilt

$$\sin \alpha = \frac{1{,}22\lambda}{d} = \frac{1{,}22 \cdot 4 \cdot 10^{-4}\,\text{mm}}{5000\,\text{mm}} \approx 10^{-7} \text{ und } \alpha \approx 0{,}02'', \text{ s. auch S. 311.}$$

Der Spiegel ist noch viel zu klein, selbst ein aus wenigen Punkten bestehendes Fixsternbild zu entwerfen.

Bei der Beurteilung eines Mikroskopobjektivs interessiert vor allem, welchen **linearen Abstand** g zwei benachbarte Punkte des betrachteten Gegenstandes *wenigstens* haben müssen, um noch getrennt gesehen zu werden. Zwei benachbarte Punkte P_1 und P_2 des zu vergrößernden Objektes kann man nach ABBE[1]) als die benachbarte Spalte eines Strichgitters der Konstanten g auffassen (Bild 32.8). Damit sie vom Objektiv noch getrennt abgebildet werden, müssen die seitlich abgebeugten Strahlenbündel *1' 2'* bzw. *1'' 2''*, die die Maxima 1. Ordnung bestimmen, noch in die Frontlinse eintreten, wobei sie mit der optischen Achse den Winkel α einschließen.

Zur Entstehung eines Bildes im Mikroskop muß außer dem Maximum 0. Ordnung (Hauptmaximum) mindestens noch ein Maximum 1. Ordnung in das Objektiv gelangen.

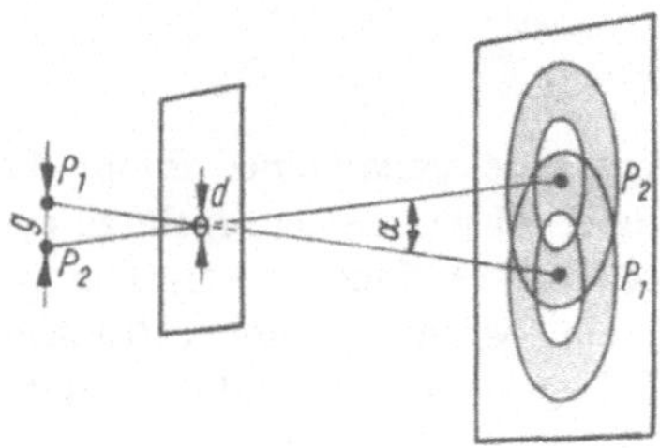
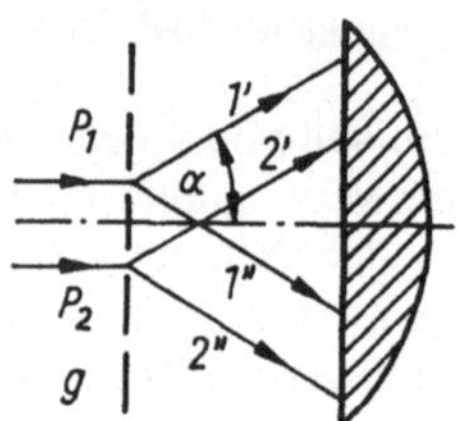

Bild 32.7. Beugungsscheiben zweier Bildpunkte

Bild 32.8. Zum Auflösungsvermögen des Mikroskops

Für diesen Winkel gilt nach (32.3) $\sin \alpha = \dfrac{\lambda}{g}$, so daß $g = \dfrac{\lambda}{\sin \alpha}$ ist. Wenn der Winkel α zu groß bzw. die Linsenöffnung zu klein ist, wird nur das Maximum 0. Ordnung erfaßt, und im Gesichtsfeld ist keine Struktur mehr erkennbar. Bei schiefer Beleuchtung kann g noch kleiner sein, nämlich $g = \dfrac{\lambda}{2 \sin \alpha}$.

Bringt man zwischen Objekt und Linse noch eine **Immersionsflüssigkeit** mit der Brechzahl n, in der die Wellenlänge nach (27.3) um den Faktor $1/n$ kleiner ist, ergibt sich schließlich

$$\boxed{g = \frac{\lambda}{2n \sin \alpha}} \qquad \textbf{Kleinster, von einem Mikroskop auflösbarer Punktabstand} \qquad (32.6)$$

Im Nenner dieses Bruches steht die sogenannte numerische Apertur A:

$$\boxed{A = n \sin \alpha} \qquad \textbf{Numerische Apertur des Objektivs} \qquad (32.7)$$
$$(\alpha \text{ ist der halbe Öffnungswinkel des Objektivs})$$

Schlußfolgerungen:

1. Das Auslösungsvermögen wird größer, je kleiner die Wellenlänge des angewandten Lichtes ist (Verwendung ultravioletten Lichtes mit Quarzoptik).
2. Der Öffnungswinkel des Objektivs und damit die numerische Apertur muß möglichst groß sein.
3. Die Brechzahl n vergrößert ebenfalls die numerische Apertur. Daher füllt man den Raum zwischen Deckglas und Objektiv mit Immersionsflüssigkeit (Zedernöl $n = 1{,}515$) aus.

Die numerische Apertur eines Objektivs kann in Luft ($n = 1$) höchstens gleich 1 werden. Dann wäre der halbe Öffnungswinkel 90°, und das Licht müßte streifend in die Frontlinse eintreten. Praktisch erreichbar ist jedoch nur ein Winkel von etwa 72°, so daß wegen $\sin 72° = 0{,}95$

---

[1]) Die Theorie des Auflösungsvermögens wurde von ERNST ABBE (1840 bis 1905), dem wissenschaftlichen Mitbegründer der Jenaer Zeisswerke, aufgestellt. Er schuf zahlreiche optische Systeme und Instrumente von damals noch unerreichter Leistung.

die höchsterreichbare Apertur eines Trockensystems 0,95 beträgt. Dem entspricht bei Öl-immersionen eine größtmögliche Apertur von $1,5 \cdot 0,95 = 1,40$. Für ein Trockensystem mit $A_{max} \approx 1$ folgt $g \approx \lambda/2$:

Maximales Auflösungsvermögen $\approx$ 1/2 Wellenlänge des verwendeten Lichtes.

Kleinere Punktabstände können daher mit gewöhnlichem Licht nicht mehr getrennt werden. Stärkere Vergrößerungen als etwa 2000fach haben beim Lichtmikroskop keinen besonderen Wert, da dann keine weiteren Einzelheiten des Objektes mehr zutage treten können.

Bild 32.9. ERNST ABBE (1840 bis 1905)

32.4 Holografie

Unter **Holografie** versteht man ein Verfahren, das *räumliche* Bild eines Gegenstandes auf einer *ebenen* Fotoplatte zu *speichern* und jederzeit daraus das Bild wieder *dreidimensional* zu *reproduzieren*. Dieses Fotoverfahren beruht auf der Interferenz kohärenten monochromatischen Lichtes. Das auf der Fotoplatte gespeicherte ebene Interferenzbild heißt **Hologramm**. Die Speicherung eines dreidimensionalen Objektes in einer Ebene ist nur möglich, weil im Interferenzbild nicht *nur* die Amplituden und Richtungen, sondern auch die Phasenlage der vom Objekt ausgehenden Wellen aufgezeichnet werden.
Die bereits 1947 von DENNIS GABOR erfundene Holografie konnte jedoch erst nach der Entwicklung leistungsfähiger *Laser* als kohärente Lichtquelle technisch genutzt werden, denn zur Erzeugung eines Hologramms werden intensive Lichtquellen mit großer Kohärenzlänge benötigt (S. 316).
Zur **Herstellung** eines *Hologramms* wird ein kohärentes Lichtbündel in zwei Teilbündel gespalten (Bild 32.10). Das eine dient zur Beleuchtung des Objektes. Die von dem Objekt reflektierten **Signalwellen** fallen dann ohne abbildende Linse auf die Fotoplatte.

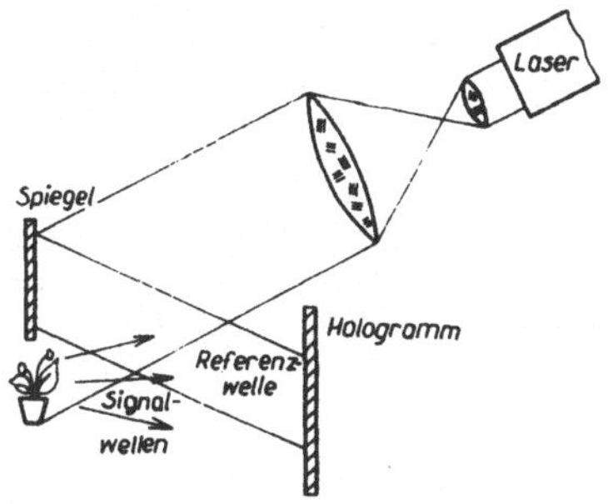

Bild 32.10. Aufnahme eines Hologramms

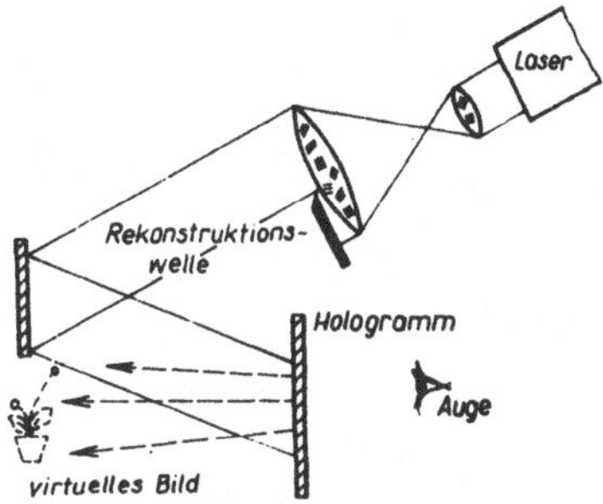

Bild 32.11. Wiedergabe eines Hologramms

Das andere Teilbündel trifft auf einen Spiegel und wird von diesem als **ebene Referenzwelle** reflektiert. Signalwelle und ebene Referenzwelle interferieren und werden auf der Fotoplatte festgehalten. Darauf ist zunächst das Bild des räumlichen Gegenstandes nicht zu erkennen, die entwickelte Platte enthält das Hologramm, welches aus einem komplizierten System von Interferenzstreifen besteht.

Die **Rekonstruktion** des räumlichen Bildes des Objektes geschieht mit der Anordnung nach Bild 32.11. Die Blickrichtung ist an der entwickelten Platte vorbei gegen eine Quelle kohärenten Lichtes. Das Bild erscheint genau an der Stelle, wo sich der Gegenstand zuvor bei der Aufnahme des Hologramms befand.

Handelt es sich bei dem Gegenstand im einfachsten Falle um einen leuchtenden **Punkt**, so ist seine **Signalwelle** S eine **Kugelwelle**, die mit der ebenen **Referenzwelle** R nach Bild 32.12 interferiert. Auf der Fotoplatte entstehen an den Orten Maxima, wo jeweils zwei Wellenberge bzw. -täler zusammentreffen; wo aber Berge und Täler zusammenfallen, entsteht Dunkelheit. Das *Hologramm* des Punktes ist ein System **konzentrischer Kreisringe** (Bild 32.13). Wird nun das Hologramm mit einer gleichfalls ebenen **Rekonstruktionswelle** beleuchtet, so

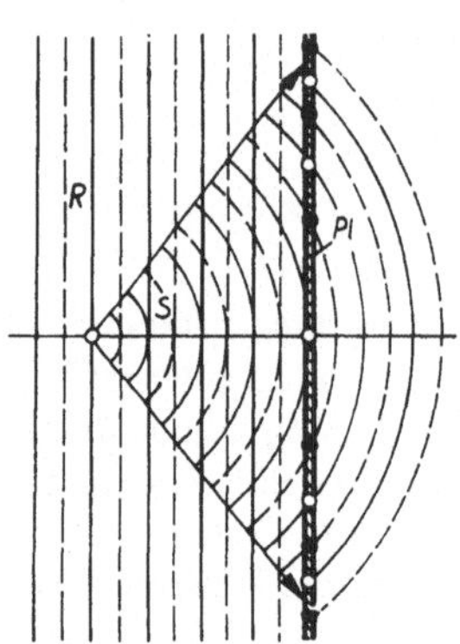

Bild 32.12. Entstehung des Hologramms
eines Objektpunktes

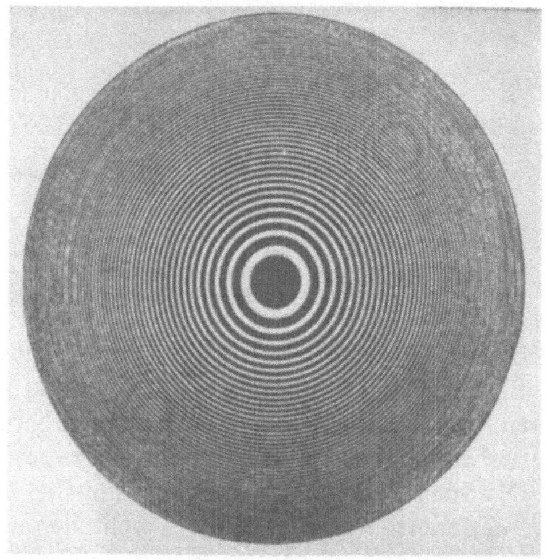

Bild 32.13. Mikroaufnahme des Hologramms
eines Objektpunktes

wirkt das Ringsystem wie ein Beugungsgitter. Wegen der nach außen immer kleiner werdenden Ringabstände werden die äußeren Strahlen stärker als die innen liegenden gebeugt. Für den Beschauer entsteht ein virtuelles Bild des ursprünglichen Objektpunktes. Zugleich aber entsteht auf der Gegenseite ein reelles Bild. Somit ist das entstandene Bild auch konventionell fotografierbar. Bei dieser Art der **Geradeausholografie** stören sich jedoch die beiden in der gleichen Richtung liegenden Bilder, so daß heute andere Methoden mit schrägem Strahlengang (Bild 32.11) und auch mit diffuser Beleuchtung bevorzugt werden. Man kann sich leicht vorstellen, daß zwei Punkte ein ganz ähnliches Hologramm liefern bzw. auch ein aus vielen Punkten bestehendes Objekt. Die Punkte brauchen dabei nicht in einer Ebene zu liegen wie bei der Papierfotografie, sondern sind der Form des Objektes entsprechend im Raum verteilt. Sie liefern ein räumlich vollendetes Bild, das von verschiedenen Seiten her betrachtet werden kann. Werden zur Herstellung eines Hologramms Wellen größerer oder kleinerer Wellenlänge verwendet, so werden auch die rekonstruierten Bilder größer oder kleiner.

Wie schon das Hologramm des einfachen Punktes zeigt, enthält auch jedes kleine Teilstück des Hologramms bereits die volle zur Hervorbringung des Bildes erforderliche Information, so daß auch eine stärkere Beschädigung der Platte die Bildgüte nicht beeinträchtigt. Gerade diese Unempfindlichkeit gegen Beschädigungen macht die Bedeutung der Holografie zur Speicherung von Bildern unersetzlicher Objekte aus. Es ist auch möglich, farbige Objekte zu reproduzieren, wenn man zur Abbildung und Wiedergabe das Licht dreier verschiedenfarbiger Laser benutzt, deren Farbkoordinaten im Farbdreieck (s. 36.3) einen möglichst großen Bereich einschließen (ähnlich wie beim Farbfernsehen).

33 Polarisation des Lichtes

Die Interferenz- und Beugungserscheinungen zeigen, daß das Licht ein Wellenvorgang sein muß. Welche Schwingungs*richtungen* hierbei eine Rolle spielen, zeigen die im folgenden beschriebenen Erscheinungen der **Polarisation**. Eine elektromagnetische Welle wird gewöhnlich symbolisch als eine in der Papierebene liegende Sinuskurve dargestellt. In dieser Ebene schwingt der Vektor der **elektrischen Feldstärke** E. Willkürlich ist ihre Schwingungsrichtung als **Polarisationsrichtung** festgelegt. Dazu senkrecht liegt die Ebene, in der die **magnetische Feldstärke** H schwingt (Bild 33.1).

Elektromagnetische Wellen sind somit Transversalwellen.

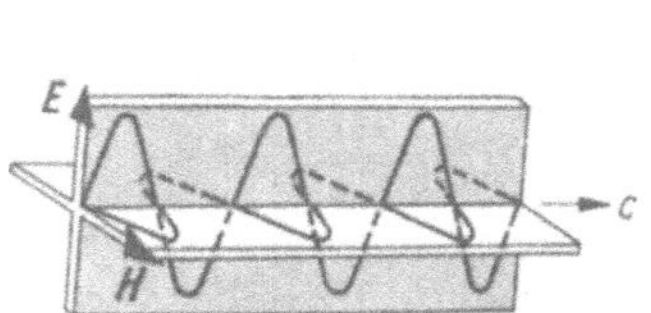

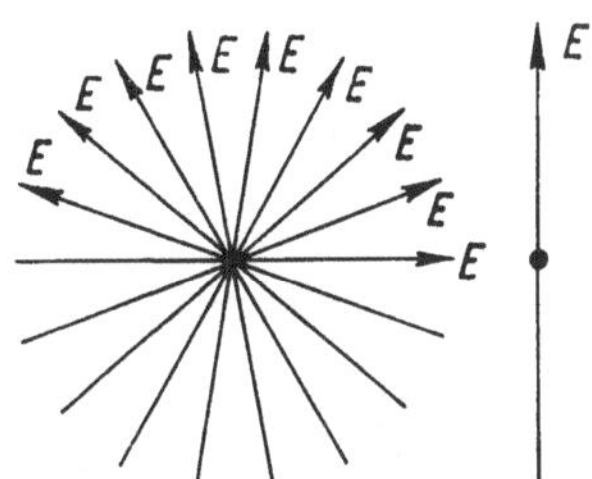

Bild 33.1. Modell einer Lichtwelle

Bild 33.2. Schematische Darstellung gewöhnlichen unpolarisierten Lichtes (links) und polarisierten Lichtes

Da die Atome das Licht aussenden und diese normalerweise völlig ungeordnet alle möglichen Richtungen im Raum einnehmen, enthält das Licht einer makroskopischen Lichtquelle, wie schon bei der Interferenz erwähnt wurde, *alle möglichen* Schwingungsrichtungen. Es ist unpolarisiert und wird als natürliches Licht bezeichnet (Bild 33.2).

> **Natürliches Licht enthält keine ausgewählte Richtung der elektrischen Feldstärke. Es ist unpolarisiert.**

Mit Polarisationseinrichtungen ist es möglich, Licht mit nur einer Schwingungsrichtung zu erzeugen. Diesen Vorgang nennt man **Polarisation**.

> **Linear polarisiertes Licht hat nur eine Richtung der elektrischen Feldstärke.**

33.1 Polarisation durch Reflexion und Brechung

Fällt natürliches Licht unter einem Winkel von etwa 56° auf eine schwarze Glasplatte, so schwingt im *reflektierten* Strahl nur Licht senkrecht zur Einfallsebene (Bild 33.3). Das unter diesem Polarisationswinkel φ reflektierte Licht ist linear polarisiert; reflektierter und gebrochener Strahl (Bild 33.4) stehen senkrecht aufeinander. Daher gilt $\sin \varphi = n \sin \beta = n \times \sin(90° - \varphi) = n \cos \varphi$. Den Polarisationswinkel erhält man somit aus

$$\boxed{\tan \varphi = n}$$ **Bedingung für Polarisationswinkel** (Gesetz von BREWSTER)   (33.1)

Bei beliebigem Einfallswinkel ist der reflektierte Strahl nur *teilweise* polarisiert. Dies ist für den gebrochenen Strahl *auch* beim Polarisationswinkel der Fall. Um das gebrochene Licht besser zu polarisieren, wird es durch einen Plattensatzpolarisator geschickt, bis nahezu alles austretende Licht *in* der Einfallsebene schwingt (Bild 33.5).

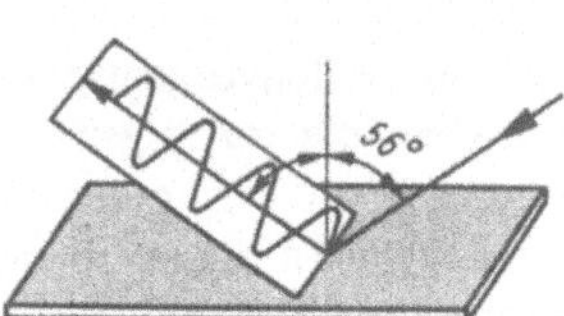

Bild 33.3. Polarisation durch Reflexion

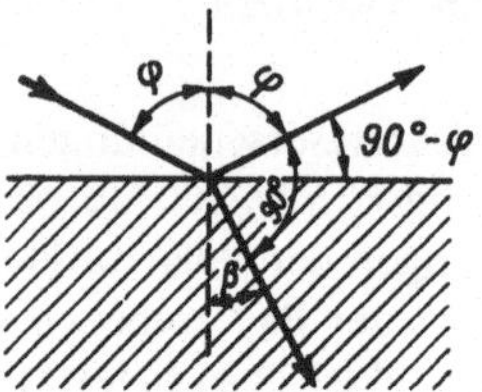

Bild 33.4. Reflektierter und gebrochener Strahl bei Polarisation

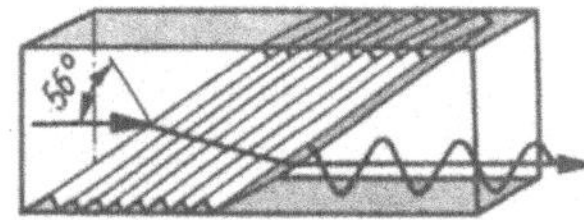

Bild 33.5. Prinzip des Plattensatzpolarisators

33.2 Polarisation durch Doppelbrechung und andere Polarisationseffekte

Beim Eintritt des Lichtes in ein **optisch isotropes Medium** ist die Lichtgeschwindigkeit in *allen* Richtungen *gleich* (Gläser, Flüssigkeiten sowie bestimmte reguläre Kristalle). Andere Kristalle, z. B. Kalkspat, sind **optisch anisotrop**. Sie haben die Eigenschaft, eintretendes Licht in zwei aufeinander senkrecht (linear) polarisierte Strahlen aufzuspalten, die man den **ordentlichen (o.)** und den **außerordentlichen (a. o.)** Strahl nennt (Bild 33.6).

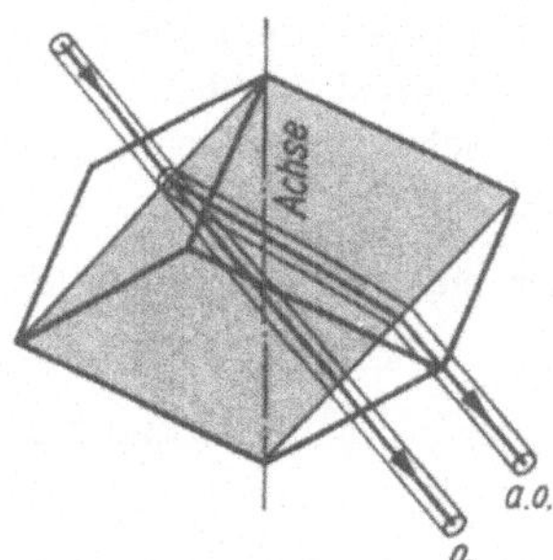

Bild 33.6. Doppelbrechung am Kalkspat-Rhomboeder bei senkrechtem Lichteinfall

Der ordentliche Strahl gehorcht dem SNELLIUSschen Brechungsgesetz, seine Geschwindigkeit im Kristall ist wie in einem isotropen Medium von der Richtung unabhängig. Der außerordentliche Strahl gehorcht diesem Gesetz nicht. Trotz senkrechten Einfalls wird er von der geraden Richtung abgelenkt. Seine Geschwindigkeit und damit seine Brechzahl hängen vom Einfallswinkel ab. Nur längs der sogenannten *optischen Achse* ist die Geschwindigkeit beider Strahlen gleich groß.

Beim **Nicolschen Prisma** (Bild 33.7) wird der ordentliche Strahl an der Klebefläche total-reflektiert ($n_o. = 1{,}66$, $n_{Kanadabalsam} = 1{,}54$), während der außerordentliche Strahl hindurchgeht ($n_{a.o.} = 1{,}49$) und weiter verwendet werden kann.

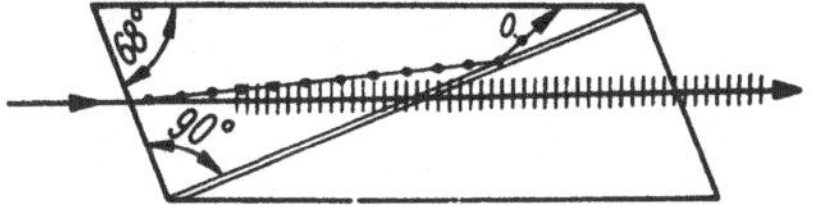

Bild 33.7. Nicolsches Prisma (als Kitt für die Teilstücke aus Kalkspat wird Kanadabalsam verwendet)

Andere doppelt brechende Kristalle sind z. B. Glimmer, Quarz und Turmalin. Auch werden viele lichtdurchlässige Stoffe durch äußere *Kräfte* oder beim Anlegen *elektrischer Felder* doppelbrechend. Oft wird einer der beiden Strahlen stärker absorbiert als der andere und dadurch nach einer bestimmten Schichtdicke ausgelöscht. Bei einer Turmalinplatte wird z. B. der ordentliche Strahl durch den meist olivgrünen Kristall absorbiert. Es können somit die verschiedensten Möglichkeiten zur Herstellung von **Polarisationsfiltern** genutzt werden, bei denen zwar der *Polarisationsgrad* bis zu 99 % beträgt, jedoch *Lichtverluste* von etwa 50 % des einfallenden Lichtes auftreten. Dies ist dadurch verständlich, daß die Amplitude eines unter beliebigem Winkel schwingenden *E-Vektors* in zwei rechtwinklig zueinander liegende Komponenten zerlegt wird. Von diesen wird nur die eine optisch genutzt, während die andere durch Absorption oder Reflexion entfernt wird.

Ein **Polarisationsapparat** besteht aus einer Lichtquelle, einem **Polarisator** (Polarisationsfilter) zur Erzeugung polarisierten Lichtes, und einem zweiten Polarisationsfilter, dem **Analysator**. Liegt dessen Durchlaßrichtung *parallel* zu derjenigen des Polarisators, kann das polarisierte Licht hindurch.

Stehen beide Durchlaßrichtungen *senkrecht* aufeinander, läßt der Analysator kein Licht passieren (Bild 33.8).

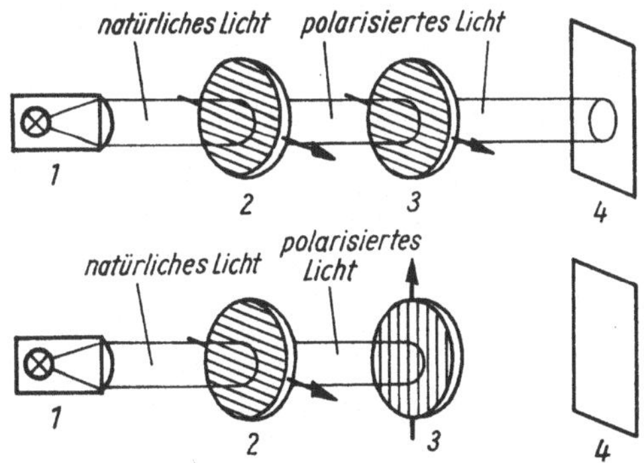

Bild 33.8. Prinzip eines Polarisationsapparates zur Erzeugung und zum Nachweis polarisierten Lichtes: *1* monochromatische Lichtquelle, *2* Polarisator, *3* Analysator, *4* Schirm (Die Pfeile geben die Durchlaßrichtung an.)

Eine Reihe von Stoffen hat die Eigenschaft, die Polarisationsebene des Lichtes zu drehen. So ist z. B. eine Rohrzuckerlösung **optisch aktiv**. Bringt man die Lösung zwischen die beiden anfänglich gekreuzten Polarisationsfilter, so hellt sich das Gesichtsfeld auf.

Es bedarf einer Drehung des Analysators, um wieder Dunkelheit zu erreichen. Der Drehwinkel ist der Konzentration der Lösung und der Länge der Flüssigkeitssäule proportional. Das verwendete Licht muß monochromatisch sein, denn bei polychromatischem Licht hängt der Drehwinkel außerdem noch von der Frequenz ab (Rotationsdispersion).

Auch durch die Anwesenheit eines *Magnetfeldes* kann die Polarisationsebene des Lichtes *gedreht* werden. Durch die dabei entstehende Doppelbrechung werden alle lichtdurchlässigen Stoffe im Magnetfeld optisch aktiv.

Ein Blick durch ein Polarisationsfilter wirkt überraschend: Fast alles von reflektierenden *Flächen* herrührende Licht wird bei bestimmter Stellung des Filters ausgelöscht. Glasscheiben, Brillengläser usw. erscheinen nicht mehr spiegelnd (Bild 33.9), Ausnahme: Metallflächen. Anwendung: Filter für fotografische Aufnahmen bei zuviel störenden Reflexen. Auch der blaue Himmel wird dunkler, ein Zeichen dafür, daß blaues Himmelslicht teilweise

Bild 33.9. Fotografie ohne und mit Polarisationsfilter

Bild 33.10. Modell eines mechanisch beanspruchten Werkstückes im optischen Spannungsprüfer

polarisiert ist. **Innere Spannungen** rufen in optisch isotropen Körpern (in Gläsern und Kunstharzen) ebenfalls Doppelbrechung hervor, die im **optischen Spannungsprüfer** (der im Prinzip ein Polarisationsapparat ist) festgestellt werden kann. Aus derartigen Stoffen hergestellte Modelle von Konstruktionsteilen zeigen dann im *belasteten* Zustand die Stellen stärkster Beanspruchung (Bild 33.10).

34 Strahlungsgesetze

34.1 Größen des Strahlungsfeldes

34.1.1 Strahlungsfluß und Strahlungsflußdichte

Das sichtbare Licht ist nur ein kleiner Teil der Gesamtheit aller elektromagnetischen Wellen (s. 25.1). Für *alle* elektromagnetischen Wellen gelten *allgemeine* Gesetze, die vor allem die Energieverhältnisse betreffen. Unabhängig davon, ob diese Wellen von bestimmten Sinnesorganen wahrgenommen werden können oder nicht, erfüllen sie den Raum in Form eines **Strahlungsfeldes**. Auch ohne übertragendes Medium, wie etwa beim Schallfeld, findet in jedem Fall ein Energietransport statt. Von der **Strahlungsquelle** fließt die **Strahlungsenergie** Q_e zum **Strahlungsempfänger**. Die im Strahlungsfeld auftretenden Größen sind im allgemeinen orts- und z. T. auch zeitabhängig. Daher können die im folgenden auftretenden Differentialquotienten nur dann durch Quotienten ersetzt werden, wenn diese Abhängigkeiten in dem betrachteten Raum- oder Zeitbereich als konstant angesehen werden können (rechts stehende Gleichungen). Der Quotient aus der emittierten oder empfangenen **Energie** dQ_e und der zugehörigen **Zeit** dt ist der **Strahlungsfluß**, auch Strahlungsleistung Φ_e genannt:

$$\Phi_e = \frac{dQ_e}{dt} \qquad \Phi_e = \frac{Q_e}{t} \qquad \textbf{Strahlungsfluß} \tag{34.1}$$

Die Einheit des Strahlungsflusses ist $[\Phi_e] = W$ (Watt).
Ist $A_\perp$ die Querschnittsfläche des Strahlungsflusses, so ist der Quotient aus dem Strahlungsfluß $d\Phi_e$ und dieser Fläche $dA_\perp$ die **Strahlungsflußdichte** φ.[1])

$$\varphi = \frac{d\Phi_e}{dA_\perp} \qquad \varphi = \frac{\Phi_e}{A_\perp} \qquad \textbf{Strahlungsflußdichte} \atop \textbf{(Energieflußdichte)} \tag{34.2}$$

mit der Einheit $[\varphi] = W/m^2$ (Watt je Quadratmeter).

34.1.2 Strahlstärke

Eine allseitig strahlende Quelle sendet den Strahlungsfluß in den gesamten Raum aus. Eine dort befindliche Empfängerfläche erhält nur einen Teil davon. Dieser ist durch den Strahlenkegel bestimmt, in dessen Spitze die Strahlenquelle liegt. Zur mathematischen

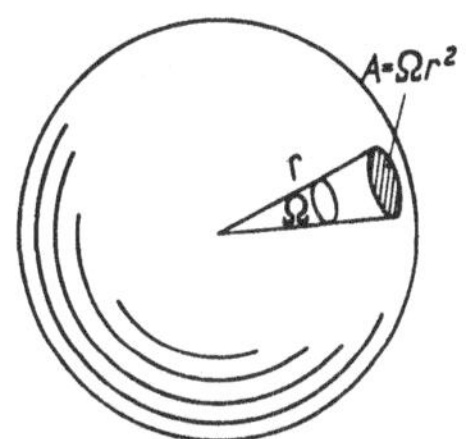

Bild 34.1. Zur Definition des Raumwinkels

Darstellung dieses Anteils wird der **Raumwinkel** Ω benötigt. Analog zur Definition des ebenen Winkels ist der **Raumwinkel** Ω der Quotient aus dem von Strahlung getroffenen Teil der Kugelfläche A (Bild 34.1) und dem Quadrat des Radius r:

$$\Omega = \frac{A}{r^2} \qquad \textbf{Raumwinkel} \tag{34.3}$$

Die Einheit des Raumwinkels ist: $[\Omega] = sr$ (Steradiant).
Steradiant wird für die Raumwinkelmessung als ergänzende SI-Einheit genutzt (sr = m^2/m^2 = 1). Als Zähleinheit braucht sr in Größengleichungen bei Berechnungen *nicht* zu erscheinen (ähnlich rad).
Der volle Raumwinkel schließt die gesamte Kugeloberfläche $4\pi r^2$ ein und ist $\Omega = 4\pi$ sr, der Halbraum erfaßt $\Omega = 2\pi$ sr.
Der Quotient aus dem Strahlungsfluß $d\Phi_e$ und dem betrachteten Raumwinkel $d\Omega$ ist die **Strahlstärke** I:

$$I = \frac{d\Phi_e}{d\Omega} \qquad I = \frac{\Phi_e}{\Omega} \qquad \textbf{Strahlstärke} \tag{34.4}$$

Die Einheit der Strahldichte ist $[I] = W/sr$ (Watt je Steradiant).

---

[1]) Die Strahlungsflußdichte wird häufig auch als Intensität I bezeichnet (s. 54.1).

34.1.3 Strahldichte

Eine weitere für die Strahlungsquelle wichtige Größe ist die **Strahldichte** L. Bei der Beurteilung dieser Größe kommt es darauf an, wie die Orientierungsrichtung der strahlenden Fläche zur Empfängerfläche ist. Von Bedeutung ist nicht die wahre Oberfläche des Strahlers, sondern die Projektion der Fläche A_S auf eine zur Beobachtungsrichtung senkrecht stehenden Ebene (Bild 34.2). Die **Strahldichte** L ist dann als Quotient aus der Strahlstärke $\mathrm{d}I$ und der zur Strahlrichtung senkrechten Projektion der Senderfläche $\mathrm{d}A_{S\perp}$ definiert:

$$\boxed{L = \frac{\mathrm{d}I}{\mathrm{d}A_{S\perp}}} \qquad \boxed{L = \frac{I}{A_S \cos\alpha}} \qquad \text{**Strahldichte**} \qquad (34.5)$$

Die Einheit der Strahldichte ist $[L] = \mathrm{W/(m^2\ sr)}$ (Watt je Quadratmeter und Steradiant).

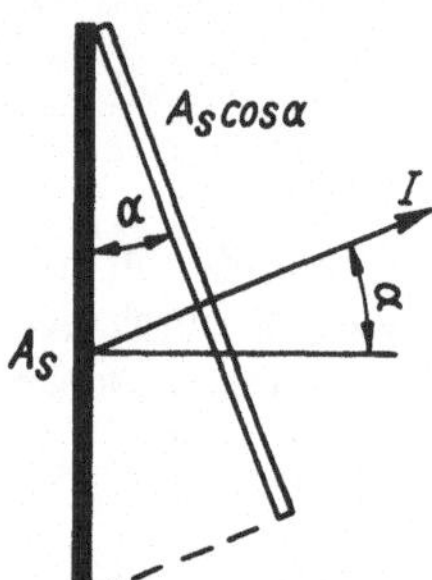

Bild 34.2. Projektion der Senderfläche A_S auf eine zur Beobachtungsrichtung senkrechte Ebene

34.1.4 Bestrahlungsstärke und Bestrahlung

Fällt die Strahlung auf eine ebene Empfängerfläche A_E, so erhält diese einen Strahlungsfluß übertragen. Die **Bestrahlungsstärke** E wird dann als Quotient aus dem Strahlungsfluß $\mathrm{d}\Phi_e$ und der Fläche $\mathrm{d}A_E$ definiert, die von diesem Strahlungsfluß getroffen wird:

$$\boxed{E = \frac{\mathrm{d}\Phi_e}{\mathrm{d}A_E}} \qquad \boxed{E = \frac{\Phi_e}{A_E}} \qquad \text{**Bestrahlungsstärke**} \qquad (34.6)$$

Die Einheit der Bestrahlungsstärke ist $[E] = \mathrm{W/m^2}$.

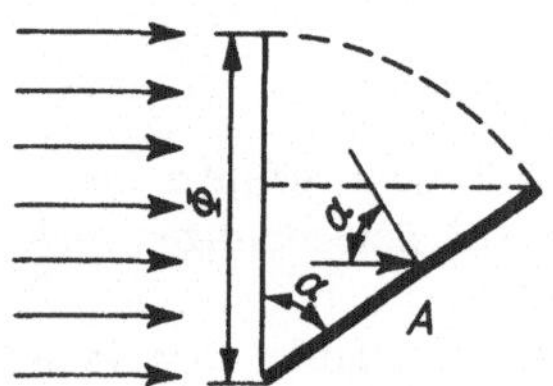

Bild 34.3. Bestrahlungsstärke einer geneigten Fläche

Die Empfängerfläche braucht nicht senkrecht zur Strahlungsrichtung zu stehen, sondern kann einen beliebigen Winkel α mit ihr bilden, der von der Flächennormalen aus gemessen wird. Bild 34.3 zeigt eine Fläche A_E, deren Normale mit der Strahlungsrichtung den Winkel α bildet. Sie wird daher nur von dem Teil $\Phi_e' = \Phi_e \cos\alpha$ getroffen, der auf die Projektion der Fläche A_E auf die zur Strahlrichtung senkrechte Ebene fällt. Damit wird

$$\boxed{E = \frac{\Phi_e \cos\alpha}{A_E}} \qquad \text{**Bestrahlungsstärke bei schrägem Strahlungseinfall**} \qquad (34.7)$$

Für die Lichtstrahlung wird dies durch die tages- und jahreszeitabhängige Sonneneinstrahlung bestätigt. Bei höchstem Sonnenstand erreicht der Winkel α seinen kleinsten Wert und damit die Bestrahlungsstärke ein Maximum.

Die Bestrahlungsstärke der Sonne ist bei senkrechtem Strahleneintritt auf eine vollständig absorbierende Fläche und völliger Durchlässigkeit der Atmosphäre gleich der Strahlungsflußdichte der Sonnenstrahlung auf die Erde. Sie wird **Solarkonstante** genannt. Neueste Messungen ergaben

$$\boxed{\varphi_{So} = 1{,}395 \text{ kW/m}^2} \qquad \textbf{Solarkonstante}$$

Ist die Bestrahlungsstärke *zeitlich* konstant, so ist das Produkt aus der Bestrahlungsstärke E und der Zeitdauer t der Einstrahlung die **Bestrahlung** H:

$$\boxed{H = Et} \qquad \textbf{Bestrahlung} \tag{34.8}$$

Ihre Einheit ist: $[H] = \text{J/m}^2$ (Joule je Quadratmeter).

34.1.5 Strahlungsenergiedichte und Strahlungsdruck

Bezieht man die im Strahlungsfeld enthaltene Strahlungsenergie dQ_e auf das Volumen dV, in welchem sie enthalten ist, ergibt sich die **Strahlungsenergiedichte** w:

$$\boxed{w = \frac{dQ_e}{dV}} \qquad \boxed{w = \frac{Q_e}{V}} \qquad \textbf{Strahlungsenergiedichte} \tag{34.9}$$

$[w] = \text{J/m}^3$ (Joule je Kubikmeter)

Fällt die Energie dQ_e in der Zeit dt senkrecht auf die Fläche A und wird von ihr absorbiert, muß sie, da sich die Strahlung mit Lichtgeschwindigkeit c bewegt, vor dem Auftreffen in einem Quader der Länge $c\,dt$ und dem Querschnitt A enthalten sein (Bild 48.2, S. 501). Damit ist $w = dQ_e/(Ac\,dt)$. In der letzten Gleichung ist dQ_e/dt der Strahlungsfluß Φ_e. Der dadurch entstehende Quotient Φ_e/A ist die Bestrahlungsstärke, die in diesem Fall gleich der Strahlungsflußdichte φ ist, so daß die Strahlungsenergiedichte $w = \varphi/c$ wird. Wie sich durch Einsetzen der Einheiten zeigen läßt (s. auch 16.4), hat die Energiedichte der Strahlung zugleich die Bedeutung eines Druckes. Es wurde auch experimentell festgestellt (durch den russischen Physiker P. N. LEBEDEW 1901), daß *alle* elektromagnetischen Wellen einen **Strahlungsdruck** auf die von ihnen getroffenen Flächen ausüben. Der Strahlungsdruck p ist

bei vollständiger *Absorption*   bei vollständiger *Reflexion*

$$\boxed{p = w} \qquad\qquad \boxed{p = 2w} \qquad \textbf{Strahlungsdruck} \tag{34.10}$$

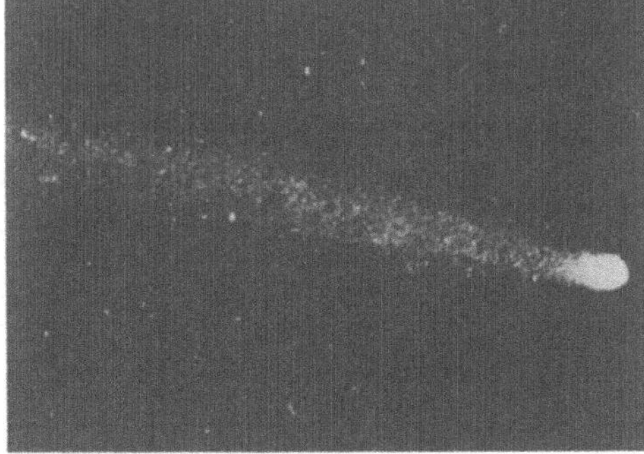

Bild 34.4. Komet Halley. Der Schweif zeigt von der Sonne weg.

Aus der Solarkonstanten φ_{S_0} und der Lichtgeschwindigkeit c wird für die Sonnenstrahlung die Strahlungsenergiedichte auf der Erde $w = \varphi_{S_0}/c = 4,58\ \text{J/m}^3$ und damit der Strahlungsdruck bei vollständiger Absorption $p = 4,58\ \text{N/m}^2 = 4,58\ \text{Pa}$.

Der von den Fixsternen erzeugte Strahlungsdruck ist für viele astrophysikalische Vorgänge von großer Bedeutung; u. a. wirkt er auf alle im Weltraum vorhandenen Gas- und Staubteilchen und befördert sie weite Strecken.

Deshalb sind auch die Schweife der Kometen stets von der Sonne weg gerichtet (Bild 34.4).

34.2 Temperaturstrahlung

Jeder auf höherer Temperatur befindliche Körper sendet ein kontinuierliches Spektrum von Wellen aus, das weit über das langwellige Ende des sichtbaren Bereiches hinausgeht. Ein Teil dieser Strahlung wird vom Temperaturempfinden unserer Haut wahrgenommen. Bei noch höheren Temperaturen beginnt der Körper, Licht abzustrahlen. Während der Bereich von 390 bis 790 nm sichtbares Licht ist, üben die jenseits des roten Lichtes (infrarot oder ultrarot) sich anschließenden Wellen im Wellenlängenbereich 800 nm bis etwa 1 mm vorzugsweise Wärmewirkung aus, die einige Zentimeter in den menschlichen Körper eindringen kann (Infrarotlampen für medizinische Zwecke).

Der Ausdruck Wärmestrahlung ist aber nur deshalb berechtigt, weil uns Menschen für den ultraroten Bereich des Spektrums ausschließlich das Wärmegefühl zur Verfügung steht. Physikalisch richtig ist es, die *Gesamtheit* der von einem Körper auf Grund seiner Temperatur emittierten elektromagnetischen Wellen als **Temperaturstrahlung** zu bezeichnen. Sie steht im Gegensatz zu den Linien- und Bandenspektren leuchtender Gase und Dämpfe, wo nur ganz bestimmte, für die Licht aussendenden Atome und Moleküle charakteristische Wellenlängen abgestrahlt werden. In festen Körpern und in Flüssigkeiten beeinflussen sich die Atome durch ihre enge Packung derart, daß sie ein kontinuierliches Spektrum mit allen möglichen Wellenlängen erzeugen. Der von ihnen emittierte Wellenlängenbereich und die Größe des Strahlungsflusses sind von der Temperatur des Körpers abhängig. Da die Wärmebewegung erst bei 0 K aufhört, senden auch relativ kalte Körper Temperaturstrahlung aus:

Jeder Körper ist ein Temperaturstrahler.

Werden fotografische Platten oder Filme in geeigneter Weise *sensibilisiert*, kann man einen Körper, der Temperaturstrahlung aussendet, ohne sichtbares Licht fotografieren (Bild 34.5)

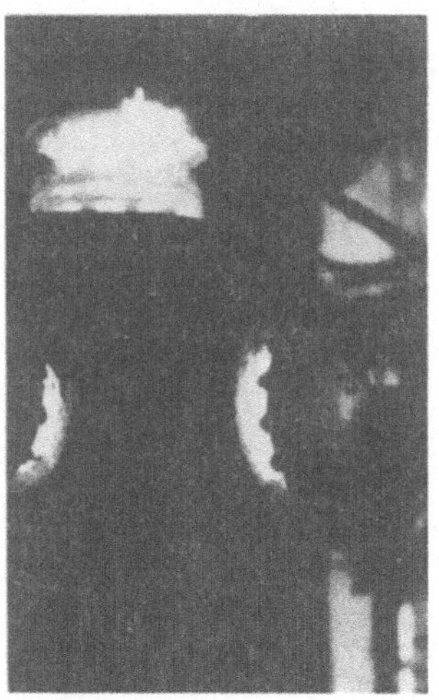

a)   b)

Bild 34.5. Strahlung eines Wasserabscheiders: a) Foto mit infrarotempfindlicher Platte, b) dieselbe Aufnahme bei Tageslicht

(Infrarotfotografie). Auf diese Weise kann man Wärmeverluste an Bauwerken »fotografieren«. Moderne Infrarotmeßgeräte sind in der Lage, die aufgenommene Temperaturstrahlung elektronisch so zu verarbeiten, daß sie auf Fernsehbildschirmen sichtbar gemacht werden kann. Bei Temperaturgleichheit des Körpers mit der Umgebung besteht **Strahlungsgleichgewicht**, d. h., er erhält in der betrachteten Zeit die gleiche Strahlungsenergie zugeführt, die er selbst abgibt.

34.2.1 Transmission, Reflexion und Absorption der Temperaturstrahlung

Beim Auftreffen von Strahlung auf einen Körper können drei Erscheinungen auftreten:

1. Ein Teil der Strahlungsenergie wird *hindurchgelassen*. Der **Transmissionsgrad** $\tau(\lambda)$ (Durchlässigkeit) ist dann der Quotient aus dem durchtretenden Strahlungsfluß Φ_{etr} und dem auftreffenden Strahlungsfluß Φ_{e0}:

$$\boxed{\tau(\lambda) = \frac{\Phi_{etr}}{\Phi_{e0}}} \qquad \textbf{Transmissionsgrad} \qquad (34.11)$$

Der Transmissionsgrad ist vom *Stoff* und von der *Wellenlänge* λ der Strahlung abhängig (Bild 34.6). Einige grobe Anhaltspunkte gibt folgende Tabelle:

	Durchlässigkeit für	
	Licht	Wärmestrahlung (Infrarot)
Glas	gut	schlecht
Hartgummi, Schwarzglas 640a usw.	undurchlässig	gut
Steinsalz	gut	gut

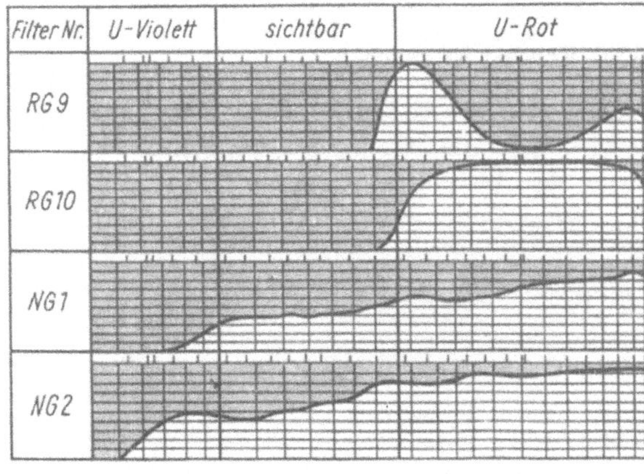

Bild 34.6. Spektrale Durchlässigkeit einiger Jenaer Filtergläser

Zur genaueren Beurteilung muß die Durchlässigkeit für jeden einzelnen Wellenbereich geprüft werden (Bild 34.6).

2. Ein Teil der Strahlung wird reflektiert. Der Quotient aus dem reflektierten Strahlungsfluß Φ_{er} und dem auftreffenden Strahlungsfluß Φ_{e0} wird Reflexionsgrad $\varrho(\lambda)$ genannt:

$$\boxed{\varrho(\lambda) = \frac{\Phi_{er}}{\Phi_{e0}}} \qquad \textbf{Reflexionsgrad} \qquad (34.12)$$

Die *Wellenlängenabhängigkeit* des Reflexionsgrades einiger Metalle ist aus der folgenden Tabelle zu erkennen:

Reflexionsgrad ϱ einiger Metalle in %

Wellenlänge in nm	Metall Kupfer	Silber	Bismut	Chrom	Nickel
257	28	24,1	20,1	69,8	30,7
361	37	77,4	42,5	63,4	41,2
500	55,5	93,2	52,2	67,6	62,1
870	91,5	97,8			71,7
1 250	95,8	98,2			78,0

Bemerkenswert ist, daß auch *Ruß* noch etwa 1 % der gesamten auftreffenden Strahlung reflektiert.

3. Ein weiterer Teil der auftreffenden und in den Körper eindringenden Strahlungsenergie wird absorbiert. Bezeichnet man den absorbierten Strahlungsfluß mit Φ_{ea} und dividiert diesen durch den auftreffenden Strahlungsfluß Φ_{e0}, so ergibt sich der Absorptionsgrad $\alpha(\lambda)$:

$$\boxed{\alpha(\lambda) = \frac{\Phi_{ea}}{\Phi_{e0}}} \qquad \textbf{Absorptionsgrad} \qquad\qquad (34.13)$$

Es ist bekannt, daß dunkle Körper starke und helle Körper geringe Absorption zeigen. Schwarzes Papier absorbiert etwa 95 %, weißes rund 5 % des auftreffenden Strahlungsflusses.

Ein Körper, der alle auftreffende Strahlung absorbiert, heißt **Schwarzer Körper**:

Der Absorptionsgrad des Schwarzen Körpers ist gleich 1.

Die praktische Realisierung eines solchen Körpers ist durch einen innen geschwärzten *Hohlraum* möglich. Wie Bild 34.7 zeigt, absorbiert die Öffnung *alle* eintretende Temperaturstrahlung. Körper, die nicht vollkommen absorbieren, heißen **graue Körper**. Der *Energieerhaltungssatz* fordert $\Phi_{e0} = \Phi_{etr} + \Phi_{er} + \Phi_{ea}$. Daher gilt auch (Bild 34.8)

$$\boxed{\tau + \varrho + \alpha = 1} \qquad\qquad (34.14)$$

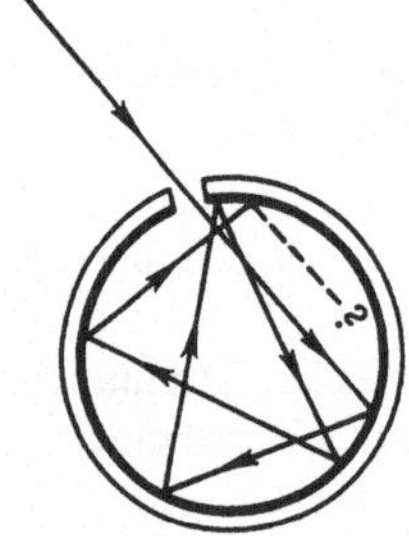

Bild 34.7. Prinzip des Schwarzen Körpers

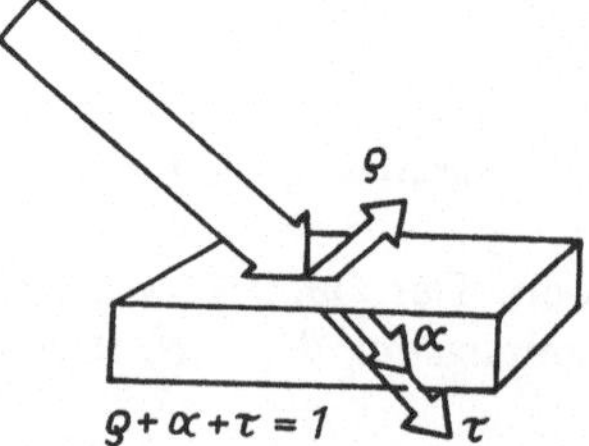

Bild 34.8. Durchlässiger Körper

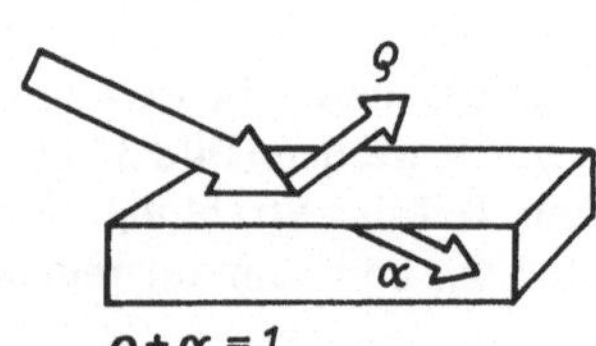

Bild 34.9. Undurchlässiger Körper

Sonderfälle:

1. Undurchlässiger Körper: $\tau = 0$, $\alpha + \varrho = 1$ (Bild 34.9)
2. Idealer Spiegel: $\varrho = 1$
3. Schwarzer Körper: $\alpha = 1$.

Beispiele: 1. Die hohe Innentemperatur eines Gewächshauses entsteht dadurch, daß die Glaseindeckung fast nur Licht durchläßt, das auf dem Erdboden in Wärme umgewandelt wird. Die im Innenraum entwickelte Wärmestrahlung kann dann durch das Glas nicht mehr entweichen.
2. In großen Höhen herrscht trotz intensiver Sonnenstrahlung eisige Kälte, weil Luft nur wenig Strahlung absorbiert.
3. Weiße Kleidung und Tropenhelme reflektieren sichtbares Licht sehr gut, womit keine Umwandlung in lästige Wärme stattfindet.
4. Fensteröffnungen sehen von weitem schwarz aus, da sie annähernd wie Schwarze Körper wirken.

34.2.2 Kirchhoffsches Strahlungsgesetz

Für die Aussendung der Temperaturstrahlung eines Körpers hat neben seiner Temperatur auch die Oberfläche einen Einfluß.

Versuch: Ein mit heißem Wasser gefülltes Blechgefäß ist auf der linken Seite mit Ruß geschwärzt und auf der rechten Seite blank poliert (Bild 34.10). Dicht daneben hängt je ein mit Ruß geschwärztes Thermometer. Das linke nimmt schneller eine höhere Temperatur an als das rechte und beweist, daß die schwarze Fläche bedeutend besser strahlt als die blanke.

Bei gleicher Temperatur strahlen helle und blanke Flächen relativ wenig, schwarze und rauhe dagegen relativ viel Energie ab.

Dieses unterschiedliche Verhalten der einzelnen Körper kennzeichnet man durch den **Emissionsgrad** ε. Zu Vergleichszwecken wird der Emissionsgrad des Schwarzen Körpers gleich 1 gesetzt.

Der Emissionsgrad des Schwarzen Körpers ist gleich 1:

$$\boxed{\varepsilon_s = 1}$$

Der Versuch ergibt demnach, daß das Emissionsvermögen einer schwarzen Fläche größer als das einer anderen Fläche ist. Der Physiker GUSTAV ROBERT KIRCHHOFF (1824 bis 1887) entwarf hierzu folgenden Gedankenversuch:

In einem vollkommen wärmedicht abgeschlossenen Raum stehen sich eine vollkommen schwarze Fläche S und eine graue G gegenüber (Bild 34.11). Die übrigen Innenwände seien verspiegelt, so daß keine Strahlungsverluste eintreten können. Beide Flächen sollen die gleiche Temperatur haben. Sie müssen dann je Zeiteinheit gleich viel Energie absorbieren wie emittieren. Wäre das nicht der Fall, so würde z. B. Fläche S mehr Wärme verlieren als zugeführt bekommen und müßte sich abkühlen. Dafür bekäme dann Fläche G mehr zugeführt, als sie abgibt, und müßte sich dadurch erwärmen. Das stünde aber im Widerspruch zur gemachten Voraussetzung. Es besteht somit Strah-

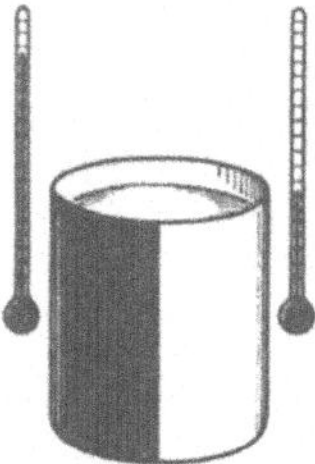

Bild 34.10. Oberflächenbeschaffenheit und Temperaturstrahlung

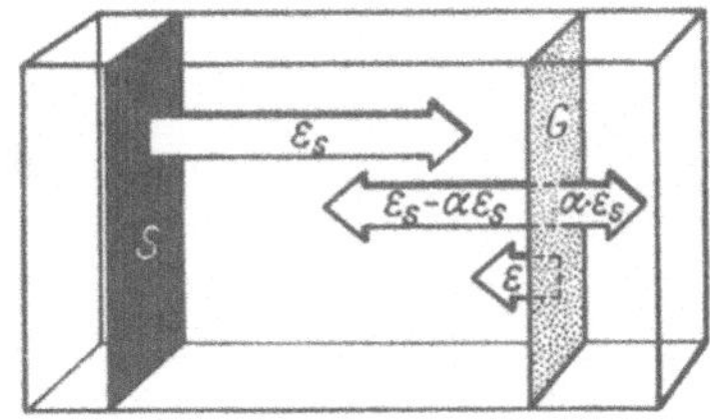

Bild 34.11. Zum KIRCHHOFFschen Strahlungsgesetz

lungsgleichgewicht. Da bei gleicher Temperatur die emittierten Strahlungsflüsse dem Emissionsgrad proportional sind, seien die Beträge der von den beiden Flächen emittierten Strahlungen gleich ε_s bzw. ε gesetzt. Von der Strahlung der Fläche S nimmt Fläche G, da sie als grauer Körper nicht alles absorbiert, nur den Bruchteil $\alpha\varepsilon_s$ auf und reflektiert den Rest $\varepsilon_s - \alpha\varepsilon_s$ zurück nach Fläche S, wo dieser absorbiert wird. Außerdem nimmt Fläche S noch den von Fläche G selbst emittierten Strahlungsfluß ε auf. Da im Gleichgewicht die emittierte Strahlung ε_s gleich der absorbierten sein muß, gilt:

$$\varepsilon_s = \varepsilon_s - \alpha\varepsilon_s + \varepsilon.$$

Aus der letzten Gleichung folgt das **Kirchhoffsche Strahlungsgesetz**

$$\boxed{\frac{\varepsilon}{\alpha} = \varepsilon_s} \qquad \text{bzw. genauer} \qquad \boxed{\frac{\varepsilon(\lambda, T)}{\alpha(\lambda, T)} = \varepsilon_s(\lambda, T)} \qquad \begin{array}{l}\textbf{Kirchhoffsches}\\ \textbf{Strahlungsgesetz}\end{array} \qquad (34.15)$$

Der Quotient aus Emissionsgrad und Absorptionsgrad ist bei gegebener Temperatur für alle Körper konstant und dem Betrag nach gleich dem Emissionsgrad des Schwarzen Körpers.

Schlußfolgerungen:

1. Ein Körper mit großem Absorptionsgrad α hat demnach auch einen großen Emissionsgrad ε. Undurchlässige Körper mit gutem Reflexionsgrad ϱ strahlen schlecht. (Spiegel reflektieren zwar gut, emittieren aber selbst kaum.)

2. Da für alle nichtschwarzen Körper $\alpha < 1$ ist, folgt aus $\varepsilon = \alpha\varepsilon_s$, daß auch der Emissionsgrad ε aller nichtschwarzen Körper kleiner als der des Schwarzen Körpers ist.

3. Das Verhältnis $\varepsilon/\alpha = \varepsilon_s$ ist für alle Körper konstant und demnach von ihrer stofflichen Beschaffenheit unabhängig. Die Strahlung des Schwarzen Körpers kann daher nur von seiner Temperatur und der ins Auge gefaßten emittierten Wellenlänge abhängen [s. Gl. (34.15)]:

$$\varepsilon_s = f(\lambda, T).$$

Beispiele: 1. Die stark leuchtende Flamme einer Ethinlampe steht vor einem Projektionsapparat. Sie wirft einen dunklen Schatten. Da sie stark emittiert, absorbiert sie auch stark. Eine nichtleuchtende Flamme gibt keinen Schatten.

2. Ein durchsichtiger Stab und ein Stab aus dunklem Glas werden auf gleiche Temperatur erhitzt. Der durchsichtige strahlt schwach, der dunkle glüht intensiv und sendet viel Strahlung aus.

34.2.3 Stefan-Boltzmannsches Gesetz

Bei der Berechnung der von einem Körper gegebener Temperatur ausgesandten Strahlung wird man zunächst den Schwarzen Körper untersuchen müssen, da hier stoffliche Eigenschaften des Strahlers keine Rolle spielen. Offenbar muß die Ausstrahlung zunächst der abstrahlenden Fläche A proportional sein. Wie nun die beiden Physiker STEFAN (1879) und BOLTZMANN (1884) experimentell und theoretisch fanden, ist der *gesamte*, d. h. alle Wellenlängen umfassende Strahlungsfluß des Schwarzen Körpers der 4. Potenz seiner Temperatur (in K) proportional, wobei sie auch die *Stefan-Boltzmannsche Konstante* σ bestimmten. Es ist daher

$$\boxed{\Phi_{es} = \sigma A T^4} \qquad \begin{array}{l}\textbf{Stefan-Boltzmannsches Gesetz}\\ \textbf{des Schwarzen Körpers}\end{array} \qquad (34.16)$$

$$\boxed{\sigma = 5{,}67 \cdot 10^{-8} \ \text{W/(m}^2 \ \text{K}^4)} \qquad \begin{array}{l}\textbf{Stefan-Boltzmannsche}\\ \textbf{Konstante}^1)\end{array}$$

---

[1]) Die Theorie liefert $\sigma = \dfrac{2\pi^5 k^4}{15 c^2 h^3}$ (k BOLTZMANN-Konstante, c Lichtgeschwindigkeit im Vakuum, h PLANCKsches Wirkungsquantum).

Bei praktischen Rechnungen ist die Temperatur T_2 der Umgebung zu berücksichtigen, die dem Körper eine entsprechende Energie zustrahlt. Es gilt dann (T_1 ist die Temperatur des Körpers):

$$\Phi_{es} = \sigma A(T_1^4 - T_2^4).$$

Nach dem KIRCHHOFFschen Gesetz (34.15) ist der Emissionsgrad eines beliebigen Temperaturstrahlers $\varepsilon = \alpha \varepsilon_s$ und mit $\varepsilon_s = 1$ gleich seinem eigenen Absorptionsgrad α. Um die Ausstrahlung eines beliebigen Körpers zu erhalten, läge es daher nahe, in die letzte Gleichung noch den Faktor α einzufügen. Da aber die in der Technik vorkommenden Oberflächen meist keine idealen Temperaturstrahler sind, geht man von experimentell erfaßten Werten des **Emissionsgrades** ε aus und erhält dann

$$\boxed{\Phi_e = \varepsilon \sigma A(T_1^4 - T_2^4)} \qquad \text{**Strahlungsfluß eines beliebigen Körpers**} \qquad (34.17)$$

Emissionsgrad ε verschiedener Werkstoffe

Stoff	t in °C	ε	Stoff	t in °C	ε
Aluminium, blank	170	0,049	Silber	1 500	0,04
Eisen, blank	150	0,158	Wolfram	1 500	0,15
Silber, Kupfer poliert	20	0,02…0,03	Lacke, Emaille	20	0,85…0,95
			Ziegelstein, Putz	20	0,93
Kupfer, oxydiert	20	0,78			

Beispiele: 1. Welchen Strahlungsfluß strahlt die Wolframwendel (strahlende Oberfläche 300 mm²) einer Glühlampe bei 2 500 K und einer Raumtemperatur von 20 °C ab ($\varepsilon = 0,3$)? –

$$\Phi_e = \varepsilon \sigma A(T_1^4 - T_2^4) = \frac{0,3 \cdot 5,7 \cdot 10^{-8}\ \text{W} \cdot 300 \cdot 10^{-6}\ \text{m}^2\,(2500^4 - 293^4)\ \text{K}^4}{\text{m}^2\ \text{K}^4} = 200\ \text{W}.$$

2. Welche Temperatur erreicht der nicht gewendelte Heizdraht (15 m Länge und 2,5 mm Durchmesser) eines elektrischen Gerätes von 300 W Leistung? (Außentemperatur 20 °C, $\varepsilon = 0,5$) – Die Temperatur ergibt sich nach (34.17) zu $T_1 = \sqrt[4]{\dfrac{\Phi}{\varepsilon \sigma A} + T_2^4} = 548$ K oder $t_1 = 275$ °C.

34.2.4 Spektrale Verteilung der Temperaturstrahlung

Bisher wurde lediglich der von einem Körper ausgesandte *gesamte* Strahlungsfluß betrachtet. Es ist aber von Interesse zu wissen, wie sich dieser auf die *einzelnen Wellenlängen* verteilt.

Nach dem von MAX PLANCK im Jahre 1900 aufgestellten Gesetz hängt der vom Schwarzen Körper ausgehende Strahlungsfluß allein von dessen Temperatur und der jeweils emittierten Wellenlänge ab, d. h., es ist $\Phi_{es} = f(\lambda, T)$, was bereits aus dem KIRCHHOFFschen Strahlungsgesetz folgte. Stellt man diese Funktion für eine bestimmte festgehaltene Temperatur T grafisch dar, so entsteht eine charakteristische Kurve, die **Strahlungskurve des Schwarzen Körpers** (Bild 34.12). Der Flächeninhalt unter der Kurve ergibt als Integral über alle Wellenlängen des emittierten Spektrums den gesamten Strahlungsfluß. Das PLANCKsche Gesetz hängt also mit dem STEFAN-BOLTZMANNschen Gesetz eng zusammen.

Das PLANCKsche Gesetz beschreibt die **Strahldichte** dL (S. 334), d. h. den Strahlungsfluß, den die Flächeneinheit des Schwarzen Körpers bei der Temperatur T im Wellenbereich zwischen

λ und $\lambda + \mathrm{d}\lambda$ senkrecht in den Raumwinkel $\Omega = 1$ sr abstrahlt:

$$\mathrm{d}L = \frac{2hc^2}{\lambda^5} \cdot \frac{1}{\mathrm{e}^{\frac{hc}{\lambda kT}} - 1} \, \mathrm{d}\lambda \qquad \textbf{Plancksches Strahlungsgesetz}[1]) \qquad (34.18)$$

c ist die Lichtgeschwindigkeit im Vakuum, k die BOLTZMANNsche Konstante und die Größe h die von PLANCK bei diesem Anlaß entdeckte Konstante

$$h = 6{,}626 \cdot 10^{-34} \, \mathrm{J\,s} \qquad \textbf{Plancksches Wirkungsquantum}$$

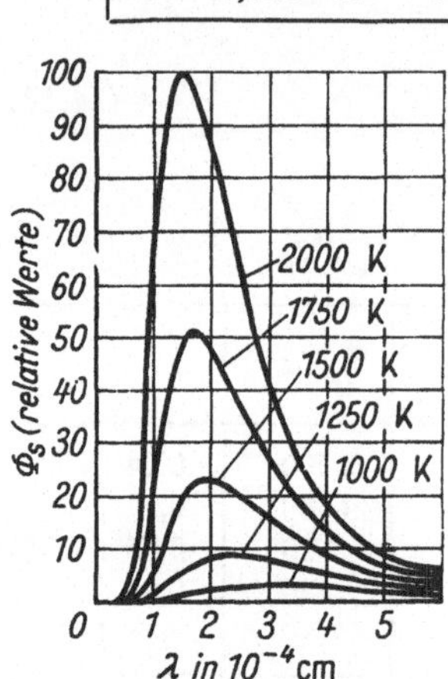

Bild 34.12. Strahlung des Schwarzen Körpers   Bild 34.13. MAX PLANCK (1858 bis 1947)

Mit steigender Temperatur ändern die Strahlungskurven ihre Form. Insbesondere zeigt jede Kurve ein ausgeprägtes Maximum. Da die Gesamtausstrahlung nach dem STEFAN-BOLTZMANNschen Gesetz mit der 4. Potenz der Temperatur zunimmt, müssen die unter den Kurven liegenden Flächeninhalte sehr stark anwachsen. Dabei aber *verschiebt* sich die Lage des Maximums immer mehr nach dem *kurzwelligen* Teil des Spektrums.

Zwischen der Temperatur T und der Wellenlänge λ_{max}, bei der der Strahlungsfluß ein Maximum hat, besteht nach WIEN folgender Zusammenhang:

$$\lambda_{\mathrm{max}} T = K \qquad \textbf{Wiensches Verschiebungsgesetz}$$
$$ \qquad\qquad\qquad\qquad\qquad\qquad\qquad\qquad (34.19)$$
$$K = 2{,}8978 \, \mathrm{mm\,K} \qquad \textbf{Wiensche Konstante}$$

Herleitung:

Um das Maximum der Funktion (34.18) zu finden, wird deren 1. Ableitung nach der Veränderlichen λ in bekannter Weise gleich 0 gesetzt, wobei aber der Wellenbereich $\mathrm{d}\lambda$ als Konstante zu betrachten ist. Die Differentiation nach λ ergibt·

$$2hc^2 \left[-5\lambda^{-6} \left(\mathrm{e}^{\frac{hc}{\lambda kT}} - 1 \right)^{-1} + \lambda^{-5} \left(\mathrm{e}^{\frac{hc}{\lambda kT}} - 1 \right)^{-2} \frac{hc}{k\lambda^2 T} \mathrm{e}^{\frac{hc}{\lambda kT}} \right] = 0.$$

Vereinfachung und Umstellung ergibt $1 - \mathrm{e}^{-\frac{hc}{\lambda kT}} = \frac{hc}{5\lambda kT}$ und mit der Abkürzung $\frac{hc}{\lambda kT} = \beta$ folgt $1 - \mathrm{e}^{-\beta} = \frac{\beta}{5}$.

---

[1]) s. auch 47.1

Wie man leicht abschätzen kann, muß die Lösung dieser transzendenten Gleichung in der Nähe von $\beta = 5$ liegen. Genauere Näherungsverfahren liefern $\beta = 4{,}9651$. Mit den bekannten Werten für die Konstanten h, c und k erhält man schließlich

$$\lambda T = \frac{hc}{k\beta} = 2{,}8978 \text{ mm K}.$$

Mit zunehmender Temperatur wird also die am stärksten ausgestrahlte Wellenlänge immer kleiner.

Das Maximum der Strahlungskurve verschiebt sich mit steigender Temperatur in das Gebiet kürzerer Wellenlängen.

Bei *tieferen* Temperaturen werden daher vorzugsweise *langwellige* Wärmestrahlen ausgesandt, erst bei höheren Temperaturen auch nennenswerte Anteile sichtbaren Lichtes, dabei zuerst vorzugsweise langwelliges (rot und gelb).

Beispiele: 1. Das weiße Tageslicht stammt von der Oberfläche der Sonne. Diese verhält sich im optischen Bereich annähernd wie ein schwarzer Strahler von 5700 K. Sein Strahlungsmaximum liegt nach (31.19) bei $\lambda_{max} = 508$ nm (grün).
2. Aus der obersten Kurve von Bild 34.12 geht hervor, daß eine Glühlampe den größten Teil der Strahlung als Temperaturstrahlung emittiert. Daher wird der optische Wirkungsgrad einer Lampe mit steigender Temperatur besser.
3. Das Tageslicht erscheint gegenüber allen künstlichen Lichtquellen von bläulicher Farbe, weil bei der niedrigen Temperatur des Kunstlichtes das Strahlungsmaximum stärker nach Rot verschoben ist.

34.2.5 Temperaturmessung durch Strahlung

Die bei Temperaturänderung eintretende Helligkeits- und Farbverschiebung macht es möglich, hohe Temperaturen abzuschätzen. Als Anhaltspunkt dient die

Skala der Glühfarben in °C

Beginnende Rotglut	525	Gelbglut	1100
Dunkelrotglut	700	Beginnende Weißglut	1300
Kirschrotglut	850	Volle Weißglut	1500
Hellrotglut	950		

Im **Glühfadenpyrometer** wird der glühende Gegenstand durch ein Objektiv auf dem oberen Teil eine Glühlampe abgebildet. Durch Verändern der Stromstärke ändert man die Helligkeit der Lampe, bis der Glühfaden, den man im Gesichtsfeld des Okulars scharf einstellt, verschwindet. Die Temperatur wird an der Skale des Strommessers abgelesen. Die Eichung geschieht nach der Fläche des Schwarzen Körpers.
Bei dem auf Bild 34.14 gezeigten **fotoelektrischen Pyrometer** fallen die Strahlung des Meßobjektes und die einer eingebauten Wolframlampe im schnellen Wechsel auf eine Fotodiode. Der Abgleich erfolgt durch die automatisch stattfindende Regelung einer im Strahlengang stehenden Blende, deren Stellung ein Maß für die Temperatur ist.
Auf diese Weise wird allerdings nicht die wahre Temperatur bestimmt, sondern die stets niedrigere sogenannte **schwarze Temperatur.** Denn ein gewöhnlicher nichtschwarzer Körper mit $\varepsilon < 1$ muß auf höhere Temperatur erhitzt werden, wenn er die gleiche Helligkeit wie der Schwarze Körper ergeben soll. Also liegt seine wahre Temperatur höher. Da ε von der Wellenlänge abhängt, ist die schwarze Temperatur nur für *bestimmte*, jeweils anzugebende Wellenbereiche definiert.

Wegen der mitunter erheblichen Abweichung der schwarzen von der wahren Temperatur bestimmt man häufig die **Farbtemperatur**. Man vergleicht dabei nicht die Intensität einzelner Wellenbereiche, sondern den *Farbeindruck* der *gesamten* unzerlegten Strahlung. Die Temperatur kann bei Farbgleichheit *höher* liegen als die wahre Temperatur. Das ist z. B. der Fall, wenn der Gehalt an längerwelligen (roten) Strahlen relativ geringer ist als beim Schwar-

Bild 34.14. Fotoelektrisches Pyrometer

zen Körper. Man braucht in diesem Fall den zu messenden Körper nicht so hoch zu erhitzen, um den gleichen Gesamtfarbeindruck zu erzielen. Die Farbtemperatur des klaren blauen Himmels liegt bei etwa 26000 °C.

Optisch gemessene Temperaturen (in K) von Wolfram

	1000	1500	2000	3000
Wahre Temperatur	1000	1500	2000	3000
Schwarze Temperatur für $\lambda = 665$ nm	964	1420	1857	2673
Farbtemperatur	1006	1517	2033	3094

35 Physiologische Wirkungen des Lichtes

Eigenschaften und Wirkungen des *sichtbaren* Lichtes lassen sich von zwei verschiedenen Standpunkten aus beschreiben und messen.

1. Physikalisch: Mit *objektiv* anzeigenden Meßgeräten (Fotoelemente, Spektralapparate usw.) werden *physikalische* Größen ermittelt, unabhängig davon, ob das Auge das Licht wahrnimmt oder nicht.

2. Physiologisch: Verhalten und Wirkungen des Lichtes werden aufgrund des *Eindruckes* im menschlichen Auge beschrieben und beurteilt, unabhängig davon, wie die Lichterscheinungen entstehen. Bei lichttechnischen (fotometrischen) Problemen interessiert nicht die über alle Wellenlängen ausgesandte Strahlung (s. Abschnitt 34), sondern es werden nur die Anteile untersucht, die vom menschlichen Auge als *Helligkeitsempfindungen* bewertet werden. Die Lösung dieser speziellen Aufgabe ist Angelegenheit der **Fotometrie**.

Es ist erforderlich, *analog* zu den in Abschnitt 34 erläuterten Strahlungsfeldgrößen **licht-technische Größen** zu definieren.

Neben der Fotometrie interessiert auch die **Farbenlehre** (Farbmetrik), ohne deren Erkenntnisse z. B. das Farbfernsehen nicht möglich wäre (s. Abschnitt 36).

35.1 Spektrale Hellempfindlichkeit

Im Bereich des sichtbaren Lichtes bestehen je nach der Wellenlänge der Strahlung große Empfindlichkeitsunterschiede für das Auge. So fällt im kontinuierlichen Spektrum die Helligkeit des mittleren Teils auf, obwohl der auf die verschiedenen Spektralbereiche fallende Strahlungsfluß etwa gleich ist. Das Auge des Menschen hat für »helles« Licht das Maximum der **spektralen Hellempfindlichkeit** $V(\lambda)$ bei der Wellenlänge $\lambda = 555$ nm:

$$\boxed{V(\lambda)_{max} = 1} \qquad \textbf{Maximum der spektralen} \atop \textbf{Hellempfindlichkeit für } \lambda = 555 \text{ nm} \qquad (35.1)$$

Für das in der Technik weniger wichtige »Dämmerungslicht« liegt für das Auge die größte Empfindlichkeit bei 510 nm (Bild 35.1). Allerdings werden dann keine Farben mehr unterschieden.

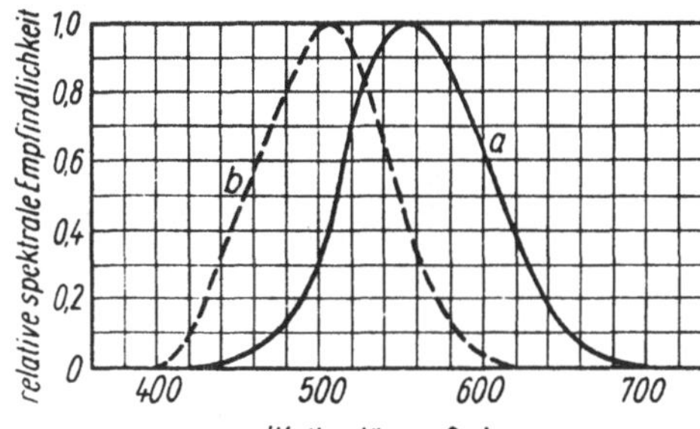

Bild 35.1. Spektrale Empfindlichkeit des Auges: a) bei Tageslicht, b) bei Dämmerung

35.2 Lichttechnische Größen

Die *physikalischen* Wirkungen von Strahlungsquellen können durch die *Strahlungsfeldgrößen* beschrieben werden. Will man den *physiologischen* Wirkungen Rechnung tragen, müssen *lichttechnische Größen* definiert werden, die *subjektiv* beurteilt und *objektiv* (mit empfindlichen Meßgeräten) gemessen werden.

35.2.1 Lichtstärke

Die **Lichtstärke** I ist eine Basisgröße, die dazugehörige **Basiseinheit** ist die **Candela** (cd).

> **Die Candela ist die in einer Richtung gegebene Lichtstärke einer Strahlungsquelle, die eine monochromatische Strahlung der Frequenz 540 THz ausstrahlt und deren Strahlstärke (34.4) in dieser Richtung 1/683 W/sr beträgt.**

Nach dieser Definition werden *Sekundärnormale* hergestellt, die für die Meßtechnik zur Verfügung stehen.

Die räumliche Winkelabhängigkeit der Lichtstärke einer Lichtquelle hängt von dieser selbst und von der Gestalt und der Güte des Reflektors ab. Daher werden von den Herstellern technischer Lichtquellen Lichtstärkeverteilungsdiagramme (Lichtverteilungskurven Bilder 35.2 und 35.3) $I = I(\alpha)$ angegeben, aus denen die Lichtstärke in der vorgegebenen

Richtung entnommen werden kann. Dabei ist zu beachten, daß in den Diagrammen die Lichtstärke auf eine *Vergleichslichtquelle* mit dem *Lichtstrom* 1000 lm (s. 35.2.2) bezogen wird und für andere Lampen gleichen Typs umgerechnet werden muß.

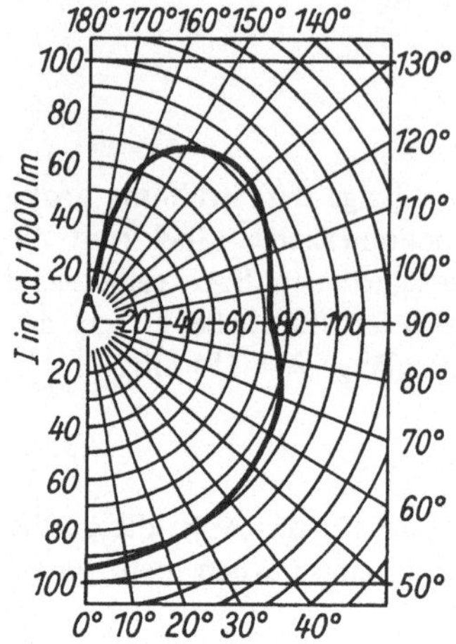

Bild 35.2. Lichtstärkeverteilungskurve einer elektrischen Glühlampe in den Ebenen der Lampenlängsachse

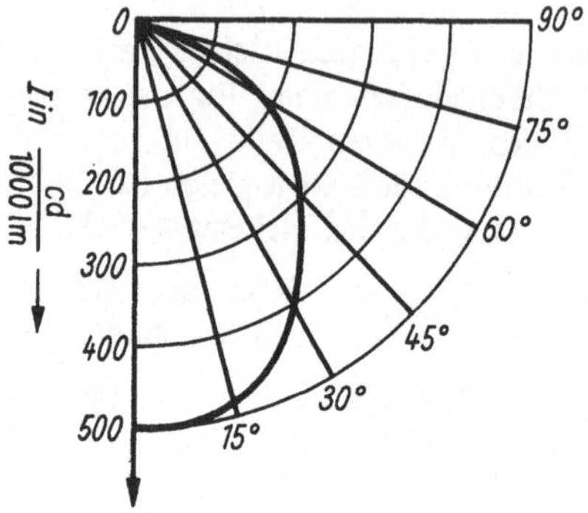

Bild 35.3. Lichtstärkediagramm (-verteilungskurve) einer Na-Hochdrucklampe mit Reflektor

Bild 35.4 zeigt die Lichtstärkeabhängigkeit vom Ausstrahlungswinkel eines *ebenen* Strahlers der Senderfläche ΔA mit konstanter Leuchtdichte (s. 35.2.3). Es gilt das LAMBERTsche Gesetz (1760):

$$\boxed{I = I_0 \cos \alpha} \qquad \textbf{Lambertsches Gesetz} \qquad\qquad (35.2)$$

Die Lichtstärke einer strahlenden ebenen Fläche ist in Richtung des Ausstrahlungswinkels dem Cosinus dieses Winkels proportional (Bild 35.4).

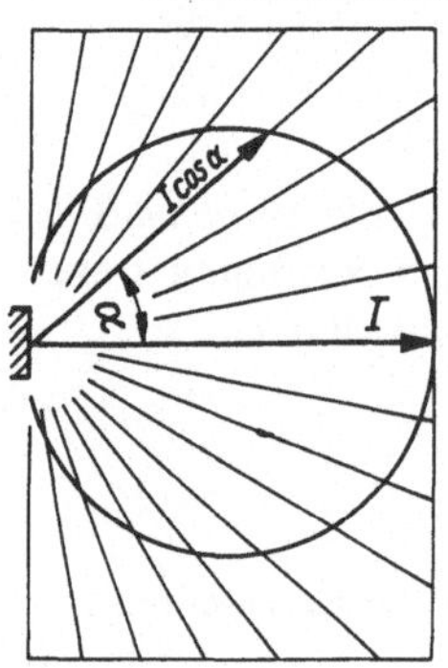

Bild 35.4. Lichtstärkeverteilung eines LAMBERT-Strahlers

35.2.2 Lichtstrom, Lichtmenge, spezifische Ausstrahlung und Lichtausbeute

Der Lichtstrom Φ ist die vom Auge bewertete Strahlungsleistung (Strahlungsfluß) und stellt das Produkt aus der richtungsabhängigen Lichtstärke I und dem Raumwinkel $d\Omega$ dar, in den die Lichtstärke ausgestrahlt wird. Es ist also

$$\boxed{d\Phi = I\,d\Omega, \quad \Phi = \int_0^\Omega I\,d\Omega} \qquad \textbf{Lichtstrom} \qquad\qquad (35.3)$$

Bei konstanter Lichtstärke in dem betrachteten Raumwinkel gilt

$$\Phi = I\Omega$$

Für die Einheit des Lichtstromes wird die Bezeichnung Lumen (lm) gewählt: $[\Phi] = $ cd sr $= $ lm.

1 lm ist der Lichtstrom, den eine Lichtquelle mit der richtungsunabhängigen Lichtstärke 1 cd in den Raumwinkel 1 sr ausstrahlt (Bild 35.5).

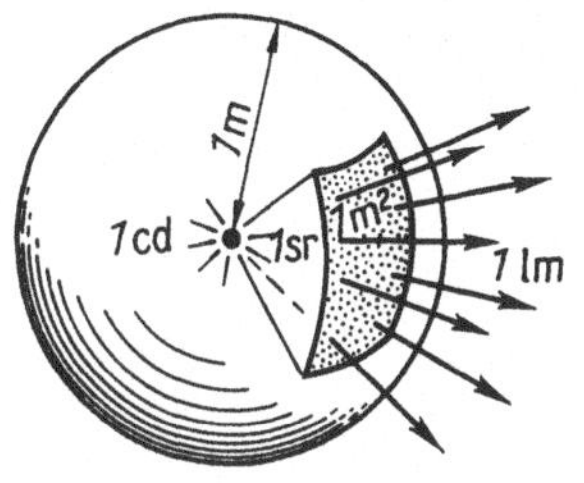

Bild 35.5. Zur Einheit des Lichtstromes

Da das Auge in jedem Wellenbereich eine andere Empfindlichkeit hat (Bild 35.1), kann eine direkte Beziehung zwischen der Einheit des Strahlungsflusses (Watt) und der Einheit des Lichtstromes (Lumen) nur für eine *bestimmte* Wellenlänge bestehen. Für das Maximum der Augenempfindlichkeit ($\lambda = 555$ nm) ergibt sich folgende Beziehung:

$$K_{max} = 680 \text{ lm/W}$$ **Maximales fotometrisches Strahlungsäquivalent** für $\lambda = 555$ nm (35.4)

Eine monochromatische *Strahlungs*quelle dieser Wellenlänge, die den physikalisch gemessenen Strahlungsfluß 1 W erzeugt, stellt für das Auge eine *Lichtquelle* von 680 lm dar. Ein Strahler dagegen, der rotes Licht von $\lambda = 640$ nm emittiert, ergibt je Watt nur $0{,}2 \cdot 680$ lm $= 136$ lm; denn für diese Wellenlänge ist nach Bild 35.1 die relative spektrale Empfindlichkeit des Auges nur 0,2.
Die vom Auge bewertete Strahlungsenergie wird als **Lichtmenge Q** bezeichnet. Sie ist das Produkt aus dem Lichtstrom Φ und der Zeit dt.

$$dQ = \Phi\, dt \qquad Q = \int_0^t \Phi\, dt \qquad$$ **Lichtmenge** (35.5)

Für einen zeitlich konstanten Lichtstrom ergibt sich

$$Q = \Phi t$$

$[Q] = $ lm s (Lumensekunde)

Die spezifische Lichtausstrahlung M ist der Quotient aus dem Lichtstrom Φ und der Senderfläche A_S, die das Licht aussendet.

$$M = \frac{\Phi}{A_S}$$ **Spezifische Lichtausstrahlung** (35.6)

$[M] = $ lm/m² (Lumen je Quadratmeter)

Da die Lichtstärke winkelabhängig ist, gibt man für technische Lichtquellen den *gesamten* Lichtstrom an, der in den *erfaßten* Raumwinkel gestrahlt wird. Die Wirtschaftlichkeit einer Lichtquelle wird dabei von der **Lichtausbeute** η bestimmt. Dies ist der Quotient aus dem gesamten Lichtstrom Φ und der aufgewendeten elektrischen Leistung P_{el}:

$$\eta = \frac{\Phi}{P_{el}} \qquad \text{Lichtausbeute} \tag{35.7}$$

$[\eta] = \text{lm/W (Lumen je Watt)}$

Lichtstrom und Lichtausbeute einiger Lampen

Nennleistung in W	Lichtstrom in lm	Lichtausbeute in lm/W
25 (Vakuumlampe)	230	9,2
60 (Einfachwendel)	600	10,0
100 (Einfachwendel)	1 220	12,2
100 (Natriumdampflampe)	5 500	55,0
200 (Quecksilber-Höchstdrucklampe)	8 500	42,5
Leuchtstofflampen		32 … 55
(Leistung ohne Drossel)		
40 (Tageslicht, rötlich)	1 700	33
40 (weiß)	2 000	39
2 (Glimmlampe)	1	0,5
150 (Xenonlampe)	3 200	21

35.2.3 Leuchtdichte

Die bisher betrachteten Größen beachten *nicht* die Abmessungen der Lichtquelle. Daher verwendet man insbesondere zur Charakterisierung der *Blendwirkung* die **Leuchtdichte** L als die vom Auge bewertete Strahldichte (s. 34.1.3). Ist dI die Lichtstärke, die von der Senderfläche dA_S in die durch Strahlrichtung und Flächennormale von A_S gegebene Winkelrichtung α_S geht, gilt

$$L = \frac{dI}{dA_S \cos \alpha_S} \qquad L = \frac{I}{A_S \cos \alpha_S} \qquad \text{Leuchtdichte} \tag{35.8}$$

$[L] = \text{cd/m}^2$ (Candela je Quadratmeter)

Die Leuchtdichte ist der Quotient aus der Lichtstärke und der scheinbaren Senderfläche (Bild 35.6)

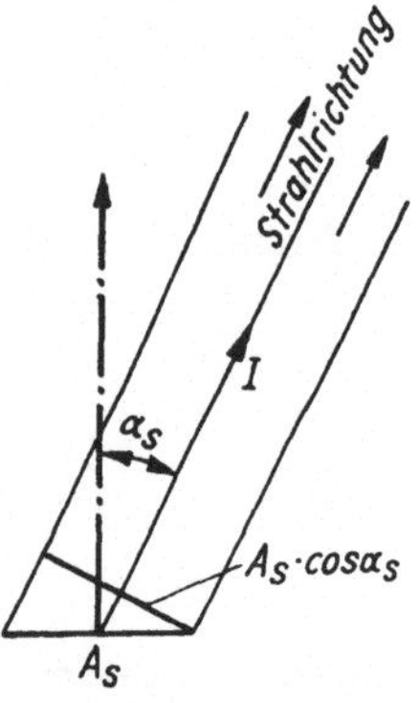

Bild 35.6. Zur Definition der Leuchtdichte

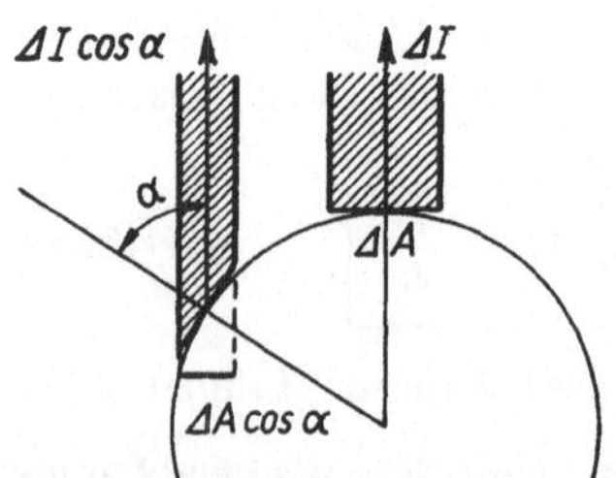

Bild 35.7. Leuchtdichte einer Kugel

Nach Bild 35.7 ist zu erkennen, daß die Leuchtdichte eines allseitig strahlenden Körpers konstant ist, d. h., kugelförmige Lichtquellen (Sonne) wirken als Scheiben gleichmäßiger Leuchtdichte. Dies ist aus dem LAMBERTschen Gesetz (35.2) zu verstehen.

Leuchtdichten verschiedener Lichtquellen in cd/m^2

Nachthimmel	10^{-3}	Krater der Kohle-bogenlampe	$1{,}8 \cdot 10^8$
Leuchtstofflampe	1 000		
Leuchtdraht einer Wolframglühlampe	$5 \cdot 10^6 \dots 3{,}5 \cdot 10^7$	Sonne	$1 \dots 1{,}5 \cdot 10^9$
		Quecksilber-Hochdrucklampe	$10^8 \dots 10^9$
Mattierte Glühlampe	$10^4 \dots 10^5$		
Vollmond	2 500	Xenon-Höchst-drucklampe	$10^9 \dots 10^{10}$

35.2.4 Beleuchtungsstärke und Belichtung

Die bisherigen lichttechnischen Größen charakterisieren die *Lichtquellen*. Von besonderer Bedeutung ist aber die von einem nichtselbstleuchtenden Körper *empfangene* Strahlung. Daher wird als **Beleuchtungsstärke** E die vom Auge bewertete Bestrahlungsstärke einer Empfängerfläche A_E eingeführt und als Quotient des Lichtstromes $d\Phi$ und der von diesem getroffenen Empfängerfläche dA_E definiert:

$$E = \frac{d\Phi}{dA_E} \qquad E = \frac{\Phi}{A_E} \qquad \textbf{Beleuchtungsstärke} \qquad (35.9)$$

Die Einheit der Beleuchtungsstärke ist: $[E] = \mathrm{lm/m^2} = \mathrm{lx}$ (Lux).
Für praktische Berechnungen erhält man für konstante Lichtstärke I in dem betrachteten Raumwinkel $d\Omega$ mit $d\Phi = I\,d\Omega$ und $d\Omega = dA_E/h^2$ (h ist der Abstand Lichtquelle–Empfänger)

$$E = \frac{I_\perp}{h^2} \qquad \text{bei senkrechtem Strahleneinfall und} \qquad (35.10)$$

$$E = \frac{I_\alpha \cos \alpha_E}{r^2} \qquad \text{bei } \textit{schrägem} \text{ Lichteinfall} \qquad (35.11)$$

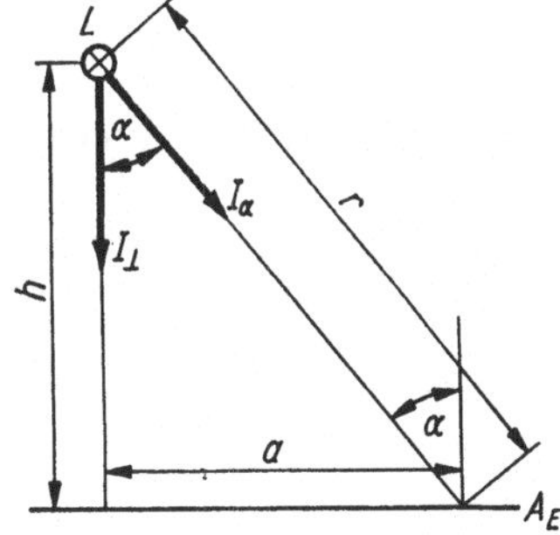

Bild 35.8. Zur Beleuchtungsstärke bei senkrechtem und schrägem Strahleneinfall

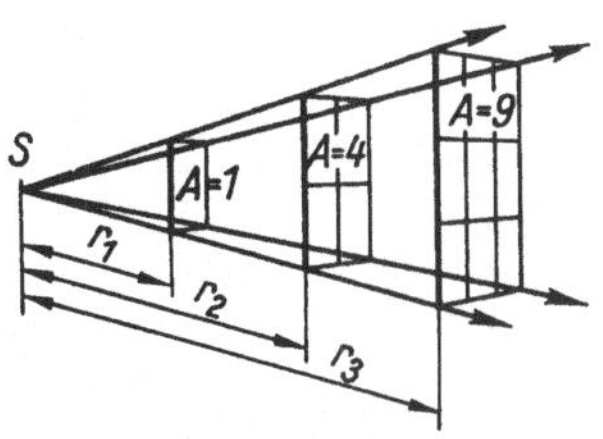

Bild 35.9. Abnahme der Beleuchtungsstärke mit der Entfernung

In der letzten Gleichung ist α_E der Winkel zwischen der Flächennormalen der Empfängerfläche A_E und der Bestrahlungsrichtung, in die die Lichtstärke I_α strahlt (Bild 35.8). Aus den letzten Gleichungen geht hervor:

Die Beleuchtungsstärke ist indirekt proportional dem Quadrat der Entfernung (Bild 35.9).

Die Gleichungen für die Beleuchtungsstärke gelten nur exakt, wenn zwischen Lichtquelle und Empfängerfläche *keine* Lichtabsorption stattfindet.

Das Produkt aus der Beleuchtungsstärke E und der Zeit t der Lichteinwirkung wird *Belichtung H* genannt.

$$\boxed{H = Et} \qquad \textbf{Belichtung} \hspace{4cm} (35.12)$$

$[H]$ = lx s (Luxsekunde)

Erforderliche Beleuchtungsstärken

Straßen und Plätze	2 ... 10 lx	Technisches Zeichnen	250 ... 600 lx
Grobe Arbeiten	60 lx	Sonnenlicht im Sommer	etwa 100000 lx
Mittelfeine Arbeiten	120 lx	Nachts bei Vollmond	etwa 0,2 lx
Lesen und Schreiben	250 lx	Mondlose klare Nacht	etwa 0,0003 lx

Beispiel: Eine ohne Reflektor brennende Glühlampe habe in jeder Richtung eine Lichtstärke von 150 cd. Wie groß ist die Beleuchtungsstärke bei senkrechtem Lichteinfall in 5,0 m Abstand sowie 2,5 m seitlich des Lotes von der Lichtquelle auf die Empfängerfläche? (Bild 35.8) –

$$E_\perp = I_\perp/h^2 = 6,0\ \text{lx}; \qquad r^2 = h^2 + a^2;$$

$$E_\alpha = \frac{I_\alpha \cos \alpha_E}{r^2}, \qquad \cos\alpha = h/\sqrt{h^2 + a^2},$$

$$E = \frac{I_\alpha h}{(h^2 + a^2)^{3/2}} = \frac{150 \cdot 5,0}{(5,0^2 + 2,5^2)^{3/2}}\ \text{lx} = 4,3\ \text{lx}.$$

35.3 Extinktion

Für zahlreiche physikalisch-chemische Untersuchungen an lichtdurchlässigen Stoffen (z. B. Flüssigkeiten) sind genaue Kenntnisse über Lichtabsorption und -reflexion von Bedeutung. Wird der auf einen Körper auftreffende Lichtstrom mit Φ_0, der reflektierte mit Φ_r, der absorbierte mit Φ_a und der hindurchgehende (transmittierte) mit Φ_{tr} bezeichnet, so gelten analog 34.2.1 die Beziehungen:

$$\varrho = \Phi_r/\Phi_0 \quad \textbf{Reflexionsgrad,} \qquad \alpha = \Phi_a/\Phi_0 \quad \textbf{Absorptionsgrad}$$

$$\tau = \Phi_{tr}/\Phi_0 \quad \textbf{Transmissionsgrad} \quad \text{und} \quad \varrho + \alpha + \tau = 1. \hspace{2cm} (35.13)$$

Im absorbierenden Medium ist nach Bild 35.10 Φ_i der eindringende und Φ_e der austretende Lichtstrom. Dann wird als Reinabsorptionsgrad α_i

$$\boxed{\alpha_i = \frac{\Phi_i - \Phi_e}{\Phi_i} = 1 - \frac{\Phi_e}{\Phi_i}} \qquad \textbf{Reinabsorptionsgrad} \hspace{2cm} (35.14)$$

und als Reintransmissionsgrad ϑ

$$\boxed{\vartheta = \frac{\Phi_e}{\Phi_i}} \qquad \textbf{Reintransmissionsgrad} \hspace{3cm} (35.15)$$

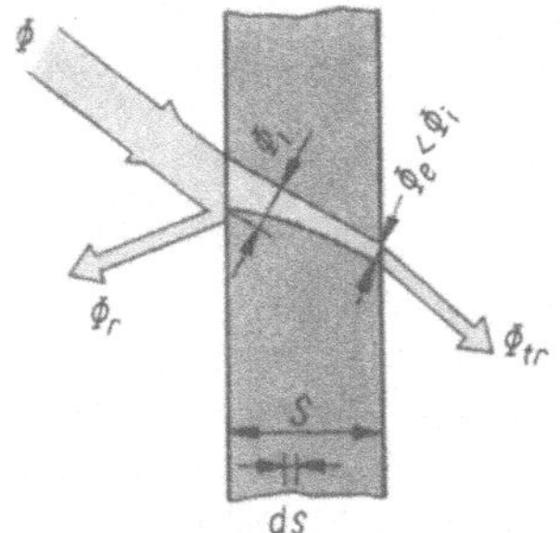

Bild 35.10. Zur Lichtabsorption

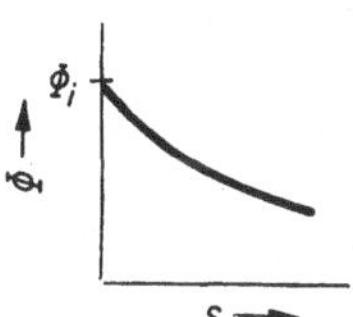

Bild 35.11. Lichtstromabnahme

bezeichnet. Die *Lichtstromänderung* längs des Wegeelementes ds ist dieser Strecke und dem dort herrschenden Lichtstrom Φ proportional, es gilt somit

$$d\Phi = -m_n \Phi \, ds.$$

m_n ist der **natürliche Extinktionsmodul** des betreffenden Mediums, das Minuszeichen bedeutet die Abnahme des Lichtstromes. Integration nach Trennung der Variablen führt zu

$$\int_{\Phi_i}^{\Phi_e} \frac{d\Phi}{\Phi} = -m_n \int_0^s ds \quad \text{und} \quad \ln \frac{\Phi_e}{\Phi_i} = -m_n s \quad \text{oder}$$

$$\boxed{\Phi_e = \Phi_i \, e^{-m_n s}} \qquad \textbf{Lichtstromabnahme} \tag{35.16}$$

Der Verlauf der Lichtstromabnahme ist aus Bild 35.11 ersichtlich. Der Übergang vom natürlichen Logarithmus zum dekadischen ergibt

$$\lg \frac{\Phi_e}{\Phi_i} = -\frac{m_n s}{2{,}3026} = -ms \quad \text{mit } m \text{ als } \textbf{dekadischem Extinktionsmodul.}$$

Aus der letzten Gleichung folgt für die *Lichtstromabnahme* im absorbierenden Medium

$$\boxed{\Phi_e = \Phi_i \cdot 10^{-ms}} \qquad \textbf{Lichtstromabnahme} \tag{35.17}$$

Die Produkte $m_n s$ und ms heißen natürliche bzw. dekadische Extinktion (Formelzeichen nicht mit Beleuchtungsstärke verwechseln):

$$\boxed{E_n = m_n s} \qquad \textbf{Natürliche Extinktion} \tag{35.18}$$

$$\boxed{E = ms} \qquad \textbf{Dekadische Extinktion} \tag{35.19}$$

35.4 Fotometrische Meßgeräte

Zur Messung und **zum Vergleich** lichttechnischer Größen verwendet man zwei Arten von **Fotometern.**

1. Visuelle Fotometer

Bei diesen wird der *subjektive* Lichteindruck durch das Auge beurteilt. Dabei kann das Auge *nicht* messen, sondern nur vergleichen.

So ist im einfachsten Fall ein auf weißes Papier gesetzter Fleck aus geschmolzenem Stearin (Fettfleck) unsichtbar, wenn die Beleuchtungsstärke auf beiden Seiten des Papiers gleich ist. Nach (35.11) gilt für $\alpha_E = 0$ $E_1 = I_1/r_1^2 = E_2 = I_2/r_2^2$ bzw.

$$\boxed{I_1 : I_2 = r_1^2 : r_2^2} \tag{35.20}$$

Zur Messung einer *unbekannten* Lichtstärke I_1 wird die Lichtquelle zusammen mit einer *geeichten* Lichtquelle (I_2 ist bekannt) auf eine optische Bank gebracht und zwischen beide das **Fettfleckfotometer** (BUNSEN). Mit zwei Spiegeln kann man den Fleck von beiden Seiten zugleich beobachten und das Fotometer so lange verschieben, bis er nicht mehr zu sehen ist (rechtes Bild 35.12).

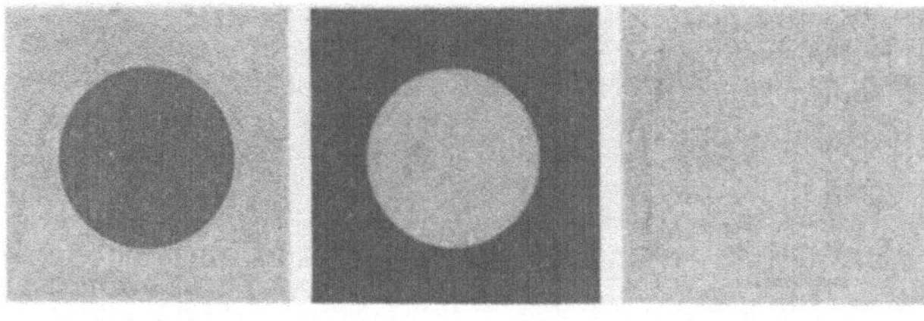

Bild 35.12. Fettfleck bei verschiedener Beleuchtungsstärke

Nach Ausmessen von r_1 und r_2 kann nach (35.20) I_1 berechnet werden. Genauer kann mit dem **Fotometerwürfel** von LUMMER und BRODHUN gearbeitet werden. Zwei eben geschliffene Glasprismen (die Kanten des einen sind abgerundet) sind aufeinandergepreßt (Bild 35.13).

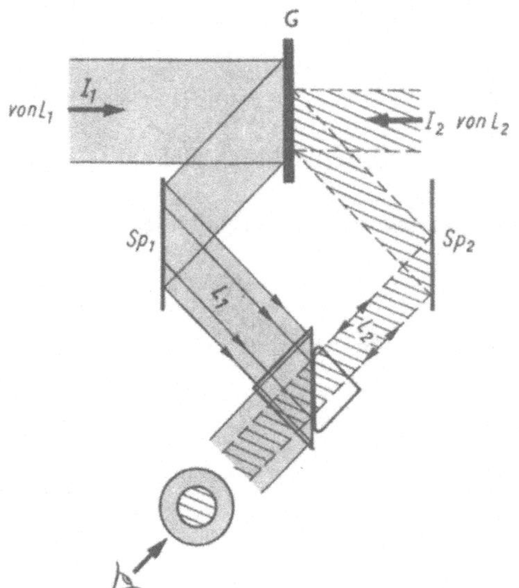

Bild 35.13. Fotometerwürfel

Die beiden Lichtquellen L_1 und L_2 beleuchten von zwei Seiten ein Gipsplättchen G, von dem das diffus reflektierte Licht über die Spiegel Sp_1 und Sp_2 in den Fotometerwürfel gelangt. Das Auge sieht in der Mitte das Licht von L_2 und am Rand das von L_1. Auf beiden Seiten des Gipsplättchens herrscht gleiche Beleuchtungsstärke, wenn das Gesichtsfeld in Blickrichtung *gleich* hell ist.
Farbunterschiede können durch Filter ausgeglichen werden.

2. Physikalische Fotometer

Diese messen die Beleuchtungsstärke *objektiv* unabhängig von *subjektiven* Einflüssen. Sie stellen elektrische *Lichtwandler* dar, in denen die auftreffende Lichtenergie elektrische Effekte auslöst (äußerer und innerer lichtelektrischer Effekt, s. 47.2). So können als Licht-empfänger u. a. Thermoelemente (s. 43.7), Fotozellen, Fotowiderstände, Fotodioden, Fototransistoren (s. 43.8) sowie Sekundärelektronenvervielfacher (s. 53.4) dienen. Da in diesen Strahlungsempfängern die elektrische Spannung oder die elektrische Stromstärke von der *Lichtwellenlänge* abhängt, benötigen diese Geräte eine *Anpassung* an die Farb-empfindlichkeit des Auges. Dies kann durch entsprechend *geeichte* Skalen oder durch Verwendung von *Filtern* und *Eichkurven* geschehen.

Zur *unmittelbaren* Messung der Beleuchtungsstärke liefert die Industrie handliche **Beleuch-tungsstärkemeßgeräte**. Sie enthalten neben einem Fotoelement ein empfindliches Strom-stärkemeßgerät. Die Skale ist so geeicht, daß der vom Fotoelement gelieferte elektrische Strom *direkt* in Lux abgelesen werden kann.

Ähnlich arbeitet der elektrische Belichtungsmesser.

In der folgenden Übersicht sind die einander entsprechenden *Strahlungsfeldgrößen* und *lichttechnischen Größen* zusammengestellt.

Physikalische Größen (Strahlungsfeldgrößen) und fotometrische Größen (lichttechnische Größen) mit ihren Einheiten

Strahlungsfeldgröße	Einheit	Lichttechnische Größe	Einheit
Strahlungsenergie Q_e	$J = W\,s$	Lichtmenge Q	$lm\,s = s\,cd\,sr$
Strahlungsfluß Φ_e	$W = J/s$	Lichtstrom Φ	$lm = cd\,sr$
Strahlstärke I_e	W/sr	Lichtstärke I	cd
Bestrahlungsstärke E_e	W/m^2	Beleuchtungsstärke E	$lx = lm/m^2$
Strahldichte L_e	$W/(m^2\,sr)$	Leuchtdichte L	cd/m^2
Bestrahlung H_e	J/m^2	Belichtung H	$lx\,s$

Kommen beide Größenarten *gleichzeitig* vor, kann bei den Formelzeichen der Strahlungs-feldgrößen der Index e, bei den lichttechnischen Größen der Index v verwendet werden.

36 Farbenlehre

36.1 Spektral- und Komplementärfarben

Die **Dispersion** des weißen Lichtes im **Prisma** (s. 28.1) bzw. die **Beugung** am **Gitter** (s. 32.2) lie-fern ein *kontinuierliches* Spektrum mit allen **Spektralfarben**. *Jede* Wellenlänge ruft in unserem Auge einen anderen *Farbreiz* hervor. Die wahrgenommenen Farben selbst sind *keine* physi-kalischen Größen, sondern beschreiben Empfindungen, die von der auf die Netzhaut auf-treffenden Strahlung ausgelöst werden.

Der Sinneseindruck, der durch die Einwirkung eines Farbreizes auf die farbempfind-lichen Zellen der Netzhaut entsteht, wird Farbvalenz genannt.

Empfängt z. B. das Auge *Farbvalenzen* **Gelblichgrün**, vermag es nicht zu unterscheiden, ob dieser Farbeindruck nur durch die Wellenlänge $\lambda = 560$ nm oder von einem schmalen Wellenlängenbereich um 560 nm oder aber einem Gemisch ganz anderer Wellenlängen herrührt.

Das kontinuierliche Spektrum des weißen Lichtes zeigt die Gesamtheit *aller* möglichen *Farbvalenzen* (Ausnahme sind die Purpurtöne, s. 36.3). Wird aus dem *kontinuierlichen* Spektrum *eine* Farbe herausgeblendet, ergibt die Vereinigung der restlichen Farben nicht mehr weiß, sondern eine andere Farbe, die sich bereits im Spektrum befindet.

Die herausgelöste Farbe und die Farbe des vereinigten Restspektrums heißen Komplementärfarben. Vereinigt man je zwei Komplementärfarben, entsteht weißes Licht.

Einige Komplementärfarben

Abgelenkte Farben	Rot	Orange	Gelb	Gelbgrün	Grün	Violett
Vereinigtes Restspektrum	(Blau-) Grün	Blau	Blau- (violett)	Violett	Purpurrot	Gelbgrün

36.2 Additive und subtraktive Farbmischungen, Körperfarben

Auch *zwei* Einzelfarben des Spektrums können zu *Weiß* ergänzt werden. Lenkt man z. B. aus dem Spektrum *Gelb* und *Blau* aus, so ergibt die Vereinigung trotz Abdeckens vieler anderer Wellenlängenbereiche (Farben) wieder *Weiß*. Auf gleiche Weise kann man (außer mit Komplementärfarben, die immer Weiß ergeben) durch *Ausblendung* und *Wiedervereinigung* anderer Farben auf einer weißen Fläche **additive Mischfarben** erzeugen.

Eine additive Farbmischung entsteht, wenn eine weiße Fläche von verschiedenfarbigen Lichtquellen beleuchtet wird. Jede additive Farbmischung zweier Komplementärfarben ergibt Weiß.

Auf das Auge wirken dann *gleichzeitig* mehrere unterschiedliche *Farbreize* oder auch in schneller Folge viele dicht nebeneinanderliegende *Farbpunkte* (Farbfernsehen), so daß sie *zeitlich* nicht mehr getrennt wahrgenommen werden.

Das farbige Aussehen von Gegenständen bewirkt seine **Körperfarbe. Körperfarben** entstehen durch *Absorption* von bestimmten Wellenlängen des Spektrums. Ein *gelber* Körper sendet vor allem die Wellenlängen aus, die den Farbeindruck *Gelb* ergeben. Er muß also die zugehörige Komplementärfarbe vorwiegend absorbiert haben. Es liegt die **subtraktive Farbmischung** vor.

Eine subtraktive Farbmischung liegt vor, wenn aus dem auftreffenden Licht durch Absorption eine oder mehrere Farben des Spektrums entfallen. Auch beim Durchgang durch farbige Gläser entstehen durch Absorption bestimmter Wellenlängen subtraktive Farbmischungen (Lichtfilter).

An der Oberfläche des Körpers wird aber auch ein Teil des Gesamtspektrums *reflektiert* (Bild 36.1). Dabei reflektieren *helle* Körper mehr, *dunkle* weniger. Das reine *Gelb* ist also

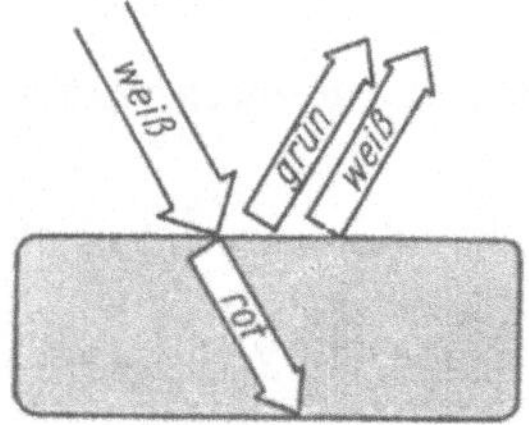

Bild 36.1. Entstehung einer Körperfarbe (weißverhülltes Grün)

oftmals mit einem *Grauton* überlagert, kann u. U. trüb und stumpf erscheinen. Der **Farb-charakter** ändert sich dadurch völlig. Es entsteht eine *verhüllte* Farbe. Auf diese Weise kommt die Vielfalt aller möglichen **Farbtöne** zustande, die im täglichen Leben zu beobachten sind.

Jede beliebige Körperfarbe kann durch Mischen einer reinen Farbe mit Weiß oder mit Schwarz entstehen.

Wird z. B. *Rot* mit zunehmenden Anteilen *Schwarz* gemischt, erfolgt eine *Verfärbung* zu immer dunkleren *Rotnuancen* bis zu Dunkelbraun. Man spricht in diesem Fall von *schwarz-verhüllten* Farben. Mischen mit *Weiß* ergibt *rosa* Farbtöne (*weißverhüllte* Farben). Alle Abstufungen dieses einen Rot ordnen sich zu einem farbtongleichen Dreieck (Verhüllungs-dreieck, Farbentafel 7).

36.3 Farbmetrik

Die Gesamtheit aller möglichen *Farbvalenzen* in ein geschlossenes System zu bringen, ist Gegenstand der *Farbmetrik*. Es konnte nachgewiesen werden (YOUNG 1807, HELMHOLTZ 1867), daß *alle* vom Auge erkannten Farbvalenzen durch *additive* Mischung *dreier* voneinander unabhängiger **Primärvalenzen** entstehen können. Dabei ist es im weiten Maße willkürlich, welche Farbvalenzen als Primär- oder Normvalenzen verwendet werden. Von der **CIE** (Internationale Beleuchtungskommission) wurden als **Primärvalenzen** festgelegt:

$$\text{Rot } \lambda_A = 700\,\text{nm}, \quad \text{Grün } \lambda_B = 546{,}1\,\text{nm}, \quad \text{Blau } \lambda_C = 435{,}8\,\text{nm}$$

Jede beliebige Farbvalenz läßt sich durch die sogenannte **Farbgleichung** (Vektorgleichung) darstellen (Bild 36.2):

$$F = XA + YB + ZC \qquad \textbf{Farbgleichung} \tag{36.1}$$

A, *B* und *C* sind die zur Nachmischung des Farbvektors *F* verwendeten **Primärvalenzen**. *X*, *Y* und *Z* sind die *Reizwirkungen*, die von den zugehörigen Primärvalenzen für die Nachmischung der Farbe *F* erforderlich sind. Jede Zusammenstellung von *drei* **Farbmaßzahlen** *X*, *Y* und *Z* ergeben eine Farbvalenz, d. h., zwei Farbenreize mit *gleichen* Zahlenwerten *X*, *Y* und *Z* werden vom Auge als *gleiche* Farbe empfunden. Bei *weißem* Licht sind alle drei Farbmaß-zahlen *gleich* groß. Jede *ungleiche* Anregung der drei Normvalenzen erzeugt somit in unserem Bewußtsein eine *bunte* Farbe.

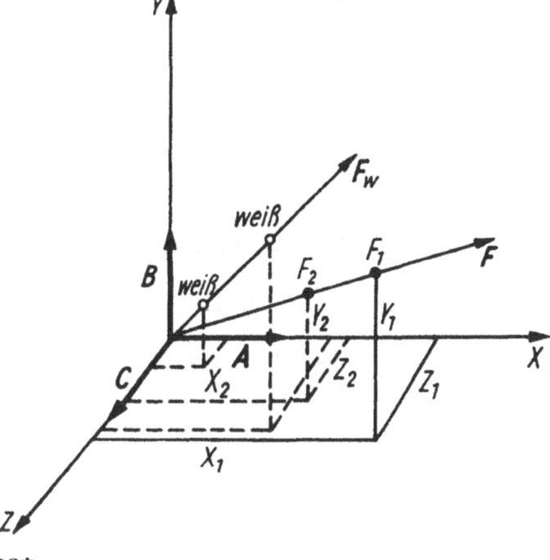

Bild 36.2. Darstellung des Farbvektors. Der Farbton F_1 und F_2 liegt auf dem gleichen Vektor *F*, die Farbe ist gleich, die Helligkeit unterschiedlich. F_w ist der Farbvektor der Farbe »Weiß«. Alle Farbvalenzen sind in gleicher Größe vorhanden.

23*

Eine Farbe bleibt unverändert, wenn $X : Y : Z$ gleich ist (Bild 36.2). Es *wächst* die *Leucht-dichte* der Farbvalenz, wenn *alle* drei Komponenten der Reize im *gleichen* Verhältnis zu-nehmen. Damit gleiche Farben durch *gleiche* Zahlenwerte dargestellt werden können, wurden die **Farbkoordinaten** eingeführt, deren Summe gleich 1 ist:

$$x = \frac{X}{X + Y + Z}; \quad y = \frac{Y}{X + Y + Z}; \quad z = \frac{Z}{X + Y + Z}$$

Farbkoordinaten

(36.2)

$$x + y + z = 1$$

(36.3)

Für Weiß ergibt sich nach dem vorher Gesagten ebenfalls $x + y + z = 1$.

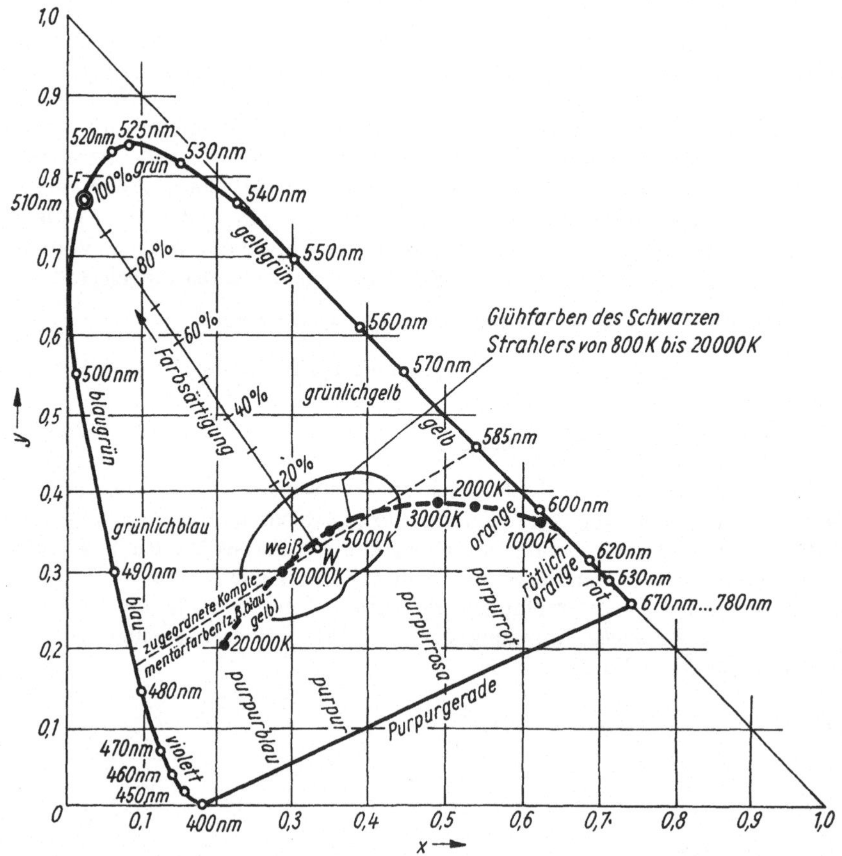

Bild 36.3. Normfarbtafel der Internationalen Beleuchtungskommission (CIE). Am Kurvenrand des Farbdreiecks stehen die zu den betreffenden Farbkoordinaten gehörigen Wellenlängen, innerhalb der Fläche liegen alle Farben.

Die aus den Farbkoordinaten mögliche Darstellung aller Farbvalenzen müßte eigentlich *räumlich* geschehen, denn die Farbgleichung ist eine *räumliche* Vektorgleichung. Wegen (36.3) genügen zur Feststellung einer Farbe bereits die Farbkoordinaten x und y. Werden diese Koordinaten für alle Spektralfarben in ein ebenes rechtwinkliges Koordinatensystem eingetragen, entsteht ein hufeisenförmiger **Spektralfarbenzug**, der unten durch die **Purpur-**

Farbkoordinaten einiger Spektralfarben

Spektralfarbe	λ in nm	x	y	z
Weiß	–	0,33	0,33	0,33
Rot	670	0,74	0,26	0,00
Orange	620	0,69	0,31	0,00
Gelb	585	0,54	0,46	0,00
Grün	525	0,08	0,84	0,08
Blau	470	0,12	0,07	0,81
Violett	400	0,18	0,00	0,82

gerade abgeschlossen wird (Bild 36.3 und Farbentafel 8). Jeder Punkt in diesem **Farbendreieck** kann als Mischung von *Weiß* mit einer *Spektralfarbe F* angesehen werden. Der *Weißpunkt W* liegt auf den Koordinaten (0,33; 0,33). Alle auf einer Geraden $\overline{FW}$ liegenden Punkte sind von *farbtongleicher* Wellenlänge.

Auch beim *Farbfernsehen* wird mit drei geringfügig von den Normvalenzen abweichenden Primärvalenzen gearbeitet. Der Bereich des Farbfernsehens liegt innerhalb des Dreieckes mit den Koordinaten (0,21; 0,71), (0,15; 0,09) und (0,65; 0,33).[1]

Die *Farbvalenzen* lassen sich auch auf einem *Kreis* anordnen.

In diesem **Farbenkreis** liegen Paare von *Komplementärfarben* diametral gegenüber (Bild 36.4 und Farbentafel 6). Oberhalb und unterhalb des Farbenkreises liegen je ein Kegel mit gemeinsamer Basis. Die beiden Kegelspitzen sind mit den »unbunten« Farben Schwarz und Weiß belegt und sind die Endpunkte der im Innern des Kegels verlaufenden *Grauleiter*. Jeder Längsschnitt durch diesen Farbkörper zeigt somit ein *farbtongleiches* Dreieck (Verhüllungsdreieck, s. 36.2).

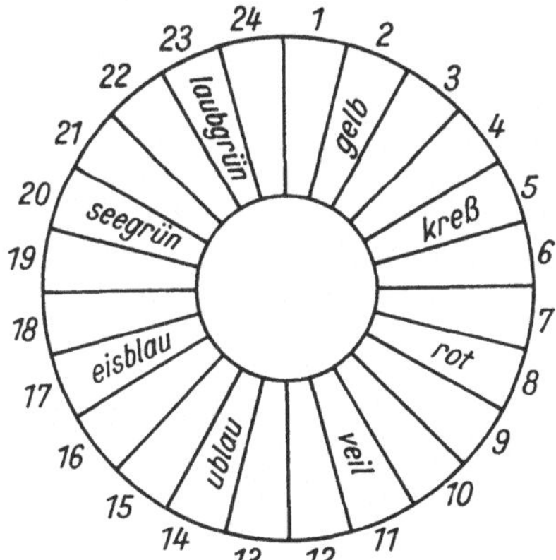

Bild 36.4. Farbenkreis

---

[1] Die standardisierten Farbkoordinaten der Leuchtstoffe beim Farbfernsehen sind für Rot R $x_R = 0,64$; $y_R = 0,33$; Grün G $x_G = 0,29$; $y_G = 0,60$; Blau B $x_B = 0,15$; $y_B = 0,06$. Das standardisierte D-Weiß-Signal hat die Koordinaten $x_D = 0,313$ und $y_D = 0,329$.

ELEKTRIZITÄTSLEHRE

37 Wichtige elektrische Größen

37.1 Vorbemerkungen

Ohne die Elektrotechnik–Elektronik wäre das menschliche Dasein nicht mehr denkbar. Beleuchtungen, Heizungen, elektromotorische Antriebe, Einrichtungen zur Informationsgewinnung, Informationsübertragung sowie -nutzung, wie Fernsprecher, Steuerungen, Regelungen, Rundfunk und Fernsehen und schließlich alle EDV-Anlagen sind unmittelbar von *elektrischen* Erscheinungen abhängig. Trotz aller Vielfalt der Vorgänge und der unterschiedlichsten Anwendungsmöglichkeiten lassen sich diese durch relativ *wenige* physikalische Gesetze verstehen. Die Behandlung dieser Gesetze soll in den nächsten Abschnitten geschehen, wobei es auch hier wie in den bisherigen Darstellungen nicht möglich ist, das Vollständigkeitsprinzip zu verwirklichen. Dabei werden einige *grundlegende* **Erfahrungen** vorausgesetzt:

1. Bestimmte Körper (z. B. Glas, Hartgummi usw.) ziehen nach Reibung andere Körper an oder stoßen sie ab. Körper in diesem Zustand heißen *elektrisch* geladen (s. 39.1).

2. Es gibt *zwei* Arten der Elektrizität, die man willkürlich *positiv* elektrisch (Glas) und *negativ* elektrisch (Hartgummi) nennt.

3. Erfahrungsgemäß ist stoffliche Materie elektrisch *neutral*.

4. Elektrische Ladung ist an stoffliche Materie gebunden. Die *kleinste* in der Natur frei vorkommende Ladung ist die **Elementarladung** (*Elektron* negativ bzw. *Positron* positiv). Haben Atome oder Moleküle eine elektrische Ladung, heißen sie *Ionen*.

5. Die elektrische Ladung hat *atomistische* Struktur.

6. Für die elektrische Ladung gibt es einen *Erhaltungssatz*. Dieser ist eines der fundamentalsten Gesetze in der Physik. Selbst bei Kernumwandlungen aller Art (s. Abschnitt 52) wird dieses Gesetz nicht verletzt, d. h., in jedem abgeschlossenen System ist die Ladung (Summe positiver und negativer Ladung) konstant.

7. Der elektrische Strom kommt durch relativ langsame *Bewegung* von Ladungsträgern zustande. Man unterscheidet Elektronenleitung, Ionenleitung oder Mischleitung (Elektronen und Ionen bewegen sich).

8. Verschiedene Stoffe leiten den elektrischen Strom unterschiedlich:
   Leiter, z. B. Metalle und Elektrolyte. In diesen sind *freie* Ladungen relativ gut beweglich.
   Nichtleiter oder **Isolatoren**, z. B. Harze, Gläser, Paraffin, Keramik. In diesen sind *keine* freien Ladungen vorhanden.
   Halbleiter, z. B. Germanium, Silicium, Galliumarsenid, metallische Sulfide und Oxide. Hier wird die Leitfähigkeit sehr stark durch die Temperatur oder durch besondere Behandlung (s. 43.8) weitgehend beeinflußt.

37.2 Elektrische Stromstärke und elektrische Ladung

Die **elektrische Stromstärke** ist eine **Basisgröße.** Sie wird mit dem Formelzeichen I oder i bezeichnet, je nachdem, ob die Stromstärke zeitlich konstant ist oder nicht.

Die **Basiseinheit** der Stromstärke ist das **Ampere** (A). Die Definition lautet, etwas vereinfacht dargestellt (Bild 37.1):

Das Ampere ist die Stärke eines elektrischen Stromes durch zwei parallele Leiter, die einen Abstand von 1 m haben und zwischen denen die durch den Strom hervorgerufene Anziehungskraft je 1 m Leitungslänge $2 \cdot 10^{-7}$ Newton beträgt.

Die Messung erfolgt durch *geeichte* Stromstärkemeßgeräte (Strommesser), die von dem zu messenden elektrischen Strom durchflossen werden. Der Aufbau und die Wirkungsweise dieser Geräte werden in 40.6 beschrieben.

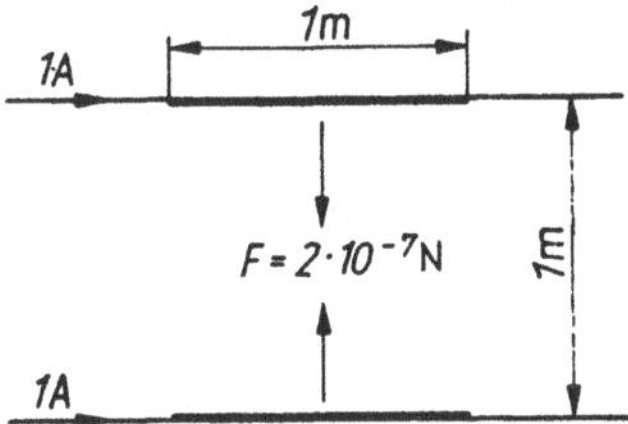

Bild 37.1. Zur Definition des Ampere

Beispiele für elektrische Stromstärken: Stromaufnahme einer Glühlampe 0,1 ... 0,5 A, Fernsehgeräte etwa 0,5 A, Wohnungssicherung 10 A, Waschmaschine 10 A.

Der elektrische Strom entsteht durch die Bewegung einer **elektrischen Ladung (Elektrizitätsmenge)** Q in der **Zeit** t durch einen Leiter oder Halbleiter. Es gilt somit

$$i = \frac{dQ}{dt}$$ oder bei *konstanter* Stromstärke $$I = \frac{Q}{t}$$ **Elektrische Stromstärke** (37.1)

Die Einheit der elektrischen Ladung ist: $[Q] = A\,s = C$ (Coulomb).
Größere Ladungen werden in Ah (Amperestunden) gemessen. Dabei ist 1 Ah = 3,6 kA s = 3,6 kC.

Beispiele: Taschenlampenbatterien etwa 1,25 Ah, Autobatterien etwa 36 bis 60 Ah.
Die *kleinste* in der Natur vorkommende Elektrizitätsmenge e tragen das negativ geladene Elektron und das positiv geladene Proton, und zwar

$$e = 1{,}602 \cdot 10^{-19}\,C$$ **Elektrische Elementarladung**

Bruchteile dieser Elementarladung sind noch nicht beobachtet worden, nur ganzzahlige Vielfache davon. Bei einer Stromstärke von 1 A fließen demnach wegen $\dfrac{I}{e} = \dfrac{1\,A}{1{,}6 \cdot 10^{-19}\,A\,s}$ etwa 6,2 Trillionen Elektronen innerhalb einer Sekunde durch den Drahtquerschnitt.

Die *Richtung* des elektrischen Stromes wurde willkürlich festgelegt:

Die elektrische Stromrichtung ist die Bewegungsrichtung positiver Ladungsträger.

Für die Beurteilung der Belastbarkeit elektrischer Leitungen ist die **elektrische Stromdichte** J von Bedeutung. Ist die Stromstärke über dem *gesamten* Leiterquerschnitt *konstant*, ist die Stromdichte der Quotient aus der Stromstärke I und dem Leiterquerschnitt A:

$$J = \frac{I}{A}$$ **Elektrische Stromdichte** (37.2)

Die SI-Einheit der Stromdichte ist zwar A/m^2, es ist oft praktisch günstiger, mit A/mm^2 $= 10^6\,A/m^2 = MA/m^2$ zu rechnen.

37.3 Elektrische Spannung

Ein elektrischer Strom fließt nur, wenn eine bestimmte *Ursache* die Ladungsträger in Bewegung setzt und diese aufrecht erhält. Diese Ursache wird **Quellenspannung** U_q genannt.

> **Die Quellenspannung ist die Ursache des elektrischen Stromes. Ihre Richtung wird der elektrischen Stromrichtung entgegen festgelegt (Bild 37.2).**

Elektrische Quellenspannungen werden von *Spannungsquellen* erzeugt (galvanische Elemente, Akkumulatoren, Generatoren, im Hausgebrauch die Steckdose). Spannungsquellen sind *Energiequellen*, die in einem geschlossenen Stromkreis an die dort bereits vorhandenen Elektronen Energie *abgeben* und somit deren Bewegung bewirken. Die Spannungsquelle selbst führt dem Stromkreis *keine* Elektronen zu.

Zuvor muß den Spannungsquellen selbst Energie *zugeführt* werden, die eine räumliche Trennung der ursprünglich *nicht* getrennten elektrischen Ladungen beiden Vorzeichens in $+Q$ und $-Q$ erreicht. Die zugeführte Energie ist meistens nichtelektrischer Natur (chemische Reaktionen, Induktionsvorgänge, thermoelektrischer Effekt, Fotoeffekt). Die getrennten Ladungen sind die Ursache der Quellenspannung. Diese Überlegungen führen zur Definition der **Quellenspannung** U_q als Quotienten aus der zur Ladungstrennung nötigen zugeführten Energie E_{zu} und der Größe dieser Ladung eines Vorzeichens:

$$U_q = \frac{E_{zu}}{Q}$$ **Quellenspannung** (37.3)

Von der Spannungsquelle bewegt sich in einem geschlossenen Stromkreis die Ladung Q durch die einzelnen Teile dieses Stromkreises (Leitungen, Lampen, Motoren usw., allgemein elektrische Widerstände). Dort wird die Energie wieder *abgegeben*, d. h. in andere Energieformen umgesetzt (Wärmeenergie, mechanische Energie usw.). Die dadurch an den Enden eines Widerstandes auftretende **Spannung** wird als **Spannungsabfall** bezeichnet. Der **Spannungsabfall** U ist der Quotient aus der im Widerstand umgesetzten Energie E_{ab} und der Ladung Q, die den Energieumsatz bewirkt:

$$U = \frac{E_{ab}}{Q}$$ **Spannungsabfall** (37.4)

Die Richtung des Spannungsabfalles ist die *gleiche* wie die des elektrischen Stromes.
Die *Einheit* der Spannung ist das *Volt* (V). Es besteht folgender Zusammenhang:
$[U] = J/C = W\,s/(A\,s) = W/A = V$.
Aus Bild 37.2 sind alle *Richtungsfestlegungen* zu erkennen:

1. Der elektrische Strom fließt durch den äußeren Stromkreis vom $+$Pol zum $-$Pol der Spannungsquelle.

2. In der Spannungsquelle fließt der elektrische Strom in der gleichen Richtung weiter, also vom $-$Pol zum $+$Pol.
3. Der Spannungsabfall hat die Richtung des elektrischen Stromes im äußeren Stromkreis.
4. Da die Elektronen negative Ladungsträger sind, bewegen sie sich der festgelegten elektrischen Stromrichtung entgegen.
5. Die Quellenspannung hat die gleiche Richtung wie die sich bewegenden Elektronen, also in der Spannungsquelle von $+$ zu $-$.

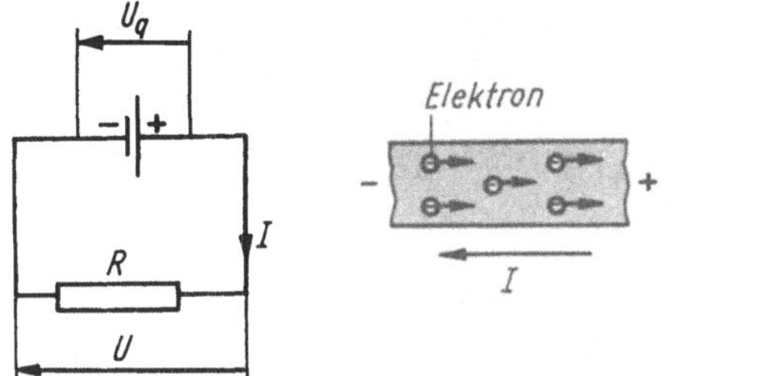

Bild 37.2. Vorzeichenfestlegungen im elektrischen Stromkreis

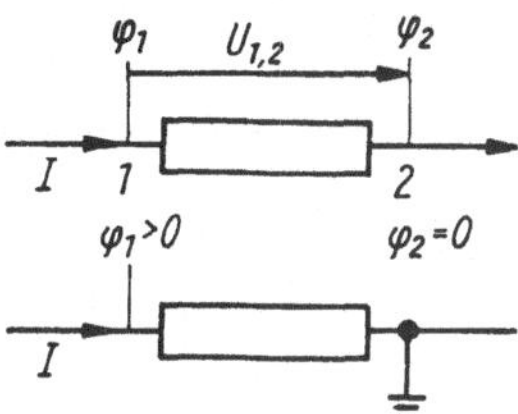

Bild 37.3. Zum Potential

Die *Messung* von Spannungen erfolgt mit einem *Spannungsmeßgerät* (Spannungsmesser), welches nur dann anzeigt, wenn es von einem schwachen Strom durchflossen wird. Spannungsmesser sind in Volt geeichte Strommesser mit *sehr großem* Innenwiderstand. Für Eichzwecke dient das *Weston-Normalelement*, welches bei 20 °C eine Quellenspannung von 1,018 65 V hat.

Wählt man einen *willkürlichen* Bezugspunkt (z. B. die Erde) und setzt für diesen die Spannung *Null* fest, so wird eine neue Größe eingeführt, die **elektrisches Potential** φ genannt wird (s. 39.3.3):

> **Das Potential eines Punktes in einem Leitersystem ist die Spannung gegenüber einem bestimmten, willkürlich gewählten Bezugspunkt, dessen Potential gleich Null gesetzt wird.**

Das Potential ist *positiv*, wenn zum Transport *positiver* Ladungen vom Bezugspunkt zum betrachteten Punkt Arbeit *aufzuwenden* ist.

Zwischen zwei Punkten unterschiedlichen Potentials besteht eine Potentialdifferenz. Diese muß nach der Festlegung des Potentialbegriffs gleich dem Spannungsabfall U zwischen diesen Punkten sein (Bild 37.3).

$$\boxed{U_{1,2} = \varphi_1 - \varphi_2}$$ **Spannungsabfall = Potentialdifferenz**   (37.5)

Elektrischer Strom fließt immer von Stellen höheren Potentials zu solchen niedrigeren Potentials.

37.4 Elektrischer Widerstand und elektrischer Leitwert

Jeder Stoff leitet den elektrischen Strom unterschiedlich. Jeder Körper hat einen **elektrischen Widerstand** R, der als Quotient aus dem an ihm vorhandenen Spannungsabfall U und der durch ihn fließenden elektrischen Stromstärke I definiert ist:

$$\boxed{R = \frac{U}{I}}$$ **Elektrischer Widerstand (Resistanz)**   (37.6)

Sein reziproker Wert wird als **elektrischer Leitwert** G bezeichnet.

$$\boxed{G = \frac{1}{R}}$$ **Elektrischer Leitwert (Konduktanz)** (37.7)

Aus den Gleichungen ergeben sich die Einheiten:

$$[R] = V/A = \Omega \ (\text{Ohm}); \qquad [G] = 1/\Omega = S \ (\text{Siemens}).$$

Für einen *homogenen* Stoff mit *konstantem* Querschnitt kann durch einfache Versuche gezeigt werden, daß der elektrische Widerstand R proportional seiner Länge l und indirekt proportional der Querschnittsfläche A ist. Der Proportionalitätsfaktor ist ein Materialwert und wird als **spezifischer elektrischer Widerstand** ϱ **(Resistivität)** bezeichnet. Damit ergibt sich

$$\boxed{R = \varrho \, \frac{l}{A}}$$ **Widerstand eines homogenen Leiters mit konstantem Querschnitt** (37.8)

Die SI-Einheit von ϱ ergibt sich durch Umstellen von (37.8) und Einsetzen der Einheiten: $[\varrho] = \Omega$ m. Für praktische Berechnungen bietet sich $\Omega \ \text{mm}^2/\text{m} = 10^{-6} \ \Omega$ m $= \mu\Omega$ m an. Der reziproke spezifische elektrische Widerstand heißt **elektrische Leitfähigkeit** γ **(Konduktivität)**.

$$\boxed{\gamma = \frac{1}{\varrho}}$$ **Elektrische Leitfähigkeit (Konduktivität)** (37.9)

$$[\gamma] = \frac{1}{\Omega \, \text{m}} = S/m \ (\text{Siemens je Meter}), \ \text{SI-fremde Einheit: } S \ \text{m/mm}^2$$

Einige elektrische Kennwerte sind in den nachfolgenden Tabellen enthalten. Verschiedene Größen werden in den nächsten Abschnitten behandelt. Man erkennt die gute Leitfähigkeit der Metalle.

Elektrische Kennwerte einiger Metalle bei 20 °C

	Spezifischer Widerstand ϱ bei 20 °C in Ω mm²/m	Leitfähigkeit γ in S m/mm²	Temperaturkoeffizient α in ¹/K	$\beta \cdot 10^6$ in ¹/K²
Silber	0,0163	62,5	0,0038	0,7
Reinkupfer	0,0172	58,1	0,0039	0,6
Leitungskupfer	0,0178	56	0,0039	0,6
Leitungsaluminium	0,0286	35	0,0037	1,3
Zink	0,059	17	0,0037	2,0
Eisen	0,098	10	0,0066	6,0
Platin	0,105	9,5	0,003	0,6
Konstantan (54 Cu, 45 Ni, 1 Mn)	0,50	2,0	$0,0035 \cdot 10^{-3}$	–
Chromnickel (79 Ni, 20 Cr)	1,1	0,91	$0,2 \cdot 10^{-3}$	–
Quecksilber	0,96	1,04	$0,92 \cdot 10^{-3}$	1,2

Elektrische Kennwerte einiger Isolatoren

	Spezifischer Widerstand ϱ in $\Omega\,cm$	Permittivitätszahl ε_r	Verlustfaktor $\tan\delta\cdot 10^3$ bei 600 kHz
Bernstein	10^{16}	2,8	5
Quarz	10^{12}	3,8 … 5,0	0,1
Paraffin	$10^{14}\ …\ 10^{16}$	2,1 … 2,2	
Glimmer	$10^{13}\ …\ 10^{15}$	7,1 … 7,7	0,2
Gut destilliertes Wasser	$5\cdot 10^5$	81,57	

Beispiel: Welchen Widerstand hat eine Kochplatte, die 10 m Chromnickeldraht von 0,45 mm Durchmesser enthält? – Nach (37.8) ist

$$R = \frac{\varrho l}{A} = \frac{\varrho l}{\pi d^2} = \frac{1{,}1\,\Omega\,mm^2\cdot 10\,m\cdot 4}{m\,\pi\cdot 0{,}45^2\,mm^2} = 69{,}2\,\Omega.$$

37.5 Elektrischer Widerstand und Temperatur

Der spezifische elektrische Widerstand der meisten Stoffe ist mehr oder weniger stark *temperaturabhängig*. Bei *Metallen* nimmt er im *allgemeinen* mit steigender Temperatur t *zu*. Die Tabellenwerte gelten nur für die Bezugstemperatur $t_{20} = 20\,°C$ genau. Bis etwa 200 °C genügt für Metalle die Annahme einer linearen Abhängigkeit des Widerstandes von der Temperatur t. Ist R_{20} der Widerstand bei $t = 20\,°C$, ergibt sich die Widerstandsänderung ΔR zu

$$\boxed{\Delta R = \alpha R_{20}(t - 20\,°C)} \quad \text{bzw.} \quad \boxed{\Delta\varrho = \alpha\varrho_{20}(t - 20\,°C)} \tag{37.10}$$

Hierin ist α der **Temperaturkoeffizient** mit der Einheit 1/K. Für den elektrischen Widerstand R_t bei der Temperatur t ergibt sich daraus für kleine Temperaturdifferenzen $\Delta t < 200\,K$

$$\boxed{R_t = R_{20}[1 + \alpha(t - 20\,°C)]} \quad \begin{array}{l}\textbf{Temperaturabhängigkeit}\\ \textbf{des Widerstandes bei kleinem } \Delta t\end{array} \tag{37.11}$$

Bei *größeren* Temperaturdifferenzen gilt genauer eine Funktion 2. Grades (Überlegungen analog S. 210, Ausdehnungskoeffizient)

$$\boxed{R_t = R_{20}[1 + \alpha(t - 20\,°C) + \beta(t - 20\,°C)^2]} \tag{37.12}$$

worin β ein weiterer Temperaturkoeffizient mit der Einheit $1/K^2$ ist.

Zu beachten ist schließlich, daß einige Stoffe einen **negativen Temperaturkoeffizienten** haben, d. h., ihr Widerstand nimmt mit steigender Temperatur ab (z. B. Kohle, Elektrolyte, bestimmte Arten von Halbleitern). Der Temperaturkoeffizient des Eisens ist in besonderem Maße von der Temperatur selbst abhängig, erreicht bei etwa 850 °C den Wert 0,018 $^1/K$ und nimmt dann wieder ab.

Wenn die Temperaturabhängigkeit des Widerstandes sich störend bemerkbar macht (z. B. bei Widerständen für Meßzwecke), sind daher besondere Legierungen mit recht kleinem Temperaturkoeffizienten, z. B. Konstantan, zu empfehlen.

Beispiel: Die Kupferwicklung eines Elektromotors hat bei 20 °C einen Widerstand von 500 Ω. Welchen Widerstand hat sie im Betrieb bei 62 °C? – $R = 500\cdot(1 + 0{,}0039\cdot 42)\,\Omega = 582\,\Omega$.

38 Gleichstromkreis

38.1 Ohmsches Gesetz

Die Definition des elektrischen Widerstandes (37.6) wird für sogenannte **lineare Widerstände**, bei denen der elektrische Widerstand *konstant* ist, als **Ohmsches Gesetz** bezeichnet:

$$\boxed{I = \frac{U}{R}} \qquad \boxed{I = GU} \qquad \text{\textbf{Ohmsches Gesetz}} \atop \text{\textbf{für } R \textbf{ und } G \textbf{ konstant}} \qquad (38.1)$$

Es wird bei *unveränderlicher* Temperatur von den Metallen und Elektrolyten streng erfüllt. Für derartige *lineare* Widerstände ergibt die **Stromstärke-Spannungs-Kennlinie** (Charakteristik) eine *Gerade*, der Anstieg $\Delta I/\Delta U = 1/R = G$ ist konstant (Bild 38.2). Dagegen zeigen z. B. Gasentladungsstrecken eine *fallende* Kennlinie. An diesen nimmt mit zunehmender Stromstärke I der Spannungsabfall U ab. Eine weitere typische Kennlinie ist die Sättigungskennlinie, die z. B. für die Ausgangskennlinienfelder von Elektronenröhren und Transistoren charakteristisch ist. Die Stromstärke erreicht bei höheren Spannungen einen konstanten Sättigungswert.

Bild 38.1. Georg Simon Ohm
(1789 bis 1854)

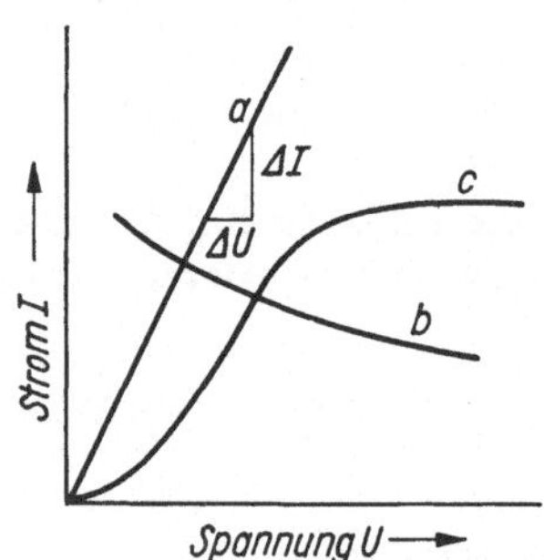

Bild 38.2. Stromstärke-Spannungs-Kennlinien: a linearer Widerstand, b fallende Kennlinie, c Sättigungskennlinie

Für *nichtlineare* Widerstände gilt das Ohmsche Gesetz *nicht*! Der Anstieg der Kennlinien ist veränderlich. Der reziproke Anstieg ist vom Arbeitspunkt abhängig und wird als **differentieller** Widerstand r bezeichnet:

$$\boxed{r = \frac{\mathrm{d}U}{\mathrm{d}I}} \qquad \textbf{Differentieller Widerstand} \qquad (38.2)$$

Beispiel: Der Zeiger eines Spannungsmessers gibt 300 V an, wobei das Instrument von 0,1 A durchflossen wird. Welchen Widerstand hat das Gerät? – Nach (38.1) ist $R = U/I = 300\ \text{V}/0,1\ \text{A} = 3000\,\Omega$.

38.2 Verzweigter Stromkreis

Jeder elektrische Stromkreis besteht aus der Spannungsquelle und irgendeiner Leiteranordnung, durch welche der von der Quellenspannung angetriebene elektrische Strom fließt. Stromkreise werden schematisch unter Verwendung *standardisierter* Schaltzeichen gezeichnet. Der Widerstand wird durch das Symbol R angedeutet, während die Leitungen

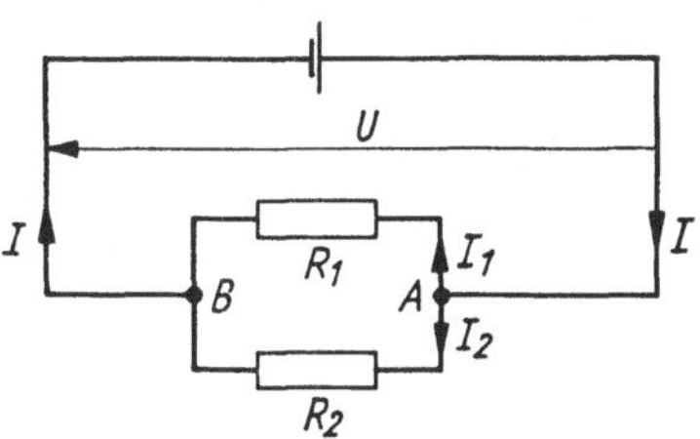

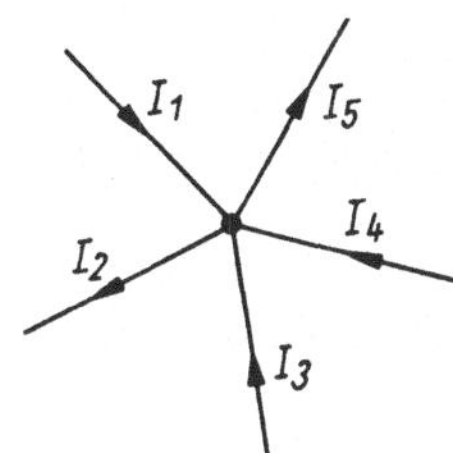

Bild 38.3. Verzweigter Stromkreis　　　Bild 38.4. Zum Knotensatz: $I_1 + I_3 + I_4 - I_2 - I_5 = 0$

(als Linien dargestellt) widerstandslos zu denken sind. In der Parallelschaltung nach Bild 38.3 *verzweigt* sich die elektrische Stromstärke I in die beiden Teilstromstärken I_1 und I_2. Nach dem Gesetz von der *Erhaltung* der Ladungen gilt:

$$\boxed{I = I_1 + I_2} \quad \text{bzw. bei } n \text{ Widerständen} \quad \boxed{I = \sum_{k=1}^{k=n} I_k} \tag{38.3}$$

Bei parallelgeschalteten Widerständen ist die Gesamtstromstärke gleich der Summe der Teilstromstärken.

Allgemein werden die Stellen einer Stromverzweigung als **Knotenpunkte** bezeichnet (Bild 38.4). Für diese gilt die **1. Kirchhoffsche Regel**, der **Knotensatz**. Erhalten die *zufließenden* elektrischen Stromstärken ein *positives* Vorzeichen, die *abfließenden* ein *negatives*, gilt in Erweiterung von (38.3) für n Stromstärken

$$\boxed{\sum_{k=1}^{k=n} I_k = 0} \quad \textbf{Knotensatz} \tag{38.4}$$

Die Summe aller elektrischen Stromstärken ist unter Beachtung der Vorzeichen in einem Knotenpunkt gleich Null.

Da an beiden Widerständen im Bild 38.3 der *gleiche* Spannungsabfall U vorhanden ist, wird mit $U = I_1 R_1$ und $U = I_2 R_2$ die Gleichung $I_1 R_1 = I_2 R_2$ oder

$$\boxed{I_2 : I_1 = R_1 : R_2} \quad \text{bzw. allgemein} \quad \boxed{I_n : I_m = R_m : R_n} \tag{38.5}$$

Der Quotient zweier Teilstromstärken ist bei parallelgeschalteten Widerständen gleich dem reziproken Quotienten der zugehörigen Widerstände.

Durch den größeren Widerstand fließt also stets der kleinere elektrische Strom und umgekehrt. Die Division von (38.3) durch die gemeinsame Spannung U führt zu $I/U = I_1/U + I_2/U$ oder mit (38.1) zu

$$\boxed{\frac{1}{R} = \frac{1}{R_1} + \frac{1}{R_2}} \quad \text{oder} \quad \boxed{G = G_1 + G_2} \tag{38.6}$$

Für n Widerstände muß dann gelten:

$$\frac{1}{R} = \sum_{k=1}^{k=n} \frac{1}{R_k} \qquad \text{oder} \qquad G = \sum_{k=1}^{k=n} G_k \tag{38.7}$$

Bei Parallelschaltung von Widerständen ist der Gesamtleitwert (Ersatzleitwert) $1/R = G$ gleich der Summe der Teilleitwerte.

Aus (38.7) wird der **Gesamtwiderstand (Ersatzwiderstand)** R berechnet:

$$R = \left(\sum_{k=1}^{k=n} \frac{1}{R_k} \right)^{-1} \qquad \text{Ersatzwiderstand bei Parallelschaltung} \tag{38.8}$$

Beispiel: An der Spannung 220 V liegen zwei parallelgeschaltete Lampen mit den Widerständen $R_1 = 807\,\Omega$ und $R_2 = 484\,\Omega$. Wie groß sind Teilstromstärken, Gesamtstromstärke und Ersatzwiderstand? – $I_1 = U/R_1 = 220\,\text{V}/807\,\Omega = 0{,}273\,\text{A}; I_2 = U/R_2 = 0{,}455\,\text{A}; I = I_1 + I_2 = 0{,}728\,\text{A};$ aus (38.6) wird

$$R = \frac{R_1 R_2}{R_1 + R_2} = \frac{807 \cdot 484}{807 + 484}\,\Omega = 303\,\Omega \quad \text{oder} \quad R = U/I = 303\,\Omega.$$

38.3 Unverzweigter Stromkreis

Bei einer **Reihenschaltung (Serienschaltung)** von Widerständen nach Bild 38.5 ist die elektrische *Stromstärke* durch jeden Widerstand *gleich*. Bei zunächst 2 Widerständen wird die Energie E_{zu} in zwei Teilenergien $E_{\text{ab}1}$ und $E_{\text{ab}2}$ abgegeben. Nach dem *Energiesatz* gilt dann $E_{\text{zu}} = E_{\text{ab}1} + E_{\text{ab}2}$, und die Division dieser Gleichung durch die transportierte Ladung Q liefert

$$\frac{E_{\text{zu}}}{Q} = \frac{E_{\text{ab}1}}{Q} + \frac{E_{\text{ab}2}}{Q}.$$

Die Anwendung von (37.3) und (37.4) ergibt

$$U_{\text{q}} = U_1 + U_2 \qquad \text{bzw. bei } n \text{ Widerständen} \qquad U_{\text{q}} = \sum_{k=1}^{k=n} U_k \tag{38.9}$$

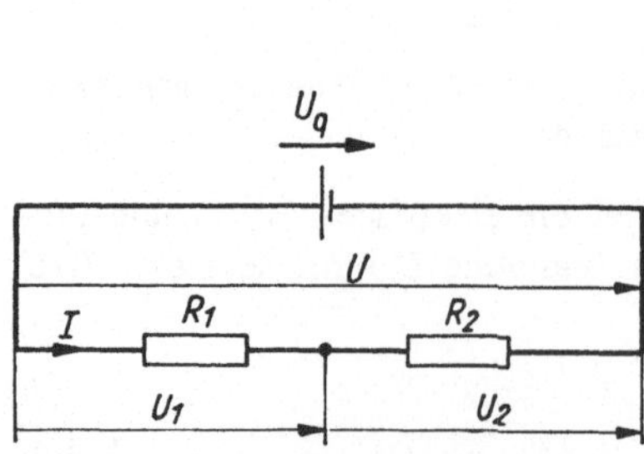

Bild 38.5. Reihenschaltung von Widerständen

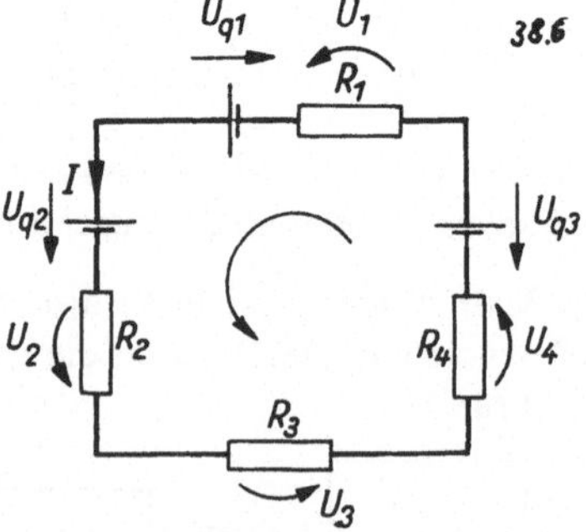

Bild 38.6. Masche mit mehreren Spannungsquellen

und für die *Spannungsabfälle*

$$\boxed{U = U_1 + U_2} \quad \text{bzw.} \quad \boxed{U = \sum_{k=1}^{k=m} U_k} \tag{38.10}$$

Bei Reihenschaltung von Widerständen ist die Quellenspannung gleich der Summe der Spannungsabfälle.

Sind in einem unverzweigten Stromkreis *mehr* als zwei Spannungsquellen enthalten, wird er als **Masche** bezeichnet. Unter Beachtung der Vorzeichenregeln in 37.3 erhält man (Bilder 38.5 und 38.6) die **2. Kirchhoffsche Regel, den Maschensatz**:

$$\boxed{\sum_{i=1}^{i=m} U_{qi} + \sum_{j=1}^{j=n} U_j = 0} \quad \text{Maschensatz} \tag{38.11}$$

Unter Beachtung der Vorzeichen ist für jeden geschlossenen Stromkreis (Masche) die Summe aller Quellenspannungen und Spannungsabfälle an den Widerständen gleich Null.

Bei der Anwendung des Maschensatzes muß *streng* auf die Vorzeichen geachtet werden. Dies ist besonders dann wichtig, wenn in der Masche mehrere Spannungsquellen enthalten sind und von vornherein die Richtung der Stromstärke und damit der Spannungsabfälle nicht bekannt ist. In diesem Fall wird ein zunächst *beliebiger* **Umlaufsinn** festgelegt (Bild 38.7 im Beispiel 2). In diesem Umlaufsinn wird die Richtung der Stromstärke als *positiv* angenommen (auch wenn sie noch nicht bekannt ist). Alle Spannungsabfälle erhalten einen Pfeil in Stromrichtung und werden ebenfalls *positiv* angenommen. Die Richtung der Quellenspannungen ist jeweils vom Plus- zum Minuspol der Spannungsquelle festgelegt. Ergeben sich im Verlauf der Berechnungen für die Stromstärke und die Spannungsabfälle positive Größen, so war die angenommene positive Zählrichtung richtig gewählt.
Im Falle eines negativen Ergebnisses müssen die Richtungen umgekehrt sein (Beispiel 2).
Wird die Gleichung (38.11) durch die gemeinsame Stromstärke I dividiert, erhält man $U/I = U_1/I + U_2/I$ und mit (37.6)

$$\boxed{R = R_1 + R_2} \quad \text{bzw.} \quad \boxed{R = \sum_{k=1}^{k=n} R_k} \quad \begin{array}{l}\textbf{Ersatzwiderstand} \\ \textbf{bei Reihenschaltung}\end{array} \tag{38.12}$$

Bei Reihenschaltung ist der Gesamtwiderstand (Ersatzwiderstand) gleich der Summe der Teilwiderstände.

Aus $I = U_1/R_1$ und $I = U_2/R_2$ erhält man

$$\boxed{U_1 : U_2 = R_1 : R_2} \quad \text{bzw. allgemein} \quad \boxed{U_n : U_m = R_n : R_m} \tag{38.13}$$

In einem unverzweigten Stromkreis verhalten sich die Spannungsabfälle wie die zugehörigen Teilwiderstände.

An einem größeren Teilwiderstand findet ein größerer Spannungsabfall statt und umgekehrt.

Beispiele: 1. Ein elektrisches Gerät mit dem Widerstand $R_1 = 85\,\Omega$ ist an eine Spannungsquelle von $U = 220\,\text{V}$ angeschlossen. Der Anschluß erfolgt über eine Kupferleitung von 60 m Länge (zweiadrig!) und einer Querschnittsfläche von $1{,}5\,\text{mm}^2$. Wie groß sind der Widerstand R_2 der Leitung, der Gesamtwiderstand, die elektrische Stromstärke und der Spannungsabfall U_1 an dem Gerät? – Nach (37.8) ist $R_2 = \varrho l/A = 0{,}0178\,\Omega\,\text{mm}^2/\text{m} \cdot 2 \cdot 60\,\text{m}/1{,}5\,\text{mm}^2 = 1{,}42\,\Omega$. (38.12) ergibt den Ersatzwiderstand $R = R_1 + R_2 = 86{,}42\,\Omega$. Über (37.6) wird die Stromstärke $I = U/R = 2{,}55\,\text{A}$ und der Spannungsabfall $U_1 = IR_2 = 2{,}55\,\text{A} \cdot 85\,\Omega = 216{,}8\,\text{V}$. An dem Gerät wird nicht die volle Spannung wirksam, die Ursache sind Leitungsverluste!

2. Die im Bild 38.7 angegebenen Quellenspannungen seien alle 4 V und die Widerstände alle 5 Ω. Wie groß ist die elektrische Stromstärke? – In der Masche wird zunächst ein Umlaufsinn (Uhrzeigersinn) festgelegt. Stromstärke und Spannungsabfälle sind in dieser Richtung positiv zu wählen und einzuzeichnen. Von den Quellenspannungen sind dann nur U_{q1} und U_{q3} positiv (Umlaufsinn). Die

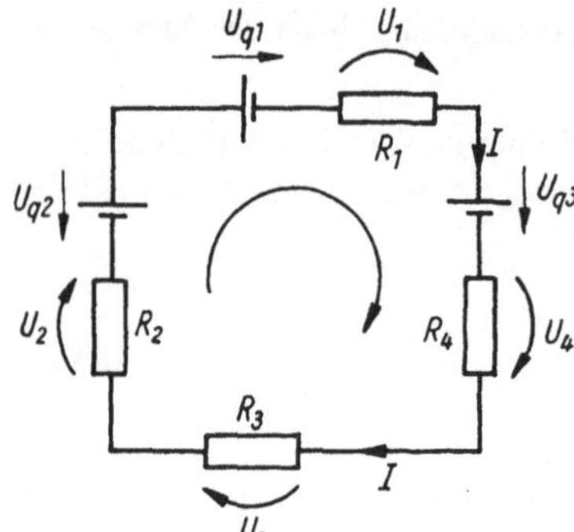

Bild 38.7. Zur Anwendung des Maschensatzes im Beispiel 2

Anwendung des Maschensatzes (38.11) ergibt $IR_1 + IR_2 + IR_3 + IR_4 + U_{q1} - U_{q2} + U_{q3} = 0$. Umstellung nach I liefert

$$I = \frac{U_{q1} - U_{q2} - U_{q3}}{R_1 + R_2 + R_3 + R_+} = \frac{4\,\text{V} - 4\,\text{V} - 4\,\text{V}}{20\,\Omega} = -0{,}2\,\text{A}.$$

Das negative Vorzeichen bedeutet, daß die angenommene Richtung der elektrischen Stromstärke falsch ist. Es hat eine Korrektur der Stromstärkerichtung und der Spannungsrichtungen entsprechend Bild 38.6 zu erfolgen.

38.4 Innerer Widerstand von Spannungsquellen, Klemmenspannung

Jede Spannungsquelle gehört mit zum Stromkreis und wird vom *gleichen* elektrischen Strom durchflossen wie der äußere Stromkreis. Wie jeder andere Leiter hat auch sie einen **inneren Widerstand**, der z. B. bei galvanischen Elementen von der elektrolytischen Flüssigkeit oder bei Dynamomaschinen von der Drahtwicklung herrührt. Da der **äußere Widerstand** R_a des Stromkreises und der **innere Widerstand** R_i der Spannungsquelle nach Bild 38.8a in Reihe geschaltet sind, gilt

$$\boxed{R = R_i + R_a} \qquad \textbf{Gesamtwiderstand eines Stromkreises} \qquad (38.14)$$

Der innere Widerstand R_i hat zur Folge, daß die an den Anschlußklemmen der Spannungsquelle zur Verfügung stehende Spannung um $U_i = IR_i$ **(innerer Spannungsabfall)** *kleiner* ist

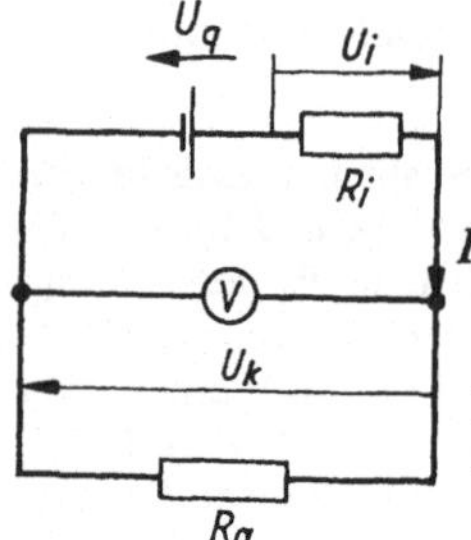

Bild 38.8 a) Innerer und äußerer Spannungsabfall (Der innere Widerstand R_i der Spannungsquelle ist von dieser getrennt gezeichnet.)

als die Quellenspannung U_q. Ein Spannungsmesser mißt somit die Klemmenspannung (**äußerer Spannungsabfall**) $U_k = U_a = IR_a$. Für diese gilt auch

$$\boxed{U_k = U_q - IR_i}$$ **Klemmenspannung = äußerer Spannungsabfall** (38.15)

und daraus für die Stromstärke

$$\boxed{I = \frac{U_q}{R_i + R_a}}$$ **Stromstärke unter Beachtung des Innenwiderstandes** (38.16)

Im Sonderfall des **Leerlaufes** einer Spannungsquelle (offener Stromkreis, Stromstärke $I = 0$) wird aus (38.15) $U_k = U_q$:

Die Quellenspannung ist gleich der Leerlaufspannung einer Spannungsquelle.
(Quellenspannung = Spannung im unbelasteten Zustand).

Zur Bestimmung des **inneren Widerstandes** einer Spannungsquelle gibt es *mehrere* Möglichkeiten. In vielen praktischen Fällen ist der Widerstand eines Spannungsmessers *sehr groß* gegenüber dem inneren Widerstand der Spannungsquelle. Durch unmittelbaren Anschluß des Meßgerätes an die Spannungsquelle ist deshalb die durch das Meßwerk fließende Meßstromstärke I_V so klein, daß $U_i = I_V R_i$ in (38.15) vernachlässigt werden kann, also U_k praktisch gleich U_q ist. Dann schaltet man parallel zum Spannungsmesser einen kleineren Widerstand R_a und mißt nun die kleiner gewordene Klemmenspannung U_k. Die Umstellung der Gleichung (38.15) nach R_i liefert mit $I = U_k/R_a$ den **inneren Widerstand** der Spannungsquelle:

$$\boxed{R_i = R_a\left(\frac{U_q}{U_k} - 1\right)}$$ **Innerer Widerstand** (38.17)

Für *n gleiche* Spannungsquellen erhält man nach Bild 38.8 b:

Reihenschaltung **Parallelschaltung**

$$\boxed{U_q = nU_{q1}} \qquad \boxed{R_i = nR_{i1}} \qquad\qquad \boxed{U_q = U_{q1}} \qquad \boxed{R_i = R_{i1}/n} \qquad (38.18)$$

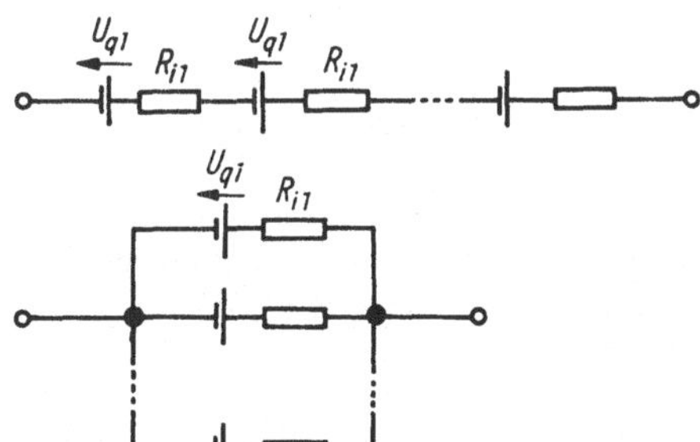

Bild 38.8 b) Reihen- und Parallelschaltung von gleichen Spannungsquellen

Beispiele: 1. Der innere Widerstand eines Gleichstromgenerators beträgt $3{,}5\ \Omega$ und seine Quellenspannung ist 125 V. Wie groß ist die Stromstärke und die Klemmenspannung, wenn der Widerstand des äußeren Stromkreises $65\ \Omega$ beträgt? – Nach (38.16) ist

$$I = \frac{U_q}{R_i + R_a} = \frac{125\ \text{V}}{(3{,}5 + 65)\ \Omega} = 1{,}82\ \text{A}. \qquad U_k = IR_a = 1{,}82\ \text{A} \cdot 65\ \Omega = 118\ \text{V}.$$

2. Die Batterie eines Radios hat die Quellenspannung 9,0 V. Wenn ein Strom von 20 mA entnommen wird, beträgt die Klemmenspannung 8,8 V. Welchen inneren Widerstand hat die Batterie? – Es ist

$$R_i = \frac{U_q - U_k}{I} = \frac{(9,0 - 8,8)\,\text{V}}{0,02\,\text{A}} = 10\,\Omega.$$

38.5 Meßbereichserweiterungen von Strom- und Spannungsmessern

Strommesser: Eine wichtige Anwendung der 1. KIRCHHOFFschen Regel (38.4) ist die Meßbereichserweiterung von Stromstärkemeßgeräten durch **Nebenwiderstände (Shunts)**, ohne das Meßwerk zu verändern. Soll der Meßbereich um den *Faktor n* vergrößert werden, muß durch das **Meßwerk** mit dem Widerstand R_{iA} (Bild 38.9) die Stromstärke I_i fließen, durch den **Nebenwiderstand** R_n jedoch die Stromstärke $I_n = (n - 1)\,I_i$. Nach dem *Knotensatz* ist dann

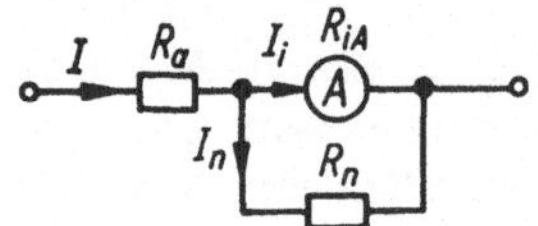

Bild 38.9. Meßbereichserweiterung eines Strommessers

$I = I_i + (n - 1)\,I_i$. Den Zusammenhang zwischen den Stromstärken und den Widerständen bei Parallelschaltung liefert (38.5); es ergibt sich danach mit $I_i : (n - 1)\,I_i = R_n : R_{iA}$ die Größe des Nebenwiderstandes:

$$\boxed{R_n = \frac{R_{iA}}{n - 1}} \qquad \textbf{Nebenwiderstand} \qquad\qquad (38.19)$$

Spannungsmesser: Hier wird die 2. KIRCHHOFFsche Regel angewendet (38.12), um den Meßbereich mit einem geeigneten **Vorwiderstand** R_v zu erweitern. Nach Bild 38.10 fließt durch Vorwiderstand und Meßwerk die gleiche Stromstärke. Soll der Meßbereich wieder um den Faktor n vergrößert werden, liegt an dem Widerstand des **Meßwerkes** R_{iV} der Spannungs-

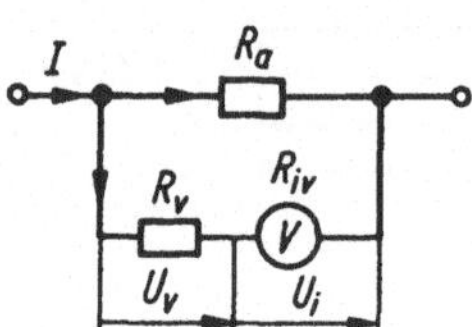

Bild 38.10. Meßbereichserweiterung eines Spannungsmessers

abfall U_i, am Vorwiderstand R_v jedoch $(n - 1)\,U_i$, denn die Anwendung des Maschensatzes liefert $U = U_i + (n - 1)\,U_i$. Den Zusammenhang zwischen den Spannungsabfällen und den Widerständen bei dieser Reihenschaltung erhält man nach (38.13). Es ergibt sich $U_i : (n - 1)\,U_i = R_i : R_v$ und damit der Vorwiderstand

$$\boxed{R_v = (n - 1)\,R_{iV}} \qquad \textbf{Vorwiderstand} \qquad\qquad (38.20)$$

Beispiele: 1. Ein Strommesser hat den Innenwiderstand $R_{iA} = 5\,\Omega$. Der Meßbereich soll von 3 mA auf 300 mA erweitert werden. Wie groß muß der Nebenwiderstand sein? – Der Erweiterungsfaktor ist $n = 300/3 = 100$. Gleichung (38.19) ergibt $R_n = 5\,\Omega/99 = 0{,}0505\,\Omega$.
2. Der Meßbereich eines Spannungsmessers soll von 1,5 V auf 30 V erweitert werden. Der Innenwiderstand des Meßwerkes ist 1,5 kΩ. Wie groß sind erforderlicher Vorwiderstand und Meßstromstärke? – Mit $n = 30/1{,}5$ ist nach (38.20) $R_v = 19 \cdot 1{,}5\,\text{k}\Omega = 28{,}5\,\text{k}\Omega$. Die Meßstromstärke ist $I = U_1/R_{iV} = U_2/(R_{iV} + R_v) = 1\,\text{mA}$.

38.6 Spannungsteiler

Steht eine bestimmte Quellenspannung zur Verfügung, der elektrische Verbraucher benötigt jedoch einen *geringeren* Spannungsabfall, so kann über die Gesetze der Reihenschaltung (38.3) ein geeigneter *Vorschaltwiderstand* bemessen werden. Eine weitere Möglichkeit, eine kleinere Spannung zu erhalten, ist mit dem **Spannungsteiler** nach Bild 38.11 gegeben.

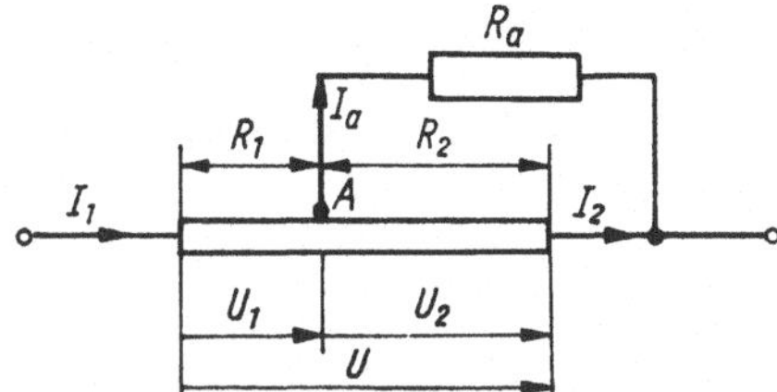

Bild 38.11. Spannungsteiler

Ist der Spannungsteiler **unbelastet** ($R_a \to \infty$, $I_a \to 0$), werden die beiden Teilwiderstände R_1 und R_2 von der gleichen elektrischen Stromstärke durchflossen ($I_1 = I_2$). Es gilt dann nach (38.13)

$$\boxed{U_2 : U_1 = R_2 : R_1} \quad \text{bzw.} \quad \boxed{U_2 : U = R_2 : R} \tag{38.21}$$

mit $R = R_1 + R_2$.

Die Gleichungen (38.21) gelten *näherungsweise* auch für den *wenig* belasteten Spannungsteiler.

Für den **belasteten Spannungsteiler** verzweigt sich im Knotenpunkt A die Stromstärke I_1 in I_a und in I_2. In diesem Fall ist nach dem **Knotensatz** (38.4) $I_1 = I_a + I_2$. Weiterhin gilt für die Parallelschaltung von R_a und R_2 $I_a = U_2/R_a$ und $I_2 = U_2/R_2$ und somit $U_2/R_a + U_2/R_2 = U_1/R_1$ bzw. $U_2(1/R_a + 1/R_2) = U_1/R_1$ oder

$$\boxed{\frac{U_1}{U_2} = R_1 \left(\frac{1}{R_a} + \frac{1}{R_2} \right)} \qquad \begin{array}{l} \textbf{Quotient der Teilspannungen} \\ \textbf{am belasteten Spannungsteiler} \end{array} \tag{38.22}$$

Man beachte, daß Gleichung (38.22) für $R_a \to \infty$ in die Gleichung (38.20) für den unbelasteten Spannungsteiler übergeht.

Die technische Ausführung eines Spannungsteilers kann durch Reihenschaltung von Festwiderständen (oft mehr als zwei) geschehen oder durch Verwendung einer Wicklung aus Widerstandsdraht, auf der ein Kontakt gleitet. In diesem Fall ist der Spannungsteiler verstellbar, und die gewünschte Spannung kann verändert werden.

38.7 Messung elektrischer Widerstände

Für die Messung unbekannter Widerstände gibt es *zahlreiche* Meßverfahren. Eine in der Praxis häufig verwendete Methode ist die Bestimmung des Widerstandes durch *gleichzeitige* Messung von **Spannungsabfall** und **Stromstärke**. Dabei ist nach Bild 38.12 zu beachten, daß immer nur *eine* Größe, die Spannung U oder die Stromstärke I, *richtig* angezeigt wird. Die entsprechenden Schaltungen heißen daher **spannungsrichtig** oder **stromrichtig**. Zur Auswertung werden nicht nur die Meßwerte, sondern auch die *Innenwiderstände* der Meßgeräte benötigt. Diese werden meist vom Meßgerätehersteller geliefert.

24*

Bei der **spannungsrichtigen Messung** sind die Meßwerte U und I, es gilt für den Widerstand $R = U/I_R$. Mit $I_R = I - I_V$ und $I_V = U/R_{iV}$ (Bild 38.12) wird

$$R = \frac{U}{I - \dfrac{U}{R_{iV}}}$$

Widerstand bei spannungsrichtiger Messung $\qquad$ (38.23)

Wenn $R_{iV} \gg R$ ist, kann bei dieser Schaltung in sehr guter Näherung mit $R = U/I$ gerechnet werden.

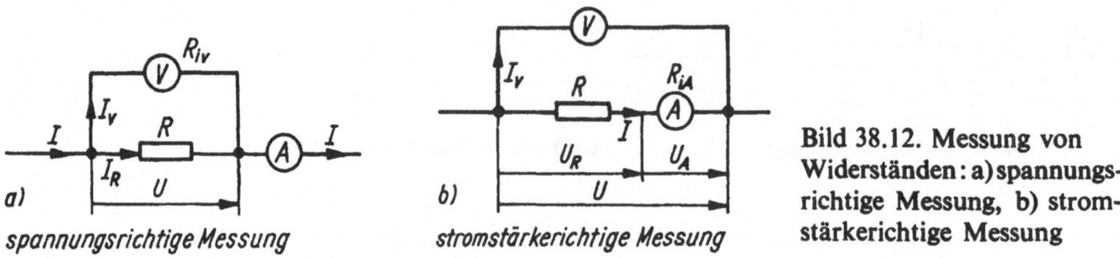

Bild 38.12. Messung von Widerständen: a) spannungsrichtige Messung, b) stromstärkerichtige Messung

Auch die **stromstärkerichtige Schaltung** liefert zwei Meßwerte U und I. Jetzt gilt $R = U_R/I$ und $U_R = U - U_A$ sowie $U_A = IR_{iA}$.
Es ergibt sich

$$R = \frac{U}{I} - R_{iA}$$

Widerstand bei stromstärkerichtiger Messung $\qquad$ (38.24)

Man erkennt leicht, daß jetzt für $R_{iA} \ll R$ mit $R = U/I$ gerechnet werden kann.

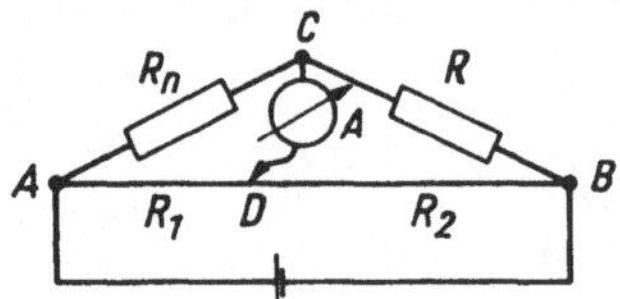

Bild 38.13. WHEATSTONEsche Brücke

Mit der **Wheatstoneschen Brückenschaltung** wird der unbekannte Widerstand R durch *Vergleich* mit bekannten Widerständen gemessen (Bild 38.13). Alle Elemente der Schaltung sind in *einem* Gehäuse untergebracht, so daß ein handliches Meßgerät zur Verfügung steht. Das Meßinstrument ist ein empfindliches ungeeichtes *Galvanometer* mit dem *Nullpunkt* in der *Mitte* der Skale. Bei angeschlossenem Widerstand R und geschlossenem Schalter S wird der Kontakt D auf dem Meßwiderstand (homogener Meßdraht mit konstantem Querschnitt) verschoben, bis das Instrument auf **Null** steht. Über die Brücke CD fließt dann **kein** elektrischer Strom, und für die Spannungsabfälle gilt: $U_{CD} = 0$, $U_{AB} = U_{AD}$ und $U_{CB} = U_{BD}$. Ist die elektrische Stromstärke im oberen Zweig I_o und im unteren über den Meßwiderstand I_u, so wird $R_n/R_1 = I_u/I_o$, $R/R_2 = I_u/I_o$ und daraus

$$\frac{R}{R_2} = \frac{R_n}{R_1} \qquad \text{bzw.} \qquad R = R_n \frac{R_2}{R_1}$$

Brückengleichgewicht, wenn über die Brücke kein elektrischer Strom fließt $\qquad$ (38.25)

Bei bekanntem Widerstand R_n läßt sich der unbekannte Widerstand R direkt über das Widerstandsteilerverhältnis R_2/R_1 berechnen.

Beispiele: 1. Die stromstärkerichtige Messung ergab die Spannung 27,0 V und die Stromstärke 26,0 mA. Der Innenwiderstand des Strommessers ist $15,0\,\Omega$. Wie groß ist der Widerstand? – Nach (38.24) ist $R = 27\,\text{V}/0,0260\,\text{A} - 15\,\Omega = 1023\,\Omega$. Kann ein Fehler von 1,5% vorkommen, genügt $R = U/I = 1008\,\Omega$.

2. An dem Widerstand $750\,\Omega$ werden spannungsrichtig die Spannung 8,50 V und die elektrische Stromstärke 12,0 mA gemessen. Wie groß ist der Widerstand des Spannungsmessers? – Aus (38.23)

folgt $R_{\text{iV}} = \dfrac{RU}{RI - U} = 12,75\,\text{k}\Omega$.

38.8 Elektrische Energie und elektrische Leistung

Die in jedem elektrischen Leiter durch den elektrischen Strom entstehende *Wärmeenergie* zeigt, daß sich auch hier eine *Energieumwandlung* vollzieht. Aus der Definition des Spannungsabfalls (37.4) erhält man für die umgesetzte elektrische Energie $E_{\text{el}} = UQ$. Setzt man im Gleichstromkreis für die elektrische Ladung nach (37.1) $Q = It$, ergibt sich mit (37.6)

$$\boxed{E_{\text{el}} = UQ = UIt = I^2 Rt = \frac{U^2}{R}\,t}\qquad\text{**Elektrische Energie**}\qquad(38.26)$$

Die SI-Einheit ist $J = W\,s$, bei praktischen Berechnungen (elektrische Energiezähler) wird häufig mit der zulässigen SI-fremden Einheit kWh gerechnet. Es gilt die Umrechnung 1 kWh = 3,6 MJ, wie man leicht nachrechnen kann.

Der Zusammenhang zwischen *Energie* und *Leistung* ist hinreichend bekannt: $P = E/t$. Für die elektrische Leistung wird danach

$$\boxed{P_{\text{el}} = \frac{UQ}{t} = UI = I^2 R = \frac{U^2}{R}}\qquad\text{**Elektrische Leistung**}\qquad(38.27)$$

Beispiele: 1. Welche Leistung setzt eine Glühlampe um, durch die bei einer Spannung von 220 V ein Strom von 0,27 A fließt? – Nach (38.27) ist $P = 0,27\,\text{A} \cdot 220\,\text{V} = 60\,\text{W}$.

2. Welche Leistung muß zur Aufrechterhaltung eines Stromes von 20 A durch eine 2adrige Kupferleitung von 500 m Länge und $2,5\,\text{mm}^2$ Querschnitt aufgewandt werden? – Gleichung (38.27) in Verbindung mit (37.8) ergibt $P = \dfrac{I^2 \varrho l}{A} = \dfrac{20^2\,\text{A}^2 \cdot 0,0178\,\Omega\,\text{mm}^2 \cdot 1,0 \cdot 10^3\,\text{m}}{\text{m} \cdot 2,5\,\text{mm}^2} = 2,85\,\text{kW}$. Man

sieht, daß zur elektrischen Energieübertragung mitunter recht beträchliche Leistungen erforderlich sind und in Form von Wärmeleistung verlorengehen.

39 Elektrisches Feld

39.1 Grunderscheinungen elektrischer Ladungen

Ein tieferes Verständnis elektrischer Erscheinungen ergibt die Betrachtung der Eigenschaften ruhender Ladungen. Dieses Gebiet der Elektrizitätslehre heißt **Elektrostatik**.

Es ist seit langem bekannt, daß geriebener **Bernstein**[1]) auf Wollfasern, Staubteilchen und andere leichte Körper Anziehungskräfte ausübt. Aber auch viele andere Nichtleiter lassen

---

[1]) Vom griechischen Wort für Bernstein »elektron« stammt die Bezeichnung »*Elektrizität*«. Das Wort »*elektrisch*« wurde von WILLIAM GILBERT 1600 eingeführt.

sich durch Reibung *elektrisch aufladen* (Glas, Porzellan, Kunstharze, Hartgummi u. a.). Ein elektrisch geladener, drehbar gelagerter Stab übt auf einen zweiten geladenen Stab *Kräfte* aus. Es ergaben sich folgende Versuchsergebnisse (Bild 39.1):

Zwei geriebene *Glas-* oder *Hartgummistäbe stoßen* sich *ab,* je *ein Glas-* und *ein Hartgummistab ziehen* sich *an.*

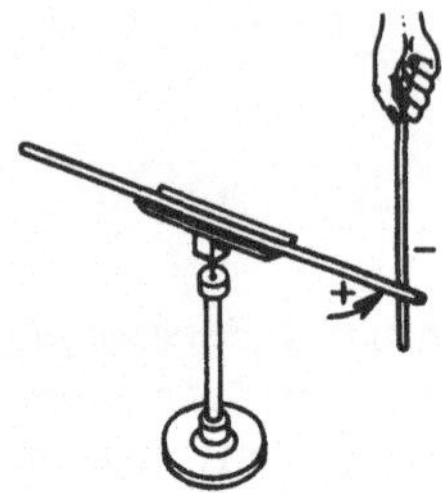

Bild 39.1. Ein positiv und ein negativ geladener Stab ziehen sich an

Willkürlich wurde die **Glaselektrizität positiv,** die **Hartgummielektrizität** als **negativ** bezeichnet. Nach heutigen Erkenntnissen sind bei einem negativ geladenen Körper auf der Oberfläche Elektronen angereichert; entzieht man dem Körper Elektronen, so ist er positiv geladen:

Positive Ladung eines Körpers bedeutet **Elektronenmangel, negative** Ladung **Elektronenüberschuß.**

Der **Bandgenerator** liefert größere elektrische Ladungen als ein geriebener Stab. Für Schulversuche (Bild 39.2) besteht er aus einem endlosen Kunststoffband, welches über zwei Walzen läuft (die untere wird mit einer Kurbel angetrieben). Der untere Teil des Bandes reibt an einer Metallbürste, die dem Band Elektronen entzieht und einer Metallkugel zuführt, die sich dadurch negativ auflädt. Am oberen Teil werden dem Band von einer zweiten

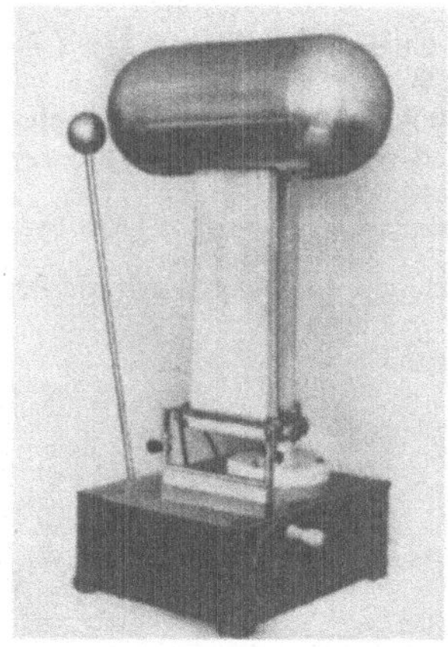

Bild 39.2. Bandgenerator

Bild 39.3. Fadenelektrometer mit Ablesemikroskop

Metallbürste wieder Elektronen zugeführt, die dem großen Metallkörper entzogen werden, dessen Oberfläche sich somit stark positiv auflädt. Zwischen Kugel und Metallkörper erreicht man leicht Spannungen um 50 kV. Für atomphysikalische Versuche werden mit großen Bandgeneratoren Spannungen von über 1 MV erzeugt.

Der Nachweis elektrischer Ladungen geschieht durch Ausnutzung der oben geschilderten Kräfte zwischen geladenen Körpern. Die Meßgeräte heißen **Elektrometer.**

Das **Braunsche Elektrometer** enthält einen leicht beweglichen Zeiger, der sich in geladenem Zustand von der gleichartig geladenen Haltevorrichtung abstößt. Von den zahlreichen weiteren Konstruktionen sei noch das äußerst empfindliche **Wulfsche Fadenelektrometer** erwähnt. Zwischen zwei von einer Hilfsspannungsquelle aufgeladenen festen Platten ist ein feiner Platinfaden gespannt, dessen Ablenkung mit einem Mikroskop beobachtet wird (Bild 39.3).

39.1.1 Elektrische Feldlinien

Kugel und Hauptkörper des Bandgenerators, auf denen sich die entgegengesetzten Ladungen ansammeln, bilden zusammen einen **Kondensator** (*Verdichter*). Geometrisch einfacher und übersichtlicher ist der **Zweiplattenkondensator** (Bild 39.4). Er besteht aus zwei gleich großen, isoliert und parallel zueinander aufgestellten Metallplatten. Durch kurzzeitiges Verbinden mit den beiden Polen einer Gleichspannungsquelle kann er elektrisch geladen werden.

Bild 39.4. Zweiplattenkondensator

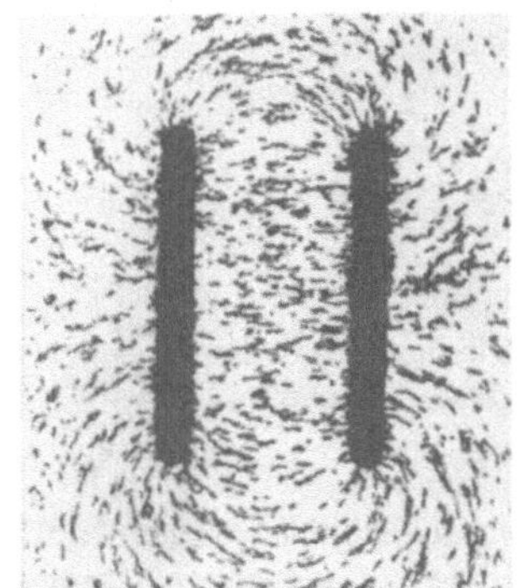

Bild 39.5. Darstellung der Feldlinien eines geladenen Plattenkondensators

Zwei auf eine isolierende Platte geklebte Stanniolstreifen stellen das flächenhafte Modell eines Plattenkondensators dar (Bild 39.5). Sie werden mit den beiden Polen des Bandgenerators verbunden. Streut man jetzt von oben auf die Platte pulverisierte Glaswolle, so ordnet sich der Staub zu eindeutig verlaufenden Linien an. In jedem Punkt des zwischen den Metallstreifen befindlichen Raumes wirken somit **Kräfte**, die durch Betrag und Richtung ausgezeichnet sind. *Im* und *um* den Kondensator, ja *um* jeden *elektrisch* geladenen Körper ist ein **elektrisches Feld**.

> **Jedem Raumpunkt eines elektrischen Feldes ist eine nach Betrag und Richtung bestimmte Kraft zugeordnet. Das Feld entsteht durch die an den Feldgrenzen vorhandenen elektrischen Ladungen.**

Die von dem Faserstaub gebildeten Linien werden als **elektrische Feld-** oder **Kraftlinien** bezeichnet.

Die Feldlinien stellen nur die Anordnung des Faserstaubes dar und sind gut geeignet, die Richtung der Kräfte sichtbar zu machen. In Wirklichkeit, d. h. ohne Faserstaub, sind diese Linien jedoch nicht vorhanden. Trotzdem aber erweisen sie sich als eine bei vielen Gelegenheiten recht nützliche *Hilfsvorstellung*, die von MICHAEL FARADAY (1791 bis 1867) geschaffen wurde.

Man kann ihnen folgende Eigenschaften zuschreiben:

1. Die Feldlinien *beginnen* auf der *positiven* und *enden* auf der *negativen Ladung*. (Dieser Richtungssinn ist *willkürlich* festgesetzt worden.) Sie haben also Anfang und Ende.

2. Sie sind wie *elastische Fäden* zwischen den Ladungen ausgespannt, deren Abstand sie zu *verkürzen* bestrebt sind (Anziehung der mit ihnen verbundenen Ladungen).

3. Sie *stoßen* sich gegenseitig *quer* zu ihrer eigenen Richtung ab (Verdrängung in den freien Raum) (Bild 39.6).

4. *Positiv* geladene Körper bewegen sich in *Richtung* der Feldlinien auf die *negative* Ladung zu. Negativ geladene bewegen sich den Feldlinien entgegen (Bild 39.7).

5. Die Feldlinien *enden stets senkrecht* auf der Leiteroberfläche.

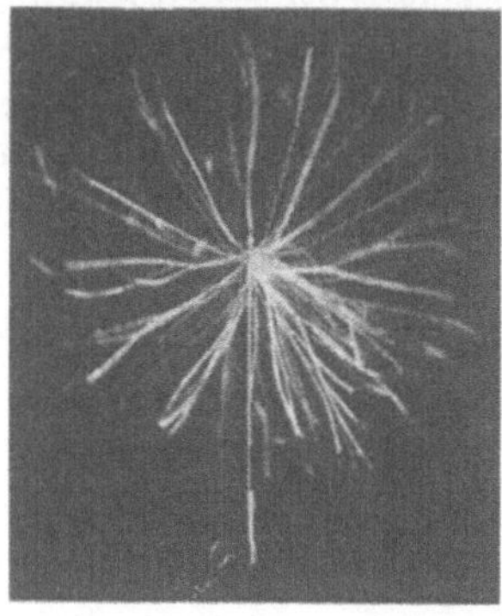

Bild 39.6. Elektrisch geladenes Fadenbüschel zeigt die Richtung der Feldlinien an.

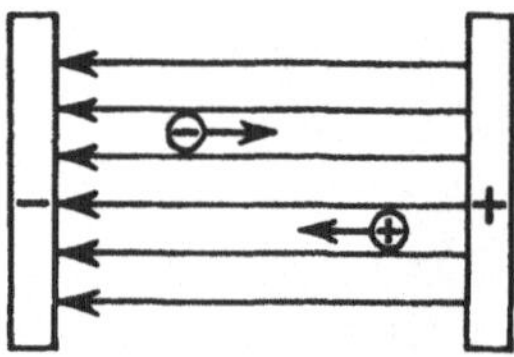

Bild 39.7. Bewegung elektrisch geladener Körper im Feld

Begründung: Würde eine Feldlinie schräg auf der Leiteroberfläche enden, so könnte man die wirkende Kraft in je eine normale und tangentiale Komponente zerlegen. Da die Elektronen auf einem Leiter leicht verschiebbar sind, müssen sie, der *tangentialen* Komponente folgend, sich so lange verschieben, bis der *Gleichgewichtszustand* und damit das Senkrechtstehen der Feldlinien erreicht ist.

Aus dem gleichen Grund befinden sich elektrische Überschußladungen *niemals im Innern* massiver oder hohler Metallkörper. Solche Ladungen folgen vielmehr dem Zug der Feldlinien, die von den außerhalb des Körpers befindlichen Ladungen des anderen Vorzeichens ausgehen, bis zur Oberfläche. Es gilt somit:

6. Das **Innere** eines Leiters ist **feldfrei** (Anwendung: Abschirmung empfindlicher Geräte durch Metallkäfige, nach dem Entdecker **Faraday-Käfige** genannt.)

39.1.2 Influenz

Ein Metallkörper ist wie jeder andere aus Atomen aufgebaut, die gleich viel Elektronen und Protonen enthalten, so daß er nach außen *elektrisch neutral* ist. Es ist heute bekannt, daß im Metallgitter die Leitungselektronen *frei* beweglich sind, sich also wie Gasatome verhalten. Daher ist es üblich, die **Leitungselektronen** im Metall als **Elektronengas** zu bezeichnen.

Bringt man den Körper in die Nähe eines elektrisch geladenen Körpers, so wird die entgegengesetzte Ladung an die Seite des geladenen Metallkörpers gezogen und dort durch elektrische Kräfte des Feldes festgehalten (Bild 39.8). Die vom geladenen Körper ausgehenden Feldlinien enden zum Teil auf dem nach außen neutralen Gegenstand und halten eine entsprechende Elektrizitätsmenge auf seiner Oberfläche gebunden (**gebundene Ladung**):

Influenz ist die Ladungstrennung im elektrischen Feld.

Entfernt man den Gegenstand aus dem Feldbereich, verteilen sich die Ladungen wieder in der ursprünglichen Weise. Die Influenzwirkung ist also nur *vorübergehend*, solange der Feldeinfluß besteht.

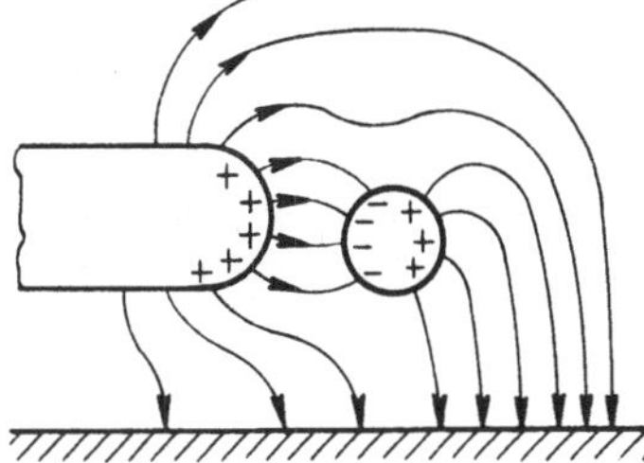

Bild 39.8. Influenz

Der Nachweis der Influenz kann mit einer isolierten Metallkugel (Bild 39.9) geschehen, die man in die Nähe eines geriebenen Glasstabes bringt. Eine kurze Berührung der Kugel mit dem Finger und Entfernen des Stabes führt zur *negativen* Aufladung der Kugel, ohne daß eine Berührung mit dem Glasstab stattgefunden hat. Die **freie Ladung** ist zur Erde abgeflossen und die zeitweilig vom Feld des Glasstabes **gebundene Ladung** auf dem Metallgegenstand verblieben.[1])

Bild 39.9. Aufladung eines isolierten Metallkörpers durch Influenz

Beispiele: 1. Ein Elektrometer schlägt bereits aus, wenn man einen geriebenen Glasstab *annähert*, ohne das Elektrometer damit zu berühren. Nach kurzem Berühren des Elektrometerknopfes mit dem Finger erweist sich dieses wesentlich stärker geladen als bei direkter Berührung. Grund: Bei unmittelbarer Berührung kann nur wenig Ladung vom Stab übergehen, da dieser ein Isolator ist. Beim Influenzvorgang wirkt jedoch das *ganze Feld* in der Umgebung des Stabes ladungsverschiebend.
2. Vorüberziehende Gewitterwolken können auf Hochspannungsleitungen gefährliche *Ladungswellen* erzeugen, wenn die influenzierte Ladung nach Entladung der Wolke nach beiden Seiten abfließt.

39.2 Elektrische Feldgrößen

39.2.1 Elektrische Feldstärke

Die im elektrischen Feld vorhandenen Kraftwirkungen werden zur Beurteilung der Stärke des Feldes genutzt. Auf einer zwischen den Platten des Kondensators befindlichen, mit Wasser gefüllten Schale schwimmt eine isolierte Metallkugel und berührt anfänglich eine Platte

---

[1]) Da sich in Wirklichkeit *nur negative* Ladungen (Elektronen) *bewegen* können, müßte man eigentlich sagen, dem Körper fließt zum Ausgleich der freien positiven Ladung eine entsprechende Menge von Elektronen zu. Diese ist nach Entfernen des positiv geladenen Stabes dann im Überschuß auf dem Körper vorhanden.

(Bild 39.10a). Verbindet man die Platten des Kondensators mit den Polen des Bandgenerators, wird die auf dem Schwimmer stehende Kugel geladen und treibt auf die andere Platte zu, wo sie ihre Ladung wechselt, wieder zurückkehrt usw. Es ist zu beobachten, daß die Kraft nicht nur vom Feld selbst, sondern auch von der Größe der elektrischen Ladung Q der Kugel abhängt. Die Ladung, auf die die Kraft einwirkt, wird im folgenden als Probeladung bezeichnet. Sie soll so klein sein, daß sie das Feld ihrerseits nicht beeinflußt. Dies führt zur Definition der **elektrischen Feldstärke**.

Die elektrische Feldstärke E ist der Quotient aus der auf die Probeladung Q wirkenden Kraft F und der Ladung Q. Die Richtung des Vektors E stimmt mit der des Kraftvektors F überein, wenn die Ladung positiv ist:

$$E = \frac{F}{Q}$$ **Elektrische Feldstärke**   (39.1)

Die Einheit der elektrischen Feldstärke ist: $[E] = V/m$ (Volt je Meter), denn $[E] = N/C = N\,m/(A\,s\,m) = W\,s/(A\,s\,m) = V\,A\,s/(A\,s\,m) = V/m$.

Aus 37.3 ist bekannt, daß jede unter dem Einfluß einer elektrischen Spannung U *bewegte* Ladung *Energie* umsetzt. Im geschlossenen Stromkreis wird diese Energie $E_{el} = QU$ in Wärmeenergie umgesetzt, im elektrischen Feld dagegen mechanische Arbeit W verrichtet.

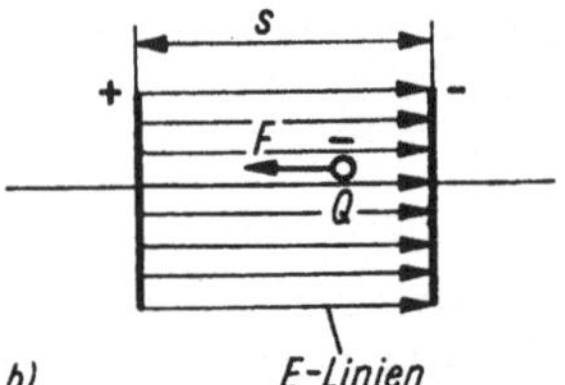

Bild 39.10a) Bewegung einer elektrisch geladenen Kugel im elektrischen Feld

Bild 39.10b) Zur Berechnung der elektrischen Feldstärke im homogenen Feld

Es gilt demnach auch hier die Gleichung (38.26) mit $E_{el} = W$

$$W = QU$$ (39.2)

Im Innern eines Plattenkondensators ist bei *kleinem* Plattenabstand s das elektrische Feld homogen, die Feldlinien verlaufen parallel. Das bedeutet aber im Plattenkondensator in allen Raumpunkten konstante elektrische Feldstärke E und damit auch konstante Kraft F (Bild 39.10b). Dann ist die verrichtete mechanische Arbeit $W = Fs$ und damit $QU = Fs$. Mit Gleichung (39.1) $E = F/Q$ erhält man

$$E = \frac{U}{s}$$ **Elektrische Feldstärke im homogenen Feld**   (39.3)

Wie für das homogene Feld können auch für andere spezielle Feldanordnungen Gleichungen für die elektrische Feldstärke hergeleitet werden.

In der Nähe der Plattenränder, wo die Linien stark auseinanderweichen, ist das Feld **inhomogen**. Noch auffälliger ist das in der Umgebung einer geladenen Kugel. Hier streben die

Feldlinien radialsymmetrisch immer weiter auseinander, die Kraftwirkung wird mit zunehmender Entfernung immer geringer. Die Feldstärke muß dann aus den geometrischen Verhältnissen gesondert berechnet werden. Sie ist daher eine Größe, die im allgemeinen in jedem Feldpunkt einen anderen Betrag annehmen kann. Die Richtung des Feldvektors E ist durch die Tangente gegeben, die man an die durch den betrachteten Feldpunkt laufende Feldlinie legen kann (Bild 39.11).

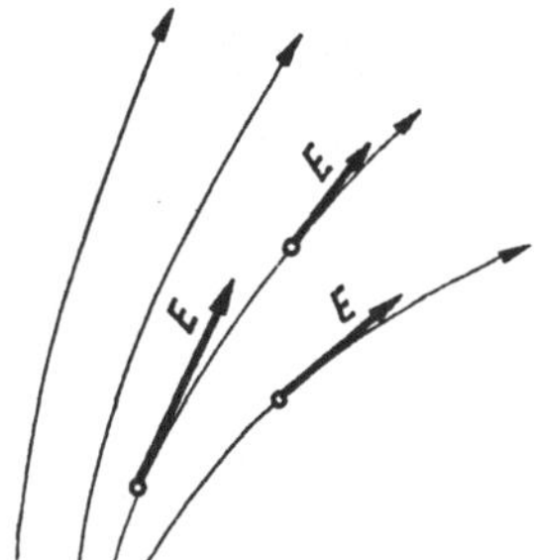

Bild 39.11. Inhomogenes Feld

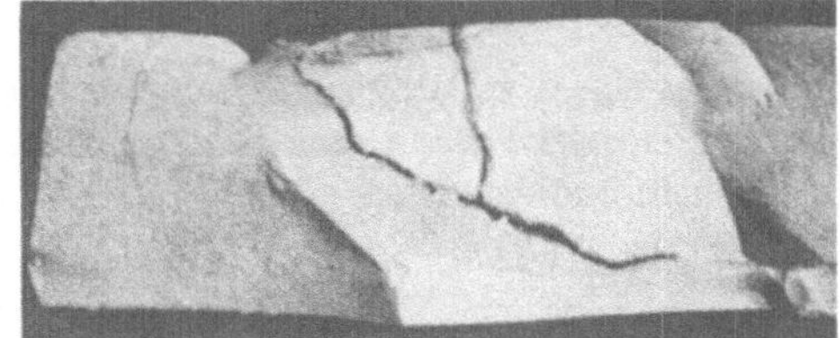

Bild 39.12. Elektrischer Durchschlagskanal durch ein dickwandiges Porzellanrohr

Technisch besonders wichtig ist jener Betrag der Feldstärke, bei dessen Überschreitung der zwischen den Feldgrenzen befindliche Luftzwischenraum unter Funkenbildung *durchschlagen* wird. Diese **Durchschlagfestigkeit** trockener *Luft* beträgt etwa 2 MV/m = 20 kV/cm (s. Beispiel 2, S. 381).

39.2.2 Elektrische Flächenladungsdichte (Ladungsbedeckung)

Die Ursache des elektrischen Feldes ist eine auf der Oberfläche dA eines Körpers vorhandene elektrische Ladung dQ.

Andererseits können aber auch auf einer von Feldlinien durchsetzten Fläche freie Ladungen durch Ladungsverschiebungen im elektrischen Feld entstehen. Daher wird die **elektrische Flächenladungsdichte** definiert:

Die Flächenladungsdichte σ **ist der Quotient aus der auf der Fläche** dA **vorhandenen elektrischen Ladung** dQ **und der Fläche** dA**.**

$$\boxed{\sigma = \frac{dQ}{dA}} \qquad \textbf{Flächenladungsdichte} \qquad\qquad (39.4)$$

Für *konstante* Ladungsverteilung über die gesamte Fläche gilt

$$\boxed{\sigma = \frac{Q}{A}} \qquad \begin{array}{l}\textbf{Flächenladungsdichte bei konstanter}\\ \textbf{Ladungsverteilung auf der Fläche}\end{array}$$

Aus (39.4) ergibt sich die Einheit der Flächenladungsdichte: $[\sigma] = $ C/m² (Coulomb je Quadratmeter).

An der Oberfläche einer frei stehenden Kugel mit der Oberfläche $4\pi r^2$ ist die Ladung Q gleichmäßig verteilt. Daher gilt

$$\boxed{\sigma = \frac{Q}{4\pi r^2}} \qquad \textbf{Flächenladungsdichte einer Kugel} \qquad\qquad (39.5)$$

39.2.3 Elektrische Flußdichte und elektrischer Fluß

Die oben erwähnte zweite Wirkung des elektrischen Feldes, nämlich die Verschiebung freier Ladungen auf einer vom Feld durchsetzten Fläche, kann ebenfalls zur Beschreibung des elektrischen Feldes herangezogen werden:

Das elektrische Feld ist um so stärker, je größer die von ihm influenzierte Flächenladungsdichte ist.

Es ist dann leicht vorstellbar, daß der *Betrag* der elektrischen Feldstärke E am Ort der Ladungsverschiebung der Flächenladungsdichte proportional ist:

$$\sigma \sim E.$$

Um daraus eine Gleichung zu formulieren, muß wegen des vektoriellen Charakters der elektrischen Feldstärke E ein neuer Vektor D eingeführt werden, dessen Betrag D gleich der Flächenladungsdichte σ ist:

$$D = \sigma$$

$$[D] = [\sigma] = C/m^2.$$

Diese neue vektorielle Größe wird **elektrische Flußdichte D** genannt.

Die elektrische Flußdichte D ist ein Vektor in Richtung der elektrischen Feldstärke E, dessen Betrag gleich der in dem betrachteten Feldpunkt »verschobenen« Flächenladungsdichte σ ist.

Während die elektrische Feldstärke E von den *Kraftwirkungen* ausgeht, die vom Feld verursacht werden, geht die elektrische Flußdichte D von den *Ladungen* aus, die durch das Feld im betrachteten Raumpunkt auf einer Fläche getrennt werden. Beide Größen beschreiben das *gleiche* Feld, damit ist auch die folgende Proportionalität verständlich:

$$D \sim E \qquad \textbf{Elektrische Flußdichte} \sim \textbf{elektrische Feldstärke}$$

Im *Vakuum* wird als Proportionalitätsfaktor die **elektrische Feldkonstante** ε_0 eingeführt:

$$\boxed{D = \varepsilon_0 E} \qquad \textbf{Elektrische Flußdichte im Vakuum} \tag{39.6}$$

$$\boxed{\varepsilon_0 = 8{,}854 \cdot 10^{-12}\ C/(V\ m)} \qquad \textbf{Elektrische Feldkonstante}$$

Mit der Einführung der Einheit Farad ($F = C/V$) wird $\varepsilon_0 = 8{,}854$ pF/m. D und E beschreiben, um es nochmals zu wiederholen, *dasselbe* Feld. Der *Übergang* von der einen zur anderen Betrachtungsweise bedeutet nur eine *Veränderung* des Standpunktes: Man kann E als *Ursache*, D als *Wirkung* des Feldes bezeichnen, mit dem gleichen Recht könnte man auch D als Ursache und E als Wirkung betrachten!
Wegen $D = \sigma$ folgt auch $\sigma = \varepsilon_0 E$ und damit

$$\boxed{E = \frac{\sigma}{\varepsilon_0}} \qquad \begin{array}{l}\textbf{Elektrische Feldstärke an der Oberfläche eines}\\ \textbf{geladenen Körpers}\end{array} \tag{39.7}$$

Mit der Flächenladungsdichte einer Kugel (39.5) ist dann

$$\boxed{E = \frac{Q}{4\pi r^2 \varepsilon_0}} \qquad \begin{array}{l}\textbf{Elektrische Feldstärke an der Oberfläche}\\ \textbf{einer geladenen Kugel}\end{array} \tag{39.8}$$

Die letzte Gleichung gilt auch *allgemein* für die elektrische Feldstärke in der Umgebung einer punktförmigen einzelnen Ladung Q im Vakuum.

Schließlich wird noch die Größe **elektrischer Fluß** ψ eingeführt.

Sie ist das *skalare* Produkt (s. S. 79) aus der elektrischen Flußdichte D und dem Flächenvektor der Fläche dA, die von den Feldlinien durchsetzt wird (Bild 39.13): $d\psi = D\,dA$. Integration über die Fläche ergibt

$$\psi = \int_A D\,dA \qquad \text{bzw. im homogenen Feld} \qquad \psi = D\,A = DA\cos\alpha \tag{39.9}$$

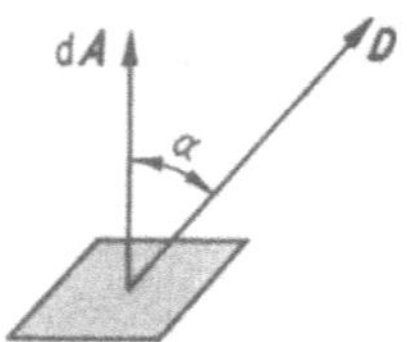

Bild 39.13. Zur Definition des elektrischen Flusses

Wird im *homogenen* Feld die Fläche senkrecht von Feldlinien durchsetzt, ist der elektrische Fluß gleich der auf der Fläche befindlichen Ladung Q:

$$\psi = Q = DA = \sigma A \qquad \text{**Elektrischer Fluß im homogenen Feld** (für } D \perp A) \tag{39.10}$$

Beispiele: 1. Wie groß sind elektrische Feldstärke E und elektrische Flußdichte D in einem homogenen Feld, wenn zwischen zwei auf einer Feldlinie liegenden Punkten im Abstand $s = 5$ cm eine Spannung von 300 V besteht? – Nach (39.3) ist $E = U/s = 6$ kV/m, und (39.6) ergibt $D = \varepsilon_0 E = 0,0531$ C/m^2.

2. Auf welche Spannung dürfen zwei Platten höchstens geladen werden, wenn der Luftzwischenraum von 4 cm nicht durchschlagen werden soll? – Die Durchschlagsfestigkeit der Luft ist etwa 20 kV/cm. Aus (39.3) folgt $U = Es = 80$ kV.

39.3 Kraftwirkungen im elektrischen Feld

39.3.1 Kraft zwischen zwei Punktladungen

Durch Messungen mit der Drehwaage (S. 113) fand COULOMB (1785) das nach ihm benannte **Coulombsche Gesetz** der Kraftwirkungen zwischen zwei sehr kleinen elektrisch geladenen Kugeln. Er stellt fest, daß die Kraft proportional dem Produkt der beiden Ladungen Q_1 und Q_2 sowie indirekt proportional dem Quadrat der Entfernung r dieser Ladungen ist.

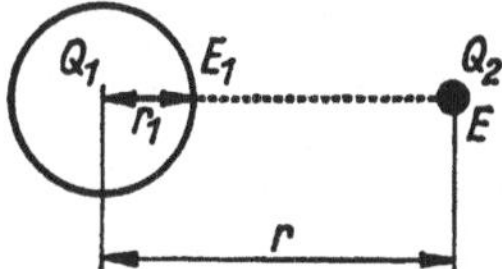

Bild 39.14. Zum COULOMBschen Gesetz

Dies ist auch aus den bisher behandelten Feldgrößen herzuleiten. Nach Bild 39.14 und (39.8) ist die elektrische Feldstärke E, hervorgerufen durch die Ladung Q_1 am Ort der Ladung Q_2, $E = Q_1/(4\pi\varepsilon_0 r^2)$ und nach (39.1) die dort wirkende Kraft $F = EQ_2$ (Q_2 ist die Probeladung, s. 39.2.1). Es ergibt sich also:

$$F = \frac{1}{4\pi\varepsilon_0}\frac{Q_1 Q_2}{r^2} \qquad \text{**Coulombsches Gesetz**} \tag{39.11}$$

Die Ladung Q_2 muß *sehr* klein sein. Sonst würde sie ihrerseits durch Influenz auf der Kugel *1* die Ladungsverteilung Q_1 ändern und damit die Feldstärke E am Ort der Ladung Q_2. **Das Coulombsche Gesetz gilt exakt nur für punktförmige Ladungen oder für weit entfernte geladene Kugeln, so daß $r_1 \ll r$ wird.**
Coulombsche Kräfte spielen bei der chemischen Bindung eine entscheidende Rolle. Sie sind Kräfte der sogenannten *elektromagnetischen Wechselwirkung,* zu denen auch die Wechselwirkungen zwischen elektrischen und magnetischen Feldern sowie einige Prozesse im atomaren Bereich gehören.

Beispiel: Welche Kraftwirkung üben zwei Elektronen im Abstand 10 nm aufeinander aus, wenn kein weiterer Krafteinfluß vorhanden ist? – Mit der Elementarladung aus (37.2) $e = 1{,}602 \cdot 10^{-19}$ C und (39.11) ist $F = e^2/(4\pi\varepsilon_0 r^2) = 2{,}566 \cdot 10^{-38}/(4 \cdot 8{,}854 \cdot 10^{-12} \cdot 10^{-18})\,\mathrm{N} = 2{,}3 \cdot 10^{-10}\,\mathrm{N} = 0{,}23$ nN. Die Abstoßungskraft ist 0,23 nN.

39.3.2 Kraft zwischen zwei geladenen Platten

Die Kraftwirkung zwischen zwei geladenen Platten ist mit dem COULOMBschen Gesetz *nicht* mehr erfaßbar. Die Influenzwirkungen der beiden Platten müssen nun beachtet werden. Das elektrische Feld im Plattenkondensator wird durch die Ladungen $+Q$ und $-Q$ erzeugt. Diese elektrischen Ladungen erzeugen die elektrischen Feldstärken E_1 und E_2. Im Plattenkondensator ist dann die resultierende Feldstärke $E = E_1 + E_2$. Da im homogenen Feld $E_1 = E_2$ ist, folgt $E_1 = E/2$. Auf die Ladung $+Q$ wirkt demnach die Feldstärke $E/2$, so daß $F = QE/2$ ist. Mit der Plattenfläche A, $Q = DA$, $D = \varepsilon_0 E$ und daraus $Q = \varepsilon_0 EA$ wird $F = \varepsilon_0 E^2 A/2$. Ist der Plattenabstand s, erhält man mit $E = U/s$ schließlich

$$\boxed{\; F = \frac{\varepsilon_0 U^2 A}{2s^2} = \frac{1}{2}\,EDA \;}$$
Kraft zwischen zwei gleichen geladenen Platten (39.12)

Beispiele: 1. Auf einem Lithographenstein liegt eine genau eben geschliffene Metallplatte. Beim Anschluß an eine Gleichspannung von etwa 200 V haftet der Stein so fest, daß man ihn an der Platte hochheben kann. Der Zwischenraum s ist hier mikroskopisch klein, so daß die Kraftwirkung beträchtlich ist.
2. Für den letzten Fall mögen folgende Werte gegeben sein: Abstand $s = 0{,}01$ mm, Spannung $U = 220$ V, berührende Oberfläche $A = 600\,\mathrm{cm^2}$. Dann ist die Kraft nach Gl. (39.12)

$$F = \frac{8{,}854 \cdot 10^{-12}\,\mathrm{A\,s} \cdot 220^2\,\mathrm{V^2} \cdot 6 \cdot 10^{-2}\,\mathrm{m^2}}{\mathrm{V\,m} \cdot 2 \cdot 10^{-10}\,\mathrm{m^2}} = 129\,\mathrm{N}.$$

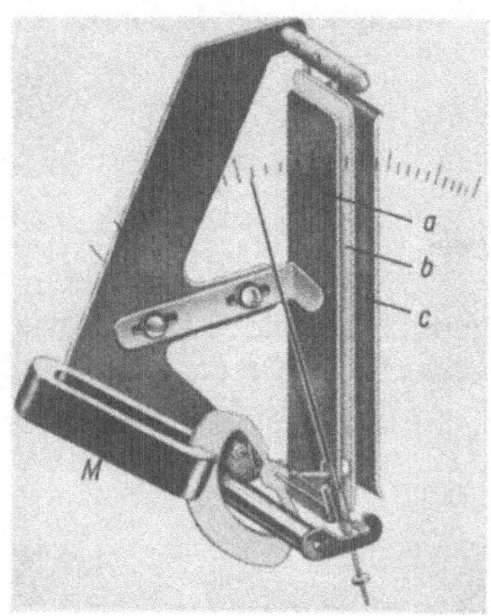

Bild 39.15. Elektrostatisches Meßwerk für hohe Spannungen. Anschluß der Spannung einerseits an *a, b* und andererseits an *c. M* Dämpfungsmagnet

3. Zur Messung hoher Gleich- und Wechselspannung verwendet man u. a. das in Bild 39.15 angegebene **elektrostatische Meßwerk**, das auf der Anziehung paralleler geladener Platten beruht.

39.3.3 Potential und Spannung

Wie in Abschnitt 37.2 bereits erklärt wurde, ist das elektrische **Potential** φ die Spannung gegenüber einem willkürlich festgelegten Bezugspunkt. Auch jeder einzelne Punkt eines elektrischen Feldes hat ein **Potential**. Geht man z. B. von der negativen Platte eines geladenen Kondensators aus, so haben alle Punkte der anderen Platte ein bestimmtes Potential, sie liegen auf einer **Äquipotentialfläche** (Fläche gleichen Potentials).

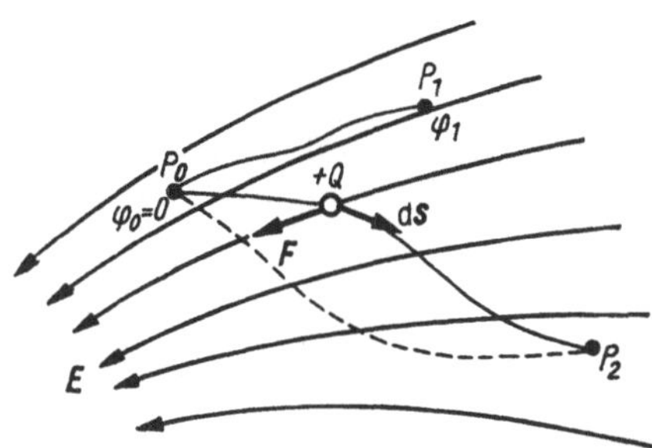

Bild 39.16. Potential und Spannung im elektrischen Feld

Um zu einer *allgemeinen* Darstellung des Potentials in einem beliebigen elektrischen Feld zu gelangen, muß auch in diesem ein *willkürlich* festgelegter *Bezugspunkt* gewählt werden, für den das Potential *Null* festgelegt ist. Es ist bereits bekannt, daß zur Ladungsverschiebung im elektrischen Feld Kräfte und damit Energie aufgewendet werden müssen, das Potential charakterisiert gewissermaßen die Feldenergie in dem betrachteten Punkt (Bild 39.16).

Das elektrische Potential φ in einem Feldpunkt P ist der Quotient aus der Arbeit W, die gegen die Feldkraft aufgewendet werden muß, um eine positive Ladung Q von einem willkürlich festgelegten Bezugspunkt P_0 an die betreffende Feldstelle P zu bringen.

$$\boxed{\varphi = \frac{W_{P_0,P}}{Q}} \qquad \text{**Elektrisches Potential**} \qquad (39.13)$$

Mit $\mathrm{d}W = -F\,\mathrm{d}s$ wird nach Integration $W = -\int_{P_0}^{P} F\,\mathrm{d}s$ (das Minuszeichen steht für die *gegen* die Feldkraft aufgewendete Arbeit). Damit ergibt sich für das Potential mit $E = F/Q$

$$\boxed{\varphi = -\int_{P_0}^{P} E\,\mathrm{d}s} \qquad \text{**Zusammenhang zwischen Potential und Feldstärke**} \qquad (39.14)$$

Die Spannung zwischen zwei Feldpunkten P_1 und P_2 (Bild 39.16) ist dann nach (37.4)

$$U_{1,2} = \frac{W_{1,2}}{Q} = \frac{\int_{P_1}^{P_2} F\,\mathrm{d}s}{Q} = \int_{P_1}^{P_2} E\,\mathrm{d}s.$$

Zum gleichen Ergebnis führt auch die Anwendung von (37.5)

$$U_{1,2} = \varphi_1 - \varphi_2 = -\int_{P_0}^{P_1} E\,\mathrm{d}s - \left(-\int_{P_0}^{P_2} E\,\mathrm{d}s\right) = \int_{P_1}^{P_0} E\,\mathrm{d}s + \int_{P_0}^{P_2} E\,\mathrm{d}s = \int_{P_1}^{P_2} E\,\mathrm{d}s,$$

womit gleichzeitig nochmals der wichtige Zusammenhang von elektrischer Spannung, elektrischem Potential und elektrischer Feldstärke im elektrischen Feld aufgezeigt wurde.

Spannung = Potentialdifferenz zwischen zwei Feldpunkten:

$$U_{1,2} = \varphi_1 - \varphi_2 = \int_{P_1}^{P_2} E \, ds \qquad\qquad (39.15)$$

Im einfach überschaubaren homogenen Feld (Bild 39.17) erhält man für das Potential des Punktes P wegen $W = Fs \cos \alpha$ und (39.1)

$$\varphi = \frac{W}{Q} = \frac{Fs \cos \alpha}{Q} = Es \cos \alpha \qquad \textbf{Potential im homogenen Feld} \qquad (39.16)$$

Liegt der Feldpunkt P auf der anderen Kondensatorplatte, so ist $s \cos \alpha$ der Plattenabstand s und (39.16) geht in die Gleichung (39.3) über.

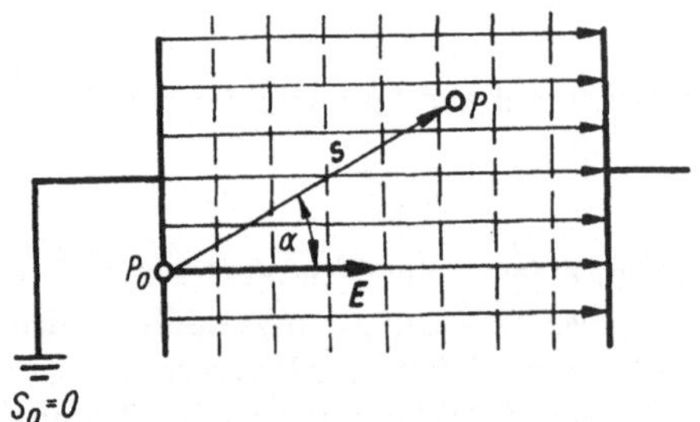

Bild 39.17. Zum Potential eines Punktes im homogenen Feld

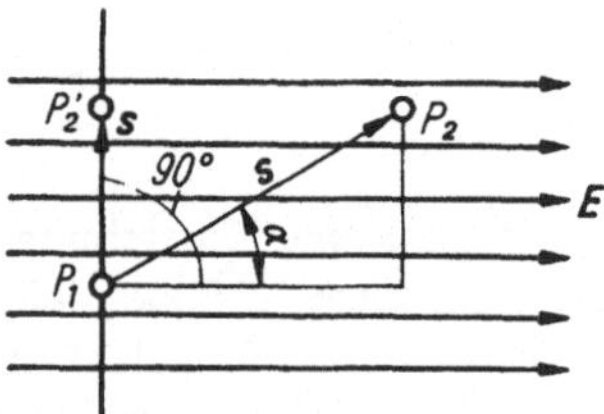

Bild 39.18. Zu Potential und Spannung im homogenen Feld

Die zu den Feldlinien in Bild 39.17 *senkrecht* gezeichneten Linien sind die schon erwähnten **Äquipotentialflächen** im homogenen Feld. Im kugelsymmetrischen Feld einer geladenen Metallkugel sind es keine Ebenen mehr, sondern *Kugelflächen* (s. Beispiel). Auf den Äquipotentialflächen ist das Potential *konstant*, zwischen zwei Punkten auf diesen Flächen besteht *keine* Spannung, und es ist zur Ladungsverschiebung auf den Flächen *keine* Arbeit erforderlich. Dies ist besonders anschaulich im homogenen Feld zu überblicken, da jetzt $\alpha = 90°$, $\cos \alpha = 0$ und damit W und U gleichfalls *Null* werden (Bild 39.18).

Potential an der Oberfläche einer positiv geladenen Kugel. In diesem Fall ist das Feld radialsymmetrisch, also nicht homogen. Die positiv zu denkende Probeladung sei mit Q_2 und der Kugelradius mit r_1 bezeichnet. Das Potential 0 besteht im Unendlichen, wo auch die Feldstärke E gleich 0 ist. (Der Potentialnullpunkt kann beliebig festgelegt werden.)
Für das Wegelement $dr = ds$ folgt aus (39.13) und (39.14)

$$\varphi = - \int\limits_{r_2 \to \infty}^{r_1} \frac{F \, dr}{Q_2}.$$

Mit dem COULOMBschen Gesetz (39.11) erhält man dann mit der Ladung Q_1 der Kugel

$$\varphi = - \frac{1}{Q_2} \int\limits_{r_2 \to \infty}^{r_1} \frac{Q_1 Q_2}{4\pi\varepsilon_0 r^2} \, dr = \frac{Q_1}{4\pi\varepsilon_0 r_1} \, ;$$

für eine Punktladung Q wird dann im Abstand r

$$\varphi = \frac{Q}{4\pi\varepsilon_0 r}.$$

Wie zu sehen ist, hängt das Potential allein von der Entfernung r vom Kugelmittelpunkt ab. Die Äquipotentialflächen sind daher wiederum konzentrische Kugelflächen im freien Außenraum.

39.4 Kapazität

Die Anwendung der Gleichungen für die elektrische Flußdichte (39.6) und des elektrischen Flusses (39.10) $D = \varepsilon_0 E$ und $D = Q/A$ sowie $E = U/s$ für den Plattenkondensator ergibt für die elektrische Ladung des Kondensators

$$\boxed{Q = \frac{\varepsilon_0 A}{s} U} \qquad \textbf{Ladung des Plattenkondensators} \qquad (39.17)$$

Die Ladung Q des Kondensators ist der Spannung *U proportional*. Der Proportionalitätsfaktor enthält außer der universellen Naturkonstante ε_0 *nur* Größen, die für die *geometrischen* Abmessungen des Kondensators bestimmend sind, und wird **Kapazität** des Konden-

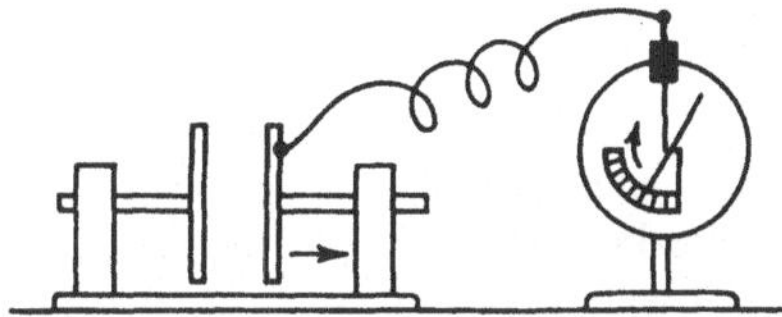

Bild 39.19. Bei Vergrößerung des Plattenabstandes steigt die Spannung.

sators genannt. Auch für andere Kondensatoranordnungen nennt man den Quotienten aus der Ladung Q und der Spannung U die **Kapazität** C des betreffenden Kondensators:

$$\boxed{C = \frac{Q}{U}} \qquad \textbf{Kapazität} \qquad (39.18)$$

Die Einheit der Kapazität ist **Farad** (F): $[C] = \dfrac{[Q]}{[U]} = \dfrac{\text{C}}{\text{V}} = \text{F}.$

Mit dieser Definitionsgleichung und (39.17) ergibt sich für die Kapazität des Plattenkondensators

$$\boxed{C = \varepsilon_0 \frac{A}{s}} \qquad \textbf{Kapazität des leeren Plattenkondensators} \qquad (39.19)$$

Die letzte Beziehung läßt sich durch einen Versuch leicht bestätigen. Ein Plattenkondensator wird mit einem Elektrometer verbunden und aufgeladen (Bild 39.19). Bei Vergrößerung des Plattenabstandes s zeigt das Elektrometer eine größere Spannung an. Die Kapazität wird kleiner. Bei Verringern des Plattenabstandes sinkt die Spannung, obwohl sich die Elektrizitätsmenge nicht verändert hat, die Kapazität wird größer.
Ähnlich wie für den Plattenkondensator lassen sich auch für spezielle andere Feldanordnungen Gleichungen für die Kapazität herleiten. Nicht immer ist die Kapazität einer Leiteranordnung mit einfachen Mitteln berechenbar. Dann muß die Kapazität über entsprechende Wechselstrombrückenschaltungen experimentell ermittelt werden. Es soll nicht unerwähnt bleiben, daß jede Doppelleitung und jede Leitung eine Kapazität hat, die besonders bei der Anwendung in hochfrequenten Wechselstromkreisen beachtet werden muß.

39.5 Schaltung von Kondensatoren

Kondensatoren lassen sich wie Widerstände zu verschiedenen Schaltungen kombinieren.
1. Parallelschaltung (Bild 39.20). An allen Kondensatoren liegt die gleiche Spannung U, die elektrischen Ladungen addieren sich zur Gesamtladung Q. Mit $Q = CU$ wird $CU = C_1 U + C_2 U + \ldots$ und daraus die **Ersatzkapazität (Gesamtkapazität)** der Schaltung

$$C = \sum_{i=1}^{i=n} C_i \qquad \text{Ersatzkapazität bei Parallelschaltung} \tag{39.20}$$

Wegen $U = Q_1/C_1$; $U = Q_2/C_2$ usw. ergibt sich ein Zusammenhang zwischen Ladungen und Kapazitäten:

$$\frac{Q_1}{Q_2} = \frac{C_1}{C_2} \qquad \text{bzw.} \qquad \frac{Q_n}{Q_m} = \frac{C_n}{C_m} \tag{39.21}$$

Die Ladungen verhalten sich wie die Kapazitäten.

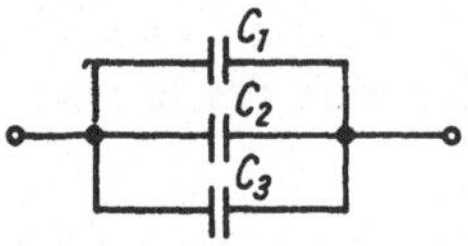

Bild 39.20. Parallelschaltung von Kondensatoren

2. Reihenschaltung (Bild 39.21). Bei dieser Schaltung trägt jeder Kondensator die gleiche elektrische Ladung (jede Platte bindet auf der ihr gegenüberliegenden die gleiche Ladung). Da sich bei Reihenschaltung die Spannungen addieren, gilt jetzt $U = Q/C = Q/C_1 + Q/C_2 + \ldots$, und man erhält daraus

$$\frac{1}{C} = \sum_{i=1}^{i=n} \frac{1}{C_i} \qquad \text{bzw.} \qquad C = \left(\sum_{i=1}^{i=n} \frac{1}{C_i} \right)^{-1} \qquad \text{Ersatzkapazität bei Reihenschaltung} \tag{39.22}$$

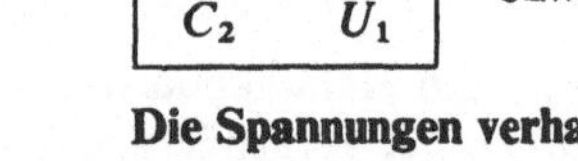

Bild 39.21. Reihenschaltung von Kondensatoren

Da an jedem Kondensator eine Teilspannung U_i liegt, ergibt sich aus $Q = C_1 U_1$; $Q = C_2 U_2$ usw. ein Zusammenhang zwischen Teilspannungen und Teilkapazitäten:

$$\frac{C_1}{C_2} = \frac{U_2}{U_1} \qquad \text{bzw.} \qquad \frac{C_m}{C_n} = \frac{U_n}{U_m} \tag{39.23}$$

Die Spannungen verhalten sich umgekehrt wie die Kapazitäten.

3. Kapazität des Kugelkondensators (Bild 39.22). Um die Kapazität eines aus zwei konzentrischen Kugelschalen bestehenden Kondensators zu berechnen, muß man sich deren Abstand dr zunächst sehr klein denken. Dann kann Gleichung (39.19) angewandt werden. Mit der Oberfläche $A = 4\pi r^2$ erhält man

$$C = \frac{4\pi\varepsilon_0 r^2}{dr}.$$

Ist aber der Unterschied zwischen den Radien r und R *groß*, so kann man den Hohlraum mit vielen Einzelschalen von der Dicke dr ausfüllen. Sie stellen eine Reihenschaltung aus lauter Einzelkondensatoren dar. Die reziproke Gesamtkapazität ist nach Gleichung (39.22)

$$\frac{1}{C} = \frac{dr}{4\pi\varepsilon_0 r_1^2} + \frac{dr}{4\pi\varepsilon_0 r_2^2} + \frac{dr}{4\pi\varepsilon_0 r_3^2} + \dots \quad \text{bzw.} \quad \frac{1}{C} = \frac{1}{4\pi\varepsilon_0} \int_r^R \frac{dr}{r^2}.$$

Die Ausführung der Integration ergibt

$$\frac{1}{C} = \frac{1}{4\pi\varepsilon_0} \left(\frac{1}{r} - \frac{1}{R} \right).$$

Ist der Radius R sehr groß gegenüber r, wird mit $1/R \to 0$

$$\boxed{C = 4\pi\varepsilon_0 r} \qquad \textbf{Kapazität einer freien Kugel im Raum} \qquad (39.24)$$

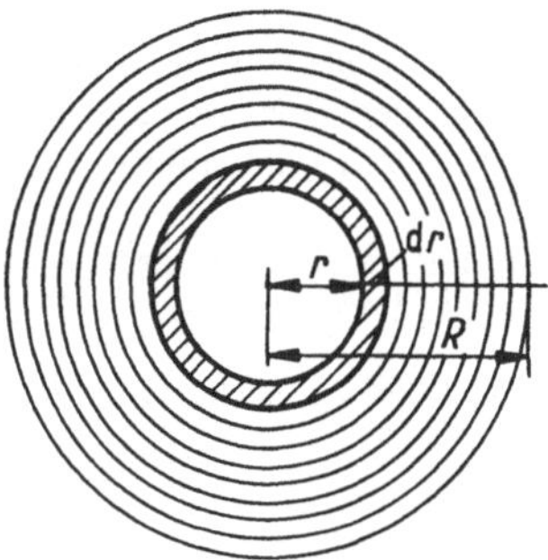

Bild 39.22. Zur Kapazität des Kugelkondensators

Beispiele: 1. Welche Elektrizitätsmenge sitzt auf einer Kugel von 4 cm Durchmesser, deren Spannung gegen Erde 50 V beträgt? – Mit $Q = CU$ und (39.24) folgt

$$Q = 4\pi\varepsilon_0 rU = \frac{4\pi \cdot 8{,}854 \cdot 10^{-12}\,\text{A s} \cdot 0{,}02\,\text{m} \cdot 50\,\text{V}}{\text{V m}} = 111\,\text{pC}.$$

2. Welche Kapazität hat die Erdkugel ($r = 6378$ km)? – Nach (39.24) folgt

$$C = 4\pi\varepsilon_0 r = \frac{4\pi \cdot 8{,}854 \cdot 10^{-12}\,\text{A s} \cdot 6{,}378 \cdot 10^6\,\text{m}}{\text{V m}} = 710\,\mu\text{F}.$$

4. Krümmungsradius und elektrische Feldstärke. Setzt man die Kapazität einer freien Kugel $C = 4\pi\varepsilon_0 r$ in die Definitionsgleichung der Kapazität (39.18) ein, ergibt sich für die *Spannung* dieser Kugel gegen die Erde, also für das *Potential*, $\varphi = Q/C = Q/(4\varepsilon\pi_0 r)$ in Übereinstimmung mit dem für das Potential einer Kugel in 39.3.3 erhaltenen Ergebnis. Ein Vergleich des Potentials mit der elektrischen Feldstärke an der Kugeloberfläche (39.8) $E = Q/(4\pi\varepsilon_0 r^2)$ ergibt

$$\boxed{E = \frac{\varphi}{r}} \qquad \begin{array}{l} \textbf{Zusammenhang zwischen Potential und} \\ \textbf{elektrischer Feldstärke an der} \\ \textbf{Oberfläche einer geladenen Kugel} \end{array} \qquad (39.25)$$

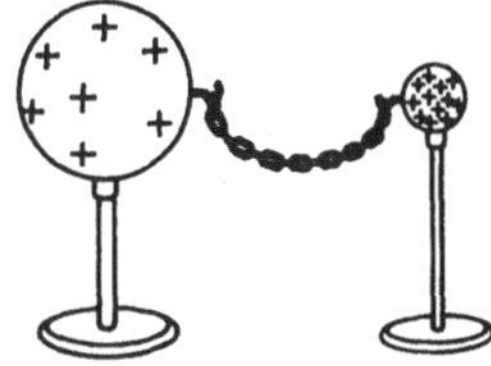

Bild 39.23. Verschiedene Flächenladungsdichten bei gleicher Spannung

Werden zwei Kugeln isoliert aufgestellt, aber miteinander leitend verbunden und dann aufgeladen (Bild 39.23), müssen beide das *gleiche* Potential φ, aber *unterschiedliche* Flächenladungsdichten σ haben.

Die Anwendung von (39.25) liefert demnach

$$\varphi = E_1 r_1 = E_2 r_2 \quad \text{oder} \quad \boxed{E_1 : E_2 = r_2 : r_1} \tag{39.26}$$

Auch für nicht kugelförmige Körper gilt dieser Zusammenhang:

> **Die elektrische Feldstärke eines geladenen Körpers ist dem Krümmungsradius der betreffenden Stelle indirekt proportional.**

Dies macht sich bei geladenen Körpern als sogenannte **Spitzenwirkung** (Bild 39.24) bemerkbar. Infolge der hohen Feldstärke tritt eine *starke Ionisation* der Luft ein. Die vom Feld *weggetriebenen Ionen* führen zu starken Ladungsverlusten.

Beispiele: 1. Alle Teile von Hochspannungsanlagen sind sorgfältig abgerundet, um Sprüherscheinungen zu vermeiden. Bei kleinen Krümmungsradien können dadurch größere Verluste eintreten. Mängel an der Gestaltung von Isolatoren werden bei hohen Spannungen durch Funkenüberschläge sichtbar.

2. Eine Kugel von 3,0 cm Radius ist auf 5,0 kV geladen und hat an einer Stelle eine Spitze von 0,1 mm Krümmungsradius. Welche Feldstärke herrscht an der Spitze und an der übrigen Oberfläche? – Nach (39.25) ist an der Spitze $E = \dfrac{\varphi}{r_1} = \dfrac{5,0\,\text{kV}}{0,01\,\text{cm}} = 500\,\text{kV/cm}$ und an der übrigen Oberfläche $E = U/r_2 = 5,0\,\text{kV}/3,0\,\text{cm} = 1,67\,\text{kV/cm}$.

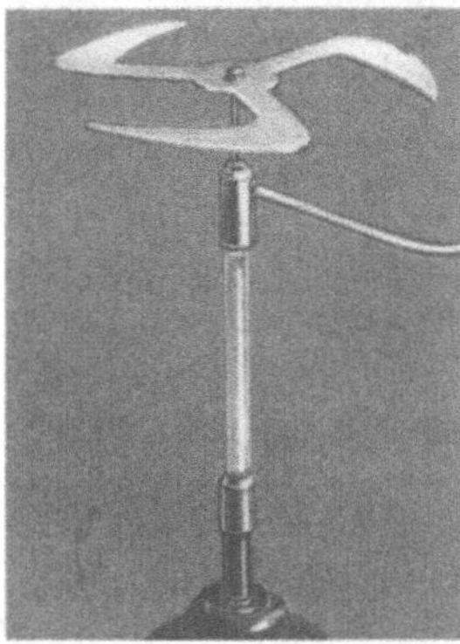

Bild 39.24. Spitzenwirkung versetzt ein Rädchen in Umdrehung

39.6 Energie und Energiedichte des elektrischen Feldes

Führt man einen anfänglich noch ungeladenen Kondensator elektrische Ladung zu, steigt seine Spannung nach $U = Q/C$ proportional zur elektrischen Ladung an (Bild 39.25). Zur Aufladung ist Energie E_{el} nötig, denn um die Ladung dQ gegen das Feld zu bewegen, muß die dazu äquivalente Arbeit dW aufgewendet werden. Diese ist nach (38.26) $dW = U\,dQ$. Die gesamte Energie ist dann der Flächeninhalt unter der Kurve, er kann in diesem einfachen

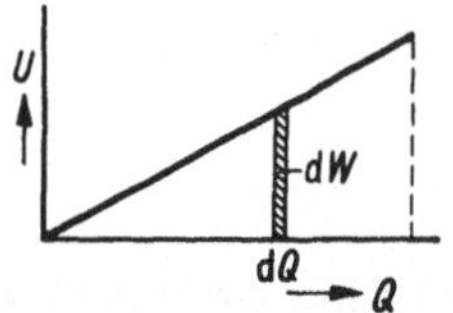

Bild 39.25. Ladung und Spannung eines Kondensators

Fall elementar bzw. über Integration ermittelt werden: $W = E_{\mathrm{el}} = \int\limits_0^Q U\,\mathrm{d}Q = (1/C)\int\limits_0^Q Q\,\mathrm{d}Q$
$= Q^2/(2C) = UQ/2$. Mit $Q = CU$ ergibt sich

$$\boxed{E_{\mathrm{el}} = \tfrac{1}{2}CU^2}$$
Elektrische Feldenergie eines geladenen Kondensators
(39.27)

Die zum Aufladen *aufgewendete* Arbeit ist im elektrischen Feld des geladenen Kondensators als *gespeicherte Feldenergie* enthalten. Wird für die Kapazität die Gleichung (39.19) eingesetzt, erhält man speziell für den Plattenkondensator

$$\boxed{E_{\mathrm{el}} = \frac{U^2 \varepsilon_0 A}{2s}}$$
Elektrische Feldenergie eines geladenen Plattenkondensators im Vakuum
(39.28)

Wegen $U = Es$ (E ist die elektrische Feldstärke) ergibt sich allgemein für das homogene Feld der Länge s

$$\boxed{E_{\mathrm{el}} = \tfrac{1}{2}\varepsilon_0 E^2 As}$$
Elektrische Feldenergie eines homogenen Feldes im Vakuum
(39.29)

Die letzte Gleichung läßt sich mit dem erfaßten Feldvolumen $V = As$ und der elektrischen Flußdichte (39.6) $D = \varepsilon_0 E$ umformen:

$$\boxed{E_{\mathrm{el}} = \tfrac{1}{2}\varepsilon_0 E^2 V = \tfrac{1}{2}EDV}$$
(39.30)

Die elektrische Feldenergie ist dem Quadrat der elektrischen Feldstärke und dem betrachteten Feldvolumen proportional.

Jedes elektrische Feld ist daher ein *Energieträger*. In ihm ist die zur Trennung der ursprünglich vereinigt gewesenen elektrischen Ladung erforderliche Energie gespeichert. In 37.3 wurde festgestellt, daß jede Spannungsquelle durch den Vorgang der Ladungstrennung eine Quellenspannung erhält. Es ist an dieser Stelle zu ergänzen, daß die hierzu verwendete Energie bis zur Vereinigung der Ladungen in dem dazugehörigen elektrischen Feld gespeichert ist.
Die elektrische Feldenergie ist im *homogenen* Feld *gleichmäßig* über den erfaßten Raum verteilt. Dies ist im *inhomogenen* Feld nicht mehr der Fall, hier ist die Feldstärke und damit die Feldenergie nach (39.30) von Ort zu Ort *verschieden*. Um auch dies beschreiben zu können, wird die **elektrische Feldenergiedichte** w eingeführt. Sie ist der Quotient aus der elektrischen Feldenergie $\mathrm{d}E_{\mathrm{el}}$ und dem Volumen $\mathrm{d}V$. Mit (39.29) und (39.30) ergibt sich

$$\frac{\mathrm{d}E_{\mathrm{el}}}{\mathrm{d}V} = \frac{1}{2}\frac{ED\,\mathrm{d}V}{\mathrm{d}V}$$

und daraus

$$\boxed{w_{\mathrm{el}} = \frac{1}{2}\varepsilon_0 E^2 = \frac{1}{2}ED}$$
Elektrische Energiedichte
(39.31)

Diese Gleichung enthält *nur* noch *Feldgrößen* und gilt somit für *jeden* Feldbereich!

Beispiel: Zur Speisung eines Elektronenblitzgerätes mit Hilfe eines Kondensators werden 100 J bei einer Spannung von 800 V benötigt. Welche Kapazität muß der Kondensator mindestens haben? – $C = \dfrac{2E_{\mathrm{el}}}{U^2} = \dfrac{2 \cdot 100\ \mathrm{V\,A\,s}}{800^2\ \mathrm{V}^2} = 312\ \mu\mathrm{F}$.

39.7 Lade- und Entladevorgänge in einem Stromkreis mit Kondensator

Wie aus Bild 39.26 erkennbar, läßt sich der Kondensator C in Schalterstellung *1* über den Widerstand R aufladen, beim Umschalten auf *2* erfolgt die Entladung über den Widerstand. Bei hinreichend großem Widerstand zeigt der Strommesser die in den Bildern 39.26a) (Aufladung) und c) (Entladung) dargestellte Abhängigkeit der elektrischen Stromstärke von der Zeit.

Es fließt nur so lange ein elektrischer Strom, bis der Kondensator aufgeladen bzw. entladen ist. Gleichstrom wird gesperrt.

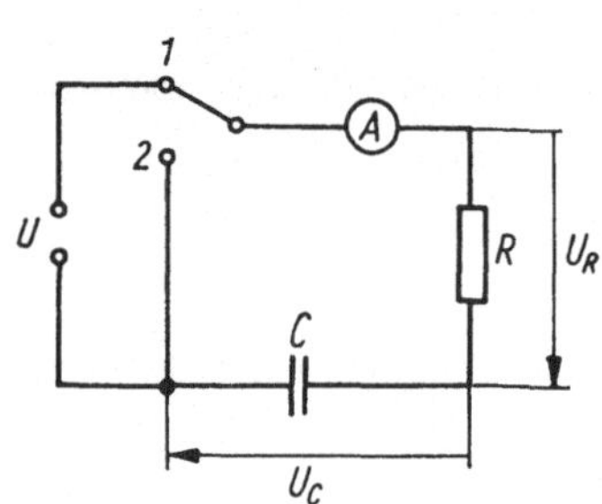

Ladevorgänge in einem Stromkreis mit Kondensator

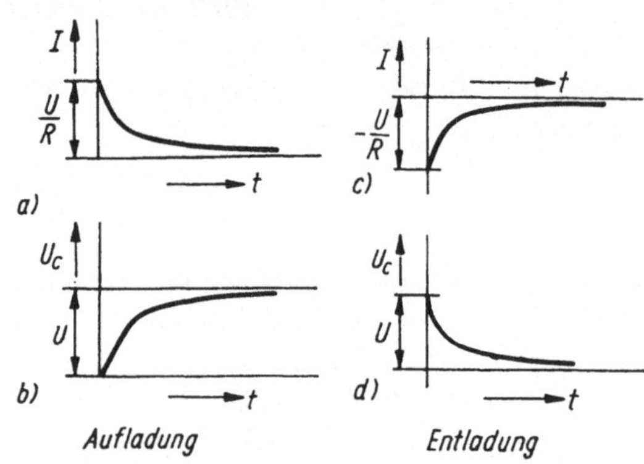

Bild 39.26. Ladevorgänge in einem Stromkreis mit Kondensator

a) und b) Aufladung, c) und d) Entladung

Der Spannungsabfall am Kondensator kann über ein Oszilloskop (s. 46.4.3) sichtbar gemacht werden. Die Abhängigkeit des Spannungsabfalles am Kondensator von der Zeit zeigen die Bilder 39.26b) (Aufladung) und d) (Entladung). Die mathematische Herleitung geschieht über den Maschensatz. Bei beiden Vorgängen ist danach $U = U_C + U_R$, und mit $U_R = IR$ sowie $U_C = Q/C$ erhält man für $U = $ konst nach Differentiation

$$0 = \frac{dQ}{dt}\,\frac{1}{C} + R\,\frac{dI}{dt} \quad \text{oder} \quad \frac{I}{C} + R\,\frac{dI}{dt} = 0.$$

Die Lösung dieser Differentialgleichung 1. Ordnung liefert unter Beachtung der Anfangsbedingungen (Werte für $t = 0$) bei

Aufladung   **Entladung**

$$U_C = U\left(1 - e^{-\frac{t}{RC}}\right) \qquad\qquad U_C = U\,e^{-\frac{t}{RC}}$$

$$I = \frac{U}{R}\,e^{-\frac{t}{RC}} \qquad\qquad\qquad I = -\frac{U}{R}\,e^{-\frac{t}{RC}}$$

(39.32)

in Übereinstimmung mit dem Experiment.

Derartige Reihenschaltungen spielen in der Elektronik eine große Rolle und werden *RC-Glieder* genannt. Das Produkt *RC* heißt **Zeitkonstante** (es hat die Einheit der Zeit) und bestimmt die Zeitdauer der geschilderten Vorgänge.

39.8 Elektrisches Feld und Stoff

39.8.1 Permittivitätszahl (Dielektrizitätszahl)

Wird in den Raum des nach Bild 39.19 geladenen Kondensators ein Isoliermaterial gebracht, zeigt das Elektrometer eine kleinere Spannung an. Entfernt man den Isolator wieder, steigt die Spannung auf den ursprünglichen Wert. Das elektrische Feld wurde durch den Versuch nicht zerstört, auch dann nicht, wenn der Zwischenraum vollständig ausgefüllt wird. Während im Innern eines Leiters kein elektrisches Feld vorhanden ist, greift die elektrische Wirkung gleichsam durch den Isolator, der als **Dielektrikum** bezeichnet wird.

> **Abweichend gegenüber Leitern ist die Feldstärke in einem Dielektrikum nicht gleich Null.**

Der geschilderte Versuch zeigt, daß der Einfluß des Dielektrikums einer Verringerung des Plattenabstandes gleichkommt. Das bedeutet:

> **Durch Einbringen eines Dielektrikums erhöht sich die Kapazität des Kondensators.**

Die Kapazität eines Kondensators mit Dielektrikum C ist also je nach Füllstoffart um den Faktor ε_r größer als die Kapazität C_0 ohne Dielektrikum. ε_r wird **Permittivitätszahl** (Dielektrizitätszahl) genannt und ist der Quotient aus C und C_0.

$$\boxed{\varepsilon_r = \frac{C}{C_0}} \qquad \textbf{Permittivitätszahl (Dielektrizitätszahl)} \qquad (39.33)$$

Für Luft ist $\varepsilon_r = 1{,}000\,594$, also praktisch gleich 1.

> **In Luft spielen sich elektrostatische Vorgänge praktisch wie im Vakuum ab. Die bisher für das Vakuum erhaltenen Beziehungen sind daher außer für Präzisionsangaben auch für Luft gültig.**

Weitere Werte für die Permittivität sind aus der Tabelle S. 363 zu entnehmen. Besonders große Werte erzielt man bei keramischen Sondermassen; Kristalle aus Bariumtitanat haben $\varepsilon_r \approx 10000$. Unter Berücksichtigung des Einflusses eines Dielektrikums geht (39.19) über in

$$\boxed{C = \varepsilon_r \varepsilon_0 \frac{A}{s}} \qquad \textbf{Kapazität des Plattenkondensators mit Dielektrikum} \qquad (39.34)$$

Das Produkt $\varepsilon_r \varepsilon_0 = \varepsilon$ wird **Permittivität** genannt.

Schlußfolgerung:

> **Bei Anwesenheit eines Dielektrikums im elektrischen Feld sind alle Gleichungen, die die Kapazität direkt oder indirekt enthalten, mit dem Faktor ε_r zu multiplizieren. Anstelle der elektrischen Feldkonstante ε_0 muß das Produkt $\varepsilon_r \varepsilon_0$ stehen.**

Zur Erhöhung der Kapazität bietet Gleichung (39.34) drei Wege: Änderung des Dielektrikums (größeres ε_r), Vergrößerung der Plattenfläche und Verringerung der Dicke des Dielektrikums. Kondensatoren gibt es in *zahlreichen* Ausführungsformen und Größen. **Blockkondensatoren** sind aus Metallfolien und Glimmer- oder Glasplatten geschichtet. **Wickelkondensatoren** (Papier- oder Polyesterkondensatoren) werden aus langen Streifen zusammengerollt,

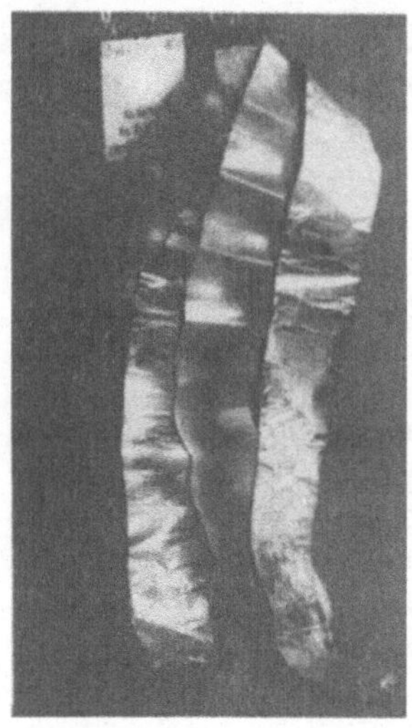

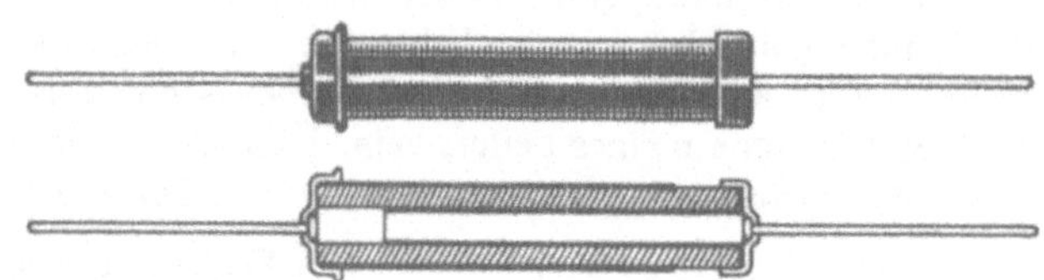

Bild 39.27.   **Bild 39.28.**
Geöffneter Wickelkondensator   Röhrchenkondensator

die aus zwei mit Paraffin getränkten Papierschichten und zwei Metallfolien bestehen (Bild 39.27). Bei **Metallpapierkondensatoren** ist auf dem Papier ein Metallbelag aufgedampft. Die in der Elektronik vielfach verwendeten **Röhrchenkondensatoren** (Bild 39.28) bestehen aus zwei ineinandergeschobenen Metallhülsen mit einer Zwischenschicht von besonders hoher Permittivitätszahl (z. B. Keramik mit ε_r bis 3000). Mit ihnen und den **Scheibenkondensatoren** werden kleinste Kapazitäten um 1 pF erreicht. Die **Elektrolytkondensatoren** enthalten zwei Aluminiumfolien in einer wäßrigen Lösung von Borax und Borsäure. Die positive Folie überzieht sich bei Anlegen einer Spannung mit einer etwa 100 nm dünnen Schicht von $Al(OH)_3$, die das Dielektrikum darstellt. Wegen der geringen Schichtdicke werden große Kapazitäten erreicht. So sind bei relativ kleinen geometrischen Abmessungen Kapazitäten bis 10 mF möglich. Allerdings können Elektrolytkondensatoren nur für Gleichstrom eingesetzt werden. Auf die richtige Polung ist zu achten.

Beispiel: Welche Kapazität hat ein Plattenkondensator von 250 cm² Oberfläche bei Verwendung von Kunstharz als Dielektrikum ($\varepsilon_r = 2{,}8$), wenn die Randstreuung vernachlässigt wird, bei a) 1 mm und b) 3 cm Plattenabstand? –

$$\text{a) } C = \frac{\varepsilon_0 \varepsilon_r A}{d} = \frac{8{,}854 \cdot 10^{-12}\, \text{A s} \cdot 2{,}8 \cdot 0{,}025\, \text{m}^2}{\text{V m} \cdot 0{,}001\, \text{m}} = 6{,}2\, \text{nF} \quad \text{b) } C = 207\, \text{pF}.$$

39.8.2 Vorgänge im Dielektrikum

Beim Einbringen eines Dielektrikums in einen Kondensator nimmt bei *konstanter* Ladung die Spannung ab (s. 39.8.1). Wegen (39.3) muß dann auch die elektrische Feldstärke abnehmen.

> **Im Dielektrikum ist die elektrische Feldstärke E bei konstanter elektrischer Ladung um den Faktor $1/\varepsilon_r$ kleiner.**

Die elektrische Flußdichte D hat sich aber bei konstant bleibender Ladung nicht geändert, D wird also vom Dielektrikum *nicht* beeinflußt. Es muß daher gelten:

$$\boxed{D = \varepsilon_0 \varepsilon_r\, E = P + \varepsilon_0\, E} \qquad \textbf{Elektrische Flußdichte} \qquad (39.35)$$

Die Größe P heißt **dielektrische Polarisation** und ist der elektrischen Feldstärke E proportional:

$$P = D - \varepsilon_0 E = (\varepsilon_r - 1)\, \varepsilon_0 E = \chi_e \varepsilon_0 E$$

Dielektrische Polarisation (39.36)

Hierin ist χ_e die **elektrische Suszeptibilität** des betreffenden Dielektrikums: $\chi_e = (\varepsilon_r - 1)$. Die Polarisation durch ein elektrisches Feld heißt:

Verschiebungspolarisation, wenn sie durch Verschiebung von Ladungen in Atomen oder Molekülen herrührt (Bild 39.29),

Orientierungspolarisation, wenn sie durch Drehung bereits vorhandener Dipolmoleküle zustande kommt.

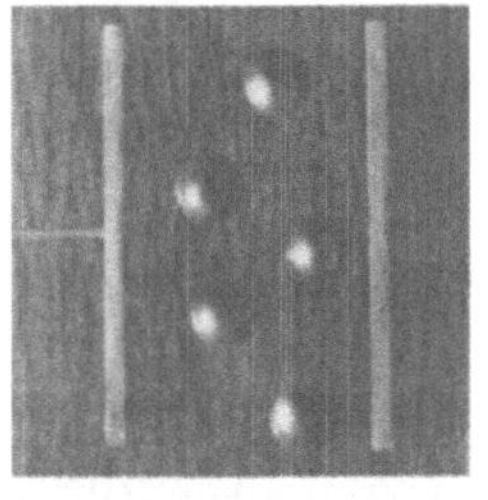
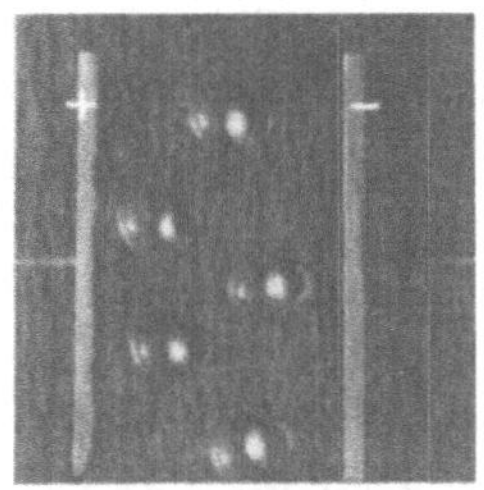

Bild 39.29. Verschiebungspolarisation (modellmäßig): a) positive und negative Ladungen sind im Molekül symmetrisch verteilt, b) im elektrischen Feld verschiebt sich die negative Ladung nach der positiven und die positive nach der negativen Platte

In beiden Fällen führen die Ladungsverschiebungen dazu, daß auf den den Kondensatorplatten zugekehrten Oberflächen des Dielektrikums **scheinbare** Ladungen auftreten, welche die **wahren** Ladungen der Platten teilweise kompensieren. Die verbleibende **freie** Ladung bestimmt die elektrische Feldstärke.

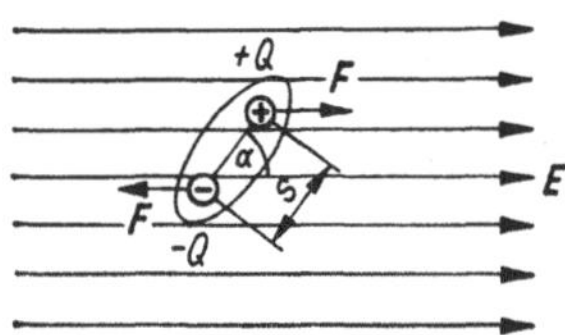

Bild 39.30. Modell eines Dipolmoleküls im homogenen elektrischen Feld

Die mathematische Beschreibung der *Orientierungspolarisation* ist im *homogenen* Feld besonders einfach (Bild 39.30). Die auf die Ladungen $+Q$ und $-Q$ des Dipolmoleküls wirkenden Kräfte stellen ein Kräftepaar dar, dessen *Drehmoment M* die Polarisation bewirkt:

$$M = Fs \sin \alpha = QEs \sin \alpha = pE \sin \alpha \qquad (39.37)$$

Das Produkt aus der Ladung eines Vorzeichens und dem Abstand s der Dipolladungen heißt **elektrisches Dipolmoment** p des Moleküls

$$p = Qs \qquad \textbf{Elektrisches Dipolmoment} \qquad (39.38)$$

$[p] = \mathrm{C\,m}$ (Coulombmeter)

Bei den *Dielektrika* unterscheidet man *drei* verschiedene Stoffarten:

Die dielektrischen Stoffe im engeren Sinn haben unipolare Moleküle, die erst durch Influenz im Feld elektrisch deformiert werden (Verschiebungspolarisation). Bei diesen ist ε_r fast gleich 1 (z. B. Luft $\varepsilon_r = 1{,}000594 \approx 1$).

Die **paraelektrischen Stoffe** bestehen aus polaren Molekülen, die im Feld ausgerichtet werden (Orientierungspolarisation, z. B. Wasser $\varepsilon_r \approx 81$).

Bei **ferroelektrischen Stoffen** werden sehr hohe Permittivitätszahlen (über 10000) erreicht. Angelegte Spannung, Temperatur und die »Vorgeschichte« (Behandlung) des Stoffes haben Einfluß auf ε_r. Im Gegensatz zur Influenzwirkung eines elektrischen Feldes auf Leiter bleibt die Polarisation des Dielektrikums nach Wegfall des Feldes u. U. noch längere Zeit bestehen. Es lassen sich sogenannte **Elektrete** (z. B. Mischungen aus Harz und Wachs) herstellen, deren Polarisation sich über Jahre halten kann.

39.8.3 Piezoelektrischer Effekt

Wird eine aus einem Quarzkristall geschnittene Platte in der Richtung $x - x$ zusammengedrückt (Bild 39.32), erscheinen an ihren Endflächen elektrische Ladungen. Diese Erscheinung ist auch bei zahlreichen anderen Ionenkristallen zu beobachten und heißt **piezoelektrischer Effekt**, s. auch 16.8.

> **Die Aufladung von Ionenkristallen bei Deformation durch nichtelektrische Kräfte heißt piezoelektrischer Effekt.**

Eine modellmäßige Erklärung dieses Effektes erfolgt mit den Darstellungen in den Bildern 39.31 und 39.32. Die Strukturzelle des Quarzkristalles (SiO_2) besteht aus 3 positiven 4wertigen Silicium- und 6 negativen 2wertigen Sauerstoffionen. (Im Bild 39.31 sind je 2 Sauerstoffionen zu einem zusammengefaßt.) Die Zelle ist als Ganzes elektrisch neutral und bleibt es auch nach der Krafteinwirkung, wobei allerdings nach Bild 39.32 eine Ladungsverschiebung eintritt.

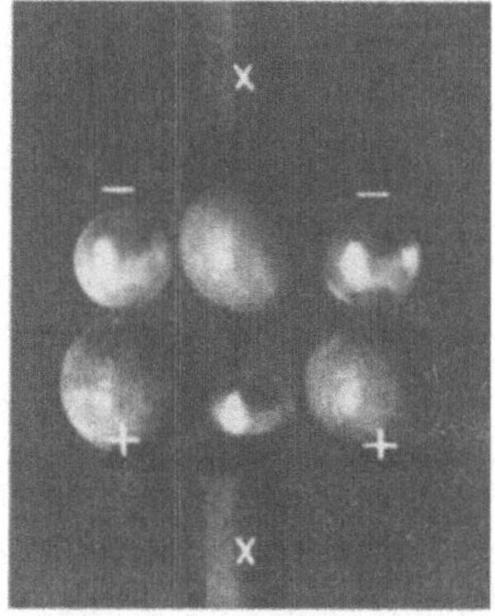

Bild 39.31. Strukturzelle des Quarzes (Modell)

Bild 39.32. Modellhafte Darstellung des piezoelektrischen Effektes

Ein derartiger Kristall erfährt in einem elektrischen Feld in umgekehrter Weise eine Längenänderung. Dieser **reziproke Piezoeffekt** heißt **Elektrostriktion**.

> **Die Längenänderung eines Dielektrikums durch elektrische Polarisation heißt Elektrostriktion.**

Die geschilderten Erscheinungen können nur an Kristallen auftreten, die wie der Quarz eine *polare* Achse haben. Piezoelektrische Kristalle, wie z. B. auch das *Seignettesalz* oder Kristalle und keramische Stoffe auf der Basis von *Bariumtitanat* und *Natriumniobat*, sind in *elektroakustischen* Geräten und als *elektromechanische Wandler* in der Meßtechnik stark verbreitet. Quarzkristalle werden auch als *Frequenznormale* (Quarzgenerator, Uhr) verwendet, da sie bei entsprechender Anregung Schwingungen konstanter Frequenz ausführen.

39.8.4 Bildung elektrischer Doppelschichten

Zieht man eine in Wasser getauchte isoliert befestigte Paraffinkugel (diese ist ungeladen) aus dem mit Wasser gefüllten Metallbehälter, so zeigt das Elektrometer in Bild 39.33 einen Ausschlag: Das Wasser erweist sich als *positiv*, die Paraffinkugel als *negativ* geladen. Bereits

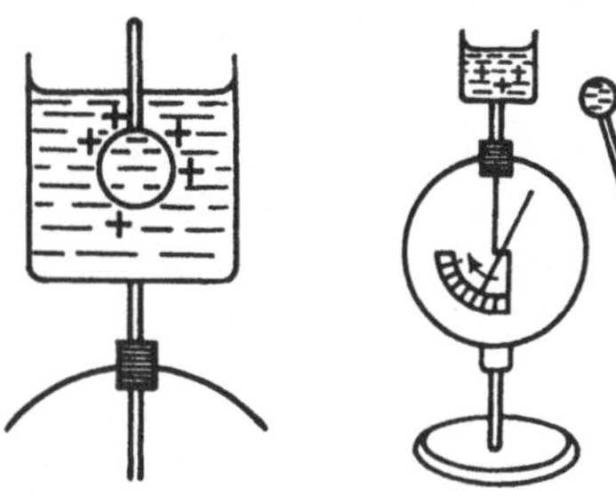

Bild 39.33. Nachweis der elektrischen Doppelschicht

in dem Wasser hat sich um den nichtbenetzbaren Körper eine **elektrische Doppelschicht** herausgebildet, das System als Ganzes war jedoch neutral. Beim Herausziehen bleibt die *positive* Hülle dieser Schicht im Wasser.

> **Elektrische Doppelschichten bilden sich an jeder Berührungsstelle zweier Stoffe. Bei Berührung lädt sich der Stoff mit der größeren Permittivitätszahl positiv auf (Regel von Coehn).**

Offensichtlich verschieben sich im Stoff mit größerem ε_r die elektrischen Ladungen leichter, wodurch die bessere Abgabe von Elektronen an das angrenzende Medium erklärbar ist. Auch die **Reibungselektrizität** ist auf die *Doppelschichtbildung* bei Reibung zurückzuführen. Auch *Zersplittern* und *Zerstäuben* fester Stoffe und Flüssigkeiten führt zur Ladungsbildung und zum Entstehen hoher Spannungen (Ursache von Staubexplosionen). Wird *Wasser* zerstäubt, sind die winzig kleinen Tröpfchen *negativ* geladen (bei einem Wasserfall ist die umgebende Luft stets negativ elektrisch geladen).
Auf die elektrische Ladung fein zerstäubter Wassertröpfchen ist u. a. auch die Gewitterbildung zurückzuführen.

40 Magnetisches Feld

40.1 Grunderscheinungen des Magnetismus

Die aus hartem Stahl, speziellen Legierungen oder Ferriten bestehenden **Dauermagnete (permanente Magnete)** sind in ihren unterschiedlichen Formen hinreichend bekannt. Mit ihnen können folgende Beobachtungen gemacht werden:

1. **Unmagnetische** Körper aus *Eisen, Cobalt, Nickel* oder verschiedenen *Legierungen* werden vom Magnet **angezogen.**
2. Die **Kraftwirkung**[1]) ist an den **Polen**, also an den Enden des Magnets, besonders groß.
3. Eine *drehbar* gelagerte Magnetnadel dreht sich stets mit dem einen Ende nach **Norden.**

---

[1]) Die Berechnung der Kraftwirkungen erfolgt im Abschnitt 40.6.

Dieses Ende heißt **Nordpol**, das andere **Südpol** des Magnets (Magnetkompaß). Ursache ist das natürliche Magnetfeld der Erde. Es ist zu beachten, daß geografische und magnetische Pole der Erde etwas abweichen.

4. Bei *Annäherung* **gleicher** Pole zweier Magnete ist eine **Abstoßungskraft**, bei **ungleichen** eine **Anziehungskraft** zu beobachten.

5. Die von einem Magnet im Raum hervorgerufenen *Kräfte* wirken ähnlich wie die Kräfte elektrischer Ladungen über *größere* Entfernungen und im *leeren* Raum (elektromagnetische Wechselwirkung).

6. Der Raum, in dem diese Kräfte wirken, heißt **magnetisches Feld**. Eisenfeilspäne auf einer Glasplatte über dem Magnet (Bild 40.1) können die Richtung der *Kraftwirkungen* sichtbar machen, also die **magnetischen Feldlinien**. Auch diese existieren genau so wenig wie die elektrischen Feldlinien, stellen aber wie diese ein *nützliches Modell* zur Veranschaulichung der Kraftwirkungen dar.

7. Die Richtung der Feldlinien wird **außerhalb** des Magnets willkürlich vom **Nordpol** zum **Südpol** festgelegt, sie wird als **positive Feldrichtung** bezeichnet. Magnetische Feldlinien sind im Gegensatz zu den elektrischen *immer* in sich **geschlossen** (Bild 40.2). Magnete sind also immer magnetische **Dipole**.

8. Ein kleiner in das Feld gebrachter **Probemagnet** stellt sich in Richtung der magnetischen Feldlinien ein. Nach Festlegung der Feldrichtung zeigt der **Nordpol** des Probemagnets **immer** in **Richtung des Feldes**.

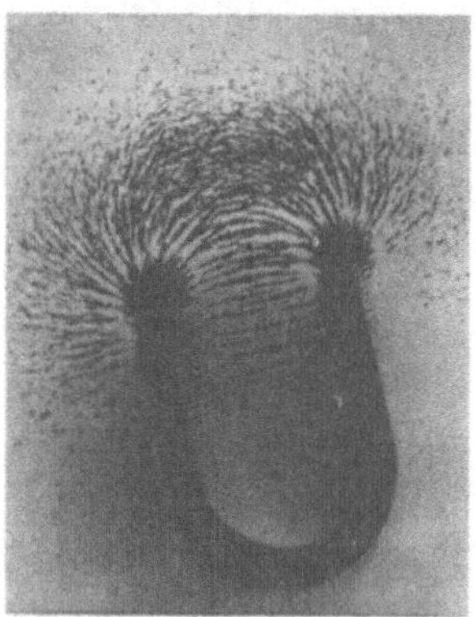

Bild 40.1. Magnetische Feldliniendarstellung

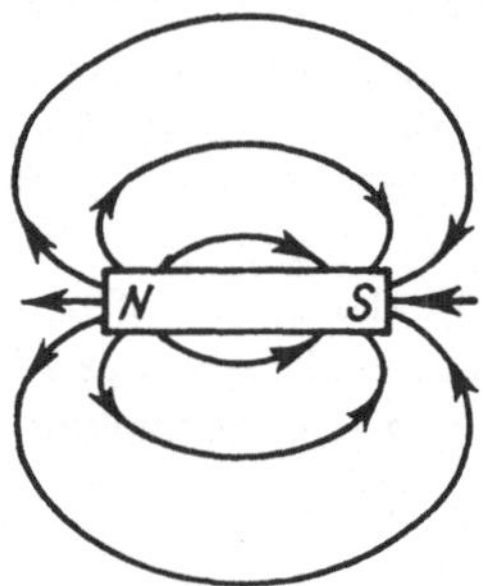

Bild 40.2. Pole des Magnets und Richtung der Feldlinien

40.2 Elektrischer Strom und Magnetfeld

Der Magnetismus ist keine selbständige physikalische Erscheinung. Magnetische Vorgänge hängen mit elektrischen zusammen, jeder elektrische Vorgang ist zugleich ein magnetischer und umgekehrt. So ordnen sich Eisenfeilspäne um einen geraden stromführenden Leiter zu konzentrischen Kreisen an (Bild 40.3). Eine kleine, um den Draht geführte Magnetnadel stellt sich tangential zu diesen Kreisen (Bild 40.4) und ergibt die **Rechtsschraubenregel** für elektrische Stromrichtung und Feldumlaufrichtung:

> **Elektrische Stromrichtung im geraden Leiter und Feldrichtung des magnetischen Feldes ergeben eine Rechtsschraube** (Bild 40.5).

In einer stromführenden Spule wird festgestellt, daß sich die Feilspäne im Innern der Spule auf parallelen Feldlinien anordnen (Bild 40.6). An den Enden der Spule quellen die Feld-

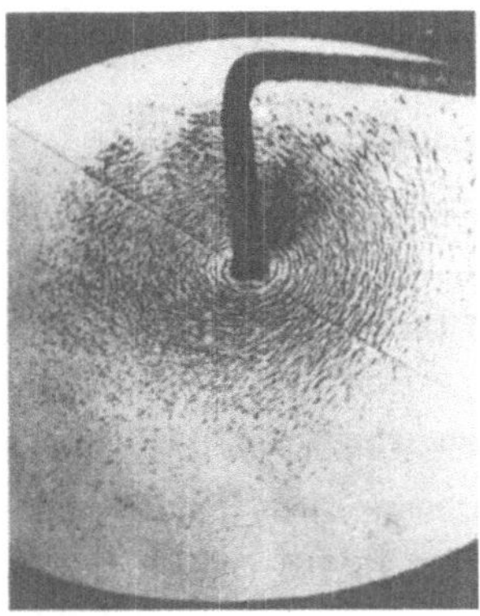

Bild 40.3. Magnetfeld eines geraden Stromleiters

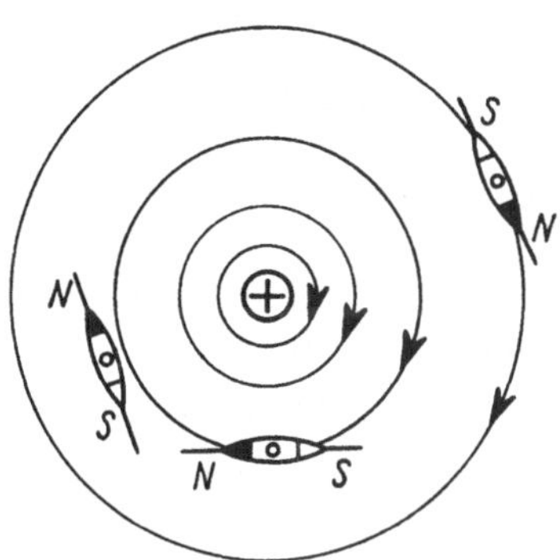

Bild 40.4. Einstellung kleiner Probemagnete
im mangetischen Feld. Der elektrische Strom
fließt von oben durch die Zeichenebene.

Bild 40.5. Schraubenregel für Stromrichtung und
Magnetfeld (H gibt die Richtung des Feldes an.)

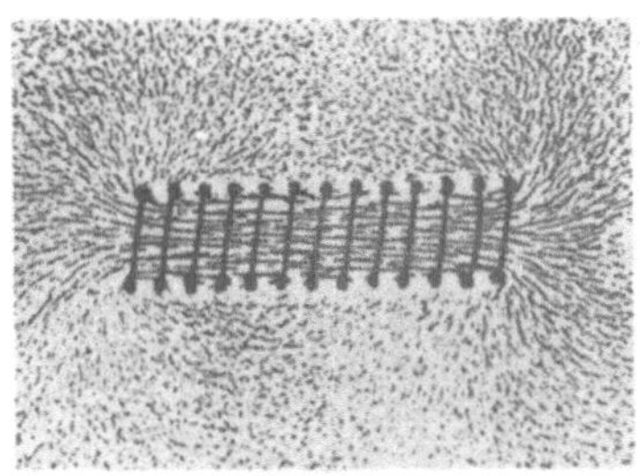

Bild 40.6. Magnetische Feldlinien einer Zylinderspule

Bild 40.7. Schraubenregel für Feld- und Stromrichtung einer Spule

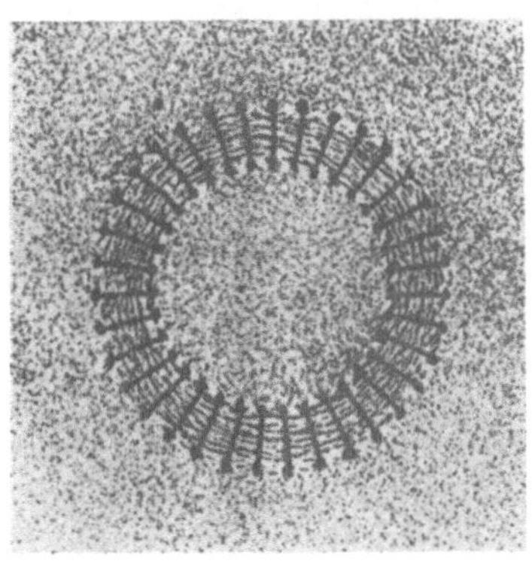

Bild 40.8. Magnetische Feldlinien einer Ringspule

linien bogenförmig heraus, laufen außerhalb der Spule zurück, um am anderen Ende wieder einzutreten.

Das Magnetfeld im Innern einer langen Zylinderspule ist praktisch homogen.

Auch hier gilt die **Rechtsschraubenregel** für elektrischen Stromumlauf und magnetische Feldrichtung:

Feldrichtung im Innern der Spule und elektrische Stromrichtung bilden eine Rechtsschraube (Bild 40.7).

In einer stromführenden Ringspule (Bild 40.8) sind die Feldlinien ringförmig geschlossen:

Der Außenraum einer Ringspule ist feldfrei. Im Innern ist das magnetische Feld homogen.

40.3 Magnetische Feldgrößen

40.3.1 Magnetische Feldstärke (magnetische Erregung)

Das magnetische Feld wird wie das elektrische durch **Feldgrößen** beschrieben. Die Stärke eines magnetischen Feldes läßt sich mit einer kleinen drehbar gelagerten Magnetnadel bestimmen (magnetischer Probedipol), die sich im Innern einer stromdurchflossenen Spule befindet (Bild 40.9). Ihre Achse ist an einer kleinen Spiralfeder befestigt. Steht sie anfänglich quer zu den magnetischen Feldlinien, so dreht sie sich nach Einschalten des elektrischen Stromes um einen bestimmten Winkel in Richtung der Feldlinien. Das durch das Kräftepaar in Bild 40.10 hervorgerufene *Drehmoment M* ist meßbar und der **magnetischen Feldstärke** H *proportional*. Eine derartige Anordnung zur Messung magnetischer Feldstärken heißt *Magnetometer*.

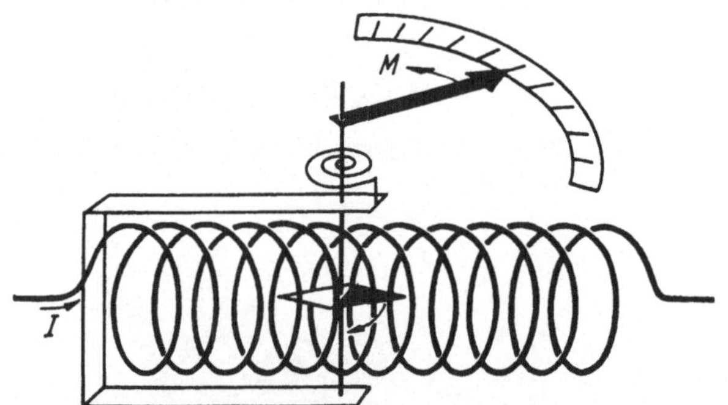
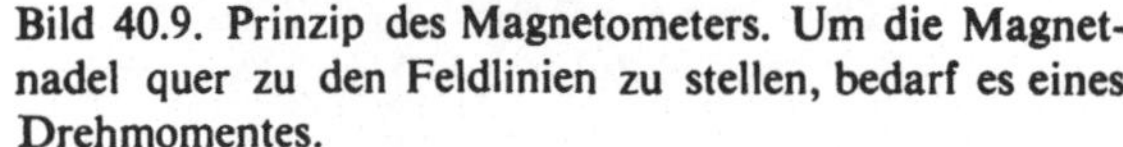

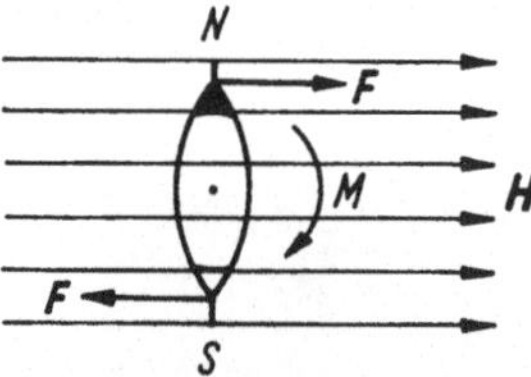

Bild 40.9. Prinzip des Magnetometers. Um die Magnetnadel quer zu den Feldlinien zu stellen, bedarf es eines Drehmomentes.

Bild 40.10. Drehmoment auf einen magnetischen Dipol

Zunächst ist man aber nicht in der Lage, die magnetische Feldstärke H aus der *Wirkung* des Feldes zu definieren, sondern benutzt die *Ursache*, den *elektrischen Strom*, der das Feld hervorruft.

Versuche mit dem Magnetometer zeigen, daß das Drehmoment M der elektrischen Stromstärke I und der Anzahl der Windungen N der Spule proportional, der Spulenlänge l jedoch indirekt proportional ist. Der so gefundene Zusammenhang liefert **die magnetische Feldstärke im Innern einer Ringspule oder langen Zylinderspule**, deren Länge l sehr viel größer als der

Windungsdurchmesser d ist. Er gilt nur für das **homogene** magnetische Feld:

$$\boxed{H = \frac{NI}{l}}$$ **Magnetische Feldstärke in der Ringspule oder langen Zylinderspule** (40.1)

Die Einheit der magnetischen Feldstärke, $[H] = $ A/m (Ampere je Meter), wird für *alle* Felder angewendet, auch wenn im *inhomogenen* Feld die magnetische Feldstärke nach Betrag und Richtung *ortsabhängig* ist. Die magnetische Feldstärke H ist wie die elektrische Feldstärke E eine vektorielle Größe, die die Richtung der durch den betreffenden Feldpunkt laufenden Feldlinie angibt (s. 39.2.1).

40.3.2 Durchflutungssatz

Die Gleichung (40.1) gilt *genau* nur für die *Ringspule*, da nur aus ihr keine Feldlinien austreten, sowie für eine unendlich lange Zylinderspule. Um sie auch auf inhomogene Felder anwenden zu können, wird sie in der Form

$$Hl = IN$$

geschrieben, gilt aber auch so zunächst noch nur für die genannten Spulen. Im inhomogenen Feld hat die magnetische Feldstärke H längs des geschlossenen Weges einer Feldlinie in

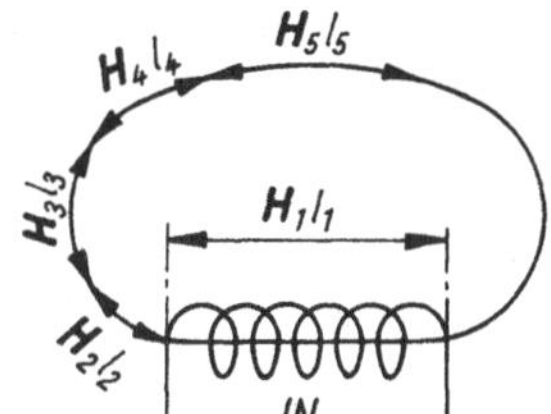

Bild 40.11. Feldstärke im inhomogenen Feld

jedem Punkt einen anderen Wert. Das Produkt Hl ist dann durch die Summe $Hl = H_1 l_1 + H_2 l_2 + \dots + H_n l_n$ zu ersetzen (Bild 40.11). Werden die Teillängen mit Δl bezeichnet und ist auf diesem Teilweg die Feldstärke konstant, gilt $\sum H\,\Delta l = IN$, bzw. bei noch feinerer Unterteilung der Teilwege in $\mathrm{d}l$ geht die *Liniensumme* in ein *Linienintegral* über:

$$\oint H\,\mathrm{d}l = IN.$$

Liniensumme bzw. Linienintegral werden als **magnetische Umlaufspannung (magnetische Spannung)** V bezeichnet, deren Einheit $[V] = $ A (Ampere) ist. Eine *Verallgemeinerung*, bei der die *Summe aller* elektrischen Stromstärken, die in das *Innere* der von dieser *Feldlinie umrandeten Fläche* eintreten, **elektrische Durchflutung** Θ genannt wird, liefert den **Durchflutungssatz**:

$$\boxed{\Theta = \oint H\,\mathrm{d}l = \sum_{k=1}^{k=n} I_k} \quad \text{bzw.} \quad \boxed{\Theta = \sum H\,\Delta l = \sum_{k=1}^{k=n} I_k} \quad \textbf{Durchflutungssatz} \quad (40.2)$$

Die magnetische Umlaufspannung ist gleich der elektrischen Durchflutung der von der betrachteten Feldlinie umrandeten Fläche.

Gleichung (40.2) liefert bei der Zylinderspule sofort für N elektrische Stromstärken I (so viele Windungen gehen durch die Fläche, die von einer Feldlinie umrandet wird) für $H = $ konst (homogenes Feld)

$$\sum H\,\Delta l = H \sum \Delta l = Hl = NI.$$

Bei diesem Beispiel der Anwendung von (40.2) auf die Zylinderspule scheint ein Widerspruch aufzutreten. Während in (40.1) l die Länge des Spulenkörpers ist, muß jetzt über die Gesamtlänge der Feldlinien summiert werden. Es zeigt sich aber, daß die Teilsumme $\sum H_\mathrm{a}\,\Delta l_\mathrm{a}$ im Außenraum wegen der dort sehr geringen magnetischen Feldstärke gegenüber $\sum H_\mathrm{i}\,\Delta l_\mathrm{i}$ im Innenraum der Spule um so mehr zu vernachlässigen ist, je länger die Spule ist.

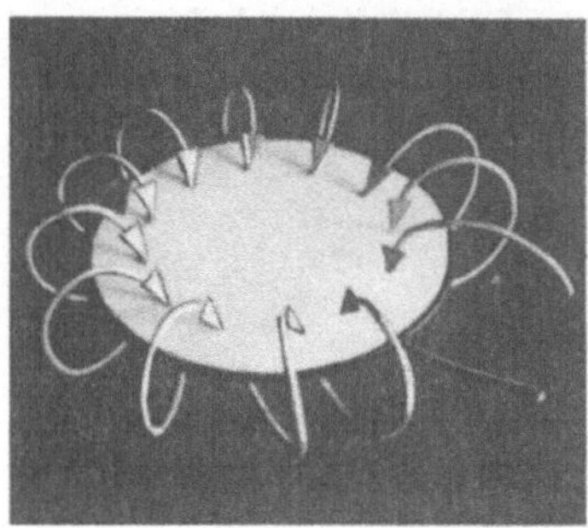

Bild 40.12. Modell der Durchflutung einer Ringspule (Die umrandete Feldlinie ist hier der Umfang der Kreisfläche.)

Bild 40.13. Feldlinie eines geraden Stromleiters

Beim *geradlinigen* Stromleiter ist nach (40.2) auf der Feldlinie $l = 2\pi r$ die magnetische Feldstärke H konstant. Die umrandete Fläche wird nur von *einer* elektrischen Stromstärke I durchflossen.

Der Durchflutungssatz liefert unmittelbar $2\pi r H = I$ und daraus

$$\boxed{H = \frac{I}{2\pi r}}$$ **Magnetische Feldstärke um einen geraden stromführenden Leiter**   (40.3)

Analog zur elektrischen Spannung zwischen zwei Punkten im elektrischen Feld (39.15) definiert man **die magnetische Spannung** V zwischen zwei Punkten P_1 und P_2 eines magnetischen Feldes durch die Gleichung

$$\boxed{V = \int_{P_1}^{P_2} H\,\mathrm{d}s}$$ **Magnetische Spannung**   (40.4)

Hierin ist H die magnetische Feldstärke, die von Ort zu Ort verschieden sein kann, und $\mathrm{d}s$ ein Wegelement auf dem Weg von P_1 nach P_2. Die Anwendung von (40.4) auf die lange Zylinderspule ergibt für die magnetische Spannung zwischen den Spulenenden

$$V = \int_0^l H\,\mathrm{d}s = H\int_0^l \mathrm{d}s = Hl = NI \quad \text{in Übereinstimmung mit (40.1).}$$

Die Einführung der magnetischen Spannung läßt noch eine weitere Analogie zum elektrischen Feld zu, wenn (40.2), der **Durchflutungssatz**, wie folgt interpretiert wird:

> **Die magnetische Umlaufspannung längs einer Feldlinie ist gleich der Summe der magnetischen Spannungen der Teile dieser Feldlinie.**

Beispiel: Welche magnetische Feldstärke ist in einer Entfernung von 5,0 cm von einem Draht vorhanden, wenn durch diesen die elektrische Stromstärke 6,0 A fließt? – Nach (40.3) ist $H = I/(2\pi r)$ $= 19\ \mathrm{A/m}$.

40.3.3 Biot-Savartsches Gesetz

Zur Berechnung der magnetischen Feldstärke *beliebiger* Leiteranordnungen dient das **Gesetz von Biot-Savart**. Nach diesem Gesetz liefert *jedes* Wegelement ds eines beliebig gekrümmten, von der elektrischen Stromstärke I durchflossenen Leiters in einem außerhalb des Leiters liegenden Punkt P die Teilfeldstärke dH (Bild 40.14):

$$\boxed{\;\mathrm{d}H = \frac{I \sin \alpha \; \mathrm{d}s}{4\pi r^2}\;}\qquad \textbf{Gesetz von Biot-Savart} \qquad\qquad (40.5)$$

In dieser Gleichung ist α der Winkel zwischen der Richtung des Linienelementes ds und dessen Verbindung r mit dem Punkt P. Der Vektor dH steht senkrecht auf der von ds und r aufgespannten Ebene.

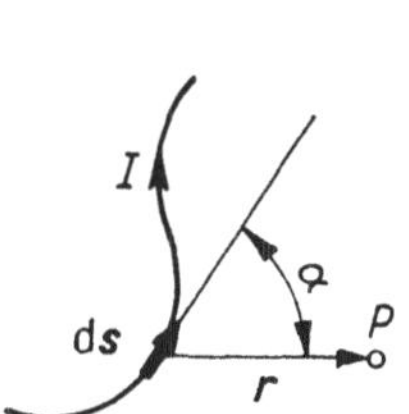

Bild 40.14. Zum Gesetz von BIOT und SAVART

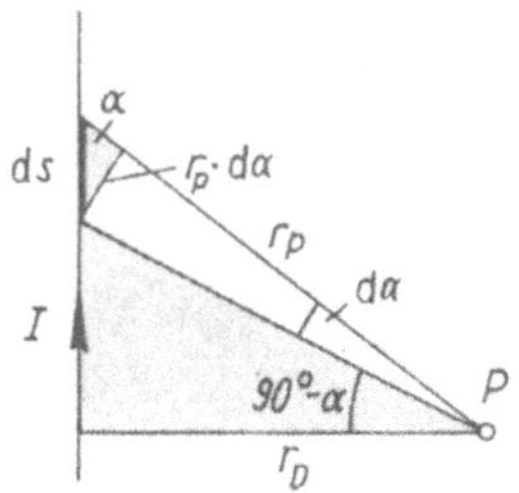

Bild 40.15. Zur Feldstärke außerhalb eines geraden Stromleiters

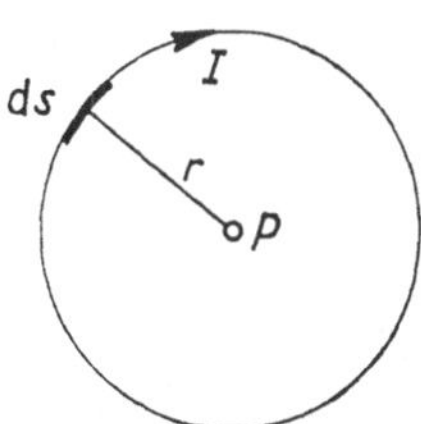

Bild 40.16. Zur Feldstärke eines elektrischen Kreisstromes

Beispiele: 1. **Feldstärke außerhalb eines geraden Leiters** (Bild 40.15). Aus der Ähnlichkeit der schraffierten Dreiecke ergibt sich die Proportion d$s : r_\mathrm{p} \, \mathrm{d}\alpha = r_\mathrm{p} : r_\mathrm{D}$ bzw.

$$\mathrm{d}s = \frac{r_\mathrm{p}^2 \, \mathrm{d}\alpha}{r_\mathrm{D}}, \qquad \mathrm{d}H = \frac{I \sin \alpha \, \mathrm{d}\alpha}{4\pi r_\mathrm{D}}.$$

Entsprechend der unbegrenzten Länge des Leiters ist zwischen den Winkeln 0 und π zu integrieren. Das liefert in Übereinstimmung mit (40.3) die Feldstärke im Abstand r_D

$$H = \frac{I}{4\pi r_\mathrm{D}} \int_0^\pi \sin \alpha \, \mathrm{d}\alpha = \frac{I}{2\pi r_\mathrm{D}}.$$

2. **Feldstärke im Mittelpunkt eines Kreisstromes** (Bild 40.16). In diesem einfachen Fall ist der Abstand r vom Bezugspunkt P konstant und $\sin \alpha = 1$. Das Integral ist über den geschlossenen Kreisumfang zu erstrecken und ergibt

$$H = \frac{I}{4\pi r^2} \oint \mathrm{d}s \quad \text{bzw.} \quad H = \frac{I \cdot 2\pi r}{4\pi r^2} = \frac{I}{2r}.$$

3. **Feldstärke in einer Zylinderspule.** Die Durchführung der etwas längeren Rechnung liefert für den Mittelpunkt auf der Längsachse $H = \dfrac{IN}{\sqrt{d^2 + l^2}}$.

Ist der Durchmesser d der Spule viel kleiner als die Spulenlänge l, so erhält man hieraus Gleichung (40.1).

Für den Mittelpunkt einer Endfläche ergibt sich dagegen $H = \dfrac{IN}{2\sqrt{d^2 + l^2}}$, d. h. genau die Hälfte des Wertes in der Spulenmitte.

40.3.4 Magnetische Flußdichte (magnetische Induktion)

Die Beschreibung des *elektrischen* Feldes in 39.2 geschieht durch seine *Ursache*, die *Ladung* auf einer Fläche, oder durch seine *Wirkung*, die *Kraft* auf eine Probeladung. Im ersten Fall wird die **elektrische Flußdichte** D, im zweiten die **elektrische Feldstärke** E verwendet. Bei der *quantitativen* Erfassung des magnetischen Feldes kann man von den *gleichen* Beschreibungsmöglichkeiten ausgehen. Die *Ursache* des magnetischen Feldes wird durch die *magnetische Feldstärke* beschrieben, denn das Feld entsteht, wenn ein elektrischer Strom durch die Spule fließt. Die magnetische Feldstärke *ändert* sich mit jeder Änderung der elektrischen Stromstärke.

Die *Änderung* des magnetischen Feldes übt aber auf eine andere, in der Nähe befindliche Spule eine *Wirkung* aus, die mit folgendem *Versuch* beschrieben wird:

Im Innern einer Zylinderspule (Feldspule) befindet sich eine kleine zweite Spule (Induktionsspule), deren Enden mit einem langsam schwingenden Galvanometer verbunden sind (Bild 40.17).

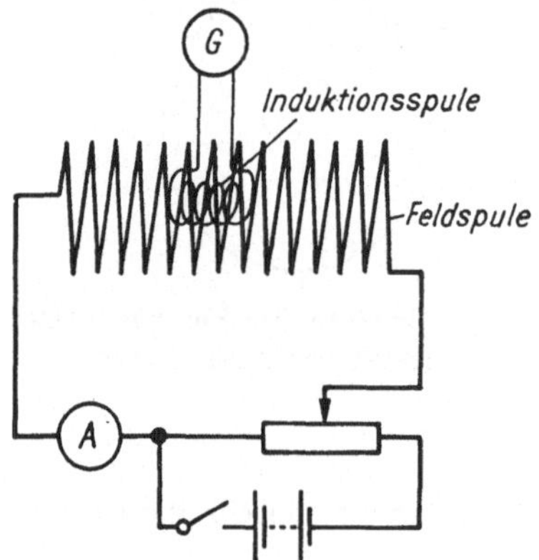

Bild 40.17. Induktionsversuch

Folgende Beobachtungen werden gemacht:

Vorgang in der Feldspule	Galvanometer zeigt
Stromstärke I ist konstant (Feldstärke ist konstant)	keine Spannung
Stromstärke abschalten oder verringern, H wird kleiner	einen Spannungsstoß
Stromstärke einschalten oder vergrößern, H wird größer	einen Spannungsstoß in entgegengesetzter Richtung

> **Die Entstehung eines Spannungsstoßes in der Induktionsspule während einer Feldstärke-änderung in der Feldspule wird (elektromagnetische) Induktion genannt.**

Die *zeitliche* Abhängigkeit der Spannung während eines Induktionsvorganges zeigt Bild 40.18. Experimentell läßt sich zeigen, daß bei *langsamerer* Feldänderung das *Maximum* der Spannung *niedriger* ist, jedoch die Spannung *länger* anhält. Bei *gleichem* Betrag der Feldstärkeänderung in der Feldspule und *gleicher* Induktionsspule sind die Flächeninhalte unter den Kurven im Bild 40.18 *gleich*. Dies führt zur Definition des **Spannungsstoßes**:

> **Der Spannungsstoß ist das Zeitintegral der Spannung.**

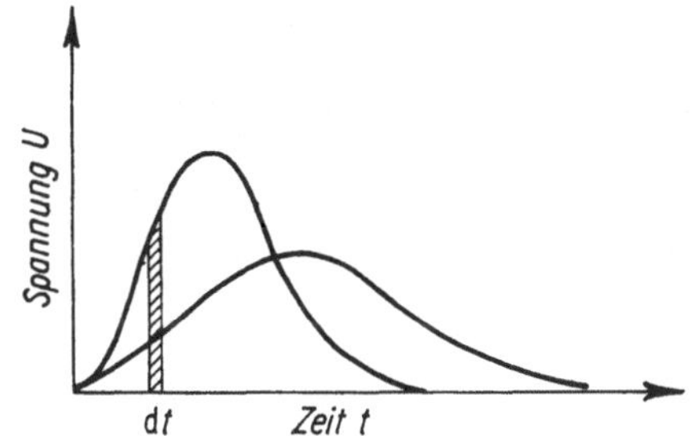

Bild 40.18. Zwei Spannungsstöße gleicher Größe, aber unterschiedlicher Zeitdauer. Die Flächen unter den Kurven sind gleich.

$$S_U = \int\limits_0^t U \, dt$$ **Spannungsstoß** (40.6)

Die Größe des induzierten Spannungsstoßes ist unabhängig von der Art des Ein- und Ausschaltens des magnetischen Feldes.

Weiter zeigt es sich, daß bei sonst *gleichen* Versuchsbedingungen der Spannungsstoß von der *Windungszahl N* der Induktionsspule und deren *Windungsfläche A* (von einer Windung umschlossenen Fläche) proportional ist.

Die geschilderte Wirkung bei Feldstärkeänderung wird über die **magnetische Flußdichte B** ausgedrückt:

Die magnetische Flußdichte B ist der Quotient aus dem induzierten Spannungsstoß $\int U \, dt$ und dem Produkt aus der Windungszahl N und der Windungsfläche A der Induktionsspule.[1])

$$B = \frac{\int\limits_0^t U \, dt}{NA}$$ **Magnetische Flußdichte** (40.7)

Die Einheit der magnetischen Flußdichte ist Tesla (T).

$$[B] = V \, s/m^2 = T$$

Die magnetische Flußdichte B kann *ebenso* als Maß für die Stärke eines Magnetfeldes dienen wie die magnetische Feldstärke H. B und H sind vektorielle Größen und haben im magnetischen Feld die gleiche Richtung. Anschaulich kann man damit das Feld sowohl durch H-**Linien** als auch durch B-**Linien** darstellen. Wie die beiden elektrischen Feldgrößen E und D sind auch H und B einander proportional.
Im Vakuum gilt

$$B = \mu_0 \, H$$ **Magnetische Flußdichte im Vakuum** (40.8)

In Analogie zur elektrischen Feldkonstante in (39.6) wird μ_0 als **magnetische Feldkonstante** bezeichnet:

$$\mu_0 = 4\pi \cdot 10^{-7} \, V \, s/(A \, m) = 1{,}2566 \cdot 10^{-6} \, V \, s/(A \, m)$$

Mit der Einführung der Einheit **Henry** (H = V s/A) wird $\mu_0 = 1{,}2566 \, \mu H/m$.

---

[1]) Die magnetische Flußdichte kann auch aus der Kraftwirkung auf eine sich im Magnetfeld bewegende elektrische Ladung definiert werden.

40.3.5 Magnetischer Fluß

Im homogenen magnetischen Feld haben die magnetische Feldstärke H und die magnetische Flußdichte B in *allen* Feldpunkten *gleichen* Betrag und *gleiche* Richtung. Sie unterscheiden sich nach (40.8) nur durch den Proportionalitätsfaktor μ_0. Dies wird anschaulich durch *konstante H-* bzw. *B*-Liniendichte dargestellt. Denkt man sich allgemein nach Bild 40.19

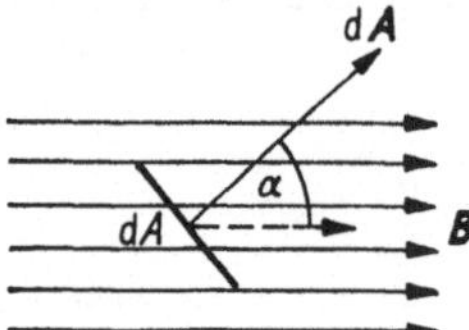

Bild 40.19. Zur Definition des magnetischen Flusses

die magnetische Flußdichte durch eine Fläche dA geschnitten, ergibt sich die Größe magnetischer Fluß:

Der magnetische Fluß dΦ ist das skalare Produkt aus der magnetischen Flußdichte B und dem Flächenvektor dA:

$$\boxed{\mathrm{d}\Phi = B\,\mathrm{d}A} \quad \text{bzw.} \quad \boxed{\Phi = \int_A B\,\mathrm{d}A} \qquad \textbf{Magnetischer Fluß} \qquad (40.9)$$

Wird die Fläche A (z. B. die Windungsfläche einer Spule) senkrecht von B-Linien durchsetzt und liegt ein homogenes Feld vor, wird

$$\boxed{\Phi = BA} \qquad \begin{array}{l}\textbf{Magnetischer Fluß für konstante Flußdichte} \\ \textbf{und senkrecht von Feldlinien durchsetzter Fläche}\end{array} \qquad (40.10)$$

Die Einheit des magnetischen Flusses ist wie die des Spannungsstoßes (40.6) V s (Voltsekunde). Dafür hat man die Benennung **Weber** (Wb) eingeführt:

$$[\Phi] = [S_U] = \mathrm{Wb} = \mathrm{V\,s}, \text{ daher gilt auch } [B] = \mathrm{V\,s/m^2} = \mathrm{Wb/m^2} = \mathrm{T}.$$

Anschaulich kann damit die magnetische Flußdichte B als die Anzahl der magnetischen Flußlinien (B-Linien) je Flächeneinheit, der magnetische Fluß Φ dagegen als die gesamte Flußlinienzahl durch die Fläche A gedeutet werden.

Elektrisches Feld		Magnetisches Feld	
Größe	Einheit	Größe	Einheit
elektrische Feldstärke E	V/m	magnetische Feldstärke H	A/m
elektrische Flußdichte D	$\mathrm{C/m^2} = \mathrm{A\,s/m^2}$	magnetische Flußdichte B	$T = \mathrm{Wb/m^2}$ $= \mathrm{V\,s/m^2}$
elektrischer Fluß ψ,		magnetischer Fluß Φ	Wb = V s
Ladung Q	C = A s		
elektrische Feldkonstante ε_0	$\mathrm{F/m} = \mathrm{A\,s/(V\,m)}$	magnetische Feldkonstante μ_0	$\mathrm{H/m} = \mathrm{V\,s/(A\,m)}$
Permittivitätszahl ε_r	1	Permeabilitätszahl μ_r	1
elektrisches Dipolmoment p	C m = A s m	magnetisches Dipolmoment j[1])	Wb m = V s m

[1]) s. 40.4.1

Entsprechend den bisher aufgezeigten Analogien zwischen den *elektrischen* und den *magnetischen* Feldgrößen sind die *entsprechenden* Größen in der Tabelle, S. 404, zusammengestellt. Man beachte besonders, daß die Einheiten der magnetischen Größen aus den ihnen entsprechenden elektrischen durch Vertauschung von V (Volt) und A (Ampere) hervorgehen. Auf die letzte magnetische Größe in der Tabelle wird in 40.4.1 eingegangen.

Die genaue Betrachtung der Gegenüberstellung zeigt eindringlich den *Zusammenhang* zwischen dem elektrischen und dem magnetischen Feld.

40.4 Magnetisches Feld und Stoff

40.4.1 Permeabilitätszahl

Alle bisherigen Gesetze des magnetischen Feldes gelten streng nur für das Vakuum, Experimente haben gezeigt, daß die Anwesenheit von Luft sich nur bei Präzisionsmessungen bemerkbar macht.

In Luft spielen sich magnetische Vorgänge praktisch wie im Vakuum ab.

Wird jedoch in den von einem magnetischen Feld erfüllten Raum z. B. Eisen, Cobalt, Nickel oder eine spezielle Legierung gebracht, werden im Induktionsversuch der Spannungsstoß S_v und damit die magnetische Flußdichte *B größer* (s. 40.3.4), obwohl die zeitliche Änderung der magnetischen Feldstärke bei dem Versuch die gleiche bleibt. Die genannten Stoffe, welche eine *wesentliche* Vergrößerung der Induktionswirkungen hervorrufen, nennt man **ferromagnetische Stoffe.** Der Quotient aus der **magnetischen Flußdichte** *B mit* einem Stoff im magnetischen Feld und der **magnetischen Flußdichte** im *Vakuum* B_0 wird bei gleicher magnetischer Feldstärke *H* **Permeabilitätszahl** μ_r genannt.

$$\mu_r = \frac{B}{B_0}$$

Permeabilitätszahl
(bei gleicher magnetischer Feldstärke) (40.11)

Damit wird allgemein die magnetische **Flußdichte** *B*

$$B = \mu_0 \mu_r H$$

Magnetische Flußdichte in einem Stoff (40.12)

Das Produkt aus $\mu_0 \mu_r = \mu$ wird als **Permeabilität** bezeichnet.

Analog zu den Überlegungen im elektrischen Feld (39.8.2) schreibt man (40.12) auch in der Form

$$B = \mu_0 \mu_r H = J + \mu_0 H$$

Magnetische Flußdichte (40.13)

und nennt die Größe *J* **magnetische Polarisation.** Diese ist dann der magnetischen Feldstärke *H* proportional:

$$J = B - \mu_0 H = (\mu_r - 1)\,\mu_0 H = \chi_m \mu_0 H$$

Magnetische Polarisation (40.14)

$\chi_m = (\mu_r - 1)$ wird **magnetische Suszeptibilität** genannt.

Nach diesen Überlegungen kann man die magnetische Polarisation *J* als die Zunahme der magnetischen Flußdichte deuten, die durch Einbringen eines Stoffes in das Magnetfeld entsteht.

Betrachtet man weiter ein von einem homogenen Feld erfaßtes Volumen *V*, wird das Produkt aus der magnetischen Polarisation *J* und diesem Volumen *V* **magnetisches Dipolmoment (Coulombsches magnetisches Moment)** *j* genannt.

$$j = JV$$

Magnetisches Dipolmoment
(im homogenen Feld) (40.15)

Es kann gezeigt werden, daß für $B \gg \mu_0 H$ in einem Stoff im Volumen $V = As$ das Dipolmoment $j = JV \approx BV = \Phi V/A = \Phi s$ wird, Gleichung (40.15) also übergeht in

$$\boxed{j = \Phi s}$$ **Magnetisches Dipolmoment** (Φ ist der magnetische Fluß im homogenen Feld der Länge s)   (40.15')

Wie bereits in der Gegenüberstellung in 39.3.5 dargestellt, erhält man leicht aus der letzten Gleichung $[j] = \mathrm{Wb\,m} = \mathrm{V\,s\,m}$.

Als **Magnetisierung** M bezeichnet man den Quotienten aus der magnetischen Polarisation J und der magnetischen Feldkonstante μ_0:

$$\boxed{M = \frac{J}{\mu_0} = \frac{B}{\mu_0} - H}$$ **Magnetisierung**   (40.16)

Die Multiplikation der Magnetisierung M mit dem erfaßten Volumen V ergibt das **elektromagnetische Moment (Ampèresches magnetisches Moment)** m mit der Einheit $[m] = \mathrm{A\,m^2}$:

$$\boxed{m = MV = \frac{j}{\mu_0}}$$ **Elektromagnetisches Moment**   (40.17)

Besonders in der Kernphysik wird neben dem magnetischen Dipolmoment das elektromagnetische Moment von *Elementarteilchen* angegeben, welches wie die Masse oder die elektrische Ladung eine wichtige Eigenschaft der Bausteine der Materie ist. Für die Praxis ist besonders die genaue Kenntnis der *Permeabilitätszahl* μ_r von Bedeutung. Wie bereits erläutert, verändern nur die ferromagnetischen Stoffe die Induktionswirkungen wesentlich. Für alle anderen Stoffe kann μ_r praktisch gleich 1 gesetzt werden (für Luft ist $\mu_r = 1{,}0000004$). Es ist für eine mit Luft gefüllte Zylinderspule typisch, daß die Feldlinien außerhalb weit in den Raum greifen und dort die magnetische Feldstärke sehr gering ist. In einem Eisenkern ist der gesamte magnetische Fluß allein im Eisenquerschnitt eng gebündelt (Bild 40.20). Es ist so, als sei das Eisen für magnetische Felder besonders *durchlässig* und biete ihnen gegenüber anderen Stoffen einen weit *geringeren* Widerstand (daher der Name Permeabilität, permeabel heißt durchlässig).

Wegen der *sehr* großen Permeabilitätszahlen und der damit verbundenen enormen Verstärkung der Induktionswirkungen durch ferromagnetische Stoffe erklärt sich die verbreitete Verwendung des Eisens in der *Elektrotechnik*. Hat das im Feld befindliche Eisenstück zwei freie Enden, wird es selbst zum Magnet. Befindet sich in der Längsrichtung dieses Eisenkörpers ein enger Kanal, verlaufen in diesem das *erregende Feld* und das *Sekundärfeld* des

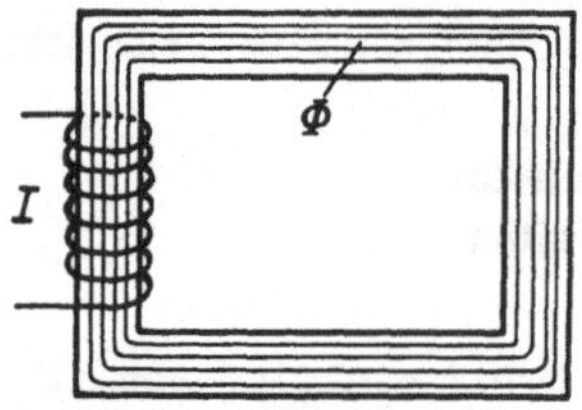

Bild 40.20. Magnetischer Fluß in einem geschlossenen Eisenrahmen

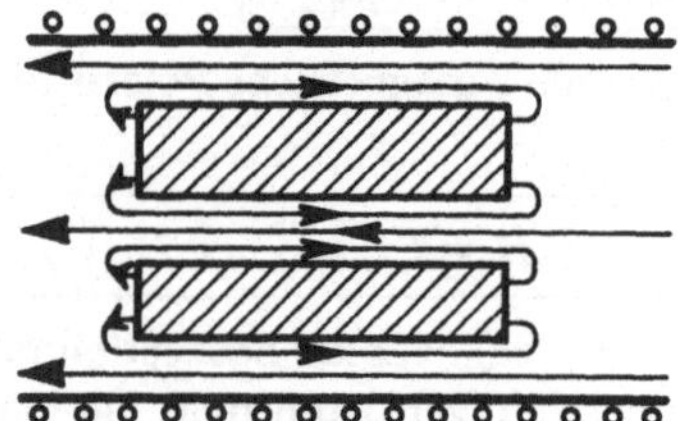

Bild 40.21. Entmagnetisierung

Eisens entgegengesetzt (Bild 40.21). Damit wird die zur Magnetisierung des Eisens verfügbare magnetische Flußdichte zum Teil aufgehoben. Diese **Entmagnetisierung** hängt sehr von der Gestalt des ferromagnetischen Kernes ab und muß bei Anwendungen rechnerisch korrigiert werden.

Bei einer *eisengefüllten Ringspule* tritt die *Entmagnetisierung* wegen des geschlossenen Feldlinienverlaufes *nicht* auf. Jedoch sind bei Eisenkernen mit freien Enden zur Erzeugung einer bestimmten magnetischen Flußdichte viel höhere elektrische Stromstärken durch die Spule erforderlich als bei geschlossenen Eisenkernen.

40.4.2 Ferromagnetismus, Magnetisierungskurve und Hysteresis

Die Permeabilitätszahl μ_r spielt im magnetischen Feld eine ähnliche Rolle wie die Permittivitätszahl ε_r im elektrischen Feld. Sie ist aber bei ferromagnetischen Stoffen *nicht* konstant, sondern von der elektrischen Feldstärke abhängig.

Die Permeabilitätszahl ferromagnetischer Stoffe ist eine Funktion der magnetischen Feldstärke. Sie hängt außerdem noch von der Vorbehandlung des Materials ab.

Beispiel: Bei einem Induktionsversuch mit einer eisengefüllten Spule ergibt sich bei einer Feldstärke von 1,0 kA/m eine Flußdichte von 1,3 T. – Bei Verdopplung des Feldstromes hat die Flußdichte nicht etwa den doppelten Wert, sondern z. B. nur 1,4 T. (Die Größen von B hängen stark von der jeweiligen Eisensorte ab!) Im ersten Fall erhält man nach (40.12)

$$\mu_r = \frac{B}{\mu_0 H} = \frac{1{,}3 \ \text{V s A m m}}{1{,}255 \cdot 10^{-6} \ \text{V s m}^2 \cdot 1000 \ \text{A}} = 1035,$$

im zweiten in entsprechender Weise jedoch nur $\mu_r = 557$.

Bei ferromagnetischen Stoffen ist $\mu_r \gg 1$.

Die Abhängigkeit der magnetischen Flußdichte B von der magnetischen Feldstärke H ergibt eine für jede Eisensorte charakteristische Magnetisierungskurve (Bild 40.22). Die für jeden Kurvenpunkt berechnete Permeabilitätszahl ist im Bild 40.23 in Abhängigkeit von

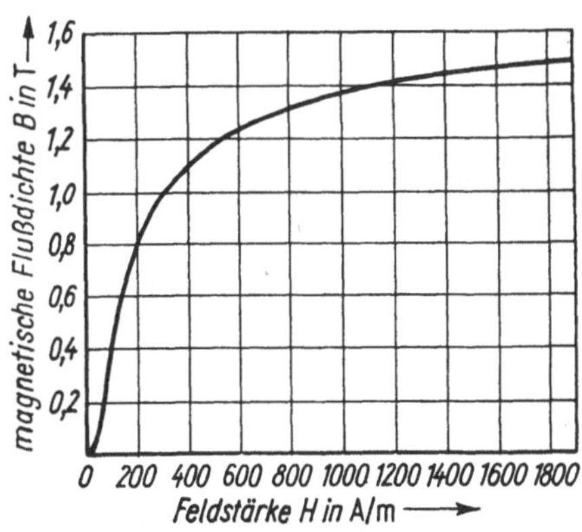

Bild 40.22. Magnetisierungskurve von Dynamoblech

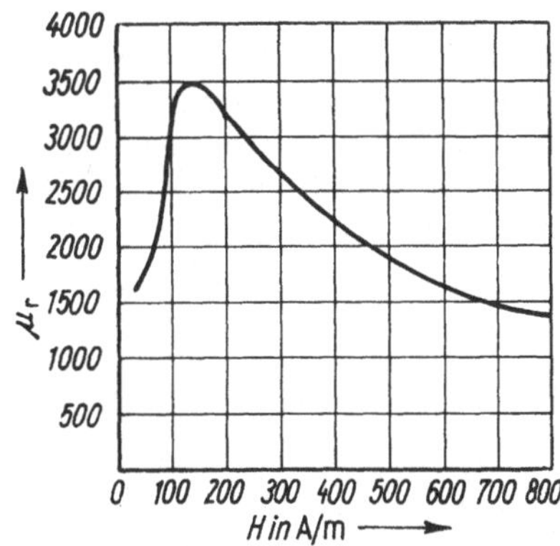

Bild 40.23. Permeabilitätszahl von Dynamoblech in Abhängigkeit von der Feldstärke

der magnetischen Feldstärke dargestellt. Mit zunehmender Feldstärke nimmt die magnetische Flußdichte immer langsamer zu, bis das Eisen **magnetisch gesättigt** ist. Im Sättigungsbereich hat die Anwesenheit des Eisens auf die Zunahme der magnetischen Flußdichte *keinen* Einfluß mehr, und es gilt dort $\Delta B_s = \mu_0 \Delta H$.

Oberhalb einer charakteristischen Temperatur, der **Curie-Temperatur**, verlieren ferromagnetische Stoffe ihre Eigenschaft, die Induktionswirkungen zu verstärken, μ_r ist jetzt gleich 1. Diese Temperatur ist z. B. bei Eisen 770 °C, bei Cobalt 1120 °C und bei Nickel

360 °C. Dies deutet darauf hin, daß der Ferromagnetismus mit dem kristallinen Feinbau dieser Metalle zusammenhängt.

Der Ferromagnetismus ist eine spezifische Kristalleigenschaft.

Wird bei einer vorher *unmagnetischen* Eisenprobe bei schrittweiser Vergrößerung der magnetischen Feldstärke H die magnetische Flußdichte B gemessen, entsteht die im Bild 40.24 angegebene **Neukurve** AB. Nach Erreichen der Sättigung wird die Feldstärke wieder verkleinert, und man könnte erwarten, daß jetzt die Neukurve rückwärts durchlaufen wird. Es entsteht aber oberhalb dieser die Kurve BD. Bei $H = 0$ ist noch eine beträchtliche **Rest-**

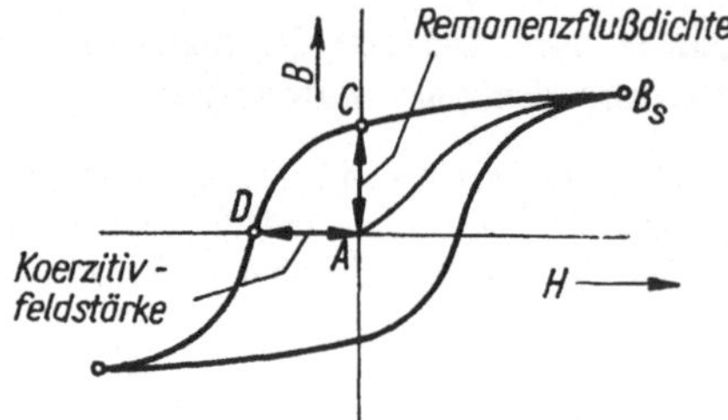

Bild 40.24. Hysteresisschleife einer magnetisch harten Stahlsorte

flußdichte AC verblieben. Diese heißt **Remanenzflußdichte** (bleibende Flußdichte) B_r. Erst durch eine entsprechende entgegengesetzt wirkende **Koerzitivfeldstärke** H_c (entspricht AD) wird die Remanenzflußdichte B_r beseitigt. In dieser Weise fortfahrend ergibt sich eine Schleifenkurve, **Hysteresisschleife** genannt.

Es kann experimentell und theoretisch gezeigt werden, daß die Fläche im Innern der Hysteresisschleife ein Maß für die Energie ist, die zur Umkehrung (Ummagnetisierung) von der **Sättigungsflußdichte** B_s in $-B_s$ erforderlich ist. Diese Energie wird im Kern in Wärmeenergie umgewandelt. Bei magnetisch *harten* Stahlsorten umschließt die *Hysteresisschleife* eine *breite* Fläche mit *großen* Werten für B_r und H_c. Daher werden diese Stoffe zur Herstellung von Dauermagneten (permanente Magnete) verwendet. *Weicheisen* und hochwertiges *Dynamoblech* dagegen umschließen eine sehr *schmale* Fläche mit *kleinem* B_r und kleinem H_c. Zum *Ummagnetisieren* ist nur *wenig* Energie erforderlich, was die Nutzung dieser Stoffe in elektrischen Maschinen und anderen Geräten erklärt.

Beispiele: 1. In einem Kern aus Dynamoblech von 4,0 cm² Querschnitt besteht eine Feldstärke von $H = 1,40\ \text{A/m}$. Wie groß sind die magnetische Flußdichte B, der magnetische Fluß und die Permeabilitätszahl? – Aus der Kurve (Bild 40.22) liest man ab: $B = 1,43\ \text{T}$. Hiernach ergibt sich der magnetische Fluß zu $\Phi = 572\ \mu\text{Wb}$ und die Permeabilitätszahl

$$\mu_r = \frac{B}{\mu_0 H} = \frac{1,43\ \text{V s A m m}}{1,256 \cdot 10^{-6}\ \text{m}^2\ \text{V s} \cdot 1400\ \text{A}} = 810.$$

2. In einem rechteckigen, geschlossenen Kern aus Dynamoblech (mittlere Länge der Feldlinien $l = 20$ cm) nach Bild 40.20 soll eine Flußdichte von 0,8 T bestehen. Welche magnetische Spannung ist hierzu erforderlich? – Aus der Magnetisierungskurve (Bild 40.22) liest man die zu $B = 0,8\ \text{T}$ gehörige Feldstärke von $H = 200\ \text{A/m}$ ab. Demnach ist $IN = Hl = 200\ \text{A/m} \cdot 0,2\ \text{m} = 40\ \text{A}$.

40.4.3 Para- und diamagnetische Stoffe

Außer den ferromagnetischen Stoffen zeigen auch alle übrigen Substanzen magnetische Eigenschaften, allerdings mit äußerst schwachen Wirkungen.

1. Paramagnetische Stoffe, z. B. Aluminium, verhalten sich ähnlich wie die ferromagnetischen. Sie verstärken die magnetische Flußdichte B nur unwesentlich.

Versuch: Ein kleines U-Rohr mit einer Lösung von $FeCl_3$ wird zwischen die Pole eines starken Elektromagnets gebracht (Bild 40.25). Beim Einschalten des Feldstromes steigt die Flüssigkeit in das Feld hinein.

2. Diamagnetische Stoffe, z. B. Kupfer und Bismut, schwächen die magnetische Flußdichte unwesentlich.

Versuch: Ein kleines, an einem Faden hängendes Bismutstäbchen stellt sich zwischen den Polen eines Magneten quer zu den Feldlinien (Bild 40.26). Ein kleines Bismutkügelchen wird aus dem Feld herausgestoßen.

Paramagnetische Stoffe werden in ein Magnetfeld hineingezogen, diamagnetische von ihm abgestoßen (Bilder 40.27 und 40.28).

Quantitativ zeigt sich der Unterschied in der Größe der Permeabilitätszahl:

$$\left.\begin{array}{ll}\textbf{diamagnetische Stoffe:} & \mu_r < 1 \\ \textbf{paramagnetische Stoffe:} & \mu_r > 1 \end{array}\right\} \approx 1$$

$$\textbf{ferromagnetische Stoffe:} \quad \mu_r \gg 1$$

Die Permeabilitätszahl para- und diamagnetischer Stoffe weicht im allgemeinen nur geringfügig von 1 ab. So ist z. B. für Luft $\mu_r = 1{,}0000004$ (paramagnetisch), Aluminium $\mu_r = 1{,}000021$ (paramagnetisch), Kupfer $\mu_r = 0{,}999993$ (diamagnetisch).

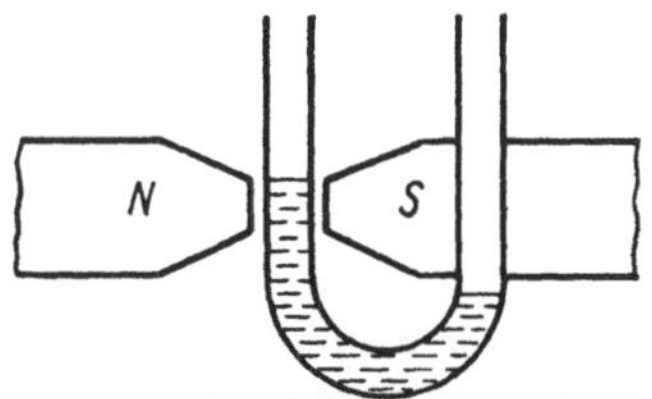

Bild 40.25. Verhalten einer paramagnetischen Flüssigkeit im Magnetfeld

Bild 40.26. Bismutstäbchen im Magnetfeld

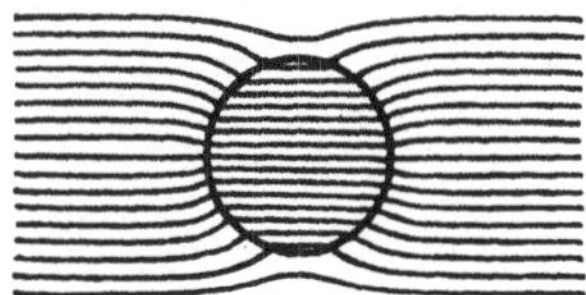

Bild 40.27. Paramagnetischer Stoff im Magnetfeld

Bild 40.28. Diamagnetischer Stoff im Magnetfeld

40.5 Induktionsvorgänge

40.5.1 Induktionsgesetz

Bereits bei der Herleitung der **magnetischen Flußdichte** B wurde der Begriff **Induktion** erläutert. Induktionsvorgänge lassen sich durch *verschiedene* experimentelle Anordnungen demonstrieren. Einige Möglichkeiten sind:

Bei ruhender Induktionsspule: Ein- und Ausschalten des elektrischen Stromes oder zeitliche Änderung der elektrischen Stromstärke in der Feldspule (s. 40.3.4 und Bild 40.17).

Bewegen eines Dauermagnets oder der stromführenden Feldspule relativ zur ruhenden Induktionsspule (Bilder 40.29 und 40.30).

Bild 40.29. Induktion durch Bewegung eines Stabmagnets in einer Spule

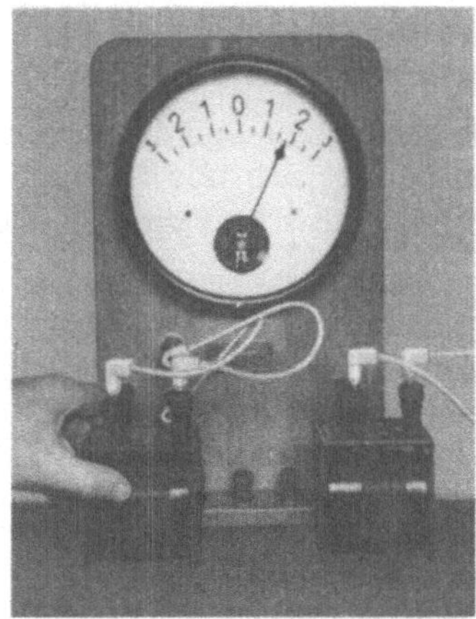

Bild 40.30. Induktion durch Annähern oder Entfernung einer stromdurchflossenen Spule

Bei bewegter Induktionsspule: Bewegung der Induktionsspule relativ zu einem ruhenden Magnet oder zu einer stromdurchflossenen Feldspule, Drehung der Induktionsspule im ruhenden Magnetfeld der Feldspule.

Allen Induktionsversuchen ist gemeinsam:

Während jeder Änderung des eine Induktionsspule durchsetzenden magnetischen Flusses wird in dieser eine Quellenspannung induziert, die ihrerseits in einem geschlossenen Stromkreis einen elektrischen Strom, den Induktionsstrom, antreibt.

Entsprechend den in 37.3 getroffenen Richtungsfestlegungen ist die Induktionsstromstärke I der induzierten Quellenspannung U_q *entgegen* gerichtet. So bestehen nach Bild 40.31 folgende Zuordnungen:

Quellenspannung und **magnetischer** Fluß bilden

$$\text{bei Flußzunahme } \frac{\mathrm{d}\Phi}{\mathrm{d}t} > 0 \quad \text{eine Rechtsschraube}$$

$$\text{bei Flußabnahme } \frac{\mathrm{d}\Phi}{\mathrm{d}t} < 0 \quad \text{eine Linksschraube.}$$

Induktionsstrom und **magnetischer** Fluß bilden

bei Flußzunahme	eine Linksschraube
bei Flußabnahme	eine Rechtsschraube.

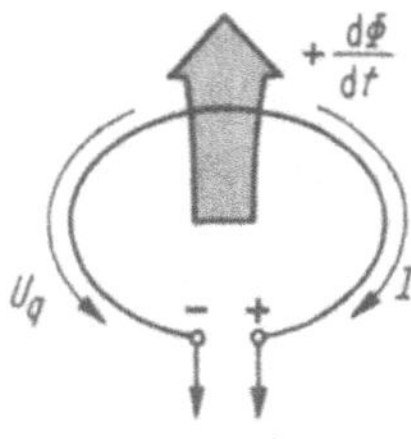

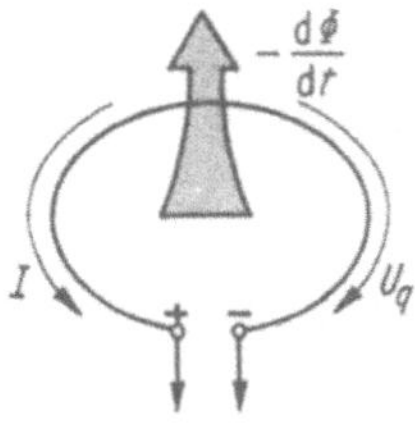

Bild 40.31. Richtung von induzierter Quellenspannung und Induktionsstromstärke

Bild 40.32 zeigt den einer Linksschraube folgenden Verlauf des Induktionsstromes, wenn die Spule Teil eines Stromkreises ist. Die elektrische Stromstärke hängt von der induzierten Quellenspannung und vom Widerstand des gesamten Stromkreises ab.

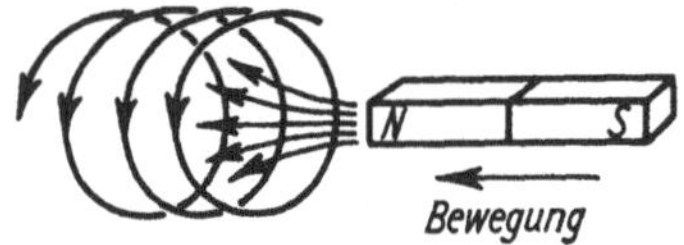

Bild 40.32. Richtung der Induktionsstromstärke in einer Spule bei Flußzunahme

Weitere Versuche weisen nach, daß die induzierte Quellenspannung U_q der Änderung des magnetischen Flusses $d\Phi$ und der Windungszahl N der Induktionsspule direkt proportional, der Zeitdauer dt der Flußänderung jedoch indirekt proportional ist. Damit entsteht das von FARADAY entdeckte **Induktionsgesetz**[1]):

$$U_q = N\frac{d\Phi}{dt} \qquad \text{bzw.} \qquad U_q = N\frac{\Delta\Phi}{\Delta t} \qquad \textbf{Induktionsgesetz} \qquad (40.18)$$

Da der funktionale Zusammenhang zwischen der magnetischen Flußänderung und der zugehörigen Zeit im allgemeinen *nicht* linear ist, ist die Differentialschreibweise zu bevorzugen. Das Induktionsgesetz ergibt sich auch unmittelbar aus den Überlegungen in 40.3.4. Wie leicht nachzurechnen ist, ergibt die Umstellung von (40.7) nach U das Induktionsgesetz.

Bild 40.33. MICHAEL FARADAY (1791 bis 1867)

---

[1]) In der häufig verwendeten Schreibweise $U_i = -N\,d\Phi/dt$ ist U_i die induzierte Spannung, die mit der Induktionsstromstärke I *gleiche* Richtung hat. U_i bildet im Gegensatz zu U_q bei Zunahme des magnetischen Flusses eine Linksschraube. Dies wird durch das Minuszeichen ausgedrückt.

Beispiel: Eine eisenfreie Zylinderspule von 40 cm Länge und 50 cm Durchmesser trägt als Primärwicklung 800 Windungen und eine Sekundärwicklung von 2000 Windungen. Den Primärstrom läßt man innerhalb von 3,0 s gleichförmig von 0,1 A auf 5,0 A anwachsen. Welche Quellenspannung wird während dieser Zeit induziert? – Die Windungszahl der Primärspule sei mit N_1 und ihre Länge mit l bezeichnet. Der von der Primärspule erzeugte Fluß wächst von $\Phi_1 = \mu_0\mu_r A H_1$ auf

$\Phi_2 = \mu_0\mu_r A H_2$ an. Die Flußänderung ist daher $\Delta\Phi = \mu_0\mu_r(H_2 - H_1) = \dfrac{\mu_0\mu_r A N_1}{l}\,(I_2 - I_1)$ und der Betrag der induzierten Quellenspannung mit $\mu_r = 1$

$$U_q = \frac{\mu_0\mu_r A N_1 N_2 (I_2 - I_1)}{l\,\Delta t}\;;$$

Einsetzen der gegebenen Größen ergibt $U_q = 16{,}1$ mV.

40.5.2 Induktionsvorgänge in bewegten Leiterteilen

Bei jeder Pendelbewegung eines sich quer zu den magnetischen Feldlinien bewegenden Drahtes (Bild 40.34) zeigt das angeschlossene Meßinstrument eine elektrische Stromstärke von gleichfalls wechselnder Richtung an. Auch bei Bewegung eines Leiters durch ein ma-

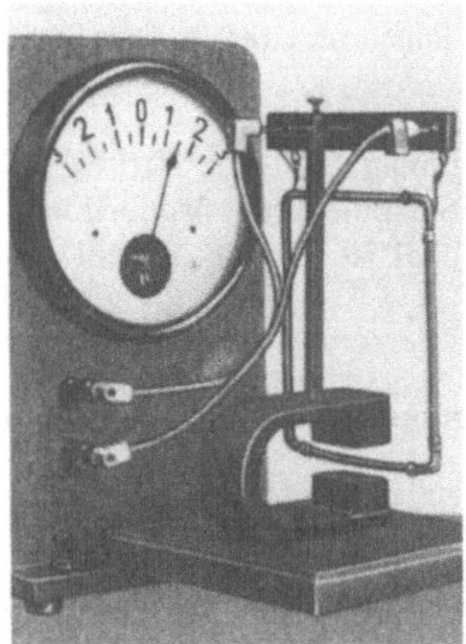

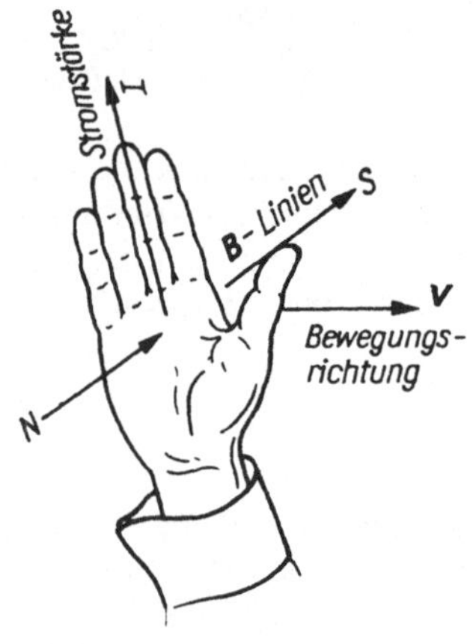

Bild 40.34. Induktion in einem Leiter, der   Bild 40.35. Rechte-Hand-Regel
quer zum Feld bewegt wird

gnetisches Feld wird eine Quellenspannung induziert. Die Richtung des von dieser Quellenspannung hervorgerufenen Induktionsstromes ergibt sich nach der

> **Rechte-Hand-Regel: Durchsetzen die *B*-Linien die rechte Handfläche und weist der Daumen in der Bewegungsrichtung des Leiters, zeigen die Finger der ausgestreckten Hand die Induktionsstromrichtung an** (Bild 40.35).

Die induzierte Spannung ergibt sich aus (40.18). Wird nach Bild 40.36 das Leiterstück der Länge l mit der Geschwindigkeit $v = \Delta s/\Delta t$ nach links bewegt, überstreicht es die Fläche $\Delta A = l\,\Delta s$. Der magnetische Fluß ändert sich um $\Delta\Phi = B\,\Delta A = Bl\,\Delta s$. Einsetzen in (40.18) ergibt mit $N = 1$ die Quellenspannung $U_q = Bl\,\Delta s/\Delta t$ oder

$$\boxed{U_q = Blv}$$

Induzierte Quellenspannung in einem bewegten Leiterstück
(*B* und *v* bilden einen rechten Winkel)   (40.19)

Die letzte Gleichung führt zu einer *typischen* Beziehung der allgemeinen **Feldtheorie**, die erneut die enge Verknüpfung zwischen elektrischen und magnetischen Erscheinungen zeigt. Die Division durch die Leiterlänge l führt zu $U_q/l = vB$ und ergibt die im Drahtstück der Länge l herrschende *elektrische Feldstärke E*, die die Richtung von U_q im Bild 40.37 hat.

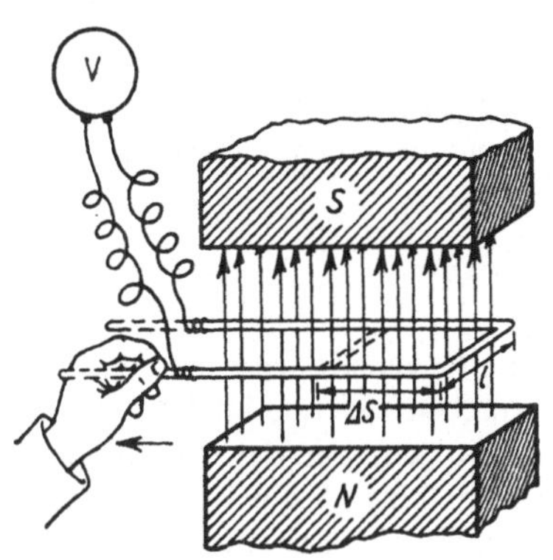

Bild 40.36. Zur Berechnung der induzierten Quellenspannung

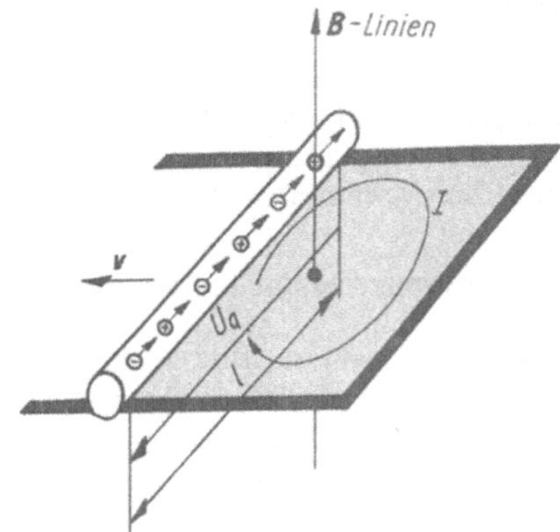

Bild 40.37. Zur Herleitung der Feldgleichung

$$\boxed{E = vB} \quad \textbf{Induzierte elektrische Feldstärke} \quad (\text{für} \quad v \perp B) \qquad (40.20)$$

Schließen v und B den Winkel α ein, ergibt sich obige **Feldgleichung** als Vektorprodukt:

$$\boxed{E = v \times B} \quad \text{d. h.} \quad \boxed{E = vB \sin \alpha} \quad \textbf{Feldgleichung} \qquad (40.21)$$

Induzierte Spannungen können auch in massiven Metallkörpern und Blechen entstehen, wenn sie sich in Magnetfeldern bewegen. Hierbei entstehen sogenannte **Wirbelströme**, da die Richtung der induzierten Stromstärken zwar durch die Rechte-Hand-Regel vorgeschrieben ist, nicht aber der Verlauf der Strombahn, die in sich kurzgeschlossen ist. Wegen dieses inneren Kurzschlusses können die Wirbelströme sehr stark werden und beträchtliche Wärmeenergie erzeugen.

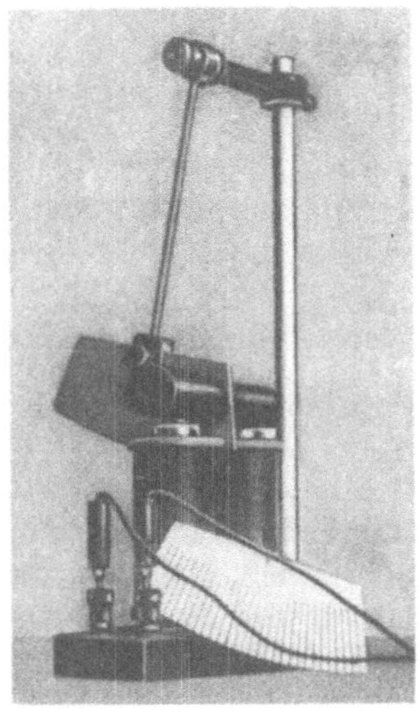

Bild 40.38. Bremsung einer schwingenden Metallscheibe durch Wirbelströme

Zur Vorführung verwendet man einen Elektromagneten, zwischen dessen Polen eine Kupfer- oder Aluminiumscheibe pendelt (Bild 40.38). Nach Einschalten des Feldstromes bleibt sie wie in einer zähen Flüssigkeit stecken. Die zur Erzeugung der Wirbelströme und die mit ihnen verbundene Wärmeenergie wird dem Energievorrat des schwingenden Pendels entzogen. Wenn die Scheibe geschlitzt ist, sind die Bahnen der Wirbelströme unterbrochen, die Scheibe pendelt ungestört.

Anwendungen: Bei der **Wirbelstromdämpfung** schwingender elektrischer Instrumente bewegt sich eine Metallscheibe zwischen den Polen eines Bremsmagnets. Im **Wechselstromzähler** dreht sich eine Aluminiumscheibe zwischen den Polen eines Dauermagnets. Die in der Scheibe induzierten Wirbelströme bremsen die Rotation und machen sie gleichförmig. Die **Eisenkerne** elektrischer Maschinen und Transformatoren sind aus einzelnen Blechen geschichtet, womit quer durch das Paket gerichtete Induktionsströme verhindert werden.

40.5.3 Gleichstromgenerator (Dynamomaschine)

Prinzipielle Wirkungsweise (Bild 40.39). Eine rechteckige Leiterschleife wird im Feld eines starken Magnets gedreht. Nach der Rechte-Hand-Regel ergeben sich die im Bild gezeichneten Stromrichtungen. Der Strom wird zwei halbkreisförmigen, auf der Antriebswelle sitzenden Lamellen (Kommutator) zugeführt, gegen die sich federnd die beiden **Bürsten** (meistens Kohleklötze) anlegen, an denen die erzeugte Spannung abgenommen wird. Wenn

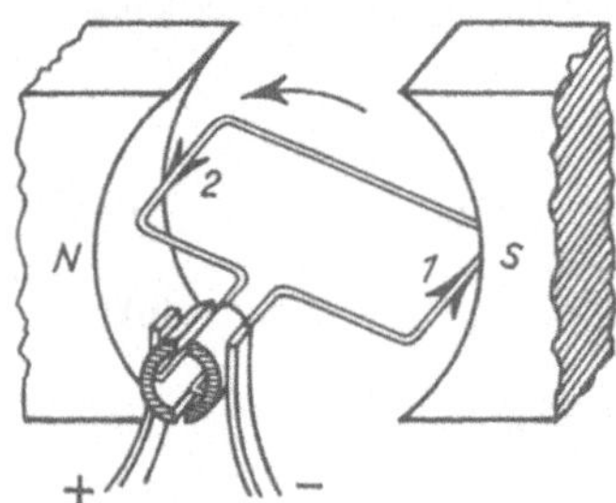

Bild 40.39. Prinzip des Gleichstromgenerators

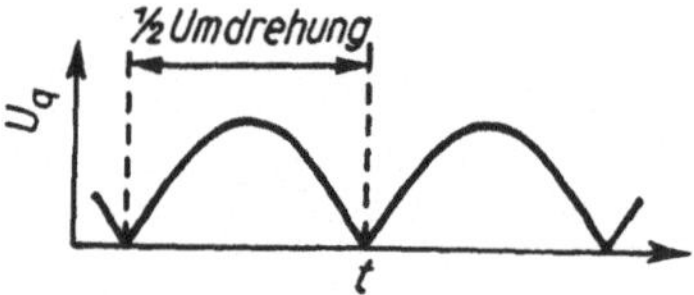

Bild 40.40. Verlauf der Quellenspannung während einer Umdrehung

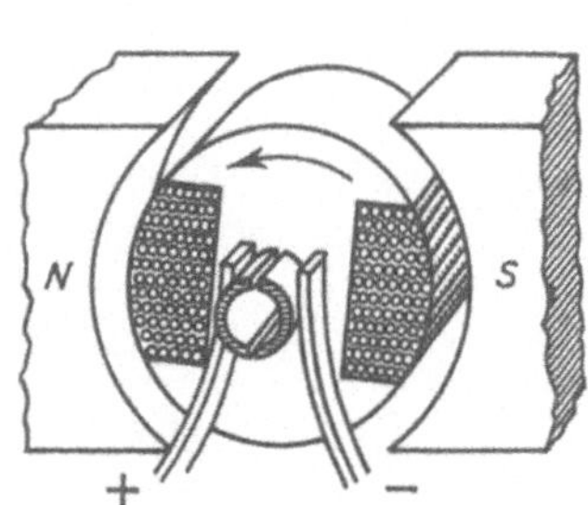

Bild 40.41. Doppel-T-Anker

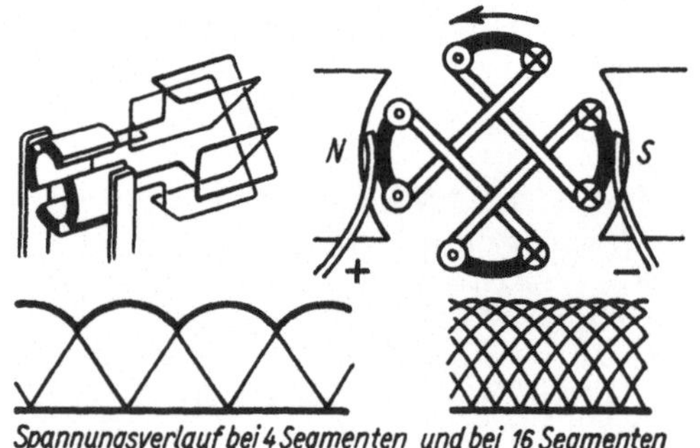

Bild 40.42. Schema eines Trommelankers mit Schleifenwicklung

nach einer halben Umdrehung Draht *1* vor dem Nordpol liegt, hat sich auch der Kommutator mitgedreht, so daß die Klemmenspannung stets dieselbe Richtung beibehält. Dreht sich die Leiterschleife noch um ein kleines Stück weiter und steht waagerecht, wird der sie durchsetzende magnetische Fluß gleich Null. Die Änderungsgeschwindigkeit des Flusses ist relativ groß und damit auch die induzierte Quellenspannung. Beim Durchgang durch die senkrechte Stellung ändert sich dagegen der Fluß bei gleichem Drehwinkel nur geringfügig. Die induzierte Quellenspannung ist sehr klein. Die Quellenspannung und damit die induzierte Stromstärke »pulsiert«, d. h. schwankt periodisch zwischen Null und einem Höchstwert (Bild 40.40). Um das Magnetfeld besser auszunutzen, verwendet man statt einer einzigen Windung eine Spule, die auf einem *Eisenkern* gewickelt ist. In diesem einfachen Falle entsteht so der **Doppel-T-Anker** (Bild 40.41).

Der Trommelanker. Der heute fast ausschließlich verwendete Trommelanker enthält viele parallele Drähte in den Nuten eines Eisenzylinders. Das Pulsieren wird dabei weitgehend gemildert, wenn auch nicht ganz beseitigt. Es gibt mehrere Wicklungssysteme. Das Prinzip der *Schleifenwicklung* zeigt Bild 40.42. Die von vorn nach hinten laufenden Ankerdrähte sind so verbunden, daß die rechte Lamelle des Kollektors stets den Minus-, die andere stets den Pluspol ergibt.

Aber auch im Eisenkern des Ankers würden Ströme von derselben Richtung induziert werden. Um diese Wirbelströme zu unterbinden (sie würden den Anker zusätzlich erwärmen), ist dieser aus einzelnen lackierten Blechen geschichtet.

Erregung des Feldmagnets. Nach der Erfindung von **Werner von Siemens** (1866) wird der im Anker induzierte Strom zur Erregung des Feldmagnets verwendet. Dabei unterscheidet man zwei grundsätzliche Möglichkeiten: die **Reihenschluß-** (oder **Hauptschluß-**) **Maschine** (Feld- und Ankerwicklung in *Reihe*, Bild 40.43) und die **Nebenschlußmaschine** (Feld- und Ankerwicklung parallel geschaltet, Bild 40.44).

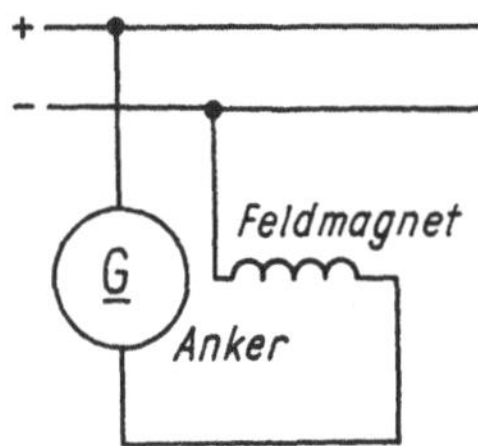

Bild 40.43. Schaltung der
Reihenschlußmaschine

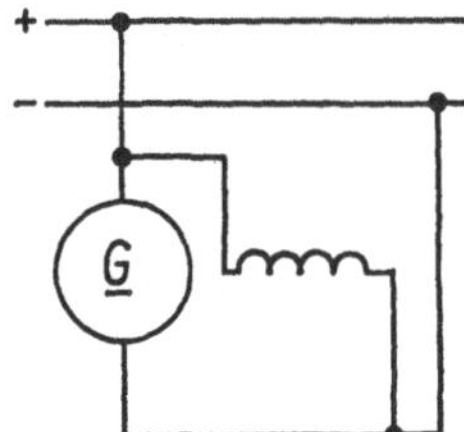

Bild 40.44. Schaltung der Nebenschlußmaschine

Beispiel: Der Trommelanker eines Gleichstromgenerators ist 12 cm lang und hat einen Durchmesser von 8 cm. Jeweils 60 Drähte liegen im Feld mit der Flußdichte 0,8 T. Welchen Höchstwert hat die Quellenspannung bei einer Drehzahl von 2000^1/min? – Nach (40.19) ist $U_q = Blv$, wobei v die Umfangsgeschwindigkeit des Ankers ist. Demnach ist

$$U_q = \frac{60 \cdot 0{,}8 \text{ V s} \cdot 0{,}12 \text{ m} \cdot 0{,}08 \text{ m} \cdot \pi \cdot 2000}{\text{m}^2 \cdot 60 \text{ s}} = 48 \text{ V}.$$

40.5.4 Selbstinduktion

Feld- und Induktionsspule müssen bei Induktionsvorgängen nicht voneinander getrennt sein. Ändert sich in einer Spule der magnetische Fluß, so muß in denselben Windungen dieser Spule eine Quellenspannung induziert werden. Diese zeigt der folgende Versuch nach Bild 40.45. Es ist zweierlei zu beobachten:

Beim Einschalten leuchtet die *Lampe* L_1 *erheblich* später auf als die *Lampe* L_2, beim Ausschalten verlöschen beide, aber die *Glimmlampe* G, deren Zündspannung etwa 100 V beträgt, leuchtet kurz auf, obwohl die angelegte Spannung nur etwa 6 V war.

Beim Schließen des Schalters tritt offenbar in der Spule M eine induzierte Quellenspannung auf, die einen dem eingeschalteten elektrischen Strom entgegengesetzten Induktionsstrom erzeugt. Dieser läßt die elektrische Stromstärke nur langsam ansteigen, daher das spätere Aufleuchten der mit M in Reihe geschalteten Lampe L_1.

Diese Erklärung wird auch durch die Anwendung der bisher geschilderten *Richtungsregeln* bestätigt. Nach 40.2 bilden die *felderzeugende Stromstärke* und der sich *verstärkende* magnetische Fluß eine *Rechtsschraube*, während der gleichzeitig bei Flußzunahme nach 40.5.1 durch die induzierte Quellenspannung hervorgerufene *Induktionsstrom* eine *Linksschraube* bildet. Dadurch wird die Stromstärke durch L_1 *langsam* größer. Beim Öffnen des Schalters

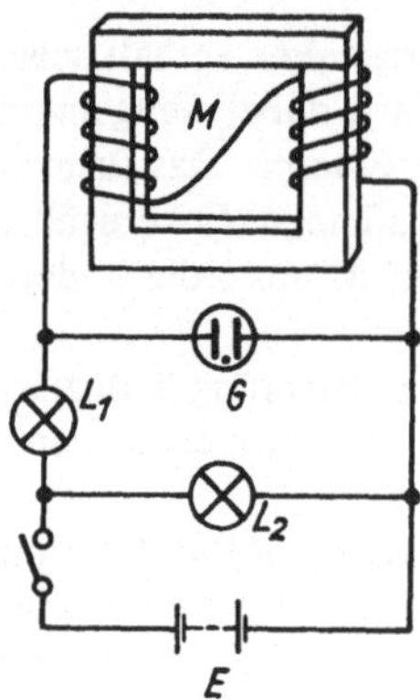

Bild 40.45. Versuch zur Selbstinduktion

nimmt der magnetische Fluß sehr rasch ab. Nach dem Induktionsgesetz bedeutet dies die Entstehung einer so *großen* Induktionsspannung, daß die Zündspannung der Glimmlampe kurzzeitig überschritten wird. In diesem Fall beschreibt der Induktionsstrom wie der ausgeschaltete elektrische Strom eine Rechtsschraube. Die geschilderte Erscheinung ist die **Selbstinduktion**.

Selbstinduktion ist die Entstehung einer Induktionsspannung in der gleichen Spule, in der die magnetische Flußänderung erfolgt.

Zur Berechnung dieser induzierten Quellenspannung wird das *Induktionsgesetz* (40.18) mit der Stromstärkeänderung dI erweitert: $U_\mathrm{q} = N\dfrac{\mathrm{d}\Phi\,\mathrm{d}I}{\mathrm{d}I\,\mathrm{d}t}$. Setzt man *konstante* Permeabilitätszahl μ_r voraus, sind wegen der Proportionalität der magnetischen Feldstärke H und der elektrischen Stromstärke I nach (40.1) auch der magnetische Fluß Φ und I proportional. Es gilt also d$\Phi/\mathrm{d}I = \Phi/I$, woraus $U_\mathrm{q} = N\dfrac{\Phi\,\mathrm{d}I}{I\,\mathrm{d}t}$ entsteht. Das Produkt $N\Phi/I$ ist die **Induktivität**:

$$L = \frac{N\Phi}{I} \qquad \textbf{Induktivität} \tag{40.22}$$

Für sie wird als Einheit **Henry** (H) verwendet: $[L] = \mathrm{H} = \mathrm{V\,s/A}$. Damit ergibt sich für die **Quellenspannung bei Selbstinduktion**

$$U_\mathrm{q} = L\frac{\mathrm{d}I}{\mathrm{d}t} \quad \text{bzw.} \quad U_\mathrm{q} = L\frac{\Delta I}{\Delta t} \qquad \textbf{Quellenspannung bei Selbstinduktion} \tag{40.23}$$

Wenn bei der Spule der *Widerstand R* vernachlässigt wird, ist der durch den Induktionsstrom hervorgerufene **induktive Spannungsabfall** U_L der induzierten Quellenspannung *entgegengesetzt* gleich:

$$U_L = -L\frac{\mathrm{d}I}{\mathrm{d}t} \quad \text{bzw.} \quad U_L = -L\frac{\Delta I}{\Delta t} \qquad \textbf{Induzierter Spannungsabfall bei Selbstinduktion } (R = 0) \tag{40.24}$$

Die Induktivität L spielt besonders im Wechselstromkreis eine große Rolle. Sie bestimmt dort neben der Frequenz die Größe des induktiven Widerstandes. Eine Berechnung der Induktivität ist aber nur für geometrisch besonders einfache Anordnungen exakt möglich, da sie von vielen Faktoren abhängt (geometrische Form, Wicklungsart, Füllstoff). Auch Leitungen, Antennen, Kabel und elektronische Bauelemente haben eine Induktivität (sie haben auch eine Kapazität). Es gibt zwar eine Reihe von recht gut gültigen Näherungsformeln für Einzelfälle, oft macht es sich erforderlich, die Induktivität für den entsprechenden Einsatzfall experimentell im Wechselstromkreis zu ermitteln. Für den Fall einer langgestreckten Zylinderspule mit relativ kleinem Durchmesser ($l/d \geqq 10$) oder einer Ringspule ergibt sich

nach (40.10) zunächst der magnetische Fluß $\Phi = BA$. Mit $B = \mu_0\mu_r H$ und $H = \dfrac{IN}{l}$ wird

$\Phi = \dfrac{A\mu_0\mu_r IN}{l}$. Dann wird die Induktivität $L = \dfrac{N\Phi}{I} = \dfrac{NA\mu_0\mu_r IN}{lI}$ bzw.

$$\boxed{L = \frac{N^2\mu_0\mu_r A}{l}} \qquad \text{Induktivität einer langen Zylinderspule oder Ringspule} \qquad (40.25)$$

Beispiel: Welche Induktivität hat eine eisenfreie Spule von 25 cm Länge, 3,0 cm Durchmesser und 1 500 Windungen? – Es ist nach Gleichung (40.25) mit $\mu_r = 1$

$$L = \frac{N^2\mu_0\mu_r A}{l} = \frac{1\,500^2 \cdot 1{,}256 \cdot 10^{-6}\ \text{V s} \cdot 7{,}07 \cdot 10^{-4}\ \text{m}^2}{\text{A m} \cdot 0{,}25\ \text{m}} = 7{,}99\ \text{mH} \approx 8\ \text{mH}.$$

40.5.5 Regel von Lenz

Alle Naturvorgänge, auch die Induktionsvorgänge, unterliegen dem Energieerhaltungssatz. Seine Anwendung auf die elektromagnetische Induktion wird nach EMIL LENZ (1804 bis 1865) als **Regel von Lenz** bezeichnet:

> **Die Richtung des Induktionsstromes ist stets so, daß er dem ihn verursachenden Vorgang entgegenwirkt.**

So liefert ein Generator bei Zufuhr von mechanischer Energie über einen Induktionsvorgang elektrische Energie. Würde der im Anker fließende Induktionsstrom die Bewegung nicht *hemmen*, sondern *unterstützen*, könnte sich der Generator *von selbst* weiterdrehen (Perpetuum mobile). Auch das Stehenbleiben der Pendelscheibe (Bild 40.38) bei der Entstehung der Wirbelströme ist nach der LENZschen Regel sofort verständlich.

Bei der Selbstinduktion ist die *Erregerstromstärke* aus der äußeren Spannungsquelle die *Ursache* des Induktionsstromes. Nach der LENZschen Regel muß dieser dem Erregerstrom *entgegenwirken*, was durch das spätere Aufleuchten der Lampe L_1 (Bild 40.45) bestätigt wird.

40.6 Kraftwirkungen und Energie im Magnetfeld

40.6.1 Kraft auf eine bewegte Ladung im Magnetfeld (Lorentz-Kraft)

Wird ein Strahl freier elektrischer Ladungsträger (Elektronen oder Ionen) im Vakuum so in ein homogenes magnetisches Feld geschossen, daß ihre Bewegungsrichtung senkrecht zu den magnetischen Flußlinien (B-Linien) verläuft, ist im Feld eine Kraft F auf die elektrische Ladung Q vorhanden, die sie auf einer Kreisbahn führt (Bild 40.46). Diese Kraft wird nach H. A. LORENTZ (1853 bis 1923) genannt und ist nach den Gesetzen der Kreisbewegung zum

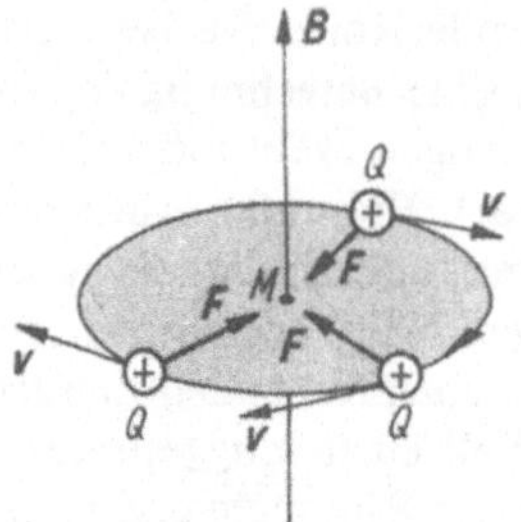

Bild 40.46. Lorentz-Kraft

Mittelpunkt M gerichtet. Versuche haben gezeigt, daß diese **Kraft** *proportional* zur **magnetischen Flußdichte** B des Feldes und der **elektrischen Ladung** Q sowie der **Geschwindigkeit** v der Ladungsträger ist. Dies ergibt sich auch aus der Feldgleichung (40.20) $E = vB$, wenn für die elektrische Feldstärke (39.1) $E = F/Q$ gesetzt wird. Im Bild 40.46 sind die Verhältnisse für positive Ladungsträger dargestellt:

$$\boxed{F = QvB} \qquad \text{Lorentz-Kraft für } v \perp B \qquad\qquad (40.26)$$

Allgemein muß unter Berücksichtigung beliebiger Bewegungsrichtung (40.26) als *Vektorprodukt* geschrieben werden

$$\boxed{F = Q\, v \times B} \qquad \text{Lorentz-Kraft} \qquad\qquad (40.27)$$

In der letzten Gleichung ist Q vorzeichenbehaftet einzusetzen.
Der Vektor F steht senkrecht auf der von v und B aufgespannten Fläche. Oft wird das Lorentz-Kraftgesetz als Definitionsgleichung für die magnetische Flußdichte B (s. 40.3.4) verwendet. Wie man sich leicht überzeugt, ergibt sich für die Einheit von B:
$[B] = [F]/([Q]\,[v]) = \text{N}/(\text{C m/s}) = \text{N s}/(\text{A s m}) = \text{N m}/(\text{A m}^2) = \text{A V s}/(\text{A m}^2) = \text{V s/m}^2 = \text{Wb/m}^2 = \text{T}.$
Technische Anwendungen findet das Gesetz in der Elektronik und bei Teilchenbeschleunigern (Zirkularbeschleunigern) in der Kernphysik.

40.6.2 Kraft auf einen geraden stromführenden Leiter

Bereits aus der Lenzschen Regel geht hervor, daß der Induktionsstrom eine der ursprünglichen Bewegung entgegengesetzt gerichtete Kraft ausübt. Derartige Kräfte treten auch in jedem anderen Fall auf, wenn ein Stromleiter quer zum Magnetfeld läuft. So läßt sich der im Bild 40.34 gezeigte Versuch nach Bild 40.47 umkehren: *Fließt* durch den quer im Magnetfeld liegenden Draht ein elektrischer Strom, *bewegt* sich der Draht zur Seite. Die Richtung der Kraft bestimmt die

> **Linke-Hand-Regel: Durchsetzen die B-Linien die linke Handfläche und weisen die ausgestreckten Finger in Richtung des elektrischen Stromes, zeigt der Daumen die Bewegungsrichtung und damit die Kraftrichtung an (Bild 40.48).**

Die Erscheinung läßt sich qualitativ an Hand des Feldlinienbildes deuten; denn hier überlagert sich das aus konzentrischen Ringen bestehende Magnetfeld des geraden Leiters mit den geraden Linien zwischen den beiden Magnetpolen. Um ein ungefähr richtiges Bild zu erhalten, muß man den Abstand der konzentrischen Feldlinien umgekehrt proportional zur Feldstärke wählen. Die entstehenden kleinen Vierecke kann man nun als Parallelogramme der Feldvektoren auffassen, in denen die Diagonale H jeweils die Resultierende aus den beiden Einzelvektoren H_1 und H_2 (Bild 40.49) darstellt.

Das aus der Überlagerung resultierende Feld entsteht dann, wenn man die von Eckpunkt zu Eckpunkt in diagonaler Richtung verlaufenden Linien zieht. Auf diese Weise ist auch Bild 40.50 gezeichnet worden. Die resultierenden Feldlinien werden links vom Leiter zusammengedrängt und üben nach rechts eine Kraft aus.

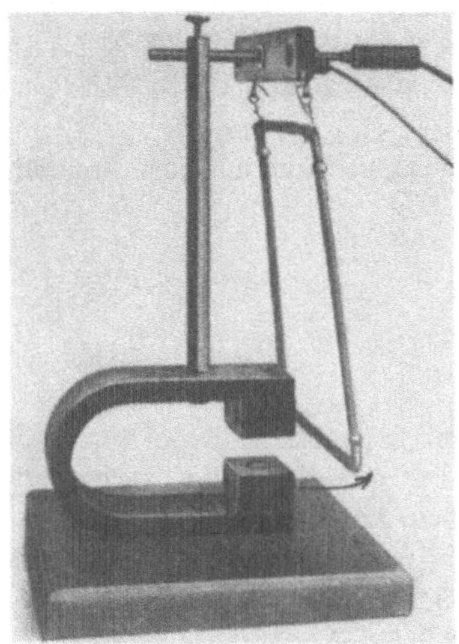

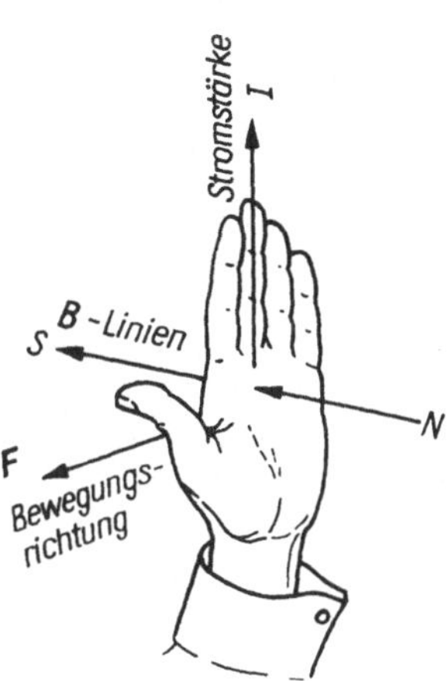

Bild 40.47. Bewegung eines stromdurchflossenen Leiters im Magnetfeld

Bild 40.48. Linke-Hand-Regel

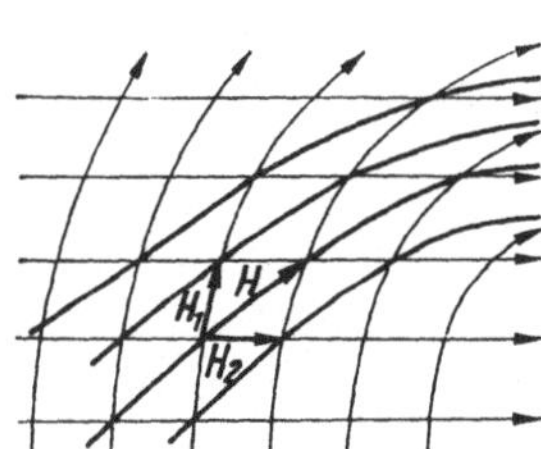

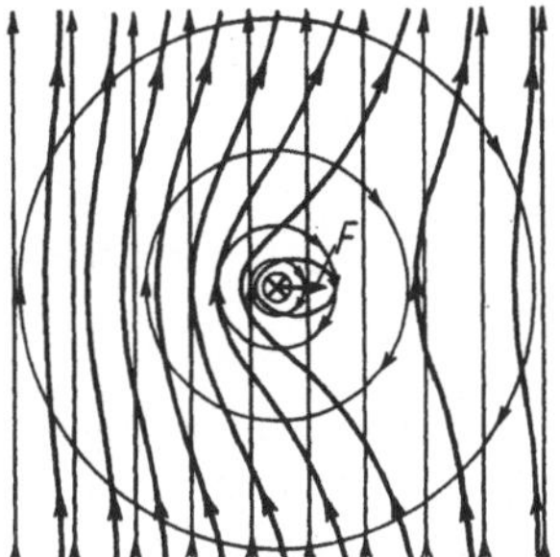

Bild 40.49. Konstruktion des resultierenden Feldes aus zwei einander überlagernden Feldern

Bild 40.50. Resultierendes Feld

Wie durch Versuche nachgewiesen wurde, ist die Kraft F der magnetischen Flußdichte B, der elektrischen Stromstärke I und der im Feld befindlichen Leiterlänge l proportional. Dies wird auch nach Bild 40.51 aus der Anwendung des LORENTZ-Kraftgesetzes (40.26) erkennbar. Die sich mit der Geschwindigkeit $v = s/t$ bewegenden positiven Ladungsträger dQ erfahren danach mit $s = l$ die resultierende Kraft $F = QBl/t$. Setzt man für $Q/t = I$ (37.1), werden die experimentellen Ergebnisse bestätigt:

$$\boxed{F = IlB}$$ **Kraft auf einen Stromleiter im Magnetfeld**
für $l \perp B$ (40.28)

Auch hier gilt allgemein eine Vektorgleichung, wobei der Vektor F senkrecht auf der von I und B aufgespannten Fläche steht:

$$\boxed{F = Il \times B}$$ **Kraft auf einen Stromleiter im Magnetfeld**   (40.28')

27*

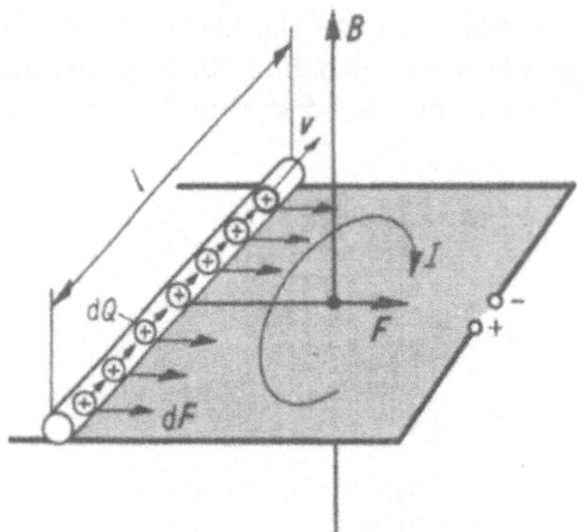

Bild 40.51. Zur Herleitung der Kraft auf einen stromführenden Leiter

40.6.3 Drehmoment auf einen magnetischen Dipol

Zur zweckmäßigen Darstellung des Drehmomentes auf einen magnetischen Dipol wird nach (40.15′) das **magnetische Dipolmoment** $j = \Phi s$ verwendet. Für eine drehbar gelagerte, von der elektrischen Stromstärke I durchflossenen Spule in einem homogenen Magnetfeld mit der magnetischen Flußdichte B erhält man nach Bild 40.52 (eine Windung ist im Schnitt dargestellt) das **Drehmoment** $M = Fa \sin \alpha = IlBa \sin \alpha$ (l ist die Länge des Leiters im Feld). Da die Spule N Windungen hat, ergibt sich $M = NIlBa \sin \alpha$.

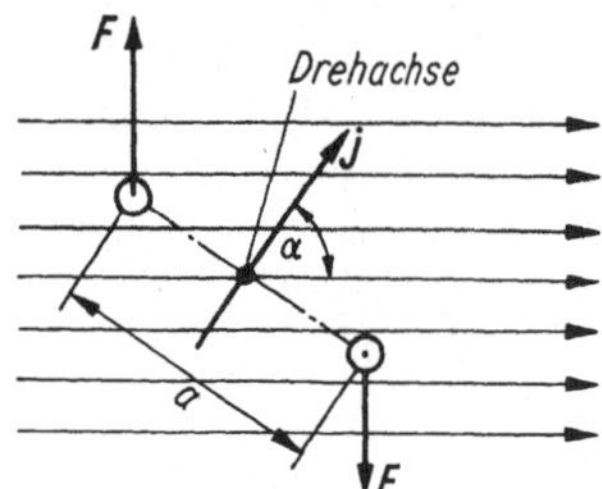

Bild 40.52. Drehmoment auf eine stromführende Leiterschleife im homogenen Magnetfeld

Setzt man für eine *lange* Zylinderspule in Luft die magnetische Feldstärke $H = NI/s$ (die Spulenlänge wird hier mit s bezeichnet) in die Gleichung des magnetischen Flusses $\Phi = BA$ ein, ergibt sich für das **magnetische Dipolmoment** der langen Zylinderspule

$$\boxed{j = \mu_0 NIA}\qquad \text{\textbf{Magnetisches Dipolmoment der langen Zylinderspule}} \qquad (40.29)$$

Wird diese Beziehung in $M = NIlBa \sin \alpha$ eingesetzt und beachtet man den in diesem Fall *rechteckigen* Windungsquerschnitt $A = la$, ist das *Drehmoment*

$$\boxed{M = jH \sin \alpha}\qquad \text{\textbf{Drehmoment auf eine stromführende lange Zylinderspule im homogenen Magnetfeld}} \qquad (40.30)$$

Bei *unverändertem* Dipolmoment j (40.29) ist das Drehmoment M von der *jeweiligen Lage* (durch den Winkel α bestimmt) im magnetischen Feld mit der Feldstärke H *abhängig*. Dies muß bei Elektromotoren beachtet werden (Trommelanker verwenden).

40.6.4 Anwendungen

1. Gleichstrommotoren. Die in den Bildern 40.39 bis 40.44 angegebenen Schemata von Gleichstromgeneratoren stellen *gleichzeitig* auch Gleichstrommotoren dar. Über die beiden Bürsten wird jetzt elektrischer Strom zugeführt, *elektrische Energie* wird in *mechanische*

Energie umgewandelt. Der elektrische Strom erzeugt im Anker entsprechend 40.6.3 ein *Drehmoment*. Für die Ermittlung der *Drehrichtung* muß die für Dynamomaschinen gültige Rechte-Hand-Regel jetzt durch die Linke-Hand-Regel ersetzt werden.

Beim **Reihenschlußmotor** sind Anker und Feldmagnet in Reihe geschaltet (Bild 40.53). Um die Einschaltstromstärke auf ein tragbares Höchstmaß zu begrenzen, schaltet man vor den Motor einen **Anlasser**, d. h. einen regelbaren Widerstand, den man mit steigender Drehzahl stufenweise abschaltet.

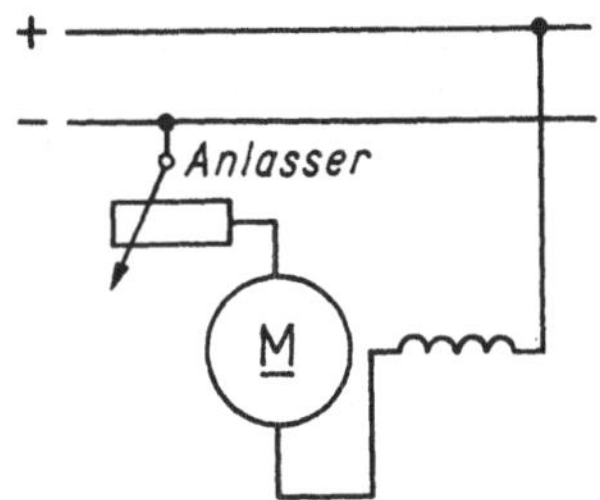

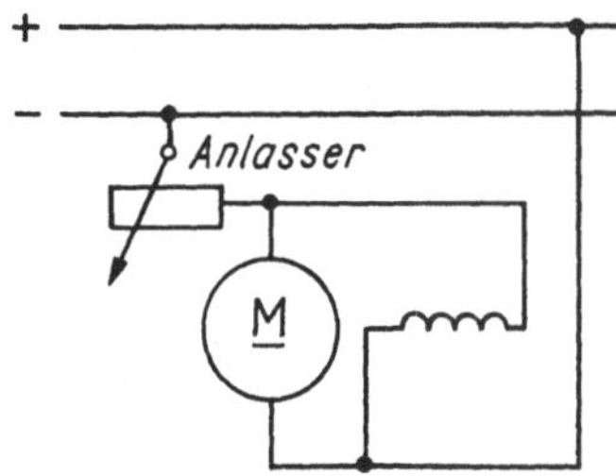

Bild 40.53. Schaltung des Reihenschlußmotors   Bild 40.54. Schaltung des Nebenschlußmotors

Beim **Nebenschlußmotor** ist die Erregerwicklung nach Bild 40.54 parallel zum Anker geschaltet. Sie besteht aus vielen Windungen dünnen Drahtes, damit die Erregerstromstärke nicht zu groß wird. Erregerfeld und Drehzahl bleiben im Gegensatz zum Reihenschlußmotor bei unterschiedlicher Belastung nahezu konstant.

Die Drehrichtung aller Gleichstrommotoren bleibt auch beim Umpolen immer dieselbe, da sich dabei die Stromrichtung in Feld und Anker gleichzeitig ändert. Zur Änderung der Drehrichtung muß also Feld oder Anker einzeln umgepolt werden.

Beispiel: Welche Kraft entsteht am Umfang des Trommelankers eines Gleichstrommotors, der von 8,0 A durchflossen wird, wenn sich jeweils 150 Drähte von 18 cm Länge im Feld der Flußdichte 0,75 T befinden? –

$$F = NBlI = \frac{150 \cdot 0{,}75 \text{ V s} \cdot 0{,}18 \text{ m} \cdot 8{,}0 \text{ A}}{\text{m}^2} = 162 \text{ N}.$$

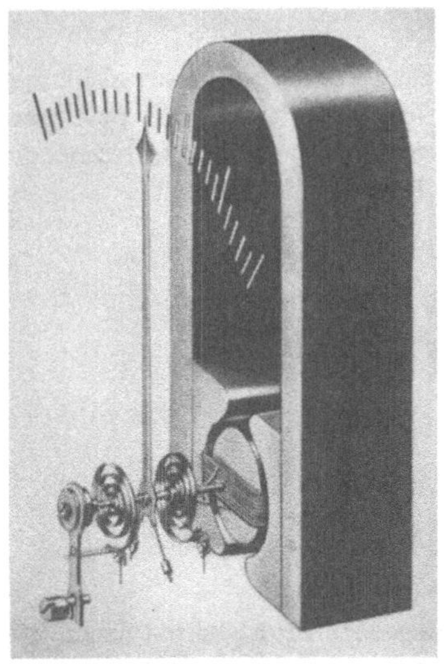

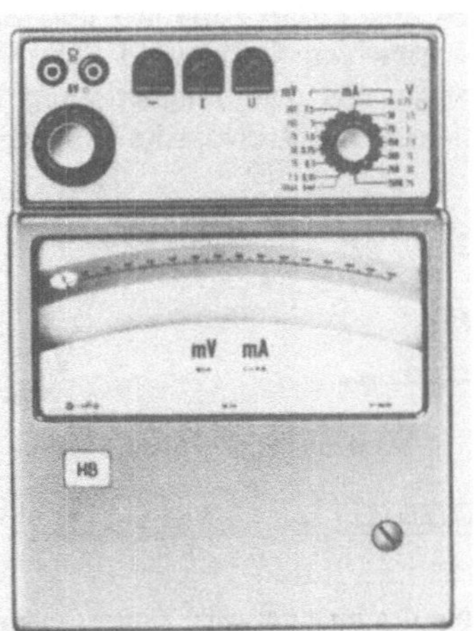

a)   b)

Bild 40.55. Drehspulmeßwerk: a) Prinzip, b) moderne Ausführung mit Lichtmarke

2. Drehspulinstrument. Eine kleine rechteckige Spule befindet sich im ringförmigen Luftspalt eines permanenten Magnets (Bild 40.55). Sie ist drehbar an einer Spiralfeder befestigt, deren Drehmoment dem Drehwinkel proportional ist. Ihm entgegen wirkt das der elektrischen Stromstärke proportionale Drehmoment (s. 40.6.3), so daß der Zeigerausschlag ebenfalls der elektrischen Stromstärke proportional ist. Bei Verwendung des Meßgerätes für Wechselstrom muß dieser gleichgerichtet werden.

3. Ballistische Galvanometer. Dieses ist im Prinzip ein Drehspulinstrument mit einer Torsionsfadenaufhängung (Bild 40.56), das nach einmaligem Anstoß schwach gedämpfte Schwingungen von mehreren Sekunden Periodendauer ausführt. Am Meßsystem ist ein kleiner Spiegel befestigt, der sich mit dem System dreht und auf den ein Lichtstrahl fällt. Bereits kleine Drehwinkel ergeben je nach der Länge des Lichtweges einen großen Lichtzeiger-

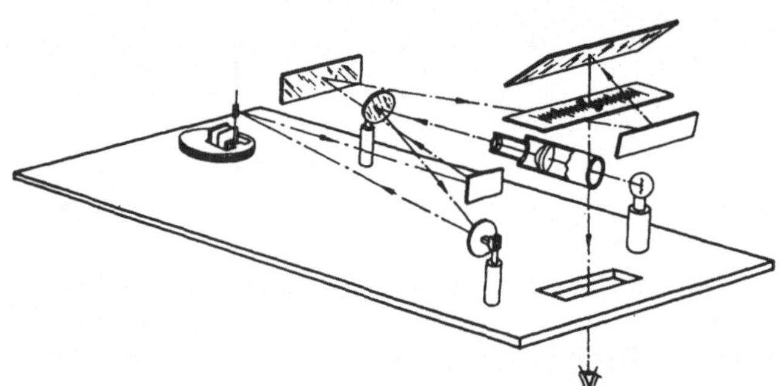

Bild 40.56. Prinzipieller Aufbau eines Spiegelgalvanometers

ausschlag auf der Skale. Sind die zugeführten Spannungs- bzw. Stromimpulse *kurz* gegenüber der Periodendauer des Systems, ergibt sich ein dem Spannungsstoß S_U proportionaler Ausschlag. Das Galvanometer zeigt also unmittelbar das Integral $\int U\,dt$ an und schafft damit die Möglichkeit, z. B. den magnetischen Fluß einer stromdurchflossenen Spule zu messen. Mit (40.7) und (40.10) bzw. durch Integration des Induktionsgesetzes (40.18) entsteht nämlich

$$\int_{t_1}^{t_2} U\,dt = N(\Phi_2 - \Phi_1) \qquad \text{Induzierter Spannungsstoß} \qquad (40.31)$$

Der Ausschlag ist allein vom Anfangs- und Endwert des magnetischen Flusses abhängig. Mit dem einmal geeichten Gerät wird der magnetische Fluß einfach dadurch bestimmt, daß eine Probespule aus dem magnetischen Feld herausgezogen oder bei feststehender Probespule die elektrische Stromstärke ein- oder ausgeschaltet wird (Bild 40.57).

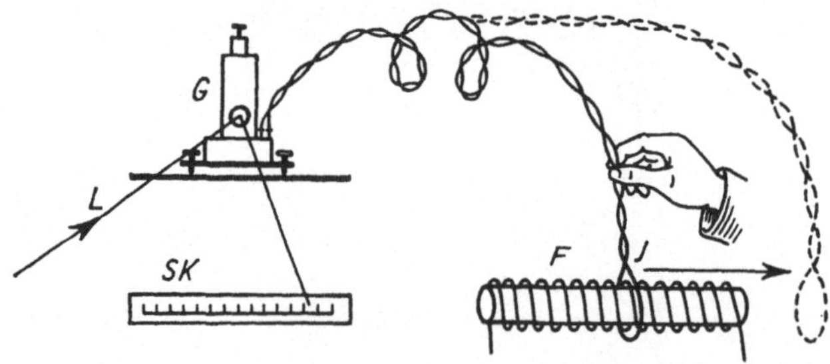

Bild 40.57. Messung des magnetischen Flusses einer stromdurchflossenen Feldspule mit einem ballistischen Galvanometer: *G* Galvanometer, *L* Lichtstrahl, *F* Feldspule, *J* Induktionsspule, *SK* Skale. Die Schleife wird von der Feldspule gezogen.

Ist R der elektrische Widerstand des Galvanometerkreises, erhält man durch Einsetzen von $U = RI$ in (40.31) den induzierten Stromstoß, der wegen (37.1) gleich der elektrischen Ladung Q ist, die durch das Galvanometer fließt:

$$\int_{t_1}^{t_2} I \, \mathrm{d}t = Q = \frac{N}{R}(\Phi_2 - \Phi_1) \qquad \textbf{Induzierter Stromstoß} \qquad (40.32)$$

Ein auf die Spannung U geladener Kondensator liefert bei Entladung über ein vorher geeichtes Galvanometer sofort die Ladung Q und über $C = Q/U$ die Kapazität des Kondensators.

40.6.5 Kraft zwischen stromführenden Leitern

Schickt man durch zwei parallele leichte Bänder aus Metallgewebe (Bilder 40.58 und 40.59) einen elektrischen Strom großer Stromstärke, kann folgendes beobachtet werden:

Parallele Leiter mit $\dfrac{\textbf{gleicher}}{\textbf{entgegengesetzter}}$ **Stromrichtung** $\dfrac{\textbf{ziehen sich an}}{\textbf{stoßen sich ab}}$.

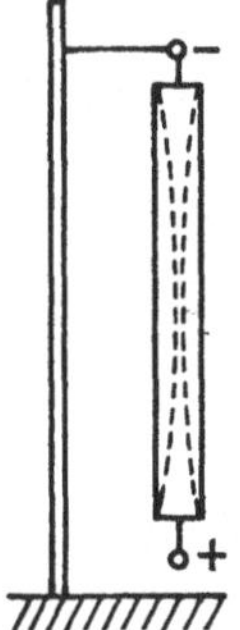

Bild 40.58. Anziehung zweier Leiter bei gleicher Stromrichtung

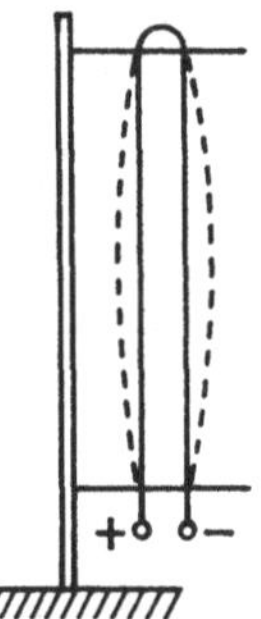

Bild 40.59. Abstoßung bei entgegengesetzter Stromrichtung

Auch dies läßt sich mit Hilfe des Feldlinienbildes erklären. Durch Überlagerung der beiden Felder entsteht im ersten Fall beiderseits der beiden Leiter, im zweiten Fall zwischen den Leitern eine Verdichtung der Feldlinien. Die Anziehungskraft ergibt sich folgendermaßen (Bild 40.60): Dort, wo sich der vom Strom I_2 durchflossene zweite Leiter von der Länge l befindet, beträgt die Feldstärke des vom Strom I_1 durchflossenen ersten Leiters nach Gleichung (40.3)

$$H_1 = \frac{I_1}{2\pi r} \quad \text{und die Flußdichte nach (40.12)} \quad B_1 = \frac{\mu_0 \mu_r I_1}{2\pi r}.$$

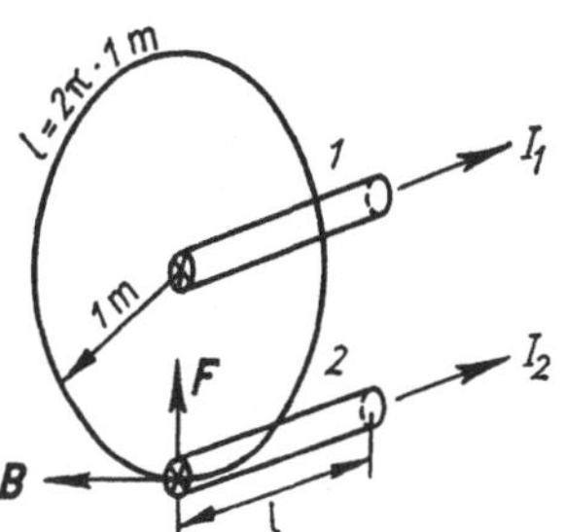

Bild 40.60. Zur Berechnung der Kraft zwischen parallelen Leitern und zur Definition der elektrischen Stromstärke

Damit wirkt auf den zweiten Leiter nach Gleichung (40.27) die Kraft

$$\boxed{F = \frac{\mu_0\mu_r I_1 I_2 l}{2\pi r}}$$ **Kraft zwischen 2 parallelen Stromleitern**   (40.33)

Aus diesem Gesetz ist die **Definition** der **elektrischen Stromstärke** entstanden:

Das Ampere ist die Stärke des zeitlich unveränderlichen elektrischen Stromes durch zwei geradlinige, parallele, unendlich lange Leiter der Permeabilitätszahl 1 und vernachlässigbarem Querschnitt, die den Abstand 1 m haben und zwischen denen die durch den Strom elektromagnetisch hervorgerufene Kraft im leeren Raum je 1 m Länge der Doppelleitung $2 \cdot 10^{-7}$ N ist.

(40.33) und diese Definition können zur Berechnung der magnetischen Feldkonstante μ_0 verwendet werden. Man erhält die in 40.3.4 angegebene Größe $4\pi \cdot 10^{-7}$ H/m.

40.6.6 Energie und Energiedichte des magnetischen Feldes

Ähnlich wie im *elektrischen* Feld ist auch im *magnetischen* Feld einer Spule *Energie* enthalten. Um dieses Feld zu erzeugen, muß elektrische Energie E_{el} aufgewendet werden, welche nach dem Einschalten des elektrischen Stromes I die während der Stromstärkezunahme entstehende Selbstinduktionsspannung U_L zu überwinden hat. Für den Betrag dieser Energie ergibt sich mit $U_L = U = N\, d\Phi/dt$ zunächst die zur Vergrößerung des magnetischen Flusses um $d\Phi$ nötige Energie $dE_{el} = UI\, dt = NI\, d\Phi$. Die Integration liefert mit (40.24) $U = L\, dI/dt$ die gesamte elektrische Energie E_{el}, die zum Aufbau des magnetischen Feldes nötig ist:

$$E_{el} = \int_0^I LI\, dI.$$

Nach dem Energiesatz ist diese Energie im Feld gespeichert, und es gilt $E_{el} = E_{mag}$.

Die zum Aufbau des magnetischen Feldes erforderliche elektrische Energie ist in diesem als magnetische Feldenergie gespeichert.

Ist mit konstanter Permeabilitätszahl μ_r auch die Induktivität L der Spule konstant, folgt

$$E_{el} = E_{mag} = L \int_0^I I\, dI \quad \text{und daraus}$$

$$\boxed{E_{mag} = \tfrac{1}{2}LI^2}$$ **Energie des Magnetfeldes einer Spule für konstante Permeabilitätszahl**   (40.34)

Wegen der Proportionalität von Φ und I bei $\mu_r =$ konstant ergibt sich die im Bild 40.61 dargestellte lineare Funktion. Die Energie dE_{mag} ist die schmale Rechteckfläche und die gesamte Energie E_{mag} die Dreiecksfläche $\tfrac{1}{2}NI\Phi$. Aus (40.22) folgt $\Phi = LI/N$ und damit Übereinstimmung mit (40.34).

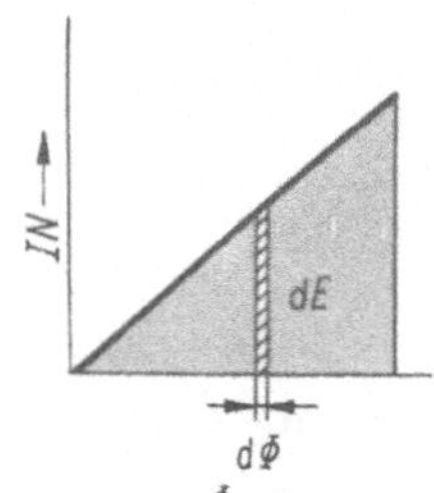

Bild 40.61. Zur Berechnung der magnetischen Feldenergie bei konstanter Permeabilitätszahl

Mit (40.25) $L = \mu_0\mu_r N^2 A/l$, (40.1) $I = Hl/N$, (40.12) $B = \mu_0\mu_r H$ und dem Feldvolumen $V = Al$ ergibt sich allgemein für das **homogene** Magnetfeld

$$\boxed{E_{\text{mag}} = \tfrac{1}{2} BHV}$$ **Energie eines homogenen Magnetfeldes** (40.35)

Nach Division mit dem Volumen V erhält man schließlich die Energiedichte $w_{\text{mag}} = E_{\text{mag}}/V$ des Magnetfeldes:

$$\boxed{w_{\text{mag}} = \tfrac{1}{2} BH}$$ **Energiedichte des Magnetfeldes** (40.36)

In dieser Gleichung sind wie bei der Energiedichte des elektrischen Feldes (39.31) **nur Feldgrößen** enthalten. Sie gilt daher **nicht nur** für das homogene Feld, sondern **allgemein** für jeden Feldpunkt. Ist in einer Spule z. B. ein Eisenkern, dessen Permeabilitätszahl μ_r nicht konstant ist, darf kein lineares Verhalten zwischen Φ und I angenommen werden (Magnetisierungskurve). Die magnetische Feldenergie ist dann nach Bild 40.62

$$\boxed{E_{\text{mag}} = \int_0^{\Phi} NI\, \mathrm{d}\Phi}$$ **Energie des Magnetfeldes einer Spule für nicht konstante Permeabilitätszahl** (40.37)

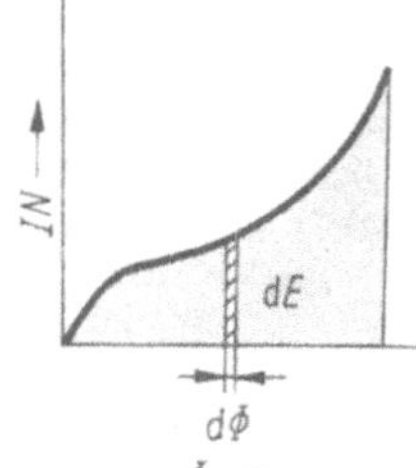

Bild 40.62. Zur Berechnung der magnetischen Feldenergie

Die Lösung dieses Integrals ist oft nur auf grafischem Wege möglich, da der Verlauf der Magnetisierungskurve keine analytisch darstellbare Funktion ist (Ausmessen der Fläche mit dem Planimeter). Auch im inhomogenen Feld ist die Ermittlung der magnetischen Feldenergie E_{mag} in einem Raumgebiet mit dem Volumen V nur über eine Integration unter Verwendung von (40.36) möglich:

$$\boxed{E_{\text{mag}} = \int_V w_{\text{mag}}\, \mathrm{d}V}$$ **Energie des Magnetfeldes im inhomogenen Feld** (40.38)

40.6.7 Zugkraft eines Magnets

Von einer weiteren Beschreibung der für die Technik entwickelten elektromagnetisch wirkenden Anordnungen und deren mathematische Behandlung muß hier abgesehen werden. Wegen der besonderen Wichtigkeit wird hier noch die Zugkraft eines **Elektromagnets** betrachtet (Hebemagnet, Relais u. a.).
Vor den Polen eines Magnets (Bild 40.63), dessen gesamte Polfläche A ist, befindet sich der mit der Kraft F angezogene Anker. Der sehr enge Luftzwischenraum $V = A\,\Delta s$ ist ein Teil des magnetischen Feldes und enthält mit $\mu_r = 1$ die magnetische Feldenergie nach

(40.35) $E_{\text{mag}} = BHV/2$ und mit (40.12)

$$E_{\text{mag}} = \frac{B^2 A\, \Delta s}{2\mu_0} \qquad (B \text{ ist die magnetische Flußdichte im Luftraum}).$$

Nach dem *völligen* Anlegen des Ankers ist dieser Feldteil *nicht* mehr vorhanden. Seine Energie wurde in die mechanische Arbeit $W = F\,\Delta s$ umgewandelt. Aus $E_{\text{mag}} = W$ erhält man

$$\boxed{F = \frac{B^2 A}{2\mu_0}} \qquad \textbf{Zugkraft eines Magnets} \qquad\qquad (40.39)$$

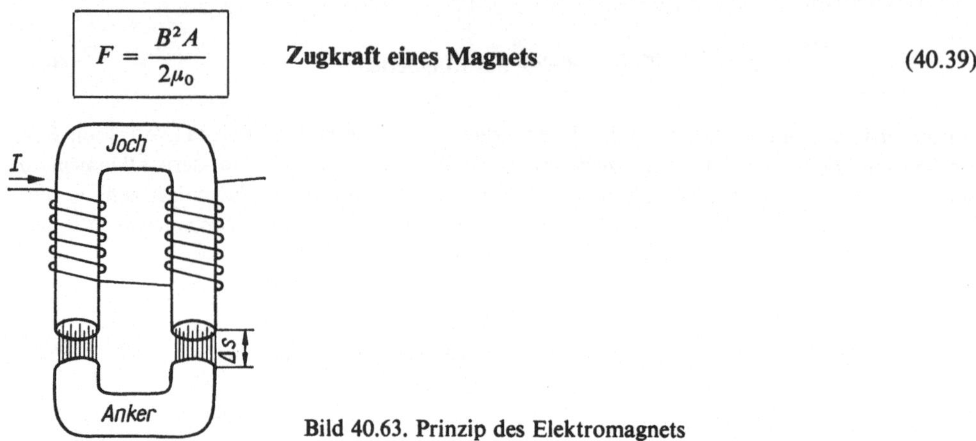

Bild 40.63. Prinzip des Elektromagnets

Beispiel: Ein U-förmiger Elektromagnet aus Stahlguß hat zwei Polflächen von je $2{,}0\ \text{cm}^2$ und wird von der magnetischen Spannung 300 A erregt. Der Gesamtweg der Feldlinien beträgt 25 cm. Der Eisenquerschnitt und damit die magnetische Flußdichte B sei (wie auf Bild 40.63) überall gleich groß. Welche Tragkraft entwickelt der Magnet? – Die Feldstärke beträgt $H = \dfrac{IN}{l} = \dfrac{300\ \text{A}}{0{,}25\ \text{m}}$ $= 1\,200\ \text{A/m}$. Nach der Magnetisierungskurve (40.4.2) ergibt sich daraus eine Flußdichte von 1,42 T. Für zwei Polflächen ist $A = 4\cdot 10^{-4}\ \text{m}^2$. Nach Gleichung (40.39) bekommt man

$$F = \frac{B^2 A}{2\mu_0} = \frac{1{,}42^2\ \text{V}^2\,\text{s}^2\cdot 4\cdot 10^{-4}\ \text{m}^2\,\text{A}\,\text{m}}{\text{m}^4\cdot 2\cdot 1{,}256\cdot 10^{-6}\ \text{V}\,\text{s}} = 321\ \text{N}.$$

40.7 Gegenüberstellung der Größen des elektrischen und des magnetischen Feldes

Bereits die in 40.3.5 gegebene Zusammenstellung elektrischer und magnetischer Größen und Einheiten wies auf eine weitgehende Analogie zwischen den Feldern hin. Da eine solche Gegenüberstellung gut geeignet ist, Vorstellung und Gedächtnis zu unterstützen, wird sie in der folgenden Tabelle weitergeführt.

Elektrisches Feld		Magnetisches Feld	
Größe	Gleichung	Größe	Gleichung
elektrische Feldstärke (im homogenen Feld)	$E = \dfrac{U}{s}$	magnetische Feldstärke (in der Ringspule)	$H = N\dfrac{I}{l}$
elektrische Flußdichte	$D = \varepsilon_0 \varepsilon_r E = \dfrac{Q}{A}$	magnetische Flußdichte	$B = \mu_0 \mu_r H = \dfrac{\Phi}{A}$

Tabelle (Fortsetzung)

Elektrisches Feld		Magnetisches Feld	
Größe	Gleichung	Größe	Gleichung
elektrischer Fluß	$\psi = DA = Q$	magnetischer Fluß	$\Phi = BA$
elektrische Stromstärke	$I = \dfrac{dQ}{dt}$	induzierte Spannung	$U_q = N\dfrac{d\Phi}{dt}$
Kapazität	$C = Q/U$	Induktivität	$L = N\dfrac{\Phi}{I}$
Kapazität des Plattenkondensators	$C = \dfrac{\varepsilon_0\varepsilon_r A}{s}$	Induktivität der Ringspule	$L = \dfrac{\mu_0\mu_r N^2 A}{l}$
elektrische Polarisation	$P = D - \varepsilon_0 E$	magnetische Polarisation	$J = B - \mu_0 H$
elektrische Feldenergie des Plattenkondensators	$E_{el} = \frac{1}{2}\varepsilon_0\varepsilon_r E^2 As$	magnetische Feldenergie der Ringspule	$E_{mag} = \frac{1}{2}\mu_0\mu_r H^2 Al$
des homogenen Feldes	$E_{el} = \frac{1}{2}EDV$	des homogenen Feldes	$E_{mag} = \frac{1}{2}BHV$
des Kondensators	$E_{el} = \frac{1}{2}CU^2$	der Spule	$E_{mag} = \frac{1}{2}LI^2$
elektrische Energiedichte	$w_{el} = \frac{1}{2}ED$	magnetische Energiedichte	$w_{mag} = \frac{1}{2}BH$
elektrisches Dipolmoment	$p = Qs$	magnetisches Dipolmoment	$j = \Phi s$
Drehmoment auf einen elektrischen Dipol	$M = pE\sin\alpha$	Drehmoment auf einen magnetischen Dipol	$M = jH\sin\alpha$
elektrische Spannung	$U = \int E\,ds$	magnetische Spannung	$V = \int H\,ds$

41 Wechselstromkreis

Zur Versorgung von Industrie und Haushalten wird Wechselstrom verwendet, da sich hier mit Transformatoren die Spannung relativ verlustarm bequem verändern läßt. Weil Energieerzeuger und Energieabnehmer oft weit auseinanderliegen, ist es wichtig, die Energieverluste bei der Energieübertragung möglichst klein zu halten. Je höher aber die verwendete Spannung ist, um so geringer werden bei gleicher Übertragungsleistung die Wärmeverluste in der Leitung.

Beispiel: Am 10 km entfernten Ort des Verbrauchers soll einer Kupferleitung von 16 mm² Querschnittsfläche eine Leistung von 11 kW bei einer Spannung von 220 V entnommen werden. – Die Stromstärke ist $I = P/U = 50$ A, der Widerstand der Leitung $R = \varrho l/A = 0{,}0178 \cdot 20000/16\,\Omega = 22{,}25\,\Omega$. Dann ist der Leistungsverlust in der Leitung $P_V = I^2 R = 55{,}63$ kW, d. h., der Verlust ist rund 5mal so groß wie die Nutzleistung. Wäre $U = 5000$ V, ist bei gleicher Nutzleistung die Stromstärke nur noch 2,2 A und damit der Leistungsverlust nur noch 108 W, d. h., der Verlust beträgt jetzt knapp 1 % der Nutzleistung.

41.1 Eigenschaften des Einphasenwechselstromes

41.1.1 Entstehung einer sinusförmigen Wechselspannung

Eine rechteckige Drahtschleife rotiere mit *konstanter* Winkelgeschwindigkeit ω in einem homogenen Magnetfeld (Bild 41.1). Im Gegensatz zum Prinzip des Gleichstromgenerators (Bild 40.39) sind die beiden Enden der Schleife an zwei getrennte, voneinander isolierte **Schleifringe** geführt, über die der induzierte Strom weitergeleitet wird.

Steht die Leiterschleife anfangs senkrecht zur magnetischen Flußdichterichtung, wird sie vom magnetischen Fluß Φ_{max} durchsetzt. Hat sich nach der Zeit t die Schleife um den Winkel $\varphi = \omega t$ gedreht, ist der magnetische Fluß nur noch $\Phi = \Phi_{max} \cos \omega t$ (Bild 41.2).

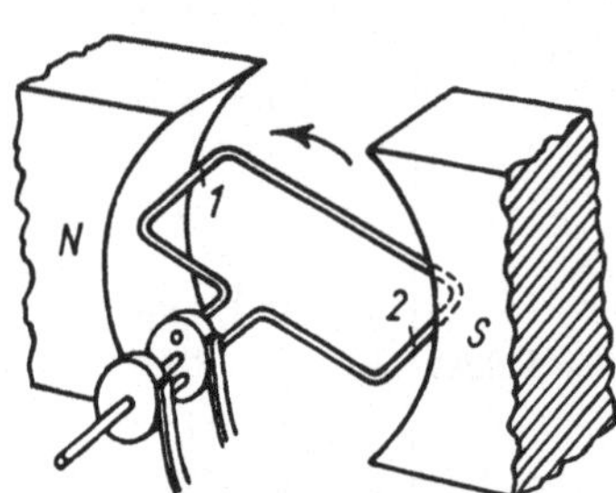
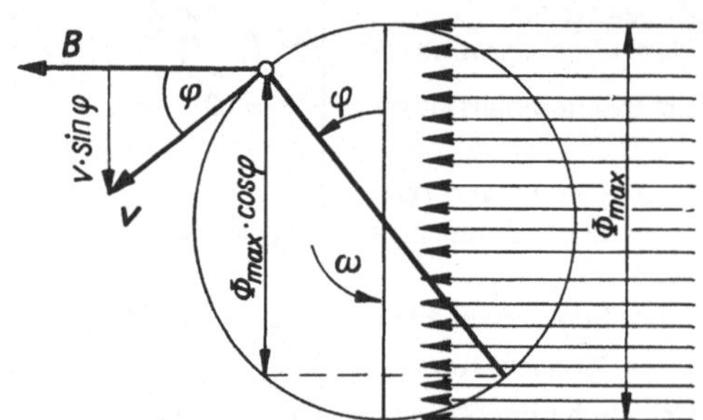

Bild 41.1. Prinzip des Wechselstromgenerators　　　Bild 41.2. Flußänderung bei Drehung der Leiterschleife

Nach 40.5 bedeutet aber *jede* zeitliche *Flußänderung* die Entstehung einer *induzierten* Quellenspannung. Da im Wechselstromkreis Spannung und Stromstärke *zeitabhängig* sind, werden sie mit *kleinen* Buchstaben bezeichnet. Um die Größe der Wechselspannung zu erhalten, wird für den Fall der einfachen Drahtschleife ($N = 1$) Gleichung (40.19) in der Form $u = Blv$ zur Berechnung der induzierten Spannung in einem Draht dieser Schleife herangezogen. Dabei ist zu beachten, daß die Vektoren B und v in *jedem* Augenblick *senkrecht* aufeinander stehen müssen. Nach Bild 41.2 muß also für v die zu B senkrechte Komponente $v \sin \varphi = v \sin \omega t$ eingesetzt werden. Man erhält $u = Blv \sin \omega t$, wobei $Blv = U_{max}$ der mögliche **Maximalwert** der Wechselspannung ist. Es gilt somit

$$\boxed{u = U_{max} \sin \omega t}$$ **Momentanwert oder Augenblickswert der Wechselspannung** (41.1)

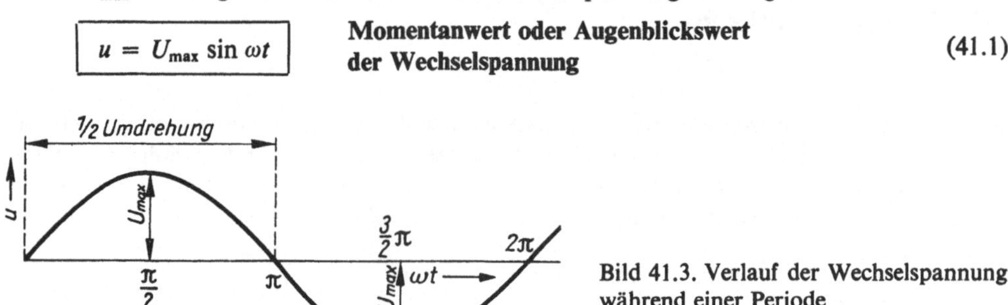

Bild 41.3. Verlauf der Wechselspannung während einer Periode

Diese aus dem Spezialfall der Drahtschleife hergeleitete Beziehung gilt *allgemein*. Ist f die Drehzahl des Generators, so bedeutet f auch gleichzeitig die **Frequenz** der Wechselspannung. Die Größe $\omega = 2\pi f$ heißt jetzt **Kreisfrequenz** und $T = 1/f$ die **Periodendauer** der Wechselspannung. Die im Generator induzierte sinusförmige Wechselspannung ruft im gesamten angeschlossenen Leitersystem *erzwungene* elektrische Schwingungen hervor, die man **Wechselstrom** nennt. Dieser ist ebenfalls *sinusförmig* und hat die gleiche Frequenz wie die Spannung. Es besteht jedoch im praktischen Einsatzfall meistens *keine* Gleichphasigkeit zwischen beiden Größen, so daß die Gleichung der Stromstärke

$$\boxed{i = I_{\max} \sin (\omega t + \varphi)}$$ **Momentanwert der Wechselstromstärke**   (41.2)

ist. Wie bei den mechanischen Schwingungen nennt man auch hier φ die Phasenverschiebung.

Sinusförmige Wechselströme und Wechselspannungen sind ungedämpfte elektrische Schwingungen.

Auch der technische Wechselstrom ist sinusförmig. Seine Frequenz beträgt 50 Hz.

41.1.2 Wechselstromgenerator

Um die induzierte Spannung zu erhöhen, hat der Anker der technischen Wechselstromerzeuger (Generatoren) Spulen aus vielen Windungen. Da es ferner nur auf die Relativbewegung zwischen Feld und Anker ankommt und die Abnahme der Stromstärken von den Schleifringen des Ankers problematisch ist, läßt man bei größeren Maschinen (von etwa 200 kVA an) den *Feld*magneten *rotieren* (**Läufer, Rotor**) und verbindet die Ankerwicklung fest mit dem ringförmigen Gehäuse (**Ständer, Stator**); daher die Bezeichnung **Innenpolmaschine** (Bild 41.4).

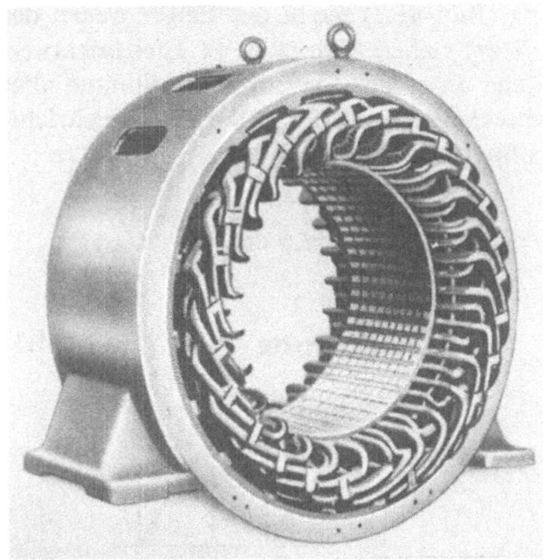

Bild 41.4. Ständer eines großen Generators von 700 kVA und $f = 1000$ ^{1}/min

Bild 41.5. Polrad eines großen Generators von 700 kVA

Den **Erregerstrom** für den rotierenden Feldmagneten liefert häufig eine besondere kleine Maschine, die seitlich auf derselben Welle sitzt (Bild 41.5). Um die für 50 Hz erforderliche hohe Drehfrequenz ($f = 3000$ ^{1}/min) herabzusetzen, werden mehrere Pol- bzw. Spulenpaare verwendet. Bild 41.6 zeigt eine 4polige (2 Polpaare) Maschine. An jeder der *feststehenden Ankerspulen* wandert abwechselnd ein Nord- und Südpol vorüber, so daß Wechselspannung induziert wird. Je 2 aufeinanderfolgende Spulen haben entgegengesetzten Wicklungssinn, weil sich über der einen ein Nord- und über der anderen zugleich ein Südpol befindet.

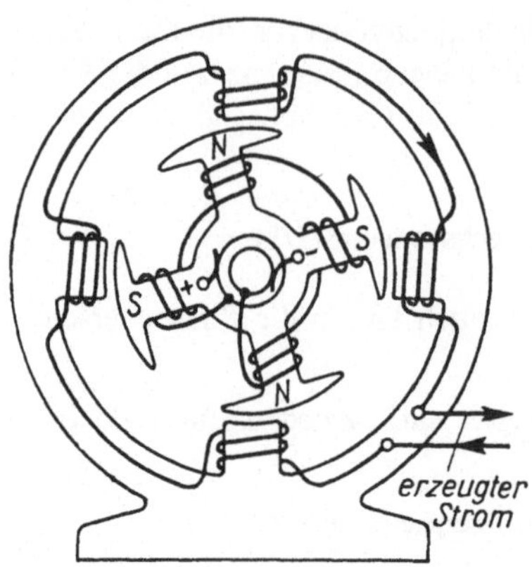

Bild 41.6. Prinzip eines Wechselstromgenerators mit
Innenpolen

41.1.3 Gleichricht- und Effektivwerte von Wechselspannungen und Wechselströmen

Bei Messungen im Wechselstromkreis vermag ein Drehspulmeßwerk den schnellen Rich-
tungsänderungen *nicht* zu folgen, der Zeiger bleibt auf *Null* stehen. Mathematisch ergibt

sich dieser zeitliche Mittelwert aus $\int\limits_0^T u\,\mathrm{d}t = \int\limits_0^{2\pi} U_{max}\sin\varphi\,\mathrm{d}\varphi = U_{max}[\cos\varphi]_0^{2\pi} = 0.$

**Der zeitliche Mittelwert einer sinusförmigen Wechselgröße über eine volle Periode
ist gleich Null.**

Auch bei einer *gleichgerichteten* Wechselspannung (Bild 41.7) bleibt der Zeiger wegen der
Trägheit des Meßwerkes auf einem *bestimmten* Wert stehen. Dieser heißt **Gleichrichtwert**
und ergibt sich aus der Überlegung, daß die Fläche unter der Sinuslinie die Summe aller
Augenblickswerte und daher auch gleich die Rechteckfläche mit der Höhe des Gleichrichtwertes sein muß. Zur Berechnung genügt eine Halbperiode (Bild 41.8):

$$\int\limits_0^\pi u\,\mathrm{d}\varphi = \bar{U}\pi \quad \text{und daraus} \quad \bar{U} = \frac{1}{\pi}\int\limits_0^\pi u\,\mathrm{d}\varphi = \frac{U_{max}}{\pi}\int\limits_0^\pi \sin\varphi\,\mathrm{d}\varphi = \frac{2}{\pi}U_{max}$$

$$\boxed{\bar{U} = 0{,}637\,U_{max}} \qquad \boxed{\bar{I} = 0{,}637\,I_{max}} \qquad \textbf{Gleichrichtwerte} \qquad (41.3)$$

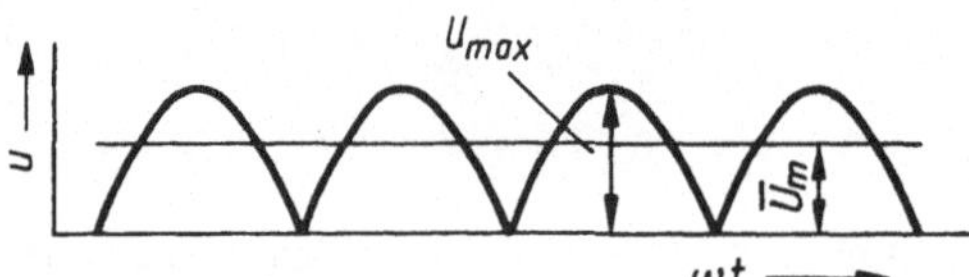

Bild 41.7. Maximalwert und Gleichrichtwert

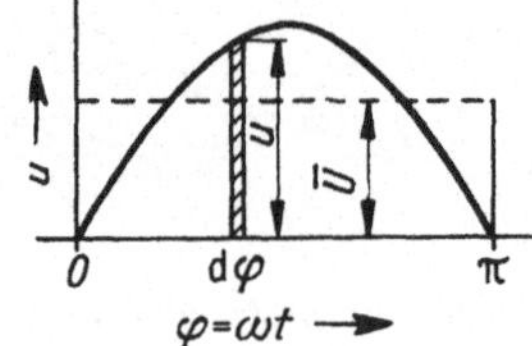

Bild 41.8. Zur Berechnung des
Gleichrichtwertes

In der *praktischen* Elektrotechnik wird aus meßtechnischen Gründen mit den **Effektivwerten**
von Spannung und Stromstärke gearbeitet, **die auch auf den Skalen der üblichen Meßgeräte
angezeigt werden.**

**Der Effektivwert eines Wechselstromes I erzeugt in einem Widerstand R die gleiche
Wärmeenergie wie eine gleich große Gleichstromstärke.**

Die Effektivwerte werden mit U (Spannung) und mit I (Stromstärke) bezeichnet. Wird die in Wärmeenergie ungewandelte elektrische Energie E_{el} während einer Periodendauer T betrachtet, so gilt nach der Definition des Effektivwertes mit der Leistung $P = UI = I^2 R = U^2/R$ und $E = Pt$

$$\frac{U^2}{R} T = \int_0^T \frac{u^2}{R}\, \mathrm{d}t. \quad \text{Daraus folgt mit (41.1)}$$

$$U^2 = \frac{1}{T} \int_0^T U_{max}^2 \sin^2 \omega t\, \mathrm{d}t = \frac{U_{max}^2}{T} \int_0^T \sin^2 \omega t\, \mathrm{d}t = \frac{U_{max}^2}{2}$$

$$\boxed{U = \frac{U_{max}}{\sqrt{2}} = 0{,}707\,U_{max}} \qquad \boxed{I = \frac{I_{max}}{\sqrt{2}} = 0{,}707\,I_{max}} \qquad \textbf{Effektivwerte} \qquad (41.4)$$

Die geschilderten Zusammenhänge sind in Bild 41.9 veranschaulicht.

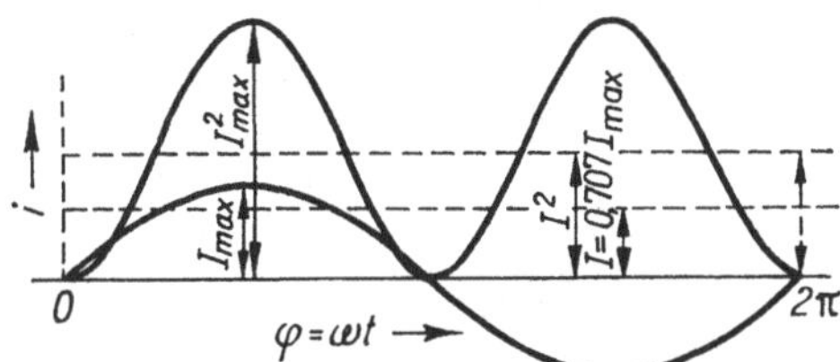

Bild 41.9. Maximalwert und Effektivwert

Beispiele: 1. Wie groß ist der Maximalwert der mit 220 V angegebenen Spannung des Wechselstromnetzes? – Es ist $U_{max} = U\sqrt{2} = 311$ V.
2. Ein Kondensator trägt den Vermerk »Prüfspannung 500 V«. Welche Wechselspannung darf höchstens angelegt werden? – Da die Prüfung mit Gleichspannung erfolgt, ist die Spannung von 500 V der Scheitelwert der Wechselspannung und ihr Effektivwert

$$U = 500\ \text{V} \cdot 0{,}707 = 353{,}5\ \text{V}\,.$$

41.2 Widerstände im Wechselstromkreis

41.2.1 Wirkwiderstand (Ohmscher Widerstand, Resistanz)

Im **Wirkwiderstand** R wird die elektrische Energie *vollständig* in nichtelektrische Energie (Wärmeenergie) umgewandelt. Da es bei dieser Energieumwandlung *nicht* auf die Stromrichtung ankommt, verhält sich der *Wirkwiderstand* im *Wechselstromkreis* wie im *Gleichstromkreis*. Damit sind z. B. für Glühlampen, Heizgeräte, also allgemein für alle Widerstände, für die obige Energieumwandlung zutrifft, auch hier alle Gesetze des Gleichstromkreises gültig.

Für den Wirkwiderstand gelten im Wechselstromkreis die Gesetze des Gleichstromkreises.

So sind nach der Widerstandsdefinition

$$\boxed{R = \frac{U}{I}} \qquad \textbf{Wirkwiderstand (Ohmscher Widerstand)} \qquad (41.5)$$

nicht nur die Effektiv- und Maximalwerte, sondern auch die Augenblickswerte von Spannung und Stromstärke proportional.

Elektrische Spannung u und elektrische Stromstärke i sind beim Wirkwiderstand in Phase (Bild 41.10).

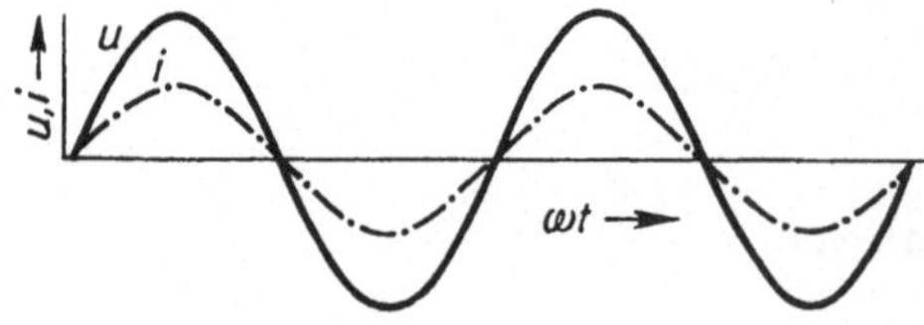

Bild 41.10. Spannung und Stromstärke im rein ohmschen Widerstand

41.2.2 Induktiver Blindwiderstand (Induktive Reaktanz)

Eine Spule mit *vernachlässigbarem* Wirkwiderstand R wird an eine Wechselspannung u angeschlossen. Im *Gleichstromkreis* würde sich auch bei kleiner Spannung eine überaus große Stromstärke ergeben, die Spule würde die Spannungsquelle praktisch *kurzschließen*. Im Wechselstromkreis hat diese Spule jedoch einen *beträchtlichen* Widerstand. Die Ursache liegt in der Induktivität L begründet. Nach dem Induktionsgesetz ändert sich bei der laufenden Stromstärkeänderung ständig der magnetische Fluß in der Spule und ruft eine *Selbstinduktionsspannung* hervor. Nach (40.23) gilt somit für $i = I_{\text{max}} \sin \omega t$

$$u = L \frac{\mathrm{d}i}{\mathrm{d}t} = \omega L I_{\text{max}} \cos \omega t = \omega L I_{\text{max}} \sin \left(\omega t + \frac{\pi}{2} \right), \quad \text{d. h.}$$

$$\boxed{u = U_{\text{max}} \sin \left(\omega t + \frac{\pi}{2} \right)} \quad \text{für} \quad \boxed{i = I_{\text{m}} \sin \omega t} \tag{41.6}$$

Die Spannung u an der reinen Induktivität (Spule mit dem Wirkwiderstand Null) eilt nach der durchgeführten Rechnung der Stromstärke i um $\pi/2\,\text{rad} = 90°$ voraus. Wenn die Spannung einen Maximalwert erreicht, ist die Stromstärke gleich Null (Bild 41.11).

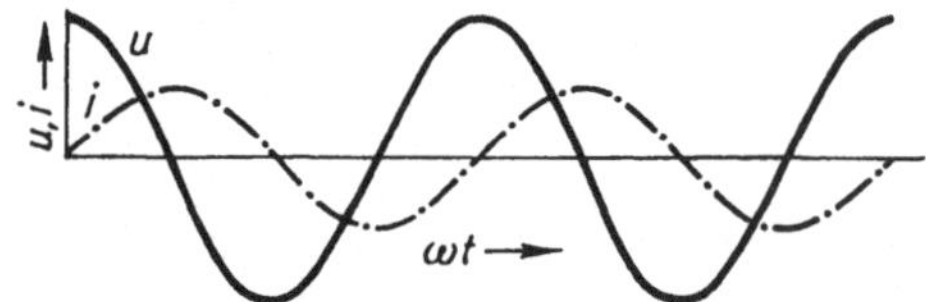

Bild 41.11. Spannung und Stromstärke im rein induktiven Blindwiderstand

Elektrische Spannung u und elektrische Stromstärke i sind beim induktiven Blindwiderstand um eine Viertelperiode phasenverschoben. Die Spannung eilt der Stromstärke um $\pi/2\,\text{rad} = 90°$ voraus.

Aus dem Maximalwert der Spannung $U_{\text{max}} = \omega L I_{\text{max}}$ erhält man

$$\boxed{U = \omega L I} \qquad \textbf{Zusammenhang zwischen den Effektivwerten von Spannung und Stromstärke} \tag{41.7}$$

Ein Vergleich mit dem Ohmschen Gesetz $R = U/I$ führt zum **induktiven Blindwiderstand** X_L:

$$\boxed{X_L = \frac{U}{I} = \omega L} \qquad \textbf{Induktiver Blindwiderstand} \tag{41.8}$$

Aus der letzten Gleichung ist die *Frequenzabhängigkeit von X_L* zu erkennen. Mit zunehmender Frequenz f wird der induktive Widerstand X_L einer Spule mit der Induktivität L immer größer, bis bei sehr hohen Frequenzen die Spule die Stromstärke praktisch auf den Wert Null bringt. Der Vorteil einer solchen **Drosselspule** ist darin zu sehen, daß sie gegenüber einem Wirkwiderstand keine Energie in Wärmeenergie umsetzt und daher keinen Leistungsverlust hervorruft.

Beispiel: An einer Spule der Induktivität $L = 0,05$ H liegt eine Wechselspannung mit dem Effektivwert von 15 V und 50 Hz. Wie groß sind der induktive Widerstand und die Stromstärke? – Der induktive Widerstand ist $X_L = \omega L = 314 \ ^1/s \cdot 0,05$ V s/A $= 15,7 \ \Omega$.

Nach (41.7) ist $I = \dfrac{U}{\omega L} = \dfrac{15 \text{ V s A}}{314 \cdot 0,05 \text{ V s}} = 0,96$ A.

41.2.3 Kapazitiver Blindwiderstand (Kapazitive Reaktanz)

Eine Wechselspannung u soll nun an einem Kondensator mit der Kapazität C liegen. Im *Gleichstromkreis* würde sich der Kondensator lediglich *aufladen* und dann den elektrischen Strom *sperren* (zwischen den Kondensatorplatten ist das Dielektrikum, und dieses ist ein Isolator). Beim Anschluß an eine Wechselspannung wird der Kondensator bei *jedem* Anwachsen der Spannung geladen und während des Abklingens der Spannung wieder entladen. Somit fließt dem Kondensator bei jedem Ladevorgang in der Zeit dt die *elektrische Ladung* d$Q = C$ du zu [s. (39.18)]. Dies ergibt eine momentane elektrische Stromstärke nach (37.1) von

$$i = \frac{dQ}{dt} = C \frac{du}{dt} \quad \text{durch den Kondensator.}$$

Ist die angelegte Spannung $u = U_{\max} \sin \omega t$, ergibt sich

$$i = C \frac{du}{dt} = \omega C U_{\max} \cos \omega t = \omega C U_{\max} \sin \left(\omega t + \frac{\pi}{2} \right), \quad \text{also}$$

$$\boxed{i = I_{\max} \sin \left(\omega t + \frac{\pi}{2} \right)} \quad \text{für} \quad \boxed{u = U_{\max} \sin \omega t} \qquad (41.9)$$

Wiederum zeigt ein Vergleich der Spannung u mit der elektrischen Stromstärke i eine Phasenverschiebung von $\pi/2$ rad $= 90°$. Jedoch eilt hier die Stromstärke der Spannung voraus. Dies steht ganz im Einklang damit, daß der Höchstwert der Spannung in einem Kondensator erst dann erreicht ist, wenn der Ladevorgang beendet ist, d. h., wenn die Stromstärke gleich Null ist (s. 39.7).

Elektrische Stromstärke i und elektrische Spannung u sind beim kapazitiven Blindwiderstand um eine Viertelperiode phasenverschoben. Die Stromstärke eilt der Spannung um $\pi/2$ rad $= 90°$ voraus (Bild 41.12).

Auch hier erhält man aus den Maximalwerten $I_{\max} = \omega C U_{\max}$ die Effektivwerte:

$$\boxed{I = \omega C U} \qquad \begin{array}{l} \textbf{Zusammenhang zwischen den Effektivwerten} \\ \textbf{von Stromstärke und Spannung} \end{array} \qquad (41.10)$$

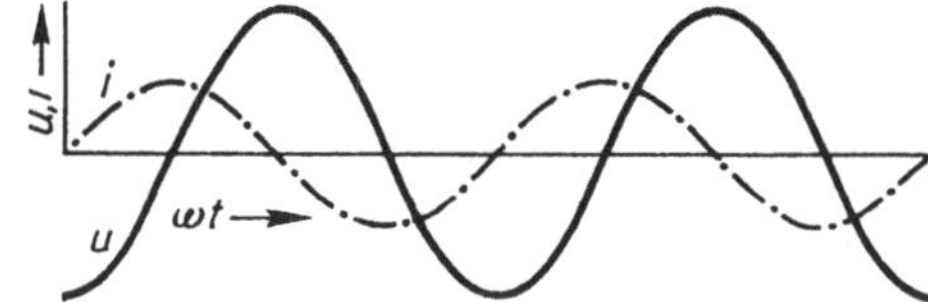

Bild 41.12. Spannung und Stromstärke im rein kapazitiven Blindwiderstand

und für den **kapazitiven Blindwiderstand** X_C:

$$X_C = \frac{U}{I} = \frac{1}{\omega C}$$ **Kapazitiver Blindwiderstand** (41.11)

Für hohe Frequenzen und große Kapazitäten wird dieser Widerstand sehr klein (Gegensatz zum induktiven Blindwiderstand). Auch dieser Widerstand entzieht dem Stromkreis *keine* Energie.

Beispiele: 1. Welchen Widerstand hat ein Kondensator von 2 µF für eine Frequenz von 50 Hz, und welche Stromstärke fließt bei einer Spannung von 220 V? – $X_C = \dfrac{1}{\omega C} = \dfrac{10^6\,\text{s V}}{314 \cdot 2\,\text{A s}} = 1592\,\Omega$; $I = \dfrac{U}{X_C} = \dfrac{220\,\text{V}}{1592\,\Omega} = 0{,}138\,\text{A}$.

2. Legt man parallel zu einem hochohmigen Lautsprecher einen Kondensator von einigen nF, so wird die Klangfarbe merklich dunkler. Der Kondensator hat für hohe Frequenzen einen nur kleinen Widerstand und wirkt für diese wie ein Kurzschluß.

41.2.4 Addition phasenverschobener Spannungen und Stromstärken

Um das Zusammenwirken mehrerer sinusförmiger Wechselgrößen gleicher Frequenz (Spannungen oder Stromstärken) zu untersuchen, könnten wie bei mechanischen Schwingungen die *Liniendiagramme* verwendet werden. Eine experimentelle Untersuchung dieser Zusammenhänge sowie auch der Nachweis der behandelten Phasenverschiebungen bei den Blindwiderständen ist mit einem Elektronenstrahloszillografen bequem möglich. Bei der rechnerischen Behandlung ist die Arbeit mit einem Zeigerdiagramm einfacher und übersichtlicher (s.

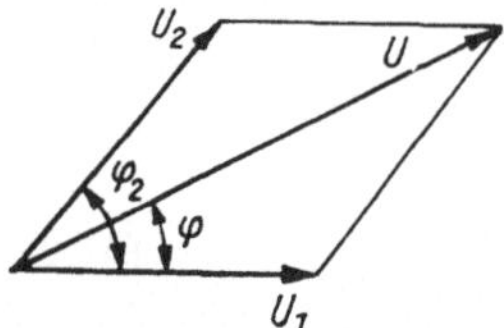

Bild 41.13. Addition zweier phasenverschobener Wechselspannungen

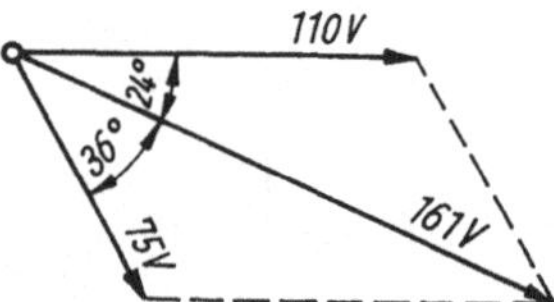

Bild 41.14. Zum Beispiel: Addition zweier Spannungen

S. 160). Dabei kann man die Vorstellung, daß die Zeiger der Maximalwerte rotieren, vernachlässigen. Ebenso können ohne weiteres Effektivwerte für die Zeigerdarstellung benutzt werden, obwohl die Zeiger eigentlich nur Maximalwerte bedeuten sollten. Üblicherweise zeichnet man das Zeigerdiagramm so, daß *ein* Zeiger senkrecht oder waagrecht liegt (Bild 41.13). So erhält man aus

$$u_1 = U_{\text{max}1} \sin(\omega t + \varphi_1) \quad \text{und} \quad u_2 = U_{\text{max}2} \sin(\omega t + \varphi_2)$$

mit $\varphi_1 = 0$ die resultierende Spannung $u = U_{\text{max}} \sin(\omega t + \varphi)$, denn

$$U = \sqrt{U_1^2 + U_2^2 + 2U_1U_2 \cos\varphi_2} \quad \text{und} \quad U_{\text{max}} = \sqrt{2}\,U \quad \text{sowie}$$

$$\varphi = \arctan \frac{U_2 \sin\varphi_2}{U_1 + U_2 \cos\varphi_2}$$ **Addition phasenverschobener Spannungen** (41.12)

Entsprechend kann mit phasenverschobenen Stromstärken verfahren werden.

Beispiel: Zwei Spannungen gleicher Frequenz mit den Effektivwerten $U_2 = 75\,\text{V}$ und $U_1 = 110\,\text{V}$ sind um $\varphi_2 = 60°$ phasenverschoben. Wie groß ist der Effektivwert der Gesamtspannung U und deren Phasenverschiebungswinkel gegenüber den Einzelspannungen? Wie lautet die Gleichung der Gesamtspannung? – Das maßstäblich gezeichnete Diagramm und die daraus abgelesenen Werte zeigt Bild 41.14. Die Berechnung nach (41.12) bestätigt die Ergebnisse. Weiterhin ist $U_{\text{max}} = 228\,\text{V}$, daraus folgt für die Gleichung der resultierenden Spannung $u = 228\,\text{V} \sin(\omega t - 0{,}42\,\text{rad})$.

41.2.5 Reihenschaltung von Wechselstromwiderständen

1. Wirkwiderstand und induktiver Blindwiderstand in Reihe (Bild 41.15). Im Wirkwiderstand sind elektrische Spannung und elektrische Stromstärke in Phase, während im induktiven Blindwiderstand die Spannung der Stromstärke um $90°$ vorauseilt. Die Stromstärke I, die in *jedem* Einzelwiderstand einen Spannungsabfall hervorruft, ist nach Größe und Phase

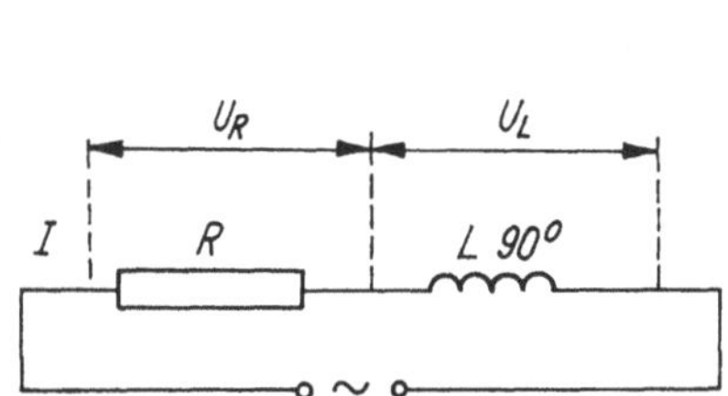

Bild 41.15. Ohmscher und induktiver Widerstand in Reihe geschaltet

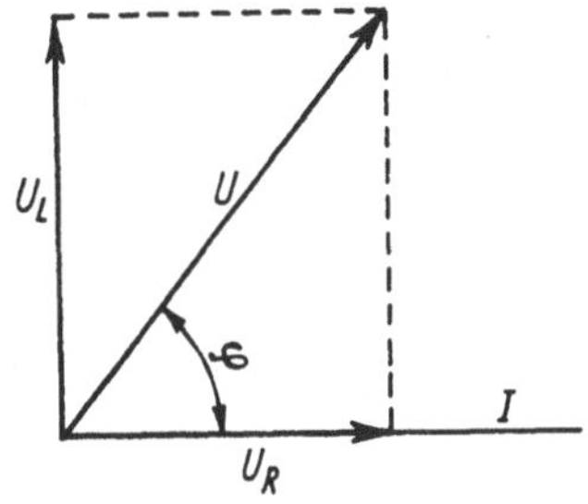

Bild 41.16. Teilspannungen und Gesamtspannung
als Zeigerdiagramm zur Schaltung Bild 41.15

in *beiden* Widerständen *gleich*. Bei der Reihenschaltung von Widerständen im *Gleichstromkreis* wäre die an der gesamten Schaltung liegende Spannung gleich der *algebraischen* Summe der Teilspannungen. Dies wäre auch im Wechselstromkreis der Fall, wenn es sich *nur* um *Wirkwiderstände* handeln würde.

In dem vorliegenden Fall müssen aber die *Phasenverschiebungen* beachtet werden. Bild 41.16 gibt das zugehörige Spannungszeigerdiagramm für die Schaltung nach Bild 41.15 wieder. Als *gemeinsame* Bezugsrichtung dieses Diagramms nimmt man die elektrische *Stromstärke I* und zeichnet den Spannungsabfall U_R am ohmschen Widerstand in die *gleiche* Richtung wie I. Hiermit kommt zum Ausdruck, daß U_R und I in *gleicher* Phase liegen. Der Spannungsabfall U_L am induktiven Blindwiderstand *eilt* der Stromstärke I und damit auch der Spannung U_R um $90°$ *voraus*, steht also bei positiver Zeigerrotation *senkrecht* auf U_R. Das Diagramm liefert

$$U = \sqrt{U_R^2 + U_L^2} = I\sqrt{R^2 + (\omega L)^2}$$

Gesamtspannung bei Reihenschaltung von R und L (41.13)

Der Quotient aus der Gesamtspannung U und der Stromstärke I wird im Wechselstromkreis **Scheinwiderstand Z (Impedanz)** genannt:

$$Z = \frac{U}{I}$$

Scheinwiderstand (Impedanz) (41.14)

Bei der Reihenschaltung von R und L ist dieser nach (41.13)

$$Z = \sqrt{R^2 + (\omega L)^2} = \sqrt{R^2 + X_L^2}$$

Scheinwiderstand bei Reihenschaltung von R und L (41.15)

28*

Die **Phasenverschiebung** φ zwischen der Stromstärke I und der Gesamtspannung U wird aus

$$\tan \varphi = \frac{U_L}{U_R} = \frac{X_L}{R}$$

Phasenwinkelbeziehung
(Reihenschaltung von R und X_L)   (41.16)

ermittelt. Wie man sieht, eilt die Spannung U der Stromstärke I um den Winkel φ voraus. Das geschilderte Beispiel liegt praktisch bei *jeder* Spule im Wechselstromkreis vor. Die in 41.2.2 gemachte Annahme einer reinen Induktivität trifft in Wirklichkeit niemals zu. Stets haben die Drahtwindungen einen Wirkwiderstand. Man kann sich leicht vorstellen, daß in einer solchen Spule R und X_L gewissermaßen in Reihe liegen. Genau genommen handelt es sich dabei um eine Ersatzschaltung, da sich Wirkwiderstand und induktiver Blindwiderstand nicht räumlich voneinander trennen lassen.

Beispiel: Legt man an eine Spule die Wechselspannung von 110 V (50 Hz), so fließt eine Stromstärke 0,4 A; bei einer gleich großen Gleichspannung beträgt die Stromstärke dagegen 3,0 A. Welchen ohmschen Widerstand und welche Induktivität hat die Spule? – Der ohmsche Widerstand ergibt sich aus dem Gleichstromversuch mit $R = \dfrac{U}{I} = \dfrac{110\,\text{V}}{3,0\,\text{A}} = 36{,}67\,\Omega$. Der Scheinwiderstand beträgt beim Wechselstromversuch $Z = \dfrac{U}{I} = \dfrac{110\,\text{V}}{0,4\,\text{A}} = 275\,\Omega$. Nach (41.15) erhält man

$$L = \frac{\sqrt{Z^2 - R^2}}{\omega} = \frac{\sqrt{275^2 - 36{,}67^2}}{314}\,\text{H} = 0{,}868\,\text{H}.$$

2. Wirkwiderstand, induktiver und kapazitiver Blindwiderstand in Reihe (Bild 41.17). In diesem Fall sind unter Beachtung der Phasenverschiebungen drei Teilspannungen zu addieren. So eilt die kapazitive Teilspannung $U_C = I/\omega C$ der Stromstärke I durch diese Schaltung

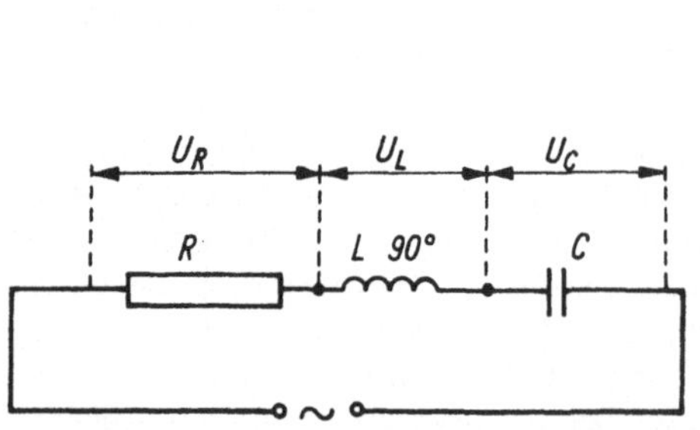

Bild 41.17. Ohmscher, induktiver und kapazitiver Widerstand in Reihe geschaltet

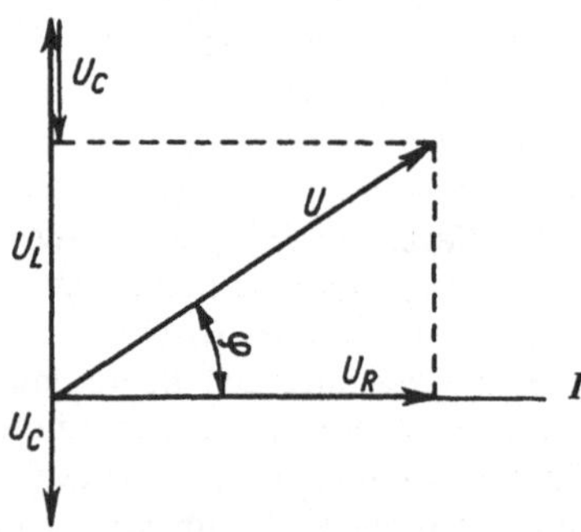

Bild 41.18. Teilspannungen und Gesamtspannung zur Schaltung Bild 41.17

um 90° nach und ist von der genau entgegengesetzt gerichteten induktiven Teilspannung $U_L = \omega L I$ zu subtrahieren (Bild 41.18). Es gilt dann:

$$U = \sqrt{U_R^2 + (U_L - U_C)^2} = I\sqrt{R^2 + \left(\omega L - \frac{1}{\omega C}\right)^2}$$

Gesamte Klemmenspannung bei Reihenschaltung von R, L und C

(41.17)

Für den **Scheinwiderstand** ergibt sich

$$Z = \frac{U}{I} = \sqrt{R^2 + (X_L - X_C)^2} = \sqrt{R^2 + X^2}$$

Scheinwiderstand   (41.18)

Der **Blindwiderstand**

$$\boxed{X = X_L - X_C} \qquad \textbf{Blindwiderstand (Reaktanz)} \qquad (41.19)$$

kann positiv oder negativ werden, genau wie der Phasenverschiebungswinkel φ zwischen U und I, der aus

$$\boxed{\tan\varphi = \frac{X}{R}} \qquad \textbf{Phasenwinkelbeziehung} \text{ (Reihenschaltung)} \qquad (41.20)$$

ermittelt werden kann.

Das Widerstandszeigerdiagramm ist dem Spannungszeigerdiagramm *geometrisch* ähnlich. Die zu den entsprechenden Spannungen gehörenden Widerstände sind in zugehörigen Richtungen zu zeichnen.

41.2.6 Parallelschaltung von Wechselstromwiderständen

Vom *Gleichstromkreis* ist bekannt, daß sich bei parallelgeschalteten Widerständen die Teilstromstärken zur Gesamtstromstärke addieren. Dies ist *auch* im *Wechselstromkreis* dann *algebraisch* möglich, wenn *nur* Wirkwiderstände im Stromkreis sind. Hat man jedoch Blind- und Wirkwiderstände parallelgeschaltet, müssen wie bei der Reihenschaltung die *Phasenverschiebungen* zwischen Wechselspannung und Wechselstrom beachtet werden: Die Teilstromstärken müssen *vektoriell*, also *geometrisch* addiert werden.

1. Wirkwiderstand und kapazitiver Blindwiderstand parallel. An beiden Schaltgliedern in Bild 41.19 liegt die gleiche Spannung U. Mit ihr liegt die elektrische Stromstärke I_R in gleicher Phase. Daher ist auf der Bezugsachse U in Bild 41.20 I_R in gleicher Richtung auf-

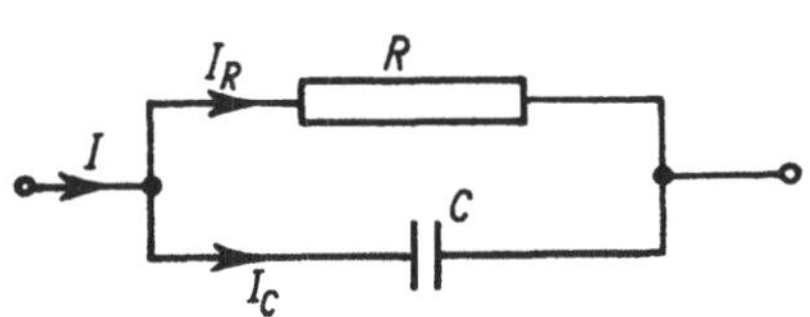

Bild 41.19. Ohmscher und kapazitiver Widerstand parallelgeschaltet

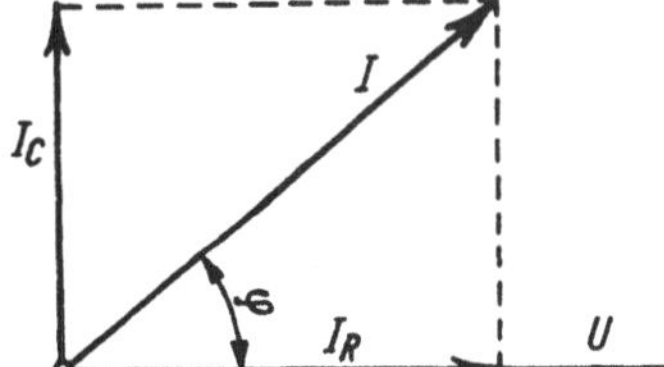

Bild 41.20. Teilstromstärken und Gesamtstromstärke zur Schaltung Bild 41.19

getragen. Die Stromstärke I_C durch den Kondensator *eilt* jedoch der Spannung U um 90° voraus, deshalb weist ihr Zeiger senkrecht nach oben. Aus dem Stromstärkediagramm liest man unmittelbar ab:

$$\boxed{I = \sqrt{I_R^2 + I_C^2} = U\sqrt{\left(\frac{1}{R}\right)^2 + (\omega C)^2}} \qquad \begin{array}{l}\textbf{Gesamtstromstärke} \text{ bei} \\ \text{Parallelschaltung von} \\ R \text{ und } C\end{array} \qquad (41.21)$$

Der Quotient aus der Stromstärke I und der Spannung U wird **Scheinleitwert (Admittanz)** Y genannt, $1/R = G$ ist **der Wirkleitwert (Konduktanz)**, und $1/X_C = \omega C$ ist der **kapazitive Blindleitwert** B_C **(kapazitive Suszeptanz)**:

$$\boxed{Y = \frac{1}{Z} = \frac{I}{U}} \qquad \textbf{Scheinleitwert} \qquad (41.22)$$

Dieser ist bei der vorliegenden Parallelschaltung von R und C

$$Y = \sqrt{\left(\frac{1}{R}\right)^2 + (\omega C)^2} = \sqrt{G^2 + B_C^2}$$

Scheinleitwert bei Parallel-
schaltung von R und C (41.23)

Das Diagramm Bild 41.20 liefert außerdem den Phasenwinkel φ zwischen Stromstärke I und Spannung U aus

$$\tan \varphi = \frac{I_C}{I_R} = \omega RC$$

Phasenwinkelbeziehung
(Parallelschaltung von R und C)   (41.24)

Jeder Kondensator mit festem Dielektrikum läßt sich als eine Kapazität mit parallel liegendem Widerstand R auffassen. Bei den hochwertigen Isolierstoffen spielt jedoch der Isolationswiderstand nur eine untergeordnete Rolle. Vielmehr fallen die **dielektrischen Verluste** ins Gewicht. Sie werden durch die in den Molekülen des Dielektrikums sehr rasch vor sich gehenden Ladungsverschiebungen (Verschiebungspolarisation, S. 393) verursacht. Diese rufen eine gewisse Erwärmung des Dielektrikums hervor, was sich so auswirkt, als sei ein ohmscher Widerstand vorhanden.

Da der Phasenwinkel nur sehr wenig von 90° abweicht, wird oft der **Verlustwinkel** δ angegeben. Dieser ist der *Komplementwinkel* zum Phasenwinkel φ und errechnet sich aus der reziproken Gleichung (41.24)

$$\tan \delta = \frac{1}{\omega RC}$$

Verlustwinkelbeziehung   (41.25)

Der Winkel δ ist *frequenzabhängig* und stellt ein wichtiges Gütemerkmal von Isolierstoffen dar (s. Tabelle in 37.4).

2. Wirkwiderstand, induktiver und kapazitiver Widerstand parallel (Bild 41.21). Die gemeinsame Spannung U an allen drei Schaltelementen wird als Bezugsachse verwendet (Bild 41.22). Bei der geometrischen Addition der Teilstromstärken muß beachtet werden, daß zwischen

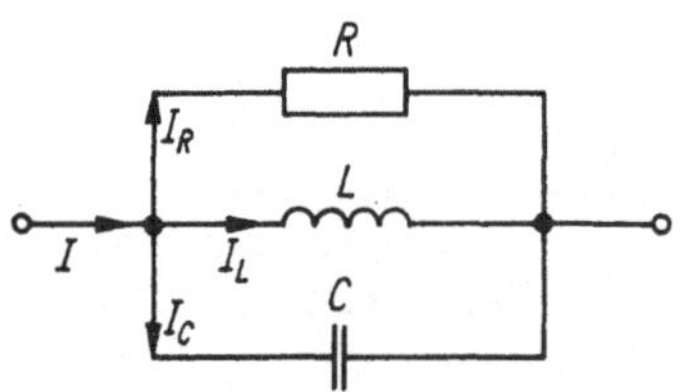

Bild 41.21. Parallelschaltung von ohmschem,
induktivem und kapazitivem Widerstand

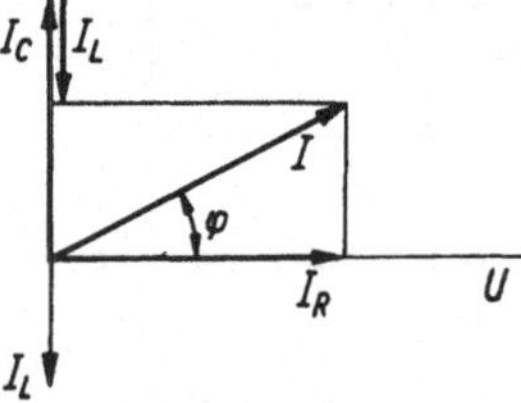

Bild 41.22. Stromstärken zur Parallelschaltung als Zeigerdiagramm

U und I_R keine, zwischen I_C bzw. I_L und U jedoch wieder eine Phasenverschiebung von 90° besteht. I_C und I_L haben dabei *entgegengesetzte* Phasenlage. Die Gesamtstromstärke ist

$$I = \sqrt{I_R^2 + (I_C - I_L)^2} = U\sqrt{\left(\frac{1}{R}\right)^2 + \left(\omega C - \frac{1}{\omega L}\right)^2}$$

**Gesamtstromstärke bei
Parallelschaltung von**
R, L, C (41.26)

und der Scheinleitwert Y

$$Y = \sqrt{\left(\frac{1}{R}\right)^2 + \left(\omega C - \frac{1}{\omega L}\right)^2} = \sqrt{G^2 + (B_C - B_L)^2}$$

Scheinleitwert

(41.27)

Der **Blindleitwert** (Suszeptanz) $B = B_C - B_L$ kann positiv oder negativ werden. Nach

$$\tan \varphi = \frac{B}{G}$$ **Phasenwinkelbeziehung** (Parallelschaltung) $\qquad$ (41.28)

bekommt danach auch die Phasenverschiebung zwischen der Gesamtstromstärke I und der Spannung U das entsprechende Vorzeichen.

41.2.7 Resonanz im Wechselstromkreis

1. Reihen- oder Spannungsresonanz. In einem *Sonderfall* der Reihenschaltung von Wechselstromwiderständen (s. 41.2.5) kann der Blindwiderstand X gleich *Null* werden. Dies ist nach (41.19) dann der Fall, wenn der induktive und der kapazitive Blindwiderstand *gleich* sind. Dann erhält man wegen $X_L = \omega L = X_C = 1/(\omega C)$ die Resonanzbedingung:

$$\omega^2 LC = 1$$ **Resonanzbedingung** $\qquad$ (41.29)

Der *Scheinwiderstand Z* ist jetzt gleich dem Wirkwiderstand R und hat für den betrachteten Stromkreis ein *Minimum*, während die elektrische *Stromstärke* auf ein *Maximum* ansteigt (wegen $I = U/Z$ wird $I_{max} = U/Z_{min}$). Weil jetzt die elektrische Stromstärke *nur* noch vom Wirkwiderstand R abhängt, ist die Phasenverschiebung zwischen Spannung und Stromstärke gleich *Null*. Der geschilderte Sonderfall heißt **Reihenresonanz.**

Bei Reihenresonanz hat der Scheinwiderstand ein Minimum, es tritt ein Stromstärkemaximum auf.

Bei gleichen Schaltelementen kann Reihenresonanz auch dann auftreten, wenn die Frequenz des verwendeten Wechselstromes gleich der **Resonanzfrequenz** f_r wird, die aus (41.29) folgt:

$$f_r = \frac{1}{2\pi \sqrt{LC}}$$ **Resonanzfrequenz** $\qquad$ (41.30)

Anstatt *Reihenresonanz* wird auch häufig der Ausdruck *Spannungsresonanz* verwendet, weil in diesem Fall an der Induktivität und Kapazität sehr hohe Spannungen entstehen, die sich wegen ihrer entgegengesetzten Phasenlage zwar gegenseitig aufheben, aber Spule und Kondensator einzeln hoch belasten.

Versuch: Eine Spule von 250 Windungen auf U-förmigem Kern mit verschiebbarem Anker liegt in Reihe mit einem Kondensator von $10\,\mu F$ und einem Strommesser (Bild 41.23). Bei einer Wechselspannung von etwa 20 ... 30 V (50 Hz) fließt ein bestimmter Strom. Durch Hin- und Herschieben des aufliegenden Ankers verändert man die Induktivität der Spule und findet bald eine Stelle, wo der Strommesser ein Maximum anzeigt. In diesem Fall liegt Resonanz vor.

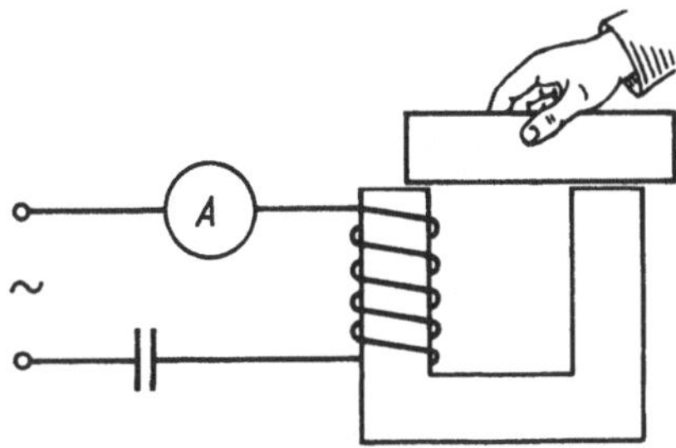

Bild 41.23. Versuch zur Reihenresonanz

Beispiel: Ein Kondensator von 1 μF und eine Spule von 2 H und 50 Ω liegen in Reihe an einer Spannung von 100 V. Berechnet man nach (41.17) die Stromstärke für zunehmende Frequenzen von 100 bis 120 Hz und stellt die Stromstärke in Abhängigkeit von der Frequenz grafisch dar, so entsteht die in Bild 41.24 angegebene Kurve (Resonanzkurve). Die Resonanzfrequenz ergibt sich nach (41.30) zu $f_r = \dfrac{1}{2\pi\sqrt{2\cdot 10^{-6}}}$ Hz $= 112$ Hz. Die Resonanzstromstärke ist $I_r = \dfrac{100\ \text{V}}{50\ \Omega} = 2$ A. Am Kondensator liegt die Spannung $U_r = \dfrac{I}{\omega C} = \dfrac{2\cdot 10^6}{2\pi\cdot 112\cdot 1}$ V $= 2842$ V.

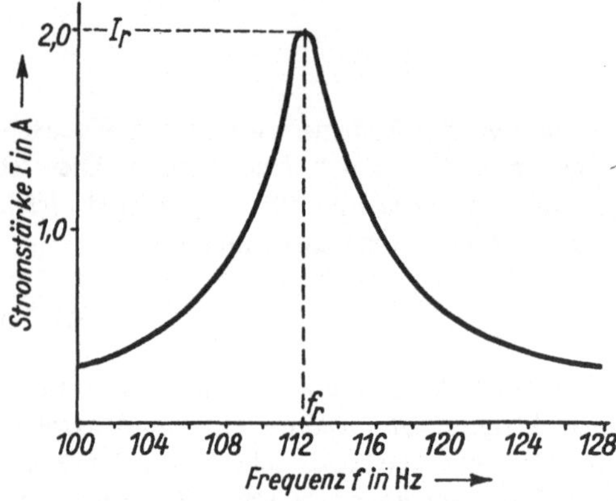

Bild 41.24. Reihenresonanz. Verlauf der Stromstärke in Abhängigkeit der Frequenz

Dieses Beispiel zeigt, daß im Resonanzfall an den einzelnen Schaltgliedern gefährlich hohe, die Klemmenspannung weit übersteigende Spannungen auftreten können. Zerstörungen von Kabeln und Maschinen sind die häufige Folge.

2. Parallel- oder Stromresonanz. Dieser Resonanzfall kann bei *Parallelschaltung* von Wechselstromwiderständen auftreten (s. 41.2.6). Die Phasenverschiebung zwischen Stromstärke und Spannung wird in diesem Fall gleich Null, wenn der Blindleitwert $B = 0$ ist. Wegen $B_L = 1/(\omega L)$ und $B_C = \omega C$ folgt aus $B = B_C - B_L = 0$ die **gleiche Resonanzbedingung** (41.29) wie bei *Reihenresonanz*.

Jetzt wird der *Scheinleitwert Y* gleich dem *Wirkleitwert G* [nach (41.27)]. Er erhält den für diese Schaltung *kleinsten* Wert. Nach $I = UY$ folgt aus dem Minimum des Scheinleitwertes auch ein Stromstärkeminimum.

Bei Parallelresonanz tritt ein Scheinleitwert- und ein Stromstärkeminimum auf.

Versuch: Mit einer ähnlichen wie vorhin beschriebenen Anordnung kann man auch die Stromresonanz vorführen (Bild 41.25). Man verwendet hierbei eine Spule von 1000 Windungen und einen dazu parallelgeschalteten Kondensator von 5 μF (Wechselspannung etwa 80 V). In den Resonanzkreis sind noch 2 Lämpchen eingeschaltet. Bei aufgelegtem Anker leuchtet zunächst nur L_1, und ein in den Hauptstromkreis geschalteter Strommesser zeigt einen Strom an. Wenn man den Anker verschiebt, geht der Ausschlag des Strommessers bei günstiger Stellung fast bis auf 0 zurück, während L_2 ebenfalls aufleuchtet. Am Stromminimum in der Zuleitung erkennt man den Resonanzfall.

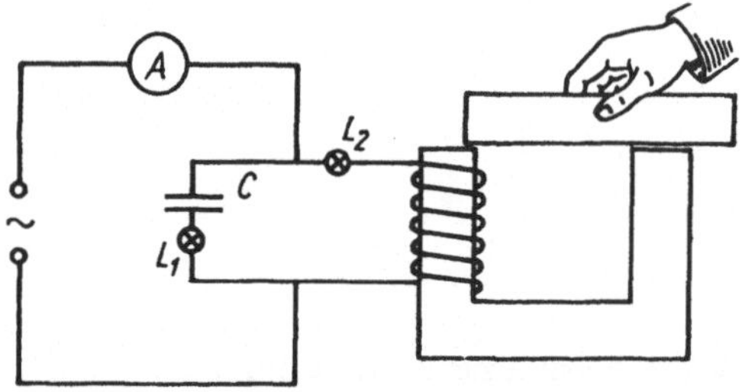

Bild 41.25. Versuch zur Parallelresonanz

Ein zusammenfassender Vergleich der beiden Resonanzfälle zeigt, daß im *Gegensatz* zur Reihenresonanz bei der Parallelresonanz ein Stromstärkeminimum auftritt. Im ersten Fall hatte der Scheinwiderstand Z ein Minimum, im zweiten ein Maximum (denn wegen $Z = 1/Y$ folgt $Z_{max} = 1/Y_{min}$). Für beide Resonanzarten gelten die Gleichungen (41.29) und (41.30). Weitere Merkmale sind:

Reihenresonanz (Spannungsresonanz)	*Parallelresonanz* (Stromresonanz)
Die Teil*spannungen* an den Blindwiderständen sind überhöht (gegenüber der angelegten *Spannung*).	Die Teil*stromstärken* in den Blindwiderständen sind überhöht (gegenüber der einfließenden *Stromstärke*).
Die *Stromstärke* durchläuft die bekannte Resonanzkurve (bei konstanter Eingangsspannung).	Die *Spannung* durchläuft die bekannte Resonanzkurve (bei konstanter Eingangsstromstärke).

41.3 Leistung im Wechselstromkreis

41.3.1 Wirkleistung

Wenn zur Aufrechterhaltung eines elektrischen Stromes *überhaupt* eine Energie erforderlich ist, so liegt das an der im Stromkreis erzeugten Wärmeenergie oder anderen freiwerdenden Energiearten (mechanische Energie, Lichtenergie, Schallenergie usw.). Die Leistung wird wie im Gleichstromkreis als Produkt aus der Spannung und der Stromstärke ermittelt. Nach 41.2.1 wird im reinen *Wirkwiderstand* (ohmschen Widerstand) eine »wirkliche« Leistung in *Wärmeleistung* umgesetzt und nach außen abgegeben. Sind daher U und I die von den üblichen Meßgeräten angezeigten Effektivwerte von Spannung und Stromstärke, erhält man für die Wirkleistung

$$\boxed{P = UI} \qquad \textbf{Wirkleistung im ohmschen Widerstand (Wirkwiderstand)} \qquad (41.31)$$

Die Wirkleistung ist die in nichtelektrische Leistung umgewandelte elektrische Leistung.

Das Produkt aus der Wirkleistung und der Zeit t ist die in dieser Zeit umgesetzte elektrische Energie E_{el}:

$$\boxed{E_{el} = Pt = UIt} \qquad \textbf{Elektrische Energie} \qquad (41.32)$$

41.3.2 Blindleistung

Ganz anders liegt der Fall bei einer Spule oder einem Kondensator. Denkt man sich die *Spule* im Idealfall aus widerstandslosem Draht gewickelt, so ist zwar der Widerstand für Gleichstrom gleich Null, nicht aber für Wechselstrom. An den Spulenenden kann mit einem geeigneten Meßgerät ein Spannungsabfall U_L gemessen werden, der jedoch, wie bereits bekannt ist, der Stromstärke um 90° vorauseilt.

Das Produkt $U_L I$ ist zwar *formal* auch eine Leistung, man sucht aber vergeblich nach der ihr entsprechenden, äquivalenten nichtelektrischen Leistung, denn diese aus widerstandslosem Draht gewickelte Spule erzeugt *keine* Wärmeenergie.

Ähnlich verhält sich ein idealer, verlustloser *Kondensator*. Dieser läßt keinen Gleichstrom passieren, wohl aber Wechselstrom. Auch hier kann das Produkt $U_C I$ gebildet werden, obwohl auch der Kondensator *keinerlei* Energie in Form von Wärmeenergie abgibt. Die

Begründung erhält man nach Bild 41.26. Für jeden Zeitpunkt des Liniendiagramms ist die **Momentanleistung** $ui = p$ errechnet und dargestellt worden. Je eine Halbperiode der sinusförmigen Leistung liegt im positiven und im negativen Bereich. Im ersten Fall nimmt der Kondensator Energie zum Aufbau eines elektrischen Feldes auf, im zweiten gibt der Kondensator die gleiche Energie wieder ab (das Feld als Energieträger wird abgebaut).

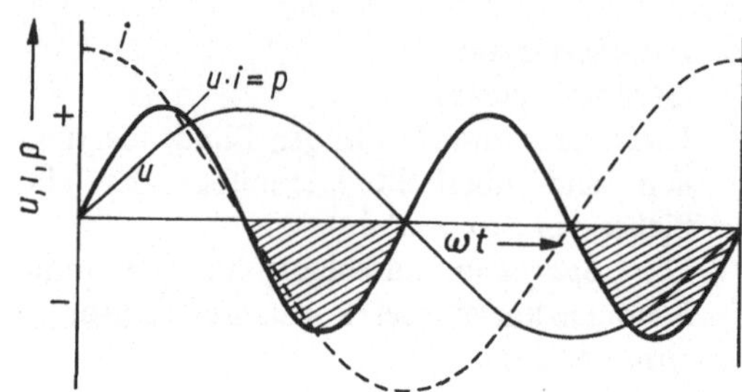

Bild 41.26. Augenblickswerte von Spannung, Stromstärke und Leistung im kapazitiven Widerstand

Die gleichen Überlegungen ergeben sich für die ideale Spule. Auch mathematisch kann gezeigt werden, daß der zeitliche Mittelwert der Wirkleistung sowohl für den Kondensator als auch für die ideale Spule gleich Null ist:

$$P = \frac{1}{T} \int\limits_0^T p \, \mathrm{d}t = \int\limits_0^T U_\mathrm{m} \sin \omega t \, I_\mathrm{m} \sin \left(\omega t + \frac{\pi}{2}\right) \mathrm{d}t = 0.$$

Somit **pendelt** zwischen Kondensator und Spannungsquelle bzw. zwischen Spule und Spannungsquelle die **Energie** lediglich **hin** und **her**. In beiden Fällen reiner Kapazität bzw. reiner Induktivität nennt man das Produkt aus der Spannung U und der Stromstärke I daher **Blindleistung** Q:

$$\boxed{Q = UI}$$
Blindleistung eines kapazitiven oder induktiven Blindwiderstandes $\qquad$ (41.33)

Um Verwechslungen mit der Wirkleistung zu vermeiden, wurde nicht nur für die Blindleistung ein anderes Formelzeichen Q verwendet, es wurde auch zumindest für die Angabe des Endergebnisses einer Berechnung oder zur besseren *Kennzeichnung* der Blindleistung statt der Einheit W (Watt) die *Einheit* var (voltampère réactif) eingeführt. Dabei ist zu beachten, daß grundsätzlich **W = VA = var** ist.

Der ideale Kondensator und die ideale Spule verbrauchen keine Wirkleistung. Die Blindleistung tritt nach außen hin überhaupt nicht in Erscheinung. Zu ihrer Erzeugung ist im zeitlichen Mittel keine Energie nötig.

41.3.3 Scheinleistung und Leistungsfaktor

Geht man im *realen* Wechselstromkreis mit *Wirk-* und *Blindwiderständen* von der *Gesamtspannung* U aus, so wird die *Gesamtstromstärke* I im allgemeinen um einen Winkel φ zwischen 0 und 90° gegenüber U verschoben sein (Bild 41.27). Gleichgültig, ob eine Parallelschaltung oder eine Reihenschaltung von Wirk- und Blindwiderständen vorliegt, kann man

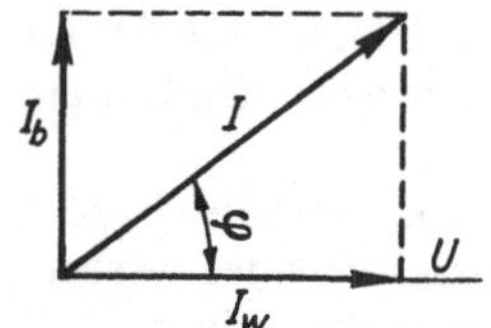

Bild 41.27. Zerlegung der Gesamtstromstärke in Wirk- und Blindstromstärke

sich *gedanklich* die fließende Stromstärke I in zwei Komponenten zerlegen, von denen die eine, die **Wirkstromstärke** I_w, mit der Spannung U *in Phase* liegt. Die andere, die **Blindstromstärke** I_b, hat dagegen zu U eine *Phasenverschiebung* von 90°. Aus Bild 41.27 ist abzulesen:

$$\boxed{I_w = I \cos \varphi} \qquad \boxed{I_b = I \sin \varphi} \qquad \textbf{Wirk- und Blindstromstärke} \tag{41.34}$$

Wegen der Gleichphasigkeit von I_w und U ergibt sich für die **Wirkleistung** P

$$\boxed{P = UI \cos \varphi} \qquad \begin{array}{l}\textbf{Wirkleistung eines beliebigen}\\ \textbf{Widerstandes}\end{array} \tag{41.35}$$

Der in dieser Gleichung auftretende Faktor $\lambda = \cos \varphi$ heißt **Leistungsfaktor**:

$$\boxed{\lambda = \cos \varphi = \frac{P}{UI}} \qquad \textbf{Leistungsfaktor} \tag{41.36}$$

Im Fall der idealen Spule ist $\cos \varphi = \cos 90° = 0$, also wie nicht anders zu erwarten, ist hier die Wirkleistung $P = 0$. Für den rein ohmschen Widerstand ist $\cos \varphi = \cos 0° = 1$ und damit $P = UI$. Die üblichen auch im Haushalt verwendeten Wechselstromzähler messen das Produkt aus P und t, also nach (41.32) die *tatsächlich* verbrauchte Energie. Dennoch ist auch die Ermittlung der **Blindleistung** wichtig. Für sie ergibt sich wegen $Q = UI_b$

$$\boxed{Q = UI \sin \varphi} \qquad \begin{array}{l}\textbf{Blindleistung eines beliebigen}\\ \textbf{Widerstandes}\end{array} \tag{41.37}$$

Ein in die Zuleitung zu den Wechselstromverbrauchern geschaltetes Strommeßgerät zeigt aber weder die Wirkstromstärke noch die Blindstromstärke an, sondern die Gesamtstromstärke I, die die betreffende Schaltung der Spannungsquelle entnimmt. Das Produkt aus der Klemmenspannung U einer Schaltung und der ihr zufließenden gemessenen Stromstärke I ist nicht die tatsächlich umgesetzte (Wirk-) Leistung, sondern die *Scheinleistung S*:

$$\boxed{S = UI} \qquad \begin{array}{l}\textbf{Scheinleistung eines beliebigen}\\ \textbf{Widerstandes}\end{array} \tag{41.38}$$

Um Verwechslungen mit der Wirkleistung zu vermeiden, wird als Einheit der Scheinleistung VA (Voltampere) angegeben.

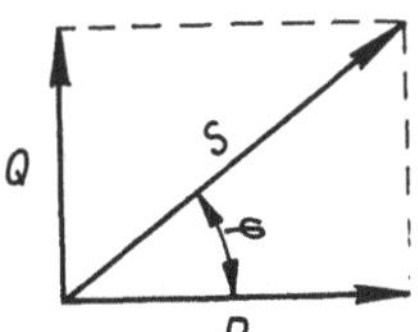

Bild 41.28. Leistungsdiagramm

Erst nach Multiplikation von S mit $\cos \varphi$ und der Zeit t entsteht die vom Zähler registrierte und vom Konsumenten zu bezahlende Wirkenergie E_{el}. Ein Vergleich von (41.38) und (41.36) zeigt, daß der Leistungsfaktor der Quotient aus der Wirkleistung und der **Scheinleistung** ist:

$$\boxed{\lambda = \cos \varphi = \frac{P}{S}} \qquad \textbf{Leistungsfaktor} \tag{41.39}$$

Werden die Stromstärken im Diagramm Bild 41.27 mit der Spannung U multipliziert, entsteht ein *geometrisch ähnliches* **Leistungsdiagramm** (Bild 41.28), aus dem **Zusammenhänge**

zwischen den Leistungen abgelesen werden können, die auch (41.36) und (41.35) bestätigen:

$$\boxed{P = S \cos \varphi} \quad \boxed{Q = S \sin \varphi} \quad \boxed{Q = P \tan \varphi} \quad \boxed{S = \sqrt{P^2 + Q^2}} \qquad (41.40)$$

Beispiele: 1. Auf dem Typenschild eines Motors ist der Leistungsfaktor $\cos \varphi = 0,7$ angegeben, seine Wirkleistung beträgt 25 kW, die Klemmenspannung 220 V. Berechnen Sie Stromstärke I, Wirk- und Blindstromstärke sowie Schein- und Blindleistung. – Die Scheinleistung ist $S = \dfrac{P}{\cos \varphi} = \dfrac{25\,\text{kW}}{0,7}$ = 35,7 kV A. Stromstärke $I = \dfrac{S}{U} = \dfrac{35\,700\,\text{V A}}{220\,\text{V}} = 162\,\text{A}$. Wirkstromstärke $I_w = I \cos \varphi = 162\,\text{A}$ $\times\, 0,7 = 113,4\,\text{A}$. Blindstromstärke $I_b = I \sin \varphi = 162\,\text{A} \cdot 0,714 = 115,7\,\text{A}$. Blindleistung Q $= S \sin \varphi = 35,7\,\text{kVA} \cdot 0,714 = 25,5\,\text{kvar}$ oder $UI_b = 220\,\text{V} \cdot 115,7\,\text{A} = 25,5\,\text{kvar}$.
2. Durch einen Motor fließt eine Stromstärke von 6,5 A bei einer Klemmenspannung von 220 V. Die Leistung ist 580 W. – Berechnen Sie die Scheinleistung, den Leistungsfaktor und den Phasenwinkel. – $S = UI = 220\,\text{V} \cdot 6,5\,\text{A} = 1430\,\text{VA}$; $\cos \varphi = \dfrac{P}{S} = 0,406$; $\varphi = 66°$.

41.4 Bedeutung und Kompensation der Blindleistung

Auch der in den öffentlichen Leitungsnetzen fließende elektrische Strom ist durch *induktive* Belastung mit Elektromotoren und dgl. *kein* reiner Wirkstrom. Auch hier läßt sich die tatsächliche Stromstärke I in eine Wirkstromstärke I_w und eine Blindstromstärke I_b zerlegen. Auf jeden Fall ist die *tatsächlich* fließende Stromstärke I *größer* als die zur Umsetzung in nutzbare Energie nötige Wirkstromstärke I_w.

> **Das Leitungsnetz wird durch die Stromstärke I bedeutend stärker belastet, als es dem eigentlichen Bedarf entspricht.**

Dieser Nachteil ist um so schwerwiegender, als die in Leitungen entstehenden *Energieverluste* in für den Menschen nicht nutzbare Wärmeenergie umgewandelt werden (*Leitungen* sind *ohmsche* Widerstände) und dem *Quadrat* der elektrischen Stromstärke proportional sind (38.27). Es muß daher das Bestreben aller Energieverbraucher, insbesondere aber der Großbetriebe sein, den Leistungsfaktor dem *Wert* 1 möglichst nahe zu bringen. Dafür wird ein ökonomischer Anreiz insofern geschaffen, als Großabnehmer nicht *nur* den tatsächlichen Energieverbrauch bezahlen müssen, sondern auch die dem Netz entnommene Scheinleistungsspitze während eines relativ kurzen vorgegebenen Zeitraumes.
Für die *Verbesserung* des Leistungsfaktors und damit für die Kompensation der Blindleistung gibt es zwei Möglichkeiten. Die eine besteht im Betreiben besonderer, übererregter Synchronmotoren. Einfacher und bequemer sind jedoch *richtig bemessene* Kondensatoren, die dem jeweiligen Verbraucher parallel zu schalten sind. Die Kapazität des Kondensators muß so groß gewählt sein, daß bei der betreffenden Klemmenspannung die kapazitive Blindleistung des Kondensators die induktive Blindleistung des jeweiligen Verbrauchers möglichst ganz kompensiert. Die Blindleistung des Kondensators ist $Q_C = UI_{bC}$, dabei ist nach $I_{bC} = U/X_C$ und $X_C = 1/(\omega C)$

$$\boxed{Q_C = U^2 \omega C} \qquad \textbf{Blindleistung des Kondensators} \qquad (41.41)$$

und daraus

$$\boxed{C = \frac{Q}{\omega U^2}} \qquad \begin{array}{l}\textbf{Kapazität des Kondensators} \\ \textbf{zur Kompensation der Blind-} \\ \textbf{leistung (für } Q_C = Q_L = Q)\end{array} \qquad (41.42)$$

Wird die Blindleistung *nicht* vollständig kompensiert, so ist nach Bild 41.29 $Q_C = Q$
$= Q_1 - Q_2 = P(\tan \varphi_1 - \tan \varphi_2)$ die Blindleistung des Kondensators. Gleichung (41.42)
geht dann über in

$$C = \frac{P(\tan \varphi_1 - \tan \varphi_2)}{\omega U^2}$$

**Kapazität des Kondensators
bei unvollständiger Kompensation**   (41.43)
der Blindleistung

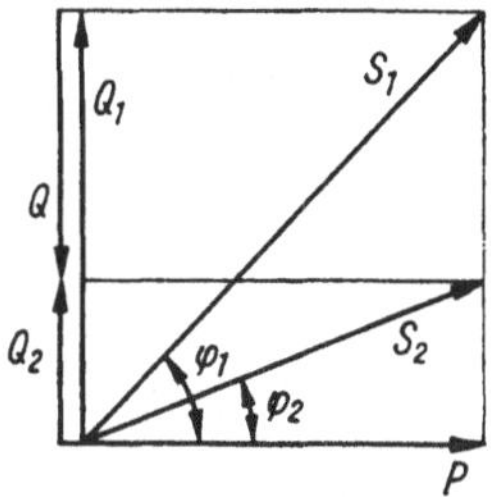

Bild 41.29. Zur Kompensation der Blindleistung

Beispiel: Ein Motor für 220 V (50 Hz) hat den Leistungsfaktor $\cos \varphi = 0,65$ und verbraucht 18 kW.
Wie groß ist die Blindleistung und die Kapazität des zur vollständigen Kompensation parallel-
zuschaltenden Kondensators? – Nach Gleichung (41.40) ist die Blindleistung $Q = \sqrt{S^2 - P^2}$ und
die Scheinleistung $S = P/\cos \varphi$. Durch Einsetzen erhält man

$$Q = \sqrt{\left(\frac{P}{\cos \varphi}\right)^2 - P^2} = P \sqrt{\frac{1}{\cos^2 \varphi} - 1} = 18 \cdot 1,169 \text{ kvar} = 21,04 \text{ kV A}$$

und damit $C = \dfrac{21\,040 \text{ V A s}}{220^2 \text{ V}^2 \cdot 314} = 1,38 \text{ mF}.$

41.5 Transformator

Der **Transformator (Umspanner)** wandelt *nahezu* ohne Energieverluste niedrigere Spannungen
in höhere um und umgekehrt. Die umzuwandelnde Spannung wird der **Primärwicklung** mit
N_1 Windungen zugeführt und ist dort gleich dem *induktiven Spannungsabfall*

$U_1 = -N_1 \dfrac{\mathrm{d}\Phi}{\mathrm{d}t}$ (s. (40.18) und Fußnote auf gleicher Seite). Die gewünschte Spannung

wird der **Sekundärwicklung** entnommen (N_2 Windungen, Bild 41.30). Sie wirkt dort als

Quellenspannung $U_q = U_2 = N_2 \dfrac{\mathrm{d}\Phi}{\mathrm{d}t}$ stromantreibend. Der durch den *sinusförmigen* Strom

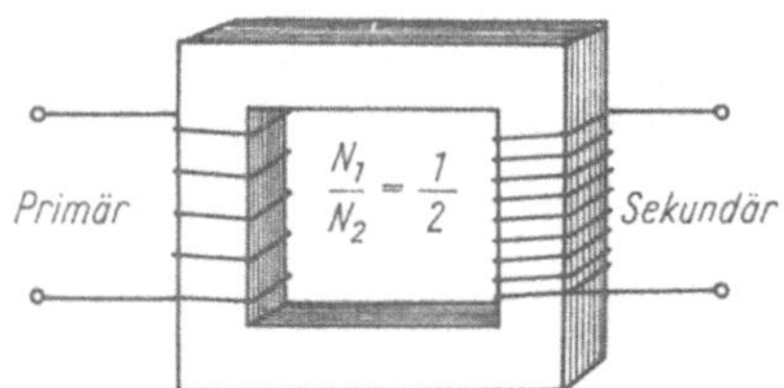

Bild 41.30. Schema eines Transformators

in der Primärseite entstehende ebenfalls *sinusförmige* magnetische Fluß Φ ist im gesamten
streuungslos gedachten Kern überall *gleich* und damit auch die zeitliche Flußänderung
$\mathrm{d}\Phi/\mathrm{d}t$. $\mathrm{d}\Phi/\mathrm{d}t$ ist auch die Ursache für U_2.
Die Bildung des Quotienten aus der Primärspannung U_1 und der Sekundärspannung U_2
ergibt für den *unbelasteten* oder nur *wenig* belasteten Transformator unter Vernachlässigung

der *Streuverluste* und der *Gegenphasigkeit* von Primärspannung und Sekundärspannung das **Übersetzungsverhältnis** $\ddot{U}$ des *idealen* Transformators:

$$\boxed{\frac{U_1}{U_2} = \frac{N_1}{N_2} = \ddot{U}}$$ **Übersetzungsverhältnis des idealen Transformators** $\qquad$ (41.44)

Gute Transformatoren haben einen Wirkungsgrad von 0,96 bis 0,98, d. h., die Energieverluste sind so gering, daß man Eingangsleistung und Ausgangsleistung *praktisch* gleichsetzen kann. Daher ist wegen $U_1 I_1 = U_2 I_2$ der Quotient aus Primärstromstärke I_1 und Sekundärstromstärke I_2 für den *idealen* Transformator gleich dem reziproken Übersetzungsverhältnis:

$$\boxed{\frac{I_1}{I_2} = \frac{N_2}{N_1}}$$ (für idealen Transformator) $\qquad$ (41.45)

Es soll an dieser Stelle nochmals hervorgehoben werden, daß U_1 der Spannungsabfall an der Primärspule, U_2 die Quellenspannung in der Sekundärspule ist. Nach den Richtungsfestlegungen in 37.3 sind beide Spannungen gegenphasig, d. h., die Phasenverschiebung zwischen beiden ist 180°.
Dies gilt *auch* für die Stromstärken I_1 und I_2 (s. Versuch). Die technische Ausführung der Transformatoren ist sehr unterschiedlich.

Versuch: Auf einem Eisenkern liegt außer der festen Primärwicklung (Spule mit 500 Windungen) ein lose aufgelegter, als Sekundärwicklung mit einer einzigen Windung zu betrachtender Aluminiumring (Bild 41.32). Beim Anlegen einer Wechselspannung von 220 V wird der Ring weggeschleudert und beweist, daß Primär- und Sekundärstrom von entgegengesetzter Richtung sein müssen.

Bild 41.31. Großer Transformator mit Ölfüllung und Kühlrippen

Bild 41.32. Beim Einschalten des Spulenstromes wird der Aluminiumring weggeschleudert.

41.6 Dreiphasenwechselstrom

41.6.1 Entstehung des Dreiphasenwechselstromes

Große elektrische Leistungen werden mit Hilfe des **Dreiphasenstromes (Drehstrom)** übertragen. Auch werden größere Motoren ($P > 2,5\,\text{kW}$) als Drehstrommaschinen ausgeführt.
Der Dreiphasenstrom besteht aus einer zweckmäßigen **Verkettung** von **drei Einphasenwechselströmen**. Im Ständer eines Drehstromgenerators befinden sich drei um je 120° gegen-

seitig versetzte Spulenpaare, zwischen denen der Feldmagnet rotiert (Bild 41.33). Es entsteht in *jedem* Spulenpaar je eine selbständige Wechselspannung. Da der Feldmagnet zeitlich *nacheinander* an den Spulen vorbeiwandert, sind die drei Spannungen um je 120° phasenverschoben (Bild 41.34).

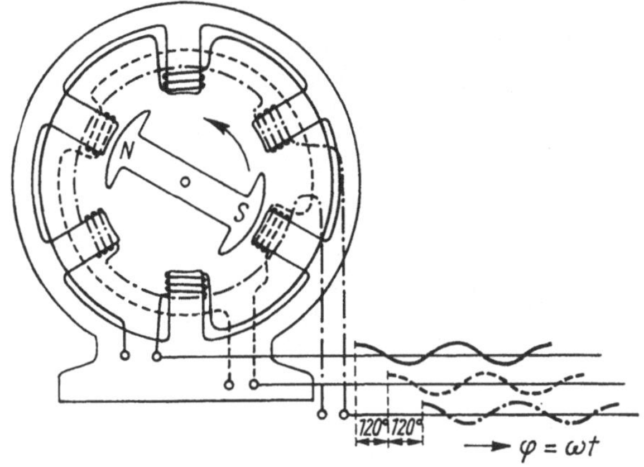

Bild 41.33. Prinzip eines Drehstromgenerators mit feststehenden Spulen und rotierendem Feldmagneten

Die Summe der drei um je 120° phasenverschobenen Spannungen und die der drei bei gleicher Belastung vorhandenen Stromstärken ist in jedem Augenblick gleich Null.

Den **Beweis** liefert Bild 41.35. Das Zeigerdiagramm enthält die drei Stromstärken I_1, I_2 und I_3, deren Beträge bei gleicher Belastung gleich groß sind. Die beiden Zeiger I_2 und I_3 ergeben den resultierenden Zeiger I', der entgegengesetzt gleich I_1 ist.

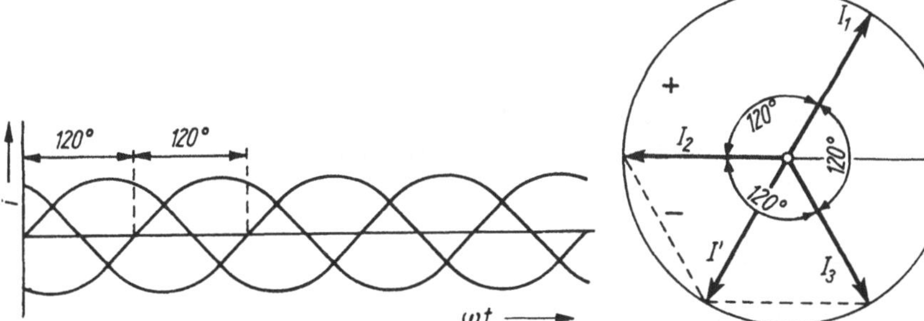

Bild 41.34. Liniendiagramm der Stromstärken bei gleicher Belastung

Bild 41.35. Zur Berechnung der Summe der Stromstärken beim Dreiphasenstrom

41.6.2 Dreieckschaltung

Zwecks Einsparung von Leitungen *verkettet* man die drei Spannungen. Eine Möglichkeit besteht darin, das Ende des einen Stranges mit dem Anfang des nächsten so zu verbinden, daß ein in sich geschlossener Stromkreis entsteht, die sogenannte **Dreieckschaltung** (Bild 41.36).

Zwischen je zwei Eckpunkten liegt die Spannung einer Spule (Strang), die sogannnte **Strangspannung** U_{St}, die hier gleich der Spannung zwischen je zwei Leitungen, also gleich der **Leiterspannung** (Leitungsspannung) U ist.

Jeder Eckpunkt ist ein **Knotenpunkt**, für den der *Knotensatz* (38.4) gilt. Ein **Spulenstrom (Strangstrom)** fließt dem Eckpunkt zu, ein anderer fließt von ihm weg, während die Differenz beider in die Leitung fließt: $I_R = I_1 - I_2$. Diese Differenz muß wegen der Phasenverschiebungen wiederum *geometrisch* gefunden werden. Bild 41.37 zeigt die Stromstärken I_1 und I_2 um 120° verschoben. Subtraktion des Zeigers I_2 bedeutet Richtungsumkehr von I_2 und anschließende geometrische Addition mit I_1. Es ergibt sich

$$\boxed{I_R = I_1 - I_2 = I_1 \sqrt{3}}$$

Leitungsstromstärke bei Dreieckschaltung (41.46)

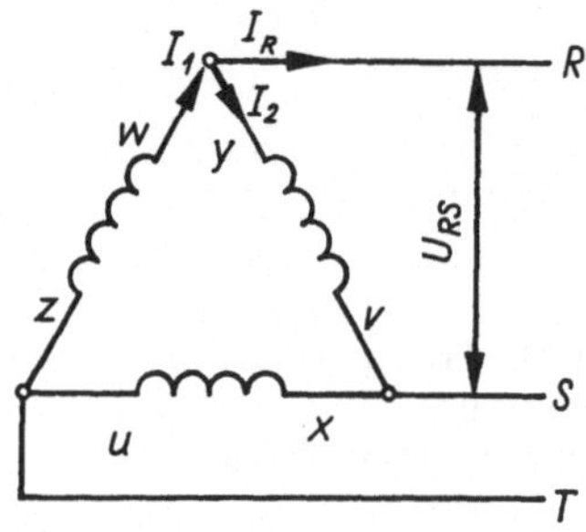

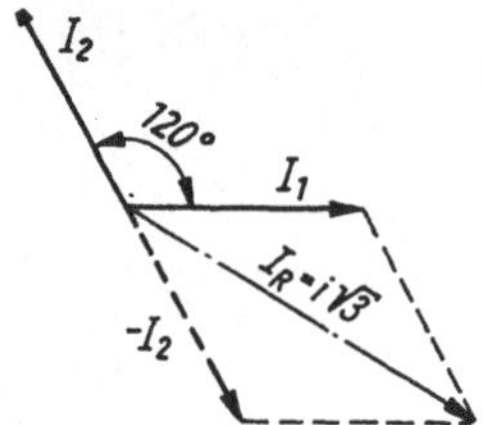

Bild 41.36. Dreieckschaltung: $I_1 = I_2 = I_{St}$ Strangstromstärke, I_R Leiterstromstärke, $U_{RS} = U_{St}$ Strangspannung

Bild 41.37. Zeigerdiagramm der Stromstärken (Dreieckschaltung)

Die Spulenstromstärken heißen **Strangstromstärken** I_{St}, die Stromstärken in den Leitungen **Leitungsstromstärken** (Leiterstromstärken) I. Mit den gewählten Bezeichnungen gilt somit für die Dreieckschaltung:

$$\boxed{U_{St} = U} \qquad \boxed{I = I_{St} \sqrt{3}}$$

Spannungen und Stromstärken bei Dreieckschaltung (41.47)

41.6.3 Sternschaltung

Bei dieser Schaltungsart werden die Anfänge der drei Spulen (Stränge) miteinander verbunden (Bild 41.38). Aus den Endpunkten des entstehenden **Sternes** fließt je ein **Leitungsstrom** ab, so daß in diesem Fall die **Leitungsstromstärke** *gleich* der **Strangstromstärke** ist.

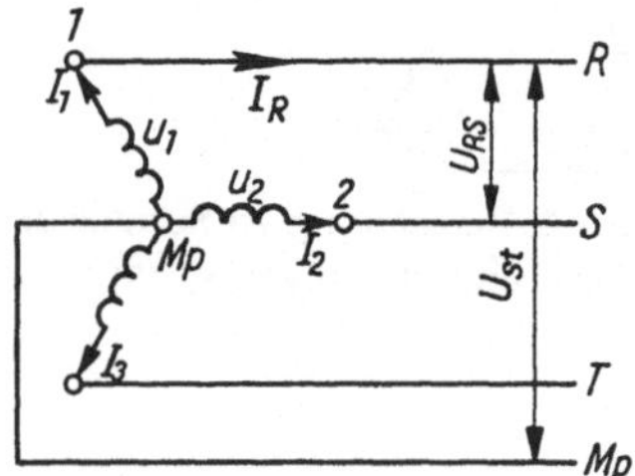

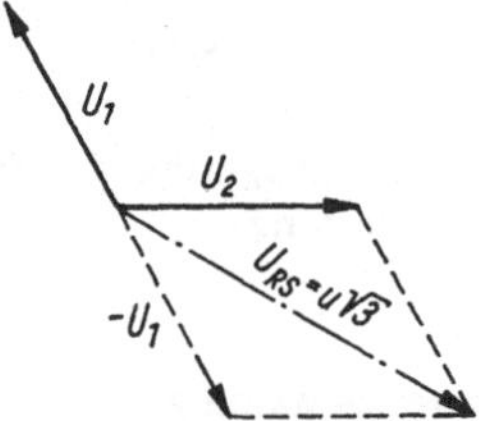

Bild 41.38. Sternschaltung: $I_1 = I_{St}$ Strangstromstärke, $U_{RS} = U$ Leiterspannung, $U_{RMp} = U_{St}$ Strangspannung

Bild 41.39. Zeigerdiagramm der Spannungen (Sternschaltung)

Die Spannung zwischen den beiden Leitern (Leitungsspannung) $U_{RS} = U$ ist wegen der in 46.6.1 erläuterten Phasenverschiebungen gleich der *geometrischen* Differenz der beiden Strangspannungen $U_{St1} - U_{St2}$ (vom Mittelpunkt Mp aus sind die beiden Spannungen einander entgegengerichtet).

Man findet nach Bild 41.39, indem genau so verfahren wird wie mit den Stromstärken bei der Dreieckschaltung

$$\boxed{U_{RS} = U_{St1} - U_{St2} = U_{St1} \sqrt{3}}$$ **Leitungsspannung bei Sternschaltung** (41.48)

Für die Sternschaltung gelten bei *symmetrischer* Belastung aller drei Phasen für die Strangspannungen U_{St} und die Leitungsspannungen U sowie für die Strangstromstärken I_{St} und die Leitungsstromstärken I somit folgende Zusammenhänge:

$$\boxed{U \doteq U_{St} \sqrt{3}} \qquad \boxed{I_{St} = I}$$ **Spannungen und Stromstärken bei Sternschaltung** (41.49)

Es muß nochmals darauf verwiesen werden, daß die Gln. (41.46) bis (41.49) *nur* dann gelten, wenn *alle* drei Stränge durch die äußeren Teile des Stromkreises (Verbraucher) *gleichmäßig belastet* sind. Der **Mittelpunktsleiter** wird auch als **Sternpunktleiter** oder **Nulleiter** bezeichnet. Es ist weiterhin üblich, die drei Phasen des Drehstromkreises mit R, S und T zu bezeichnen.

Beispiel: Zwischen den Hauptleitern R und S werden 380 V gemessen. Welche Spannung besteht zwischen R bzw. S und dem Sternpunktleiter? – Nach den Gesetzen der Sternschaltung ist die Strangspannung

$$U_{St} = U_{MpR} = \frac{U_{RS}}{\sqrt{3}} = \frac{380\ \text{V}}{\sqrt{3}} = 220\ \text{V}.$$

41.6.4 Leistung im Drehstromkreis

Da es sich um Wechselstrom handelt, gibt es auch hier die Scheinleistung S, die Wirkleistung P und die Blindleistung Q. *Symmetrische* Belastung *aller* drei Phasen vorausgesetzt, ist die Gesamtleistung im Drehstromkreis gleich der *Summe* der drei Leistungen in den drei Strängen, *unabhängig* von der Schaltung:

$$\boxed{S = 3U_{St}I_{St}} \qquad \boxed{P = S \cos\varphi} \qquad \boxed{Q = S \sin\varphi}$$ **Leistungen** (41.50)

Da meßtechnisch meistens die Leitungsgrößen U und I bestimmt werden, liefert die Anwendung von (41.47) und (41.49) $S = 3I\dfrac{U}{\sqrt{3}}$ für Dreieckschaltung und $S = 3\dfrac{I}{\sqrt{3}}U$ für Sternschaltung. Damit ergibt sich für *beide* Schaltungsarten

$$\boxed{S = \sqrt{3}\,UI} \qquad \boxed{P = S \cos\varphi} \qquad \boxed{Q = S \sin\varphi}$$ **Leistung im Drehstromkreis** (41.51)

42 Elektromagnetische Schwingungen und Wellen

42.1 Schwingkreis

Viele der bisher betrachteten Erscheinungen und Gesetze zeigten bereits die engen *Wechselbeziehungen*, die zwischen dem *elektrischen* und dem *magnetischen* Feld bestehen. Noch deutlicher werden die Zusammenhänge bei den **elektromagnetischen Schwingungen** und **Wellen**. Bild 42.1 erläutert die Vorgänge in einem **geschlossenen Schwingkreis**, der aus einem *Kondensator* und einer *Spule* besteht.

Durch kurzzeitiges Verbinden mit einer Gleichspannungsquelle werde der Kondensator aufgeladen. Man könnte nun annehmen, daß nach Lösen der Verbindung mit der Spannungsquelle sich die auf den Platten befindliche Ladung über die leitende Verbindung der Spule *sofort* ausgleichen müßte. Statt dessen aber *pulsiert* der elektrische Strom in raschem Wechsel von der einen Belegung des Kondensators über die Spule zur anderen Belegung hin und her. Infolge von Energieverlusten (z. B. entsteht in den Drahtwindungen Wärmeenergie, wenn durch sie ein elektrischer Strom fließt) sind diese elektrischen Schwingungen mehr oder weniger gedämpft.

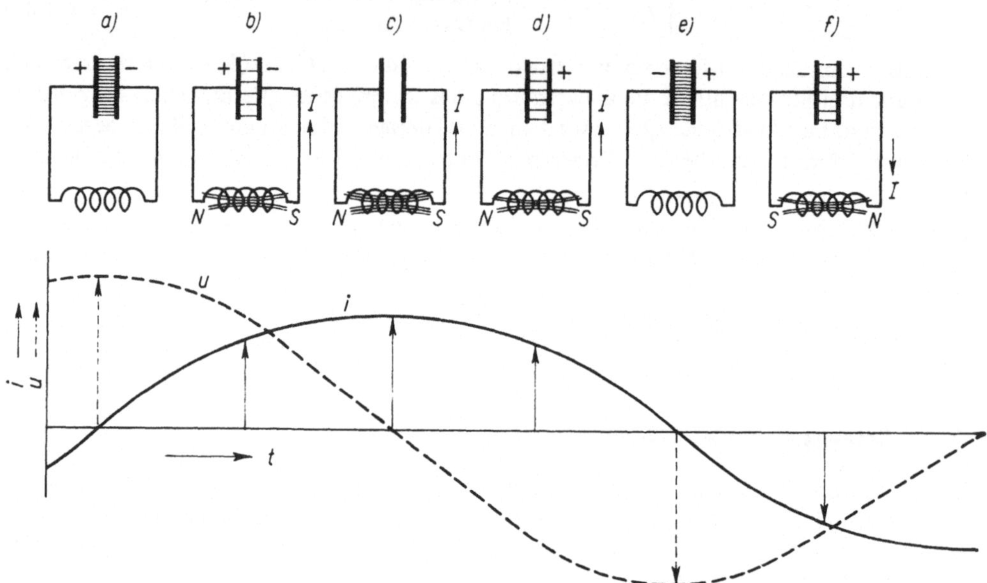

Bild 42.1. Vorgänge im geschlossenen Schwingkreis. Darunter Verlauf der Stromstärke *i* und der Spannung *u*

Der Vorgang soll nun am Bild 42.1 näher verfolgt werden. Zu Beginn a) haben Spannung und elektrische Feldstärke des Kondensators einen bestimmten Höchstwert. Bei b) fließt die positive Ladung über die Spule zur anderen Seite des Kondensators. Mit der Stromstärke beginnt aber der Aufbau des magnetischen Feldes in der Spule. Bei c) haben Stromstärke und magnetische Feldstärke den Höchstwert erreicht, der Kondensator ist entladen, die elektrische Feldenergie wurde in magnetische Feldenergie umgewandelt. Das in der Spule nun wieder abklingende Magnetfeld induziert jetzt eine Spannung, die mit der Stromstärke gleichgerichtet ist und den Kondensator mit umgekehrtem Vorzeichen wieder auflädt d). Bei e) ist die magnetische Feldenergie Null und der Anfangszustand des Kondensators, aber mit entgegengesetzter Ladung, wieder hergestellt. Der Vorgang wiederholt sich anschließend in umgekehrter Richtung, so daß der gezeichnete Wechselstrom *i* zustande kommt. Zwischen der Spannung am Kondensator und der Stromstärke ist eine Phasenverschiebung zu erkennen.

Während der elektromagnetischen Schwingung findet eine periodische Umwandlung von elektrischer in magnetische Feldenergie statt. Die Phasenverschiebung zwischen Spannung am Kondensator und Stromstärke durch die Spule beträgt 90° = $\pi/2$ rad.

Ist im *idealen* Schwingkreis der *Wirkwiderstand* gleich *Null*, würden *ungedämpfte* Schwingungen auftreten, und die oben erwähnte Energieumwandlung wäre verlustlos. Dann gilt nach (39.27) und (40.34)

$$\boxed{\tfrac{1}{2}CU^2 = \tfrac{1}{2}LI^2}$$ **Energieumwandlung im idealen Schwingkreis** (42.1)

Die elektrische Stromstärke durch die Spule liefert der Kondensator als Spannungsquelle. Wird nach (41.7) $I = U/(\omega L)$ eingesetzt, entsteht $CU^2 = LU^2/(\omega L)^2$, und mit $\omega = 2\pi f$ ergibt sich für die Eigenfrequenz der ungedämpften Schwingung

$$\boxed{f = \frac{1}{2\pi}\sqrt{\frac{1}{LC}}}$$ **Frequenz der ungedämpften Schwingung (Thomsonsche Schwingungsformel)** (42.2)

Diese Gleichung stimmt mit derjenigen für die *Resonanzfrequenz* in Wechselstromkreisen überein.

Den *mathematischen* Beweis dafür, daß es sich um *sinusförmige* Schwingungen handelt, liefert folgende Überlegung:

Die in der Spule induzierte Quellenspannung ist $U_q = L\,\mathrm{d}I/\mathrm{d}t$, und mit $I = \mathrm{d}Q/\mathrm{d}t$ wird diese $U_q = L\,\mathrm{d}^2Q/\mathrm{d}t^2$. Für die Spannung am Kondensator gilt $U_C = Q/C$. Wendet man auf den Schwingkreis den Maschensatz an, ergibt sich in jedem Zeitpunkt $U_q + U_C = 0$. Dies führt auf die *Differentialgleichung*

$$\frac{Q}{C} + L\frac{\mathrm{d}^2Q}{\mathrm{d}t^2} = 0.$$

Der *Lösungsansatz* für diese Differentialgleichung ist

$$Q = Q_{max}\sin\omega t.$$

Den Beweis ergibt die Differentiation dieses Ansatzes

$$\frac{\mathrm{d}Q}{\mathrm{d}t} = \omega Q_{max}\cos\omega t \quad\text{und}\quad \frac{\mathrm{d}^2Q}{\mathrm{d}t^2} = -\omega^2 Q_{max}\sin\omega t$$

und Einsetzen in die Differentialgleichung. Es ergibt sich mit $\omega^2 = \dfrac{1}{LC}$

$$\frac{Q_{max}}{C}\sin\omega t - \frac{L}{LC}Q_{max}\sin\omega t = 0,$$

also die Bestätigung, daß der Lösungsansatz richtig war. Die *Ladung Q* und die *Spannung U* ändern sich demnach *sinusförmig*, während sich die *elektrische Stromstärke $I = \mathrm{d}Q/\mathrm{d}t$* nach einer *Cosinusfunktion* ändert (zwischen U und I ist eine Phasenverschiebung von 90°).

Beispiel: Welche Frequenz hat ein Schwingkreis, der aus einem Kondensator von 500 pF und einer Spule von 45 μH besteht? – Nach Gl. (42.2) ist

$$f = \frac{1}{2\pi}\sqrt{\frac{1}{LC}} = \frac{1}{2\pi}\sqrt{\frac{10^6\,\text{A}\cdot 10^{12}\,\text{V}}{45\,\text{V s}\cdot 500\,\text{A s}}} = 1{,}06\cdot 10^6\ 1/\text{s} = 1060\,\text{kHz}.$$

Wie aus diesem Beispiel hervorgeht, wird bei *kleiner* Kapazität und Induktivität die Frequenz der Schwingungen außerordentlich *groß*. Derartige Frequenzen von über 100 kHz bezeichnet man als **Hochfrequenz**.

Hochfrequente Schwingungen wurden erstmalig bei **Funkenentladungen** von FEDDERSEN (1862) festgestellt, als er einen zwischen zwei Kugeln überspringenden Funken mit einem Drehspiegel auseinanderzog und fotografierte.

29*

42.2 Erzeugung elektrischer Schwingungen

Lange Zeit waren durch Funken angeregte Schwingkreise die Grundlage drahtloser Sende-
anlagen. Heute gibt es eine Vielzahl *elektronischer* Schaltungen zur Erzeugung von Schwingungen verschiedenster Formen. Schaltungen zur Erzeugung von Schwingungen heißen
allgemein **Oszillatorschaltungen**. Schwingungen dienen in der technischen Anwendung als
Signalträger, Testsignale oder auch als Taktfrequenzen für Rechenschaltungen und vieles

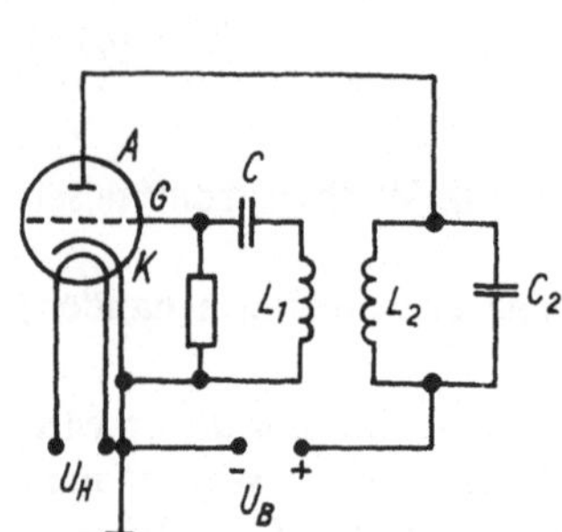

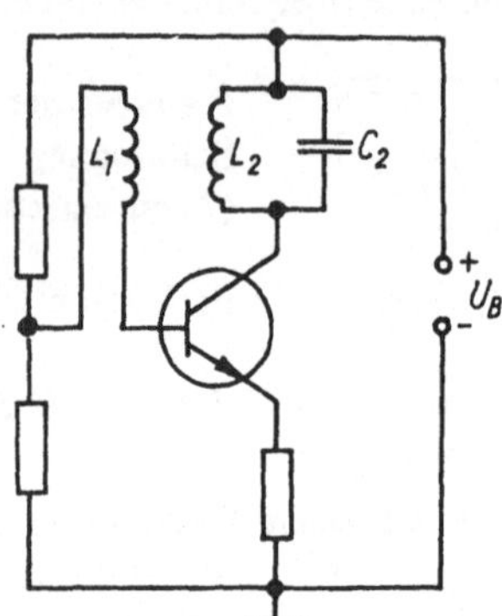

Bild 42.2. Schaltung mit Triode zur Erzeugung   Bild 42.3. Schaltung mit Transistor
ungedämpfter Sinusschwingungen

andere mehr. Oft sind sie *nicht* mehr sinusförmig, sondern besonders häufig sind sie Recht-
eckschwingungen. Die Behandlung spezieller Schaltungen ist Gegenstand der Elektronik.
Hier soll nur kurz auf die Erzeugung von **Sinusschwingungen** hingewiesen werden.
Bild 42.2 zeigt eine Röhrenschaltung mit einer Triode, Bild 42.3 eine äquivalente Tran-
sistorschaltung mit einem npn-Transistor. Bei Anschluß an die Betriebsspannung U_B lädt
der fließende elektrische Strom den Kondensator C_2 im Schwingkreis C_2–L_2 auf, es entstehen in diesem *gedämpfte* elektrische Schwingungen. Zur Vermeidung der Dämpfung
muß diesem Schwingkreis laufend neue *Energie* zugeführt werden. Dazu erfand MEISSNER
(1913) das Prinzip der **Rückkopplung**. Die Schwingungen im Schwingkreis induzieren in
der Koppelspule L_1 Spannungsschwankungen der gleichen Frequenz, die im Gitterkreis
der Triode bzw. im Basiskreis des Transistors die Gitterspannung bzw. die Basisstromstärke
beeinflussen. Gitterspannung und Basisstromstärke *steuern* im gleichen Rhythmus die
Stromstärke durch die Röhre bzw. den Transistor so, daß die Schwingungen *verstärkt*
werden und die Dämpfung durch laufende *Energiezufuhr* beseitigt wird.
Statt der induktiven Kopplung (der Koppelgrad wird durch den Abstand von L_1 und L_2
beeinflußt) besteht auch die Möglichkeit einer kapazitiven Rückkopplung. Zur *Stabili-
sierung* der Frequenz werden heute u. a. *Schwingquarze* verwendet. Statt einzelner verstär-
kender Bauelemente (Transistoren) benutzt man *integrierte Schaltkreise* (z. B. Operations-
verstärker).

42.3 Dipol als Schwingkreis

Als die beiden Bestandteile eines elektromagnetischen Schwingkreises wurden in 42.1
Kapazität und Induktivität erkannt. Es ist nun im Prinzip belanglos, welche technische
Form diese beiden Schaltglieder haben. Jeder einfache, gerade Draht hat sowohl eine
bestimmte Kapazität als auch Induktivität, wenngleich beide Werte auch sehr klein sein
mögen.

So stellt der kreisförmige *Drahtbügel* mit zwei Endplatten auf Bild 42.4 einen recht *einfachen* **geschlossenen Schwingkreis** dar. Läßt man die beiden Platten verkümmern und biegt den Bügel auseinander, so wirken die beiden Drahthälften wie die zwei Platten eines Kondensators und sind abwechselnd positiv und negativ geladen. Man nennt diesen **offenen Schwingkreis** einen **elektrischen Dipol.** Der Leitungsstrom pendelt zwischen den beiden Enden hin und her, wenn der Dipol zu Schwingungen angeregt wird.

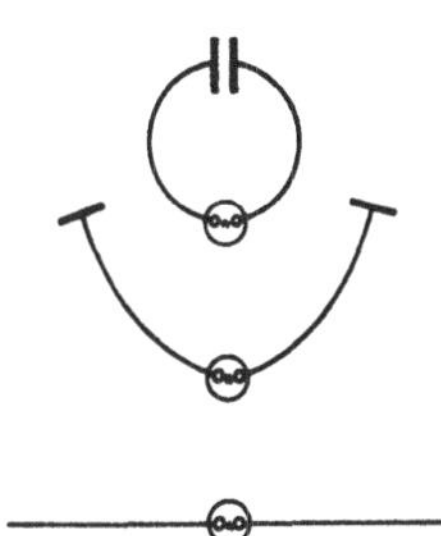

Bild 42.4. Übergang vom geschlossenen zum offenen Schwingkreis

Bild 42.5. HEINRICH HERTZ (1857 bis 1894)

Dies kann z. B. dadurch geschehen, daß in die Mitte des Dipols eine kleine Funkenstrecke eingefügt wird. Mit dieser Anordnung, Oszillator (Schwinger) genannt, entdeckte HEINRICH HERTZ 1888 die elektromagnetischen Wellen, deren Existenz von MAXWELL bereits 1865 theoretisch vorausgesagt worden war.

42.4 Freie elektromagnetische Wellen

Bei *periodischer* Energiezufuhr entstehen am offenen Dipol **elektromagnetische** Schwingungen. Die periodisch veränderliche elektrische Stromstärke ist nach der Schraubenregel von einem Magnetfeld umgeben. Im Augenblick der Stromrichtungsumkehr entstehen *keine* neuen magnetischen Feldlinien. Die dem Oszillator *nahe* liegenden Feldlinien sinken in die Strombahn zurück, während sich die *weiter* entfernten infolge der Trägheit der im Feld vorhandenen Energie nach *außen* bewegen, wobei sie ihren Umlaufsinn beibehalten. So befindet sich dieser Anteil des Feldes schon in *größerer* Entfernung vom Dipol, wenn der nun in *umgekehrter* Richtung fließende elektrische Strom ein neues Magnetfeld bildet. Nach der Schraubenregel hat dieses aber *entgegengesetzten* Umlaufsinn. Der geschilderte Vorgang wiederholt sich mit der Frequenz der Schwingungen.
Gleichzeitig mit dem magnetischen Feld bildet sich aber auch ein System *elektrischer Feldlinien*; denn wenn die elektrische Stromstärke gleich *Null* ist, trägt die Kapazität des Dipols ihre *maximale* Ladung, und elektrische Feldlinien greifen seitlich in den Raum. Mit Anwachsen der elektrischen Stromstärke wird dieses Feld wieder schwächer, ein Teil des elektrischen Feldes sinkt in den Dipol zurück. Die weiter *außen* gelegenen Feldlinien schnüren sich ab, schließen sich zu nierenförmigen Ringen und *entfernen* sich gleichfalls (Bild 42.6).

In der unmittelbaren Entfernung eines schwingenden Dipols entstehen magnetische und elektrische Wechselfelder, die sich im Raum ausbreiten. Die Feldstärken dieser Felder ändern sich periodisch mit der Frequenz der Schwingung im Dipol. Die Schwingungsrichtungen beider Felder stehen aufeinander senkrecht ($E \perp H$).

Die sich vom Dipol entfernenden Felder werden **elektromagnetische Wellen** genannt. Theorie und Erfahrung ergeben ferner, daß mit der Abschnürung vom Dipol die Phasenverschiebung zwischen dem elektrischen und magnetischen Feld verschwindet (Bild 42.7).

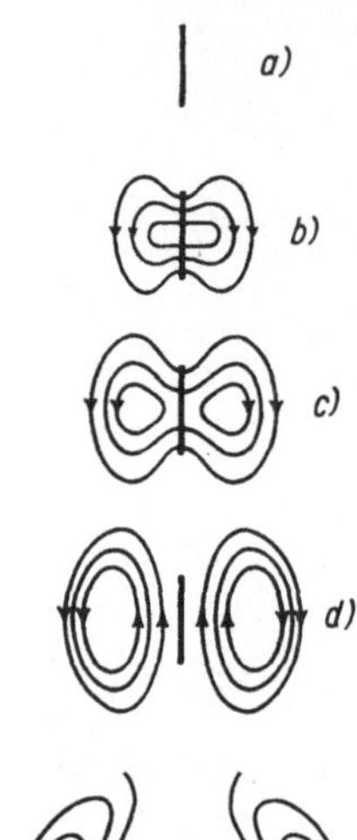

Bild 42.6. Abschnürung und Ablösung elektrischer Feldlinien von einem elektrischen Dipol (modellmäßig)

In freien elektromagnetischen Wellen schwingen elektrische und magnetische Feldstärke in gleicher Phase. Elektromagnetische Wellen breiten sich mit Lichtgeschwindigkeit aus. Elektromagnetische Wellen sind Transversalwellen.

Elektromagnetische Wellen werden von metallenen Flächen **reflektiert** und wie Licht im metallenen *Hohlspiegel* gesammelt (Bild 42.8). Ein solcher »Spiegel« kann aus Drahtnetz bestehen. Sie werden von großen *Prismen* **gebrochen**. Sie gehen durch ein *Gitter* aus parallelen

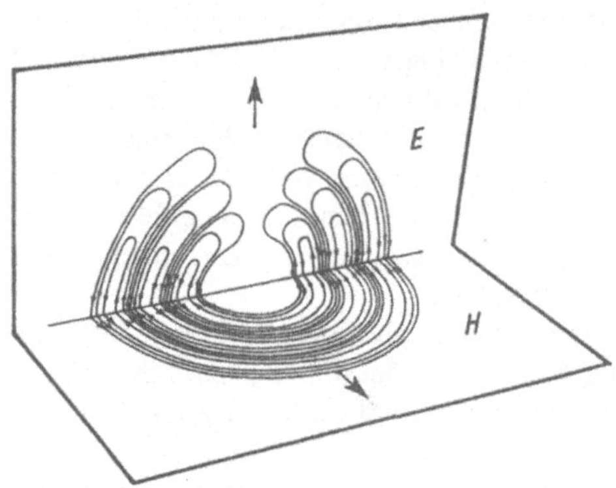

Bild 42.7. Vertikaler und horizontaler Schnitt durch ein Strahlungsfeld (modellmäßig)

Bild 42.8. Parabolantenne (Satellitenfunkstelle Raisting)

Drähten, wenn diese quer zum elektrischen Feldvektor stehen, nicht aber, wenn die Drähte zu diesem parallel liegen. Aus alledem ergibt sich:

Elektromagnetische Wellen haben alle Eigenschaften polarisierten Lichtes und unterscheiden sich vom sichtbaren Licht nur durch ihre Wellenlänge.

42.5 Maxwellsche Gleichungen

Die Existenz und die Eigenschaften freier elektromagnetischer Wellen wurde, wie schon erwähnt, *vor* ihrer Entdeckung durch H. HERTZ von J. C. MAXWELL vorausgesagt und mathematisch formuliert. Dies führte zu den **Maxwellschen Gleichungen,** die Beziehungen zwischen den Feldgrößen E, D, H und B eines zeitlich veränderlichen elektromagnetischen Feldes darstellen. MAXWELL ging von den *Wechselbeziehungen* zwischen den Feldern aus. Ohne den modernen Feldbegriff und die Darstellung der Zusammenhänge in den MAXWELLschen Gleichungen wäre es *nicht* möglich gewesen, die komplizierten Zusammenhänge der Elektrodynamik zu erfassen.

Die Grundgedanken zur MAXWELLschen Theorie beruhen darauf, daß ein magnetisches Feld nicht *nur* um einen zeitlich veränderlichen elektrischen Strom in einem Leiter, sondern *auch* um das in einem Kondensator entstehende oder vergehende elektrische Feld aufgebaut wird. Man muß sich im Kondensator einen sogenannten **Verschiebungsstrom** vorstellen (Bild 42.9). Er ergibt sich aus $i = \dfrac{dQ}{dt} = A\,\dfrac{dD}{dt}$ und dem Durchflutungsgesetz $\oint H\,dl = i$:

$$\boxed{i = \oint H\,dl = A\,\frac{dD}{dt}}$$

Verschiebungsstromstärke (1. Maxwellsche Gleichung)   (42.3)

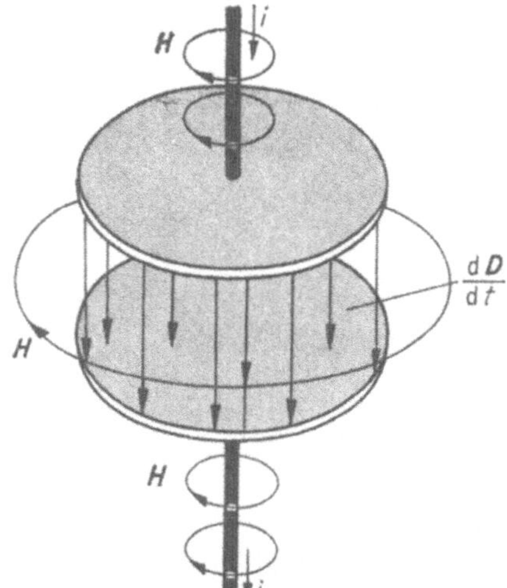

Bild 42.9. Zur 1. MAXWELLschen Gleichung

Es ergibt sich folgende Deutung: Auch um ein Gebiet, in dem sich die elektrische Flußdichte D ändert, entsteht ein in sich geschlossenes Magnetfeld.

Jedes bewegte bzw. zeitlich veränderliche elektrische Feld umgibt sich mit einem geschlossenen magnetischen Feld.

Geht man vom Induktionsgesetz aus und schreibt für die Spannung nach (39.15) $u = \int E \, \mathrm{d}s$ (die Spannung entstehe in einer Drahtwindung, Umlaufspannung), so wird mit $u = \mathrm{d}\Phi/\mathrm{d}t = A \, \mathrm{d}B/\mathrm{d}t$ (Bild 42.10)

$$\boxed{u = \oint E \, \mathrm{d}s = A \frac{\mathrm{d}B}{\mathrm{d}t}} \qquad \text{\textbf{Umlaufspannung}} \atop \text{\textbf{(2. Maxwellsche Gleichung)}} \qquad (42.4)$$

Die Deutung dieser Gleichung ergibt:

Jedes bewegte bzw. zeitlich veränderliche magnetische Feld umgibt sich mit einem geschlossenen elektrischen Feld.

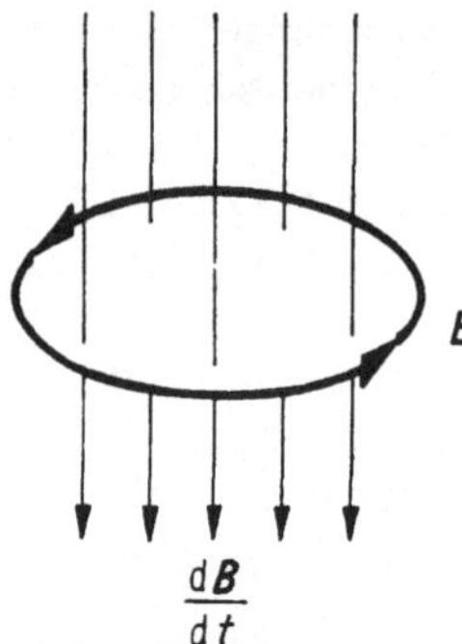

Bild 42.10. Zur 2. Maxwellschen Gleichung

Beide Gesetze zeigen die engen Beziehungen zwischen den beiden Feldarten und führten zur *mathematischen* Darstellung der elektromagnetischen Wellen, die sich im Vakuum mit der Lichtgeschwindigkeit c_0

$$\boxed{c_0 = \frac{1}{\sqrt{\varepsilon_0 \mu_0}}} \qquad \text{\textbf{Lichtgeschwindigkeit im Vakuum}} \qquad (42.5)$$

und in anderen Stoffen mit der Geschwindigkeit c

$$\boxed{c = \frac{1}{\sqrt{\varepsilon_r \mu_r \varepsilon_0 \mu_0}}} \qquad \text{\textbf{Geschwindigkeit elektromagnetischer}} \atop \text{\textbf{Wellen in Stoff}} \qquad (42.6)$$

ausbreiten. Aus den beiden Energiedichten der Felder [40.7 bzw. Gln. (39.31) und (40.36)] ergibt sich die **Energiedichte des Wellenfeldes** an einem beliebigen Ort

$$\boxed{w = \tfrac{1}{2}(\varepsilon_0 \varepsilon_r E^2 + \mu_0 \mu_r H^2)} \qquad \text{\textbf{Energiedichte des Wellenfeldes}} \qquad (42.7)$$

Diese ist nach Gleichung (34.9) gleich dem Strahlungsdruck bei vollständiger Absorption der elektromagnetischen Welle. Weiterhin ist nach 34.1.5 die **Strahlungsflußdichte** $\varphi = wc$, woraus sich für das Wellenfeld

$$\boxed{\varphi = \sqrt{\frac{\varepsilon_r \varepsilon_0}{\mu_r \mu_0}} \, E^2 = \sqrt{\frac{\mu_r \mu_0}{\varepsilon_r \varepsilon_0}} \, H^2 = EH} \qquad \text{\textbf{Strahlungsflußdichte des}} \atop \text{\textbf{Wellenfeldes}} \qquad (42.8)$$

ergibt.

Das Vektorprodukt $E \times H = S$ wird **Poyntingscher Vektor** genannt. Sein Betrag ist die Strahlungsflußdichte der elektromagnetischen Welle. Der Quotient aus E und H wird **Wellenwiderstand** Γ des betreffenden Mediums genannt, durch welches die Welle hindurchgeht:

$$\boxed{\Gamma = \sqrt{\frac{\mu_r \mu_0}{\varepsilon_r \varepsilon_0}}} \qquad \textbf{Wellenwiderstand} \qquad (42.9)$$

Für das **Vakuum** ist der Wellenwiderstand $\Gamma_0 = 376{,}730 \ \Omega$.
Wie auch für das Licht nimmt für alle elektromagnetischen Wellen die Strahlungsflußdichte φ umgekehrt proportional zum Quadrat der Entfernung r vom Wellenzentrum ab: $\varphi \sim 1/r^2$. Das bedeutet, die Amplituden der elektrischen und der magnetischen Feldstärke sind dem Abstand r vom Wellenzentrum indirekt proportional.

43 Leitung des elektrischen Stromes in festen Körpern

43.1 Geschwindigkeit freier Elektronen

Wirkt ein elektrisches Feld mit der Feldstärke E im Vakuum auf ein Elektron mit der Elementarladung e, entsteht nach (39.1) eine Kraft $F = eE$, die nach $F = m_e a$ die Masse m_e des Elektrons[1]) bei konstanter Feldstärke gleichmäßig beschleunigt.

Im Vakuum führen die Elektronen parallel zur Feldrichtung bei konstanter elektrischer Feldstärke eine gleichmäßig beschleunigte Bewegung aus.

Die zur Bewegung der Ladung nötige Energie E_{el} ist nach (37.4) $E_{el} = QU$. Mit $U = 1$ V und $Q = e = 1{,}602 \cdot 10^{-19}$ C ergibt sich $E_{el} = 1{,}602 \cdot 10^{-19}$ J. Man hat aus praktischen Gründen diese Energie als *SI-fremde* Einheit der *Energie* in die Atom- und Kernphysik eingeführt und **Elektronvolt** (eV) genannt.

1 eV $= 1{,}602 \cdot 10^{-19}$ J ist die Energie, die ein anfangs ruhendes Elektron durch die Spannung 1 V erhält.

Die kinetische Energie E_k eines Elektrons ist nach Durchlaufen der Spannung U (Bild 43.1)

$$E_k = E_{el} \quad \text{und damit} \quad \tfrac{1}{2} m_e v^2 = eU.$$

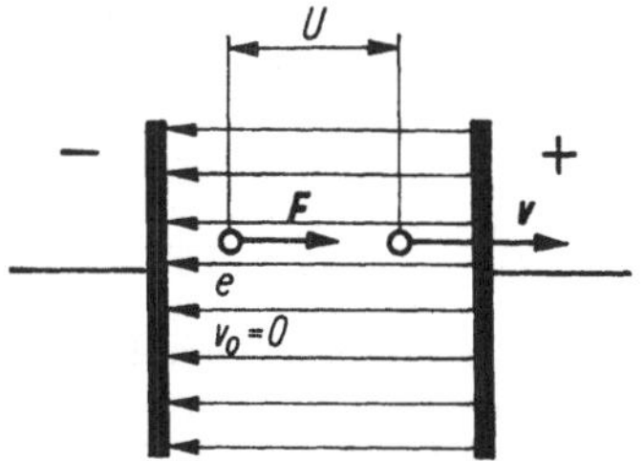

Bild 43.1. Zur Bewegung freier Elektronen

---

[1]) In diesem Abschnitt wird m_e als konstant vorausgesetzt. Beachtet man die relativistische Masseänderung, gilt (48.16).

Für die Endgeschwindigkeit eines anfangs ruhenden Elektrons erhält man

$$v = \sqrt{\frac{2eU}{m_e}}$$
Endgeschwindigkeit eines Elektrons im Vakuum
(43.1)

Die Geschwindigkeit eines Elektrons ist im Vakuum für $v \ll c_0$ (Vakuumlichtgeschwindigkeit) nur von der durchlaufenen Spannung abhängig.

43.2 Driftgeschwindigkeit und Beweglichkeit von Ladungsträgern

Innerhalb stofflicher Medien wird die Bewegung der Ladungsträger durch die Anwesenheit anderer Teilchen stark beeinflußt. Es entsteht eine Art *Reibungskraft*, die sehr unterschiedlich ist und vom Material abhängt. So stellt sich in einem elektrischen Feld zwischen *elektrischer Kraft* und *Reibungskraft* ein *Gleichgewicht* ein. Es entsteht keine beschleunigte Bewegung mehr, sondern eine im Mittel *gleichförmige* Bewegung mit der Geschwindigkeit v. Die Geschwindigkeit v ist bei konstanter Temperatur der elektrischen Feldstärke E proportional und wird **Driftgeschwindigkeit** (Felddrift) der Ladungsträger (Elektronen, Ionen beiderlei Vorzeichens) genannt:

$$v_+ = u_+E \qquad v_- = u_-E$$
Driftgeschwindigkeit
(43.2)

Der Proportionalitätsfaktor u ist die **Beweglichkeit** der betreffenden Ladungsträger mit der Einheit $[u] = \dfrac{\text{m/s}}{\text{V/m}} = \text{m}^2/\text{Wb}$:

$$u_+ = \frac{v_+}{E} \qquad u_- = \frac{v_-}{E}$$
Beweglichkeit
(43.3)

Die Ladungsträger sind meist schon von vornherein im Leiter enthalten; im elektrischen Feld dieses Leiters bewegen sie sich von selbst. Bei *unipolarer* Leitung (es bewegen sich nur Ladungen eines Vorzeichens mit der Geschwindigkeit v im Feld der Länge s) ergibt sich aus $I = \Delta Q/\Delta t$ und $\Delta t = s/v$ für die Stromstärke I

$$I = \frac{\Delta Q v}{s}$$
Stromstärke bei unipolarer Leitung
(43.4)

Bei *bipolaren* Leitern können sich die Ladungsträger *beiden* Vorzeichens auch mit *unterschiedlichen* Geschwindigkeiten bewegen. Die Gesamtstromstärke I ist dann die Summe der von den *positiven* und *negativen* Ladungen hervorgerufenen Teilstromstärken:

$$I = \frac{\Delta Q(v_+ + v_-)}{s}$$
Stromstärke bei bipolarer Leitung
(43.5)

Ist n die **Volumenkonzentration** der Teilchen mit der *Elementarladung* e (Anzahl der Teilchen je Volumeneinheit) und hat das Volumen V den Querschnitt A und die Länge s, so ist die transportierte Ladung $\Delta Q = neAs$ und damit die **elektrische Stromstärke** nach (43.5)

$$I = neA(v_+ + v_-) \qquad \text{bzw.} \qquad I = zneA(v_+ + v_-)$$
(43.6)

Die zweite Gleichung gilt, wenn die Ladungsträger je z *Elementarladungen* tragen (z ist die Wertigkeit der Ionen).

Bei *reiner* Elektronenleitung ist $z = 1$ und $v_+ = 0$, d. h.

$$\boxed{I = neAv_-}$$ **Stromstärke bei Unipolarleitung (Elektronenleitung)** (43.7)

43.3 Metallische Leiter

In Metallen bilden die Atome ein festgefügtes **Ionengitter**. Die freien **Leitungselektronen**, welche bei chemischen Verbindungen die Wertigkeit bestimmen (**Valenzelektronen**), bewegen sich wie die Teilchen eines Gases *frei* und völlig ungeordnet zwischen den positiven Ionen des Gitters.

Sie werden daher auch als **Elektronengas** bezeichnet. Das Metall als Ganzes ist elektrisch neutral.

Wenn jetzt eine elektrische Spannung am Metall liegt, erhält die Bewegung dieser freien Elektronen eine Vorzugsrichtung nach dem positiven Pol.

Für überschlagsweise Berechnungen wird allgemein angenommen, daß auf je ein Atom des Metallgitters etwa ein freies Leitungselektron entfällt. Die folgende Übersicht zeigt jedoch mitunter recht auffällige Abweichungen hiervon.

Elektronenphysikalische Daten einiger Metalle

Metall	Atomkon-zentration n_0 in $1/m^3$	Elektronenkon-zentration n in $1/m^3$	Beweglich-keit u in m^2/Wb	HALL-Konstante R_H in m^3/C	FERMI-Kante in eV
Silber	$5{,}9 \cdot 10^{28}$	$6{,}9 \cdot 10^{28}$	$5{,}5 \cdot 10^{-3}$	$0{,}90 \cdot 10^{-10}$	$5{,}6$
Kupfer	$8{,}5 \cdot 10^{28}$	$11{,}4 \cdot 10^{28}$	$3{,}2 \cdot 10^{-3}$	$0{,}55 \cdot 10^{-10}$	
Platin	$6{,}6 \cdot 10^{28}$	$35 \cdot 10^{28}$	$0{,}17 \cdot 10^{-3}$	$0{,}18 \cdot 10^{-10}$	
Wolfram	$6{,}3 \cdot 10^{28}$	$5{,}5 \cdot 10^{28}$	$2{,}1 \cdot 10^{-3}$	$1{,}44 \cdot 10^{-10}$	
Aluminium	$6{,}0 \cdot 10^{28}$	$17{,}4 \cdot 10^{28}$	$1{,}3 \cdot 10^{-3}$	$0{,}36 \cdot 10^{-10}$	

Da nur negative Ladungsträger vorhanden sind, berechnet sich die Driftgeschwindigkeit der Elektronen nach Gleichung (43.7) zu

$$\boxed{v = \frac{I}{neA}}$$ **Driftgeschwindigkeit der Elektronen im Metall** (43.8)

Mit der Leiterlänge l, der Beweglichkeit $u = v/E$ sowie der elektrischen Feldstärke im Leiter $E = U/l$ sowie $U = IR$ und $R = \varrho l/A$ wird $E = \varrho I/A$ und die Beweglichkeit der Elektronen

$$\boxed{u = \frac{1}{ne\varrho}}$$ **Beweglichkeit der Elektronen im Metall** (43.9)

Der spezifische Widerstand ϱ ist also nicht allein von der Elektronenkonzentration n der freien Leitungselektronen, sondern auch von der jeweiligen Elektronenbeweglichkeit abhängig.

Die bei den vorhergehenden Betrachtungen gemachte Annahme *konstanter* Elektronengeschwindigkeit v ist berechtigt, weil die Ionen im Gitter je nach Temperatur mehr oder weniger heftige Schwingungen um ihre Gleichgewichtslagen ausführen. Dadurch prallen die Elektronen bei der Bewegung durch den Leiter fortgesetzt mit ihnen zusammen, und die übertragene *kinetische Energie* wird in *Wärmeenergie* umgewandelt. Bei Temperaturabnahme nimmt die Eigenbewegung der Ionen im Gitter ab und mit ihr der elektrische Widerstand der Metalle.

Beispiel: Wie groß sind die Geschwindigkeit und die Beweglichkeit der Leitungselektronen in einem Kupferdraht von 1 mm² Querschnitt, der vom Strom 1 A durchflossen wird? – Mit der Elementarladung $e = 1{,}6 \cdot 10^{-19}$ C und der Elektronenkonzentration n nach obiger Tabelle folgt aus Gl. (43.8)

$$v = \frac{1 \text{ A m}^3}{11{,}4 \cdot 10^{28} \cdot 1{,}6 \cdot 10^{-19} \text{ A s} \cdot 10^{-6} \text{ m}^2} = 5{,}5 \cdot 10^{-5} \text{ m/s} \approx 0{,}06 \text{ mm/s}.$$

Für die Elektronenbeweglichkeit folgt aus (43.9) und dem spezifischen Widerstand von reinem Kupfer $\varrho = 0{,}0172\,\Omega\,\text{mm}^2/\text{m}$

$$u = \frac{1 \text{ m}^3 \text{ A}}{11{,}4 \cdot 10^{28} \cdot 17{,}2 \cdot 10^{-9} \text{ V m} \cdot 1{,}6 \cdot 10^{-19} \text{ A s}} = 0{,}0032 \text{ m}^2/\text{Wb}.$$

43.4 Supraleitung

Nach dem vorigen Abschnitt und 37.5 nimmt der elektrische Widerstand der Metalle mit sinkender Temperatur ab. Der Holländer KAMERLINGH-ONNES entdeckte 1911 bei der Abkühlung von Quecksilber auf unter 4 K, daß der Widerstand dieses Metalles *sprunghaft* den Wert *Null* annahm. Bis heute ist diese **Supraleitung** bei etwa 30 Metallen und rund 1000 Legierungen bekannt. Sie war zunächst überraschend, da theoretisch bei der Annäherung an 0 K ein Restwiderstand übrig bleiben müßte. Eine befriedigende Erklärung der Supraleitung ist nur quantentheoretisch möglich und geht über den Rahmen des Buches hinaus.

Die Temperatur, bei der die Supraleitung eintritt, heißt **Sprungtemperatur** (Bild 43.2).

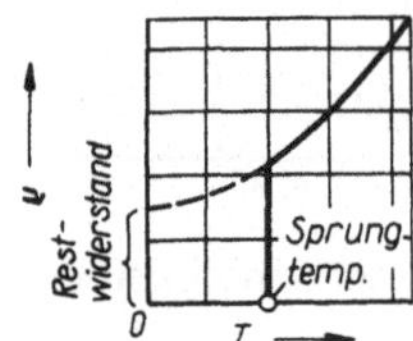

Bild 43.2. Widerstand eines Leiters und eines Supraleiters in der Nähe des absoluten Nullpunktes

Einige Sprungtemperaturen in K

Pb	Hg	Sn	U	Zn	Cd	Nb₃Ge
7,26	4,15	3,72	0,20	0,90	0,55	23,2

Die bisher höchste erreichte Sprungtemperatur von etwa 25 K hat eine Verbindung aus Nb, Ge und Si. Da im *supraleitenden* Zustand der ohmsche Widerstand $R = 0$ ist, fließt ein einmal induzierter elektrischer Strom *ununterbrochen* weiter.

Bringt man z.B. in den Innenraum eines Bleiringes einen permanenten Magnet und kühlt die gesamte Anordnung mit flüssigem Helium unter die Sprungtemperatur ab, wird nach Entfernung des Magnets im Ring eine Umlaufspannung induziert, die einen *Induktionsstrom* hervorruft. Noch nach *drei* Jahren konnte in einem solchen supraleitenden Ring *keine* Abnahme der *Stromstärke* festgestellt werden.

In der Form großer *energiesparender* Magnetspulen hat die Supraleitung bereits technische Bedeutung erlangt. Magnete bis zu einem Volumen von etwa 10 m³ werden für viele technische Anwendungen der Supraleitung genutzt (z. B. in Teilchenbeschleunigern, für Versuche der Ausnutzung der Kernfusion zur Einschnürung hocherhitzten Plasmas u. a.). Die Konstruktion verlustarmer Transformatoren und Generatoren sowie die Energieübertragung mittels supraleitender Kabel befinden sich im Versuchsstadium.[1]

Supraleiter benötigt man auch für die Nutzung des JOSEPHSON-Effektes. Elektronische Bauelemente auf der Grundlage dieses Effektes haben bereits zahlreiche Anwendungen in Technik und Medizin gefunden.

Supraleiter zeigen auch *Besonderheiten* im Hinblick auf das magnetische Feld. Während sich oberhalb der Sprungtemperatur das Magnetfeld auch im Innern des Leiters befindet, ist das *Innere* eines *Supraleiters* stets *feldfrei* **(Meißner-Effekt)**, sein Feld wird bis auf eine extrem dünne Schicht an der Oberfläche nach außen verdrängt. Auch ein äußeres Feld kann *nicht* eindringen. Erst wenn die magnetische *Flußdichte* einen *kritischen* Wert B_{krit} überschreitet, wird die Oberfläche vom Feld durchbrochen. Damit wird aber zugleich die Supraleitung beseitigt. Diese tritt erst bei niedrigerer Temperatur wieder ein, da B_{krit} mit Annäherung an 0 K zunimmt (Bild 43.3).

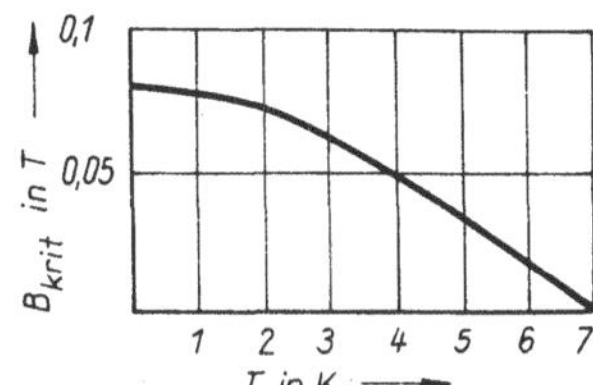

Bild 43.3. Kritische Flußdichte von Blei in Abhängigkeit von der Temperatur

Bei zahlreichen **harten Supraleitern** liegen die kritischen magnetischen Flußdichten wesentlich höher als bei Blei (Bild 43.3). So bleibt die Verbindung Nb₃Sn (Sprungtemperatur 18,3 K) auch in einem Feld mit der magnetischen Flußdichte von 10 T supraleitend. Diese Flußdichte konnte in einer supraleitenden Spule von nur 0,7 mm Drahtdurchmesser bei der Stromstärke 266 A erreicht werden.

43.5 Hall-Effekt

Die **Lorentz-Kraft** (40.27) auf die in einem *Leiter* mit der Geschwindigkeit v bewegten Elektronen ist die *Ursache* des **Hall-Effektes**. Fließt ein elektrischer Strom durch eine Platte der Breite s und der Dicke d (Bild 43.4), ist *ohne* eine magnetische Flußdichte B durch diese Platte an zwei symmetrisch gegenüberliegenden Punkten A und B *kein* Spannungsabfall vorhanden. Erst *nach* Einschalten des *magnetischen Feldes* zeigt ein empfindliches Galvanometer eine Spannung an, **die Hall-Spannung** U_H.

Diese Quellenspannung wird durch die auf die Elektronen wirkende LORENTZ-Kraft $F = evB$ (40.26) bzw. (40.27) erzeugt. Die von U_H hervorgerufene elektrische Feldkraft $F_H = eE_H = eU_H/s$ bildet mit der LORENTZ-Kraft *Kräftegleichgewicht*:

$$evB = e\,\frac{U_H}{s}.$$ Aus (43.7) folgt $v = \dfrac{I}{neA}$ und damit die **Hall-Spannung** U_H:

$$\boxed{U_H = \frac{sBI}{neA} = \frac{BI}{ned}}$$

Hall-Spannung für nichtferromagnetische Stoffe

(43.10)

---

[1] 1983 nahm General Electric einen 20,6-MVA-Generator auf der Basis der Supraleitung in Probebetrieb. Der rund 4 m lange Rotor arbeitet bei 4 K.

Von den jeweiligen Versuchsbedingungen unabhängig ist der als **Hall-Konstante** R_H bezeichnete Faktor

$$\boxed{R_H = \frac{1}{ne}} \; ; \quad [R_H] = \frac{m^3}{C} \qquad \textbf{Hall-Konstante} \tag{43.11}$$

Ein Vergleich mit (43.9) $u = 1/(ne\varrho)$ ergibt für Metalle die Beziehung $R_H = \varrho u$, woraus sich die Trägerbeweglichkeit für ein gegebenes Leitermaterial ermitteln läßt. Aus *meßtechnischen* Gründen ist die HALL-Konstante (s. Tabelle S. 459) mit einem relativen Fehler in der Größe von etwa $\pm 20\%$ behaftet.

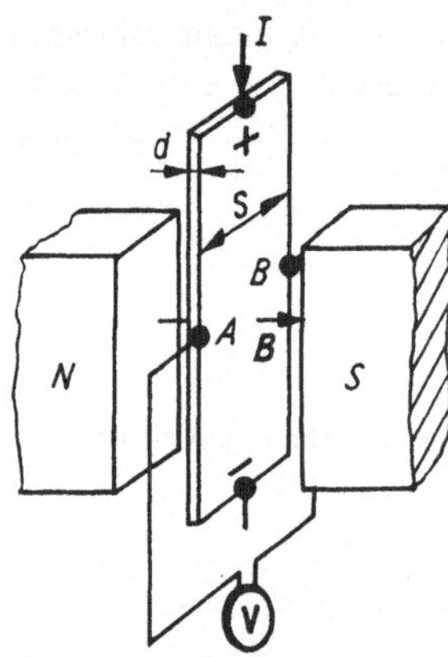

Bild 43.4. Zum HALL-Effekt

Wie Gleichung (43.11) zeigt, hängt R_H vor allem von der Ladungsträgerkonzentration n ab. So liegt R_H bei Metallen in der Größenordnung 10^{-11} m³/C. Wesentlich höher, bis 10^{-4} m³/C, ist die HALL-Konstante bei bestimmten Halbleitern **(Hall-Sonden)**. Erst durch die Entwicklung der Halbleiter bekam der HALL-Effekt *praktische* Anwendung: Mit Hilfe kleiner Blättchen aus Indium-Antimonid oder Indium-Arsenid lassen sich über die HALL-Spannung magnetische Flußdichten z. B. in elektrischen Maschinen messen. Mit derartigen HALL-Sonden lassen sich (auf indirektem Wege) auch Geschwindigkeiten, Beschleunigungen, Drehfrequenzen und Kräfte bestimmen.
Bei $T \approx 1$ K und $B \approx 25$ T tritt an dünnen Halbleiterschichten (≈ 5 nm) der Quanten-Hall-Effekt auf (v. KLITZING, Nobelpreis 1985). Hiermit ist u. a. die Bestimmung von e^2/h sehr genau möglich.

43.6 Elektronengas

Die *freie* Beweglichkeit der Leitungselektronen im Ionengitter der Metalle führte zur Bezeichnung **Elektronengas** (s. 43.4). Um die Elektronen aus dem Ionengitter zu befreien, ist ein **elektrostatisches Potential** zu überwinden. Die erforderliche Mindestenergie, die ein Elektron haben muß und die ihm als **Austrittsarbeit** W_a zugeführt werden muß, hat für die einzelnen Stoffe unterschiedliche Werte und liegt in der *Größenordnung* von einigen eV.

Austrittsarbeit einiger Metalle in eV

Metall	W	Mo	Cu	Th	Bariumoxidpaste	Cs auf W
Austrittsarbeit	4,53	4,43	4,39	3,3	0,99	1,36

Stellt man die zur Abtrennung *eines* Elektrons erforderliche Energie als Funktion des Abstandes von der Metalloberfläche dar, so ergibt sich eine Kurve nach Bild 43.5. Die Ordinate ist die potentielle Energie $E_\mathrm{p} = eU$, die das Elektron hat, wenn es sich in den angegebenen Abständen von der Oberfläche befindet. Hierbei ist U des Potential des Elektrons in bezug auf die Metalloberfläche.

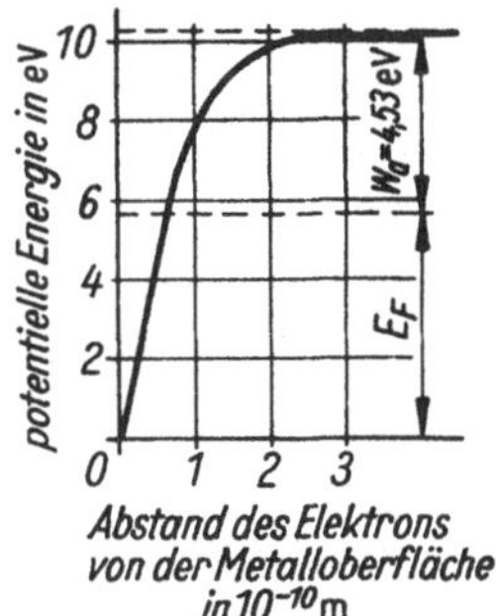

Bild 43.5. Austrittsarbeit des Elektrons bei Wolfram

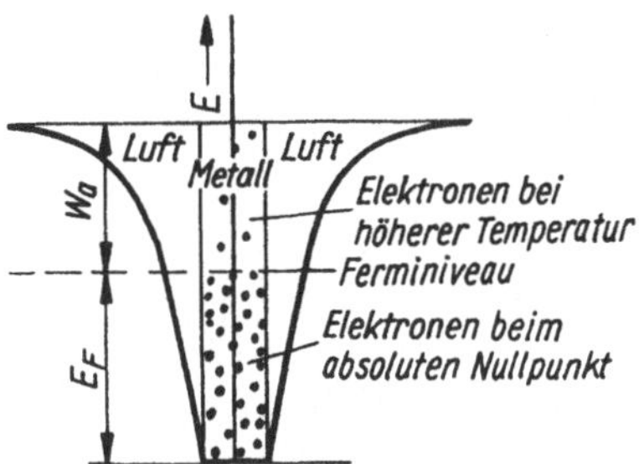

Bild 43.6. Energietopfmodell des Elektronengases

Dieser Vorstellung entspricht das **Schottkysche Topfmodell** des Elektronengases. Es ist zugleich ein mechanisches Modell, bei dem die Elektronen wie kleine Kügelchen am Grunde eines Topfes liegen (Bild 43.6). Um sie über den oberen Rand des Energietopfes hinweg ins Freie zu befördern, muß man ihnen potentielle Energie zuführen. Infolge ihrer eigenen Wärmebewegung haben sie bereits eine gewisse Energie, infolge deren sie aber nur bis zur Höhe E_F gelangen können. Der noch fehlende Höhenunterschied W_a entspricht der in der Tabelle aufgeführten Austrittsarbeit.

Wie bei einem gewöhnlichen Gas haben die einzelnen Teilchen keine einheitliche Geschwindigkeit. Es hat sich aber herausgestellt, daß die MAXWELL-Verteilung (s. 23.2.3) hier nicht zutrifft. Infolge der enormen Konzentration des Elektronengases (s. Tabelle S. 459) und aus atomphysikalischen Gründen ist sie durch die **Fermi-Statistik** zu ersetzen. Der Unterschied besteht vor allem darin, daß auch bei der Temperatur 0 K die Elektronen noch eine beträchtliche Energie aufweisen, die nur ganz geringfügig von der bei Zimmertemperatur abweicht.

Für die Teilchenenergie $E_\mathrm{k} = E$ gilt nach MAXWELL unter Weglassung der konstanten Faktoren die Verteilungsfunktion

$$\boxed{\; f_\mathrm{M} \sim \dfrac{1}{e^{\frac{E}{kT}}} \;}$$ **Maxwellverteilungsfunktion** (ideales Gas) (43.12)

Dies ist eine Exponentialfunktion (Bild 43.7a), die vom Anfangswert $+1$ an (für $E = 0$) abfällt.

Für das Elektronengas gilt hingegen die Verteilungsfunktion nach FERMI:

$$\boxed{\; f_\mathrm{F} \sim \dfrac{1}{1 + e^{(E-E_\mathrm{F})/(kT)}} \;}$$ **Fermiverteilungsfunktion** (Elektronengas) (43.13)

Hier ist E_F die **Fermische Grenzenergie**[1]) (auch FERMI-Kante oder FERMI-Niveau genannt), d. i. jene Energie der Elektronen, die bei 0 K noch vorhanden ist und im Topfmodell deutlich hervortritt.

---

[1]) Die Theorie liefert für $E_\mathrm{F} = \dfrac{h^2}{8m_\mathrm{e}} \left(\dfrac{3}{\pi}\, n \right)^{2/3}$, d. h., die FERMI-Energie ist nur von der Elektronenkonzentration n im Metall abhängig.

Bei 0 K läßt die Funktion zwei Sonderfälle erkennen (Bild 43.7b): a) für $E < E_F$ ist $f_F = 1$ und b) für $E > E_F$ ist $f_F = 0$: d. h., sämtliche Elektronen füllen den Energietopf bis zur FERMI-Kante, und oberhalb dieses Niveaus ist der Topf völlig leer. Bei höherer Temperatur beginnt aber die bei der Grenzenergie E_F vorhandene Stufe der Funktion, sich mehr und mehr abzurunden (E_F ist einige eV, während bei $T = 300$ K die Energie infolge der Wärmebewegung nur etwa $kT \approx 0{,}025$ eV ist).

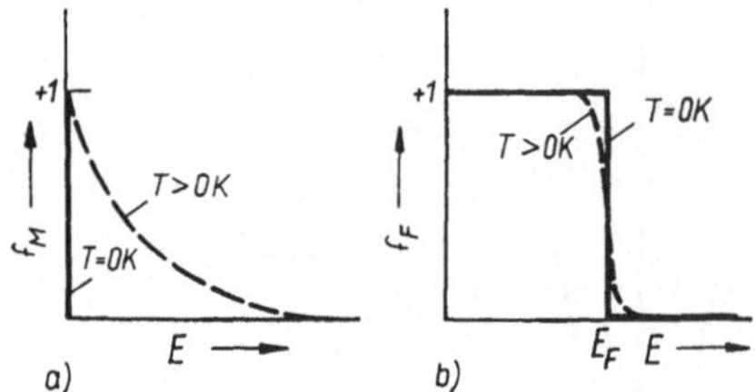

Bild 43.7. a) MAXWELL-Verteilung, b) FERMI-Verteilung bei 0 K und bei Zimmertemperatur

43.7 Thermoelektrische Erscheinungen

Werden die beiden Enden eines Metallstabes auf unterschiedliche Temperatur gebracht, so tritt innerhalb des Metalls eine Verschiebung der Elektronenkonzentration auf. Bei höherer Temperatur beginnt eine zunehmende Anzahl von Elektronen das FERMI-Niveau zu überschreiten (Bild 43.6) und zugleich nach der Seite tieferer Temperatur des Leiters zu diffundieren. Zwischen den Stabenden entsteht eine elektrische Spannung. Außerdem nehmen die FERMI-Niveaus der Metalle mit steigender Temperatur in verschiedenem Maße geringfügig

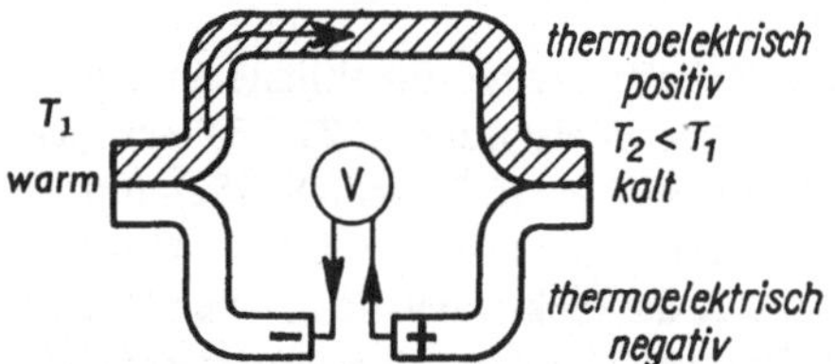

Bild 43.8. Stromrichtung im Thermoelement

ab. Beide Erscheinungen wirken beim thermoelektrischen (SEEBECK-) Effekt zusammen. Ein Thermoelement besteht aus zwei verschiedenen Metalldrähten, die an beiden Enden miteinander fest verbunden sind (gelötet, geschweißt). Besteht zwischen beiden Lötstellen ein Temperaturunterschied (Bild 43.8), entsteht eine Thermospannung U_{th}.[1] *Größe* und *Richtung* der Thermospannung für 100 K Temperaturunterschied der beiden Lötstellen ersieht man aus der *thermoelektrischen* Spannungsreihe:

Thermoelektrische Spannungsreihe, U_{th} in mV, bezogen auf Platin
(Temperatur der Lötstellen 0 °C und 100 °C)

Sb	Fe	Cu	Ag	Al	Pt	Ni	Konstantan	Bi
+4,7	+1,8	+0,75	+0,7	+0,4	0	−1,5	−3,6	−7

An der *kälteren* Lötstelle ist jedes in dieser Reihe *links* stehende Metall gegenüber einem rechts davon stehenden thermoelektrisch *positiv*. Die Thermospannung eines Thermo-

---

[1] Die Thermospannung ist eine Quellenspannung.

elementes kann in sehr guter Näherung durch folgende Gleichung beschrieben werden, in der Δt die Temperaturdifferenz zwischen den Lötstellen, a und b Materialwerte für die gewählte Metallkombination sind:

$$U_{th} = a\,\Delta t + b(\Delta t)^2$$

Thermospannung (43.14)

Bild 43.9 zeigt das *Schaltbild* für ein Thermoelement zur **Temperaturmessung**. Als Metallkombinationen werden häufig Eisen-Konstantan (Fe-CuNi), Kupfer-Konstantan (Cu-CuNi) und Platin-Platinrhodium mit 10% Rhodium (Pt-10RhPt) verwendet. Die Hauptlötstelle kommt an den Ort der Temperaturmessung, die Nebenlötstellen werden auf konstanter Vergleichstemperatur gehalten.

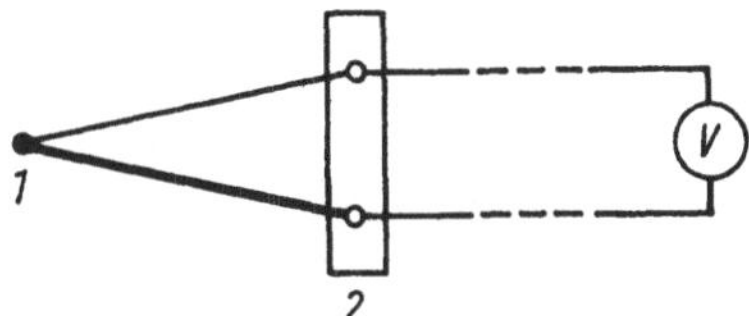

Bild 43.9. Schaltbild eines Thermoelements: *1* Hauptlötstelle, *2* Nebenlötstellen

Thermospannungen in mV (Temperatur der Nebenlötstelle 0 °C)

Temperatur der Hauptlötstelle	100 °C	200 °C	300 °C	400 °C
Eisen-Konstantan	5,286	10,777	16,325	21,846
Platin-10 Rhodiumplatin	0,645	1,440	2,323	3,260

Die Thermospannungen in der Tabelle sowie bereits Gleichung (43.14) zeigen, daß keine *genaue* Proportionalität zwischen Thermospannung und Temperaturdifferenz besteht.

Zur Messung von Wechselströmen beliebiger Frequenz dienen *Thermoumformer*. Der Wechselstrom erwärmt einen dünnen Heizdraht, mit dem die Lötstelle des aus zwei feinen Drähten bestehenden Thermoelementes in mittelbarer oder unmittelbarer (Thermokreuz) Berührung steht.

Die *Umkehrung* des Thermoeffektes ist der **Peltier-Effekt** (1834). Ein elektrischer Strom durch ein Thermoelement *erwärmt* eine Lötstelle und *kühlt* eine andere ab (Bild 43.10). Unter Verwendung bestimmter Halbleiter (z. B. Telluride oder Selenide von Bismut und Antimon) wurde der Peltier-Effekt technisch verwertbar (Bild 43.11).

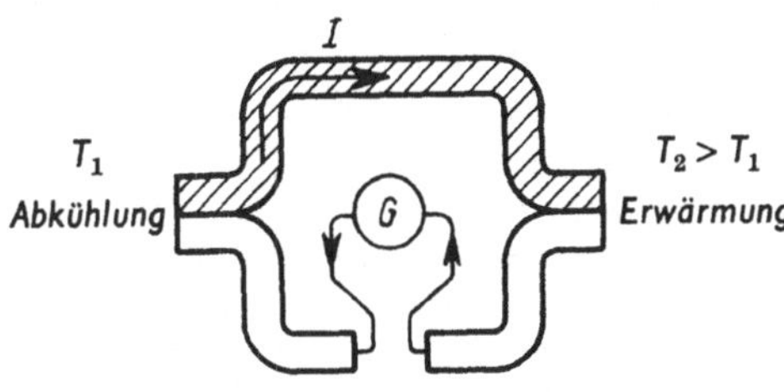

Bild 43.10. Peltier-Effekt bei gleicher Anordnung wie im Bild 48.8 (G ist die Spannungsquelle)

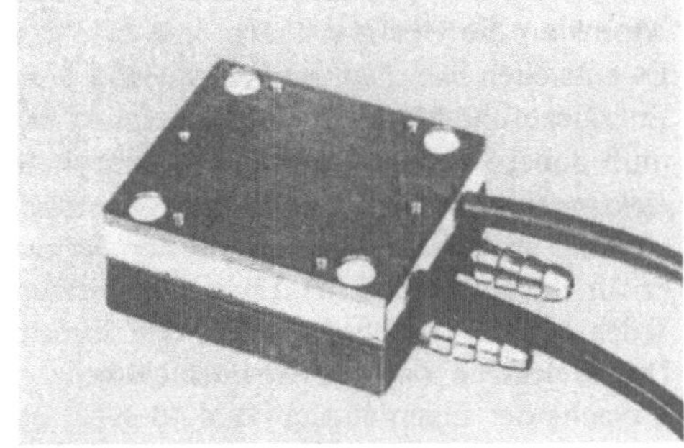

Bild 43.11. Peltier-Kühlbatterie zum Kühlen kleiner Objekte

Beispiele: 1. Die Lötstellen eines Thermopaares Antimon–Bismut tauchen bei normalem Luftdruck in siedendes Wasser bzw. schmelzendes Eis. Wie groß ist die entstehende Thermospannung? – Nach der thermoelektrischen Spannungsreihe ergibt sich $U_{th} = [4,7 - (-7,0)]\,mV = 11,7\,mV$.

2. Welche elektrische Stromstärke fließt durch einen Thermokreis, der aus zwei Eisen- und Konstantanstäben von je 8,0 cm Länge und 2 cm² Querschnittsfläche besteht? Die Temperaturdifferenz zwischen den Löststellen beträgt 50 K. – Mit $U_{th} = 2,7\,mV$ (aus der letzten Tabelle gerundet) und den spezifischen elektrischen Widerständen für Eisen $0,1\,\Omega\,mm^2/m$ und für Konstantan $0,5\,\Omega\,mm^2/m$ ergibt sich für die Stromstärke $I = U/R = UA/(\varrho l)$

$$I = \frac{2,7 \cdot 10^{-3}\,V \cdot 200\,mm^2\,m}{(0,1 + 0,5)\,\Omega\,mm^2 \cdot 0,08\,m} = 11\,A.$$

43.8 Halbleiter

Der spezifische elektrische Widerstand der *Metalle* liegt etwa zwischen 10^{-2} und $10^{-5}\,\Omega\,m$, während *Isolatoren* Werte über $10^{16}\,\Omega\,m$ haben. Dazwischen befindet sich das Gebiet der *Halbleiter* (10^{-4} bis $10^7\,\Omega\,m$), zu denen eine Vielzahl von Elementen, Salzen und Metallverbindungen (Oxide, Selenide u. a.) gehören. Der *wesentliche* Unterschied zu den Metallen und den Flüssigkeiten besteht jedoch *nicht* im spezifischen Widerstand, sondern beruht auf verschiedenen Eigenheiten des *Leitungsmechanismus* (s. auch 51.6.2).

Germanium (Ge) und **Silicium (Si)** aus der *vierten* Gruppe des Periodensystems gehören zu den wichtigsten Halbleitermaterialien. Daher beziehen sich die folgenden Darlegungen auf Vorgänge in diesen Stoffen. Die erläuterten Zusammenhänge können *sinngemäß* auf andere Halbleiter übertragen werden, zu denen einige Elemente der dritten und vierten Gruppe sowie auch einige aus diesen gebildeten Verbindungen des Typs X_3Y_4 gehören (z. B. Indiumantimonid (InSb), Galliumarsenid (GaAs) u. a.). In der *Elektronik* haben die Halbleiterbauelemente wegen ihrer größeren *Zuverlässigkeit*, der Möglichkeit der *Miniaturisierung* und *Integrierbarkeit* **(Mikroelektronik)** und des damit verbundenen äußerst *geringen* Leistungsbedarfs, ihrer *ökonomischen* Herstellung in *großer* Stückzahl und zu *geringsten* Preisen sowie ihrer *universellen* Anwendbarkeit die Elektronenröhren bis auf wenige Ausnahmen verdrängt. Bei Einsatz von Halbleiterbauelementen und Baugruppen ist zu beachten, daß ihre Eigenschaften und Kennlinien *stark* temperaturabhängig sind.

43.8.1 Eigenleitung

Der **Kristallaufbau** eines chemisch reinsten Halbleiters entspricht dem des Diamantgitters. Bei *tiefsten* Temperaturen verhalten sich die *Halbleiter* wie *Isolatoren*. Die Bindung jedes Atoms an die vier Nachbaratome erfolgt durch die vier Elektronen der äußersten Schale. Es entstehen *vier Paarbindungen* (Bild 43.12). Mit zunehmender Temperatur werden durch Energiezufuhr immer mehr Elektronen aus ihrer Bindung befreit. Die thermische Energie muß dabei *über* der Aktivierungsenergie liegen. Damit stehen die Elektronen als **Leitungselektronen** zur Verfügung (s. Bändermodell S. 527). Im Gegensatz zu den Metallen nimmt also der spezifische Widerstand der Halbleiter mit steigender Temperatur ab (bei 20 °C ist er für Ge etwa $0,5\,\Omega\,m$). Diese Eigenleitung beruht aber *nicht* allein auf freien Elektronen. Jedes aus seiner Bindung befreite Elektron hinterläßt an seinem Gitterplatz ein *Loch*, **Defektelektron** oder **Elektronenfehlstelle** genannt. Diese **Paarbildung (Generation)** ist die Ursache der Eigenleitung (Bild 43.13).

> **Ursache der Eigenleitung sind durch thermische Energie im ungestörten Gitter des Halbleiterkristalls freigesetzte Elektronen und Defektelektronen.**

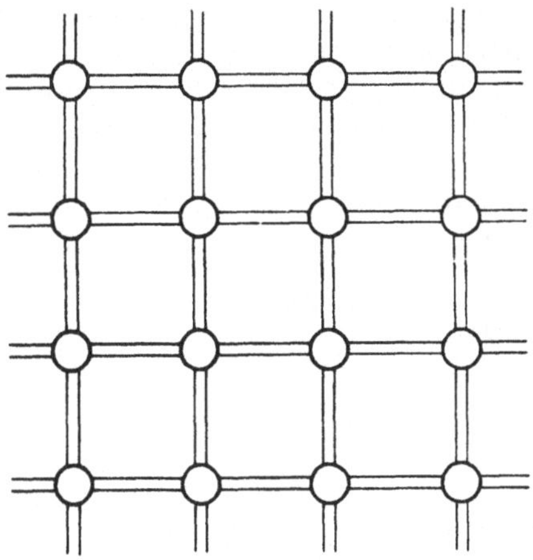

Bild 43.12. Modell eines Halbleiterkristalls bei sehr tiefen Temperaturen. Die Bindungselektronen sind auf den durch Linien symbolisierten Kristallbindungen zu denken.

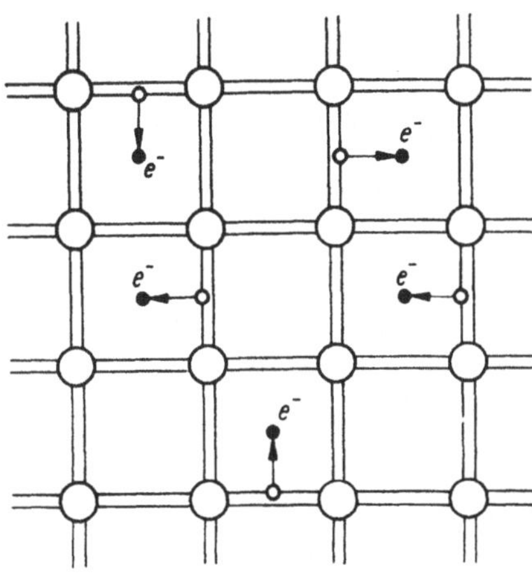

Bild 43.13. Modell bei Zimmertemperatur. Durch Aufnahme thermischer Energie entstehen freie Elektronen und Defektelektronen (Löcher).

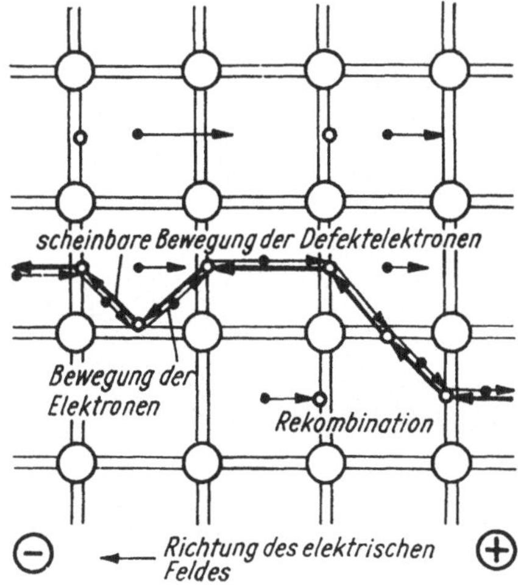

Bild 43.14. Flächenhafte Modelldarstellung der Bewegung von Elektronen und scheinbare Bewegung der Defektelektronen

Beim Anlegen einer elektrischen Spannung bewegen sich die *Elektronen* zum *positiven* Pol. Die *Defektelektronen* werden durch ursprünglich noch gebundene Elektronen *aufgefüllt*, welche ihrerseits ein *Loch* hinterlassen. Es ist so, als ob ein elektrischer Strom *positiver* Ladungsträger zum negativen Pol fließt (Bild 43.14). Statt der *wirklichen* Bewegung der vielen Elektronen erfaßt man daher bequemer die »Wanderung« der Defektelektronen (Löcher). Bezeichnet man die **Elektronenzahldichte (Elektronenkonzentration)** mit n und die **Defektelektronenzahldichte (Defektelektronenkonzentration)** mit p, so gilt bei reiner Eigenleitung

$$\boxed{n = p = n_\mathrm{i}} \qquad \text{Eigenleitungsdichte (Inversionsdichte,} \atop \text{Ladungsträgerzahldichte)} \qquad (43.15)$$

n_i ist *stark* temperaturabhängig. Bei 20 °C ist n_i für Ge etwa 10^{13} $1/\mathrm{cm}^3$ und für Si etwa 10^{11} $1/\mathrm{cm}^3$.

Die gleichzeitig auftretende *Wiedervereinigung* von Ladungsträgerpaaren (Elektronen und Defektelektronen) wird **Rekombination** genannt. Die Anzahl der Paarerzeugungen je Volumen- und Zeiteinheit sei g, die der Rekombinationen w. *Paarerzeugung g* und *Rekombination w* finden *gleichzeitig* statt und stellen bei der betreffenden Temperatur einen *Gleichgewichtszustand* dar, so daß das Produkt aus Elektronenzahldichte n und Defektelektronenzahldichte p zwar temperaturabhängig, aber bei einer bestimmten Temperatur konstant ist:

$$\boxed{np = n_\mathrm{i}^2 = f(T)} \qquad \text{Massenwirkungsgesetz der} \atop \text{Ladungsträgerkonzentration} \qquad (43.16)$$

Die Eigenleitung wird von der Inversionsdichte n_i bestimmt. Sie ist stark temperaturabhängig.

Die folgende Tabelle enthält einige Daten von Ge und Si sowie zum Vergleich die von Cu. Man beachte nicht nur die unterschiedliche Ladungsträgerdichte, sondern auch die verschiedene Beweglichkeit. Die gute Übereinstimmung mit (43.9) $\varrho = 1/(neu)$ läßt sich leicht nachrechnen.

Elektronenphysikalische Daten von Ge, Si und Cu bei 300 K

Material	Konzentration der Ladungsträger n in $1/\mathrm{m}^3$	Beweglichkeit in m^2/Wb		Spezifischer Widerstand ϱ in $\Omega\,\mathrm{m}$	Aktivierungsenergie in eV
		u_-	u_+		
Germanium	$4{,}8 \cdot 10^{11}$	0,36	0,17	0,48	0,72
Silicium	$13{,}0 \cdot 10^{16}$	0,17	0,025	500	1,11
Kupfer	$11{,}4 \cdot 10^{21}$	$3{,}2 \cdot 10^{-3}$		$1{,}72 \cdot 10^{-8}$	0

Die Eigenleitung wird u. a. bei sogenannten *NTC-Widerständen* (**Thermistoren**) ausgenutzt. Die Temperaturabhängigkeit eines solchen Thermistors wird durch folgende Gleichung beschrieben:

$$\boxed{R = R_0\, \mathrm{e}^{-b\left(\frac{1}{T_0} - \frac{1}{T}\right)}} \qquad \text{Temperaturabhängigkeit des Widerstandes} \atop \text{eines Thermistors} \qquad (43.17)$$

Hierin ist R der Widerstand bei der Temperatur T (in K). R_0 der Widerstand bei $T_0 = 293$ K und b die sogenannte Energiekonstante, ein Materialwert in K.

Thermistoren dienen zur Temperaturmessung, zur Arbeitspunkteinstellung in elektronischen Schaltungen usw. Sie sind auch häufig n-Leiter (s. 43.8.2) und bestehen aus Fe_2O_3 mit einem Zusatz von TiO_2.

Sogenannte **Fotowiderstände** erhöhen ihre Leitfähigkeit beim Auftreffen von Licht (s. Innerer Fotoeffekt S. 496).

43.8.2 Störleitung (Störstellenleitung)

Bei der **Störleitung** handelt es sich um die *Erhöhung* der Leitfähigkeit durch *gezieltes* Einbauen von *Fremdatomen* anderer Wertigkeit in das vierwertige Gitter des vorliegenden Halbleiters. Es werden dafür Elemente der 3. und 5. Gruppe genutzt.

Das gezielte Einbringen von Fremdatomen in ein Kristallgitter heißt Dotierung.

Bei der **Störleitung** wird unterschieden in

n-Leitung (Bild 43.15)	**p-Leitung (Bild 43.16)**
Atome der 5. Gruppe (As, Sb) haben 5 Valenzelektronen. Es wird auf etwa 10^5 Gitteratome 1 Fremdatom gebracht, bei dem nur 4 Elektronen Valenzen (Bindungen) bilden. Das 5. Elektron steht als Leitungselektron zur Verfügung und *erhöht* die Leitfähigkeit wesentlich. *Elektronenspendende* Fremdatome heißen **Donatoren**. Die in Überzahl befindlichen *Elektronen* sind **Majoritätsträger**, die Defektelektronen **Minoritätsträger**. **Beim n-Leiter liegt ein Überschuß an freien Leitungselektronen vor. Die Leitfähigkeit erfolgt praktisch durch die Elektronen.** (s. auch Bändermodell S. 528)	Atome der 3. Gruppe (In, Ga) haben dagegen nur 3 äußere Elektronen. Bei gleicher Dotierung wie bei der n-Leitung müssen jetzt zusätzliche Defektelektronen gebildet werden, die ihrerseits die Leitfähigkeit erhöhen. *Elektronenaufnehmende* Fremdatome heißen **Akzeptoren**. Die *Defektelektronen* sind jetzt die **Majoritätsträger** und die Elektronen die **Minoritätsträger**. **Beim p-Leiter liegt ein Überschuß an Defektelektronen vor. Die Leitfähigkeit erfolgt hier praktisch durch die Defektelektronen.**

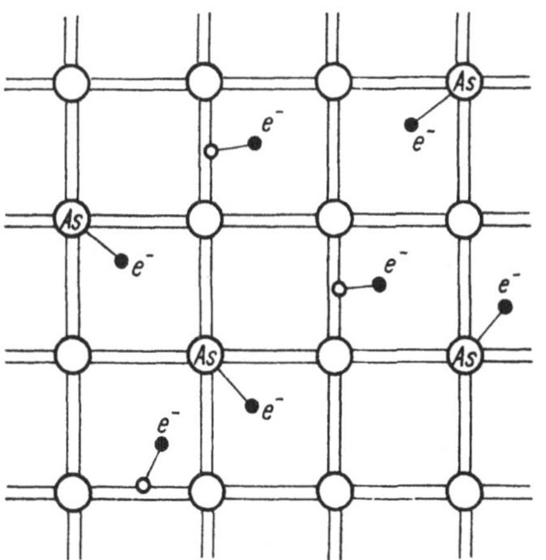

Bild 43.15. Mit Donatoren dotierter Halbleiterkristall (n-Leitung)

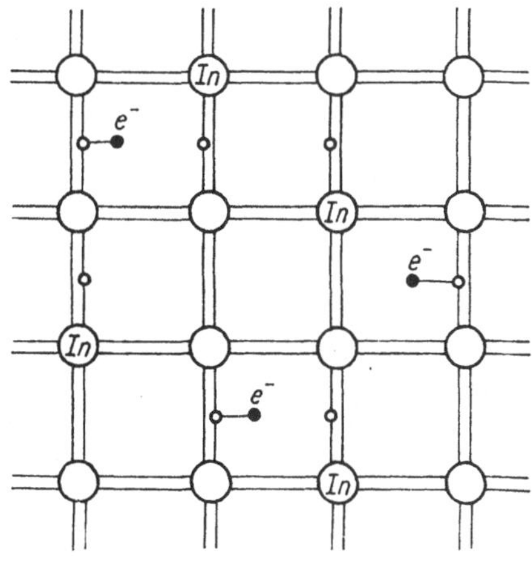

Bild 43.16. Mit Akzeptoren dotierter Halbleiterkristall (p-Leitung)

Da das Produkt aus der Elektronenzahldichte n und der Defektelektronenzahldichte p bei der vorliegenden Temperatur konstant ist, kann die letzte Aussage leicht an einem Zahlenbeispiel *veranschaulicht* werden.

Ist z. B. bei Ge $n = p \approx 10^{13}$ $1/cm^3$, wird nach Gleichung (43.16) $np = n_i^2 \approx 10^{26}$ $1/cm^6$. Wenn nun bei n-Leitung $n' \approx 10^{16}$ $1/cm^3$ vorliegt, dann muß nach $np = n'p' = n_i^2$ jetzt $p' = n_i^2/n' \approx 10^{10}$ $1/cm^3$ werden:

> **Bei n-Leitung nimmt die Elektronenzahldichte von $n \approx 10^{13}$ $1/cm^3$ ($n + p \approx 2 \cdot 10^{13}$ ist die gesamte Ladungsträgerkonzentration) auf $n' \approx 10^{16}$ $1/cm^3$ zu, die Defektelektronenkonzentration p' ist dagegen um den Faktor 10^{-6} geringer als die der Elektronenzahlkonzentration!** Bei p-Leitern sind die Verhältnisse entsprechend.

43.8.3 pn-Übergang, Dioden

Von besonderer technischer Bedeutung sind Halbleiterkristalle, in denen ein **p-Gebiet** (mit **Akzeptoren** dotiert) und ein **n-Gebiet** (mit **Donatoren** dotiert) *unmittelbar* aneinander grenzen. Derartige **pn-Übergänge** sind die Grundlage für alle Bipolar-Bauelemente (s. Bipolartransistor S. 473). In die Grenzschicht diffundieren aufgrund ihrer Wärmebewegung Elektronen in den p-Leiter und Defektelektronen in den n-Leiter hinein. Dadurch bildet sich im p-Leiter eine dünne Zone mit negativer und im n-Leiter eine mit positiver Raumladung (im p-Gebiet bleiben örtlich gebundene negative Akzeptoratome zurück, im n-Gebiet örtlich gebundene positive Donatoratome). Die Diffusion hört auf, wenn das dadurch entstehende *innere elektrische Feld* eine bestimmte Feldstärke erreicht hat. Die durch das Feld hervorgerufene *Diffusionsspannung* U_D wirkt der *Diffusionsstromstärke* I_D entgegen. Zwischen I_D und einem aus der Wirkung des Feldes gedachten elektrischen Feldstrom besteht ein Gleichgewichtszustand (dynamisches Gleichgewicht). Die Raumladungen bleiben damit erhalten. In der Mitte der Grenzschicht ist $n = p$, d. h., nach dem Beispiel in 43.8.2 ist n dort nur etwa $2 \cdot 10^{13}$ $1/cm^3$, während in den n- bzw. p-Gebieten die Ladungskonzentration 10^{16} $1/cm^3$

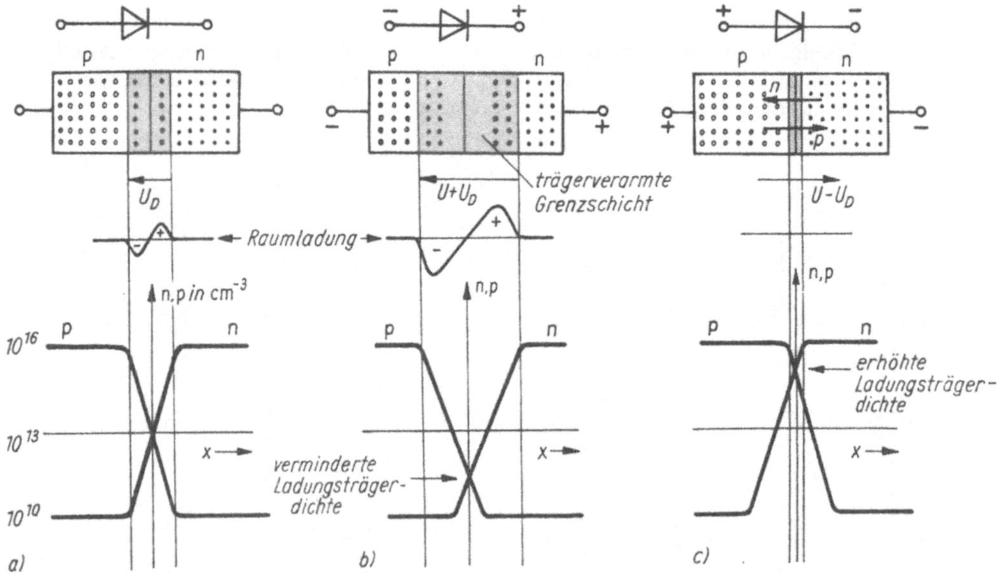

Bild 43.17. Modellhafte Darstellung des symmetrischen pn-Überganges und der Ladungsträgerdichten; a) thermisches Gleichgewicht im stromlosen Zustand, b) Sperrichtung, c) Flußrichtung

ist. Der *Widerstand* in der Übergangszone ist also *beträchtlich* erhöht (etwa Faktor 1000).
Zwischen den beiden unterschiedlich dotierten Gebieten hat sich eine **Sperrschicht** gebildet
(Bild 43.17a).

In einem pn-Übergang entsteht eine Grenzschicht. Die p-Seite lädt sich negativ, die n-Seite positiv auf. Es entsteht ein elektrisches Feld, dem die Diffusionsspannung entspricht (etwa 20 bis 100 mV). Liegt thermodynamisches Gleichgewicht vor, sind Diffusionsstromstärke und Feldstromstärke gleich.

Bei Anschluß des pn-Überganges an eine Spannungsquelle sind *zwei* Möglichkeiten gegeben:

Polung in **Sperrichtung**	Polung in **Durchlaßrichtung**
Äußere Spannung U und Diffusionsspannung U_D haben *gleiche* Richtung (+Pol an n-Leiter).	Äußere Spannung U und Diffusionsspannung U_D haben *entgegengesetzte* Richtung (+Pol am p-Leiter).
Die Diffusionsspannung wird größer ($U + U_D$), die Grenzschicht *verarmt* noch mehr an Ladungsträgern. Die Raumladungszone wird breiter und die innere elektrische Feldstärke größer.	Die Diffusionsspannung wird wegen $U \gg U_D$ völlig abgebaut, die Grenzschicht *verschwindet*, d. h., sie wird mit Ladungsträgern *überschwemmt*. Es ist keine Raumladung vorhanden, und die innere Feldstärke ist Null.
Der pn-*Übergang* ist in *Sperrichtung* gepolt. Die Sperrstromstärke I_R ist äußerst gering (etwa 2 µA) (Bilder 43.17b und 43.19).	Der pn-*Übergang* ist in *Flußrichtung* (Durchlaßrichtung) gepolt. Die Flußstromstärke I_F wächst erst *langsam* bis zur **Schleusenspannung** U_S, um dann *exponentiell* anzusteigen (e-Funktion) (Bilder 43.17c und 43.19).

Der pn-Übergang wirkt als Gleichrichter (Diode). Der elektrische Strom kann oberhalb der Sperrspannung U_{Sp} (s. Bild 43.19 und Zener-Diode) nur in einer Richtung fließen (technische Stromrichtung, +Pol am p-Leiter).

Die Schleusenspannung U_S ist etwa gleich der Diffusionsspannung U_D im stromlosen Zustand des pn-Überganges. Sie ist bei Ge etwa 0,2 bis 0,5 V und bei Si etwa 0,5 bis 0,8 V. Außer einer Stoffabhängigkeit konnte festgestellt werden, daß U_S vor allem von der Kon-

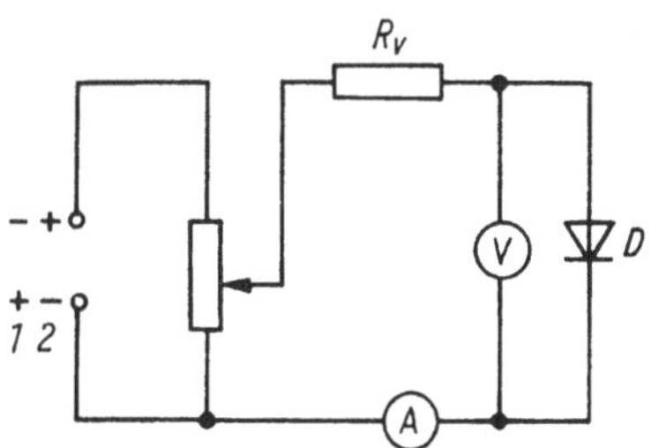

Bild 43.18. Versuch zur Aufnahme der Stromstärke-Spannungs-Kennlinie einer Halbleiterdiode D. *1* Sperrichtung (R_V kann entfallen), *2* Flußrichtung (R_V ist zur Strombegrenzung erforderlich)

zentration der Ladungsträger und der Temperatur abhängt. Bild 43.18 zeigt die *Schaltung* zur Aufnahme der *Kennlinie* einer **Diode** (Bild 43.19). Der reziproke Anstieg der Kennlinie in einem beliebigen Punkt ist der **differentielle Widerstand** R_d der Diode:

$$R_d = \frac{dU}{dI}$$ **Differentieller Widerstand**   (43.18)

Außer für **Gleichrichterschaltungen** können Dioden daher auch als **nichtlineare Widerstände** eingesetzt werden. Von den weiteren zahlreichen Anwendungen soll noch die Verwendung als **elektronischer Schalter** in Digitalschaltungen durch Übergang von der Sperr- zur Flußkennlinie und umgekehrt erwähnt werden.

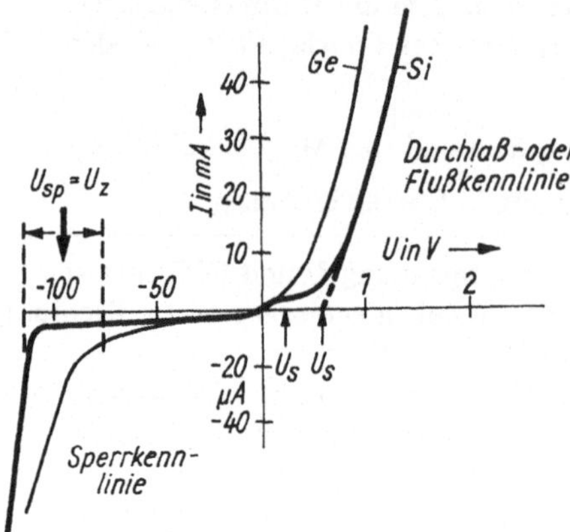

Bild 43.19. Stromstärke-Spannungs-Diagramm einer Diode. Die unterschiedlichen Einheiten der Flußwerte und der Sperrwerte sind zu beachten.

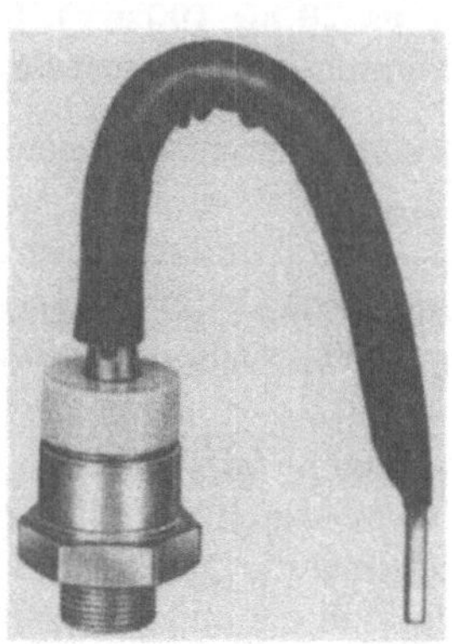

Bild 43.20. Silicium-Hochleistungsdiode für Dauerstromstärken von 450 A und Sperrspannungen bis 4 kV

Zener-Diode. Die Sperrstromstärke ist wie die Flußstromstärke stark temperaturabhängig. Außer der Möglichkeit eines Wärmedurchbruchs vor Erreichen der eigentlichen Sperrspannung beruht das plötzliche starke Ansteigen der Sperrstromstärke ab der ZENER-Spannung U_2 z. T. auf dem **Zener-Effekt** (Freisetzung von freien Leitungselektronen durch hohe elektrische Feldstärken im pn-Übergang), zum anderen auf dem **Avalanche-Durchbruch** (Lawinendurchbruch durch Stoßvorgänge freier Ladungsträger). Für Aufgaben der *Spannungsstabilisierung* sind spezielle ZENER-Dioden mit ZENER-Spannungen zwischen 2 und 2000 V entwickelt worden.

Kapazitätsdiode. Besonders in *Sperrichtung* gepolte Dioden haben infolge der Raumladungszonen eine Kapazität $C = dQ/dU$ (Bild 43.21). Da s mit steigender Sperrspannung wächst, wird nach $C = \varepsilon_0 \varepsilon_r A/s$ die Kapazität *kleiner*. Diesen Effekt nutzt man in vielen elektronischen Schaltungen (z. B. bei elektronischen Abstimmungen zur Frequenzänderung in Schwingkreisen) mit speziellen *Kapazitätsdioden* aus.

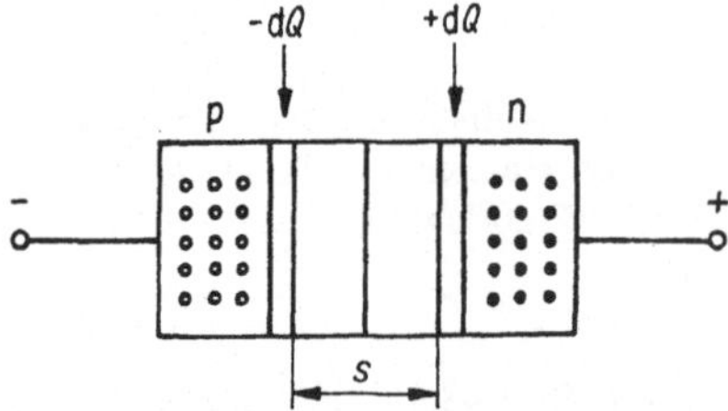

Bild 43.21. Schema der Kapazitätsdiode

Fotodioden beruhen auf dem *inneren Fotoeffekt* und werden mit den Fotoelementen (S. 497) beschrieben.
Sperrschicht-Detektoren sind spezielle pn-Übergänge, die bei *Bestrahlung* mit Kernstrahlung leitend werden (s. S. 553).

Tunneldioden werden als *rauscharme* Dioden in elektronischen Schaltungen zur Erzeugung von Schwingungen sehr hoher Frequenz genutzt. Beiderseits des pn-Überganges sind zwei *hochdotierte* p- und n-Gebiete vorhanden (in Bild 43.22a durch p^+ und n^+ bezeichnet). Bild 43.22b zeigt die zugehörige Ladungsträgerdichte. Infolge der schmalen Raumladungszonen ist im pn-Übergang eine hohe elektrische Feldstärke vorhanden. So kommt es auch bei geringer äußerer Spannung zum ZENER-Durchbruch, obwohl die thermische Energie der Elektronen *unter* der Energieschwelle (Potentialschwelle) liegt, die ihre Freisetzung bewirkt. Dieses **Durchtunneln** der Energieschwelle ist mit dem Energietopfmodell quantentheoretisch erklärbar (s. 43.6).

Bild 43.22c zeigt die Kennlinie der *Tunneldiode*. Schon bei kleinen Spannungen und auch bei Polung in Sperrichtung ist ein elektrischer Strom vorhanden, der jedoch in Flußrichtung bald sein Maximum erreicht (die Ladungsträger in den sehr schmalen hochdotierten Bereichen sind erschöpft). Die anfangs vorhandene Raumladung wird abgebaut, und es entsteht das normale exponentielle Ansteigen der Flußstromstärke eines pn-Überganges.

Lumineszenzdiode (Lichtemitterdiode). Hier handelt es sich um die Umkehrung des *inneren* Fotoeffektes. Die Beschreibung dieser Diode erfolgt S. 497.

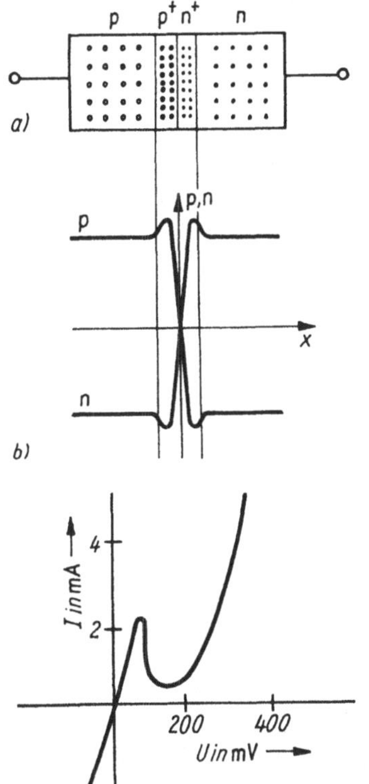

Bild 43.22. Schema der Tunneldiode: a) Dotierungsschema, b) Ladungsträgerdichte im stromlosen Zustand, c) Stromstärke-Spannungs-Kennlinie

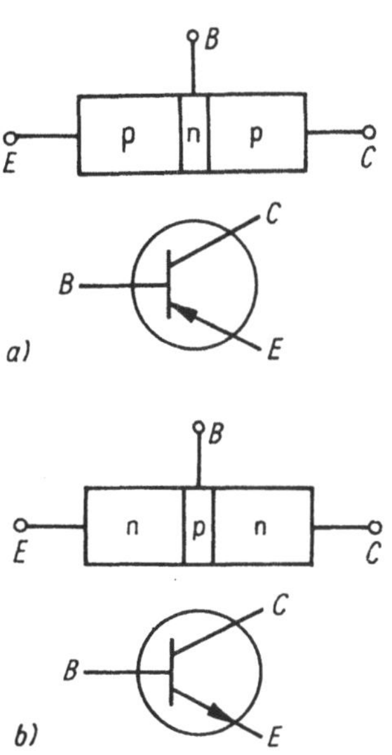

Bild 43.23. Schema und Schaltzeichen eines Bipolartransistors: a) pnp, b) npn

43.8.4 Bipolartransistor (Flächentransistor)

Bei den **Bipolartransistoren** handelt es sich um *dreipolige* Halbleiterbauelemente, in denen zwei pn-Übergänge sich gegenseitig beeinflussen können. Man unterscheidet je nach der Zonenfolge der Dotierung **pnp-** und **npn-Transistoren** (Bild 43.23). Bipolartransistoren werden in zunehmendem Maße nicht *nur* als Einzelbauelemente eingesetzt (Bild 43.24), sondern in integrierter Form in den Schaltkreisen der Mikroelektronik (Bild 43.25).

Der in *Flußrichtung* gepolte Übergang heißt **Emitter** E, der in *Sperrichtung* gepolte pn-Übergang ist der **Kollektor** C. Zwischen beiden liegt die schmale **Basis** B.
Der Transistor kann in *drei* verschiedenen *Schaltungsarten* betrieben werden, die im Bild 43.26 dargestellt sind. Der Leitungsmechanismus soll an der **Basisschaltung** erläutert werden.

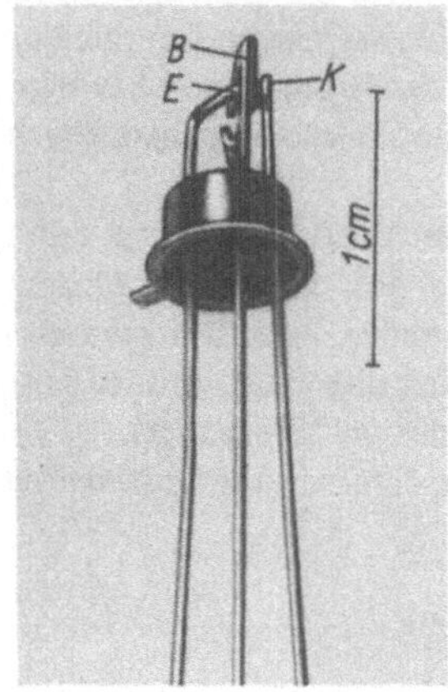

Bild 43.24. Aufbau eines 25-mW-Legierungs-
transistors: E Emitter, B Basis, K Kollektor

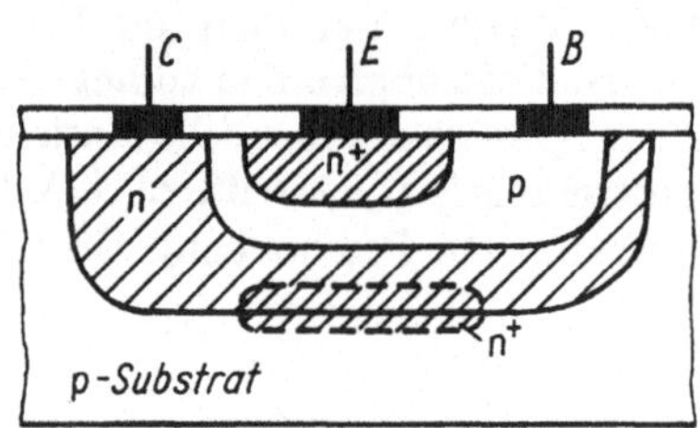

Bild 43.25. Querschnitt durch einen
integrierten Bipolartransistor (npn)

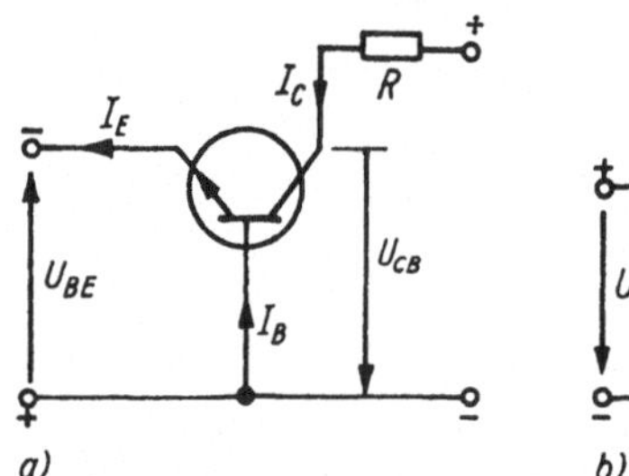
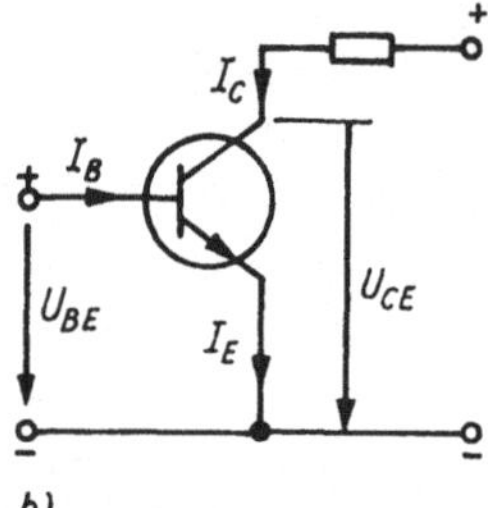
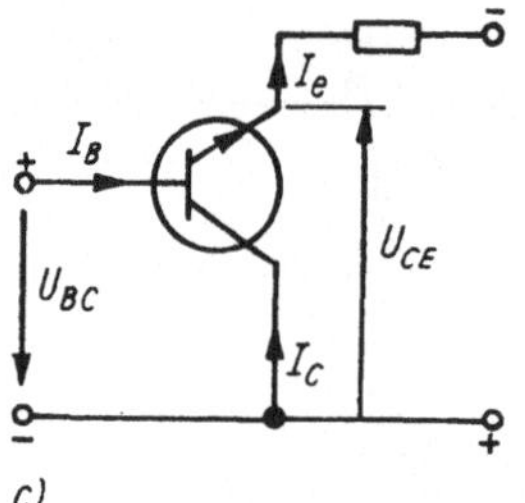

Bild 43.26. Schaltungsarten des Bipolartransistors: a) Basisschaltung, b) Emitterschaltung, c) Kollektorschaltung

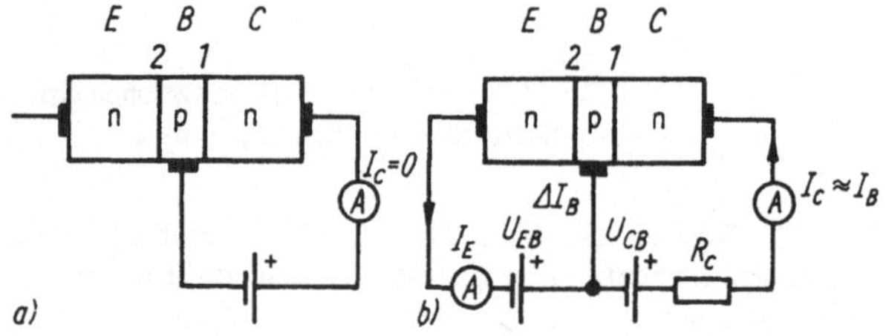

Bild 43.27. Zur Wirkungsweise des Transistors

Liegt zwischen B und C die Spannungsquelle in angegebener Richtung (Bild 43.27a), ist np-Übergang *1* in *Sperrichtung* gepolt. Die Kollektorstromstärke ist praktisch *Null* (I_C ist die Sperrstromstärke). Wird nach Bild 43.27b der pn-Übergang *2* in Flußrichtung gepolt, so können sehr viele Majoritätsträger (in diesem Fall Elektronen) durch die sehr dünne Basis bis in den pn-Übergang *1* diffundieren. Da sie jetzt Minoritätsträger sind (die Basis ist p-Gebiet), gelangen sie bei entsprechender Polung des Basis-Kollektor-Kreises durch die Sperrfeldstärke beschleunigt in den Kollektor und werden von diesem aufgenommen. Das Strommeßgerät zeigt eine Kollektorstromstärke an, die durch den Widerstand R_C begrenzt werden muß. Von der Emitterstromstärke I_E fließt nur ein kleiner Teil I_B über die Basis (meist etwa 2 %), so daß die Kollektorstromstärke I_C etwa gleich der Emitterstromstärke I_E ist: $I_C \approx I_E$.

Der Emitter sendet Elektronen aus, die über pn-Übergang *1* vom Kollektor aufgenommen werden. Die Kollektorstromstärke I_C hängt von der Emitterstromstärke I_E ab und ist wegen der sehr kleinen Basisstromstärke I_B ($I_B \ll I_E$) $I_C \approx I_E$. Der Basis-Kollektor-Kreis wird durch den Basis-Emitter-Kreis gesteuert!

Eine Änderung ΔI_E ruft also eine etwa gleiche Änderung ΔI_C hervor.
Der Quotient aus ΔI_C und ΔI_E ist der **Stromverstärkungsfaktor** α:

$$\boxed{\alpha = \frac{\Delta I_C}{\Delta I_E}} \qquad \textbf{Stromverstärkungsfaktor} \qquad\qquad (43.19)$$

Er ist bei der *Basisschaltung* etwa 0,98. Während im *Steuerkreis* (Eingangskreis) die Spannung *gering* ist ($U_{EB} < 1$ V), kann im *gesteuerten Kreis* U_{CB} Werte bis 400 V annehmen (je nach Typ des Transistors). Es liegt eine **Leistungsverstärkung** vor: $\Delta I_C U_{CB} \gg \Delta I_B U_{EB}$. Bei guter Anpassung des Widerstandes R_C kann diese 10000fach sein! Der Transistor arbeitet aber auch als **Spannungsverstärker**, da die Änderung des Spannungsabfalles ΔU_R am Widerstand R_C bei entsprechender Bemessung viel größer ist als eine Änderung der Spannung ΔU_{EB} im Eingangskreis.

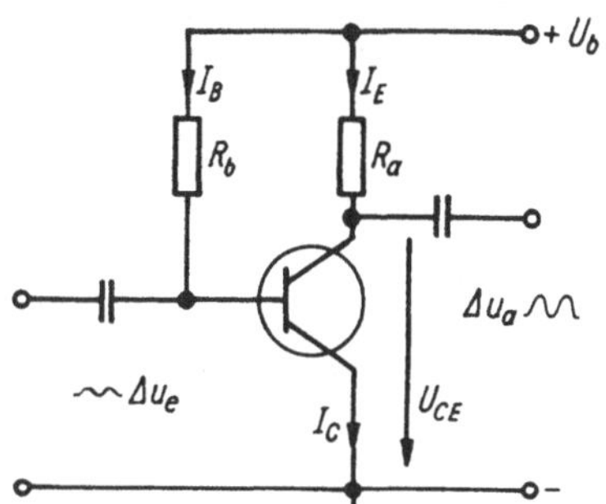

Bild 43.28. Einfache Verstärkerstufe für Kleinsignalverstärkung. Δu_e Eingangssignalspannung, Δu_a Ausgangssignalspannung

Wird der *Emitter* als *Bezugselektrode* gewählt, liegt die am häufigsten verwendete **Emitterschaltung** vor (Bild 43.26b). Hier wird die *Emitterstromstärke* I_E durch die sehr kleine *Basisstromstärke* I_B gesteuert. Auch bei dieser Schaltung ist $I_E \approx I_C$. Die **Stromverstärkung** kann jetzt beträchtlich werden und bis 200 betragen. In dieser Schaltungsart kann der Transistor als **Spannungs-** oder **Vorverstärker** (Kleinsignalverstärker), als **Leistungs-** oder **Endverstärker** (Großsignalverstärker) sowie vielen anderen, den Rahmen dieses Buches weit überschreitenden Anwendungen genutzt werden.

Bild 43.28 zeigt eine einfache *Verstärkerstufe*. Aus dem *Kennlinienfeld* (Bild 43.29) erkennt man, daß bereits eine *geringe* Änderung der Basisstromstärke ΔI_B (einige µA) eine *große* Änderung der Emitterstromstärke ΔI_E und damit einen *großen* Spannungsabfall am Arbeitswiderstand R_a hervorruft. Der *Arbeitspunkt A* der Stufe wird über den Basiswiderstand R_b (er beeinflußt die Basisstromstärke I_E) sowie über die durch die Betriebsspannung U_b und R_a bestimmte Arbeitsgerade dieses Widerstandes festgelegt. Die Anwendung des *Maschensatzes* im Emitter-Basis-Kreis ergibt nämlich $U_b = U_{CE} + I_B R_a$ (Bild 43.28), d. h. im gewählten Koordinatensystem die Gleichung der Geraden

$$I_E = \frac{U_b - U_{CE}}{R_a} = \frac{U_b}{R_a} - \frac{1}{R_a} U_{CE}.$$

Der *Schnittpunkt* dieser Geraden mit der durch R_b vorgewählten Basisstromstärke ergibt den Arbeitspunkt, der zur Vermeidung von Verzerrungen auf einer mittleren Kennlinie liegt.
In **Kollektorschaltung** wird der Transistor vorwiegend als **Impedanzwandler** eingesetzt, d. h. zur Anpassung eines geringen Ausgangswiderstandes an einen großen Eingangswiderstand (Bild 43.26 c).

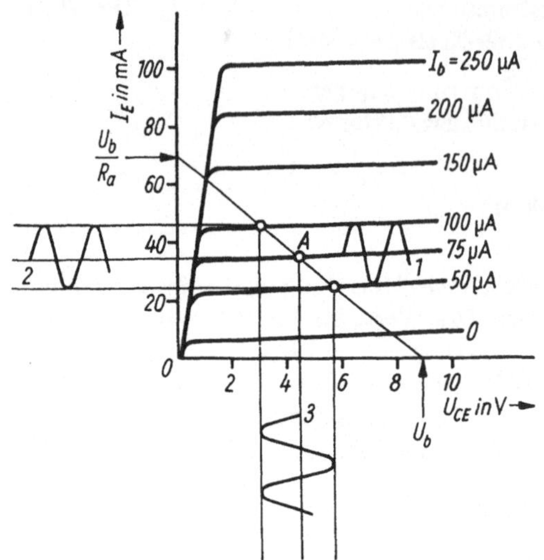

Bild 43.29. 1. Quadrant der Kennlinienfelder eines Bipolartransistors (Ausgangskennlinienfeld). *1* kleine Eingangswechselspannung ≙ geringer Stromstärke, *2* Ausgangswechselstromstärke, *3* große Ausgangswechselspannung

Beim **Fototransistor** erfolgt die *Steuerung* der Emitterstromstärke über die auf die Basis des Transistors auftreffende *Lichtstrahlung*. Die Leitfähigkeit wird von zusätzlichen Leitungselektronen durch den *inneren* Fotoeffekt (s. S. 496) hervorgerufen. Der **Fototransistor** vereinigt in sich die Eigenschaften einer **Fotodiode** und des Verstärkerelementes **Transistor**. *Fototransistoren* und *Lichtemitterdioden* **(LED)** werden in *optoelektronischen* Schaltungen angewendet.

43.8.5 Thyristor

Die **Vierschichtdiode, Thyristor** genannt, hat besondere Bedeutung in der *Industrie*-Elektronik für die *Steuerung* elektrischer Antriebe. Das Bild 43.30 zeigt den schematischen Aufbau sowie das Schaltzeichen. Ein solcher *symmetrischer* Thyristor oder *Triac* besteht aus *vier* verschieden dotierten Schichten. Wird an die **Anode** A der + Pol, an die **Katode** K der − Pol

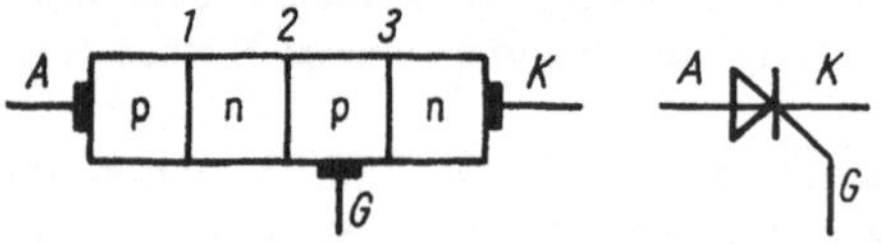

Bild 43.30. Schematischer Aufbau und Schaltzeichen des Thyristors

einer Spannungsquelle gelegt, sind die pn-Übergänge *1* und *3* in *Flußrichtung*, der Übergang *2* jedoch in *Sperrichtung* gepolt. Daher ist von A nach K nur eine kleine *Sperrstromstärke* möglich (Bild 43.31 Kennlinienteil *1* zwischen $U = 0$ und U_Z). Bei der Spannung U_Z **(Zündspannung)** erfolgt durch die dadurch bedingte genügend große elektrische Feldstärke im vorher gesperrten Übergang *2* ein *Ladungsdurchbruch*, d. h., der *mittlere* pn-Übergang wird mit Ladungsträgern überschwemmt. Dadurch *kippt* die gesamte pnpn-Strecke in einen leitenden Zustand, ihr Widerstand wird plötzlich sehr stark verkleinert, und der *Spannungs-*

abfall U_{AK} zwischen A und K geht auf einen *kleinen* Wert zurück (gestrichelter Kennlinienteil *2*). In diesem leitenden Zustand (Kennlinienteil *3*) bleibt der Thyristor und wird erst unter einer **Haltestromstärke** I_H wieder in den Sperrzustand versetzt.

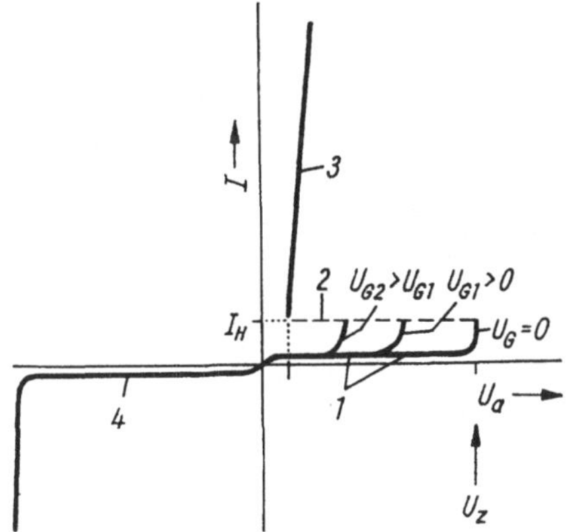

Bild 43.31. Kennlinie eines Thyristors

Wird an die **Steuerelektrode** G (Gate) eine *positive* Spannung gelegt, kann die Zündspannung je nach der Höhe der **Steuerspannung** U_{St} beeinflußt werden (Bild 43.31). Die Begründung liegt darin, daß die *rechte* Seite des Thyristors wie der *npn-Transistor* in *Basisschaltung* wirkt (s. 43.8.4). Es gelangen viele Elektronen in den Übergang *2* und *erhöhen* dort die Sperrstromstärke. Die Folge ist eine *verstärkte* Emission von Elektronen in den pn-Übergang *1*, so daß der *linke* Teil des Thyristors als *pnp-Transistor* wirkt und nun seinerseits den vorher gesperrten Übergang *2* mit Ladungsträgern versorgt. Der **Thyristor ist leitend** (s. Kennlinie Bild 43.31), und es ist **nicht** möglich, ihn über die Steuerelektrode wieder in den Haltezustand zu versetzen.

Die Zündspannung des Thyristors kann über eine entsprechende Steuerspannung an der Steuerelektrode G beeinflußt werden. In jedem Fall geht der Thyristor erst unter einer Haltespannung U_H bzw. unter einer Haltestromstärke I_H in den gesperrten Zustand zurück.

Bei Polung des *gesamten* Thyristors in Sperrichtung (+Pol an der Katode) verhält sich dieses Bauelement wie eine *normale* Diode im gesperrten Zustand (Kennlinienteil *4*). Die Steuerspannung kann dieses Verhalten *nicht* beeinflussen, da nun zwei pn-Übergänge, und zwar *1* und *3*, in Sperrichtung sind.

43.8.6 Unipolar- oder Feldeffekt-Transistor

Unipolar- oder **Feldeffekt-Transistoren (FET)** sind Halbleiterbauelemente, in welchen ein **Kanal** aus *Störleitungsmaterial* (Bild 43.32) durch ein auf den Kanal einwirkendes *elektrisches Feld* in seiner *Leitfähigkeit* beeinflußt wird. Die Leitfähigkeit wird durch die jeweiligen *Majoritätsträger* im Kanal bestimmt, also entweder durch die Elektronenkonzentration n oder die Defektelektronenkonzentration p. Die Leitung erfolgt also **unipolar**! Die Herstellungstechnologien der FET sind einfacher als die der Bipolar-Transistoren. Sie sind daher günstiger integrierbar, und es lassen sich in Schaltkreisen mehr Transistorfunktionen auf einem **Chip** (Grundkristall) unterbringen (z. Z. bis etwa 660000 Transistorfunktionen auf einem Chip von 6,4 mm Seitenlänge). Die Schaltungen von bestimmten Funktionseinheiten, wie z. B. Speicherzellen u. a., sind mit Unipolartransistoren wesentlich einfacher.
Unter den vielen FET-Typen soll in diesem Rahmen die Funktion des **IGFET (Isolierschicht-FET)** erläutert werden. Bild 43.32 zeigt den prinzipiellen Aufbau und das Schaltzeichen

eines **MOSFET (Metall-Oxidschicht-FET)** vom **Verarmungstyp** mit dem zugehörigen Schaltbild. Beim *Anreicherungstyp* bildet sich der leitende Kanal erst im Betrieb, während er beim *Verarmungstyp* bereits bei der Herstellung eingebaut wird.

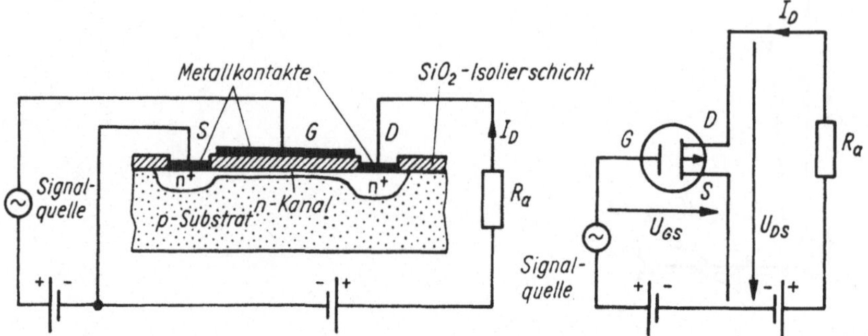

Bild 43.32. Prinzipieller Aufbau (links) und Schaltbild eines n-Kanals MOSFET (Metall-Oxidschicht-FET) vom Verarmungstyp. Einige Daten: Kanallänge 10 µm, Kanalbreite 100 bis 500 µm, Kanaldicke 1 bis 10 µm, Isolierschichtdicke 0,1 bis 0,2 µm, Elektronenkonzentration im Kanal $\approx 10^{15}$ 1/cm^3

Die Art der *Steuerung* dieses Unipolartransistors *ähnelt* sehr der der ehemalig in der Elektronik verwendeten *Vakuumpentode.*

Die **Steuerelektrode G (Gate)** ist durch eine **Isolierschicht** vom zu steuernden **n-Kanal** (Bild 43.32) getrennt. Das *steuernde* Feld kann die *Majoritätsträger* (hier die Elektronen) *aus* dem Kanal drängen und macht ihn entsprechend der von der **Quelle S (Source)** zur Steuerelektrode G verlaufenden Steuerspannung *mehr* oder *weniger* leitend, beeinflußt also die **Drainstromstärke** I_D (genauer gesagt den Elektronenfluß) von der *Quelle* S zur **Senke** D **(Drain).** Je *negativer* die Steuerelektrode ist, um so *mehr* Elektronen werden *aus* dem n-Kanal gedrängt, die Leitfähigkeit *nimmt ab* (Einsatzmöglichkeit als steuerbarer Widerstand).
IGFET haben einen extrem hohen Eingangswiderstand in der Größenordnung 10^{12} Ω und gestatten dadurch eine nahezu *leistungslose* Steuerung von I_D. Feldeffekttransistoren können für hohe Frequenzen (einige MHz) verwendet werden.

Die elektrische Stromstärke durch den Kanal eines Unipolar-Transistors wird über die Steuerelektrode G durch ein äußeres Feld nahezu leistungslos gesteuert. Dadurch können kleine Signalspannungen im S-G-Kreis im D-S-Kreis verstärkt werden.

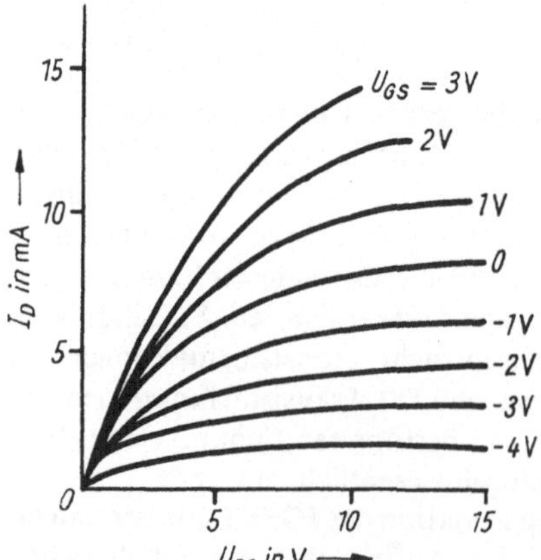

Bild 43.33. Ausgangskennlinienfeld eines MOSFET (Verarmungstyp)

Das wichtige *Ausgangskennlinienfeld* eines FET im 1. Quadranten zeigt Bild 43.33. Hier ist die Drainstromstärke I_D in Abhängigkeit der Drain-Source-Spannung U_{DS} mit der Gate-Source-Spannung U_{GS} als Parameter aufgetragen. Das Kennlinienfeld ist dem der früher verwendeten Mehrelektroden-Vakuumröhre äußerst *ähnlich*. Wie bei den Bipolartransistoren läßt sich daran die Verstärkerwirkung ohne weiteres erklären (Arbeitsgerade des Widerstandes R_a eintragen, Arbeitspunkt wählen).

Entsprechend den Bipolartransistoren gibt es *drei* verschiedene Schaltungsarten, auf die im Rahmen dieses Buches genau so wenig eingegangen werden kann wie auf die vielen anderen Unipolartransistortypen und andere Halbleiterbauelemente und ihre Anwendungen.

44 Elektrische Leitung in Elektrolyten

44.1 Ionenleitung und Ionenbeweglichkeit

Während der Leitungsmechanismus in den Metallen und elektronischen Halbleitern im wesentlichen auf der Bewegung von Elektronen beruht, wird der Strom in den Flüssigkeiten (wäßrige Lösungen von Salzen, Basen und Säuren) und auch in manchen Festkörpern von **Ionen** getragen. Man unterscheidet

> **Kationen: positive Ionen, die zur negativen Elektrode, der Katode, wandern, und**
> **Anionen: negative Ionen, die zur positiven Elektrode, der Anode, wandern.**

Die *Ionen* sind bereits im kristallischen, also im festen Zustand dieser Stoffe, räumlich getrennt, im sogenannten Kristallgitter enthalten. Die gegenseitige Bindung ist elektrostatischer Art.

Beim Auflösen in Wasser wird diese Bindung weitgehend aufgehoben, was mit der *großen Permittivitätszahl* des Wassers ($\varepsilon_r = 81{,}57$) zusammenhängt. Denn für die Kraft, mit der sich zwei Ionen gegenseitig anziehen und dabei wieder ein neutrales Molekül bilden, gilt in einem Dielektrikum das COULOMBsche Gesetz (39.11) $F = \dfrac{1}{4\pi\varepsilon_r\varepsilon_0}\,\dfrac{Q_1 Q_2}{r^2}$. Sie ist demnach im Wasser gegenüber anderen Flüssigkeiten relativ gering, so daß die Dissoziation in Wasser gelöster Stoffe sehr begünstigt wird.

Der Strom im Elektrolyten wird von Ionen *beiderlei* Vorzeichens getragen, die sich mit den Driftgeschwindigkeiten v_+ bzw. v_- im elektrischen Feld zwischen den Elektroden bewegen

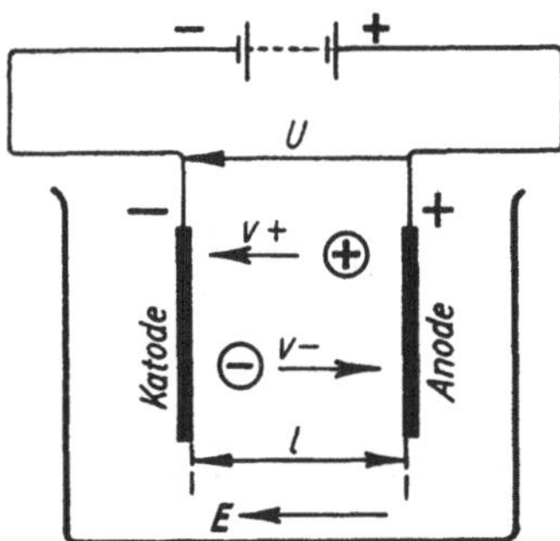

Bild 44.1. Zur Ionenbeweglichkeit

(Bild 44.1). Der Zusammenhang mit der Ionenbeweglichkeit ist wieder durch die Gleichung (43.2) gegeben:

$$\boxed{v_+ = u_+ E} \quad \text{bzw.} \quad \boxed{v_- = u_- E} \qquad \textbf{Driftgeschwindigkeit der Ionen} \qquad (44.1)$$

Ionenbeweglichkeiten in stark verdünnten wäßrigen Lösungen bei 18 °C

Kationen	u_+ in $\dfrac{m^2}{Wb}$	Anionen	u_- in $\dfrac{m^2}{Wb}$
H^+	$32 \cdot 10^{-8}$	OH^-	$18{,}2 \cdot 10^{-8}$
Na^+	$4{,}4 \cdot 10^{-8}$	Cl^-	$6{,}8 \cdot 10^{-8}$
K^+	$6{,}5 \cdot 10^{-8}$	MnO_4^-	$5{,}5 \cdot 10^{-8}$
Zn^{++}	$4{,}5 \cdot 10^{-8}$	NO_3^-	$6{,}2 \cdot 10^{-8}$

Die geringe Ionenbeweglichkeit rührt daher, daß die Bewegung der Ionen von der *inneren Reibung* der Flüssigkeit stark gehemmt wird. Da die innere Reibung mit zunehmender Temperatur abnimmt, sinkt dann der spezifische Widerstand. Daher haben Elektrolyte einen *negativen Temperaturkoeffizienten*.

Die geringe *Driftgeschwindigkeit* der Ionen zeigt der folgende einfache Versuch. Ein Streifen Fließpapier wird mit einer stark verdünnten Lösung von Kaliumpermanganat ($K^+MnO_4^-$) getränkt und zwischen 2 Metallkontakte geklemmt (Bild 44.2). Quer in die Strombahn legt man ein schmales Streifchen auf, das mit *starker* (violetter) Lösung desselben Salzes getränkt ist. Nach Anlegen der

Bild 44.2. Sichtbarmachung der Ionenbewegung. G Grenze der sich nach der Anode bewegenden Ionen

Spannung von etwa 200 V zieht sich eine scharf abgegrenzte Wolke, welche die violetten MnO_4^--Ionen enthält, langsam nach der Anode. Wenn man die Spannung umpolt, wandert die Wolke nach der entgegengesetzten Seite zurück (Geschwindigkeit je nach Spannung einige mm/min). Bei der Spannung 200 V und einem Elektrodenabstand von 10 cm ist die Feldstärke $E = \dfrac{200\ V}{0{,}1\ m}$ $= 2000\ V/m$. Für MnO_4^--Ionen ist die Ionenbeweglichkeit $u_- = 5{,}5 \cdot 10^{-8}\ m^2/Wb$. Die Geschwindigkeit ist dann

$$v_- = u_- E = \frac{5{,}5 \cdot 10^{-8}\ m/s \cdot 2000\ V/m}{V/m} = 1{,}10 \cdot 10^{-4}\ m/s \approx 7\ mm/min.$$

44.2 Faradaysche Gesetze

Wird eine elektrische Spannung an die Elektroden einer leitenden Flüssigkeit gelegt, bewegen sich die *Kationen* in Richtung *Katode*, nehmen dort die fehlenden *Elektronen auf* und werden zu neutralen Atomen. Die negativen *Anionen* wandern im elektrischen Feld zur *Anode* und geben dort ihre überschüssigen *Elektronen ab*. Bild 44.3 zeigt die Ausscheidung von metallischem Blei aus einer Lösung von essigsaurem Blei.

FARADAY fand beim Abwägen der an den Elektroden abgeschiedenen Massen der Stoffe das nach ihm benannte **1. Faradaysche Gesetz**:

> **Die elektrolytisch abgeschiedene Masse m eines Stoffes ist der elektrischen Stromstärke I und der Zeit t proportional.**

$$\boxed{m = kIt}\qquad \textbf{1. Faradaysches Gesetz}\qquad\qquad (44.2)$$

Der Proportionalitätsfaktor k heißt **elektrochemisches Äquivalent** und kann bei *gleichem* Stoff infolge unterschiedlicher **Wertigkeit** z der Ionen *verschieden* sein (s. Tabelle).

Elektrochemische Äquivalente k in mg/C

Silber$^+$	1,1179	Aluminium^{+++}	0,0935
Kupfer^{++}	0,3295	Nickel^{++}	0,3039
Natrium$^+$	0,2387	Knallgas	0,174 cm^3 (bei 0 °C und 1013,25 hPa)
Eisen^{++}	0,2894	Eisen^{+++}	0,1929

Wird nun die **Stoffmenge** n eines *einwertigen* Stoffes ($z = 1$) abgeschieden, so muß die elektrische Ladung $Q = It = nN_A e$ transportiert werden (N_A ist die AVOGADRO-Konstante, $N_A = 6{,}022 \cdot 10^{23}$ mol^{-1}, und $e = 1{,}602 \cdot 10^{-19}$ C die Elementarladung). Es gilt somit

$$\boxed{F = N_A e = \frac{It}{n} = 96{,}48456 \ \text{kC/mol}}\qquad \textbf{Faraday-Konstante}\qquad (44.3)$$

Bild 44.3. Ausscheidung von Blei aus einer Lösung von essigsaurem Blei (Bleibaum)

Da sowohl N_A als auch e *universelle* Naturkonstanten sind, ist auch die FARADAY-Konstante F eine universelle stoffunabhängige Konstante. Sie wird aus elektrolytischen Messungen bestimmt und dient mit der aus dem MILLIKAN-Versuch bestimmbaren Elementarladung e zur Berechnung der AVOGADRO-Konstanten N_A.

Ist die Wertigkeit der Ionen *allgemein* gleich z, so ergibt sich für die durch die Stoffmenge n abgeschiedene Ladung $It = znN_A e$. Daraus ergibt sich die elektrolytisch abgeschiedene **Stoff-**

menge n für Ionen der Wertigkeit z

$$\boxed{n = \frac{It}{zF}}\qquad \textbf{Elektrolytisch abgeschiedene Stoffmenge} \qquad (44.4)$$

Diese Gleichung ist *nur* eine andere Schreibweise des 1. FARADAYschen Gesetzes. Ein Vergleich von (44.2) und (44.4) ergibt mit $n = m/M$ (M ist die molare Masse des elektrolytisch abgeschiedenen Stoffes) das 2. FARADAYsche Gesetz:

$$\boxed{k = \frac{M}{zF}\cdot}\qquad \textbf{2. Faradaysches Gesetz} \qquad (44.5)$$

Wie man leicht nachrechnen kann, lassen sich *beide* FARADAY-Gesetze zu einem vereinigen:

$$\boxed{m = \frac{MIt}{zF}}\qquad \textbf{Elektrolytisch abgeschiedene Masse} \qquad (44.6)$$

Beispiele: 1. Wieviel Nickel scheidet ein Strom von 45 A in 4 Stunden ab? – Nach (44.2) ist $m = 0{,}3039 \cdot 10^{-3}$ g/A s $\cdot$ 45 A $\cdot$ 4 $\cdot$ 3600 s $= 197$ g.
2. Wieviel Wasser wird von 1 A h zersetzt? – Zur Bildung von 1 mol Wasserstoff (d. h. 1,008 g) werden $Q = 96487$ C benötigt. Dabei entsteht gleichzeitig $^1/_2$ mol Sauerstoff $\left(\text{d. h. } \frac{16}{2}\text{g} = 8 \text{ g}\right)$, so daß 96487 A s 9,008 g Wasser zersetzen. 3600 A s $= 1$ A h zerlegen demnach 0,336 g Wasser.
3. Aus dem experimentell ermittelten Wert des elektrochemischen Äquivalentes für Silber (s. Tabelle) ist die FARADAY-Konstante F und mit der Elementarladung $e = 1{,}602 \cdot 10^{-19}$ C die AVOGADRO-Konstante zu berechnen. – Mit $M = 107{,}87$ g/mol für Silber und $z = 1$ wird $F = M/(zk) = 107{,}87$ g mol$^{-1}/(1 \cdot 1{,}118 \cdot 10^{-3}$ g C$^{-1}) = 96{,}484$ kC/mol in guter Übereinstimmung mit (44.3) und $N_\mathrm{A} = F/e = 96484$ C mol$^{-1}/(1{,}602 \cdot 10^{-19}$ C$) = 6{,}022 \cdot 10^{23}$ 1/mol.
4. Die Gewinnung und Reinigung von Metallen ist die wichtigste Anwendung der Elektrolyse (z. B. Gewinnung von Al und Mg).

44.3 Galvanische Elemente

Auch *reine* Metalle geben in einem Elektrolyten Ionen ab und laden sich gegenüber der Flüssigkeit *negativ* auf (Bild 44.4). Es ist aber mit einfachen Mitteln nicht möglich, das Potential des Metalls gegenüber dem Elektrolyten direkt zu messen. Daher wird einer **Normal-Wasserstoffelektrode**, die mit Platinschwarz überzogen ist, von reinem Wasserstoff umspült wird und in eine Säure taucht, die 1 mol Wasserstoffionen in 1 dm^3 enthält, *willkürlich* das Potential *Null* zugeordnet. Die auf diese Elektrode bezogene Spannung einiger Metalle gibt die folgende Tabelle an (**Normalpotentiale**).

Elektrochemische Spannungsreihe der Metalle

Metall	Li^+	K^+	Na^+	Zn^{++}	Fe^{++}	Ni^{++}	H^+	Cu^{++}	Ag^+	Hg^+	Au^+
Spannung in V	$-3{,}02$	$-2{,}92$	$-2{,}71$	$-0{,}76$	$-0{,}44$	$-0{,}25$	0	0,34	0,81	0,86	1,5

In dieser Reihe ist das jeweils *links* stehende Metall gegenüber jedem rechts davon stehenden *negativ*.

Die angegebenen Spannungen gelten *nur* dann genau, wenn das betreffende Metall in eine Lösung taucht, die 1 mol Ionen des Metalls je dm^3 enthält.

Da z. B. 1 mol $CuSO_4$ auch 1 mol Cu^{++}-Ionen bildet und die molare Masse dieses Salzes 159,61 g/mol beträgt, muß dann 1 dm^3 der Salzlösung 159,61 g wasserfreies Salz enthalten. Bei abweichender Konzentration ändert sich auch die Spannung.

Zwischen zwei *verschiedenen* Metallen in einem Elektrolyten entsteht nun nach der Spannungsreihe eine **Potentialdifferenz**, also eine elektrische Spannung. Es ist ein **galvanisches Element** entstanden.

> **Die Quellenspannung eines galvanischen Elementes ist gleich der Differenz der Einzelpotentiale der Elektroden gegenüber der Lösung. Sie hängt nur von der stofflichen Beschaffenheit der Elektroden, nicht aber von ihren Abmessungen ab.**

Die *historisch* erste Spannungsquelle dieser Art ist das **Volta-Element** (Bild 44.5). Zwischen den beiden angegebenen Metallen besteht eine Spannung von 1,1 V, wobei Cu den $+$Pol und Zn den $-$Pol bildet (s. Tabelle Spannungsreihe). Praktisch sind nur Elemente brauch-

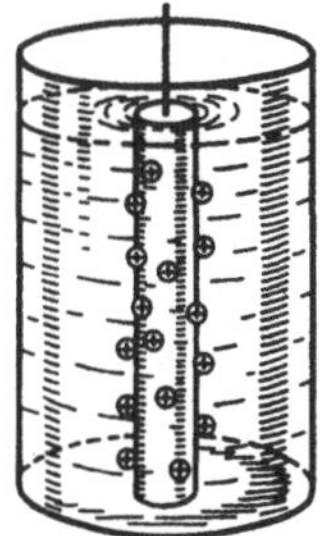

Bild 44.4. Ionenhülle um einen eingetauchten Metallstab (modellmäßig)

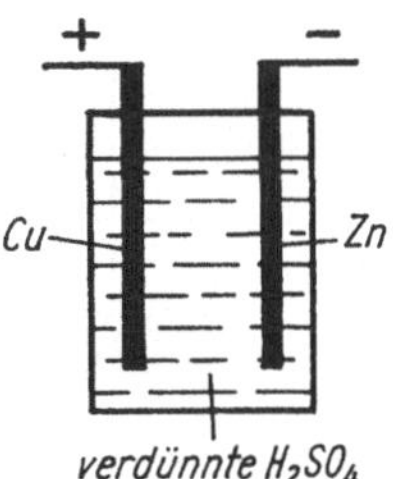

Bild 44.5. VOLTA-Element

bar, deren Quellenspannung *mindestens* 1 V ist. Wie bei den meisten elektrolytischen Vorgängen treten auch in den galvanischen Elementen *zusätzliche* chemische Reaktionen auf, die zu einer Veränderung der Elektroden selbst und damit auch zu einer *anderen* Spannung als der zu erwartenden führen.[1] Dieser Vorgang wird **elektrolytische Polarisation** des Elementes genannt.

> **Elektrolytische Polarisation ist die Veränderung der Elektroden eines galvanischen Elementes unter Bildung eines neuen (sekundären) galvanischen Elementes.**

Da die elektrolytische Polarisation die Wirkungsweise galvanischer Elemente beeinträchtigen kann, muß sie durch geeignete Stoffe (**Depolarisatoren**) verhindert werden.

Galvanische Elemente, bei denen *keine* elektrolytische Polarisation stattfindet, heißen *konstante* Elemente. Am verbreitetsten ist das **Leclanché-Element** (Zink-Salmiaklösung-Kohle) als Batterie für Taschenlampen und tragbare elektronische Geräte. Die Quellenspannung ist 1,5 V. Der Elektrolyt ist bei den Trockenbatterien eingedickt. Der Kohlestab ist meist von einem *braunstein*gefüllten Beutel umgeben, der zur Depolarisation dient. Der Braunstein ist beim **Luftsauerstoffelement** entbehrlich, weil der in die Kohle diffundierende Sauerstoff die Depolarisation bewirkt.

Eine Taschenlampenbatterie liefert etwa 1,24 Ah, verwertet aber nur etwa $1/15$ der chemischen Energie des Zinks.

---

[1] Oft ruft auch der abgeschiedene Stoff an den Elektroden eine Spannung entgegengesetzter Polarisationsrichtung hervor wie die des Primärelementes.

31*

Für Meßzwecke dient das **Cadmium- (Weston-) Normalelement**, dessen Quellenspannung bei 20 °C gleich 1,018 65 V ist (Bild 44.6). Es ist meist mit einem elektrischen *Thermostaten*, der für genau konstante Temperatur sorgt, in einem Kasten zusammengebaut.

Die bei der Oxydation von Wasserstoff und anderen Brennstoffen frei werdende Energie direkt in elektrische Energie umzuwandeln gelingt in den **Brennstoffelementen**. Als Beispiel zeigt Bild 44.7 ein Niederdruck-Knallgas-Element. Das zugeführte H_2-Gas tritt in einen aus gesintertem Material bestehenden Nickelzylinder und wird dort in den Poren katalytisch gespalten, ionisiert und locker gebunden. In der positiven Elektrode wird O_2-Gas durch einen Silber-Katalysator ionisiert. Es bilden sich OH^--Ionen, die in der als Elektrolyt dienenden Kalilauge zur Gegenelektrode wandern und sich mit dem Wasserstoff zu Wasser verbinden. Der Wirkungsgrad erreicht 90 %, die Quellenspannung einer Zelle 1,12 V und die zulässige Stromdichte der H-Elektrode 0,7 A/cm². Die Entwicklung geht dahin, anstelle von Wasserstoff brennbare Öle zu verwenden.

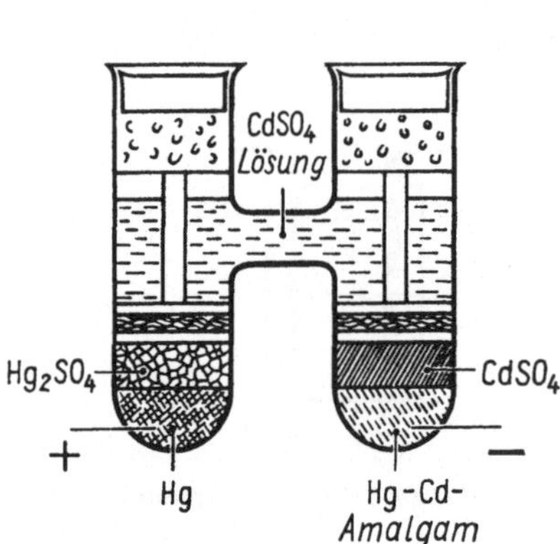

Bild 44.6. WESTON-Normalelement

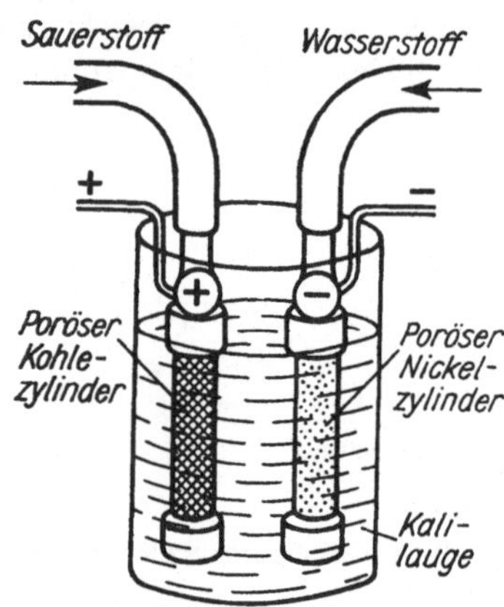

Bild 44.7. Brennstoffelement

Die Polarisation nützt man bei den **Akkumulatoren (Sammlern)** aus, um *elektrische Energie auf chemischem Wege zu speichern*.
Besondere Bedeutung hat der **Blei- (Planté-) Akkumulator**.

Man stelle 2 Stücke Bleiblech in etwa 10%ige Schwefelsäure und lege eine Spannung von etwa 3 V an. Nach einigen Minuten hat sich auf der Anode eine schokoladenbraune Schicht von PbO_2 gebildet, während die Katode metallisch blank wird. Schaltet man jetzt die Spannungsquelle ab, ist zwischen den Platten eine Spannung von etwa 2 V. Wiederholung des Versuches erhöht das Speichervermögen der Bleizelle.

Beim Eintauchen des stets mit einer Oxidschicht bedeckten Bleies bildet sich an der Oberfläche $PbSO_4$, das sich beim Aufladen zersetzt.

$$Laden: 2\,PbSO_4 + 2\,H_2O \rightarrow PbO_2 + Pb + 2\,H_2SO_4$$

Verbrauch   braun, grau, Bildung
von Wasser + Pol − Pol von Säure

Der Vorgang verläuft in umgekehrter Richtung beim

$$Entladen: PbO_2 + Pb + 2\,H_2SO_4 \rightarrow 2\,PbSO_4 + 2\,H_2O$$

Verbrauch   Bildung
von Säure   von Wasser

Beim Laden nimmt die *Säuredichte zu*, beim *Entladen* ab.

Bei der Herstellung des meistverwendeten Typs wird in die gitterartigen Bleiplatten ein Brei aus Schwefelsäure und Bleipulver bzw. Bleioxid eingepreßt. Das Laden ist beendet, wenn die Spannung 2,6 V erreicht hat, was auch an der kräftigen Gasbildung (Vorsicht, Knallgas!) erkennbar wird. Während des *Entladens* darf die Spannung nicht unter 1,8 V sinken. Die Ladung soll etwa 5 bis 10 Ah je dm² Plattenoberfläche betragen; etwa 80% der Ladeenergie wird zurückgewonnen; 1 kg Zellenmasse vermag etwa 32 Wh zu speichern. Bei längerem unbenutztem Stehen bildet sich hartes Bleisulfat, das den Sammler unbrauchbar macht.

Weniger empfindlich ist der alkalische **Eisen-Nickel-** (oder auch Cadmium-Nickel-) **Sammler**.

$$\textit{Laden:} \quad Fe(OH)_2 + 2\,Ni(OH)_2 \rightarrow Fe + 2\,Ni(OH)_3$$

$$\textit{Entladen:} \; Fe + 2\,Ni(OH)_3 \rightarrow Fe(OH)_2 + 2\,Ni(OH)_2$$

Als Elektrolyt dient 20%ige Kalilauge. Die Energieausbeute beträgt nur 75%, das Speichervermögen je kg ist etwa dasselbe wie beim Bleisammler.

45 Elektrische Leitung in Gasen

45.1 Unselbständige und selbständige Entladung

Alle Gase, auch die Luft, sind normalerweise *Nichtleiter* (Isolatoren). Mit empfindlichen Nachweisgeräten ist dennoch eine äußerst *geringe* Leitfähigkeit nachzuweisen, die auf im Gas vorhandene Ladungsträger schließen läßt. Dies können Elektronen, Ionen und durch Ionenanlagerung geladene Moleküle sein. Sie sind in geringer Anzahl von Natur aus immer in der Luft und auch in anderen Gasen enthalten (z. B. durch die natürliche radioaktive Strahlung).

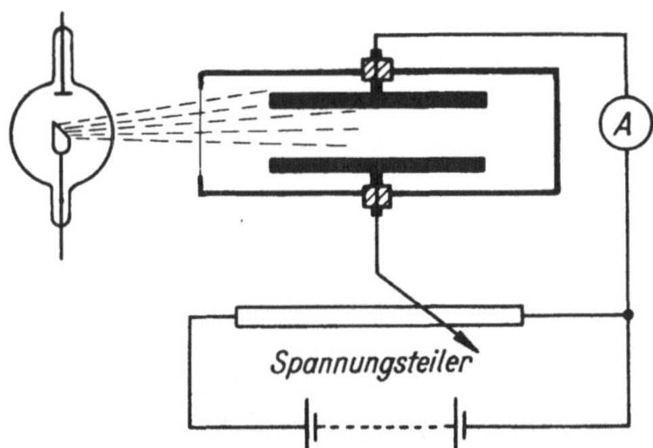
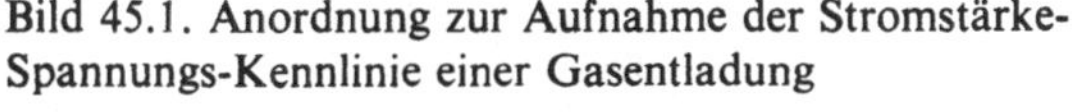

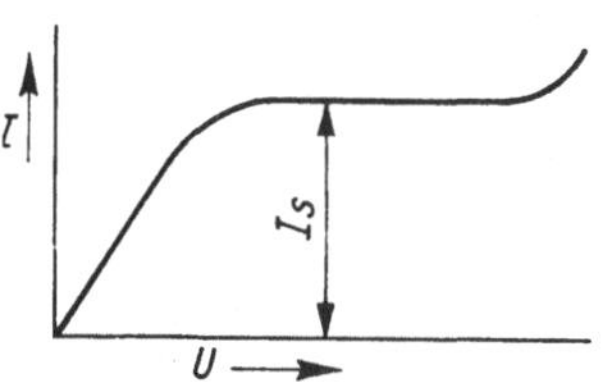

Bild 45.1. Anordnung zur Aufnahme der Stromstärke-Spannungs-Kennlinie einer Gasentladung

Bild 45.2. Stromstärke-Spannungs-Kennlinie

Soll die Leitfähigkeit der Gase erhöht werden, müssen in ihnen oder an den sie begrenzenden Flächen auf irgendeine Weise zusätzliche Ladungsträger erzeugt werden. So können z. B. Elektronen von außen in das Gas gebracht werden (s. 46.1), indem aus der Katode Elektronen herausgelöst werden. Man kann auch die Konzentration der Ladungsträger im Gas *selbst* dadurch erhöhen, wenn nach Bild 45.1 der Raum zwischen den Kondensatorplatten energiereicher Strahlung ausgesetzt wird (Röntgenstrahlung, radioaktive Strahlung). Es erfolgt dadurch eine *Ionisierung* des Gases durch Energiezufuhr, die größer als die Ionisierungsenergie sein muß. Diese Energiezufuhr kann auch durch Elektronenstoß vorhandener Elektronen in einem angelegten elektrischen Feld geschehen.

Wird die elektrische Leitfähigkeit durch Ladungsträger erhöht, die durch äußere Einwirkung im Gas entstehen, spricht man von unselbständiger Entladung.

Untersucht man die *Stromstärke-Spannungskennlinie* einer Gasentladung, so steigt die Stromstärke I mit steigender Spannung U zunächst etwa *linear* an (Bilder 45.1 und 45.2). Es gilt also das Ohmsche Gesetz. Bei zunehmender Spannung jedoch nimmt die Stromstärke immer langsamer zu und erreicht schließlich einen **Sättigungswert** I_S. Der Grund dafür ist darin zu suchen, daß nicht mehr Ionen zu den Elektroden gelangen können, als die in der gleichen Zeiteinheit von der Strahlung gebildeten Ladungsträger. Die Sättigungsstromstärke kann daher als Maß für die Ionendosis (Exposition) ionisierender Strahlung dienen (S. 551 und 555).

Bei weiterer Erhöhung der Spannung beginnt die Stromstärke wieder anzusteigen und nimmt schließlich sehr stark zu. Das im Sättigungsgebiet vorhandene *Gleichgewicht* von *Ladungsträgererzeugung* und *Ladungsträgertransport* sowie *Rekombination* (Wiedervereinigung) von Ladungsträgern unterschiedlicher Polarität ist gestört. Es müssen *neue* Ladungsträger hinzugekommen sein, die *nicht* von der Bestrahlung herrühren können. Die ursprünglich vorhandenen Elektronen und Ionen erhalten wegen der großen elektrischen Feldstärke soviel kinetische Energie, daß beim Aufprall aus anderen Molekülen und neutralen Atomen Ionen und Elektronen entstehen.

Die Ionisation eines Moleküls oder eines Atoms durch ein anderes stoßendes Teilchen durch dessen Energieabgabe nennt man Stoßionisation.

Außer der Stoßionisation können auch durch das Auftreffen energiereicher Ionen auf die Katode zusätzliche Elektronen herausgelöst werden. Beide Vorgänge können die Ursache der **selbständigen Entladung** sein.

Die selbständige Entladung entsteht durch ständige Neubildung elektrischer Ladungsträger durch andere Ladungsträger genügend großer kinetischer Energie.

Der Mechanismus der selbständigen Gasentladung ist ein äußerst komplexer Vorgang aus thermischen, elektrischen und auch optischen, voneinander oft abhängigen Effekten. Entscheidend für ihre Entstehung ist die Stoßionisation, die im Bild 45,3 modellhaft erklärt wird:

Angenommen, ein Ion pralle auf die Katode, wo es ein *Elektron herausschlägt*. Dieses wird nach der Anode hin *beschleunigt* und stößt mit einem *Gasmolekül* zusammen. Dadurch bildet sich ein *neues Elektron* und ein *positives Ion*. Die beiden weiterfliegenden Elektronen er-

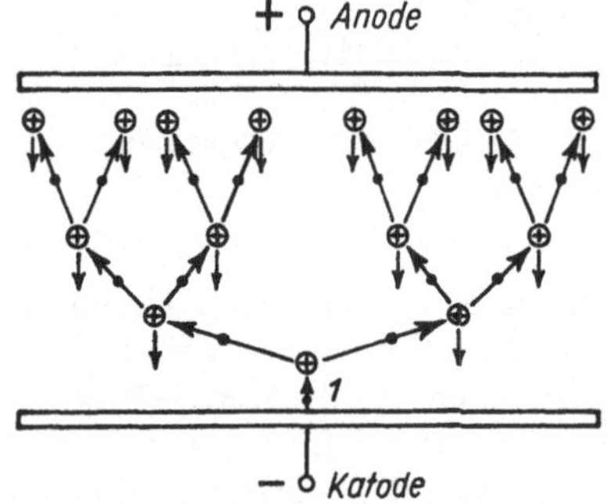

Bild 45.3. Zur Stoßionisation. Ein aus der Katode gelöstes Elektron löst die Ionisation aus (modellmäßig).

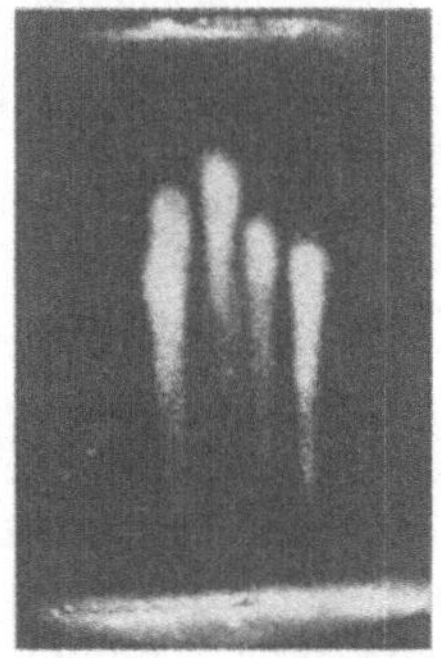

Bild 45.4. Nebelkammeraufnahme mehrerer Ionenlawinen

zeugen beim nächsten Zusammenprall 2 weitere Ionen und Elektronen, so daß jetzt 4 Elektronen weiterfliegen und in dieser Weise eine rasch anwachsende **Ionenlawine** verursachen (Bild 45.4).

Ein völlig oder doch weitgehend ionisiertes Gas wird **Plasma** genannt. Bei genügend hohen Temperaturen sind Gase auch ohne das Vorhandensein eines elektrischen Feldes ionisiert. Die kinetische Energie der durch die Temperatur bedingten Bewegung der Moleküle reicht zu ihrer Ionisation aus.

Aber auch bei genügend hoher angelegter Spannung genügt das Vorhandensein der von Natur aus im Gas befindlichen Ladungsträger, die Stoßionisation einzuleiten und damit auch eine selbständige Gasentladung.

45.2 Glimmentladung

Selbständige Gasentladungen sind oft mit Leuchterscheinungen verbunden. Wird eine **Kaltkatodenröhre**, an der eine Spannung von einigen kV liegt, evakuiert, erscheinen während des Absinken des Druckes bald violett leuchtende Büschel, die sich bei etwa 0,1 bis 2 hPa zum charakteristischen Bild einer **Glimmentladung** verbreitern. Die Leuchterscheinung bildet von der Katode ausgehend, folgende Teile (Bild 45.5):

1. **Astonscher Dunkelraum:** eine kaum erkennbare, nichtleuchtende Schicht zwischen Katode und dem
2. **Katodenlicht:** eine dünne violett leuchtende Schicht;

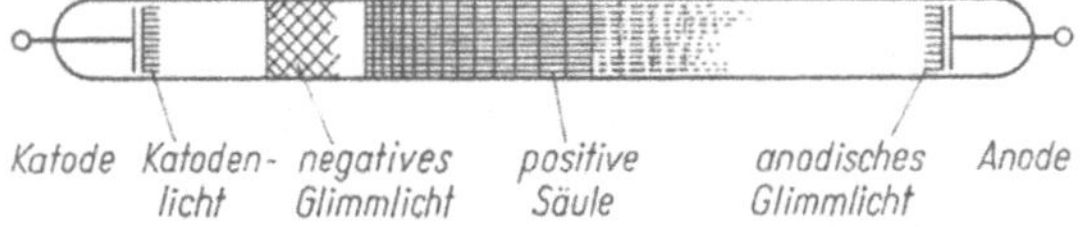

Bild 45.5. Teile einer Glimmentladung

3. **Hittorfscher Dunkelraum:** sehr schwach violett leuchtender Zwischenraum;
4. **negatives Glimmlicht:** kräftig leuchtende Zone, beginnend mit dem Glimmsaum;
5. **Faradayscher Dunkelraum:** sehr schwach leuchtend;
6. **positive Säule** (*Plasma*): häufig regelmäßig geschichtet, kräftig rosa leuchtend, erfüllt den größten Teil der Röhre bis zur Anode. Nur bei einigen elektronegativen Gasen (z. B. Ioddampf) bildet sich das
7. **anodische Glimmlicht.**

Die hier angegebenen Farben treten nur in Luft auf, sie sind bei jedem Gas anders. Das Plasma des *Neons* leuchtet *rot*, das des *Quecksilbers grünlich*, des *Heliums violett* usw.

Die Glimmentladung ist eine selbständige Gasentladung.

Sie entsteht durch die *immer* vorhandenen Ladungsträger geringer Anzahl und deren Bewegung im starken elektrischen Feld. Die aus der *Katode* austretenden Elektronen bilden vor dieser ein Gebiet starker *Ionisation*. Die *langsameren* Ionen (sie haben eine viel größere Masse als die Elektronen) bleiben in dieser Zone zurück, während die Elektronen die Anode rasch erreichen. So entsteht das *negative Glimmlicht*, welches eine *positive Raumladungswolke* darstellt. In diesem Bereich liegt auch fast der *gesamte* Spannungsabfall der Gasentladungsröhre. Das *Leuchten* wird durch die starke *Rekombination* in dieser Raumladungswolke erzeugt.

Im Gegensatz hierzu besteht die *positive Säule* aus *gleich vielen positiven* wie *negativen* Teilchen (**Plasma**). Im Plasma ist die Feldstärke nur noch klein.

Gasentladungen werden in den verschiedensten Typen von Lampen technisch genutzt: Leuchtröhren für Reklamezwecke, Leuchtstoffröhren zur Allgemeinbeleuchtung, Natrium-

und Quecksilberdampflampen für Sonderzwecke, Blitzlampen für fotografische Aufnahmen. In der Glimmlampe liegen die Elektroden so dicht beieinander, daß die positive Säule verschwindet und nur noch das negative Glimmlicht übrigbleibt, das in dünner Schicht die

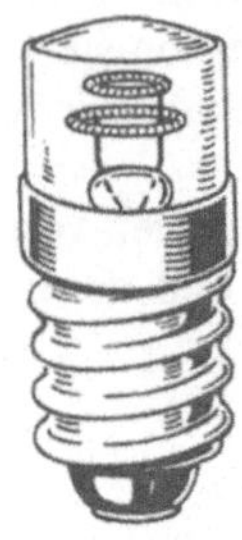

Bild 45.6. Kleinglimmlampe. Der Schutzwiderstand ist im Sockel eingebaut.

Katode überzieht (Bild 45.6). Quecksilberhochdrucklampen werden als medizinische Strahlenquellen sowie als Analysenlampen (Fluoreszenzanregung) verwendet, sie werden auch wie die Natriumdampflampen in Verbindung mit geeigneten Leuchtstoffen und Reflektoren zur Straßenbeleuchtung eingesetzt. Auch Zählrohre sind Gasentladungsstrecken (s. 53.4).

Die **Bogenentladung** ist eine besondere Form der Glimmentladung, die sich durch besonders hohe Temperatur und Stromdichte auszeichnet. Sie wird beim Lichtbogenschweißen, in den Bogenlampen und Quecksilberdampfgleichrichtern praktisch verwertet.

Die **Funkenentladung** ist eine *Bogenentladung* äußerst *kurzer* Zeitdauer (Zündkerze in Verbrennungsmotoren.

Beim praktischen Betrieb von Gasentladungslampen ist zu beachten, daß sie eine sogenannte *negative Charakteristik* haben, d. h., mit zunehmender Stromstärke sinkt der Spannungsabfall, der elektrische Widerstand wird extrem gering. Es existieren also praktisch nur *zwei* Betriebszustände. Entweder, die Gasentladung ist im Gange, oder die elektrische Stromstärke ist praktisch gleich Null. Um eine Zerstörung von Gasentladungslampen zu verhindern, müssen sie daher mit einem Schutzwiderstand oder bei Betrieb mit Wechselspannung mit einer Vorschaltdrosselspule in Reihe geschaltet werden.

46 Elektrische Leitung im Vakuum

46.1 Elektronenbefreiung aus Metallen

Bei weiterer Evakuierung des Entladungsrohres (s. 45.2) vergrößern sich die Dunkelräume, die Lichterscheinungen verschwinden. Dafür beginnt die Glaswand in *grünem* Licht zu *fluoreszieren*, hervorgerufen durch **Elektronenstrahlen**, die auf die Wand auftreffen und das Glas zur Lichtaussendung anregen.

Bei **kalter Katode** lösen die aus dem verbleibenden Restgas stammenden Ionen beim Aufprall auf die Katode Elektronen aus (**Sekundäremission**). Nahezu ionenfreie Elektronenströme erreicht man erst im *Vakuum* von mindestens 10^{-6} hPa (bis 10^{-16} hPa). Dann müssen aber die Elektronen auf eine *andere* Art aus der Katode befreit werden, denn das Vakuum in dem genannten Druckbereich ist ein vollständiger Isolator. Bei *kalter* Katode kann das durch **Feldemission** geschehen, wenn an der Katodenoberfläche eine elektrische Feldstärke von mindestens 1 GV/m herrscht. Sie kann bei hohen angelegten Spannungen an feinen Spitzen oder Kanten zustandekommen [s. (39.26)], da der Krümmungsradius der Oberfläche dort sehr klein ist.

Bei der **Glühemission** wird das Katodenmaterial so hoch erhitzt, daß die thermische Energie ausreicht, die Austrittsarbeit W_a zu verrichten (die Resthöhe des Energiewalles in Bild 43.6 kann überschritten werden). Aus Bild 43.7b ist ferner zu erkennen, daß bei höherer Temperatur die Kurve der FERMI-Verteilung sich etwas ändert, indem ein kleiner Teil der Elektronen über die FERMI-Kante rechts unten austritt. Praktisch macht man außerdem noch davon Gebrauch, daß z. B. Barium eine relativ *niedrige* Austrittsarbeit hat, indem der aus Wolfram bestehende Glühdraht der Katode von einem dünnen Röhrchen aus Bariumoxid umgeben wird und durch **indirekte Heizung** Elektronen abgibt. Die *elektrische Stromdichte J* einer *Glühkatode* hängt von der Temperatur T und der Austrittsarbeit W_a des verwendeten Materials ab. Es gilt die **Richardson-Gleichung:**

$$\boxed{J = aT^2\, e^{-W_a/(kT)}} \qquad \textbf{Stromdichte bei Glühemission} \qquad (46.1)$$

k ist die BOLTZMANN-Konstante (S. 273) und a ein *empirischer* Materialwert [meist zwischen 0,6 und 1 MA/(m² K²)].
Die *Fotoemission* von Elektronen wird ausführlich in 47.2 (Fotoeffekt) erläutert.

46.2 Ablenkung von Elektronen im elektrischen Feld

Die Ablenkung *freier* Elektronenstrahlen im Vakuum kann sowohl mit *elektrischen* als auch mit *magnetischen* Feldern erfolgen. *In Richtung* des elektrischen Feldes (also *parallel* zu den Feldlinien) werden die Elektronen *beschleunigt* (s. 43.1). Beim Eintritt eines Elektronenstrahls mit der Geschwindigkeit v *senkrecht* zu den Feldlinien eines homogenen elektrischen Feldes wird eine Ablenkung des Strahles auf einer *Parabelbahn* beobachtet (s. horizontaler Wurf, S. 45). Betrachtet man ein Elektron (Bild 46.1), ist in x-Richtung zu jeder Zeit t die

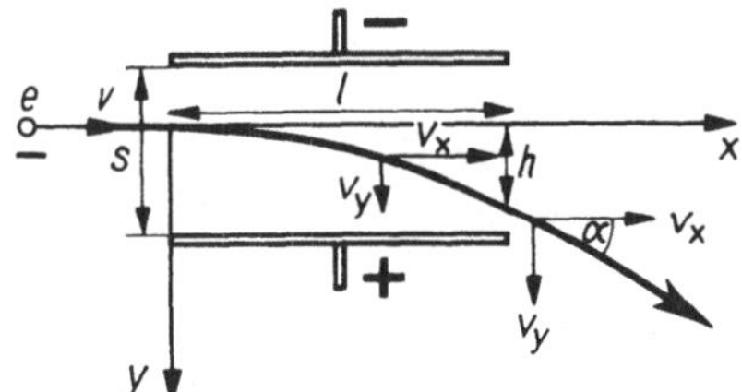

Bild 46.1. Ablenkung eines Elektrons im elektrischen Feld

Geschwindigkeitskomponente $v_x = v =$ konstant, während infolge der elektrischen Feldkraft $F = eE = m_e a_y$ in y-Richtung eine Beschleunigung $a_y = eE/m_e$ auftreten muß (E ist die elektrische Feldstärke, e die Elementarladung und m_e die Masse eines Elektrons). Daher nimmt die Geschwindigkeitskomponente in y-Richtung nach der Gleichung $v_y = a_y t$ zu.
Das Elektron erreicht dann zu einem beliebigen Zeitpunkt t im Feld einen Ort mit den Koordinaten $x = vt$ und $y = \frac{1}{2}a_y t^2$. Daraus ergibt sich

$$\boxed{y = \frac{eE}{2m_e v^2}\, x^2} \qquad \begin{array}{l}\textbf{Gleichung der Parabelbahn eines}\\ \textbf{Elektrons im homogenen Feld}\end{array} \qquad (46.2)$$

Wird x gleich der Länge l des Feldes gesetzt, erhält man mit $E = U/s$ (U ist die Ablenkspannung, s der Plattenabstand) die Größe der **Ablenkung** h:

$$\boxed{h = \frac{eEl^2}{2m_e v^2} = \frac{eUl^2}{2m_e s v^2}} \qquad \begin{array}{l}\textbf{Ablenkung eines Elektrons im}\\ \textbf{homogenen elektrischen Feld } (v \perp E)\end{array} \qquad (46.3)$$

Der **Ablenkwinkel** α wird aus $\tan \alpha = v_y/v_x$ ermittelt.

$$\tan \alpha = \frac{s m_e v^2}{e U l}$$

Ablenkwinkelbeziehung   (46.4)

Die Gleichung der Ablenkung läßt die direkte Proportionalität zur Ablenkspannung erkennen. Darauf beruht die wichtige Anwendung der Ablenkung von Elektronenstrahlen in der Oszillografenröhre (S. 493).

Beispiel: Um welche Strecke wird ein Elektron nach Durchlaufen der Spannung abgelenkt, wenn es in einem elektrischen Feld der Stärke 100 V/cm die Strecke 10 cm zurücklegt? – Nach Gleichung (43.1) wird $v = 1{,}88 \cdot 10^7$ m/s. Mit $E = 10^4$ V/m, der Elektronenmasse $m_e = 9 \cdot 10^{-31}$ kg und der Elementarladung $e = 1{,}6 \cdot 10^{-19}$ C wird nach Gleichung (46.3)

$$h = \frac{1{,}6 \cdot 10^{-19} \text{ A s} \cdot 10^4 \text{ V} \cdot 10^{-2} \text{ m}^2 \text{ s}^2}{2 \cdot 9 \cdot 10^{-31} \text{ kg m} \cdot 1{,}88^2 \cdot 10^{14} \text{ m}^3} = 0{,}025 \text{ m} = 2{,}5 \text{ cm}.$$

46.3 Ablenkung von Elektronen im magnetischen Feld

Beim Eintritt von Elektronen mit der Geschwindigkeit v in ein Magnetfeld mit der magnetischen Flußdichte B gilt das in 40.6.1 behandelte **Lorentz-Kraftgesetz**. Für die elektrische Ladung Q ist jetzt die Elementarladung $-e$ zu setzen:

$$F = -e v \times B$$

Lorentz-Kraft auf ein bewegtes Elektron im Magnetfeld   (46.5)

Bilden die Geschwindigkeit v und die magnetische Flußdichte B einen *rechten* Winkel, erhält man für den Betrag der Lorentzkraft analog (40.26)

$$F = e v B$$

Lorentz-Kraft auf ein Elektron für $v \perp B$ (46.6)

Wie aus Bild 46.2 ersichtlich ist, stehen die Geschwindigkeit v, die Flußdichte B und die LORENTZ-Kraft F senkrecht aufeinander. Bei der Bewegungsrichtung ist zu beachten, daß bei *entgegengesetzter* Flußrichtung zu Bild 40.46 infolge der *negativen* Ladung des Elektrons die Geschwindigkeit v die *gleiche* Richtung hat (es muß hier die Rechte-Hand-Regel angewendet werden, da die Bewegungsrichtung der Elektronen der technischen Stromrichtung entgegengesetzt ist).

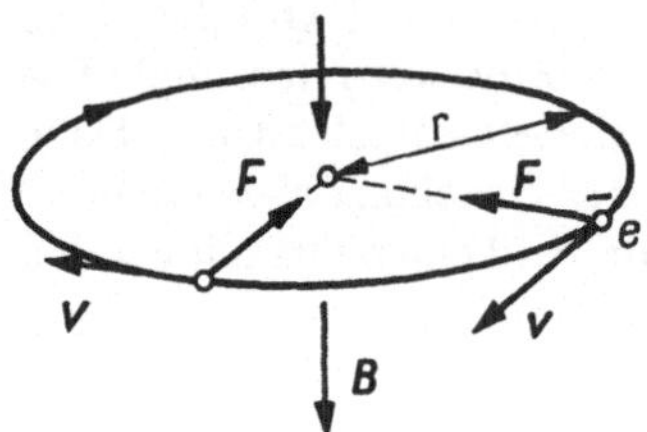

Bild 46.2. Kreisbewegung eines freien Elektrons im Magnetfeld

Da die LORENTZ-Kraft die *Radialkraft* $F_r = m_e v^2/r$ der Kreisbewegung des Elektrons ist, die das Elektron bei *konstanter* magnetischer Flußdichte beschreibt, ergibt sich der Radius der Kreisbahn aus $e v B = m_e v^2/r$ zu

$$r = \frac{m_e v}{e B}$$

Radius der Kreisbahn eines bewegten Elektrons im homogenen Magnetfeld   (46.7)

Wie bereits in 40.6.1 gezeigt wurde, gilt das LORENTZ-Kraftgesetz für *alle* bewegten elektrischen Ladungsträger im Magnetfeld.

Daher spielt seine Anwendung bei den *Zirkularbeschleunigern* in der Kernphysik eine entscheidende Rolle, in denen die umlaufenden elektrisch geladenen Teilchen durch starke Magnetfelder auf der *Kreisbahn* gehalten werden.

Wirken *gleichzeitig* ein elektrisches und ein magnetisches Feld auf ein bewegtes Elektron ein, gilt das vollständige LORENTZ-Kraftgesetz:

$$\boxed{F = -e(E + v \times B)} \qquad \textbf{Vollständiges Lorentz-Kraftgesetz} \qquad (46.8)$$

Beispiel: Wie groß ist der Radius der Kreisbahn eines Elektrons mit der kinetischen Energie 400 eV, das senkrecht zu den magnetischen Feldlinien eines homogenen Magnetfeldes der magnetischen Flußdichte 0,01 T gelangt? – Nach (43.1) ist die Geschwindigkeit $v = 1,19 \cdot 10^6$ m/s; Gleichung (46.7) liefert

$$r = \frac{9 \cdot 10^{-3}\ \text{kg} \cdot 1,19 \cdot 10^6\ \text{m}\,\text{m}^2}{\text{s} \cdot 1,6 \cdot 10^{-19}\ \text{A s} \cdot 10^{-2}\ \text{V s}} = 6,7\ \text{mm}.$$

46.4 Elektronenröhren

Die *Glühemission* sowie die *Bewegungsgesetze* der Elektronen in elektrischen und magnetischen Feldern finden in **Vakuum-Elektronenröhren** Anwendung. Die Bedeutung dieser Röhren ist mit der Entwicklung der Halbleiter bis hin zur Mikroelektronik so zurückgegangen, daß z. B. in einem Fernsehapparat *nur* noch eine einzige Elektronenröhre, nämlich die Bildröhre, vorhanden ist. Wegen der größeren Abmessungen, der geringeren Zuverlässigkeit und der benötigten wesentlich höheren Versorgungsspannung (abgesehen von der Heizung der Katode) gegenüber den Halbleiterbauelementen werden Röhren nur noch in Einzelfällen eingesetzt.

46.4.1 Diode

Die durch *Glühemission* herausgelösten Elektronen bewegen sich *nur* dann von der indirekt geheizten Katode zur Anode, wenn an dieser der + Pol einer Spannungsquelle ist, sie werden im vorhandenen elektrischen Feld beschleunigt. Bei umgekehrter Polung fließt *kein* elektrischer Strom, die Röhre ist gesperrt. Erhöht man in Durchlaßrichtung nach Bild 46.3 schritt-

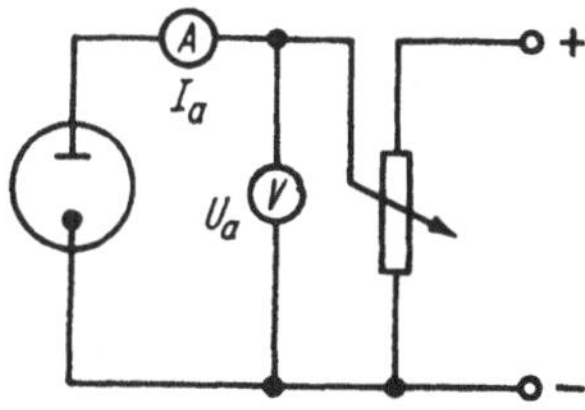

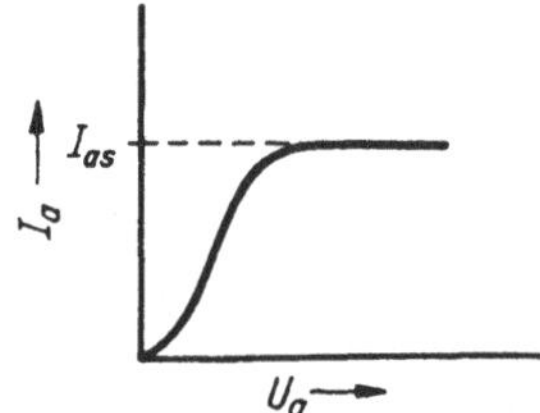

Bild 46.3. Schaltung der Diode zur Aufnahme der Kennlinie

Bild 46.4. Stromstärke-Spannungs-Kennlinie einer Diode

weise die Anodenspannung, ergibt sich die Stromstärke-Spannungs-Kennlinie der Diode (Bild 46.4). Bei zunächst niedriger Anodenspannung wird die um die Glühkatode vorhandene *negative Raumladungswolke* aus freien Elektronen nicht vollständig von der positiven Anode »abgesaugt«. Diese bildet mit der Katode ein elektrisches *Gegenfeld*. Ab einer gewissen Anodenspannung ist die *Sättigungsstromstärke* I_{as} erreicht, alle aus der Katode austretenden Elektronen gelangen zur Anode.

Die Diode hat also *ähnliche* Eigenschaften wie die Halbleiterdiode und konnte daher durch diese ersetzt werden.

46.4.2 Mehrelektrodenröhren

Zur *Steuerung* der Anodenstromstärke in einer Röhre dienen weitere *Elektroden* zwischen Katode und Anode. Bei der **Triode** hat das **Steuergitter** G gegenüber der negativen Raumladung einen relativ kleinen Abstand. Bereits bei kleinen Gitterspannungen kann dadurch ein starkes elektrisches Feld erzeugt werden, welches das von der Anodenspannung herrührende Feld deutlich beeinflussen kann.

Durch die damit mögliche Veränderung der elektrischen Feldstärke im Raumladungsgebiet ist mit der Gitterspannung die Steuerung der Anodenstromstärke möglich. Bild 46.5 zeigt den Versuchsaufbau zur Ermittlung der im Bild 46.6 dargestellten Kennlinienfelder. Zur *leistungslosen* Steuerung wird mit *negativen* Gitterspannungen U_g gearbeitet.

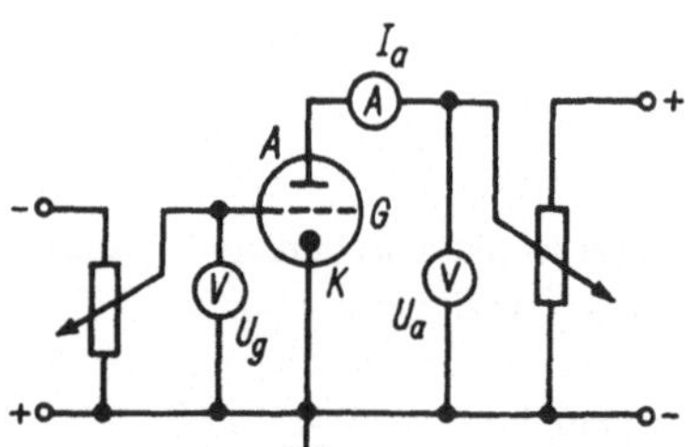

Bild 46.5. Schaltung einer Triode zur Aufnahme der Kennlinien

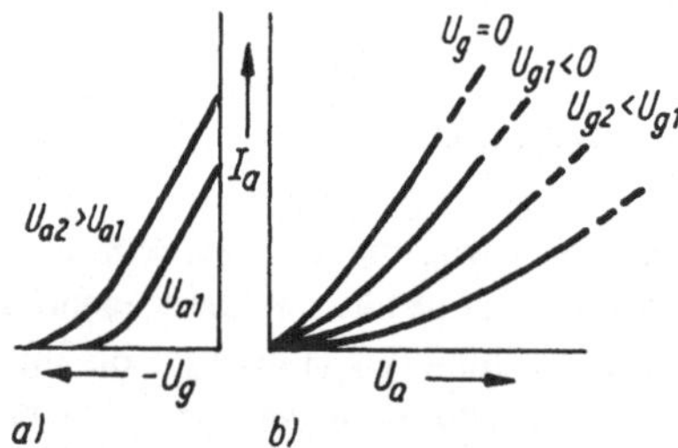

Bild 46.6. Kennlinienfelder einer Triode: a) U_a als Parameter, b) U_g als Parameter

Weitere *zusätzliche* Gitter beeinflussen die Röhrenkennlinien. Bei der Pentode (Bild 46.7) verhindert ein **zum Steuergitter** G_1 und zur **Katode** K positives **Schirmgitter** G_2 die Rückwirkung der Anodenspannung auf die Anodenstromstärke, und das auf Katodenpotential liegende **Bremsgitter** G_3 fängt die von der Anode ausgelösten Sekundärelektronen ab.

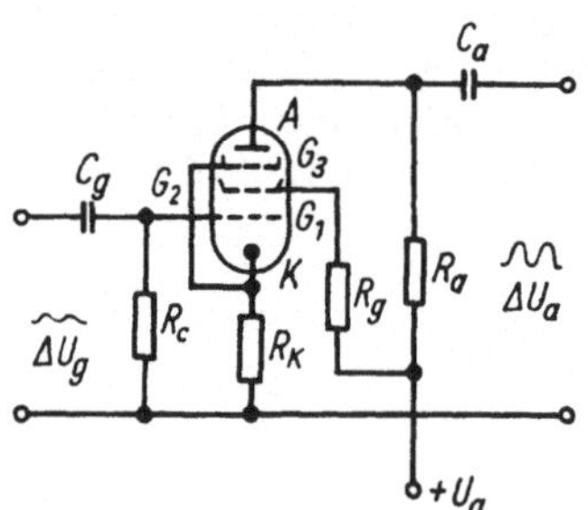

Bild 46.7. Verstärkerstufe mit Pentode

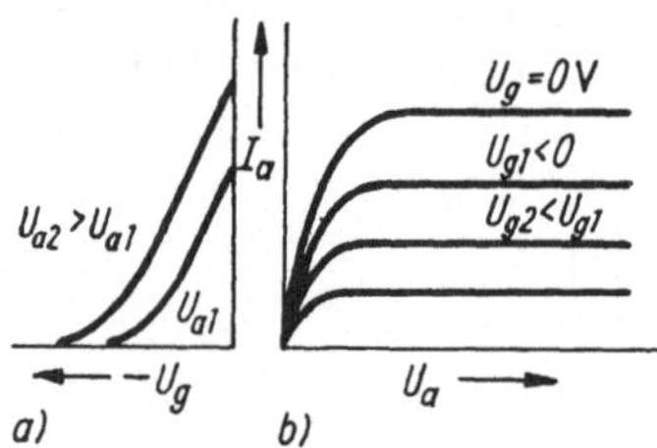

Bild 46.8. Kennlinienfelder einer Pentode: a) U_a als Parameter, b) U_g als Parameter

Der Einbau *weiterer* Steuergitter ist möglich, sowie das Einbringen *mehrerer* Röhrensysteme in einen Röhrenkörper.

Die im Bild 46.7 dargestellte *Verstärkerstufe* ist aus dem Kennlinienfeld der Pentode (Bild 46.8) zu verstehen. Die über den Kondensator eingespeisten Gitterspannungsänderungen ΔU_g am Steuergitter G_1 rufen im Sättigungsbereich der Kennlinien proportionale Änderungen der Anodenstromstärke ΔI_a hervor. Diesen ist eine Änderung des Spannungsabfalls über dem

Anodenwiderstand R_a proportional, es gilt $\Delta U_a = R_a \Delta I_a$; ΔU_a kann über den Kondensator C_a abgegriffen werden. Die Spannungsverstärkung ist also um so größer, je größer R_a ist. Für viele *Anwenderschaltungen* (s. Transistoranwendungen, S. 475) sind **Röhrenkennwerte** erforderlich:

$$S = \frac{\mathrm{d}I_a}{\mathrm{d}U_g} \quad \text{bei } U_a = \text{konst} \qquad \textbf{Steilheit}$$

$$D = -\frac{\mathrm{d}U_g}{\mathrm{d}U_a} \quad \text{bei } I_a = \text{konst} \qquad \textbf{Durchgriff} \tag{46.9}$$

$$R_i = \frac{\mathrm{d}U_a}{\mathrm{d}I_a} \quad \text{bei } U_g = \text{konst} \qquad \textbf{Innerer Widerstand}$$

Das Produkt aus diesen drei Röhrenkennwerten ergibt die BARKHAUSEN-Gleichung

$$SDR_i = 1 \qquad \textbf{Barkhausen-Gleichung} \tag{46.10}$$

46.4.3 Oszillografenröhre

Die im Bild 46.9 dargestellte **Oszillografenröhre** hat außer dem *Beschleunigungssystem* K–A noch je ein *Ablenksystem* für Horizontalablenkung und für Vertikalablenkung. Durch das Gitter G wird der Elektronenstrahl *gebündelt*. Die beschleunigten und anschließend abgelenkten Elektronenstrahlen werden auf einem *Fluoreszenzschirm* abgebildet. Wegen der direkten Proportionalität zwischen der Ablenkung der Elektronen und der Ablenkspannung (46.3) kann diese Röhre nicht nur zum *Aufzeichnen*, sondern auch zum trägheitsfreien *Messen* von Spannungen genutzt werden. Über die Kippspannung U_H an den Horizontalablenkplatten kann der zeitliche Verlauf der Spannung aufgezeichnet werden. Der Bildpunkt wird relativ *langsam* während einer Periodendauer T nach rechts und dann *schnell* (die Kippspannung geht auf Null) wieder nach links abgelenkt. Selbst bei sehr hohen Frequenzen ist eine Darstellung der Spannung möglich und kann entweder fotografisch oder elektronisch gespeichert werden (Speicheroszilloskope).
Die *elektrischen* Ablenksysteme können auch durch *magnetische* ersetzt werden. Die dazu notwendigen *Spulenpaare* liegen außen um den Hals der Röhre. Zur Erzielung großer Ablenkwinkel z. B. in *Fernsehbildröhren* wird ausschließlich die magnetische Ablenkung ausgenutzt.

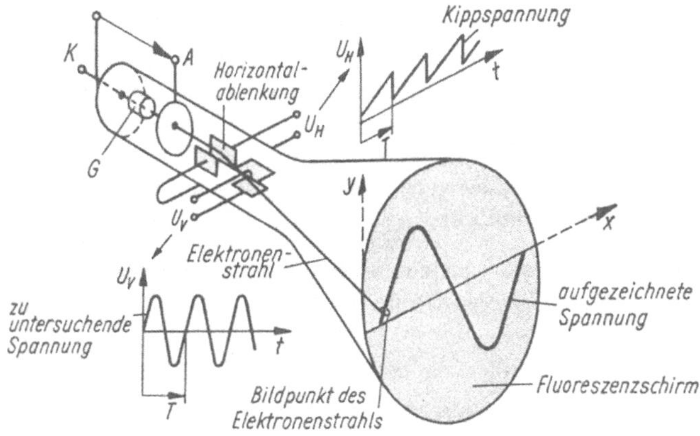

Bild 46.9. Elektronenstrahl-Oszillografenröhre

QUANTEN UND RELATIVITÄT

47 Quanteneigenschaften des Lichtes

47.1 Entstehung der Quantenvorstellung

Nach der ersten Bestimmung der Lichtgeschwindigkeit aus astronomischen Beobachtungen durch OLAF RÖMER (1673) entstanden zwei Theorien über das Wesen des Lichtes:

1. die **Huygenssche Wellentheorie (1690)**:
   Das Licht ist (ähnlich den Schallwellen der Luft) **eine Wellenbewegung des Äthers,** den man sich als einen überaus fein verteilten Stoff vorstellte;

2. die **Newtonsche Emissionstheorie (1704)**:
   Das Licht besteht aus winzigen Teilchen (Korpuskeln), die von der Lichtquelle ausgesandt werden und den Raum geradlinig durchqueren.

Die HUYGENSsche Wellentheorie erfuhr eine immer weitergehende Festigung:

1760 (EULER): Deutung der Spektralfarben als Schwingungen verschiedener Frequenz.
1802 (THOMAS YOUNG): Deutung der NEWTONschen Ringe als Interferenz von Wellen.
1808 (MALUS): Entdeckung und Deutung der Polarisation.
1816 (FRESNEL): Vereinigung der HUYGENSschen Vorstellung von den Elementarwellen mit dem YOUNGschen Interferenzprinzip. Berechnung von Beugungserscheinungen.

Die NEWTONsche Emissionstheorie vermochte diese Erscheinungen nicht zu erklären und schien damit widerlegt.
1862 (MAXWELL): Aufstellung der elektromagnetischen Lichttheorie.
1888 (HEINRICH HERTZ): Experimenteller Nachweis, daß Reflexion, Brechung, Beugung, Interferenz und Polarisation Grundeigenschaften aller elektromagnetischen Wellen sind.

Damit war die Wellennatur des Lichtes endgültig nachgewiesen.
Gegen Ende des 19. Jahrhunderts lagen die Strahlungskurven der spektralen Energieverteilung des Schwarzen Körpers (s. 34.2.4) experimentell gesichert vor, doch führten alle Versuche, den Verlauf der Funktion $\Phi_{es} = f(\lambda, T)$ mathematisch aus der elektromagnetischen Strahlungstheorie darzustellen, zu keinem Ergebnis. 1900 gelang es MAX PLANCK durch eine völlig neue Annahme über die Energie der Strahlung, die richtige Form des Strahlungsgesetzes (34.18) zu finden. Auf der Grundlage der von PLANCK gefundenen **Quantenvorstellung der Energie** wurde die **Quantentheorie** entwickelt.

> **Die Energie jeder Strahlung besteht aus winzigen, unteilbaren Teilenergien, den sogenannten Elementarquanten (Quanten), deren Größe der Frequenz f der Strahlung proportional ist:**

$$\boxed{E = hf} \qquad \text{**Energie eines Strahlungsquants**} \hspace{4cm} (47.1)$$

Die Naturkonstante h ist das **Plancksche Wirkungsquantum**, welches heute experimentell gesichert ist.

$$\boxed{h = 6{,}6262 \cdot 10^{-34}\,\text{J s}} \qquad \textbf{Plancksches Wirkungsquantum} \qquad (47.1')$$

Die Energie eines *einzigen* Quantes ist *winzig* klein, sie liegt für Quanten des sichtbaren Lichtes ($f = (3{,}8 \ldots 7{,}5) \cdot 10^{14}\,\text{Hz}$) zwischen $2{,}5 \cdot 10^{-19}\,\text{J}$ und $5{,}0 \cdot 10^{-19}\,\text{J}$, also zwischen $1{,}6\,\text{eV}$ und $3{,}1\,\text{eV}$. Da $f = c/\lambda$ (c ist die Lichtgeschwindigkeit), wird

$$\boxed{E = \frac{hc}{\lambda}} \qquad \textbf{Energie eines Strahlungsquants} \qquad (47.2)$$

> **Die Strahlungsquanten sind um so energiereicher, je kurzwelliger die Strahlung ist (Gammastrahlung).**

Die PLANCKsche Theorie von den Strahlungsquanten bedeutete für die Physik einen ganz entscheidenden Fortschritt. Sie führte u. a. unmittelbar zur Entwicklung der Atomtheorie durch NIELS BOHR (1913) und weiterhin zur modernen Quantenphysik. Insbesondere führte ALBERT EINSTEIN (1917) den Nachweis, daß die Strahlungsquanten des Lichtes einen bestimmten Impuls mc haben und sich wie bewegte Masseteilchen verhalten. Man nennt sie daher auch **Photonen**.

Dies führt zu einer weiteren **Modellvorstellung** des Lichtes. Bei der Betrachtung von Dispersion, Interferenz, Beugung und Polarisation des Lichtes muß das Licht als **elektromagnetische Welle** betrachtet werden. Bei der Wechselwirkung von Strahlung mit Atomen benötigt man die Quantenvorstellung der Energie. Anschaulich muß man hier das Licht im **Teilchenmodell** sehen. Beide Lichtmodelle, das **Wellen-** und das **Teilchenmodell**, lassen sich anschaulich **nicht** zu einem Modell vereinen.

> **Das Licht besitzt Doppelcharakter (Dualismus). In seiner Wechselwirkung mit Atomen und Molekülen wirkt es in einzelnen unteilbaren Energiequanten (Teilchenmodell).**

Die quantenhafte Struktur der Strahlung spielt bei den großen Energien in der Technik *keine* Rolle.

47.2 Äußerer Fotoeffekt (Lichtelektrischer Effekt)

Auch der **Fotoeffekt** gehört zu den Erscheinungen, die *nur* mit der *Quantenvorstellung* des Lichtes (also mit dem Teilchenmodell) gedeutet werden können.

Der **äußere Fotoeffekt** wurde von HALLWACHS im Jahre 1888 entdeckt. Eine negativ geladene Zinkplatte auf einem empfindlichen Elektrometer wurde bei Bestrahlung mit dem Licht einer Bogenlampe (dieses enthält auch Ultraviolett) in kurzer Zeit entladen. Das auftreffende Licht löst also Elektronen aus den Zinkatomen heraus. Diese Fotoemission spielt heute in **Fotozellen** (Bild 47.1), im Fotomultiplier (**Sekundärelektronenvervielfacher** S. 552) und in **Fernsehaufnahmeröhren** eine große Rolle. In diesen Vakuumröhren wird die Innenseite mit einem Stoff versehen, dessen **Austrittsarbeit** W_a möglichst klein ist (Kalium, Caesium, Cadmium u. a.). Diese **Fotokatode** wirkt bei Lichteinfall als *lichtelektrischer* Wandler. Wird sie mit dem negativen, die ihr gegenüber liegende Anode mit dem positiven Pol einer Spannungsquelle verbunden, fließt bei *Belichtung* der Fotozelle ein *Elektronenstrom* von der Fotokatode zur Anode.

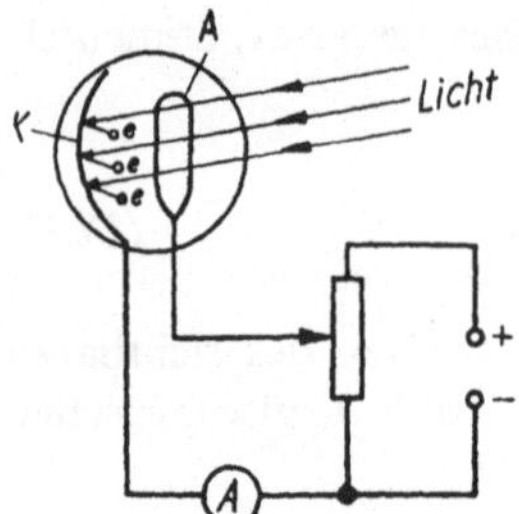

Bild 47.1. Zum äußeren Fotoeffekt

Messungen ergaben, daß *jedem* aus der Fotokatode kommenden Elektron genau *ein* Lichtquant entspricht. Die Energie des Quants wird dazu gebraucht, das Elektron aus einem Atom abzulösen (Austrittsarbeit W_a wird verrichtet), die restliche Energie wird dem Elektron als kinetische Energie $E_k = \frac{1}{2} m_e v^2$ übertragen. Diese Energiebilanz wurde von ALBERT EINSTEIN gefunden (1905):

$$\boxed{hf = W_a + \tfrac{1}{2} m_e v^2}$$
**Einsteinsche Gleichung,
Energiebilanz beim Fotoeffekt** (47.3)

Die kinetische Energie der Fotoelektronen hängt somit bei gegebener Austrittsarbeit W_a *nur* von der Frequenz f der einfallenden Lichtstrahlung ab. Bei Vergrößerung des Lichtstromes (35.3) ändert sich die Energie der freigesetzten Elektronen *nicht*, es vergrößert sich jedoch ihre Anzahl. Man erkennt auch, daß für die Austrittsarbeit W_a eine Mindestfrequenz f_{min} erforderlich ist, für die die Energie des Strahlungsquants hf_{min} gerade gleich W_a ist. Liegt die Frequenz darunter, bleibt der Fotoeffekt aus. Die *Ablösearbeit* bei Metallen entspricht der *Ionisierungsenergie* des betreffenden Atoms.

> **Die Energie der ausgelösten Elektronen ist nur von der Frequenz bzw. Wellenlänge des eingestrahlten Lichtes abhängig.**
> **Die Anzahl der auftretenden Lichtquanten bestimmt die Anzahl der in der gleichen Zeit freigesetzten Elektronen und damit die elektrische Stromstärke im Versuch nach Bild 47.1.**

Jeder Versuch, eine andere, *wellentheoretische* Erklärung des äußeren Fotoeffektes zu geben, ist *mißlungen* und führte zu Widersprüchen. Der Fotoeffekt ist ein *eindeutiger* Beweis für die Quantennatur des Lichtes.

47.3 Innerer Fotoeffekt

Bleiben die vom auftreffenden Licht freigesetzten Elektronen im *Inneren* des bestrahlten Körpers, spricht man vom **inneren Fotoeffekt** (innerer lichtelektrischer Effekt). Die Energie der Lichtquanten hf muß jetzt ausreichen, die **innere Ablösearbeit** $W_i = eU_i$ (auch Aktivierungsenergie genannt) aufzubringen, um **Leitungselektronen** im Körper freizusetzen.
Wegen $hf = hc/\lambda$ muß die Lichtstrahlung eine bestimmte minimale Frequenz f_{min} bzw. eine obere Grenze λ_{max} für die Wellenlänge haben, um den inneren Fotoeffekt auszulösen. Unterhalb f_{min} bzw. oberhalb der zulässigen Grenzwellenlänge λ_{max} tritt der Effekt nicht auf:

$$\boxed{\lambda < \lambda_{max} = \frac{hc}{eU_i}}$$
Grenzwellenlänge des inneren Fotoeffektes (47.4)

Der innere Fotoeffekt tritt *vorwiegend* in Halbleitern auf, aber auch in Oxiden, Sulfiden und Seleniden vieler Metalle. Für Germanium ist die innere Ablösearbeit $eU_i = 0{,}72\,\text{eV}$, nach

(47.4) ergibt sich daraus für die Grenzwellenlänge 1800 nm (Infrarot). Bei Selen erhält man entsprechend 860 nm und für Bleiselenid rund 5000 nm. Letzteres ist somit für *lange* Wellen besonders empfindlich (s. auch 51.6.2). Elektrische Widerstände, die durch inneren Fotoeffekt leitend werden bzw. deren Leitfähigkeit sich bei Bestrahlung mit Licht verändert, nennt man **Fotowiderstände.**

Fotodiode und Fototransistor. Wesentlich günstigere Eigenschaften als Fotowiderstände hat die **Fotodiode.** Ihre Ansprechzeit ist etwa 1 µs und der Dunkelstrom äußerst gering. Sie besteht aus einem in Sperrichtung gepolten pn-Übergang, der bei Bestrahlung mit Licht infolge des *inneren Fotoeffektes* leitfähig wird. Wegen der in der Sperrschicht sehr niedrigen Ladungsträgerdichte erfolgen hier auch entsprechend weniger Rekombinationen (s. 43.8.3), so daß die Lichtempfindlichkeit viel größer als die des Fotowiderstandes ist. Beim **Foto-transistor** wird durch den inneren Fotoeffekt die Kollektorstromstärke beeinflußt. Die Steuerung erfolgt also nicht mehr über die Basisstromstärke wie in 43.8.4, sondern durch den auf den Transistor auftreffenden Lichtstrom.

Fotoelement. Nach 43.8.3 besteht in einem pn-Übergang auch *ohne* angelegte äußere Spannung ein elektrisches Feld. Es ist zwar kleiner als bei Polung in Sperrichtung, hat aber dieselbe Richtung.

Die durch inneren Fotoeffekt beim Auftreffen von Licht entstehenden Ladungsträgerpaare werden dann ebenso wie bei der Fotodiode durch das Feld nach beiden Seiten hin bewegt: Die Elektronen gelangen ins n- und die Defektelektronen ins p-Gebiet, die n-Seite lädt sich gegenüber der p-Seite negativ auf. Es entsteht eine meßbare **Quellenspannung,** d. h., das **Fotoelement arbeitet als Spannungsquelle.**

Die bekannten elektrischen **Belichtungsmesser** und Beleuchtungsstärkemeßgeräte haben auf einer Metallgrundlage p-leitendes Selen, auf das eine durchsichtige Gold- oder Platinschicht aufgedampft ist. Dazwischen bildet sich eine n-leitende Schicht. Hierher gehören auch die in der Raumfahrt benutzten **Solarbatterien** (Bild 47.2). Sie bestehen aus n-Silizium, das mit

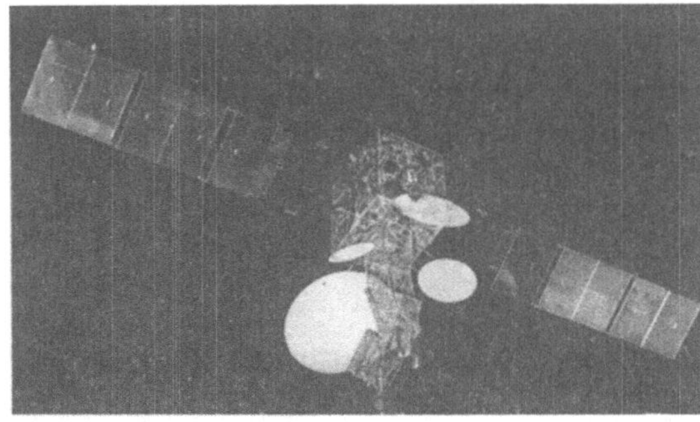

Bild 47.2. Satellit »INTELSAT V« mit Solarbatterien

Phosphor oder Bor dotiert ist. Die dem Licht zugekehrte Seite ist mit einer etwa 1 µm dicken Schicht aus p-Silizium bedeckt. Eine 2 cm × 2 cm große Solarzelle gibt in Erdnähe bei einem Wirkungsgrad von 11 % und der Quellenspannung 0,5 V rund 62 mW ab.

Lichtemitterdioden. In Umkehrung des inneren Fotoeffektes kann die bei der Rekombination von Ladungsträgern frei werdende Energie nach $hf = eU_1$ in Form von Lichtquanten abgestrahlt werden. Jedoch ist jetzt z. B. Germanium wegen der Langwelligkeit der emittierten Quanten ungeeignet. Geeignet ist dagegen Galliumphosphid (GaP), das mit $U_1 = 2{,}25$ V die Grenzwellenlänge 550 nm (grünes Licht) liefert. **Lichtemitterdioden (LED)** werden in *Durchlaßrichtung* betrieben. Die Flußstromstärke überschwemmt den pn-Übergang mit Ladungsträgern, so daß bei der dadurch stattfindenden *Rekombination* von Elektronen und Defektelektronen die Ablöseenergie in Strahlungsenergie umgesetzt wird. Je nach dem verwendeten Halbleitermaterial gibt es LED in verschiedenen Farben. Sie sind z. Z. noch nicht als Lichtquellen im herkömmlichen Sinn geeignet, finden jedoch als Signallampen in Schalttafeln sowie als Lichtquellen in der Optoelektronik Verwendung. In Verbindung mit Fototransistoren können über den Lichtweg koppelbare Bauelemente hergestellt werden (Optokoppler).

48 Grundlagen der speziellen Relativitätstheorie

48.1 Michelson-Versuch

Eine weitere wichtige Grundlage der Physik ist die 1905 von A. EINSTEIN veröffentlichte **spezielle Relativitätstheorie**. Den Anstoß hatten vergebliche Versuche gegeben, die Existenz des »Weltäthers« als Träger elektromagnetischer Wellen nachzuweisen. Wegen der ungestörten Ausbreitung des Lichtes im Weltraum wurde angenommen, daß der hypothetische »Äther« ein gegenüber allen Himmelskörpern *ruhendes* Bezugssystem sei, die Erde sich also durch diesen hindurchbewege. Da sich die Erde mit der beträchtlichen Geschwindigkeit von rund 30 km/s auf ihrer Bahn um die Sonne bewegt, müßte ein in Richtung dieser Bewegung ausgesandtes Lichtsignal relativ zur Erde die Geschwindigkeit $c' = c - v$ haben, während sich bei entgegengesetzter Richtung $c'' = c + v$ ergeben sollte (s. Unabhängigkeitsprinzip S. 40). Um dies nachzuprüfen, führte der Amerikaner A. MICHELSON erstmals 1881 Versuche durch, bei denen Lichtstrahlen in einer Spiegelanordnung sowohl mit als auch gegen die Erdbewegung liefen und danach zur Interferenz gebracht wurden. Die erwartete Verschiebung der Interferenzstreifen konnte *nicht* beobachtet werden, der Versuch fiel *negativ* aus.
Auch später durchgeführte verbesserte Präzisionsmessungen, die einen derartigen Effekt bequem nachweisen könnten, ergaben kein anderes Ergebnis.

> **Das Licht hat unabhängig von der Bewegung des Bezugssystems stets dieselbe Geschwindigkeit.**

48.2 Lorentz-Transformation

Bewegen sich zwei Bezugssysteme geradlinig gleichförmig gegeneinander, so kann man die Lage eines Körpers oder dessen Geschwindigkeit von dem einen oder auch von dem anderen Bezugssystem aus beschreiben bzw. die für das eine System S gültigen Angaben in die für ein anderes System S' gültigen Angaben *transformieren* (umrechnen).

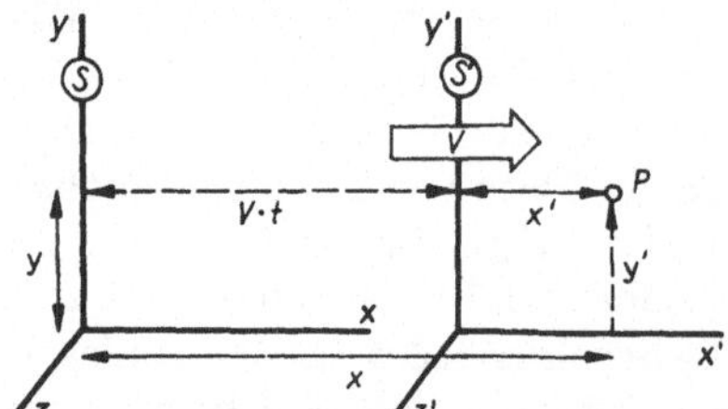

Bild 48.1. Zur GALILEI-Transformation

Parallel zur x-Achse des Systems S bewege sich mit der Geschwindigkeit v ein zweites System S'. Fest mit diesem System verbunden sei ein Punkt P mit den Koordinaten x'

und y' (Bild 48.1). Wenn sich zur Zeit $t = 0$ beide Systeme am gleichen Ort befinden, hat der Punkt, vom System S aus gemessen, die Koordinaten

$$x = x' + vt \quad \text{sowie} \quad y = y' \quad \text{und} \quad z = z'.$$

Für den mit dem System S' mitbewegten Beobachter lauten die Koordinaten

$$x' = x - vt \quad \text{sowie} \quad y' = y \quad \text{und} \quad z' = z.$$

Da die z- und y-Koordinaten konstant bleiben, werden sie im folgenden nicht weiter beachtet.

Diese Gleichungen der **Galilei-Transformation** ergeben nach Division durch die Zeit t die in 48.1 beschriebene Addition bzw. Subtraktion der Geschwindigkeiten.

Aber gerade das hatte der MICHELSON-Versuch für das Licht *nicht* bestätigen können. EINSTEIN stellte daher zwei Leitsätze an die Spitze seiner **Relativitätstheorie:**

1. **Die physikalischen Vorgänge spielen sich in Inertialsystemen (gleichförmig gerad-linig zueinander bewegte Bezugssysteme, S. 40) in gleicher Weise ab. Ein absolut ruhendes System ist durch keine Messung feststellbar.**
2. **Die Lichtgeschwindigkeit im Vakuum hat in jedem Bezugssystem den konstanten Wert $c = 2{,}99792458 \cdot 10^8$ m/s (heutiger Meßwert).**

Zur Lösung dieses scheinbaren Widerspruches nahm er an, daß beim Übergang von einem Bezugssystem in das andere *nicht nur* die **Ortskoordinaten**, sondern auch die **Zeit** zu *transformieren* ist.

Es gelten somit die Gleichungen

$$x = x' + vt' \qquad x' = x - vt \tag{48.1}$$

Man beachte, daß im *Gegensatz* zur GALILEI-Transformation t und t' *unterschiedliche* Zeiten darstellen!

Weil aber die Lichtgeschwindigkeit in allen Bezugssystemen gleich ist, muß

$$x = ct \quad \text{und} \quad x' = ct' \tag{48.2}$$

gelten. Umstellung der Gleichungen (48.2) nach t und t' und Einsetzen in (48.1) ergibt nach Multiplikation mit einem zunächst noch unbekannten Korrekturfaktor k

$$x = k(x' + vx'/c) \quad \text{und} \quad x' = k(x - vx/c) \tag{48.3}$$

Setzt man zur Abkürzung $\beta = v/c$ und multipliziert die beiden Gleichungen (48.3) miteinander, kann aus

$$xx' = k^2 xx'(1 - \beta^2)$$

der Korrekturfaktor k bestimmt werden:

$$k = \frac{1}{\sqrt{1 - \beta^2}} \tag{48.4}$$

Wird (48.4) in (48.3) eingesetzt und $x'/c = t'$ bzw. $x/c = t$ beachtet, entstehen die ersten Gleichungen der **Lorentz-Transformation**

$$\boxed{x = \frac{x' + vt'}{\sqrt{1 - \beta^2}}} \quad \boxed{x' = \frac{x - vt}{\sqrt{1 - \beta^2}}} \quad y = y'; \quad z = z'. \tag{48.5}$$

Diese Transformationen müssen auch für das Licht gelten und ergeben mit (48.2) die **Zeit-koordinaten** t und t' in *beiden* Systemen:

$$t = \frac{t' + \frac{v}{c^2}\,x'}{\sqrt{1 - \beta^2}} \quad \text{und} \quad t' = \frac{t - \frac{v}{c^2}\,x}{\sqrt{1 - \beta^2}} \tag{48.6}$$

Aus der LORENTZ-Transformation lassen sich eine Reihe von **Schlußfolgerungen** ziehen, auf deren Herleitung verzichtet werden muß. Einige wichtige Ergebnisse sind:

1. Alle in Bewegungsrichtung gemessenen Längen l eines Körpers, der relativ zum Beobachter die Geschwindigkeit v hat, werden von diesem um den Faktor $\sqrt{1 - \beta^2}$ **verkürzt** gegen die Länge l_0 gemessen, die ein mit dem Körper bewegter Beobachter gleichzeitig feststellt:

$$l = l_0\,\sqrt{1 - \beta^2} \qquad \textbf{Relativistische Längenänderung} \tag{48.7}$$

2. Alle Zeitintervalle Δt sind in einem bewegten Bezugssystem **größer** als die Zeitintervalle Δt_0 in einem ruhenden System. Bewegte physikalische und chemische Vorgänge verlaufen langsamer als ruhende. Welches System dabei als ruhend angesehen wird, ist gleichgültig. Die Ereignisse, deren Zeitintervall gemessen wird, finden dabei am gleichen Ort statt:

$$\Delta t = \frac{\Delta t_0}{\sqrt{1 - \beta^2}} \qquad \textbf{Relativistische Zeitdehnung} \tag{48.8}$$

3. Jeder Körper hat in einem bewegten Bezugssystem eine **größere** Masse (Bewegungsmasse, Impulsmasse) als im ruhenden System. Bewegte Massen m sind größer als ruhende Massen m_0 (Ruhmasse):

$$m = \frac{m_0}{\sqrt{1 - \beta^2}} \qquad \textbf{Relativistische Massenzunahme} \tag{48.9}$$

4. Ist v_{1x} die Geschwindigkeit des Punktes P in Richtung der x-Achse des Systems S und v'_{1x} die Geschwindigkeit des gleichen Punktes in S', das sich gegenüber S mit konstanter Geschwindigkeit v bewegt, ergibt sich

$$v_{1x} = \frac{v'_{1x} + v}{1 + \frac{v'_{1x}v}{c^2}} \qquad \textbf{Relativistische Addition der Geschwindigkeiten} \tag{48.10}$$

Das letzte Gesetz löst auch den scheinbaren Widerspruch, daß sich ein Lichtstrahl unabhängig vom Bezugssystem mit der gleichen Geschwindigkeit ausbreitet. Setzt man nämlich $v'_{1x} = c$, wird auch $v_{1x} = c$. In der **Technik** ist meist $v \ll c$. Damit sind keine relativistischen Effekte zu berücksichtigen, weil $\sqrt{1 - \beta^2}$ praktisch gleich 1 ist. Schluß-folgerungen aus der speziellen Relativitätstheorie führten aber bei *schnell* bewegten Teil-chen (Elektronen, Atome, Moleküle), deren Geschwindigkeit in die Nähe der Lichtgeschwin-digkeit gelangen kann, zur relativistischen Mechanik sowie zur relativistischen Elektro-dynamik und Quantentheorie.

48.3 Masse-Energie-Beziehung

Von großer Bedeutung ist die ebenfalls aus der speziellen Relativitätstheorie folgende **Äquivalenz von Masse und Energie.** EINSTEIN hat gezeigt, das dieses Gesetz direkt aus der Vorstellung bewegter Lichtquanten gewonnen werden kann. Geht man vom *Teilchenmodell* aus und ordnet jedem Quant die Masse m zu, so hat jedes einzelne den Impuls mc. Ist die Volumenkonzentration der Quanten gleich n, dann werden in der Zeit dt so viele Teilchen gegen die Fläche A treffen, wie in dem Quader der Länge $c\,dt$ enthalten sind (Bild 48.2),

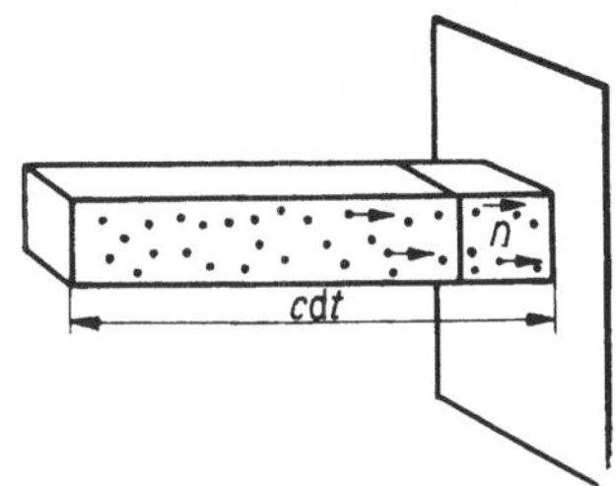

Bild 48.2. Strahlungsquanten als stoßende Masseteilchen

d. h. $nAc\,dt$ Teilchen. Der auf die Fläche übertragene Impuls ist dann gleich $mnAc\,dt\,c = mnAc^2\,dt$. Bei völliger Absorption der Strahlung wird der Impuls vollständig auf die Fläche übertragen, und die zeitliche Impulsänderung $mnAc^2$ ist gleich der auf die Fläche A wirkenden Kraft F. Division durch A ergibt den Strahlungsdruck (s. 34.1.5)

$$\boxed{p = mnc^2} \qquad \textbf{Strahlungsdruck} \qquad (48.11)$$

Jedes Quant hat aber nach (47.1) die Energie hf, so daß man für die Energiedichte w (s. 34.1.5)

$$\boxed{w = nE = nhf} \qquad \textbf{Energiedichte} \qquad (48.12)$$

erhält. Da bei vollständiger Absorption der Strahlungsdruck p gleich der Energiedichte ist, folgt aus (48.11) und (48.12)

$$\boxed{hf = mc^2} \quad \text{bzw.} \quad \boxed{E = mc^2} \qquad \textbf{Energie und Masse eines Quants} \qquad (48.13)$$

Diese Beziehung gilt *nicht nur* für Lichtquanten, sondern für alle Teilchen der Masse m. Aus dem dynamischen Grundgesetz (s. S. 56 und 90) folgt mit der relativistischen Massenänderung (48.9)

$$F = \frac{d(mv)}{dt} = \frac{d}{dt}\left(\frac{m_0}{\sqrt{1 - \dfrac{v^2}{c^2}}}\,v\right)$$

Die Differentiation ergibt

$$F = \frac{m_0}{\left(1 - \dfrac{v^2}{c^2}\right)^{3/2}}\,\frac{dv}{dt}.$$

Um einen zunächst ruhenden Körper zu beschleunigen, ist eine Beschleunigungsarbeit W

erforderlich, die dann bei Ausschließung von Energieverlusten als kinetische Energie gespeichert ist. Die Integration von $W = \int_0^s F\,\mathrm{d}s$ führt zu

$$W = \int_0^s F\,\mathrm{d}s = \int_0^t Fv\,\mathrm{d}t = \int_0^v \frac{m_0 v\,\mathrm{d}v}{(1 - v^2/c^2)^{3/2}} = m_0 c^2 \left(\frac{1}{\sqrt{1 - v^2/c^2}} - 1 \right),$$

d. h.

$$\boxed{W = E_\mathrm{k} = mc^2 - m_0 c^2}$$
      Kinetische Energie eines Körpers   (48.14)

Die **Deutung** der letzten Gleichung ergibt:
mc^2 ist die Energie des Körpers mit der Masse m und der Geschwindigkeit v,
$m_0 c^2$ ist die Energie des *ruhenden* Körpers (m_0 ist die Ruhmasse). EINSTEIN *verallgemeinerte* diese Ergebnisse für *alle* Energieformen:

$$\boxed{E = mc^2}$$
      Einsteinsche Masse-Energie-Beziehung   (48.15)

Jeder Körper mit der Masse m hat die Energie mc^2.
Jeder Energie E entspricht die Masse $m = E/c^2$.

Der experimentelle Beweis dieses Prinzips von der *Äquivalenz* von Masse und Energie konnte bei kernphysikalischen Untersuchungen geführt werden und erbrachte folgende **Erkenntnis**:

Faßt man alle physikalischen Erscheinungen und Objekte unter dem Oberbegriff »Materie« zusammen, so sind stoffliche und nichtstoffliche Objekte, Körper und Felder, Masse und Energie, Elementarteilchen und Strahlungsquanten, spezielle Formen oder Eigenschaften der Materie, die ineinander umwandelbar sind.

Beispiel: Selbst kleinen Massen entspricht ein sehr großer Energiebetrag. Für 1 g irgendwelcher Masse liefert $E = mc^2 = 10^{-3}\,\mathrm{kg} \cdot 9 \cdot 10^{16}\,\mathrm{m^2/s^2} = 9 \cdot 10^{13}\,\mathrm{J} = 25\,\mathrm{GWh}$.

48.4 Relativistische Massenzunahme

Die Gleichung (48.9)

$$m = \frac{m_0}{\sqrt{1 - \dfrac{v^2}{c^2}}}$$

ist besonders bei der oft sehr großen Geschwindigkeit atomarer Teilchen von Bedeutung. So läßt sich aus ihr unmittelbar die Schlußfolgerung ziehen, daß die *Lichtgeschwindigkeit* eine *obere* Grenzgeschwindigkeit darstellt, denn für $v \rightarrow c$ würde der Nenner gegen Null und die Masse gegen Unendlich gehen, wozu wiederum unendlich viel Energie aufgebracht werden müßte.

Kein Körper kann die Lichtgeschwindigkeit erreichen.

Nur Quanten können sich mit Lichtgeschwindigkeit bewegen, sie müssen die Ruhmasse Null haben, was aber bedeutungslos ist, da es Quanten im Ruhezustand nicht gibt.
Die Gleichung für die relativistische Massenzunahme wurde mit den Beschleunigungsanlagen für Elementarteilchen bestätigt. Diese arbeiten nur dann einwandfrei, wenn die

Massenzunahme beachtet wird. Besonders *Elektronen* zeigen die Massenänderung schon bei Beschleunigungsspannungen von einigen kV recht deutlich. Bereits bei etwa 10 MV haben die Elektronen die Lichtgeschwindigkeit *fast* erreicht. Bei jeder weiteren Erhöhung

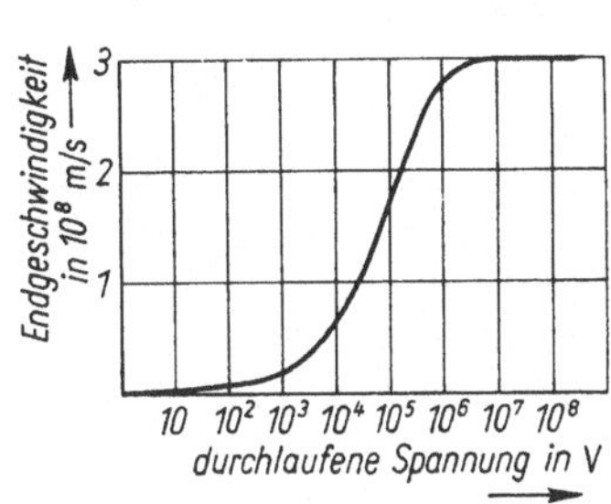

Bild 48.3. Geschwindigkeit von Elektronen unter Berücksichtigung der relativistischen Massenzunahme

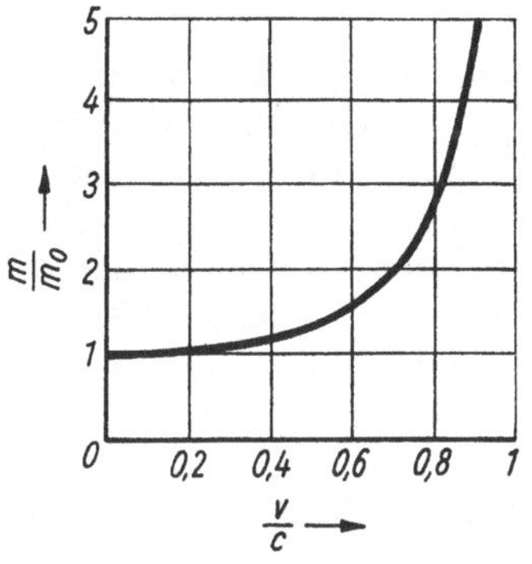

Bild 48.4. Relativistische Massenzunahme

der Spannung äußert sich die Energiezunahme allein im Massenzuwachs (Bild 48.3). In Bild 48.4 ist m/m_0 in Abhängigkeit von v/c dargestellt. Schon bei etwa 70 % der Lichtgeschwindigkeit hat sich die Masse eines Teilchens verdoppelt. Speziell bei der Berechnung der Elektronengeschwindigkeit muß bei hohen Spannungen davon ausgegangen werden, daß in (43.1) die vom Elektron aufgenommene Energie eU sich im Massenzuwachs Δm, der Differenz von **Impulsmasse** m_e und der **Ruhmasse** m_{e0}, wiederfindet, d. h., es gilt

$$eU = \Delta m_e c^2 = m_e c^2 - m_{e0} c^2 .$$

Wird in dieser Gleichung für m_e nach (48.9) $m_e = m_{e0}/\sqrt{1 - v^2/c^2}$ gesetzt und nach der Geschwindigkeit v umgestellt, gilt statt (43.1)

$$v = c \sqrt{1 - \frac{1}{\left(1 + \dfrac{eU}{m_{e0}c^2}\right)^2}} = c \sqrt{1 - \frac{1}{(1 + 1{,}957\,U/\mathrm{MV})^2}} . \qquad (48.16)$$

Hiernach ergibt sich z. B. für $U = 100\,\mathrm{kV}$ der merklich geringere Betrag von $v = 1{,}65 \cdot 10^8$ m/s gegenüber (43.1) $v = 1{,}88 \cdot 10^8$ m/s.

Geschwindigkeit und Masse der Elektronen

Beschleunigungs-spannung U in V	v in 10^8 m/s	m_e in 10^{-31} kg	$\dfrac{m_e}{m_{e0}}$
10	0,0187	9,11	1,0
10^3	0,187	9,11	1,0
10^5	1,65	10,96	1,20
10^6	2,84	28,44	3,12
10^7	2,99	187,4	20,57

49 Dualismus Welle–Teilchen

49.1 Masse und Impuls von Lichtquanten

Aus den bisherigen Ausführungen folgte, daß das Licht und allgemein alle elektromagnetischen Wellen einen Energiestrom darstellen, bei dem unter *gewissen* Bedingungen **Doppelcharakter (Dualismus)** in Erscheinung tritt. So zeigen sich deutlich *Welleneigenschaften* bei der Ausbreitung in den Gebieten des Wellenfeldes, in denen die Wellen auf ein Hindernis (Spalt, Gitter u. a.) der Größenordnung der Wellenlänge treffen. Jedoch sind eindeutig *Teilcheneigenschaften* bei Wechselwirkung der Strahlung (Fotoeffekt, Absorption und Emission von Strahlung usw.) mit anderen Teilchen (Korpuskeln) vorhanden, deren Größenordnung im atomaren Bereich liegen (Atome, Moleküle, Elementarteilchen).
Somit haben Quanten nicht nur nach (47.1) die **Energie** $E = hf$, sondern aus (48.13) erhält man für sie die **Impulsmasse** m

$$\boxed{m = \frac{hf}{c^2}} \qquad \text{\textbf{Masse (Impulsmasse) von Lichtquanten}} \qquad (49.1)$$

und damit auch einen **Impuls** p

$$\boxed{p = mc = \frac{hf}{c} = \frac{h}{\lambda}} \qquad \text{\textbf{Impuls von Lichtquanten}} \qquad (49.2)$$

Da es Quanten *nur* im Bewegungszustand mit der Lichtgeschwindigkeit c gibt, muß man ihnen in Übereinstimmung mit den Überlegungen in 48.4 die Ruhmasse *Null* zuordnen.

> **Quanten haben eine Bewegungsmasse (Impulsmasse) und einen Impuls. Ihre Ruhmasse ist Null.**

49.2 Welleneigenschaften von Teilchen

Nach der EINSTEINschen Masse-Energie-Beziehung (48.15) stellt auch eine Teilchenstrahlung einen Energiestrom dar, und es lag nahe, auch Teilchen (Korpuskeln) Welleneigenschaften zuzuschreiben. Der französische Physiker LOUIS DE BROGLIE übertrug 1924 die Gleichung für den Impuls von Lichtquanten (49.2) auf Teilchen mit der Geschwindigkeit v. Es ergibt sich damit aus $mv = h/\lambda$ die **De-Broglie-Wellenlänge (Materiewellenlänge)** eines Teilchens:

$$\boxed{\lambda = \frac{h}{mv}} \qquad \text{\textbf{Wellenlänge eines bewegten Teilchens, Materiewellenlänge}} \qquad (49.3)$$

Die Bestätigung dieser Gleichung erfolgte zunächst mit schnell bewegten Elektronen, später mit Neutronen und anderen Elementarteilchen, die beim Durchgang durch Kristalle Beugungs- und Interferenzerscheinungen zeigten, wie sie bisher nur von Röntgenstrahlung bekannt waren. Bei Anwendung von (49.3) ist die relativistische Massenzunahme zu berücksichtigen.
Somit können die in 47.1 gemachten Feststellungen für den Doppelcharakter des Lichtes *verallgemeinert* werden.
In der klassischen Physik sind Wellen und Teilchen zwei sich gegenseitig ausschließende Erscheinungen, die anschaulich nicht zu verbinden sind. Im Bereich der Strahlung und der

atomaren Teilchen (Korpuskeln) existieren *weder reine Wellen noch reine Teilchen.* Quanten und atomare bewegte Teilchen sind weder Wellen noch Korpuskeln, sondern physikalische Objekte, die je nach der Eigenschaft, die man hervorheben will, modellmäßig mit Wellen oder Teilchen verglichen werden können.

Der Dualismus Welle–Korpuskel gilt nicht nur für elektromagnetische Wellen, sondern für alle bewegten atomaren Teilchen.

Im Elektronenmikroskop werden die Welleneigenschaften der Elektronen ausgenutzt. Schnell bewegte Elektronen werden in elektrischen oder magnetischen Feldern (Elektronen-

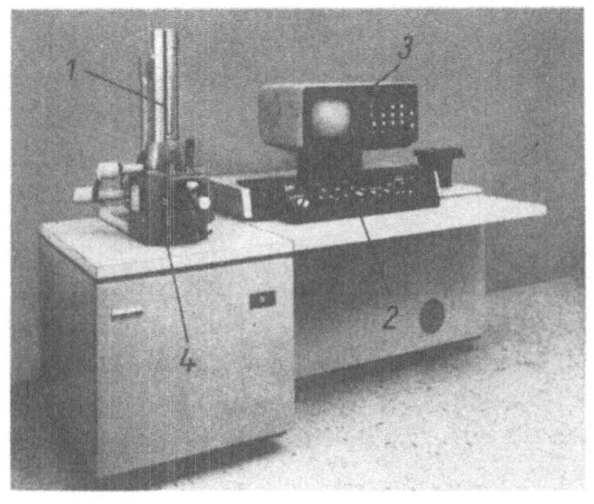

Bild 49.1. Rasterelektronenmikroskop LEITZ-ISI SS 60
1 Elektronenoptisches System, *2* Bedienpult, *3* Bildschirm, *4* Probenkammer

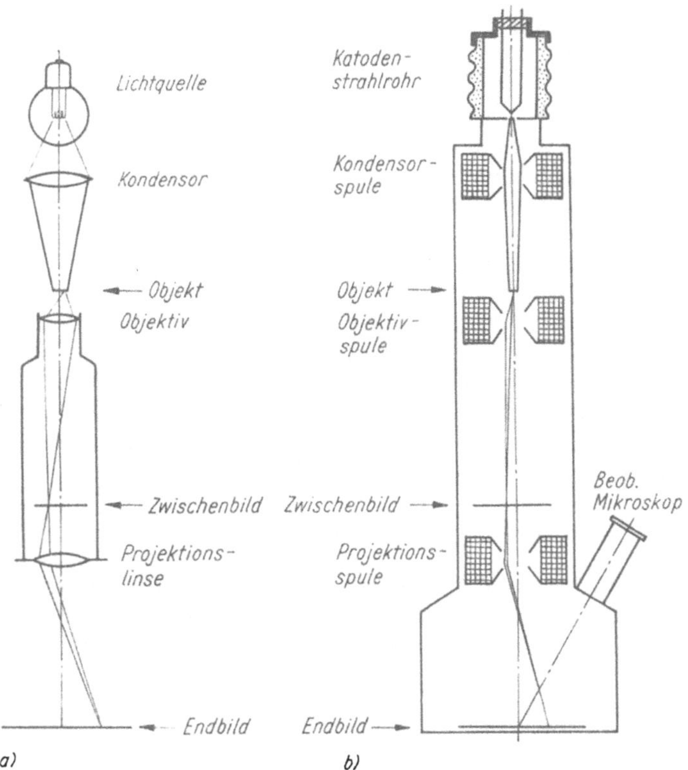

Bild 49.2. Strahlengang im a) optischen Mikroskop, b) magnetischen Elektronenmikroskop

linsen) so gelenkt wie die Lichtstrahlen im Lichtmikroskop (Bild 49.2). Werden die von der Katode emittierten Elektronen beispielsweise mit der Spannung $U = 15$ kV beschleunigt, ergibt sich ohne die relativistische Massenzunahme nach (43.1) und (49.3) aus

$v = \sqrt{2eU/m}$ und $\lambda = h/(mv)$ die Materiewellenlänge

$\lambda = h/\sqrt{2eUm} = 0{,}01$ nm.[1])

Da das Auflösungsvermögen des Mikroskops (32.6) mit kleiner werdender Wellenlänge zunimmt, ist das Auflösungsvermögen beim Elektronenmikroskop *erheblich* größer als beim Lichtmikroskop.

50 Heisenbergsche Unbestimmtheitsrelation (Unschärfebeziehung)

Die Welleneigenschaften aller bewegten Teilchen führten HEISENBERG 1927 zu einer für die gesamte Physik bedeutsamen Erkenntnis. Wie das Licht, so werden auch bewegte Teilchen an einem genügend engen Spalt gebeugt. Nach (32.1) gilt für das 1. Beugungsmaximum die Gleichung $\sin \alpha = 3\lambda/(2\,\Delta x)$, die nun auch für bewegte Teilchen (z. B. Elektronen) gilt. Der Ort des Durchganges des Elektrons durch den Spalt ist dann mit der Unsicherheit Δx der Spaltbreite behaftet. Ebenso ist auch der Ort des Auftreffens auf dem Schirm entsprechend ungenau.

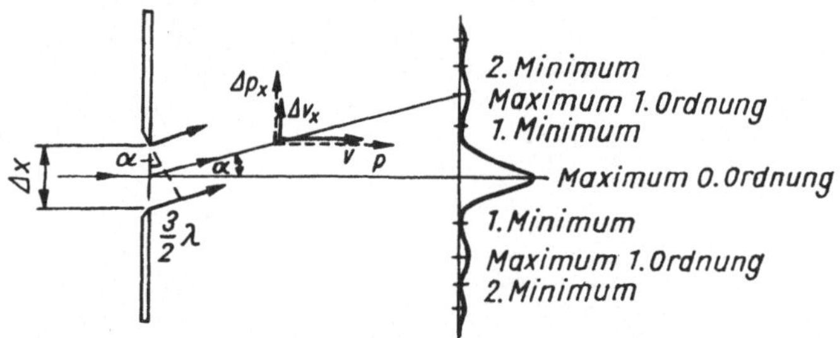

Bild 50.1. Zur HEISENBERGschen Unschärfebeziehung

Ein in Richtung α abgelenktes Elektron hat dann in Richtung des Maximums 0. Ordnung (Bild 50.1) den Impuls p und die Geschwindigkeit v, quer zur Spaltrichtung jedoch die Geschwindigkeitskomponente $\Delta v_x = v \sin \alpha = 3v\lambda/(2\,\Delta x)$.
Setzt man die DE-BROGLIE-Wellenlänge $\lambda = h/(mv)$ ein, ergibt sich $m\,\Delta v_x = 3h/(2\,\Delta x)$.
In der letzten Beziehung ist $m\,\Delta v_x$ die Unsicherheit der Impulskomponente Δp_x quer zum Spalt. Daraus ergibt sich die Aussage

$$\boxed{\Delta x\,\Delta p_x \geqq h}\ ^{2)}\qquad \textbf{Heisenbergsche Unbestimmtheitsrelation} \qquad (50.1)$$

Das Produkt der Unsicherheit Δx der Ortskoordinate eines bewegten Teilchens und seiner Impulsunsicherheit Δp_x in der Richtung dieser Ortskoordinate kann nicht kleiner als das Plancksche Wirkungsquantum h [genauer $\hbar = h/(2\pi)$] sein.

---

[1]) Bei einer genaueren Rechnung ist der hier bereits in Erscheinung tretende relativistische Massenzuwachs zu berücksichtigen (s. S. 502).
[2]) Genauere Untersuchungen ergeben $\Delta x\,\Delta p_x \geqq h/(2\pi)$; der Unterschied ist für viele Betrachtungen belanglos.

Wegen des kleinen Betrages von h spielt die Unbestimmtheitsrelation im makroskopischen Bereich keine Rolle (s. Beispiel). Es ist jedoch prinzipiell unmöglich, den raumzeitlichen Bewegungsablauf eines Quants oder eines atomaren Teilchens exakt zu beschreiben. Je genauer man den Ort des Teilchens, etwa durch Verkleinerung der Spaltbreite Δx, festlegen will, desto größer wird die Unsicherheit Δp_x seines Impulses. Es kann niemals genau gesagt werden, welche Richtung ein bestimmtes Teilchen einschlagen wird, sondern nur, in welcher Weise sich viele Teilchen auf dem Schirm verteilen werden. Die Unsicherheit tritt dabei prinzipiell auf und ist keine Frage der Meßgenauigkeit.

Von einem einzelnen Teilchen kann nur gesagt werden, wie groß die *Wahrscheinlichkeit* dafür ist, daß es nach einer bestimmten Richtung laufen wird. Diese Wahrscheinlichkeit ist erst aus dem Verhalten einer sehr großen Anzahl von Teilchen nach ihrem Eintreffen auf dem Bildschirm erkennbar. Sie verteilen sich dort nach den bekannten Gesetzen der Interferenz, d. h. einer Wellenbewegung. Diese beschreiben wohl das Verhalten der Gesamtheit vieler Teilchen richtig, versagen aber vollständig hinsichtlich der Bewegung des einzelnen Individuums.

Die Heisenbergsche Unschärferelation besteht auch für die Zeit- und Energiebestimmung eines bewegten Teilchens, allgemein für alle Produkte von Größen, die die Dimension einer Wirkung, also gleich Energie mal Zeit, haben:

$$\Delta x \, \Delta p_x = \frac{\Delta x}{v_x} \, v_x \, \Delta(mv_x) > \Delta t \, \Delta \left(\frac{1}{2} \, mv_x^2 \right) = \Delta t \, \Delta E \geqq h \tag{50.2}$$

Beispiel: Ein Schrotkorn von 1 mm Durchmesser und der Masse $6 \cdot 10^{-6}$ kg fliegt durch eine Öffnung, wobei ein seitlicher Spielraum von $\Delta x = 0,01$ mm vorhanden sei. Daraus folgt eine Unbestimmtheit der Geschwindigkeit von

$$\Delta v_x = \frac{h}{m \, \Delta x} = \frac{6,6 \cdot 10^{-34} \, \text{W s}^2}{6 \cdot 10^{-6} \, \text{kg} \cdot 10^{-5} \, \text{m}} \approx 10^{-23} \, \text{m/s}.$$

Da Geschwindigkeiten niemals so genau gemessen werden können, ist die Unschärfebeziehung demnach für große Teilchen ohne praktische Bedeutung.

ATOMPHYSIK

51 Atomhülle

51.1 Bestandteile des Atoms

Wegen ihrer außerordentlichen Kleinheit entziehen sich die Atome der unmittelbaren Anschauung. Dennoch lassen sich wesentliche Merkmale, ihre Masse und ihr Durchmesser, bereits mit den Methoden der kinetischen Gastheorie (23.2) erschließen. Weitere ins einzelne gehende Kenntnisse vom Bau der Atome fußen insbesondere auf den Ergebnissen der Spektroskopie und der Entdeckung der Radioaktivität. Von hier aus und auf Grund weiterer Erfahrungen (insbesondere Streuversuche) wurde der englische Physiker RUTHERFORD (1911) zum ersten brauchbaren Modell eines Atommodells geführt. Er stellte fest, daß das Atom aus einem **Atomkern** und einer **Atomhülle** besteht.

Jedes Atom besteht aus einem elektrisch positiven Kern und einer Anzahl ihn umkreisender negativer Elektronen.

Später wurde erkannt, daß in den **Atomkernen** zwei verschiedene Arten von Teilchen vorkommen, und zwar **Protonen** und **Neutronen.**

Protonen, Neutronen und Elektronen sind Elementarteilchen (weitere Elementarteilchen, s. Abschnitt 56).

Die **relative Atommasse** A_r eines Atoms bzw. eines Elementarteilchens ist der Quotient aus seiner Masse und 1/12 der Masse des Kohlenstoffisotops $^{12}_6$C, d. h., die relative Atommasse von $^{12}_6$C wurde genau mit 12 festgelegt.

Die Masse 1/12 des Kohlenstoffatoms $^{12}_6$C wird als atomare Masseneinheit u (unit) festgelegt.

$$\boxed{1\,\text{u} = 1{,}660\,57 \cdot 10^{-27}\,\text{kg}} \qquad \textbf{Atomare Masseneinheit}$$

Daraus erhält man unmittelbar die **Masse eines Atoms** m

$$\boxed{m = A_r\,\text{u}} \qquad \textbf{Masse eines Atoms} \tag{51.1}$$

Die relativen Atommassen der Elemente sind aus dem Periodensystem der Elemente (S. 511) zu entnehmen. Für die drei genannten Elementarteilchen gilt:

1. Proton: elektrisch positiv geladenes Masseteilchen
Seine elektrische Ladung ist gleich der eines Elektrons $e = 1{,}602 \cdot 10^{-19}$ C, jedoch *positiv*. Die Ruhmasse ist nahezu gleich der eines Wasserstoffatoms. Die relative Atommasse des Protons ist $A_r = 1{,}007\,28$. Die Masse ist $m_p = 1{,}672\,65 \cdot 10^{-27}$ kg.

2. Neutron: elektrisch neutrales Masseteilchen
Es trägt *keine elektrische* Ladung. Seine relative Atommasse ist mit $A_r = 1{,}008\,67$ ebenfalls nahezu gleich der des Wasserstoffatoms. Die Masse ist $m_n = 1{,}674\,95 \cdot 10^{-27}$ kg.

3. Elektron: elektrisch negatives Elektrizitätsteilchen

Seine elektrische Ladung ist $e = 1,602 \cdot 10^{-19}$ C, seine relative Atommasse beträgt $A_r = 0,000549$ und damit nur den 1836. Teil von der des Protons. Die Masse der Elektronen trägt somit zur Gesamtmasse des Atoms kaum etwas bei. Seine Masse beträgt $m_e = 9,1095 \cdot 10^{-31}$ kg.
(Die angegebenen Massen sind Ruhmassen.)

Die Masse des Atoms wird praktisch durch die Masse des Atomkerns bestimmt.

Der Radius eines einzelnen freien **Elektrons** läßt sich nur unter willkürlichen Annahmen berechnen, von denen noch nicht bekannt ist, ob sie wirklich berechtigt sind. Für den sogenannten **klassischen Elektronenradius** ergibt sich danach

$$\boxed{r_e = 2,818 \cdot 10^{-15} \text{ m}} \qquad \textbf{Klassischer Elektronenradius}$$

Der Radius der **Atome** ist *unterschiedlich* und liegt zwischen 50 und 250 pm.

$$\boxed{r_A \approx 10^{-10} \text{ m}} \qquad \textbf{Größenordnung des Atomradius}$$

Kommen bewegte atomare Teilchen in die Nähe eines Atomkernes, werden sie vom Kern beeinflußt und mehr oder weniger abgelenkt (Bild 51.1). Aus den dabei auftretenden Streuwinkeln wird der Radius des Atomkerns in der Größenordnung von 10^{-15} m abgeschätzt. Der **Kernradius** kann nach der folgenden Gleichung näherungsweise berechnet werden:

$$\boxed{\frac{r_K}{\text{m}} \approx 1,4 \cdot 10^{-15} \sqrt[3]{A_r}} \qquad \textbf{Radius eines Atomkerns} \qquad (51.2)$$

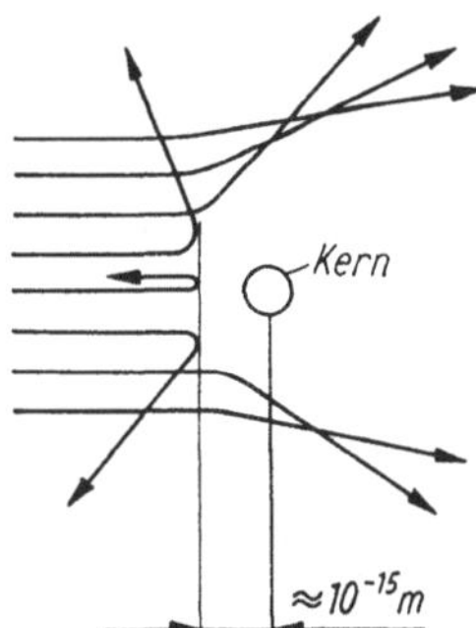

Bild 51.1. Schema der Streuung von α-Teilchen an einem Kern

Ein Vergleich zwischen den Radien von Elektron und Atomkern einerseits und dem Radius des ganzen Atoms andererseits zeigt, daß in dem sonst leeren Raum des Atoms die Teilchen selbst nur ein verschwindend geringes Volumen einnehmen. Der Abstand des Elektrons vom Kern ist 10^5mal größer als das Elektron selbst.
Daraus und aus der Masse erhält man die **Dichte der Atomkerne.**

$$\boxed{\varrho_K \approx 10^{17} \text{ kg/m}^3} \qquad \textbf{Größenordnung der Atomkerndichte}$$

Die Tatsache, daß diese Dichte für alle Kerne konstant ist, führte zum *Tröpfchenmodell* des Atomkerns (s. 52.5).

51.2 Ordnungszahl und Massenzahl

MENDELEJEW und MEYER fanden 1869 unabhängig voneinander, daß sich alle chemischen Elemente nach ihrer relativen Atommasse und ihren chemischen Eigenschaften in ein einheitliches System bringen lassen, das **Periodensystem der Elemente** (s. die folgende Tafel).

Der Reihe nach tragen die Elemente Nummern, die sogenannte **Ordnungszahl** oder **Kernladungszahl** Z, die gleich der im Kern vorhandenen **Anzahl der Protonen** ist. Bis auf wenige Ausnahmen nimmt die relative Atommasse mit steigender Ordnungszahl Z zu.

Bezeichnet man die **Anzahl der Nukleonen** im Kern als **Massenzahl** A und die **Anzahl der Neutronen** mit N, gilt

$$\boxed{A = Z + N} \qquad \textbf{Massenzahl} \tag{51.3}$$

Die Massenzahl A ist die Summe aus der Kernladungszahl Z und der Neutronenzahl N.

In vielen Fällen ist die Massenzahl gleich der auf einen ganzzahligen Wert gerundeten relativen Atommasse.

Da das Atom als Ganzes elektrisch *neutral* ist, enthält die Atomhülle die gleiche Anzahl von Elektronen, wie die Ordnungszahl des betreffenden Elementes ist.

Die Anzahl der Elektronen in der Atomhülle ist gleich der Ordnungszahl und gleich der Anzahl der Protonen im Kern.

51.3 Wasserstoffatom

Das Wasserstoffatom hat gegenüber den anderen Atomen den einfachsten Aufbau. Sein Kern besteht nur aus einem Proton, die Hülle entsprechend nur aus einem Elektron. Betrachtet man dieses nach RUTHERFORD als ein kleines Teilchen (Korpuskel), so muß es auf einer – wie zunächst anzunehmen war – kreisförmigen Bahn um den Kern laufen. Die Kreisbahn wird durch die elektrostatische Anziehung erzwungen, welche die gleiche Rolle spielt wie die Radialkraft bei der Kreisbewegung. Bei fehlender Rotation müßte das Elektron wegen der fehlenden Trägheitskraft (Zentrifugalkraft), der elektrischen Kraft folgend, in den Kern hineinfallen.

51.3.1 Bohrsche Postulate

Das einfache Modell von RUTHERFORD konnte jedoch die **Emission** und die **Absorption** von Strahlung (sichtbares und unsichtbares Licht) durch das Atom *nicht* erklären. In der Umgebung einer periodisch umlaufenden elektrischen Ladung entsteht zwar ein elektromagnetisches Wechselfeld, welches sich als elektromagnetische Welle ausbreitet (s. 42.4), aber die dadurch bedingten Energieverluste müßten das Elektron auf Spiralbahnen zum Kern führen und dort mit ihm vereinigen. Außerdem waren mit diesem Modell nicht die charakteristischen Serien von Spektrallinien zu erklären, die nicht nur das Wasserstoffatom, sondern jedes Element bei der Lichtaussendung zeigt.

Der dänische Physiker NIELS BOHR konnte 1913 diese Schwierigkeiten überwinden, indem er die bis dahin bekannten Gesetze der Quantentheorie auf den Bau der Atome, insbesondere auf das Wasserstoffatom, anwandte. BOHR stellte zunächst *zwei willkürliche* Forderungen auf, welche **Bohrsche Postulate** genannt werden. Ihre Anwendung auf das Wasserstoffatom führten zur völligen Übereinstimmung mit den experimentellen Untersuchungen der Linienspektren dieses Atoms.

Periodensystem der Elemente

	I	II	III	IV	V	VI	VII	VIII	
1	**1** H 1,00797								**2** He 4,0026
2	**3** Li 6,941	**4** Be 9,0122	**5** B 10,811	**6** C 12,01115	**7** N 14,0067	**8** O 15,9994	**9** F 18,9984		**10** Ne 20,179
3	**11** Na 22,9898	**12** Mg 24,305	**13** Al 26,9815	**14** Si 28,0855	**15** P 30,9738	**16** S 32,064	**17** Cl 35,453		**18** Ar 39,948
4	**19** K 39,0983	**20** Ca 40,08	**21** Sc 44,9559	**22** Ti 47,90	**23** V 50,9414	**24** Cr 51,996	**25** Mn 54,9380	**26** Fe **27** Co **28** Ni 55,847 58,9332 58,71	
4	**29** Cu 63,546	**30** Zn 65,38	**31** Ga 69,72	**32** Ge 72,59	**33** As 74,9216	**34** Se 78,96	**35** Br 79,904		**36** Kr 83,80
5	**37** Rb 85,4678	**38** Sr 87,62	**39** Y 88,9059	**40** Zr 91,22	**41** Nb 92,9064	**42** Mo 95,94	**43** Tc (98,906)	**44** Ru **45** Rh **46** Pd 101,07 102,9055 106,4	
5	**47** Ag 107,868	**48** Cd 112,41	**49** In 114,82	**50** Sn 118,69	**51** Sb 121,75	**52** Te 127,60	**53** I 126,9045		**54** Xe 131,30
5	**55** Cs 132,905	**56** Ba 137,34	**57** La 58–71 138,90055	**72** Hf 178,49	**73** Ta 180,9479	**74** W 183,85	**75** Re 186,207	**76** Os **77** Ir **78** Pt 190,2 192,22 195,09	
6	**79** Au 196,9665	**80** Hg 200,59	**81** Tl 204,37	**82** Pb 207,2	**83** Bi 208,9804	**84** Po (209,983)	**85** At (209,987)		**86** Rn (222,018)
7	**87** Fr (223,02)	**88** Ra 226,0454	**89** Ac 90–103 227,0275	**104** Ku (258)	**105** Ns (260)	**106** (263)	**107** (261)	**108** **109** (264) (266)	

6	**58** Ce 140,12	**59** Pr 140,9077	**60** Nd 144,24	**61** Pm (146,915)	**62** Sm 150,35	**63** Eu 151,96	**64** Gd 157,25	**65** Tb 158,9254	**66** Dy 162,50	**67** Ho 164,934	**68** Er 167,26	**69** Tm 168,9342	**70** Yb 173,04	**71** Lu 174,97
7	**90** Th 232,0381	**91** Pa 231,036	**92** U 238,029	**93** Np 237,048	**94** Pu (242,059)	**95** Am (243,061)	**96** Cm (245,07)	**97** Bk (247,07)	**98** Cf (250,076)	**99** Es (254,088)	**100** Fm (255)	**101** Md (255,09)	**102** No (254)	**103** Lr (257)

Die in Klammern gesetzten relativen Atommassen gehören zum Isotop der längsten Halbwertszeit.

1. Bohrsches Postulat. Unter den vielen möglichen Elektronenbahnen gibt es solche, auf denen das Elektron ohne Energieabstrahlung, also **strahlungslos**, umlaufen kann. Diese Bahnen heißen **stationäre** oder **erlaubte** Bahnen. Nur die Bahnen sind erlaubt, bei denen das Produkt aus dem Drehimpuls $m_e rv$ des umlaufenden Elektrons und dem vollen Drehwinkel 2π rad ein ganzzahliges Vielfaches des PLANCKschen Wirkungsquantums h ist.

$$\boxed{2\pi m_e rv = nh} \quad (n = 1, 2, \ldots) \qquad \begin{array}{l}\textbf{1. Bohrsches Postulat}\\ \text{(Quantenbedingung)}\end{array} \qquad (51.4)$$

2. Bohrsches Postulat. Auf *jeder* stationären Bahn hat das Elektron eine bestimmte Energie E_n. Beim Übergang des Elektrons aus einer stationären Bahn mit *höherer* Energie E_2 (angeregtes Energieniveau) auf eine Bahn mit *niedrigerer* Energie E_1 wird die **Energiedifferenz** $E_2 - E_1 = \Delta E$ als **Lichtquant** mit der Energie $E = hf$ ausgesendet.

$$\boxed{hf = E_2 - E_1} \qquad \textbf{2. Bohrsches Postulat} \qquad (51.5)$$

Bei *Umkehrung* dieses Vorganges wird ein Quant der *genau* passenden Energie absorbiert, das Elektron wird vom Energieniveau E_1 auf ein höheres Energieniveau E_2 gehoben, **das Atom wird angeregt.** Man bezeichnet diesen Vorgang als **Resonanzabsorption** oder auch als **Resonanzfluoreszenz**, weil nach erfolgter Absorption eines Quants der Frequenz f nach etwa 10^{-8} s ein Quant der gleichen Frequenz und damit auch gleicher Energie emittiert wird. Auch bei Zufuhr von **Wärmeenergie** oder durch **Elektronenstoß** gegen Atome können Elektronen höhere Energieniveaus erreichen. Die Rückkehr in das niedrigere Niveau bedeutet auch hier Lichtaussendung.

51.3.2 Spektrallinien des Wasserstoffs

Mit den BOHRschen Postulaten können die Spektren des Wasserstoffs in Übereinstimmung mit den Experimenten berechnet werden. Da das Proton und das Elektron als punktförmige Ladungen betrachtet werden können, folgt aus dem COULOMBschen Gesetz (39.11) und der Zentrifugalkraft (7.14) die Gleichung

$$\boxed{m_e r\omega^2 = \frac{e^2}{4\pi\varepsilon_0 r^2}} \qquad \textbf{Kraft auf das umlaufende Elektron} \qquad (51.6)$$

Setzt man hier die aus der Quantenbedingung (51.4) zu ermittelnde Winkelgeschwindigkeit $\omega = v/r = nh/(2\pi m_e r^2)$ ein, ergeben sich die Bahnradien r_n der stationären oder erlaubten Bahnen:

$$\boxed{r_n = \frac{\varepsilon_0 n^2 h^2}{\pi e^2 m_e}} \qquad \begin{array}{l}\textbf{Radien der stationären Bahnen des Wasserstoffatoms}\\ (n = 1, 2, \ldots)\end{array} \qquad (51.7)$$

Der kleinste Bahnradius folgt mit $n = 1$. Einsetzen von ε_0, h, e und m_e ergibt

$$r_1 = \frac{8{,}854 \cdot 10^{-12}\,\text{A s} \cdot 1^2 (6{,}626 \cdot 10^{-34}\,\text{J s})^2}{\text{V m}\,\pi\,(1{,}602 \cdot 10^{-19}\,\text{A s})^2 \cdot 9{,}11 \cdot 10^{-31}\,\text{kg}} = 0{,}53 \cdot 10^{-10}\,\text{m}$$

(s. Größenordnung Atomradius 51.1). Befindet sich das Elektron auf dieser Bahn, so ist das Atom im **Grundzustand.** Befindet sich das Elektron durch Energiezufuhr auf *höheren* Quantenbahnen, ist das Atom in einem **angeregten Zustand.** Aus Gleichung (51.7) kann erkannt werden, daß sich die Bahnradien der erlaubten Bahnen wie die Quadrate ganzer Zahlen zueinander verhalten.

$$\boxed{r_i : r_j = i^2 : j^2} \quad (i, j \text{ ganzzahlig}) \quad \textbf{Quotient zweier Bahnradien} \tag{51.8}$$

Beim Zurückspringen aus einer höheren Quantenbahn in eine niedrige oder in den Grundzustand wird der entsprechende Energiebetrag ΔE nach dem 2. BOHRschen Postulat (51.5) als Lichtquant hf emittiert. Um diesen Energiebetrag zu berechnen, muß beachtet werden, daß das Elektron gegenüber dem Kern *potentielle* Energie E_p und auch infolge seiner Eigenbewegung *kinetische* Energie E_k besitzt.

Zur Berechnung der *potentiellen* Energie E_p soll sich das Elektron zunächst im Abstand $r \to \infty$ vom Kern befinden. Wenn es von hier in den Abstand r gelangt, wird potentielle Energie frei, die gleich der verrichteten Arbeit ist, das Elektron von r auf $r \to \infty$ zu bringen. Damit wird $dE_p = F\,dr$ und nach Einsetzen der COULOMB-Kraft (39.11), Protonenladung $+e$, der Elektronenladung $-e$ sowie nachfolgender Integration die potentielle Energie E_p im Abstand r

$$E_p = \int\limits_{r \to \infty}^{r} \frac{e^2}{4\pi\varepsilon_0 r^2}\,dr = -\left[\frac{e^2}{4\pi\varepsilon_0 r}\right]_{r \to \infty}^{r} = -\frac{e^2}{4\pi\varepsilon_0 r}. \tag{51.9}$$

Die *kinetische Energie* des kreisenden Elektrons ist ferner unter Beachtung von (51.6)

$$E_k = \frac{m_e v^2}{2} = \frac{m_e r^2 \omega^2}{2} = \frac{e^2}{2 \cdot 4\pi\varepsilon_0 r}. \tag{51.9'}$$

Die *Gesamtenergie* des Elektrons ist dann mit (51.9) und (51.9')

$$E = E_p + E_k = -\frac{e^2}{8\pi\varepsilon_0 r}.$$

Setzt man für r den Radius nach Gl. (51.7) ein, so ergibt sich für die **Energie E_n** des Elektrons auf der n-ten Bahn

$$\boxed{E_n = -\frac{e^4 m_e}{8\varepsilon_0^2 h^2}\,\frac{1}{n^2}}^{1)} \quad \textbf{Energie des Elektrons auf der n-ten Bahn} \tag{51.10}$$

Da die *Emission* eines Lichtquants beim Übergang von der Bahn m (höhere Energie) in die Bahn n (kleinere Energie) geschieht, ist nach (54.1)

$$E = E_m - E_n = hf.$$

Unter Berücksichtigung von (51.10) werden damit die Frequenzen des vom Wasserstoffatom abgestrahlten Lichtes

$$\boxed{f = \frac{e^4 m_e}{8\varepsilon_0^2 h^3}\left(\frac{1}{n^2} - \frac{1}{m^2}\right)} \quad \begin{array}{l}\textbf{Frequenzen des ausgestrahlten}\\ \textbf{Lichtes } (m > n, \text{ ganzzahlig})\end{array} \tag{51.11}$$

Der vor der Klammer stehende Ausdruck heißt **Rydberg-Frequenz R_H** des Wasserstoff-

---

[1]) Für wasserstoffähnliche Atome und Ionen ist (Z ist die Ordnungszahl) $E_n = -\dfrac{e^4 m_e}{8\varepsilon_0^2 h^2}\,\dfrac{1}{n^2}\,Z^2$ und $f = R_H Z^2 \left(\dfrac{1}{n^2} - \dfrac{1}{m^2}\right)$; $(m > n,$ ganzzahlig). Die RYDBERG-Frequenz (51.12) ist dann $R = R_H Z^2$.

atoms:

$$R_\mathrm{H} = \frac{e^4 m_\mathrm{e}}{8\varepsilon_0^2 h^3} = \frac{1{,}602^4 \cdot 10^{-76}\,(\mathrm{A\,s})^4 \cdot 9{,}1 \cdot 10^{-31}\,\mathrm{kg}}{8 \cdot 8{,}854^2 \cdot 10^{-24}\,(\mathrm{A\,s/V\,m})^2 \cdot 6{,}63^3 \cdot 10^{-102}\,\mathrm{W}^3\,\mathrm{s}^6}$$

$$\boxed{R_\mathrm{H} = 3{,}29 \cdot 10^{15}\,\mathrm{Hz}}$$ **Rydberg-Frequenz des Wasserstoffatoms** (51.12)

Die ausgestrahlten Frequenzen sind damit

$$\boxed{f = R_\mathrm{H}\left(\frac{1}{n^2} - \frac{1}{m^2}\right)}^{\,1)}$$ **Frequenzen der Wasserstoffserien** (51.13)

Die Ergebnisse aus dieser Gleichung stimmen sehr gut mit den optisch gemessenen Frequenzen des vom Wasserstoffatom ausgesandten Lichtes überein und bestätigen die Richtigkeit der BOHRschen Annahmen zumindest für das Wasserstoffatom und ihm ähnliche Atome.

Für das Elektron des Wasserstoffatoms gibt es eine Reihe von Übergangsmöglichkeiten:

1. von der m-ten ..., 5., 4., 3., 2. auf die 1. Bahn (LYMAN-Serie im Ultraviolett); also $n = 1$; $m > 1$
2. von der m-ten ..., 5., 4., 3. auf die 2. Bahn (BALMER-Serie im Sichtbaren); $n = 2$; $m > 2$
3. von der m-ten ..., 5., 4. auf die 3. Bahn (PASCHEN-Serie im Ultrarot); $n = 3$; $m > 3$
4. von der m-ten ..., 5. auf die 4. Bahn (BRACKETT-Serie im Ultrarot); $n = 4$; $m > 4$.

Wie sich leicht nachrechnen läßt, gehören die 5 in 28.2 aufgeführten Spektrallinien des Wasserstoffs (656,3; 486,1; 434,0 nm usw.) der zuerst von **Balmer 1885** ohne Kenntnis des Atombaues berechneten Serie an.

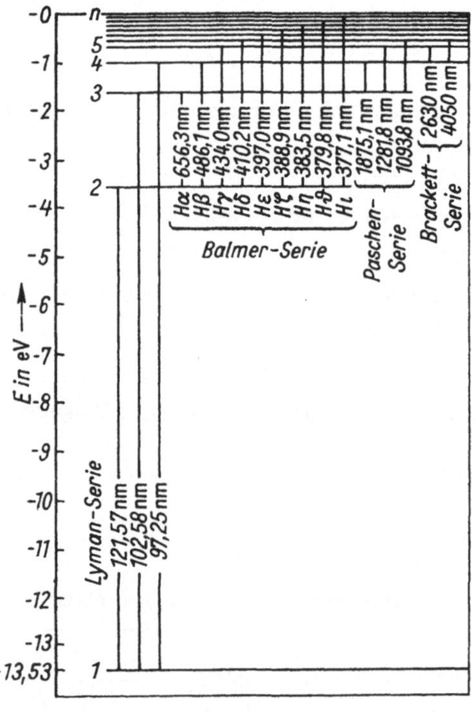

Bild 51.2. Termschema des Wasserstoffs

---

¹) Fußn. s. S. 513

Einen Überblick über alle möglichen Spektrallinien des Wasserstoffs gewährt das **Term-schema** (Bild 51.2). An der Ordinate kann die in eV ausgedrückte Energie der Strahlungs-quanten abgelesen werden. Sie strebt für $n \to \infty$ dem Grenzwert 13,53 eV zu. Es ist dies die **Ionisierungsenergie**, d. h. jene Energie, die zur völligen Abtrennung des Elektrons vom Kern aufzuwenden ist.

Beispiel: Zur Berechnung der 1. Linie der BALMER-Serie ist $n = 2$ sowie $m = 3$ zu setzen, man erhält zunächst nach (51.12) die Frequenz $f = 3{,}29 \cdot 10^{15}\ \mathrm{Hz} \left(\dfrac{1}{4} - \dfrac{1}{9} \right) = 4{,}57 \cdot 10^{14}\ \mathrm{Hz}$.

Hieraus folgt als Wellenlänge $\lambda = \dfrac{c}{f} = 656\ \mathrm{nm}$. Die Energie dieser Strahlungsquanten beträgt nach (47.1) $E = hf = 3{,}028 \cdot 10^{-19}\ \mathrm{J} = 2{,}05\ \mathrm{eV}$ (s. Bild 51.2).

Trotz aller Erfolge bei der Berechnung der Wasserstoffspektren zeigten bald zwei Erschei-nungen die Grenzen des BOHRschen Atommodells. Es waren dies die Feinstruktur der Spek-trallinien und die Unregelmäßigkeiten in den Alkalispektren wasserstoffähnlicher Atome und Ionen.

51.3.3 Quantenzahlen

Für die Energiezustände (51.10) des im Wasserstoffatom befindlichen Elektrons ist das Auftreten einer Folge ganzer Zahlen $n = 1, 2, \ldots$ charakteristisch, welche zugleich auch die Bahnradien r_n der stationären Kreisbahnen (51.7) bestimmen. Man bezeichnet sie als **Hauptquantenzahlen** n.

Wie die von SOMMERFELD im Jahre 1915 verbesserte Theorie ergab, kann das Elektron auch Ellipsenbahnen beschreiben. Danach zerfällt jede durch eine Hauptquantenzahl bezeichnete Energiestufe in so viel Einzelenergieniveaus, wie der Zahlenwert der Haupt-quantenzahl n beträgt.

Die Einzelenergieniveaus werden durch die **Bahndrehimpuls-Quantenzahl** l_i **(Nebenquanten-zahl)** erfaßt. Die Größe dieser Bahndrehimpuls-Quantenzahl kann $l_i = 0, 1, 2, \ldots, (n - 1)$ sein.[1] Die Energieniveaus selbst werden mit s, p, d, f bezeichnet. Zur Hauptquantenzahl $n = 3$ gehören entsprechend den drei Bahnimpuls-Quantenzahlen 0, 1 und 2 die drei Ener-gieniveaus 3s, 3p und 3d; ist $n = 2$, so gehören dazu lediglich die beiden Niveaus 2s und 2p und zu $n = 1$ schließlich nur das eine Niveau 1s (Bild 51.3). Damit konnte die beobachtete Aufspaltung der Wasserstoffspektrallinien (Feinstruktur) in der BALMER-Serie erklärt werden. Jede Linie entspricht zwei Doppellinien, die durch zwei eng benachbarte Energie-niveaus hervorgerufen werden, denn zu $n = 2$ gibt es $l_i = 0$ und $l_i = 1$.

Weitere Untersuchungen zeigten insbesondere bei den Alkalien, daß auch hier die Spektral-linien aus zwei benachbarten Linien bestehen (Dubletts), die Frequenzunterschiede waren jedoch *größer*. Außerdem wurden die Linien beim Anlegen äußerer magnetischer und elektrischer Felder nochmals aufgespalten. Das umlaufende Elektron ist ein elektrischer Kreisstrom, welcher wie jeder andere elektrische Strom ein magnetisches Feld erzeugt und ein magnetisches Moment (40.17) hat. Durch ein äußeres Feld wird die Lage der Ellipsen-bahn infolge Wechselwirkung mit dem Feld des Elektrons verändert. Jeder Lage entspricht wieder ein etwas anderes Energieniveau, deren Energiezustände durch die **magnetische Quantenzahl** m_l beschrieben werden. Jedes der mit der Nebenquantenzahl l_i bezeichneten Energieniveaus spaltet in $(2l_i + 1)$ Energiezustände auf. Alle mit d bezeichneten Niveaus (3d, 4d, usw.) können also in 5 unterschiedliche Zustände aufgespalten werden [der Buch-stabe d steht für $l_i = 2$ (s. oben)]. Die Energieniveaus p (2p, 3p usw.) existieren in drei

---

[1] Der Bahndrehimpuls ist nach der Quantentheorie genau $\sqrt{l_i(l_i + 1)}\, h/(2\pi)$ in Übereinstimmung mit Experimenten.

33*

möglichen Stufen, während zu den s-Niveaus (1s, 2s, usw.) keine Aufspaltung in weitere
Niveaus möglich ist (Bild 51.3).

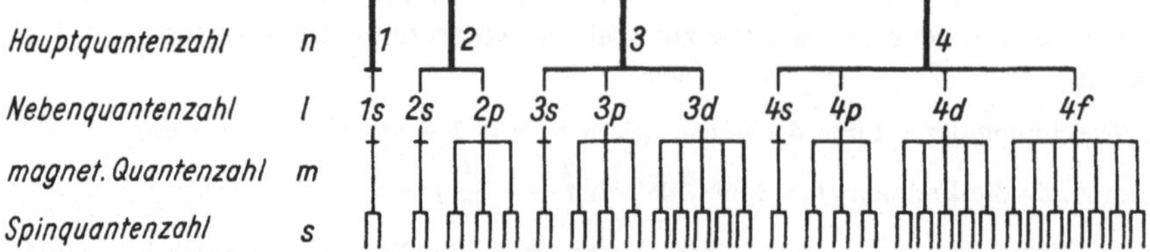

Bild 51.3. Aufspaltung der den Hauptquantenzahlen $n = 1$ bis 4 entsprechenden Energiestufen
(nicht maßstäblich)

Schließlich konnte durch eine Reihe von Experimenten gezeigt werden, daß jedes Elektron
unabhängig von seinem Bahndrehimpuls noch einen **Eigendrehimpuls** besitzt. Modellmäßig
ist dies durch Eigenrotation des kugelförmig gedachten Elektrons vorstellbar. Dieser Eigendrehimpuls heißt **Spin (Elektronenspin)** und ruft durch die elektrische Ladung des Elektrons
ein zusätzliches magnetisches Moment hervor, welches man **Spinmoment** nennt. Es wird eine
weitere Quantenzahl, die **Spinquantenzahl** s_i eingeführt. Da der Spin des Elektrons den Betrag $s = \frac{1}{2} h/(2\pi) = \frac{1}{2} \hbar$ hat[1]), ordnet man der Spinquantenzahl s_i je nach der Rotations-
richtung des Elektrons die Werte $+1/2$ oder $-1/2$ zu. Somit ist eine weitere Aufspaltung
jedes bisherigen Energieniveaus in zwei weitere Energieniveaus erklärbar (Bild 51.3).

> **Die möglichen Energiezustände des Elektrons sind durch vier Quantenzahlen darstellbar.**
> **Ihre Bedeutung und ihre Größe sind in folgender Tabelle zusammengefaßt.**

Übersicht über die Quantenzahlen

Bezeichnung	Bedeutung	Mögliche Werte
Hauptquanten-zahl n	bestimmt den Radius der Kreisbahn oder die zugehörige große Halbachse der Ellipsen-bahnen und damit im wesentlichen den Energiezustand	$1, 2, 3, \ldots, n$
Bahndrehimpuls-quantenzahl l_i	bestimmt die Exzentrizität der Ellipsenbahnen mit gleicher Hauptquantenzahl sowie deren Anzahl	$0, 1, 2, \ldots, (n-1)$ $0 \leq l_i \leq n - 1$
Magnetische Quantenzahl m_i	bestimmt die Raumorientierung der einzelnen Bahnen	$0, \pm 1, \pm 2, \ldots, \pm l_i$ $0 \leq |m_i| \leq l_i$
Spinquanten-zahl s_i	bestimmt die zwei möglichen Orientierungen des Eigendrehimpulses des Elektrons zum betreffenden Bahndrehimpuls	$\pm \frac{1}{2}$

51.3.4 Wellenmechanisches Atommodell

Trotz aller anfänglichen Erfolge erwies sich die BOHR-SOMMERFELDsche Theorie im weiteren
Verlauf der Entwicklung der physikalischen Erkenntnisse über das Atom als *unzulänglich*.
Ohne den Doppelcharakter (Dualismus) des Elektrons (s. 49.2) zu berücksichtigen, behandelte sie das Elektron nach den Gesetzen der klassischen Mechanik als ein auf Kreis-
und Ellipsenbahnen von unterschiedlicher räumlicher Orientierung umlaufendes Masse-

---

[1]) Quantentheoretisch ergibt sich in Übereinstimmung mit dem Experiment genauer
$s = \sqrt{s_i(s_i + 1)} \cdot h/(2\pi)$.

teilchen. Die Unhaltbarkeit dieser Betrachtungsweise geht aber schon aus der physikalischen Unsicherheit des 1. Bohrschen Postulats hervor, nach dem Energie und damit auch Impuls sowie Bahn des Elektrons genau bestimmt sein sollen. Dies widerspricht aber der Heisenbergschen Unbestimmtheitsrelation (s. Abschnitt 50). Wie sich mit den Gln. (51.6), (51.7) leicht errechnen läßt, hat das im Wasserstoffatom kreisende Elektron eine Bahngeschwindigkeit von $2,2 \cdot 10^6$ m/s, wobei selbstverständlich vorausgesetzt wird, daß das Elektron sich wenigstens *innerhalb* des Atoms befindet. Der Aufenthaltsort des Elektrons muß daher mit einer Genauigkeit von wenigstens $\Delta x = 10^{-10}$ m (Atomdurchmesser) bekannt sein. Die Heisenbergsche Gleichung (50.1) fordert dann eine Ungenauigkeit der Geschwindigkeit von

$$\Delta v = \frac{h}{m \cdot \Delta x} = \frac{6,63 \cdot 10^{-34}\,\text{W s}^2}{9,1 \cdot 10^{-31}\,\text{kg} \cdot 10^{-10}\,\text{m}} = 7,3 \cdot 10^6\,\text{m/s}.$$

Das ist das 3fache der Geschwindigkeit selbst!
Die Annahme, das Elektron bewege sich auf einer exakten Kreisbahn, ist daher nicht berechtigt.
Diese und noch weitere Schwierigkeiten sind durch die von dem österreichischen Physiker Schrödinger (1926) entwickelte **Wellenmechanik** behoben worden. Schrödinger stellte eine Differentialgleichung **(Schrödinger-Gleichung)** für eine dreidimensionale, um den Atomkern schwingende stehende Welle auf. Sie stellt ein kugelsymmetrisches Gebilde mit nach außen hin rasch abklingender Ladungsdichte dar. Das ist nicht etwa so zu verstehen, daß die Ladung des Elektrons gleichsam pulverisiert und auf ein großes Raumgebiet verteilt wäre. Es ist vielmehr mit den Interferenzstreifen zu vergleichen, die bei der Beugung am Spalt auf dem Bildschirm entstehen. Deren Helligkeit ist nach Abschnitt 50 ein Maß für die *Wahrscheinlichkeit*, daß irgendein Teilchen an eine ins Auge gefaßte Stelle des Schirms hingelangen kann. In entsprechender Weise ist die Dichte der um den Kern gebreiteten Welle ein Maß für die *Wahrscheinlichkeit*, das Elektron an der betreffenden Stelle vorzufinden.
Genauer stellt das Quadrat des Betrages der (im allgemeinen komplexen) Lösungsfunktion ψ der Schrödinger-Gleichung, multipliziert mit dem betrachteten Volumen dV, die Aufenthaltswahrscheinlichkeit dw eines Elektrons in dem Raumbereich dV des Atoms dar: $dw = |\psi|^2\,dV$. Die Lösung der Schrödinger-Gleichung führt ebenfalls auf die genannten Quantenzahlen und Energiezustände des Elektrons. Das Ordnungsschema und die Bezeichnungen der ursprünglichen Bohr-Sommerfeldschen Theorie konnten deshalb fast unverändert übernommen werden. An die Stelle der bisherigen »Bahnen« treten nunmehr räumliche Gebiete, deren Form vom Energiezustand des Elektrons abhängt.

Die Aufenthaltsräume der Elektronen um den Atomkern nennt man Orbitale.

Die von Bohr *willkürlich* gemachten Annahmen für die *Postulate* erhielten eine physikalische Erklärung darin, daß nur die Quantenbedingungen zu physikalisch sinnvollen Lösungen der Schrödinger-Gleichung führten. Die Vorteile der Wellenmechanik sind voll erkennbar, wenn man die Lösungsfunktionen (Wellengleichungen) aufstellt. Der mathematische Aufwand führt jedoch in diesem Rahmen zu weit. Als Beispiel soll die Darstellung des Elektrons in den Energieniveaus nach der Wellenmechanik für das Wasserstoffatom veranschaulicht werden. Im Grundzustand 1s erfüllt das Orbital einen kugelförmigen Raum mit nach außen hin rasch abnehmender Ladungsdichte (Bild 51.4a). In Kernnähe ist die Dichte besonders groß, und zwar in einem Gebiet, dessen Radius dem der ersten Bohrschen Kreisbahn entspricht.
Im Zustand 2s zerfällt das Orbital in einen kugelförmigen Innenraum und eine weiter außen liegende Kugelschale, wo die Aufenthaltswahrscheinlichkeit des Elektrons besonders groß ist (Bild 51.4b). Ihr Radius entspricht etwa dem der zweiten Bohrschen Kreisbahn.

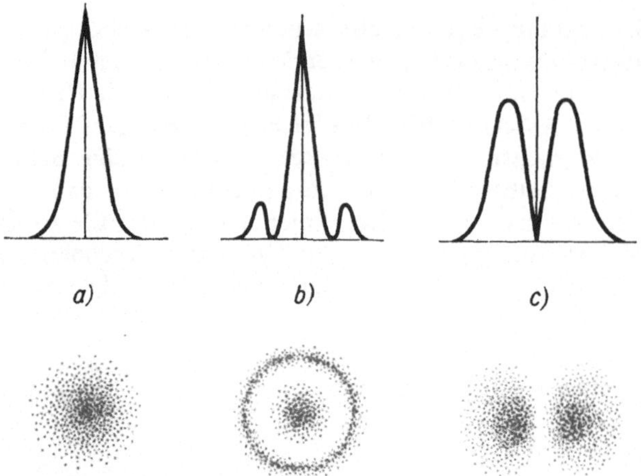

a)   b)   c)

Bild 51.4. Ladungsdichte und Aufenthaltsräume (Orbitale) der Elektronen 1s, 2s und 2p

Im Zustand 2p nimmt das Orbital hantelförmige Gestalt an, d. h. die Form zweier seitlich zusammengedrückter Kugeln beiderseits des Atomkerns (Bild 51.4c). Das Elektron kann sich also mit gleicher Wahrscheinlichkeit in der einen *oder* anderen Hälfte des Orbitals 2p befinden. Entsprechend den 3 Achsenrichtungen des Koordinatensystems kann dieses Orbital noch 3 verschiedene energetisch gleichwertige räumliche Lagen einnehmen, womit die in der Übersicht S. 519 genannten 3 Einzelzustände $2p_x$, $2p_y$ und $2p_z$ entstehen.

Die Formen dieser Elektronenwolken spielen für das Verständnis der chemischen Bindung eine große Rolle.

51.4 Aufbau der Atomhüllen der Elemente

Die in 51.3.3 dargestellten Quantenzahlen n, l_i, m_i und s_i geben zunächst darüber Auskunft, welche Energiestufen ein einzelnes in der Atomhülle befindliches Elektron einnehmen kann. Das auf Bild 51.3 dargestellte Schema gilt aber *auch* für alle übrigen Elektronen des Atoms. Aus den Eigenschaften der Wellenfunktion folgt jedoch ein von PAULI gefundenes **Ausschließungsprinzip, Pauli-Prinzip** genannt:

> **Zwei Elektronen eines Atoms dürfen niemals in allen vier Quantenzahlen übereinstimmen.**

Hieraus folgt unmittelbar, daß jedes der auf Bild 51.3 angegebenen Energieniveaus mit höchstens 2 Elektronen von entgegengesetzter Spinrichtung besetzt werden kann. Um die Einordnung der Elektronen in die Atomhülle besser übersehen zu können, faßt man ferner alle zu einer Hauptquantenzahl n gehörenden Elektronen zu einer **Hauptschale** zusammen und bezeichnet diese mit den Buchstaben K, L, M, N und O. Entsprechend der Nebenquantenzahl zerfallen die Hauptschalen in **Unterschalen**. Diese spalten sich wiederum gemäß der magnetischen Quantenzahl m in einzelne **Zellen** auf. Jede dieser Zellen kann, wie soeben festgestellt wurde, von 2 Elektronen entgegengesetzter Spinrichtung besetzt werden und besteht dann aus 2 kongruenten, einander vollständig durchdringenden Orbitalen.

Aus der folgenden Übersicht ist (ebenso wie auch aus Bild 51.3) zu entnehmen, daß die L-Schale höchstens 8 oder die M-Schale nicht mehr als 18 Elektronen aufnehmen kann.

Die Gesamtzahl der Elektronen in der Hülle ist gleich der Ordnungszahl. Dabei gelten folgende Regeln:

1. Die energetisch am tiefsten liegenden Schalen bzw. Zellen werden von den Hüllenelektronen stets zuerst besetzt.

Besetzungsmöglichkeiten der ersten drei Hauptschalen

Haupt-schalen		Unterschalen		Zellenzahl		Besetzung der Zellen		Maximale Elektronenzahl	
Bezeich-nung	n	l_i	Elek-tronen	m_i	Elek-tronen	s_i	Elek-tronen	Unter-schale	Haupt-schale
K	1	0	1s	0	1	$\pm\frac{1}{2}$	2	2	2
L	2	0	2s	0	1	$\pm\frac{1}{2}$	2	2	8
		1	2p	0, ± 1	3 $2p_x$, $2p_y$, $2p_z$	$\pm\frac{1}{2}$	2	6	
M	3	0	3s	0	1	$\pm\frac{1}{2}$	2	2	18
		1	3p	0, ± 1	3 $3p_x$, $3p_y$, $3p_z$	$\pm\frac{1}{2}$	2	6	
		2	3d	0, ± 1, ± 2	5	$\pm\frac{1}{2}$	2	10	

2. Jede Zelle der zu besetzenden Unterschale erhält zunächst nur je 1 Elektron von gleicher Spinrichtung (HUNDsche Regel).
3. Erst wenn alle Zellen einer Unterschale je ein Elektron enthalten, werden sie durch ein zweites Elektron mit entgegengesetztem Spin ergänzt.

Auf das bereits besprochene Wasserstoffatom folgen daher der Reihe nach weitere Atome:
Helium (2 Elektronen wegen $Z = 2$): Die Zelle 1s nimmt noch ein zweites Elektron mit entgegengesetztem Spin auf (Regel 3). Es sind damit 2 Orbitale 1s vorhanden, die sich gegenseitig vollständig durchdringen.
Lithium (3 Elektronen): Das neu hinzutretende Elektron wird in die Unterschale 2s eingebaut (Regel 1) und befindet sich vorwiegend im äußeren Teil des Orbitals 2s.
Beryllium (4 Elektronen): Die zuletzt genannte Unterschale 2s nimmt noch ein zweites Elektron auf (Regel 3).
Bor (5 Elektronen): Das 5. Elektron besetzt eine der 3 Zellen $2p_x$, $2p_y$ oder $2p_z$ der Unterschale 2p.
Kohlenstoff (6 Elektronen): Nach Regel 2 wird eine weitere Zelle mit einem Elektron gleicher Spinrichtung belegt. Es sind damit 2 rechtwinklig zueinander angeordnete Orbitale $2p_x$ und $2p_y$ vorhanden.
Stickstoff (7 Elektronen): Das nächste Elektron belegt die wiederum rechtwinklig zu den bereits vorhandenen orientierten Orbitale $2p_z$ (Bild 51.5).
Sauerstoff bis Neon: Die 3 genannten Zellen $2p_x$, $2p_y$ und $2p_z$ werden mit je 1 Elektron ergänzt.
Natrium (11 Elektronen): Das 11. Elektron des Natriums belegt die Zelle 3s. Das entspre-

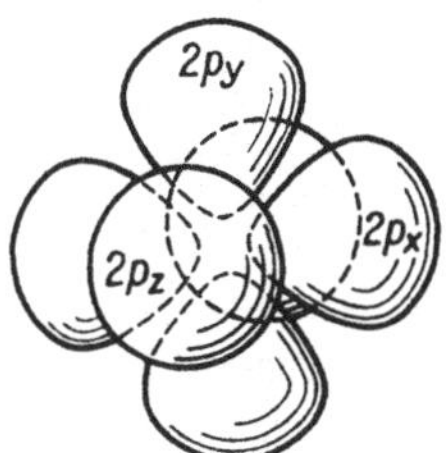

Bild 51.5. Räumliche Anordnung der Orbitale $2p_x$, $2p_y$ und $2p_z$ im Stickstoffatom

chende Orbital besteht aus 3 konzentrischen Teilen, von denen das Elektron den am weitesten außen liegenden Aufenthaltsraum bevorzugt. Alle übrigen weiter innen liegenden Orbitale durchdringen sich gegenseitig vollständig.

Aus der Übersicht (s. u.) erkennt man ferner, daß der Aufbau jeder Hauptschale mit einem *Alkalimetall* beginnt. Mit der Besetzung der jeweiligen p-Niveaus wird die Hauptschale vorläufig abgeschlossen. Offensichtlich ist das damit erreichte **Elektronenoktett** eine besonders *stabile* Anordnung, denn alle *Edelgase*, die am Ende der Besetzung der p-Niveaus liegen, haben acht Elektronen in ihrer äußeren Schale und sind besonders *stabil*. Außerdem versuchen sich zwei Atome stets so zu Molekülen zu verbinden, daß beide *gemeinsam* diese Elektronenkonfiguration bilden (Ausnahme Wasserstoff). Das Krypton beschließt z. B. die Unterschale 4p. Da die Unterschale 5s energetisch tiefer als die Unterschalen 4d und 4f liegt, werden diese erst später eingebaut.

Die folgende Übersicht zeigt den Aufbau aller Atome des Periodensystems der Elemente, aus dem sich viele chemische und physikalische Eigenschaften ableiten lassen.

Elektronenverteilung der Elemente

Auffüllung der Elektronenschalen in der Reihenfolge der Ordnungszahl

Schalen	Unter-schalen														
K	1s						H 1	He 2						
L	2s						Li 3	Be 4						
L	2p				B 5	C 6	N 7	O 8	F 9	Ne 10				
M	3s						Na 11	Mg 12						
M	3p				Al 13	Si 14	P 15	S 16	Cl 17	Ar 18				
N	4s						K 19	Ca 20						
M	3d			Sc 21	Ti 22	V 23	Cr 24	Mn 25	Fe 26	Co 27	Ni 28	Cu 29	Zn 30		
N	4p				Ga 31	Ge 32	As 33	Se 34	Br 35	Kr 36				
O	5s						Rb 37	Sr 38						
N	4d			Y 39	Zr 40	Nb 41	Mo 42	Tc 43	Ru 44	Rh 45	Pd 46	Ag 47	Cd 48		
O	5p				In 49	Sn 50	Sb 51	Te 52	I 53	Xe 54				
P	6s						Cs 55	Ba 56						
O	5d			La 57											
N	4f	Ce 58	Pr 59	Nd 60	Pm 61	Sm 62	Eu 63	Gd 64	Tb 65	Dy 66	Ho 67	Er 68	Tm 69	Yb 70	Lu 71
O	5d				Hf 72	Ta 73	W 74	Re 75	Os 76	Ir 77	Pt 78	Au 79	Hg 80		
P	6p				Tl 81	Pb 82	Bi 83	Po 84	At 85	Rn 86				
Q	7s						Fr 87	Ra 88						
P	6d			Ac 89											
O	5f	Th 90	Pa 91	U 92	Np 93	Pu 94	Am 95	Cm 96	Bk 97	Cf 98	Es 99	Fm 100	Md 101	No 102	Lr 103
P	6d				Ku 104	Ns 105	106	107							

Die Elemente mit dem Zeichen ♀ übernehmen ein s-Elektron in die Unterschale d bzw. ein d-Elektron in die Unterschale f.

Beispiele: 1. Aus der analogen Stellung der Halogene F, Cl, Br und I erklärt sich das chemisch ähnliche Verhalten dieser Elemente.
2. Die leichte Ionisierbarkeit und chemische Aktivität der Alkalimetalle erklärt sich daraus, daß das zuletzt eingebaute Elektron sich vorzugsweise im äußeren Teil des s-Orbitals aufhält.
3. Welchen Elektronenaufbau hat das Kupfer? – Alle Unterschalen von 1s bis 4s sind voll besetzt, das sind 20 Elektronen. Die außerdem noch eingebaute Unterschale 3d ist mit 9 Elektronen besetzt, wozu noch 1 Elektron kommt, das aus der Zelle 4s übernommen wird und dafür dort fehlt.
4. Das ferromagnetische Verhalten der Elemente Eisen, Cobalt und Nickel ist darauf zurückzuführen, daß die Unterschale 3d mehrere Elektronen mit noch nicht kompensiertem einheitlichem Spin enthält und der Radius dieser Unterschale gegenüber den Atomabständen im Kristallgitter klein ist.

Mit den aufgeführten Quantenzahlen und dem Schalenaufbau (der doch noch viele Unregelmäßigkeiten aufweist) können nicht alle Spektren und Energieniveaus theoretisch erklärt werden.

So mußte schon bei den Alkalimetallen eine **Auswahlregel** eingeführt werden, die *nur* solche beobachteten Übergänge zwischen benachbarten s-, p-, d- oder f-Unterschalen erlaubte, bei denen sich die Bahnimpulsquantenzahl l_i oder die Spinquantenzahl s_i um eins ändert.

Paulische Auswahlregel:

> **Elektronenübergänge treten nur zwischen zwei Energieniveaus auf, bei denen sich l_i oder s_i um eins unterscheidet. Diese Änderung hat für $l_i \geq 2$ den Wert $h/(2\pi) = \hbar$.**

Aus dem Satz von der Erhaltung des *Drehimpulses* folgt dann zwangsläufig, daß diese Drehimpulsänderung vom ausgesandten Lichtquant übernommen werden muß.

Jedes Lichtquant hat den Drehimpuls $\hbar$.

51.5 Röntgenstrahlung

Wichtige Beiträge zur Aufklärung des Atombaus lieferte auch die 1895 entdeckte **Röntgenstrahlung**, eine sehr kurzwellige elektromagnetische Strahlung mit Wellenlängen zwischen 10^{-8} und 10^{-13} m. Sie entsteht beim Auftreffen schneller Elektronen auf einen festen Körper. Die in einer **Röntgenröhre** (Bild 51.6) von der Glühkatode K emittierten Elektronen werden

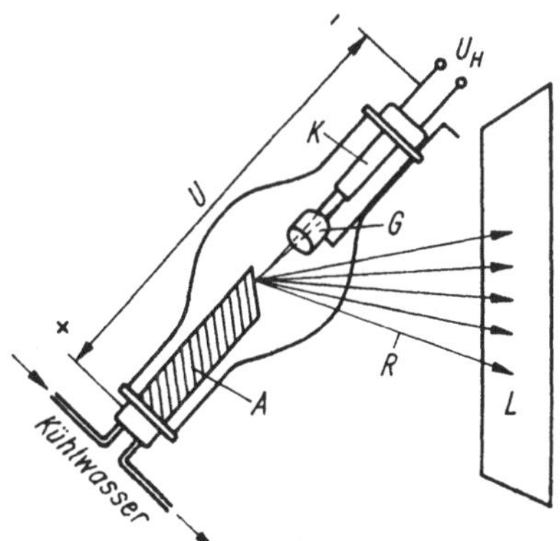

Bild 51.6. Prinzip einer Röntgenröhre: U_H Heizspannung der Katode, U Beschleunigungsspannung

von einer Hilfselektrode G gebündelt und im Vakuum durch die Beschleunigungsspannung U zur Anode A beschleunigt. Je nach Verwendungszweck liegt U zwischen 1 kV und einigen 100 kV. Die Anode besteht meist aus einem Metall, oft aus Wolfram.
Fällt die Strahlung R auf einen Fluoreszenzschirm L, wird sie durch Anregung der Leuchtschicht (mit Silber aktiviertes Zinksulfid) infolge deren Fluoreszenz *indirekt* sichtbar.

Haupteigenschaften der Röntgenstrahlung:

1. Großes (jedoch unterschiedliches) Durchdringungsvermögen auch durch Metalle (Ausnahme Blei),
2. Schwärzung fotografischer Schichten (Röntgenfotografie, Bild 51.7),

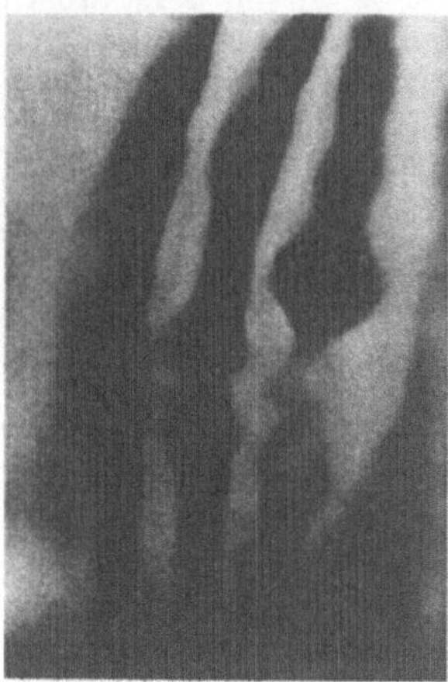

Bild 51.7. Eine der ersten Röntgenaufnahmen: die Hand von RÖNTGENS Frau

3. zerstörende Wirkung auf lebende Gewebe (Strahlenschutz beachten),
4. die Brechzahl aller Stoffe für diese Strahlung weicht nur wenig von eins ab,
5. Gase werden ionisiert, Luft wird dadurch elektrisch leitend.

Es ist üblich, kurzwellige energiereiche Röntgenstrahlung als »hart« (sie ist durchdringend), längerwellige und wegen $E = hf$ energieärmere Strahlung als »weich« zu bezeichnen.

Je nach der Entstehung unterscheidet man die **Röntgenbremsstrahlung**, die ein **kontinuierliches** Röntgenspektrum erzeugt, und die ein charakteristisches **Linienspektrum** des Anodenmaterials verursachende **charakteristische Röntgenstrahlung**. Beide treten meist gleichzeitig auf und überlagern sich gegenseitig (Bild 51.8).

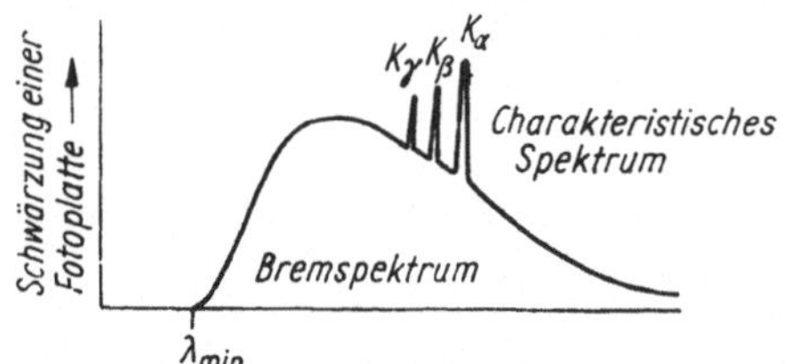

Bild 51.8. Röntgenspektren

51.5.1 Röntgenbremsstrahlung

Die **Röntgenbremsstrahlung** entsteht durch Abbremsung schneller freier Elektronen in den Kraftfeldern der Atomhüllen des Anodenmaterials. Der Verlust an kinetischer Energie ΔE setzt sich in elektromagnetische Strahlung *unterschiedlichster* Frequenzen f um. Daher entsteht ein **kontinuierliches Spektrum** (Bild 51.9). Dieses ist nach der *kurzwelligen* Seite hin *scharf* begrenzt, denn die größte Energieabgabe ΔE_{max} des Elektrons ist durch die an der Röhre liegende Anodenspannung U bestimmt. Daraus ergibt sich die maximale Energie eines Röntgenquants aus $hf_{max} = eU = \Delta E_{max}$, und es folgt für die maximale

Grenzfrequenz

$$f_{max} = \frac{eU}{h}$$

Grenzfrequenz der Röntgenbremsstrahlung (51.14)

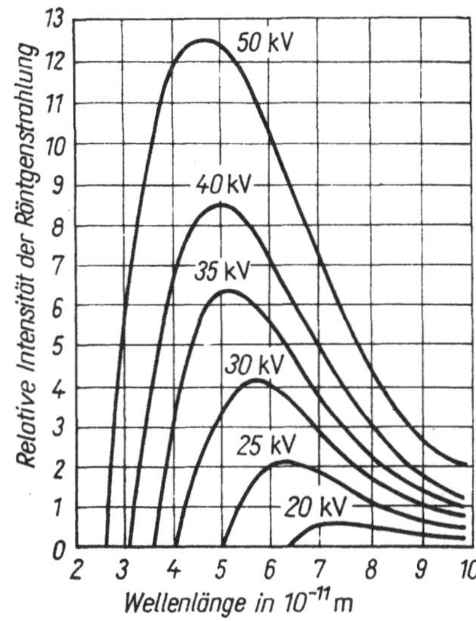

Bild 51.9. Spektrum der Röntgenbremsstrahlung bei verschiedenen Spannungen

Der Wirkungsgrad einer Röntgenröhre liegt um 1 %, d. h., nur ein äußerst geringer Teil der gesamten zugeführten elektrischen Energie wird in Strahlung umgewandelt. Der überwiegende Teil erscheint in Form von Wärmeenergie, die durch entsprechende Kühlung der Anode abgeführt werden muß (Bild 51.6).

Die Bremsstrahlung wird in der Technik bei Grobstrukturuntersuchungen verwendet (Fehlersuche in Schweißnähten u. a.) und in der Medizin vorwiegend für diagnostische (Röntgenuntersuchungen), aber auch für therapeutische Zwecke (Bestrahlung).

Beispiel: Wie groß sind für $U = 30$ kV die Grenzfrequenz f_{max} und die zugehörige Grenzwellenlänge λ_{min}? – Aus (51.14) ergibt sich

$$f_{max} = \frac{eU}{h} = \frac{1{,}602 \cdot 10^{-19}\ \text{A s} \cdot 3 \cdot 10^{4}\ \text{V}}{6{,}63 \cdot 10^{-34}\ \text{J s}} = 7{,}25 \cdot 10^{18}\ \text{Hz}$$

$$\lambda_{min} = \frac{c}{f_{max}} = \frac{3 \cdot 10^{8}\ \text{m s}}{7{,}25 \cdot 10^{18}\ \text{s}} = 4{,}14 \cdot 10^{-11}\ \text{m (s. Bild 51.9)}.$$

51.5.2 Charakteristische Röntgenstrahlung

Im Gegensatz zur Bremsstrahlung ist die **charakteristische Strahlung** *diskontinuierlich*. Sie entsteht durch Quantensprünge von Elektronen, die der Hülle der Atome des Anodenmaterials angehören, d. h. ähnlich der Entstehung des sichtbaren Lichtes. Während dieses aber nur von den *äußersten* Elektronen der Hülle ausgesandt wird, entstehen die Quanten der charakteristischen Strahlung durch Änderungen der Energieniveaus von Elektronen innerhalb der *kernnächsten* Schalen.

Das **Spektrum** der charakteristischen Strahlung läßt sich wie das des sichtbaren Lichtes in einzelne **Serien** gruppieren, die mit einer gewissen *Verschiebung* bei *allen* Elementen wiederkehren.

Die auf die Anode auftreffenden energiereichen Elektronen übertragen ihre Energie ganz oder teilweise auf die Atome des Anodenmaterials und lösen Elektronen aus den tiefer liegenden Schalen der Atome heraus. Die z. B. in der **K-Schale** entstehende Lücke wird durch ein Elektron aus **höheren Schalen** aufgefüllt. Der dort frei werdende Platz wird wieder aus einer höheren Schale geschlossen usw. (Bild 51.10).

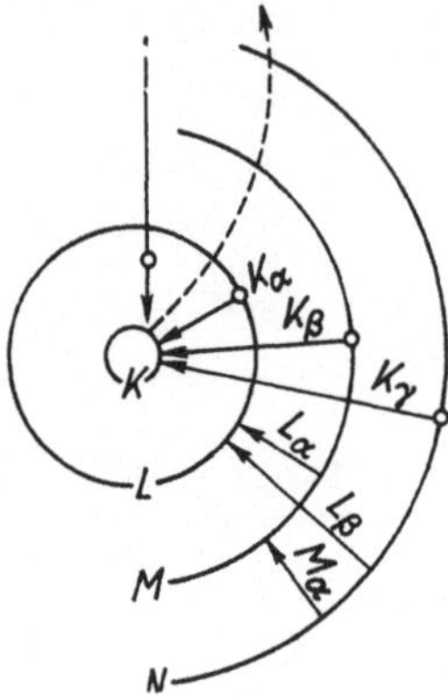

Bild 51.10. Modellhafte Darstellung der Entstehung der charakteristischen Röntgenstrahlung

In die **K-Schale** zurückfallende Elektronen geben dann die frei werdende Energie $\Delta E = hf$ als Strahlungsquant mit der entsprechenden Frequenz f der sogenannten **K-Serie** ab. Quantensprünge in die **L-Schale** ergeben die **L-Serie** usw. Die entstehenden charakteristischen Röntgenlinien sind dem kontinuierlichen Spektrum überlagert (Bild 51.8). Die Spektrallinien der K-Serie werden, entsprechend den Übergängen von der L-, M-, ... Schale, mit den Indizes α, β, ... versehen. Dabei macht sich auch noch die auf S. 515 erwähnte Aufspaltung der Hauptquantenzahl n in die Nebenquantenzahlen l_i bemerkbar. So zerfällt z. B. die Linie K_α in die dicht nebeneinander liegenden Linien $K_{\alpha 1}$ und $K_{\alpha 2}$, da die zur Hauptquantenzahl $n = 2$ gehörigen Elektronen der L-Schale auch 2 unterschiedliche Energiezustände aufweisen.

Die Untersuchung einander entsprechender (homologer) Linien (z. B. alle $K_{\alpha 1}$-Linien) bei verschiedenem Anodenmaterial führte zum **Moseleyschen Gesetz**:

> **Die Frequenzen homologer Serienlinien sind dem Quadrat der Ordnungszahl proportional.**

$f \sim Z^2$ bzw. $\sqrt{f} \sim Z$ (s. auch MOSELEY-Diagramme Bild 51.11).

Bei der Aufstellung einer genaueren Gleichung für die Linien der K-Serie ist noch zu berücksichtigen, daß das zweite noch in der K-Schale befindliche Elektron die wirksame

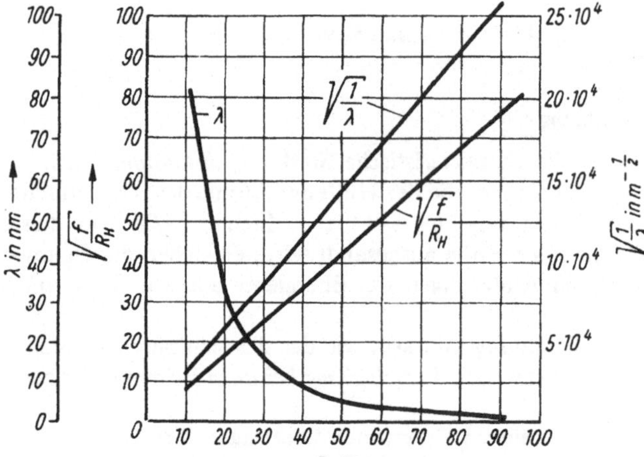

Bild 51.11. MOSELEY-Diagramme für die K_α-Serie

Kernladung Z um eine Einheit vermindert. Das die K-Linie verursachende Elektron unterliegt jetzt also der verringerten COULOMBschen Kraft

$$F = \frac{(Z - 1)\, e^2}{4\pi\varepsilon_0 r^2}.$$

Eine ähnliche Berechnung wie in 51.3.2 führt zu der Serienformel

$$f = (Z - 1)^2 \, R_\mathrm{H} \left(\frac{1}{1^2} - \frac{1}{m^2} \right)$$

Frequenzen der K-Serie des Röntgenspektrums (51.15)

Danach geben Metalle großer Atommasse auch die höchsten Frequenzen, d. h. kurzwelligsten (härtesten) Röntgenstrahlen ab.

Die charakteristische Röntgenstrahlung wird wegen ihrer definierten Wellenlängen für **Feinstrukturuntersuchungen** (LAUE-, DEBYE-SCHERRER-, Drehkristallverfahren u. a.) verwendet. Es können der Kristallaufbau sowie Gitterabstände im Kristallgitter ermittelt werden. Röntgenbeugungsbilder können auch zur Identifikation von Elementen herangezogen werden (Röntgenspektroskopie). Mit Hilfe der sogenannten Röntgenkleinwinkelstreuung lassen sich auch die Größen von Makromolekülen bestimmen. Röntgenuntersuchungen dieser Art stellen somit eine wichtige Ergänzung elektronenmikroskopischer Untersuchungen dar.

Beispiele: 1. Ein Element der Ordnungszahl $Z = 50$ ergibt nach (51.15) für die Linie K_α mit $m = 2$

$$\sqrt{\frac{f}{R_\mathrm{H}}} = (Z - 1) \sqrt{1 - \frac{1}{4}} = (50 - 1) \sqrt{\frac{3}{4}} = 42{,}4.$$

Dieser Zahlenwert kann auch aus dem MOSELEY-Diagramm (Bild 51.11) abgelesen werden.
2. Die härteste Röntgenstrahlung liefert das Uran ($Z = 92$). Für die Linie K_α erhält man

$$f = (Z - 1)^2 \, R_\mathrm{H} \left(\frac{1}{1^2} - \frac{1}{2^2} \right) = (92 - 1)^2 \cdot 3{,}29 \cdot 10^{15}\ \mathrm{1/s}\ (1 - {}^1\!/_4) = 2{,}04 \cdot 10^{19}\ \mathrm{Hz}$$

und damit die Wellenlänge

$$\lambda = \frac{c}{f} = \frac{3 \cdot 10^8\ \mathrm{m\,s}}{\mathrm{s} \cdot 2{,}04 \cdot 10^{19}} = 1{,}47 \cdot 10^{-11}\ \mathrm{m}.$$

51.6 Energiebändermodell

Aus den vorangegangenen Abschnitten geht hervor, daß die Elektronen eines Atoms *nur* bestimmte Energiezustände annehmen können,[1]) die durch die Quantenzahlen (s. 51.3 und 51.4) bestimmt sind. Irgendwelche Zwischenzustände sind nicht möglich. Diese scharf definierten Energieniveaus lassen sich schematisch als übereinanderliegende *Linien* darstellen (z. B. das Termschema von Wasserstoff, Bild 51.2). Die Zwischenräume sind sogenannte *verbotene Bereiche*, in denen sich kein Elektron aufhalten kann.
In den festen Stoffen und auch in Flüssigkeiten existieren nun die Atome *nicht unabhängig* voneinander. Sie sind in sehr kleinen Abständen in der Größenordnung von 0,1 bis 1 nm eng aneinandergepackt. Die Hülle eines jeden Atoms, insbesondere ihre äußeren Teile, befinden sich im elektrischen Feld der benachbarten Atome. Die beim Einzelatom *scharfen* Energieniveaus werden dadurch in dicht nebeneinanderliegende *Unterniveaus* aufgespal-

---

[1]) Siehe PAULI-Prinzip, Abschnitt 51.4.

ten. Ihre Anzahl ist jedoch so groß, daß die außerordentlich vielen Einzelniveaus ein praktisch *kontinuierliches* Band von Energiewerten bilden.

Diese **Energiebänder** selbst sind (wie die Energieniveaus der freien, ungestörten Atome) durch **verbotene Bereiche** voneinander getrennt. Da die äußeren Niveaus dem Störfeld der benachbarten Atome am meisten ausgesetzt sind, ist hier die Verbreiterung des Bandes besonders groß, während sie in Kernnähe vernachlässigt werden kann. Bild 51.12 zeigt das **Bändermodell** eines einwertigen Metalls. Von besonderer Bedeutung ist das

> **V-Band (Valenz- oder Grundband), es ist das letzte vollbesetzte Energieband, E_V ist sein höchstes Energieniveau,**

und das

> **L-Band (Leitungsband), es ist das letzte, nur teilweise (oder auch nicht) besetzte Band, E_L ist sein niedrigstes Energieniveau.**

Wichtig ist, daß sich auch solche Energieniveaus verbreitern, auf denen sich noch keine Elektronen befinden. Die für die elektrische Leitfähigkeit uninteressanten Bänder unter dem V-Band werden in den folgenden Bildern weggelassen.

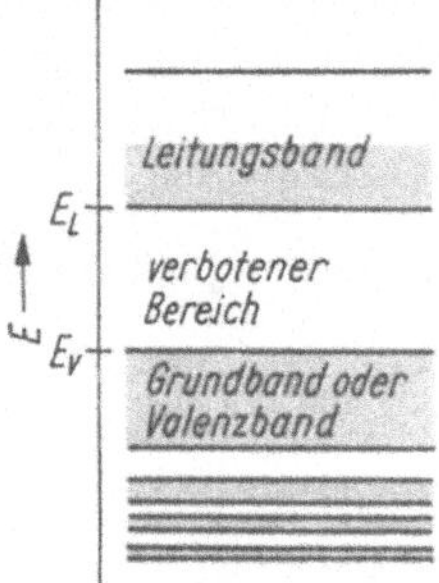

Bild 51.12. Energiebänder eines metallischen Leiters (Leitungsband ist teilweise besetzt)

51.6.1 Darstellung der metallischen Leitung

Mit Hilfe des Energiebändermodells gelingt eine besonders übersichtliche Darstellung der elektrischen Eigenschaften der Stoffe. Sie können den elektrischen Strom nämlich nur dann leiten, wenn das L-Band noch nicht voll mit Elektronen besetzt ist. Das ist der Fall, wenn die äußere Unterschale 2s oder 3s usw. nur ein Elektron enthält. Denn hier können sich nach dem PAULI-Prinzip auch 2 Elektronen mit entgegengesetztem Spin aufhalten. Für die im L-Band befindlichen Elektronen bedeutet dies eine starke Herabsetzung der Ionisierungsenergie. Ihre Bindung an den Atomkern wird so schwach, daß man überhaupt nicht mehr von der Zugehörigkeit zu einem bestimmten Atom sprechen kann. Die Leitungselektronen gehören nicht mehr zu einzelnen Atomen, sondern zum Gitter des gesamten Kristalls. Sie bewegen sich frei in den Gitterzwischenräumen und bilden das in 43.6 behandelte Elektronengas (Bild 51.13a).

Nach dem Periodensystem (S. 511) betrifft das zunächst die chemisch einwertigen Metalle, wie beispielsweise Silber, Kupfer oder Natrium. Die Leitungselektronen sind auch zugleich die bei chemischen Prozessen in Aktion tretenden Valenzelektronen:

> **Stoffe mit einem Valenzelektron je Atom sind elektrische Leiter.**

Ist dagegen das L-Band völlig leer, so ist an sich keine Elektronenleitung möglich. Alle Elektronen im V-Band sind an ihre Atome gebunden; kein Elektron hat die Möglichkeit, an einen anderen Ort zu gelangen, weil alle Plätze im V-Band besetzt sind. Es ist allerdings noch denkbar, daß der Abstand bis zum darüberliegenden L-Band von Elektronen übersprungen werden könnte (s. Abschnitt 51.6.2). Wenn aber die eigene, d. h. thermische Energie der Elektronen nicht dazu ausreicht, sind derartige Stoffe Isolatoren (Bild 51.13c).

Stoffe mit größerem Bandabstand (Abstand der Bandkanten $\Delta E = E_L - E_V > 2$ eV) und leerem L-Band sind Isolatoren.

Nun gibt es aber eine ganze Reihe von Metallen, deren L-Band zwar ebenfalls leer ist, die aber dennoch den Strom vorzüglich leiten. Bei ihnen ist das L-Band derartig verbreitert, daß es das V-Band überlappt. Die Elektronen können auf diese Weise ohne weiteres in das freie Gebiet eindringen und sich hier als Leitungselektronen betätigen (Bild 51.13b). So

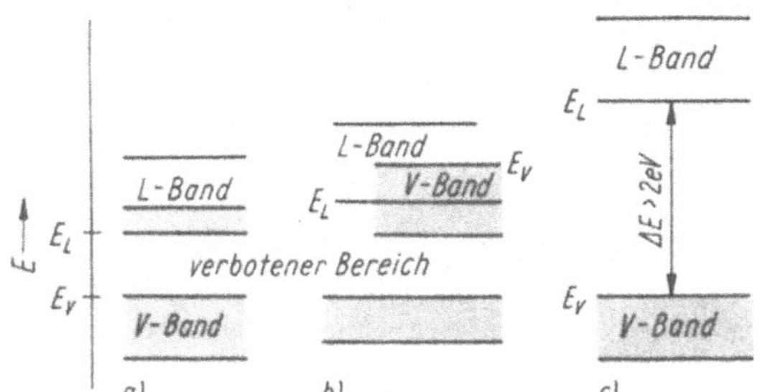

Bild 51.13. Energiebänder eines a) einwertigen Metalls, b) zweiwertigen Metalls, c) eines Isolators

ist es z. B. beim Magnesium der Fall. Bei diesem chemisch zweiwertigen Metall ist das Niveau 3s mit 2 Elektronen voll besetzt und wird vom nächsthöheren unbesetzten Niveau 3p überlagert.

Elektrische Leitfähigkeit in einem Festkörper ist nur möglich, wenn ein nicht vollbesetztes Energieband (L-Band) vorliegt, oder wenn das voll besetzte V-Band von einem leeren L-Band überlappt wird.

51.6.2 Bändermodell der Halbleiter

Die Ursache dafür, daß ideale Halbleiter wie Germanium und Silicium bei 0 K Isolatoren sind, wurde bereits in 43.8.1 erläutert. Bei diesen **Halbleitern** ist das **V-Band voll besetzt.** Der **verbotene Bereich** bis zum nächsthöheren leeren L-Band ist um 300 K bei Germanium $\Delta E = E_L - E_V = 0{,}66$ eV, bei Silicium 1,09 eV und bei Galliumarsenid 1,40 eV. Die bei steigender Temperatur frei werdenden Elektronen kann man als Teilchen eines Gases betrachten, das wegen seiner relativ geringen Dichte der MAXWELL-Verteilung unterliegt. Ihre Energie wird durch die Temperatur bestimmt und ist nach S. 277 $E = kT$; also bei 300 K mit der BOLTZMANN-Konstante $k = 1{,}38 \cdot 10^{-23}$ J/K ist $E = 0{,}025$ eV. Diese Energie reicht zur *Überwindung* des *verbotenen* Bereiches *nicht* aus. Da sich die tatsächlichen Energien der Elektronen jedoch statistisch um diesen Mittelwert verteilen, sind auch Elektronen mit höheren Energien vorhanden. Dadurch können sie ins L-Band gelangen. Mit steigender Temperatur nimmt die Anzahl der ins L-Band übergehenden Elektronen zu und erklärt damit anschaulich die in 43.8.1 geschilderte **Eigenleitung** (Bild 51.14a).

Mit zunehmender Temperatur gelangen immer mehr Elektronen aus dem V-Band in das L-Band (Eigenleitung).

Auch der Übergang von dem L-Band in das V-Band ist möglich. Diese **Rekombination** ist mit einer Energieabgabe verbunden. Sind in einem Halbleiter durch Dotierung Störstellen vorhanden, geben diese Fremdatome viel leichter Elektronen ab oder nehmen diese auf, als dies im freien Zustand der Fall ist. Die COULOMBschen Kräfte sind nämlich innerhalb eines Dielektrikums um den Faktor ε_r (Permittivitätszahl, s. 39.8.1) geringer als im Vakuum. Bei den häufig verwendeten Halbleitern Germanium und Silicium ist $\varepsilon_r = 16$ bzw. 12.

Wird nun ein vierwertiger Halbleiter mit dem **fünfwertigen** Antimon oder einem ähnlichen Element dotiert, so gibt dieses je Atom 1 Elektron an das L-Band ab (daher die Bezeichnung **Donatoren**, also Elektronenspender). Am Bändermodell ist dies auf Bild 51.14 b dargestellt.

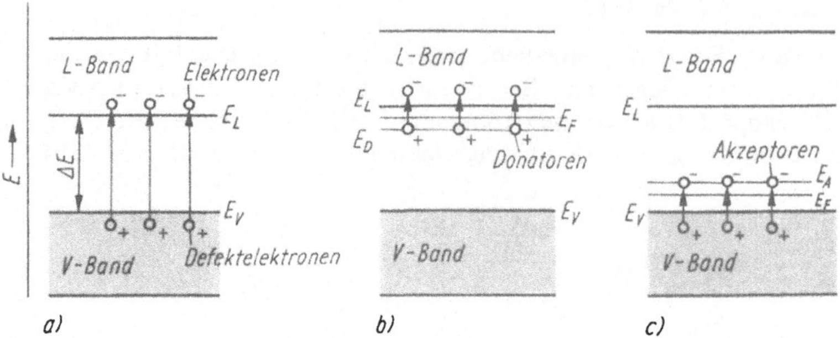

Bild 51.14. Energiebänder eines Halbleiters bei Eigenleitung. Einige Elektronen haben genügend Energie, den verbotenen Bereich zu überspringen (a). Energiebänder eines n-Leiters (b) (Donatoren geben Elektronen in das L-Band) und eines p-Leiters (c) (Akzeptoren nehmen Elektronen aus dem V-Band auf)

Entsprechend ihrer energetischen Lage sind die Donatoren nur mit etwa 0,01 bis 0,05 eV unter dem unteren Rand E_L des Leitungsbandes, ihr FERMI-Niveau (FERMI-Kante, s. 43.6) liegt noch zwischen dem Energieniveau der Donatoren und E_L, also $E_D < E_F < E_L$.

> **Das Energieniveau der Donatoren E_D liegt nur wenig unter dem niedrigsten Energieniveau E_L des Leitungsbandes. Donatoren geben daher leicht Elektronen an das L-Band ab und erhöhen so beträchtlich die Leitfähigkeit des Halbleiters (n-Leitung).**

Erfolgt die Dotierung mit einem **dreiwertigen** Element, z. B. Indium, so nennt man diese Atome **Akzeptoren** (Elektronenaufnehmer), weil sie leicht Elektronen aufnehmen und dadurch zu negativen Ionen werden. Die Verhältnisse im Bändermodell sind auf Bild 51.14 c dargestellt. Das Energieniveau der Akzeptoren liegt nahe der oberen Energiekante des Valenzbandes E_V und dazwischen das FERMI-Niveau E_F. Es genügt ein nur geringer Energiebetrag, um Elektronen aus dem Valenzband an die Akzeptoren abzugeben.
Dadurch entstehen im V-Band Löcher (Defektelektronen), die nunmehr die Leitfähigkeit in diesem Band veranlassen.

> **Das Energieniveau der Akzeptoratome E_A liegt nur wenig über dem höchsten Energieniveau E_V des voll besetzten Valenzbandes. Aus diesem gelangen leicht Elektronen zu den Akzeptoratomen und hinterlassen im V-Band Löcher (Defektelektronen), die die Leitfähigkeit des Halbleiters beträchtlich erhöhen (p-Leitung).**

Sowohl die positiven Donatorionen als auch die negativen Akzeptorionen sind *fest* im Gitter des Kristalls und beteiligen sich *nicht* an der Leitfähigkeit.
Auch der **innere Fotoeffekt** und die **Lichtemitterdioden** werden in ihrer Wirkungsweise am Bändermodell verständlich (Bild 51.15). Durch die Einstrahlung eines Lichtquants mit der

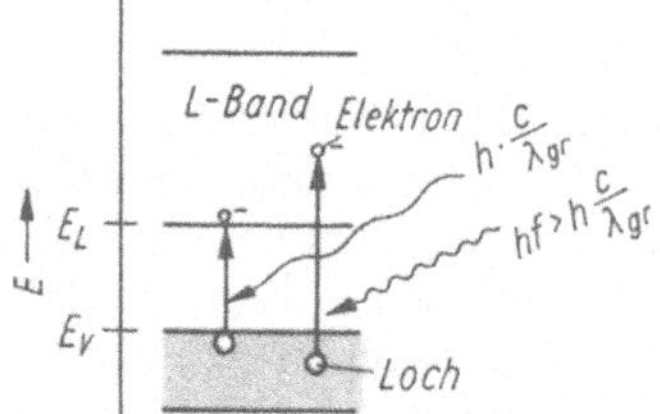

Bild 51.15. Bändermodell zum inneren Fotoeffekt

Energie $E_L - E_V = hc/\lambda_{max}$ kann ein Elektron gerade aus dem V-Band in das L-Band gelangen. Für jede Wellenlänge $\lambda < \lambda_{max} = \lambda_{gr}$ wird $hc/\lambda > E_L - E_V$ und somit bei Absorption dieses Quants der innere Fotoeffekt mit Sicherheit ausgelöst (s. auch 47.3).
Bei **Rekombination** eines *Elektrons* im L-Band mit einem *Loch* im V-Band kann die dabei frei werdende Energie als *Lichtquant* abgestrahlt werden, wie dies bei entsprechender Vorspannung bei Lichtemitterdioden der Fall ist.

51.7 Fluoreszenz und Phosphoreszenz

Wird ein Stoff durch *irgendeine* Energie mit Ausnahme von Wärmeenergie zur Lichtaussendung angeregt, wird diese Erscheinung allgemein als **Lumineszenz** bezeichnet. So gehört auch die eben geschilderte Lichtaussendung der Lichtemitter- oder Leuchtdioden zur **Elektrolumineszenz**, bei der eine direkte Umwandlung von elektrischer Energie in Strahlungsenergie stattfindet (s. 25.1). Von besonderer Bedeutung ist die *Anregung* zur Lichtaussendung durch *Bestrahlung* des Stoffes mit Licht, Röntgen-, Elektronen- oder Kernstrahlung. Für dieses Lumineszenzlicht gilt die **Regel von Stokes**:

Das Lumineszenzlicht hat stets eine größere Wellenlänge als die anregende Strahlung.

Das Spektrum des ausgesandten Lichtes hängt von der Art des Leuchtstoffes ab, der die Lumineszenz hervorruft. Lumineszenzerscheinungen wurden bei Stoffen in allen Aggregatzuständen beobachtet. Vorwiegend werden sie in Festkörpern genutzt und sind dort eine Molekül- oder Kristalleigenschaft. Es gibt eine ganze Reihe von Leuchtstoffen organischer und anorganischer Natur. Bekannt sind z. B. ZnS, Zinksilikate, Erdalkalioxide u. a.
Je nach Stoffart treten zwei wesentliche Erscheinungen auf:

1. Fluoreszenz. Bei der Fluoreszenz wird das Fluoreszenzlicht nach etwa 10^{-8} s ausgesendet, sie ist temperaturunabhängig.
2. Phosphoreszenz. Hier zeigt der Leuchtstoff temperaturabhängiges Nachleuchten bis z. T. einigen Stunden.

Eine exakte *Deutung* der einzelnen Lumineszenzerscheinungen ist besonders bei *Festkörpern* sehr kompliziert und nur quantentheoretisch möglich. Auf jeden Fall konnte beobachtet werden, daß besonders **Gitterfehlstellen** als **Leuchtzentren (Aktivatorzentren)** in Halbleitern bei entsprechender Anregung Lumineszenz veranlassen. Bei polykristallinen oder glasartigen Leuchtstoffen ist der Mechanismus der Anregung und der Lumineszenz selbst noch nicht voll geklärt.
Eine *vereinfachte* Darstellung zur Erklärung der Entstehung eines Fluoreszenzspektrums zeigt Bild 51.16. Es wird deutlich, daß bei allen Arten der Lumineszenz Elektronen auf *höhere Energieniveaus* gehoben werden müssen, die mindestens der Energie des emittierten Photons entsprechen (Energiesatz!). Somit ist auch die Regel von Stokes erklärt.
Die *Anwendung* spezieller Lumineszenzerscheinungen sind äußerst zahlreich und reichen von der Optoelektronik bis zu den Leuchtstoffen in Lampen.

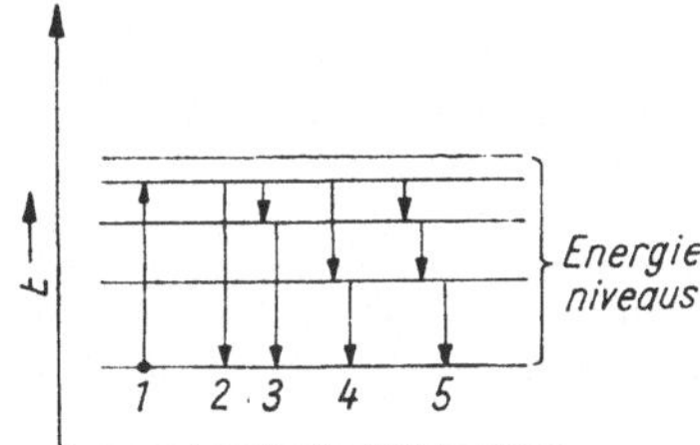

Bild 51.16. Zur Entstehung eines Lumineszenzspektrums: *1* Anregung durch Energiezufuhr (z. B. Absorption von Strahlung), *2* bis *5* mögliche Übergänge bei der Fluoreszenz

So wird die Anregung von kristallinen Festkörpern (z. B. NaI mit Thallium aktiviert) zur Lichtaussendung bei Anregung durch Kernstrahlung in den **Szintillationszählern** genutzt (s. 53.4). Beim **Fernsehen** wird der Leuchtstoff in der Bildröhre durch auftreffende Elektronenstrahlen zur Lichtaussendung angeregt. Hier sowie beim Elektronenmikroskop und bei der Oszillografenröhre werden polykristalline Leuchtstoffe eingesetzt.

Bei **Durchleuchtungsschirmen** zur Sichtbarmachung von Röntgenstrahlung wird u. a. Zinksulfid verwendet.

In den **Leuchtstofflampen** erfolgt die Anregung des Leuchtstoffes auf der Innenwand der Lampe durch die in der Lampe entstehende Quecksilberniederdruckentladung, die ultraviolettes Licht aussendet.

Zu den lumineszierenden Halbleitern gehören außer den bereits erwähnten *Leuchtdioden* auch die Laserlicht aussendenden *Laserdioden*.

51.8 Laser[1])

Aus den bisherigen Betrachtungen ist bekannt, daß Emission und Absorption von Strahlung mit den Energieniveaus in der Elektronenhülle zusammenhängen. Dabei vollzieht sich die Lichtemission im allgemeinen durch zahllose Einzelatome, d. h., jedes Atom emittiert völlig unabhängig von den anderen, so daß weder die Polarisationsrichtung (s. Kapitel 33) noch die Phasenlagen der Wellenzüge (s. 31.1) übereinstimmen können. Das angeregte Elektron kehrt nach etwa 10^{-8} s spontan aus dem angeregten Energieniveau in den Grundzustand zurück.

> **Die spontane Emission von Strahlung geht ohne Einwirkung eines äußeren Strahlungsfeldes vor sich.**

Im Gegensatz dazu ist die **Laserstrahlung** ein Lichtbündel, in dem alle Lichtwellen streng *einheitliche* Polarisationsrichtung und genau *übereinstimmende* Phasenlage haben. Dadurch können Kohärenzlängen (s. 31.1) bis zu 1 km erreicht werden. Außerdem ist das Laserlicht streng *monochromatisch*. Infolge ihrer Parallelität und der großen Strahlungsflußdichte können Laserstrahlen größte Entfernungen überbrücken.

Die Wirkungsweise des Lasers beruht in erster Linie auf der Existenz sogenannter **metastabiler Zustände** in den Energieniveaus mancher Atome (aktives Material). Befindet sich ein Elektron in einem solchen metastabilen Energieniveau, erfolgt die Rückkehr in den Grundzustand *nicht* wie bei der *spontanen* Emission in 10^{-8} s, sondern *erst* nach einer beträchtlich längeren **Verweilzeit** bis zu etwa 10^{-2} s. Damit wird es möglich, eine große Anzahl Elektronen in ein höheres Energieniveau zu bringen, ohne daß sie ihre Energie durch Spontanemission sofort in Form von Lichtquanten wieder abgeben Die somit *aufgespeicherte* Energie kann durch **induzierte (stimulierte) Emission** praktisch gleichzeitig abgegeben werden, es tritt eine Lichtverstärkung ein. Die Anregung (Stimulation) zur Lichtemission kann von

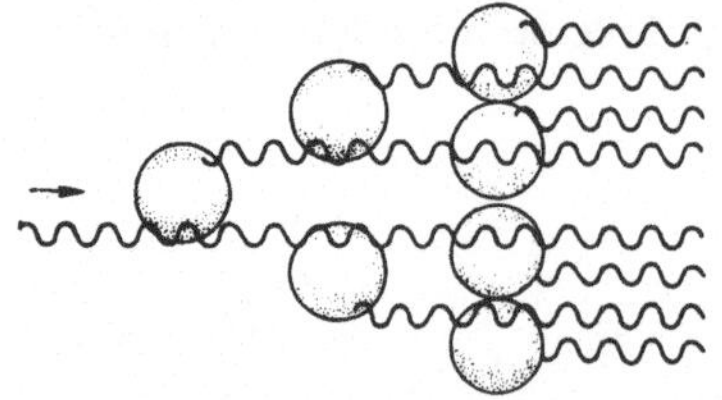

Bild 51.17. Schema der induzierten Emission. Alle Lichtquanten sind gleichphasig.

---

[1]) Abkürzung für light amplification by stimulated emission of radiation (Lichtverstärkung durch induzierte Emission von Strahlung). 1960 von BASSOW und PROCHOROW in der Sowjetunion und von TOWNES in den USA entdeckt.

außen durch ein einzelnes Lichtquant mit der dazu passenden Frequenz und damit Energie erfolgen. Wegen der großen Lichtgeschwindigkeit können praktisch alle Atome *gleichzeitig* zur Lichtemission veranlaßt werden (Bild 51.17). In dem durch ein Lichtquant ausgelösten lawinenartig anwachsenden Strahlenbündel sind alle Teilwellen gleichphasig und haben gleiche Polarisationsrichtung, so daß sie sich wie eine kohärente Welle verhalten.

Die Lichtverstärkung beruht auf der Existenz von sogenanntem aktivem Material. Dieses ist in der Lage, über einen gewissen Zeitraum in einem höheren Energieniveau eine größere Besetzungszahl an Elektronen zu haben als ein niedrigeres Energieniveau (das Material ist invertiert). Durch induzierte Emission (Anregung durch ein äußeres Strahlungsfeld) geben die Elektronen aus dem höheren Energieniveau praktisch gleichzeitig ihre Energie durch Rückkehr in den Grundzustand ab.

Die weitere Wirkungsweise soll am **Rubinlaser** verfolgt werden. Er besteht aus einem mehrere cm langen synthetischen Rubinkristall, in dessen Kristallgitter in geringer Anzahl **Chromionen** eingelagert sind (Bild 51.18). Die Anregung zur Herstellung der **Inversion (Pumpprozeß)** geschieht von außen durch eine passende Lichtquelle (z. B. eine Xenon-Blitzlampe). Dadurch erreichen die Elektronen der Cr-Ionen zuerst das Energieband (*3*) auf Bild 51.19, welches

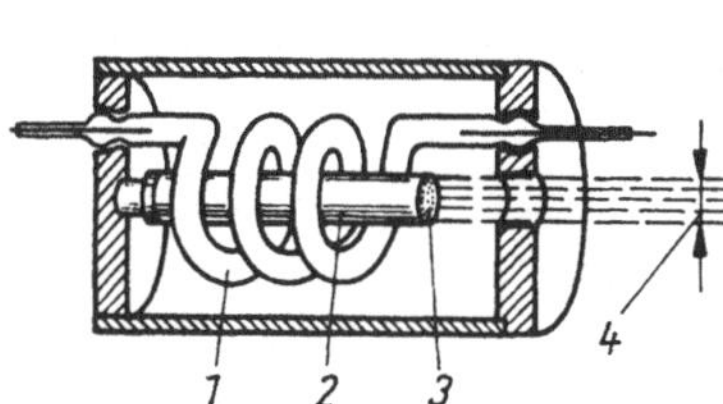

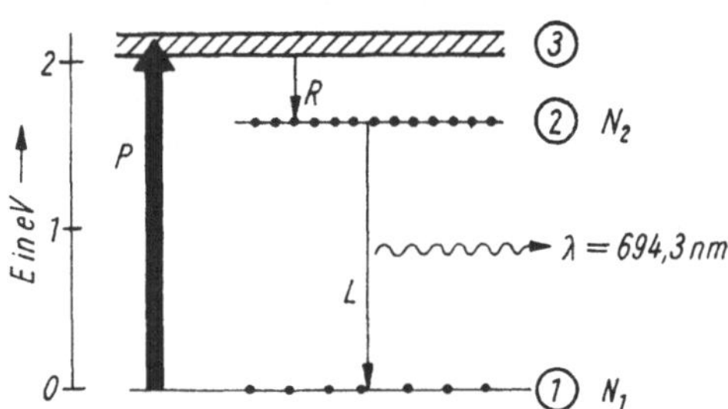

Bild 51.18. Prinzip eines Rubinlasers: *1* Xenon-Blitzlampe, *2* Rubinkristall, *3* halbversilberte Endfläche, *4* Durchmesser des Lichtbündels

Bild 51.19. Herstellung der Besetzungsinversion beim Rubinlaser ($N_2 > N_1$). P Pumpübergang ($\hat{=} f_P \approx 5{,}4 \cdot 10^{14}$ Hz bzw. $\lambda_P \approx 550$ mm), R Relaxationsübergang (strahlungslos), L Laserübergang ($\lambda = 694{,}3$ nm)

einer Frequenz von etwa $5{,}4 \cdot 10^{14}$ Hz entspricht. Von dort gehen die Elektronen **strahlungslos (Relaxationsprozeß)** in einem Zeitraum von etwa 1 ns in das **metastabile Niveau** (*2*) über (**Laserniveau**), wo sie bis 10 ms verweilen können. Das Xenon-Licht enthält auch Quanten mit $\lambda = 694{,}3$ nm, welche energetisch dem Übergang von (*2*) nach (*1*) entsprechen und damit die **induzierte Emission** einleiten. Aus dem metastabilen Niveau gehen alle Elektronen praktisch gleichzeitig in den Grundzustand.

Die beiden ebenen parallelen Endflächen des Kristalls sind *verspiegelt* und ihr Abstand so gewählt, daß er genau ein ganzzahlig Vielfaches der halben Wellenlänge der induzierten Strahlung ist. Es entsteht durch Reflexion eine *stehende* Welle, die Strahlung kann mehrfach den Kristall durchlaufen und daher viele Atome zur Emission bringen. Dadurch wird die Strahlung um ein Vielfaches verstärkt. Damit sie den Rubinkristall verlassen kann, ist eine der beiden Endflächen etwas *lichtdurchlässig*. Aus ihr tritt dann ein eng gebündelter, *intensiv roter* Laserstrahl der auslösenden Wellenlänge in gleicher Phasenlage und großer Kohärenzlänge.

Laser können mit einer ganzen Reihe von Gasen und Gasgemischen sowie den unterschiedlichsten Festkörpern, auch Halbleitern, hergestellt werden. Die abgestrahlten **Leistungen** liegen zwischen einigen **mW bis kW im Dauerbetrieb** oder bis zu **500 MW im Impulsbetrieb** bei Impulsen von etwa 2 ps Dauer. Besonders hohe Wirkungsgrade können mit **Halbleiterlasern** erzielt werden (bis 50 %).

34*

Anwendungen: Sie sind äußerst vielfältig und können daher nur aufgezählt werden. Werkstoff-bearbeitung, Übertragung von Informationen, rauscharme Verstärker, Ausdehnung der Elektronik bis in Frequenzbereiche 10^8 bis 10^{15} Hz (Quantenelektronik), Standards für Länge, Zeit und Frequenz mit stabilisierten Lasern, Präzisionsbestimmung der Licht-geschwindigkeit und anderer Konstanten, Längenmessungen, Energieübertragung, spezielle Operationen in der Medizin, Holografie, nichtlineare Optik, Laserradar, Laserimpulse im ps-Bereich für verschiedene Gebiete der Meßtechnik (Laser-Ultra-Kurzzeit-Spektroskopie zur Anregung und Beobachtung physikalischer, chemischer und biologischer Elementar-prozesse) u. a. Die hohe Energiekonzentration der Laserstrahlung gestattet es, Temperaturen von 10^7 K zu erreichen. Es wird daran gearbeitet, auf dieser Grundlage kontrollierte Kern-fusionen einzuleiten.

52 Atomkern

52.1 Natürliche Radioaktivität

Auf der Suche nach der Herkunft der von dem Franzosen BECQUEREL 1896 festgestellten und bis dahin unbekannten Strahlung entdeckte das Ehepaar PIERRE und MARIE CURIE

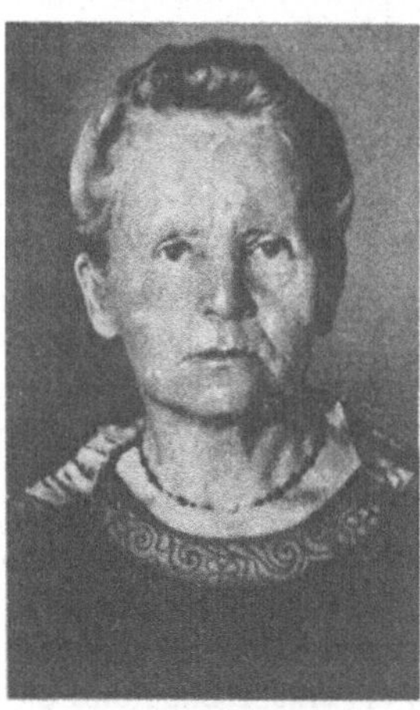

Bild 52.1. MARIE CURIE (1867 bis 1934)

1898 die Elemente **Radium** und **Polonium**, die sie als **Strahlenquellen** ausmachten. Die Strahlung wurde **radioaktive Strahlung** benannt, und alle strahlenden Stoffe heißen seitdem **radioaktive Stoffe**. Heute ist bekannt, daß diese Strahlung aus dem Kern der betreffenden Atome kommt. Sie wird daher im folgenden **Kernstrahlung** genannt.

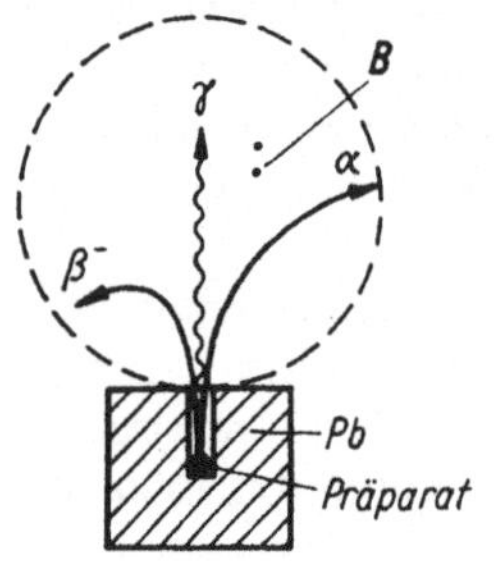

Bild 52.2. Ablenkung der Kernstrahlung im Magnetfeld. Die B-Linien treten senkrecht aus der Zeichenebene heraus.

Schon bald wurde erkannt, daß bis auf wenige Ausnahmen α-, β- und γ-Strahlen auftreten (die γ-Strahlung immer mit α- oder β-Strahlung zusammen). Bei der künstlichen Radioaktivität treten noch weitere Strahlungsarten auf (Bild 52.2).

1. α-Strahlung. Sie ist eine Teilchenstrahlung (Heliumkerne mit der relativen Atommasse 4,001488 und der Ordnungszahl 2). Die positive Ladung von $+2e$ konnte durch Ablenkung in elektrischen und magnetischen Feldern festgestellt werden. Die Anfangsgeschwindigkeit liegt in der Größenordnung 10^7 m/s und ist bei *einem* Stoff einheitlich. Ihre Reichweite ist gering (s. 53.1).

2. β-Strahlung. Auch sie ist eine Teilchenstrahlung, wird jedoch von Feldern entgegengesetzt abgelenkt wie die α-Strahlung. Es handelt sich um Elektronen, die bei Kernumwandlungen entstehen, mit großer, aber nicht einheitlicher Geschwindigkeit (in der Größenordnung 10^8 m/s bis fast Lichtgeschwindigkeit).

3. γ-Strahlung. Sie ist eine elektromagnetische Welle (γ-Quanten), die demzufolge von Feldern unbeeinflußt bleibt. Die Wellenlänge ist außerordentlich kurz, die Quanten daher *energiereicher* als die der Röntgenstrahlung (λ um 10^{-12} m und geringer). Sie kommt dadurch zustande, daß der Kern nach Aussendung einer Teilchenstrahlung im energetisch angeregten Zustand zurückbleiben kann. Beim Übergang in einen energetisch kleineren Zustand wird Energie in Form der durchdringenden γ-Quanten abgegeben.

52.2 Gesetze des radioaktiven Zerfalls

52.2.1 Allgemeine Merkmale

Alle radioaktiven Vorgänge spielen sich im Kern ab. Sie lassen sich mit herkömmlichen physikalischen und chemischen Mitteln **nicht** beeinflussen. Im Atomkern müssen dabei zwangsläufig Veränderungen vorkommen. Daher spricht man im Bereich der Kernphysik nicht mehr von chemischen Elementen, sondern von **Kernarten** oder **Nukliden**.

Nuklide sind Stoffe einheitlicher Kernzusammensetzung.

Zur eindeutigen Kennzeichnung eines Nuklids wird folgendes Symbol benutzt:

$$\begin{matrix} \text{Massenzahl} \\ \text{Ordnungszahl} \end{matrix} \text{Nuklidsymbol}; \quad \text{Beispiel } {}^{226}_{88}\text{Ra}$$

(d. h. Kern des Radiums mit $Z = 88$ Protonen und $N = A - Z = 138$ Neutronen). Die *Ursache* der Umwandlung eines radioaktiven Nuklids unter Aussendung von Kernstrahlung beruht auf einem *Mißverhältnis* der Protonen- zur Neutronenzahl. Der Kern wird dadurch energetisch instabil. Somit gibt es *stabile* und *instabile* Nuklide. Die Anzahl der in der Natur vorkommenden Nuklide beträgt etwa 320, wovon etwa 50 Kernstrahlung aussenden. Diese Zahl wird von den künstlich hergestellten weit übertroffen.

52.2.2 Wichtigste Arten der Radioaktivität

α-Zerfall

Beim α-Zerfall findet eine Umwandlung des *Ausgangskernes* ${}^{A}_{Z}\text{K}_{a}$ in einen *Endkern* K_e statt. Wegen der Emission eines α-Teilchens (He-Kern) gilt

$$\boxed{{}^{A}_{Z}\text{K}_{a} \rightarrow {}^{A-4}_{Z-2}\text{K}_{e} + {}^{4}_{2}\alpha} \; ; \quad \text{z. B. } {}^{226}_{88}\text{Ra} \rightarrow {}^{222}_{86}\text{Rn} + {}^{4}_{2}\alpha. \tag{52.1}$$

Meistens ist der α-*Zerfall* noch mit der Aussendung eines γ-Quantes verbunden.

β-Zerfall

Bei der natürlichen Radioaktivität wurde außer dem α-**Zerfall** nur der β⁻-**Zerfall** beobachtet. Dabei erscheint es zunächst überraschend, daß aus dem Kern ein Elektron kommt. Ursache dafür ist die *Umwandlung* eines Neutrons $_0^1n$ in ein Proton $_1^1p$ im betreffenden Kern, die bei einem großen Überschuß an Neutronen auftreten kann (auch im freien Zustand ist das Neutron instabil und zerfällt mit einer Halbwertszeit von rund 16 Minuten in ein Proton und in ein Elektron sowie in ein Anti-Elektronen-Neutrino, s. u.). Für den β⁻-**Zerfall** gilt somit

$$\boxed{\;_Z^AK_a \rightarrow \;_{Z+1}^AK_e + \;_{-1}^0e + \;_0^0\bar{\nu}\;} \quad ; \quad \text{z. B. } \;_{91}^{234}Pa \rightarrow \;_{92}^{234}U + \;_{-1}^0e + \;_0^0\bar{\nu}, \qquad (52.2)$$

wobei zuvor im Ausgangskern K_a folgende Reaktion vorgegangen ist:

$$_0^1n \rightarrow \;_1^1p + \;_{-1}^0e + \;_0^0\bar{\nu}.$$

Das dabei entstehende neue Teilchen $_0^0\bar{\nu}$ folgt notwendig aus verschiedenen *Erhaltungssätzen*. Wegen der universellen Gültigkeit des *Energieerhaltungssatzes* muß dieses Teilchen die beim jeweiligen β⁻-Teilchen fehlende Energie haben, denn die entstehenden Elektronen zeigten keine einheitliche Energie, es ergab sich ein kontinuierliches Energiespektrum mit scharfer oberer Grenze (Bild 52.3).

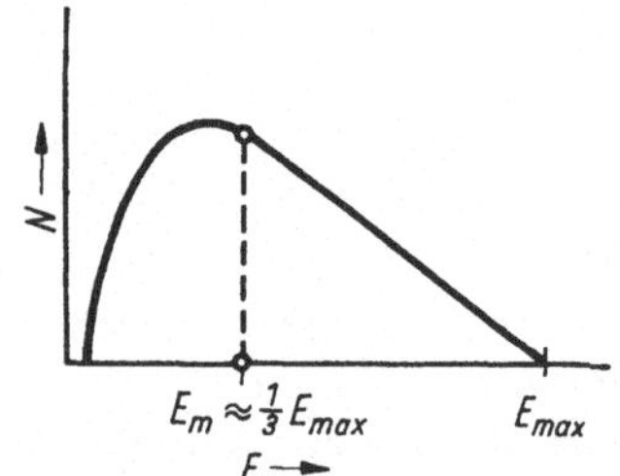

Bild 52.3. Energieverteilung der β-Teilchen. E_m ist die mittlere Energie, N die Teilchenzahl

Nach dem Satz von der Erhaltung der elektrischen Ladung muß dieses Teilchen elektrisch *neutral* sein. Es ist sehr durchdringend und mit üblichen Strahlungsnachweisgeräten nicht feststellbar, seine *Ruhmasse* ist *Null*. Seine Existenz ist auch nach dem *Spin-Erhaltungssatz* erforderlich. Bei der Neutronenumwandlung übernimmt das Proton den Spin des Neutrons, der dem Elektronen-Spin entgegengesetzte Spin muß von einem anderen Teilchen übernommen werden, dem Neutrino.

Das Neutrino ist ein Elementarteilchen mit der elektrischen Ladung Null und der Ruhmasse Null.

Bei der heutigen Kenntnis über die Elementarteilchen muß dieses ursprünglich *Neutrino* genannte Teilchen richtig *Anti-Elektronen-Neutrino* heißen (s. System der Elementarteilchen, S. 567).

Bei künstlich hergestellten radioaktiven Nukliden (s. 52.6.3) tritt auch noch der β⁺-*Zerfall* auf. Zunächst wurden Reaktionen nach der Beziehung

$$\boxed{\;_Z^AK_a \rightarrow \;_{Z-1}^AK_e + \;_{+1}^0e + \;_0^0\nu\;} \quad ; \quad \text{z. B. } \;_{30}^{65}Zn \rightarrow \;_{29}^{65}Cu + \;_{+1}^0e + \;_0^0\nu \qquad (52.3)$$

beobachtet. Bei einem geringen Neutronenüberschuß im Kern und einem energetisch angeregten Zustand des Kernes kann nach der EINSTEINschen Masse-Energie-Beziehung (48.15) ein **Paarbildung**sprozeß geschehen, der modellmäßig wie folgt erklärt werden kann: Aus der Energie wird Masse. Dies geschieht im Kern, dessen Energieüberschuß ΔE in ein Elektronenpaar (Elektron $_{-1}^0e$ und Positron $_{+1}^0e$) und in ein Neutrinopaar umgewandelt wird

(Elektronen-Neutrino $_0^0\nu$ und Anti-Elektronen-Neutrino $_0^0\bar{\nu}$):

$$\Delta E \rightarrow {}_{-1}^{0}e + {}_{+1}^{0}e + {}_{0}^{0}\bar{\nu} + {}_{0}^{0}\nu.$$

Das Elektron $_{-1}^{0}e$ reagiert mit einem Proton $_1^1p$ nach

$$_1^1p + {}_{-1}^{0}e + {}_{0}^{0}\bar{\nu} \rightarrow {}_0^1n,$$

während das Positron $_1^0e$ und das Elektronen-Neutrino $_0^0\nu$ emittiert werden (52.3).
Die zunächst hypothetisch eingeführten Neutrinos sind inzwischen experimentell mit großem
Aufwand bestätigt worden.

Zerfallsschema:

Wie bereits erwähnt, ist die γ-Strahlung *nur* in Verbindung mit anderen Kernprozessen vorhanden. Die Art des Zerfalls und die Energie der Strahlungen ist in übersichtlicher Weise
dem Zerfallsschema des betreffenden Nuklids zu entnehmen. Bild 52.4 zeigt z. B., wie das

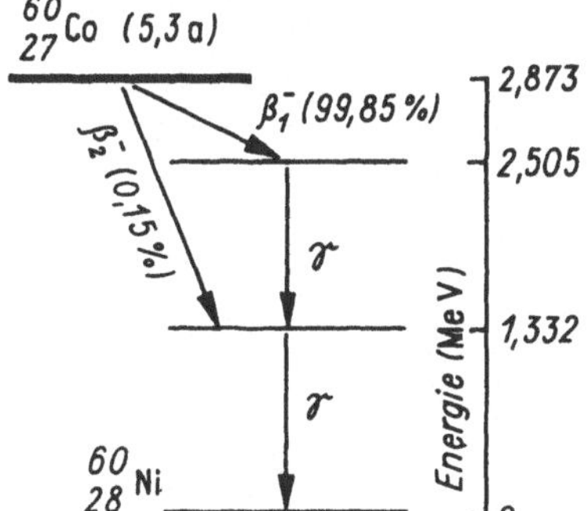

Bild 52.4. Zerfallsschema des $_{27}^{60}$Co

durch Bestrahlung im Reaktor gewonnene radioaktive $_{27}^{60}$Co zunächst ein β^--Teilchen aussendet und sich dabei in $_{28}^{60}$Ni umwandelt. Dieser Nickelkern befindet sich noch im **angeregten
Zustand** und emittiert nacheinander 2 γ-Quanten, deren Energie 1,33 bzw. 1,17 MeV beträgt. Praktisch rechnet man meist mit einer γ-Strahlung vom Mittelwert 1,25 MeV. Außerdem ist zu erkennen, daß ein geringer Prozentsatz von β-Teilchen mit erheblich größerer
Energie emittiert wird, d. h. zwei unterschiedliche Zerfallsvorgänge nebeneinander her laufen.

52.2.3 Statistischer Charakter des Kernzerfalls

Der Zerfall der einzelnen Kerne eines radioaktiven Nuklids erfolgt regellos und ohne jede
besondere Reihenfolge. Trotz dieser grundsätzlichen Unbestimmtheit im einzelnen ergibt
sich bei der Gesamtheit *sehr vieler* Kerne eines Nuklids, daß je Zeiteinheit *im Mittel* eine
bestimmte Anzahl N zerfällt. Bei Strahlungsmessungen wird meistens die **Impulsrate (Zer-
fallsrate)** $\dot{N}$ als Quotient der registrierten Teilchen oder Quanten N und der Zeit t, also
$\dot{N} = N/t$, ermittelt. Die Anzahl der gemessenen Teilchen oder Quanten ist aber bei mehr-
facher Messung eines Objektes nicht immer gleich, sondern *schwankt* um den schon erwähnten **Mittelwert** N.
Nach den Gesetzen der Wahrscheinlichkeitsrechnung ergibt sich als Maß der **statistischen
Schwankungen** um diesen Mittelwert

$$\boxed{\sigma = \sqrt{N}} \qquad \textbf{Standardabweichung beim Kernzerfall} \qquad (52.4)$$

Die Standardabweichung besagt anschaulich, daß in 68,3 % aller Messungen die Anzahl der registrierten Ereignisse zwischen $\left(N + \sqrt{N}\right)$ und $\left(N - \sqrt{N}\right)$ liegt. 95,4 % der Meßwerte liegen in den Grenzen $+2\sigma$ und -2σ, während 99,7 % zwischen $+3\sigma$ und -3σ liegen.

Mit der Anzahl N der registrierten Ereignisse wird der *relative* Fehler $\pm \sqrt{N}/N = \pm 1/\sqrt{N}$ *kleiner*, d. h. die Messung wird *zuverlässiger*.

Beispiel: Bei einer Meßzeit von 1 min werden bei der Substanz *1* im Mittel 350 Teilchen oder Quanten registriert, bei der Substanz *2* 2840. – Messung *1* ist nach (52.4) mit einem mittleren Fehler von 19 behaftet, der relative Fehler ist dann 5,3 %, Messung *2* dagegen liefert 53 und 1,9 %.

52.2.4 Zerfallsgesetz

Experimentelle Untersuchungen zeigten, daß die Anzahl der in der Zeit dt zerfallenden Kerne dN der der im Präparat vorhandenen Kerne N proportional ist:

$$dN = -\lambda N \, dt.$$

Der Proportionalitätsfaktor ist die **Zerfallskonstante** λ, die von der Nuklidart abhängt. Das *Minus*zeichen charakterisiert die *Abnahme* der radioaktiven Kerne. Ist zur Zeit $t_0 = 0$ die Anzahl der radioaktiven Kerne des Nuklids N_0 und zur Zeit t gleich N, ergibt die Integration nach Trennung der Variablen

$$-\lambda \int\limits_{0}^{t} dt = \int\limits_{N_0}^{N} \frac{dN}{N} \quad \text{bzw.} \quad -\lambda t = \ln \frac{N}{N_0}.$$

Die Umformung der letzten Gleichung führt zum **Zerfallsgesetz** in der üblichen Form:

$$\boxed{N = N_0 \, e^{-\lambda t}} \qquad \textbf{Zerfallsgesetz} \tag{52.5}$$

Statt der Anzahl der Kerne N bzw. N_0 werden bei praktischen Messungen die zu den betreffenden Zeiten t bzw. $t_0 = 0$ gemessenen Zerfallsraten $\dot{N}$ bzw. $\dot{N}_0$ eingesetzt. Gleiches gilt auch für die Aktivitäten oder spezifischen Aktivitäten (s. 52.2.5) zu den genannten Zeiten.

Als **Halbwertszeit** $T_{1/2}$ wird diejenige Zeit bezeichnet, in der die **Hälfte** aller jeweils vorhandenen Atomkerne zerfallen ist. Aus Gleichung (52.5) erhält man für $t = T_{1/2}$ und $N = N_0/2$ den mathematischen Zusammenhang zwischen der Halbwertszeit und der Zerfallskonstanten:

$$\boxed{T_{1/2} = \frac{\ln 2}{\lambda}} \qquad \textbf{Halbwertszeit und Zerfallskonstante} \tag{52.6}$$

Einsetzen von (52.6) in (52.5) ergibt eine weitere häufig verwendete Form des Zerfallsgesetzes:

$$\boxed{N = N_0 \cdot 2^{-\frac{t}{T_{1/2}}}} \qquad \textbf{Zerfallsgesetz} \tag{52.7}$$

Da in Nuklidtabellen stets die Halbwertszeit des betreffenden Nuklids angegeben ist, kann man aus der letzten Beziehung die Zerfallskonstante berechnen, deren Einheit eine reziproke Zeiteinheit ist.

Bei Kenntnis der Halbwertszeit ist die grafische Darstellung des Zerfallsgesetzes besonders einfach (Bild 52.5).

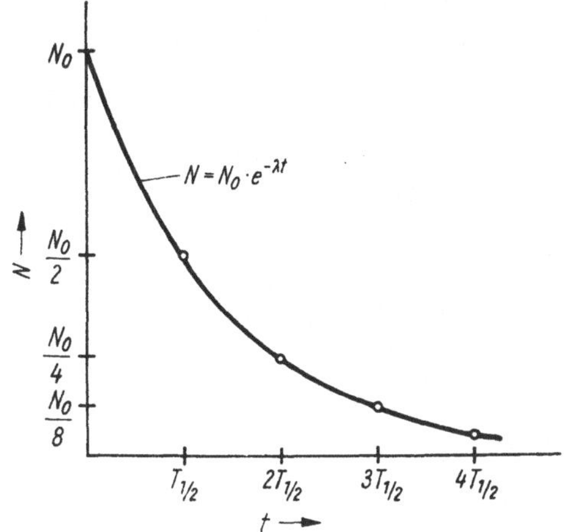

Bild 52.5. Darstellung des Zerfallsgesetzes

52.2.5 Aktivität und spezifische Aktivität

Für den radioaktiven Zerfall ist nicht allein die Masse der Substanz von Bedeutung, die Wirksamkeit der Kernstrahlung wird neben der Strahlungsart und ihrer Wechselwirkung mit dem Stoff von der Anzahl der in der Zeit dt sich umwandelnden Kerne dN bestimmt. Man nennt den Quotienten aus dN und dt die **Aktivität** A der strahlenden Substanz. Aus dieser Definition und dem Ansatz $dN = -\lambda N\, dt$ zum Zerfallsgesetz erhält man

$$A = -\frac{dN}{dt} = \lambda N = \frac{N \ln 2}{T_{1/2}} \qquad \textbf{Aktivität} \qquad (52.8)$$

Da die Anzahl N der Kerne die Einheit 1 hat, ergibt sich für die **SI-Einheit der Aktivität**: $[A] = 1/s = \textbf{Bq (Becquerel)}$[1]).

Ist m die Masse der radioaktiven Substanz, λ die Zerfallskonstante, N die zur Meßzeit vorhandene Anzahl der radioaktiven Kerne, N_A die AVOGADRO-Konstante, M die molare Masse, A_r die relative Atommasse und u die atomare Masseneinheit, so erhält man die Masse eines Atomkernes m_A aus $m_A = m/N$. Weiterhin gilt $m_A = M/N_A = m/N$ und damit $N = m N_A/M$. Beachtet man, daß auch $m_A = A_r$ u (s. 51.1) ist, läßt sich die Aktivität auch durch folgende Beziehungen ausdrücken:

$$A = \lambda \frac{m N_A}{M} = \lambda \frac{m}{A_r \, u} \qquad \textbf{Aktivität} \qquad (52.9)$$

Oft sind nicht alle in einem Stoff der Masse m enthaltenen Atome radioaktiv, sondern es liegt ein Gemisch mit anderen stabilen Nukliden oder mit Zerfallsprodukten vor (z. B. bei künstlich hergestellten radioaktiven Nukliden). Man definiert daher die **spezifische Aktivi-**

---

[1]) Zwischen der früher verwendeten Einheit der Aktivität Ci (Curie) und der SI-Einheit Bq besteht der Zusammenhang 1 Ci = $3{,}7 \cdot 10^{10}$ Bq = 37 GBq.

tät a als Quotient aus der Aktivität A und der Masse m des Stoffes.[1]) Berücksichtigt man noch (52.9), ergibt sich

$$\boxed{a = \frac{A}{m} = \lambda \frac{N_A}{M}} \qquad \textbf{Spezifische Aktivität} \qquad (52.10)$$

Die SI-Einheit der spezifischen Aktivität ist: $[a] = \mathrm{Bq/kg}$.

Beispiele: 1. Wie groß ist die Aktivität von 0,1 g $^{60}_{27}\mathrm{Co}$, dessen spezifische Aktivität 18 GBq/kg beträgt? – Aus (52.10) folgt $A = am = 10^{-4}\,\mathrm{kg} \cdot 18 \cdot 10^9\,\mathrm{Bq/kg} = 1,8\,\mathrm{MBq}$.
2. Die Halbwertszeit des im Beispiel 1 genannten Nuklids ist 5,3 a. Wie groß ist die Aktivität nach 2 a, wenn die Anfangsaktivität 0,8 GBq ist? – Nach dem Zerfallsgesetz (52.7) wird

$$A = A_0 \cdot 2^{-\frac{t}{T_{1/2}}} = 0,8\,\mathrm{GBq} \cdot 2^{-2/5,3} = 0,616\,\mathrm{GBq}.$$

3. Wie groß ist die Aktivität von 1 g Radium $^{226}_{88}\mathrm{Ra}$? – Die Halbwertszeit für Radium ist 1590 a, daraus folgt für die Zerfallskonstante $\lambda = \ln 2 / T_{1/2}$ und mit (52.9)

$$A = \frac{\ln 2}{T_{1/2}} \frac{mN_A}{M} = \frac{0,693 \cdot 1\,\mathrm{g} \cdot 6,023 \cdot 10^{23}\,\mathrm{mol}}{1\,590 \cdot 365 \cdot 86\,400\,\mathrm{s} \cdot 226\,\mathrm{g\,mol}} = 36,8\,\mathrm{GBq}\ (\approx 1\,\mathrm{Ci}).$$

52.3 Natürliche Zerfallsreihen

Das Zerfallsprodukt (Endkern) eines radioaktiven Nuklids ist oft selbst nicht stabil, sondern sendet Kernstrahlung aus und wandelt sich mit anderer Halbwertszeit als der Ausgangskern um. So kann eine Kette von Umwandlungen zustande kommen, die erst mit einem stabilen Endkern abschließt. Es liegt dann eine **radioaktive Zerfallsreihe** vor.
Beginnt diese mit einem langlebigen Nuklid *großer* Halbwertszeit, so sind zu gleicher Zeit *sämtliche Glieder* der Zerfallsreihe vorhanden. Von den Nukliden *kleiner* Halbwertszeit ist nur *wenig* vorhanden, weil diese Kerne zwar fortlaufend neu gebildet werden, sich aber schnell wieder umwandeln.
Entsteht aus dem Nuklid K_1 ein Nuklid K_2, dann müssen im *Gleichgewicht* so viele Kerne zerfallen, wie im gleichen Zeitraum neu entstehen, d. h., die Aktivitäten beider Stoffe müssen gleich sein:
$$A_1 = A_2 \quad \text{oder} \quad \lambda_1 N_1 = \lambda_2 N_2 \quad \text{bzw.} \quad N_1 : N_2 = T_{1\,1/2} : T_{2\,1/2}.$$

Beachtet man noch, daß die Teilchenzahl N der Stoffmenge n proportional ist, ergibt sich

$$\boxed{\frac{N_1}{N_2} = \frac{T_{1\,1/2}}{T_{2\,1/2}} = \frac{n_1}{n_2}} \qquad \textbf{Radioaktives Gleichgewicht} \qquad (52.11)$$

Im radioaktiven Gleichgewicht verhalten sich die Anzahl der radioaktiven Kerne zweier Nuklide wie die Halbwertszeiten bzw. wie die Stoffmengen.

Beispiel: Welche Masse Radium enthält 1 kg natürliches Uran? – Radium erhält den Index 2, Uran 1. Dann ist mit (52.10) und $n = m/M$ (M ist die molare Masse)

$$m_2 = n_2 M_2 = \frac{m_1 M_2 T_{2\,1/2}}{M_1 T_{1\,1/2}} = \frac{226\,\mathrm{g} \cdot 1\,590\,\mathrm{a} \cdot 1\,\mathrm{kg\,mol}}{\mathrm{mol} \cdot 4,5 \cdot 10^9\,\mathrm{a} \cdot 238\,\mathrm{g}} = 0,34\,\mathrm{mg}.$$

Uran-Radium-Reihe

Ausgangsnuklid ist **Uran** $^{238}_{92}\mathrm{U}$ mit $T_{1/2} = 4,5 \cdot 10^9$ a. Endnuklid ist stabiles **Blei** $^{206}_{82}\mathrm{Pb}$. Bild 52.6 gibt eine Übersicht der Uranreihe. Schräge Pfeile nach links bedeuten α-Zerfall

---

[1]) Bei kontaminierten Stoffen, z. B. mit radioaktiven Stoffen verunreinigtes Wasser bzw. Lebensmittel u. a., wird die spezifische Aktivität Aktivitätskonzentration genannt.

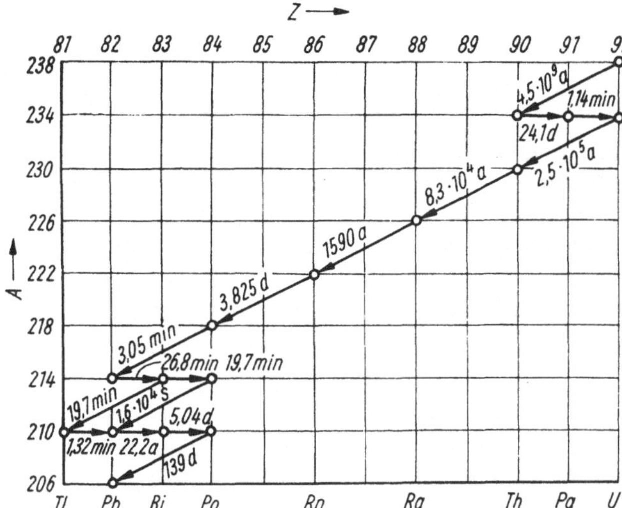

Bild 52.6. Uran-Reihe

(die Massenzahl wird um 4, die Ordnungszahl um 2 kleiner), horizontale Pfeile nach rechts bedeuten β^--Zerfall. (Die Massenzahl A bleibt, die Ordnungszahl Z erhöht sich um 1.) An den Pfeilen stehen die jeweiligen Halbwertszeiten.

Die Massenzahlen dieser Reihe ergeben sich aus

$$A = 4n + 2, \quad n = 59 \dots 51.$$

Eines der bemerkenswertesten Glieder dieser Reihe ist das Element Rn (*Radon* oder *Radium-Emanation*), das gasförmig ist und aus dem *Radium* entsteht. Es gelangt aus den stets uranhaltigen Gesteinen der Erdrinde in die Atmosphäre und ist in vielen natürlichen *Quellwässern* enthalten (*Radiumbäder*).

Thorium-Reihe

Ausgangsnuklid ist **Thorium** $^{232}_{90}$Th mit $T_{1/2} = 1{,}39 \cdot 10^{10}$ a. Endnuklid ist das stabile **Blei** $^{208}_{82}$Pb. Für die Massenzahlen dieser Reihe gilt

$$A = 4n \quad \text{mit} \quad n = 58 \dots 52.$$

Uran-Aktinium-Reihe

Hier ist das Ausgangsnuklid das **Uran** $^{235}_{92}$U mit $T_{1/2} = 7{,}04 \cdot 10^8$ a. Das stabile **Blei** $^{207}_{82}$Pb ist das Endnuklid dieser Reihe, für deren Massenzahlen

$$A = 4n + 3 \quad \text{mit} \quad n = 58 \dots 51$$

gilt.

Weitere natürliche radioaktive Nuklide

In der Natur existieren noch etwa 12 weitere radioaktive Nuklide, die nicht in den drei genannten Zerfallsreihen enthalten sind. Ihre Halbwertszeiten sind meist außerordentlich groß. Von ihnen sei hier nur das Nuklid $^{40}_{19}$K genannt, das im gewöhnlichen Element Kalium zu 0,012% enthalten ist. Seine Halbwertszeit beträgt $1{,}5 \cdot 10^9$ Jahre. Es ist zu 89% β-aktiv und zerfällt dabei in das stabile Nuklid $^{40}_{20}$Ca. Ein weiterer Prozentsatz (11%) des $^{40}_{19}$K wandelt sich dadurch um, daß es aus der K-Schale der Hülle ein Elektron in den Kern übernimmt, wobei sich ein Kernproton in ein Neutron umwandelt. Hierbei entsteht das stabile $^{40}_{18}$Ar und gleichzeitig noch eine γ-Strahlung. Diese Art einer Kernumwandlung nennt man deshalb **K-Einfang** (oder auch E-Einfang).

52.4 Massen der Atomkerne

52.4.1 Isotope Kernarten

Die *Endglieder* der drei Zerfallsreihen sind in jedem Fall *chemisch* gesehen *gleich*: Es entsteht Blei mit der Ordnungszahl $Z = 82$. Unterschiedlich sind jedoch die Massenzahlen A und damit auch die Anzahl der Neutronen, denn es entstehen $^{208}_{82}\text{Pb}$, $^{207}_{82}\text{Pb}$, $^{206}_{82}\text{Pb}$. Man nennt solche zum *gleichen chemischen Element* gehörenden Kernarten **isotope Nuklide** oder kurz **Isotope**.

> **Isotope sind Kernarten mit gleicher Ordnungszahl (und somit gleichen chemischen Eigenschaften), aber unterschiedlicher Massenzahl (und damit verschiedener Neutronenzahl).**

Daß auch andere Elemente aus mehreren Isotopen bestehen müssen, erkennt man an den mitunter starken Abweichungen der relativen Atommassen von der Ganzzahligkeit. Beispielsweise hat Chlor die relative Atommasse 35,453.

Die Ursache liegt darin, daß im Chlor zwei Isotope der Massenzahlen 35 und 37 im Verhältnis 75,7 : 24,3 miteinander vermischt sind. Beide Isotope haben dieselbe Ordnungszahl und lassen sich daher nicht chemisch voneinander trennen.

Die meisten natürlichen Elemente sind daher physikalisch nicht rein, sondern sind **Mischelemente**. Nur etwa 20 Elemente des Periodensystems bestehen aus einer einzigen Atomart. **Reinelemente** sind u. a. Be, F, Na, Al, P, Sc, Mn, Co, As, Y, Nb, Rb, I(J), Cs, Tb, Ho, Tm, Au und Bi.

Oft ist der Anteil der Isotope im Verhältnis zum Hauptisotop nur geringfügig, so daß er an dessen Atommasse kaum etwas ändert. So besteht der natürliche Wasserstoff hauptsächlich aus dem Isotop ^1_1H und zu 0,015 % aus dem Isotop ^2_1H **(Deuterium)**. Ausnahmsweise hat dieses Isotop das chemische Zeichen D erhalten. Das **schwere Wasser** D_2O reichert sich bei der Elektrolyse großer Wassermengen in der Restflüssigkeit an. Das noch viel seltenere Isotop **Tritium** ^3_1H (T) ist radioaktiv mit der Halbwertszeit 12,3 Jahre und kommt nur in Spuren in der Atmosphäre vor.

52.4.2 Massendefekt

Aus der Kenntnis der relativen Atommassen der Elementarteilchen (S. 508, 509) müßte es möglich sein, die relative Atommasse eines Atoms zu berechnen. Tatsächlich ist aber die Summe der relativen Atommassen *aller* im Atom vorhandenen Elementarteilchen *größer* als die *wirkliche* relative Atommasse des betreffenden Atoms. So liefert z. B. die Berechnung für

$$^4_2\text{He}: 2A_{\text{rp}} + 2A_{\text{rn}} + 2A_{\text{re}} = 2 \cdot 1{,}00728 + 2 \cdot 1{,}00867 + 2 \cdot 0{,}00055 = 4{,}0330.$$

Die tatsächlich ermittelte relative Atommasse des ^4_2He ist jedoch 4,0026 (s. Periodensystem).

Diesen bei **allen** Nukliden feststellbaren Massenverlust, der sich **nur auf den Atomkern** bezieht, nennt man **Massendefekt** und unterscheidet:

Massendefekt B   **und relativen Massendefekt B_r**

$$\boxed{B = Zm_\text{p} + Nm_\text{n} - m_\text{K}} \qquad \boxed{B_\text{r} = ZA_{\text{rp}} + NA_{\text{rn}} - A_{\text{rK}}} \qquad (52.12)$$

Der Massendefekt B bzw. der relative Massendefekt B_r ist die Differenz aus der Summe der Massen m bzw. der relativen Atommassen A_r der im Kern enthaltenen Nukleonen und der Masse m_K bzw. der relativen Atommasse A_{rK} des Kernes.

Mit der atomaren Masseneinheit u (s. 51.1) ergibt sich

$$B = B_r\,\mathrm{u}$$ **Zusammenhang zwischen B und B_r** (52.13)

Der Massendefekt erklärt sich daraus, daß beim gedachten Zusammentritt der Elementarteilchen ein Teil der in ihnen enthaltenen **Masse in Energie** umgewandelt (48.15) und abgestrahlt wird.
Umgekehrt müßte eine *gleich große* Energie aufgewendet werden, um den Kern wieder in seine Elementarteilchen *aufzuspalten*. Diese Energie nennt man **Bindungsenergie E des Kerns**. Die Masse-Energie-Beziehung $E = mc^2$ lautet nun mit den gewählten Formelzeichen für den Massendefekt:

$$E = Bc^2 = B_r\,\mathrm{u}\,c^2$$ **Bindungsenergie** (52.14)

Massendefekt und Bindungsenergie werden mit *steigender* Massenzahl *größer*. So ist bei Uran der Massendefekt 2 u. Andererseits zeigt jedoch der radioaktive Zerfall, das große Bindungsenergie auch gleichzeitig ein Maß für die Stabilität des Kernes ist. Dieser scheinbare Widerspruch klärt sich sofort, wenn die Bindungsenergie der Kerne auf ein einzelnes Nukleon bezogen wird. Im Bild 52.7 ist die Bindungsenergie je Nukleon in Abhängigkeit

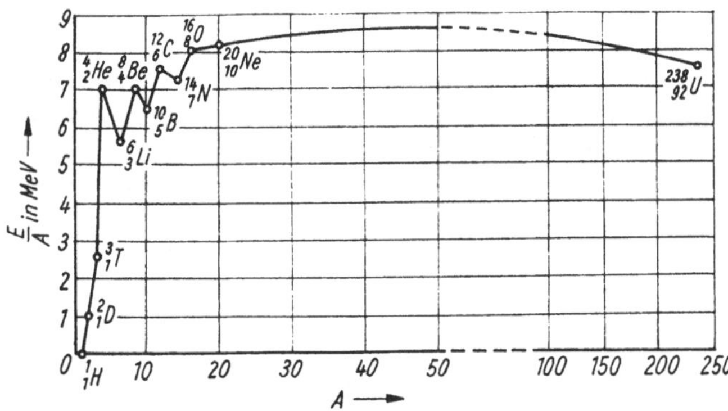

Bild 52.7. Bindungsenergie je Nukleon in Abhängigkeit von der Massenzahl

von der Massenzahl aufgetragen. Bis etwa zur Massenzahl $A = 50$ steigt sie an, um dann nach den schwereren Kernen wieder abzunehmen.
Aus dem Verlauf dieser Kurve, deren Besonderheiten aus der Theorie der im Kern wirkenden Kräfte erklärt werden können, ergeben sich Aussagemöglichkeiten, Energie durch Spaltung bzw. Fusion (Verschmelzung von Atomkernen) zu gewinnen (s. Kapitel 55).
So bedeutet **große Bindungsenergie je Nukleon einen besonders stabilen Kern**.

Beispiel: Wie groß ist die Bindungsenergie des Heliumkernes? – Es ist $B_r = 4,0330 - 4,0026$ $= 0,0304$. Mit $\mathrm{u}\,c^2 = 149,7$ pJ $= 931,5$ MeV wird nach (52.14) die Bindungsenergie $E = B_r\,\mathrm{u}\,c^2$ $= 0,0304 \cdot 931,5$ MeV $= 28,3$ MeV. Das ergibt je Nukleon eine Bindungsenergie von etwa 7 MeV (s. Bild 52.7).

52.5 Kernmodelle

52.5.1 Kernkräfte

Die Bindungsenergie der Kerne ist erforderlich, um die Nukleonen im Kern zusammenzuhalten. Die *Anziehungskräfte* müssen also bei den geringen Abständen der Nukleonen ($\approx 10^{-15}$ m nach 51.1) *wesentlich größer* sein als die COULOMBschen *Abstoßungskräfte* zwischen den elektrisch positiven Protonen. Die *Reichweite* dieser starken Anziehungskräfte, **Kernkräfte** oder auch **starke Wechselwirkung** zwischen den Nukleonen genannt, ist jedoch *sehr gering* und geht nicht wesentlich über den Kernbereich hinaus.

Die Bindungsenergie je Nukleon kann als die *Arbeit* gedeutet werden, die dem Kern zugeführt werden muß, um ein Nukleon *aus* dem Kern *gegen die Kernkräfte* zu entfernen. Die Kernkräfte sind nach einer Theorie von YUKAWA durch einen *ständigen Austausch* eines Elementarteilchens, **Pion** genannt, zwischen je einem Proton und einem Neutron zu erklären. Das Pion gehört zur Gruppe der Mesonen (s. Elementarteilchen, S. 567). Dieses Pion ruft ähnlich wie die Elektronen bei der Atombindung der Moleküle eine allerdings ungleich größere Bindungskraft hervor. Die Mesonen sind auch als freie Elementarteilchen entdeckt worden, wenn Kerne durch Zufuhr großer Energiebeträge zerstört werden (Kernumwandlungen, s. 52.6).

Die Kernbindungskräfte sind besonders bei sogenannten *gg-Kernen* wirksam. Das sind solche, bei denen der Quotient aus Protonen- und Neutronenzahl gleich 1 ist. Daraus erklärt sich auch die *Stabilität* der α-Teilchen.

Aus der Kenntnis der Bindungskräfte und anderer Erscheinungen in Verbindung mit der Radioaktivität wurden verschiedene Kernmodelle aufgestellt.

52.5.2 Tröpfchenmodell

Die *Radien* der Kerne sind nach (51.2) direkt *proportional* zur *3. Wurzel* aus der *relativen Atommasse* A_r. Somit ist das *Kernvolumen* proportional A_r. Dies bedeutet aber *gleiche Kerndichte* und läßt den Vergleich mit einem Flüssigkeitstropfen zu. Die an der Kernoberfläche vorhandenen Nukleonen unterliegen (ähnlich wie bei der Oberflächenspannung von Flüssigkeiten) Kräften nach dem Kerninnern **(Tröpfchenmodell)**.

Zur Einleitung von *Kernreaktionen* (s. 52.6) muß daher immer eine *Anregungsenergie* aufgebracht werden, auch wenn nach der Reaktion mehr Energie frei wird.

52.5.3 Schalenmodell

Andere Eigenschaften des Kerns deuten auf ein der Elektronenhülle ähnliches **Schalenmodell** hin. Es wurde festgestellt, daß verhältnismäßig viele stabile Nuklide mit den Nukleonenzahlen 8, 20, 28, 50, 82 und 126 existieren. Kerne mit diesen **magischen Nukleonenzahlen** erwiesen sich als besonders *stabil*. Ein Vergleich mit der abgeschlossenen Elektronenhülle der Edelgase bietet sich an. Die Bindungsenergie je Nukleon ist bei Kernen, die von diesen Zahlen abweichen, deutlich kleiner. Somit kann vermutet werden, daß im Kern **Nukleonenschalen** existieren; man kommt damit zum Schalenmodell. Es gelang, Energiestufen im Kern zu berechnen, die nur von bestimmten Nukleonenzahlen besetzt werden können. Viele Eigenschaften lassen sich aus diesem Modell herleiten.

52.5.4 Energietopfmodell

Dieses Modell nach GAMOW, auch **Potentialtopfmodell** genannt, eignet sich besonders gut für das Verständnis des Mechanismus von Kernreaktionen. Auf Bild 52.8 ist das **Energietopfmodell** (Energie E als Funktion des Abstandes r vom Kernmittelpunkt, r_K ist der Kernradius) für das *Proton* p und das *Neutron* n dargestellt. Für das *Proton* ist nach *außen* ein *Energiewall* **(Coulomb-Wall)** zu erkennen, der durch die elektrischen Abstoßungskräfte entsteht. *Innen* bildet sich der **Energietopf** durch die Anziehungskräfte (Kernkräfte). Sein Durchmesser ist kaum größer als der Kerndurchmesser.

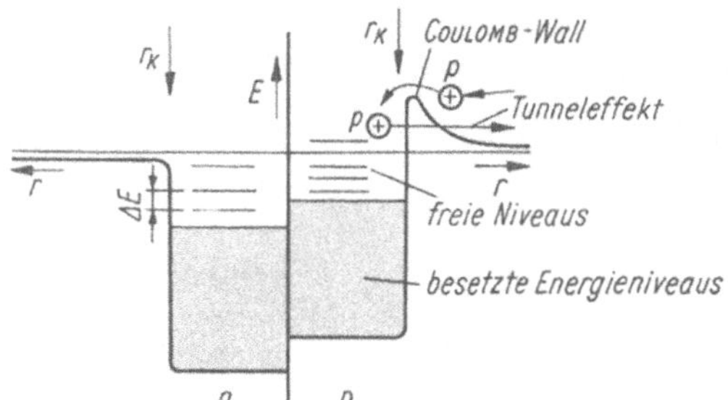

Bild 52.8. Energietopfmodell für das Neutron n (links) und das Proton p

Ein sich von *außen annäherndes* Proton (Bild 52.8) muß genügend kinetische Energie besitzen zunächst den Wall zu überwinden. Dann aber »stürzt« es in den Energietopf, wird vom Kern gebunden und gibt seine *Bindungsenergie* ab. Auch ein aus dem Topf entweichendes Proton muß *genügend* Energie haben, den *Topfrand* zu überzwingen. Es gibt aber auch Ausnahmen, nach denen das Proton *durch den Wall* hindurchgeht. Dieser **Tunneleffekt** tritt ein, obwohl die Energie des Teilchens nicht ausreicht, den Wall zu überqueren. Nach der **Wellenmechanik** (s. 51.3.4) ergibt eine spezielle Lösung der SCHRÖDINGER-Gleichung eine, wenn auch nur geringe, von *Null verschiedene Wahrscheinlichkeit*, daß das Proton den Energiewall *durchtunneln* kann. Der Tunneleffekt tritt beim α-Zerfall besonders häufig auf.
Der Energietopf für das *Neutron* ist wegen der fehlenden COULOMBschen Abstoßung einfacher (s. Bild 52.8, linke Seite).
Nach diesem Modell lassen sich auch die *Absorption* und *Emission* von γ-*Quanten* ähnlich der Lichtquanten in der Atomhülle erklären. Soll nämlich ein Proton in ein *höheres* Energieniveau, so muß die entsprechende Energie ΔE durch die *Absorption* eines passenden Quants $\Delta E = hf$ oder auf andere Weise aufgenommen werden. Beim Übergang auf ein *tieferes* Energieniveau wird die Energie als γ-Quant ausgestrahlt.

52.6 Künstliche Kernumwandlungen

52.6.1 Kernreaktionen

RUTHERFORD entdeckte bereits 1919, daß ein von einem α-Teilchen getroffener Stickstoffkern einen Wasserstoffkern (Proton) erzeugt und sich dabei in einen Sauerstoffkern umwandelt. Das α-Teilchen dringt in den Stickstoffkern ein, dabei muß es den Energiewall *durchtunneln*. Der energetisch angeregte Stickstoffkern wandelt sich daraufhin spontan um. Dabei wird

Bild 52.9. Nebelkammeraufnahme einer Kernumwandlung. Ein Stickstoffkern wird von einem α-Teilchen getroffen.

kinetische Energie frei, so daß die entstehenden Kerne sich mit beträchtlicher Geschwindigkeit auseinander bewegen. Die Kernreaktion wird symbolisch durch die Darstellung

$$^{14}_{7}\mathrm{N}(\alpha, \mathrm{p})\ ^{17}_{8}\mathrm{O}, \quad \text{dies bedeutet} \quad ^{14}_{7}\mathrm{N} + ^{4}_{2}\alpha \rightarrow ^{17}_{8}\mathrm{O} + ^{1}_{1}\mathrm{p},$$

wiedergegeben. Sie ist eine der häufigsten Kernreaktionen und wird **Austauschreaktion** (52.15) genannt.

Derartige Prozesse lassen sich unter günstigen Bedingungen mit Hilfe der Nebelkammer (S. 552) sichtbar machen. Auf Bild 52.9 sieht man viele geradlinige Spuren von α-Teilchen und in der Bildmitte, wie am Ende einer α-Spur sich die lange Spur des ausgeschleuderten Protons und die kurze dicke Spur des Kerns $^{17}_{8}\mathrm{O}$ abzweigen.

Wegen der Kleinheit sowohl der verwendeten »Geschosse« als auch der relativ großen Abstände zwischen den Kernen (die Kerne sind rund 10^{5}mal kleiner als die Atome) ist die Ausbeute verhältnismäßig gering. Bei obiger Reaktion erzielen etwa 100000 α-Teilchen einen Treffer. Ein neuer Reaktionstyp wurde 1932 entdeckt, als man stark beschleunigte Protonen auf Lithium einwirken ließ:

$$^{7}_{3}\mathrm{Li}\,(\mathrm{p},\ \alpha)\,^{4}_{2}\mathrm{He}.$$

Bei der Reaktion

$$^{27}_{13}\mathrm{Al}\,(\alpha,\ \mathrm{n})\,^{30}_{15}\mathrm{P}$$

entdeckte CHADWICK im Jahre 1932 das **Neutron**.

Allgemein kann die häufig genutzte **Austauschreaktion** wie folgt dargestellt werden:

$$\boxed{\mathrm{K}_1\,(\mathrm{a},\ \mathrm{b})\,\mathrm{K}_2} \qquad \textbf{Austauschreaktion} \qquad\qquad (52.15)$$

Hierin bedeutet a das »Kerngeschoß«, b das emittierte Teilchen, K_1 ist der Ausgangskern (**Targetkern**) und K_2 der Endkern. Außer der Austauschreaktion gibt es noch eine Reihe anderer künstlicher Kernreaktionen. Auf weitere besonders wichtige, wie **Kernspaltung** und **Kernfusion,** wird in Abschnitt 55 eingegangen. Abgesehen vom Massendefekt konnte **bei allen Kernreaktionen** festgestellt werden, daß **die Massenzahlen** und **die elektrische Ladung erhalten bleiben.**

52.6.2 Teilchenbeschleuniger

Werden zur »Beschießung« des Targetmaterials elektrisch geladene Teilchen verwendet, müssen diese sehr große kinetische Energie haben, um den Energiewall (s. Energietopfmodell 52.5.4) zu überwinden. So sind in den Kernforschungszentren große Apparaturen nötig, mit denen sich energiereiche Teilchenströme herstellen lassen. Je nach dem Aufbau dieser Geräte unterscheidet man **Linear-** und **Zirkularbeschleuniger.** Von den zahlreichen Konstruktionen von z. T. riesigen Ausmaßen[1]) soll hier nur als Beispiel für einen Zirkularbeschleuniger das **Zyklotron** erwähnt werden. Es dient wie alle anderen zur Beschleunigung elektrisch geladener Teilchen, die dann als Kerngeschosse verwendet werden können.

Nach (46.7) bewegen sich elektrisch geladene Teilchen in einem Magnetfeld auf einer Kreisbahn, deren Ebene senkrecht zu den magnetischen Flußlinien liegt. Die beiden Elektroden, zwischen denen sich die Teilchen bewegen, sind als halbkreisförmige Dosen (D_1 und D_2) ausgebildet. Bild 52.10a zeigt sie in der Draufsicht. Die Magnetpole hat man sich unter bzw. über der Zeichenebene vorzustellen. Werden im Mittelpunkt O Ionen erzeugt, so werden sie zunächst im elektrischen Feld zwischen D_1 und D_2 nach der Elektrode D_2 hin beschleunigt. Wegen des Magnetfeldes ist die Bahn der Ionen in den Dosen kreisförmig gekrümmt. Nach Verlassen der Halbdose D_2 werden die Elektroden umgepolt, wodurch die Teilchen

---

[1]) Die z. Z. größte Anlage bei Chicago hat einen Ringumfang von 6 km und erzeugt Protonen mit einer Ausgangsenergie von 500 GeV.

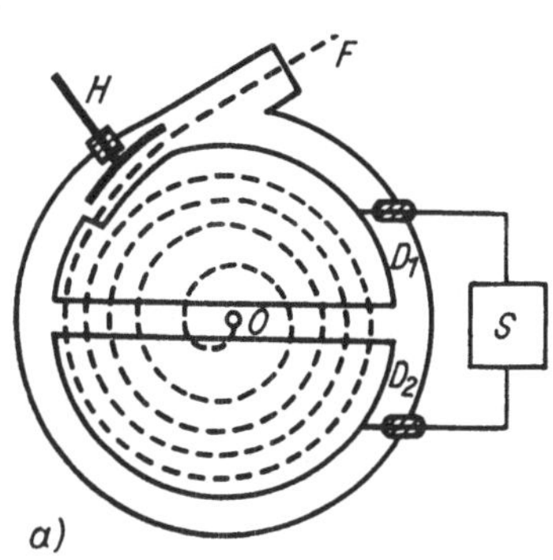

Bild 52.10. a) Schema eines Zyklotrons, b) Kleines Zyklotron von JOLIOT in Paris (Masse 27 t)

jetzt von der Elektrode D_1 angezogen werden und ihre Kreisbahn dort fortsetzen, bis nach abermaligem Polwechsel die Halbdose D_2 wieder erreicht ist usw. Der Polwechsel muß der Teilchengeschwindigkeit genau angepaßt sein. Wegen (46.7) $r = mv/(eB)$ wird nach jeder Beschleunigungsphase der Bahnradius r größer, und es entstehen Spiralbahnen. Die erforderliche hochfrequente Wechselspannung wird mit einem starken Kurzwellensender (S) erzeugt. Der wegen der zunehmenden Geschwindigkeit auf spiraliger Bahn laufende Strahl wird mit einer Hilfselektrode (H) durch das Fenster (F) nach außen gelenkt.

Auch alle anderen Geräte wie *Synchrozyklotron* (hier wird die relativistische Massenzunahme berücksichtigt), *Betatron* u. a. sind spezielle Anordnungen elektrischer und magnetischer Felder, die elektrisch geladene Teilchen in gewünschter Weise fast bis auf Lichtgeschwindigkeit beschleunigen.

52.6.3 Künstliche Radionuklide

Künstliche radioaktive Nuklide wurden erstmalig (1934) von dem französischen Forscherehepaar **Joliot-Curie** hergestellt. Sie brachten einen α-Strahler in ein Aluminiumgefäß und beobachteten, daß dieses nach dem Entfernen des Präparates weiterstrahlte. In dem Aluminium hatte sich **radioaktiver Phosphor** mit der Halbwertszeit $T_{1/2} = 2{,}55$ min gebildet, der eine bis dahin unbekannte Strahlung, die ß$^+$-**Strahlung** (**Positronenstrahlung**, s. 52.2.2) aussendet.

Das vollständige Reaktionsschema lautet somit

$$^{27}_{13}\text{Al}\,(\alpha, \text{n})\,^{30}_{15}\text{P}\,(\text{e}^+)\,^{30}_{14}\text{Si}.$$

Wie bereits in 52.2.2 dargestellt, zerfallen besonders künstlich hergestellte radioaktive Nuklide unter Aussendung von β$^+$- und β$^-$-Strahlung. Das Positron oder Antielektron hat die gleiche Masse und die gleiche Ladung (allerdings mit positivem Vorzeichen) wie das Elektron. Trifft bei Wechselwirkung mit stofflicher Materie das Positron mit einem Elektron zusammen, so vereinigt es sich mit diesem, wobei ihre Masse in Form zweier γ-Quanten als Energie abgestrahlt wird. Dieser Vorgang heißt **Zerstrahlung (Annihilation)**: $^{0}_{+1}\text{e} + {^{0}_{-1}\text{e}} \rightarrow 2\gamma$.

Beide Teilchen haben die Masse $m = A_r\,\text{u} = 2 \cdot 0{,}00055 \cdot 1{,}6606 \cdot 10^{-27}\,\text{kg} = 1{,}827 \cdot 10^{-30}\,\text{kg}$.

Die frei werdende Energie ist dann nach

$E = mc^2 = 1{,}827 \cdot 10^{-30}\,\text{kg} \cdot 9 \cdot 10^{16}\,\text{m}^2/\text{s}^2 = 1{,}644 \cdot 10^{-13}\,\text{J}$.

Eine Umrechnung in die in der Kernphysik übliche Einheit eV ergibt $E = 1{,}026$ MeV. Jedes γ-Quant hat somit die Energie $0{,}513$ MeV.

Bild 52.11. FREDERIC JOLIOT-CURIE (1900 bis 1958)

Künstliche Radionuklide werden auch häufig durch *Bestrahlung* stabiler Nuklide mit **freien Neutronen** im **Kernreaktor** (s. 55.5) erzeugt. Da für das Neutron der COULOMB-Wall nicht existiert (s. 52.5.4), wird es von Kernen leicht eingefangen. In den meisten Fällen entsteht dann ein β^-- oder β^+-strahlendes Nuklid.

> **Von jedem stabilen Nuklid läßt sich mindestens ein radioaktives Isotop herstellen. Meistens treten Austauschreaktionen (52.15) auf.**

So läßt sich z. B. durch Neutronenbestrahlung **radioaktiver Kohlenstoff** aus Stickstoff herstellen:

$$^{14}_{7}\text{N (n, p) } ^{14}_{6}\text{C}.$$

Dieser ist ein β^--Strahler und wandelt sich mit $T_{1/2} = 5760\,\text{a}$ wieder in das Ausgangsnuklid um:

$$^{14}_{6}\text{C} \rightarrow \,^{14}_{7}\text{N} + \,^{0}_{-1}\text{e} + \,^{0}_{0}\bar{\nu}.$$

Ein anderes Beispiel ist die Herstellung des in Technik und Medizin häufig verwendeten $^{60}_{27}\text{Co}$. Die vollständige Reaktion lautet hier in Kurzschreibweise

$$^{59}_{27}\text{Co (n, } \gamma\text{) } ^{60}_{27}\text{Co (e}^-\text{) } ^{60}_{28}\text{Ni}. \quad \text{Für } ^{60}_{27}\text{Co ist } T_{1/2} = 5{,}26\,\text{a}.$$

Auch die **Transurane** (s. 55.5) können nur durch entsprechend eingeleitete Kernreaktionen hergestellt werden. Oft werden als »Kerngeschosse« auch *größere* Ionen verwendet, die in Teilchenbeschleunigern auf die nötige kinetische Energie gebracht wurden. Damit gelang die Erzeugung von Elementen bis zur Ordnungszahl 109 (s. S. 563). Auch die zahlreichen neu entdeckten **Elementarteilchen** sind Produkte von Kernreaktionen.

53 Wechselwirkungen zwischen Kernstrahlung und Stoff

53.1 Schwächung von α-Strahlung

Die wichtigste Eigenschaft der Kernstrahlung ist ihr starkes **Ionisierungsvermögen**, welches sowohl bei dem Durchgang von Teilchenstrahlung als auch von Quanten durch stoffliche Materie auftritt. Bei *jeder Ionisierung* geben die Teilchen oder Quanten die *Ionisierungsenergie* ab und verlieren entsprechend an Energie. Auch bei *anderen* Wechselwirkungsprozessen treten Energieverluste der Strahlung auf, so daß die **Reichweite** aller Kernstrahlung *begrenzt* ist.

So bilden je nach ihrer Anfangsenergie die **α-Teilchen** beim Durchgang durch Luft auf 1 cm Bahnlänge je Teilchen zwischen 20000 und 40000 Ionen. Zur Bildung *eines* Ionenpaares sind in Luft etwa 32,5 eV nötig. Daher ist selbst in Luft die Reichweite der α-Strahlung auf *wenige* cm begrenzt (s. Bild 53.1).

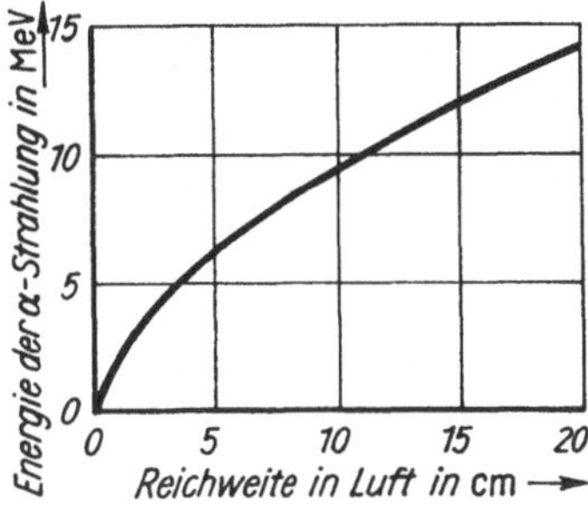

Bild 53.1. Reichweite von α-Strahlen in Luft

Da die Anfangsenergie des α-Teilchens für jeden Strahler charakteristisch ist, hat jeder α-Strahler auch eine charakteristische Reichweite. In festen Stoffen beträgt sie nur Bruchteile von Millimetern. Für eine Anfangsenergie von 5 MeV ist z. B. die Reichweite in Luft 37 mm, in Papier 0,05 mm, in Al 0,017 mm und in Pb 0,004 mm.

Von allen Strahlenarten haben die α-Strahlen die stärkste Wechselwirkung mit stofflicher Materie, sie rufen also bei Inkorporation die größten Strahlenschäden auf die Zellen des menschlichen Organismus hervor (wie auch schwere geladene Teilchen hoher Energie, s. 54.4).

53.2 Schwächung von β-Strahlung

Auch die β-Strahlung wird durch *Ionisation* des durchstrahlten Stoffes, aber auch durch *Streuung* und Erzeugung von *Röntgenbremsstrahlung* geschwächt.

Ist ψ_0 die **Energieflußdichte** (Strahlungsflußdichte)[1] der Strahlung vor dem Absorber, ψ die Energieflußdichte hinter dem Stoff der **Dicke** d, ergibt sich mit dem **linearen Schwächungskoeffizienten** μ

$$\boxed{\psi = \psi_0\, e^{-\mu d}}$$ **Schwächungsgesetz für β-Strahlung**   (53.1)

Die SI-Einheiten sind: $[\psi] = [\psi_0] = \text{W/m}^2$; $[d] = \text{m}$; $[\mu] = 1/\text{m}$.

Der lineare Schwächungskoeffizient μ hängt von der Energie der β-Teilchen und vom Material der absorbierenden Schicht ab. Bei den meisten Stoffen ist er zur Dichte ϱ proportional, so daß man den **Massenschwächungskoeffizienten** μ_m einführt (SI-Einheit ist m^2/kg):

$$\boxed{\mu_m = \frac{\mu}{\varrho}}$$ **Massenschwächungskoeffizient**   (53.2)

Diesen entnimmt man zweckmäßig für die vorliegende Teilchenenergie aus Bild 53.2 (Einheiten beachten!).

Wird der Exponent in (53.1) $\mu d = \dfrac{\mu}{\varrho}\, d\varrho = \mu_m d\varrho$ geschrieben, so ist $d\varrho = d\dfrac{m}{V} = d\dfrac{m}{dA}$ $= \dfrac{m}{A} = m_A$ die auf die Flächeneinheit bezogene Masse, **Flächenmasse** m_A genannt (SI-

---

[1] Die Energieflußdichte ψ wird häufig Intensität I genannt (s. S. 554).

Einheit kg/m^2). Das Schwächungsgesetz kann damit auch in der Form

$$\psi = \psi_0\, e^{-\mu_m m_A} = \psi_0\, e^{-\mu_m d\varrho} \tag{53.3}$$

geschrieben werden. Dadurch wird die Schwächung von β-Strahlung leicht abschätzbar:

Zwei verschiedene Stoffe schwächen die β-Strahlung nahezu gleich, wenn ihre Flächenmassen gleich sind.

Bei meßtechnischen Aufgaben können ψ und ψ_0 durch die gemessenen Impulsraten $\dot{N}$ und $\dot{N}_0$ hinter bzw. vor dem Absorber ersetzt werden.

Beispiel: Die registrierte Impulsrate eines $^{32}_{15}$P-Präparates ist in einem vorgegebenen Abstand 6500 ^{1}/min. Wie groß ist sie noch, wenn ein 1 mm dickes Al-Blech zwischen Präparat und Strahlendetektor (z. B. Zählrohr) ist? – Die Flächenmasse ist $m_A = \varrho d = 2,7$ g/cm$^3 \cdot 0,1$ cm $= 0,27$ g/cm^2 $= 270$ mg/cm^2. Die maximale Energie der β$^-$-Teilchen des P-Präparates ist 1,71 MeV, so ist nach Bild 53.2 $\mu_m = 0,008$ cm^2/mg. Damit wird $\dot{N} = 6500$ ^{1}/min $\cdot\, e^{-0,008 \cdot 270} = 750$ ^{1}/min.
Wäre das Al-Blech 3 mm stark, ist die Strahlung praktisch *vollständig* absorbiert. Die Rechnung liefert $\dot{N} = 10$ ^{1}/min.

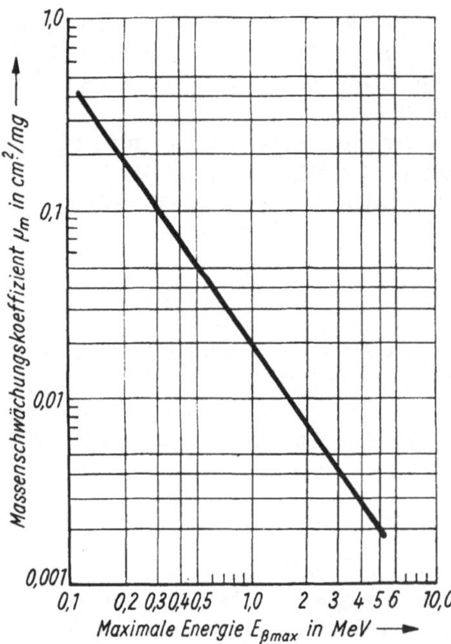

Bild 53.2. Massenschwächungskoeffizient für β-Strahlen

53.3 Schwächung von γ-Strahlung

Wie bei Licht die Beleuchtungsstärke E, so nimmt bei Röntgen- oder γ-Strahlung die Energieflußdichte ψ mit dem Quadrat des Abstandes r von der Strahlungsquelle ab. Bei Vernachlässigung der Luftabsorption gilt (s. auch 54.6) $\psi \sim \dfrac{\psi_0}{r^2}$, wobei die Strahlenquelle punktförmig gedacht sei. Von allen Strahlenarten wird die γ-Strahlung beim Durchgang durch stoffliche Materie am geringsten geschwächt (Ausnahme ist die Neutronenstrahlung, die ebenfalls für viele Stoffe sehr durchdringend ist).

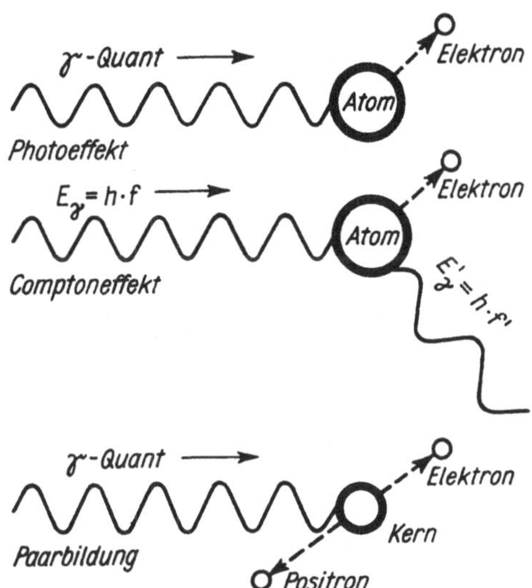

Bild 53.3. Vorgänge bei der Schwächung von γ-Strahlung

Die Schwächung von γ-Strahlung erfolgt vorwiegend nach folgenden *drei* Wechselwirkungen (Bild 53.3):

1. Fotoeffekt. Das γ-Quant ionisiert ein Atom des Stoffes, das herausgelöste Elektron erhält die Restenergie des Quants. Der Effekt tritt vorwiegend bei Quantenenergien $E_\gamma < 0,5$ MeV auf (seltener bis 2 MeV). Wegen der geringen Ablösearbeit wird fast die gesamte Quantenenergie auf das Elektron übertragen, welches seinerseits weitere Ionisationen hervorruft. Am wahrscheinlichsten ist der Fotoeffekt in der K- oder L-Schale.

2. Compton Effekt. Das Quant der Energie $E_\gamma = hf$ übergibt dem herausgelösten Elektron nur einen Teil seiner Energie und bewegt sich unter Richtungsänderung (Streuung) mit kleinerer Frequenz f' und somit kleinerer Energie $E_\gamma = hf'$ weiter. Dieser Effekt kann für $E_\gamma < 15$ MeV auftreten, meist jedoch im Energiebereich 0,2 bis 10 MeV.

3. Paarbildung: Aus dem γ-Quant entsteht im COULOMB-Feld des Kernes ein Elektron-Positron-Paar. Nach $E = mc^2$ muß dieses Quant mindestens die Energie 1,026 MeV haben. Die *Paarbildung* ist erst bei $E_\gamma > 5$ MeV häufiger anzutreffen. Der Energierest über 1,026 MeV wird als Bewegungsenergie auf das Teilchenpaar übertragen. Die *Paarbildung* ist die *Umkehrung* des in 52.6.3 behandelten *Zerstrahlungsvorganges*. Dort wurde auch die zu dem Teilchenpaar äquivalente Energie von 1,026 MeV errechnet. Auf der Grundlage dieser drei Effekte ergibt sich für die Schwächung der Strahlung das Exponentialgesetz

$$\boxed{\psi = \psi_0\, e^{-\mu d}} \qquad \textbf{Schwächungsgesetz für γ-Strahlung} \qquad (53.4)$$

Die Bedeutung der Formelzeichen ist wie bei (53.1). Der lineare Schwächungskoeffizient hängt von dem durchstrahlten Stoff und der Quantenenergie E_γ der Strahlung ab (Bild 53.4).

Die Gleichung (53.4) gilt streng nur für schmale Strahlenbündel. Durch Streustrahlung kann bei breitem Strahlenbündel oder -kegel die Strahlungsflußdichte hinter dem Absorber größer sein.

Bei der richtigen Bemessung von Strahlenschutzwänden muß diese Streustrahlung berücksichtigt werden.

Diejenige Schichtdicke, welche die Hälfte der auftreffenden Energieflußdichte absorbiert hat, ist die **Halbwertsdicke** $d_{1/2}$. Sie erhält man wie nach (52.6)

$$\boxed{d_{1/2} = \frac{\ln 2}{\mu}} \qquad \textbf{Halbwertsdicke und linearer Schwächungskoeffizient} \qquad (53.5)$$

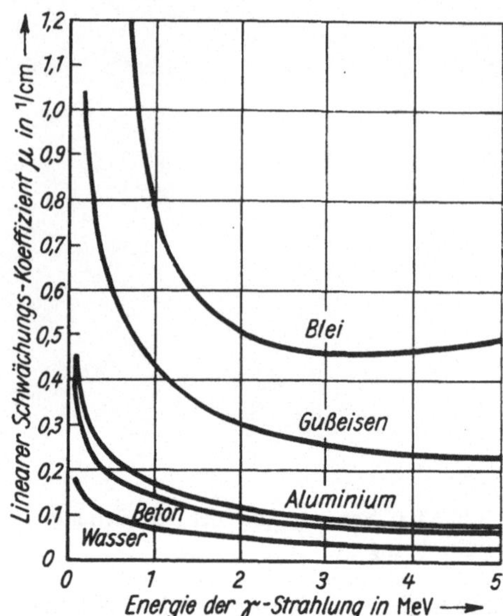

Bild 53.4. Linearer Schwächungskoeffizient für γ-Strahlen in verschiedenen Stoffen

Daraus und wegen (53.4) ergibt sich eine *andere Schreibweise* für das *Schwächungsgesetz* der γ-Strahlung, die sich besonders bei experimentell ermittelten Halbwertsdicken für Strahlungsgemische mehrerer Quantenenergien anbietet:

$$\boxed{\psi = \psi_0 \cdot 2^{-d/d_{1/2}}} \tag{53.6}$$

Der Quotient $\dfrac{\psi}{\psi_0} = k$ heißt Schwächungsfaktor:

$$\boxed{k = \frac{\psi}{\psi_0} = 2^{-d/d_{1/2}}} \qquad \textbf{Schwächungsfaktor} \tag{53.7}$$

Die Beziehungen (53.6) und (53.7) lassen sich *auch* für die Berechnung der Strahlenschwächung von **Neutronenstrahlung** nutzen, wenn die Halbwertsdicke des betreffenden Stoffes für die Neutronen bekannt ist.

Auch die Schwächung der **Röntgenstrahlung** kann durch die Gesetze (53.4) bis (53.7) erfaßt werden.

Die grafische Darstellung des Absorptionsgesetzes entspricht der des Zerfallsgesetzes (Bild 52.5). Die Energieflußdichte kann bei meßtechnischen Aufgaben durch die gemessenen Impulsraten $\dot N$ bzw. $\dot N_0$ ersetzt werden.

Beispiel: Wieviel Halbwertsdicken werden benötigt, um die γ-Strahlung auf den 20. Teil abzuschwächen? – Zur Schwächung auf den n-ten Teil $\psi = \dfrac{\psi_0}{n}$ ergibt (53.6) $\lg n = \dfrac{d}{d_{1/2}} \lg 2$; darin ist $\dfrac{d}{d_{1/2}} = z$ die Zahl der Halbwertsschichten, d. h., für $n = 20$ sind $z = \lg n/\lg 2 = \lg 20/\lg 2 = 4{,}3$ Halbwertsdicken erforderlich.

53.4 Nachweis der Kernstrahlung

Ein großer Teil der Methoden, Kernstrahlung nachzuweisen und zu messen, beruht auf der Eigenschaft der Strahlung, beim Durchgang durch einen Stoff **Ionen** zu bilden. In diesem Abschnitt können nur die wichtigsten Strahlendetektoren kurz beschrieben werden.

1. Ionisationskammern. In diesen wird die durch die Ionisierung eines Gases hervorgerufene elektrische Leitfähigkeit gemessen. Bilden sich die durch Kernstrahlung entstehenden Ionen zwischen den Platten eines Kondensators im elektrischen Feld (s. 45.1), so ergibt sich bei richtiger Wahl der Spannung eine Sättigungsstromstärke. Dieser ist die Anzahl der gebildeten Ionen proportional und liefert ein Maß für die Ionendosis (s. 54.3) der Strahlung, welche die Ionisationswirkung der Strahlung charakterisiert.

Es gibt zahlreiche Ausführungsformen für Ionisationskammern. Bild 53.5 zeigt das Prinzip des **γ-Strahlen-Elektroskops**.

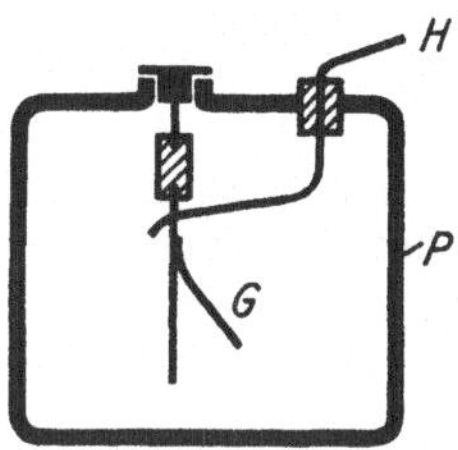

Bild 53.5. γ-Strahlen-Elektroskop

In einer Pb-Abschirmung P ist ein Goldblattelektroskop G, das über die Hilfselektrode H elektrisch geladen wird. Die Pb-Abschirmung hält α- und β-Strahlung zurück, läßt aber bei etwa 2 mm Dicke fast alle γ-Quanten durch. Außerdem werden im Blei Elektronen befreit, die das Füllgas ionisieren, wodurch sich das Elektrometer je nach Stärke der Strahlung mehr oder weniger schnell entlädt. Zur β-Strahlungsmessung muß die Kammer ein für diese Strahlung *durchlässiges* Fenster haben, während α-Strahler *direkt* in die Kammer gebracht werden müssen.

2. Auslöse-Zählrohr (GEIGER-MÜLLER-Zählrohr). Es enthält einen axialen Draht (Bild 53.7) in einer Argon-Alkoholdampf-Atmosphäre von etwa 130 hPa. Zwischen Draht und metallisierter Innenwand wird eine genügend hohe Spannung gelegt, so daß der Arbeitspunkt des Zählrohres auf dem Plateau P der **Zählrohrkennlinie** liegt (je nach Zählrohrart zwischen U_A = 300 bis 1500 V, Bild 53.8). Gelangt z. B. ein β-Teilchen ins Zählrohr und

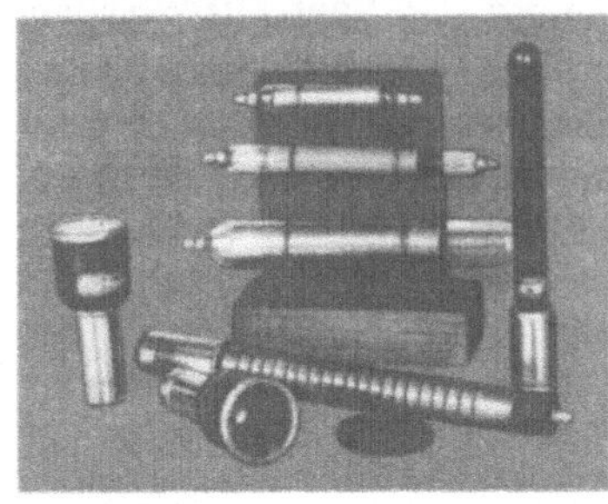

Bild 53.6. Einige GEIGER-MÜLLER-Zählrohre

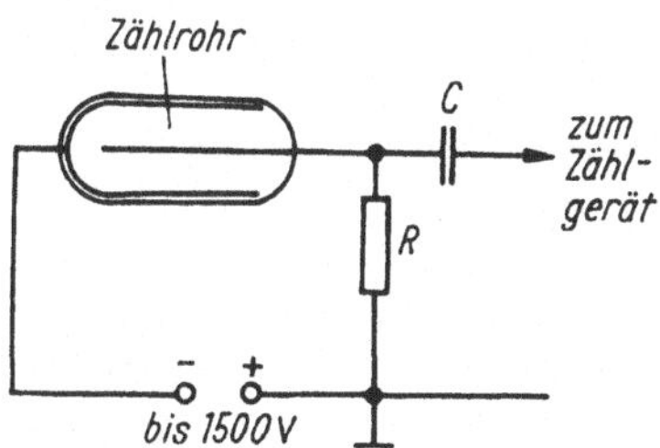

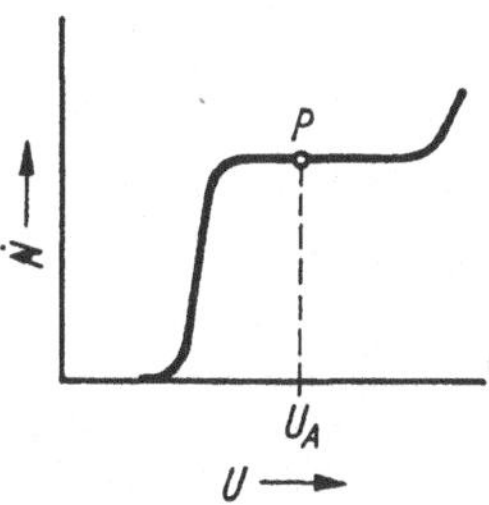

Bild 53.7. Wirkungsprinzip des Auslösezählrohrs

Bild 53.8. Zählrohrcharakteristik

ionisiert das Füllgas, bildet sich eine *kurzzeitige Entladung*, die am Widerstand R einen Spannungsimpuls hervorruft. Über den Kondensator C gelangt ein kurzer Impuls ins Zählgerät. Das Zählrohr ist sofort wieder zur Registrierung des nächsten Teilchens bereit.
Mit speziellen Zählrohren lassen sich auch α- und γ-Strahlen sowie Neutronen registrieren.

3. Wilsonsche Nebelkammer. Bewegen sich elektrisch geladene Teilchen durch eine mit Wasserdampf *übersättigte* Atmosphäre, entstehen *längs der Bahn* des Teilchens *feine Nebelstreifen* (Bild 52.9), die direkt beobachtet bzw. fotografiert werden können. Die von den

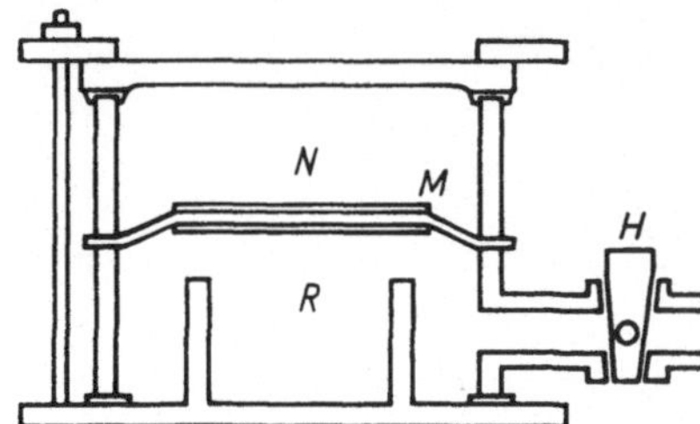

Bild 53.9. Einfache Nebelkammer. Raum R wird über den Hahn H mit einem evakuierten Gefäß verbunden. Dadurch wird die Membran M nach unten bewegt und expandiert die in N (eigentliche Kammer) enthaltene feuchte Luft.

geladenen Teilchen längs der Bahn gebildeten Ionen sind Kondensationskeime für den Wasserdampf. Die Übersättigung des Dampfes wird dadurch erreicht, daß in der Kammer sich bereits feuchte Luft befindet, die durch eine plötzliche isentrope Expansion abgekühlt wird, wodurch in der Kammer Übersättigung eintritt (Bild 53.9).

4. Szintillationszähler. Beim Szintillationszähler ist der Detektor ein fester, flüssiger oder auch gasförmiger Stoff, der beim Auftreffen von Strahlung zur Aussendung von Lichtquanten angeregt wird. Dieser Leuchtstoff wird Szintillator genannt. Es eignen sich z. B. ZnS-Schichten für α- und β-Strahlung sowie NaI/Tl-Einkristalle für den Nachweis von γ-Quanten. Je nach Leuchtstoff entstehen bei *Absorption* oder *Durchgang* eines energiereichen Teilchens oder Quants durch Photonen des sichtbaren oder ultravioletten Lichtes Lichtblitze zwischen 10^{-6} oder 10^{-8} s Dauer. Beim Auftreffen auf die **Fotokatode** eines **Sekundärelektronen-Vervielfachers (SEV)** wird an dessen Ausgang ein Spannungsimpuls erzeugt. Im SEV tritt eine Verstärkung in der Größenordnung 10^6 ... 10^7 auf. Die Wirkungsweise der Anordnung ist aus Bild 53.10 erkennbar. Die Höhe des Spannungsimpulses ist

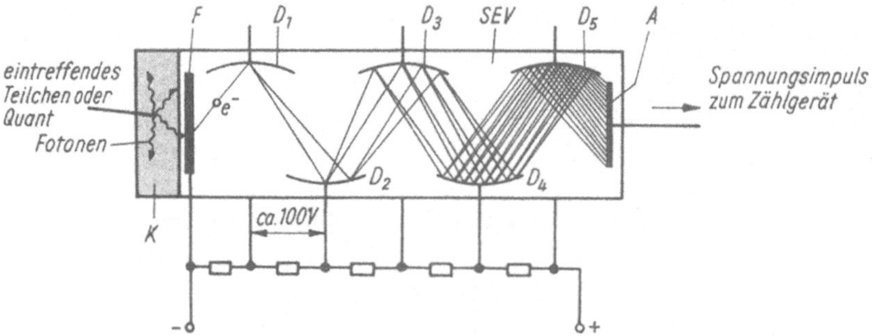

Bild 53.10. Prinzip des Szintillationszählers. D_1 bis D_5 Dynoden (Dynoden sind sekundär emittierende Katoden), K Szintillatorkristall, F Fotokatode

proportional der Zahl der Lichtquanten, die aus der Fotokatode Elektronen herauslösen und damit bei konstanter Geometrie der Meßanordnung auch proportional der Energie der Teilchen oder Quanten, die im Szintillator eintreffen. Geeignete elektronische Meßgeräte sind somit in der Lage, die Impulse nicht *nur* zu zählen und zu registrieren, sondern auch Energiespektren aufzunehmen.

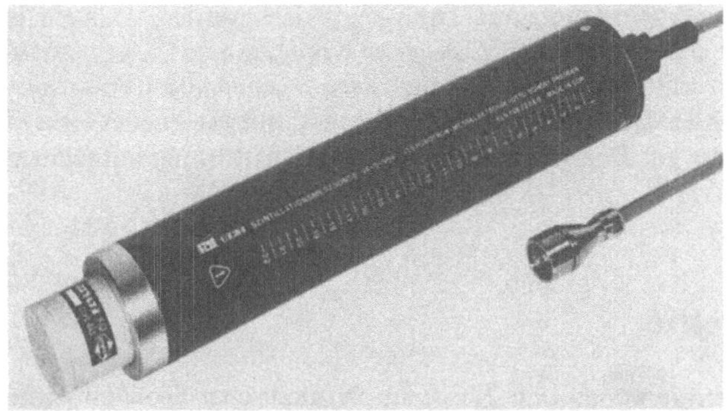

a)

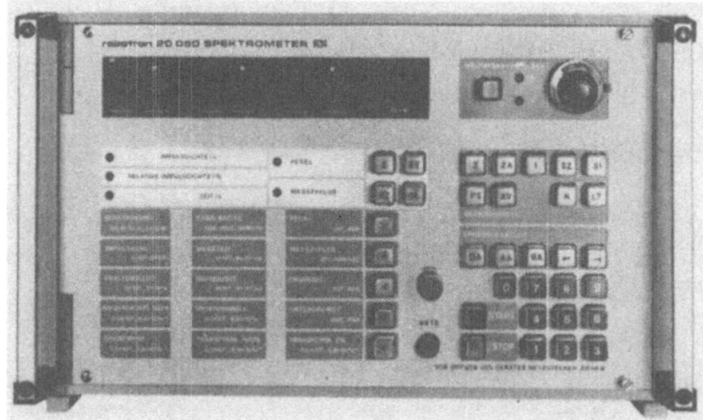

Bild 53.11. a) Szintillationsmeß-
sonde VA-S-968, b) Spektrometer 20050 mit Mikrorechner

5. Kernspurplatten. In den Fotoplatten mit besonders dicker lichtempfindlicher Schicht erzeugen energiereiche Teilchen (z. B. Elementarteilchen) eine Spur, die nach Entwicklung der Platte und entsprechender Vergrößerung (etwa 400fach) als Schwärzungsspur deutlich erkennbar ist (Bild 53.12). Einem Zentimeter Bahnlänge entspricht etwa 6 ... 7 μm in der Schicht. Mit Kernspurplatten konnten zahlreiche Entdeckungen auf dem Gebiet der Elementarteilchenphysik gemacht werden.

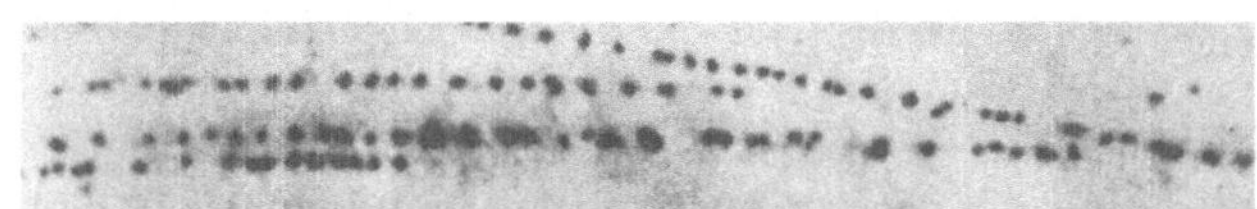

Bild 53.12. Deuteronenspur in der Schicht einer fotografischen Platte bei 600facher Vergrößerung

6. Halbleiterdetektoren. Diese Detektoren für Kernstrahlung sind vergleichbar mit Flächendioden großer Ausdehnung. Sie werden in *Sperrichtung* betrieben und sind so lange nichtleitend, bis ein energiereiches Teilchen durch Ionisation in der Sperrschicht Elektronen-Defektelektronenpaare erzeugt (Bild 53.13). Die Sperrung wird *kurzzeitig* aufgehoben, der

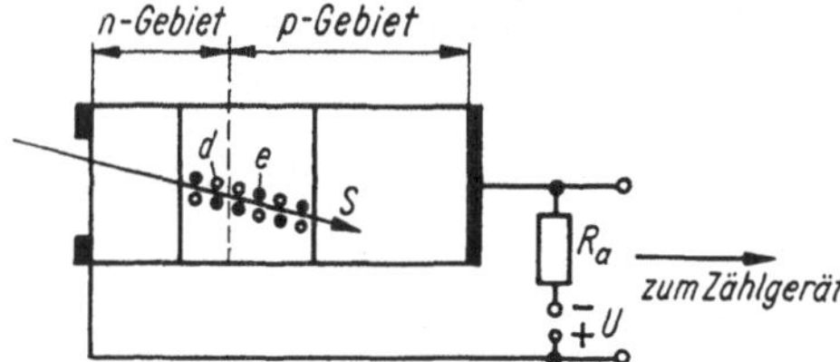

Bild 53.13. Prinzip des Halbleiterdetektors. Entlang der Spur des Teilchens oder Quants entstehen in der Feldzone (pn-Übergang) Elektronen e und Defektelektronen d, die einen Spannungsabfall am Arbeitswiderstand R_a hervorrufen.

entstehende Spannungsimpuls am Arbeitswiderstand kann registriert werden. Danach ist der Detektor *sofort* wieder arbeitsbereit. Die zur *Erzeugung* von Ladungsträgern nötige *Energie* ist beim Halbleiterdetektor mit etwa 3 eV wesentlich *kleiner* als bei der Ionisationskammer und beim Szintillationszähler. Die Ausbeute ist größer, und mit geeigneten elektronischen Meßgeräten lassen sich sehr gut Energiespektren mit hoher Auflösung aufnehmen.

54 Grundlagen der Dosimetrie

In der **Dosimetrie** werden die Definitionen und die Messung physikalischer Größen bei der **Energieübertragung von Strahlung auf stoffliche Materie** beschrieben. Die Aktivität (s. 52.2.5) und die Masse einer strahlenden Substanz sagen noch nichts über die Wirkung der Strahlung aus, so daß eine Reihe weiterer Größen nötig wird.

54.1 Energieflußdichte (Strahlungsflußdichte)

Ist E_i die Energie eines Teilchens oder Quants einer Art und treffen N Teilchen in der Zeit t senkrecht auf eine Fläche A, so ist die Energieflußdichte ψ der Quotient aus der von den Teilchen übertragenen Leistung NE_i/t und dieser Fläche:

$$\boxed{\psi = \frac{NE_i}{tA}} \qquad \textbf{Energieflußdichte}[1]) \qquad\qquad (54.1)$$

Für die Einheit der Energieflußdichte ergibt sich: $[\psi] = \text{W/m}^2$.

54.2 Kerma, Kermaleistung, Energiedosis und Energiedosisleistung

Im Interesse der *Biologie* und der *Medizin* muß die durch einen *Körper* bei Absorption von Strahlung *aufgenommene Energie* betrachtet werden, da diese **chemisch-biologische Reaktionen** hervorruft.
Indirekt ionisierende Strahlungen (ungeladene Partikel, z. B. Photonen der γ- und Röntgenstrahlung, Neutronenstrahlung) erzeugen im Körper *zunächst* direkt ionisierende Strahlungen (geladene Sekundärstrahlung, Elektronen, Ionen usw.).
Bezeichnet man die Summe der Anfangsenergien aller geladenen *Sekundärteilchen*, die von *indirekt* ionisierender Strahlung in einem Körper der Masse m erzeugt werden, mit E_K, so wird der Quotient aus E_K und der Masse m **Kerma** K und der Quotient aus K und der Zeit t **Kermaleistung (Kermarate)** $\dot{K}$ genannt:

$$\boxed{K = \frac{E_K}{m}} \qquad \boxed{\dot{K} = \frac{K}{t}} \qquad \textbf{Kerma und Kermaleistung} \qquad (54.2)$$

Ist die auf die Masse m durch **direkt ionisierende Strahlung** übertragene Energie E_D, so nennt

---

[1]) $\Phi = N/A$ heißt Fluenz, $[\Phi] = {}^1/\text{m}^2$; $\varphi = N/t$ ist die Teilchenflußdichte, $[\varphi] = {}^1/\text{s}$; und $\Psi = NE_i/A$ heißt Energiefluenz, $[\Psi] = \text{J/m}^2$. Die Energieflußdichte wird noch als Intensität I bezeichnet.

man den Quotienten aus E_D und m **Energiedosis** D, und die auf die Zeit t bezogene Energiedosis heißt **Energiedosisleistung (Energiedosisrate)** $\dot{D}$:

$$D = \frac{E_D}{m} \qquad \dot{D} = \frac{D}{t} \qquad \text{Energiedosis und Energiedosisleistung} \qquad (54.3)$$

Die SI-Einheiten der beschriebenen Größen sind: $[K] = [D] = \text{J/kg} = \text{Gy}$ (Gray)[1]); $[\dot{K}] = [\dot{D}] = \text{W/kg} = \text{Gy/s}$.
Unter bestimmten *Bedingungen*, z. B. in einem räumlich gleichmäßig verteilten Strahlungsfeld indirekt ionisierender Strahlung, kann mit ausreichender Genauigkeit $K = D$ gesetzt werden.

54.3 Ionendosis (Exposition) und Ionendosisleistung (Expositionsleistung)

Energiedosis oder Energiedosisleistung sind aufwendig und in *biologischem Gewebe* praktisch *nicht* meßbar. Da jedoch die Ionisationsenergie in Gasen dem Energieverlust geladener Teilchen proportional ist, kann man die durch Röntgen- oder γ-Strahlung in der entsprechenden Luftmasse m gebildeten Ladungen Q eines Vorzeichens messen und dann auf die Energiedosis schließen. Der Quotient aus der Ladung Q eines Vorzeichens und der Luftmasse m ist die **Ionendosis** J. Wird die Ionendosis auf die Zeit t bezogen, entsteht die **Ionendosisleistung** $\dot{J}$:

$$J = \frac{Q}{m} \qquad \dot{J} = \frac{J}{t} \qquad \text{Ionendosis und Ionendosisleistung} \qquad (54.4)$$

Als SI-Einheiten ergeben sich[1]): $[J] = \text{C/kg}$; $[\dot{J}] = \text{A/kg}$.
Ionendosis und Ionendosisleistung können mit speziellen Ionisationskammern bzw. mit geeichten Strahlungsdetektoren in Verbindung mit elektronischen Geräten gemessen werden.
Da in *verschiedenen* Stoffen wegen der *unterschiedlichen* Ionisierungsarbeit die Ionisation eines Atoms nicht immer die gleiche Energie benötigt, ist eine »Umrechnung« von Ionendosis in Energiedosis nicht nur vom Stoff, sondern auch von der Energie der Röntgen- oder γ-Quanten abhängig. Setzt man

$$D = fJ \qquad \text{Energie- und Ionendosis} \qquad (54.5)$$

ergibt sich für Quanten mit der Energie 0,01 ... 2 MeV für das **Ionisationsäquivalent** f als Richtwerte:

Luft (Normalbedingungen) $f \approx \ \ 34\ \text{Gy/(C/kg)}$
Wasser und weiches tierisches Gewebe $f \approx \ \ 40\ \text{Gy/(C/kg)}$
Knochen $f \approx 150\ \text{Gy/(C/kg)}$.

54.4 Äquivalentdosis (Bewertete Dosis)

Die **biologische Wirksamkeit** der Strahlung auf Lebewesen und insbesondere auf Menschen hängt noch von der **Art der Strahlung** und ihrer **Energie** ab. Deshalb hat man die **Äquivalentdosis** D_q eingeführt, die eine γ-Strahlung von etwa 1 MeV haben müßte, um dieselbe Wir-

---

[1]) SI-fremde Einheiten: Rad (rd), $1\ \text{rd} = 0{,}01\ \text{Gy}$; Röntgen (R), $1\ \text{R} = 2{,}58 \cdot 10^{-4}\ \text{C/kg}$, $1\ \text{R/h} = 7{,}17 \cdot 10^{-7}\ \text{A/kg}$

kung hervorzurufen wie die vorliegende Strahlung. Diese **Äquivalentdosis** wird als Produkt der **Energiedosis** D und einem **Bewertungsfaktor** q dargestellt:

$$\boxed{D_q = qD} \qquad \text{**Äquivalentdosis**} \tag{54.6}$$

Die Größe des Bewertungsfaktors ist:

$q \approx 1$ für γ- und Röntgenstrahlung sowie β-Strahlung
$q \approx 3 \dots 5$ für thermische (langsame) Neutronen
$q \approx 10$ für α-Strahlung, Protonen und schnelle Neutronen
$q \approx 10 \dots 20$ für schwere geladene Teilchen hoher Energie.

Obwohl die SI-Einheit der Äquivalentdosis wie die der Energiedosis J/kg = Gy ist, wird **für die Äquivalentdosis die Einheit Sievert** (Sv) verwendet,[1] so daß obige Gleichung besser als zugeschnittene Größengleichung geschrieben wird:

$$\boxed{D_q/\text{Sv} = qD/\text{Gy}} \qquad \text{**Äquivalentdosis**}$$

Die **Äquivalentdosisleistung** $\dot{D}_q = D_q/t$ wird dann in der Einheit W/kg oder besser in Sv/s angegeben: $[\dot{D}_q]$ = Sv/s.

54.5 Strahlenschutzmaßnahmen

Wegen der **Gefährlichkeit der Kernstrahlung** für den Menschen wurden *maximal zulässige* Äquivalentdosen gesetzlich festgelegt. Als *untere* Gefährdungsgrenze gilt eine einmalige Bestrahlung von 0,25 Sv, als absolut *tödlich* wirken 6 bis 8 Sv.
Es wird angestrebt, bei *ständiger* Arbeit mit Radionukliden die Äquivalentdosisleistung unter $2,8 \cdot 10^{-5}$ Sv/h $\approx 0,008$ µW/kg einzuhalten. Weitere zulässige Werte sind der folgenden Tabelle zu entnehmen.

Zu lässige Äquivalentdosis $D_{q\,max}$

Zeitraum	Körperteil	Strahlungs-gefährdete Arbeitsplätze $D_{q\,max}$ in Sv	Bevölkerung, allgemein $D_{q\,max}$ in Sv
3 Monate	ganzer Körper	0,03[2]	–
	weiches Körpergewebe	0,08	–
	Hände, Füße	0,4	–
1 Jahr	ganzer Körper	0,05	0,005
	weiches Körpergewebe	0,15	0,015
	Hände, Füße	0,75	0,03

Bei mittlerer Lebenserwartung empfängt der Mensch durch Höhenstrahlung im Laufe seines ganzen Lebens etwa 0,1 Sv.

---

[1] Für $q = 1$ ist 1 Sv = 1 Gy = J/kg; SI-fremde Einheit ist 1 rem = 10^{-2} Sv.
[2] Bei Annahme von 30 h Arbeitszeit je Woche am strahlungsgefährdeten Arbeitsplatz ist dies eine zulässige Äquivalentdosisleistung von $8,3 \cdot 10^{-5}$ Sv/h ($\approx 0,02$ µW/kg).

Beim Umgang mit Kernstrahlung sind die **Sicherheitsvorschriften** unbedingt einzuhalten. Hervorzuheben sind folgende Maßnahmen:

- niemals direkte Berührung mit radioaktivem Material,
- nur so lange wie nötig im Strahlenbereich bleiben,
- möglichst großen Abstand von der Strahlungsquelle halten [$\dot{J} \sim 1/r^2$, s. (54.7)],
- Strahlenquelle hinter Strahlenschutzwänden halten,
- Strahlenquelle verschlossen im Strahlenschutzbehälter aufbewahren,
- bei Umgang mit offenen Präparaten Inkorporation vermeiden,
- radioaktive Abfälle sicher beseitigen.

54.6 Zusammenhang zwischen Ionendosisleistung sowie Äquivalentdosisleistung und Aktivität bei punktförmiger Strahlenquelle

Die Ionendosisleistung $\dot{J}$ einer γ-Strahlenquelle ist bei Vernachlässigung der Luftabsorption proportional der Aktivität A der Strahlenquelle und indirekt proportional dem Quadrat des Abstandes r von der Quelle:

$$\boxed{\dot{J} = \Gamma \frac{A}{r^2}} \qquad \text{**Entfernungsgesetz bei Vernachlässigung der Luftabsorption**} \qquad (54.7)$$

Der Proportionalitätsfaktor Γ ist die **spezifische Gammastrahlenkonstante** und ist vom Nuklid abhängig. Einige Werte sind in folgender Tabelle enthalten:

Spezifische Gammastrahlenkonstante einiger Nuklide

Nuklid	Massenzahl	Γ in aC m^2/kg
Na	22	2,53
Fe	59	1,26
Co	60	2,56
Cs	134	1,72
Ir	192	1,06
Ra	226	1,61

Befindet sich zwischen Meßstelle und dem Strahler eine Schicht mit dem Schwächungsfaktor k (53.7) und interessiert bei bekannter Strahlenart die **Äquivalentdosisleistung** an der betreffenden Stelle, so gilt

$$\boxed{\dot{D}_{\mathrm{q}} = qfk\Gamma \frac{A}{r^2}} \qquad \text{**Äquivalentdosisleistung**} \qquad (54.8)$$

Beispiel: Welche Äquivalentdosis erzeugt eine punktförmige Strahlenquelle $^{60}_{27}$Co von 1,85 GBq in 0,5 m Abstand bei 8 h Einwirkung? Wie groß ist die Äquivalentdosis, wenn die Strahlenquelle in einem Bleibehälter von 3 cm Wandstärke ist ($\mu \approx 0,6$ ^{1}/cm)? – In 0,5 m Abstand macht sich im wesentlichen die γ-Strahlung des Co bemerkbar, also ist $q = 1$, $f \approx 34$ Gy/(C/kg) sowie $\Gamma = 2,56$ aC m^2/kg. *Ohne* Behälter ist $D_{\mathrm{q}0} = qf\Gamma At/r^2$.

$$D_{\mathrm{q}0} = 1 \cdot 34 \frac{\mathrm{Gy}}{\mathrm{C/kg}} \cdot 2,56 \cdot 10^{-18} \frac{\mathrm{C\,m^2}}{\mathrm{kg}} \frac{1,85 \cdot 10^9 \,\mathrm{Bq}}{0,25 \,\mathrm{m^2}} \cdot 8 \cdot 3600 \,\mathrm{s},$$

$$D_{\mathrm{q}0} = 1,85 \cdot 10^{-2} \,\mathrm{Gy} = 1,85 \cdot 10^{-2} \,\mathrm{Sv}.$$

Mit Bleibehälter ist $D_{\mathrm{q}} = kD_{\mathrm{q}0} = D_{\mathrm{q}0}\, e^{-\mu s} = e^{-0,6 \cdot 3} \cdot 1,85 \cdot 10^{-2} \,\mathrm{Sv} = 3,06 \cdot 10^{-3} \,\mathrm{Sv}.$

55 Gewinnung von Kernenergie

55.1 Vorgang der Kernspaltung

O. HAHN und F. STRASSMANN entdeckten 1938, daß bei Bestrahlung von $^{235}_{92}U$ mit thermischen (langsamen) Neutronen zwei Isotope der Elemente Ba ($Z = 56$) und Krypton ($Z = 36$) entstanden.

Der U-235-Kern war in zwei Teile gespalten worden. Das $^{238}_{92}U$ war nicht spaltbar.

Bald wurden noch andere Spaltprodukte des $^{235}_{92}U$ gefunden. Die Spaltprodukte waren β^--aktiv, und bei jeder Spaltung wurden 2 bis 3 weitere Neutronen frei. Außerdem wurde bei **jeder** Spaltung **Energie freigesetzt.**

Von den zahlreichen Spaltprozessen seien hier drei Beispiele genannt:

$$^{235}_{92}U + ^{1}_{0}n \rightarrow ^{145}_{56}Ba + ^{88}_{36}Kr + 3\,^{1}_{0}n$$

$$^{235}_{92}U + ^{1}_{0}n \rightarrow ^{140}_{55}Cs + ^{84}_{37}Rb + 2\,^{1}_{0}n$$

$$^{235}_{92}U + ^{1}_{0}n \rightarrow ^{94}_{40}Zr + ^{140}_{58}Ce + 2\,^{1}_{0}n + 6\,^{0}_{-1}e.$$

55.2 Kernspaltungsenergie

Die bei der Kernspaltung frei werdende Energie folgt aus dem Verlauf der Bindungsenergie je Nukleon (Bild 52.7). Diese ist bei einem Kern der Massenzahl 235 deutlich niedriger als bei Kernen um die Massenzahl 100. Die Energiedifferenz muß dann beim Zerfall des großen Kernes in zwei kleinere frei werden. Die Berechnung dieser Energie erfolgt aus dem Massendefekt.

Der **relative Massendefekt** (52.12) ist die *Differenz* aus der Summe der relativen Atommassen *vor* und *nach* der Spaltung:

$B_r = A_{rU} + A_{rn} - (A_{rCe} + A_{rZr} + 2A_{rn})$; (s. Beispiel 3 in 55.1)

$B_r = 235{,}04232 + 1{,}00860 - (189{,}9044 + 93{,}906 + 2 \cdot 1{,}00860) = 0{,}224.$

Es konnte festgestellt werden, daß bei jeder Spaltung eines Kernes $^{235}_{92}U$ im Mittel ein relativer Massendefekt von $B_r \approx 0{,}22$ entsteht. Der Massendefekt ist dann nach (52.13) $B = B_r\,u \approx 0{,}22\,u$. Er wird nach der EINSTEINschen Masse-Energie-Beziehung (52.14) in Energie umgewandelt:

$$E = B_r\,u\,c^2 \approx 0{,}22 \cdot 1{,}66 \cdot 10^{-27}\ \mathrm{kg} \cdot 9 \cdot 10^{16}\ \mathrm{m^2/s^2} \approx 3{,}3 \cdot 10^{-11}\ \mathrm{J} \approx 200\ \mathrm{MeV.}\ [1]$$

Bei jeder Kernspaltung wird im Mittel eine Energie von 200 MeV freigesetzt. Bei der vollständigen Spaltung von 1 kg $^{235}_{92}U$ ergäbe dies die Energie von rund $8{,}5 \cdot 10^{13}$ J, das sind über 20 GWh.

Beispiel: Welche Energie wird freigesetzt, wenn 10 % von 1 kg $^{235}_{92}U$ gespalten werden? – Die Zahl N der Atome in der Masse m ist $N = mN_A/M$ und damit der Massendefekt $B = N \cdot 0{,}22\,u = mN_A \cdot 0{,}22\,u/M = mN_A \cdot 200\ \mathrm{MeV}/M = 0{,}1\ \mathrm{kg} \cdot 6 \cdot 10^{23}\ \mathrm{1/mol} \cdot 200\ \mathrm{MeV}/(0{,}235\ \mathrm{kg/mol}) = 5{,}1 \cdot 10^{25}\ \mathrm{MeV} = 8{,}2\ \mathrm{TJ} \approx 2{,}2\ \mathrm{GWh}$ (s. o.).

---

[1]) Ungefähre Energieverteilung der bei der Spaltung frei werdenden Energie:

kinetische Energie der Spaltprodukte	168 MeV
kinetische Energie der Neutronen	5 MeV
Energie der γ-Quanten	5 MeV
Energie der α- und β-Strahlung der Spaltprodukte	13 MeV
Energie der Neutrinos (diese wurden in den Reaktionen der Spaltungen nicht mitgeschrieben)	9 MeV

55.3 Wechselwirkung von Neutronen mit Kernen

Der Verlauf von Kernreaktionen hängt von der Art und Energie der »Geschoßteilchen« (in diesem Fall der Neutronen) und vom Targetmaterial ab. Für die **Wahrscheinlichkeit des Eintreffens** einer Kernreaktion ist der **Wirkungsquerschnitt** von Bedeutung. Dies ist der Querschnitt des Raumes um einen Kern, in dem ein Teilchen oder Quant eine Reaktion *auslösen* kann. Der Wirkungsquerschnitt σ ist für den umzuwandelnden Stoff, aber auch für die ankommenden Teilchen charakteristisch.

Ist N die Zahl der im Volumen V enthaltenen Atome, z die Anzahl der auftreffenden Teilchen und Δz die Teilchenzahl, die in der Schichtdicke Δx Reaktionen auslöst, so gilt

$$\boxed{\sigma = \frac{V\,\Delta z}{z\,N\,\Delta x}} \qquad \textbf{Wirkungsquerschnitt} \tag{55.1}$$

Die SI-Einheit ist die Flächeneinheit m², wegen der geringen Fläche wird $fm^2 = 10^{-30}\,m^2$ verwendet.[1]

Es ist zu beachten, daß der **Wirkungsquerschnitt** *nicht* identisch mit dem **geometrischen Querschnitt** ist. So ist z. B. bei Cd der geometrische Querschnitt etwa 150 fm², der Einfangquerschnitt für thermische Neutronen ist aber 1700mal größer, nämlich $255 \cdot 10^3$ fm².

Die Neutronen werden wegen ihrer fehlenden Ladung besonders häufig als Kerngeschosse benutzt (s. 52.6.3). Sie werden eingeteilt in:

1. Schnelle Neutronen mit $E = (0,5 \dots 10)$ MeV (derartige Neutronen werden überwiegend bei der Kernspaltung frei),
2. Mittelschnelle Neutronen mit $E = (0 \dots 500)$ keV,
3. Langsame Neutronen mit $E = (0 \dots 1)$ keV; unter diesen sind die **thermischen Neutronen** mit $E \approx 0,025$ eV von Bedeutung, da sie die Kernspaltung auslösen (diese Energie entspricht der der Gasmoleküle bei Zimmertemperatur).

Neutronen können mit Kernen im wesentlichen **drei Wechselwirkungen** auslösen:

1. Neutroneneinfang. Das ist die Absorption durch den Kern ohne nachfolgende Spaltung, jedoch mit einer Kernreaktion verbunden (s. 52.6.3).
2. Neutronenstreuung. Darunter versteht man einen elastischen Stoß mit anschließender Richtungsänderung und u. U. starkem Energieverlust des stoßenden Neutrons (tritt besonders bei leichten Kernen mit großen Streuquerschnitten auf, s. Tabelle).

Wirkungsquerschnitte einiger Elemente für thermische Neutronen in fm²

	Einfang-querschnitte	Streu-querschnitte		Einfang-querschnitte	Streu-querschnitte	Spalt-
	σ_a	σ_s		σ_a	σ_s	σ_f
Wasserstoff (H)	33	2000 bis 8000	Eisen (Fe)	260	1100	
Deuterium (D)	0,046	1530	Cadmium (Cd)	255000	650	
Beryllium (Be)	1,0	690	Gadolinium (Gd)	4600000		
Bor (B)	75500	380	Blei (Pb)	17	830	
Kohlenstoff (C)	0,33	480	Uran 235	10800	820	59000
Sauerstoff (O)	<0,02	420	Uran 238	280	820	0
Aluminium (Al)	24	135	Uran, natürlich	350	820	392

[1] SI-fremde Einheit: Barn: $1\,b = 100\,fm^2 = 10^{-28}\,m^2$

3. Spaltung (s. 55.1). Besonders große Kerne (U 233, U 235, Pu 239 u. a.) werden durch thermische Neutronen gespalten.

Aus den Wirkungsquerschnitten für thermische Neutronen der Tabelle auf S. 559 ist zu erkennen, welche der drei Wechselwirkungen bei den einzelnen Stoffen am wahrscheinlichsten ist.

55.4 Kettenreaktionen

Bereits ein halbes Jahr nach Entdeckung der Kernspaltung erkannte FLÜGGE, daß man die bei *jeder* Kernspaltung frei werdenden 2 bis 3 Neutronen zu *weiteren Spaltungen* nutzen kann. Es tritt eine **Kettenreaktion** ein. Bedingung für derartige Reaktionen ist das Vorhandensein einer bestimmten Mindestmasse des spaltbaren Materials **(kritische Masse)**. Außerdem muß dafür gesorgt werden, daß die Neutronen *nicht* von Fremdstoffen absorbiert werden.

Bei der **ungesteuerten Kettenreaktion** (Bild 55.1) wächst die Anzahl der Spaltungen **lawinenartig**. Ist N_{n+1} die Zahl der absorbierten Neutronen der $(n + 1)$-ten »Generation«, die eine

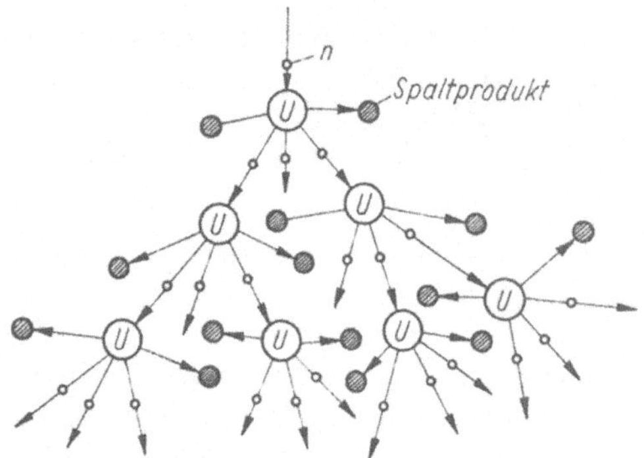

Bild 55.1. Schema einer ungesteuerten Kettenreaktion

Spaltung verursachen, N_n die der n-ten Generation, so ist der **Multiplikationsfaktor (Vermehrungsfaktor)** k der Quotient aus beiden Zahlen.

$$\boxed{k = \frac{N_{n+1}}{N_n}} \qquad \textbf{Multiplikationsfaktor} \qquad\qquad (55.2)$$

Bedingung für die ungesteuerte Kettenreaktion ist $k > 1$.

Aus dem Beispiel des Abschnittes 55.2 wird die bei der ungesteuerten Kettenreaktion plötzlich frei werdende gewaltige Energie erkannt. Darauf beruht das Prinzip der **Kernspaltungswaffe**: Mehrere unterkritische Massen werden zur überkritischen Masse vereinigt. In der Natur immer vorhandene Neutronen lösen somit **detonationsartig** die Kettenreaktion aus. Wegen $k > 1$ steigt in kürzester Zeit (weniger als 1 min) die Energiefreisetzung *exponentiell* an. Zur friedlichen Nutzung der Kernspaltungsenergie dient die **gesteuerte Kettenreaktion**. Da niemals reines $^{235}_{92}\mathrm{U}$ vorliegt, sondern dieses mit $^{238}_{92}\mathrm{U}$ (nicht spaltbar!) vermischt ist, muß wegen des großen Wirkungsquerschnittes des $^{238}_{92}\mathrm{U}$ für schnelle Neutronen durch einen Moderator (Bremssubstanz) dafür gesorgt werden, daß diese so schnell wie möglich auf thermische Neutronen abgebremst werden (s. Neutronenstreuung in 55.3). Gleiches trifft auch bei Verwendung des in **Brutreaktoren** aus $^{238}_{92}\mathrm{U}$ erzeugten und für die Spaltung verwendbaren $^{239}_{94}\mathrm{Pu}$ (Plutonium) zu.

Der **Kernbrennstoff** (angereichertes Uran, Plutonium) wird in Stäben (aber auch in Blechen oder Kugeln) in den **Moderator** eingebettet oder von diesem umspült. Als Moderatorsubstanz eignen sich Stoffe geringer relativer Atommasse, die einen großen Streu- und zugleich geringen Einfangquerschnitt haben (z. B. H_2O; D_2O; C).

Steuerstäbe im Kern der Anlage dienen dazu, den Multiplikationsfaktor *k* beim »Hochfahren« (Erhöhung der Leistung) etwas größer 1, bei *konstanter* Reaktorleistung *genau gleich* 1 und beim Abschalten (z. B. bei Gefahrensituation) kleiner 1 zu machen und damit die Kettenreaktion zu stoppen. Hierzu eignen sich Stoffe mit besonders großem Einfangquerschnitt, z. B. Borstahl oder Cd (Bild 55.2). Eine mechanische Regelung ist deshalb möglich und sicher genug, da die Spaltneutronen verzögert freigesetzt werden (ein geringer Prozentsatz bis zu 10 s).

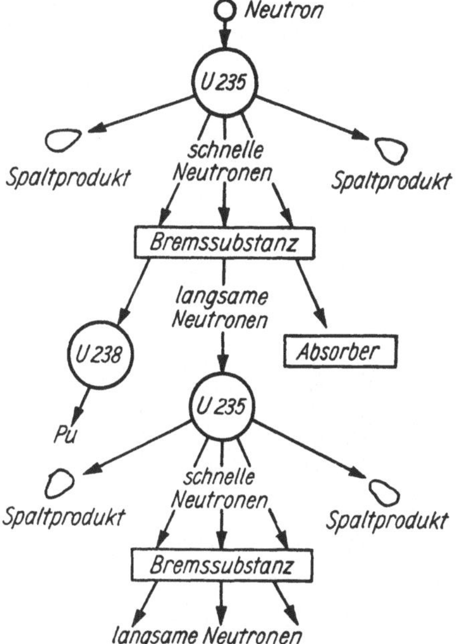

Bild 55.2. Schema einer gesteuerten Kettenreaktion

Da die Kernspaltungsenergie zunächst vorwiegend als kinetische Energie der Spaltprodukte vorliegt (s. 55.2), entsteht durch Zusammenstöße mit Atomen der Umgebung Wärmeenergie, die durch ein geeignetes **Kühlmittel** (Wasser, flüssiges Metall, Gas) abgeführt werden muß.

55.5 Kernreaktor und Kernkraftwerk

Die **technische Nutzung** der eben beschriebenen **gesteuerten Kettenreaktion** geschieht in **Kernreaktoren,** die in verschiedensten Typen und Bauarten als **Forschungsreaktoren** und **Leistungsreaktoren (Kernkraftwerke)** vorliegen.

Wegen ungünstiger technologischer Eigenschaften wird reines Uranmetall als Spaltstoff kaum noch verwendet. An seine Stelle ist Uranoxid (UO_2) getreten. Es ist hitze- und formbeständig und wird mehr oder weniger stark mit dem Isotop U 235 angereichert. Die gebildete Reaktionswärme wird in den mit Graphit moderierten Reaktoren durch CO_2- oder He-Gas abgeführt. Bei einem Wasser-Wasser-Reaktor erfüllt das zwischen den Brennelementen zirkulierende Wasser als Moderator und Wärmeübertrager eine Doppelfunktion.

Die Steuerung aller Reaktoren erfolgt innerhalb gewisser Grenzen selbsttätig, indem bei ansteigender Temperatur sich der Einfangquerschnitt des U 238 vergrößert und die Reaktion drosselt. Zugleich verliert auch das Wasser mit steigender Temperatur seine moderierenden

Eigenschaften. Die erwähnten Steuerstäbe werden daher nur zur Grobregulierung und zum Abschalten der Anlage betätigt.

Im **Kernkraftwerk** dient ein großer Reaktor dazu, ein in einem 1. Kreislauf zirkulierendes, wärmeübertragendes Medium (Wasser oder gasförmiges CO_2) zu erhitzen. Dieses gibt in Wärmeaustauschern die Wärme an einen 2. Kreislauf ab, in dem hochgespannter Dampf erzeugt wird. Dieser betreibt dann Turbogeneratoren üblicher Bauart. Im **Siedewasserreaktor** wird der benötigte Dampf unmittelbar im Reaktor erzeugt, während im **Druckwasserreaktor** die Dampfbildung im Reaktor unterbleibt und erst im Wärmeaustauscher stattfindet (Bild 55.3).

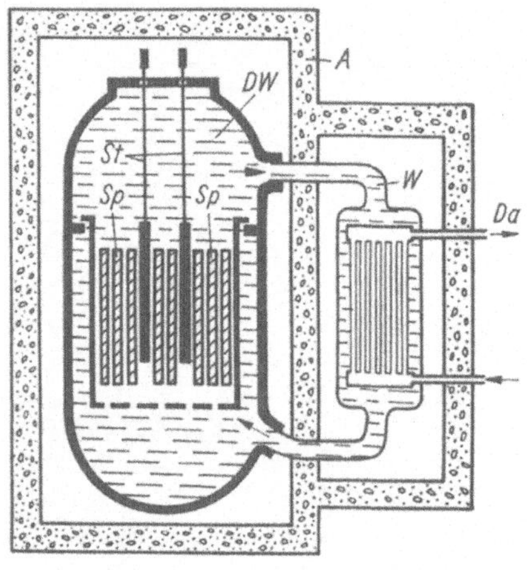

Bild 55.3. Schema eines Druckwasserreaktors. Sp Stäbe aus spaltbarem Material, St Steuerstäbe, DW unter Druck stehendes Wasser, W Wärmeaustauscher, Da Dampf zur Turbine, A Abschirmung

Inzwischen sind in verschiedenen Ländern eine Anzahl Großkraftwerke mit z. T. *beträchtlichen* Reaktorleistungen in Betrieb genommen worden (Bild 55.4).

Bild 55.4. Kernkraftwerk Biblis (BRD) Block B, 193 Brennelemente, thermische Reaktorleistung 3 733 MW

Von besonderer Bedeutung sind die Kernreaktionen schneller Neutronen mit $^{238}_{92}U$ im Kernreaktor. Sie führen zwar nicht zur Spaltung, rufen aber eine Kernumwandlung in die **Transurane Neptunium (Np)** und **Plutonium (Pu)** hervor:

$$^{238}_{92}U \, (n, \gamma) \; ^{239}_{92}U \xrightarrow[\text{23 min}]{\beta^-} \; ^{239}_{93}Np \xrightarrow[\text{2,3 d}]{\beta^-} \; ^{239}_{94}Pu \, .$$

Plutonium hat eine Halbwertszeit von $2,4 \cdot 10^4$ a und **ist** wie $^{235}_{92}$U **spaltbar.** Auf ähnliche Weise sind weitere Transurane (Elemente mit $Z > 92$) hergestellt worden (s. Periodensystem, S. 511). Die Namen dieser Elemente sind in der Reihenfolge der Ordnungszahl: Neptunium, Plutonium, Americium, Curium, Berkelium, Californium, Einsteinium, Fermium, Mendelevium, Nobelium, Lawrencium, Kurtschatovium und Nielsbohrium. Inzwischen wurden Isotope der Elemente mit den Ordnungszahlen 106 bis 109 entdeckt; weitere Transurane sind wahrscheinlich. Kernreaktoren, die aus dem im angereicherten Uran enthaltenen $^{238}_{92}$U das spaltbare $^{239}_{94}$Pu herstellen, welches seinerseits zur Kernenergiegewinnung genutzt werden kann, heißen **Brutreaktoren.** Einige Brutreaktoren sind bereits in Betrieb bzw. im Bau.

55.6 Anwendung von Radionukliden

Bereits in 52.6.3 wurde darauf verwiesen, daß sich die in Kernreaktoren frei werdenden Neutronen *besonders* zur Herstellung von Radionukliden eignen. In den Kanälen des Strahlenschutzmantels eines Reaktors lassen sich bequem und wirtschaftlich eine Reihe β- und γ-Strahler von verschiedensten Halbwertszeiten herstellen und in Forschung, Chemie, Medizin, Biologie u. a. Gebieten zahlreich anwenden. *Viele Erkenntnisse* und *Verfahren* wären *ohne* radioaktive Nuklide *nicht* möglich.

Einige Beispiele der zahlreichen Anwendungen sind:

1. Gammadefektoskopie. Zum Aufsuchen von Materialfehlern, wie Gußlunkern, zur Kontrolle von Schweißnähten usw. werden die Werkstücke von der energiereichen Strahlung einer starken γ-Quelle (z. B. Thulium 170, Iridium 195, Cobalt 60) »durchleuchtet«. Der dahinter angebrachte fotografische Film gibt dann die innere Beschaffenheit wie im Röntgenbild wieder.

2. Autoradiografie. Durch Beifügen eines Radionuklids zur Schmelze von Legierungen kann deren Feingefüge nach dem Erstarren dadurch sichtbar gemacht werden, daß man das Probestück anschleift und hier einen Film auflegt. Auf dem Film bildet die Strahlung bestimmter Kornteile die Feinstruktur unmittelbar ab.

3. Kontaktfreie Dickenmessung. Zur laufenden Kontrolle der Flächenmasse von Papier, Folien oder Aufstrichen läuft das Meßgut kontinuierlich zwischen einem β-Strahler (z. B. Thallium 204) und einem Strahlungsempfänger hindurch. Je nach der Dicke wird die Strahlung verschieden stark absorbiert und die Dicke dadurch registriert. Wenn die eine Seite des Meßgutes nicht zugänglich ist, kann auch die Rückstreuung der β-Teilchen zur Messung herangezogen werden.

4. Dichtemessungen. Innerhalb gewisser Grenzen ist die Absorption der γ-Strahlen der Dichte des durchstrahlten Mediums proportional. Durch Versenken einer aus γ-Präparat und Zählrohr bestehenden Meßsonde kann die Dichte von Baustoffen, Erdböden u. dgl. bestimmt werden.

5. Füllstandsmessung. Von außen her kann die Höhe des Füllstandes geschlossener Behälter kontrolliert werden, indem auf bestimmter Höhe seitlich ein γ-Strahler angebracht wird. Gegenüber befindet sich auf der anderen Außenseite ein Zählrohrgerät, das sofort anspricht, wenn das die Strahlung absorbierende Füllgut unter das festgelegte Niveau absinkt.

6. Feuchtigkeitsmessungen. Eine Neutronenquelle wird zusammen mit einem Neutronendetektor in das zu untersuchende Material versenkt. Ist dieses wasserhaltig, so werden die schnellen Neutronen von dem darin enthaltenen Wasserstoff stark abgebremst, wodurch die Dichte der in der Umgebung der Quelle vorhandenen Neutronen entsprechend zunimmt und vom Detektor registriert wird. Das Verfahren ist für Feuchtigkeitsbestimmungen in Kohle, Sand usw. verwendbar.

7. Indikatorverfahren. Selbst geringste Spuren radioaktiven Materials in einem anderen nichtaktiven Stoff lassen sich durch Strahlungsmessungen nachweisen.

Von derartigen **radioaktiven Indikatoren** macht man in Chemie und Medizin weitgehend Gebrauch. In der Technik benutzt man sie z. B. zur Untersuchung von Verschleißvorgängen. Durch Beigabe während der Herstellung oder durch nachträgliches Bestrahlen mit Neutronen kann man Drehmeißel und andere Werkzeuge aktivieren. Die mehr oder weniger starke Abnützung ergibt sich aus der gemessenen Aktivität der Drehspäne. Auch gleitende Maschinenteile, wie etwa Kolbenringe von Motoren, können so präpariert werden. Die ins Schmieröl gelangenden Teilchen geben durch ihre Strahlung die Menge des abgeriebenen Materials an.

8. Aktivierungsanalyse. In ähnlicher Weise gestattet die Aktivierungsmethode auch den Nachweis extrem kleiner Mengen bestimmter Elemente, die in einem Stoffgemisch vermutet werden. Hierzu wird dieses zusammen mit einer Standardprobe mit Neutronen bestrahlt, die eine genau definierte Menge des gesuchten Elementes enthält. Die beiden Aktivitäten werden verglichen und erlauben noch Mengenverhältnisse bis $1 : 10^8$ festzustellen.

Damit sind nur einige Anwendungsbeispiele aufgezählt. Ihre Anzahl und Bedeutung nimmt ständig zu.

55.7 Thermonukleare Reaktion

Aus der Abhängigkeit der Bindungsenergie je Nukleon von der Massenzahl (Bild 52.7) ist zu erkennen, daß bei Massenzahlen unter 4 diese Energie weit unter dem Maximum liegt.
Bei der **Fusion (Vereinigung)** leichter Kerne zu einem schwereren Kern muß somit ein **Massendefekt** auftreten, der nach der EINSTEINschen Masse-Energie-Beziehung als **Energie** frei wird (s. 52.4.2).

> **Bei der Fusion von Kernen kleiner Massenzahl zu einem Kern größerer Massenzahl tritt ein Massendefekt auf, der in Energie umgesetzt wird.**

Zur Überwindung des COULOMB-Walls (s. 52.5.4) sind dafür jedoch *große* kinetische Energien der leichten Kerne nötig. Der einzig *gangbare* Weg scheint darin zu bestehen, ein entsprechendes Gas auf **viele Millionen Kelvin** zu bringen und· gleichzeitig zu komprimieren, damit genügend Teilchen je Zeiteinheit zur Reaktion kommen.
Leider konnte bis auf einige Versuchsanlagen die Kernfusion nur mit der **Mehrphasenkernwaffe** (Wasserstoffbombe, Neutronenwaffe) als Detonation praktisch realisiert werden **(ungesteuerte thermonukleare Reaktion)**. Zur Erzielung der hohen Temperatur enthält diese Massenvernichtungswaffe im Innern eine Kernspaltungswaffe auf Plutoniumbasis. Die weitere Füllung besteht aus Lithiumdeuterid LiD. Es können folgende Reaktionen stattfinden:

$$^6_3\text{Li} + ^1_0\text{n} \rightarrow ^3_1\text{T} + ^4_2\text{He} + 4{,}7 \text{ MeV} \quad \text{(T bedeutet Tritium)}$$

$$^3_1\text{T} + ^2_1\text{D} \rightarrow ^4_2\text{He} + ^1_0\text{n} + 17{,}6 \text{ MeV} \quad \text{(D bedeutet Deuterium)}.$$

Es werden also nur Li und D verbraucht. Bei *vollständiger* Fusion von 1 kg D zu He würden theoretisch rund **200 GWh** frei werden. Bei Kernwaffen ist somit in 1 kg LiD die Sprengwirkung von 50 kt TNT (Trinitrotoluol) enthalten.

> **Da man heute Kernwaffen von 1 kt bis etwa 30 Mt TNT herstellen kann (die auf Hiroshima abgeworfene Bombe entsprach etwa 20 kt TNT), ist es eine der wichtigsten Aufgaben der Menschheit im Sinne ihrer weiteren Existenz, die Anwendung der Kernenergie als Massenvernichtungswaffe zu verhindern.**

Für eine **technisch kontrollierte Kernfusion** fehlen z. Z. noch geeignete Einrichtungen. Die Theorie ergibt, daß die stoßenden Teilchen die Energie von etwa 50 keV haben müssen. Die dafür erforderliche Temperatur ergibt sich aus $E = kT$ (S. 273, k ist die BOLTZMANN-

Konstante). Die Berechnung ergibt

$$T = \frac{E}{k} = \frac{50 \cdot 10^3 \cdot 1{,}6 \cdot 10^{-19}\,\text{J K}}{1{,}38 \cdot 10^{-23}\,\text{J}} = 580 \cdot 10^6\,\text{K}.$$

Da hier mit der *wahrscheinlichsten* Geschwindigkeit der Gasmoleküle gerechnet wurde und nach der MAXWELL-Verteilung im Gas auch erheblich höhere Geschwindigkeiten vorkommen, ist damit zu rechnen, daß vielleicht auch niedrigere Temperaturen ausreichen (Schätzungen ergeben 20 Millionen K).

Gegenwärtig werden zwei Wege zur Realisierung der **gesteuerten Kernfusion** beschritten.

1. Ein geeignetes Gas wird ionisiert und in diesem so erhaltenen Plasma ein starker elektrischer Strom erzeugt. Das durch den elektrischen Strom entstehende Magnetfeld komprimiert das Plasma zu einem frei schwebenden Faden, wodurch Druck und Temperatur auf sehr hohe Werte ansteigen. Schwierigkeiten treten dadurch auf, daß der Plasmaschlauch äußerst *instabil* ist und oft nach Bruchteilen von Sekunden zerreißt. Derartige Untersuchungen sind Gegenstand der **Plasmaphysik.**[1])

2. Ein anderer Weg ist die **laserinduzierte Kernfusion**, bei der kleine Massen von Fusionsmaterial durch einen Laserimpuls höchster Leistung auf die nötige Reaktionstemperatur gebracht werden.

In den **Fixsternen** geht nach heutigen Erkenntnissen hauptsächlich die Energieerzeugung durch Fusion von gewöhnlichem Wasserstoff zu Helium vor sich. Nach einem von SALPETER angegebenen Prozeß läuft **in weniger heißen** Sternen (wozu auch unsere Sonne gehört) folgender Reaktionszyklus ab:

$$^1_1\text{H} + {}^1_1\text{H} \rightarrow {}^2_1\text{D} + {}^0_{+1}\text{e} + \gamma$$

$$^2_1\text{D} + {}^1_1\text{H} \rightarrow {}^3_2\text{He} + \gamma$$

$$^3_2\text{He} + {}^3_2\text{He} \rightarrow {}^4_2\text{He} + {}^1_1\text{H} + {}^1_1\text{H}.$$

Bei heißen Sternen verläuft dieser Zyklus nach BETHE wahrscheinlich unter Beteiligung von Kohlenstoff ab. Letzten Endes führt auch dieser Zyklus wieder auf die Fusion von Wasserstoff zu Helium.

Beispiel: Welche Energie entsteht bei der Fusion von 1 kg Helium aus Wasserstoff? – Nach dem Beispiel in 52.4.2 wird je Heliumkern die Energie $E_1 = 28{,}3$ MeV frei. Es wird dann

$$E = NE_1 = \frac{mN_\text{A}}{M}\,E_1 = \frac{1\,\text{kg} \cdot 6{,}02 \cdot 10^{26}\,\text{kmol}}{4\,\text{kg kmol}} \cdot 28{,}3\,\text{MeV}$$

$$= 4{,}26 \cdot 10^{27}\,\text{MeV} = 681\,\text{TJ} = 190\,\text{GWh}.$$

56 Elementarteilchen

56.1 Kosmische Strahlung

Außer der geringen Aktivität, die durch natürliche radioaktive Nuklide immer existiert, sprechen abgeschirmte Strahlungsdetektoren ständig auf eine energiereiche (harte) Strahlung an, die aus der Atmosphäre kommt und dort von der **kosmischen Strahlung (Höhenstrahlung)** erzeugt wird. Diese aus dem Weltraum kommende Strahlung ist so durchdringend, daß sie noch in über 1 000 m Wassertiefe nachgewiesen wurde.

---

[1]) 1986 gelang es in Princeton (USA), ein Plasma mit der Temperatur von $200 \cdot 10^6$ K kurzzeitig zu erzeugen.

Die kosmische Strahlung hat ihren Ursprung in Kernprozessen, die sich auf Fixsternen und in fernen Sternsystemen abspielen.

Sie besteht vorwiegend aus Protonen und anderen Kernen. Der von der Sonne ausgehende Teil enthält ausschließlich Protonen.[1]) Oberhalb von 20 km Höhe werden diese Teilchen in der Atmosphäre absorbiert. Sie geben dabei ihre Energie (die zwischen 10^9 und 10^{19} eV liegt) ab, und es entstehen Elektronen (*weiche Komponente*) sowie Pionen und Myonen (*harte Komponente*), die erst durch die kosmische Strahlung entdeckt wurden.

Die **weiche Komponente** wird nur in größerer Höhe nachgewiesen. Beim Zusammentreffen der Elektronen mit den Atomen der Luft entsteht eine Bremsstrahlung, d. h. energiereiche γ-Quanten. Diese erzeugen im COULOMB-Feld anderer Kerne ein Elektron-Positron-Paar (Paarbildung). Die Positronen wandeln sich mit anderen Elektronen wiederum in γ-Quanten um (Zerstrahlung) usw., so daß eine **Kaskade (Schauer)** von Teilchen entsteht. Der Schauer bricht ab, wenn die Energie der Teilchen zu klein für neue Prozesse geworden ist. Mit Kernspurplatten konnten solche Kaskaden nachgewiesen werden.

Etwa 75% der in Meereshöhe registrierten Teilchen der **harten Komponente** sind Myonen. Da ihre Halbwertszeit nur $2,2 \cdot 10^{-6}$ s beträgt, müssen sie erst in der Lufthülle entstanden sein. Sie zerfallen in Elektronen, Positronen, γ-Quanten und Neutrinos.

56.2 Wichtige Elementarteilchen

Die in der kosmischen Strahlung entdeckten Prozesse können auch mit Hilfe großer Beschleunigungsanlagen hervorgerufen werden. Dabei konnte man über 200 Elementarteilchen entdecken.

Die meisten haben eine außerordentliche kleine Lebensdauer und zerfallen in andere stabile Teilchen.

In den letzten 30 Jahren wurde zu fast allen Elementarteilchen ein **Antiteilchen** entdeckt. Dieses hat die gleiche Masse und die gleiche Lebensdauer wie das zugehörige Teilchen, unterscheidet sich jedoch von diesem bei geladenen Teilchen im Vorzeichen der elektrischen Ladung oder in einer anderen Eigenschaft, die man durch Einführung von **Quantenzahlen**[2]) der Elementarteilchen ausdrückt. So ist das **Positron** mit **positiver Ladung** das **Antiteilchen** zum **negativen Elektron**, das 1955 entdeckte **Antiproton** mit **negativer Ladung** das **Antiteilchen** zum **positiven Proton**, während sich das 1956 entdeckte **Antineutron** vom **Neutron** in der sogenannten Baryonenzahl und der Hyperladung unterscheidet.

Obwohl Antiteilchen die *gleiche* Lebensdauer wie die Teilchen haben, existieren sie nur *äußerst kurze* Zeit. Beim Zusammentreffen mit dem zugehörigen Teilchen *zerstrahlen* sie unter Bildung energiereicher γ-Quanten (Zerstrahlung, s. 52.6.3). Auch das **Photon** oder **Quant** ist ein **Elementarteilchen** mit der Ruhmasse Null. Bei ihm sind die Teilchen und Antiteilchen identisch, was auch beim Pion π^0 und beim η-Meson der Fall ist. Für die anderen wichtigsten Elementarteilchen ist eine Einteilung in drei Gruppen angebracht.

1. **Leptonen.** Zu dieser Gruppe gehören **Elektron, Myon** sowie die zugehörigen Antiteilchen, außerdem die bei Kernprozessen entstehenden **Elektron-Neutrinos** und **-Antineutrinos** (sie entstehen beim β-Zerfall) und die nur bei Experimenten mit Myonen auftretenden **Myon-Neutrinos** und **-Antineutrinos**.

---

[1]) Möglicherweise sind auch Neutrinos vorhanden, nach denen sowohl in den USA als auch in der UdSSR intensiv gesucht wird.

[2]) Entsprechend den Quantenzahlen der Atomhülle wurden auch bei den Elementarteilchen Quantenzahlen festgestellt, nach denen ihre Einordnung in Gruppen möglich ist.

Der experimentelle Nachweis der Neutrinos ist nur mit großem apparativen Aufwand gelungen, da sie äußerst selten mit anderen Teilchen in Wechselwirkung treten.

2. Mesonen. Hierzu gehören die Pionen, Kaonen und η-Mesonen sowie die entsprechenden Antiteilchen. Das Pion wurde bereits in 52.5.1 als Vermittler der zwischen Protonen und Neutronen im Kern vorhandenen Kernkräfte genannt. In diesem Zusammenhang treten die Pionen als Feldquanten auf, wobei ihre Masse m nach $E = mc^2$ der jeweils vorhandenen Bindungsenergie zweier Nukleonen entspricht.

3. Baryonen. Zu diesen gehören die **Nukleonen** (Proton, Neutron) und die verschiedensten Arten der **Hyperonen** sowie die Antiteilchen. Hyperonen treten bei Stoßprozessen zwischen

Übersicht über die wichtigsten Elementarteilchen

Bezeichnung	Teilchensymbol	Antiteilchen	Elektronenmassen	Mittlere Lebensdauer in s	Häufigste Zerfallsweise (Teilchen)
Photon	γ	γ	0	stabil	
Leptonen					
e-Neutrino	ν_e	$\bar{\nu}_e$	$0^1)$	stabil	
Elektron, Positron	e^-	e^+	1	stabil	
μ-Neutrino	ν_μ	$\bar{\nu}_\mu$	$0^1)$	stabil	
Myon	μ^-	μ^+	206,8	$2,2 \cdot 10^{-6}$	$e^- + \nu_\mu + \bar{\nu}_e$
Mesonen					
Pion	π^0	π^0	263,9	$0,9 \cdot 10^{-16}$	$\gamma + \gamma$
Pion	π^+	π^-	273,2	$2,5 \cdot 10^{-8}$	$\mu^+ + \nu_\mu$
Kaon	K^0	K^0	974,1	$50\% \ 8,8 \cdot 10^{-11}$	$\pi^+ + \pi^-; 2\pi^0$
				$50\% \ 5,8 \cdot 10^{-8}$	$\pi^+ + \pi^- + \pi^0$
Kaon	K^+	K^-	966,4	$1,2 \cdot 10^{-8}$	$\pi^+ + \pi^0; 2\pi^+ + \pi^-$
η-Meson	η	η	1150	$0,4 \cdot 10^{-18}$	$\gamma + \gamma; 3\pi^0$
Baryonen					
Nukleonen					
Proton	p	$\bar{p}$	1836,10	$stabil^2)$	
Neutron	n	$\bar{n}$	1838,62	918	$p + e^- + \bar{\nu}_e$
Hyperonen					
Lambda-Hyperon	Λ^0	$\bar{\Lambda}^0$	2183	$2,6 \cdot 10^{-10}$	$p + \pi^-$
Sigma-Hyperon	Σ^0	$\bar{\Sigma}^0$	2334	$1,0 \cdot 10^{-14}$	$\Lambda^0 + \gamma$
Sigma-Hyperon	Σ^-	$\bar{\Sigma}^+$	2343	$1,6 \cdot 10^{-10}$	$n + \pi^-$
Sigma-Hyperon	Σ^+	$\bar{\Sigma}^-$	2328	$0,8 \cdot 10^{-10}$	$p + \pi^0$
Xi-Hyperon	Ξ^0	$\bar{\Xi}^0$	2573	$3 \cdot 10^{-10}$	$\bar{\Lambda}^0 + \pi^0$
Xi-Hyperon	Ξ^-	$\bar{\Xi}^+$	2586	$1,7 \cdot 10^{-10}$	$\bar{\Lambda}^0 + \pi^-$
Omega-Hyperon	Ω^-	$\bar{\Omega}^+$	3278	$1,3 \cdot 10^{-10}$	$\Xi^0 + \pi^-$

[1]) Letzte Messungen in der UdSSR ergaben eine Ruhmasse zwischen $^1/3600$ und $^1/10000$ Elektronenmassen. Weitere Ergebnisse sollen gemeinsame Experimente sowjetischer und amerikanischer Wissenschaftler bringen (Dauer etwa 10 Jahre).

[2]) Es gibt begründete Vermutungen, daß Protonen nicht stabil sind. Der Nachweis konnte noch nicht erbracht werden.

äußerst energiereichen Teilchen auf, wobei wieder ein Teil der Energie in Masse umgewandelt wird. Trifft z. B. ein negatives Pion mit großer Energie auf ein Proton, entstehen nach

$$\pi^- + p \rightarrow \Lambda^0 + K^0$$

ein neutrales Lambda-Hyperon und ein neutrales Kaon, welche beide schnell in kleinere Teilchen zerfallen. Es soll nochmals hervorgehoben werden, daß die eben beschriebene Reaktion, bei der aus zwei Teilchen mit kleiner Masse zwei Teilchen mit größerer Masse entstehen, widerspruchsfrei ist, da sich die Stoßenergie der leichten Teilchen nach der EINSTEINschen Beziehung $E = mc^2$ in Masse besonders instabiler Teilchen umwandelt.
Die vorstehende Tabelle enthält die wichtigsten der bekannten Elementarteilchen (heute als klassische Elementarteilchen bezeichnet). Antiteilchen sind, soweit sie nicht an der Ladung erkenntlich sind, mit einem Querstrich versehen. Die sogenannten Resonanzen, deren Lebensdauer in der Größenordnung 10^{-23} s liegt, sollen hier nur dem Namen nach erwähnt werden.

56.3 Quarks

Theoretische Überlegungen und das allgemeine Bestreben, die zwischen den Elementarteilchen beobachteten Wechselwirkungen zu klären, führten 1964 durch GELL-MANN und ZWEIG zur Hypothese der **Quarks**, die in den lezten Jahren erfolgreich weiterentwickelt wurde.

> **Quarks sind eine Gruppe von »Urteilchen«, aus denen sich alle Mesonen und Baryonen als Kombinationen dieser Teilchen aufbauen lassen.**

Die auf der Suche nach neuen, noch fehlenden Hadronen[1]) angewandte Quarks-Theorie hat bereits zu Erfolgen geführt.
Die **Quarks** haben **ungewöhnliche Eigenschaften.** Sie tragen **Bruchteile der Elementarladung.** Außerdem kann **jedes** der Quarks in **drei verschiedenen Colourzuständen (Farbladungszuständen)** auftreten. Den Farbladungszuständen werden **symbolisch** die »Farben« **rot, grün** und **blau** zugeordnet.
Während bei der elektrischen Ladung gleich große positive und negative Ladungen Neutralität ergeben, müssen bei den Quarks **drei Colourzustände** zusammentreffen, damit das aus ihnen **zusammengesetzte Elementarteilchen farblos** (»weiß«) ist, also die **Farbladung Null** hat.
Wie bei den Elementarteilchen gibt es auch zu **jedem der Quarks** ein **Antiquark**, welches die gebrochenen elektrischen Ladungen des anderen Vorzeichens und die symbolischen »Farbladungen« antirot, antigrün und antiblau zugeordnet bekommt. So ergibt auch **jedes der Quarks** mit dem **Colourzustand rot** mit einem **antiroten Antiquark** die Farbladung **Null.**
Da die Quarks eine Spinquantenzahl von $\pm^1/_2$ haben, müssen je zwei ein Meson (Spin 0 oder 1) oder je drei (Spin $^1/_2$ oder $^3/_2$) ein Baryon bilden.
Die folgende Tabelle enthält die Quarks und ihre wichtigsten Eigenschaften.

---

[1]) **Hadronen sind die Mesonen und die Baryonen.**

Eigenschaften der Quarks

Bezeichnung	Quarks	Anti-quarks	Elektrische Quarkladung in e	Farb-ladung	Ungefähre Masse in m_e
Up-Quark	u	$\bar{u}$	$+{}^2/_3$ $-{}^2/_3$	jedes	700
Down-Quark	d	$\bar{d}$	$-{}^1/_3$ $+{}^1/_3$	der Quarks	700
Strange-Quark	s	$\bar{s}$	$-{}^1/_3$ $+{}^1/_3$	hat die	1 100
Charm-Quark	c	$\bar{c}$	$+{}^2/_3$ $-{}^2/_3$	drei Farb-	3 000
Bottom-Quark	b	$\bar{b}$	$-{}^1/_3$ $+{}^1/_3$	ladungen bzw. die	9 700
Top-Quark	t	$\bar{t}$	$+{}^2/_3$ $-{}^2/_3$	Antifarben	?

Somit bestehen z. B. Proton und Neutron aus je 3 Quarks unterschiedlicher »Farbladung«, sind also farblos:

$$p = u + u + d \qquad (p = uud)$$

$$n = u + d + d \qquad (n = udd).$$

Pionen sind aus je einem Quark mit einer der drei Farbladungen und einem Antiquark mit der zugehörigen Antifarbladung zusammengesetzt:

$$\pi^+ = u + \bar{d} \qquad (\pi^+ = u\bar{d})$$

$$\pi^- = \bar{u} + d \qquad (\pi^- = \bar{u}d).$$

Auch alle anderen Mesonen und Baryonen lassen sich so aus den Quarks zusammensetzen.

Den **experimentellen Beweis** für die Existenz der Quarks bzw. der oben geschilderten Strukturen der Nukleonen lieferten **Streuexperimente** mit Elektronen und Neutrinos an Nukleonen. Eine mathematische Analyse der Ergebnisse dieser Versuche führt zu **drei ausgeprägten Streuzentren** *innerhalb* eines Protons oder Neutrons.

Quarks im freien Zustand konnten bisher noch **nicht** nachgewiesen werden. Es besteht die begründete Ansicht, daß *einzelne* Quarks *nicht* vorkommen können, denn sie haben *Farbladungen* und müssen sich immer zu einem *farblosen* Teilchen zusammenschließen. Aber dies ist nicht der eigentliche Grund.

Vermutlich liegt dieser in der außerordentlich **hohen Bindungsenergie,** die in der gleichen Größenordnung wie die der zugehörigen Hadronen ist!

Ob Quarks nun wirklich die »elementarsten« Elementarteilchen, also die Urteilchen der Materie sind, kann **nicht** gesagt werden. Es besteht bereits eine neue Hypothese, wonach jedes der Quarks aus zwei noch kleineren Teilchen bestehen soll. Diese hypothetischen Teilchen werden Rishonen genannt.

Die im letzten Abschnitt zwangsläufig unvollständige Übersicht über neue Erkenntnisse der Elementarteilchenphysik zeigt deutlich, welche komplizierten Probleme mit dem Materiebegriff verbunden sind und auf Lösungen warten.

SACHWORTVERZEICHNIS

α-Strahlen 533, 546
ABBE, ERNST 327
Abbildung, optische 292, 304
Abbildungs-gleichung 294, 306
--maßstab 293, 306
Abklingkonstante 175
Ablösearbeit 496
Absorptions-grad 338, 350
--spektrum 301
Adiabatenexponent 248
adiabatische Änderung 247 ff.
Admittanz 437 f.
Aggregatzustand 228
Ähnlichkeitssatz 152
Akkommodation 311
Akkumulator 484
Aktivität 537
Akzeptor 469, 528
Ampere 359
Amplitude 155, 174, 179
angeregter Zustand 512
Anion 479
Annihilation 545
Anode 479
Antiteilchen 566
Apertur, numerische 326
Äquipartitionsprinzip 278
Äquipotentialfläche 383
Äquivalent, elektrochem. 481
--dosis 555 f.
- --leistung 557
Äquivalenz von Masse und
    Energie 501
Arbeit 78 f.
ARCHIMEDES 72
Archimedisches Prinzip 131
Astigmatismus 309
ASTONscher Dunkelraum 487
Atmosphäre 121
Atom-hülle 508, 518 ff.
--kern 508, 532 ff.
--masse, relative 508
--modell 508
- -, wellenmechanisches 516 f.
--radius 509
Auflösungsvermögen 324
Auftrieb 131, 133
Auge 311

-, spektrale Empfindlichkeit 345
Ausbreitungsgeschwindigkeit
    179
Ausdehnungskoeffizient 214
Ausfluß aus Gefäßen 139
Austrittsarbeit 462
Autoklav 236
Autoradiografie 563
Avalanche-Druchbruch 472
AVOGADROsche Konstante 268

β-Strahlung 533, 545, 547
Bahn-beschleunigung 51
--drehimpuls-Quantenzahl 515
--geschwindigkeit 49
BALMER-Serie 514
Bandabstand 527
Bandenspektrum 301
Bandgenerator 374
Bar 121
BARKHAUSEN-Gleichung 493
Barometer 122
Baryonen 567
Basis 474
Becquerel 537
Beleuchtungsstärke 349
Belichtung 350
Belichtungsmesser 497
BERNOULLI, Gesetz von 138
Beschleuniger 544
Beschleunigung 33, 55, 158
Beschleunigungsarbeit 82 f.
Bestrahlung 335
Bestrahlungsstärke 334
Beugung des Lichtes 322 ff.
- von Wellen 190
Beugungsgitter 324
Beweglichkeit 458 f.
Bewegungs-energie 84
--lehre 30
Bezugssystem 40, 59
Bild, reelles 290, 292, 305
-, virtuelles 290, 295, 305
--feldwölbung 310
Bindungsenergie 541
BIOT-SAVART, Gesetz von 401
Bipolartransistor 473
Blättchen, dünne 318

Blind-leistung 442 ff.
--leitwert 439
--stromstärke 443
--widerstand 432, 434, 437
Bogenentladung 488
BOHR, NIELS 510
BOHRsche Postulate 510, 512
BOLTZMANN-Konstante 273
BOURDONsche Röhre 122
BOYLE, Gesetz von 126
Brechkraft 306, 308
Brechung 185, 295 ff.
Brechzahl 295
Brenn-ebene 305
--punkt 291, 303, 307
--stoffelement 484
--strahl 292, 304
--weite 291, 295, 303, 308
BREWSTER, Gesetz von 330
BROWNsche Bewegung 118, 271
Brutreaktor 560
BUNSENsches Effusiometer 139

Candela 345
CARNOTscher Kreisprozeß
    258 ff.
CELSIUS-Temperatur 208, 217
charakteristische Strahlung 523
Chip 477
chromatische Fehler 308
CLAUSIUS 262
COEHN, Regel von 395
Colourzustände 568
COMPTON-Effekt 549
CORIOLIS-Kraft 111
Coulomb 359
COULOMBsches Gesetz 381
- Reibungsgesetz 61
Curie 537
CURIE, MARIE 532
CURIE-Temperatur 407

D'ALEMBERT-Kraft 59
D'ALEMBERTsches Prinzip 60
DALTONsches Gesetz 234
Dampf 233
--druck 235
--tabelle 237

Dämpfung 173
DE-BROGLIE-Wellenlänge 504
Defektelektron 466
Dehnzahl 195
Depolarisator 483
Deuterium 540
Dezibel 204
Diamagnetismus 409
Dichte 27, 188, 212, 509
--anomalie 212
Dielektrikum 391
Dielektrizitätszahl 391
differentieller Widerstand 471
Dimension 21
Diode 471, 491
Dioptrie 306, 491 f.
Dipol 453
--moment 393, 405, 420
Dispersion 300
Donator 469, 528
Doppel-brechung 330
--schicht, elektrische 395
DOPPLER-Effekt 191
Dosimetrie 554
Dotierung 469
Drain 478
Dreh-bewegung 30, 50
--impuls 103 ff.
--moment 70, 76, 104, 106, 420
--schwingungen 168
--spulinstrument 422
--waage 113
--zahl 49
Dreieckschaltung 447
Dreiphasenstrom 446
Driftgeschwindigkeit 458 f., 480
Drosselspule 433
Druck 121
-, absoluter 127
-, dynamischer u. statischer 137
-, Einheiten 121
--differenz 127
Dualismus 495, 504
Durchflutungssatz 399 f.
Durchgriff 493
Durchlässigkeit, spektrale 337
Durchlaßrichtung 471
Dynamik, Grundgesetz 56, 101
Dynamomaschine 414

Ebene, schiefe 67
Effektivwert 430
Eigenleitung 466
Einheiten 19, 22 f.
--gleichung 21
--system 22
EINSTEINsche Gleichung 496, 502

Eisen-Nickel-Sammler 485
Eispunkt 208
Elastizitätsmodul 194
Elektrete 394
Elektrolumineszenz 529
Elektrolyt 479 ff.
Elektrometer 374
Elektronen 384, 508 f.
-, Ablenkung von 489
--bahnen 512
--gas 376, 459, 462
--mikroskop 505
--oktett 520
--radius 509
--röhren 491
--strahlen 488
--verteilung 520
Elektronvolt 79, 457
Elektro-statik 373
--striktion 394
Elementar-ladung 358 f.
--teilchen 508, 546, 566 ff.
--welle 183
Elemente, galvanische 483
Elongation 155, 179, 182
Emission, induzierte 530
Emissions-grad 339, 341
--theorie 494
Emitter 474
Energie, Einheiten 223
-, elektrische 373, 441
-, Erhaltungssatz 85
-, innere 241
-, potentielle und kinetische 83 f.
- des elektrischen Feldes 389
- - magnetischen Feldes 424 f.
--bänder 526
--dichte 198, 389, 425, 456, 501
--dosis 555
--flußdichte 554
--niveau 512, 525 f., 528 f.
--topf 542 f.
ENGLER-Viskosimeter 153
Entladung, selbständige 486
Entropie 262 ff.
Erstarrungswärme 229
Exposition 555
Extinktionsmodul 351

Fahrwiderstand 62
Fall, freier 37
--beschleunigung 38, 114
Farad 380, 385
FARADAY-Konstante 481
FARADAYsche Gesetze 481 f.
Farben 353 ff.
- dünner Blättchen 318

--kreis 357
Farb-koordinaten 357
--metrik 355 ff.
--temperatur 344
Federkonstante 82
Feinstrukturuntersuchung 525
Feld, elektrisches 375
-, Energie 389
-, magnetisches 396
--effekttransistor (FET) 477
--emission 488
--größen 426 f.
--konstante, elektrische 380
- -, magnetische 403
--linien 375, 396
--stärke, elektrische 378, 413
- -, magnetische 398
FERMI-Verteilungsfunktion 463
Fernrohr 313
Ferromagnetismus 408
Feuchte 238 f.
Feuchtigkeitsmessung 563
Flächen-ladungsdichte 379
--masse 548
--transistor 473
Flintglas 301
Fluchtgeschwindigkeit 116
Fluoreszenz 288, 529
Fluß, elektrischer 381
-, magnetischer 404
--dichte, elektrische 380, 392
- -, magnetische 403 ff.
--richtung 471
Foto-diode 497
--effekt 495 f., 528, 549
--element 497
--metrie 351 ff.
--transistor 476, 497
--widerstand 469, 497
FRAUNHOFERsche Beugung 322
- Linien 302
Freiheitsgrad 278
Frequenz 155, 179, 191, 451
FRESNELscher Spiegel 315
Führungskraft 64
Fundamentalschwingungen 162
Funkenentladung 488

γ-Strahlung 533, 548
GALILEIsches Fernrohr 313
GALILEI-Transformation 499
galvanisches Element 483
Galvanometer, ballistisches 422
Gamma-defektoskopie 563
--strahlenkonstante 557
Gangunterschied 319

Gas, ideales 214
–, reales 265
– –druck 125 ff., 275
– –entladung 485
– –konstante 220 f., 274
Gase, Zahlentafel für 222
–, Zustandsänderung 241
–, Zustandsgleichung 219, 221
Gate 477 f.
GAY-LUSSAC, Gesetz von 214 f., 217
Gefrierpunktserniedrigung 229
Gegenwirkungsprinzip 64
GEIGER-MÜLLER-Zählrohr 551
Germanium 466
Geschwindigkeit 31, 157, 277
–, mittlere energetische 273
Geschwindigkeits-feld 134
– –gefälle 144
Geschwindigkeit-Zeit-Dia-
gramm 32
– – –Gesetz 35
Gewichtskraft 57, 113
Gitter, optisches 324
– von Röhren 492
Gleichgewicht 63, 66, 78
–, radioaktives 538
Gleichgewichtsbedingungen 72
Gleichrichter 471
Gleichrichtwert 430
Gleichstrom-generator 414
– –motor 420
Gleichungen, physikalische 20 f.
Gleitreibung 62
Glimmentladung 487
Glüh-emission 489
– –farben 343, 356
– –katode 489
Gravitation 112 ff.
Gray 555
Grenz-frequenz von Röntgen-
bremsstrahlung 523
– –schicht in Strömungen 143, 149
– –winkel 299
Größe 19
Größengleichungen 20
Grundzustand 512

Hadronen 568
Haftreibung 61
HAGEN-POISEUILLE, Gesetz v. 146
HAHN, OTTO 558
Halbleiter 358, 466 ff., 527
– –detektor 553
Halbwerts-dicke 549
– –zeit 536
HALL-Effekt 461

Haltestromstärke 477
Haupt-ebenen 306
– –quantenzahl 515
– –satz, erster 241
– –, zweiter 262 ff.
– –schale 518 f.
– –schlußmaschine 415
– –strahl 292, 304
Hebelgesetz 72
Heber 117
HEISENBERG, WERNER 506
Hektopascal 122
Hellempfindlichkeit 345
Henry 403, 416
HERTZ, HEINRICH 453
HITTORFscher Dunkelraum 487
Hochfrequenz 451
Höhen-formel, barometr. 129
– –strahlung 565
Hohlspiegel 291
Holografie 327
HÖPPLER-Viskosimeter 145
Hör-fläche 203
– –schwelle 202
Hubarbeit 80
HUYGENS-FRESNELsches Prinzip 188
HUYGENSsches Prinzip 183
hydrostatische Waage 132
Hygrometer 239
Hyperonen 567
Hysteresisschleife 408

IGFET 477
Impedanz 435
– –wandler 476
Impuls 91, 504
– –masse 503 f.
Indikatorverfahren 463
Induktion 410
Induktions-gesetz 411
Induktivität 416
Inertialsystem 40
Influenz 376
Infrarot 287, 336
Interferenz 186, 315 ff.
Inversion 531
Ionen 479
– –beweglichkeit 480
– –dosis 555
– –leitung 479 f.
Ionisations-äquivalent 555
– –kammer 551
Ionisierungsenergie 515
irreversible Vorgänge 258
isobare Zustandsänderung 243
isochore Zustandsänderung 242

Isolatoren 363, 527
isotherme Zustandsänderung 244
Isotope 540

Joule 78, 223
JOULE, JAMES PRESCOTT 224
– –THOMSON-Effekt 266

Kalorie 223
Kalorimeter 226
Kältemaschine 255 f.
Kaltkatodenröhre 487
Kapazität 385 ff., 444 f.
Kapazitätsdiode 472
Kapillaren 120
Kationen 479
Katode 479
Katodenlicht 487
Kavitation 207
K-Einfang 539
Kelvin 208, 217, 236
KEPLERsche Gesetze 114 f.
Kerma 554
Kern-energie 558
– –fusion 564 f.
– –kraftwerk 562
– –reaktionen 543 f.
– –reaktor 561
– –spaltung 558
– –spurplatten 553
– –umwandlung 543
Kettenreaktion 560
Kilogramm 26
kinetische Energie 83 f.
– Wärmetheorie 268 ff.
Kippschwingungen 164
KIRCHHOFFsche Regeln 365, 367
KIRCHHOFFsches Strahlungsge-
setz 340
Klemmenspannung 369
Knotensatz 365
Koerzitivfeldstärke 408
kohärente Wellen 315
Kohärenzlänge 316
Kohäsion 117, 265
Kohäsionskräfte 117
Kolbendruck 123
Kollektor 474
Koma 310
Komplementärfarben 354
Kompressibilität 124
Kondensation 231, 240
Kondensator 257, 375, 391 f.
Kondensatoren, Schaltung 386
Konduktanz 362, 437
Kontinuitätsgleichung 136
Konvektion 281

Körperfarben 354
kosmische Geschwindigkeit,
  erste 111
- -, zweite 116
- Strahlung 565
Kraft 55, 90, 165, 375, 417 ff.
-, Zerlegung 67
--stoß 89 f.
Kräftepaar 76
Kreisel 106
Kreis-frequenz 155, 179, 428
--prozeß 252
kritischer Zustand 266
Kronglas 300
Kugel-kondensator 387
--wellen 181

Ladung, elektrische 358 f.
LAMBERTsches Gesetz 346
Längen-einheit 23
--ausdehnungskoeffizient 209 f.
Laser 530 ff.
latente Wärme 229
Lautstärkepegel 204
LECLANCHE-Element 483
LED 476, 497, 528
Leerlaufspannung 369
Leistung 86 f., 102, 151, 373, 449
Leistungs-faktor 443
--verstärkung 475
Leitfähigkeit 362
Leitungs-band 526
--elektronen 459, 566
Leitwert 362
LENZsche Regel 417
Leptonen 566
Leucht-dichte 348 f.
Licht 287 ff., 329
-, Wellentheorie 494
--ausbeute 348
--emitterdiode 476, 497, 528
--geschwindigkeit 289, 456
--menge 347
--quanten 504
--stärke 345
--strom 346 ff.
--verteilungskurve 346
--welle, Modell 329
--wellenleiter 299
Linienspektrum 301, 522
Linke-Hand-Regel 418
Linsen 303
-, dicke 306
--fehler 308 ff.
--systeme 307
LISSAJOUSsche Figuren 163
logarithmisches Dekrement 175

Longitudinalwellen 180
LORENTZ-Kraft 418, 490
--Transformation 499
LOSCHMIDTsche Konstante 270
Luft-druck 128 ff.
--feuchtigkeit 237 ff.
--sauerstoffelement 483
Lumen 347
Lumineszenz 287, 529
--diode 473
Lupe 312
Lux 349

Magnet, Zugkraft 426
magnetische Quantenzahl 515
Magnetisierungskurve 407
Majoritätsträger 469
Manometer 122
Maschensatz 367
Masse 26, 56, 504, 508
-, kritische 560
Masse-Energie-Beziehung 502
Massen-anziehung 113
--defekt 540, 558
--einheit 26, 508
--mittelpunkt 74
--punkt 30
--trägheitsmoment 97 ff., 172
--wirkungsgesetz 468
--zahl 510
--zunahme, relativistische 500
Materiewellenlänge 504
MAXWELLsche Gleichungen
  455 f.
MAXWELL-Verteilung 275, 463
MAYER, ROBERT 224
MAYERsche Gleichung 244
Mehrphasenkernwaffe 564
MEISSNER-Effekt 461
Meniskus 120
Mesonen 567
Meter 24
MICHELSON-Interferometer 321
MICHELSONscher Versuch 498
Mikroelektronik 466
Mikroskop 314, 326, 505
Millibar 122
Minoritätsträger 469
Mischfarben 354
Moderator 560
MOHR-WESTPHALsche Waage
  133
Mol 219
molare Größen 219 f.
Molekular-bewegung 118
--geschwindigkeit 271
Molekül-durchmesser 270

--masse 270
- -, relative 220, 268, 394
Moment 70
-, elektromagnetisches 406
Momentanwerte von Wechselgrößen 428 f.
monochromatisch 301
MOSELEYsches Gesetz 524
MOSFET 478

Nebelkammer 552
Neben-quantenzahl 515
--schluß-maschine 415
- --motor 421
--widerstand 370
Neptunium 562
Neutrino 534, 566
Neutron 508, 559
Newton 57
NEWTONsche Ringe 320
NEWTONsches Reibungsgesetz
  144
NICOLsches Prisma 331
n-Leitung 469
Normal-druck 122
--element 484
--kraft 67
--potential 482
Normvolumen 220
npn-Transistor 473
Nukleon 567
Nuklid 533, 545
Nullpunkt, absoluter 216, 273

Oberflächenspannung 118 ff.
Objektiv 313
Ohm 362
OHMsches Gesetz 364
Okular 313
optische Instrumente 310 ff.
Orbitale 517
Ordnungszahl 510
Oszillatorschaltungen 452
Oszillografenröhre 493
OTTO-Motor 252

Paarbildung 466, 534, 549
PAPINscher Topf 236
parabolische Geschwindigkeit
  116
Parabolspiegel 292
Parallelogramm der Geschwindigkeiten 42
- - Kräfte 65
--satz 43
Parallel-resonanz 440
--strahl 292, 304

Paramagnetismus 408 f.
Partialdruck 234
Pascal 121
PAULI-Prinzip 518, 521
PELTIER-Effekt 465
Pendel 169 ff.
Periodensystem 510 f.
Permeabilitätszahl 405, 407
Permittivität 391
Perpetuum mobile 264
Phasen-sprung 184
--verschiebung 436
--winkel 165, 179, 437 ff.
Phon 204
Phosphoreszenz 288, 529
Photonen 495, 566
piezoelektrischer Effekt 205, 394
Pion 567
PITOT-Rohr 142
PLANCK, MAX 342
Planeten 115
Plasma 487, 565
Plattenkondensator 385
p-Leitung 469
Plutonium 562 f.
pnp-Transistor 473
pn-Übergänge 470 f.
POISSONSche Gleichungen 249
Polarisation, dielektrische 393
-, elektrolytische 483
-, magnetische 405
- des Lichtes 329 ff.
polytrope Zustandsänderung 250
positive Säule 487
Positron 545, 566
Potential 361, 383
POYNTINGscher Vektor 457
PRANDTLsches Staurohr 142
Präzession 106
Prisma 297, 301
Projektionssatz 44
PRONYscher Zaum 103
Proton 508
Psychrometer 239
Pyknometer 29
Pyrometer 343

Quanten-bedingung 512
--theorie 494
--zahlen 516, 566
Quarks 568 f.
Quecksilbersäule 122, 234
Quellenspannung 360, 412

Radial-beschleunigung 53
--kraft 108

Radiant 47
Radioaktivität 532 ff.
Radium 532
Radon 539
Raketenantrieb 91
Raumwinkel 333
RAYLEIGHsche Scheibe 198 ff.
Reaktanz 437
reale Gase 265
Rechte-Hand-Regel 412
Rechtsschraubenregel 71, 396
Referenzwelle 328
Reflexions-gesetz 96, 184, 289
--grad 337 f., 350
Reibung 60
- in Flüssigkeiten 143
Reibungsarbeit 80
Reihen-resonanz 439
--schluß-maschine 415
- --motor 421
Reiz 202
Rekombination 468, 527, 529
relativistische Längenänderung 500
- Massenzunahme 500, 502 f.
- Zeitdehnung 500
Relativität der Bewegungen 40
Relativitätstheorie 498 ff.
Remanenzflußdichte 408
Resistanz 361, 431 f.
Resonanz 175, 439
--absorption 512
reversible Vorgänge 258
Reversionspendel 171
REYNOLDSCHE Zahl 152
RICHARDSON-Gleichung 489
RICHMANNSche Regel 226
Richtgröße 166
Rollreibung 62
Röntgen-bremsstrahlung 522 f.
--strahlung 521 ff.
Rotationsenergie 97
Rückkopplung 452
Ruhmasse 503
RUTHERFORD, ERNEST 508, 510, 543
RYDBERG-Frequenz 513 f.

Sammler 484
Sättigungs-druck 235
--flußdichte 408
--menge 238
--wert 486
Schalenmodell 542
Schall-druckpegel 204
--empfindung 202
--geschwindigkeit 194 ff.

--schnelle 197
--stärke 201
--strahlungsdruck 200
--wechseldruck 199
Schein-leistung 443
--leitwert 437 f.
--widerstand 435 f.
Schichtenströmung 145
Schmelzen und Erstarren 228 f.
Schmerzgrenze 203
SCHRÖDINGER-Gleichung 517
Schwächung 547
Schwarzer Körper 338
Schwebungen 161
Schwere 58
--druck 123 ff., 137
Schwer-kraft 57, 113
--punkt 74 f.
Schwimmen 132
Schwingkreis 449 f., 453
Schwingungen, elektromagnetische 449 ff.
-, erzwungene 176
-, harmonische 154
-, polarisierte 163
-, Überlagerung von 159
SEGER-Kegel 230
Seh-schärfe 311
--weite 311
--winkel 311
Sekundäremission 488
Sekunde 27
Selbstinduktion 416
SEV 552
Shunt 370
Siedepunktserhöhung 232
Siemens 362
Sievert 556
Silicium 466
Sinusschwingung 155, 452
skalare Größe 20
skalares Produkt 79
SNELLIUSsches Brechungsgesetz 296
Solar-batterie 497
--konstante 335
Source 478
Spannarbeit 82
Spannung, elektrische 360
-, magnetische 400
Spannungs-optik 332
--reihe, elektrochemische 482
- -, thermoelektrische 464
--resonanz 439 f.
--stoß 403, 422
--teiler 371

Spektral-analyse 301
--linien 302
Spektrometer 301
Spektrum 288, 300 ff., 354, 522
Sperrichtung 471
spezifische Lichtausstrahlung 347
- Oberflächenenergie 119
- Wärmekapazität 225 ff., 278 f.
spezifischer Widerstand 362
sphärischer Fehler 309
- Spiegel 291
Spiegel 290
Spin 516
Sprungtemperatur 460
Standardabweichung 535
starrer Körper 68
Staudruck 137, 150
Staurohr 137
STEFAN-BOLTZMANNsches Gesetz 340
Steighöhe, kapillare 120
Steilheit 493
STEINER, Satz von 101
Steradiant 333
Sterne 565
Sternschaltung 448
Steuerelektrode 477 f.
Stoffmenge 219, 481 f.
STOKESsche Regel 529
STOKESsches Gesetz 147
Störleitung 469
Stoß 92 ff.
-, schiefer 275
--ionisation 486
--zahl 280
Strahl-dichte 334
--stärke 333
Strahlung, kosmische 565
Strahlungs-äquivalent 347
--druck 335, 501
--energiedichte 335
--feld 332
--fluß 201, 333, 341
- --dichte 201, 333, 456, 554
--quant 494
Strom-dichte 360
--kreis 365
--linien 134
--resonanz 440
--stärke 359, 424, 458
--stoß 423
--verstärkungsfaktor 475
Strömungen 134 ff.
-, turbulente 150
Strömungs-meßgeräte 141
--widerstand 149 f.

Sublimation 232
Superposition 41
Supraleitung 460
Suszeptanz 437, 439
Suszeptibilität 393, 405
Szintillationszähler 552

Taupunkt 239
Teilchendichte 270
Temperatur 208, 216
-, kritische 266
-, schwarze 343
--koeffizient 363
--leitfähigkeit 284
--strahler 287
--strahlung 336
Termschema 515
Tesla 403
Thermistoren 468
Thermo-element 209, 464
--meter 208
thermonukleare Reaktionen 564
THOMSONsche Schwingungsformel 451
Thorium-Reihe 539
Thyristor 476
Torr 121 f.
TORRICELLIsches Ausflußgesetz 139
Torsionspendel 168
Totalreflexion 298
Trägheits-gesetz 55
--kraft 59
--moment 97
Transformator 445
Transistor 473 ff.
Transmissionsgrad 337, 350
Transurane 546, 562
Transversalwellen 179, 329, 454
Triode 492
Tripelpunkt 208, 236
Tritium 540
Tröpfchenmodell 542
Tunnel-diode 473
--effekt 543
Turbulenz 150

Überdruck 127
Übersättigung 240
Ultraschall 205
Ultraviolett 287
Umlaufspannung 399, 456
Umwandlungswärmeenergie 229
Unabhängigkeitsprinzip 41
Unbestimmtheitsrelation 506
Unipolartransistor 477
Unterschale 518

Unterschiedsschwelle 203
Uran-Reihe 539
--spaltung 558

Vakuum 122
Valenz-band 526
--elektron 459, 526
var 442
Vektoren 42, 70, 95
vektorielle Größe 19, 42
Vektorprodukt 71
VENTURI-Rohr 142
Verdampfungswärme 231
Verflüssigung der Gase 266
Vergrößerung 312 ff.
Verlustwinkel 438
Vermehrungsfaktor 560
Verschiebungsarbeit 80
Verstärker 475, 492
Vierschichtdiode 476
Viskosimeter 145, 153
Viskosität 144
Volt 360
--ampere 443
Volumen-arbeit 242, 246, 250
--ausdehnungskoeffizient 212 ff.
--strom 135 f., 146

WAALS, VAN DER, Gleichung v. 265
Wärme-ausbreitung 281 ff.
--durchgang 285 f.
--energie 223
--kapazität 226
- -, spezifische 225 ff., 278 f.
--leitfähigkeit 283
--leitung 281 ff.
--menge 223
--pumpe 255 ff.
--rohr 232
--strahlung 336
--strom 282
--übergang 284
Wasser, schweres 540
--stoff-atom 512
- --bombe 564
- --elektrode 482
--strahlpumpe 140
Watt 86
Weber 404
WEBER-FECHNERsches Gesetz 203
Wechsel-spannung 428
--strom-generator 429
- --widerstände 435 ff.
--wirkung, starke 542
Weglänge, freie 281
Weg-Zeit-Diagramm 31

Weg-Zeit-Gesetz 34 ff.
Wellen, Beugung von 190
–, elektromagnetische 454 f.
–, Interferenz von 186 ff.
–, stehende 189
––bewegung 177
––front 181
––länge 179, 285, 302, 504
––mechanik 517
– widerstand 457
WESTON-Normalelement 361, 484
WHEATSTONESche Brücke 372
Widerstand, differentieller 364, 471
–, elektrischer 361
–, innerer 369, 493
–, kapazitiver 442
–, ohmscher 431
–, spezifischer 362
Widerstands-beiwert 150
––kraft 147
––thermometer 209

WIENsches Verschiebungsgesetz 342
Winkel-beschleunigung 51
––geschwindigkeit 48, 108
––richtgröße 168
––spiegel 291
Wirbel 149
––ströme 413
Wirk-leistung 441, 443
––stromstärke 443
Wirkungs-grad 88
– –, thermischer 255, 260
––linie 64, 69
––quantum 342, 495
––querschnitt 280, 559
Wirkwiderstand 431
Wölbspiegel 295
Wurf 39 f., 44 ff.

Zähigkeit, dynamische 144
–, kinematische 153
Zählrohr 551

Zeigerdiagramm 160, 434
Zeit-dehnung 500
––einheit 27
ZENER-Diode 472
Zenti-poise 145
––stokes 153
Zentralbeschleunigung 53
Zentrifugalkraft 108
Zerfalls-gesetz 536
––reihe 538
––schema 535
Zerstäuber 140
Zerstrahlung 545
ZIOLKOWSKIsche Raketengleichung 91
Zoll 24
Zustands-änderungen der Gase 241
––gleichung der Gase 219 f., 235, 265
Zwangskraft 64
Zyklotron 544

Bildquellenverzeichnis

GOTTSCHALK/LEMBERG: Elektrotechnik/Elektronik. Berlin: Verlag Technik 1983: Farbentafel 8
GRIMSEHL: Lehrbuch der Physik, Band I. Leipzig: B. G. Teubner Verlagsgesellschaft 1962: Bild 14.4
GRIMSEHL: Lehrbuch der Physik, Band II. Leipzig: B. G. Teubner Verlagsgesellschaft 1951: Bild 42.7
GRIMSEHL: Lehrbuch der Physik, Band III. Leipzig: B. G. Teubner Verlagsgesellschaft 1951: Bild 49.2
KÜSTNER: 25 Versuche aus der Physik. Berlin: Volk und Wissen Volkseigener Verlag 1951: Bild 17.3
MOELLER/WOLFF: Grundlagen der Elektrotechnik, Band I. Leipzig: B. G. Teubner Verlagsgesellschaft 1952: Bild 40.50
PRANDTL: Abriß der Strömungslehre. Braunschweig: Verlag Vieweg & Sohn: Bild 10.12
SCHAEFER/BERGMANN/KLIEFOTH: Grundaufgaben des physikalischen Praktikums. Leipzig: B. G. Teubner Verlagsgesellschaft 1948: Bild 10.10
VARDUN/NELL: Handbuch der Elektrotechnik, Band I, 5. Auflage. Leipzig: VEB Fachbuchverlag 1953: Bild 41.31
AEG-Telefunken, Hamburg: Bild 47.2
VEB Carl Zeiss Jena: Bilder 16.8, 16.10
VEB Chemieanlagen Rudisleben: Bild 22.4
VEB dkk, Scharfenstein: Bild 43.11
VEB Feutron, Greiz: Bilder 17.4, 19.4, 24.1
VEB Freiberger Präzisionsmechanik: Bild 28.3
VEB Junkalor, Dessau: Bild 19.3
Kraftwerk Union, Mühlheim/Ruhr: Bild 55.4
LEITZ-ISI GMBH, Wetzlar: Bild 49.1
VEB Maschinenfabrik, Sangerhausen: Bild 7.19
VEB Meß- und Armaturenwerk, Magdeburg-Buckau: Bild 3.4
VEB Robotron Meßelektronik »Otto Schön«, Dresden: Bilder 53.11 a und 53.11 b
VEB Zwickauer Maschinenfabrik: Bild 20.10
Rohde & Schwarz: Bild 42.8